NOUVEAU
DICTIONNAIRE
D'HISTOIRE NATURELLE.

KAA—LIG.

Liste alphabétique des noms des Auteurs, avec l'indication des matières qu'ils ont traitées.

MM.

BIOT............. *Membre de l'Institut.* — La Physique.

BOSC............. *Membre de l'Institut.* — L'Histoire des Reptiles, des Poissons, des Vers, des Coquilles, et la partie Botanique proprement dite.

CHAPTAL........ *Membre de l'Institut.* — La Chimie et son application aux Arts.

DE BLAINVILLE, *Professeur adjoint à la Faculté des Sciences de Paris, Membre de la Société philomathique, etc. (BV.)* — Articles d'Anatomie comparée.

DE BONNARD...... *Ing. en chef des Mines, Secr. du Conseil gén. etc. (BD.)* — Art. de Géologie.

DESMAREST ... *Professeur de Zoologie à l'École vétérinaire d'Alfort, Membre de la Société Philomath.que.* — Les Quadrupèdes, les Cétacés et les Animaux fossiles.

DU TOUR......... — L'Application de la Botanique à l'Agriculture et aux Arts.

HUZARD.......... *Membre de l'Institut.* — La partie Vétérinaire. Les Animaux domestiques.

Le Chev. DE LAMARCK, *Membre de l'Institut.* — Conchyologie, Coquilles, Méthode naturelle, et plusieurs autres articles généraux.

LATREILLE,..... *Membre de l'Institut.* — L'Hist. des Crustacés, des Arachnides, des Insectes.

LLMAN,.......... *Membre de la Société Philomathique, etc.* — Quelques articles de Minéralogie et de botanique (LN.)

LUCAS FILS..... *Professeur de Minéralogie, Auteur du Tableau Méthodique des Espèces minérales.* — La Minéralogie; son application aux Arts, aux Manufact.

OLIVIER......... *Membre de l'Institut.* — Particulièrement les Insectes coléoptères.

PALISOT DE BEAUVOIS, *Membre de l'Institut.* — Divers articles de Botanique et de Physiologie végétale.

PARMENTIER... *Membre de l'Institut.* — L'Application de l'Économie rurale et domestique à l'Histoire naturelle des Animaux et des Végétaux.

PATRIN.......... *Membre associé de l'Institut.* — La Géologie et la Minéralogie en général.

RICHARD,....... *Membre de l'Institut.* — Des articles généraux de la Botanique.

SONNINI........ — Partie de l'histoire des Mammifères, des Oiseaux, les diverses chasses.

THOUIN......... *Membre de l'Institut.* — L'Application de la Botanique à la culture, au jardinage et à l'Économie rurale, l'Hist. des différ. espèces de Greffes.

TOLLARD AÎNÉ... *Professeur de Botanique et de Physiologie végétale.* — Des articles de Physiologie végétale et de grande culture.

VIEILLOT...... *Auteur de divers ouvrages d'Ornithologie.* — L'Histoire générale et particulière des Oiseaux, leurs mœurs, habitudes, etc.

VIREY.......... *Docteur en Médecine, Prof. d'Hist. Nat., Auteur de plusieurs ouvrages.* — Les articles généraux de l'Hist. nat., particulièrement de l'Homme, des Animaux, de leur structure, de leur physiologie et de leurs facultés.

YVART.......... *Membre de l'Institut.* — L'Économie rurale et domestique.

CET OUVRAGE SE TROUVE AUSSI:

A Paris, chez C.-F.-L. Panckoucke, Imp. et Édit. du Dict. des Sc. Méd., rue Serpente, n.° 16.

A Angers, chez Fournier-Mame, Libraire.

A Bruges, chez Bogaert Dumortier, Imprimeur-libraire.

A Bruxelles, chez Lecharlier, De Mat et Berthot, Imprimeurs-libraires.

A Dôle, chez Joly, Imprimeur Libraire.

A Gand, chez H. Dujardin et de Busscher, Imprimeurs-libraires.

A Genève, chez Paschoud, Imprimeur-libraire.

A Liége, chez Desoer, Imprimeur libraire.

A Lille, chez Vanackère et Leleux, Imprimeurs-libraires.

A Lyon, chez Bohaire et Maire, Libraires.

A Mulheim, chez Fontaine, Libraire.

A Marseille, chez Masvert et Mossy, Libraires.

A Mons, chez Le Roux, Libraire.

A Rouen, chez Frère aîné, et Renault, Libraires.

A Toulouse, chez Senac aîné, Libraire.

A Turin, chez Pic et Bocca, Libraires.

A Verdun, chez Bénit jeune, Libraire.

NOUVEAU
DICTIONNAIRE
D'HISTOIRE NATURELLE,

APPLIQUÉE AUX ARTS,

A l'Agriculture, à l'Économie rurale et domestique,
à la Médecine, etc.

PAR UNE SOCIÉTÉ DE NATURALISTES ET D'AGRICULTEURS.

Nouvelle Édition presqu'entièrement refondue et considérablement augmentée ;

AVEC DES FIGURES TIRÉES DES TROIS RÈGNES DE LA NATURE.

TOME XVII.

RIMERIE D'ABEL LANOE, RUE DE LA HARPE.

A PARIS,

Chez DETERVILLE, LIBRAIRE, RUE HAUTEFEUILLE, N° 8.

M DCCC XVII.

NOUVEAU

DICTIONNAIRE

D'HISTOIRE NATURELLE.

KAA

KA, KAW. Nom hollandais du CHOUCAS. (V.)

KAA ou KAHA. Nom d'une espèce de CURCUMA, à Ceylan. (LN.)

KAABE. C'est, en Norwége, le PHOQUE COMMUN, celui de notre océan, que l'on nomme généralement VEAU MARIN. *V.* à l'article des PHOQUES. (S.)

KAADSI. Nom japonais du *Broussonetia papyrifera*. (LN.)

KAALE. Nom de la CAMPANULE à larges feuilles, en Laponie. (LN.)

KAARSAAK. L'oiseau que les Groënlandais appellent *kaarsaak*, en pensant exprimer son cri par son nom, paroît être un GRÈBE. Ils l'appellent aussi *oiseau d'été*, parce que son arrivée annonce la belle saison : selon eux, il présage la pluie ou le beau temps, suivant que le son de sa voix est rauque et rapide, ou doux et prolongé. La femelle va pondre auprès des étangs d'eau douce; et on prétend qu'elle chérit sa couvée, au point de rester dessus quand même la place est inondée. (*Histoire générale des Voyages*, tome 29, page 45.) (S.)

KAARLSBLOEM. En Hollande, c'est la MOLÈNE COMMUNE (*Verbascum thapsus*). (LN.)

KAARSJES. Nom du PISSENLIT (*Leontodon taraxacum*, Linn.), en Hollande. (LN.)

KAAT. On appelle ainsi, dans l'Inde, la décoction, ou, mieux, l'extrait des rameaux du *barleria hystrix*, auquel on joint, pour le dessécher, la farine d'une graminée et de la sciure de bois. La pâte qui en résulte passe pour astringente et pour spécifique contre les ophthalmies, la rage et les ulcères des gencives. *V.* au mot BARRELIÈRE. (B.)

KAATE. Le voyageur Linschott cite ce nom comme celui donné, dans l'Inde, à un arbre dont l'écorce entre dans la composition des pastilles de bétel, que les Asiatiques mangent sans cesse. Il est à présumer que c'est de l'*arec* dont Linschott a voulu parler; cependant ce n'est point l'écorce de cet arbre, mais la pulpe de son fruit que les Indiens mêlent avec le BÉTEL. Il n'est pas probable que ce soit la barrelière, citée à l'article précédent. (LN.)

KAATH. Le COUCOU, en langue hébraïque; quelques-uns disent que c'est le PLONGEON; d'autres, que c'est la SPATULE. (S.)

KAAVA ou **KAVA** Boisson enivrante, faite avec une racine, par les sauvages des îles des Amis, dans la mer du Sud.
(DESM.)

KAAWY. Nom brasilien d'une *boisson* préparée avec le *maïs* cuit. (LN.)

KABAK. Nom turc, tartare et persan des COURGES. (LN.)

KABAN. Adanson appelle ainsi le *strombus lintiginosus*, Linn. C'est à lui, au rapport de Rondelet, qu'appartient cet opercule, connu sous le nom de *blatte de Byzance*. *V.* au mot STROMBE. (B.)

KABAR. Nom arabe donné, en Egypte, au CAPRIER (*Capparis spinosa*, L.). (LN.)

KABAR, KHARDEL, CHARDEL. Noms arabes d'un SÉNEVÉ (*Sinapis juncea*, L.). (LN.)

KABARGA. L'un des noms du CHEVROTAIN MUSC dans son pays natal. (DESM.)

KABASSOU. Nom que porte, à la Guyane française, la grande espèce de tatou ou le TATOU A DOUZE BANDES, et que Buffon a adopté. *V.* TATOU et CABASSOU. (S.)

KABBELOK et **KALSLEKKA.** Le POPULAGE (*Caltha palustris*) porte ces noms en Suède. (LN.)

KABELIAU. C'est la MORUE (*Gadus morhua*, L.). (B.)

KABELJO. Nom suédois du GADE MORUE. (DESM.)

KABELLA. Nom qu'on donne, à Ceylan, à l'*Agyneja obliqua*, W. (LN.)

KABERDA ou **KABARGA.** *V.* ce dernier mot. (DESM.)

KABO. Nom arabe de l'HYÈNE. (S.)

KABU et **KABUNA.** Noms qu'on donne, au Japon, à la RAVE ou RABIOULE (*brassica rapa*, Linn.). (LN.)

KABU ou **KAMB.** Noms du VAREC SACCHARIN (*Fucus saccharinus*, L.), au Japon. Les Japonais, au rapport de Thunberg, font beaucoup de cas de cette plante. Après l'avoir nettoyée, ils la mangent crue, coupée en petits morceaux, ou bien cuite avec différens mets; ils en font surtout usage, en prenant le sacki, espèce de bière très-enivrante et trouble, faite avec le riz. Ce *fucus* entre toujours dans les présens qu'on offre à une personne distinguée. (LN.)

KACHERYNGY. Nom donné, aux environs de Philas, en Egypte, au MUNGO, espèce de HARICOT (*Phaseolus mungo*, L.), qu'on y cultive dans les champs. (LN.)

KACHIKAME ou CACHICAME. C'est le TATOU A NEUF BANDES. (DESM.)

KACHIN. Coquille du Sénégal, du genre TOUPIE (le *trochus pantherinus*). (B.)

KACHO. Poisson du Kamtschatka, qui a la tête longue et plate, le museau recourbé, et des dents semblables à des crocs de chien. Son dos est noir et son ventre blanc. Ce poisson est très-abondant, et fournit un bon aliment aux habitans. On ignore à quel genre il appartient; mais il y a lieu de soupçonner que c'est un SQUALE. (B.)

KACIR. Nom arabe de la PHÈNE. *V.* ce mot. (V.)

KACPIRE. C'est la BERGKIE DU CAP. (B.)

KACZKA. Nom polonais du CANARD. (V.)

KADALI. Nom indien de l'OSBECKIE de Ceylan, figurée pl. 173, fig. 4, de l'*Almageste* de Plukenet, sous le nom d'*echinophora maderaspatana*. (LN.)

KADANACU. C'est l'ALOÈS PERFOLIÉE au Malabar.(B.)

KADDIG. L'un des noms allemands du GENÉVRIER. (LN.)

KADELÉE. A Java, et dans d'autres îles de cette partie de l'Inde, on nomme ainsi une espèce de HARICOT (*Phaseolus max*). (LN.)

KADENACO et KATU-KAPEL. Noms malabares d'une LILIACÉE de l'Inde, figurée dans l'ouvrage de Rheede (*Mal.* 11, t. 42), et que, d'après cette figure, Adanson rapporte à son genre *cordyline*, et Willdenow à son genre *sansevicra*, en en faisant une espèce particulière (*sans. lanuginosa*). (LN.)

KADEN-PULLU. C'est la SCLÉRIE EN ÉVENTAIL. (B.)

KADERANBES. Nom arabe d'une MORELLE (*Solanum coagulans*, Forsk., Delil., pl. Ægypt., pl. 23, fig. 1). (LN.)

KADINA-MADUM. Nom kalmouck du POIRIER.(LN.)

KADIRA-PULLU. Suivant Burmann fils, Rheede figure sous ce nom malabare une plante qui, d'après lui, est rapportée au SCIRPE à corymbe (*Scirpus corymbosus*, L.)., (Rheed., Mal. 12, t. 43). (LN.)

KADTU-NARI. Nom kalmouck du CHACAL. *V.* l'article CHIEN. (DESM.)

KADTU-NELLI. Nom du PHYLLANTHE A GRAPPE (*Phyllanthus racemosus*), dans la langue orientale, dite *tamoule*. (LN.)

KAE, KAJAK, KAIKEN, KAYKEN et KAKKREIF.

Noms allemands du Choucas (*Corvus monedula*). (desm.)

KAELLEE, *Kaellea.* Genre de plantes établi par Bira. (B.)

KÆMPFERIA, du nom de Engelbert Kæmpfer, médecin allemand, qui alla au Japon, et qui nous fit connoître un grand nombre de plantes de cet empire. G. Houston lui dédia un genre Kæmpfera, fondé sur la *verveine de curaçao;* mais Linnæus n'ayant pas conservé ce genre, rétabli aujourd'hui sous les noms de *tamonea* et de *ghinia*, transporta le nom de Kæmpferia à un autre genre. *V.* Zédoaire. (ln.)

KÆPPETHYA. *Voyez* Cappathya. (desm.)

KAFAL. Nom arabe du Baumier. (b.)

KAFER. Nom allemand des insectes coléoptères; il équivaut au mot *scarabée*, pris dans l'acception la plus générale. (desm.)

KAFFEERBSE. Le Pois-chiche (*Cicer arietinum*, L.), est ainsi nommé en Allemagne. (ln.)

KAF-MARYAM. Nom arabe, 1.º du Gatilier ordinaire (*Vitex agnus-castus*, L.); 2.º de la Rose de Jéricho (*Anastatica hierochuntica*, L.). (ln.)

KAFTAAR. Nom persan de l'Hyène. *V.* ce mot. (s.)

KAFVELDUN. Nom des Massettes (*Typha*), en Suède. (ln.)

KAGAOUCÉ. Nom du Cygne chez les Chipiouyans, peuplade de l'Amérique septentrionale. (v.)

KAGENECKE, *Kageneckia.* Genre de plantes de la polygamie dioécie, dont les caractères consistent : en un calice campanulé, à cinq divisions ovales; en cinq pétales ovales, émarginés, concaves, insérés sur le calice ; en seize à vingt étamines insérées sur le calice; en cinq ovaires ovales, supérieurs, surmontés de styles courts, à stigmates peltés; en cinq capsules disposées en étoile, s'ouvrant longitudinalement, et contenant plusieurs semences entourées d'une aile membraneuse.

Les fleurs mâles sont, dans ce genre, sur des pieds différens des hermaphrodites ou femelles; mais elles n'en diffèrent que par l'absence des germes.

Les caractères des *kageneckes* sont fort voisins de ceux du Smegmadermos ou Quillai. (b.)

KAGLERISVARÉ. Nom du Gros-bec (*Loxia coccothraustes*), en suédois. (desm.)

KAHAU. Nom cochinchinois de la Guenon a long nez ou Nasique. *V.* Guenon. (desm.)

KAHIRIE, *Kahiria.* Nom donné par Forskaël à un genre de plantes, qui n'est autre que l'Ethulie. *V.* ce mot. (b.)

KAHLEB et TOB A'YNY. Nom arabe du Souci des champs (*Calendula arvensis*, L.). (LN.)

KAIA. Nom caraïbe du Mosambé a cinq feuilles. (B.)

KAI-A-LORA. Nom que porte, à la Nouvelle-Hollande, la Coracine kailora. *V.* ce mot. (V.)

KAIDA. Nom malabare du Bacquois odorant (*Pandanus odoratissimus*, L.), figuré par Rheede, Malab. 2, tables 1 — 5. La planche 6 du même ouvrage représente le Kaida-taddi, autre espèce de Bacquois (*Pandanus fascicularis*, Lk.). (LN.)

KAIDE. Nom indien du fruit du Bacquois odorant (*Pandanus odoratissimus*, L.), suivant Rai. (LN.)

KAIKEN ou KAYKEN. Nom du Casse-noix, en Allemagne. (DESM.)

KAINOUK. *V.* Ghaïnouk. (S.)

KAIOPOUTI. Synonyme de Cajeput. *V.* ce mot et celui Mélaleuque. (B.)

KAIOR ou KAIOVER. *V.* Petit guillemot (S.)

KAIR. Espèce de Gade, qui ne diffère pas beaucoup du Merlus. (B.)

KAIRE. Ce sont les filamens des Cocotiers, avec lesquels on fabrique d'excellentes cordes dans l'Inde. (B.)

KAISCHUCPENANK. Racine blanche, de la forme et grosseur d'un œuf de poule, et qu'on mange cuite. C'est ainsi que Thomas Hariot nomme et décrit une racine qu'il a vue en Amérique, et qui paroît être une variété de Batate. (LN.)

KAISERBLUME. Nom de la Saponaire vachère (*Saponaria vaccaria*, L.), en Allemagne. (LN.)

KAIZILOT. L'un des noms donnés par les Hollandais, au Cachalot macrocéphale. (DESM.)

KAJA. Nom suédois du Choucas. (V.)

KAJABOUBOUL. En ture, c'est le Merle solitaire. *V.* ce mot. (S.)

KAJAK. *V.* Kae. (DESM.)

KAJO-CULAN. Nom de l'Ophiorrhize, à Java. (B.)

KAJOU. On nomme ainsi, dans les contrées arrosées par le fleuve des Amazones, dans l'Amérique méridionale, une espèce de Singe à barbe grise, dont la figure ressemble, dit-on, à celle d'un vieillard, et dont la queue est très-longue ; mais on n'ajoute point si elle est prenante. Avec des données aussi vagues, on ne sauroit rapporter ce *singe*, avec quelques degrés de certitude, plutôt à une espèce qu'à une autre. On pourroit cependant y reconnoître un *saki*; car les *singes* qui portent ce nom, ont le plus souvent le menton garni d'une barbe assez fournie. (DESM.)

KAJU-BESSI ou **CAJU-BESSI.** *V.* INTSIE. (LN.)

KAKA ou **KAWIA.** Nom qu'on donne, en Arabie, suivant Forskaël, à un arbrisseau, dont il fait un genre particulier sous le nom de CAUCANTHE. *V.* ce mot. (LN.)

KAKAHOILOTL de Fernandez. Variété du PIGEON SAUVAGE, au Mexique. *V.* PIGEON. (S.)

KAKAKOZ. C'est, dans Gesner, par corruption du grec, le COUCOU. *V.* ce mot. (S.)

KAKA-MULLU. Nom malabare de la PÉDALIE (*Pedalium murex*), plante remarquable par la forme de son fruit. (LN.)

KAKAPU. C'est la TORRENIE D'ASIE. (B.)

KAKARAOUA. Nom que les naturels de la Guyane donnent à l'ARA BLEU ET JAUNE. (V.)

KAKATO. *V.* KAKATOÈS. (V.)

KAKA-TODDALI. Nom malabare de la SCOPOLIE AIGUILLONNÉE (*Scopolia aculeata*, Smit.), qui est le *paulinia asiatica* de Linnæus. Lamarck, qui la sépare aussi du paullinia, donne au genre qu'il en fait le nom de *toddalia*. (LN.)

KAKATOÈS, *Cacatua*, Briss.; *Psittacus*, Lath. Genre de l'ordre des oiseaux sylvains de la tribu des ZYGODACTYLES, et de la famille des PSITTACINS. *V.* ces mots. *Caractères* : bec garni d'une membrane à la base, incliné dès l'origine, très-robuste, convexe dessus et dessous, comprimé latéralement ; mandibule supérieure à bords très-anguleux ou dentés, crochue à la pointe, l'inférieure plus courte, émoussée, retroussée vers le bout, avec une profonde échancrure sur le milieu de son extrémité, dont chaque bord se termine souvent en pointe aiguë ; narines orbiculaires, ouvertes, situées dans la membrane ; langue épaisse, charnue, entière, obtuse; orbites glabres ; joues nues ou emplumées; quatre doigts, deux devant, deux derrière, les antérieurs unis à la base ; la troisième rémige la plus longue de toutes ; plusieurs secondaires presque aussi longues que les primaires chez quelques-uns ; queue égale ou seulement arrondie ; tête ornée d'une huppe mobile chez la plupart.

Ce genre est divisé en deux sections; la première renferme les espèces qui ont les joues nues, et la seconde celles qui les ont emplumées; les *kakatoès* se distinguent encore, en ce que plusieurs ont une huppe composée de plumes longues, étroites ou larges, rangées sur deux lignes, se couchant et se redressant au gré de l'oiseau : c'est pourquoi j'avois d'abord appliqué à ce genre la dénomination de *phyrtolophus* (huppe pliable); mais je l'ai rejetée parce qu'elle ne

peut convenir à toutes les espèces nouvellement découvertes.
C'est parmi les espèces à joues emplumées que se trouvent
celles qui ont le plumage blanc, le sommet de la tête ordinairement glabre, les ailes arrondies, et dont plusieurs pennes
secondaires sont presque aussi longues que les primaires. On
les trouve dans les parties les plus reculées de l'Inde où elles
fréquentent, dit-on, les terrains marécageux. D'autres ont les
plumes du sommet de la tête longues et larges, qu'ils peuvent
cependant relever à volonté en forme de huppe ; ce sont de
grandes espèces de la Nouvelle-Hollande, dont les ailes sont
étroites, pointues, et à pennes secondaires beaucoup moins
longues ; ceux ci vivent de racines. Deux espèces du même continent se rapprochent des *perroquets gris* par leur ensemble ;
les plumes de leur tête sont allongées, un peu grêles vers le
bout, et sont susceptibles de se relever en forme d'aigrette
lorsque l'oiseau est agité de quelque passion; ce sont les *kakatoès*
rose et à tête rouge. Enfin il nous reste les espèces à trompes
dont M. Levaillant a publié des figures très-exactes, et sur
lesquelles il est entré dans des détails intéressans. Ces oiseaux
offrent, comme le dit M. Cuvier, de bons caractères pour
être détachés des autres; il les signale de cette manière.
« Leur queue courte et presque carrée ; leur huppe composée de plumes longues et étroites, les font ressembler aux
kakatoès. Ils ont les joues nues comme les *aras*, mais leur bec
supérieur énorme, l'inférieur très-court, ne pouvant se
fermer entièrement ; leur langue cylindrique, terminée par
un petit gland corné, fendue au bout et susceptible d'être
fort prolongée hors la bouche ; leurs jambes nues un peu au-
dessus du talon ; enfin leurs tarses courts et plats sur lesquels
ils s'appuient souvent en marchant, les distinguent de tous
les perroquets. » Ce bec qui ne peut se fermer entièrement,
cette langue susceptible de se prolonger et d'une structure si
singulière, indique que ces oiseaux ne peuvent vivre de graines;
aussi M. Levaillant nous assure qu'ils ne sont que frugivores.

Les noms *kakatoès*, *caratou*, *cacacoua*, sont dérivés du
cri des espèces à plumage blanc, les seules qui fussent connues de Brisson et de Buffon ; elles habitent principalement
les îles de l'Océan indien, telles que les Moluques, les Philippines, celles de la Sonde et de la mer Pacifique. Ces *kakatoès*, qui sont les seuls qu'on nous apporte vivans, s'apprivoisent très-facilement ; mais ils apprennent très-difficilement à parler. Rien de plus amical et de plus familier que
l'humeur de ces oiseaux ; ils semblent devenir volontairement
les commensaux de l'homme ; ils aiment sa société, et posent
leurs nids sur sa cabane rustique et même dans les villes sur
les toits des maisons ; ils viennent, dit-on, quoique sau-

vages, recevoir les fruits de sa main. Remplis d'intelligence et de docilité, ils paroissent écouter la voix de leur maître et cherche à pénétrer dans sa pensée. Leur affection, leur douce amitié, leurs caresses font sentir ce que leur langue ne peut exprimer. On en a vu qui savoient compter, répondre par signes à des questions, indiquer l'heure, obéir avec beaucoup de docilité, soit pour étaler leur huppe, soit pour saluer les personnes d'un signe. Le mâle et la femelle ont beaucoup de tendresse l'un pour l'autre ; ils se donnent des baisers en se prenant le bec et en se dégorgeant réciproquement leurs alimens. Ces oiseaux grimpent avec facilité et se servent de leur bec pour s'accrocher aux branches et y rester suspendus. En général, ils semblent être les plus intelligens de tous les perroquets ; leurs mouvemens sont pleins de grâce et de douceur ; d'ailleurs très-agiles, très-vifs, ils sont ardens en amour, et jaloux avec leurs femelles. Ils aiment qu'on les caresse, et lorsqu'on leur passe la main sur le dos, ils s'accroupissent et battent les ailes de volupté. Ils mangent volontiers de tout, fruits, graines, œufs, pâtisserie, etc., etc. (L'astérisque indique les espèces douteuses.)

A. *Joues emplumées.*

Lé **Kakatoès banksien**, *Cacatua banksii*, Vieill. ; *Psittacus banksii*, Lath., pl. 109 du Synopsis, 1.er Suppl., se trouve à la Nouvelle-Hollande. Il a vingt pouces de longueur totale ; le bec très grand couleur de corne, avec sa pointe noire ; le plumage généralement noir ; les plumes du sommet de la tête, qui sont assez longues pour prendre la forme d'une huppe quand l'oiseau les redresse, ont chacune, à leur extrémité, une tache de couleur jaune ; des taches pareilles se trouvent vers le bout des couvertures supérieures de l'aile, sur les plumes du haut de la poitrine et sur les couvertures inférieures de la queue ; elles se changent en forme de lunules sur le bas de la poitrine et sur le ventre ; là les unes sont plus foncées, les autres plus claires ; la queue est assez longue et un peu arrondie à son extrémité ; ses deux pennes intermédiaires sont noires, les autres de la même couleur à la base et à l'extrémité ; mais le reste est d'un jaune rougeâtre qui incline à la couleur d'orange, et traversé par cinq ou six bandes noires, en quelque sorte irrégulières, particulièrement sur leur bord extérieur ; les pieds sont noirs. On remarque dans cette espèce un certain nombre de variétés que l'on soupçonne provenir de la différence des âges.

1.º L'individu, décrit et figuré dans le *Journ.* de *Whit's* pag. 139, a dix-huit pouces et demi de longueur totale ; le bec couleur de plomb ; les plumes de la tête peu longues , noires et variées de jaune ; la gorge de la dernière couleur, ainsi que le cou dont les côtés présentent un mélange de blanc et de noir ; cette dernière teinte couvre entièrement le corps, les ailes, les deux pennes intermédiaires de la queue, de même que toutes les latérales, mais seulement sur les bords, à la base et à l'extrémité; elles sont rouges dans leur milieu.

2.º Le *kakatoès*, figuré dans le *Voyage de Phillip.*, p. 166 , a vingt-un pouces du long, le bec pareil à celui du précedent; la tête, le cou et le dessous du corps couverts de plumes d'un brun terne, bordées d'une teinte olive sur la tête et sur la nuque; corps en dessus, les ailes et les pennes de la queue d'un noir brillant, à l'exception des deux intermédiaires qui sont rouges sur le milieu, mais sans bandes transversales noires.

3.º Le *funereal cockatoo*, figuré pl. 186, *Nat. misc.*, vol 6, diffère des précédens en ce que les quatre pennes du milieu de la queue sont d'une couleur de buffle jaune , et couvertes d'un grand nombre de taches en forme de bandes.

Outre ces variétés, Latham fait mention de cinq autres ; la première est noire, à l'exception d'une large tache jaune sur les joues proche de l'œil; elle a la base de toutes ses pennes latérales de la queue marquée de noir ; le bec et les pieds sont d'une couleur pâle : elle n'est pas commune. La deuxième n'a point de tache jaune sur les joues; son plumage est totalement noir ; les pennes de sa queue sont d'un roux pur presque jusqu'à l'extrémité ; le bec et les pieds sont bruns; cette variété est très-commune. M. Delalande fils, naturaliste, attaché au Muséum d'Histoire naturelle; possède, dans sa collection, un individu totalement pareil, mais il a le bec et les pieds noirs ; sa grosseur est celle d'une poule , et sa longueur d'un pied onze pouces ; les plumes du sommet de la tête sont longues, assez larges, et forment une huppe ample quand l'oiseau les redresse. La troisième variete n'a pas non plus de marque jaune près de l'œil , mais son plumage est noir et parsemé çà et là de jaune ; la queue rouge et rayée transversalement de noir. Chez la quatrième, la tache jaune des côtés de la tête est composée de plumes rayées d'une teinte pâle ; les pennes latérales de la queue sont d'une couleur jaune , foncée, et mélangée de brun; le devant du cou et la poitrine couverts de lunules d'une couleur jaune pâle. La cinquième semble participer des deux dernières, étant tachetée sur les ailes , ondulée sous le corps, et barrée de rouge sur le dessus de la queue dont le dessous est d'une couleur jaunâtre. J'ai peine à croire que toutes ces variétés appartiennent à la même espèce ; ne seroient-ce pas plutôt des *kakatoès* de trois races distinctes , dont la première se composeroit des individus qui ont une marque jaune sur les côtés de la tête ; la deuxième de ceux qui ont le plumage noir avec la queue rouge, et la troisième, de tous les autres? Au reste, ce n'est, de ma part, qu'une conjecture ; car, lorsqu'on n'a pour guide que des oiseaux empaillés, on enfante des hypothèses qui souvent s'évanouissent devant l'observateur, et nous n'avons sur les mœurs et les habitudes de ces *kakatoès* aucuns renseignemens positifs. On doit donc les attendre afin de prendre une décision définitive à cet égard, sans quoi on s'exposeroit à des méprises. Tous ces oiseaux se trouvent à la Nouvelle-Hollande où ils portent le nom de *karrat.*

Le KAKATOÈS A BEC COULEUR DE CHAIR, *Cacatua Philippinarum*, Vieill.; *Psittacus Philippinarum*, Lath, Buff. pl. enl., n.° 191; habite les îles Philippines, et dans presque toutes celles de l'Archipel Indien. Il est blanc, avec du rougeâtre vers les oreilles et sur les couvertures inférieures de la queue ; la huppe est d'un beau jaune clair, et blanche à l'extrémité ; les plumes scapulaires et les couvertures du dessus de la queue sont d'une couleur de soufre à la base, ainsi que le côté intérieur des pennes alaires et des latérales de la queue ; longueur totale, treize pouces six lignes : est-ce bien une espèce distincte du *kakatoès à huppe jaune ?*

Le KAKATOÈS A HUPPE BLANCHE, *Cacatua cristata*, Vieill.; *Psittacus cristatus*, Lath., *pl. enl.* 263, habite dans les îles Moluques. Son plumage est tout blanc, avec une teinte de soufre à l'intérieur de plusieurs pennes des ailes et de la queue. Les douze plumes dont se compose sa huppe, sont fermes, très-larges, épanouies, arrondies à leur extrémité, et placées sur le front, où elles forment une espèce de couronne que l'oiseau redresse et baisse à volonté, ainsi que toutes les autres plumes de la tête ; le bec et les pieds sont noirs ; longueur totale, dix-huit pouces.

Le KAKATOÈS A HUPPE JAUNE, *Cacatua sulphurea*, Vieill.; *Psittacus sulphureus*, Lath., pl. enl. n.° 14. Il ressemble au précédent par son plumage d'un beau blanc ; mais sa huppe, si ce n'est sur le devant, est colorée en jaune de soufre, de même que plusieurs pennes des ailes et de la queue, sur leur côté intérieur ; les plumes de la huppe sont effilées, longues, inclinées à l'extrémité, et à barbes recourbées en dedans, de manière qu'elles prennent la forme d'un cylindre creux, et se recourbent vers le haut ; longueur totale, quatorze pouces six lignes. Cette espèce paroît se composer de deux races qui ne diffèrent guère entre elles que par la taille. Des individus de la race la plus commune, montrent beaucoup d'intelligence, d'amour et d'amitié ; ils aiment les caresses et les rendent avec complaisance. La cage leur déplaît extrêmement, et ils sont si familiers , qu'ils ne cherchent jamais à s'échapper. On en voit qui obéissent lorsqu'on leur commande de s'éloigner, et témoignent leurs regrets en tournant souvent la tête pour voir si leur maître les rappelle. En général , ces oiseaux sont fort propres, ont des mouvemens gracieux , et mangent tout ce qu'on leur présente.

Le Kakatoès à huppe rouge , *Cacatua rosacea* , Vieill. ; *Psittacus rosaceus*, Lath. ; *Psittacus moluccensis* , Gmel. , pl. enl. 498. Il se trouve aux Moluques. Son plumage est d'un blanc tirant sur le rose; sa huppe est de plus d'un beau rouge qui ne teint que les plumes du milieu; toutes sont larges, épanouies et arrondies à leur extrémité.

Les couvertures inférieures des ailes et de la queue sont d'une couleur de soufre ; le bec est d'un noir bleuâtre , et le tarse de couleur de plomb ; longueur totale, dix-sept pouces environ.

* Le Kakatoès à huppe rouge et bleue, *Psittacus coronatus*, Lath. La description de cet oiseau a été prise par Latham, dans le *Syst. nat.* 1 , p. 143, n.° 21 de Linnæus. Je l'appelle *Kakatoès natura*, parce que l'illustre naturaliste suédois dit que sa huppe est pareille à celle des kakatoès à plumage blanc ; cependant, j'ai peine à croire, s'il existe réellement tel qu'on le dépeint, que son pays natal soit Surinam. Au reste, il a le front jaune , la huppe écarlate et terminée de bleu clair ; le corps en général , et la queue verts, les pennes caudales extérieures bleues en dehors ; leurs couvertures inférieures , de cette couleur à l'extrémité, et rouges dans le reste.

Latham regarde comme un individu de la même espèce , l'oiseau que Bancroft appelle *rockatoo of Guiana*. Il est plus petit qu'un perroquet commun ; son bec est court et de couleur marron ; la tête, les joues et le cou sont couverts de plumes longues, déliées , et d'un rouge terne , avec des lignes noirâtres ; les plumes du sommet de la tête ont un pouce et demi de longueur et l'oiseau peut les relever à volonté , ainsi que celles des joues et du cou ; le corps et les ailes sont verts ; les pennes caudales courtes , vertes , et d'un rouge terne.

Le Kakatoès jing-wos , *Cacatua galerita* , Vieill.; *Psittacus galeritus* . Lath., pl. , page 237 du *White's Journ.* On le trouve à la Nouvelle-Hollande ; il est de la taille d'un coq ordinaire , et a vingt-un pouces de longueur totale. Le bec est noir ; le plumage généralement blanc ; on remarque , sur le front , dix ou douze plumes de couleur de soufre , longues de sept pouces, terminées en pointe, et présentant la forme d'une huppe. Le sommet de la tête est nu; la queue égale à son extrémité, longue de huit pouces , et de la couleur de la huppe à la base ; les pieds sont noirâtres. Cette espèce habite la Nouvelle-Hollande, et se trouve aussi à la Chine, où elle porte le nom de *Jing-wos* (oiseau qui parle). Le *kakatoès jing-wos*, dont les plumes de la huppe sont conformées comme celles du *kakatoès à huppe jaune*, n'en diffère que par une taille plus forte et plus longue.

Le KAKATOÈS DES MOLUQUES. *Voyez* KAKATOÈS A HUPPE BLANCHE.

Le PETIT KAKATOÈS DES PHILIPPINES. *Voyez* KAKATOÈS A BEC COULEUR DE CHAIR.

* Le KAKATOÈS A QUEUE ET AILES ROUGES, *Psittacus erytroleucus*, Lath., a été décrit par Brisson sous cette dénomination d'après Aldrovande qui nous dit qu'il est de la taille d'un *chapon*, et qu'il a le plumage d'un blanc cendré; le bec noir et très-crochu; le bas du dos, le croupion, la queue et les ailes d'un rouge vif; le bec et les tarses noirs; et un pied cinq pouces de longueur totale. Son pays n'est pas indiqué. J'ai peine à croire que ce soit un *kakatoès*, vu qu'il n'est nullement question d'une huppe dans sa description.

Le KAKATOÈS A TÊTE ROSE, *Cacatua roseicapilla*, Vieill., est d'une taille un peu au-dessous de celle du perroquet gris; il a la tête, le cou et tout le dessous du corps rose; les parties supérieures, d'un joli gris, plus foncé sur les ailes et la queue; le bec blanc chez l'individu mort, et les pieds bruns. Ce *kakatoès* est au Muséum d'Histoire naturelle; je soupçonne qu'il a été trouvé dans les Indes.

Le KAKATOÈS A TETE ROUGE, *Cacatua galeata*, Vieill.; *Psittacus galeatus*, Lath., pl. 145 du *Synopsis*, *deuxième suppl.* se trouve à la Nouvelle-Galles du Sud. Une teinte noirâtre, très-pâle sur le bord des plumes, et à reflets verts peu sensibles, domine sur son corps; un rouge foncé colore les plumes de la tête, qui sont longues, très-fournies, effilées, et que l'oiseau relève en forme de huppe, quand il est agité; le dessous du corps est d'une couleur plus foible que le dessus, et mélangé de rougeâtre et de vert sur le bord des plumes; mais ce mélange n'est pas très-apparent, si ce n'est sur le ventre où le rouge domine; les pennes des ailes et de la queue sont d'un noirâtre pur; cependant elles semblent en quelque sorte avoir des ondes plus claires; le bec est jaunâtre, le tarse d'une teinte sombre, et la queue courte; longueur, douze pouces, taille du perroquet gris. Un individu du même pays, que Latham suppose être la femelle, diffère du précédent, en ce qu'il a trois pouces de plus; les parties supérieures rayées en travers, d'une teinte pâle, principalement sur les ailes et la queue qui ont cinq à sept bandes transversales; les plumes de la tête sont conformées de même que celles du mâle, mais sont la couleur du dos ; le menton est d'un vert sombre ; la poitrine et le ventre ont des raies transversales rouges, jaunes et brunes, qui sont plus nombreuses à mesure qu'elles s'approchent des couvertures inférieures de la queue. Cet auteur fait encore mention d'un autre individu qui semble tenir le milieu entre les deux précédens, et qu'il soupçonne être un jeune dont le plumage n'est pas encore parfait, attendu qu'une partie seule des plumes de la tête sont rouges.

Le KAKATOÈS VERT, *Cacatua viridis*, Vieill., est de la taille du *kakatoès banksien*, et porte un plumage vert, à reflets, avec du brun jaunâtre sur le cou ; du jaune sur la tête, au bas des joues et au menton; la queue est étagée et en partie rouge ; le bec couleur de corne et le tarse gris. On le trouve à la Nouvelle-Hollande. Est-ce une espèce distincte ?

Le KAKATOÈS VERT, A HUPPE BORDÉE DE BLEU. *V.* KAKA-TOÈS A HUPPE ROUGE ET BLEUE.

B. *Joues nues.*

Le KAKATOÈS NOIR A TROMPE, *Cacatua aterrima*, Vieill.; *Psittacus aterrimus*, Lath., pl. 12 et 13 des Perroquets de Levaillant, sous le nom d'*ara noir à trompe*. Cette dénomination a été appliquée par M. Levaillant, à cet oiseau, parce que sa langue dure et roide est creuse à son extrémité, et qu'il s'en sert, dit-il, pour amener ses alimens vers sa gorge, en l'enfonçant dans la substance des fruits qu'il mange. Son bec a deux dents, l'une au milieu, l'autre vers le bout, et sur chaque bord de la mandibule supérieure, qui est longue de près de cinq pouces, très-recourbée et très-aiguë à la pointe ; la dent du milieu correspond à une échancrure grande et profonde, qui se trouve sur chaque côté de la mandibule inférieure, de manière qu'elle remplit à peu près cette cavité, quand le bec est fermé, qui cependant semble rester alors un peu entr'ouvert vers le bout. Selon M. Levaillant, ce *kakatoès* recouvre, lorsqu'il a froid, ses joues nues, en abaissant sur elles les plumes de sa huppe. Ces plumes sont nombreuses, longues, étroites, effilées, pointues et d'un cendré noirâtre ; le reste du plumage est d'un noir lustré et ardoisé, avec des reflets bleuâtres ; la peau nue des joues est couleur de chair. On le trouve dans l'île de *Ceylan*.

L'*Ara gris à trompe*, pl. 11 du même ouvrage, ne diffère du précédent, qu'en ce que son plumage est d'un gris ardoisé; mais on le donne pour le même oiseau que le noir, ce dernier étant privé de la poudre grise qui colore ces *kakatoès* ou *aras* dans l'état de nature, selon M. Themminck qui les possède dans sa riche et nombreuse collection. (v.)

KAKATOUA. *V.* Kakatoès. (v.)

KAKATOUS. *V.* Kakatoès (s.)

KAKEIN. Nom du Genévrier commun, au Kamts-chatka. (ln.)

KAKENAN. On appelle ainsi, à Pondichéry, la Clitore de Ternate. (b.)

KAKERLAK ou **KAKURLAKO**, ou **KURUI-LACKO.** On donne ce nom, aux Indes, à des individus de l'espèce humaine, qui ne sortent que de nuit, parce que leurs yeux sont offusqués de la lumière du jour, comme ceux des *chats-huans*. C'est un vrai état de maladie. Les voyageurs nous ont peint ces hommes comme des êtres merveilleux, comme des espèces de singes nocturnes, qui se cachoient pendant le jour dans des grottes profondes, et rôdoient pendant les nuits à la manière des prétendus *loups-garoux*, enlevant les femmes, les enfans, etc. Ce sont les mêmes êtres qu'on nomme *dondos*, à Loango ; *albinos* ou *nègres blancs*, en Afrique ; *chacrelas* ou *kakerlaks*, en Asie ; *dariens*, à l'isthme de Panama, et *blafards*, en Europe. (Nous renvoyons, à ce sujet, aux articles Albinos et Dégénération.) Ces individus sont appelés *kakerlaks* ou *chacrelas*, parce qu'on les compare aux *blattes* ou *ravets*, ou *kakkerlaques*, espèce d'insectes fort incommodes (*blatta orientalis*, Linn.), et qui se tiennent toujours dans l'obscurité. (Virey.)

KAKERLAQUE, *Kacrela.* Voy. Blatte. (l.)

KAKERLIK. *V.* le genre Perdrix. (v.)

KAKETAN. Espèce de Liseron. (b.)

KAKI. Nom qu'on donne vulgairement, au Japon, à une espèce de Plaqueminier. (Diospyros Kaki, W.) (ln.)

KAKILE. *V.* Cakile. (ln.)

KAKIOUDÉ. Tablette ou pastille parfumée, composée avec des aromates les plus exquis des îles de l'Inde, et que les riches mâchent continuellement dans ces îles et à la Chine. (b.)

KAKITS. Nom du Laitron oléracé, en Hongrie. (ln.)

KAKKABA. Nom grec de la Perdrix bartavelle. (v.)

KAKKREIE. *V.* Kae. (desm.)

KAKOCOZ. Nom de la Huppe, en hébreu, suivant Gesner. *V.* Huppe. (s.)

KAKONGO. Poisson des rivières d'Afrique, qui est d'un goût délicat, et que les rois de ces contrées se réservent. On ignore positivement son genre ; mais il y a lieu de présumer que c'est une espèce de Salmone. (b.)

KAKOPIT. Nom que Séba donne à un prétendu Co-LIBRI des Indes orientales, que Brisson a décrit sous la dénomination de COLIBRI D'AMBOINE. Comme il est certain que cette famille n'habite que l'Amérique, il paroît que c'est d'un *souï-manga*, que ces auteurs ont voulu parler. *V.* SOUÏ-MANGA D'AMBOINE. (V.)

KAKU-SO. *V.* KAMBATA. (LN.)

KAKUK-FIU. L'un des noms du SERPOLET, en Hongrie. (LN.)

KAKURE-MIMO. C'est, au Japon, une espèce d'É-RABLE (*Acer trifidum*, Th.) (LN.)

KAKU-TALI. C'est le PÉDALION. (B.)

KAKU-VALLI. C'est le DOLIC BRULANT. (B.)

KAIN. Nom tartare du BOULEAU BLANC. (LN.)

KAIOS ou KAIOVER. C'est, selon toute apparence, le PETIT GUILLEMOT. Les Cosaques l'ont surnommé WOS-KIK. (S.)

KAL. Nom suédois, islandais et servien du CHOU. Cette plante est le *kalam* des Arméniens, le *kapusta* des Bohémiens, Polonais et Russes, le *kapsta*, ou *kobsta*, ou *kubista*, et *kubysta* de diverses hordes tartares. (LN.)

KALAE. Nom de la POULE SULTANE, dans l'île des AMIS. (V.)

KALAF. Nom persant du CHALEF d'Europe, du CHALEF d'Orient et des SAULES. (LN.)

KALAKA. Nom d'un arbuste du genre CALAC, *Carissa carandas*, dans la langue tamoule. C'est le CARENDANG ou RENDANG de Java, le CARANDAS de Garcias, C. Bauhin et Rumphius. *V.* CALAC. (LN.)

KALA-KURULGOYA. Nom que porte, à l'île de Ceylan, l'ÉPERVIER A COLLIER. *V.* ce mot. (S.)

KALALIO. Nom donné, à Surinam, au *Phytolacca octandra*. (LN.)

KALAN. Nom kamstchadale des LOUTRES de mer. (DESM.)

KALAN. Adanson a ainsi nommé la coquille ou une des coquilles qui fournissoient la pourpre aux anciens; c'est le *murex marmoreus* de Rondelet, le *strombus lentiginosus* de Linnæus. On le regarde comme ayant la BLATTE DE BY-ZANCE pour opercule. (B.)

KALANDER, en allemand. *V.* CALANDRE DES BLÉS. (DESM.)

KALANCHÉE, *Kalanchoee.* Genre de plantes de l'octandrie tétragynie, et de la famille des succulentes, qui ne diffère des Cotylets que par le nombre des parties de sa fructification, c'est-à-dire, qui n'a que quatre étamines, quatre ovaires, etc. C'est Decandolle qui, dans l'ouvrage sur les plantes grasses de Redouté, a effectué cette séparation, déjà indiquée par Adanson.

Il en figure deux espèces : l'une, la Kalanchée d'Egypte, a les feuilles presque rondes, concaves, légèrement crénelées, glabres, et les fleurs rouges. Elle est originaire d'Egypte, et s'y cultive, dans les jardins, à raison de la couleur vive de ses fleurs. L'autre, la Kalanchée en spatule, a les feuilles presque rondes, foiblement crénelées, glabres, et les fleurs jaunes. Elle est originaire de la Chine.

Toutes deux sont vivaces, et s'élèvent à environ un pied. On les multiplie de boutures dans nos écoles de botanique. Le genre Vereie d'Andrews n'en diffère pas. (B.)

KALANDEA d'Oppien. C'est la Calandre. *Voyez* ce mot. (S.)

KALAP-FU. Nom hongrois du Tussilage pétasite. (LN.)

KALAVEL. Nom donné, à Ceylan, ainsi que celui de Kiridivel, à un arbrisseau que Linnæus nomma Santaloïdes, et dont Adanson fait son genre Kalavel. Les fleurs offrent : un calice à cinq pièces ; une corolle à cinq pétales ; dix étamines, et deux styles. Elles forment des panicules axillaires. Les feuilles sont ailées avec impaire. Adanson place cette plante dans sa nombreuse famille des *pistachiers*. On ne doit pas la confondre avec le Calawée de Sumatra. *V.* ce mot et Santaloïdes. (LN.)

KALB. C'est le Veau, en allemand. (DESM.)

KALBA. Nom donné par les Tartares, suivant Falkland, à l'Ail d'ours (*Allium ursinum*). (LN.)

KALBERL. Nom allemand de la Brebis. KALBER-LAMM est celui de l'Agnelle. (DESM.)

KALBERMILCH, KALBERPREIS ou KALBS-DRUSE. Noms allemands du Cerfeuil sauvage (*Chærophyllum sylvestre*). (LN.)

KALBLEIN. Nom allemand des Coccinelles. (DESM.)

KALENGI-CANSJAVA. Nom malabare du Chanvre de l'Inde. (LN.)

KALERIA d'Adanson. *V.* Caleria. (LN.)

KALESJAM. *V.* Calesan. (L.)

KALFBAER. Le Groseillier alpin est ainsi désigné dans certaines provinces de Suède. (LN.)

KALFRUMPA. C'est l'Epilobe a feuilles étroites, en Suède. (LN.)

KALFUR, Nom turc du GÉROFLE. (LN.)

KALI. Nom arabe de la SOUDE, très-ancien et cité par Pline. C'est celui de la plante qui donne le minéral dit *soude*, nommé autrefois, à cause de cela, *alkali*. Les botanistes ont décrit et indiqué comme des *kali*, non-seulement presque toutes les espèces du genre actuel SALSOLA, mais aussi des plantes qui font partie maintenant des genres *frankenia*, *galenia*, *trianthema*, *gypsophila*, *mesembryanthemum*, *aizoon*, *plantago*, *reaumuria*, etc., qui appartiennent presque à autant de familles différentes ; et *salicornia*, *chenopodium*, *anabasis*, genres de la même famille que les *salsola*; toutes ces plantes se rapprochent les unes des autres par leur port ou par leurs feuilles charnues. Tournefort appelle KALI le genre nommé depuis *salsola* par Linnæus. Adanson rétablit l'ancienne dénomination. Le KALI de Pline est une espèce de ce genre, sans nul doute ; mais laquelle ? est-ce le *salsola kali* ? (LN.)

KALI-APOKARO. *V.* CUNTO. (LN.)

KALIFORMIE, *Kaliformia*. Genre de plantes établi par Stackhouse, *Néréide Britannique*, aux dépens des VARECS de Linnæus. Ses caractères sont : frondes cartilaginoso-gélatineuses, légèrement diaphanes ; rameaux épars à ramuscules obtus, presque verticillés ; bourgeons séminiformes, nus et enfermés.

Ce genre rentre dans la troisième section du genre GIGARTINE de Lamouroux. Il renferme cinq espèces, dont font partie les VARECS RAQUETTE, NAIN, DIAPHANE, etc. (B.)

KALIKA-REPA. Nom du NAPEL, en Hongrie. (LN.)

KALINA. Nom donné, en Bohème, au SORBIER DES OISELEURS. (LN.)

KALINEN, KALINCHEN ou KALINKEN. Noms de l'OBIER (*Viburnum opulus*), en Allemagne. (LN.)

KALISSON. Très-petit OSCABRION trouvé sur la côte du Sénégal. (B.)

KALKAUN, KALKUN et KALKUTER. Noms du DINDON, en Allemagne. (DESM.)

KALKON. Nom suédois du DINDON. (V.)

KALKSINTER. Werner comprend sous ce nom les variétés de la *chaux carbonatée concrétionnée* et les variétés coralloïdes de l'ARRAGONITE. (LN.)

KALKSPATH, de Werner. C'est la CHAUX CARBONATÉE CRISTALLISÉE. Toutes les autres variétés de la chaux carbonatée sont classées sous le nom de *kalkstein*. (LN.)

KALKUTER. *V.* KALKAUR. (LN.)

KALKZEOLITE, d'Oken. *V.* APOPHYLLITE. (LN.)

KALFRO et **KALLTORSK** (*Rana esculenta*). Noms suédois de la GRENOUILLE. (DESM.)

KALLGAARD-ARVE. Nom de la MORGELINE dans l'île de Bornholm. (LN.)

KALL. Espèce d'EUPHORBE de l'Inde, *Euphorbia tirucali*, Linn., dont les naturels font un grand usage dans leur médecine, quoique, comme celui de la plupart de ses congénères, son suc soit un violent poison, pris à une certaine dose. (B.)

KALLIKA. Nom de la TULIPE, chez les Kalmouks. (LN.)

KALLINGAK. Nom que les Groënlandais donnent à un MACAREUX tout-à-fait noir et gros comme un pigeon. (V.)

KALLSTROEMIA de Scopoli. Genre de plantes de la décandrie monogynie, qui a pour caractères : calice de cinq folioles concaves; corolle à cinq pétales obtus, à bords repliés en dedans; dix étamines inégales; un style; une capsule plus courte que le calice, à dix loges monospermes, et couronnée par le style persistant.

Scopoli rapporte à ce genre le *tribulus maximus* de Loefling et de Linnæus, qui croît à la Jamaïque. *Voyez* HERSE.

(LN.)

KALMIE, *Kalmia*, Linn. (*Décandrie monogynie.*) Genre de plantes de la famille des rhodoracées, dont les caractères sont d'avoir : un calice persistant, divisé en cinq parties ; une corolle monopétale, en forme de soucoupe, creusée intérieurement de dix fossettes, auxquelles correspondent à l'extérieur autant de mamelons saillans ; dix étamines courbées vers le milieu de la corolle, et un style plus long qu'elles, placé sur un germe rond, et couronné par un stigmate obtus. Le fruit est une capsule ovale ou sphérique, s'ouvrant par cinq valves, et partagée en cinq loges remplies de très-petites semences.

On cultive en France, dans les jardins des curieux, six espèces de *kalmies*, qui nous viennent de l'Amérique septentrionale ; ce sont des arbrisseaux ou des arbustes toujours verts, qui ont des feuilles simples et de très-belles fleurs disposées en corymbe sur les côtés des branches ou à leur sommet.

La KALMIE A FEUILLES LARGES, *Kalmia latifolia*, Linn., est la plus belle de ces espèces. Cet arbrisseau croît sur les rochers de la Virginie et de la Pensylvanie, où il s'élève à la hauteur de dix a douze pieds : dans nos climats, il est communément haut de deux pieds. Sa tige est branchue et garnie de feuilles ovales, entières et très-roides ; ses fleurs forment des corymbes terminaux. Elles sont très-nombreuses, d'une forme élégante et d'un beau rouge pourpré; elles offrent un coup d'œil très-agréable : elles se succèdent pendant une grande partie de l'été. On peut, même dans le nord de la France, cultiver cet arbrisseau en pleine terre; il aime un sol frais, un peu ombragé et humide, facile a pénétrer, tel que le terreau de bruyère, Il trace beaucoup et produit des rejets propres à le multiplier. Son bois est dur; celui de sa racine est jaune comme notre buis, aussi les Américains s'en servent pour les mêmes usages.

La Kalmie a feuilles étroites, *Kalmia angustifolia*, Linn., est originaire des mêmes contrées et beaucoup moins élevée que l'espèce précédente. Ses feuilles sont coriaces, ternées et lancéolées, et ses fleurs d'un rouge clair sont disposées en corymbes clairs et latéraux. Cet arbuste fleurit aussi pendant plusieurs mois de l'été; il se plaît dans un terrain sec et inculte, et se multiplie par ses rejetons.

La Kalmie glauque, dont les feuilles sont blanchâtres, se cultive comme la précédente.

C'est un bel arbrisseau peu élevé, remarquable par le nombre de ses fleurs, par ses rameaux étalés, opposés, glabres, à deux angles tranchantes. Ses feuilles sont presque sessiles, opposées, allongées, presque elliptiques, entières, obtuses à leur sommet, un peu rétrécies à leur base; glabres, d'un vert luisant en dessus, glauques en dessous, roulées à leurs bords, longues d'environ deux pouces. Il y en a une variété à feuilles plus étroites: (D.)

KALO-ADOULASSO. Nom malabare d'un arbrisseau qui est une espèce de Carmantine, *Justicia gendarussa*. Sur la côte de Coromandel. on l'appelle *carou-notchouli*, c'est-à-dire, Notchouli noir. (LN.)

KALSCILETTI-PULLO. *V.* Xyris de l'Inde. (B.)

KALSLEKKA. Nom du Populage, en Suède. (LN.)

KALTAN. L'un des noms sibériens de la Marte Zibeline. (DESM.)

KAL-TODDA-VADDI. Nom malabare d'une espèce de Brisillet (*Cæsalpinia mimosoïdes*, L.). (LN.)

KALU KURULGOYA. Nom du Busard tchoug, à Ceylan. (S.)

KALUTTEN. Nom allemand des Papillons. (DESM.)

KALVETADAGON. Nom malabare de l'*adolia rubra*, Lamk. Vetadagon est le nom d'une autre espèce du même genre, *adolia alba*, Lamk. (LN.)

KAMABATA et **KAKU-SO.** Noms japonais de la Bugle d'Orient. (LN.)

KAMADA. Nom javan de l'ORTIE STIMULANTE. (B.)

KAMAN. C'est le *curdium costatum* de Gmelin. *V.* au mot BUCARDE. (B.)

KAMASC. Nom du PLANTAIN, en Perse. (LN.)

KAMB. *V.* KABU. (LN.)

KAMBANG-PAKOCH-AMPUT. Nom malais du NICTAGE BELLE DE NUIT. (B.)

KAMBEUL. C'est l'*helix flammea* de Gmelin. *V.* au mot BULIME. (B.)

KAMEEL-DORN. *V.* KANAAP. (S.)

KAMEFITHEOS. *V.* CAMIFITIUS. (LN.)

KAMEL. Nom allemand du CHAMEAU. (DESM.)

KAMELHEN. L'un des noms du JONC FLEURI, *Butomus umbellatus*, en Allemagne. (LN.)

KAMELOS. Nom grec du CHAMEAU. *V.* ce mot. (S.)

KAMÉNOÏ SKVOREZ. Nom que porte, en Sibérie, le MERLE ROSE, et qui veut dire *étourneau des rochers*. (V.)

KAMENNOIE. *V.* KAMMENOIE MASLO. (PAT.)

KAMENOUSCHKI (*Canard des rochers*). Nom que les Russes donnent au *canard à collier de Terre-Neuve*, (*Anas histrionica*), parce qu'il cherche les eaux les plus vives des montagnes. (V.)

KAMICHI, *Palamedea*, Lath. Genre de l'ordre des ÉCHASSIERS et de la famille des UNCIROSTRES. *V.* ces mots. *Caractères :* bec plus court que la tête, garni de plumes à la base, conico-convexe ; mandibule supérieure un peu voûtée, crochue à la pointe ; l'inférieure plus courte, presque obtuse à l'extrémité ; narines ovales, ouvertes, situées vers le milieu du bec ; langue . . . . . . ; front garni d'une corne longue, grêle, cylindrique, droite et pointue ; quatre doigts épais, trois devant, un derrière ; les extérieurs unis à la base par une membrane ; le pouce ne portant à terre que sur le bout ; ongles médiocres, pointus, canaliculés en dessous ; le postérieur presque droit, le plus long de tous ; ailes garnies de deux éperons robustes, pointus ; la première rémige la plus courte de toutes, les troisième et quatrième les plus longues. Ce genre n'est composé que d'une seule espèce. Latham et Gmelin y ont classé le *cariama* qui a paru à M. Geoffroy-Saint-Hilaire, et à Illiger, avoir des caractères distincts, suffisans pour être isolé génériquement. Les *kamichis* sont de grands oiseaux qui se tiennent dans les vastes marécages de la Guyane ; quoique munis d'armes très-offensives qui les rendroient formidables au combat, ils

n'attaquent point les autres oiseaux, et ne font la guerre
qu'aux reptiles. Consultez ci-après la description de leurs
mœurs faite par un savant, qui les a observés dans leur pays
natal. (v.)

Le KAMICHI proprement dit, *Palamedea cornuta*, Lath.,
fig., Lath., pl. enl. n.º 451. En parcourant de la pensée la
série immense de toutes les espèces d'oiseaux qui peuplent
les airs, donnent la vie aux forêts et aux vergers, se promènent
sur les rivages de la mer, et sur les bords fangeux des lacs,
des étangs et des mares, ou sillonnent mollement la surface
des eaux, en vain l'on en chercheroit une dont la tête fût
armée comme celle du *kamichi*. Un grand nombre d'espèces
portent une huppe ou une touffe de longues plumes qui se
relèvent en panache élégant, ou se dessinent avec grâce en
descendant sur le cou ; d'autres ont une aigrette légère ; la
nature a donné une couronne à plusieurs, et une sorte de
diadème charnu à quelques autres. Aucun de ces ornemens
de formes si variées, ne pare la tête du *kamichi ;* une arme
menaçante s'élève sur son front ; c'est une corne pointue,
longue de trois à quatre pouces, et dont la base a deux ou trois
lignes de diamètre ; elle est droite dans toute sa longueur,
excepté à sa pointe qui se courbe un peu en avant ; sa base
est revêtue d'un fourreau semblable au tuyau d'une plume.

Indépendamment de sa corne à la tête, le kamichi a sur
chaque aileron deux forts éperons triangulaires, qui se dirigent en avant lorsque l'aile est pliée, et dont le supérieur
est plus long et plus gros que l'inférieur ; ce sont des apophyses
de l'os du métacarpe, et leur base est entourée d'un étui
semblable à celui de la corne.

Si l'on jugeoit du naturel de l'oiseau par l'appareil de ses
armes, on le regarderoit comme le tyran le plus féroce et le
plus dangereux, cherchant les combats, la destruction et le
carnage. Par une exception remarquable, la nature lui a
donné des mœurs douces et une sensibilité profonde. C'est
un exemple ou plutôt un modèle qu'elle présente aux hommes, auxquels les grands intérêts, ou, pour mieux dire, les
abus et les vices des sociétés, font un devoir et une habitude
d'avoir les armes à la main.

Le kamichi n'attaque point les autres animaux, au milieu
desquels il vit en paix. Sa nourriture ordinaire consiste en
herbe tendre, qu'il pâture à la manière des oies ; il mange
aussi les graines de plusieurs espèces de plantes, mais jamais
de proie vivante. Le nombre de ses armes est donc un vain
appareil de guerre, et elles ont été départies à l'un des oiseaux les moins disposés à en faire usage. Il n'est qu'une occasion où les éperons des ailes deviennent des armes offen-

sives, mais c'est à l'espèce même du kamichi qu'elles deviennent funestes. Lorsque, dans la saison des amours, plusieurs mâles se rencontrent, la possession d'une femelle est un sujet de combat ; de vigoureux coups d'ailes, soit à terre, soit au vol, sont assenés et rendus avec acharnement, jusqu'à ce que le plus fort ou le plus adroit ait mis ses rivaux en fuite et soit resté maître du champ de bataille souvent ensanglanté, et du prix de la victoire. L'amour alors depose ses fureurs, il n'existe plus que tendresse et fidélité. Et ces sentimens ont tant de vivacité, que les deux époux ne se séparent plus, et que si l'un vient à mourir, l'autre ne cesse d'errer, en poussant, comme la tourterelle, des sons plaintifs autour des lieux où la mort l'a privé de ce qu'il aime, se consume et finit par périr victime de ses regrets. *Voyez* Marcgrave et Pison.

L'espèce du kamichi se trouve au Brésil, à la Guyane, et vraisemblablement dans d'autres contrées de l'Amérique méridionale. Partout elle paroît rare, soit parce qu'elle est peu féconde, soit, comme je le présume, parce qu'elle ne fréquente que les lieux reculés et solitaires. Elle se plaît dans les savanes à demi-noyées, où il est bien difficile de l'atteindre ; sa ponte, qui n'a lieu qu'une fois par an, dans les mois de janvier et de février, consiste en deux œufs de la grosseur de ceux de l'oie ; le nid est placé sur des broussailles ou au milieu des joncs. Ces oiseaux se perchent rarement, se tiennent presque toujours à terre, et n'entrent point dans les forêts. Leur démarche est grave, ils portent le cou droit et la tête haute. Leur voix est si forte que leur cri retentit au loin, et a quelque chose d'effrayant. Marcgrave lui donne l'épithète de *terrible*, et l'exprime par *vyhou-vyhou : terribilem clamorem edit, vyhu, vyhu vociferando.* (*Histoire nat. du Brésil*, p. 215.) C'est d'après ce cri que les Indiens des bords de l'Amazone ont nommé ces oiseaux *cahuitahu ;* ceux de la Guyane française les appellent *kumouki*, d'où les Créoles ont formé la dénomination de *camoucle ;* à Surinam, on les nomme *arend ;* au Brésil, *anhima ;* enfin, quelques naturalistes les ont désignés sous le nom d'*aigles d'eau cornus.* L'on peut voir, par ce qui précède, combien cette dernière désignation est fautive, et la conformation extérieure des kamichis les éloigne autant des aigles, que leurs mœurs et leurs habitudes.

Ils se rapprochent du dindon par la forme du corps, mais ils sont plus gros et plus charnus. Leur bec a plus de rapport avec celui des gallinacés qu'avec le bec des oiseaux de proie. Ils ont les narines grandes, les yeux ronds, saillans et noirs les ailes très-amples, et qui atteignent presque le bout de la queue qui est longue, les jambes grosses et recouvertes dans leur partie nue, aussi bien que les pieds, d'une peau noire et écailleuse; les doigts de longueur inégale, celui du milieu long de quatre pouces et demi, et l'interne de deux pouces, tous munis d'ongles longs et peu crochus, entre lesquels celui du doigt le plus long se trouve le plus court. Les parties internes diffèrent peu de celles des gallinacés; le jabot a une ampleur considérable, aussi bien que l'estomac, qui diffère par sa forme de celui des gallinacés. La membrane externe de ce viscère est très-musculeuse : l'interne est veloutée de même que dans la plupart des quadrupèdes. Les intestins sont longs, et leurs tuniques sont très-fortes.

Quand le kamichi a acquis tout son accroissement, la couleur générale de son plumage est d'un noir d'ardoise ; de petites taches grisâtres se font remarquer sur le cou, le dos, le jabot, une partie de la poitrine, les ailes et la queue; le ventre est blanc, et le dessous des ailes d'un gris teinté de roux; la tête est garnie de petites plumes, douces au toucher, semblables à du duvet, et mêlées de blanc et de noir. La longueur ordinaire de l'oiseau, prise du bout du bec à celui de la queue, est de deux pieds quatre pouces, et l'envergure de plus de cinq pieds ; les plumes les plus longues des ailes ont quatorze à quinze pouces ; elles sont plus grosses que celles des oies, mais elles ont moins de consistance, et l'on ne peut s'en servir pour écrire: celles de la queue ont huit à neuf pouces, et sont égales entre elles. (s.)

KAMINI-MASLO ou plutôt **KAMMENOIÉ MASLO.** *Voyez* GÉOPHAGES, tom. 1, pag. 93, et BEURRE DE MONTAGNE. (DESM.)

KAMMEBLUME et **KAMMERBLUME.** Noms de la CAMOMILLE, en Allemagne. (LN.)

KAMO-URI. Nom japonais du POTIRON. (LN.)

KAMOUKI. Nom que les naturels de la Guyane ont imposé au KAMICHI; les Créoles l'appellent *camoucle.* (V.)

KAMMOUN. Nom arabe du CUMIN (*cuminum cyminum*, L.). (LN.)

KAMMOUN-ASOUAD. *V.* HABBAB-SOUDED. (LN.)

KAMOUN KARMANY (*cumin de Caramanie*). Nom arabe de la FABAGELLE ECARLATE (*zygophyllum coccineum*, L.), ainsi appelée à cause de ses graines aromatiques, et de la contrée ou elle croît. (LN.)

KAMPELIA. Suivant Adanson, ce nom auroit été donné au LASIANTHE de Linnæus, qui est maintenant une espèce du genre *gordonia.* (LN.)

KAM-PEN-FUNG. Nom donné, en Chine, au QUA-

MOCLIT (*ipomœa quamoclit*, Linn.), cultivé pour l'agrément dans les jardins de l'Inde. (LN.)

KAMPMANNIA. Genre proposé par Rafinesque-Schmaltz pour placer une espèce de CLAVALIER, le *zanthoxylum tricarpum* de Michaux. (LN.)

KAMPSERKRAUT. La CITRONNELLE (*artemisia abrotanum*) porte ce nom en Allemagne. (LN.)

KAM-QUA. Nom, Chinois, d'un arbrisseau que Loureiro place avec les FUSAINS (*evonymus chinensis*, Lour.). (LN.)

KAM-SIUN-LIN. Nom chinois d'un SÉNEÇON (*senecio divaricatus*, Linn.), qui croît aux environs de Canton, en Chine. (LN.)

KEMUM des Arabes. C'est le CUMIN. (LN.)

KAMYSCH. Nom du ROSEAU A BALAIS (*arundo phragmites*, L.), en Russie. (LN.)

KANAAP. Espèce de MIMOSA, qui sert de nourriture à la GIRAFFE. (S.)

KANAHIA. Genre de plante de la pentandrie digynie et de la famille des asclépiadées, établi par Robert Brown, aux dépens du genre ASCLÉPIADE. Ses caractères sont : corolle campanulée, ayant son limbe à cinq divisions; couronne staminifère située au haut du tube que forment les filamens, composée de cinq folioles subulées, renflées à la base ; anthère terminée par une membrane ; masses pollinifères ventrues fixées par la pointe, et pendantes; stigmate mutique ; fruit folliculaire grêle, strié ; graines...

Ce genre comprend l'*asclepias laniflora* de Forskaël, plante à feuilles opposées et à fleurs disposées en bouquet sur la tige et entre les pétioles. (LN.)

KANARA-PULLU (Rheed. Malab., 12, t. 69). Nom malabare de la CRETELLE DES INDES (*cynosurus indicus*). (LN.)

KANAWA d'Amboine. C'est le *salimori* de Ternate, le *cenau* de l'île Banda, le *novella nigra* de Rumphe, ou *cordia sebestena*, Linn. *V.* SEBESTIER. (LN.)

KAND'A-MURRUGAM. Nom malabare du RHINOCÉROS. (DESM.)

KANDANAKU. *V.* KATEVALA. (LN.)

KANDAR. Les nègres du Sénégal donnent ce nom à l'ANHINGA. (S.)

KANDEL ou CANDEL. Noms malabares des MANGLIERS; il faut distinguer le KANDEL, qui est le *rhizophora gymnorhiza*, L ; le TSIEROU CANDEL ou *rhiz. candel*, L., le PERKANDEL ou *marque guapariba* des Brasiliens, ou *rhizoph. mangle*, L., et le KARIL-CANDEL, *rhizoph. cylindrica*, L. *V.* CANDEL.

KANDELBEERE. L'IF et la MANCIENNE portent ce nom en Allemagne. (LN.)

KANDELBLUTHE. Un des noms du Lilas, en Allemagne. (ln.)

KANDELWINDE. La Mancienne et le Merisier a grappes sont ainsi appelés dans quelques parties de l'Allemagne. (ln.)

KANDEN. Arbre fort épineux, à feuilles opposées ou ternées, un peu pétiolées, ovales, pointues et entières; à épines axillaires, droites et aiguës; à fleurs petites, odorantes, d'un vert blanchâtre, disposées sur des grappes axillaires, moins longues que les feuilles.

Ses fleurs ont un calice monophylle à quatre divisions; quatre étamines non saillantes; un pistil terminé par un stigmate en tête. Ses fruits sont des baies arrondies, comprimées, d'un pourpre bleuâtre, et qui contiennent, sous une pulpe succulente, d'une saveur agréable, deux noyaux séparés l'un de l'autre.

Cet arbre, qui est toujours vert, paroît devoir constituer un genre particulier; il se trouve sur la côte de Malabar. (b.)

KANDÈQUE. Arbre de l'Inde qui n'est connu que fort incomplétement. Lamarck pense qu'il se rapproche du Grignon. (b.)

KANDIS. *V*. Candis. (ln.)

KANEH. Mot hébreu qui signifie Roseau. (ln.)

KANEELSTEIN. *V*. Kanelstein. (ln.)

KANELBEERE. Le Cornouiller mâle reçoit ce nom et celui de Kanelskirsche, en Allemagne. (ln.)

KANELSTEIN. Werner a donné ce nom à une substance minérale qui est apportée de Ceylan, et qui paroît extrêmement rapprochée des grenats. M. Haüy vient de lui donner celui d'*essonite*. Sa couleur principale est le rouge jaunâtre de l'hyacinthe, avec des reflets d'un rouge de sang ou de couleur d'infusion de cannelle, passant au jaune de miel ou orangé, ou bien aurore; il est transparent ou demi-transparent; sa réfraction est simple; sa cassure est vitreuse, très-inégale et partiellement conchoïde. Il raye le quarz, mais avec difficulté. Sa pesanteur spécifique est de 3,60 ou de 3,64. Au chalumeau, il se fond en un émail brun noirâtre; mis sur un charbon, il s'arrondit peu à peu et fond tranquillement en une perle vitreuse, lisse, d'un gris verdâtre foncé à l'extérieur. Ses principes chimiques sont, d'après Klaproth:

Silice.	38,80.
Alumine.	21,20.
Chaux.	31,25.
Fer oxydé.	6,50.
Perle	2,25.
	100,00

Ces principes ne sont pas ceux du zircon, et surtout ceux de l'hyacinthe, pierres avec lesquelles les minéralogistes ont confondu le kanelstein. Ils sont les mêmes que dans le grenat, et ne varient que dans leurs proportions; on ne sauroit cependant réunir le kanelstein au grenat, sa forme primitive étant très-différente de celle de cette pierre. Suivant M. Haüy, c'est un prisme droit rhomboïdal de 102°40′ et 77°20′; le rapport entre les diagonales de la base est de 5 à 4 environ; il y a des indices de joints obliques à l'axe et parallèles à des faces qui naîtroient sur les arêtes longitudinales du prisme. (*V.* tabl. comp., p. 62, et un Mémoire de M. Haüy, sur les pierres précieuses, récemment publié.)

On nous apporte le kanelstein de Ceylan, en petits fragmens ou grains anguleux qu'on recueille dans le sable des rivières de cette île. Il vient encore de Ceylan, une substance en masse granulaire qui est assez commune dans nos cabinets, et qu'on a nommée *kanelstein de Ceylan*. Elle a beaucoup de ressemblance avec un grenat en masse granulaire. C'est, suivant M. Haüy, un assemblage de gros grains de kanelstein agglutinés.

Il existe dans la joaillerie beaucoup de pierres de kanelstein taillées; elles y sont connues sous le nom d'hyacinthes, mais elles sont aisées à distinguer par leur couleur aurore-brune, plus ou moins foncée, et par leur éclat, de l'hyacinthe véritable : celle-ci est plus vive et d'une couleur orangée plus agréable à l'œil. La taille à degré est la plus convenable au kanelstein; en faisant chatoyer la pierre, les degrés reflètent alors une couleur plus foncée que la table; quelquefois celle-ci est aurore claire et les contours sont d'un rouge foncé pourpré. Une belle pierre de kanelstein ayant 10 à 15 millimètres de dimension, vaut 80 à 100 francs. C'est le plus souvent une pierre de curiosité ; elle se juge mieux étant montée, et ne demande pas le paillon. On en cite qui ont plus de trois centimètres de dimension.

L'on a cru un moment que le kanelstein de Werner étoit un zircon, et l'analyse de Lampadius, qui indiquoit 28,80 de zircone, a pu contribuer à faire répandre cette erreur. Klaproth n'ayant pas retrouvé cette terre dans le kanelstein, confirme que ce n'est pas une variété du zircon. M. Mosh avoit prouvé avant l'analyse de Klaproth, que le zircon et le kanelstein sont très-différens, et que ce dernier appartient à la famille des grenats. M. Haüy fait observer que le kanelstein a une action sensible sur l'aiguille aimantée, mais à un degré plus foible que le grenat.

Il existe dans les cabinets, sous le nom de kanelstein, plusieurs minéraux qui ne doivent pas y être rapportés. Le kanelstein de Porto-Rico est un zircon en cristaux extrêmement petits, de formes et de couleurs analogues à celles du zircon de Norwége. On le trouve dans un sable fin contenant beaucoup de fer titané. On a nommé kanelstein du Brésil, de petits cristaux primitifs de grenat d'un jaune de miel et qui viennent effectivement du Brésil. Le kanelstein de Groënland est aussi un véritable zircon. (LN.)

KANÈVE. *V.* Canabou. (LN.)

KANFERKRAUT. C'est un nom allemand qui appartient à l'Anthyllide vulnéraire. (LN.)

KANJA-FU. Nom hongrois du Sisymbre (*sisymbrium sophia*) vulgairement nommé *sagesse des chirurgiens*. (LN.)

KANGÉLOS ou CATANGÉLOS. Synonyme de Ruscus chez les anciens, suivant Ruellius. (LN.)

KANEGEN. Un des noms allemands de l'Osier blanc (*salix viminalis*, L.). (LN.)

KANGIAR. C'est la coutume, chez presque tous les peuples de l'Asie méridionale, de porter un poignard à sa ceinture; celui des Indiens se nomme kangiar, celui des Malais *crit*, etc. On les voyoit dans les cabinets des curieux et dans ceux d'histoire naturelle autrefois; ces instrumens de férocité sont de l'histoire naturelle de notre espèce. La poignée de ces instrumens meurtriers est de forme singulière; elle présente deux branches ou montans parallèles entre eux, et dont l'espace intermédiare est vide; deux bandes transversales maintiennent les deux branches. Cet instrument ne se prend pas à poignée; mais on place ses doigts entre les branches, de manière qu'on peut lancer ce poignard en droite ligne à quelques pas. Comme la jalousie et la vengeance sont des passions qui croissent en proportion de la chaleur des climats, chaque homme est toujours prêt, dans les pays chauds, à immoler un ennemi ou à punir un adultère. La lame large du kangiar est tranchante des deux côtés, et quelquefois flamboyante; elle est souvent empoisonnée, soit avec la bave d'un reptile (du *gecko* ou de quelques serpens), soit avec des sucs vénéneux de plantes. Une seule égratignure de ces perfides instrumens suffit, dans les pays chauds, pour causer une gangrène mortelle dans la plaie. Les Malais, peuple féroce, font un grand usage du *crit* ou de leur poignard. Cette arme dangereuse semble être la défense des hommes lâches, qui, n'osant attaquer de front, assassinent en traîtres. Aussi les seuls habitans des pays chauds en font usage; la chaleur affoiblit beaucoup les corps, et ne leur permettant pas d'agir par le courage et la force, les oblige en quelque sorte à se venger par la cruauté et la trahison qui égalent le foible au fort, mais qui est la voie de la lâcheté. (VIRLY.)

KANGUROO, *Kangurus*, Geoffr., Lacép., Dum. ; *Jerboa*, Zimmermann ; *Didelphis*, Gmel. ; *Macropus*, Shaw. ; *Halmaturus*, Illiger. Genre de mammifères marsupiaux, infiniment plus rapprochés des rongeurs que des carnassiers, et ainsi caractérisés : six incisives supérieures larges, ordinairement de même longueur (1), aplaties, disposées en fer à cheval et dirigées verticalement ; une longue barre sans dents entre ces incisives et les molaires ; celles-ci en nombre variable, de trois à cinq (2), selon l'âge, à couronne marquée de collines transverses et poussant d'arrière en avant, comme les molaires des éléphans ; deux incisives inférieures, couchées en avant, longues, pointues, correspondant par leur tranchant extérieur, au bord inférieur des six incisives d'en haut ; molaires inférieures semblables par leur forme aux supérieures et en même nombre ; extrémités très-disproportionnées ; pattes antérieures très-courtes, terminées par cinq doigts à peu près égaux, armés d'ongles longs et en gouttière ; pattes postérieures très-longues et très-robustes sans pouce, ayant les deux doigts internes très-petits et réunis jusqu'à la base de leurs ongles, ce qui leur donne l'apparence d'un seul doigt à deux ongles ; l'annulaire très-fort, le plus grand de tous, muni d'un ongle très-épais, triangulaire, et qui peut être comparé à un sabot ; l'externe médiocre ; queue extrêmement forte et munie de muscles puissans, un peu plus courte que le corps, non prenante et servant à la locomotion ; un sac abdominal, dans les femelles ; scrotum des mâles très-développé, pendant en avant de la verge qui n'est pas fourchue comme celle des autres marsupiaux. quoique les femelles aient leurs organes de la génération conformés comme ceux des femelles de ces derniers ; estomac formé de deux grandes poches divisées en boursouflures comme un colon ; cœcum aussi grand et boursoufflé ; radius permettant à l'avant-bras une rotation complète ; des clavicules.

Les *kanguroos* ont la tête allongée, les oreilles grandes, droites et assez pointues ; les soies des moustaches très-foibles et courtes ; les yeux grands ; le pelage doux au toucher et comme laineux.

Leur genre est peu nombreux en espèces. La plus anciennement connue est celle qui a été décrite (vers 1706) sous le nom de *philandre*, par Valentyn et Lebruyn, et qui habite quelques îles de la Sonde, à peu près a la hauteur du huitieme degré de latitude méridionale. Une seconde, à peu près dans le même temps, a été annoncée par Dampier ; c'est la

---

(1) Excepté dans le *kanguroo d'Aroé. Voyez* cette espèce.
(2) Les plus vieux individus n'en ont que trois.

plus petite de toutes et la plus remarquable par les couleurs de son pelage. Une troisième, celle qui a reçu dans nos systèmes le nom de *didelphis gigantea*, a été observée sur la côte orientale de la Nouvelle-Hollande en 1770, par le célèbre voyageur Cook. Depuis cette époque on avoit toujours pensé que les *kanguroos* qu'on trouvoit sur les différens points de la Nouvelle-Hollande où l'on abordoit, appartenoient à cette même espèce; mais les naturalistes français qui firent partie de l'expédition aux Terres australes, et qui furent à même de voir un grand nombre de ces animaux, s'aperçurent qu'ils différoient par la taille, ainsi que par les couleurs de leur poil, et qu'on pouvoit au moins en distinguer cinq espèces, savoir : 1.° celle qui abonde à l'île King dans le détroit de Bass, remarquable par la couleur rousse qui colore sa nuque, et par sa taille moyenne; 2.° celle qui fut trouvée par M. Lesueur dans l'île Eugène, dont le poids peu considérable indique une taille médiocre dans ce genre; 3.° et 4.° les deux grandes espèces de l'île Decrès; et 5.° enfin celle qui se trouve sur le continent aux environs du port Jackson, et dont plusieurs individus ont été amenés et acclimatés en Angleterre. Des dépouilles de la plupart de ces espèces ont été apportées à la collection du Muséum d'histoire naturelle, et M. le professeur Geoffroy leur a appliqué les diverses dénominations spécifiques qui seront rapportées dans cet article.

Les descriptions que nous en donnerons seront faites d'après ces dépouilles; mais il sera impossible d'indiquer avec certitude les lieux où chaque espèce existe. Il faudra comparer le texte de la Relation du voyage aux Terres australes avec ces descriptions, pour tirer quelques inductions à ce sujet. Le *kanguroo à col roux*, seulement, sur lequel nous avons l'indication de l'île King, ne nous présentera aucun embarras; mais pour les autres, la difficulté sera grande tant qu'on n'aura pas recueilli de nouveaux renseignemens. Le *kanguroo à moustaches* nous paroît devoir habiter la côte orientale de la Nouvelle-Hollande, parce que les individus vivans que nous avons eus en Europe avoient été envoyés des colonies anglaises situées sur ce point, et que la description que nous en avons faite s'accorde très-bien pour la couleur générale du pelage et pour le volume du corps avec ce que nous apprend Cook sur les animaux de ce genre que son équipage découvrit lors de son séjour à la rivière Endeavour. Le *kanguroo de l'île Eugène* s'est montré à nos yeux dans un individu de la collection provenant de l'île Saint-Pierre, selon une ancienne désignation qu'il portoit il y a quelques années, et qui a été depuis changée, sans doute par méprise, et d'ailleurs, parce que nous trouvons beaucoup d'accord entre sa description et le peu de mots qui en font mention dans la Relation du voyage aux Terres australes. Enfin cette même relation nous présente les *kanguroos* de l'île Decrès, située à peu de distance de la Terre Napoléon, comme constituant les deux plus grandes espèces qui aient encore eté observées, et sous ce rapport, nous nous trouvons portés à reconnoître (avec beaucoup de doutes cependant) dans ceux-ci, les espèces que M. Geoffroy à nommés *kanguroo brun-enfumé* et *kanguroo gris-roux*. (1)

Nos voyageurs parlent encore de deux *kanguroos* dont ils ne donnent aucune description. La première est celle qui habite sur le continent à la baie des Chiens marins, en face des îles Bernier, Dore et Dirck-hatrighs, où a été seulement rencontrée l'espèce du *kanguroo à bandes*, celui dont parle Dampier, et qu'il regarde comme un lapin à jambes de devant très-courtes. La seconde est celle de la terre de Diemen, mais qui n'a pas, à ce qu'il paroît, été observée par eux à cause de sa rareté. En général, ils ont remarqué que les *kanguroos*, quelle que soit leur espèce, sont bien moins communs sur les grandes terres de ces parages que dans les îles, même peu distantes; ce qu'ils attribuent: 1.º à la chasse active que les habitans de la Nouvelle-Hollande ou de la Terre de Diemen, font à ces animaux avec leurs chiens et avec leurs armes; 2.º à l'impuissance où se sont trouvés jusqu'à présent ces misérables sauvages, de se porter dans ces îles, leur industrie ne leur ayant tout au plus permis de construire que de frêles pirogues d'écorce avec lesquelles ils ne peuvent que côtoyer de très-près leurs rivages.

Après avoir ainsi fait connoître les formes générales de tous les animaux de ce genre, après avoir énuméré leurs espèces et rapporté le nom des lieux où on les trouve, il convient de parler de leurs mœurs et de leurs habitudes naturelles.

La poche dont le ventre de la femelle est muni pour recueillir les petits après leur naissance et jusqu'à ce qu'ils aient acquis une certaine force, a porté quelques zoologistes à placer ces quadrupèdes dans le genre des didelphes, qui offrent la même particularité; et, d'un autre côté, la longueur excessive de leurs pieds de derrière a engagé d'autres naturalistes à les ranger dans le genre des gerboises, avec lesquelles ils ont quelques rapports dans leur manière de sauter. Le premier rapprochement étoit bien plus exact que le second, car l'organisation des *kanguroos* offre une foule de rapports communs avec celle des *didelphes*; aussi M. Cuvier a-t-il fondé l'or-

---

(1) Il paroît que le *kanguroo brun-enfumé*, se trouve aussi ur le continent de la Nouvelle Hollande, aux environs du port Jackson.

re des marsupiaux, qui renferme non-seulement ces deux
genres d'animaux, mais encore plusieurs autres qui présentent une série non-interrompue où les caractères sont variés
admirablement et dégradés par des nuances très-délicates,
pour établir le passage de l'un à l'autre, c'est-à-dire, des *didelphes* qui sont insectivores, qui ont les trois sortes de dents
comme les carnassiers, le pouce séparé aux pieds de
derrière et opposable aux autres doigts et la queue prenante,
aux *kanguroos* qui ne vivent que de substances végétales,
qui ont les pieds de derrière à doigts réunis par la peau et
simplement propres à la marche, qui sont pourvus d'une
queue forte et non-prenante, leur servant pour ainsi dire
de pied supplémentaire. En général, les *kanguroos* sont (avec
les *phascolomes* qui habitent ces mêmes contrées) de tous les
marsupiaux, ceux qui se rapprochent le plus des rongeurs, et
notamment des *lièvres* et des *lapins*.

Le genre POTOROO (ou *kanguroo-rat*) que nous avons établi
dans le *Tableau méthodique* qui termine le vingt-quatrième
volume de la première édition de cet ouvrage, est très-semblable à celui des *kanguroos* proprement dits; mais l'espèce qu'il
renferme a des canines supérieures, et ses incisives ont une
forme un peu différente. D'ailleurs, l'organisation interne
n'est pas la même; aussi doit-il en être séparé, mais placé
immédiatement avant.

Les *kanguroos* vivent en troupes composées d'une douzaine
d'individus, plus ou moins, et conduites par les vieux mâles;
ils se tiennent dans les endroits boisés, et paroissent suivre
des sentiers qu'ils se sont tracés. Une espèce (1) vit isolément,
et se prépare, dans des buissons épineux et serrés, des galeries nombreuses qui lui servent pour échapper à ses ennemis.
Au rapport de Lebruyn, il paroît que le *kanguroo d'Aroë* se
creuse des terriers; ce qu'on n'a point attribué aux autres espèces. Les femelles ne font qu'un ou deux petits qui naissent
presque à l'état de fœtus, et sont de suite placés dans la poche sans qu'on sache comment ils y sont conduits. Dans les
plus grandes espèces, dont le poids s'élève jusqu'à cent
soixante et cent quatre-vingts livres, les petits, en naissant,
n'ont qu'un pouce de longueur.

Dans l'état de repos, ces animaux sont appuyés sur leurs
deux longs métatarses et sur leur forte queue, qui composent
comme une sorte de trépied; leur corps très-large en bas et
fort mince en haut, est dans une situation verticale; la tête
qui est allongée, et dont le trou occipital est tout-à-fait postérieur, est comme perpendiculaire à l'axe du corps; les petits

(1) Le kanguroo à bandes.

pieds de devant sont abaissés sur la poitrine ; les oreilles sont droites, relevées et très-mobiles. Enfin, les *kanguroos*, dans cette pose, ressemblent beaucoup aux *lièvres* qui sont aux écoutes.

Lorsqu'ils marchent, ou bien ils sautent à la manière des *gerboises* sur les jambes de derrière, tenant celles de devant pressées contre leur poitrine, et en relevant la partie anté-rieure du corps et la tête dans une situation peu inclinée, ou bien marchant sur les quatre pattes, et s'aidant de leur queue, ils avancent à l'aide d'un mouvement assez compliqué et qui mérite d'être décrit : ayant placé à terre les deux jambes an-térieures, et par conséquent couché le corps en avant, ils replient leur queue en dessous en l'appuyant par l'extrémité contre le sol ; ils contractent les muscles de cette queue, et enlèvent de cette façon la partie postérieure du corps ; sou-tenus ainsi, ils placent leurs jambes de derrière près celles de devant, et transportant de suite le centre de gravité sur la verticale de ces deux pattes postérieures, ils font avancer les antérieures qu'ils posent à terre, et ayant replié leur queue de nouveau, ils continuent le même manége et ne laissent pas de se mouvoir ainsi avec quelque vitesse. Lorsque ces animaux sont effrayés et poursuivis, ils font des sauts de vingt à vingt-huit pieds d'étendue, et de six à neuf de hauteur ; dans ces sauts, leur queue qu'ils tiennent étendue, fait l'of-fice d'un balancier, de sorte qu'ils peuvent tenir la tête le-vée, et le corps dans une situation presque droite.

La grandeur et le poids de la queue des *kanguroos* prouvent qu'elle leur sert à la fois d'arme défensive et d'arme offensive ; il semble même que la nature ne les ait munis d'aucun autre moyen de défense ; la gueule, et en général la tête de ces ani-maux, sont trop petites proportionnellement à leur corps pour que leurs morsures puissent être dangereuses ; leurs pattes de devant, dont ils se servent comme les écureuils pour porter la nourriture à leur bouche, sont trop disproportionnées pour annoncer une force suffisante.

John White rapporte que plusieurs prisonniers de Botany-Bay observèrent la manière dont un *kanguroo* se sauvoit, en se défendant des attaques d'un vigoureux dogue de Terre-Neuve ; avec sa queue il frappoit son adversaire d'une ma-nière terrible ; les coups étoient portés avec une si grande vigueur, que le chien fut blessé jusqu'au sang sur plusieurs parties de son corps. Ils remarquèrent encore que le *kangu-roo* ne faisoit usage ni de ses dents ni de ses pieds de derrière ; il se contentoit de battre le chien de sa queue, et quoique les déportés n'en fussent qu'à une petite distance, il échappa avant qu'ils pussent arriver pour assister leur chien.

M. Geoffroy, *Ann. du mus.*, tom. 1.er, pag. 180, rapporte aussi que pour combattre et éventrer leurs ennemis, les grands kanguroos se servent de leur fort doigt annulaire des pieds de derrière. Comme ils meuvent toujours à la fois chaque paire de pieds, ils sont obligés dans le combat de se soutenir uniquement sur leur queue; mais alors ils ont recours à un point d'appui, afin de se tenir en équilibre; et, pour cet effet, ils chassent leur ennemi contre un mur, le long duquel ils se dressent et se tiennent avec leurs pattes de devant; ou bien, lorsque deux *kanguroos* combattent l'un contre l'autre, ils appuient réciproquement leurs pattes de devant contre leur poitrine; et uniquement soutenus sur leur queue, ils emploient leurs jambes de derrière à se combattre.

On ignore encore toutes les autres habitudes de ces animaux singuliers. Les individus qui ont vécu à la ménagerie de Paris, se nourrissoient seulement de substances végétales, telles que des carottes et d'autres racines.

Suivant le rapport du capitaine Cook, la chair des *kanguroos* est un excellent manger. On assure qu'elle ressemble à la chair du cerf, et l'on distingue particulièrement celle du *kanguroo* de l'île King, comme plus agréable au goût que celle des autres espèces. Le *kanguroo à bandes* fournit une viande analogue à celle du *lapin*.

Les peaux de *kanguroos* composent presque uniquement les vêtemens des peuples qui habitent sur tous les points de la Nouvelle-Hollande et de la Terre de Diémen.

On pourroit assez facilement acclimater en Europe ces animaux, dont la chair seroit un utile produit, et dont le poil pourroit être employé dans la chapellerie, étant fort doux, très-touffu et très-feutré. Les *kanguroos* multiplient très-bien en Angleterre.

Première Espèce. — KANGUROO À MOUSTACHES, *Kangurus labiatus*, Geoffr.; *Didelphis gigantea*, Gmel; *Macropus major*, Shaw. Gen. Zoology, tom. 1, part. 2, pag. 505; — *Geoff.*, *Ann. du Mus.*, tom. 1, pag. 178.

Ce kanguroo est au moins de la taille d'un mouton; sa longueur, mesurée depuis le bout du nez jusqu'à l'origine de la queue, est de trois pieds dix pouces environ; la tête a huit pouces, la queue deux pieds, et les oreilles cinq pouces; son pelage est d'un gris cendré, quelquefois teint de brunâtre sur le dos et les flancs, et passant au blanc sous le ventre; le dessous du cou et la poitrine sont d'un blanc grisâtre, et l'on aperçoit, sous le menton, une ligne d'un gris foncé de chaque côté, qui se rejoint à la ligne opposée de façon à dessiner une sorte d'ovale ; les lèvres , près du museau , sont de chaque côté d'un blanc assez pur , ce qui a déterminé M. Geoffroy à donner à cet animal le nom de *kanguroo à moustaches ;* les extrémités des pattes et celle de la queue en dessus sont noirâtres ; le dessous de cette dernière est couvert de poils fauves ; le pelage est laineux comme dans les autres espèces. La collection du Muséum renferme un grand individu dont les couleurs sont plus brunes et dont la queue est noire , tant en dessous qu'en dessus à son extrémité ; sa longueur est de quatre pieds deux pouces ; sa tête a neuf pouces , et sa queue un peu moins de deux pieds et demi.

La ménagerie de Paris a possédé deux de ces animaux vivans , et plusieurs autres ont fait partie de la ménagerie du château de la Malmaison. Tous provenoient d'Angleterre , où l'espèce est déjà fort bien acclimatée dans le parc de Kew. Elle a été apportée directement de la Nouvelle-Hollande, et très-vraisemblablement des environs de Botany-Bay et du port Jackson où sont situés les seuls établissemens des Anglais sur ce continent , vers les 33º 51' de latitude sud et les 148º 48' de longitude orientale, dans l'enceinte du comté de Cumberland , circonscrite par les montagnes bleues.

Je suis porté à considérer le *kanguroo* découvert par Cook en juillet 1770, sur la même côte , mais beaucoup plus au nord, puisque ce fut sur les bords de la rivière Endeavour (vers le 15º 30' latitude mérid. et le 140º long. est), comme appartenant à cette espèce dont il a la grande taille et la couleur générale du pelage. « C'étoit un jeune , et comme il n'avoit pas encore pris tout son accroissement, il ne pesoit que trente-six livres..... ; sa queue étoit presque aussi longue que le corps..... ; ses jambes de devant n'avoient que huit pouces de long , et celles de derrière en avoient vingt-deux.... ; sa peau étoit couverte d'un poil court, gris ou de couleur de souris foncé.... ; un autre qui fut tué par le lieutenant Gore , pesoit trente-quatre livres. » *Cook , premier Voyage ,* tom. IV, pag. 45, pl. 2.

Dans la relation du voyage du gouverneur Philipp , à Botany-Bay, on lit, qu'au rapport du lieutenant Shortland , les *kanguroo* de cette contrée vont en troupes de trente ou quarante individus , et qu'il y en a toujours un qui fait sentinelle. Le plus grand individu , décrit par ce voyageur, avoit cinq pieds quatre pouces anglais de longueur, mesuré depuis le bout du nez jusqu'à l'origine de la queue; celle-ci avoit trois pieds un pouce , et la tête onze pouces.

Les *kanguroos* sont devenus assez rares dans le canton où s'est formée la colonie anglaise ; mais ils paroissent communs

1. Kanguroo géant
2. Kanguroo élegant
3. Kevel (antilope)
4. Koala

au-delà et à l'ouest des montagnes bleues, où le gouverneur actuel a pénétré dans les mois d'avril et de mai 1815, au bord de la *Campbell-river*, dans une plaine qui présente une étendue de 20,000 arpens de terres labourables. Il y rencontra de nombreux troupeaux de sept à douze *kanguroos*, des casoars, des canards noirs d'une chair excellente, des ornithorinques, etc. Les naturels de ces plaines sont vêtus avec la peau d'une petite espèce de *kanguroo* encore inconnue.

Les *kanguroos* qui ont vécu à la ménagerie étoient fort doux; on pouvoit les approcher et les toucher. On les nourrissoit d'herbes, de pain et de lait.

Seconde espèce. — KANGUROO BRUN ENFUMÉ, *Kangurus fuliginosus*, Péron et Lesueur; Geoffr. *V*. pl. E 22 de ce Dictionnaire, où il est figuré sous le nom de KANGUROO GÉANT.

Ce *kanguroo*, qui provient, ainsi que les autres, de l'expédition aux terres australes, fait partie de la collection du Muséum d'Histoire naturelle de Paris. La longueur totale du mâle est de quatre pieds et demi; sa tête a neuf pouces environ, ses oreilles un peu plus de quatre pouces, et sa queue deux pieds trois pouces. La femelle est un peu plus petite; sa longueur n'étant que trois pieds neuf pouces; sa tête n'ayant que huit pouces, et sa queue que deux pieds. Dans cette espèce, le poil doux au toucher, laineux et frisé, à l'exception de celui des pattes et du bout de la queue, est d'un brun fuligineux, plus foncé sur le dos que sur les côtés, et cette couleur passe au gris clair sous le col, la poitrine et le ventre; le dehors des oreilles qui est peu poilu, le museau, le bout de la queue en dessus, et les extrémités des quatre membres, sont noirâtres; les oreilles sont bordées de poils blancs; le dessous de la queue, vers la pointe, est fauve. Dans la femelle, la poche est couverte de poils de cette dernière couleur.

Ces poils, considérés isolément, sont foiblement annelés; ceux de l'extrémité des pattes sont brun-noirâtres, mais terminés de blanc; ceux du dessous du cou sont brun-cendrés à la base, avec l'extrémité blanche; enfin les poils du dessus du bout de la queue sont d'un brun noir uniforme.

A la mâchoire supérieure, les quatre incisives intermédiaires sont beaucoup plus petites que les latérales.

Cette espèce, si l'on considère sa taille élevée, nous paroît être une des deux qui ont été trouvées par les voyageurs français sur l'île Decrès, vers l'embouchure du golfe Joséphine, par 35° latitude méridionale et 135° longitude orientale; car, dit Péron, (*V*. tom. 2, pag. 75), ces deux espèces paroissent être les plus grandes de la singulière famille des kanguroos , plusieurs individus étant de la hauteur d'un homme et plus , lorsque assis sur les jambes de derrière et la queue ils tiennent leur corps perpendiculaire. Quoi qu'il en soit , l'abondance des kanguroos de grande taille est remarquable sur cette île de Decrès. Favorisée par l'absence de tout ennemi , la multiplication de ces grands quadrupèdes a été très-considérable ; ils forment de nombreux troupeaux. En quelques endroits plus habituellement fréquentés par eux, la terre est tellement foulée qu'on n'y voit pas un brin d'herbe. De larges sentiers ouverts , au milieu des bois , viennent aboutir de tous les points de l'intérieur au rivage de la mer ; ces sentiers qui se croisent dans tous les sens, sont partout fortement battus ; on pourroit croire , en les voyant d'abord , qu'une peuplade nombreuse et active habite dans le voisinage. (*Péron , loc. cit.*)

Nos voyageurs, à l'aide d'un chien dressé qu'ils avoient amené de l'île de King, se procurèrent vingt-sept de ces *kanguroos* qu'ils embarquèrent vivans, indépendamment de ceux qui furent tués et mangés par l'équipage. Ce chien poursuivoit les *kanguroos*, et lorsqu'il les avoit joints, il les tuoit aussitôt en leur déchirant les artères jugulaires. Il ne falloit rien moins que la présence et les cris des chasseurs pour arracher la victime à une mort certaine.

Il paroît que cette espèce se trouve aussi sur le continent aux environs du port Jackson.

Troisième espèce. — KANGUROO GRIS-ROUX, *Kangurus rufogriseus* , Geoffr.

M. Geoffroy distingue sous ce nom, comme devant appartenir à une espèce particulière, un kanguroo femelle, de la collection du Muséum, d'assez grande taille, puisque sa longueur totale , mesurée depuis le bout du nez jusqu'à l'origine de la queue, est de trois pieds sept à huit pouces , et que celle de sa tête est de huit pouces passés ; celle de sa queue de deux pieds , et celle de ses oreilles de près de quatre pouces ; tout le dessus du corps est d'un gris-roux ; où le gris domine cependant , et tout le dessous est seulement plus clair ; les extrémités des pattes et de la queue passent au brun , et le dessous de cette dernière est de la même couleur que le dessus ; les poils du dos sont roussâtres à la base, ont ensuite un anneau blanchâtre, et leur pointe est brune ; ceux du ventre et de la poitrine ont la partie blanche moins considérable.

Un petit *kanguroo* mâle , indiqué comme jeune de cette espèce, dans la même collection, n'a que quinze pouces de longueur ; sa tête en a quatre, et sa queue un pied ; son pelage est un peu plus clair que celui de la grande femelle ; l'extrémité de sa queue et celle des pattes sont brunes; le poil du dedans des oreilles est blanc, et vers leur pointe ces oreilles sont bordées de brun.

Je ne sais d'après quelles données cet individu est regardé comme un jeune du *kanguroo gris-roux*, car les différences qu'il présente avec cet animal sont assez nombreuses, et le rapprochent particulièrement du *kanguroo de l'île Eugène*.

Le *kanguroo gris-roux* est indiqué vaguement comme habitant la Nouvelle-Hollande. Sa grande taille nous porteroit à soupçonner que son espèce est celle qui a été trouvée à l'île Décrès avec le grand kanguroo auquel nous rapportons l'espèce du *kanguroo enfumé*.

Quatrième espèce. — KANGUROO A COL ROUX, *Kangurus ruficollis*, Péron et Lesueur, Geoffr.

Cette espèce a été rapportée de l'île King par Péron et Lesueur, et fait partie de la collection du Muséum. Son corps a trente-deux à trente-quatre pouces de longueur; sa tête environ sept pouces, ses oreilles trois, sa queue vingt-deux. Son pelage est doux et frisé, et chaque poil d'un brun-gris à la base, est ensuite blanc et terminé de brun dans différentes proportions, d'où il résulte une teinte générale gris-de-lièvre pour le dessus du corps, qui passe au blanc assez pur en dessous. La lèvre supérieure est marquée d'une bande blanchâtre presque effacée, qui se termine au-dessous des yeux; les oreilles sont grises en dehors, et couvertes de poils courts et blancs à leur partie interne; la nuque, le haut des épaules, une tache en avant de chaque œil, et le dessous de la queue, sont roux, mêlé de gris sur les premières parties et assez pur sur la dernière; les extrémités des pattes sont d'un brun foncé; mais les poils qui les recouvrent ont chacun un anneau blanchâtre.

Ce *kanguroo* a été rencontré dans l'île King, la plus considérable et la plus élevée de celles qui existent dans le détroit de Bass, et gisant par le 40° de latitude méridionale et le 142° de longitude orientale; et c'est dans la même île que nos voyageurs ont trouvé le phascolome, l'échidné soyeux et une espèce de dasyure. Avec les phascolomes et les casoars, les *kanguroos* fournissent la nourriture habituelle de la petite colonie des pêcheurs anglais, établie sur cette île pour faire la chasse des animaux marins, et préparer, avec leur huile et leurs fourrures, la cargaison de navires ordinairement destinés pour la Chine. Pour atteindre les *kanguroos* et les *casoars* qui courent très-vite, les pêcheurs ont dressé des chiens qui vont seuls battre les bois, et qui manquent rarement d'étrangler chaque jour plusieurs de ces animaux.

L'expédition terminée, dit Péron, ces chiens abandonnent leur proie, accourent vers leur maître, et, par des signes non équivoques, annoncent les succès qu'ils ont obtenus. Quelques hommes se détachent alors, suivent ces intelligens pourvoyeurs qui, sans se tromper, les conduisent aux lieux où gisent leurs victimes. La chair de ces *kanguroos* est plus tendre et plus savoureuse que celle des autres animaux du même genre répandus sur le continent voisin.

Cinquième Espèce. — KANGUROO de l'ILE EUGÈNE (*Kangurus Eugenii*); Péron, *Voyage aux Terres australes*, tome 2, page 117.

Dans le second volume de la relation du *Voyage aux Terres australes*, publié l'année dernière (1816) par le gouvernement, on trouve le passage suivant :

« M. Lesueur tua quelques individus d'une nouvelle espèce de *kanguroo*, dans l'île Eugène (1), où elle habite en grandes troupes, et dont nous n'avons pu découvrir aucune trace sur le continent; c'est d'après cela que j'ai cru devoir la décrire sous le nom de *kanguroo de l'île Eugène*. Chacun de ces quadrupèdes pèse de huit à dix livres; la fourrure en est épaisse, d'un poil très-fin, et d'une belle couleur rousse tirant sur le brun. »

Ayant examiné avec beaucoup d'attention tous les individus du genre des *kanguroos* renfermés dans les galeries du Muséum d'Histoire naturelle, je n'ai trouvé d'analogue, par les dimensions du corps et par les couleurs du pelage, à cette nouvelle espèce, qu'une femelle, qui, à ma connoissance, a porté autrefois sur son étiquette le nom de *kanguroo de l'île Saint-Pierre*, et qui reçoit maintenant celui de *jeune kanguroo à col roux* de l'île King. Si ce *kanguroo* est de l'île St.-Pierre, ou plutôt des îles St.-Pierre (nos voyageurs n'étant point descendus sur celle qui a reçu particulièrement cette dénomination): voilà d'abord un rapprochement en faveur de l'identité d'espèce ; car les îles Joséphine, que le navigateur Nuyts n'avoit pas distinguées des premières, en sont très-voisines.

Ensuite l'individu de la collection, d'une taille bien moins considérable que celle du *kanguroo à col roux*, me paroît adulte, et avoir eu un poids à peu près égal à celui qui est indiqué pour le *kanguroo de l'île Eugène*. Sa longueur totale est de vingt-un pouces environ, mesurée depuis le

---

(1) L'une de celles qui composent l'archipel Joséphine, confondu avec le groupe des îles Saint-Pierre et Saint-François, avant le relèvement exact de la terre Napoléon, par nos voyageurs, vers le 32° 20' de latitude méridionale, et le 130° 10' de longitude orientale.

bout du nez jusqu'à l'origine de la queue; sa tête a quatre pouces, et sa queue paroît avoir un peu plus d'un pied.

Quant au pelage qui est très-doux, comme celui des autres animaux de ce genre, il paroît avoir en effet quelque analogie avec celui du *kanguroo à col roux;* car la couleur du dos, d'un gris-brun en général, est mêlée de roux vers les épaules, la nuque et le dessus de la tête, ainsi que sur les pattes du devant.

Cependant la couleur blanchâtre du dessous du corps est plus nettement séparée de la couleur foncée du dessus que dans aucune autre espèce de *kanguroo.* Les oreilles sont grises et bordées de poils d'un gris-blanc; le menton et la lèvre supérieure sont de cette dernière couleur; le dessous de la queue est d'un blanc légèrement teint de roussâtre, et le dessus d'un gris-brun. Chacun des poils du dos est gris dans la plus grande partie de sa longueur, et ensuite annelé de brun, et de blanchâtre; la pointe en est brune. Ceux des épaules et de la nuque sont d'abord gris, ensuite roux, puis blanchâtres, et roux à l'extrémité.

Enfin, l'on ne voit point sur cet individu les taches roussés assez distinctes qu'on observe sur les joues et en avant des yeux, dans les kanguroos à col roux de l'île King.

Sixième Espèce. — KANGUROO A BANDES (*Kangurus fasciatus*), Péron et Lesueur, *Voyage des découvertes aux Terres australes*, tome 1, page 114. — Atlas, tab. 27; Dampier, *Voyage à la Nouvelle-Hollande*, tome 4, pag. 111, édit. in-12, et pl. E 22 de ce Dictionnaire. —KANGUROO ELÉGANT, de la *Collect. du Mus. d'Hist. naturelle.*—Cuv. *Règn. anim*, t. 1, pag. 183.

Nous nous contenterons de rapporter sur cette espèce les détails qui ont été publiés par Péron dans le Voyage aux Terres australes. « C'est, dit ce voyageur, la plus petite et la plus élégante espèce de ce genre extraordinaire des animaux de la Nouvelle-Hollande. Elle se distingue au premier aspect de toutes celles connues jusqu'à ce jour, par douze ou quinze bandes transversalement disposées sur le dos, étroites, d'un roux légèrement brun, moins régulières, moins décidées à la hauteur des épaules, où elles commencent à paroître, mais devenant bientôt plus distinctes et plus brunes à mesure qu'elles descendent vers la queue, à la base de laquelle elles se terminent. Ces fascies viennent se perdre sur les côtés, sans qu'on puisse en observer aucune trace sur le ventre; la face et les pieds affectent une couleur légèrement jaune, tandis que l'abdomen est d'un gris clair et tant soit peu blanchâtre; le reste du pelage est d'un gris de lièvre plus ou moins foncé, dans les différens individus. Les oreilles, dans cette espèce, sont proportionnellement plus courtes que dans aucune autre de ce genre ; il en est de même de la queue, qui se trouve aussi plus foible, et qui, dépourvue de poils, offre beaucoup de ressemblance avec celle d'un très-gros rat. Du reste, même forme conoïdale du corps, même disproportion entre les pieds de devant et ceux de derrière, même distribution des doigts, des ongles, etc., que dans tous les autres kanguroos. »

A cette description, nous ajouterons nos observations sur les individus de cette espèce qui font partie de la Collection du Muséum d'Histoire naturelle de Paris. Les adultes ont environ seize pouces de longueur, mesurée depuis le bout du nez jusqu'à l'origine de la queue, sur quoi la tête a trois pouces et demi ; la queue a dix pouces, et les oreilles dix-huit lignes seulement. Les poils qui couvrent le dos sont d'une couleur obscure à leur base, et dans une grande partie de leur longueur ; après, ils ont un anneau blanc qui passe insensiblement au roux et puis au brun, qui devient terminal. Ces poils, comme dans le Surikate et dans une espèce de Mangouste, sont disposés de façon que tous les anneaux blancs sont à peu près à une même hauteur, et ne laissent apercevoir que le roux et le brun qui viennent ensuite. C'est ce qui produit les bandes transverses qui rendent le pelage de cet animal fort remarquable. Le museau est d'une couleur grise, légèrement teintée de roussâtre. En dehors les oreilles sont grises ; la queue est brunâtre à son extrémité, et couverte, dans toute sa longueur, de poils annelés, qui sont si courts, qu'elle paroît à peu près nue.

Un jeune individu femelle que renferme la même collection, est assez semblable aux adultes ; sa longueur totale est d'un peu plus de huit pouces ; la tête en a deux, et la queue six.

Ce kanguroo peuple de ses essaims les trois îles de Bernier, de Dorre et de Dirck-Hartighs, situées sur la côte occidentale de la Nouvelle-Hollande (terre d'Endracht), à l'entrée de la baie des Chiens-Marins, par le 25.ᵉ degré de latitude méridionale, et par le 111.ᵉ degré de longitude, à l'orient de Paris. Nous ne savons d'après quels renseignemens les individus de la collection du Muséum sont indiqués comme provenant des îles Saint-Pierre et Saint-François, situées près de la Terre-Napoléon, par 32° de lat. mér., et 130° de longit. orient. Mais il est certain que dans le second volume du Voyage aux Terres australes, qui contient la description de ces dernières îles, on ne trouve aucun indice qui puisse faire présumer que ce *kanguroo* y ait été rencontré,

tandis qu'il est fait mention de l'espèce nouvelle qui y fut
trouvée par M. Lesueur, sur l'île Eugène.

Péron, qui fit plusieurs excursions dans l'île Bernier, a
été à même d'étudier le kanguroo à bandes dans l'état sauvage :
« Privés de tout moyen d'attaque ou de défense, les kanguroos
dont il s'agit affectent, dit-il, comme tous les êtres foibles,
et particulièrement comme les lièvres de nos climats, un
caractère extrêmement timide et doux. Le plus léger bruit
les alarme; le souffle du vent suffit quelquefois pour les
mettre en fuite. Aussi, malgré leur grand nombre sur l'île
Bernier, la chasse en fut-elle d'abord très-difficile et très-
précaire. Dans les buissons impénétrables que forme un *mimosa* noueux et rabougri, qui ne s'élève pas à plus de deux
ou trois pieds, et qui couvre une grande partie de la surface
du terrain, ces animaux pouvoient braver impunément l'a-
dresse de nos chasseurs et leur activité. Réduits à quitter
un de ces asiles, ils en sortoient par des routes inconnues,
s'élançoient rapidement sous quelques autres buissons voisins, sans qu'il fût possible de concevoir comment ils pouvoient aussi facilement s'enfoncer et disparoître au milieu
de ces fourrées inextricables ; mais bientôt on s'aperçut
qu'ils avoient pour chaque buisson plusieurs petits chemins
couverts, qui, de divers points de la circonférence, venoient
aboutir au centre, et qui pouvoient, au besoin, leur fournir
des issues différentes, suivant qu'ils se sentoient plus me-
nacés vers tel ou tel point. Dès cet instant, leur ruine fut
assurée; nos chasseurs se réunirent, et, tandis que quelques-
uns d'entre eux battoient les broussailles avec de longs bâtons, d'autres se tenoient à l'affût au sortir des petits sentiers, et l'animal, trompé lui-même par son expérience,
ne manquoit pas de venir s'offrir à des coups plus inévitables.
La chair de cet animal nous parut, comme à Dampier (1),
assez semblable à celle du lapin de garenne, mais plus aromatique que cette dernière ; ce qui dépend peut-être de la
nature particulière des plantes dont il fait sa nourriture, et
qui, presque toutes, sont odorantes. C'est, au surplus, la
meilleure chair du kanguroo que nous ayons trouvée depuis ;
et, sous ce rapport, l'acquisition de cette espèce seroit un
bienfait pour l'Europe.

« A l'époque où nous étions sur ces rivages (juillet 1801),
toutes les femelles adultes portoient dans leur poche un jeune
assez gros, qu'elles cherchoient à sauver avec un courage

---

(1) Dampier relâcha dans la baie des *Chiens Marins*, à laquelle
il donna ce nom à cause du grand nombre de squales qu'il y observa,
vers la fin de juillet 1701, cent ans justement avant le séjour qu'y
firent les naturalistes français.

véritablement admirable ; blessées, elles fuyoient, emportant leur petit dans leur poche, et ne l'abandonnant jamais que dans le cas où, trop accablées de fatigue, trop épuisées par la perte de leur sang, elles ne pouvoient plus le porter. Alors elles s'arrêtoient, en s'accroupissant sur leurs pattes de derrière, l'aidoient avec leurs pieds de devant à sortir du sac maternel, et cherchoient en quelque sorte à lui désigner les lieux de retraite où, plus aisément, il pouvoit espérer de se sauver : elles-mêmes alors continuoient leur fuite avec autant de vitesse que leurs forces pouvoient le permettre ; mais la poursuite du chasseur venoit-elle à cesser, ou seulement à se ralentir, alors on les voyoit retourner au buisson protecteur de leur nourrisson ; elles l'appeloient par une sorte de grognement qui leur est propre ; elles le caressoient affectueusement, comme pour dissiper ses alarmes, le faisoient de nouveau rentrer dans leur poche, et cherchoient avec ce doux fardeau quelque fourrée nouvelle, où le chasseur ne pût ni les découvrir ni les forcer. Les mêmes preuves d'intelligence et d'affection se reproduisoient d'une manière plus touchante encore de la part de ces pauvres mères, lorsqu'elles se sentoient mortellement atteintes : tous leurs soins se dirigeoient vers le salut de leur nourrisson ; bien loin de chercher à se sauver, elles s'arrêtoient sous les coups du chasseur, et leurs derniers efforts étoient donnés à la conservation de leurs petits...... dévouement généreux dont l'histoire des animaux offre tant d'exemples, et que nous sommes réduits souvent à leur envier !

« Pendant notre séjour à l'île Bernier, nous saisîmes plusieurs de ces jeunes kanguroos ; mais la plupart, trop foibles sans doute, ne survécurent pas long-temps à leur captivité. Un seul y résista et s'apprivoisa ; cet animal mangeoit du pain avec plaisir, et savouroit surtout avec délice l'eau sucrée qu'on lui présentoit. Ce dernier goût doit paroître d'autant plus extraordinaire, que, sur les îles sauvages où ces animaux habitent, toute espèce d'eau douce manque habituellement. Ce jeune kanguroo périt par accident à Timor : sa perte nous fut moins sensible, parce que, n'ayant qu'un individu, nous ne pouvions espérer de le naturaliser en Europe; mais cette première tentative suffit pour prouver, d'une manière certaine, que cette espèce s'accommoderoit très-bien des soins de l'homme ; et, je le répète, ce seroit une acquisition précieuse pour nos basse-cours. (Péron, *Voyage aux Terres austr.*, tome 1, pag. 114 à 118.)

Septième Espèce. — Kanguroo d'Aroé (*Kangurus Brunii*). — Kanguroo philandre, Geoffr. Filander, Valentyn,

Amboine, III, p. 275. — Corn. Lebruyn, *Voyag. par la Moscovie*, en *Perse et aux Indes*, pag. 374, pl. 213. — *Didelphis Brunii*, Gmel. — *Didelphis asiatica*, Pall., *Act. nov. petrop.* — PELANDOR AROÉ, ou *Lapin d'Aroé*, des Malais d'Amboine. *Kanguroo bicolor* des vélins du Muséum.

Cette espèce, quoique bien décrite par Valentyn et Lébruyn, et figurée par ce dernier, n'a été nettement distinguée que depuis les derniers voyages à la Nouvelle-Hollande, qui ont fourni tous les autres *kanguroos*. Erxleben, entre autres, avoit fait un singulier mélange de la synonymie propre au didelphe crabier d'Amérique avec celle de cette espèce. La collection du Muséum d'Histoire naturelle de Paris renferme un individu apporté de Batavia, où il avoit vécu en domesticité; ce qui nous fournit les moyens de donner une nouvelle description du philandre, susceptible d'être comparée à celles des autres *kanguroos*.

Sa longueur totale, mesurée depuis le bout de la tête jusqu'à l'origine de la queue, est de deux pieds huit pouces environ; la tête, qui a six pouces et demi, est d'une forme moins allongée que celle des autres espèces; sa queue a deux pieds un pouce. Le pelage est d'un gris noirâtre en dessus et d'un gris jaunâtre en dessous; les pattes, le museau et la dernière moitié de la queue sont noirs, avec une légère teinte de brun; les oreilles sont plus courtes que celles des grandes espèces, brunes, avec quelques poils d'un jaune fauve à la base.

Chacun des poils du dos est brun dans toute sa longueur, et seulement marqué vers sa pointe d'un anneau d'un jaune obscur; sous le ventre, les poils ont leur base brune et toute l'extrémité d'un jaune de paille terne; sur les extrémités de la queue et des pattes, les poils bruns ne sont point annelés.

Dans cet individu (qui est femelle), les dents incisives supérieures ont une forme particulière, qui, si elle est constante dans l'espèce, doit fournir un excellent caractère pour la distinguer. C'est que les deux intermédiaires supérieures sont beaucoup plus longues que les autres, et descendent au-devant de la pointe des inférieures, qui sont moins arquées de bas en haut que dans les autres kanguroos, et dont les tranchans latéraux même sont arqués en dessus.

Ce kanguroo se trouve dans les îles d'Aroé, près Banda (par le 6.ᵉ de latit. mérid. et le 133º longit. est, entre la Nouvelle-Guinée et la Terre d'Arnhem à la Nouvelle-Hollande, et dans l'île de Solor, l'une de celles de la Sonde (par 8º lat. mér. et 120º 50', long. est. Lebruyn le dessina, pour la première fois, en 1706. « Etant, dit-il, à la maison de campagne de notre général (à Bantam, près de Batavia dans l'île de Java, je vis un certain animal, nommé *philander*, lequel a quelque chose de fort singulier. Il y en avoit plusieurs qui couroient en toute liberté avec des lapins, et qui avoient leurs tanières sous une petite colline entourée d'une balustrade.

« Cet animal a les jambes de derrière beaucoup plus longues que celles de devant, et est à peu près de la grandeur et de la couleur d'un gros lièvre (ce dernier caractère ne se retrouve point dans l'individu que nous avons décrit, lequel a des teintes beaucoup plus foncées que celles du lièvre). Il a la tête approchant de celle du renard, et la queue pointue ; mais ce qu'il y a de plus extraordinaire, c'est qu'il a une ouverture sous le ventre en forme de sac, dans lequel ses petits entrent et ressortent même lorsqu'ils sont assez gros. On leur voit assez souvent la tête et le cou hors de ce sac ; mais lorsque la mère court, ils ne paroissent pas et se tiennent au fond du sac, parce qu'elle s'élance fort en courant.» (DESM.)

KANGUROO BICOLOR de la première édition de ce Dictionnaire, ne paroît pas différer du KANGUROO D'AROÉ; du moins le vélin du Muséum représente bien certainement cet animal sous ce nom. (DESM.)

KANGUROO-RAT. *V.* POTOROO. (DESM.)

KANGUROU. *V.* KANGUROO. (DESM.)

KANGURUH. *V.* KANGUROO. (DESM.)

KANGURUS. *V.* KANGUROO. (DESM.)

KANIA. Nom polonais du MILAN. (V.)

KANICHI. *V.* KAMICHI. (V.)

KANICKELCHEN. *V.* KANIN. (DESM.)

KANIN, KANINICH, KANICKELCHEN, KANINCHEN, CANINCHEN, KARNICKEL. Noms allemands du LAPIN. (DESM.)

KANINCHENBEERE (*Raisin de lièvre*). Un des noms allemands de la VIORNE OBIER. (LN.)

KANIOR. Nom javanais du CURCUMA et d'un GALANGA (*kœmpferia rotunda*, W.). (LN.)

KANKAN. Nom donné par les Éthiopiens à la CIVETTE. (*V.* ce mot. (DESM.)

KANKARA. Nom du TROÈNE, en Géorgie. (LN.)

KANKERBLOEM. Le PISSENLIT et le COQUELICOT sont ainsi appelés en Hollande. (LN.)

KANNA. Racine qui croît au Cap de Bonne-Espérance, et que les Hottentots mangent comme propre à exciter à la gaîté et à donner des forces. On ignore à quelle plante elle appartient. (B.)

KANNAME. Nom japonais d'une espèce d'ALISIER (*crataegus glabra*, Thunb.).. (LN.)

KANNAWA-KORAKA et KANNA-KORAKA. Noms donnés, à Ceylan, au MANGOUSTAN MORELLIER (*mangostana morella*, Gært.), le *carcapuli* d'Acosta. *V.* MANGOUSTAN. (LN.)

KANNENKRUID. Nom hollandais des PRÊLES (*equisetum*). (DESM.)

KANNENPLUMPEN. Nom donné, dans l'Allemagne, au NÉNUPHAR JAUNE (*nymphœa lutea.*). (LN.)

KANOP. Nom arménien du CHANVRE. (LN.)

KANSI et KAADSI. Noms donnés, au Japon, au MURIER A PAPIER (*broussonetia papyrifera.*). (LN.)

KANSYRAM MARAVARA. Nom malabare du CYMBEDION à feuilles d'aloès. (LN.)

KANT. Nom du HOUBLON, chez les Mordouans, peuple de l'empire russe. (LN.)

KANTATS et KIU. Noms japonais de la LAITUE CULTIVÉE. *V.* KIU. (LN.)

KAN-TAY-HUAM. Ce nom chinois est donné pour celui de la RHUBARBE. (LN.)

KANTIBAER. Nom tartare de l'ORPIN TÉLÈPHE. (LN.)

KANTIRINON. L'un des noms donnés par les Grecs au BALLOTA. (LN.)

KANTRETTIG. Nom allemands d'une variété de RADIS. (LN.)

KANTUFFA. Nom que donne Bruce à une espèce d'accacie, qui est si épineuse qu'elle fait le tourment de tous les habitans de l'Abyssinie. Il ne paroît pas que cette espèce qu'il a figurée, soit encore connue des botanistes. *V.* ACACIE. (B.)

KANYK. Nom du FROMENT, dans l'Inde. (LN.)

KAOLIN. Nom chinois de la terre qui fait la base de la porcelaine. C'est une espèce de *feldspath* qui paroît être dans un état de décomposition qui le fait plus ou moins ressembler à de l'argile. *V.* FELDSPATH KAOLIN, vol. 11, pag. 3z8. (LN.)

KAOUANE. C'est le même mot que CAOUANE, c'est à dire une espèce de *tortue de mer.* (B.)

KAPA-MAVA. Nom qu'on donne, sur la côte malabare, à l'ACAJOU des Brasiliens. C'est le CASEHON de Mérian (*Surin tab.* 16), c'est-à-dire l'ACAJOU A POMME (*anacardium occidentale*). (LN.)

KAPA-TSIACA ou **KAPATSJAKKA.** Nom malabare de l'Ananas à fruit ovale et à chair blanche (*bromelia ananas* , var. A.) (LN.)

KAPHTAR. Nom persan du Pigeon. (V.)

KAPIRAT. Poisson que Pallas a appelé *gymnotus notopterus,* et dont Lacépède a formé un genre sous le nom de Notoptère. *V.* ce dernier mot. (B.)

KAPOUA. Nom que les naturels de la Guyane donnent au Jacana péca. *V.* ce mot. (V.)

KAPPA KELENGU. C'est la Batate. (B.)

KAPPÆTHYA. Nom donné, à Ceylan, au Croton des Moluques, *croton moluccanum,* dont le fruit est la *noix de Bancoul.* (LN.)

KAPPENPFEFFER. Nom allemand des Pimens (*capsicum,* L.). (LN.)

KAPPLEIN. L'un des noms du Fusain, en Allemagne. (LN.)

KAPS. La Sarriette porte ce nom en allemand. (LN.)

KAPUSTNIK. Les Russes du Kamtschatka donnent ce nom au lamantin ou plutôt au Stellèrb. (DESM.)

KAPUZINERBART. Barbe de capucin. Nom qu'on donne, en Allemagne , au Belvédère des italiens , espèce d'Anserine (*chenopodium scoparia,* L.). (LN.)

KARA. Nom arabe des Courges. (LN.)

KARA. *V.* Aran. (S.)

KARA-ANGOLAM (*Rheede, Malab. 4,* t. 26). C'est, sur la côte malabare, le nom de l'*alangium hexapetalum.* Il ne faut pas le confondre avec l'*angolam* (Rheed, tab. 17), qui est l'*alangium decapetalum,* L. *V.* Angolan. (LN.)

KARA ARU. Noms du Guillemot au Kamtschatka. (V.)

KARA-BALIK (*poisson noir*). C'est le nom de la Tanche, chez plusieurs hordes tartares. (DESM.)

KARABDAI et **KARA-BOGDAL.** Noms tartares du Sarrasin. (LN.)

KARA-BOLAN. Nom tartare du Cornouiller sanguin, L. (LN.)

KARÆBU. Nom de la Larmille des Indes (*coix lacryma*), à Ceylan. (LN.)

KARA-KUDIL. Nom kirguis de la Stype capillaire. (LN.)

KARA-KUSA. Espèce d'Ortie du Japon (*urtica nivea*), qu'on trouve encore dans d'autres parties de l'Inde. (LN.)

KARA-MAATS. Nom du Mélèze, au Japon. (LN.)

KARA-TAUVIL. Nôm arabe de la Calebasse (*cucur-bita lagenaria*, selon Forskaël. (ln.)

KARA-URI. Nom japonais du Melon. (ln.)

KARABÉ ou AMBRE JAUNE. Matière bitumineuse, dont l'origine paroît être végétale, qu'on trouve enfouie dans les sables, sur les côtes méridionales de la Baltique, et principalement sur celles de la Poméranie. Après les tempêtes, on en trouve de petites masses sur la grève même où la mer les a rejetées. *V.* Succin. (pat.)

KARABÉ DE SODOME. Ce nom est cité par Romé-de-l'Isle, comme un de ceux de l'Asphalte ou *bitume de Judée. V.* Bitume. (ln.)

KARABOU. Nom brame du Kariabepou des Malabares. *V.* ce mot. (ln.)

KARACATIZA. Nom turc de la Sèche octopode. (b.)

KARACOULAC. Dans les Voyages de Thévenot, on trouve ce mot employé pour désigner le Caracal, espèce de Chat, voisin du lynx. (desm.)

KARAGAN et **KARA-KARAGAN.** Noms tartares de plusieurs espèces de Robiniers, dont une est notre Caragan. (ln.)

KARAGAN (*canis karagan*). Pallas, Gmelin. Mammifère carnassier digitigrade, du genre des Chiens. *V.* ce mot, tome 6, pag. 524. (desm.)

KARAGAT. Nom tartare du Cassis (*ribes nigrum*); chez les Baskirs, c'est celui de la Ronce (*rubus fruticosus*). (ln.)

KARAGAT. Un des noms sibériens du Canard roux. (v.)

KARAGATSCH. Nom de la Tulipe, en Tartarie. (ln.)

KARAGUAI. Nom du Pin sauvage, chez les Tartares Kirguis. (ln.)

KARA-HANDEL. Il paroît que c'est une Bruguière. (b.)

KARAK. C'est la Corneille (*corvus cornix*), en Allemagne. (desm.)

KARAKAN et **KOURACAN.** Noms qu'on donne, à Ceylan et dans l'Inde, à une espèce de Cretelle, *cynosurus coracanus.* (ln.)

KARAKAPA. Nom du Geai, en grec moderne. (s.)

KARAKURULGOYA. Nom imposé par les Singalais à l'Épervier a collier. *V.* ce mot. (v.)

KARALHÆBO. Suivant Hermann, c'est, à Ceylan, le nom d'une espèce de Cadelari (*achyranthes lappacea*), qui estla même espèce que le *Wellia-codivelli* des Malabares. (LN.)

KARAN. Nom arménien du Concombre cultivé (*cucumis sativus*). (LN.)

KARAMBOLIER. *V.* Carambolier. (B.)

KARAMUK. Nom tartare de l'Épilobe a feuilles étroites (*epilobium angustifolium*), plante nommée *kisil* par les Baskirs, *kiprei* ou *kuprei* par les Russes, *kropp* en Suède, et *kjegahola* en Laponie. (LN.)

KARA-NAPHTI, c'est-à-dire, *naphte noire.* C'est le nom que les Persans donnent au Pétrole, qu'ils recueillent aux environs de Derbent et de Bakou, sur la mer Caspienne. *V.* Bitume. (PAT.)

KARANDA ou CARANDA. Nom sous lequel Gærtner, Sem. 2, tab. 83, fait connoître la fructification d'un palmier de Ceylan, peu connu et qu'on y appelle *ghalkaranda*, *karande pierreux.* La fructification consiste en un calice à trois divisions, enveloppant plusieurs fruits sans brou, ou graines sèches, dont l'intérieur est corné, et qui offrent dans une petite cavité latérale, un embryon monocotylédon. Il ne faut pas confondre le *karanda* avec le *carandas*, espèce du genre Calac. (LN.)

KARAOUIH. Nom arabe du Chervis. (LN.).

KARAPAT. Nom indien du Ricin. C'est aussi, aux Indes, le nom des Tiques. (B.)

KARARA. Nom que les naturels de Cayenne ont imposé aux Anhingas. (V.)

KARAROUINIMA. Nom générique sous lequel les naturels de la Guyane française comprennent toutes les espèces de Toucans. *V.* ce mot. (S.)

KARASCHU. Nom du Sapin, chez les Ostiaks. (LN.)

KARAS-MUGI. Nom japonais d'une variété de l'Avoine cultivée. (LN.)

KARATAS. Plumier comprend dans ce genre les espèces de Bromélies ou Ananas, *bromelia caratas*, Linn., dont les fleurs sont disposées en un corymbe ou bouquet épais qui sort immédiatement de la racine, et dégarni de feuilles. Les fruits sont des baies ovales. Il laisse dans le *bromelia*, les espèces à fleurs en épi lâche ou paniculé, sans feuille ou feuillé, et dont les fruits sont presque secs. Il rapporte à l'*ananas* les espèces dont les fleurs disposées en épi épais feuillé, donnent naissance à des fruits charnus, dont la réunion forme ce que nous nommons l'Ananas. Ces trois genres sont maintenant réunis en un seul, malgré Adanson, qui voulut les rétablir. (LN.)

KARATAS. Selon Kœmpfer, c'est, au Japon, une espèce d'oranger (*citrus trifolia.*). (LN.)

KARATATSBANNA de Kæmpfer, *Amœn*, 801 fig. C'est le *limonia trifoliata*, L., plante cultivée au Japon et en Chine, à cause de l'odeur aromatique de ses feuilles qui sentent le citron ou l'orange. *V*. LIMONELLIER. (LN.)

KARATHILLUT. Nom caraïbe du *malpighia coccifera*, espèce de MOURELLIER. (LN.)

KARA-TIREK. Nom tartare du PEUPLIER NOIR. (LN.)

KARATS. Nom hollandais du CARASSIN (*cyprinus carassinus*). (DESM.)

KARATTI-KITJIL. Nom du LOTUS (*nymphæa lotus*); à Amboine. A Java, on lui donne celui de *tondjo*, au Malabar, celui de *ambel*, et en Égypte, on l'appeloit *nauphar*. (LN.)

KARAVAIKR. Nom de l'IBIS NOIR, sur les bords de l'Iaïk, en Russie. (V.)

KARAVATA-MIRI. Nom donné, par les Garipous de la Guyane, à une plante ORCHIDÉE (*serapias caravata*, Aublet). (LN.)

KARAVATTI. Nom brame d'un FIGUIER (*ficus ampelos*, Burm.). (LN.)

KARAVIA. C'est le nom arabe du CARVIS. (LN.)

KARAXERON de Vaillant Ce genre est le *coluppa* d'Adanson, et le *gomphrena* de Linnæus. *V*. AMARANTHINE. (LN.)

KARBA. C'est la COURGE (*cucurbita lagenaria*), chez les habitans du Dar-Four, en Afrique, au midi de l'Égypte. (LN.)

KARBAS. Nom de la BUGRANE des champs, en Suède. (LN.)

KARBADSCHA. L'un des noms indiens du MELON. (LN.)

KARBE, KARBEY. C'est le CARVI, en Allemagne. (LN.)

KARBEKRAUT. Un des noms allemands de la MILLEFEUILLE. (*achilleu millefolium*). (LN.)

KARBENI. Adanson. *V*. CARBENI. (LN.)

KARBUNKEL et KARFUNKEL. Synonymes allemands d'ESCARBOUCLE. *V*. GRENAT. (LN.)

KARBUS. C'est l'ARBOUSIER. *V*. ce mot. (B.)

KARBUSH. Selon Pallas, c'est le nom du HAMSTER ordinaire, aux environs de Simbirsk en Sibérie. (DESM.)

KARDEL. *V*. KABAB. (LN.)

KARDENDISTEL. Nom allemand des CARDÈRES, *dipsacus*. (LN.)

KARETA-VALLI, se rapporte aux ACHITS. (B.)

KARFUNKEL. *V*. KARBUNKEL. (LN.)

KARGNIK. Nom tartare du NERPRUN LYCIOÏDE. (LN.)

KARGESINA. Nom donné, en Perse, au LAMIER BLANC (*lamium album*). (LN.)

.KARGILLA d'Adanson. Calice formé d'un seul rang de cinq à six folioles larges; réceptacle garni de petites écailles; fleurons hermaphrodites à cinq dents; fleurons femelles au nombre de deux; graine couronnée par une écaille roulée en cornet, ou bien à trois dents ou paillettes. Ce genre qu'Adanson a établi dans la syngénésie, n'est qu'une réunion non adoptée, des genres *melampodium* et *chrysogonum*, Linn., et *Wedelia*, Jacquin. (LN.)

KARGOS. Les Persans donnent ce nom au LIÈVRE. (S.)

KARI, géorgien; KJARIT, arménien. Deux noms de l'AVOINE. (LN.)

KARIA. On donne ce nom, à l'Ile-de-France, à une espèce de TERMÈS, *termes destructor*, Fab. (B.)

KARIBEPOU. Rheede (Malab. 4, tom. 53) donne, sous ce nom malabare, la figure d'un arbuste qui paroît avoir beaucoup d'affinité avec le murraya. Dans celui-ci, les feuilles sont pennées, tandis que dans le *karibepou*, elles semblent être, d'après la figure de Rheede, simples et alternes. Ce n'est pas un *olivier*, comme le pensait Rheede, en le rapprochant de l'*ariabepou* des Malabares, qui est le *melia azadirachta* de Linnæus, et l'OLIVIER du Malabar, de Plukenet. (LN.)

KARIBOU ou CARIBOU. *V.* à l'article CERF, l'espèce du RENNE. (DESM.)

KARIFFER. Nom allemand du HARLE, (*mergus merganser.*)
(DESM.)

KARIL des Malabares (Rheede, 4, t. 36). C'est le *tong-chu* fétide (*sterculia fœtida*, Linn.). (LN.)

KARIL-CANDEL des Malabares (Rheede, 6, t. 33). C'est un MANGLIER (*rhizophora cylindrica*, L.). (LN.)

KARILHA des Portugais. *V.* MAIL ELOU. (LN.)

KARILLI. Nom arabe du SÉNEVÉ des champs. (LN.)

KARIN-POLA (Rheede, Malab., 11, t. 23). Nom malabare du CALADION OVALE, qui étoit l'*arum ovatum*, L. (LN.)

KARINGSIS et KARINGSWAMP. Noms suédois des VESSELOUPS. (DESM.)

KARINJOTI des Malabares. *V.* LOKANDI. (LN.)

KARIN-POLA. *V.* GOUET OVALE. (B.)

KARINTA-KALI. C'est le PSYCHOTRE HERBACÉ. (B.)

KARINTH. Nom hébreu de l'ORIGAN. (LN.)

KARI-VILANDI. Nom brame d'une espèce de SALSEPAREILLE DE L'INDE (*smilax indica*, L.), suivant Burmann fils.
(LN.)

KARIVI-VALLI. C'est, au Malabar, le nom d'une plante qui paroît être une espèce de BRYONE, et peut-être la même qui est nommée *teedonda* au Coromandel , c'est-à-dire le *bryonia umbellata,* W. (LN.)

KARI - WELLI. *V.* POLYPODE PARASITE. (B.)

KARKA. *V.* TRICHOON. (B.)

KARKAN, KARKOM. Noms hébreux du SAFRAN. (LN.)

KARKAS. Nom tartare du MICCCOULIER (*Celtis australis*). (LN.)

KARKOLIX. Nom corrompu du grec , que Gesner applique au COUCOU. *V.* ce mot. (S.)

KARKOM. *V.* KARKAN. (LN.)

KARLSKIRSCHE. Nom allemand des CORNOUILLES, fruit du CORNOUILLER MÂLE. (LN.)

KARMARINO. C'est, à Nice, le nom du LÉPIDOPE DIAPHANE. (DESM.)

KARMESICHE et CARMESION. Noms arabes des fruits du TAMARISCUS , suivant Avicenne. (LN.)

ARMOUTH. Poisson du genre MACROPTÈRE. (B.)

KARNBICKER. Le GROS-BEC (*Loxia coccothraustes*), en Allemagne. (DESM.)

KARNIFFELVURZ. C'est la BENOITE (*Geum urbanum* , L.), en Allemagne. (LN.)

KARNITES de Dioscoride , selon Adanson ; CARYTES de Pline, d'après Jusssieu. Noms d'une espèce de TITHYMALE ou EUPHORBE , dont la coque solide et ligneuse l'avoit fait comparer à la noix. (LN.)

KARODIE. Plante singuliere de l'Inde , qui est figurée pl. 51 et 52 du septième volume de Rheede. Elle a le port d'une IGNAME , et les fleurs analogues à celles d'une ANGUINE ; sa racine est tubéreuse , et d'une saveur âcre ; sa tige sarmenteuse et garnie de piquans ; ses feuilles sont alternes , ternées , à folioles ovales , irrégulières à leur base ; ses fleurs sont axillaires, solitaires , formées par une corolle monopétale partagée en sept ou huit parties, dont le bord est velu ou frangé.

Il est à croire que cette plante forme un genre encore inconnu aux botanistes. (B.)

KAROERT. Nom de l'ULMAIRE, espèce de SPIRÉE, en Suède. (LN.)

KARO-KOJA. Suivant Thunberg , c'est , au Japon , une espèce de BARBON (*Andropogon ciliatum*). (LN.)

KAROTO-MONOCENERI. Le BESLÈRE ÉCARLATE

est ainsi nommé par les Galibis , nation de la Guyane. (LN.)

KARRAH-KULLAK ou KARRA-KU-LAK. Le CA-RACAL, en langue turque. *V.* l'article CHAT, espèce du CARA-CAL. (S.)

KARRATT. Nom que porte , à la Nouvelle Hollande , la KAKATOÈS BANKSIEN. (V.)

KARRÉ. Espèce de SUMAC avec lequel les Hottentots fabriquent leurs arcs. (B.)

KARROCK. Nom d'un CASSICAN , dans la Nouvelle Galles du Sud. *V.* CASSICAN KARROCK. (V.)

KARSAC. Nom kirguis du RENARD CORSAC. *V.* l'article CHIEN. (DESM.)

KARSTEN. Le MERISIER (*Prunus avium*) est ainsi nommé en Allemagne. (LN.)

KARTAN. C'est , en Arabie , le nom du SAFRAN BÂTARD. (LN.)

KARTON. Nom sous lequel Théophraste indique le POIREAU. (LN.)

KARUKA. *V.* l'article PORPHYRION. (V.)

KARUT. Espèce de LABRE. (B.)

KARWEBOOM. Nom donné , dans l'Inde et par les Hollandais, à l'*avicennia nitida.* (LN.)

KARWEL. Synonyme de CERFEUIL , dans la langue allemande. (LN.)

KARYA , CARYA, CARUA et CARYON. Nom de la NOIX et du NOYER , chez les Grecs. (LN.)

KARYOKATAKTÈS. Dénomination grecque , formée par Gesner , pour l'appliquer au CASSE-NOIX. *Voyez* ce mot. (S.)

KARYOPON des Grecs. *V.* CARYOPON. (LN.)

KASA-VIRAG. L'un des noms de la PRIMEVÈRE , en Hongrie. (LN.)

KASA et KASAH. Noms tartares de la CHÈVRE. (DESM.)

KASARKA. *V.* OIE KASARKA. (S.)

KASBAS. Nom arabe du PAVOT , dans Avicenne. (LN.)

KASBEERE. Nom des MERISES , en Allemagne. (LN.)

KASBIACO. C'est , au Japon , le nom d'une très-belle espèce de LIS propre à cette contrée. (*Lilium speciosum* , Thunb.). (LN.)

KASCARILLE. *V.* CROTON. (LN.)

KASCAH. Nom du PAVOT , en Orient. (LN.)

KASCHAP. Nom hébreu du PRUNIER. (LN.)

KASCHEK-BURAN. Selon Falkland , les Tartares nomment ainsi l'*alyssum clypeatum* , L. (LN.)

KASCHOLONG. *V.* CACHOLONG. (LN.)

KASCHOUÉ. C'est le nom égyptien d'un poisson du Nil, que Sonnini a figuré pl. 21 de son *Voyage en Égypte.* Ce naturaliste pense, avec Belon, que c'est l'OXYRINCHUS des anciens. Il se rapproche infiniment du BROCHET, par la forme et par les mœurs. C'est un des meilleurs poissons du Nil. Il est d'un gris bleuâtre sur le dos et blanchâtre sous le ventre; son museau est rouge, et sa tête parsemée de petits points blancs. (B.)

KASEDUN. Ce sont les MASSETTES, en Suède. (LN.)

KASKELOT. Nom norwégien du CACHALOT MACROCÉPHALE. (DESM.)

KASE-NO-KI. Nom d'une espèce de CHÊNE qui croît au Japon (*quercus glauca*, Thunb.). (LN.)

KASOURI. *V.* CASOURI. (LN.)

KASSIGIAK. Espèce de *phoque* sans oreilles externes. (*V.* à l'article des PHOQUES.) Les Groënlandais la connoissent sous le nom de *kassigiak :* dans le premier âge, elle est noire en dessus et blanche en dessous; elle prend ensuite des taches semblables à celles du tigre.

La plupart des ouvrages de nomenclature ne séparent pas le *kassigiak* du *phoque commun*, quoique Buffon en ait fait une espèce distincte. (s.)

KASSUS. V. CISSUS. (LN.)

KASSVIA. Nom du PATURIN aquatique, en GOTHLANDE. (LN.)

KASTAAR. Nom de la HYÈNE, selon Kæmpfer. (DESM.)

KASTOR. C'est, en grec, le nom du CASTOR. *V.* ce mot. (s.)

KASTOR. Les habitans de la Guinée emploient ce nom pour désigner la CIVETTE. *V.* ce mot. (DESM.)

KAT. Le CHAT, en danois. (DESM.)

KATA. Nom turc du GANGA. (V.)

KATAF. Nom arabe du BALSAMIER DE LA MECQUE. (B.)

KATAISI-MOMU. Au Japon, on donne au PÊCHER, ce nom, et ceux de *joobai, jamma-momu, ke, too, sato-momu*, etc. (LN.)

KATAKYMUM. Chez les Kamtschadales, c'est la BOUSSEROLLE (*arbutus uva ursi*.). (LN.)

KATALAM. Espèce de *sterculia*, Linn. *V.* au mot TONG-CHU. (B.)

KATALEPTIQUE. *Voyez* CATALEPTIQUE et DRACOCÉPHALE. (B.)

KATAPA. Il y a lieu de croire que c'est le CÉANOTHE D'ASIE. (B.)

KATAS ou **CATAS.** Nom péruvien de quelques espèces d'*embothrium*. (LN.)

KATER. Nom du CHAT, en Allemagne. (DESM.)

KATEVALA et **KADANAKU.** Noms malabares de l'ALOÈS VULGAIRE (*aloe vulgaris*, L.). (LN.)

KATHUTAMPALA. Nom donné, à Ceylan, à l'AMARANTHE ÉPINEUSE. (LN.)

KATHYEH. Nom arabe de l'aigle de Thèbes. (V.)

KATIANG-BALI. Le CAJAN (*Cytisus cajan*, Linn.), est figuré sous ce nom dans l'*Herbier d'Amboine*, vol. 5, tab. 135. (LN.)

KATJANG-GOENOUG. C'est le nom donné, dans les îles d'Amboine, au SAINFOIN du Gange, *Hedysarum gangeticum*, L. (LN.)

KATMON, CATMON et **CADMON.** On appelle ainsi aux Philippines la SIALÈTE DES INDES. (LN.)

KATO DE AGALI. Les Portugais désignent ainsi la CIVETTE. *V.* ce mot. (S.)

KATO-O-OO. Nom d'un MARTIN-PÊCHEUR des îles des Amis et de la Nouvelle-Zélande, donné comme une variété du MARTIN-PÊCHEUR SACRÉ. *V.* ce mot. (V.)

KATOU. *Voyez* les articles suivans, et à la lettre C. les articles CATOU. (LN.)

KATOU-ADAMBOË. C'est, au Malabar, le nom du *lagerstroemia hirsuta*, W. L'*adamboë* des Malabares est une autre espèce du même genre, (*lagerstroëmia reginœ*), Roxb. Ces deux plantes forment le genre ADAMBEA de Lamarck.

(LN.)

KATOU-ALOU. *V.* FIGUIER D'INDE. (B.)

KATOU BELOERUS. *V.* KETMIE A FEUILLES DE VIGNE.

(B.)

KATOU CONNA. *V.* ACACIE BIGÉMINÉE. (B.)

KATOU-GING. Nom japonais d'une espèce d'ANGREC, *Epidendrum flos-œris*. (LN.)

KATOU INSCHI-KUA (Rheed., Mal. 11, tom. 13). Nom malabare du ZERUMBET, espèce de GINGEMBRE, *Amomum zerumbet*, L. (LN.)

KATOU INDEL. Espèce de PALMIER du Malabar qui remplace l'AREC dans le bétel des pauvres. C'est l'ÉLATE SYLVESTRE. (B.)

KATOU-KADALI. Espèce de MÉLASTOME. (B.)

KATOU-KARVA. *V.* LAURIER CANNELLIER. (B.)

KATOU-MAIL ELOU. Nom malabare d'une espèce de GATTILIER, *Vitex trifolia.* (LN.)

KATOUNIOR. La CORIANDRE porte ce nom à Java. (B.)

KATOU-TSIACA. C'est la NAUCLÉE D'ORIENT au Malabar. *V.* Rheed, Mal. 3, t. 33. (LN.)

KATOU TSOLAM. *V.* ZIZANIE DE TERRE. (B.)

KATOUVOUA. Nom que les naturels de la Guyane donnent au CORMORAN. (V.)

KATRACA. Le P. Feuillée a décrit sous ce nom l'oiseau qu'on appelle à la Guyane PARRAKOUA. *V.* le genre YACOU. (V.)

KATRAM. Nom russe du CRAMBÉ de Tartarie. (LN.)

KATSENSAPHIR des Allemands. C'est le CORINDON CHATOYANT. (LN.)

KATSIEL-KELENGU. C'est l'IGNAME. (B.)

KATSJI LETRI-PULLU de Rheede (Malab. 9, t. 71). C'est le *ayris indica.*, L. (LN.)

KATSJIULA-KALENGU. *V.* ZÉDOAIRE. (B.)

KATTA. Nom suédois du CHAT. (DESM.)

KATTA-CACHERÉE. Nom indien d'une espèce de KETMIE, voisine de *l'hibiscus subdariffa*, qui est le CACHERÉE proprement dit. (LN.)

KATTA KELENGU. C'est l'IGNAME AIGUILLONNÉE, et le LISERON DU MALABAR. (B.)

KATTAKOTIE. *V.* ANTIDESME ALEXITÈRE. (B.)

KATTANSCHI - MULLU. Dans l'Inde, les Tamouls donnent ce nom au CÉLASTRE ÉMARGINÉ de Willdenow. (LN.)

KATTEDOORN. Nom du GENÈT ANGLAIS (*Genista anglica*), en Hollande. (LN.)

KATTINS. Nom allemand de la SAGITAIRE COMMUNE. (LN.)

KATTU PICINNA. Nom que sur la côte du Malabar, on donne à une espèce de MOMORDIQUE ou de LUFFA, appelée *carinti* par les Brames. Le *picinna* est une autre espèce voisine. *V.* Rheed., Malab. 8, t. 7 et 8. (LN.)

KATTU-VAELLA-ERICU. Un arbrisseau de l'île de Ceylan, la TOURNEFORTIE ARGENTÉE, porte ce nom dans la langue tamoule. (LN.)

KATU et **KATTU.** *Voyez* les articles suivans, et à la lettre C les articles CATU et CATTU. (LN.)

KATU BALA. C'est le BALISIER DE L'INDE. (B.)

KATU-BARAMARECA des Malabares. C'est une espèce de DOLICHOS voisine du *dolichos ensiformis.* (LN.)

KATU-CURCA. C'est la CHATAIRE DES INDES. (B.)

KATU-KAPEL. *V.* ALETRIS HYACINTHOÏDE. (B.)

KATU-KAPEL. *V.* KADENACO. (LN.)

KATU-KATSJIL. Noms de l'IGNAME BULBIFÈRE. (B.)

KATU KAVA-WALLES. *V.* PISONE SANS ÉPINE. (B.)

KATU LI-POLA. *V.* PANCRATION DE CEYLAN. (B.)

KATU-PAERU. Nom malabare d'un DOLICHOS voisin du *D. ensiformis.* (LN.)

KATU-PITSIEGAM-MULLA. *V.* NYCTANTHE A FEUIL-LES AIGUES. (B.)

KATU-SCHENA. *V.* TACCA. (B.)

KATU-TAGERA. *V.* INDIGOTIER VELU. (B.)

KATU-TSIACCA. *V.* NAUCLÉE ORIENTALE. (B.)

KATU-TSJANDI. Nom malabare (Rheed. 8, t. 43) du DOLICHOS A FOLIOLES RONDES, *Dolichos rotundifolius*, L. (LN.)

KATU-TSJETTI-PU. Nom malabare de l'ARMOISE DES INDES, le GAY des Japonais, figuré dans Rheede, Malab. 10, t. 45. (LN.)

KATU-WAGGHEL L'ACACIE LEBBECK est ainsi appelée sur la côte de Coromandel. (LN.)

KATZELKRAUT. Le TRÈFLE DES CHAMPS (*Trifolium ar-vense*) et plusieurs espèces du même genre portent ce nom en Allemagne, ainsi que celui de *katzenklée* encore appliqué à l'ANTHYLLIDE VULNÉRAIRE. (LN.)

KATZEN AUGE, *Œil de chat.* Les Allemands donnent ce nom au LAMIER AMPLEXICAULE. (LN.)

KATZEN AUGE, *Œil de chat* en allemand. C'est la va-riété de QUARZ CHATOYANT, qu'on appelle communément CHATOYANTE et ŒIL DE CHAT. *V.* QUARZ. (LN.)

KATZEN BLUME, *Fleur de chat.* Les Allemands désignent par-là l'ANÉMONE DES BOIS, *Anemone nemorosa*, L. (LN.)

KATZENEYER. Nom allemand du MUGUET A DEUX FEUILLES, *Convallaria bifolia*, L. (LN.)

KATZENIGEL. Nom du BIDENT TRIPARTITE, en Alle-magne. (LN.)

KATZENKASEL. Nom allemand de la MAUVE A FEUIL-LES RONDES. (LN.)

KATZENKLÉE. C'est l'ANTHYLLIDE vulnéraire, en Allemagne. (LN.)

KATZENMAGEN. C'est le COQUELICOT (*papaver rhœas*), en Allemagne. (LN.)

KATZENTHERIAK. Nom vulgaire allemand de la VA-LÉRIANE OFFICINALE. (LN.)

KAUKI. Nom indien d'un MIMUSOPS (*mimusops kauki*).

Le **Kauki inodore** de Plukenet est une autre espèce du même genre (*mimusops Elengi*). (LN.)

KAULBEERE. L'If, le **Merisier a grappe** et la **Viorne mancienne** portent ce nom en Allemagne. (LN.)

KAULER. L'un des noms allemands du **Sanglier.** (DESM.

KAULINIE. *V.* **Caulinie.** (B.)

KAUN. Nom turc et tartare du **Melon**, appelé par les Arabes, *kauun* et *dummeiri.* (LN.)

KAURA. *V.* **Kaka.** (LN.)

KAURIS. Coquille du genre **Porcelaine**, qui sert de petite monnoie aux nègres. (B.)

KAUROCH. L'un des noms arabes de la **Chélidoine**, selon Daléchamp. (LN.)

KAUS-BAUN. Nom de l'**Origan** vulgaire, en Tartarie. (LN.)

KAUWHOWBA. Les Hottentots donnent ce nom qui, en leur langue, signifie *taupe hippopotame*, au **Bathyergus des Dunes.** (DESM.)

KAUZKAFER. L'un des noms allemands du **Hanneton vulgaire.** (DESM.)

KAVARA-FI-SAGI. Kæmpfer figure, table 842 de ses *Aménités*, un arbre ainsi nommé au Japon, et qu'on rapporte au **Catalpa** (*bignonia catalpa*, Linn.). (LN.)

KAVARA-PULLU. **Coracan des Indes.** (LN.)

KAVARA PULLU. Nom malabare de la **Cretelle des Indes** (*cynosurus indicus.*). A l'article **Cavala pullu** de ce Dictionnaire, ligne 4, lisez *kavara* au lieu de *kanara.* (LN.)

KAVAUCHE. **Carpe** que les Tartares font sécher pour s'en nourrir pendant l'hiver. (B.)

KAVEKIN. Nom d'une espèce de **Mimusops** qui croît à Pondichéry. *Cavekine* est celui d'un arbrisseau peu connu de la famille des *myrtes*, et qui croît dans l'Inde. (LN.)

KAVIAC. C'est la même chose que le *caviar*, c'est à-dire, la préparation des œufs d'**Esturgeon** ou autres poissons. (B.)

KAWA-JANOGI ou **KAWARA-JAMOGI.** Nom donné, au Japon, à l'**Armoise capillaire** (*artemisia capillaris*, Thunb.). (LN.)

KAWA, **KAWKA.** Noms polonais du **Choucas.** (V.)

KAWAN. Nom du **Melon** (*cucumis melo*), dans le royaume de Dar-Four, en Afrique. (LN.)

KAWAR. Nom du **Peuplier blanc**, en Arménie. (LN.)

KAWA-SOBU. Nom japonais de l'ACORE ODORANT (*acorus calamus*, L.). (LN.)

KAWIL. Nom russe des STIPES. (LN.)

KAWULA. Nom donné, à Ceylan, à la FLOUVE des Indes (*anthoxanthum indicum*).

KAYKAY. Nom des KAKATOÈS, à Sumatra. (V.)

KAYOPOLLIN. *V.* DIDELPHE CAYOPOLLIN. (DESM.)

KATZE. C'est le nom que porte la CHATTE, en Allemagne. (DESM.)

KAYOUROURÉ. Nom que porte, chez les naturels de la Guyane française , le *sajou gris*. *V.* ce mot. (S.)

KE. L'un des noms du PÊCHER, au Japon. (LN.)

KEBATH. Nom arabe de la plante dont Forskaël a fait son genre CEBATHA, qu'on ne sauroit conserver puisqu'il rentre dans le genre MÉNISPERME. (LN.)

KEBBAD. Nom arabe de la LIME SPONGIEUSE, variété du CITRONNIER (*citrus medica*, Linn.). (LN.)

KEBIKENGI. Nom arabe attribué à des espèces de renoncules de marais, telles que la PETITE DOUVE (*ranunc. flammula*), et la RENONCULE SCÉLÉRATE. (LN.)

KEBOS ou **KEPOS.** Les anciens Grecs donnoient ce nom aux *singes à longue queue*. *V.* l'article GUENON, MONE. (S.)

KEBSPEÈRE. L'un des noms du MERISIER (*prunus avium* , L.), en Allemagne. (LN.)

KEBUSE et **KEHNIDSCHID.** Noms de la ROSE SAUVAGE (*rosa canina*) , au Kamtschatka. (LN.)

KECHEL EL-BELED. C'est l'*aizoon canariense* , Linn. que Forskaël avoit regardé comme une espèce du genre *glinus*. (LN.)

KECHENGI. Nom arabe attribué à l'ALKEKENGE. C'est peut-être celui d'une autre espèce de solanée. (LN.)

KEDALI (Rheed. Mal. 4, t. 42). Nom malabare d'une espèce de MÉLASTOME (*melast. malabathrica* , Linn.). Curtis, pl. 529 du *Botanical magazin*, en donne une figure. (LN.)

KEDDAD et **ZAGONEH.** Noms arabes d'un PRENANTHE (*prenanthes spinosa*, Forsk., Willd.) Il paroît que le premier est aussi appliqué à une espèce d'ASTRAGALE (*astragalus tumidus* , W.). (LN.)

KEDDADEH. Nom arabe d'un autre espèce d'astragale (*astragalus longiflorus*, Delisl. Ægypt.; pl. 39, f. 2.) (LN.)

KEDEY MAH. Arbre de Nubie, qui ressemble par sa forme à l'Olivier, et par sa feuille au Citronnier. Il porte une noix excellente à manger, et qui donne une huile qui remplace avantageusement celle d'olive. J'ignore à quel genre cet arbre appartient; mais il peut se faire que ce soit à l'Illipé. (b.)

KEDMIA. *V.* Ketmia. (ln.)

KEEK. Le Sénevé des champs (*sinapis arvensis*) porte ce nom en Allemagne. (ln.)

KEELLKRUID. En Hollande, c'est le Troène. (ln.)

KEEP. Nom hollandais du Pinson d'Ardenne (*fringilla montifringilla*). (desm.)

KEFERFITL. C'est le cerfeuil, en Allemagne. (ln.)

KEFFEKIL et **MYRSEN.** Noms tartares de l'Écume de mer, espèce de pierre. *V.* Magnésie carbonatée. (ln.)

KEFFEKILITHE. Minéral peu connu, trouvé en Crimée, entre Sébastopol et Backtschisari, non loin de Tschorgouma. Fischer, qui lui donne ce nom, et Léonhard, sont portés à le regarder comme de la *lithomarge endurcie.* Ce sera sans doute de la *magnésie carbonatée.* Karsten nomme *Keffikil*, *l'e-cume de mer.* C'est aussi le nom tartare de cette substance. La keflikilithe de Wettin sur la Saal, est une pierre argileuse compacte, rouge, brune, à cassure conchoïde et à grains fins. A l'insufflation elle donne une odeur forte d'argile. Sa dureté est beaucoup moindre que celle du jaspe dont elle a une fausse apparence. (ln.)

KEGLEH et **A'YCH EL-GORAB.** Noms donnés par les marchands du Caire à la Noix vomique (*strichnos nux vomica*, L. (ln.)

KEGUTILIK. M. Lacépède rapporte ce nom groënlandais à l'espèce de cétacé qu'il appelle Cachalot svineval. (desm.)

KEHLKRAUT. C'est, en Allemagne, une espèce de Fragon (*ruscus hippoglossum*). (ln.)

KEHLWURZ. Un des noms allemands du Nénuphar blanc. (ln.)

KEHN. Nom allemand de la Pie. (desm.)

KEHNIDSCHID. *V.* Kebuse. (ln.)

KE HOEI et **SUNG UY.** Nom chinois d'une plante que Loureiro prend pour une espèce d'Épiaire (*stachys artemisia*). C'est le *cay ich mau* cultivé en Cochinchine et en Chine; elle est résolutive, corroborante et utile dans les affections hystériques. On en fait un usage interne et externe. (ln.)

KEIEROUDEN. Nom d'un PYGARGUE de l'Inde. *V.* ce mot. (v.)

KEIKWAN et **KEKWAN - MOKF.** Nom japonais d'une espèce de PASSE-VELOURS (*celosia cristata*) cultivée pour l'ornement des jardins. (LN.)

KEILEM et **KAKHAM.** Noms du MERISIER A GRAPPE, au Kamtschatka. (LN.)

KEIRI. Nom arabe de la GIROFLÉE à fleurs jaunes (*cheiranthus cheiri*, Linn.). Les anciens botanistes l'ont aussi appliqué à d'autres espèces à fleurs jaunes du même genre. *V.* CHEIRI et CHEIRANTHUS. (LN.)

KEISÈNE ou **KERSÈNE.** Nom arabe de l'ERS, espèce de LENTILLE. (LN.)

KEISIM. Nom arabe de la LIVÈCHE, dans Avicenne. (LN)

KEISUM. Nom donné en Arabie, selon Forskaël, à une SANTOLINE (*sant. fragrantissima*, Vahl.). (LN.)

KEITSO. Espèce d'ASTER (*a. hispidus*, Th.), ainsi nommé au Japon, suivant Kæmpfer. (LN.)

KEKALI. Vicq-D'Azyr (*Syst. anat. des anim.*), donne ce nom au *loup du Mexique. V.* à l'article CHIEN. (DESM.)

KEKERAGFA. C'est le FUSAIN, en Hongrie. (LN.)

KEKERBHEN. Nom hongrois des ANÉMONES. (LN.)

KEKLHOLZ. Nom du TROÈNE, en Allemagne. (LN.)

KEKO. Nom japonais d'une CAMPANULE (*campanula glauca*) observée au Japon par Kæmpfer et par Thunberg. On lui donne aussi les noms de *kikjo* et de *kirakoo.* (LN.)

KEKROPIS. En grec, l'HIRONDELLE DE CHEMINÉE. *V.* ce mot. (s.)

KEKUAN-MOKF. Nom japonais d'une espèce d'ERABLE, appelée aussi au Japon *caide* et *monidsi.* Elle a été observée par Kæmpfer et par Thunberg. C'est l'*acer palmatum.* Le *kekuan cadem* est une autre espèce, *acer pictum*, Thunb. (LN.)

KEKUSCHKA. Espèce de *canard* des bords de la mer Caspienne. *V.* CANARD. (DESM.)

KEKVIRAG. Nom des BLUETS, en Hongrie. (LN.)

KELADY-XULA. Nom donné, à Amboine, au GOUET COMESTIBLE (*arum esculentum*, L.) (Rumph. Amb. 5, t. 110, f. 1), qui appartient au nouveau genre *caladium.* (LN.)

KELB MOERRE. Nom du CHIEN, en Egypte. (DESM.)

KELBER. Un des noms donnés, en Allemagne, à la CICUTAIRE (*conium maculatum*, L.). (LN.)

KELBREU. *V.* Treguel. (v.)

KELELÉ. Espèce de *saule* qui croît sur les bords du Niger, dont les feuilles sont très-courtes et arrondies par les extrémités. Les Nègres ont une grande vénération pour cet arbre. Ils font des cure-dents avec ses jeunes branches. (LN.)

KELEN. Nom du Houx, en bas-breton. (LN.)

KELENGU. Nom du Galanga, au Malabar. (LN.)

KELEOS. Le Loriot en grec. *V.* ce mot. (s.)

KELIN. Plante de l'Inde, figurée pl. 132, n.º 1 du cinquième vol. du *Jardin d'Amboine* de Rumphius. Sa racine est tubéreuse ; ses tiges sont rampantes, rameuses et carrées ; ses feuilles opposées, ovales, pétiolées, ridées, dentées ou crénelées à leur sommet ; ses fleurs petites, disposées en épi terminal. Il est probable qu'elle forme un genre particulier ; mais on ne connoît pas encore les parties de sa fructification.

On mange les tubérosités de cette plante, après les avoir fait cuire dans l'eau ou sous la cendre. (B.)

KELIN. Nom du Houx, dans le comté de Cornouailles. (LN.)

KELKEN. La Millefeuille et le Sureau a grappe portent ce nom, en Allemagne. (LN.)

KELL. C'est une espèce de Greuvier. *V.* Cell. (LN.).

KELLERBEÈRE, KELLERSCHALL, KELLERKRAUT. Noms du Mézéréon ou Bois gentil, en Allemagne. (LN.)

KELLOR. *V.* Morunga. (LN.)

KELP. Nom vulgaire anglais des Salicornes et des Kalis (*salsola*). (LN.)

KELUK ou ZELUK. Nom turc de l'Avocette. (v.)

KELI. Nom brame du Bananier (*musa paradisiaca*, L.), ou *bata* des Malabares, qu'il ne faut pas confondre avec le Pissang-bata de Rumphius, Amb. 5, pag. 142, qui est une variété du *musa troglodytarum.* (LN.)

KÉMAS (le) d'Ælien pourroit être rapporté à l'espèce de l'Antilope nagor, si ce naturaliste ancien, ainsi que le fait observer M. Cuvier, donnoit à son *kemas* une queue blanche et un poil très-touffu. (*Dict. des Sc. nat.*, art. Antilope.) (DESM.)

KEMELIUM. Nom arabe de la Camélée (*cneorum tricoccon*). (LN).

KEMETRI. Nom du Poirier chez les Arabes. Avicenne écrit *comètré*, Forskaël met *kumetri.* (LN.)

KEMPHAAN. Nom hollandais du Vanneau combattant (*tringa pugnax*). (DESM.)

KEMUM des Arabes. *V.* CUMIN. (LN.)

KEMUNDO et **TEN-MONDO**. Espèce d'ASPERGE (*asparagus falcatus*) du Japon. On la retrouve à Ceylan où elle porte le nom d'HETAWARYA. (LN.)

KEN, **KENPOKONAS** et **SIKU**. Au Japon on donne ce nom à l'HOVENIE, petit arbre dont les pédoncules se mangent. Ils sont charnus et doux, et ont presque la saveur de la poire. (LN.)

KENCOLOLO. Nom que les nègres de Malimbe donnent aux *perdrix* de leur pays. (V.)

KENDER. Nom hongrois du CHANVRE. (LN.)

KENDERIKE – FÜ. Nom du GALÉOPE DES CHAMPS (*galeopsis ladanum*), en Hongrie. (LN.)

KENIGE, *Kœnigia*. Petite plante annuelle d'Islande à tige succulente ; à feuilles alternes, ovoïdes, très-entières, un peu succulentes, stipulées, les supérieures quaternées ; à fleurs terminales, fasciculées, nombreuses, petites, accompagnées de bractées membraneuses, qui forme un genre dans la triandrie trigynie et dans la famille des chénopodées.

Ce genre a pour caractères : un calice partagé en trois folioles ovales, concaves et persistantes ; point de corolle ; trois étamines ; un ovaire supérieur, ovale, surmonté de deux ou trois stigmates rapprochés, colorés ou velus ; une semence nue, ovale, de la longueur du calice. (B.)

KENINENYNOK. Nom de l'AIL, dans le comté de Cornouailles. (LN.)

KEN–KO. Nom chinois d'une espèce de légumineuse du genre DOLICHOS (*D. trilobus*), dont on mange les graines. Elle est cultivée. (LN.)

KENKO. Nom du soufre, en Hongrie. (LN.)

KENLÉE et **TENLIE**. Les Hottentots donnent ce nom au CHACAL DU CAP (*canis mesomelas*). *V.* à l'article CHIEN. (DESM.)

KENNA. Nom que les Arabes donnent au cyprès. (LN.)

KENNA. C'est la même chose que le HENNÉ. (B.)

KENNE des Arabes. *V.* KEISIM. (LN.)

KENNEDIE, *Kennedia*. Genre de plantes établi par Ventenat, Jardin de la Malmaison, pour placer des GLYCINES qui diffèrent des autres par leur fruit multiloculaire et par leur carène, dont le sommet est repoussé par l'étendard.

Ce genre renferme trois espèces, dont deux ont les feuilles ternées et la troisième les a simples. Toutes sont des arbrisseaux grimpans, à fleurs vivement colorées, originaires de la

Nouvelle-Galles, et figurés pl. 104 et suiv. de l'ouvrage pré-cité. On les cultive dans nos jardins, principalement celle appelée *glycine rubicunda*. (B.)

KENNEL-KOHLE. Variété de *houille* ou de *charbon de terre*, qu'on trouve dans les mines de Kilkenny en Irlande. Elle a beaucoup de ressemblance avec le *jayet*. Elle est de même susceptible de poli, on l'emploie aux mêmes usages.

Kirwan a réuni le *kennel-coal* ou *cannel-coal*, avec le *kil-kenny-coal;* mais Magellan prétend que ce sont deux variétés distinctes : il est vrai que les différences ne sont pas fort importantes : l'un et l'autre sont susceptibles de poli. (PAT.)

Le *kennel-kohle* est la houille compacte des minéralogistes français. Jameson en donne la description sous le nom de *cannel-coal*, et Aikin sous celui de *candle-coal*, charbon chandelle. Ce nom lui vient de l'usage que le bas peuple, dans quelques parties de l'Angleterre, fait de cette houille en guise de chandelle pour s'éclairer. En Ecosse, on lui donne le nom de *parrot-coal. V.* HOUILLE. (LN.)

KENNIP. C'est le CHANVRE, en Hollande. (LN.)

KENO. Nom égyptien du CARTHAME LAINEUX. (LN.)

KENO-FU. Nom hongrois du CHÉNOPODE BON-HENRI. (LN.)

KENPOKONAS. *V.* KEN. (LN.)

KENTAM. C'est, au Japon, le nom d'une espèce de LIS (*Lilium lancifolium*), qui y a été observée par Kæmpfer et Thunberg. (LN.)

KENTIA. *V.* CENTIA. (LN.)

KENTNER. L'un des noms allemands de l'AMBRE JAUNE ou SUCCIN. (LN.)

KENTRANTHUS de Necker. *V.* CENTRANTHE. (LN.)

KENTROMYRINI de Théophraste. C'est le FRAGON (*Ruscus aculeatus*), d'après Bauhin. (LN.)

KENTROPHYLLE, *Kentrophyllum*. Genre établi par Decandolle aux dépens des CARTHAMES. Il présente pour caractères : 1.° un calice commun ventru, à écailles imbri-quées, dont les intérieures sont cartilagineuses, ciliées, épi-neuses à leur sommet, et les extérieures foliacées, pinna-tifides ; 2.° des semences tétragones, surmontées d'une ai-grette soyeuse; 3.° un réceptacle foliacé. Le CARTHAME LAINEUX sert de type à ce genre. (B.)

KENYSSA-KOUL. Nom donné, en Nubie, au *tribulus terrestris*, Linn. *V.* HERSE. (LN.)

KEPOLAK et **KEPORKAK.** Noms groënlandais de la BALEINOPTÈRE JUBARTE, au rapport de M. Lacépède. (DESM.)

KEPORKARSOAK. Nom de la BALEINOPTÈRE GIBBAR, au Groënland, selon le même auteur. (DESM.)

KEPOS. *V.* KEBOS. (B.)

KER. Nom du FER chez les Tartares Woguls; ce métal est appelé *karti* par les Ostiaks , et *kort* par quelques autre hordes tartares. (LN.)

KERACHATE, ou **CERACHATE** de Pline. Cette pierre paroît être une SARDOINE, ou plutôt cette variété de la *cornaline*, qu'on appelle vulgairement *cornaline blonde*. (LN.)

KERASS. Nom donné par les Egyptiens, selon Forskaël, au CÉLERI SAUVAGE ou ACHE. (LN.)

KÉRATITE. PIERRE DE CORNE, en grec. C'est le nom par lequel Delamétherie désigne le NÉOPÈTRE de Saussure, ou SILEX CORNÉ de Brongniart, qui est le plus souvent le HORNSTEIN des Allemands, c'est-à-dire, un quarz compacte passant au silex, ou le QUARZ-AGATHE-GROSSIER de M Haüy. (LN.)

KERATOPHYTES. C'est le nom commun qu'on donnoit, il y a cent ans, à toutes les productions *polypeuses* dont la contexture étoit cartilagineuse, productions qui comprenoien les genres qu'on appelle aujourd'hui GORGONE ,. ANTIPATHE PENNATULE, CORALLINE, TUBULAIRE, SERTULAIRE CEL LULAIRE, FLUSTRE et CELLÉPORE. (B.)

KERATONIA et **CERATONIA.** *V.* CAROUBIER. (LN.)

KERBA. Nom arabe de la JUSQUIAME. (LN.)

KERBERU. Nom arabe du CURCUMA. (LN.)

KERC'HEIZ. Nom bas-breton du HÉRON COMMUN. (V.)

KERCHERSEBE. Nom arabe du CUBÈBE. *V.* POIVRIER (LN.)

KERDON. *V.* CERDA. (LN.)

KERELLA. *V.* PIC-VERT DU BENGALE. (V.)

KERÈRE. Espèce de BIGNONE SARMENTEUSE employé à faire des liens et des paniers. (B.)

KERFA. On croit que c'est le RAVENALA. (B.)

KERIR. Nom donné par les Arabes à l'HÉLIOTROPE D'EUROPE (*Heliot. europœum* , L.), selon Forskaël. (LN.)

KER-KAMOUNOU. C'est un des noms de l'HIPPO POTAME, en Guinée, selon Barbot. (DESM.)

KERKASUS. Nom arabe de la RÉGLISSE. (LN.)

KERKEDAM. Herbelot, dans sa *Bibliothèque orientale*, di que les Arabes appellent ainsi le RHINOCÉROS. *V.* ce mot. (S.

KERKEDON, CARE ou GURG. Noms divers du RHI NOCÉROS, en Perse. (DESM.)

KERKERAPHKON ou **CERCERAPHRON.** Noms donnés, par les Daces, à l'Anagallide des champs ou à une Véronique. (LN.)

KERMANG. Les Burates appellent ainsi les Écureuils. (DESM.)

KERMÈS, *Chermes.* Genre d'insectes, de l'ordre des Hémiptères. Linnæus et Geoffroy ne comprennent pas, sous ce nom, les mêmes insectes. Le premier y voit ceux que nous appelons *psylles*, et que Degeer nomme *faux — pucerons.* Le second voulant rendre au mot de *kermès* le sens de son acception ordinaire, injustement détourné par le naturaliste suédois, désigne, sous cette dénomination, les *gallinsectes* de Réaumur, du nombre desquels est le *kermès* de la teinture, nommé aussi *graine d'écarlate.*

Nous avons dit à l'article Cochenille, que ce genre étoit peu distingué de celui de Kermès, et qu'il valoit mieux les réunir. Dans le premier, les femelles ont encore, sous leur forme de galle, des apparences d'anneaux ; de là le nom de *progallinsectes.* Dans le second, les individus du même sexe ont la peau du corps tellement distendue, qu'elle ne présente pas le moindre vestige d'incision ; ils ressemblent davantage à des galles, et ce sont des *gallinsectes* proprement dits. Ici, comme là, d'ailleurs, mêmes caractères, mêmes différences entre les sexes, mêmes habitudes et mêmes métamorphoses ; le mâle est ailé ; ses antennes sont longues, composées de neuf ou dix articles ; son corps est allongé, terminé par deux filets sétacés ; ses deux ailes sont horizontales.

La femelle est sans ailes ; sa bouche, qui prend naissance sous le corselet, entre la première et la seconde paire de pattes, est composée d'un tuyau charnu, d'où sort un filet long, qu'elle enfonce dans les écorces des plantes, pour prendre sa nourriture ; son corps est composé de cinq anneaux, d'abord de forme ovale ; il prend ensuite la figure d'une galle ou d'une graine, finit par se dessécher, et sert à couvrir les œufs.

Dans leur jeunesse, les femelles ressemblent à de petits *cloportes* blancs qui n'auroient que six pattes ; elles courent sur les feuilles, et ensuite se fixent sur les tiges ou les branches des arbres et des arbrisseaux, où elles passent plusieurs mois de suite ; c'est alors qu'elles prennent la figure d'une galle ou d'une excroissance.

C'est sur les arbrisseaux et les plantes qui passent l'hiver que croissent ces insectes. Il leur faut une plante qui les nourrisse pendant près d'un an, terme fixé pour la durée de leur vie. Après avoir pris leur accroissement, les uns ressemblent à de petites boules attachées contre une branche, et dont la grosseur varie de celle d'un grain de poivre à celle d'un pois ; les autres ont une forme sphérique, tronquée ou allongée ; ceux-là sont oblongs ; ceux-ci, et c'est le plus grand nombre, ressemblent à un bateau renversé ; les couleurs sont diversifiées.

Les arbres fruitiers, et surtout les pêchers, sont quelquefois tellement couverts de kermès, tant d'une espèce en bateau renversé, que d'une autre en petits grains, que leurs branches en paroissent toutes galeuses. Ces insectes ne parviennent au terme de leur accroissement que vers le milieu, ou au plus tard vers la fin du printemps. Si on observe les pêchers à cette époque, on remarque sur leurs branches des tubérosités qui sont des kermès dont les uns sont vivans et immobiles, et les autres morts dès l'année précédente. On distingue ces insectes les uns des autres, en ce que les premiers sont très-adhérens à la plante, et que la place où leur corps est attaché est couverte d'une matière cotonneuse, sur laquelle leur ventre, qui est aussi renflé qu'il peut l'être, est appliqué. Si on observe ces insectes un peu plus tard, leur peau ne paroît plus être qu'une simple coque sèche contenant et couvrant une infinité de petits grains rougeâtres, oblongs, qui sont des œufs ; les petits qui en sortent restent encore, pendant quelques jours, sous la peau de leur mère.

On ne peut voir, sans admiration, la manière dont les femelles couvrent leurs œufs et leurs petits. Quantité d'insectes savent filer des coques dans lesquelles ils renferment les leurs avec beaucoup d'art : c'est avec son propre corps que la femelle du kermès couvre les siens ; il leur tient lieu d'une coque bien close ; elle ne les laisse pas un instant exposés aux impressions de l'air, les mettant parfaitement à l'abri, et les couvrant pour ainsi dire dès le moment où elle vient de les pondre ; elle est encore utile à ses petits même après sa mort, puisqu'ils restent plusieurs jours sous son corps desséché.

Les femelles meurent peu de temps après avoir fait leur ponte ; celles de quelques espèces, selon plusieurs auteurs, ne pondent que deux mille œufs, tandis que celles de quelques autres en mettent au jour quatre mille. Les petits sortent de dessous leur peau par une ouverture qui se trouve à la partie postérieure de leur corps. A peine les jeunes kermès ont-ils quitté leur berceau, qu'ils courent sur les feuilles ; leur accroissement est très-lent, depuis la fin du printemps ou le commencement de l'été, époque de leur naissance, jusqu'au printemps de l'année suivante ; mais alors ils grossissent rapidement. Si on observe ceux du pêcher au renouvellement de la belle saison, on voit sur leur dos un grand nombre de petits tubercules, et quelques fils ou poils assez longs qui partent des différens endroits de leur corps. Ces poils, qui sont dirigés en plusieurs sens, vont s'attacher sur le bois assez loin de l'insecte. Les femelles continuent à croître jusqu'au moment de la ponte.

On a été assez long-temps à savoir comment ces femelles étoient fécondées; quelques auteurs ont cru qu'elles jouissoient des deux sexes, et qu'elles pouvoient pondre sans le concours du mâle; mais on sait actuellement que l'accouplement du kermès, en forme de grain hémisphérique, qui vit sur le pêcher, a lieu vers la fin du printemps. Réaumur, qui a été témoin de l'union des sexes, a vu le mâle parcourir le corps de la femelle, et finir par introduire l'espèce d'aiguillon dont il est pourvu dans l'ouverture qu'elle a à l'extrémité de son corps, celle par où sortent les petits. Ces femelles, qui paroissent immobiles, ne sont point insensibles aux approches du mâle; des mouvemens que Réaumur leur a vu faire, l'en ont convaincu. D'après cet accouplement, et les observations de quelques auteurs qui n'ont vu qu'une partie des kermès de l'oranger pondre des œufs, on peut croire que l'autre partie est composée de mâles, et que ces insectes, ainsi que tous ceux de ce genre, s'accouplent comme le kermès du pêcher.

Tous les jeunes kermès se ressemblent et ne prennent la forme qui leur est particulière que lorsqu'ils croissent. L'espèce la plus renommée est celle dont la figure approche d'une boule dont on auroit retranché un petit segment. Ce kermès vient sur une espèce de petit chêne vert, qui n'est qu'un arbrisseau qui s'élève à environ deux ou trois pieds, *Quercus coccifera*, Linn. Ce chêne croît en grande quantité dans les terres incultes des parties méridionales de la France, en Espagne, et dans les îles de l'Archipel. C'est sur ces arbrisseaux que les paysans vont faire la récolte du kermès dans la saison convenable.

Le kermès a excité pendant long-temps la curiosité des naturalistes, avant d'en être bien connu. Il a donné lieu à une expérience qui a réussi et qui a induit en erreur Marcilly. Tout le monde connoît la composition de l'encre; on sait que c'est par le mélange de la noix de galle que la dissolution de vitriol prend une couleur noire. Marcilly éprouva s'il feroit de l'encre avec le kermès et le vitriol, et il en fit; de là il conclut que le kermès, produisant un effet semblable à celui des galles qu'on trouve sur les grands chênes, étoit une galle de petit chêne; mais il s'est trompé sur la nature de ces insectes. Cette expérience nous découvre un fait curieux; c'est que les matières végétales propres à faire de l'encre, conservent cette propriété après avoir passé dans le corps d'un animal.

Le kermès qui a pris toute sa grosseur, paroît comme une petite coque sphérique fixée contre l'arbrisseau ; sa couleur est d'un rouge-brun : il est légèrement couvert d'une poussière cendrée. Celui que l'on obtient par la voie du commerce est d'un rouge très-foncé , et ne doit sa couleur qu'au vinaigre avec lequel il a été arrosé.

Les habitans des pays où on fait la récolte des kermès, considèrent cet insecte sous trois états différens : le premier a lieu au commencement du printemps ; à cette époque, il est d'un très-beau rouge , presque entièrement enveloppé d'une espèce de coton qui lui sert de nid ; il a la forme d'un bateau renversé, *lou vermeou groue*, disent les Provençaux, *le ver couve*. Le second état, celui où , dans le même langage, *lou vermeou espelis*, le *ver éclôt*, se prend de l'instant auquel l'insecte parvient à toute sa croissance, et que le coton qui le couvroit s'est étendu sur son corps sous la forme d'une poussière grisâtre ; il semble alors être une simple coque remplie d'une liqueur rougeâtre. Enfin le kermès arrive à son troisième état vers le milieu ou la fin du printemps de l'année suivante ; c'est à cette époque qu'on trouve sous son ventre dix-huit cents ou deux mille petits grains ronds qui sont les œufs , et que les Provençaux appellent *freisset*. Ils sont une fois plus petits que la graine du pavot, et remplis d'une liqueur rougeâtre. Le microscope les fait paroître parsemés de points brillans couleur d'or. Parmi ces œufs il y en a de blanchâtres et de rouges. Les premiers donnent des petits d'un blanc plus sale, plus aplatis que les autres , et dont les points brillans ont une couleur argentine. Ces individus sont moins communs , suivant Réaumur, que les rouges. On les regarde faussement, dans le pays, comme les mères des kermès.

Vers son second état, le kermès femelle se prépare à sa ponte, en rapprochant la partie inférieure de son ventre du dos ; il ressemble alors à un *cloporte* demi-roulé. Le vide formé par cette contraction est rempli par les œufs. La mère s'étant acquittée des devoirs que lui imposoit la nature, ne tarde pas à périr. Son cadavre se dessèche ; les traits qui le caractérisoient comme insecte s'oblitèrent, disparoissent ; on n'aperçoit plus qu'une sorte de galle.

Les œufs éclosent ; les petits abandonnent leur berceau, se répandent sur les feuilles de l'arbrisseau où ils viennent de naître, et se nourrissent de leur suc, en le pompant avec leur trompe.

Le mâle a d'abord la plus grande conformité avec la femelle. Il se fixe ainsi qu'elle, se métamorphose en nymphe dans sa coque, devient insecte parfait, soulève sa coque, et sort le derrière le premier.

Il voit la lumière, et, déjà aiguillonné par le besoin de se reproduire, on le voit sautiller, voltiger autour des femelles, qui attendent patiemment que l'amour les favorise. Le mâle se promène sur le dos de quelques-unes, va et vient de leur tête à leur queue, les excite, les presse de répondre aux vœux de la nature, est satisfait, et cesse d'exister.

" La récolte des kermès est plus ou moins abondante, selon que l'hiver a été plus ou moins doux : on espère qu'elle sera bonne, lorsque le printemps se passe sans brouillards et sans gelées. On a remarqué que les arbrisseaux les plus vieux, qui paroissent les moins vigoureux et qui sont les moins élevés, sont les plus chargés de kermès. Le terroir contribue à sa grosseur et à la vivacité de sa couleur ; celui qui vient sur des arbrisseaux voisins de la mer, est plus gros et d'une couleur plus éclatante que celui qui vient sur des arbrisseaux qui en sont éloignés.

On prétend que les pigeons aiment beaucoup le kermès, ce qui oblige de les veiller pendant le temps de sa récolte.

Si quelques espèces de kermès font du tort aux arbres, nous en sommes amplement dédommagés par l'usage qu'on fait de celui dont nous venons de parler ; il tient une place distinguée parmi les animaux qui nous sont utiles. Les paysans de certains cantons de la France, et de quelques pays étrangers, font ainsi tous les ans une récolte précieuse, sans avoir la peine de labourer et de semer. Ils vont détacher cet insecte, que Pline nomme *cocci granum*, et qu'on appelle aujourd'hui *graine d'écarlate*, *vermillon*. C'est avec cette graine écarlate qu'on fait le sirop de kermès (1). Si on doute de l'avantage que la médecine retire de cette drogue, on ne peut douter que l'art de la teinture ne tire un parti utile du kermès, qui sert à teindre la soie et la laine en un beau rouge cramoisi. Il faut pourtant avouer que depuis que la *cochenille* a été découverte, le kermès a cessé d'être une matière aussi importante qu'elle l'étoit autrefois ; peut-être aussi n'en tire-t-on pas aujourd'hui tout le parti possible. Ce sont des femmes qui font cette récolte ; elles enlèvent avec leurs ongles le kermès de dessus les arbrisseaux ; telle femme en ramasse deux livres par jour. Il n'est pas rare d'en avoir deux récoltes dans l'année ; celui de la seconde est attaché contre les feuilles ; il n'est jamais ni aussi gros, ni aussi propre à donner autant

______

(1) On en fait aussi des pastilles que l'on envoie dans les pays étrangers, connues sous les noms de *pastel d'écarlate*, *écarlate de graine*.

de teinture que le premier. On arrose de vinaigre le kermès destiné pour la teinture ; on ôte la pulpe ou la poudre rouge renfermée dans le grain ; on lave ensuite ces grains dans du vin, et, après les avoir fait sécher au soleil, on les lustre en les frottant dans un sac, et on les renferme en les mêlant avec une quantité de poudre basée sur le produit de ces grains (dix à douze par quintal). La cherté de ces grains dépend du plus ou moins de poudre qu'ils rendent. La première poudre est celle qui sort du trou qui est du côté où le kermès est fixé à l'arbre ; celle qui reste attachée au grain vient, dit-on, d'un trou très-petit.

Le vinaigre altère la couleur du kermès ; on en use ainsi pour détruire la postérité de l'insecte.

On trouve sur de grands chênes, plusieurs espèces de kermès de différentes formes et de différentes couleurs, dont un rouge, qui ressemble beaucoup à celui du petit chêne. Il n'est pas propre à la teinture ; mais on le regarde comme aussi bon pour la confection d'*alkermès*, que celui qui vient sur l'*ilex cocci glandifera*.

Toutes les femelles des kermès finissent leur ponte sans qu'on s'en aperçoive, parce que leur corps couvre tous les œufs. Cependant il y en a quelques espèces dont il n'en couvre qu'une partie. Les œufs de celles-ci sont logés dans une masse de fils de soie ou de coton très-blanc, qui les fait prendre pour des œufs d'araignée. On trouve de ces œufs, qui sont d'espèces différentes, sur la charmille, le chêne et la vigne, particulièrement sur certains pieds de vigne en espalier.

La masse qui couvre les nichées d'œufs est ordinairement de forme arrondie par-dessus ; pour peu qu'on la touche ou qu'on la dérange, l'enveloppe s'attache aux doigts, qui enlèvent une infinité de fils parallèles les uns aux autres. Les kermès ne filent point de cette matière cotonneuse, elle s'échappe de dessous leur coque, de même qu'il s'en échappe du corps de certains pucerons, et de quelques larves qui les mangent. Ce n'est point par des filières semblables à celles des chenilles et des araignées que sort cette matière ; les kermès ont au-dessous du ventre un très-grand nombre d'ouvertures imperceptibles, analogues aux filières des autres insectes, qui lui donnent passage : les principales sont autour du corps. Les espèces qui font de ces nids cotonneux sont celles qui, avant leur ponte, ont la forme d'un bateau renversé.

Les kermès les plus connus se trouvent en Europe : ils forment un genre qui renferme une vingtaine d'espèces.

KERMÈS DE LA VIGNE, *Kermes vitis; Coccus vitis*, Linn.; pl. E 11, 12 de cet ouvrage. La femelle est ovale-allongée, brune, avec un duvet blanc en dessous et sur les côtés, et six filets blancs à la queue. On la trouve sur le tronc et les branches de la vigne.

KERMÈS OBLONG DU PÊCHER, *Chermes persicæ oblongus*, Geoff.

Le mâle est d'un rouge foncé; ses ailes sont blanches, plus longues que le corps, bordées extérieurement d'un peu de rouge; son abdomen est terminé par deux filets allongés, entre lesquels est une espèce de queue recourbée en dessous; la femelle est oblongue, très-convexe, d'un brun foncé.

On le trouve en Europe.

KERMÈS DU PETIT CHÊNE, *Chermes ilicis*; *Coccus ilicis*, Linn., Fab.

La femelle est sphérique, d'un rouge luisant, légèrement couverte d'une poussière blanche; elle est fixée sur les tiges et quelquefois sur les feuilles d'une petite espèce de chêne à feuilles épineuses.

On le trouve dans les parties méridionales de la France, en Espagne. *V.* les Généralités.

KERMÈS PANACHÉ, *Chermes variegatus*, Geoff.

Il est arrondi, presque sphérique, de l'épaisseur d'un pois, d'un jaune fauve avec quatre bandes longitudinales, brunes; et quelques points de même couleur entre les bandes. On le trouve collé sur les rameaux du chêne.

KERMÈS DE L'ORME; *Chermes ulmi*; *Coccus ulmi*, Linn.

Le mâle de cette espèce étoit inconnu. Je vais donner un extrait de la description que j'en ai faite dans un mémoire particulier, joint à mon *Histoire naturelle des Fourmis*, chez Barrois le jeune.

Son corps est long d'environ une demi-ligne; les antennes sont de la même longueur, assez grosses, rapprochées, insérées vers le sommet de la tête, entre les yeux, brunes, velues, de dix articles presque égaux. La tête est petite, arrondie, brune, garnie de dix petits grains, polis, luisans, qui ressemblent à de petits yeux lisses; le corselet est plus large que la tête, arrondi, d'un brun luisant, avec un enfoncement dorsal et postérieur; l'abdomen est sessile, conique, déprimé, brun, assez long, de huit à neuf anneaux; l'anus est renflé et terminé par une pointe formée de deux valvules réunies, accompagnées chacune d'un filet latéral très-blanc, filiforme, divergent, plus long que le corps; les ailes sont un peu transparentes, plus larges et plus longues que le corps, couchées l'une sur l'autre horizontalement, blanches, avec des nervures fines et la côte un peu brune : on voit deux espèces de balanciers semblables à ceux des diptères, placé un de chaque côté à la base de l'abdomen; les pattes sont petites, d'un brun clair, avec les tarses assez longs, paroissant de deux ou trois pièces, dont la dernière très-mince, pointue, terminée par des poils et des crochets peu sensibles.

On ne découvre ni trompe ni organe qui tienne lieu de bouche: on voit seulement à la place qu'elle occupe ordinairement dans les autres insectes, des petits grains ou mamelons, au nombre de dix, très-rapprochés, cinq de chaque côté, savoir, deux plus gros en avant, deux autres de la même grandeur par derrière, et trois petits en triangle sur chaque côté. Ces grains sont polis, luisans, et ressemblent à de petits yeux lisses.

Les larves de cet insecte, trouvées en mars, presque au moment de se changer en nymphe, se fermèrent dans une petite coque ovale, longue de près d'une demi-ligne, formée d'une membrane très-mince, papyracée, et fort blanche. Ces nymphes n'avoient que les antennes et les pattes de libres, différence très-remarquable entre ces insectes et les autres hémiptères, dont les nymphes sont toujours ambulantes et ne diffèrent de l'insecte parfait, que parce qu'elles n'ont que les rudimens des ailes et des élytres. Vers la fin d'avril, cet insecte se dépouille de son enveloppe de nymphe, pour prendre sa nouvelle et dernière forme. Réaumur avoit observé que les gallinsectes sortoient de leur coque d'une manière opposée aux autres insectes, c'est-à-dire, le derrière le premier: l'observation de ce célèbre naturaliste est conforme à celle qui a été faite sur le mâle de ce kermès. (L.)

KERMÈS. Nom spécifique du *chêne* sur lequel on trouve la *cochenille kermès*. *V*. CHÊNE et KERMÈS. (B.)

KERMÈS DU NORD, KERMÈS DES RACINES. *V*. COCHENILLE. (L.)

KERMÈS MINÉRAL. OXYDE HYDROSULFURÉ d'antimoine. On peut voir, dans le Traité de Chimie par M. Thénard, la manière de le préparer. Le KERMÈS MINÉRAL NATIF est l'ANTIMOINE OXYDÉ SULFURÉ. *V*. ce mot. (LN.)

KERMÈS DE PROVENCE, *Coccus ilicis*. *V*. KERMÈS DU PETIT CHÊNE. (DESM.)

KERN. Un des noms de l'ÉPEAUTRE, *Triticum spelta*, en Allemagne. (LN.)

KERNBEISSER et FINK. Noms allemands et génériques, dans Meyer, des GROS-BECS et du MOINEAU. (V.)

KERNBYTER. Nom hollandais du GROS-BEC COMMUN, *Loxia coccothraustes*. (DESM.)

KERNEKTOK et KILLELLUAK. Noms groënlandais du NARWHAL VULGAIRE, selon M. Lacépède. (DESM.)

KERNERA et KERNERIA, du nom de Kerner, professeur de botanique à Stuttgard. Plusieurs genres de plantes lui ont été consacrés: le premier par Moench, *kerneria*, créé pour placer le BIDENT POILU de Linnæus, qui diffère du genre, *bidens* par ses fleurs radiées et ses graines tétragones, celles de la circonférence plus courtes et celles du centre plus longues, surmontées de deux ou trois arêtes rudes et garnies de soies dirigées vers le bas. Ce genre, comme celui nommé *Salmea*, aussi formé aux dépens des *bidens*, se rapproche des CORÉOPES. Richard proposoit de le rétablir sous le nom de *ceratocephalus*. Le second *kernera* est celui fondé par Médicus sur le *myagrum saxatile*. Le troisième est le *kernera* de Willdenow, ou *caulinia*, Decandolle, ou *possidonia*, Koenig. *V.* KERNÈRE. (LN.)

KERNÈRE, *Kernera*, Plante vivace, à racine filiforme, à tige rameuse, entourée de poils à sa base, à feuilles distiques, linéaires, obtuses, de trois à quatre pouces de long, à fleurs disposées en épi terminal, qu'on avoit rangée jusqu'à ces derniers temps parmi les ZOSTÈRES, sous le nom de ZOSTÈRE OCÉANIQUE, mais que Caulini a prouvé devoir former un genre particulier dans la polygamie monoécie et dans la famille des fluviales.

Les caractères de ce genre, qui a aussi été appelé CAULINIE et POSSIDONIE, sont : calice en forme de spathe de deux valves ; nectaire de trois folioles aristées ; six étamines sessiles ; un ovaire oblong, surmonté d'un style court à stigmate plane; une baie monosperme. Les fleurs mâles ne diffèrent des autres que parce que le pistil est incomplet.

La KERNÈRE OCÉANIQUE croît dans la Méditerranée. C'est la véritable ALGUE MARINE des anciens botanistes, celle avec laquelle on emballe les produits des verreries de Venise. Ainsi, tout ce qui a été dit à l'article ZOSTÈRE lui convient particulièrement. Ce sont les soies de la base de ses tiges qui, avalées par les poissons, forment ces boules qu'on appelle ÉGAGROPILES de mer. (B.)

KERNÈRE, *Kernera*. Genre établi aux dépens des CRANSONS, mais qui n'a pas été adopté. (B.)

KERNERIA. *V.* KERNERA. (LN.)

KERNGERTE. *V.* KERNHOLZ. (LN.)

KERNHOLZ. C'est le PIN SAUVAGE, *Pinus sylvestris*, en Allemagne. (LN.)

KERNKRAUT. Un des noms du BEHEN, *Cucubalus behen*, en Allemagne. (LN.)

KEROMENON. Un des noms du POIREAU, chez les Grecs. (LN.)

KÉRONE, *Kerona.* Genre de vers polypes amorphes, ou d'ANIMALCULES INFUSOIRES, dont les caractères sont : d'être munis, sur une partie de la superficie, de piquans courbés semblables à des cornes.

Ce genre diffère des HIMANTOPES, auxquels Lamarck le réunit, parce que les parties saillantes qu'on y remarque sont roides dans l'un et molles dans l'autre. Du reste, il y a entre eux beaucoup de rapports de forme et de manière d'être.

Il y a encore plus de rapports entre les *kérones* et les IRICODES, dont les caractères sont d'être garnis de poils. Ce n'est réellement qu'une nuance qui les distingue.

Les kérones commencent la série des animaux véritablement infusoires ; car une partie des espèces se trouve dans les eaux de la mer et des marais, et l'autre, qui est la plus petite, dans les infusions végétales. Muller en a décrit, dans son important ouvrage intitulé *Animalcula infusoria*, quatorze espèces, parmi lesquelles on distingue :

La KÉRONE RATEAU, qui est orbiculaire, membraneuse, avec un angle sur le côté et une des faces garnie de trois rangs de cornes. Elle se trouve dans les eaux douces et salées.

La KÉRONE SOUCOUPE est orbiculaire, armée de cornes vers le milieu. Sa partie antérieure est membraneuse, velue, et sa partie postérieure nue. *Voyez* sa figure pl. E 23. Elle se trouve dans les eaux douces, parmi la lenticule.

La KÉRONE CRIBLE est ovale, un peu comprimée, garnie de cornes en avant, de soies en arrière ; un des bords recourbé, l'autre cilié. Elle se trouve dans l'eau de mer.

La KÉRONE MOULE est presque en forme de massue, pourvue de cornes en avant, et de soies en arrière ; ses extrémités sont élargies, diaphanes et ciliées. Elle se trouve dans l'eau gardée long-temps.

La KÉRONE LIÈVRE est ovoïde, a l'extrémité antérieure ciliée, et la postérieure velue. Elle se trouve dans les infusions animales.

La KÉRONE CHAUVE est oblongue, large, munie de cornes brillantes sur le devant, et terminée en arrière par deux soies droites. Elle se trouve dans les infusions végétales. (B.)

KEROWAN. Nom égyptien du *courlis commun.* (V.)

KERPA. Nom malabare d'une graminée de la presqu'île de l'Inde, qu'on rapporte au *saccharum spontaneum*, Linn. fils, espèce qui rentre, selon Palisot-Bauvois, dans le nouveau genre IMPERATA. (LN.)

KERPA. Espèce de CANAMELLE. (B.)

KERS et KERBOOM. Synonymes de CERISE et de CERISIER, en hollandais. (LN.)

KERSANTON. A Brest, on donne ce nom à une roche d'un gris plus ou moins noir, parsemée de points brillans, susceptible d'un beau poli et qui se laisse entamer au couteau. C'est un composé d'amphibole noir-grisâtre, de quarz blanc, de feldspath moins abondant et de mica brun. Ces substances sont en grains plus ou moins fins. C'est une SYÉNITE (*V.* ce mot). Le *kersanton* à grains très-fins et uniformes, est moins dur, plus tenace, d'une couleur plus tranchée et susceptible d'un plus beau poli que le kersanton à gros grains; c'est aussi la variété la plus estimée. On a beaucoup employé autrefois le kersanton dans le département du Finistère. Il doit cet emploi à la facilité avec laquelle il se laisse tailler et sculpter, à sa solidité et à son inaltérabilité. Il a servi à la construction des monumens religieux des vieilles sculptures gothiques qui ornent les anciennes bâtisses de ce département. Maintenant cette roche est fort rare et fort chère à Brest. M. de Cambry en cite une carrière près de Kerfissiec, à un quart de lieue de Saint-Pol, et indique une espèce de ce kersanton dans les landes de Plondaniel. M. Bigot de Morogues rapporte, d'après des autorités respectables, qu'on n'avoit encore trouvé cette roche qu'en morceaux, roulés le plus souvent, sur le bord de la mer. Ce naturaliste distingué a donné une bonne description de cette roche et de ses variétés, *Journ. des Min.*, t. 26, p. 211. (LN.)

KERSBOOM. *V.* KERST. (LN.)

KERSCHE. *V.* KIRSCHE. (LN.)

KERSENDIEF. Nom hollandais du LORIOT, *Oriolus galbula.* (DESM.)

KERSÈNE. C'est l'ERS, espèce de LENTILLE, en Arabie. (LN.)

KERUA, KROUA. Noms arabes du RICIN. (LN.)

KERYLOS, KEYX. Noms grecs du MARTIN-PÊCHEUR. (V.)

KERYSSUM. Nom du POURPIER DE MER, *Atriplex halimus*, chez les Kalmoucks. (LN.)

KERZENKRAUT. C'est la MOLÈNE, *Verbascum thapsus*, en Allemagne. (LN.)

KESCHÉE. Nom arabe du CENTROPOME NILÓTIQUE de Lacépède.

Sonnini pense que ce poisson est le même que les Grecs appeloient *latos*, et qui étoit sacré. Il est un des plus gros et des meilleurs poissons du Nil. On en trouve qui pèsent jusqu'à trois cents livres, et qui sont d'une extrême voracité. (B.)

KESCHTA. Nom donné au KAIRE, en Égypte, à l'*anona glabra*, Forsk., espèce de COROSSOL. (LN.)

KESELOT. Nom arabe d'une espèce d'Ail sauvage, *Allium vineale*. (LN.)

KESEN, KESER. Noms arabes de la Vesce, dans Sérapion. (LN.)

KESLIK. Nom d'un poisson du genre des Labres. (DESM.)

KESSELBEERE. C'est la Canneberge (*Vaccinium*), Oxycoccos, en Allemagne. (LN.)

KESSUTH. Nom arabe de la *Cuscute*. Voy. Chaeath. (LN.)

KESTREL. Nom anglais de la Cresserelle. (V.)

KETAF. Nom arabe de l'espèce d'Acacie qui donne la gomme du Sénégal et qu'Adanson nomme Gommier blanc Verek. (LN.)

KETH. C'est le nom générique des Canards, chez des nations sauvages de l'Amérique septentrionale. (V.)

KETMIA. Ce nom, donné par Tournefort, Plumier, Dillen, Adanson et d'autres botanistes, au genre de malvacées appelé Hibiscus par Linnæus, dérive de Chethmie, nom syrien de l'*althæa frutex* ou *hibiscus syriacus*, Linn., joli arbrisseau qui fait l'ornement de nos parterres. Sous le nom de *ketmia africana*, ont été indiqués le *mahernia pinnata* et l'*hermannia althæoïdes*, L. V. Ketmie et Hibiscus. (LN.)

KETMIE, *Hibiscus*, Linn. (*monadelphie polyandrie.*) Genre de plantes de la famille des malvacées, dans lequel on compte cinquante et quelques espèces, et qui comprend des herbes et des arbrisseaux exotiques, dont les feuilles sont alternes, et les fleurs, presque toutes grandes et belles. Chaque fleur a deux calices : l'intérieur est à cinq dents, et ordinairement persistant ; l'extérieur est composé de cinq à trente folioles linéaires, quelquefois caduques. La corolle offre cinq pétales en cœur, réunis dans leur partie inférieure, et plus grands qu'aucun des calices. Les étamines sont nombreuses et placées les unes au-dessus des autres : les filets, joints ensemble par le bas, forment une espèce de colonne qui adhère à la base de la corolle ; leurs sommets sont libres et portent des anthères réniformes. Le style, posé sur un ovaire supérieur et arrondi, traverse le milieu de la colonne et se divise, au-dessus des étamines, en cinq parties que couronnent des stigmates globuleux. Le germe devient une capsule qui varie de forme, selon les espèces ; elle a cinq loges et cinq valves : et chaque loge contient une ou plusieurs semences oblongues de la même forme que les anthères.

Parmi les quatre-vingts espèces connues, on distingue les

suivantes, qui toutes ont des capsules à loges polyspermes.
Les unes sont des herbes annuelles ou vivaces, les autres
sont des arbustes ou des arbrisseaux.

La KETMIE A FEUILLES DE VIGNE, *Hibiscus vitifolius*, Linn.
Elle croît dans l'Inde. Ses feuilles sont crénelées, et à trois
ou cinq lobes ; ses fleurs sont penchées, grandes, jaunes et
teintes d'un pourpre violet dans leur moitié inférieure.

La KETMIE A FEUILLES DE FIGUIER, *Hibiscus ficulneus*,
Linn. On la trouve aussi dans l'Inde et à Ceylan. Ses fleurs
sont petites et blanches, avec un fond pourpre ; ses feuilles
sont palmées et pétiolées.

La KETMIE A FEUILLES DE CHANVRE, *Hibiscus cannabinus*,
Linn. Une tige de cinq ou six pieds ; trois sortes de feuilles ;
les inférieures en cœur, les moyennes à trois lobes, et les
supérieures digitées ; de grandes fleurs axillaires et sessiles,
d'un jaune pâle et tachetées de pourpre à leur base ; un calice
extérieur composé de neuf folioles, et une capsule ovale,
pointue et velue : tels sont les caractères qui, réunis, distinguent cette espèce des autres. Elle vient spontanément
dans l'Inde et au Sénégal. On mange ses feuilles dans ces
pays, et on fait des cordes avec son écorce. Les écoles de
botanique la possèdent dans leurs serres.

La KETMIE MUSQUÉE, *Hibiscus abelmoschus*, Linn., vulgairement l'*ambrette*, *la graine musquée*. On la reconnoît à
l'odeur de musc très-marquée qu'ont ses semences, dont on
fait commerce, et qui entrent dans la composition des
parfums. Cette plante est velue dans le plus grand nombre
de ses parties. On la trouve aux Indes orientales et dans les
pays chauds de l'Amérique. Ses fleurs sont jaunes, avec un
fond pourpre, et leur calice intérieur est caduc.

La KETMIE GOMBO, *Hibiscus esculentus*, Linn. Dans cette
espèce, dont on voit la figure pl. E 18 de ce Dictionnaire, les
graines n'ont point une odeur de musc, et la capsule est
aplatie et comme tronquée à sa base ; c'est ce qui la distingue principalement de la précédente, avec laquelle elle a
beaucoup de rapports. On la cultive comme plante potagère dans l'Amérique méridionale, aux Antilles, en Asie,
en Afrique, et même en Espagne, et on y mange ses fruits,
avant leur maturité, coupés par tranches et apprêtés de plusieurs manières. Leur suc doux, visqueux et rafraîchissant,
épaissit la soupe et les ragoûts dans lesquels ils entrent, et
leur donne un goût délicat. Souvent on les fait cuire seuls
dans la graisse avec quelques autres herbes, et on les assaisonne de piment et de jus de citron. Ce mets très-simple et
qui est fort en usage en Amérique, s'appelle un *gombaud* : les
habitans de nos colonies, les femmes surtout, en sont très-

friands ; dans ce pays on invite les étrangers et ses amis à venir manger du *gombaut*, comme chez nous on engage à un thé les personnes de sa connoissance. On cultive le grand et le petit *gombo*.

Cette espèce se cultive dans les écoles de botanique, et mûrit ses graines dans les orangeries du climat de Paris.

La KETMIE VÉSICULEUSE ou TRIFOLIÉE, *Hibiscus trionum*, Linn. Les anciens botanistes ont connu cette *ketmie*, qui croît dans la Carniole, aux environs de Venise et dans le comté de Nice ; elle est remarquable par le calice intérieur de sa fleur, qui est anguleux, vésiculeux, transparent et coloré, et par sa fleur même, dont les pétales sont comme tronqués obliquement à leur sommet, et offrent un mélange de couleur jaune-soufre, pourpre et noirâtre. Cette plante vient facilement dans nos jardins ; il faut la semer en automne, ou au printemps, et à la place où elle doit rester. On en fait un genre sous le nom de TRIONON.

La KETMIE ACIDE, *Hibiscus sabdariffa*, Linn. On l'appelle communément *oseille de Guinée*, parce qu'elle est originaire de ce pays, et à cause de l'acidité de ses feuilles et de son écorce. Cette plante est figurée pl. E 18 de ce Dictionnaire. Ses feuilles ont des pétioles allongés et glanduleux ; les inférieures sont ovales et sans divisions ; les supérieures à plusieurs lobes profonds et dentés.

Les fleurs, d'une couleur jaune-rouge et pourpre, naissent solitaires aux aisselles des feuilles: leurs calices sont rouges ; il y a une variété qui les a verdâtres ainsi que la tige : on la nomme *oseille de Guinée blanche* ; l'autre porte le nom d'*oseille de Guinée, rouge*. Ces deux plantes sont comme naturalisées dans les Antilles. Elles se cultivent aussi dans les serres des écoles de botanique de l'Europe. On se sert du calice et des feuilles en place d'oseille, pour assaisonner les viandes. On fait aussi, avec les calices seuls, des confitures qui sont rafraîchissantes, et qui ont un goût et une couleur très-agréables.

La KETMIE DES MARAIS, *Hibiscus palustris*, Linn. Elle a des tiges simples, des feuilles ovales à trois lobes peu profonds, et cotonneuses en dessous et axillaires ; des fleurs de couleur pourpre clair. Cette plante croît dans les lieux marécageux de l'Amérique septentrionale, et s'est naturalisée aux environs de Bordeaux. On la cultive dans les orangeries des jardins de Paris.

La KETMIE PÉTIOLIFLORE, *Hibiscus moscheutos*, Linn., est soupçonnée une variété de la précédente ; elle est aussi belle et a le même feuillage, les mêmes calices, le même port ; elle

Vanne del.   Letellier Sculp.

1 Indigotier franc   3 Ketmie esculente.
2 Jujubier des lotophages   4 Ketmie acide)

'en diffère que par la position des pédoncules de ses fleurs
ui, au lieu de naître aux aisselles des feuilles, sont portées
ar les pétioles. Cette ketmie croît en Virginie et dans le
Canada : Cornutus prétend qu'elle est originaire d'Afrique,
où on la trouve dans les bois.

La KETMIE FOURCHUE, *Hibiscus bifurcatus*, Cav., ainsi
nommée parce que le calice extérieur de ses fleurs a onze
folioles fourchues à leur sommet. Cette plante croît au
Brésil.

La KETMIE A TROIS LOBES, *Hibiscus trilobus*, Cav., qui s'é-
lève en arbre de douze ou quinze pieds, dont la tige est garnie
de piquans rouges, et qui a des feuilles un peu charnues et à
trois lobes. On la trouve à Saint-Domingue, dans les lieux
humides et marécageux.

La KETMIE TACHEE, *Hibiscus maculatus*, Linn., remarquable
par cinq taches rouges qui se trouvent à la base du calice
intérieur; d'ailleurs assez semblable à la précédente. Elle
croît aussi à Saint-Domingue.

La KETMIE A FEUILLES DE TILLEUL, *Hibiscus tiliaceus*, Linn.
C'est un petit arbre dont l'écorce se détache comme celle du
tilleul. Ses rameaux cylindriques sont garnis de feuilles en
cœur, presque rondes et entières, aiguës à leur sommet et
crénelées. Les fleurs sont jaunâtres, avec un fond pourpre
brun : leur calice extérieur a dix dents. Cette ketmie croît
dans les Deux-Indes, près de la mer et sur le bord des rivières.
Avec sa seconde écorce on fabrique des cordes pour les
vaisseaux.

La KETMIE A FEUILLES DE PEUPLIER, *Hibiscus populneus*, Lin.,
arbre toujours vert et peu élevé, dont les feuilles sont en cœur
et très-entières. Ses fleurs ne durent qu'un jour : d'abord jaunâtres, elles deviennent d'un pourpre obscur en se fanant;
leur calice intérieur est coriace, hémisphérique, et ressemble
à une capsule de gland. On trouve ce petit arbre dans la partie méridionale de la Chine, à l'Ile-de-France et dans celle
d'Otahiti.

La KETMIE LILIFLORE, *Hibiscus liliflorus*. Cette belle espèce,
qu'on appelle *la fleur de saint Louis*, a été trouvée par Commerson, dans l'île de la Réunion; elle forme un arbre médiocre. Ses feuilles sont faites en coin à leur base, et aiguës
à leur sommet. Les fleurs offrent une espèce de corymbe au
sommet des rameaux.

La KETMIE FLEUR-CHANGEANTE, *Hibiscus mutabilis*, Linn.,
connue sous le nom de *rose de Cayenne*, est un grand arbrisseau qui a des rameaux irréguliers, et des feuilles en
cœur, à cinq angles, dentées en scie et pétiolées. Cette espèce, originaire des Grandes-Indes, a été apportée à Cayenne

et de là aux Antilles ; elle est remarquable par la courte durée de sa fleur et par les changemens de couleur qu'elle éprouve dans le même jour : le matin, en s'épanouissant, elle est blanche, à midi, rose, et le soir de couleur ponceau; le lendemain elle est entièrement flétrie ; ces changemens ont lieu quelquefois, même après qu'elle a été cueillie; ils ne sont pas si prompts en Europe, ce qui, sans doute est l'effet du climat. Ces fleurs, qui passent si vite, se succèdent heureusement pendant long-temps sur le même individu ; elles sont fort belles et quelquefois doubles. L'arbrisseau qui les porte est cultivé dans les jardins de Saint-Domingue. En Europe, il demande une culture artificielle : on le voit au Muséum, où il fleurit quelquefois à la fin de l'été. Sa seconde écorce peut être employée à faire des cordes.

La KETMIE A FRUITS TRONQUÉS, *Hibiscus clypeatus*, Linn. Elle croît à Saint-Domingue dans les endroits marécageux. Ses feuilles sont en cœur, anguleuses et rudes au toucher; ses fleurs grandes et de couleur pâle ; ses fruits hérissés, faits en forme de poire, et tronqués supérieurement. On fait aussi des cordes avec l'écorce de cette ketmie.

La KETMIE ROSE-DE-CHINE, *Hibiscus rosa sinensis*, Linn. Cette espèce croît aux Indes orientales, et y est cultivée, dans les jardins, pour la beauté de ses fleurs qui ont beaucoup d'éclat; elles sont inodores, mais grandes, d'un rouge très-vif, communément doubles ou semi-doubles, ayant l'apparence d'une *rose rouge* ordinaire. Les femmes de ce pays s'en servent pour noircir leurs sourcils et leurs cheveux; et cette couleur ne s'efface point. On cultive aussi cette ketmie en Europe, mais elle ne peut pas y rester en pleine terre, et elle y atteint à peine quatre ou cinq pieds, tandis que, dans son pays natal, elle s'élève en arbrisseau rameux à la hauteur de nos noisetiers. Ses feuilles sont ovales, pointues et dentées en scie. Ses boutures prennent aisément racine, et servent à multiplier les individus à fleurs doubles.

La KETMIE DES JARDINS ou la MAUVE EN ARBRE, *Hibiscus syriacus*, Linn. C'est un joli arbrisseau, haut de huit ou dix pieds, très-rameux, et garni de feuilles ovales, pétiolées, faites en coin à leur base, et partagées à leur sommet en trois lobes dentelés. Il est originaire de Syrie. On le cultive en Europe dans les grands jardins. En Italie, on en fait des haies et des palissades d'une grande beauté. Ses fleurs, fort belles et très-nombreuses, se succèdent pendant près de trois mois. Leurs couleurs varient beaucoup ; elles sont communément rouges avec un fond obscur, ou blanches à fond pourpre, ou d'un pourpre violet à fond noirâtre, ou panachées de rouge et de blanc, quelquefois doubles ou semi-doubles ; il y a aussi des variétés à feuilles panachées tantôt de blanc, tantôt de jaune. Le calice extérieur des fleurs a sept ou huit folioles. Le fruit est ovale et pointu, et les semences sont barbues dans leur circonférence. Cet arbrisseau se multiplie de graines, de marcottes et de boutures ; il aime une terre légère et point trop humide. Il est bon de l'élever dans des pots ; la seconde année, on peut le confier à la pleine terre.

La KETMIE ROUGE, *Hibiscus phœniceus*, Lam., a des feuilles ovales, dentées en scie et tronquées à leur base, et des fleurs d'un rouge éclatant dont les pédoncules sont articulés dans leur milieu, et les calices à peu près nus. Cette espèce croît dans l'île de Ceylan.

La KETMIE FURCELLÉE, *Hibiscus furcellatus*, Lam., est une nouvelle et très-belle espèce qu'on a trouvée dans la Guyane.

La KETMIE A FEUILLES DE MANIHOT, *Hibiscus manihot*, Linn., croît dans les Indes, à la Chine et au Japon. Par le feuillage et par les fleurs, elle a quelque ressemblance avec la *ketmie à feuille de chanvre* ; mais on l'en distingue aisément à sa tige, qui est ligneuse et sans piquans, à son fruit pyramidal, pentagone et velu, et aux six folioles oblongues et concaves dont est formé le calice extérieur de ses fleurs, qui d'ailleurs sont portées par des pédoncules inclinés.

Le mucilage de cette plante sert à coller le papier au Japon. *V.* HIBISCUS. (D.)

KETSCHESKAN. Nom tartare de l'ORTIE (*urtica dioïca*). (LN.)

KETSCHKE. Nom hongrois de la CHÈVRE. KETSCHKE-BAK est celui du BOUC. (DESM.)

KETSKAN. Nom de l'ORTIE chez les Tartares Baschirs. (LN.)

KETTENBLUME. C'est le PISSENLIT (*leontodon taraxacum*, L.), en Allemagne. (LN.)

KEU-KI. Nom donné, en Chine, à un LYCIET (*lycium barbarum*, L.) qui, suivant Loureiro, croît aux environs de Canton, en Chine, et dont les baies, toniques, analeptiques et céphaliques, sont administrées bouillies dans de l'eau ou infusées dans de l'esprit-de-vin. (LN.)

KEUL. Nom de la SARRIETTE DES JARDINS, en Hollande. (LN.)

KEURA. On appelle ainsi le BAQUOIS, dans quelques lieux. (B.)

KEUSENSCHELLE. Nom hollandais de l'ANÉMONE PULSATILE. (LN.)

KEUSIN. L'un des noms de la BISTORTE, au Japon. (LN.)

KEVEL (*antilope kevella*). Mammifère ruminant du genre des ANTILOPES. *V.* ce mot. (DESM.)

KEVEL. *V.* CAWK. (PAT.)

KEVER. En hollandais, nom général des INSECTES COLÉOPTÈRES. (DESM.)

KEVEU. Oiseau du Chili, très-peu connu, que les Espagnols appellent *grive*, parce qu'il en a assez l'extérieur ; mais il n'en a ni les mœurs, ni l'instinct, faisant sur les arbres un nid semblable à ceux de nos hirondelles, mangeant la cervelle des petits oiseaux et les œufs, ayant un chant varié et mélodieux, et apprenant facilement à parler. (V.)

KEY et **KEYSTEEN.** Synonymes hollandais de SILEX ou CAILLOU. (LN.)

KEYK. En Hollande, on donne ce nom au RADIS SAUVAGE (*raphanus raphanistrum*). (LN.)

KEYKENS. L'ŒILLET DE POÈTE porte ce nom en Hollande. (LN.)

KEYX. C'est le MARTIN PÊCHEUR. (S.)

KEZAI et **KEZAIR.** Noms arabes des PIMPRENELLES. (LN.)

KHAAI-TU. *V.* KHOAI-LANG. (LN.)

KHACHYR. *V.* CHONK. (LN.)

KHAF. Plante que les habitans du royaume de Maroc fument avec leur tabac. (B.)

KHAINOUK. *V.* GHAINOUK. (S.)

KHALAF et **BAN.** Nom arabe d'un SAULE (*salix ægyptia*). Suivant M. Delile, le premier nom est synonyme du CHALEF des Syriens, désignant aussi un saule, et par suite de ressemblance, notre OLIVIER DE BOHÈME (*elæagnus angustifolia*). (LN.)

KHALLAH ou **KARRAH KU-LAK.** Selon le voyageur Shaw, c'est le nom arabe du CARACAL, espèce du genre CHAT. *V.* ce mot. (DESM.)

KHANSAR-EL-A'ROUSEH (*digitus sponsæ*). Nom arabe donné à un ASTRAGALE (*astragalus trimestris*, L.), à cause de la forme en bague de ses légumes. On trouve ce nom écrit ainsi dans quelques auteurs, CHANSARET-EL-ARUSI. (LN.)

KHAO-TSAO. Nom donné, en Chine, à une plante annuelle, qui croît aux environs de Canton; c'est l'*hecatonia pilosa*, Loureiro, genre qui rentre dans l'*anamenia* de Ventenat. (LN.)

KHARAG-EL-BAR, arabe. C'est la LAMPOURDE (*xanthum strumarium*, L.). (LN.)

KHARCHOUF. Nom arabe de l'ARTICHAUT (*cynara scolymus*, Linn.) nommé *carchioffolo* en italien, et *karchoflé* en Provence. (LN.)

KHARCKOUM-EL NAGEH, GATTA EDDRAEJ-SI. Noms arabes du *tribulus terrestris*, Linn. *V.* HERSE. (LN.)

KHARKHAFTY. Nom arabe de l'ORME. Suivant M. Delisle, on voit rarement cet arbre dans les jardins du Caire, et c'est avec peine qu'il s'y élève à la hauteur d'un arbrisseau. (LN.)

KHARROUB. Nom arabe du CAROUBIER (*ceratonia siliqua*, L.). (LN.)

KHASR. Nom arabe de la CRESSERELLE. (V.)

KHASS. Nom arabe de la LAITUE. (LN.)

KHATMYEH. Nom arabe de la ROSE TRÉMIÈRE A FEUILLES DE FIGUIER (*alceâ ficifolia*). (LN.)

KHEYLEY et **MANTOUR.** Nom arabes donnés, en Egypte, à une GIROFLÉE (*cheiranthus incanus*, L.). (LN.)

KHIEN-NIEU. C'est le nom donné, en Chine, au *convolvulus tomentosus*, L., espèce de LISERON dont les graines prises en pilules sont purgatives. (LN.)

KHI-NGAI. Nom donné, en Chine, à une espèce d'ARMOISE (*artemisia chinensis*, L.) dont les feuilles, suivant Loureiro, desséchées et pilées, forment le Moxa des Chinois. En Cochinchine et au Japon, on fait le moxa avec les feuilles d'une autre espèce d'ARMOISE (*art. indica*, W., Rumph. 5, et 91, fig. 2); et ce moxa, nommé, en Chine, *ngai-ye*, est meilleur que l'autre. (LN.)

KHIO. *V.* KIEU. (LN.)

KHOAI-BUU des Cochinchinois. C'est un arbrisseau grimpant qui naît d'une racine tubéreuse, très-grosse et que l'on mange. Loureiro le nomme *oncinus esculentus*, le place dans l'hexandrie monogynie, et pense qu'on ne doit pas le confondre avec les IGNAMES (*dioscorea*). (LN.)

KHOAI-CA-HOA-VANG. Nom donné, en Cochinchine, à une plante que Loureiro regarde comme le LISERON SCAMMONÉ (*convolvulus scammonia*, L.). (LN.)

KHOAI-LANG. Nom donné, en Cochinchine, à la BATATE (*convolvulus batatas*, L.). *Khoai-tu* est le nom d'une autre espèce de BATATE (*convolvulus mammosus*, Lour.), cultivée dans ce pays et dans l'Inde, et dont les tubercules radicaux, au lieu d'être épars, sont agrégés.

Le **KHOAI-XIEM.** C'est le nom d'une troisième plante grimpante (*ipomœa tuberosa*, Linn.) dont on mange les tubérosités de la racine. Elles ont le goût et la saveur des BATATES. (LN.)

KHOAI-MAL *V.* Xan-yo. (LN.)

KHOAI-NGA. Espèce d'Igname qu'on mange en Cochinchine, où on la cultive exprès pour cet usage. C'est le *dioscorea eburina*, Lour., qui est voisin du *kappa kelengu* des Malabares. *Khoai-leng* est le nom d'un autre espèce d'Igname (*Diosc. cirrhosa*, Lr.) et *khoai-lo*, celui d'une troisième espèce (*D. aculeata*, Linn.). (LN.)

KHOAI-TIA. *V.* Yu-than. (LN.)

KHOAI-TIEN. Nom qu'on donne, en Cochinchine, à une variété d'Igname a tige ailée (*dioscorea aluta*, L.). (LN.)

KHOAN-DOUNG-HOA. Nom cochinchinois de deux espèces de Tussilages (*tussilago farfara* et *anandria*, selon Loureiro. (LN.)

KHOBBEYZEH. Nom arabe d'une Mauve (*malva verticillata*, L.). (B.)

KHOBBEYZEH-EL-CHETANY. Nom arabe de la Petite Mauve (*malva rotundifolia*, L.). (LN.)

KHOCHEYN. Nom arabe d'une espèce de Ciste (*cistus lippii*, L.). (LN.)

KHO-SAM-HOA-VANG. Nom cochinchinois d'un Robinier (*robinia mitis*, L.). Le *ko-sam-hoa-tia* est une autre espèce du même genre (*robinia amara*, L.). *V.* Khu-sem. (LN.)

KHOSS. Nom donné, par les nègres du Sénégal, à une espèce particulière de Bois bouton, dont le bois se laisse travailler avec facilité; il a une belle couleur jaune; on le préfère à tous les autres dans les ouvrages de menuiserie. (LN.)

KHO-THAO. Nom donné, en Cochinchine, à l'Endive (*cichorium endivia*, L.). (LN.)

KHOUA-KHOUA ou Couagga. Espèce de quadrupède du genre Cheval. (DESM.)

KHOULAN ou **KOULAN.** Nom donné, par les Calmouques, à l'Onagre ou Ane sauvage. *V.* Pallas, tom. 7, pag. 91. (DESM.)

KHOUKH. Nom arabe du Pêcher (*amygdalus persica*, Linn.). (LN.)

KHOUS. *V.* Nakhleh. (LN.)

KHU-QUA. Une espèce de Momordique (*momordica charantia*) est ainsi appelée en Chine, où on la cultive. (LN.)

KHU-SEM. Nom donné, en Chine, à des arbrisseaux de la famille des légumineuses, et qui appartiennent au genre robinier; ce sont les *robinia mitis*, Linn. et *amara*, Lour. Ce dernier est le *ko-sam-hoa-tia* de Cochinchine; sa racine 'est amère, atténuante et échauffante. On lui enlève sa saveur amère et nauséabonde , en le faisant macérer dans du vinaigre et légèrement griller. (LN.)

KHU-TSAI. Nom donné, en Chine, à l'ENDIVE (*Cichorium endivia*, Linn.). (LN.)

KHYAR. Nom arabe d'une petite variété du CONCOMBRE proprement dit (*cucumis sativus*) ; *quatteh* est celui d'une variété grande et jaunâtre, et *faquos* celui de la variété blanche. (LN.)

KHYAR-CHANBAR. Nom arabe donné à la CASSE DES BOUTIQUES (*cassia fistula*, Linn.), dont M. Persoon fait un genre particulier qu'il appelle CATHARTOCARPUS. (LN.)

KHYZARAN. Nom arabe d'une CENTAURÉE (*centaurea lippii*, L.). (LN.)

KIAI-TSAI. Nom chinois d'une espèce de SÉNEVÉ (*sinapis chinensis*), dont la culture est très-étendue en Chine et en Cochinchine. Le PE-KIAI est une autre espèce du même genre (*sinapis brassicata*), également très-cultivée. Le PE-TSAI est une troisième espèce (*sinapis pekinensis*, Lour.) également cultivée et la plus estimée de toutes. *V.* CAY-CU. (LN.)

KIAI RABOKU. Nom de l'IF (*taxus baccata*), au Japon. (LN.)

KIAI. *V.* KIEN. (LN.)

KIAMBAU. Nom rapporté comme celui donné au *codda pail* d'Amboine. (LN.)

KIAM-HOAM. Nom chinois du CURCUMA CULTIVÉ (*curcuma longa*, Linn.), dont on se sert en Chine et en Cochinchine, pour donner de la couleur aux sauces, pour teindre les toiles, les peaux, le bois, les os, les métaux. Le SAN-KIAM-HOAM est une autre espèce sauvage (*curcuma sylvestris*, Rumph., Amb. 8, pag. 104) dont la racine est employée extérieurement pour calmer les douleurs et pour guérir les contusions. (LN.)

KIANGICTH ou AANGITCH. Les Kamtschadales appellent ainsi le *canard à longue queue de Terre-Neuve*. Voyez au mot CANARD (S.)

KIANKIA. *Perroquet violet* de Barrère (*Franc. équinoxiale*). Voyez PAPEGAI VIOLET. (S.)

KIAO-THEU. *V.* KIEU. (LN.)

KIATI. Nom qu'on donne, à Java, au TEK, grand et bel arbre de l'Inde. (LN.)

KIAV. Nom du CONCOMBRE CULTIVÉ (*cucumis sativus*), chez les Tartares. (LN.)

KIBERA. Adanson pense que les *sisymbrium* de Linnæus, à feuilles ailées, à anthères ovoïdes et dont la silique contient sept à dix graines ovoïdes, doivent faire un genre à part. Le *sisymbrium supinum*, L. lui sert de type. (LN.)

KIBIR et KABAR. Nom du CÂPRIER, à Bucharest. (LN.)

KIBIZ. Nom allemand qui s'applique à plusieurs oiseaux, notamment au PLUVIER et au VANNEAU. (DESM.)

KIBIZ et KIERI. Nom de l'orge, chez les Georgiens. (LN.)

KIBIZFETT. Nom allemand de la GRASSETTE (*pinguicula vulgaris*, L.). (LN.)

KI-BU-KE. Nom d'un POIRIER particulier au Japon (*pyrus japonica*, Th.). (LN.)

KICHLA. Nom grec et générique des GRIVES. (V.)

KID. Nom anglais du CHEVREAU. (DESM.)

KIDDAW. Nom anglais du GUILLEMOT, dans la province de Cornouailles. (V)

KIEBITZ. Nom allemand des VANNEAUX. (V.)

KIEBOUL. Nom donné, au Sénégal, à une graminée du genre ARISTIDE de Linnæus. Adanson en fait le nom de ce genre. (LN.)

KIEL. Arbrisseau des Moluques, qui est figuré pl. 65, vol. 4, du *Jardin d'Amboine*, par Rumphius. Ses feuilles sont alternes, petiolées, ovales, pointues, presque en cœur, et ondulées, ses fleurs viennent aux sommités des rameaux, sur des grappes spiciformes. On ignore s'il forme un genre nouveau ou s'il appartient à un genre déjà connu, attendu qu'on ne connoît que très-incomplètement les parties de sa fructification. Il est rempli d'un suc laiteux qui, en se desséchant, prend une couleur bleuâtre, laquelle condensée, devient noire, et sert à teindre les étoffes en cette couleur. (B.)

KIELDER. *V.* HUÎTRIER. (V.)

KIEN. Nom chinois de la SOUDE NATIVE. (LN.)

KIENGAERTEN. C'est le TROÈNE, en Allemagne. (LN.)

KIES, qu'on prononce *kiss*. Nom allemand du FER SULFURÉ ou PYRITE MARTIALE. (PAT.)

KIESE et KIRSE. Noms allemands de la CAMELINE (*myagrum sativum*). (LN.)

KIESEL-SCHIEFFER, *Schiste siliceux*. Ce minéral, dont Werner distingue deux variétés, la *commune* et la *pierre de Lydie*, est décrit à l'article JASPE SCHISTEUX. (LN.)

KIET-TUONG-HOA. Nom donné, en Chine, à la VIOLETTE (*viola odorata*); elle y est cultivée dans les jardins. (LN.)

KIE-TSU. Nom donné, en Chine, à l'AUBERGINE (*solanum melongena*, L.). Elle y est cultivée. (LN.)

KIEU. Nom donné, en Cochinchine, à un AIL (*allium triquetrum*, Lour.) qu'on y cultive pour l'usage de la cuisine. Il existe aussi en Chine, mais il y est appelé *kiai* et *khiaotheu*. Une autre espèce d'AIL ODORANT (*allium odorum*, L.) reçoit dans ce dernier pays le nom de *kieu* ou de *khio*, et en Cochinchine, celui de *he-tau* ou de *phi-the*. On en fait usage aussi pour la cuisine. *Kieu-tsai* est également le nom chinois d'une espèce d'AIL (*allium angulosum*, L.) dont on mange les feuilles naissantes. *V.* CAY-HE. (LN.)

KIEU-KO. Ce nom chinois est, à ce qu'il paroît, un de ceux du GOYAVIER. (LN.)

KIEVIT. En hollandais, c'est le nom du VANNEAU VULGAIRE (*tringa vanellus*). (DESM.)

KIEWWORM. Nom hollandais appliqué aux poissons du genre LAMPROIE, et aux vers parasites appelés LERNÉE. (DESM.)

KIEZENGINI. Nom turc de l'ALHAGI (*hedysarum alhagi*). (LN.)

KIGGELLAIRE, *Kiggellaria*. Arbrisseau fort rameux, à feuilles alternes, ovales, lancéolées, dentées en leurs bords, glanduleuses à la jonction des nervures, cotonneuses en dessous, à fleurs petites, herbacées, placées sur des grappes corymbiformes dans les aisselles des feuilles, qui seul forme un genre dans la dioécie décandrie, et dans la famille des tithymaloïdes.

Ce genre a pour caractères : un calice divisé en cinq parties; cinq pétales munis chacun, à sa base, d'une petite écaille trilobée. Les fleurs mâles ont dix étamines à anthères perfoliées à leur sommet; les fleurs femelles ont un ovaire arrondi, surmonté de cinq styles à stigmates filiformes ; une capsule globuleuse, coriace, hérissée, multiloculaire, s'ouvrant en cinq valves, et contenant des semences anguleuses enveloppée dans une tunique propre.

Cet arbrisseau croît en Afrique, et est cultivé au Jardin des Plantes de Paris. (B.)

KIGUTILIK. Erxleben rapporte ce nom groenlandais à l'espèce du PETIT CACHALOT (*physeter catodon*). (DESM.)

KIGYOTRANG. Nom hongrois de l'ESTRAGON. (LN.)

KIID. Nom suédois du CHEVREAU. (DESM.)

KIK. L'un des noms du PÉLICAN. (S.)

KIK, KIKKER, KIKVORSCH. Noms hollandais des GRENOUILLES. (DESM.)

KIKA LAPIA et KRANY MODANG. Noms du NAUTILE FLAMBÉ, à Amboine. (DESM.)

KIKAK-KUSI. Nom qu'on donne, au Japon, à l'ASPERGE COMMUNE. (LN.)

KIKAION, **ALKORA** et **KERUA**. Noms arabes du RICIN ou PALMA CHRISTI. (LN.)

KIKI et **KIKINON**. *V.* CICI. (LN.)

KIKJO. Nom japonais d'une CAMPANULE. (LN.)

KI-KOAN-HOA. Nom donné, en Chine, à une espèce de PASSE-VELOURS (*celosia castrensis*, Lour.) qu'on y cultive. Elle est astringente et propre à réprimer le flux de ventre. (LN.)

KIKOKU-SU. Nom donné, au Japon, à la PARISETTE, suivant Thunberg. (LN.)

KIKU et **KO GIKF**. Noms japonais du CHRYSANTHÈME des Indes (*chrys. indicum*), appelé en Chine *koc-fu*, suivant Osbeck, et *ta-kio-hoa*, selon Loureiro. (LN.)

KIKVORSCHVISCH ou *Poisson grenouille*. Nom hollandais de la BAUDROIE PÊCHERESSE (*lophius piscatorius*). (DESM.)

KILAKIL. C'est, à Amboine, le *perroquet ocré à tête bleue*. Voyez l'article des PERROQUETS. (S.)

KILCOLA. Plante du Malabar, que Lamarck soupçonne appartenir au genre IXORE. *V.* ce mot. (B.)

KILDIR. Nom qu'on a imposé à un pluvier de l'Amérique, d'après son cri. *V.* PLUVIER KILDIR. (V.)

KILEN. Nom turc et tartare du LIN (*linum usitatissimum*). (LN.)

KILING. Nom du BOULEAU BLANC, chez les Mordwins, peuple de l'empire russe. (LN.)

KILKENNY-COAL. *V.* KENNEL KOHLE. (LN.)

KILLAS. Les mineurs du Cornouailles donnent ce nom à un schiste argileux d'un gris pâle ou d'un gris verdâtre et plus ou moins fissile. Selon Kirwan, il est composé de silice 65; argile 25; magnésie 9, et fer 6. Sa pesanteur spécifique est de 2,66. (LN.)

KILLE ou **KILLHAAS**. C'est l'un des noms allemands du LAPIN. (DESM.)

KILLEGREW. Nom que le CORACIAS porte dans la province de Cornouailles. (V.)

KILLELLUAK. C'est le nom du NARWHAL VULGAIRE, au Groenland. (DESM.)

KILLER-TRASHER. Nom du DAUPHIN GLADIATEUR ou ESPADON sur les côtes des Etats-Unis, selon M. Lacépède. (DESM.)

KILLINGA. Ce genre d'Adanson, qu'il ne faut pas confondre avec le *killingia* de Linnæus, a pour types les *athamanta sicula* et *cretensis*, L., qui diffèrent des vraies *athamanta* (*meon*, Adans.) par l'involucre universelle nulle, par les involucelles composées de huit à seize folioles, et par les graines velues. Ce genre répond au *libanotis* de Gærtner. (LN.)

KILLINGBLOMMA. C'est l'Anémone hépatique, en Suède. (LN.)

KILLINGE, *Killingia.* Genre de plante de la famille des souchets, qui présente pour caractères des fleurs ramassées en tête ou en épis, dont chacune est composée 1.º d'une balle calicinale, formée de deux valves inégales, lancéolées, concaves; 2.º d'une balle florale plus grande et plus aiguë, formée aussi de deux valves inégales; trois étamines; un ovaire supérieur, ovoïde, aplati, chargé d'un seul style bifide ou trifide, et à stigmates simples; une semence oblongue, trigone, et simplement enveloppée dans la balle florale.

Vahl a réuni plusieurs espèces de ce genre à celui qu'il a appelé Marisque.

Ce genre renferme une quinzaine d'espèces propres aux parties les plus chaudes de l'Asie et de l'Amérique; aucune n'est cultivée dans nos jardins. De ce nombre est :

Le Killinge tricephale, dont les têtes sont au nombre de trois ou de quatre, et sessiles. Je l'ai fréquemment observée dans les marais de la Caroline. C'est une plante vivace, à racine tubéreuse, odorante, dont les involucres en même nombre que les têtes de fleurs, et fort longs, sont blancs à leur base, et verts à leur pointe, ce qui produit un effet fort singulier et fort agréable.

Trois espèces nouvelles de ce genre sont décrites dans le bel ouvrage de MM. de Humboldt, Bonpland et Kunth, sur les plantes de l'Amérique méridionale. (B.)

KILTBLUME. Synonyme allemand du Colchique d'automne. (LN.)

KIMA. Nom de la Tridacne dans les îles Moluques, où on mange son animal. (B.)

KIM-ANH-TU. *V.* Kin-ym. (LN.)

KIM-CHAM-HOA. Nom par lequel les habitans de la Chine désignent le Lis asphodèle (*hemerocalis fulva,* Linn.) plante d'ornement cultivée partout, en Asie et en Europe. Dans l'Inde, on mange ses ognons bouillis avec la viande. (LN.)

KIMBUTA. C'est, à Ceylan, le Crocodile. (B.)

KIMIKATIHUE. Nom donné dans les Antilles, au Croton a feuilles de noisetier (*croton corylifolium*) que l'on appelle encore Bois-laurier. (LN.)

KIM-INHOA. C'est, en Chine, une espèce de Chèvrefeuille. (B.)

KIM-KANG-MO et **KIM-KANG-RE.** Noms de deux espèces de Salsepareille (*smilax perfoliata*, Lour. et *pseudochina*, Linn.), qui croissent en Cochinchine. La tige sarmenteuse de la dernière sert à faire des paniers et autres objets de ce genre. (LN.)

KIM-KUIT. C'est le nom donné, en Cochinchine, à un grand arbrisseau d'une forme élégante ; ses rameaux, souples et ligneux, se prêtent à tous les usages auxquels on veut les employer. On le cultive dans les vergers, en Chine et en Cochinchine, à cause de l'odeur aromatique des feuilles, odeur voisine de celle de l'oranger. C'est le *triphasia aurantiola*, Lour. et le *limonia trifoliata*, L.

On donne encore ce même nom à une espèce d'oranger. (LN.)

KIM-LOUNG-NHUOM. Nom qu'on donne, en Cochinchine, à une espèce de CARMANTINE (*justicia tinctoria*, L.), dont les feuilles servent à teindre les toiles en un beau vert. (LN.)

KIM-NGAN-TAU. Nom donné, en Cochinchine, à un CHÈVREFEUILLE, qui pourroit être le *Lonicera periclymenum*. *V.* GIN-TUM.

L'on appelle dans ce pays *kim-ngan-hoa*, un arbrisseau du même genre, que Loureiro dit être le CAMERISIER (*lonicera xylosteon*, L.). (LN.)

KIMN-NGHAN-HOA. *V.* DEEI BUOM BUOM. (LN.)

KIMNODSUI. Nom japonais de la SARCELLE DE LA CHINE. *V.* CANARD. (DESM.)

KIM-PHANG. Nom donné, en Cochinchine, à un petit arbre que Loureiro nomme *diphaca cochinchinensis*, et qu'il dit être l'*hedysarum escataphyllum*, L. Cet arbre est cultivé dans les jardins, en Chine et en Cochinchine. (LN.)

KIN et KUIT-XU. Nom chinois d'un ORANGER, cultivé en Chine à cause de sa beauté. C'est un arbrisseau de trois pieds ; on mange son fruit avec du sucre. C'est le *citrus madurensis*, de Loureiro, qui se trouve aussi dans d'autres parties des Indes orientales. C'est encore le *limonellus madurensis* de Rumph., Amb. 2, t. 31. Il porte, en Cochinchine, le nom de *kim-kuit*. (LN.)

KIN et SERI. Noms japonais du PERSIL. (LN.)

KIN-YM. Nom donné, en Chine, à une espèce de ROSE que Loureiro dit être le *rosa alba*, c'est-à-dire, notre ROSE BLANCHE. Les Cochinchinois l'appellent *kim-anh-tu* et *hoa-houng-tlang*. (LN.)

KIN-YU. Nom chinois du CYPRIN DORADE. (B.)

KINA ou KINAKINA. Synonyme de QUINQUINA. (B.)

On donne aussi le nom de *kina de la Guyane* à l'écorce de la PORTLANDIE HEXANDRE, qui est le COUTARE d'Aublet, parce qu'on s'en sert contre les fièvres intermittentes. (B.)

KINDER et KENDIROSCH. Noms du CHANVRE, chez les Tartares. (LN.)

KINDERERWORM. En hollandais, l'ASCARIDE LOMBRICOÏDE. (DESM.)

KINDERMORD. Nom de la Sabine, espèce de Géné-
vrier, en Allemagne. (LN.)

KINE. *V.* Cine. (LN.)

KINGALIK. *V.* l'article Râle. (V.)

KING-FISHER. Nom anglais du Martin pêcheur.
(V.)

KINGO et KEKWA. Noms donnés, au Japon, à une
espèce de Quamoclit (*ipomœa triloba*, L.). (LN.)

KINGOMBO. Nom donné, au Sénégal, au Gombo,
espèce de Ketmie. (LN.)

KING'S SPEAR. Nom anglais de l'Asphodèle rameux. (LN.)

KINH-GIAI-TAU et KINH-GIAI-NAM. Ce sont les
noms qu'on donne, en Cochinchine, à deux espèces de labiées que Loureiro regarde comme les *origanum heracleoticum
et syriacum* de Linnæus, mais il est plus que probable que
c'est à tort. (LN.)

KINK (*Oriolus sinensis*, Lath., pl. enl. n.º 617 de l'*Hist.
nat. de Buffon.* Cette espèce a été placée, par Montbeillard,
entre le *carouge* et le *merle*, qu'elle semble réunir par un chaînon commun ; elle a le bec comprimé par les côtés, comme
le merle ; mais les bords sont sans échancrures, comme dans
celui du carouge.

Cet oiseau de la Chine est plus petit que notre merle ; il a
la tête, le cou, le commencement du dos et de la poitrine
d'un gris cendré, plus foncé sur la partie antérieure du dos ;
tout le reste du corps et les couvertures des ailes, blancs ; les
pennes d'une couleur d'acier poli, avec des reflets verdâtres
ou violets ; la queue courte, étagée, moitié de cette couleur
d'acier poli, et moitié blanche. N'ayant pas vu cette espèce
en nature, je n'ai pu déterminer son genre ; c'est pourquoi
je la laisse isolée. (V.)

KINKAJOU, *Potos*, Geoff. ; *Caudivolvulus*, Duméril,
Tiedem ; *Cercoleptes*, Illiger. Genre de mammifères carnassiers, plantigrades, séparé du genre *Viverra* de Gmelin.

Il est ainsi caractérisé : six incisives à chaque mâchoire ;
à celle d'en bas, la seconde rentrée comme dans les martes ; une canine de chaque côté, tant en haut qu'en bas,
l'inférieure plus longue que la supérieure ; cinq molaires
à chaque côté des mâchoires, dont les deux antérieures
sont les plus petites (fausses molaires) Fred. Cuv. ; les autres, à couronne tuberculeuse ; cinq doigts bien distincts et
armés d'ongles crochus, à chaque pied ; le talon appuyé dans
la marche ; la queue longue et prenante, comme celle des
sapajous, et n'ayant pas de partie dépourvue de poil, comme
celle des atèles et des alouates ; le museau court, la tête

arrondie ; les oreilles assez petites et ovales ; la langue grêle, lisse et extensible ; les clavicules sont complètes ; le poil est laineux, etc.

Ce genre est particulier à l'Amérique méridionale et aux plus grandes îles du golfe du Mexique ; il ne renferme qu'une seule espèce, dont le genre de vie est carnassier et nocturne, comme celui des animaux du genre des martes.

Espèce unique. — KINKAJOU POTOT (*Potos caudivolvulus*) Geoff. ; — *Viverra caudivolvulus*, Gmel. ; — *Yellow maucauco*, Pennant ; — le POTOT, Buff. , *suppl.*, *tome* 3, *pl.* 51.

Selon M. de Humboldt, ce quadrupède est particulièrement abondant dans le royaume de la Nouvelle-Grenade, près de Muzo, et dans la Mésa de Guandiaz, où les Indiens l'appellent *Cuchumbi* ; on le trouve aussi dans les forêts de Fernambouc, et sur les rives du Rio-Negro. On ne le rencontre pas dans les provinces de Cumana et des Caracas. Sonnini dit qu'on le trouve dans l'Amérique septentrionale (sans doute dans la Louisiane et les Florides), et aussi à la Jamaïque où il est rare et porte le nom de *Potot* ou *Poto*. M. de Humboldt ne l'a point vu dans l'île de Cuba. (DESM.)

Le Potot n'est pas plus gros qu'un chat, mais son corps est plus mince et plus allongé ; vu de face, sa tête ne ressemble pas mal à celle d'un petit chien danois. Sa langue est étroite, longue, assez douce, et l'animal la fait souvent sortir de sa bouche, de trois ou quatre pouces ; ses oreilles plus longues que larges, s'arrondissent à leur bout, et ne sont couvertes que d'un poil ras ; de longs poils, bouclés et très-doux, sont appliqués sur le museau, autour de la bouche, sans néanmoins former de moustaches ; le train de derrière est plus élevé que celui de devant, et les doigts sont allongés, ainsi que les ongles, qui sont crochus et font la gouttière en dessous. La queue, plus longue que le corps, est grosse à son origine, va en diminuant imperceptiblement, et finit en pointe à l'extrémité ; cette queue est prenante, c'est-à-dire, que l'animal peut s'en servir comme d'une espèce de main, avec laquelle il accroche avec dextérité les différentes choses qu'il veut attirer à lui, s'attache et se pend à tout ce qu'il rencontre. Il la soutient, en marchant, dans une position horizontale. Le corps et la tête, pris ensemble, ont quinze pouces de longueur, et la queue seule en a dix-sept.

Le poil du *kinkajou*, court et épais, un peu laineux, tient beaucoup de celui de la *loutre* ; il est luisant, et sa couleur se compose de jaune olivâtre, de gris et de brun ; le museau et le tour des yeux sont d'un brun-noir ; l'on voit quelques nuances de jaune doré, sur la tête et les jambes de derrière ;

et cette même teinte, mais moins foncée et très-vive par endroits, couvre les côtés et le dessous du cou, aussi bien que
le dedans des jambes; sur le ventre, il y a du blanc grisâtre
avec quelques nuances de jaune. L'iris de l'œil est d'un brun
roussâtre; la chair nue du dessous des pieds a une couleur
vermeille, et les ongles sont blancs.

C'est dans l'intérieur des terres montueuses et solitaires
des parties chaudes de l'Amérique, qu'habite le kinkajou; il s'y
tient, dit-on, en embuscade sur les branches des arbres, pour
attendre les bêtes fauves au passage, s'élance et se cramponne
sur leur dos; quelque rapide que soit leur course, quelques
efforts qu'elles fassent pour se débarrasser d'un ennemi achar-
né, le kinkajou ne lâche jamais prise, leur ouvre le cou au-
dessus des oreilles, et ne cesse de boire leur sang jusqu'à ce
qu'elles tombent exténuées. La chasse ou plutôt la guerre à
mort qu'il fait aux animaux des forêts, est plus active aux approches de la nuit, que pendant la journée; il la passe ordinairement à dormir, roulé en boule comme le hérisson, et
ses pieds ramassés en devant, et étendus sur les joues. Quand
il épie sa proie, il s'allonge le ventre sur une branche, mais
hors de là, son attitude favorite est d'être assis d'à-plomb,
le corps droit, et la queue en volute horizontale; il mange
comme l'écureuil, tenant entre ses pattes, des fruits ou des
racines; car, quoique cette espèce soit carnassière, et qu'elle
ait même la soif du sang, l'on a observé que des individus
nourris en domesticité, aimoient les fruits, les légumes, le
pain, etc. Mais leur naturel sanguinaire ne les abandonne
pas, et ils se jettent avec avidité sur les volailles, les saisis-
sent sous l'aile, en boivent le sang, et les laissent sans les
déchirer. Du reste, ces animaux s'apprivoisent assez facilement, deviennent même assez caressans, savent distinguer
leur maître et le suivre; ils sont très-remuans, arrachent tout
ce qu'ils trouvent, soit en jouant, soit en cherchant des insectes; ils se grattent avec leurs pieds de devant, comme les
singes, et retournent de mille manières leurs pattes l'une dans
l'autre. Leurs cris sont différens, selon qu'ils sont diversement
affectés; on les entend souvent jeter des sons qui ressemblent
assez à l'aboiement très-foible d'un chien; lorsqu'ils se plai-
gnent, c'est par un petit cri que l'on peut comparer à celui
d'un jeune *pigeon*; enfin, la colère les fait siffler comme une
oie, et pousser ensuite des sons confus et éclatans. (s.)

C'est sans doute à tort qu'on a dit que les *kinkajous* se jetoient sur les rennes et les élans (*caribous* et *orignals*) d'Amérique; car il est très-peu vraisemblable que leur espèce se
porte jusque dans les contrées froides qu'habitent ces animaux.
On peut croire qu'on aura confondu le nom de *kinkajou*, avec

celui du *karkajou* qu'on assuroit être une espèce de glouton (1), et auquel on prêtoit le genre de vie que l'on attribue à l'animal qui nous occupe. Il est même douteux pour moi, que dans les contrées chaudes qu'il habite, il se jette ainsi sur les bêtes fauves. Par toute son organisation, ce quadrupède paroît avoir les plus grands rapports avec les martes, et ses habitudes doivent différer fort peu de celles de ces derniers animaux. Nous avons déjà donné quelques détails qui le prouvent ; ceux qui suivent le confirment encore. M. de Humboldt qui a étudié cette espèce dans son pays natal, dit que le *kinkajou* dort pendant le jour, roulé en boule ; qu'il n'est éveillé que pour manger ; qu'il détruit les ruches des abeilles sauvages, pour en sucer le miel ; qu'il recherche aussi les bananes, des œufs et des petits oiseaux ; qu'il s'accroupit et mange comme un singe, etc., etc. (DESM.)

KIN-KAN. C'est, au Japon, le nom d'un ORANGER (*citrus japonica*, Thunb. Ic. jap., t. 15), dont les fruits mûrissent en décembre et en janvier ; ils ne sont pas plus gros que des cerises, et cependant fort doux et très-agréables à manger. (LN.)

KINKEL. C'est le GENÉVRIER COMMUN, en Allemagne. (LN.)

KINKI. Nom chinois du FAISAN DORÉ. (V.)

KINKIMANOU. C'est le nom qu'un ÉCHENILLEUR porte à Madagascar. *V.* ce mot. (V.)

KINKIN. Cri, et un des noms du JACANA PECA. (V.)

KINKINA. *V.* au mot QUINQUINA. (B.)

KINNA ou CINNA de Dioscoride, est rapporté aux RENONCULES. (LN.)

KINO. Substance végétale d'un beau rouge, qui se trouve depuis quelques années dans le commerce des drogues, et qui provient d'un arbre du genre OPHEROCERNE, établi par R. Brown. On l'emploie avec grand succès, comme astringent, dans les dyssenteries, et autres maladies produites par la même cause. Fourcroy et Vauquelin, qui en ont fait l'analyse, assurent qu'elle contient les cinq sixièmes de son poids de tannin, qu'elle se dissout en partie dans l'eau, mais que ce n'est pas une gomme, comme on l'a cru jusqu'à présent. C'est par l'Angleterre qu'elle arrive en Europe. (B.)

KINSAI. Nom des VIOLETTES, au Japon ; la VIOLETTE DE MARS (*v. odorata*), y est nommée *kutjo* et *kutjo*, et la PENSÉE (*v. tricolor*) *koma-sisiko*. (LN.)

KINSON ou PINSAR. Nom languedocien du PINSON. Oiseau du genre FRINGILLE. (DESM.)

---

(1) Ce n'est qu'un BLAIREAU. *Voyez* cet article.

KINST, KINSTER. Noms du GUI, en Allemagne.
(LN.)

KIO. Selon Adanson, ce seroit le nom de la LAITUE,
au Japon. Thunberg rapporte celui de *kantats* et celui de
tao-stsisa comme ceux de la LAITUE CULTIVÉE, au Japon.
Elle est nommée *kiu* et *ye-tsai*, en Cochinchine, selon Loureiro. (LN.)

KIODOTE. Nom que les habitans de l'île de Java donnent à une CHAUVE-SOURIS du genre des ROUSSETTES, rapportée par M. Leschenault de la Tour, et décrite par
M. Geoffroy Saint-Hilaire. (DESM.)

KIOLO. *V.* le genre PORZANE. (V.)

KIONKOUM. Nom d'un PALMIER du Sénégal, fort voisin du DATTIER. Au rapport d'Adanson, ses fruits sont plus
gros et plus sucrés que ceux du véritable dattier. (B.)

KIOSMIN. (CIOSMIN, Dioscoride). Adanson rapporte
cette plante à une SAUGE. (LN.)

KIPER. Nom sibérien de la STIPE A AIGRETTES (*stipa
pennata*, L.). (LN.)

KIPREI. *V.* KUPREI. (LN.)

KI-QUAT-YONG. Nom d'un arbrisseau de Chine (*tri-
desmis hispida*, Lour.), dont la décoction de la racine corro-
bore les tendons et les os. (LN.)

KIRA. Un des noms indiens du CONCOMBRE CULTIVÉ
(*cucumis sativus*). (LN.)

KIRAKOO. *V.* KEKO. (LN.)

KIRANSO et KO-KIRINDO. Noms qu'on donne,
au Japon, à la GENTIANE AQUATIQUE. (LN.)

KIREMA. Nom de l'ORME, en Tartarie. (LN.)

KIRGANELI. Nom malabare du PHYLLANTHE NIRURI
(Rheed. Mal. 10, tab. 15). Le *tsieru-kirganeli* des Mala-
bares (Rheed. Mal. 10, t. 16) paroît être voisin du PHYL-
LANTHE URINAIRE, si même ce n'est pas cette plante. (LN.)

KIRGANELLE, *Kirganella*. Genre de plante établi par
Jussieu, dans la monoécie monadelphie et dans la famille
des euphorbes. Il a pour caractères : un calice divisé en cinq
parties; point de corolle; les fleurs mâles à cinq étamines ;
les fleurs femelles à un style ; une petite baie à trois loges et
à six semences.

Ce genre ne renferme qu'une espèce qui croît à l'Ile-de-
France où elle est connue sous le nom de *bois de demoiselle*.
Elle se rapproche du KIRURI. (B.)

KIRI. Nom de la BIGNONE VELUE, au Japon, ou mieux,
de l'huile qu'on retire de ses semences. (B.)

KIRI et NIPPONNIRI. Nom japonais d'une espèce
de BIGNONE (*bignonia tomentosa*), suivant Thunberg. (LN.)

KIRIDIVEL. *V.* Kalavel. (LN.)

KIRIEPOST. Nom silésien du Ledon des marais. (LN.

KIRISMA. Nom de l'Azalée des Indes, au Japon (LN.)

KIRI-URI. Nom donné, au Japon, au Concombre cultivé (*cucumis sativus*). (LN.)

KIRIWOULA. Chauve-souris de Java, du genre Vespertilion. (DESM.)

KIRK. Nom de la Terette (*glecoma hederacea*) chez les Tartares. (LN.)

KIRK. C'est, en Allemagne, le Radis sauvage (*raphanus raphanistrum*). (LN.)

KIRKOS. Nom grec du Busard. *V.* ce mot. (S.)

KIRLEBEERE. C'est le nom du Cornouiller mâle, en Allemagne. (LN.)

KIRO. Nom de l'*orontium japonicum*, Thunb., au Japon. (LN.)

KIRSCH, KIRSCHBAUM. Noms allemands de la Cerise et du Cerisier. (LN.)

KIRSCHFINCK. L'un des noms allemands du Grosbec d'Europe. Il porte aussi ceux de *klepper*, *kirschknapper*, *kirschleske*, *kirschschneller*, etc. (DESM.)

KIRSCHYSOP. Nom vulgaire, allemand, d'un Thym (*thymus acynos*, L.) et du Ciste héliantème. (LN.)

KIR-SICKAN et SULGAN. Noms tartares d'une espèce de Pika (*lagomys pusillus*). (DESM.)

KIRTEN. Nom de l'Ortie (*urtica dioïca*), chez les Kirguis. (LN.)

KISET. C'est le *nerita magdalenæ* de Gmelin. *Voyez* Nérite. (B.)

KISCHNE. Selon Browne, c'est le nom du Caféyer, à Alexandrie, en Égypte. (LN.)

KIS-FULAK. Nom du Liseron des champs, en Hongrie. (LN.)

KISKEMAN ou KISKEMANASUE. Nom que les naturels de la baie d'Hudson ont imposé au Martin-pêcheur jaguacati. *V.* ce mot. (V.)

KISKISKE. *V.* Mésange a tête noire du Canada. (V.)

KISLEZ. Nom donné, à Astracan, à la Pallasie (*pallasia caspica*), le *torlok* des Tartares Kalmoucks, et le *djurgum* ou *jurgum* des Kirguis. (LN.)

KISIL-AGATSCH (*Bois rouge*). Les Tartares donnent ce nom à l'If (*taxus baccata*). (LN.)

KISIL-BOJAN. Le Gaillet boréal (*galium boreale*) est ainsi appelé par les Tartares et les Baskirs. (LN.)

KISIL-SUBOK. Nom du Cornouiller blanc, chez les Tartares des bords de l'Irtisch. (LN.)

KISIL-TSCHIKIR. Nom turc du Cornouiller mâle (*cornus mascula*) ; c'est le *kisil-tsbhiki* des Tartares. (LN.)

KI-SI-THAN (Chine), Rau-mo (Cochinchine). Ce sont les noms d'une plante ligneuse, dont les rameaux grimpent sur les arbres et dans les haies ; ses feuilles sont ovales-lancéolées et entières. Les fleurs naissent en longs panicules latéraux. Elles sont blanchâtres, avec des poils pourpres à l'intérieur ; elles se composent : d'un petit calice à cinq dents, d'une corolle monopétale, en cloche, à limbe à cinq divisions planes obtuses ; de cinq étamines, et de deux styles couronnant un ovaire qui devient une capsule à une loge, à deux valves et polysperme. Les feuilles de cette plante ont une saveur amère et une odeur désagréable qu'elles perdent en séchant ; c'est néanmoins un aliment sain, tonique, stomachique, et qui facilite la digestion. Il n'est pas probable que ce soit une gentiane, comme le dit Loureiro (*gentiana scandens*). (LN.)

KISLIZA. Nom sibérien du Groseillier rouge. (LN.)

KISLIZA et **KISLANKA.** Noms de l'Épine-vinette, dans l'Ukraine. (LN.)

KISLUBA. Nom du Pommier, dans la petite Russie. (LN.)

KISMIRA. Nom d'un poisson du genre des Labres. (DESM.)

KIS-PORTS-FU. C'est la Turquette ou Herniaire (*herniaria glabra*), en Hongrie. (LN.)

KISSEMETH. Nom mentionné dans la Bible hébraïque, et qui, selon Schaw (Trav. in Egypt.), peut être celui du Riz. (LN.)

KISSERIS. C'est le nom qu'on donne dans le Darfour, selon Browhe, à des gâteaux faits avec de la farine de maïs.(LN.)

KISTA ou **KITTA.** La pie en grec. *V.* ce mot. (S.)

KITATH. Nom kalmouck de la Punaise, appelée *aniz* par les Arméniens et *kaptagai* par les Burates. (LN.)

KITAIBELIE, *Kitaibelia.* Plante d'une toise de haut, couverte de petits poils glandulifères, visqueux, dont les feuilles sont alternes, pétiolées, à cinq lobes inégalement dentés, et accompagnées de stipules ovales et inégalement bifides, dont les fleurs sont axillaires, ordinairement portées trois par trois sur le même pédoncule.

Cette plante, qui croît en Hongrie, forme, dans la monadelphie polyandrie et dans la famille des malvacées, un genre, dont les caractères sont : un calice double, l'extérieur à sept ou neuf divisions ; l'intérieur plus petit ; une corolle blanche, à pétales cunéiformes ou tronqués ; un grand nombre d'étamines réunies à leur base ; un ovaire supérieur, ovale, strié, du centre duquel sort un seul style ; plusieurs capsules réunies en tête, à cinq lobes et monospermes. (B.)

KITAISKAIA GOUS. Nom sibérien de l'Oie cygnoïde. (V.)

KIFE. Nom anglais du Milan. (V.)

KITESI. Nom géorgien du Concombre cultivé (*cucumis sativus*). (LN.)

KITKEYS Nom anglais des fruits du Frêne. (LN.)

KITRAN et ALKITRAN. Noms arabes de la Poix végétale. (LN.)

KITS. *V.* KUMISSO. (LN.)

KITSCHBAUM des Allemands. C'est le Merisier a grappes (*prunus padus*). (LN.)

KITTA. *V.* Kista. (S.)

KITTAVIAH. Oiseau granivore, qui se plaît dans les terrains incultes et stériles de la Barbarie, et qui, d'après la description que le docteur Shaw en a donnée, est le même que la *gélinotte des Pyrénées* ou le Ganga. *V.* ce mot. (S.)

KITTE. Nom allemand du Cognassier. (LN.)

KITTIWAK. *V.* le genre Mouette. (V.)

KITUL, KITULŒTHA et KETTULE. Noms qu'on donne à Ceylan au Caryote a fruits brulans (*caryota urens*, L.), palmier qui croît dans toute l'Inde. (LN.)

KITZCHEN. Nom du Chevreau, en Allemagne. (DESM.)

KIU et YE TSAI. Noms chinois de la Laitue cultivée (*lactuca sativa*, L.). (LN.)

KIU-ME. Espèce de Froment ou Blé qui croît en Chine. (LN.)

KIUE-MIM-TSU et XY-TSI-TAU. Noms donnés en Chine, suivant Loureiro, au *cassia sophera*, Linn., nommé en Cochinchine *thuo—kuyet-minh*. (LN.)

KIVITE. Nom imposé au Vanneau, d'après son cri. *V.* ce mot. (V.)

KI-XI et LENG-CO. Noms chinois d'une Macre (*trapa chinensis*, Lour. ; *trapa bicornis*, Linn. fils), qui est connue en Cochinchine sous le nom de *linh-that*. Elle diffère de l'espèce qui croît en Cochinchine (Cay—an) par ses feuilles carrées presque entières. (LN.)

KJAEDER-TZAEDER. Nom suédois du Grand tétras. (V.)

KJAELA et KOEL. Noms du Bouleau blanc, chez les Tartares Woguls. (LN.)

KJARIT. Nom que porte l'AVOINE, en Arménie. (LN.)

KJEGAHOLA. Nom de l'ÉPILOBE A FEUILLES ÉTROI-
TES, en Laponie. (LN.)

KJIAZKI. *V.* KROLIK. (LN.)

KLA. Nom de pays du grand ESTURGEON, ou mieux de
tous les poissons qui fournissent, dans la Russie asiatique,
de la *colle de poisson. V.* au mot ESTURGEON. (B.)

KLAAS. Nom imposé, par M. Levaillant, à un COUCOU
d'Afrique. *V.* COUCOU. (V.)

KLADEEN. Nom de la BARDANE, en Hollande. (LN.)

KLAFFER. *V.* KLAST. (LN.)

KLANDER. Nom hollandais de la CALANDRE DES BLÉS
(*curculio granarius*, Linn.). (DESM.)

KLANDIANE. Espèce d'ACACIE de Java, dont les
branches se couvrent de galles de la grosseur du poing,
rousses, d'un goût aigrelet, et qui se mangent. Cette espèce
n'est pas encore décrite. (B.)

KLAPER. Nom allemand des COGRÈTES. (LN.)

KLAP-MUTZE, c'est-à-dire BONNET RABATTU. Dénomination donnée, par les Allemands et les Danois, au *phoque
à capuchon. V.* l'article des PHOQUES. (S.)

KLAPNER et KNEPER. Noms allemands de la CI-
GOGNE. (DESM.)

KLAPPERROSE et CLATSCHROSE. Noms allemands du COQUELICOT. (LN.)

KLAPROTHITE. Dans le Musée minéralogique de
M. de Drée, j'ai donné ce nom à la substance nommée LA-
ZULITHE par Klaproth et par Werner, dont le nom trop voisin
de celui de *lazurstein* qui est, en Allemand, celui du *lapis-
lazuli*, pourroit faire confondre ces deux substances, comme
cela est déjà arrivé. La dénomination d'*azurite*, employée par
Jameson; et celle de *sidérite*, par Linz, ne sont point susceptibles
d'être adoptées ; car la klaprothite n'est pas la seule pierre qui
soit couleur d'azur. On ne sauroit, sans inconvénient, adopter
les noms de *tyrolilite* et de *voraulite*, proposés par Delamétherie,
parce que, de tous les noms, les plus mauvais sont ceux qui
tirent leur origine de la localité de la substance : exemple,
Andalousite. D'ailleurs, pourquoi ne pas consacrer à la
gloire des naturalistes qui ont contribué à l'avancement de la
science, des substances qui furent leur découverte ou l'objet de leur étude ? En nommant la *Haüyne* et la *Wernerite*, on
aimera toujours à se rappeler les deux plus célèbres minéralogistes connus. Klaproth mérite d'obtenir un semblable
honneur, puisque c'est à lui que l'analyse minérale doit
ses rapides progrès, et que par elle il nous a long-temps fait
connoître les principes constituans des minéraux.

La *klaprothite* est d'un bleu de ciel passant au bleu indigo, au bleu de Prusse et au bleu de smalt.

On la trouve cristallisée et en petites masses ; sa cassure longitudinale est légèrement lamelleuse et miroitante ; sa cassure transversale est vitreuse et granulaire.

Elle est translucide ou opaque ; sa dureté n'est pas considérable , mais assez forte pour qu'on puisse rayer le verre. Elle est fragile ; sa pesanteur spécifique n'est pas connue, mais elle paroît devoir se rapprocher de 2,5 ; exposée au chalumeau , sans addition , elle devient blanche , farineuse , et donne un émail gris de perle ou jaunâtre.

Sa couleur n'est pas attaquable par les alcalis purs. La *klaprothite* ne fait point gelée avec les acides.

Ses principes sont , suivant *Klaproth* :

Alumine	66
Silice	10
Magnésie	18
Chaux	2
Fer oxydé	2,5
Perte	1,5
	100,0

Ces caractères distinguent parfaitement la *klaprothite* du *lapis.* On peut y ajouter encore un caractère très-important ; c'est celui de la cristallisation. Dans le lapis la forme primitive est celle du dodécaèdre à plan rhombe , sous laquelle il se présente quelquefois. Dans la *klaprothite*, ce seroit , d'après M. Haüy , un prisme légèrement rhomboïdal avec des indices de joints obliques à l'axe et qui naissent sur les arêtes longitudinales les plus saillantes. Il est aussi très-aisé de la distinguer du *feldspath bleu.*

La *klaprothite* se trouve en masse disséminée ou cristallisée. Ses formes, quoique peu déterminables, paroissent être des prismes à quatre ou six pans ; j'ai cru en observer à douze pans. Ses cristaux , à surface lisse , sont ordinairement très-petits et ne sont jamais isolés.

On trouve cette substance dans le Salzbourg, à Pinzgau et Flachau ; en Styrie , à Vorau ; et en Autriche , dans les environs de Wienerisch-Neustadt. Dans tous ces lieux , elle est accompagnée de quarz ; à Vorau elle est en outre avec du talc écailleux argentin et du fer oligiste lamellaire , avec lesquels elle forme une veinule ou filon d'un demi-pouce d'épaisseur dans une roche de *glimmer schieffer* ou *schiste-micacé.*

En Tirol, on l'observe à Pinzgau et Werfen, près de Salzbourg, dans un schiste argileux qui, dit-on, est de transition. (LN.)

KLAST, CLAFFER, et KLAPPER. Noms allemands des COCRÈTES. (LN.)

KLATSCHROSE. Le COQUELICOT, en Allemagne.(LN.)

KLAVAIS ou COUMAILLES. Nom qu'on donne, dans quelques pays, à certaines failles des mines de HOUILLE. Elles se distinguent des autres failles en ce que la *houille* y est en fragmens irréguliers, agglutinés, avec des cailloux qui proviennent de la couche supérieure. (LN.)

KLÉ. *V.* KLA. (S.)

KLEBSCHIEFER. Werner donne ce nom à la marne feuilletée qu'on trouve dans les carrières de pierre à plâtre des environs de Paris, et qui sert de gangue à la *ménilite* de Saussure, espèce de silex. *V.* MARNE. (LN.)

KLEBWURZ. C'est la GARANCE, en Allemagne. (LN.)

KLEE. Synonyme du TRÈFLE, en allemand. (LN.)

KLEEFKRUID. Nom hollandais du GRATERON (*galium aparine.*). (LN.)

KLEESEBUSEH et **KLEEBUSEH.** Noms allemands du HOUX. (LN.)

KLEIBER. Nom allemand de la SITTELLE. (V.)

KLEIDERB BAUM. Nom du PLATANE d'Occident, en Allemagne. (LN.)

KLEIERA. Adanson nomme ainsi le genre POLYPRE-MUM de Linnæus. (LN.)

KLEINHOFIA. *V.* KLEINHOVE. (LN.)

KLEINHOVE, *Kleinhovia.* Arbre de la grandeur d'un pommier, dont les feuilles sont alternes, pétiolées, presque en cœur, ovales, lancéolées, entières, avec des stipules linéaires, et dont les fleurs sont très-petites, nombreuses, purpurines, et disposées sur des grappes paniculées et axillaires.

Cet arbre forme seul un genre dans la monadelphie-dodécandrie et dans la famille des malvacées. Il a pour caractères : un calice de cinq folioles lancéolées et caduques; une corolle de cinq pétales oblongs, dont un, plus large et plus court que les autres, est échancré à son sommet; un tube particulier fort grêle, se terminant en un godet quinquéfide, a découpures chargées chacune de trois anthères presque sessiles; un ovaire supérieur, pédicellé, turbiné, environné par le tube, et surmonté d'un style simple à stigmate crénelé; une capsule renflée ou vésiculeuse, turbinée, pentagone, rétuse, et un peu enfoncée à son sommet, quinquéloculaire, à loges monospermes et à semences globuleuses.

Cet arbre croît naturellement dans les îles de l'Inde. Ses jeunes feuilles ont l'odeur de la violette. (B.)

KLEINIA, du nom de J.-Théodore Klein, plus célèbre zoologiste que botaniste, qui vivoit en 1730. On lui a dédié trois genres : le premier, créé par Linnæus, renfermoit les espèces de CACALIES FRUTESCENTES, à feuilles charnues et à calice cylindrique. Il n'a pas été adopté. Le second *kleinia* est celui de Jacquin, de Schreber, et de Willdenow, qui comprend aussi des espèces de *cacalies*, mais des espèces herbacées ou suffrutescentes, dont le calice est formé de cinq pièces égales. M. de Jussieu ne les adopte pas, et il établit un troisième genre *kleinia*, qui est le *jaumea* de Persoon. Ce dernier naturaliste adopte le *kleinia*, Jacq., et, comme plus ancien, lui conserve son nom. (LN.)

KLEINIE, *Kleinia.* Les anciens botanistes avoient donné ce nom à des plantes ligneuses à feuilles épaisses, que Linnæus a depuis réunies avec les CACALIES.

Il vient d'être de nouveau appliqué par Schreber à un nouveau genre, fort voisin de ce dernier que Jussieu a fixé dans les *Annales du Musée*, n.º 12, en décrivant une plante apportée, par Commerson, des côtes du Brésil. *Voyez* JAUMÉE.

Ce genre de la syngénésie polygamie égale et de la famille des corymbifères, offre pour caractères : un calice large, ouvert, imbriqué d'écailles presque rondes, disposées sur trois rangs ; beaucoup de demi-fleurons hermaphrodites ; un réceptacle nu, portant des semences à aigrettes courtes et plumeuses.

Quatre espèces prises parmi les CACALIES et celle précitée, composent ce genre. La plus commune dans les écoles de botanique, est la KLEINIE POROPHYLLE. *V.* au mot CACALIE.

Il est à remarquer que l'espèce qui servoit de type à l'ancien genre *kleinia*, n'entre pas dans celui-ci. (B.)

KLEIN-OOG. C'est le PETIT CACHALOT (*physeter microps*). (DESM.)

KLEINSCHNABILIGER. Nom allemand du BECCROISÉ. (V.)

KLEISTAGNATHES, *Kleistagnatha.* Neuvième ordre de la classe des insectes, dans la méthode de Fabricius. Il lui donne pour caractères : plusieurs mâchoires extérieures à la lèvre et fermant la bouche. Cet ordre correspond, en

majeure partie, à nos crustacés décapodes à courte queue
ou BRACHYURES. Fabricius le compose des genres : CANCER,
CALAPPE, OCYPODE, LEUCOSIE, PARTHÉNOPE, INACHUS,
DROMIE, DORIPPE, ORITHYIE, PORTUNE, MATUTE,
HIPPE, SYMETHIS et LIMULE. *V.* les articles CRUSTACÉS
et DÉCAPODES. (L.)

KLEISTER. *V.* KINST. (LN.)

KLEN. Nom russe des ERABLES. (LN.)

KLENGLINGANG. L'AGRIPAUME porte ce nom en
malais. (B.)

KLESK. Nom polonais du CASSENOIX. (V.)

KLIAWI. Nom géorgien du PRUNIER. (LN.)

KLIL. Nom arabe du ROMARIN. (LN.)

KLINEBERG-HAAN (petit coq *des montagnes*). Nom
du FAUCON A CULOTTE NOIRE, au Cap de Bonne-Espérance.
C'est aussi, dans ce pays, la dénomination générique de
tous les oiseaux de proie un peu grands. (V.)

KLINGSTEIN, *Pierre sonnante.* Espèce nouvellement
introduite par Werner. C'est la matière qui forme la pâte
ou la base du *porphyr-schieffer* ou *porphyre schisteux*, qui étoit
reconnu par Werner lui-même pour une roche secondaire.

Sa couleur est grise, plus ou moins foncée, tirant quelquefois sur le verdâtre.

Sa cassure est écailleuse, quelquefois conchoïde. On y
aperçoit de petites cavités tapissées de cristaux. Ce carac-
tere seul seroit un indice certain de son origine volcanique.

Le *klingstein* forme des montagnes entières où il se présente comme le basalte, tantôt en boules, tantôt en colonnes
prismatiques, tantôt en grandes tables. Cette pierre rend un
son quand on la frappe avec le marteau : c'est de là que
Werner a tiré sa dénomination de *pierre sonnante.*

Les cristaux qui se sont formés dans le klingstein, et qui
en font un porphyre, sont des *feldspaths* et des *pyroxènes.*
On voit aussi de la *zéolithe* et du *fer micacé.* (Brochant, tom. 1,
pag. 439.) *V* BASALTE et LAVES.

On trouve également parmi les roches primitives, une
pierre qui a tous les caractères du klingstein de Werner,
notamment celle que Saussure a observée dans la vallée du
Rhône, près de Martigny. « C'est, dit-il, une espèce de
« *pétrosilex gris, dur, sonore,* un peu transparent. (§ 1046)...
« Ces *pétrosilex* feuilletés changent peu à peu de nature,
« en admettant dans les interstices de leurs feuillets des par-
« ties de feldspath (§ 1047)....... Plus loin la pierre change
« encore un peu de nature; son fond demeure bien toujours

« le même *pétrosilex* , mais son tissu est moins feuilleté ; elle
« prend l'apparence d'un PORPHYRE A BASE DE PÉTROSILEX. »
(§ 1051.)

On voit que la ressemblance est parfaite entre le klingstein
de Werner et le pétrosilex porphyrique de Saussure. Ils ne
diffèrent que par leur origine ; ainsi ceux qui rangent le
porphyr-schieffer avec les roches primitives , sont aussi bien
fondés que ceux qui le placent parmi les roches secondaires,
ou, pour parler plus exactement , parmi les produits volcaniques. *V.* PHONOLITHE et EURITE. (PAT.)

KLINGNIS. Un des noms suédois du BOULEAU NAIN.
(LN.)

KLINT et KLATT. Noms suédois de l'AGROSTÈME
des blés ou GITHAGE. (LN.)

KLIP-DAAS ou BLAIREAU DES ROCHERS. C'est
le nom que porte le *daman* au Cap de Bonne-Espérance.
V. DAMAN. (DESM.)

KLIPPFISCH. Nom des MORUES séchées à l'air. (B.)

KLIPPSPRINGER ou SAUTEUR DE ROCHERS,
Antilope Klippspringer, Lacép. Mammifère ruminant du
genre des ANTILOPES. *V.* ce mot. (DESM.)

KLIVE. Nom du GRATERON (*galium aparine*) , en Allemagne. (LN.)

KLOEFVER et KLOSWING. Synonymes de TRÈFLE,
en Suède. (LN.)

KLOMION. *V.* CLOMIUM. (LN.)

KLON. Nom polonais des ÉRABLES. (LN.)

KLOPODE , *Klopoda.* Genre de vers polypes amorphes
ou d'animalcules infusoires, dont le caractère est d'être très-
simple, aplati, sinueux, transparent.

Ce genre diffère à peine des *gones* (*V.* aux mots GONE et
ANIMALCULES INFUSOIRES). Les espèces qui le composent se
trouvent dans les eaux des marais, dans celles de la mer , et
fréquemment dans les infusions végétales. Leur mouvement
est lent, vacillatoire et vague. Müller en a décrit et figuré
seize espèces , dont les plus remarquables sont :

La KLOPODE BOTTE, qui est allongée, membraneuse , ré-
trécie en avant, terminée en arrière par un angle droit. Elle
est figurée pl. E 23 de ce Dictionnaire. Elle se trouve dans
les eaux stagnantes.

La KLOPODE POULETTE est oblongue, membraneuse et
diaphane à la partie antérieure de son dos. Elle est figurée
dans l'*Encyclopédie*, pl. 6 , n.º 4. Elle se trouve dans l'eau de
mer corrompue.

La **Klopode striée**, qui est oblongue, légèrement arquée, comprimée, blanche, rayée, dont l'extrémité antérieure est pointue, et la postérieure arrondie. Elle est figurée dans l'*Encyclopédie*, pl. 6, n.os 14 et 15. Elle se trouve dans l'eau de mer.

La **Klopode commune** est oblongue, ovale, échancrée obliquement au-dessous de l'extrémité antérieure. Elle est figurée dans l'*Encyclopédie*, pl. 7, fig. 8 et 12. Elle se trouve dans l'infusion du laitron.

La **Klopode rein** est épaisse, échancrée vers le milieu, et ses extrémités sont presque égales. Elle est figurée dans l'*Encyclopédie*, pl. 7, n.os 20 et 22. Elle se trouve dans l'infusion du foin. (B.)

KLORCOS. L'un des noms du **Loriot**, en grec. *V.* ce mot. (s.)

KLOSEBUSCH. *V.* **Kleesebusch**. (LN.)

KLOSTERBEERE. Nom allemand du **Groseillier a maquereaux** (*Ribes grossularia et uva crispa*). (LN.)

KLOSWNIG. Nom du **Trèfle**, en Suède. (LN.)

KLYKEFA. Nom de la **Ronce**, en Hongrie. (LN.)

KLYL et **ASELBAN.** Noms arabes du **Romarin** (*Rosmarinus officinalis*, Linn.). (LN.)

KLYST. Nom donné par les mineurs suédois aux **Veines métalliques**. (LN.)

KNABBEL VISH et **KNOBBEL VISH.** Noms donnés par les Hollandais à la **Baleine bossue**. (DESM.)

KNAH. Nom arabe de la **Buglose teignante**. (B.)

KNAKENTE. Nom allemand des **Sarcelles**. (V.)

KNAPER. Nom hollandais du **Chou rouge**. (B.)

KNAPPIA. Nom donné par Smith à un genre créé sous divers noms, pour placer l'*agrostis minima*, jolie petite graminée printanière, qui diffère beaucoup des autres espèces d'agrostides. C'est le *sturmia* de Hoppe et de Persoon, le *chamagrostis* de Roth, Decandolle, et le *mibora* d'Adanson, qui avoit établi ce genre avant tous les botanistes que nous venons de citer. *Voyez* **Agrostide**. (LN.)

KNAPWEED. Nom de la **Jacée**, en Angleterre. (LN.)

KNAUR. *V.* **Knaver**. (PAT.)

KNAUTIE, *Knautia*. Genre de plantes de la tétrandrie monogynie et de la famille des dipsacées, qui offre pour caractères : un calice commun, simple, oblong, polyphylle, à folioles droites, conniventes, sur un seul rang, contenant un petit nombre de fleurons hermaphrodites qui ont un calice propre double, très-petit; une corolle monopétale quadrifide, irrégulière; quatre étamines libres; un ovaire inférieur, surmonté d'un style à stigmate bifide; quelques semences nues, oblongues, tétragones, portées sur un réceptacle nu, couronnées de dents et recouverte par le calice intérieur, qui est devenu plumeux ou cilié.

Ce genre renferme des plantes annuelles assez élevées, qui ont de grands rapports avec les scabieuses, dont les feuilles sont opposées, découpées ou entières, et les fleurs terminales. On en compte quatre espèces, toutes de Syrie ou des contrées adjacentes.

La plus commune dans nos écoles de botanique est la KNAUTIE DU LEVANT, dont les feuilles sont fortement dentées en leurs bords, et les fleurons plus longs que le calice. (B.)

KNAVEL ou KNAVELLE. Ce nom a été donné fort anciennement, en Allemagne, au *scleranthus annuus*. Scopoli, et Rai avant lui, l'ont donné au genre. Buxbaum a pris la VÉLÉZIE pour une espèce de KNAVELLE. *V.* SCLERANTHUS et GNAVELLE. (LN.)

KNAVER, KNEUSS, KNAUR et KNEISS. Ce sont divers noms que les mineurs allemands donnent au GNEISS des Saxons, qui n'est autre chose qu'une roche GRANITIQUE SCHISTEUSE. *V.* GNEISS. (PAT.)

KNEISS. *V.* KNAVER et GNEISS. (PAT.)

KNEL-BOSCHEN. Nom hébreu d'une plante que l'on dit être l'ACORE ODORANT. (LN.)

KNELLBEEREN. Nom allemand de la BELLADONE (*Atropa belladona*, L.). (LN.)

KNÉMA, *Knema*. Grand arbre à feuilles alternes, pétiolées, lancéolées, très-entières et glabres; à fleurs brunes en dehors, et d'un jaune rougeâtre en dedans, portées sur des pédoncules rameux presque terminaux, lequel forme un genre, selon Loureiro, dans la dioécie monandrie.

Ce genre, fort voisin des MUSCADIERS, offre pour caractères, dans les fleurs mâles : une corolle monopétale, charnue, à tube épais, court, à limbe trifide, lanugineux à l'extérieur; une étamine courte, turbinée, entourée à son sommet de dix à douze anthères ovales. Dans les fleurs femelles: un calice tronqué, très-court, persistant; une corolle comme dans les fleurs mâles; un ovaire supérieur, velu, à stigmate sessile et denté; une baie ovale, molle, contenant une seule semence arillée.

Le *knéma* se trouve dans les forêts de la Cochinchine. Ses baies sont rouges. (B.)

KNEORON. *V.* Cneorum et Camelée. (ln.)

KNEPIER, *Melicocca.* Arbre à feuilles alternes, ailées sans impaire, et composées de deux paires de folioles ovales, pointues, entières, portées sur un pétiole commun, quelquefois marginé, quelquefois simple ; à fleurs petites, nombreuses, blanchâtres, disposées en grappes terminales.

Cet arbre forme, dans l'octandrie monogynie et dans la famille des saponacées, un genre qui offre pour caractères : un calice divisé profondément en quatre découpures ou folioles ovales, obtuses, concaves et persistantes ; une corolle de quatre pétales réfléchis entre les divisions du calice ; huit étamines attachées sur un disque plane qui entoure l'ovaire ; un ovaire supérieur ovale, presque de la longueur de la corolle, surmonté d'un style court, à stigmate pelté, ombiliqué, oblique, et prolongé sur deux côtés opposés ; une baie lisse ou muriquée, coriace, qui contient une à trois semences, enveloppées d'une pulpe visqueuse ou gélatineuse.

Cet arbre croît dans l'Amérique méridionale. On le cultive dans les jardins du Mexique, à raison de ses fruits, dont on mange la pulpe, qui est d'une saveur douce, un peu acide et astringente. On mange aussi les graines après les avoir fait cuire ou rôtir comme les châtaignes. Ses fleurs sont tantôt très-odorantes, tantôt inodores.

On a découvert, depuis peu, une seconde espèce de ce genre, à l'Ile-de-France. (b.)

KNEUSS. C'est, en allemand, le nom que les mineurs donnent au Gneiss. *V.* ce mot. (pat.)

KNIC. *V.* Bonducelle. (ln.)

KNIFFA. Genre proposé par Adanson, pour diviser celui des Millepertuis. Il comprendroit les *millepertuis* à deux styles. Ce genre n'a pas été adopté jusqu'à présent ; mais les millepertuis deviennent chaque jour de plus en plus nombreux, et on ne tardera sans doute pas à faire usage de l'indication de ce botaniste. (b.)

KNIGHTIE, *Knightia.* Grand arbre de la Nouvelle-Zélande, qui seul constitue, selon R. Brown, un genre dans la tétrandrie monogynie et dans la famille des protées.

Les caractères de ce genre sont : calice régulier de quatre folioles recourbées et portant des étamines dans leur milieu ; quatre glandes autour de l'ovaire qui est sessile, renferme quatre semences, et porte un stigmate en massue ; une follicule coriace, uniloculaire, surmontée du style qui persiste ; des semences ailées à leur extrémité.

Ce bel arbre est figuré dans le dixième vol. des *Transactions de la Société Linnéenne de Londres.* (b.)

KNIKOS. *V.* Cnicus. (ln.)

KNIPA, KNIP-AND. Noms suédois d'un Canard garrot (*Anas clangula*). (DESM.)

KNIPHOSIA. Il existe deux genres de ce nom, en botanique. Le premier a été créé par Scopoli, pour placer l'*Adamarum* de Rheede : qui est le *Terminalia*, Linn., ou *Adamaram* d'Adanson. Le second a été établi par Moench, pour l'*Aletris uvaria*, L., qui diffère des autres espèces. Ce genre se trouvoit déjà établi par Gleditsch, sous le nom de *Weltheimia* que les botanistes lui ont conservé. (LN.)

KNIPOLOGOS (littéralement *amasseur de mouches*.) Sous ce nom, Aristote a désigné un oiseau à peine aussi grand que le *chardonneret*, d'un plumage gris tacheté, dont la voix est foible, et qui frappe les arbres. (*Hist. animal.*, lib. 7, cap. 3.) Belon et Turner ont cru que ce petit oiseau devoit être la Lavandière. (*Voyez* ce mot.) Cependant, aucun de ces caractères ne convient à cette dernière, et l'on ne peut douter que le *knipologos* d'Aristote ne soit le Grimpereau. *V.* ce mot. (S.)

KNIRK et **CNIRK.** Noms allemands du Genévrier commun. (LN.)

KNJAESCIK. Nom que porte, en Sibérie, une espèce de Mésange. *V.* ce mot. (V.)

KNOBBEL VISH. *V.* Knabbel-vish. (DESM.)

KNOB FRONTED BEE CATER. *V.* Créadion. (V.)

KNOLL. Nom hollandais de la Rabioule ou Grosse Rave. (*Brassica rapa*, L.). (LN.)

KNOLLEN. Synonyme allemand de la Pomme-de-terre.

KNOR-HAHN ou **COQ-KNOR.** Oiseau qui appartient proprement au Cap de Bonne-Espérance, selon Kolbe. (*Descript. du Cap*, t. 3, pag. 169). « C'est, dit ce voyageur, la sentinelle des autres oiseaux ; il les avertit, lorsqu'il voit approcher un homme, par un cri qui ressemble au son du mot *crac*, et qu'il répète fort haut. Sa grandeur est celle d'une poule ; il a le bec court et noir, comme les plumes de sa couronne ; le plumage des ailes et du corps mêlé de rouge, de blanc et de cendré ; les jambes jaunes ; les ailes petites. Il fréquente les lieux solitaires, et fait son nid dans les buissons. Sa ponte est de deux œufs. On estime peu sa chair quoiqu'elle soit bonne. » Brisson a rapporté ce passage de Kolbe à la *peintade ;* mais celle-ci n'a pas le bec court et noir, ni une couronne de plumes, ni du rouge mêlé aux couleurs des ailes et du corps ; et sa ponte ne consiste pas seulement en deux œufs. (S.)

KNOWLTONIE, *Knowltonia.* Genre de plantes, établi

par Salisbury. Il ne diffère pas de l'ANAMÉNIE de Ventenat. (B.)

KNOSPEN. Quelques minéralogistes allemands ont donné ce nom au *cuivre carbonaté-vert-soyeux*. (PAT.)

KNOT. Nom vulgaire du CANUT. (V.)

KNOTBERRIES. Nom anglais de la RONCE. (LN.)

KNOTES. Nom qu'on donne dans les mines de plomb
de Bleyberg (Roer), à un mélange de plomb sulfuré ou ga-
lène en grains épars dans le grès. (LN.)

KNOTESS-FISH. Nom donné à la BALEINE-BOSSUE,
par les Allemands. (DESM.)

KNOT-GRASS. Nom anglais de la RENOUÉE. (LN.)

KNOXIA. Deux genres existent sous ce nom. Un premier
créé par Brown (Jam.), rentre dans le *douglassia* d'Adanson,
et l'*ægyphila* de Linnæus. Le second fut établi par Linnæus.
V. KNOXIE. C'est le VISSADALI d'Adanson. (LN.)

KNOXIE, *Knoxia*. Plante herbacée, haute d'un pied,
dont les feuilles sont opposées, lancéolées, sessiles, les
fleurs alternes et disposées en épi terminal, laquelle constitue
un genre dans la tétrandrie monogynie et dans la famille des
rubiacées.

Ce genre a pour caractères : un calice supérieur, petit, à
quatre dents, dont une est plus grande que les autres ; une
corolle infundibuliforme, à tube grêle, à limbe ouvert, partagé en quatre lobes obtus ; quatre étamines ; un ovaire inférieur arrondi, chargé d'un style filiforme à deux stigmates en
tête ; une capsule presque globuleuse, se partageant en deux
parties ou coques séparées, qui tiennent par leur sommet
à un axe filiforme. Chaque coque est convexe, marquée de
trois stries à l'extérieur, aplatie à sa face interne, et contient une semence.

On trouve cette plante dans l'île de Ceylan, sur les troncs
d'arbres pourris. Gærtner a fait connoître une seconde, et Michaux une troisième espèce, qui font partie du même genre.

Brown a figuré sous le même nom, pl. 3, fig. 3 de son
Histoire de la Jamaïque, une plante depuis réunie aux ÆGY-
PHILES. (B.)

KNUBB. Nom suédois de la silique du RADIS. (LN.)

KNUPKUTK et KNUPH. Noms allemands du VÉLAR,
Erysimum officinale, Linn. (LN.)

KNUR. Nom du SANGLIER, dans la province de Voro-
nesch, en Russie. (DESM.)

KOALA (*Phascolarctos*), Blainville. Nouveau genre de
mammifères marsupiaux, intermédiaire par ses caractères,
aux genres PHALANGER, KANGUROO et PHASCOLOME. Il a

six incisives supérieures, dont les deux intermédiaires son
beaucoup plus longues que les autres (comme cela se voit dan
le Potoroo et dans le Kanguroo d'Aroé); deux incisive
inférieures comme dans les kanguroos; quatre dents intermédiaires entre les incisives et les molaires, à la mâchoire d'en-
haut, et deux seulement à celle d'en-bas; quatre molaires à
quatre tubercules de chaque côté des deux mâchoires; cinq
doigts en avant, séparés en deux groupes opposables, le premier formé du pouce et de l'index, et le second, des trois
autres doigts; cinq doigts aux extrémités postérieures, le pouce
étant très-gros, opposable, sans ongle; les deux suivans plus
petits et réunis jusqu'à l'ongle; la queue extrêmement courte;
le corps trapu, etc. (*Prodrome d'une nouvelle distribution systématique du règne animal*, pag. 4.)

Espèce unique. — Le Colak ou Koala (*Phascolarctos*) Blainv.
Prodr. loc. cit.; — Cuvier (*Règne animal*), tome. 1,
page 184, et tom. 4, pl. 1, fig. 5.—*Voy.* pl. E 22 de ce Dictionnaire.

M. de Blainville a eu l'occasion de voir cet animal singulier à Londres, dans le voyage qu'il y fit en 1814, et il en a
remis une description et des figures, à M. Geoffroy Saint-Hilaire, pour faire partie de son grand ouvrage sur les animaux
marsupiaux.

Koala ou Kolak est le nom que les naturels des bords
de la rivière Vapaum, à la Nouvelle-Hollande, donnent à
ce mammifère. Il est de la taille d'un chien médiocre; son
poil est long, touffu, grossier, brun-chocolat; il a le port
et la démarche d'un petit ours, et il grimpe aux arbres avec
beaucoup de facilité. M. Cuvier (*Règne animal*) ajoute qu'il
se creuse des tanières au pied des arbres, et que la femelle
porte fort long-temps son petit sur le dos.

La description que M. Cuvier donne du *Koala*, diffère
en deux points de celle que nous venons de rapporter,
d'après M. de Blainville. Selon lui, le pouce manque aux
pieds de derrière, et le pelage est d'un gris cendré. La
figure que nous donnons du koala est faite d'après la sienne.

Le *Koala*, décrit par M. Cuvier, a les oreilles assez grandes
et pointues, la conque dirigée en avant. (Desm.)

KOAN-TUM-HOA. Deux Tussilages, qui croissent dans
le nord de la Chine, y sont ainsi nommés, suivant Loureiro,
qui les prend pour les *tussilago farfara* et *anandria*, Linn.;
mais il est probable que ce sont des espèces différentes. (Ln.)

KOAPOIBA. Nom brasilien d'une espèce de Millepertuis (*Hypericum bacciferum*, L.). (Ln.)

KOATI et KOATIMONDI. *V.* Coati. (Desm.)

KOATO-O-OO. Nom d'un MARTIN PÊCHEUR des îles des Amis. *V.* ce mot. (v.)

KOB (*Antilope kob*). Mammifère ruminant du genre des ANTILOPES. *V.* ce mot. (DESM.)

KOBA (*Antilope koba*). Mammifère du même genre que le précédent. *V.* ANTILOPE. (DESM.)

KOBA. Nom du SÉSAME, à Java. (LN.)

KOBBE. Espèce de SUMAC de Ceylan. (B.)

KOBBE-HERRE. Nom norwégien du PHYSETÈRE MICROPS. (DESM.)

KOBBOÉ. *V.* COBBÉ. (LN.)

KOBEL REGERLIN. Nom allemand de la PERDRIX DE MER ou GLARÉOLE. (V.)

KOBER. *V.* KOBEZ. (S.)

KOBEZ. Nom russe d'un FAUCON. *V.* ce mot. (V.)

KOBOER. *V.* KODDE. (LN.)

KOBOLD. *V.* COBALT. (PAT.)

KOBRESIE. *V.* COBRESIE. (B.)

KOBULA ou KOBYLA. Noms russes de la JUMENT. (DESM.)

KOBUNG. Nom mongol du COTONNIER. (LN.)

KOBUS. Kæmpfer représente sous ce nom une plante observée par lui à Java, et qui est un MAGNOLIER (*Magnolia tomentosa*, Thunb.). (LN.)

KOBYLA. *V.* KOBULA. (DESM.)

KOCANKI. Nom du GNAPHALE DES SABLES, en Pologne. (LN.)

KOCHIE, *Kochia*. Genre de plantes établi sur la SOUDE DES SABLES, et non adopté par la plupart des botanistes. Il est le même que la WILLEMÉTIE et la WETTÉRAVIQUÉ. (B.)

KOCTOKON. C'est, disent d'anciens voyageurs, le nom que les Nègres, en Afrique, donnent au SANGLIER. (S.)

KODA-PILAVA. *V.* CODA-PILAVA. (LN.)

KODDAGAPALLA. *V.* CODOGAPALE. (B.)

KODDA-PAIL. *V.* CODOPAIL. (B.)

KODDA-PANA. *V.* CODDA-PANNA. (LN.)

KODDAM-PULLI. *V.* CODDAM-PULLI. (LN.)

KODDE, KOBOER. Noms suédois de la RONCE des rochers (*Rubus saxatilis*, L.). (LN.)

KODIANUM. *V.* CODIAMINUM. (LN.)

KODRETI, SCHEBENNAAD, TSIENPEN. Noms qu'on donne, en Perse, à une matière grasse, de la consistance du suif, et mêlée de pétrole. Cette substance bitumineuse est analogue à celle décrite par M. Patrin à l'article

BEURRE DE MONTAGNE. J'ajouterai qu'on en trouve également sur les côtes de Finlande et près de Strasbourg. (LN.)

KODSACHURI. Nom géorgien de l'ÉPINE-VINET. (LN.)

KODUVO. Nom brame du CATU-NAREGAM. (LN.)

KOE. Nom tartare du BOULEAU BLANC. (LN.)

KOEKKOEK. Nom hollandais du COUCOU. (DESM.)

KOELÈRE, *Koelera*. Arbre à feuilles alternes, pétiolées entières, coriaces, glabres, à épines très-rameuses dispersées sur son tronc, qui croît à Saint-Domingue, et forme un genre dans la dioécie pentandrie.

Ce genre offre pour caractères : les fleurs des pieds mâles réunies aux aisselles des feuilles, et composées d'un calice à quatre divisions ; d'un nectaire de quatre écailles et de cinq étamines. Les fleurs des pieds femelles solitaires dans les aisselles des feuilles, et composées d'un calice à quatre divisions ; d'un ovaire à un seul style.

Le fruit est probablement une capsule monosperme. (B.)

KOELERIA. *V.* COLINARIA. (LN.)

KOELERIE, *Koeleria*. Genre de plantes établi dans la triandrie digynie et dans la famille des GRAMINÉES, pour placer des CANCHES et des PATURINS, qui n'ont pas les caractères des autres. Le sien consiste en une balle calicinale, de deux valves comprimées, carinées et renfermant plusieurs fleurs ; en une balle florale de deux valves, striées et légèrement aristées ; en trois étamines ; en un ovaire supérieur, surmonté de deux styles ; en une semence enveloppée dans la balle florale.

Ce genre renferme cinq espèces, presque toutes propres à l'Europe, et dont la plus connue est la KOÉLÈRE FLÉOÏDE, *Poa cristata*, Linn. *V.* au mot PATURIN. (B.)

KOELJAPE. Nom indien d'une espèce de TRICHILIE (*Trich. nervosa*, Vahl), qui croît à Java. (LN.)

KOELLÉE, *Koellea*. Genre établi par Adanson, pour placer l'HELLÉBORE D'HIVER. Il a été, depuis, appelé ROBERTIE. (B.)

KOELLIA, du nom de KŒLLE, botaniste allemand, qui publia, en 1787, un mémoire sur l'ACONIT. Mœnch lui dédia un genre *kœllia*, fondé sur le THYM de Virginie, L. Ce genre avoit été créé avant lui par Adanson, qui le nomme *furera*. Sans connoître ces travaux, Michaux fit ce même genre sous le nom de BRACHYSTEMON. Un second *kœllia* existe, c'est celui d'Adanson, il répond au *robertia* de Mérat, et par conséquent à l'*helleborus hiemalis*, L. (LN.)

KŒLPINIA ou KÆLPINIA. Scopoli donne ce nom
au genre KUNTO d'Adanson, fondé sur le PARIN-PANEL des
Malabares, le KALI-APOKARO des Brames. Ses caractères
sont : calice à cinq feuilles ; cinq pétales ; cinq étamines ; un
style ; une baie à quatre loges monospermes. *Voyez* CALI-
APOCARO et PARIN-PANEL, L. Il ne faut pas confondre ce
genre avec le kœlpinia de Pallas, qui n'est autre que le
rhagadiolus de Tournefort. (LN.)

KŒLPINIE, *Kœlpinia.* Genre établi aux dépens des
LAMPSANES. (B.)

KŒLREUTER. Poisson placé par Pallas parmi les
gobies, et par Lacépède parmi les GOBIOMORES. (B.)

KŒLREUTERA, du nom de J.-G. Kœlreuter, bota-
niste célèbre du 18.e siècle. On lui a dédié trois genres : le
premier, créé par Murray, est le *gisekia* de Linnæus ; pour
le second et le troisième, *voyez* ci-après. (LN.)

KOELREUTÈRE, *Koelreuteria.* Arbrisseau à feuilles
ailées avec impaire, à folioles pinnatifides, et à fleurs disposées en panicules terminales, qui forme un genre dans
l'octandrie monogynie et dans la famille des saponacées.

Ce genre a pour caractères : un calice de cinq folioles ;
une corolle de quatre pétales irréguliers, glanduleux à leur
base ; huit étamines à filamens et à anthères velues ; un
ovaire supérieur stipité, à style trigone et à stigmate trifide ;
une capsule presque ovoïde, membraneuse, vésiculeuse, à
trois loges dispermes, dont une des semences est sujette à
avorter.

Cet arbuste vient de la Chine. On le cultive depuis quelques années dans les jardins de Paris, en pleine terre. La
disposition de ses feuilles et celle de ses fleurs, auxquelles
succèdent des vésicules triangulaires très-grosses, et qui subsistent jusqu'à l'hiver, le rendent très-pittoresque, et en conséquence très-propre à orner les bosquets d'agrément sur les
bords isolés, ou au second rang des massifs. Il donne de bonnes graines dans nos jardins, mais se multiplie difficilement
de marcottes. On le voit souvent figuré sur les tapisseries
peintes qui nous viennent de la Chine.

Bridel a donné le même nom à un genre dans la famille
des MOUSSES, dont les caractères consistent en : un péristome interne à seize dents, cohérentes au sommet, et un
péristome interne muni d'autant de cils ; des fleurs mâles
en disque. Il a pour type le MNIE HYGROMÉTRIQUE. Le dernier genre a aussi étéappelé FUNARIE. (B.)

KOENIGIA, du nom de Koenig, botaniste allemand,
qui voyagea en Islande. Deux genres de plantes sont sous son
nom : l'un, le *kœnigia* de Linnæus ; est décrit dans ce Dic-

tionnaire au mot KÉNIGIE; le second est le *kœnigia* de Commerson, qui se compose des genres *ruizia* et *assonia* de Cavanilles. (LN.)

KŒNIGLKRAUT (*herbe royale*). Nom donné, en Allemagne, à l'AIGREMOINE, au BASILIC et à l'EUPATOIRE COMMUN. (LN.)

KOENIGROSE. Nom de la PIVOINE, en Allemagne. (LN.)

KOERANDJE. Nom javan du DIALI des Indes. (LN.)

KOERVELI. Nom du POIRIER, en Hongrie. (LN.)

KOEVLIEG. C'est, en hollandais, l'OESTRE DU BŒUF. (DESM.)

KOFFAEJF. Nom arabe d'une espèce de CARMANTINE (*Justicia viridis*), selon Forskaël. (LN.)

KOFREH. Nom qu'on donne, en Nubie, au HENNÉ (*Lausonia inermis*, Delisle): *V.* HENNÉ. (LN.)

KOGANNE GUSA. Nom donné, au Japon, à une espèce d'OXALIDE (*ox. acetosella*). (LN.)

KOGDALE, *Kogdala*. Genre de plantes, autrement appelé GRUMILÉE. (B.)

KOGELZWAM. Nom hollandais des VESSE-LOUPS. (DESM.)

KOGER-ANGAN. Nom que les Javanais donnent au VANSIRE, espèce de MANGOUSTE. *V.* ce mot. (S.)

KOGO. Nom imposé à un POLOCHION, par les habitans de la Nouvelle-Zélande. *V.* POLOCHION KOGO. (V.)

KOGOLCA. C'est un CANARD de Russie et de Sibérie. *V.* CANARD. (DESM.)

KOGOO AROURE. *V.* l'ALOUETTE, que, par une faute typographique, l'on a nommée KOUGOU-AROURE. (V.)

KOHL. Nom du CHOU, en Allemagne. (LN.)

KOHLBRENNER. Nom du RENARD CHARBONNIER, en Allemagne. (DESM.)

KOHLENBLENDE, ou BLENDE CHARBON-NEUSE des minéralogistes allemands. *V.* ANTHRACITE. (LN.)

KOHLENHORNBLENDE, *Amphibole charbonneux*, en allemand. Beyer donne ce nom à cette singulière substance noire qui a tout-à-fait l'aspect du charbon de bois, et qui quelquefois même, est accompagnée d'une pellicule blanche, semblable pour la finesse et la couleur à celle qu'on voit sur la braise; ce qui ajoute à l'illusion. Cette pierre est d'un noir de charbon, velouté ou satiné, passant au brun. Elle est disséminée en petites masses semblables à des fragmens ou éclats. J'en ai vu depuis la grosseur d'une tête d'épingle jusqu'à celle d'une noisette. Sa cassure longitudinale est striée ou à peine lamelleuse, avec un certain luisant. Cette pierre est très-dure, au point de faire feu sous le choc du briquet ; M. Lelièvre est parvenu à la fondre au chalumeau en un verre noir. Je n'ai pu y réussir. Soumise à l'analyse par M. Vauquelin, elle lui a donné :

Silice.	50
Carbone.	33
Alumine.	11 environ.
Fer.	6
	100

Cette substance paroît être un véritable charbon végétal passé à l'état pierreux, ce que la nature de sa gangue nous semble confirmer. On trouve ce charbon disséminé dans une pierre vitreuse, translucide sur les bords, d'un gris noirâtre, passant au brun verdâtre, à cassure écailleuse et même conchoïde : cette pierre contient en outre de petites lamelles de même couleur, un assez grand nombre de très-petites paillettes de mica brun, qu'on n'y aperçoit pas d'abord, parce qu'elles se présentent le plus souvent sur leur tranche. Les pellicules blanches qui accompagnent le *kohlenhornblende* sont calcédonieuses. Cette roche, que les Allemands regardent comme un *pechstein porphyre*, et les Français comme un *pétrosilex-résinite*, ou une variété de *résinite*, fond aisément au chalumeau. Sa pesanteur spécifique est de 2,4 ; ses principes, d'après M. Vauquelin, sont :

Silice.	59
Alumine.	18,5
Fer oxydé.	3,5
Chaux.	4
Soude.	3
Eau.	8
Perte.	4
	100,0

Ce *pechstein* se trouve en Saxe ; il forme, auprès de Planitz, non loin de Zwickau, une couche puissante, ou plutôt une masse entière de montagnes. Nous lui trouvons les plus grands rapports avec des pierres du même genre, qui accompagnent les houilles embrasées spontanément. Des houilles embrasées existent effectivement à Planitz et à Zwickau : ne seroit-ce pas les produits de la fusion d'un de ces bancs de grès schisteux micacé qui accompagnent partout la houille ? Nous ne pensons pas nous éloigner de la vérité, en donnant une semblable origine au *pechstein de Pla-*

nitz, lequel présente en outre beaucoup de ressemblance avec les *pechstein-porphyres*, ou plutôt les *laves résinites*, si abondantes dans les îles Ponces, les monts Euganéens, etc. Les 33 pour 100 de carbone que contient le *kohlenhornblende*, ne lui viennent point de sa gangue, puisque l'analyse n'y en découvre point un atome; ce carbone lui est donc propre, et ce n'est donc pas un *amphibole charbonneux*, comme le fait entendre le nom de *kohlenhornblende*. (LN.)

KOHLER, KOHLBRENNER, BRANDFUCHS. Le RENARD CHARBONNIER, *Canis alopex*, L., en allemand. (DESM.)

KOIAN. Nom tartare du LIÈVRE. (DESM.)

KOI-NAN. Nom donné, en Chine, au COCOTIER. (LN.)

KOIVU. C'est, en Finlande, le *betula alba*, L. (LN.)

KOIWIEK. Nom de la PULMONAIRE, en Tartarie. (LN.)

KOKADATOS. L'*Histoire générale des Voyages* fait mention d'un oiseau gallinacé, de la grandeur d'un *poulet*, que l'on voit sur la côte de Malaguette en Afrique, et que les habitans nomment KOKADATOS. (S.)

KOKERA d'Adanson. Genre formé sur une plante de la Jamaïque, prise pour une *amaranthe* par Sloane. Il est très-voisin du *soluppa*, Adans. (*gomphrena*, L.) et surtout du *celosia*. Ses caractères sont : périante de six pièces; fruit membraneux, uniloculaire, monosperme à deux valves horizontales; feuilles alternes. (LN.)

KOKERWORM. Nom hollandais des TARETS, mollusques pernicieux qui détruisent les boisages des digues, et qui percent les bordages des vaisseaux. (DESM.)

KOKHAAN. Nom hollandais d'un coquillage bivalve du genre BUCARDE (*cardium edule*), dont on mange l'animal. (DESM.)

KOKIN de Rumph (Amb. 5, t. 62, fig. 1). Adanson rapporte cette plante à son genre *maranta*, qui comprend le *maranta* et le *thalia* de Linnæus. (LN.)

KOKI-TSUBATTA. Nom qu'on donne, au Japon, à une espèce d'IBIS, *Iris orientalis*, Th. (LN.)

KOKKOLIT. C'est une variété de pyroxène. *V.* ce mot. (LN.)

KOKO. *V.* IBIS. (S.)

KOKOL. Nom arabe d'une espèce de DOLICHOS, *Dolichos cuneifolium*, Forsk. (LN.)

KOKOSSKA. Nom polonais de la POULE D'EAU ou GALLINULE. *V.* ce mot. (V)

KOKOSZ. Nom du COQ, en Pologne. (S.)

KOKOWAA et **KURENAI.** Noms du CARTHAME OFFICINAL, au Japon. (LN.)

KOKRAK. Nom du FUSTET, en Tauride. (LN.)

KOLA. Fruit du STERCULIER A FEUILLES ACUMINÉES, dé-

erit par Palisot-Beauvois. Il est de la forme et de la grosseur d'une pomme de pin, contient plusieurs noix semblables à des châtaignes, mais amères. Ces noix, mâchées et con-
servées dans la bouche, éteignent la soif, fortifient les gencives et conservent les dents ; elles donnent un très-bon goût
à l'eau dans laquelle on les fait tremper. (B.)

KOLASSO. Nom brame du COLETTA-VEETLA des Mala-
bares, qui est le *barleria prionitis*, Linn. *V*. BARRELIÈRE. (LN.)

KOLBEN. Synonyme allemand de MASSETTE, *Typha*. (LN.)

KOLBENKÄFER. L'un des noms allemands du HANNE-
TON VULGAIRE. (DESM.)

KOLBIA. Nom donné, par Adanson, au genre BLAIRIA,
Linn. (LN.)

KOLDERKRAUT. Nom allemand du MOURON ROUGE,
Anagallis arvensis, Linn. (LN.)

KOLE ou KOLEWISCH. Nom hollandais du GADE
CHARBONNIER, *Gadus carbonarius*. (DESM.)

KOLEHO. Arbre de Java qui appartient au genre SCA-
PHE de Noronha, et dont le fruit, qui se mange, est analogue aux tomates pour le goût. (B.)

KOLHAN. Nom tartare de l'ETIÈPE A AIGRETTES, *Stipa
pennata*, L. (LN.)

KOLINIANE. *V*. COLINIANE. (LN.)

KOLINIL. Nom malabare d'une espèce de légumineuse
du genre GALEGA, nommée SCHERAPUNCA par les Brames. (LN.)

KOLIUTSCHKA. Nom russe de la CARLINE, appelée
aussi *koljuka*. (LN.)

KOLKAJA-TRAWA. C'est le nom que les Cosaques
donnent à l'ALHAGI, *Hedysarum alhagi*. (LN.)

KOLKBEERE. La ROSE DE GUELDRE (*Viburnum opulus*)
est ainsi nommée en Allemagne. (LN.)

KOLL. C'est l'EPICIA (*Pinus abies*) en Tartarie. (LN.)

KOLLAR-POE. *V*. COLLAR-POE. (LN.)

KOLL-PULLU. C'est, sur la côte malabare, la KILLIN-
GIE OMBELLÉE, *K. umbellata*, Linn. Suppl. (LN.)

KOLLYRITE. C'est une terre argileuse d'un blanc de
neige passant au gris, au jaunâtre et au rougeâtre ; elle est
amorphe, sans éclat dans l'intérieur, si ce n'est dans la variété rougeâtre qui chatoye foiblement. Sa cassure est terreuse, à grain fin. La variété blanche est légèrement translucide sur les bords. Lorsqu'on raye le *kollyrite*, la rayure est luisante comme la résine ; cependant, cette substance assez légère et tenace est molle, et même friable.

Le kollyrite happe fortement à la langue ; plongé dans l'eau,
il l'absorbe avec sifflement et devient transparent à la ma-

nière des hydrophanes, et selon les variétés, en tout ou en partie. Quoique par la pression il laisse suinter l'eau, il retient ce liquide avec une si grande force qu'il lui faut plus d'un mois pour se sécher, quoique réduit à une petite masse. La dessiccation le divise en petits prismes semblables à ceux de l'amidon. Il est alors fort léger.

Le kollyrite est absolument infusible et se dissout sans effervescence dans l'acide nitrique. Ses principes sont d'après Klaproth, qui a analysé la variété qui vient de Hongrie :

Silice	14
Alumine	45
Eau	42
	101

Le kollyrite a été trouvé au lieu dit la fosse St.-Étienne, à Schemnitz en Hongrie. Il y forme une veine de quatre pouces d'épaisseur dans un filon de grès (*James*). Freisleben en décrit une variété qu'il a trouvée près de Weissenfels, en Thuringe.

L'analyse et les autres caractères du kollyrite l'ont fait prendre pour de l'argile pure, par Klaproth (*naturlicher alaunerde*, Kl. Bect. b. 1, p. 257), et l'ont fait placer par M. Brongniart avec les argiles infusibles. Lenz, Karsten, Leonhard, Steffens et Oken l'ont regardé comme une substance distincte, et Jameson l'a placé près de l'*argile lithomarge*. Il ne faut point confondre le kollyrite avec l'*argile native* de Halles en Saxe, ni avec celle de New-haven, près Brigton, en Angleterre, qui sont de l'alumine sous-sulfatée, nouvelle espèce minérale confondue d'abord avec les argiles. Si l'on n'adopte point le nom d'alumine sous-sulfatée pour les désigner, on pourra, avec M. Brongniart, lui donner celui de *webstérite*. (LN.)

KOLMAN. Adanson a donné ce nom à un genre qu'il propose d'établir dans la famille des CHAMPIGNONS ou dans celle des LICHENS. (B.)

KOLOITIA. C'est le BAGUENAUDIER. *V.* COLUTEA. (LN.)

KOLPIZA. Nom kalmouck de la SPATULE. (V.)

KOL-QUALL. Bruce donne ce nom à un EUPHORBE à tige octogone et à fruits d'un rouge cramoisi, qu'on croit être l'*euphorbe des boutiques*. Son lait est très-caustique, et sert à enlever le poil des cuirs qu'on destine à être tannés. (B.)

KOLUPA d'Adanson. C'est le genre *caraxeron* de Vaillant, c'est-à-dire, le *gomphrena* de Linnæus. *V.* AMARANTHINE. (LN.)

KOMAGU-FU. Nom du GREMIL (*Lithospermum offici-nale*), en Hongrie. (LN.)

KOMANA d'Adanson. *V.* HYPERICUM. (LN.)

KOMANDA-GUIRA. Nom brasilien cité par Adanson comme un de ceux du CAJAN. *V.* ce mot. (LN.)

KOMANE, *Komana*. Genre établi par Adanson, pour placer le MILLEPERTUIS DE LA CHINE. Il n'a pas été adopté par les autres botanistes. (B.)

KOMAR. Nom russe de la PUCE. (DESM.)

KOME. Nom du RIZ , au Japon. (LN.)

KOMELEH. *V.* GOUMELY. (LN.)

KOMENY. Nom hongrois du FENOUIL. (LN.)

KOMMITRIH. Nom arabe donné , en Égypte, au POIRIER (*pyrus communis*, L.). Les Égyptiens nomment *kommitrih beledy* les poires qui viennent dans leurs jardins, et *kommitrih toury* les poires qu'on apporte tous les ans de la ville de Tor (mont Sinaï) au Caire. (LN.)

KOMODI. *V.* COMODI. (LN.)

KOMONDOR. Nom hongrois du CHIEN DOMESTIQUE. (DESM.)

KOMONIK. Nom du MÉLILOT, en Bohème. (LN.)

KOMONIKA. Nom russe d'une RONCE (*rubus cæsius*). (LN.)

KOMSCHIT. Nom arménien du COGNASSIER. (LN.)

KO-MUGGI. Nom du FROMENT , au Japon. (LN.)

KON. Nom russe et polonais du CHEVAL. (DESM.)

KON. Nom d'un FICOÏDE (*mesembryanthemum emarcidum*), dont les Hottentots font macérer toutes les parties après les avoir écrasées , et qu'ils mâchent ensuite quand ils ont soif. Cette plante , dans cet état, les enivre. (B.)

KONDAM-PULLU. Planche 31 du vol. 9 de l'*Hortus malabaricus*, se trouve représentée sous ce nom une plante qui paroît être la BALSAMINE à feuilles opposées (*impatiens oppositifolia*, L.). (LN.)

KONDEA. *V.* COUROUCOU-KOUDEA. (V.)

KONDISI. *V.* CONDISI. (LN.)

KONDONDUM. Nom de l'ICAQUIER dans Rumphius. (LN.)

KONGROLOS. Nom donné par les Tartares au *phlomis tuberosa* , L. (LN.)

KONGGRASS. C'est, en Suède, le nom de l'ORIGAN (*orig. vulgare*). (LN.)

KONICZA-WYCZKA. Un des noms polonais du GAILLET JAUNE (*galium verum*, L.). (LN.)

KONIG. Adanson nomme ainsi le genre qu'il avoit d'abord appelé par mégarde *adyseton*, et transporte à son premier *kœnigia* le nom d'adyseton. Le genre qu'il conserve sous ce nom, mais qui n'a pas été adopté, est fondé sur des *alyssum* et des *clypeola* de Linnæus, qui se conviennent par leurs fleurs jaunes, et leurs silicules orbiculaires. Ex. *clypeola maritima*, Linn., et *alyssum saxatile*. (LN.)

KONIGIE. *V.* RUIZE. (B.)

KONJAKF. Le GOUET SERPENTAIRE (*arum dracunculus*, Linn., est appelé ainsi au Japon; il y reçoit aussi les noms suivans : *konjaksdama*, *konjaku*, *kusa-ko*, *jammu-konjakf*. (LN.)

KONKUI ou CHONKUI de Tartarie; le même oiseau que le CHUNGAR. *V.* ce mot. (S.)

KONNI (Rheed. Malab. 3, t. 39). Au Malabar, c'est l'*abrus precatorius*. (LN.)

KONOKARPOS, Adanson. *V.* CONOCARPE. (LN.)

KONOKO-JURI ou KAF-BIACO ou KOREC-JURI. Noms donnés au Japon à une espèce de LIS (*lilium japonicum*, Th.). (LN.)

KONOP. Nom du CHANVRE, en Pologne et en Bohème. C'est le KONOPI des Serviens et le KONOPLIA des Illyriens, des Slaves, etc. (LN.)

KONOPKA ou DZWONIEC. Noms polonais du VERDIER. (V.)

KONSANA d'Adanson. *V.* CONSANA. (LN.)

KONTARENA. *V.* CONTARENA. (LN.)

KONYN. Nom hollandais du LAPIN. (DESM.)

KOOHONKOTS. Nom du HOUX, au Japon. (LN.)

KOOHON-WOO-SOO. *V.* KOREI-GIKI. (LN.)

KOO ou JAMOGI. Noms japonais d'une espèce d'ARMOISE (*artemisia japonica*, Th.). (LN.)

KOO, KJOO et KEN ASASA. Noms japonais d'une espèce d'IRIS (*iris versicolor.*). (LN.)

KOOKERE, *Kookera.* Genre de plantes (B.)

KOO-KOTS. Nom japonais du HOUX (*ilex aquifolium*). (LN.)

KOOKOUKI et KUKO. Noms d'un LICIET (*lycium barbarum*) au Japon. En Chine, ce même LICIET est nommé KOU-KI, et en Cochinchine CAU-KIII. (LN.)

KOOLDUIF. La COLOMBE, en hollandais. (DESM.)

KOOLWEES. C'est la MÉSANGE CHARBONNIÈRE (*parus major*). (S.)

KOONA. Feuilles d'une espèce d'ECHITE, dont la décoction sert aux peuples de Sierra-Leone pour empoisonner le fer de leurs flèches. (B.)

KOOP. Nom hollandais du MILAN. (DESM.)

KOORNMOT et **KOORN VOLF**. La teigne des blés est ainsi appelée en Hollande. (DESM.)

KOORNTORREHE et **KOORNWORM**. Noms hollandais de la CALANDRE des blés (*curculio granarius*, Linn.). Le HANNETON à l'état de larve reçoit aussi ce nom. (DESM.)

KOORSBOUT. En hollandais, c'est le nom des LIBELLULES. (DESM.)

KOO-SEKI (Kæmpf. Amœn., t. 889). Nom donné, au Japon, à la COMMELINE COMMUNE, suivant Thunberg. (LN.)

KOPA. Un des noms indiens du COTONNIER. (LN.)

KOPAIBA. Nom brasilien du COPAYER. (LN.)

KOPATTE. Nom de la SCORSONÈRE (*scor. hispanica*), en Allemagne. (LN.)

KOPEISCHNIK. Suivant Géorgi, les Russes donnent ce nom au SAINFOIN ALPIN (*hedysarum alpinum.*). (LN.)

KOPERWIEKJE. La GRIVE, *turdus iliacus*, en Hollande. (DESM.)

KOPPAR. Nom du CUIVRE, en suédois. (LN.)

KOPPER. C'est l'ACHE des marais (*apium graveolens*), en Allemagne. (LN)

KOPPER. *V*. KUPFER. (LN.)

KOPPIER. Nom hollandais de l'ALOUETTE LULU. *V.* ce mot. (LN.)

KOPR. Nom polonais et bohémien de l'ANETH ODORANT. Cette plante est le *kapor-fu* des Hongrois. (LN.)

KOP'IA. Nom de l'ANGÉLIQUE ARCHANGÉLIQUE, chez les Tartares Tungusses. (LN.)

KORAKIAS. C'est, en grec, le CRAVE. (S.)

KORASTEL. Nom russe du RÂLE DE GENÊT. (V.)

KORALLEN-ERTZ, *mine de corail*. Nom que les mineurs d'Idria donnent, suivant Scopoli, à un minerai de mercure, qui se présente sous la forme de tubercules lamelleux, friables et d'un noir luisant, dans une gangue de schiste bitumineux. *V*. MERCURE SULFURE BITUMINIFÈRE. (PAT.)

KORAX. Nom grec du corbeau. (S.)

KORDÈRE. Adanson a indiqué sous ce nom un genre à établir dans la famille des CHAMPIGNONS ou dans celle des LICHENS. (B.)

KORE. Arbre d'Amboine, aussi nommé *Aikole*, *Ekora* et *Ay*. C'est le *caju kamma* des Malais. On l'emploie pour bâtir. Ses feuilles sont alternes éparses; ses fruits sont de la grosseur des olives, mais plus secs, et à trois noyaux. Cet arbre peu connu des botanistes est le corius de Rhumphius, Amb. 3, tab. 27.(LN.)

KOREC-JURI. *V*. KONOKO JURI. (LN.)

KOREI-GIKI et **KOOHON-WOO-SOO.** Noms du TAGETES PATULA, au Japon. (LN.)

KOREITE. Nom donné par M. Delamétherie à cette pierre onctueuse, avec laquelle les Chinois font leurs magots. Elle est connue sous le nom de *pierre de lard*, et classée avec les talcs par M. Haüy, *talc graphique*, et avec les stéatites par M. Brongniart, *stéatite pagodite*. C'est le *hildstein* des Allemands et le *pagodite* de Napione, ou *landite* de Petrini, ou *agalmatholith* de Klaproth. *V.* TALC, STÉATITE et PIERRE DE LARD. (LN.)

KORISS-FA. Un des noms hongrois du FRÊNE. (LN.)

KORIN. *V.* ANTILOPE CORINE. (DESM.)

KORIOM. Espèce d'ALISIER (*cratægus sanguinea*) qui croît au Kamtschatka. (LN.)

KORKIR. Sous ce nom Adanson propose d'établir un genre dans la famille des CHAMPIGNONS ou dans celle des LICHENS. (B.)

KORKY. Nom égyptien de la DEMOISELLE DE NUMIDIE. (V.)

KORN. Mot qui signifie BLÉ ou GRAIN dans les langues du nord de l'Europe. (LN.)

KORNBLUME, en allemand. *V.* COQUELICOT et BLUET. (LN.)

KORNHAMSTER et **KORNRATZE.** Noms du HAMSTER, dans quelques parties de l'Allemagne. (DESM.)

KORN-KAMILLE. Nom allemand de la MATRICAIRE CAMOMILLE. (LN.)

KORNMAUS. Nom allemand du MULOT, espèce de RAT. (DESM.)

KORNMOTTE. Nom de la TEIGNE DES BLÉS, en Allemagne, où elle reçoit aussi ceux de *kornvogel, kornschabe, kornmade, kornraupe*. La CALANDRE DES BLÉS est appelée *kornwiebel*, et la LARVE DU HANNETON *kornwurm*. (DESM.)

KORNOEKRENERZ. Les mineurs de la Hesse donnent ce nom allemand à l'ARGENT EN ÉPIS, qui est une variété du CUIVRE SULFURÉ (*V.* ce mot, vol. 8, page 592). On le trouve spécialement à Frankemberg en Hesse. (LN.)

KORNRATZE. *V.* KORNHAMSTER. (DESM.)

KORNWERFER. L'un des noms allemands du MOINEAU. (DESM.)

KOROMSAQ. *V.* COROMSAQ. (LN.)

KORONB. Nom arabe du CHOU (*Brassica oleracea*, L.). (LN.)

KOROSVEL. Nom donné, à Ceylan, à un arbrisseau

sarmenteux : c'est le *delima sarmentosa*, L., que Vahl a réuni aux Tétracères. (LN.)

KOROWA. Nom russe de la Vache. (DESM.)

KORP. Nom suédois du Corbeau. (DESM.)

KORRAT. Nom arabe du Poireau (*Allium porum*, Linn.). (LN.)

KORSAK ou CORSAC. Espèce du genre Chien, voisine de celle du Renard. (DESM.)

KORSCHUN (*Accipiter korschun*, Nov. Com. Petrop., tome 15, page 444, tab. 11, *a*). Variété du *milan*, observée en Russie, vers le fleuve Oural, par S. G. Gmelin. *Voyez* au mot Milan. (S.)

KORSNATA. Nom du Laurier blanc en Gothlande, province de Suède. (LN.)

KORT. Nom du Fer, en Tartarie. *V.* Ker. (LN.)

KORTHOM. Nom arabe du Safran bâtard. (LN.)

KORUM. Nom donné par les Tartares Jakutes, au Lis martagon. (LN.)

KORUND. *V.* Corindon. (LN.)

KOS. C'est, en polonais, le nom du Merle, et en hébreu, celui du Grand-Duc ou Grand-Hibou. (V.)

KOS et CHOSTEREK. Noms tartares du Noyer (*Juglans regia*). (LN.)

KOS-HA, KOHA, SUKA GUINOXA. Noms divers du Chien, au Kamtschatka. (DESM.)

KOS ou KOSCH. Noms hongrois du Belier. (DESM.)

KOS, KUDSI et FIRAGA-WO. Noms qu'on donne, au Japon, à une espèce de Liseron (*Convolvulus japonicus*), observée par Kæmpfer et par Thunberg, aux environs de Jedo et de Nagasaky. (LN.)

KOSSAIF. Nom arabe d'une Carmantine (*Justicia ecbolium*, L.). (LN.)

KOSAIRE. C'est la Dorstène. (B.)

KOSATEK et KOSATKY. Noms du Glayeul d'étang (*Iris pseudo acorus*), en Bohème et en Pologne. (LN.)

KOSATKY. C'est le nom russe du Dauphin-orque des naturalistes du Nord, selon M. Lacépède. (DESM.)

KOSSOMAKA. Nom russe du Glouton, suivant Pallas. Les Russes qui habitent les contrées septentrionales de l'Asie, arrosées par la Kovima, appellent ce même animal *rysomag*, au rapport du capitaine Billings; chez les Yakoutes, il porte le double nom de *laégan* et de *bigo*. *V.* Glouton. (S.)

KOSTOHRYZ. Nom russe du Casse-Noix. (V.)

KOSTOS. *V.* Costus. (LN.)

KOT. Nom russe du Chat; KOSCHKA est celui de la Chatte. (DESM.).

KOTAI et **GOMI**. Noms japonais d'une espèce de CHALEF (*Elæagnus macrophylla*, Thunb.). (LN.)

KOTSJILETTI. Nom donné par Adanson au genre XYRIS. (LN.)

KOTSJOPIRI ou **CASTJOPIRI**. *Voyez* ce mot et COTSJOPIRI. (LN.)

KO-TSUGE. Nom du BUIS, au Japon. (LN.)

KOTT-BERRIKJE. Nom du CHAT SAUVAGE, aux environs de Damas. (B.)

KOTTOREA. Nom que les Singalais ont imposé à un oiseau décrit à l'article CABÉZON. *V.* ce mot. (V.)

KOTYLÉDON. *V.* COTYLÉDON. (LN.)

KOTZA. L'un des noms hongrois de la LAVE. (DESM.)

KOUAGGA ou **KWAGGA**. *V.* COUAGGA à l'article CHEVAL. (S.)

KOULAN, **KHOULAN** ou **CHOULAN**. Noms kirguis et calmouque de l'âne sauvage. *V.* ANE, t. 1, p. 513.
(DESM.)

KOULIK. Nom appliqué par les Créoles de Cayenne, à un TOUCAN, d'après son cri. *V.* ce mot. (V.)

KOULIKA STEPNOI. Nom russe du COURLIS proprement dit. (V.)

KOUMIR ou **KOURMIAL**. Noms du CURCUMA, à Java. (B.)

KOUMOUKOU. Le POIVRIER PÉDICELLÉ (*Piper cubeba*, Linn.) porte ce nom, à Java. (B.)

KOUPARA. Barrère (France équinox.) dit que c'est, à la Guyane, le nom du RENARD CRABIER, quadrupède qu'il désigne par cette phrase : *Canis ferus, major cancrosus vulgò dictus. Voyez* l'espèce du *crabier*, à l'article CHIEN.
(S. et DESM.)

KOUPHOLITE ou *pierre légère*. Cette substance est formée d'un assemblage de petites lames blanchâtres demi-transparentes, d'environ demi-ligne de diamètre, d'une forme à peu près carrée.

Gillet-Laumont en fit la découverte en 1786, aux environs de Barrège, dans les Hautes-Pyrénées, où elle avoit pour gangue un marbre bleuâtre primitif.

Picot-Lapeyrouse l'a trouvée depuis au pic d'Eredlitz, dans une roche argileuse mêlée de chlorite et parsemée d'aiguilles d'*épidote*; il lui a donné le nom de *koupholite*, à cause de son peu de pesanteur.

Cette substance, exposée au chalumeau, s'y fond en émail

lanc fort aisément, en bouillonnant et en produisant une phosphorescence assez vive.

On a d'abord considéré la *koupholite* comme une espèce de *zéolite*; mais l'analyse paroît la réunir à la *prehnite*.

Suivant Vauquelin, la *koupholite* contient :

Silice.	48
Alumine.	24
Chaux.	23
Oxyde de fer.	4

(PAT.)

La *koupholite* se rapporte à la prehnite par la forme de ses cristaux lamelliformes et par tous ses autres caractères. On l'a trouvée récemment dans la vallée de Chamouni, associée à l'*axinite*. *V.* PREHNITE. (LN.)

KOURADI. *V.* COURADI. (LN.)

KOURAKAN. Nom indien d'une espèce de CRÉTELLE, (*cynosurus coracanus*). (LN.)

KOURDI. Nom brame du COURONDI des Malabares. *V.* ce mot et COURDI. (LN.)

KOURI ou PETIT-UNAU. Quadrupède de la Guyane française, qui ne paroît pas différer spécifiquement du BRA-DYPE UNAU. (DESM.)

KOUROU MARI. Nom de pays du GALANGA ARUN-DINACÉ, avec les tiges duquel les sauvages font des flèches. (B.)

KOUTOU ou COUDOUS. C'est l'ANTILOPE, appelée CONDOMA par Buffon (*Antilope strepsiceros*, Gmel.). (DESM.)

KOUXEURY. Poisson des lacs de L'Amérique méridionale, dont le palais sert aux sauvages pour polir leurs ouvrages en bois. On ignore à quel genre il appartient. (B.)

KOUZBARAH. Nom arabe de la CORIANDRE CULTIVÉE (*Coriandrum sativum*, L.). (LN.)

KOVALL. Nom suédois du MÉLAMPYRE DES CHAMPS. (LN.)

KOWAKE. Nom qu'on donne à l'AMBRE, au Japon. (LN.)

KOWEL et CAVEL. Cette plante abonde dans le Dar-Four, en Afrique ; elle est d'un vert foncé, et a un goût très-fort : on la mange en grande quantité. (LN.)

KOZA. Nom russe de la CHÈVRE ; KOZEL est celui du BOUC. (DESM.)

KOZIKI. Un des noms vulgaires de la VALÉRIANE OFFI-CINALE, en Pologne. (LN.)

KOZODOY. Nom polonais de l'ENGOULEVENT. (V.)

KQUOGGELO. Selon Barbot, c'est le nom du PAN-GOLIN, en Guinée. (DESM.)

KRAAK. Nom norvégien de la CORNEILLE MANTELÉE. (V.)

KRAAN et **KRAANVOGEL.** Noms hollandais de la GRUE. (DESM.)

KRAASS. Nom donné, en Laponie, au TRÈFLE D'EAU, *Menyanthes trifoliata*, L. (LN.)

KRAAY. Nom hollandais de la CORNEILLE et du CORBEAU. (DESM.)

KRAHN, KRAN, KREY et **KRYE.** Noms allemands de la GRUE. (DESM.)

KRAIE, KRAI, KRAN, KRANVEITL, etc. Noms allemands de la CORNEILLE, *Corvus cornix.* (DESM.)

KRUISBEK. Le BEC-CROISÉ, en hollandais. (DESM.)

KRAKE. Nom allemand de la CORNEILLE MANTELÉE, *Corvus corone.* (DESM.)

KRAKEN. Animal monstrueux, qu'on dit habiter les mers du Nord. Il a été fait, sur son compte, beaucoup de fables qui ne méritent pas d'être rapportées. Si le kraken existe, il paroît, d'après les récits de plusieurs marins, n'être autre qu'une grosse SÈCHE; mais de combien faudra-t-il réduire la longueur d'une demi-lieue qu'on lui a donnée?

Denys Montfort, dans son *Histoire des Mollusques*, rapporte beaucoup d'observations, et fait de nombreux raisonnemens pour prouver l'existence de cet animal; cependant le résultat de ses efforts constate seulement qu'il est des imaginations ardentes qui se plaisent à exagérer les phénomènes qu'ils ont été à portée d'observer. (B.)

KRAMBE. V. CRAMBE. (LN.)

KRAMER, *Krameria.* Arbrisseau à feuilles alternes, lancéolées; à fleurs disposées en grappes terminales, munies d'une bractée et de deux écailles, qui forme un genre dans la tétrandrie monogynie, et dans la famille des personnées, fort voisin des ACHNES. Il a une corolle de quatre pétales, dont les deux latéraux sont écartés, le supérieur recourbé et l'inférieur concave; un nectaire de quatre folioles, dont deux sont velues et embrassent le germe, et deux inférieures, sessiles et plus courtes, s'en écartent; quatre étamines, aussi attachées au réceptacle, dont deux supérieures; deux filamens rapprochés et peut-être réunis, tandis que les deux autres sont séparés et plus longs; un ovaire supérieur, ovale, chargé d'un style à stigmate simple; une baie sèche, globuleuse, hérissée de tous côtés de poils roides et réfléchis; cette baie est uniloculaire, ne s'ouvre point, et contient une semence glabre, dure et ovale.

Cet arbrisseau croît dans l'Amérique méridionale. Trois autres espèces lui ont été jointes ; l'une qui a les feuilles ovales, oblongues, s'appelle RATANHE ; sa racine est fréquemment employée contre les flux de sang, les dyssenteries, ainsi que pour déterger les ulcères des gencives, raffermir les dents et rétablir les forces de l'estomac. (B.)

KRAMPFWURZEL. Nom allemand de la REINE DES PRÉS, *spiræa ulmaria*, Linn. (LN.)

KRAMPVOGEL. En hollandais, c'est le nom de la GRIVE (*turdus pilaris*). (DESM.)

KRAMPSVICH. Nom hollandais de la RAIE TORPILLE. (DESM.)

KRAMUSI. Espèce d'ORTIE (*urtica japonica*), qui a été observée au Japon par Thunberg. (LN.)

KRAN. Nom allemand de la GRUE. (V.)

KRAN, KRANCH. Noms allemands du RAIFORT ou CRANSON (*cochlearia armoracia*, L.). (LN.)

KRANBEERE. Nom allemand de la CAMARINE. (LN.)

KRANHIA. Le *glycine frutescens* de Linnæus est séparé de son genre par Rafinesque, qui se propose d'en faire un à part sous le nom ci-dessus. (LN.)

KRANICH. Nom allemand des GRUES. (V.)

KRANICHBEERE et KROMBEERE. Noms allemands de l'AIRELLE DES MARAIS, *vaccinium uliginosum*. (LN.)

KRANICKEL. C'est la SANICLE, en Allemagne. (LN.)

KRANOETBERRE. Nom allemand du GENÉVRIER. (LN.)

KRANY MODANG. *V.* KIKA LAPIA (DESM.)

KRANZEBEERE et KRANOETBEERE. Deux des noms allemands du GENÉVRIER, *juniperus communis*. (LN.)

KRAPP. Nom allemand du CORBEAU (*corvus corax*). (DESM.)

KRAPP. Nom suédois et allemand de la GARANCE. (LN.)

KRASCHENNINIKOFIE, *Kraschenninikofia*. Genre de plantes établi par Guldenstedt, dans la diœcie tétrandrie, et qui a pour caractères : un calice de quatre folioles et quatre étamines dans les fleurs mâles ; un calice-monophylle, divisé en deux parties peu prononcées, et un ovaire à un style dans les fleurs femelles ; une semence arillée. *V.* GÉRATOÏDES (B.)

KRASKA. Nom polonais du ROLLIER. (V.)

KRASSLING, KRESSLING et KRESSE. Noms allemands du GOUJON (*cyprinus gobio*). (DESM.)

KRASNA GOUSSE. Nom russe du PHÉNICOPTÈRE. (V.)

KRASNIÉ-OUTKI. Un des noms sibériens du CANARD ROUX. (V.)

KRASTAWATSCH. Nom du CONCOMBRE cultivé (cucumis sativus), en Illyrie. (LN.)

KRATAIGOS de Théophraste. *V.* CRATÆGUS. (LN.)

KRATZBEERE. Un GROSEILLIER (*ribes grossularia*), le FRAMBOISIER et quelques ronces, sont ainsi nommés en Allemagne. (LN.)

KRATZHOT. *V.* CHUNGAR. (S.)

KRAUT et KRAUTER. Synonymes allemands du mot HERBE. On les donne aussi au CHOU-POMMÉ. Les Allemands nomment les EPINARDS, *grüneskraut.* (LN.)

KREEN. *V.* KRAN. (LN.)

KREIDE. Nom allemand de la CRAIE. (LN.)

KREIDEK. Nom sénégalien du *scoparia dulcis*, L., et sous lequel Adanson forme un genre qui renferme le *scoparia*, L., et le *capraria biflora*, Linn. (LN.)

KREKEL. *V.* KRIEK. (DESM.)

KREKLYNG. Nom de l'ANDROMÈDE à fleurs bleues, en Norwége. (LN.)

KRENAMON. *V.* CRENAMON. (LN.)

KRESSE. C'est le GOUJON (*cyprinus gobio*). (DESM.)

KRESTOWKA. Nom russe de l'ISATIS, lorsqu'il est marqué d'une croix noire sur le dos, *vulpes crucigera, canis crucigerus* des auteurs. (DESM.)

KRET. Nom polonais de la TAUPE d'Europe. (DESM.)

KRETOGLOW. Nom polonais du TORCOL. (V.)

KRETZET. Nom moscovite du GERFAULT. (V.)

KREUTZSTEIN. *Pierre cruciforme.* C'est le nom que les Allemands donnent à l'HARMOTOME. *V.* ce mot. (LN.)

KREUZBEERE, KREUZDORN et KREUZHOLZ. Ces trois noms allemands désignent le NERPRUN CATHARTIQUE. (LN.)

KREUZBLUME. Le LAITIER (*polygala vulgaris*), et le SÉNECON portent ce nom en Allemagne. (LN.)

KREUZDORN. C'est le NERPRUN CATHARTIQUE, en Allemagne. (LN.)

KREUZHOLZ. *V.* KREUZBEERE. (LN.)

KREY. *V.* KRAHN. (DESM.)

KRIAR-CHAMBAR. Nom égyptien de la CASSE DES BOUTIQUES. (B.)

KRIECHEN, KRIEKEN, KRIECHLINGE. Noms allemands d'une espèce de PRUNIER, *prunus insititia.* (LN.)

KRIEK, KREKEL. Noms hollandais du Grillon domestique. (desm.)

KRIETSCH. Nom du Hamster vulgaire, en Autriche. (desm.)

KRIGIE, *Krigia.* Genre de plantes établi par Schreber, pour placer l'*hyoseride de Virginie* qu'il a trouvé n'avoir pas les caractères des autres. *V.* au mot Hyoseride.

Ceux de celui-ci sont : un calice polyphylle simple; un réceptacle nu ; des aigrettes membraneuses à cinq divisions , et à autant de soies.

La krigie est une plante annuelle à feuilles toutes radicales et glabres, les unes entières et les autres en lyre ; à hampe uniflore, plus grande que les feuilles, et à fleurs jaunes, qu'on trouve dans les lieux arides des parties méridionales de l'Amérique septentrionale. Je l'ai très-souvent observée en Caroline où elle est en fleur une partie du printemps. (b.)

KRINIS ou **KRINITZ.** C'est, en Silésie, le nom du Beccroisé. (v.)

KRISEL. Nom allemand du Chervis, *sium sisarum*, Linn. (ln.)

KROGULEC. Nom polonais de l'Epervier. (v.)

KROHALI. L'une des onze espèces de Canards ou Sarcelles que Krachenninikow dit avoir observées au Kamschatka , mais qu'il se contente de nommer. (s.)

KROKERIA. Mœnch donne ce nom qui dérive de celui de Kroker, auteur d'une Flore de Silésie, à un genre qu'il a établi pour placer le lotier comestible (*lotus edulis*, Linn.) Ce genre diffère des lotiers par son fruit qui est une gousse plate , gibbeuse , profondément sillonnée sur la suture inférieure. Les graines sont arrondies et un peu comprimées. Ce genre n'a pas été adopté. (ln.)

KROKOS. *V.* Crocus.

KROLIK. Nom polonais du Lapin. (desm.)

KROLIN. Nom polonais du Roitelet. (v.)

KROLIN KIECZUBATY. Nom polonais du Pouillot. (v.)

KROLIN et **KSIAZKI.** Noms polonais de la Petite Marguerite ou Paquerette (*bellis perennis*). (ln.)

KROMBEERE, *V.* Kranichbeere. (ln.)

KROMMYON ou **KROMYON.** Noms de l'Ognon, chez les Grecs (ln.)

KRONFISH. Nom hollandais de la Baudroie tachetée. (b.)

KRONHIORT. En danois, c'est l'Elan. (desm.)

KROON-VOOGEL. Nom que porte, à l'île de Banda, le Goura. *V.* ce mot. (v.)

KROTEN. Nom allemand de la BETTERAVE ROUGE (*beta vulgaris rubra*). (LN.)

KROPGANS. Nom hollandais du PÉLICAN. (DESM.)

KROTOWIK. Chez les Russes, c'est le nom du LIERRE TERRESTRE (*Glecoma hederacea*). (LN.)

KROUFFE ou CREIN. Sorte de FAILLE dans les mines de houille, produite par un seul caillou d'un ou deux pieds, et quelquefois de deux toises de longueur, qui se trouve au milieu de la couche de houille, et la traverse tout-à-fait, ou le plus souvent la comprime jusqu'à la réduire à une seule veinule très-mince. Il est à remarquer que, pour l'ordinaire, ce caillou s'élève du mur contre le toit. (LN.)

KROWAWIK. Nom russe des AMARANTHES. (LN.)

KRUCKE. Nom du CHOUCAS, dans la Marche de Brandebourg, *Corvus monedula.* (DESM.)

KRUEGERIA. Scopoli donne ce nom au VOUAPA d'Aublet; mais le nom de *macrolobium* a prévalu. (LN.)

KRUK - MORSKY. C'est, en Pologne, le nom du HARLE. (V.)

KRUK KOCNY. Nom polonais du MOYEN DUC. (V.)

KRUK WODKY. Nom polonais du CORMORAN. (V.)

KRUP. C'est le CORBEAU, en Pologne. (V.)

KRUPKUTK. Nom allemand de la BARBARÉE (*Erysimum Barbarea*, Linn.). (LN.)

KRUSBAER. Nom suédois du GROSEILLIER A MAQUEREAUX (*Ribes grossularia*, Linn.). (LN.)

KRUSCHINA. Nom russe de la BOURGÈNE (*Rhamnus frangula*). (LN.)

KRUSCHKA. Nom servien, illyrien, slave, etc., du POIRIER. (LN.)

KRUTIHOLOWA. Nom russe du TORCOL. (V.)

KRUTSCHEN. Nom allemand du POIRIER SAUVAGE. (LN.)

KRYCZKA. Nom vulgaire, en Pologne, d'un oiseau aquatique que Rzaczynski ne rapporte à aucune espèce connue. Il dit seulement que le kryczka pond des œufs tachetés dans les joncs des marais. (S.)

KRYE. Nom que porte la GRUE, en Suisse. (DESM.)

KRYKIC des Norwégiens. C'est le GOÉLAND A MANTEAU GRIS-BRUN. V. l'article GOÉLAND. (S.)

KRYOLITH ou CRYOLITHE. V. ALUMINE FLUATÉE ALCALINE. (LN.)

KRYPARD. Nom suédois du GRIMPEREAU. (V.)

KSCHUCHKA. V. KRUSCHKA. (LN.)

KSEI. Nom japonais du GUI (*Viscum album*). (LN.)

KSIAZKI. *V.* KROLIN. (LN.)

KTHÉINA. Plante des déserts de l'Arabie, avec laquelle n remplace l'AMADOU, après l'avoir battue et séchée. ignore le genre auquel elle se rapporte. (B.)

KUA. Nom turc de la BALSAMINE, *Impatiens balsamina*, Linn. (LN.)

KUA. Nom malabare de l'AMOME ZÉDOAIRE, *Amomum zedoaria*, W.; KATOU - INSCHI - KUA, est celui d'un GINGEMBRE, *Amomum zerumbet*; TSJANA-KUA, celui du *costus speciosus*; MANJA-KUA, celui du *cucuma rotunda*; MANJELLA-KUA, celui du *curcuma longa*; et MALAN-KUA, celui du *kœmpferia rotunda*. (LN.)

KUA et KOE. Noms du BOULEAU BLANC, chez les Tartares des bords du Jenisey. (LN.)

KUARA. Nom que donne Bruce à une superbe espèce d'ÉRYTHRINE qui croît en Abyssinie, et qu'il a figurée dans son *Voyage*. On se sert de ses semences comme de poids pour peser des matières d'or et les diamans, et ce voyageur en conclut que c'est de cet usage que nous vient le mot de *karat*. (B.)

KUBITSUGI, KASAGURUMA et KARA - TADE. Noms japonais d'une espèce de CLEMATITE, *Clematis japonica*, suivant Thunberg. (LN.)

KUBI-TSUME. L'un des noms de l'AIGREMOINE EUPATOIRE, au Japon. (LN.)

KUBIZIT de Werner. *V.* ANALCIME. (LN.)

KUCKE. L'un des noms allemands du CRAPAUD COMMUN. (DESM.)

KUDACHAM. Nom russe du CORNOUILLER HERBACÉ. (LN.)

KUDDA-MULLA. Arbrisseau du Malabar, qui paroît être le même que le SAMBAC. (LN.)

KUDSI. Espèce de *liseron*, observé par Kæmpfer au Japon. *V.* Kos. (LN.)

KUDU-PARITI. *V.* CUDU-PARITI. (LN.)

KUEI-XU. C'est le nom chinois du CANNELLIER, *Laurus cinnamomum*, L. (LN.)

KUEMA. Adanson donne ce nom aux AGARICS à surface supérieure feuilletée. (B.)

KUERELLE. Nom que, dans les mines de houille d'Anzin, on donne au *grès schisteux* qui accompagne ce combustible. (LN.)

KUFFIS. Nom donné anciennement, en Afrique, à l'ANÉMONE des jardins. (LN.)

KUIIA. Nom du SCIRPE DES MARAIS ou JONC D'ÉTANG, chez les Kirguisses. (LN.)

KUHBLUME. Le Pissenlit, le Populage et la Grande Marguerite des prés, portent ce nom en Allemagne. (LN.)

KUHNIE, *Kuhnia.* Genre de plantes, qui ne diffère pas de celui appelé Critonie par Gaertner, Rothie par Lamarck, et Hyménopappe par Lhéritier. Il est de la syngénésie égale, et de la famille des cynarocéphales. Ses caractères consistent : 1.º en un calice commun oblong, cylindrique, composé d'écailles linéaires, inégales, droites; 2.º en quinze ou dix-huit fleurons hermaphrodites à cinq divisions, à étamines syngénésiques et à style bifide; 3.º en des semences surmontées d'une aigrette plumeuse et sessile.

Ce genre renferme deux espèces, originaires de l'Amérique septentrionale. (B.)

KUHNISTERA. Ce genre de Lamarck répond au *petalostemum* de Michaux, qui rentre dans le genre Dalea de Jussieu, adopté par Ventenat. L'espèce qui lui sert de type est le *dalea kuhnistera* de Willdenow. Ce botaniste annonce que les caractères de cette plante lui furent communiqués par Ventenat. *V.* Kunistère. (LN.)

KUHUN. Nom du Bouleau blanc, chez les Tartares burates. (LN.)

KUIGUNAK. Nom baschkir du Faucon kobez. *V.* ce mot. (V.)

KUILKAHUILA. Nom brasilien de la Couleuvre argus. (B.)

KUJAK. *V.* Charkusch. (DESM.)

KUJAR. Nom du Concombre cultivé, *Cucumis sativus* chez les Mordwins, en Russie. (LN.)

KUK. Nom arabe du Pélican. (V.)

KUKAN. C'est, dans le royaume de Darfour, en Afrique, une sorte d'onguent que l'on fait avec les graines du butteik, c'est-à-dire, de la pastèque ou melon d'eau, *Cucurbita citrullus,* et qui guérit le farcin. (LN.)

KUKEN-DIEFF. Nom hollandais du Milan noir. (V.)

KUKO. Nom d'un Liciet, au Japon. (LN.)

KUKOL. Nom de l'Ivraie annuelle, *Lolium temulentum,* en Russie. Cette espèce est appelée Kakol, en Pologne, Kankol, en Bohème, et Kokol, en Servie. (LN.)

KUKOL. Nom du Githage des blés, en Bohème. C'est le *konkoly* des Hongrois. (LN.)

KUKRUZ. Nom allemand donné au Maïs. (LN.)

KUKUK. Nom allemand du Coucou. (V.)

KUKULKA. Nom que porte le Coucou, en Pologne. (s

KUKURLACKO. Quelques livres de voyages donnent ce mot comme le nom du grand *orang-outang* dans plusieurs contrées des Indes orientales. *V.* ORANG-OUTANG. (S.)

KULANY. *V.* les articles ANÉ et KHOULAN. (DESM.)

KULB, COLT, CABAB. Ces trois noms arabes sont attribués au GRÉMIL. (LN.)

KULEKIN. Nom caraïbe du BOIS TROMPETTE, *Cecropia peltata*, L., changé en COULEQUIN. Il est devenu le nom du genre en français. (LN.)

KULEN. Nom péruvien d'une plante légumineuse, citée par Feuillée, et qui paroît être une espèce du genre DALEA de Ventenat. (LN.)

KULIAN-KABEK. Nom de la CALEBASSE (*Cucurbita lagenaria*), en Perse. (LN.)

KULMAK, KUMUDAK et KUMULAK. Divers noms tartares du HOUBLON. (LN.)

KULON, nom tartare ; KULONNOK ou CHOROK, noms russes de la MARTE DE SIBÉRIE, *Mustela sibirica*, Erxleb. (DESM.)

KULUM. Nom que les Africains du temps de Dioscoride et de Pline donnoient au *polygonum*. (LN.)

KULUPAR. Les Persans appellent de ce nom une plante ombellifère qu'on dit être la BERCE, *Heracleum sphondylium*. (LN.)

KUMAN. Nom arabe d'une espèce de COMMELINE (*Commelina commelinoïdes*) selon Forskaël. (LN.)

KUMAN et ROMAN. Noms arabes du GRENADIER. (LN.)

KUMARA. Genre créé par Medicus, pour placer l'*aloe plicatilis* ; il n'a pas été adopté. (LN.)

KUMARANGA. On donne, à Ceylan, ce nom au CARAMBOLIER, *Averrhoa carambola*. (LN.)

KUMBA. Suivant Brown, c'est le nom qu'on donne, en Égypte, aux graines du CANANG AROMATIQUE (*Uvaria aromatica*, Lamk.), qu'il appelle PIMENT. Selon M. Delisle, ces graines sont le GANBEH des marchands du Kaire. (LN.)

KUMBULU. *V.* CUMBULU. (LN.)

KUMISSO, KITS et KAU. Noms japonais de l'ORANGER. (LN.)

KUMLA. *V.* TSCHÉTTI. (LN.)

KUMPI, STOLPE, SAIBAK, GAINE, OLGO-BUTZH. Noms divers du LOUP, en Laponie. (DESM.)

KUMRAH. Le voyageur Shaw dit que ce nom est cel[ui] d'un JUMAR provenu, dit-on, de l'*âne* et de la *vache*, en Aby[s]sinie. (DESM.)

KUMIRLIK et KUMISDORF. Noms de l'OSEILLE che[z] les Kirguis. Les Tartares lui donnent le nom de *kusgala[k]* et les Baschirs celui de *kuschkulok* ou de *kermischlik*. (LN.)

KUMUDAK. Nom du HOUBLON, en Tartarie. (LN.)

KUMULAK. *V.* KULMAKH. (LN.)

KUNA, nom polonais, et KUMITZA, nom russe de l[a] MARTE PROPREMENT DITE. (DESM.)

KUNDMANNIA. Genre établi par Scopoli sur la BER[LE] de Sicile (*Sium siculum*, L.), qui diffère des autres espèce[s] par ses graines lisses, sans ailes ni stries. Il n'a pas été adopté (LN.)

KUNDSCHID. Nom arménien du SÉSAME. Cette plant[e] est nommée *kundschit*, *kundschut* et *kungid* par les Buccharien[s] (LN.)

KUNENO. A Malte, c'est le nom de l'ALPISTE des C[a]naries. (LN.)

KUNIGLEIN et KUNLEIN. On donne ces noms a[u] LAPIN, dans quelques contrées d'Allemagne. (DESM.)

KUNING. Nom cité par Rumphius comme celui donné, dans les îles d'Amboine, à une espèce de *curcuma*, qui paro[ît] être la même que le *curcuma rotunda*. (LN.)

KUNISTÈRE, *Kunistera*. Nom donné par Jussieu a[u] genre appelé ROTHIE par Lamarck, et HYMÉNOPAPPE pa[r] Lhéritier. *V.* au mot ROTHIE. (B.)

KUNSCHUT. Nom du SÉSAME, en Perse. (LN.)

KUNTHIE, *Kunthia*. Genre de plantes établi par Humboldt et Bonpland dans leur important ouvrage intitulé *Plant[es] équinox.*, pour placer un PALMIER découvert par eux dans l[a] Nouvelle-Grenade. Ses caractères sont : fleurs hermaphrodites et femelles sur des spadix distinctes, mais sur le même pied, chacune composée, dans les hermaphrodites, d'un calice double de trois parties, l'extérieur plus court; six étamines libres; un ovaire à style épais et à stigmate trifide; l[e] fruit est une baie monosperme.

Les feuilles de ce palmier sont pinnées, et sa spathe e[st] polyphylle. (B.)

KUNTO. *V.* CUNTO. (LN.)

KUPAMENI. *V.* CUPAMENI. (LN.)

KUPANOS. Nom tartare de la RONCE, *Rubus fruticosus* Linn. (LN.)

KUPENA. Nom russe du *convallaria multiflora*, espèce d[e] SCEAU DE SALOMON. *V.* MUGUET. (LN.)

KUPFER. Nom allemand du *cuivre*. *V.* à ce mot pour les noms allemands des diverses espèces de cuivre. (LN.)

KUPFER-RIECHEM. Dénomination triviale qu'emploient les mineurs allemands pour désigner des grains de pyrite cuivreuse tombant en décomposition, et qui sont revêtus d'une couche d'oxyde vert de cuivre. Ils donnent à la pyrite cuivreuse non-décomposée, le nom de *kupfer-kiess. V.* CUIVRE PYRITEUX. (PAT.)

KUPFER-NICKEL. C'est le nom que les Allemands donnent au minerai qui contient le *nickel*, et qui signifie *cuivre nickel* ou *nickel cuivreux*, à cause de sa couleur rouge de cuivre. C'est une combinaison du *nickel* avec le *fer*, le *soufre*, le *cobalt*, et surtout avec l'*arsenic*.

Ce minéral se casse assez facilement; sa cassure est terne et grenue. Exposé au chalumeau, il répand une forte odeur d'ail ou de phosphore, comme tous les minéraux qui contiennent de l'arsenic; il se fond en une scorie, où l'on aperçoit quelques grains métalliques.

Sa dissolution dans l'acide nitrique est verte, et forme bientôt un dépôt de cette couleur.

Sa pesanteur spécifique est d'environ 6,600.

Le *kupfer-nickel* accompagne ordinairement les filons de cobalt : on en trouve au *Schneeberg* et dans d'autres mines de Saxe ; à *Joachimsthal*, en Bohème ; à *Saalfeld*, en Thuringe ; à *Andreasberg*, dans le Hartz. Nous en avons aussi dans les mines d'*Allemont*, en Dauphiné, et de *Sainte-Marie*, dans les Vosges. *Voyez* NICKEL ARSENICAL. (PAT.)

KUPFERWISMUTH. Karsten désigne par-là le BISMUTH SULFURÉ CUPRIFÈRE. Il ne faut pas le confondre avec le *nadelerz* ou *bismuth sulfuré plumbo-cuprifère.* Voyez BISMUTH. (LN.)

KUPHE. Nom que Guettard donne à un fossile qui a le corps conique, la partie antérieure grosse, la postérieure fourchue, et l'intérieure divisée en deux tuyaux. (B.)

KUPHEA. *V.* CUPHÉE. Ce genre fut créé par Brown (Jam.), et adopté ensuite par Jacquin. C'est le même que le *balsamona* de Vandelli. (LN.)

KUPHO-KALAMO. Aux Dardanelles, on nomme ainsi le ROSEAU CULTIVÉ (*arundo donax*). (LN.)

KUPI. *V.* CUPI. Sous ce nom, Adanson réunit les genres *Rondeletia*, Plum., et *Chomelia*, Linn. (LN.)

KUPLASCHI. Nom kalmouck du PANICAUT (*Eryngium campestre*). (LN.)

KUPPALOGA. Nom du fruit de l'AMOME COMPACTE, à Java. (B.)

KUPREI et **KIPREI. Noms** russes de l'ÉPILOBE A FEUILLES ÉTROITES. (LN.)

KUR, **KOKOZ. Noms** polonais du Coq ; et **KURA**, celui de la POULE. (V.)

KURA. Nom russe de l'EUPHORBE DES MOISSONS (*Euphorbia segetalis*). (LN.)

KURAT. Nom arabe du POIREAU (*Allium porum*), selon J. Camerare. (LN.)

KURBATOS. Oiseau du Sénégal, dont plusieurs voyageurs parlent sans le décrire. C'est un oiseau pêcheur, de la taille d'un moineau, à plumage varié, à très-long bec, intérieurement dentelé, et se balançant avec légèreté et une vitesse étonnante, pres de la surface de l'eau, pour attraper de petits poissons. Il est du nombre des oiseaux qui ont l'instinct de mettre leurs couvées à l'abri des singes et des serpens, en suspendant leur nid comme un lustre, au bout d'une branche flexible sur laquelle ces animaux ne pourroient se soutenir. Ces nids sont de terre gâchée avec de la mousse et des plumes, et assez solides pour s'entre-choquer impunément, quand le vent les agite. (V.)

KURBEÈRE. Nom allemand de deux CORNOUILLERS, *Cornus mascula* et *sanguinea*. (LN.)

KURBIS. Nom allemand des COURGES. (LN.)

KURD. Nom d'un SINGE, *Simia cynamolgos*, dans le pays de Darfour, en Afrique, suivant Brown. (DESM.)

KURENAI. C'est, au Japon, le CARTHAME OFFICINAL. (LN.)

KURENO-WOMO. Nom du FENOUIL, au Japon. (LN.)

KURINI et **KOBA.** Au Japon, l'on nomme ainsi une espèce de NOYER, *Juglans nigra*. (LN.)

KURITE. Poisson de la mer des Indes, qui a été décrit et figuré par Russel. Il fait partie du genre SCOLOPSIS de Cuvier. (B.)

KURIMOR. Nom de la VÉRONIQUE ANAGALLIDE, en Bohème. (LN.)

KURKA. Nom malabare d'une espèce de CHATAIRE, *Nepeta madagascariensis*, Lk. Le katu-kurka est une espèce de LAVANDE, *Lavandula carnosa*, W. (LN.)

KURKULDUK. Nom du ROBINIER féroce chez les Kirguis. Les Kalmouks le nomment KURKURUK. (LN.)

KURMA ou **CHURMA.** Noms arabes, attribués à la RUE. (LN.)

KURMANEK. Nom tartare de la BARDANE, que quelques hordes appellent *korschanga*. (LN.)

KURO-GOMI. Espèce de Houx, *Ilex integra*, Thunb., qui croît au Japon. (LN.)

KURO-NOSJI. Nom sous lequel le *lindera umbellata* est connu au Japon. Thunberg a donné une figure de cet arbre dans son *Voyage au Japon*. (LN.)

KUROPATWA. Nom de la Perdrix grise, en Pologne. (V.)

KUROSLIEPNIK. Nom du Cornouiller blanc, en Sibérie. (LN.)

KURSAWSKA. Les mineurs de la mine de plomb de Tarnowitz, en Silésie, donnent ce nom à une couche argileuse ou de terre bleuâtre qui recouvre la couche de plomb. Cette terre est spongieuse ; elle absorbe toute l'eau du terrain, la retient à peu près comme une éponge, et la verse de proche en proche dans les nombreuses excavations souterraines de la contrée, et contraint ainsi d'abandonner les travaux. Lorsqu'elle est imbibée d'eau, elle est meuble comme du sable mouvant, de manière que lorsque le mineur veut la traverser par un puits ou par une galerie, il faut qu'il ait recours à des moyens extraordinaires, parmi lesquels on doit citer celui-ci qui est dû à un Français; il consiste à bâtir en maçonnerie à la surface du terrain, un cylindre creux contenu par une cage de fer; à mesure qu'on creuse le puits, on descend ce cylindre, et on l'allonge à sa partie supérieure. (LN.)

KURUI-LACKO. *V.* Kakurlacko. (DESM.)

KURVA-VIRAY. Nom hongrois de la Grande Marguerite des prés, *Chrysanthemum leucanthemum*. (LN.)

KURZA-NOGA. Nom du Pourpier, en Pologne. (LN.)

KUSA et **KUSA-PANJA.** Noms japonais de la Danoïde fétide, *Pœderia fœtida*. (LN.)

KUSA-KO. *V.* Konjaks. (LN.)

KUSBERA et **KUSBOR.** Noms arabes de la Coriandre. (LN.)

KUSKA-KINOKI. L'un des noms du Camphrier, *Laurus camphora*, au Japon. (LN.)

KUSMARAS. Nom tartare d'une espèce d'Iris, *Iris sibirica*, Linn. (LN.)

KUSNOKI. Nom malabare du Laurier camphrier. (B.)

KUTACHTSCHU. Nom donné, au Kamtschatka, à l'Angélique sauvage. (LN.)

KUTGEGHEF. Nom appliqué, par Belon, à la Mouette tachetée, d'après son cri. (V.)

KUTGUN. Nom du Hamster songar, *Mus œconomus*, Gmel., chez les Burates. (DESM.)

KUTLE. Nom de la Réglisse chez les Kirguis. (LN.)

KUTSCHUGUIGALLI. Nom que les Norwégiens ont imposé au Macareux du Kamtschatka. (V)

KUTSJINAS. Nom japonais de la Gardène a larges fleurs, *Gardenia florida*, qui est le *catsjopiri* du Malabar, et notre Jasmin du Cap. (LN.)

KUTYA-ZAB. Nom hongrois de l'Ivraie vivace. (LN.)

KUTZ. Nom allemand de la Petite Chouette. (V.)

KUTZACHUR. Nom américain de l'Epine - vinette. (LN.)

KUU LI-HUONG. Les Cochinchinois donnent ce nom au Sao-tsao des Chinois. C'est une plante cultivée dans les jardins de leur pays, et que Loureiro rapporte à la Rue d'A-lep, *Ruta halepensis*, L. (LN.)

KUWA. Nom japonais du Murier noir (*Morus nigra*). (LN.)

KUYAMETA. C'est, à l'île de Tanna, un oiseau que j'ai classé dans la deuxième section des Héoro-taires. *Voyez ce mot.* (V.)

KUZBARET-EL-BIR. Nom arabe de l'Adiante-cheveux-de-Vénus, suivant Forskaël. (DESM.)

KUZIBARA. *V.* Cuzbara. (LN.)

KYANG-CHU. On trouve dans les relations de la Chine, que le fleuve Yang-tsi-Yang, qui porte ses eaux à la mer, est souvent rempli de troupes de *marsouins* nommés kyang-chu par les Chinois. On les rencontre aussi à plus de quatre-vingts lieues au large dans la mer. Il paroît qu'ils entrent dans l'eau douce du fleuve, au temps que les mères mettent bas leurs petits, afin d'y être à l'abri des vagues et dés tempêtes de l'Océan. Les Chinois mangent la chair de ces animaux, quoique très-coriace et huileuse ; mais on sait que ces peuples sont peu délicats, et ne laissent pas même perdre les charognes. Si l'empire chinois étoit partout aussi peuplé que le prétendent les missionnaires, les marsouins ne viendroient pas en foule dans ses fleuves, et fuiroient même ses rivages, comme les cétacés fuient les côtes d'Europe, ou n'en approchent que par l'effort des tempêtes qui les y font échouer. (*V.* l'espèce du Marsouin à l'article Dauphin.)

(VIREY.)

KYANIT ou **CYANITE.** *V.* Disthène. (LN.)

KYDSCH. Nom du Bouleau, dans le district de Perm en Sibérie. (LN.)

KYLL. Nom du Bouleau blanc, au Kamtschatka. (LN.)

KYMICH CHYM, CHYMCHYMKA. Noms kamtschadales de la Marte zibeline. (DESM.)

KYNOCÉPHALE. *V.* Cynocéphale. (S.)

KYNODON de Klein. Genre dans lequel ce naturaliste fait entrer les Vipères proprement dites et les Crotales.
(DESM.)

KYNORHODON. C'est le Rosier sauvage ou Eglantier. (B.)

KYN-YU. Nom chinois du Cyprin dorade. (B.)

KYPHOSE, *Kyphosus.* Genre de poissons établi par Lacépède, dans la division des Thoraciques. Il a pour caractères : un dos très-élevé ; une bosse sur la nuque ; des écailles semblables à celles du dos, sur la totalité ou sur une grande partie des opercules, lesquels ne sont pas dentelés.

Ce genre, voisin des Labres, ne renferme qu'une espèce, le Kyphose double bosse, qui a été observé, décrit et dessiné par Commerson dans la mer du Sud, et qui tire son nom d'une bosse qu'il a sur la nuque, et d'une autre qu'il a entre les yeux. Les nageoires pectorales sont allongées et terminées en pointe ; la longueur de la nageoire de l'anus n'égale que la moitié ou environ de celle de la nageoire dorsale. La nageoire de la queue est très-fourchue. Des écailles semblables à celles du dos recouvrent, au moins en grande partie, les opercules. *V.* pl. E 3, où il est figuré. (B.)

KYPOR. Dans Avicenne, c'est l'espèce de Guenon que Buffon a appelée Mone. *V.* Guenon. (S.)

KYPREI. Nom de la Salicaire commune (*Lythrum salicaria*), au Japon. (LN.)

KYRLIK. Nom que les Russes et les Tartares donnent au Sarrasin de Tartarie (*Polygonum tartaricum*, L.). (LN.)

KYRTANDRE. *V.* Cyrtandre. (B.)

KYRTANTHE. *V.* Cyrtanthe. (B.)

KYSCH. Nom bulgare de la Marte zibeline. (DESM.)

KYSPI. Nom du Bouleau blanc chez les Tartares Ostiaks. (LN.)

KYTCHL. Nom du Peuplier balsamifère, au Kamtschatka. (LN.)

KWAGGA. *V.* Couagga. (S.)

KWAI (Kæmpfer). Thunberg nous apprend que c'est, au Japon, le nom d'un grand et bel arbre du genre des *Thuja*, extrêmement curieux par la forme de ses rameaux, dont la partie supérieure, porte les feuilles ; celles-ci sont vertes et convexes en dessus, et blanches et comme sculptées en dessous ; c'est pour cette raison que Thunberg nomme cet arbre *Th. dolabrata*. (LN.)

KWAK et KWAKREIGER. Le Butor (*Ardea nyctt-corax*) en hollandais. (DESM.)

KWAL. Nom hollandais des MÉDUSES , zoophytes mollasses. (DESM.)

KWATWORM. Nom du Ver blanc ou Ver de Hanneton , en hollandais. (DESM.)

KWIKWI. Les habitans du Brésil nomment ainsi le Silure callicthys. *Voyez* Cataphracte. (B.)

L.

LAB ou LABBE. Nom de certains oiseaux de mer parmi les pêcheurs suédois. *V.* Stercoraire. (V.)

LA-BAC. L'un des noms donnés , en Cochinchine, au Radis, *Raphanus sativus*, L. C'est le *cai-cu* des Cochinchinois. (LN.)

LA-BAC-THAN. C'est , en Cochinchine, un arbrisseau à fleurs blanches et à feuilles brillantes comme de l'argent. C'est l'*argyreia obtusifolia* , Lour. (LN.)

LABARIN. Coquille du genre des Rochers , *Murex hypporastanum*. (B.)

LABATIE , *Labatia*. Genre de plantes de la tétrandrie monogynie, et de la famille des ébénacées, établi par Swartz. Il a pour caractères : un calice divisé en quatre parties ; une corolle presque campanulée, à quatre divisions, avec deux dents très-petites entre les divisions; une capsule à quatre loges , dont chacune ne contient qu'une seule semence.

Ce genre renferme deux arbres à feuilles opposées , et ordinairement accumulées à l'extrémité des rameaux : l'un , celui qui a servi à l'établissement du genre , se trouve à Cuba , et a les feuilles velues et les fleurs sessiles ; l'autre , qui est le Poutarier d'Aublet , se trouve à Cayenne , et a les feuilles glabres et les fleurs pédonculées. (B.)

LABBE. *V.* Stercoraire. (V.)

LABDANUM. Substance aromatique résineuse qui découle de plusieurs Cistes, principalement de celui de Crète. *V.* Ladanum. (B.)

LABELLE. Nom nouvellement donné au pétale inférieur de quelques fleurs , lorsqu'il se réfléchit et prend l'apparence d'une lèvre. Ce sont principalement les Orchidées, dont la corolle est appelée calice par Jussieu, qui en offrent des exemples. (B.)

LABEO et LABEONIA. Chez les anciens Romains ,

ces noms étoient au nombre de ceux qu'on donnoit vulgairement au MARRUBIUM. *V.* ce mot. (LN.)

LABEON, *Labeo.* Sous-genre établi par Cuvier parmi les CYPRINS. Il diffère des carpes par le défaut d'épines et de barbillons, et par des lèvres très-charnues. Le CYPRIN NILOTIQUE lui sert de type. (B.)

LABER. L'un des noms arabes de l'ALOÈS. (LN.)

LABERDAN. C'est un des noms du CABELIAU et de la MORUE. *V.* GADE et MORUE. (B.)

LABIDE, *Labidus.* M. Jurine nomme ainsi un genre d'insectes, de l'ordre des hyménoptères, de notre famille des hétérogynes, très-voisin du genre DORYLE, et dont il diffère par les caractères suivans : les mandibules sont très-arquées ; les palpes maxillaires sont aussi longs, au moins, que les labiaux et de trois à quatre articles; la cellule radiale des ailes supérieures est ovale et allongée ; ces ailes ont trois cellules cubitales, dont la première presque carrée, la seconde plus petite et recevant la première nervure récurrente, et dont la troisième grande, atteignant le bout de l'aile, ne recevant point de nervure récurrente ; les côtés du premier segment de l'abdomen sont relevés, et il a la forme d'une selle à cheval; les jambes vont en s'élargissant vers leurs extrémités, et les épines qui sont placées au bout des quatre dernières, ainsi que le premier article des tarses postérieurs, sont dilatés et plus épais à leur base. Enfin les labides sont des insectes propres à l'Amérique méridionale, tandis que les doryles n'habitent que l'ancien continent. On ne connoît encore que les mâles des uns et des autres. M. Jurine ne cite qu'une espèce, la LABIDE de LATREILLE, *labidus Latreillii.* Son corps est d'environ huit lignes, roussâtre, pubescent, avec la tête transverse, petite et noirâtre ; les mandibules et les antennes sont de la couleur du corps ; les trois yeux lisses sont grands, comparativement à ceux des autres hyménoptères, jaunâtres, luisans et disposés en triangle. Les ailes ont une teinte d'un roussâtre clair avec les nervures brunes ; l'abdomen est allongé et courbé en dessous à son extrémité. Cet insecte se trouve à Cayenne.

Je soupçonne que le *dorylus mediatus* de Fabricius est du genre labide. (L.)

LABIDOURES ou FORFICULES, Dumér. Famille d'insectes, de l'ordre des orthoptères et qui ne comprend que le genre FORFICULE. (L.)

LABIEES, *Labiata,* Jussieu. Famille de plantes, qui a pour caractères : un calice tubuleux à cinq dents ou bilabié, persistant; une corolle tubuleuse, irrégulière, ordinairement bilabiée ; quatre étamines insérées sous la lèvre supérieure de la corolle , dont deux plus courtes, et qui manquent ou avortent souvent ; un ovaire simple , quadrilobé, libre , à style unique, naissant du réceptacle entre les lobes de l'o, vaire , et à sigmate bifide ; quatre semences nues , droites, situées au fond du calice qui persiste , et attachées par leur base à un placenta commun peu saillant ; l'embryon droit dépourvu de périsperme ; les cotylédons planes et la radicule inférieure.

Les plantes de cette famille ont une racine presque toujours fibreuse, rarement tubéreuse ; leur tige communément herbacée , est tétragone, rameuse , à rameaux opposés ; les feuilles, simples et le plus souvent entières , ont une situation semblable à celle des rameaux ; les fleurs , ordinairement munies de bractées ou de soies , sont presque toujours verticillées , terminales ou axillaires ; ces fleurs ont communément une corolle bilabiée, c'est - à - dire, que le limbe forme deux lèvres plus ou moins rapprochées ; la lèvre supérieure est en général moins large que l'inférieure, et recouvre les étamines : elle est si courte dans quelques espèces, qu'elle paroît entièrement nulle. Il arrive quelquefois que la corolle est renversée, ou naturellement ou par l'effet de la torsion du tube ; dans ce cas la lèvre qui est située inférieurement est réellement la supérieure , puisqu'elle est ordinairement plus petite, et puisque les étamines sont penchées sur elle.

Ventenat, de qui on a emprunté ces expressions, rapporte à cette famille, l'une des plus naturelles , qui forme la huitième de la huitième classe de son *Tableau du Règne végétal* , et dont les caractères sont figurés pl. 9 , n.º 3 du même ouvrage, quarante-trois genres sous quatre divisions , savoir :

1.º Les *labiées* qui ont deux étamines fertiles et deux avortées ; LYCOPE, AMÉTHYSTÉE , CUNILE, ZIZIPHORE, MONARDE , ROMARIN , SAUGE et COLLINSONE.

2.º Les *labiées* qui ont quatre étamines fertiles , une corolle unilabiée , à lèvre supérieure presque nulle; BUGLE et GERMANDRÉE.

3.º Les *labiées* qui ont quatre étamines fertiles, une corolle bilabiée, et un calice à cinq divisions ; SARRIETTE , HYSOPE, CHATAIRE, BYSTROPOGUE , PÉRILLE , HYPTIS, LAVANDE, CRAPAUDINE, MENTHE, TERRÈTE, LAMIER, GALÉOPE, BÉTOINE , STACHYDE , BALLOTE, MARRUBE , AGRIPAUME, PHLOMIS et MOLUCELLE.

4.º Les *labiées* qui ont quatre étamines fertiles , une corolle bilabiée et un calice bilabié ; CLINOPODE, ORIGAN , THYM,

HYMBRÉE, MÉLISSE, DRACOCÉPHALE, ORMIN, MÉLISSOT, PLECTRANTE, BASILIC, TRICHOSTÈME, BRUNELLE, TOQUE et PRASION. *V.* ces mots. (B.)

LABIERGO. Nom espagnol des FILARIAS (*Phyllirea*). (I.N.)

LABIUM ou LABRUM-VENERIS. Ce nom étoit celui de la CARDÈRE, *Dipsacus sylvestris*, chez les Romains. Il lui est conservé dans les ouvrages de botanique antérieurs à Linnæus. (LN.)

LABKRAUT. Synonyme allemand de GAILLET ou CAILLE-LAIT (*Galium*). (I.N.)

LABLAB. Nom arabe d'une espèce de DOLICHOS qui croît en Egypte, dont Adanson, Medicus et Moench ont fait un genre particulier, qui n'est pas reconnu par les botanistes. (I.N.)

LABO. Nom d'une espèce de COURGE ou PEPON, à Amboine. (LN.)

LABOTHOLABAT. Nom que donnoient les Africains à l'une des plantes nommées OREILLE-DE-SOURIS, (*Auricula muris*, seu *myosoton*), chez les anciens ; et au nombre desquelles on place la *scorpione*, la *pilosellе* et la *véronique*. (LN.)

LABRADIA. Genre proposé pour placer le *Dolichos pruriens*, L. Il n'a pas été adopté. (LN.)

LABRADOR ou PIERRE DE LABRADOR. *V.* FELD-SPATH OPALIN, vol. 11, p. 322. (PAT.)

LABRADOR-HORNBLENDE. *V.* HYPERSTÈNE. (LN.)

LABRADORITE (*Lamétherie*), PIERRE DE LABRADOR. *Voyez* FELD-SPATH OPALIN, vol. 11, p. 322. (PAT.)

LABRAX, *Labrax.* Genre de poissons, établi par Pallas, et qui se rapproche infiniment des SCARES. Ses caractères sont : tête petite, à lèvres charnues, à dents petites, coniques, inégales ; corps garni d'écailles ciliées, et pourvu de plusieurs rangées de pores latéraux ; nageoire dorsale composée d'épines minces, et se prolongeant tout le long du dos. Les trois ou quatre espèces qui composent ce genre, vivent dans les mers du Kamtschatka. (B.)

LABRE, *Labrus.* Genre de poissons de la division des THORACIQUES, dont le caractère consiste à avoir la lèvre supérieure extensible ; point de dents incisives ni molaires ; les opercules des branchies dénués de piquans et de dentelures ; une seule nageoire dorsale ; cette nageoire très-séparée de celle de la queue, ou très-éloignée de la nuque, ou composée de rayons, terminés par un filament.

Ce genre, extrêmement nombreux, renferme des espèces d'une forme élégante, d'une très-grande variété de couleurs et d'une agilité remarquable ; mais aucune qui soit célèbre

par son utilité pour l'homme, par la singularité de sa forme
ou ses mœurs extraordinaires. Peu sont connus dans les pois-
sonneries, quoique plusieurs aient la chair agréable au goût,
parce qu'ils sont trop dispersés dans l'immensité des mers,
pour tomber souvent dans les filets des pêcheurs.

Le genre dont il est ici question, étoit un des moins viciem,
et cependant Lacépède s'est trouvé dans la nécessité d'en former six autres à ses dépens, savoir: HIATULE, OSPHRONÈME,
CHEILINE, LUTJAN, TRICHOPODE et CHÉILODIPTÈRE, ce qui
sembleroit avoir beaucoup réduit le nombre de ses espèces;
mais, au contraire, les nouvelles qui sont venues s'y réunir
ont élevé à cent trente celles qu'il contient aujourd'hui.

Cuvier pense qu'une partie des LUTJANS et quelques SPA-
RES rentrent dans celui-ci.

Le même naturaliste a établi les sous-genres GIRELLE,
CRÉNILABRE, SUBLET et FILOU, aux dépens de celui-ci.

Le *labre jaculateur* constitue aujourd'hui le genre ARCHER
de Cuvier.

Les RASONS se rapprochent plus de ce genre que des CO-
RYPHÈNES, avec lesquels ils avoient été réunis jusqu'à Cuvier:
les genres CHROMIS, CANTHÈRE et CICLE, doivent lui enlever
quelques espèces.

Lacépède divise ses labres en trois sections, d'après la
forme de la nageoire de la queue.

La première renferme ceux qui ont la queue fourchue ou
en croissant.

Le LABRE ÉPATÉ, qui a dix rayons aiguillonnés et onze
articulés à la nageoire du dos; la mâchoire inférieure plus
avancée que la supérieure; une tache noire vers le milieu, de
la longueur de la nageoire dorsale; des bandes transversales
noires. Il se trouve dans la Méditéranée, et remonte quelquefois les rivières. Son museau est pointu, et ses mâchoires
garnies de petites dents.

Le LABRE OPERCULÉ a treize rayons aiguillonnés et sept
articulés à la nageoire du dos; une tache sur chaque opercule, et neuf à dix bandes transversales brunes. Il habite la
mer des Indes.

Le LABRE AURITE a chaque opercule prolongé par une
membrane allongée, arrondie à son extrémité et noirâtre. Il
se pêche à l'embouchure des rivières de l'Amérique. Il est
figuré dans Catesby, vol. 2, pl. 8, n.º 31.

Le LABRE FAUCHEUR a sept aiguillons à la nageoire dorsale; les premiers rayons de cette nageoire et celle de l'anus
prolongés de manière à leur donner la forme d'une faux. Il
habite avec le précédent.

Le LABRE OYENE a neuf rayons aiguillonnés et dix articulés à la nageoire du dos; les deux lobes de la nageoire caudale lancéolés; les deux mâchoires égales; la couleur argentée. Forskaël l'a observée dans la mer Rouge.

Le LABRE SAGITTAIRE, *Labrus jaculatrix*, a la nageoire du dos éloignée de la nuque; les thoracines réunies l'une à l'autre par une membrane; la mâchoire inférieure plus avancée que la supérieure; cinq bandes transversales. Il habite la mer des Indes.

Le LABRE CAPPA, *Sciæna capa*, Linn., a onze rayons aiguillonnés, et douze articulés à la nageoire du dos; un double rang d'écailles sur les côtés de la tête. Il habite la Méditerranée.

Le LABRE LÉPISME, *Sciæna lepisma*, Linn., a dix rayons aiguillonnés, et neuf articulés à la nageoire du dos; une pièce ou feuille écailleuse de chaque côté du sillon longitudinal, dans lequel cette nageoire peut être couchée. On ignore sa patrie.

Le LABRE UNIMACULÉ, *Sciæna unimaculata*, Linn., a onze rayons aiguillonnés, et dix articulés à la nageoire du dos; une tache brune sur chaque côté. Lacépède en a figuré une variété, pl. 17 de son troisième volume. Il habite la Méditerranée.

Le LABRE BOHAR a dix rayons aiguillonnés, et quinze articulés à la nageoire dorsale; les thoracines réunies l'une à l'autre par une membrane; deux dents de la mâchoire supérieure, assez longues pour dépasser l'inférieure; la couleur rougeâtre, avec des raies et des taches irrégulières blanchâtres. Forskaël l'a observé dans la Méditerranée.

Le LABRE BOSSU, *Sciæna gibba*, Linn., a le dos élevé en bosse; les écailles rouges à leur base, et blanches à leur sommet; deux dents de la mâchoire supérieure une fois plus longues que les autres. Il habite la mer Rouge. C'est le *nagil* des Arabes.

Le LABRE NOIR, *Sciæna nigra*, a dix rayons aiguillonnés, et point de rayons articulés à la nageoire du dos; les pectorales falciformes, et plus longues que les thoracines; la pièce antérieure de chaque opercule profondément échancrée. Il habite la mer Rouge. C'est le *gatie* des Arabes.

Le LABRE ARGENTÉ, *Sciæna argentata*, a dix rayons aiguillonnés, et quatorze articulés à la nageoire dorsale; la lèvre inférieure plus longue que la supérieure; la pièce postérieure de chaque opercule, anguleuse du côté de la queue. Il est figuré pl. 18, vol. 3 de l'ouvrage de Lacépède. Il se trouve avec le précédent. C'est le *schaafen* des Arabes.

Le LABRE NÉBULEUX, *Sciæna nebulosa*, a dix rayons aiguillonnés, et dix articulés à la nageoire dorsale, trois rayons aiguillonnés, et sept articulés à celle de l'anus ; les rayons des nageoires terminés par des filamens. Il se trouve aussi dans la mer Rouge. C'est le *bonkose* des Arabes.

Le LABRE GRISÂTRE, *Sciæna cinerascens*, Linn., a onze rayons aiguillonnés, et douze rayons articulés à la nageoire du dos ; cette nageoire et celle de l'anus, prolongées vers la caudale, et anguleuses ; une seule rangée de dents très-menues. On le pêche aussi dans la mer Rouge. C'est le *tahmel* des Arabes.

Le LABRE ARMÉ, *Sciæna armata*, Linn., a un aiguillon couché horizontalement vers la tête, au-devant de la nageoire du dos ; la ligne latérale droite ; la couleur argentée. Il vient dans la mer d'Arabie.

Le LABRE CHAPELET a onze rayons aiguillonnés et treize articulés à la nageoire du dos ; la mâchoire inférieure plus avancée que la supérieure ; huit séries de taches très-petites, rondes et égales sur chaque côté de l'animal ; deux bandes transversales sur la tête ou la nuque ; le dos élevé. Il est figuré dans Lacépède. Commerson l'a observé dans la mer des Indes.

Le LABRE LONG-MUSEAU a neuf rayons aiguillonnés, et dix articulés à la nageoire dorsale ; le museau très-avancé ; chaque opercule de deux pièces, dénuées d'écailles. Il est figuré dans Lacépède, vol. 3, pl. 19. Il se trouve avec le précédent.

Le LABRE THUNBERG, *Sciæna fusca*, a douze rayons aiguillonnés, et onze articulés à la nageoire du dos ; tous ces rayons plus hauts que la membrane ; la mâchoire inférieure un peu plus avancée que la supérieure ; la courbure du dos, et celle de la partie inférieure, diminuant à la fin de la nageoire dorsale et de celle de l'anus. Il a été observé par Thunberg, dans les mers du Japon.

Le LABRE GRISON a onze rayons aiguillonnés, et douze articulés à la nageoire du dos ; celle de la queue en croissant très-peu échancré ; deux grandes dents à chaque mâchoire ; la couleur grisâtre. Il est figuré dans Catesby, vol. 2, pl. 9. Il se trouve sur les côtes de la Caroline, où il parvient à un pied et demi de long. J'en ai mangé plusieurs fois et j'ai trouvé sa chair fade et molle.

Le LABRE CROISSANT, *Labrus lunaris*, Linn., a huit rayons aiguillonnés, et quinze articulés à la nageoire du dos ; celle de la queue en croissant ; une teinte violette sur plusieurs parties. Il est figuré dans Gronovius, *Mus.* 2, pl. 6, n.° 2. On le pêche dans les mers d'Amérique.

Le LABRE FAUVE a vingt-trois rayons à la nageoire du dos, douze à celle de l'anus ; celle de la queue en croissant : tout le corps fauve. Il est figuré dans Catesby, vol. 2, tab. 11. On le pêche dans les mers de la Caroline, où il atteint près de deux pieds.

Le LABRE CEYLAN, *Labrus zeylanicus*, a neuf rayons aiguillonnés, et treize articulés à la nageoire dorsale ; celle de la queue en croissant ; la couleur générale verte par-dessus, et d'un pourpre blanchâtre par-dessous ; des raies pourpres sur chaque opercule. Il est figuré dans l'*Index zoologicus* de Forster, tab. 13, n.º 3. Il habite la mer des Indes.

Le LABRE DEUX BANDES a neuf rayons aiguillonnés, et douze rayons articulés à la dorsale ; trois rayons aiguillonnés, et onze articulés à celle de l'anus ; la caudale en croissant ; deux bandes brunes et transversales sur le corps proprement dit. Il est figuré dans Bloch, pl. 283, et dans l'*Histoire des Poissons*, faisant suite au *Buffon*, édition de Deterville, vol. 5, pag. 289. Il se trouve dans les mers de l'Inde.

Le LABRE MÉLAGASTRE a quinze rayons aiguillonnés, et dix articulés à la nageoire du dos ; les thoracines allongées ; la pièce antérieure de l'opercule seule garnie d'écailles semblables à celles du dos. Il est figuré dans Bloch, pl. 296, et dans le *Buffon* de Deterville, vol. 4, pag. 11. On le trouve à Surinam.

Le LABRE MÉLAPTÈRE a vingt rayons articulés, et point de rayons aiguillonnés à la nageoire dorsale, douze rayons articulés à celle de l'anus ; la tête dénuée d'écailles semblables à celles du dos. Il est figuré dans Bloch, pl. 296, et dans le *Buffon* de Deterville, vol. 4, pag. 12, sous le nom de *labre à nageoires molles*. Il habite les mers du Japon.

Le LABRE DEMI-ROUGE a douze rayons aiguillonnés, et onze articulés à la nageoire du dos ; le sixième articulé beaucoup plus long ; la base de la partie postérieure de la dorsale garnie d'écailles ; quatre dents plus grandes que les autres à la mâchoire supérieure ; la partie antérieure de l'animal rouge, et la postérieure jaune. Commerson l'a observé dans la mer des Indes.

Le LABRE TÉTRACANTHE a quatre rayons aiguillonnés, et vingt-un rayons articulés à la nageoire dorsale ; la lèvre supérieure, large, épaisse et plissée ; dix-huit rayons articulés à celle de l'anus ; ces derniers, et les articulés de la dorsale, terminés par des filamens ; trois rangées longitudinales de points noirs sur la dorsale ; une rangée de points semblables sur la partie postérieure de la nageoire de l'anus ; la caudale en croissant. Il est figuré dans Lacépède. On ignore son pays natal.

Le LABRE DEMI-DISQUE a vingt-un rayons à la nageoire dorsale : cette nageoire festonnée, ainsi que celle de l'anus ;

la tête et les opercules dénués d'écailles semblables à celles
du dos; la seconde pièce de chaque opercule anguleuse; dix-
neuf bandes transversales de chaque côté de l'animal; une
tache d'une nuance très-claire et en forme de demi-disque,
à l'extrémité de la nageoire caudale qui est en croissant. Il
est figuré dans Lacépède, et se pêche dans la mer de l'Inde.

Le LABRE CERCLÉ a neuf rayons aiguillonnés et treize
rayons articulés à la nageoire du dos; la tête et les opercules
dénués d'écailles semblables à celles du dos; la seconde pièce
de chaque opercule anguleuse; vingt-trois bandes transversales; la nageoire caudale en croissant. Il est figuré dans Lacépède, et se trouve dans la mer des Indes.

Le LABRE HÉRISSÉ a onze rayons aiguillonnés et douze
rayons articulés à la dorsale; la nageoire en croissant; six
grandes dents à la mâchoire supérieure; la ligne latérale hérissée de petits piquans; douze raies longitudinales de chaque
côté du poisson; quatre autres raies longitudinales sur la nuque; le dos parsemé de points. Il est figuré dans Lacépède,
vol. 3, pl. 20, et se trouve avec les précédens.

Le LABRE FOURCHU a neuf rayons aiguillonnés et dix rayons
articulés à la nageoire du dos; le dernier rayon de la dorsale
et le dernier rayon de l'anale, très-longs; les deux lobes de
la caudale pointus et très-prolongés; la mâchoire inférieure
plus avancée que la supérieure; de très-petites dents à chaque
mâchoire. Il est figuré dans Lacépède, vol. 3, pl. 21, et se
pêche dans la mer des Indes.

Le LABRE SIX BANDES a treize rayons aiguillonnés et
dix rayons articulés à la dorsale; le museau avancé; l'ouverture de la bouche très-petite; la mâchoire inférieure plus
longue que la supérieure; six bandes transversales; la caudale fourchue. Il est figuré dans Lacépède, vol. 3, pl. 19, et
se trouve dans la mer des Indes.

Le LABRE MACROGASTÈRE a treize rayons aiguillonnés et
quinze rayons articulés à la dorsale; le ventre très-gros; des
écailles semblables à celles du dos, sur la tête et les opercules; la caudale en croissant; six bandes transversales. Il est
figuré dans Lacépède, et se pêche dans la mer des Indes.

Le LABRE FILAMENTEUX a quinze rayons aiguillonnés et
garnis chacun d'un filament, et neuf rayons articulés à la
dorsale; l'ouverture de la bouche en forme de demi-cercle
vertical; quatre ou cinq bandes transversales sur le dos. Il
est figuré dans Lacépède, vol. 3, pl. 18. On le pêche dans la
mer des Indes.

Le LABRE ANGULEUX a douze rayons aiguillonnés et neuf
rayons articulés à la dorsale; les rayons articulés de cette
dorsale beaucoup plus longs que les aiguillonnés de cette

même nageoire ; *les* lèvres larges et épaisses ; des lignes et des points représentant un réseau sur la première pièce de l'opercule ; la seconde pièce échancrée et anguleuse ; cinq à six rangées de petits points de chaque côté de l'animal. Il est figuré dans Lacépède, vol. 3, pl. 22. Son habitation est la mer des Indes.

Le LABRE HUIT RAIES a onze rayons aiguillonnés et douze rayons articulés à la dorsale ; trois rayons aiguillonnés et sept rayons articulés à la nageoire de l'anus ; la caudale en croissant ; les dents de la mâchoire supérieure beaucoup plus longues que celles de l'inférieure ; la pièce postérieure de l'opercule anguleuse ; la tête et les opercules dénués d'écailles semblables à celles du dos ; quatre raies un peu obliques de chaque côté du poisson. Il se voit figuré dans Lacépède, vol. 3, pl. 22, et se trouve dans la mer des Indes.

Le LABRE MOUCHETÉ a treize rayons aiguillonnés à la dorsale qui est très-longue ; cette dorsale, l'anale et les thoracines, pointues ; la caudale en croissant ; la mâchoire inférieure plus avancée que la supérieure ; l'ouverture de la bouche très-grande ; cinq ou six grandes dents à la mâchoire d'en bas et deux dents également grandes à celle d'en haut ; toute la surface du corps parsemée de petites taches rondes. Il est figuré dans Lacépède, vol. 3, pl. 17, et habite la mer des Indes.

Le LABRE COMMERSONNIEN a neuf rayons aiguillonnés et seize rayons articulés à la nageoire du dos ; les dents des deux mâchoires presque égales ; un rayon aiguillonné et dix-sept rayons articulés à la nageoire de l'anus ; le dos, et une grande partie des côtés, parsemés de taches égales, rondes et petites. Il est figuré dans Lacépède, vol. 3, pl. 23, et se pêche dans la mer des Indes.

Le LABRE LISSE a quinze rayons aiguillonnés et treize rayons articulés à la dorsale ; les rayons articulés de cette nageoire plus longs que les aiguillonnés ; la mâchoire inférieure un peu plus avancée que la supérieure ; les dents grandes, recourbées et égales ; la ligne latérale presque droite ; la caudale un peu en croissant ; les écailles très-difficilement visibles ; cinq grandes taches ou bandes transversales. Ils est figuré dans Lacépède, vol. 3, pl. 28, et habite la mer des Indes.

Le LABRE MACROPTÈRE a vingt-huit rayons à la dorsale, vingt-un à l'anale, presque tous les rayons de ces deux nageoires longs et garnis de filamens ; la caudale en croissant ; une tache noire sur l'angle postérieur des opercules qui sont couverts, ainsi que la tête, d'écailles semblables à celles du dos. Il est figuré dans Lacépède, vol. 3, pl. 23, et se trouve dans la mer des Indes.

Ces quatorze ou quinze dernières espèces ont été observées, décrites et dessinées par Commerson, dans son Voyage autour du Monde.

Le LABRE QUINZE ÉPINES a quinze rayons aiguillonnés et neuf rayons articulés à la nageoire dorsale ; trois rayons aiguillonnés et neuf articulés à celle de l'anus ; la mâchoire supérieure plus avancée que l'inférieure ; les dents petites et égales ; l'opercule anguleux ; six bandes transversales sur le dos et la nuque. Il est figuré dans Lacépède, vol. 3, pl. 25. On ignore sa patrie.

Le LABRE MACROCÉPHALE a onze rayons aiguillonnés et neuf rayons articulés à la dorsale ; trois rayons aiguillonnés et neuf rayons articulés à l'anale ; la tête grosse ; la nuque et l'entre-deux des yeux très-élevés ; la mâchoire inférieure plus avancée que la supérieure ; les dents crochues, égales, et très-séparées l'une de l'autre ; la nageoire de la queue divisée en deux lobes un peu arrondis, les pectorales ayant la forme d'un trapèze. Il est figuré dans l'ouvrage de Lacépède, vol. 3, pl. 26, et se pêche dans la mer des Indes.

Le LABRE PLUMIÉRIEN a dix rayons aiguillonnés et onze rayons articulés à la dorsale ; un rayon aiguillonné et neuf rayons articulés à la nageoire de l'anus ; des raies bleues sur la tête ; le corps argenté et parsemé de taches bleues et de taches couleur d'or ; les nageoires dorées ; une bande transversale et courbée sur la caudale. Il se pêche dans les mers d'Amérique.

Le LABRE GOUAN a huit rayons aiguillonnés et onze rayons articulés à la dorsale ; trois rayons aiguillonnés et treize rayons articulés à la nageoire de l'anus ; chaque opercule composé de trois pièces dénuées d'écailles semblables à celles du dos, et terminé par une prolongation large et arrondie ; la ligne latérale insensible ; un appendice pointu entre les thoracines ; la caudale en croissant. On ignore sa patrie.

Le LABRE ENNÉACANTHE a neuf rayons aiguillonnés et dix rayons articulés à la dorsale : la ligne latérale interrompue ; six bandes transversales ; deux autres bandes transversales sur la caudale qui est en croissant ; deux ou quatre dents grandes, fortes et crochues à l'extrémité de chaque mâchoire ; les écailles grandes. On ignore sa patrie.

Le LABRE ROUGES-RAIES a douze rayons aiguillonnés et onze rayons articulés à la nageoire du dos ; trois rayons aiguillonnés et douze articulés à celle de l'anus ; les dents du bord de chaque mâchoire allongées, séparées l'une de l'autre et seulement au nombre de quatre ; la mâchoire supérieure

un peu plus avancée que l'inférieure ; onze ou douze raies
rouges et longitudinales de chaque côté ; une tache œillée à
l'origine de la dorsale ; une autre tache très-grande à la base
de la caudale, qui est un peu en croissant. Il est figuré dans
Lacépède, et habite les côtes de Madagascar.

Le LABRE KISMIRA a dix rayons aiguillonnés et quinze
rayons articulés à la dorsale ; trois rayons aiguillonnés et neuf
articulés à l'anale ; la lèvre inférieure plus courte que la supérieure ; les dents coniques ; la pièce antérieure des opercules
échancrée, la caudale en croissant ; sept raies petites et bleues
sur chaque côté de la tête, quatre raies plus grandes et bleues
le long de chaque côté du corps. Il habite la mer Rouge.

Le LABRE SALMOÏDE a neuf rayons aiguillonnés et treize
rayons articulés à la nageoire du dos ; treize rayons à la nageoire de l'anus ; l'opercule composé de quatre lames, et
terminé par une prolongation anguleuse ; deux orifices à chaque narine ; la couleur générale d'un brun noirâtre. Il se
trouve dans les eaux douces de la Caroline, où je l'ai observé,
décrit et dessiné, et où il est connu sous le nom de *truite*
(*traut*). Il parvient à la grandeur de plus de deux pieds. Sa
chair est ferme et d'un goût très-agréable, et il est en conséquence très-recherché comme aliment. On le prend principalement à la ligne amorcée de petits poissons du genre
cyprin.

Le LABRE IRIS a onze rayons aiguillonnés et quatorze
rayons articulés à la dorsale ; sept rayons aiguillonnés et seize
articulés à l'anale ; l'opercule composé de quatre lames, et
terminé par une prolongation anguleuse ; la caudale un peu
en croissant ; une tache ovale, grande, noire et bordée de
blanchâtre à l'extrémité de la nageoire du dos ; une petite
tache noire à l'angle postérieur de l'opercule. On le trouve avec
le précédent, mais il est bien plus abondant. Il ne parvient pas
à une aussi grande longueur ; sa chair n'est pas si savoureuse,
cependant elle est recherchée, surtout au printemps. Je l'ai
également observé, décrit et dessiné sur les lieux.

La seconde division des labres comprend ceux qui n'ont la
queue ni échancrée ni trilobée. On y remarque :

Le LABRE PAON, qui a quinze rayons aiguillonnés et dix-
sept rayons articulés à la dorsale ; le corps et la queue d'un
vert mêlé de jaune, et parsemés, ainsi que les opercules et
la nageoire caudale, de taches rouges et de taches bleues ;
une grande tache brune auprès de chaque pectorale, et une
tache presque semblable de chaque côté de la queue. On le
trouve dans la Méditerranée, où il est connu sous le nom de
tourd et de *paon*. C'est un très-beau poisson, qui atteint rare-

ment plus d'un pied de long, et dont la chair est passable-
ment bonne à manger.

Le LABRE BORDÉ a deux rayons aiguillonnés et vingt-deux
rayons articulés à la nageoire du dos ; la couleur générale,
brune ; la dorsale et l'anale bordées de roux. On ignore sa
patrie.

Le LABRE ROUILLÉ a deux rayons aiguillonnés et vingt-six
rayons articulés à la nageoire du dos ; trois aiguillonnés et
quatorze articulés à celle de l'anus ; le corps et la queue couleur de rouille et sans tache. Il habite la mer des Indes.

Le LABRE ŒILLÉ a quatorze rayons aiguillonnés et dix
articulés à la dorsale ; trois rayons aiguillonnés et dix articulés
à l'anale ; les dents égales ; les rayons de la nageoire du dos
terminés par un filament ; une tache bordée près de la nageoire caudale. On ignore sa patrie.

Le LABRE NIL a dix-sept rayons aiguillonnés et treize
rayons articulés à la dorsale ; les dents très-petites et échancrées ; la couleur générale, blanchâtre ; la dorsale, l'anale
et la caudale nuageuses. Il se trouve dans le Nil. C'est le *nébuleux* de quelques auteurs. C'est, ainsi que s'en est assuré
Geoffroy de Saint-Hilaire, le véritable *coracinus* des anciens.

Le LABRE MÉLOPS a seize rayons aiguillonnés et neuf
rayons articulés à la nageoire du dos ; les opercules ciliés ;
l'anale panachée de différentes couleurs ; un croissant brun
derrière les yeux ; des filamens aux rayons de la nageoire du
dos. Il habite les mers de l'Europe méridionale.

Le LABRE BRUN a sept rayons aiguillonnés et filamenteux,
et treize rayons articulés à la dorsale ; deux rayons aiguillonnés et onze articulés à l'anale ; les deux dents de devant
de chaque mâchoire plus longues que les autres ; des rugosi-
tés disposées en rayons auprès des yeux ; deux raies vertes,
larges et longitudinales, de chaque côté du corps ; des écailles sur une partie de la caudale, qui est tronquée net ; des
traits colorés et semblables à des lettres chinoises, le long de
la ligne latérale. Il a été observé par Commerson, dans la mer
des Indes.

Le LABRE PAROTIQUE a neuf rayons aiguillonnés et douze
rayons articulés à la dorsale ; les dents de devant plus grandes que les autres ; les nageoires rousses ; une tache d'un beau
bleu sur chaque opercule. Il habite la mer des Indes.

Le LABRE LOUCHE a dix-huit rayons aiguillonnés et treize
rayons articulés à la dorsale ; trois rayons aiguillonnés et onze
articulés à l'anale ; le dessus de l'œil noir ; toutes les nageoires jaunes ou dorées. On ignore son pays natal.

Le LABRE TRIPLE TACHE a dix-sept rayons aiguillonnés et
treize articulés à la nageoire du dos ; trois aiguillonnés et

neuf articulés à celle de l'anus; le corps et la queue rouges et couverts de grandes écailles; trois grandes taches. Il est figuré dans Bloch, pl. 289, et dans le Buffon de Deterville, vol. 3, pag. 316, sous le nom de *paon rouge.* Il se trouve dans les mers du Nord, où il vit de crustacés et de petits coquillages, qu'il brise au moyen de ses dents antérieures plus grandes. Ce poisson a les couleurs très-brillantes, et sa chair passe pour délicieuse.

Le Labre cendré a quatorze rayons aiguillonnés et onze rayons articulés à la dorsale; l'ouverture de la bouche étroite; les dents petites; celles du devant plus longues; des raies bleues sur le devant de la tête; une tache noire auprès de la caudale. Il habite la Méditerranée.

Le Labre cornubien a seize rayons aiguillonnés et neuf articulés à la nageoire du dos; trois rayons aiguillonnés et huit articulés à celle de l'anus; le museau en forme de boutoir; les premiers rayons de la dorsale tachés de noir; une tache noire sur la queue, dont la nageoire est tronquée net. On le pêche sur les côtes d'Angleterre.

Le Labre mêlé est bleu, avec des nuances brunes ou jaunes; son ventre est jaune; ses dents antérieures plus grandes que les autres. Il habite la Méditerranée.

Le Labre jaunâtre a l'ouverture de la bouche large; trois ou quatre grosses dents à l'extrémité de la mâchoire supérieure; de petites dents au palais; la mâchoire inférieure plus avancée que la supérieure, et garnie d'une double rangée de petites dents; un fort aiguillon à la caudale; les écailles minces, de couleur fauve ou orangée. Il est figuré dans Catesby, vol. 2, pl. 10, n.º 2. On le pêche dans les mers d'Amérique.

Le Labre merle a dix rayons aiguillonnés, garnis d'un filament, et quinze articulés à la dorsale; la caudale coupée net; l'ouverture de la bouche médiocre; les dents grandes et recourbées; les mâchoires également avancées; les écailles grandes; la couleur générale, d'un bleu tirant sur le noir. On le trouve dans la Méditerranée. Il a été connu des anciens sous le nom de *merula.* Aristote rapporte, comme un fait certain, qu'il est blanc la majeure partie de l'année; et Oppien, qu'il est le mâle du *tourd* ou *labre paon.* Sa chair est tendre et fort recherchée.

Le Labre rone a seize rayons aiguillonnés et neuf rayons articulés à la nageoire du dos; trois rayons aiguillonnés et six rayons articulés à celle de l'anus; la caudale tronquée net; la nageoire du dos s'étendant depuis la nuque jusqu'à une petite distance de la caudale; les rayons de cette nageoire, garnis d'un ou deux filamens; la partie supérieure du poisson, d'un

rouge foncé, avec des taches et des raies vertes; la partie
inférieure, d'un rouge mêlé de jaune. Il habite les mers du
Nord de l'Europe.

Le LABRE FULIGINEUX a neuf rayons aiguillonnés et onze
rayons articulés à la dorsale; deux rayons aiguillonnés et
neuf articulés à l'anale; la mâchoire supérieure un peu plus
courte que l'inférieure; les deux premières dents de chaque
mâchoire, plus allongées que les autres; la tête variée de
vert, de rouge et de jaune; quatre à cinq bandes transversales. Il a été observé par Commerson, dans la mer des
Indes, et figuré par Lacépède, dans son troisième volume,
planche 22.

Le LABRE ÉCHIQUIER, qui a neuf rayons aiguillonnés et
filamenteux, et treize rayons articulés à la dorsale; deux
rayons aiguillonnés et douze articulés à la nageoire de l'anus;
les quatre dents antérieures de la mâchoire supérieure, et les
deux de devant de la mâchoire inférieure, plus allongées que
les autres; la tête variée de rouge; toute la surface du corps
et de la queue, peinte de taches alternativement blanchâtres
et d'un noir pourpré. Il habite la mer des Indes.

Le LABRE MARBRÉ, dix rayons aiguillonnés et treize articulés, plus longs que les aiguillonnés, à la dorsale; deux
rayons aiguillonnés et six articulés à l'anale; les dents égales
et écartées l'une de l'autre; la nageoire caudale tronquée net;
la tête et les opercules dénués d'écailles semblables à celles
du dos; presque tout le corps parsemé de petites taches foncées, et de taches moins petites et blanchâtres. Il se trouve
dans la grande mer, où il a été observé par Commerson.

Le LABRE LARGE QUEUE a vingt-six rayons à la nageoire
du dos; dix-neuf à celle de l'anus; le museau petit et avancé;
les dents grandes, fortes et triangulaires; dix rayons, divisés
chacun en quatre ou cinq ramifications, à la caudale, qui
est rectiligne et très-large, ainsi que très-longue; un grand
nombre de petites raies longitudinales sur le dos; une tache
sur la dorsale, à son origine; presque toute la queue, l'anale
et l'extrémité de la nageoire du dos, d'une couleur foncée.
Il habite la grande mer, où il a été observé par Commerson.

Le LABRE GIRELLE, *Labrus julis*, Linn., a neuf rayons
aiguillonnés et douze rayons articulés à la dorsale; les deux
dents de devant de la mâchoire supérieure, plus grandes que
les autres; une large raie dentelée, longitudinale et d'un
blanc jaunâtre, de chaque côté du corps; le plus souvent une
raie bleue, étroite et longitudinale, en dessous de la raie dentelée; la caudale arrondie. Il est figuré pl. E 30 de ce Dict.
On le trouve dans la Méditerranée, où il n'atteint jamais

un pied de long. C'est un des plus beaux poissons des mers
de l'Europe. Les anciens, qui le vantent sous plusieurs
rapports l'ont connu. Il vit en troupes nombreuses parmi
les rochers, se nourrit de crustacés, d'œufs d'autres poissons, etc., et dépose son frai sur les pierres, au printemps.
On le prend au filet et à la ligne, à laquelle on attache un
morceau de poisson, de coquille ou de crustacé. Sa chair est
tendre, savoureuse et saine. C'est par erreur qu'Elien et
autres l'ont cru vénéneux. Il porte le nom de *dozella* en
Italie, et de *dovella* sur les côtes de France.

Le LABRE BERGSNYTHE a neuf rayons aiguillonnés et huit
rayons articulés à la nageoire du dos ; trois rayons aiguillonnés et sept rayons articulés à celle de l'anus ; les rayons de la
dorsale, garnis de filamens ; une tache noire sur la queue. Il
habite la mer du Nord.

Le LABRE GUAZE a onze rayons aiguillonnés et seize rayons
articulés à la dorsale ; la caudale arrondie, et composée de
rayons plus longs que la membrane qui les réunit ; la couleur est brune. Il habite la grande mer. Il est figuré dans Lacépède, vol. 3, pl. 27.

Le LABRE TANCOÏDE a quinze rayons aiguillonnés et onze
rayons articulés à la dorsale ; trois rayons aiguillonnés et dix
rayons articulés à l'anale ; le museau recourbé vers le haut ;
la caudale arrondie ; la couleur générale d'un rouge nua-
geux, et des raies nombreuses rouges, bleues et jaunes. On
le pêche sur les rochers qui entourent l'Angleterre.

Le LABRE DOUBLE TACHE a quinze rayons aiguillonnés et
onze rayons articulés à la dorsale ; quatre rayons aiguillonnés
et huit rayons articulés à l'anale ; des filamens aux rayons de
la nageoire du dos, et aux deux premiers rayons de chaque
thoracine ; l'anale en forme de faux ; une grande tache sur
chaque côté du corps, et sur chaque côté de la queue de l'a-
nimal. On le pêche dans la Méditerranée.

Le LABRE PONCTUÉ a quinze rayons aiguillonnés et dix
rayons articulés à la nageoire du dos ; quatre rayons aiguillonnés et huit articulés à celle de l'anus ; toutes les nageoires
pointues, excepté la caudale, qui est arrondie ; la pièce postérieure de chaque opercule, couverte d'écailles semblables
par leur forme, et égales par leur grandeur, à celles du dos ;
la ligne latérale interrompue ; de petites écailles sur une partie de la dorsale et de l'anale ; plusieurs rayons articulés de
la dorsale beaucoup plus allongés que les aiguillons de cette
nageoire ; un grand nombre de points ; neuf raies longitudinales, et trois taches rondes sur chaque côté. Il est figuré
dans Bloch, pl. 295, et dans le *Buffon* de Deterville, vol. 4,
pag. 12. Il habite les rivières de l'Amérique méridionale.

Le **Labre ossifrage** a dix-sept rayons aiguillonnés, et quatorze rayons articulés à la dorsale ; trois rayons aiguillonnés, et dix articulés à la nageoire de l'anus. On le pêche dans les mers d'Europe.

Le **Labre orcite** a dix-sept rayons aiguillonnés, et dix articulés à la dorsale, trois rayons aiguillonnés, et huit articulés à l'anale ; la caudale arrondie et jaune ; la couleur générale brune ; la partie inférieure de l'animal tachetée de gris et de brun ; des filamens aux rayons de la nageoire dorsale. Il habite la grande mer.

Le **Labre perroquet**, *Labrus viridis*, Linn., a dix-huit rayons aiguillonnés, et douze articulés à la dorsale ; trois rayons aiguillonnés, et dix rayons articulés à la nageoire de l'anus ; la couleur générale verte ; le dessous du corps jaune ; une raie longitudinale bleue de chaque côté du corps ; quelquefois des taches bleues sur le corps. *V.* pl. E 3o, où il est figuré.

Le **Labre tourd** a dix-huit rayons aiguillonnés, et quinze rayons articulés à la nageoire du dos ; trois rayons aiguillonnés, et douze rayons articulés à l'anale ; le corps et la queue allongés ; la partie supérieure jaune, avec des taches blanches ou vertes, et quelquefois avec des taches blanches bordées d'or au-dessus du museau. Il se trouve dans la Méditerranée, et dans la grande mer, et parvient à plus d'un pied de long. On le recherche à Marseille, où on en apporte souvent au marché.

Le **Labre cinq épines**, *Labrus exoletus*, Linn., a dix-neuf rayons aiguillonnés, et six articulés à la dorsale ; cinq rayons aiguillonnés, et huit rayons articulés à l'anale ; des filamens aux rayons de la nageoire du dos ; le corps et la queue bleus ou rayés de bleu. On le trouve, mais rarement, dans les mers du nord de l'Europe.

Le **Labre chinois** a dix-neuf rayons aiguillonnés, et cinq articulés à la dorsale ; cinq rayons aiguillonnés, et sept articulés à l'anale ; des filamens aux rayons de la nageoire du dos ; le sommet de la tête très-obtus ; la couleur livide. On le pêche dans les mers du Japon.

Le **Labre japonais** a dix rayons aiguillonnés, et onze articulés à la dorsale ; trois rayons aiguillonnés, et cinq articulés à l'anale ; des filamens aux rayons de la nageoire du dos ; les opercules couverts d'écailles semblables à celles du corps ; des dents petites et aiguës aux mâchoires ; la couleur jaune. Il habite les mers du Japon.

Le **Labre linéaire** a vingt rayons aiguillonnés, et un rayon articulé à la nageoire du dos ; quinze rayons à celle de l'anus : la dorsale très-longue ; le corps allongé ; la tête comprimée ; la couleur blanche ou blanchâtre. Il se pêche dans les mers de l'Inde et dans celles d'Amérique.

Le LABRE LUNULÉ a neuf rayons aiguillonnés, et onze articulés à la dorsale ; trois rayons aiguillonnés, et neuf articulés à la nageoire de l'anus ; les écailles larges et striées en creux ; les pectorales et la caudale arrondies ; la ligne latérale interrompue ; la couleur générale d'un brun verdâtre, avec des bandes transversales plus foncées ; le plus souvent un croissant jaune et bordé de noir sur le bord postérieur de chaque opercule ; deux taches jaunes sur la membrane branchiale qui est verte. On le trouve dans la mer Rouge.

Le LABRE VARIÉ a dix-sept rayons aiguillonnés, et douze rayons articulés à l'anale ; les lèvres larges et doubles ; la caudale un peu arrondie ; le corps et la queue allongés ; la couleur générale rouge ; quatre raies longitudinales olivâtres, et quatre autres bleues de chaque côté ; la dorsale bleue à son origine, ensuite blanche, puis rouge ; la caudale bleue en haut et jaune en bas. On le pêche sur les côtes d'Angleterre.

Le LABRE MAILLÉ, *Labrus venosus*, Linn., a quinze rayons aiguillonnés et dix rayons articulés à la nageoire du dos ; trois rayons aiguillonnés et neuf articulés à celle de l'anus ; le corps ovale, comprimé et de couleur verte avec un réseau rouge ; une tache noire sur chaque opercule et sur la dorsale ; des bandes et des filamens rouges à la nageoire du dos. Il habite la Méditerranée, et se vend dans les marchés de Marseille.

Le LABRE TACHETÉ, *Labrus guttatus*, Linn., a quinze rayons articulés à la dorsale ; trois rayons aiguillonnés, et onze articulés à l'anale ; la couleur générale rougeâtre ; un grand nombre de points blancs disposés avec ordre, des taches noires ; une tache au milieu de la caudale. On le pêche dans la Méditerranée.

Le LABRE COCK, *Labrus coquus*, Linn., a la caudale arrondie ; la partie supérieure nuancée de pourpre et de bleu foncé ; l'inférieure d'un beau jaune. Il est figuré dans Ray, *Pisc.*, n.º 4. On le pêche sur les côtes d'Angleterre.

Le LABRE CANUDE, *Labrus cinædus*, Linn., a des rayons aiguillonnés à la dorsale, qui s'étend depuis la nuque jusqu'à la caudale ; la gueule petite ; les dents crénelées ou lobées ; la couleur générale jaune ; le dos d'un rouge pourpre. Il est figuré dans Jonston, liv. 1, tab. 15, n.º 1. On le pêche dans la Méditerranée. Il étoit connu des anciens, qui l'avoient nommé *alphestas* et *cinædus*, parce qu'il nage presque toujours deux à deux, et à la queue l'un de l'autre. Aujourd'hui il est connu sous les noms de *rochcau, canus, canudo*, sur nos côtes, où on regarde sa chair, qui est molle et tendre, comme facile à digérer, et par conséquent propre aux malades et aux convalescens.

Le LABRE BLANCHE-RAIE a neuf rayons aiguillonnés et onze rayons articulés à la dorsale, trois rayons aiguillonnés et dix rayons articulés à l'anale; une seule rangée de dents petites et aiguës à chaque mâchoire; les lèvres très-épaisses; le corps allongé; la couleur générale jaunâtre; deux raies longitudinales blanches et très-longues, et une troisième raie supérieure semblable aux deux premières, mais plus courtes de chaque côté; la caudale arrondie. Il est figuré dans les nouveaux *Mémoires de l'Académie de Pétersbourg*, tome 9, page 458. On ignore sa patrie.

Le LABRE BLEU a dix-sept rayons aiguillonnés, et douze articulés à la nageoire du dos; deux rayons aiguillonnés et douze articulés à la nageoire de l'anus; la couleur générale bleue, avec des taches jaunes et des raies bleuâtres; une grande tache bleue sur le devant de la dorsale; les thoracines, l'anale et la caudale bordées de la même couleur; les dents de devant plus longues que les autres. Il est figuré sous le nom de *paon bleu* dans le second cahier d'Ascagne, pl. 12. Il habite les mers du Nord.

Le LABRE RAYÉ a dix-sept rayons aiguillonnés, et treize articulés à la dorsale; trois rayons aiguillonnés, et douze articulés à l'anale; les dents de devant plus longues que les autres; le museau long; la nuque un peu relevée et convexe; le corps allongé; la caudale arrondie; le dos rougeâtre; les côtés bleus; la poitrine jaune; le ventre d'un bleu pâle; quatre raies vertes et longitudinales de chaque côté. On le pêche sur les côtes d'Angleterre.

Le LABRE BALLAN a vingt rayons aiguillonnés, et onze rayons articulés à la dorsale; trois rayons aiguillonnés et neuf articulés à l'anale; la caudale arrondie; un sillon sur la tête; une petite cavité rayonnée sur chaque opercule; la couleur jaune, avec des taches couleur d'orange. On le prend sur les côtes d'Angleterre.

Le LABRE BERGYLTE a vingt rayons aiguillonnés, et douze rayons articulés à la dorsale; trois rayons aiguillonnés et six articulés à l'anale; la caudale arrondie; la tête allongée; les écailles grandes; les derniers rayons de la dorsale et de l'anale beaucoup plus longs que les autres; des taches sur les nageoires; des raies brunes et bleues disposées alternativement sur la poitrine. On lui donne le nom de *labre tacheté.* Il habite les mers du nord de l'Europe, et se nourrit de crustacés et de jeunes coquillages. On le pêche sur les bas fonds, où il acquiert environ quinze pouces de long. Sa chair est grasse et de bon goût.

Le LABRE ASSEM n'a point de rayons aiguillonnés aux nageoires, a le corps très-allongé, la ligne latérale droite ou presque droite, une raie longitudinale et mouchetée de noir de chaque côté. On le trouve dans la mer Rouge.

Le LABRE ARISTÉ a trente-deux rayons à la dorsale ; vingt-cinq à l'anale ; le corps comprimé et ovale ; les écailles courtes et relevées chacune par deux arêtes ; les dents éloignées l'une de l'autre ; les deux de devant de la mâchoire inférieure, plus avancées que les autres. Il habite les mers de la Chine.

Le LABRE BIRAYÉ a neuf rayons aiguillonnés, et douze articulés à la dorsale ; trois rayons aiguillonnés, et onze articulés à l'anale ; toutes les nageoires pointues, excepté celle de la queue qui est arrondie ; le dos rouge ; les côtés jaunes, avec deux raies longitudinales brunes, dont la supérieure est placée sur l'œil ; des taches jaunes sur la caudale qui est violette ; le ventre rougeâtre. Il est figuré dans Bloch, pl. 284, et dans le *Buffon* de Deterville, volume 3, page 289, sous le nom de *labre à deux lignes*. On ignore son pays natal.

Le LABRE A GRANDES ÉCAILLES, *Labrus macrolepidotus*, a neuf rayons aiguillonnés, et treize articulés à la nageoire du dos ; trois rayons aiguillonnés, et treize articulés à celle de l'anus ; les écailles grandes et lisses ; les mâchoires aussi avancées l'une que l'autre ; la tête courte et comprimée ; deux demi-cercles de pores muqueux au-dessous des yeux ; la caudale arrondie ; la couleur générale jaune. Il est figuré dans Bloch, pl. 284, et dans le *Buffon* de Deterville, vol. 3, pag. 289. Il est probable qu'il vient de la mer des Indes.

Le LABRE TÈTE BLEUE a neuf rayons aiguillonnés, et onze rayons articulés à la nageoire du dos ; deux rayons aiguillonnés, et douze articulés à celle de l'anus ; la caudale arrondie ; la ligne latérale interrompue ; les écailles grandes, rondes et minces ; les opercules terminés en pointe du côté de la queue ; le dos bleu ; les côtés argentés ; la tête bleue. Il est figuré dans Bloch, pl. 286, et dans le *Buffon* de Deterville, volume 3, page 299. On ne connoît pas son pays natal.

Le LABRE A GOUTTES n'a point de rayons aiguillonnés, mais il a dix-neuf rayons à la dorsale, neuf à l'anale ; la caudale arrondie ; les écailles dures et couvertes d'une membrane ; le dos brun ; les côtés bleus ; le dessous blanchâtre ; la tête bleue ; des taches argentées sur la tête, les côtés et la queue ; des taches jaunes sur la nageoire du dos.

Il est figuré dans Bloch, pl. 287, et dans le *Buffon* de Deterville, vol. 3, page 299.

Le LABRE BOISÉ, *Labrus tessellatus*, a dix-sept rayons aiguillonnés et onze rayons articulés à la dorsale ; trois rayons aiguillonnés et neuf articulés à la nageoire de l'anus ; la tête
et les opercules presque entièrement dénués d'écailles semblables à celles du dos, excepté dans une petite place auprès
des yeux ; les deux mâchoires également avancées ; plusieurs
pores muqueux au-dessous des narines ; quatre rayons à la
membrane branchiale, qui est étroite ; les écailles petites et
molles ; le corps allongé ; la caudale arrondie ; le dos violet ;
les côtés argentés ; des taches imitant des compartimens de
boiserie. Il est figuré dans Bloch, sous le nom de *perroquet
boisé*. On le trouve dans les mers du Nord.

Le LABRE CINQ TACHES a quinze rayons aiguillonnés et dix
articulés à la dorsale ; trois rayons aiguillonnés et neuf articulés à l'anale ; la tête garnie d'écailles semblables à celles
du dos ; un demi-cercle de pores muqueux au-dessous de
chaque narine ; la couleur générale d'un jaune mêlé de
violet ; une tache sur le nez ; une autre sur l'opercule ; deux
taches sur la dorsale, et une cinquième sur la nageoire de
l'anus. On le pêche dans les mers du nord de l'Europe.

Le LABRE MICROLÉPIDOTE a dix-sept rayons aiguillonnés
et treize rayons articulés à la nageoire du dos ; trois rayons
aiguillonnés et dix articulés à la nageoire de l'anus ; les opercules garnis d'écailles semblables à celles du dos ; les écailles
très-petites ; la partie supérieure d'un jaune-brun et sans
taches ; l'inférieure argentée ; la caudale arrondie. Il est figuré dans Bloch, pl. 292, et dans le *Buffon* de Deterville,
vol. 4, pl. 3. On ignore sa patrie.

Le LABRE VIEILLE a seize rayons aiguillonnés et treize
rayons articulés à la dorsale ; trois rayons aiguillonnés et
onze rayons articulés à l'anale ; six rayons à la membrane
branchiale ; le museau dénué-d'écailles semblables à celles
du dos ; de petites écailles sur la caudale, qui est arrondie ;
la tête rougeâtre ; le dos couleur de plomb ; les côtés jaunes
et tachés ; les thoracines, l'anale et la caudale bleuâtres et
bordées de noir ; des taches arrondies et petites sur l'anale,
la caudale et la dorsale. Il se trouve sur les côtes de France,
où il est connu sous le nom de *carpe de mer*, de *vieille de
mer*, de *vrac* et de *crahate*, et où il atteint environ un pied de
long. Sa chair est de bon goût et est susceptible d'être salée.
On le prend au filet et à la ligne.

Le LABRE KARUT a onze rayons aiguillonnés et vingt-neuf
rayons articulés à la dorsale, qui présente deux parties très-
distinctes ; toute la tête couverte d'écailles semblables à celles

du dos ; la caudale arrondie ; la partie supérieure du museau
plus avancée que l'inférieure. Il est figuré dans Bloch, pl. 356,
et dans le *Buffon* de Deterville, vol. 4, pag. 302, sous le nom
de *john karat*. Il se trouve dans la mer des Indes ; sa chair est
très-estimée.

Le LABRE ANEI a neuf rayons aiguillonnés et vingt-quatre
rayons articulés à la dorsale, qui présente deux parties très-
distinctes ; toute la tête couverte d'écailles semblables à celles
du dos ; la caudale arrondie ; la mâchoire inférieure plus
avancée que la supérieure. Il est figuré dans Bloch, pl. 357,
et dans le *Buffon* de Deterville, vol. 4, pag. 302, sous le nom
de *john anei*. On le pêche sur les côtes de l'Inde. On le mange
comme le précédent, mais il est moins estimé.

Le LABRE CEINTURE a neuf rayons aiguillonnés et treize
rayons articulés à la nageoire du dos ; seize rayons à celle de
l'anus ; les deux dents de devant de chaque mâchoire plus
grandes que les autres ; le museau pointu ; la partie antérieure de l'animal livide ; la postérieure brune ; ces deux portions séparées par une bande ou ceinture blanchâtre ; des
taches petites, lenticulaires, et d'un noir pourpre sur la tête,
la dorsale, l'anale et la caudale. Il est figuré dans Lacépède, pl. vol. 5, 28, et se trouve dans la mer des
Indes.

Le LABRE DIAGRAMME a onze rayons aiguillonnés et huit
articulés à la nageoire du dos ; un rayon aiguillonné et dix
rayons articulés à celle de l'anus ; la mâchoire inférieure un
peu plus avancée que la supérieure ; les deux dents de devant
plus grandes que les autres ; deux lignes latérales ; la supérieure se terminant un peu au-delà de la dorsale, et s'y réunissant à la latérale opposée ; l'inférieure commençant à peu
près au-dessous du milieu de la dorsale, et allant jusqu'à la
caudale, qui est arrondie. Il se trouve dans la mer des Indes.

Le LABRE HOLOLÉPIDOTE a onze rayons aiguillonnés et
vingt-sept rayons articulés à la dorsale ; deux rayons aiguillonnés et dix rayons articulés à l'anale ; les dents de la mâchoire inférieure à peu près égales ; la tête et les opercules
garnis d'écailles semblables à celles du dos ; chaque opercule
terminé en pointe ; la caudale très-arrondie. Il habite la mer
des Indes, et est figuré dans Lacépède, vol. 3, pl. 21.

Le LABRE TÆNIOURE a vingt rayons à la nageoire du dos ;
trois rayons aiguillonnés et onze articulés à la nageoire de
l'anus ; les dents grandes et séparées ; la tête et les opercules
dénués d'écailles semblables à celles du dos ; les écailles
grandes et bordées d'une couleur foncée ; point de ligne latérale facilement visible ; r .e bande transversale à la base de

la caudale qui est arrondie. On le pêche dans la mer des Indes. Il est figuré dans Lacépède , vol. 3, pl. 29.

Le LABRE PARTERRE a cinq rayons aiguillonnés et quinze rayons articulés à la dorsale , qui est basse ; deux rayons aiguillonnés et onze articulés à l'anale ; le museau avancé ; les dents de la mâchoire supérieure presque horizontales ; deux lignes latérales se réunissant en une vers le milieu de la nageoire du dos ; la caudale arrondie ; des taches sur la tête et les opercules, qui sont dénués d'écailles semblables à celles du dos ; une ou deux taches à côté de chaque rayon de la dorsale et de l'anale ; la surface du corps et de la queue divisée par des raies obliques en losange , dont le milieu présente une tache. Il est figuré dans Lacépède , vol. 3 , pl. 29. On le trouve dans la mer des Indes.

Le LABRE SPAROÏDE a dix rayons aiguillonnés et douze rayons articulés à la dorsale ; dix rayons aiguillonnés et seize rayons articulés à l'anale , qui est très-grande ; la hauteur du corps égale à sa longueur ; une concavité au-dessus des yeux ; la mâchoire inférieure plus avancée que la supérieure ; la tête et les opercules garnis d'écailles semblables à celles du dos ; la caudale arrondie ; des taches irrégulières ou en croissant ou en larmes , répandues sans ordre sur chaque côté de l'animal. Il habite la mer des Indes , et est figuré dans Lacépède , vol. 3 , pl. 24.

Le LABRE LÉOPARD a neuf rayons aiguillonnés et quatorze rayons articulés à la nageoire du dos ; deux rayons aiguillonnés et dix rayons articulés à la nageoire de l'anus ; l'ouverture de la bouche assez grande ; les deux dents de devant de chaque mâchoire plus grandes que les autres ; deux pièces à chaque opercule ; la caudale et les pectorales arrondies ; les rayons aiguillonnés de la dorsale plus hauts que la membrane ; point d'écailles facilement visibles ; une raie noire s'étendant depuis l'œil jusqu'à la pointe postérieure de l'opercule ; une bande très-foncée placée sur la caudale ; des taches composées de taches plus petites , et répandues sur la tête , le corps, la queue, la dorsale et l'anale, de manière à imiter les couleurs du léopard. Il se trouve dans la mer des Indes , et est figuré dans Lacépède , vol. 5 , pl. 3o.

Le LABRE MALAPTÉRONOTE a vingt - un rayons articulés à la nageoire du dos ; treize rayons à celle de l'anus ; la mâchoire inférieure un peu plus avancée que la supérieure ; les dents de devant de la mâchoire inférieure inclinées en avant ; la tête et les opercules dénués d'écailles semblables à celles du dos ; une tache foncée sur la pointe postérieure de l'opercule ; la ligne latérale fléchie en bas et formant ensuite un angle pour se diriger vers la caudale, qui est arrondie ; trois bandes blanchâtres sur chaque côté. Il est propre à la mer des Indes et se voit figuré dans Lacépède, vol. 3, pl. 31.

Ces huit derniers *labres* ont été observés, décrits et dessinés par Commerson, pendant son *Voyage autour du Monde*.

Le LABRE DIANE a douze rayons aiguillonnés et dix rayons articulés à la dorsale ; deux rayons aiguillonnés et treize articulés à l'anale ; la nageoire dorsale présentant trois portions distinctes ; la caudale arrondie ; la tête et les opercules dénués d'écailles semblables à celles du dos ; quatre grandes dents au bout de la mâchoire supérieure ; deux grandes dents au bout de la mâchoire inférieure ; une dent grande et tournée en avant à chaque coin de l'ouverture de la bouche ; un petit croissant d'une couleur foncée sur chaque écaille. Il est figuré dans Lacépède, vol. 3, pl. 32. Il habite la grande mer.

Le LABRE MACRODONTE a treize rayons aiguillonnés et huit articulés à la nageoire du dos ; trois rayons aiguillonnés et neuf articulés à la nageoire de l'anus ; la caudale arrondie ; les derniers rayons de la dorsale et de l'anale plus longs que les premiers ; les écailles assez grandes ; la partie postérieure de la tête relevée ; quatre dents fortes et crochues à l'extrémité de chaque mâchoire ; une dent fort crochue et tournée en avant auprès de chaque coin de l'ouverture de la bouche. On ignore sa patrie.

Le LABRE NEUSTRIEN a vingt rayons aiguillonnés et onze rayons articulés à la nageoire du dos ; trois rayons aiguillonnés et sept articulés à celle de l'anus ; sept rayons à la membrane branchiale ; la caudale arrondie ; les dents égales, fortes et séparées l'une de l'autre ; le dos marbré d'aurore, de brun et de verdâtre ; les côtés marbrés d'aurore, de brun et de blanc. Il se pêche dans les mers d'Europe. On le connoît, à l'embouchure de la Seine, sous les noms de *grande vieille* et de *bandoulière marbrée*.

Le LABRE CALOPS a douze rayons aiguillonnés et huit rayons articulés à la dorsale ; treize rayons à l'anale ; le premier et le dernier de ces rayons articulés ; l'œil très-grand et très-brillant ; la ligne latérale droite ; les écailles fortes et larges ; la tête dénuée d'écailles semblables à celles du dos ; une tache grande et brune au-delà, mais proche des pectorales. Il se pêche dans les mers d'Europe. On le connoît à Dieppe sous le nom de *brune*.

Le LABRE ENSANGLANTÉ a neuf rayons aiguillonnés et quinze rayons articulés à la nageoire du dos ; les dents courtes, égales et séparées l'une de l'autre ; la mâchoire inférieure plus avancée que la supérieure ; l'œil très-grand ; la ligne latérale très-voisine du dos ; la hauteur de l'extrémité de la queue très-inférieure à celle de sa partie antérieure ;

la caudale arrondie ; la couleur générale argentée , avec des taches très-grandes, irrégulières et couleur de sang. Il habite les mers d'Amérique , où il a été observé et dessiné par Plumier.

Le LABRE PERRUCHE a dix-huit rayons à la dorsale, qui est très-basse, et à peu près aussi haute que large ; l'ouverture de la bouche très-petite ; les deux mâchoires presque égales ; la caudale arrondie ; la couleur générale verte, avec trois raies longitudinales rouges de chaque côté ; une raie rouge et longitudinale sur la dorsale , qui est jaune ; une bande noire sur chaque œil ; une bande rouge , bordée de bleu, de l'œil à l'origine de la dorsale et sur le bord postérieur de chacune des deux pièces de l'opercule. Il se trouve avec le précédent , et est figuré vol. 3 , pl. 16 de l'ouvrage de Lacépède.

Le LABRE KESLIK a huit rayons aiguillonnés et treize rayons articulés à la nageoire du dos ; trois rayons aiguillonnés et douze rayons articulés à la nageoire de l'anus ; la caudale rectiligne ; l'opercule terminé par une prolongation arrondie à son extrémité ; la ligne longitudinale qui termine le dos , droite ou presque droite ; des raies longitudinales jaunâtres et souvent festonnées ; une tache bleue auprès de la base de chaque pectorale. Il habite la mer Rouge.

Le LABRE COMBRE a vingt rayons aiguillonnés et onze rayons articulés à la dorsale ; trois rayons aiguillonnés et quatre rayons articulés à l'anale ; la caudale lancéolée ; l'opercule terminé par une prolongation arrondie à son extrémité ; le dos rouge ; une raie longitudinale et argentée de chaque côté de l'animal. On le pêche sur les côtes d'Angleterre.

Enfin, la troisième section des *labres* renferme ceux dont la nageoire caudale est divisée en trois lobes.

Le LABRE BRASILIEN a neuf rayons aiguillonnés et quatorze rayons articulés à la nageoire du dos ; trois rayons aiguillonnés et vingt-deux rayons articulés à la nageoire de l'anus ; le premier et le dernier rayon de la caudale prolongés en arrière ; deux dents recourbées et plus longues que les autres à la mâchoire supérieure ; quatre dents semblables à la mâchoire inférieure ; deux ou trois lignes longitudinales à la dorsale et à l'anale. Il est figuré dans Bloch, pl. 280, et dans le *Buffon* de Deterville, vol. 3 , pag. 282. Il se trouve sur les côtes du Brésil, où il parvient à plus d'un pied de long. On le prend à l'hameçon, sa chair est très-bonne.

Le LABRE VERT a huit rayons aiguillonnés et douze rayons articulés à la dorsale; treize rayons à l'anale ; le premier et le dernier rayon de la caudale très-prolongés en arrière ;

les deux dents de devant de chaque mâchoire plus longues
que les autres ; les écailles vertes et bordées de jaune ; presque toutes les nageoires jaunes, et le plus souvent bordées
ou rayées de vert. Il est figuré pl. E3o de ce Dict. On le pêche
dans les mers du Japon.

Le LABRE TRILOBÉ a vingt - neuf rayons à la nageoire du
dos ; dix-sept à celle de l'anus ; la dorsale longue et basse ;
les dents grandes, fortes, et presque égales les unes aux
autres ; la tête et les opercules dénués d'écailles semblables à
celles du dos ; la ligne latérale ramifiée, droite, fléchie ensuite vers le bas, et enfin droite jusqu'à la caudale ; des taches nuageuses. Il se trouve dans la mer des Indes.

Le LABRE DEUX CROISSANS a treize rayons aiguillonnés et
treize rayons articulés à la dorsale, qui présente deux portions distinctes ; la tête dénuée d'écailles semblables à celles
du dos ; quatre grandes dents à chaque mâchoire ; la mâchoire
inférieure un peu plus avancée que la supérieure ; une petite
tache sur un grand nombre d'écailles ; une grande tache de
chaque côté de l'animal, auprès de l'extrémité de la dorsale.
Il habite avec le précédent, et est figuré dans Lacépède,
vol. 3, pl. 31.

Le LABRE HÉBRAÏQUE a vingt-un rayons articulés à la nageoire du dos ; treize à la nageoire de l'anus ; des raies imitant des caractères hébraïques sur la tête et les opercules,
qui sont dénués d'écailles semblables à celles du dos ; une
petite tache à la base d'un très-grand nombre d'écailles ; les
pectorales d'une couleur très-claire, ainsi qu'une bande transversale située auprès de chaque opercule. Il se pêche avec
les précédens, et est figuré dans Lacépède, vol. 3, pl. 29.

Le LABRE LARGE RAIE a quarante - deux rayons presque
tous articulés à la dorsale, quarante - un rayons articulés à
l'anale ; la dorsale et l'anale très-longues ; le corps allongé ;
la tête très-allongée et dénuée, ainsi que les opercules, d'é-
cailles semblables à celles du dos ; un grand nombre de dents
très-petites et égales ; une raie longitudinale sur la base de la
nageoire du dos ; une raie longitudinale large et droite depuis
la base de chaque pectorale jusqu'à la caudale. Il est figuré
dans Lacépède, vol. 3, pl. 28. On le trouve avec les précédens.

Le LABRE ANNELÉ a vingt-un rayons à la nageoire du dos ;
quinze rayons à celle de l'anus ; les dents petites et égales ;
l'opercule terminé un peu en pointe ; les écailles très-difficiles
à voir ; dix-neuf bandes transversales, étroites, régulières,
semblables, et placées de chaque côté du poisson de manière
à se réunir avec les bandes analogues du côté opposé. Il est

figuré dans Lacépède, vol. 3, pl. 28. Il habite avec les précédens.

Ces cinq derniers *labres* ont été observés, décrits et dessinés par Commerson, à qui on en doit déjà tant d'autres.

Le LABRE GIOFREDI est une espèce nouvelle, décrite e figurée dans l'ichthyologie de Nice, par Risso. (B.)

LABRE, *Labrum* (*Entomologie*). Nom sous lequel on désigne maintenant cette partie de la bouche des insectes que Fabricius et Olivier appeloient *lèvre supérieure. V.* BOUCHE DES INSECTES. (L.)

LABROÏDES. Famille de poissons qui rentre dans celle appelée LÉIOPOMES par Duméril. (B.)

LABRUM. *V.* LABIUM. (LN.)

LABRUSCA. Espèce de vigne qui croît en Virginie. Ce nom étoit donné autrefois, chez les Latins, à la *vigne sauvage*, parce qu'on la trouve principalement aux bords des champs (*labris campi*). (LN.)

LABRYEYA. Nom polonais de la RÉGLISSE. (LN.)

LA-BUON et LA-KHAI. Une espèce de BAQUOIS est ainsi nommée en Cochinchine, où l'on fait avec ses feuilles longues de six pieds, et d'une grande durée, des sangles pour les lits. Loureiro la nomme *pandanus lævis* et la rapporte au *pandanus moschatus* de Rumphius, qui croît à Amboine. (LN.)

LABURNUM. C'est, dit Pline, un arbre des Alpes inconnu au vulgaire, et dont la fleur (grappe) longue d'une coudée, n'est pas touchée par les abeilles. Les commentateurs le rapportent à notre CYTISE DES ALPES (*Cytisus laburnum*, L) ou *faux ébénier.* Ce dernier nom lui vient de ce qu'on a cru, peut-être à tort, que c'étoit la deuxième espèce d'ébénier citée par Théophraste. (LN.)

LABYRINTHE. Les coquilles du genre CADRAN (*Solarium*) portent quelquefois ce nom. (DESM.)

LABYRINTHE. Ancien nom des PLANORBES. (B.)

LABYRINTHE CHAPEAU. Agaric fort voisin de l'*agaricus quercinus* de Linnæus, et que Paulet, qui l'a figuré pl. 2 de son Traité des champignons, regarde comme distinct. *V.* STRIGLIE. (B.)

LABYRINTHE ÉTRILLE. Paulet a donné ce nom à l'AGARIC DU CHÊNE (*Agaricus quercinus*, Linn.) et au STRIGLIE d'Adanson qu'il a figuré pl. 1 de son Traité des champignons. (B.)

LABYRINTHE ROCHER. Nom donné, par Paulet, à un champignon fort voisin de son LABYRINTHE ÉTRILLE (*Agaricus quercinus*), et qu'il a figuré pl. 2 de son Traité des champignons. Il est composé de plusieurs pièces qui se recouvrent chacune en partie. (B.)

LAC. On donne ce nom à des amas d'eau dormante, d'une étendue quelquefois très-considérable, qui se trouvent dans le milieu des continens, et pour l'ordinaire dans le voisinage des grandes chaînes de montagnes.

Les *lacs* ont pour la plupart beaucoup plus de longueur que de largeur, et la longueur est toujours dans le sens du courant de la principale rivière qui entre par une de leurs extrémités et qui sort par l'autre.

Leur plus grande profondeur (qui est presque toujours de plusieurs centaines de pieds) se trouve en général vers le milieu de leur longueur; et quand cette profondeur se trouve dans le voisinage du bord, on remarque constamment que le rivage est là coupé à pic à une grande hauteur.

Les étangs sont aussi des espèces de lacs faits par la main des hommes; mais comme ils ont été formés par des moyens différens, la courbure de leur bassin est aussi fort différente : on fait un étang en élevant une chaussée qui barre le cours d'une rivière ; et c'est toujours près de cette chaussée que l'eau est la plus profonde.

Les lacs, au contraire, sont presque tous formés par l'affaissement du sol qui est la suite des érosions faites par les courans souterrains, et ces excavations où les eaux éprouvent de toutes parts des remous qui les font refluer et tourbillonner vers leur centre, sont toujours là plus profondes et plus vastes que vers leurs extrémités.

On distingue quatre sortes de lacs ; mais on peut dire que la différence qui existe entre eux est plus apparente que réelle, ce sont :

1.º Les lacs où une rivière entre par une de leurs extrémités et en sort par l'autre , en paroissant les traverser suivant leur longueur.

2.º Ceux d'où sort cette rivière , quoiqu'ils n'en reçoivent (visiblement) aucune.

3.º Ceux qui reçoivent une ou plusieurs rivières sans qu'il en sorte.

4.º Ceux où il n'entre aucune riviere, et d'où il n'en sort aucune.

Lacs où il entre et d'où il sort une rivière. — Les lacs de cette espèce sont les plus nombreux et les plus considérables ; ils se trouvent ordinairement dans les vallées ou dans les plaines voisines des grandes chaînes de montagnes : les *Alpes* nous en offrent plusieurs qui sont d'une assez grande étendue. On y remarque principalement les suivans :

Le *lac de Genève* , qui est traversé par le *Rhône.*

Le *lac de Lucerne*, qu'on peut considérer comme trois lacs à la suite les uns des autres, qui sont traversés par la *Reuss*, et auxquels se trouvent joints latéralement deux autres lacs qui leur donnent à peu près la forme d'une croix.

Les *lacs de Brientz* et de *Thoun* à la suite l'un de l'autre, qui sont traversés par l'*Aar*.

Les *lacs de Wallenstadt* et de *Zurich*, qui sont pareillement à la suite l'un de l'autre, et traversés par le *Limatt*.

Le *lac de Constance*, qui est traversé par le *Rhin*.

Du côté de l'Italie, le *lac Majeur*, qui est traversé par le *Tésin*.

Le *lac de Côme* par l'*Adda*.

Le *lac de Garde* par le *Mincio*.

Du côté de la France, on voit le *lac de Joux* dans une haute vallée du Jura. Ce lac est remarquable par sa situation à 1900 pieds au-dessus du *lac de Genève*, et par une autre circonstance singulière qu'il présente. Il est traversé par la rivière d'*Orbe*, qui, en sortant de ce lac, s'engouffre dans de vastes entonnoirs que ses eaux ont pratiqués dans des couches de pierre calcaire qui sont actuellement dans une situation verticale, par l'effet de la rupture qu'elles ont éprouvée lorsque l'affaissement qui a formé le lac a eu lieu; et cette même rivière, après un cours caché de trois quarts de lieue, va ressortir dans une vallée inférieure, à 680 pieds au-dessous des entonnoirs, par où elle est entrée dans son canal souterrain; et de là elle va traverser les *lacs de Neufchâtel* et de *Bienne*, dont elle a jadis creusé le bassin, de même qu'elle avoit creusé celui du *lac de Joux*, et comme probablement elle en creuse encore un autre dans cet espace de trois quarts de lieue où elle coule entre des couches de rochers qu'elle ne cesse de corroder et d'excaver, et qui dans les siècles futurs éprouveront à leur tour un affaissement, mais beaucoup moins considérable que les précédens, attendu que le volume des eaux de l'Orbe a prodigieusement diminué, de même que celui de toutes les autres rivières.

Les autres contrées montueuses de l'Europe, notamment la Suède et les pays voisins, offrent un grand nombre de lacs qui sont de même traversés par des rivières.

L'Asie boréale en a deux fort considérables, le *lac Norzaïssan*, dans la Tartarie chinoise, à la base méridionale de la chaîne des monts Altaï, où il est traversé par l'*Irtiche*; et le *lac Baïkal*, dans la Sibérie orientale, qui est traversé par l'*Angara*. Ce lac est un des plus grands qu'il y ait dans l'ancien continent; il a plus de cent lieues de longueur, sur une largeur moyenne de 15 à 18 lieues. Je l'ai traversé quatre fois dans deux voyages que j'ai faits en Daourie, que ce grand lac sépare de la Sibérie proprement dite ; et il est en même temps le seul moyen de communication entre ces deux contrées, attendu qu'il est environné de montagnes impraticables qui se prolongent à de grandes distances.

La profondeur de ce lac est considérable ; vers le milieu de la traversée, je n'en ai pas trouvé le fond avec une ligne de 600 pieds. Il ne gèle que vers la fin de novembre, plus d'un mois après que toutes les rivières du pays sont arrêtées. Il dégèle aussi un mois plus tard. Au retour de mon premier voyage, je l'ai encore traversé sur la glace le 22 avril (1784) ; il est vrai que ce ne fut pas sans quelque danger. Le long de sa rive orientale où l'eau est basse à cause des atterrissemens qui y sont apportés par la *Sélenga* et par d'autres rivières, il étoit dégelé à une grande distance ; je fis près d'une lieue en bateau pour atteindre la glace : je trouvai ensuite des fentes considérables qu'on eut assez de peine à faire franchir à mes voitures, malgré les longues et fortes planches dont j'étois pourvu.

Quand j'approchai de sa rive occidentale où l'eau est profonde, et qui est bordée de hautes montagnes, je trouvai la glace moins mauvaise, à l'exception d'un grand nombre d'ouvertures qui ont depuis 10 jusqu'à 30 ou 40 pieds de diamètre, qui sont occasionées par des sources chaudes, et où l'eau ne gèle jamais, quelque froid qu'il fasse, lors même qu'il est à 35 ou 40 degrés.

Comme j'avois traversé le lac par la route la plus courte, afin de pouvoir terminer dans la journée ce fâcheux voyage, j'arrivai au pied des hautes montagnes qui bordent sa rive occidentale ; et le jour suivant, j'eus à faire une douzaine de lieues le long de cette même côte pour venir à la sortie de l'Angara, qui est la seule issue. Pendant ce trajet, j'observai plusieurs centaines de ces sources chaudes qui, la plupart, ne sont point dans le voisinage même des montagnes, mais à une lieue, et même à deux lieues en avant dans le lac.

Dans un second voyage fait pendant l'été, j'observai la nature de ces montagnes qui en général sont primitives. Mais celles qui bordent le lac immédiatement présentent un fait qui prouve bien qu'il y a eu un affaissement prodigieux dans l'emplacement qu'occupe le Baïkal : elles ont deux ou trois cents toises d'élévation, et sont composées de poudings, dont les couches régulières et parallèles les unes aux autres annoncent clairement qu'elles ont été formées dans une situation horizontale ; mais aujourd'hui elles se relèvent au-dessus de l'horizon d'environ 40 à 50 degrés en plongeant dans le Baïkal. Il arrive même souvent qu'il s'en détache des bancs énormes qui glissent jusque dans ses eaux. J'ai rapporté ce fait il y a déjà long-temps. (*Journal de Phys.*, mars 1791, pag. 227.)

Il me paroît donc indubitable que lorsque ces couches de poudings ont été formées, leur surface horizontale devoit être au moins à la même hauteur où est demeurée leur portion, qui est aujourd'hui à deux ou trois cents toises au-dessus de la surface du lac, et que tout le sol qui les supportoit a été entraîné par des courans souterrains.

On sera peu surpris de ce que j'avance, lorsqu'on se rappellera un fait plus extraordinaire encore, qui a été observé par Saussure, et par d'autres célèbres naturalistes, et qui est presque sous nos yeux; je veux parler de la montagne nommée le *Rigiberg*, qui est au bord du *lac de Lucerne*, à l'extrémité de la vallée de *Muttenthal*: cette montagne qui a cinq mille pieds d'élévation au-dessus du lac, est entièrement composée de couches horizontales de galets roulés, depuis sa base jusqu'à son sommet. Il a bien fallu que toute la vallée fût elle-même comblée des mêmes dépôts, lorsque l'ancien fleuve rouloit les galets qui forment les couches du sommet de cette montagne, qui étoient alors le fond de son lit. Cependant lorsque ce même fleuve est venu à diminuer graduellement comme tous les autres, il a peu à peu entraîné lui-même les débris dont il avoit comblé la vallée. Elle est aujourd'hui totalement déblayée dans une étendue de plus de dix lieues, et il ne reste que le Rigiberg, qui est le témoin de l'élévation des anciens atterrissemens.

Ce que des courans d'eau extérieurs ont opéré dans le *Muttenthal*, des courans souterrains l'ont fait dans la vallée du *Baïkal*, et ces excavations ont enfin causé l'affaissement des couches supérieures.

Je n'ai pas besoin de dire que cette grande opération ne s'est pas faite d'une manière subite; il est trop évident que des couches horizontales n'auroient pu se soutenir un instant sur un vide aussi vaste; l'opération a été lente et graduelle comme toutes celles de la nature; ce sont les eaux, non-seulement de l'*Angara*, mais encore celles qui de toutes parts affluent encore aujourd'hui dans le bassin du lac, par des canaux souterrains, qui ont miné peu à peu le sol, et déterminé successivement l'enfoncement de sa surface.

La même cause qui a formé le *lac Baïkal*, dans l'Asie septentrionale, a pareillement creusé les vastes lacs du Canada, tels que le *lac Supérieur*, le *lac Huron*, le *lac Érie*, le *lac Ontario*, qui sont à la suite les uns des autres, et traversés par le fleuve *Saint-Laurent*.

Lacs d'où sortent des rivières, quoiqu'ils n'en reçoivent aucune. — Ces sortes de lacs diffèrent des précédens, seulement en ce que les eaux qui leur arrivent ne s'y introduisent que par des canaux souterrains ; ces eaux courantes cachées peuvent être très-abondantes, et alors il sort de ces lacs des rivières considérables. Tel est le *lac Séliger*, dans le gouvernement de *Twer*, à 60 lieues au N. O. de Moscow, qui donne naissance au Volga, le plus grand fleuve de l'Europe, quoiqu'il ne se jette visiblement aucune rivière dans ce lac.

Tels sont les *lacs* appelés *Koko-nor*, au pied de la croupe orientale des montagnes du Thibet, d'où sortent le *Honan* et le *Kiang*, deux des plus grands fleuves de l'Asie, qui embrassent tout l'empire de la Chine, et vont se jeter dans la mer du Japon.

Tels sont les deux petits lacs de la Castille nouvelle, qu'on nomme les *yeux de la Guadiana*, qui sont voisins de la chaîne de montagnes d'*Alcarraz*, et qu'on regarde comme les sources de ce grand fleuve.

Tel est encore le lac du *Mont-Cénis*, qui ne donne pas à la vérité naissance à une bien grande rivière, mais qui est remarquable par son élévation à six mille pieds perpendiculaires au-dessus du niveau de la mer; ce lac et la *Cénise* qui en sort, sont entretenus par les eaux que des canaux souterrains y conduisent, et qui descendent des sommités voisines qui sont aussi élevées au-dessus du lac qu'il l'est lui-même au-dessus des plaines du Piémont.

Ce lac, qui a trois quarts de lieue de long sur trois à quatre cents toises de large, et qui se trouve dans un local aussi élevé, est un fait curieux, et qui prouve combien il est facile aux eaux de l'atmosphère qui enfilent les interstices des couches à peu près verticales des montagnes primitives, d'y former des excavations considérables. Celles qui ont creusé le bassin de ce lac, en ressortoient sans doute par quelque fissures inférieures que les affaissemens ont obstruées, et le gorgeoir actuel qui forme la *Cénise*, est au niveau de la surface du lac. Saussure a reconnu que ce lac a été autrefois plus élevé qu'aujourd'hui, puisque la Cénise a formé des érosions à plus de trente pieds au-dessus de son niveau actuel, et y a laissé des dépôts calcaires semblables à ceux qu'elle forme encore aujourd'hui.

On voit dans les Pyrénées des lacs dont l'origine est en tout semblable à celle du *lac du Mont-Cénis*, et d'où il sort également des rivières; il y a même plusieurs de ces lacs qui se trouvent à une élévation encore plus considérable, et d'environ sept mille pieds au-dessus de l'Océan, tels que les *lacs de Ciens*, de *Las-Cougous* et d'*Oncet*, dans les montagnes qui sont au-dessus de *Barège*. Ceux-ci sont gelés la plus grande partie de l'été; ils le sont dès le mois d'août, et ne dégèlent en partie que vers le mois de juin. Celui du Mont-Cénis, au contraire, jouissoit d'une température fort douce, à la fin de septembre, où Saussure l'a observé ; et il est tellement poissonneux, que la pêche étoit (en 1780) affermée 636 livres. Il abonde surtout en excellentes truites.

[Il faut mettre dans cette classe le lac qui se trouve sur le Monte-Rotondo, en Corse, à plus de trois mille mètres au-dessus du niveau de la Méditerranée.] (LN.)

Lacs qui reçoivent quelques rivières sans qu'il en sorte. — Les lacs de cette espèce ont été formés de la même manière que ceux des deux espèces précédentes, et la plupart même ont ressemblé de tous points à ceux de la première espèce ; ils recevoient une rivière qui s'y rend encore aujourd'hui, et il en sortoit une autre, qui maintenant se trouve tarie, par la raison que les eaux qu'ils reçoivent ne sont plus aussi abondantes qu'autrefois, et qu'il n'y en a plus que la quantité qui fait équilibre avec celle qu'ils perdent par l'évaporation journalière ; de sorte que ces lacs n'ont plus besoin de dégorgeoir.

Il y a même lieu de penser que généralement tous les lacs d'où il sort aujourd'hui quelque rivière, finiront un jour par n'en fournir aucune ; car on ne sauroit douter, ainsi que Buffon l'a très-bien reconnu, que la diminution perpétuelle des montagnes n'opère une diminution progressive dans la masse des eaux courantes ; l'observation nous en fournit des preuves sans nombre : on voit, par exemple, que les eaux qui concourent avec le Rhône supérieur à former le *lac Léman*, furent jadis tellement abondantes, qu'elles remplissoient l'immense bassin qui s'étend jusqu'au fort de l'Écluse, et que là, il sortoit un fleuve vingt fois plus gros, peut-être, que le Rhône actuel. On voit à quel point de médiocrité il est maintenant réduit ; et il diminuera ainsi graduellement dans la suite des siècles, jusqu'à ce qu'enfin il n'ait plus la force de sortir de son lac.

C'est ce qui est déjà arrivé à un grand nombre de rivières qui descendent de la partie septentrionale du plateau central de l'Asie, et qui dans le temps de leur puissance venoient se joindre aux fleuves de la Sibérie où elles charrioient les cadavres d'éléphans, de rhinocéros et d'autres animaux des Indes, dont on trouve les restes vers les bords de la mer Glaciale. Mais aujourd'hui ces mêmes rivières demeurent perdues dans les lacs de la Tartarie chinoise.

Quand ces sortes de *lacs borgnes* sont d'une étendue considérable, on leur donne le nom de *mer*, surtout quand ils sont salés. Tel est le *lac Asphaltite*, en Palestine, où vient se perdre le Jourdain. On lui donne le nom de *Mer-Morte* ou *Mer-de-Sel*, à cause de l'extrême salure de ses eaux.

La *mer Caspienne* n'est elle-même qu'un lac de cette espèce, qui est alimenté par les eaux du *Volga*, de l'*Oural* et de quelques autres rivières. Cette mer, qui jadis couvroit les déserts salés qui l'environnent, et qui étoit jointe au *lac Aral*, diminue continuellement d'étendue, à proportion de la diminution qu'éprouvent les rivières qui s'y jettent; elle diminue aussi journellement de profondeur, de même que tous les autres lacs, par les atterrissemens que les rivières charrient dans son bassin.

D'après les dernières relations que nous avons de l'intérieur de l'Afrique, il paroît qu'il existe, vers sa partie centrale, un grand lac où va se perdre le *Niger*.

En Amérique, on connoît un lac de cette espèce; c'est le *lac Titicaca*, qui est au Pérou, et dans lequel se perd une rivière qui prend sa source près de *Cusco*.

Lacs où il n'entre et d'où il ne sort aucune rivière. — Il y a fort peu de lacs de cette espèce qui soient d'une étendue un peu considérable; mais il est des contrées où ils sont prodigieusement multipliés, comme on le voit dans les déserts qui sont au nord de la mer Caspienne, et dans les plaines qui s'étendent entre les monts *Oural* et l'*Irtiche*, ainsi que dans le grand désert du *Baraba*, qui occupe, entre l'*Irtiche* et l'*Ob*, un espace d'environ quatre cents lieues du sud au nord, sur une largeur moyenne de cent cinquante lieues.

Le sol de ces différentes contrées est partout de la même nature, c'est-à-dire, composé de marne plus ou moins mêlée d'argile et de sable. Les lacs, qui s'y trouvent en grand nombre, ne sont en général que des espèces de mares où se rassemblent les eaux de pluie et celles qui proviennent de la fonte des neiges : leur plus grande étendue n'est guère que de deux ou trois lieues de circonférence, et pour l'ordinaire elle est beaucoup moindre; leur profondeur est très-petite, souvent elle n'est que de quelques pieds, et rarement de plus d'une toise; le fond en est presque aussi plat que celui d'une cuvette, et pour l'ordinaire il est à sec vers la fin de l'été.

Ces lacs présentent un phénomène assez singulier : on en voit dans la même plaine et à quelques centaines de pas de distance, dont les uns contiennent de l'eau douce; d'autres ont leur eau chargée de sel marin (*soude muriatée*); d'autres sont saturés d'un sel amer tout semblable au sel d'Epsom (*magnésie sulfatée*), qui est une combinaison de magnésie et d'acide sulfurique; d'autres enfin contiennent en même temps ces deux espèces de sel, tantôt mêlées dans la totalité de leurs eaux, tantôt séparément, le *sel marin* dans une partie du lac, et le *sel d'*Epsom dans l'autre partie; tantôt ces deux sels se forment en même temps, et tantôt le sel d'Epsom ne manifeste que vers la fin de l'été.

On a prétendu que la salure de ces lacs étoit entretenue par des sources salées; mais cette supposition paroît totalement dénuée de vraisemblance, au moins pour le plus grand nombre, d'après l'observation des circonstances locales; car on voit d'abord la difficulté qu'il y auroit à concevoir que des sources qui devroient tirer leur origine de fort loin, et qui serpenteroient entre des couches d'argile dans un terrain sablonneux, ne se confondroient pas les unes avec les autres, de sorte que tous ces lacs devroient offrir le même mélange de matières salines; tandis qu'on voit le contraire, ainsi que je l'ai dit ci-dessus, et que Pallas l'a observé dans les lacs nombreux de la province d'*Iset*, entre les monts *Oural* et le *Tobol.* (*Voyag.*, t. 2, p. 502 et suiv.)

On ne pourroit pas non plus concevoir comment des sources salées viendroient se rendre dans les landes du *Baraba*, qui est environné de tous côtés par deux fleuves puissans, l'Ob et l'Irtiche, qui prennent leur source fort près l'un de l'autre, dans les montagnes primitives de l'Altaï, et qui se réunissent après avoir embrassé cette plaine immense, dont le sol se couvre tous les ans d'efflorescences salines, les unes formées de sel d'Epsom, et les autres de sel marin. Ces sels sont ensuite dissous par les pluies d'automne, et entraînés dans les ruisseaux et de là dans les fleuves, ce qui n'empêche pas que chaque année il y en ait la même quantité; mais assurément cette salure de la terre, non plus que celle des lacs, n'est pas fournie par des canaux souterrains : son unique origine est dans l'atmosphère, de même que celle du nitre, et ces sels sont de diverse nature, suivant la qualité du sol qui leur sert d'excipient. On a remarqué constamment que dans les lacs dont le fond ne présente qu'un sable pur, l'eau est douce ; dans ceux où le sable est mêlé de vase, on trouve du sel marin; et ceux dont le sol est tout vaseux, ne produisent que du sel d'Epsom; ceux-ci sont les plus nombreux.

Il y auroit encore une objection qui me paroît assez forte contre l'hypothèse des sources; c'est qu'en venant ainsi chaque année remplir le lac de leur eau salée, qui, en s'évaporant, laisseroit le sel dont elle est chargée, elles auroient bientôt rempli de sel tout le bassin du lac ; et c'est ce qui n'arrive nullement : soit qu'on enlève la croûte du sel qui se forme au fond de ces lacs pendant l'été, soit qu'on la laisse, il n'y en a ni plus ni moins l'année suivante; et ceux où l'on n'en a jamais pris, n'en ont pas une couche plus épaisse que ceux où on l'enlève toutes les années. Il en est de ces lacs précisément comme des nitrières ; dès qu'une fois ils ont acquis la quantité de matière saline que comporte la nature de leur sel, il ne s'en forme plus de nouvelle.

On doit compter parmi les lacs où il n'entre et d'où il ne sort aucune rivière, ceux qui se forment dans les cratères des anciens volcans. L'un des plus remarquables par son élévation, est celui que les voyageurs disent avoir vu à la cime du *Pic-d'Adam*, dans l'île de Ceylan. On découvre cette montagne à quarante lieues de distance, ce qui suppose qu'elle a pour le moins la hauteur de l'Etna; son cône, qui est d'un accès très-difficile, a deux cents pas de diamètre à son sommet, et l'on voit au milieu de cette esplanade, un lac très-profond et d'une eau très-pure. (Ribeiro, *Hist. de Ceylan.*)

Un des plus célèbres observateurs des volcans, Dolomieu, a vu de même un lac dans un cratère voisin de Coïmbre en Portugal, dont il donne la description dans ses lettres à son ami Faujas, qui les a insérées dans son bel ouvrage sur les volcans éteints du Vivarais. Cette montagne volcanique, appelée aujourd'hui la *Sierra de l'Estrella*, est le *Mons Herminius* des anciens : « Elle est, dit Dolomieu, extrêmement élevée, « de forme conique.... On voit, au milieu de son sommet, « une grande excavation, dont le fond est un lac entouré de « rochers escarpés; l'eau de ce lac a un mouvement d'ébul- « lition... A la base de cette montagne, on voit des colonnes « de basalte prismatiques et articulées. On conserve une de « ces colonnes à l'université de Coïmbre; elle est cristallisée « très-régulièrement. » (p. 442.)

Les *lacs d'Albano*, de *Nemi*, etc., dans les États Romains, remplissent le fond d'anciens cratères.

Les *lacs d'Agnano* et d'*Averne*, près de Naples, sont aussi d'anciens cratères de volcans, ainsi que l'ont reconnu Ferber, Breislak, et tous les autres naturalistes qui les ont observés. « Le *lac Agnano* est singulier, en ce qu'il paroît quelquefois bouillonner sur ses bords, principalement quand il y a beaucoup d'eau; ce bouillonnement, semblable à celui de l'*Acqua Zolfa* de la campagne de Rome, ne vient que d'un fluide aériforme, qui se fait jour au travers de l'eau. Sur le bord de ce lac sont les étuves de *San-Germano*, où il sort de la terre une vapeur chaude, qui, retenue par les bâtimens qu'on y a faits, suffit pour produire des sueurs abondantes et salutaires. » (Lalande, *Voyag.*, tom. 6, p. 27.)

Le *lac d'Agnano* n'a tout au plus que trois quarts de lieue de circonférence; celui d'*Averne* est à peu près de la même étendue : il est remarquable par sa forme circulaire et par l'aspect triste et mélancolique des objets qui l'environnent ; il est au fond d'un entonnoir, où le soleil pénètre à peine à

travers le feuillage épais des arbres dont il est ombragé. T
près de ce lac est le *Monte-Nuovo*, auquel on donne mille
pieds d'élévation, et qui fut formé par les cendres, les pierres ponces et les scories d'une seule éruption, dans l'espace
de douze heures, le 29 septembre 1538. Beaucoup d'autres
volcans d'Italie offrent des lacs semblables.

C'est ici le lieu de citer le lac observé par M. Leschenault
de la Tour, au sommet du mont Idienne, dans la partie
orientale de l'île de Java, dans la province de Bagnia-Van-
gni. Le mont Idienne paroît élevé de plus de deux mille mètres au-dessus du niveau de la mer. Son sommet est un cratère d'une demi-lieue dans son plus grand diamètre, et d'un
quart de lieue dans son petit diamètre ; sa profondeur est de
cent trente mètres environ. Le fond du gouffre a environ quatre cent quatre-vingt-dix mètres dans son plus grand diamètre. Un lac de trois-cent quatre-vingt-dix mètres, dont les
eaux sont chaudes, et chargées d'acide sulfurique, occupe au
sud-ouest la partie la plus basse. Il s'élève de la surface du
lac une fumée légère, et dans la partie opposée du cratère sont
des bouches fumantes et de nombreux vestiges d'une solfatare
encore en activité. Il sort du lac un ruisseau dont les eaux
sont âcres, brûlantes et chargées également d'acide sulfurique.
Il est absorbé peu à peu par le terrain sablonneux sur lequel
il coule, et disparoît entièrement à une demi-lieue avant d'arriver à la *rivière blanche (songi-pouti* des Javans), excepté dans
les temps de pluies, pendant lesquelles, grossi par les eaux
qui tombent, il va s'y décharger et communique alors aux eaux
de cette rivière ses qualités nuisibles. L'analyse des eaux du
lac, faite par M. Vauquelin, y indique la présence de l'acide
sulfurique, de l'acide muriatique, de l'acide sulfureux, du sulfate d'alumine simple, d'une petite quantité d'alun, du sulfate de chaux, du sulfate de fer et de quelques atomes de soufre, substances que nous nommons dans l'ordre de quantité,
l'acide sulfurique étant le plus abondant.

Le *lac sulfureux* dont parle Pallas est sans doute encore un
lac de la même classe que tous ceux que nous venons de citer.
Ce *lac* décrit par Pallas, dans son Voyage en Sibérie,
existe dans le gouvernement de Nigegorod. Il se nomme *lac
de Sernoje-osoro*. Il a environ 120 mètres de long sur 90
mètres de large, et est situé au pied d'une montagne calcaire
qui n'est qu'à la distance d'un quart de lieue de Surgot. Il
occupe le bas d'un enfoncement assez considérable en forme
de chaudière. Ce lac, d'un aspect effrayant, n'a point de
mouvement sensible et ne gèle jamais. Le 15 octobre 1768,
Pallas trouva que la chaleur de ses eaux surpassoit de trente
degrés celle de l'atmosphère : c'est ce qui fait que dans les

temps de gelée, il s'élève ordinairement de la surface de ce lac une vapeur très-visible. Ses eaux sont très-limpides, sulfureuses, et répandent une odeur d'œufs pourris ou de gaz hydrogène sulfuré qui se fait sentir à une lieue au-delà dans la direction du vent. Ses eaux extrêmement limpides laissent voir le fond du lac qui est recouvert d'une sorte de peau ou de voile noirâtre qui est produite par une espèce d'oscillaires, très organisés confondus jusqu'ici avec les conferves, que les naturalistes regardent comme faisant le passage du règne végétal au règne animal et qui se trouvent fréquemment dans les eaux thermales et sulfureuses. (L.N.)

Température de certains Lacs. — Le célèbre Saussuré, non moins habile physicien que géologue éclairé, a fait, avec un thermomètre de son invention, des observations curieuses sur la température qui règne au fond des principaux lacs des Alpes. Il en résulte que, même dans les plus grandes chaleurs de l'été, comme dans les autres saisons, il y règne un froid remarquable, tandis que, d'après les observations faites avec le même instrument à de grandes profondeurs dans la mer, on voit que la température y est la même que dans le sein de la terre, c'est-à-dire, à environ dix degrés au-dessus de zéro. Le thermomètre de Saussure étoit construit de manière qu'il lui falloit plusieurs heures pour se mettre à la température du milieu où il se trouvoit ; il le plaçoit le soir, et le relevoit le lendemain.

Lac de Genève. Deux expériences que Saussure a faites sur le *lac de Genève*, lui ont donné les résultats suivans.

Première expérience. Le 6 du mois d'août, à la profondeur de trois cent douze pieds, l'eau du lac étoit à la température de 8 degrés et demi, *Réaumur.*

A la surface, elle étoit à 15, et l'air à 20.

Seconde expérience. Le 11 du mois de février, à la profondeur de neuf cent cinquante pieds (devant les roches de Meillerie, c'est là la partie du lac la plus profonde que l'on connoisse), la température étoit à 4 degrés $\frac{1}{10}$; celle de la surface à 4 $\frac{2}{3}$; celle de l'air à 1 $\frac{1}{4}$.

On peut remarquer que la surface du *lac de Genève* étant élevée de onze cent vingt-six pieds au-dessus du niveau de la Méditerranée, le fond de son bassin n'est que de cent soixante-seize pieds au-dessus de ce même niveau.

Lac d'Annecy. Ce lac est à deux cent dix pieds au-dessus du *lac de Genève.*

Le 14 du mois de mai, le thermomètre descendu à la profondeur de cent soixante-trois pieds, rapporta 4 degrés et demi.

L'eau de la surface étoit à 11 et demi ; l'air à 10.

Lac du Bourget, en Savoie. Le 6 du mois d'octobre, à la profondeur de deux cent quarante pieds, la température étoit comme celle du *lac d'Annecy*, à 4 degrés et demi.

Celle de la surface à $14\frac{1}{2}$; celle de l'air à $10\frac{5}{10}$.

Saussure observe, relativement à ce lac, qu'on ne sauroit attribuer la froidure de ses eaux à aucune cause étrangère: il ne reçoit nul torrent des Alpes; et la communication qu'il a avec le Rhône, ne lui apporte les eaux de ce fleuve que pendant les crues de l'été.

Lac de Thoun, dans le canton de Berne. Ce lac est élevé de six cent trente pieds au-dessus de celui de Genève.

Le 7 du mois de juillet, à trois cent cinquante pieds de profondeur, la température étoit à 4 degrés.

Celle de la surface à 15; celle de l'air à 16.

Lac de Brientz, contigu à celui de Thoun. Le 8 du mois de juillet, à cinq cents pieds de profondeur, la température étoit à 3 degrés $\frac{6}{10}$.

Celle de la surface à 16; celle de l'air à 15.

Lac de Lucerne. Ce lac est élevé de cent quatre-vingt-onze pieds sur celui de Genève.

Le 28 du mois de juillet, à six cents pieds de profondeur, la température étoit à 3 degrés $\frac{9}{10}$.

A la surface elle étoit à $16\frac{5}{10}$; celle de l'air à $18\frac{6}{10}$.

Lac de Constance. Le 25 du mois de juillet, à la profondeur de trois cents soixante-dix pieds, la température étoit à 3 degrés $\frac{4}{10}$.

La surface de l'eau étoit à 14; l'air à 16.

Lac Majeur. Le 19 du mois de juillet, à la profondeur de trois cent trente-cinq pieds, la température étoit à 5 degrés $\frac{4}{10}$; la surface de l'eau à 20, l'air à 18.

Il est remarquable que le fond de ce lac ait une température aussi basse, tandis que sur ses bords les oliviers et même les orangers prospèrent en pleine terre.

Température de la mer. — *Première expérience.* Le 8 du mois d'octobre, à Porto-Fino, sur la côte de Gènes, le thermomètre descendu à la profondeur de huit cents quatre-vingt-six pieds, rapporta 10 degrés $\frac{6}{10}$.

La surface de la mer étoit à $16\frac{5}{10}$; l'air à $15\frac{4}{10}$.

Deuxième expérience. Le 17 du mois d'octobre, devant Nice, à la profondeur de dix-huit cents pieds, le thermomètre rapporta, comme à Porto-Fino, 10 degrés $\frac{6}{10}$.

La surface de la mer étoit à $16\frac{4}{10}$.

On voit, par cette comparaison de la température du fond de la mer avec celle du fond des lacs, que ce n'est point la masse des eaux qui met obstacle à la communication du calorique extérieur, et que la basse température qu'on observe lans le fond des lacs des Alpes, est due à quelque cause particulière et locale ; mais cette cause n'est point connue.

Diminution des Lacs. — Indépendamment de la cause générale qui opère une diminution graduelle dans l'étendue et la profondeur de tous les lacs, il y en a d'autres qui agissent sur chaque lac en particulier, et dont l'effet est plus ou moins prompt, suivant les circonstances locales.

Toutes les rivières qui se jettent dans les lacs y charrient plus ou moins les débris des montagnes d'où elles sortent, et des contrées qu'elles arrosent. Ainsi, plus un lac est voisin de ces hautes montagnes d'où se précipitent des torrens qui roulent avec eux des débris de rochers, et plus tôt son bassin sera comblé ; tandis qu'un autre lac, situé plus loin dans la plaine, et ne recevant que du sable et du limon, dont une partie ressort par son dégorgeoir, n'éprouvera qu'une diminution beaucoup plus lente.

Quelques naturalistes ont cru pouvoir déterminer l'ancienneté relative des lacs, d'après l'étendue des atterrissemens qui ont été formés dans leur bassin par les rivières qui s'y jettent ; mais il paroît bien difficile d'avoir là-dessus des données un peu satisfaisantes, et il faudroit surtout avoir beaucoup d'égard aux circonstances locales de chaque lac en particulier.

On voit, par exemple, que le *lac de Neuchâtel*, situé au pied du Jura, a déjà éprouvé une diminution très-considérable par les atterrissemens de l'Orbe, tandis que ceux du Rhône sont à peine sensibles dans le *lac de Genève*, quoique celui-ci soit probablement plus ancien.

Le *lac d'Annecy*, qui se trouve enclavé dans les montagnes, est déjà, en grande partie, comblé de leurs débris.

La *vallée de Chamouny* fut aussi jadis un lac, ainsi que Saussure l'a reconnu ; mais, placé au pied de la plus haute montagne de l'Europe, son bassin a depuis long-temps été nivelé par les atterrissemens que l'*Arveiron* et d'autres torrens y accumulent de toutes parts.

Le *lac du Bourget*, au contraire, qui se trouve dans le milieu d'un vaste bassin où il ne reçoit que des eaux paisibles et peu chargées de matières étrangères, sera moins exposé que beaucoup d'autres à l'influence de cette cause particulière de la diminution des lacs.

Phénomènes que présentent quelques Lacs. — On observe quelquefois, dans le *lac de Genève*, un flux et un reflux très-sensibles, auxquels on donne le nom de *sèche* ; on voit dans certaines journées orageuses, les eaux du lac s'élever tout à coup de quatre à cinq pieds, s'abaisser ensuite avec la même rapidité, et continuer ces alternatives pendant quelques heures.

Fatio attribuoit ce phénomène à des coups de vent qui re-

poussoient les eaux du petit lac au-delà de la barre sabl
neuse qui le sépare du grand lac, et ces eaux venant à reto
ber, occasionoient, selon lui, ces oscillations.

Jallabert observa que les sèches avoient lieu sans qu'il
eût aucun coup de vent ; et il attribua ce phénomène à
fonte subite des neiges qui grossissoit l'Arve tout à coup, à
manière à retarder brusquement le cours du Rhône à sa sor
tie du lac.

Mais Saussure a vu arriver ces crues subites de l'Arve, sans
qu'il y eût la moindre apparence de sèches.

Bertrand donne une explication qui paroît plus satisfaisante : il suppose que des nuées électriques attirent et sou-
lèvent les eaux du lac, et que ces eaux, en retombant, produisent ces ondulations. À quoi Saussure ajoute que des variations promptes et locales, dans la pesanteur de l'air, peuvent contribuer à ce phénomène.

Quelque ingénieuses que soient ces explications, elles ne me
semblent pas très-satisfaisantes ; on ne sauroit attribuer ce
phénomène à des causes aussi générales, qui ne manqueroient pas de produire des effets à peu près semblables sur les
autres lacs. Il doit donc y avoir quelque autre cause plus particulière et inhérente au lac lui-même ; et je penserois que ces
soulèvemens subits de ses eaux sont plutôt dûs à des bouffées
d'émanations souterraines, et que ce sont ces *gaz* eux-mêmes,
qui, par leur mélange avec l'atmosphère, y causent ces ora-
ges, ces mouvemens brusques et violens qui sont évidemment
l'effet d'une fermentation chimique, et non d'une simple rupture d'équilibre, qui ne produiroit jamais rien de semblable
aux ouragans.

On sait d'ailleurs que plusieurs lacs font quelquefois entendre des mugissemens sourds, comme ceux qui précèdent
les éruptions des volcans, et qui n'ont d'autre cause que les
gaz accumulés dans le sein de la terre, qui, en réagissant les
uns sur les autres, produisent des agitations semblables à celles qu'ils occasionent dans l'atmosphère, et qui, faisant effort
de tous côtés, s'échappent, en grondant, par le fond d'un lac
où ils trouvent moins de résistance qu'ailleurs. Quelques naturalistes prétendent que plusieurs lacs de Suisse font entendre parfois de semblables murmures ; ils mettent même
dans ce nombre le *lac de Genève.* Pallas a vu, dans les montagnes *Saïanes,* près des sources du *Yénisei,* un lac appelé
Boulany-Koul, qui, d'après le rapport des Tartares du voisinage, fait entendre, aux approches de l'hiver, des sons
qu'ils comparent à des hurlemens.

Les habitans des bords du Baïkal m'ont dit aussi l'avoir
entendu mugir d'une manière effrayante ; mais je n'ai rien

et de pareil, quoique je l'aie fréquenté dans différentes sai-
ons. Un jour que j'herborisois sur sa rive occidentale, j'en-
ndis, un grand nombre de fois, un bruit sourd et sec,
omme celui d'un violent coup de masse sur une grosse pou-
e : ce bruit étoit périodique et se répétoit à peu près de
ix minutes en dix minutes. Je ne sais quelle pouvoit en être
a cause : l'air étoit tranquille, et le lac n'avoit que de légères
ondulations. Le rivage n'étoit pas large, mais nulle part l'eau
ne frappoit immédiatement contre les rochers. Je fis plus
d'une lieue pour découvrir l'endroit d'où pouvoit partir ce
bruit; mais partout il paroissoit à la même distance, et je
ne découvris rien. Faujas a entendu un bruit tout semblable,
au fond de la fameuse grotte de Fingal, qui est baignée par
la mer d'Écosse.

Salure des Lacs. — Buffon posoit, comme une règle générale, que les lacs d'où sort une rivière, sont des *lacs d'eau
douce*; et que ceux qui n'ont point de dégorgeoir, sont des
lacs salés. Mais cette règle souffre des exceptions très-remarquables. Le grand *lac Titicaca*, au Pérou, auquel on donne
quatre-vingts lieues de circuit, est représenté comme un *lac
d'eau douce* par Delaet, par Acosta, par Garcilasso de la
Vega, etc., et cependant il n'en sort aucune rivière.

L'autre partie de la règle générale, qui veut que les *lacs
d'où sort une rivière, soient des lacs d'eau douce*, reçoit également une exception frappante dans le plus grand même de
tous les lacs; c'est la *mer Noire* qui, d'après Buffon lui-même,
*roule avec une très-grande rapidité par le Bosphore dans la mer Mé-
diterranée.* (*Hist. nat.* in-12, tom. 1, p. 46.)

Ce vaste dégorgeoir, qui forme un canal de huit lieues de
longueur sur plus d'une demi lieue de large, est tout aussi
bien une rivière que la *Neva*, qui verse dans le golfe de Finlande les eaux surabondantes du grand *lac Ladoga*. Cependant celui-ci est un *lac d'eau douce*, tandis que la *mer Noire*
est un *lac salé*, qui ne perd rien de cette salure, malgré le
changement perpétuel de ses eaux sans cesse renouvelées par
le *Danube*, le *Don*, le *Nieper* et autres grandes rivières. La
salure de cette mer tient, comme celle des lacs de Sibérie,
à la nature même du sol de son bassin, et les eaux douces y
font si peu de changement, que Pallas, dans sa *Description de
la Tauride*, attribue, en partie, la formation des *lacs salés* qui
sont sur les côtes de la Crimée, à l'eau de la mer qui, soule-
vée par les tempêtes, vient quelquefois les remplir. Mais je
crois qu'il est très-inutile de chercher à la salure des eaux
quelconques une cause étrangère; elles ne la doivent qu'à
des principes qui leur sont immédiatement fournis par l'atmosphère.

Lacs périodiques ou *Lacs qui se remplissent et se vident alternativement.* — Quelques naturalistes ont parlé d'un *lac de Zirchnitz* ou plutôt *Czirnick*, dans la Basse-Carniole, à quelques lieues à l'orient de Trieste, dont on fait une description romanesque. Il y a, dit-on, douze entonnoirs qui absorbent et vomissent alternativement l'eau et les poissons de ce lac; et en conséquence, on lui suppose un double fond qui tantôt se hausse et tantôt se baisse. On ajoute qu'en Suède il y a des lacs semblables, et que même leur double fond se détache quelquefois et vient surnager comme des planches. Tout cela est admirable, mais il n'y a rien de tout cela (1).

En parlant de ce *lac de Czirnick*, Lamartiniere dit simplement *qu'il est singulier en ce qu'on y pêche, on y fauche et on y moissonne, parce que l'eau y vient et en sort en différens temps de l'année.*

Cela est aisé à concevoir, sans faire de cette pièce d'eau

---

(1) Les îles flottantes, au milieu des lacs et à l'embouchure des grands fleuves, ne sont pas des choses idéales; on en cite une multitude d'exemples, contre lesquels on n'a rien à opposer. L'origine de ces îles est due, le plus souvent, à des végétaux retenus entre eux par leurs racines qui couvrent ou forment des terrains tourbeux que détachent les eaux, et qui, par leur legèreté, restent flottans à la surface de l'eau jusqu'à ce qu'ils se soient fixés ailleurs ou entièrement délayés : l'Islande, l'Écosse, la Suède, en général, tous les pays marécageux, offrent de pareilles îles. Adanson fût témoin, à l'embouchure du Niger, de la création d'une île semblable qui fut détachée du continent et entraînée par le fleuve. Voici comme il rapporte ce fait:

« Pendant la nuit du 9 septembre 1751, il s'éleva un vent furieux de l'est, qui amena une pluie très-forte, accompagnée d'éclairs si prompts et si vifs que leur lumière ne paroissoit pas interrompue.... Les eaux furent si abondantes pendant ce grain et se précipitèrent avec une telle force, qu'elles détachèrent, à quatre ou cinq lieues de là, une petite langue de terre qui flotta, comme une île, au gré des eaux. On la vit, le matin, semblable à une autre Délos, entraînée par le courant du Niger, prendre sa route vers l'Océan. Son agréable verdure et la disposition avantageuse des arbres dont elle étoit couverte, lui donnoient l'air d'une île enchantée, qui en fit désirer la possession à l'île du Sénégal; un canot fut envoyé aussitôt; il rejoignit cette île, fit passer plusieurs cordes dans son bois, et la força, malgré sa résistance, à se joindre au sable du Sénégal. Tout le village fut attiré par la nouveauté de ce spectacle : jamais on n'avoit vu une île si riante; chacun s'empressoit d'y entrer, mais on se défioit de ses racines que l'on prenoit pour des serpens. Je la mesurai et ne lui trouvai que quatre toises de diamètre : elle étoit ronde et ne portoit qu'une espèce d'arbrisseau épineux de dix pieds de haut, que les nègres appellent du nom de *billeur* (espece de *seshan*). *Ses racines extrêmement serrées et entrelacées les unes dans les autres,* ne retenoient que peu de terre grasse que l'eau n'avoit pu délayer, etc. ». Adanson *Voyag.* pag. 131-133. (LN.)

ne pièce de mécanique. Au sud-est de ce lac sont des vallées qu'on nomme *Teufels-Garten*, *le Jardin du Diable*, où coule une rivière qui forme un petit lac, dont les eaux surabondantes se perdent comme on a vu ci-dessus que se perdent celles du *lac de Joux*, et elles viennent ressortir par plusieurs ouvertures au pied d'une montagne qui borde le *lac de Czirnick*. Quand les eaux de la rivière sont grosses, le petit lac ne peut plus les contenir, elles enfilent les conduits souterrains, et entraînent avec elles une certaine quantité de poissons. Dès que ces eaux viennent à baisser, le petit lac suffit pour les contenir; celles qui sont dans le *lac Czirnick* s'évaporent; on prend le poisson qu'elles abandonnent, on fauche l'herbe que leur limon a engraissée, et si l'on a semé de l'orge ou de l'avoine dans les parties les plus élevées de cette espèce de marais, on les moissonne. Voilà toujours à quoi se réduisent les faits merveilleux dès qu'on les voit de près. (PAT.)

Les *lacs périodiques* sont les plus communs. Ils doivent leur création aux pluies de l'hiver; les chaleurs de l'été les dessèchent, ou bien ils sont amenés à l'état de dessèchement par l'évaporation ou l'infiltration. Dans les climats froids ou tempérés ils n'ont pas une grande étendue, ce sont le plus souvent des mares; dans les zones équatoriales ils couvrent des étendues considérables. Les *lacs de Pariu* et *de Xarayes*, en Amérique; le *lac de Caer*, près *du Niger*, au Sénégal, en sont des exemples.

Les lacs périodiques ne sont pas toujours dus à l'eau des pluies de l'hiver, il arrive souvent que les grands fleuves dans leur débordement, et puis dans leur abaissement, donnent naissance à de petits lacs et à de nombreuses mares qui s'observent surtout dans les plaines et les terrains bas qu'ils traversent. La mer forme aussi par ses mouvemens des *lacs salés* qui disparoissent en été ou que l'évaporation réduit presqu'à rien.

L'étude des lacs, en général, sous le rapport des animaux et des végétaux qui vivent dans leurs eaux ou sur leurs bords est très-peu avancée. Cependant, c'est de cette étude que doit jaillir la lumière qui peut seule nous éclairer sur les singulières alternatives des couches de la terre dans certaines circonstances, et principalement sur ces couches calcaires remplies de fossiles; les uns analogues aux êtres organisés qui vivent dans la mer, et les autres à ceux qui vivent dans les eaux douces ou sur la terre. L'on sait déjà que les grands fleuves et les rivières sont les canaux qui traversoient autrefois une suite de lacs plus ou moins nombreux, dont l'existence est constatée par la nature des couches qui s'observent dans les bassins que traversent encore nos rivières. Les terrains secondaires si long-temps négligés acquerront un bien plus grand intérêt pour l'avancement de la géologie, lorsqu'on voudra suivre avec attention tous les phénomènes que présentent les lacs et les fleuves qui y prennent leurs sources. Le champ des hypothèses, si vaste en géologie, se trouvera certainement alors très-borné , car la connoissance d'un fait bien constaté doit toujours être préférée au vague de l'hypothèse la plus séduisante , créée par l'imagination la plus vive. (LN.)

LACAI. Les Indiens payaguas, selon d'Azara , donnent ce nom aux petits CABIAIS, et celui d'*ochagou* à ces animaux adultes. (s.)

LACARGAMA. Nom espagnol d'une BUGLOSE. (LN.)

LACATANE. Excellente variété de BANANE qui se cultive aux Philippines. (B.)

LACATHA ou plutôt LACARA. Arbrisseau mentionné par Théophraste, qu'on a rapproché du MAHALEB, mais qui paroît encore inconnu. (LN.)

LACCA. Nom nicéen de l'ALOSE. (DESM.)

LACCA. Nom qu'on a donné à un suc résineux qui nous vient de l'Inde , et qu'on employoit en médecine après l'avoir fait dissoudre dans le lait ou le miel. C'est notre gomme laque. Avicenne la compare à la myrrhe. Les Arabes l'ont nommée quelquefois *chermes*. Amatus la regarde comme une excrétion produite par des fourmis ailées. Garcias paroît avoir eu le premier cette opinion qui a encore des partisans. Suivant Loureiro, la lacque se trouve sur le *croton lacciferum*, L., en Cochinchine et dans le royaume de Cambodia. Il ne doute pas qu'elle ne soit due à des fourmis rouges particulières à ces contrées, qui en suçant l'écorce y puisent un suc qu'elles digèrent, et dont les restes forment des incrustations sur les branches qui leur servent de nid. Loureiro se demande si d'autres arbres peuvent produire la lacque. Chacun sait que c'est avec la lacque que les Chinois et les Indiens teignent la soie en rouge carmin inaltérable. *V.* LACQUE. (LN.)

LACCA-HERBA (Rumph., Amb. 5, tab. 90). C'est la BALSAMINE DES JARDINS, *Impatiens balsamina*, L. (LN.)

LACCA-INDICA. LACQUE DES INDES produite par un JUJUBIER. *V.* LACQUE. (LN.)

LACCA-LIGNUM de Rumphius (Amb. 5). Arbrisseau qui paroît être une espèce d'*erythroxylum*. (LN.)

LACCIA Nom italien de l'ALOSE. (DESM.)

LAC-DYE. Préparation tirée de la *lacque* et analogue au LAC-LAK, mais qui ne m'est pas connue. (B.)

LACERON. Nom vulgaire du LAITRON COMMUN. (B.)

LACERT. C'est le CALLIONYME LYRE. (B.)

LACERTA. Ce nom a été appliqué par quelques voyajeurs, aux mammifères du genre PANGOLIN (*manis*), dont le corps couvert de larges écailles, et la longue queue, ont pu leur faire attribuer cette dénomination. (DESM.)

LACERTA. Nom latin des LÉZARDS, et dans la plupart des anciens auteurs d'erpétologie, de tous les reptiles de l'ordre des SAURIENS, et de plus, des salamandres qui appartiennent à celui des BATRACIENS. (DESM.)

LACERTIENS. Famille établie par Cuvier, dans l'ordre des SAURIENS. Il la subdivise en deux genres, les TUPINAMBIS qu'il appelle MONITORS et qu'il subdivise en TUPINAMBIS PROPREMENT DITS, en DRAGONNE, en SAUVEGARDE, et les LÉZARDS PROPREMENT DITS qui renferment les sous-genres LÉZARD et TAKYDROME. *V.* ERPÉTOLOGIE. (B.)

LACERTOÏDES. Blainville donne ce nom à un groupe de reptiles qui comprend les LÉZARDS PROPREMENT DITS. *V.* LACERTIENS. (B.)

LACET (*Chasse*). Nom donné à un piége qu'on fait avec un petit cordeau ou une lignette qui prend le gibier par le cou au moyen d'un nœud coulant que l'oiseleur ferme en tirant l'extrémité de cette lignette. On a eu tort de le confondre avec le *collet*, car pour celui-ci, la présence de l'oiseleur devient inutile, au lieu qu'elle est indispensable pour la chasse au *lacet*. On se sert du lacet pour prendre les oiseaux lorsqu'ils couvent. Pour cela une extrémité de cette lignette doit être attachée à un corps solide, et l'autre éloignée du nid de vingt à trente pas ; le nœud est arrangé sur les bords du nid, de façon que l'oiseau une fois entré, soit pour y pondre, soit pour y couver, tend pour l'ordinaire le cou qui ne manque jamais d'être serré par le lacet que l'oiseleur tire : quand c'est aux pinsons, chardonnerets, fauvettes et autres petits oiseaux qu'on fait cette chasse, un fil suffit ; mais quand c'est aux merles, grives, geais, etc., le lacet se fait de crin de cheval, et il est attaché à un fil fort. (V.)

LACETS. Les matelots donnent ce nom à des assemblages, quelquefois ressemblant à des îles, de VARECS LINÉAIRES, probablement du VAREC FIL, qui flottent sur la haute mer. (B.)

LACHANON d'Hippocrate. Ce nom est synonyme d'*olus* en latin, LÉGUME ou HERBE POTAGÈRE en français. *V.* les articles OLUS. (LN.)

LACHE. Espèce de PETITE CLUPÉE de la Méditerrannée. (B.)

LACHEN. COCHON-DE-LAIT ou jeune *pourceau*, en languedocien. (DESM.)

LACHENALE, *Lachenalia*. Genre de plantes de l'hexandrie monogynie, et de la famille des liliacées, établi aux dépens des JACINTHES, qui présente pour caractères : une corolle tubuleuse formée par six pétales allongés, connivens, dont trois extérieurs sont plus courts, moins obtus et moins ouverts à leur sommet que les trois autres ; point de calice ; six étamines dont les filamens sont très-peu courbes et les anthères droites ; un ovaire supérieur, ovale ou oblong, trigone, chargé d'un style à stigmate simple ; une capsule trigone, trivalve, triloculaire, et qui contient dans chaque loge des semences nombreuses et aplaties.

Ce genre se rapproche si fort du PHORMION de Forster, que la plupart des auteurs l'y ont réuni ; mais la forme de la capsule a paru suffisante à Willdenow et autres, pour les distinguer ; et on suit ici l'avis de ces derniers, d'autant plus volontiers, que le véritable *phormion* a un port et des usages tout différens.

Les lachenales sont des plantes à racine bulbeuse, à feuilles simples, engaînées à leur base, et à fleurs disposées en épi terminal. On en compte une trentaine d'espèces, presque toutes venant du Cap de Bonne-Espérance ; mais peu d'entre elles sont cultivées en France.

L'espèce la plus commune dans nos jardins, et peut-être la plus brillante de ce genre, est la LACHENALE TRICOLORE, dont les feuilles radicales sont linéaires, lancéolées, tachées de brun, et les fleurs presque cylindriques et penchées. Elle est remarquable par sa corolle variée de jaune, de rouge et de pourpre. Redouté en a fait un superbe dessin pour son ouvrage sur les *liliacées*.

La LACHENALE ODORANTE semble cependant lui disputer en beauté. Elle a les feuilles lancéolées plus étroites à la base, et la corolle horizontale, blanche, avec une tache rouge à la pointe externe des pétales extérieurs.

Il faut encore mentionner la LACHENALE A FLEURS PÂLES, dont les feuilles sont linéaires, et les fleurs tournées d'un seul côté. C'est l'*hyacinthus serotinus* de Linnæus. Elle croît en Espagne, et est cultivée dans les jardins. Quelques botanistes la placent dans le genre ZUCCANGNIE. (B.)

LACHEIRO, LACHETO, LACHASSON et LACHIOUS. Divers noms languedociens du LAITRON. (I.N.)

LACHESIS, *Lachesis*. Genre de reptiles de la famille des SERPENS, établi par Daudin, pour placer le *crotalus mutus* de Linnæus, qui, n'ayant point de sonnettes, avoit été mis par Latreille parmi les SCYTALES.

Ce genre, qui diffère à peine des TRIGONOCÉPHALES selon

Daudin, doit avoir pour caractères : des plaques entières sous le ventre et la queue ; celle-ci terminée par quatre rangées d'écailles pointues ; des crochets venimeux.

Le LACHESIS MUET et le LACHESIS SOMBRE sont originaires de la Guyane où ils paroissent fort rares. Ils parviennent à sept ou huit pieds de long. (B.)

LACHNÆA , d'un mot grec qui signifie *laine*. Linnæus donna ce nom au genre LACHNÉE (*V.* ce mot.), parce que les espèces ont les fleurs entourées d'un duvet laineux. Thunberg réunit ce genre aux PASSERINES. (LN.)

LACHNÉE , *Lachnæa.* Genre de plantes de l'octandrie monogynie, et de la famille des daphnoïdes, qui offre pour caractères : un calice monophylle, pétaliforme, tubuleux, à limbe quadrifide et un peu irrégulier ; point de corolle ; huit étamines un peu saillantes ; un ovaire supérieur, ovale, à style latéral, et à stigmate en tête hispide ; une semence ovale, presque bacciforme, cachée ou enveloppée dans la base du calice, qui est persistant.

Ce genre renferme trois arbustes du Cap de Bonne-Espérance, dont les feuilles sont simples, éparses et presque imbriquées, et les fleurs ramassées en têtes terminales. Aucun n'est cultivé dans nos jardins. L'un, le *lachnée à feuilles de buis*, est très-agréable par son port et par ses fleurs velues. (B.)

LACHNOSPERME. *Lachnospermum.* Genre de plantes de la syngénésie égale, établi par Willdenow. Il offre pour caractères : un calice cylindrique et imbriqué d'écailles arrondies ; un réceptacle velu ; des semences entourées de poils.

Ce genre ne renferme qu'une espèce. C'est un arbuste du Cap de Bonne-Espérance, à rameaux velus, à feuilles fasciolées, velues, et à fleurs solitaires, qui a été décrit par Thunberg, sous le nom de STÉHÉLINE FASCICULÉE. (B.)

LACHRYMA-JOBI ou LACHRYMA-JOPPI. Anguillara donne ce nom aux graines du STAPHYLIN à feuilles ailées ; mais il appartient spécialement à la LARMILLE (*coix lachryma*), nommée *salée* à Amboine, et *catriconda* au Malabar. Loureiro, comme presque tous les botanistes qui ont décrit des plantes dans l'Inde même, reconnoissent plusieurs espèces dans ce genre, nommé *coix* par Linnæus. *V.* LARMILLE. (LN.)

LACHRYMARIA d'Heister. Ce genre répond au COIX de Linnæus. *V.* LARMILLE. (LN.)

LACHTAK. Nom d'un PHOQUE, au Kamtschatka, le *phoca barbata* selon Erxleben. (DESM.)

LACIS, *Lacis.* Nom donné au MOURÈRE. (B.)

LACISTÈME, *Lacistema*. Plante bisannuelle, à feuilles ovales, aiguës, et à fleurs disposées en épi très-serré, très-court et sessile, qui forme un genre dans la monandrie digynie et dans la famille des orties.

Ce genre a pour caractères : un calice formé d'écailles en chaton; une corolle divisée en quatre parties; une étamine dont le filament est bifide; un ovaire pédicellé, surmonté de deux styles; une baie monosperme.

Le lacistème croît dans les bois montueux de la Jamaïque et de Surinam. Il a été appelé NÉMATOSPERMA par Richard, et placé parmi les POIVRES par Bergius. (B.)

LAC GALLINÆ, Césalpin, ou *lait de poule* ou *lait d'oiseau*. C'est l'ORNITHOGALE BLANC, L. (LN.)

LAC-LAK. Les Anglais de l'Inde donnent ce nom à une dissolution de la LACQUE réduite en poudre dans de l'eau bouillante très-chargée de soude, dissolution qui, séchée et de nouveau réduite en poudre, fournit, au moyen de l'acide sulfurique, une couleur solide sur les étoffes, analogue à celle de la cochenille, et fort employée aujourd'hui par les teinturiers de Londres. (B.)

LACQUE (*gomme*). On nomme improprement *gomme-lacque* dans le commerce, une résine d'un rouge-brun, demi-transparente, sèche et cassante, déposée sur des branchages, autour desquels elle forme comme une ruche ou amas d'*alvéoles*, qui contient les œufs d'une certaine espèce d'insecte.

La sécheresse de cette substance, son odeur aromatique quand elle brûle, sa solubilité dans l'alcool, en font une véritable résine. La plupart des auteurs ont assuré que les *fourmis* du Pégu produisoient la *gomme-lacque* : ce fait méritoit d'être vérifié, et c'est ce que M. James Kerr a tenté de faire; le résultat de ses observations lui a fait connoître que cette substance étoit due, non à des *fourmis*, mais à des *cochenilles*.

La tête et le tronc de l'insecte qui produit la *lacque* (que l'auteur nomme *coccus lacca*), composent un corps rouge, uniforme, ovale, comprimé, de la forme et de la grosseur d'un très-petit pou, et divisé en douze anneaux transversaux. Le dos est convexe et le ventre plat. Les antennes ont la moitié de la longueur du corps; elles sont filiformes, tronquées, et se ramifient en deux, souvent trois filets ou poils délicats, divergens, très-longs. La bouche et les yeux sont invisibles à l'œil nu. La queue est un très-petit point blanc, duquel partent deux soies horizontales aussi longues que le corps. Il a six pattes qui ont la moitié de la longueur de l'insecte.

Ces insectes que M. Kerr a toujours vus sans ailes, parcourent, à *Patna*, dans l'Inde, en novembre et décembre, les branches des arbres sur lesquels ils ont été produits, et ensuite se fixent sur les extrémités succulentes des jeunes branches. Au milieu de janvier, ils sont tous fixés dans leurs situations convenables. Ils paroissent aussi renflés qu'auparavant, mais ne donnent aucun signe de vie. On ne voit plus les jambes, les antennes et les soies de la queue ; ils sont environnés d'un liquide épais, à demi-transparent, qui semble les coller par leurs bords à la branche. C'est l'accumulation successive de ce liquide qui forme une cellule complète pour chaque insecte, et ce qu'on appelle *gomme-lacque*. Vers le milieu de mars, les cellules sont complétement formées, et l'insecte est en apparence un sac rouge, ovale, lisse, sans vie, à peu près de la grosseur d'une petite *cochenille* émarginée vers son extrémité, et plein d'un liquide d'un beau rouge. En octobre et novembre, on trouve environ vingt ou trente œufs rouges, ovales, dans le fluide rouge de la mère. Lorsque tout ce fluide est consommé, les jeunes insectes font un trou au dos de leur mère, et sortent l'un après l'autre, laissant leurs dépouilles, qui sont cette substance blanche, membraneuse, qu'on trouve dans les cellules vides de la gomme en bâton.

Ces insectes habitent quatre espèces d'arbres.

1.° *Ficus religiosa*, Linn. ; dans l'Indostan, *pipal*, le *figuier admirable* des Pagodes.

2.° *Ficus indica*, Linn. ; dans l'Indostan, *bhur*, le *figuier d'Inde*.

3.° *Plaso Hort. Malabaric.* ; par les naturels du pays, *praso*.

4.° *Ramnus jujuba*, Linn. ; dans l'Indostan, *beyr*, le *pommier d'Inde*. (1).

Ils s'attachent communément si près les uns des autres et en si grand nombre, qu'à peine y en a-t-il un sur six qui ait de la place pour compléter sa cellule ; les autres meurent et sont mangés par d'autres insectes. Les extrémités des branches paroissent couvertes d'une poussière *rouge*, et leur séve est si épuisée, qu'elles se fanent, ne produisent point de fruit ; leurs feuilles tombent, ou deviennent d'un noir sale. Ces insectes sont transplantés par les oiseaux, qui, en se perchant sur les branches, en enlèvent avec leurs pieds, et les laissent sur les premiers arbres où ils s'arrêtent ensuite. Il est à observer que ces figuiers, lorsqu'on les blesse, rendent un suc laiteux, qui se coagule à l'instant en une substance visqueuse, filante, qui, endurcie à l'air, ressemble à la cellule du *coccus lacca*. Les naturels du pays font, avec ce lait bouilli avec des huiles, une glu capable de prendre les paons, ou les plus grands oiseaux.

On tire par incision de l'arbre *plaso*, une gomme médicinale, si semblable à la *gomme-lacque*, qu'on pourroit aisément

____

(1) Il paroît qu'on les trouve aussi sur le *croton lacciferum*.

s'y méprendre : d'où il résulte que ces insectes ont probablement fort peu de peine à changer la séve de ces arbres pour en former leurs cellules. On voit rarement la *gomme-lacque* sur le *rhamnus jujuba*, et elle y est inférieure à celle qu'on trouve sur les autres arbres.

On trouve principalement la *gomme-lacque* sur les montagnes incultes des deux côtés du Gange, où elle est si abondante que, quand même la consommation qui s'en fait seroit dix fois plus grande, les marchés ne manqueroient jamais de ce petit insecte. La seule peine qu'on ait à se procurer la *lacque*, est de casser les branches et de les porter au marché. Le prix actuel à Dacca (en 1781), est d'environ douze schelins le cent pesant, quoiqu'on l'apporte du pays d'Assam, qui est fort éloigné. La meilleure *lacque* est de couleur foncée. Si elle est pâle et percée au sommet, sa valeur diminue, parce que les insectes ont quitté leurs cellules; et conséquemment elle ne peut servir pour la teinture, mais elle vaut probablement mieux pour les vernis.

Les Anglais distinguent quatre sortes de *lacques :* 1.° la *lacque en bâton* (*strick lac*), qui est l'état naturel dont toutes les autres dérivent; 2.° la *lacque en grain* (*seed lac*) : ce sont les cellules séparées des bâtons; 3.° la *lacque en pain* (*lump lac*), est la *lacque en grain* liquéfiée au feu, et formée en pains; 4.° la *lacque en écaille* (*schell lac*), est la *lacque en grain* liquéfiée, filtrée et formée en lames minces, transparentes, qu'on fait de la manière qui suit :

On sépare les cellules des branches; on les met en petits morceaux, qu'on jette dans un baquet d'eau, où ils restent un jour. On les retire de l'eau rougie, et on les sèche : on en remplit ensuite un tube cylindrique de toile de coton de deux pieds de longueur, sur un ou deux pouces de diamètre; les bouts étant liés, on tourne le sac au - dessus d'un feu de charbon; à mesure que la *lacque* se liquéfie, on tord le sac; et lorsqu'il en a transsudé une suffisante quantité par les pores du sac, on met ce suc sur une portion de feuilles de bananier, et avec une côte de la même feuille, on l'étend et on en forme une lame mince. Il faut l'enlever pendant qu'elle est flexible, car au bout d'une minute elle est dure et fragile. La valeur de la *lacque* en écaille, est en raison de sa transparence. *V.* LAC-LAK.

Les naturels du pays consomment une grande quantité de *lacque en écaille*, pour faire des anneaux peints et dorés de plusieurs manières, qui servent de bracelets aux dames. On en fait des chapelets, des chaînes spirales et à chaînons, pour des colliers et autres ornemens de femmes.

La *lacque* sert à faire de la cire à cacheter, des ouvrages

n *lacque*, des vernis, des meules à aiguiser, en incorporant
u sable dur avec cette résine ; des couleurs pour la peinture,
pour la teinture, etc. On a profité de la propriété qu'elle a
'être, de toutes les substances connues, la moins propre à
conduire l'électricité, pour isoler complétement les conduc-
teurs de la machine électrique. *Abrégé des Transactions philosophiques*, tom. I.

On assure que la *lacque* est employée dans l'Inde pour la
teinture des toiles, et au Levant, pour celle des peaux nommées *maroquins*. On en fait quelque usage en médecine,
comme d'un tonique et d'un astringent externes ; elle entre
dans les trochismes de karabé, dans les poudres et les opiats
dentifrices, dans les pastilles odorantes. L'alcool, en la dis-
solvant, en tire une forte teinture rouge. Suivant M. Roxburg,
une espèce de *mimosa* de Coromandel fournit encore la *lacque*,
et le mâle de l'insecte qui la produit, a quatre ailes, tandis
que l'individu de l'autre sexe n'en a que deux. Si l'observation est exacte, cet insecte n'est point du genre des cochenilles. *V.* la note que j'ai donnée sur ce sujet, dans les Annales de chimie et de physique, janvier 1817. (O. L.)

LACQUE. On donne aussi ce nom dans le commerce aux
petits meubles vernis, en Chine, avec la liqueur qu'on retire
du VERNICIER, du BADAMIER et de l'AUGIER.

On le donne aussi au PHYTOLACCA DÉCANDRE. (B.)

LACQUE EN HERBE. Fruit de la *morelle douce amère.*
V. au mot MORELLE. (B.)

LACTAGO. Nom donné, par les Romains, à la plante
qu'on croit être leur LAURIER ALEXANDRIN, c'est-à-dire, à
une espèce de FRAGON, *Ruscus.* (LN.)

LACTARIA des Romains et de Pline. C'est une herbe
remplie d'un suc laiteux, une espèce de TITHYMALE,
c'est-à-dire, une EUPHORBE pour les botanistes modernes.
(LN.)

LACTARIA SALUBRIS (Rumph., Amb. 3, t. 84).
C'est le *cerbera salutaris*, L., espèce d'AHOUAI qui croît dans
l'Inde et qu'il ne faut pas confondre avec le *cerbera manghas.*
Cette plante est remplie d'un suc laiteux comme presque
toutes celles de la même famille, les APOCINÉES. (LN.)

LACTARIOLA. Césalpin donne ce nom au PICRIS HIÉ-
RACIOÏDES. (LN.)

LACTARIS. Les Romains nommoient ainsi une plante
remplie d'un suc laiteux, qui paroît être une CHICORACÉE
du genre EPERVIÈRE. (LN.)

LACTE. Nom d'une espèce de VIPÈRE de l'Inde. (B.)

LACTERON de Pline. Cette plante paroît être synonyme
de SONCHUS. *V.* ce mot et LAITRON. (LN.)

LACTIFLUE, *Lactiflua*. Genre de CHAMPIGNONS, établi aux dépens des AGARICS de Linnæus, et auquel on peut donner pour type l'AGARIC ACRE, figuré par Bulliard.

Ses caractères sont : point de coiffe ; chapeau charnu, souvent comprimé ; feuillets inégaux ; suc laiteux. (B.)

LACTUCA. Les Latins nommoient ainsi la LAITUE à cause du suc laiteux qu'elle contient. Cette herbe potagère est cultivée de toute ancienneté, ainsi que beaucoup de ses variétés. C'est le *tridax* d'Hippocrate, de Théophraste et de Dioscoride ; le *chasaeret* des Hébreux ; l'*embrosi* des anciens Égyptiens. Zoroastre l'appelle *pherumbros*, et Pythagore *eunouchyon* et *astylida*. Le nom latin, resté dans la langue italienne, est la racine de tous les noms de la même plante dans presque toutes les langues d'Europe, *laitue* en français ; *lattich*, *lacktuk*, *latsche*, etc. en allemand, danois, suédois, russe ; *lettuce*, en anglais ; *lactuca*, *lactuga* en Italie ; *lechuga*, en Espagne ; *leituga*, en Portugal.

Dioscoride décrit deux espèces de *tridax*, la *sauvage* et la *cultivée*. Théophraste en désigne trois sortes, celle à large tige, celle à tige ronde, et celle dite *laconium* ou sessile. Pline admet ces trois sortes dans son LACTUCA ; mais il en indique beaucoup de variétés.

Avant Tournefort, les botanistes ont, sous le nom de *lactuca hortensis*, distingué presque autant d'espèces de *lactuca*, que le *lactuca sativa*, L., présente de variétés. C'est sous le nom de *lactuca sylvestris* ou *agrestis* qu'ils mentionnent principalement quelques espèces du genre *lactuca* de Tournefort et Vaillant, adopté par Linnæus, et des genres LAITRON, *Sonchus*, et PRÉNANTHE. Dans le *Species* de Willdenow, on voit que quelques espèces de *lactuca* de Tournefort, de Vaillant, de Forskaël, de Murray rentrent dans les genres cités et le *chondrilla*. Ces plantes appartiennent à la même famille, à celle des CHICORACÉES. Le nom de *lactuca* a été donné encore à plusieurs plantes qui n'ont qu'une ressemblance éloignée avec la LAITUE cultivée. *V.* les articles LAITUE. (LN.)

LACTUCELLA. Ce nom, cité par Pline, au nombre de ceux qu'on donnoit aux SONCHUS (*V.* LAITRON) est demeuré à ces plantes, en Italie. On l'a aussi appliqué à la PILOSELLE, espèce d'ÉPERVIÈRE. (LN.)

LADA. Nom malais du POIVRE. (LN.)

LADA-CHILI. Nom que Bontius donne dans son *Histoire de Java*, au PIMENT FRUTESCENT, *Capsicum frutescens*, L.; le LAT-TSIAO des Cochinchinois. (LN.)

LADANUM. C'est la même chose que le LABDANUM, c'est-à-dire, une *gomme-résine* que l'on retire des CISTES. (B.)

LADANUM ou LEDON, ou LEDANUM. C'est, dit Dioscoride, un arbrisseau semblable au ciste ; mais il a les feuilles plus longues et plus noires, et chargées au printemps d'une espèce de glu qui s'amasse après les poils de la barbe et des jambes des boucs et des chèvres qui broutent les feuilles de cet arbrisseau. Les bergers ont soin de la recueillir en étendant des cordes sur l'arbuste ; la gomme s'y attache, puis on la fond pour en faire des boulettes ; cette glu ou gomme est le LADANUM dont le meilleur est vert, odoriférant et résineux : il vient de l'île de Chypre ; le moins estimé se cueille en Libye. On ne sauroit méconnoître ici un *ciste* ; mais dire précisément quelle en est espèce, c'est ce qui n'est pas aisé, parce que presque tous les cistes eu arbrisseau qui croissent en Europe, fournissent une gomme analogue. On peut croire cependant que le CISTE de Crète et le CISTE ladanifère ou le CISTE *ledon* est la plante de Dioscoride, c'est ce qui fait encore que tous les cistes arborescents ont été désignés ou décrits avant Tournefort par les noms de *ledon*, *ledum*, *ledanum*, *ladirum*, *ladan* et *lada*. La gomme a reçu ceux de *laudanum*, *labdanum* (*V*. CISTE). Pline est conforme avec Dioscoride sur le *ledon* ou *ladanum*; mais il y a un LADANUM des moissons qui n'est pas un ciste, et qu'on doit rapporter à un GALÉOPE, *Galeopsis ladanum* ou *tetrahit*. (LN.)

LADANUM D'EUROPE. C'est un GALÉOPE, dont le nom spécifique est *laudanum*. *V*. ce mot. (LN.)

LA-DEAONG. Nom donné, en Cochinchine, au *phyllodes placentaria* de Loureiro, plante dont les feuilles sont en touffes radicales, longues d'un pied, et portées sur des pétioles qui ont quatre pieds. Les fleurs formant, au milieu de la touffe, un grand bouquet hémisphérique et sessile. On met les jeunes feuilles dans l'esprit-de-vin obtenu avec le riz pour en faire du vinaigre. On enveloppe différens mets avec les feuilles de cette plante, puis on les fait étuver. Par ce procédé, leur saveur est plus agréable. (LN.)

LADERLAPP et FLADERMUS. Noms suédois des CHAUVE-SOURIS. (DESM.)

LADIERNA. Nom espagnol de l'ALATERNE. (LN.)

LA-DI-TSAO et SIAO-KY. Nom chinois d'une espèce de CHARDON, *Carduus lanceolatus*, Lour., dont le fanage sert à la nourriture des cochons. (LN.)

LADSCHIM. Nom brame d'une espèce de SENSITIVE, *Mimosa*. (LN.)

LAEGAN. L'un des noms du GLOUTON. *V*. KOSSOMAKA. (S.)

LAEGAT et VOESEL. Noms danois de la MARTE BELETTE. (DESM.)

LÆLIA. Adanson caractérise ce genre par la silicule qui est biloculaire et non articulée, et y rapporte le *bunias orientalis* de Linnæus. Il rentre donc dans le *bunias* tel que les botanistes le caractérisent maintenant, et n'est pas le même que le *lælia* de M. Persoon. *V.* ci-après. (LN.)

LÆLIE, *Lælia*. Genre établi par Persoon, pour placer trois plantes appartenant à trois genres différens; savoir: le CRANSON AURICULÉ, la BUNIADE COUCHÉE, et le MYAGRE IBÉROÏDE. Ses caractères sont: une petite silique en forme de noix, sans valve, à une seule semence. Il ne diffère pas essentiellement de celui appelé MURICAIRE par Desvaux. (B.)

LÆMODIPODES, *Læmodipoda*. (Gorge à deux pattes). Ordre de crustacés qui, dans l'ouvrage de M. Cuvier, sur le *Règne animal*, compose la section des *cystibranches* de l'ordre des *isopodes*, mais que j'en ai ensuite séparée pour en former un ordre spécial. Ses caractères ont été développés à l'article CYSTIBRANCHES. *V.* ce mot. (L.)

LÆPHET. Nom hébreu du CHOU-RAVE ou du NAVET. (LN.)

LÆMMER-GEYER. Nom allemand de la PHÈNE ou du GYPAÈTE des Alpes, que Buffon et Molina ont confondu avec le *condor*. (V.)

LAET, *Laelia*. Genre de plantes, de la polyandrie monogynie, et de la famille des liliacées, qui offre pour caractères: un calice de cinq folioles qui se flétrissent; cinq pétales ou point; des étamines nombreuses; un ovaire supérieur, arrondi, chargé d'un style filiforme et droit: une capsule charnue, ovoïde, obtuse, cotonneuse, trivalve, uniloculaire et polysperme; des semences anguleuses.

Ce genre, qui se rapproche beaucoup de celui des LUDIENS, renferme quatre espèces, toutes des parties les plus chaudes de l'Amérique méridionale, dont trois n'ont point de pétales. Parmi ces dernières, l'une avoit été appelée THAMNIE par Brown, l'autre GUIDONIE par Loëffling. Ce sont des arbrisseaux à feuilles alternes et à fleurs portées sur des pédoncules communs axillaires. Aucun n'est cultivé dans les jardins de Paris. (B.)

LÆTJI. Osbeck, dans son *Voyage à la Chine*, donne ce nom au LITCHI. *V.* ce mot. (LN.)

LAFAENSE, *Lafaensia*. Genre de plantes très-voisin des GOYAVIERS et des MYRTES. Il a été réuni aux LAGERSTROMES. (B.)

LAGA. Nom de pays du CONDORI. (B.)

LAGANITE. Selon Bertrand (*Dict. oryctologique*), on donne ce nom à une pierre qui présente des gravures en relief comme des gaufres, et il pense que c'est une plante ma-

...time pétrifiée. Nous avons quelques motifs pour croire que ces empreintes sont celles attribuées à des fougères et que l'on rencontre dans les schistes qui accompagnent les terrains houillers. (DESM.)

LAGANUM. Bertrand (*Dict. oryct.*) dit que ce nom est celui d'une espèce d'*échinite discoïde*, ce qui rapporteroit cette pétrification aux oursins du genre CLYPÉASTRE. (DESM.)

LAGAR. C'est le *nerita undata* de Linnæus. *V.* au mot NÉRITE. (B.)

LAGARDO. Nom portugais du CAÏMAN. (S.)

LAGARTOR. *V.* LAGARDO. (S.)

LAGASCA, *Lagasca.* Genre de plantes de la syngénésie égale, et de la famille des corymbifères, établi par Cavanilles, et appelé NOCÉE par Jacquin. Il ne renferme qu'une espèce originaire de l'île de Cuba. Ses caractères sont : calice à plusieurs folioles sur un seul rang ; réceptacle rude, alvéolaire ; chaque semence enveloppée d'un péricarpe velu et terminé par quatre à cinq arêtes. (B.)

LAGÉNAGA. C'est, dans Avicenne, le nom arabe de la BOURRACHE. (LN.)

LAGÉNIFÈRE, *Lagenifera.* Genre de plantes, établi par H. Cassini, pour placer le SOUCI DE MAGELLAN et la BELLIE STIPITÉE. Il a pour caractères : des fleurons mâles et des demi-fleurons hermaphrodites ; des graines comprimées, prolongées en un col qui ne porte pas d'aigrette. (B.)

LAGÉNITE. Nom sous lequel les anciens oryctographes ont désigné des pierres, à cause de leur forme semblable à celle d'une bouteille, ou plutôt à celle d'une carafe ou fiole. Ces pierres sont le plus souvent des fossiles ou des concrétions ; on peut voir ce que dit Guettard à leur sujet dans ses Mémoires. Il suppose que les lagénites sont dues ordinairement à des agglutinations de sables ou à des infiltrations dans les cavités qu'ont laissées des mollusques mous après leur destruction. Il cite à ce propos les ALCYONS et les HOLOTHURIES. Les *lagénites* ou *alcyonites* des bords du Lez près Montpellier, ont particulièrement fixé son attention. Une des plus belles suites en ce genre, et la plupart même des pièces décrites par Guettard, existent maintenant dans la collection de M. de Drée, à Paris. (LN.)

LAGÉNULE, *Lagenula.* Genre de COQUILLES, établi par Denys de Montfort. Ses caractères sont : coquille libre, univalve, cloisonnée, droite, intersectée, pyriforme, à sommet aigu et base aplatie ; ouverture ronde ; cloisons inégales, unies ; siphon inconnu.

L'espèce qui sert de type à ce genre se trouve dans l'Adriatique, et acquiert rarement plus d'un quart de ligne de longueur. Elle se fait remarquer par la différence de direction de ses cloisons qui sont perpendiculaires dans le jeune âge et qui deviennent ensuite horizontales. (B.)

LAGENULE, *Lagenula*. Arbrisseau grimpant de la Cochinchine, armé de vrilles ; à feuilles pédiaires : à folioles ovales, crénelées, velues ; à fleurs d'un blanc verdâtre, portées sur des grappes presque terminales, qui forme un genre dans la tétrandrie monogynie.

Ce genre offre pour caractères : un calice de quatre folioles ovales-oblongues, réfléchies et persistantes ; point de corolle, quatre glandes charnues réunies à leur base en tiennent lieu ; quatre étamines ; un ovaire supérieur, à style épais et à stigmate simple ; une petite baie en forme de gourde, c'est-à-dire, étranglée dans son milieu, biloculaire et disperme. (B.)

LAGERSTROME, *Lagerstroemia*. Genre de plantes, de la polyandrie monogynie, et de la famille des myrtoïdes, qui présente pour caractères : un calice monophylle, turbiné, à six divisions ; six pétales onguiculés, ovoïdes, très-ondulés, ouverts ou quelquefois réfléchis, et attachés au calice ; un grand nombre d'étamines, dont les filamens attachés au calice sont séparés en six faisceaux, soit par six filamens plus longs que les autres, soit par des rapprochemens d'insertion ou une réunion de base ; un ovaire supérieur, ovale, chargé d'un style filiforme long et courbé, à stigmate tronqué ou obtus ; une capsule ovale, arrondie, soit mutique, soit acuminée par le style, environnée à sa base par le calice, s'ouvrant supérieurement en six valves, et divisée en six loges polyspermes.

Ce genre, auquel l'ADAMBÉ autrement appelé MANCHENÉSIE, doit être réuni, et qui ne diffère pas du LAFAENSIE, renferme cinq à six espèces. Ce sont des arbres ou des arbrisseaux à feuilles opposées ou alternes, et à fleurs disposées en panicules, qui croissent naturellement dans les Indes ou à la Chine, et qu'on y cultive autour des habitations, à raison de l'élégance et de la beauté de leurs fleurs.

Les espèces les plus connues ; sont :

Le LAGERSTROME DE LA CHINE, dont les rameaux sont tétragones, le calice glabre, et les pétales longuement onguiculés. C'est le plus beau de tous. On le cultive au jardin des Plantes, à Paris.

Le LAGERSTROME A GRANDES FEUILLES a les rameaux cylindriques, le calice velu, et les pétales peu onguiculés. Il se trouve dans l'Inde et dans les îles qui en dépendent. C'est aussi un bel arbrisseau, qui a fleuri au jardin des Plantes de Paris. (B.)

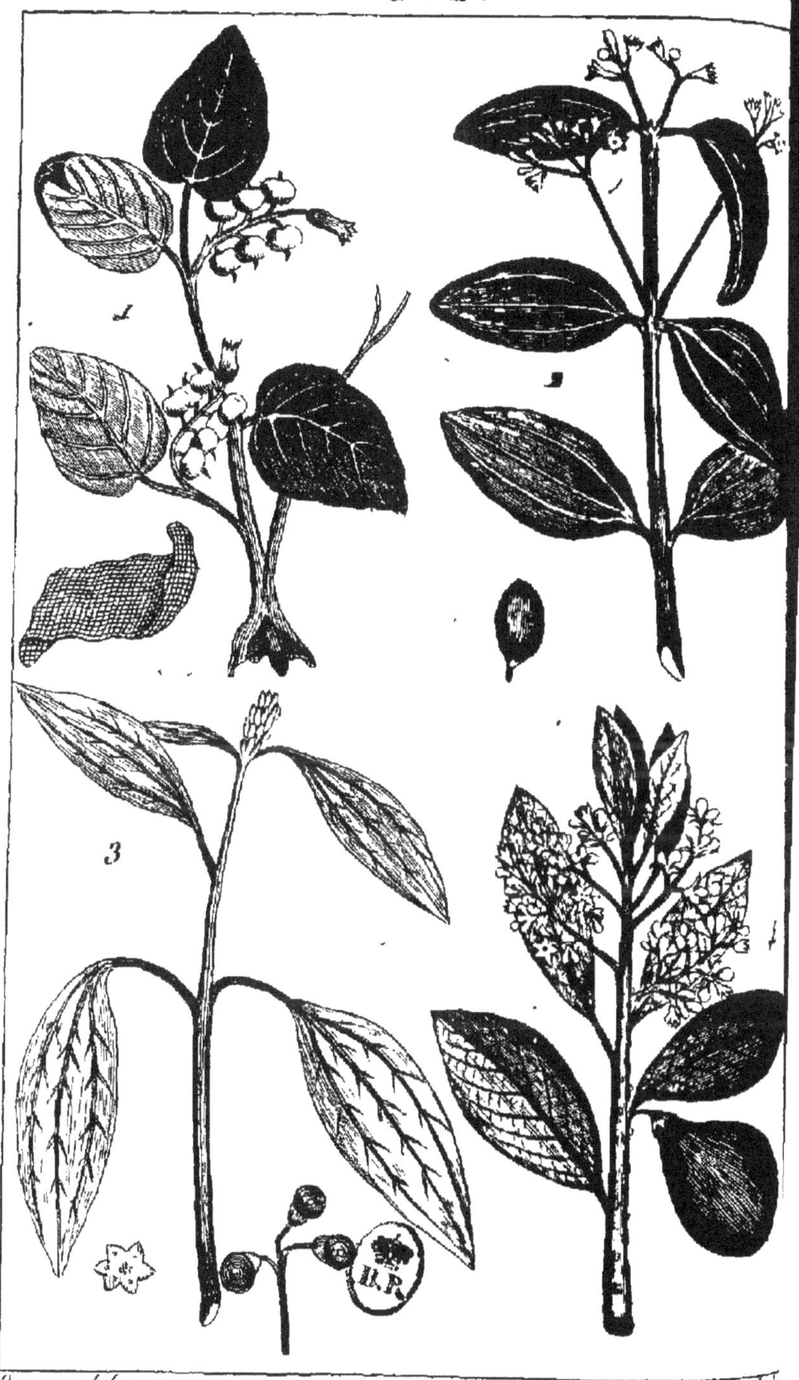

Dessiné del   Letellier sc.

1. Laget a dentelle   3. Laurier camphrier
2. Laurier Canelier   4. Laurier avocatier.

LAGET À DENTELLE, LAGETTO, BOIS DE DEN-
TELLE , *Lagetta lintearia* , Linn. (*Décandrie monogynie.*) Arbrisseau très-curieux , de la famille des daphnoïdes, qui croît
dans les montagnes de la Jamaïque et de Saint - Domingue
et à la Guiane. Il a une racine chevelue et pivotante, de laquelle s'élèvent des tiges assez droites, qui se divisent en
plusieurs rameaux placés sans ordre. L'épiderme qui les couvre est blanchâtre, parsemé de taches grises; l'enveloppe
cellulaire , verdâtre ; le liber blanc, d'une saveur sucrée,
épais de deux ou trois lignes, filandreux, séparé du bois, et
divisible en plusieurs couches qui, étant separées et étendues, forment un réseau clair, très-fin, assez fort, imitant la
dentelle ou plutôt la gaze. Le bois est compacte et d'un blanc
jaunâtre. Les feuilles sont ovales, en cœur, longues de cinq
à six pouces, larges en proportion, entières, luisantes, très-
veinées, disposées alternativement le long des branches, et
portées sur de courts pétioles. Les fleurs naissent sur les
parties latérales et sur les coudes d'un pédoncule commun
qui termine les rameaux et qui semble articulé. Elles sont
dépourvues de corolle. Chaque fleur a un calice coriace, fait
en forme de grelot , muni de quatre glandes à son orifice , et
divisé au sommet en quatre dents : il renferme huit étamines
presque sessiles, et un germe supérieur ovale, surmonté d'un
style court. Le fruit est une baie sphérique, très-blanche,
de trois à quatre lignes de diamètre, couverte d'une pellicule
très-fine, et remplie d'une substance, fondante, sucrée, au
milieu de laquelle on trouve une petite graine grisâtre,
ovoïde, terminée par deux petites pointes, d'un goût d'aveline, et renfermée dans une coque fragile.

Les fibres lâches qui forment l'écorce intérieure de cet arbrisseau sont entrelacées et croisées d'une manière assez régulière. Dans les Antilles , on emploie quelquefois cette
écorce par curiosité. On en fait des cocardes , des man-
chettes, des voiles, des garnitures de robe. Pour les blanchir, il suffit de les agiter dans de l'eau de savon.

Le lagetto constitue seul un genre, dont les caractères sont
figurés dans ce Dictionnaire, pl. G 2. (D.)

LAGETTO. *V.* Laget. (D.)

LAGG. Nom de la femelle du Phoque commun (*phoca
vitulina*), en Ostrobothnie. (DESM.)

LAGINON. Nom donné par les Celtes au Veratrum ,
suivant Adanson. (LN.)

LAGOCHIMICA. Les Crétois donnent ce nom à une
plante qui paroît être une Immortelle voisine de l'Immortelle annuelle, (*Xeranthemum annuum* , Linn.). (LN.)

LAGOCHYMENI , *Cubile leporis.* Les Grecs de l'île de

Lemnos, donnent ce nom, suivant P. Belon, à la LAGŒ-CIE CUMINOÏDE (*lagoecia cuminoides*, Linn.), jolie plante ombellifère qui croît dans le midi de l'Europe et dans l'Asie Mineure. Le nom de *lagoecia* que lui conserva Linnæus, est aussi un nom que lui donnent les Grecs. Cette plante est le CUMIN SAUVAGE de Matthiole, de Dodonée, de Lobel, de C. Bauhin, etc. (LN.)

LAGOCHYMITIA. Les Crétois, au rapport de Belon, nomment ainsi une certaine plante parce que les lièvres se couchent dessus avec plaisir. On présume que c'est la *tanaisie annuelle* de Linnæus, rapportée par Adanson à son genre peu naturel du *sparganaphoros* qui comprend des espèces d'*ethulia*, d'*achillea* et de *tanacetum*, Linn. La *lagochymeri* est une plante différente. (LN.)

LAGOECIE, *Lagoecia*. Plante annuelle à tige grêle, rameuse, à feuilles alternes, pinnées ; fleurs disposées en ombelles pendantes, qui forme un genre dans la pentandrie monogynie, et dans la famille des ombellifères.

Les caractères de ce genre sont : d'avoir les ombelles simples, glomérulées, laineuses, une collerette universelle de neuf folioles pinnées ou pectinées, et des collerettes partielles, uniflores, de quatre folioles pectinées et comme plumeuses. Chaque fleur a un calice à cinq découpures multifides capillacées ; cinq pétales bicornes ; cinq étamines ; un ovaire inférieur, chargé d'un seul style à stigmate simple.

Le fruit consiste en une semence solitaire, nue, ovale-oblongue, couronnée par le calice.

Cette plante forme une anomalie dans la famille des OMBELLIFÈRES par sa semence unique, et est fort remarquable par le grand nombre de filets sétacés qui environnent ses fleurs. Elle a une odeur légèrement aromatique et voisine de celle de la *carotte*. On la trouve dans les îles de l'Archipel et dans le Levant. (B.)

LAGOMYS (*rat-lièvre*). Nom donné par MM. Cuvier et Geoffroy aux quadrupèdes du genre PIKA. *V.* ce mot.
(DESM.)

LAGON. Ce nom est appliqué par les marins à de petites *mares* ou à des étangs d'eau de mer environnés de terre et de sable que la mer amène sur la plage dans les coups de vent et dans ses remous. (LN.)

LAGONE. Nom italien de l'ATHERINE (*ath. hepsetus*).
(DESM.)

LAGONI. On donne ce nom à des sources d'eaux minérales qui se trouvent dans les terrains anciennement volcanisés de la Toscane, et surtout aux environs de Pise, de Volterre, de Viterbe et de Sienne. Ces sources, qui sortent de terre à travers les cendres et les tufs volcaniques, forment des mares d'où s'exhalent des vapeurs infectes d'hydrogène sulfuré, qui empoisonnent l'air à de grandes distances. Il est même quelquefois dangereux d'approcher de ces *lagoni* : le sol graveleux, sans consistance, et détrempé par les eaux souterraines, forme des fondrières où l'on risque d'enfoncer tout à coup jusqu'à la ceinture, et même d'y être tout à fait englouti.

Le nom de *lagoni* a la même signification que ceux de *lagon* et de *lagune ;* on entend par-là un petit lac ou golfe peu profond et environné d'un terrain sablonneux. (PAT.)

LAGOPÈDE, *Lagopus*, Vieill. ; *Tetrao*, Lath. Genre de l'ordre des oiseaux GALLINACÉS et de la famille des PLUMIPÈDES. *V.* ces mots. *Caractères :* bec robuste, court, garni de plumes à la base, convexe en dessus, voûté ; mandibule supérieure couvrant les bords de l'inférieure ; celle-ci plus courte ; narines oblongues, cachées sous les plumes du capistrum ; langue charnue, entière ; sourcils papilionacés, nus ; tarses et doigts vêtus ; quatre doigts, trois devant, un derrière ; pouce articulé sur la partie interne du tarse, trèscourt, ne portant à terre que sur l'ongle ; ongles larges, un peu aplatis, arrondis à la pointe, courbés vers le bout, creusés en gouttière par dessous, le postérieur deux fois plus long que le doigt ; ailes concaves, arrondies ; la première rémige plus courte que la sixième ; les troisième et quatrième, les plus longues ; queue à seize rectrices. Quoique je sépare les *lagopèdes* des *tétras* et des *gélinottes*, ils seroient peut-être aussi bien placés à la suite de ceux-ci; cependant, ils doivent être dans une section particulière, puisqu'ils présentent plusieurs caractères qui sont étrangers aux autres. Les régions glaciales de l'Europe, de l'Asie et de l'Amérique, sont les lieux où la nature a confiné les *lagopèdes ;* et si l'on en trouve dans des contrées tempérées, on ne les voit qu'à la cime des plus hautes montagnes, dont le climat est analogue à celui des régions boréales. Ils s'y tiennent cachés dans les broussailles, dans les halliers, dans des touffes de bouleau et de saules nains ; ils se plaisent en grandes troupes composées de plusieurs familles. Depuis les couvées jusqu'au printemps, époque où l'on ne les voit plus que par couples, leur nourriture se compose de baies et de bourgeons de diverses plantes et arbustes. Ces *gallinacés* nichent à terre, sont monogames, et font une ponte nombreuse. Les petits courent dès leur naissance, prennent eux-mêmes la nourriture que la mère leur indique.

Le LAGOPÈDE proprement dit, *Tetrao lagopus*, Lath. ; *lagopus vulgaris*, Vieill., *pl.* E 24, *fig.* 2 de ce Dictionnaire,

plumage d'été; et pl. enl. , fig. 4 , *Oiseau en mue.* Une apparence de similitude entre ses pieds et ceux du *lièvre,* seul animal, suivant l'observation d'Aristote, dont la plante des pieds
soit garnie de poils, a valu à ce *gallinacé* le nom de *lagopède,*
c'est-à-dire , *aux pieds de lièvre.* Quoique ce nom soit resté,
son application manque absolument de justesse , puisqu'elle
est fondée sur une comparaison qui manque d'exactitude. En
effet, avec quelque attention, il est facile de reconnoître, en
premier lieu , que l'oiseau dont il est question n'a point de
poils aux pieds, et qu'ils sont recouverts, aussi bien que les
jambes, de vraies plumes, d'une sorte de duvet long et épais,
qui ne laisse à découvert que les ongles ; en second lieu,
qu'aucune de ces plumes ne prend naissance sous les pieds,
mais qu'elles sont toutes implantées sur les côtés , et que seulement elles se dirigent vers la plante des pieds; en sorte que
l'assertion d'Aristote, que le lagopède avoit donné l'occasion
d'attaquer , subsiste dans toute sa plénitude.

L'âge et la saison occasionent des changemens très-remarquables dans les couleurs du plumage du lagopède, et
ces différences ont produit de grandes erreurs en ornithologie, d'autant plus difficiles à éviter , que l'observation ne
peut suivre qu'avec peine, une espèce qui fait sa demeure
habituelle sur les hautes chaînes de montagnes , au milieu
des neiges et des précipices. Dans presque tous les ouvrages
sur l'histoire naturelle des oiseaux , et même dans celui de
Buffon, le lagopède est présenté sous autant de noms qu'il
prend de livrées différentes. Dans son habit d'été , on en a
fait une espèce séparée , que l'on a cru reconnoître pour
l'*attagas* ou *attagen* des anciens : avec son manteau d'hiver,
il a été appelé *attagas blanc ;* on l'a nommé aussi, suivant l'é-
poque où on l'a vu, *attagen blanc , gélinotte blanche , gélinotte
huppée;* Belon l'a désigné sous les dénominations de *francolin*
et de *perdrix blanche.* C'est à un zélé et profond observateur,
que l'on doit la lumière répandue sur l'histoire naturelle du
lagopède. Picot Lapeyrouse a fait disparoître le chaos qui ré-
sultoit de la multiplicité et de la confusion des noms , et il a
prouvé que l'oiseau appelé *attagas* par les anciens et par les
modernes , dont on avoit fait une espèce distincte , est le
même que le lagopède (Voyez les *Mémoires de l'Académie de
Toulouse ,* tom. I.). Ce savant ne s'est pas contenté de débrouiller et de fixer la nomenclature , but qu'un trop grand
nombre de naturalistes modernes dédaignent de franchir ; mais
il a tracé l'histoire d'une espèce , dont il a décrit les mœurs et
les habitudes.

Le lagopède est un peu plus gros que la *bartavelle ;* son
poids est d'environ dix-neuf onces ; sa longueur, prise du bout

du bec à celui de la queue, d'environ quinze pouces, et son
envergure de deux pieds; le bec est court et noir, sa mandibule supérieure est légèrement arquée, et ses yeux sont surmontés d'une large membrane charnue, festonnée dans son
contour, et d'un rouge très-vif; les ongles sont noirs. Il a ordinairement, sous sa livrée d'été, la gorge blanche; le cou,
le dos, les scapulaires, les grandes couvertures des ailes, les
couvertures supérieures de la queue et ses deux pennes intermédiaires rayées transversalement de blanc, de noir et de
roux; les pennes alaires, le milieu du ventre et les couvertures
inférieures de la queue blancs; les tarses couverts d'un duvet
moins épais, et surtout les doigts. Alors le mâle est privé de
la bande noire qui part du bec, et se termine derrière l'œil.
La femelle lui ressemble. Quand ces oiseaux sont en mue,
leur vêtement participe plus ou moins des couleurs d'été et
d'hiver. Dans cette dernière saison, le mâle se distingue de
la femelle, par la bande noire qu'il porte sur les côtés de la
tête; tous les deux sont alors d'un blanc éclatant, à l'exception des six premières pennes de la queue, qui sont noires;
leurs tarses et leurs doigts sont couverts d'un duvet très-épais.

L'oiseau commence à blanchir au mois d'octobre, et il est
tout à fait blanc en décembre : on rencontre néanmoins pendant l'hiver, quelques individus qui conservent des taches sur
le corps et le cou ; les chasseurs prétendent que ce sont des
jeunes de l'année.

La nature a donné aux lagopèdes, pour les garantir du froid,
une fourrure des plus chaudes ; toutes leurs plumes, à l'exception de celles des ailes et de la queue, sont garnies à leur
base d'un double duvet qui tombe à mesure que les chaleurs
s'accroissent ; de manière que dans l'été, ces plumes n'ont
pas plus de duvet que celles des autres oiseaux.

Dans la première année de leur âge, les lagopèdes sont
d'un gris pointillé de noir et mêlé de beaucoup de blanc, surtout sous le corps, aux ailes et aux pieds.

Cette espèce de gallinacé est commune sur les Alpes,
les Pyrénées, les montagnes les plus froides de l'Angleterre,
sur celles d'Ecosse, en Sibérie, au Groënland, à la baie
d'Hudson, au Canada, etc. Partout ces oiseaux habitent les
cimes des hautes montagnes, dans des lieux inaccessibles et
chargés de neige. Lorsque tous les végétaux en sont couverts,
ces oiseaux descendent du haut des monts pour chercher leur nourriture dans les endroits où une exposition plus
favorable maintient la végétation ; mais dès qu'ils sont ras-
sasiés, ils s'empressent de regagner leurs âpres mais paisibles retraites ; ils y choisissent les places à l'abri du soleil et
du vent, qu'ils paroissent redouter ; ils se creusent dans la

neige même, et en l'écartant avec leurs pieds, des trous dans lesquels ils restent tranquilles, jusqu'à ce que la neige qui tombe sur eux les force à la secouer, et assez souvent à changer de demeure. Ils courent très-vite, mais leur vol n'est pas très-léger. Ils se nourrissent des sommités des fleurs et des fruits de plusieurs végétaux, tels que le *rhododendron*, l'*airelle*, la *bousserolle*, l'*azaléa*, le *bouleau nain*, les *lichens*, etc., etc. Ils ont aussi du goût pour les insectes. Ils vivent, pendant l'hiver, en société de six, jusqu'à dix individus ; c'est une réunion de famille, composée du père, de la mère et des petits, qui suivent leur mère comme les poussins suivent la poule.

« Le besoin d'une union plus intime, dit Picot Lapeyrouse, sépare les familles au mois de juin ; alors les lagopèdes s'apparient, et les couples s'écartent les uns des autres, depuis le sommet des montagnes jusqu'à la moitié de leur hauteur. Chaque paire gratte, de concert, un creux circulaire d'environ huit pouces de diamètre, au bas d'un rocher ou d'un arbuste, et ordinairement, sans aucune autre préparation, sans, à proprement parler, former de nid ; la femelle, au bout d'un mois, pond depuis six jusqu'à douze œufs, le plus communément, six ou sept ; ils sont d'un gris roussâtre, tachetés de noir.

« Les jeunes naissent couverts d'un duvet qui est brun, noir et jaunâtre sur la tête et sur les autres parties supérieures; d'un jaune blanchâtre, sur les inférieures. Leur mère les défend avec beaucoup de courage, et ne balance pas à se jeter sur les personnes qui cherchent à s'en emparer.

« Le mâle est très-assidu auprès de la femelle, pendant tout le temps de l'incubation ; il rode sans cesse autour de l'endroit où elle couve ; il fait entendre son cri fréquemment; il est très-soigneux d'apporter de la nourriture à sa femelle, mais il ne prend jamais sa place. L'incubation est de trois semaines. Aussitôt que les petits sont nés, le père et la mère les conduisent sur les sommets des montagnes, parmi les *rhododendrons*, qui sont alors en fleurs. L'accroissement des petits lagopèdes est prompt ; dès le 15 d'août, ils ont déjà la grosseur d'un *pigeon*. Ce prompt accroissement étoit nécessaire à un oiseau destiné à vivre dans des régions où le froid commence avec violence dans le mois d'octobre.

« Les *faucons* et les *aigles* même sont friands de la chair des lagopèdes ; ils en détruisent beaucoup. A la vue de ces ennemis dangereux, les lagopèdes se cachent sous les buissons, ou sous les avances et entre les fentes des rochers. Ils ne paroissent pas redouter l'homme, quand ils n'ont point encore éprouvé ses armes ; mais lorsqu'ils ont été chassés, ils deviennent très-sauvages, et fuient de fort loin. C'est sans fondement que Gesner les a représentés comme stupides; ils connoissent le danger, ils l'évitent avec la sagacité commune aux autres animaux en général. Leur caractère les porte à l'indépendance, et ils meurent en captivité, quoiqu'ils prennent la nourriture qui leur convient; mais ils périssent d'ennui, et sans pouvoir s'accoutumer à la servitude. »

Le lagopède mâle fait souvent entendre, pendant la nuit, un cri semblable à celui de la *grenouille rousse* (*rana temporaria*, Linn.); le cri de la femelle est le même que celui d'une jeune *poule*. On regarde ces oiseaux comme un gibier délicat; la chair des jeunes est exquise, aussi les chasseurs ne craignent pas de les poursuivre à travers les précipices, et au risque de leur vie. On peut prendre les petits à la course, à l'aide d'un chien. Au Groënland, on leur fait la chasse avec des lacets, soutenus par une ligne que deux hommes tiennent en marchant; quelquefois aussi on les tue à coups de pierres.

Les Tyroliens et les Grisons se servent aussi de lacets faits de crins de cheval, frottés avec de la cire; souvent il est de laiton, parce qu'on prétend, dit M. Themminck, qu'alors les renards et les fouines ne touchent point à la proie. Ces lacets s'attachent aux branches basses des arbustes, de manière qu'ils touchent à terre.

Dans ces pays glacés, où les coutumes et les goûts se ressentent de la rudesse du climat, on mange les lagopèdes crus ou à demi-pourris; leurs intestins cuits avec du lard de *phoque*, ou mangés crus à l'instant où on les tire du corps, avec la matière qu'ils contiennent, y sont un mets très-recherché. La peau de ces oiseaux entre quelquefois dans les vêtemens très-simples des Groënlandais, et les pennes noires de la queue servoient autrefois aux femmes, d'attache et d'ornement pour la chevelure.

Le LAGOPÈDE DE LA BAIE D'HUDSON, *Lagopus albus*, Vieill.; *Tetrao albus*, Lath., pl. 72 des *Ois. d'Edwards*. « Les nomenclateurs, dit Sonnini dans la première édition de ce Dictionnaire, ont fait mal à propos, ce me semble, une espèce particulière de cet oiseau, qui n'est, suivant toute apparence, qu'une variété du lagopède de l'ancien continent; les seules différences que l'on puisse remarquer entre ces deux oiseaux, consistent en ce que celui de la baie d'Hudson est plus gros, que son ventre reste blanc pendant l'été, et que les teintes du dessus de son corps sont moins tranchées et plus fondues ». Mais je crois que c'est, de sa part, une méprise, et que Buffon a eu raison de le présenter comme une espèce distincte, en disant que les auteurs de la Zoologie Britannique font à Brisson un juste reproche de ce qu'il oint dans une liste, le *ptarmigan* (notre lagopède) avec la *perdrix blanche* d'Edwards, pl. 72, comme ne faisant qu'un seul et même oiseau, tandis que ce sont en effet deux espèces différentes; car la perdrix blanche d'Edwards est beaucoup plus grosse que le *ptarmigan*, et les couleurs de leur plumage d'été, sont aussi fort différentes; celle-ci ayant de larges taches blanches et d'un orangé foncé, tandis que le *ptarmigan* a des mouchetures d'un brun obscur sur un brun clair. Le sujet représenté dans la planche d'Edwards est, selon Buffon, un coq, tel qu'il est au printemps, lorsqu'il commence à prendre sa livrée d'été; il a ses sourcils membraneux plus rouges, plus saillans et plus élevés; il a, en outre, des petites plumes blanches autour des yeux et d'autres à la base du bec, lesquelles recouvrent les orifices des narines; les deux pennes du milieu de la queue sont variées comme celles du cou, les deux suivantes sont blanches et toutes les autres noirâtres avec du blanc à la pointe, en été comme en hiver. La livrée d'été ne s'étend que sur la partie supérieure du corps; le ventre reste toujours blanc; les pieds et les doigts sont entièrement couverts de plumes; les ongles sont moins courbés qu'ils ne le sont ordinairement dans les oiseaux.

Ce lagopède a, selon Pennant, le bec noir, la tête, le cou, une partie du dos, les couvertures de la queue et les scapulaires d'un orangé foncé, souvent marqués de grandes taches blanches et couverts d'un grand nombre de lignes noirâtres et transversales; le ventre, le duvet des pieds et les plumes du milieu de la queue blancs; le reste des pennes caudales noir; les ongles larges et plats, propres à creuser la terre; chaque plume, excepté les pennes alaires et caudales, garnie à la base d'un double duvet, seulement pendant l'hiver.

M. Themminck, *Histoire des Gallinacés*, regarde aussi cet oiseau comme une espèce distincte, et d'après les caractères qu'il indique, on ne peut le confondre avec le lagopède proprement dit. En effet, il a le bec d'un tiers plus haut et plus large et beaucoup plus fort que celui du *ptarmigan*; les sourcils plus apparens; le mâle n'a point de bandelette noire sur les côtés de la tête; les tarses sont beaucoup plus forts et plus longs; les ongles sont plus aplatis, un peu évasés en dedans et d'un blanc de corne; la livrée d'été est d'un roux marron foncé ou d'un roux de rouille entrecoupé de raies transversales noires. Cet auteur nous assure que le *red grous* de Latham (*tetrao scoticus*) est le même oiseau en habit d'été; cependant ce savant ornithologiste anglais et Pennant, en fon tune espèce distincte; et, comme cet hollandois nous dit que c'est d'après l'individu décrit par Latham, qu'il a fait faire un dessin et qu'il a pris la description de son *tetras des saules* (notre lagopède de la baie d'Hudson); il voudra bien nous permettre de ne pas adopter cette réunion. Ainsi donc, nous décrirons particulièrement le *lagopède d'Ecosse*, ainsi que l'ont fait les ornithologistes anglais.

Les *lagopèdes de la baie d'Hudson*, recherchent les rayons du soleil avec empressement; ils passent les nuits d'hiver dans des trous qu'ils se creusent sous la neige et d'où ils sortent au lever du soleil, en s'élevant en l'air perpendiculairement pour secouer la neige qui s'est attachée à leurs ailes et à leur corps; ils cherchent leur nourriture le matin, dans le milieu du jour et vers le soir; alors, surtout le matin, ils se rappellent par un cri fort répété de temps à autre et ils mangent dans les intervalles. Au commencement d'octobre, ces oiseaux se rassemblent en bandes très-nombreuses, et se tiennent alors dans les saussaies, où ils vivent des sommités des rejetons et des branches des saules. Dans les premiers jours de décembre, ils paroissent en plus petite quantité aux environs des établissemens, sur les montagnes, où, dans ce mois, la neige a moins d'épaisseur que dans la plaine, et où ils trouvent les baies dont ils se nourrissent. En hiver, ils descendent sur les bords de la mer et sur les rochers dépouillés de la neige par le vent. Au mois de mai, la société se dissout et chaque couple s'isole dans les bois pour s'occuper d'une nouvelle génération. Ils sont ordinairement aussi apprivoisés que des poulets, surtout vers le milieu du jour, et quelquefois sauvages; l'oiseau de proie leur inspire une telle frayeur, qu'il suffit d'imiter le cri d'une chouette pour qu'ils restent immobiles. Quoique ces oiseaux vivent en société pendant une grande partie de l'année, la mort seule peut dissoudre l'union formée par l'amour; le mâle affectionne sa femelle au point que si on la tue près de lui, il a beaucoup de peine à s'en éloigner, et souvent il doit la mort à cet attachement.

Cette espèce niche sur la terre, et sa ponte est composée de 9 à 11 œufs saupoudrés de noir (extrait de l'*Arct. zoology*, et des voyages cités dans cet ouvrage); elle habite les parties les plus boréales de l'Europe, de l'Amérique et de l'Asie, jusqu'au 72.ᵉ degré de latitude, à la baie d'Hudson, ainsi qu'à Terre-Neuve; peut-être, dit Pennant, dans les provinces européennes de la Russie, et certainement en Asie, dans la Sibérie, au Kamtschatka et dans les îles qui sont entre cette contrée et l'Amérique; finalement en Laponie et en Islande. Mais ce savant naturaliste ne fait aucune mention de la Grande-Bretagne et certainement, si la *gélinotte d'Ecosse* étoit le même oiseau que le *lagopède de la baie d'Hudson*, comme le veut M. Themminck, il n'auroit pas manqué d'en parler.

Ne seroit-ce pas ce lagopède que Mackinsie a rencontré en Amérique vers le 69.e degré de latitude, sur les bords du fleuve auquel on a donné le nom de ce voyageur, les naturels appellent ce gallinacé *eass-bah*, d'autres indigènes le nomment *siadel rype*, selon le voyageur Hearn. Ne seroit-ce pas encore la *perdrix blanche du Canada*, laquelle s'avance dans l'Amérique, jusqu'à la Nouvelle-Écosse? mais on ne la rencontre dans ces contrées qu'en hiver, et seulement à l'époque des froids les plus rigoureux, lorsque les vents du nord et du nord-est ont soufflé pendant un certain laps de temps. Ces oiseaux sont tellement fatigués à leur arrivée qu'on peut pour ainsi dire, les prendre à la main.

Le Lagopède dit la Gélinotte d'Écosse, *Lagopus scoticus*, Vieill.; *Tetrao scoticus*, Lath., *Brit. Zoolog.*, pl. 43. Nous avons déduit, dans l'article précédent, les motifs qui nous ont déterminé à rejeter l'identité de ce gallinacé et du *lagopède de la baie d'Hudson;* identité que M. Themminck prétend établir. En attendant des preuves plus convaincantes que celles qu'il nous donne, nous nous rangeons de l'opinion de tous les auteurs qui ont présenté ces deux oiseaux comme deux espèces distinctes.

Ce lagopède a environ 15 pouces et demi de longueur totale; les narines couvertes de plumes rougeâtres et noires; l'iris couleur de noisette; une membrane rouge, élevée et dentelée au-dessus de l'œil; une tache blanche sur le menton près de la mandibule inférieure; la gorge rougeâtre; la tête et le cou d'un rouge pâle de tan; chaque plume de ces parties, avec plus ou moins de lignes noires; le dos, les scapulaires d'un rougeâtre foncé, avec de grandes taches noires; la poitrine et le ventre d'un brun pourpré terne, traversé par un grand nombre de lignes étroites et noires; les pennes des ailes noirâtres; les intermédiaires de la queue barrées de rougeâtre et les autres noires; les tarses couverts, jusqu'aux ongles, de plumes duveteuses blanchâtres; les ongles gris. La femelle est plus petite que le mâle; ses couleurs sont plus ternes et la membrane des sourcils moins apparente. Cette description ne convient pas en entier à tous les individus; la couleur rougeâtre est moins foncée chez les uns, elle tire plus au roux orangé chez d'autres; et quelques uns ont moins de lignes noires.

Pennant et Latham n'indiquent point un plumage d'hiver différent de celui-ci, et certainement ils en auroient fait mention pour un oiseau qui est commun dans leur patrie, s'il en étoit autrement; aussi M. Cuvier, *Règne animal*, dit qu'il existe, en Ecosse, un lagopède qui ne change point de couleur en hiver et que c'est le *tetrao scoticus* de Latham. Ce

fait m'a encore été confirmé depuis peu de jours, par M. Bul-
fowck, naturaliste anglais.

On voit au Muséum d'Histoire naturelle, deux *lagopèdes*,
dont l'un est totalement blanc, à l'exception de plusieurs
pennes de la queue, et l'autre d'une couleur marron vive et
pure, sur les seules parties antérieures; ce qui indique qu'il
quittoit sa livrée d'hiver pour se vêtir de celle d'été. M. Themminck, a qui l'on a permis de les étiquetter, prétend que
ces individus sont de l'espèce du *tetrao scoticus*, c'est en quoi
il se trompe. Notre sentiment est celui de tous les ornithologistes qui les comparent à celui-ci; en effet, outre que toutes
leurs dimensions sont plus fortes, nous avons la certitude
que ce *tetrao scoticus* ne devient jamais blanc, comme nous
l'avons prouvé ci-dessus, et que sa couleur rougeâtre n'est
jamais uniforme; aussi M. Cuvier n'a pas eu égard à l'é-
tiquette qui les signale sous cette dénomination. Ils y
portent aussi le nom de *lagopède de la baie d'Hudson*, mais ce
nom, qui pourroit bien leur convenir, ne peut en aucune
manière s'allier avec l'autre.

Les *gélinottes d'Écosse*, dit Latham, fréquentent ordinairement le nord de la Grande-Bretagne, et sont très-nombreuses
sur les montagnes de plusieurs provinces; leur ponte est de
six à dix œufs; les petits suivent leur mère pendant tout l'été;
mais en hiver, ils se réunissent avec d'autres pour former
des bandes de quarante ou cinquante individus; alors ils
deviennent méfians et sauvages. Ces gallinacés se tiennent
en tout temps à la cime des montagnes, rarement sur les
côtes et jamais dans les plaines. Voilà des habitudes bien
différentes de celles des *lagopèdes de la baie d'Hudson*. (s. v.)

LAGOPODIUM. Nom qui signifie *pied-de-lièvre*, en grec,
et sous lequel Tabernæmontanus a figuré (Ic. 925) l'Anthyllide vulnéraire. (LN.)

LAGOPUS. C'est, en latin moderne, une dénomination appliquée par quelques naturalistes à des animaux qui
ne sont ni du même genre, ni de la même classe. Linnæus
s'en est servi pour désigner l'Isatis. On la donne plus généralement au Lagopède. Shaw l'attribue au Ganga. (s.)

LAGOPUS et LAGONUS (pied de lièvre, en grec).
Dioscoride nomme ainsi une plante que ses commentateurs disent être le Trèfle des champs (*trifolium arvense*),
dont les fleurs sont ramassées en épi ou tête oblongue, très-
soyeuse et molle et qui imite ainsi la queue ou l'extrémité des pattes du lièvre. Comme beaucoup d'autres espèces de trèfles ont ce caractère, on les a décrites sous ce nom
de *lagopus* encore appliqué au Gnaphale dioïque, à l'An-
tyllide vulnéraire, etc. (LN.)

LAGOPYRUM (*grain* ou *blé de lièvre*) d'Hippocrate.

suivant Gesner, ce seroit le pied mâle du GNAPHALE DIOï-
QUE ou PIED-DE-CHAT ; et suivant d'autres le TRÈFLE DES
CHAMPS (*trifolium arvense*) ou QUEUE DE LIÈVRE. (LN.)

LAGORNES. Nom grec du LAGOPÈDE, Selon Aldrovande (V.)

LAGOTIS. Nom donné par Gærtner au genre appelé
GYMNANDRE par Pallas, lequel a été formé sur une HART-
SIE à deux étamines. (B.)

LAGOTRICHE, *Lagothrix*. Nouveau genre de mammifères de l'ordre des quadrumanes et de la famille des singes, établi par M. Geoffroy dans son *Tableau méthodique
des Quadrumanes*, Ann. du Mus., tom. 19, pag. 106.

M. Geoffroy caractérise ainsi ce nouveau genre : tête
ronde ; museau saillant ; angle facial d'environ 50° ; os
hyoïde très-peu apparent en dehors ; les quatre extrémités
pentadactyles ; poils moelleux et frisés ; ongles ployés en
gouttières et courts.

Les *lagotriches* ont d'ailleurs tous les caractères de la division des singes *platyrrinins hélopithèques* à la quelle ils appartiennent : leurs narines sont écartées ; leurs molaires
sont au nombre de six de chaque côté des deux mâchoires ;
ils n'ont ni callosités, ni abajoues. Leur queue est prenante
et dénuée de poils à son extrémité.

M. Geoffroy compose ce genre de deux espèces seulement.

Première Espèce. — LAGOTRICHE GRISON, *Lagothrix canus*,
Geoff. Son pelage est gris-olivâtre ; sa tête, ses mains et sa
queue sont d'un gris roux ; ses poils sont courts.

Cette espèce, jusqu'alors inédite, se trouve au Brésil.

Deuxième Espèce. — LAGOTRICHE CAPPARO (*lagothrix hum-
boldtii.* — *Capparo* d'Humboldt ; (*simia lagotricha*, Geoff)

Ce singe a été trouvé à San Fernando, sur les bords du
fleuve Guaviare, qui se jette dans l'Orénoque.

Il a beaucoup de rapports communs avec les sapajous, mais
il en diffère principalement par sa queue prenante en partie nue et calleuse en dessous, par son angle facial ouvert
de 50°. Les sapajous ont la queue toute velue et leur angle
facial de 60° ; par le caractère de la queue, ce singe se rapproche davantage des *atèles*, mais ceux-ci ont les mains tétradactyles, tandis que le *lagotriche capparo* a cinq doigts à
chaque pied. La forme arrondie de sa tête et le peu de développement de son os hyoïde le séparent des *alouates* dont
la tête pyramidale et l'angle facial est ouvert seulement
de 30°.

Le *caparro* a la tête fort grosse ; son pelage est très-
doux, long et d'un gris de martre uniforme, l'extrémité des
poils seulement étant noire ; il n'a point de barbe au me-

n. Sous la poitrine le poil est plus touffu et plus obscur que sur le dos ; tous les ongles sont plats ; la queue est un peu plus longue que le corps.

Ce singe paroît d'un naturel très-doux. Il se tient fréquemment sur ses pieds de derrière. Il vit en grandes troupes.

(DESM.)

LAGOUAN. Bois rouge et blanc des Philippines, employé dans les constructions. On ignore le nom botanique de l'arbre qui le fournit. (B.)

LAGRIE, *Lagria*, Fab. Genre d'insectes, de l'ordre des coléoptères, section des hétéromères, famille des sténélytres, ayant pour caractères : pénultième article des tarses bilobé; mandibules bidentées à leur extrémité; labre extérieur échancré; palpes plus gros à leur extrémité, les maxillaires plus grands et terminés par un article en forme de hache ; mâchoires membraneuses, à deux divisions presque égales ; languette membraneuse, en carré long, arrondie à son extrémité supérieure ; menton fort court, transversal; corps oblong, avec la tête et le corselet plus étroits que l'abdomen; antennes presque grenues, grossissant insensiblement vers leur extrémité, insérées à nu, près d'une échancrure des yeux.

L'espèce la plus connue se trouve en Europe ; la *Lagrie hérissée* a été mise avec les chrysomèles par Linnæus, et dans le genre des cantharides par Geoffroy ; Degeer en a fait un ténébrion. Fabricius en a formé un genre propre et qui se compose aujourd'hui d'une vingtaine d'espèces, les *dasytes*, que cet auteur y rapporta d'abord, en étant séparés. Le corps et les élytres de ces insectes sont généralement mous ou flexibles, ainsi que dans la plupart des trachélides et dans plusieurs serricornes, et souvent pubescens; les antennes sont un peu plus longues que la tête et le corselet, composées de onze articles, ordinairement assez courts, et dont le onzième ou le dernier, plus long dans quelques mâles; les yeux sont échancrés; le corselet est cylindrique ou carré, sans rebords, et plus étroit que l'abdomen; cette dernière partie forme un carré oblong; les élytres sont voûtées, un peu plus larges et arrondies postérieurement; l'écusson est très-petit; les jambes sont allongées, grêles, sans épines bien distinctes, à leur extrémité; le pénultième article des tarses s'élargit en forme de cœur; les deux crochets du dernier sont simples.

La LAGRIE HÉRISSÉE, *Lagria hirta*, Fab., le mâle; *ejusd.* L. *pubescens*, la femelle, pl. G. 3, fig. 1 de ce Dict., habite plus particulièrement les bois, et vit de feuilles de différens végétaux. Lorsqu'on la saisit, elle replie ses pattes et ses antennes, et feint d'être morte. Mon ami M. Svaudoner, a observé les métamorphoses; mais il n'a encore rien publié à cet égard.

Cet insecte est long d'environ quatre lignes, noir, velu, avec les élytres jaunâtres, demi-transparentes, et sur chacune desquelles l'on distingue quatre à cinq lignes élevées, mais peu marquées; le corselet est presque cylindrique. Le mâle est distingué de la femelle par ses yeux plus rapprochés en arrière et par les antennes, dont le dernier article est aussi long que les quatre précédens réunis. C'est la *cantharide noire à étuis jaunes* de Geoffroy, et le *ténébrion velu* de Degéer.

On trouve en Espagne et en Barbarie une espèce très-voisine de la précédente.

La LAGRIE LARGE, *lagria lata*, de Fabricius. Son corps est proportionnellement plus large. Les étuis sont presque chagrinés; ses couleurs sont d'ailleurs les mêmes.

La LAGRIE GLABRE, *Lagria-glabrata*, d'Olivier (*Col.*, tom. 3, n.º 49, pl. 1, fig. 3) a un port très-analogue. Elle est noire, avec les élytres fauves, chagrinées; l'abdomen d'un brun fauve et les pattes brunes. On la trouve dans les départemens méridionaux.

Parmi les lagries étrangères, une des plus remarquables est celle que Fabricius a nommée *tuberculata* (*ténébrion varioleux*, Olivier, *ibid.*, planche 11, fig. 15). Elle est d'un noir bronzé, luisant, avec plusieurs impressions sur le corselet, et des tubercules très-nombreux sur les élytres; les intervalles sont ponctués. On la trouve à Cayenne. (L.)

LAGUNCULAIRE, *Laguncularia*. Genre établi par Gærtner, aux dépens des CONOCARPES. C'est le même que le SPHÉNOCARPE de Richard. (B.)

LAGUNÉE, *Lagunea*. Genre de plantes de la monadelphie-polyandrie, et de la famille des malvacées, qui a été établi par Cavanilles, et auquel Willdenow a réuni les SOLANDRES du même auteur.

Ce genre a pour caractères : un calice simple, à cinq divisions; une corolle de cinq pétales; un grand nombre d'étamines réunies à leur base; un ovaire supérieur, terminé par un style à cinq divisions; une capsule à cinq loges, dont les cloisons sont contraires. Il est fort voisin des KETMIES, avec lesquelles Lhéritier avoit même réuni une de ses espèces, et renferme quatre plantes à feuilles alternes, et à fleurs disposées en panicules terminales.

La LAGUNÉE LOBÉE a les feuilles en cœur, dentées et à trois lobes. C'est la SOLANDRE de Cavanilles, la TRIGUERE A FEUILLES DOUBLES, et la KETMIE SOLANDRE de Lhéritier.

Elle est annuelle, d'un assez beau port, et vient de l'île de la Réunion. On la cultive dans les jardins de Paris.

La seconde est la LAGUNÉE TERNÉE, qui a les feuilles tantôt ternées, tantôt très-simples et entières. Elle vient du Sénégal, et est bisannuelle.

La troisième est la LAGUNÉE ÉPINEUSE, qui a les feuilles profondément dentées, et la tige hérissée d'épines. Elle vient de la côte de Coromandel.

La LAGUNÉE PATERSONIE a été figurée pl. 769 du *Botanical Magazine* de Curtis.

Loureiro a donné le même nom à un genre de l'heptandrie monogynie et de la famille des AROÏDES, qui offre pour caractères : un calice écailleux, renfermant trois ou quatre fleurs ; une corolle monopétale, campanulée, à tube court, à limbe divisé en cinq parties ovales, ayant sept glandes à sa base interne ; sept étamines insérées sur les glandes ; un ovaire supérieur, presque rond, à style bifide et à stigmate épais ; une semence nue, orbiculaire, aiguë.

Ce genre ne contient qu'une espèce, qui est une plante herbacée, haute de six pieds ; à tige géniculée ; à feuilles grandes, presque en cœur, épaisses, velues ; à pétioles amplexicaules, accompagnés de stipules engaînantes, velues ; à fleurs blanches, très-nombreuses, disposées en épis terminaux et paniculés.

La *lagunée* de Loureiro se trouve à la Cochinchine, dans les fossés et les lieux marécageux. On la regarde comme émolliente, et on emploie très-fréquemment ses feuilles pour amener les tumeurs à maturité.

Enfin les auteurs de la Flore du Pérou ont donné le même nom à un troisième genre de la monoécie polyandrie que Persoon a appelé AMIROLE. (B.)

LAGUNES. Espace de mer qui a peu de profondeur, qui couvre un fond sablonneux, et qui, de distance en distance, est entrecoupé par des îlots presque à fleur d'eau.

On donne spécialement le nom de lagunes aux îles basses et nombreuses qui se trouvent au fond du golfe Adriatique, à l'embouchure de la Brenta, au nord de l'embouchure du *Pô* et de l'*Adige*, et qui ne sont séparées les unes des autres que par de petits bras de mer très-peu profonds. La ville de Venise est bâtie sur un grand nombre de ces petites îles, et les canaux qui les séparent forment en quelque sorte les rues de cette singulière cité.

Ces lagunes ont été formées non-seulement par les atterrissemens de la Brenta, qui se jette immédiatement dans cette espèce de marais, mais encore par ceux de l'Adige et du

PÒ, qui y ont été poussés et accumulés par les courans
mer qui se portoient vers le fond du golfe.

Les lagunes proprement dites sont séparées de la mer par
une langue de terre un peu plus élevée, qui s'étend du sud
au nord, l'espace d'environ douze lieues, depuis l'embouchure de l'Adige jusqu'à celle de la Sile. Cette langue de
terre a été formée, de même que les îles des lagunes, par
les atterrissemens des rivières voisines; c'est une barre,
comme celles qui se forment à l'embouchure de presque
tous les fleuves, par l'accumulation des galets que leur courant pousse dans la mer, et que les vagues de la mer repoussent à leur tour vers le lit des rivières. Cette langue de terre
est elle-même divisée en plusieurs îles, par des canaux qui
donnent entrée aux navires dans l'intérieur des lagunes. (PAT.)

LAGUNEZIA. Scopoli nomme ainsi le genre *racoubea*
d'Aublet, le même que l'*homalium* de Jacquin, et l'*acoma*
d'Adanson. *V.* ACOMAT et RACOUBÉE. (LN.)

LAGUOLA, LAGOCEA. Deux noms italiens des
LÉZARDS LEGURO. C'est le LÉZARD VERT. (DESM.)

LAGURE (*Mus lagurus.*). Espèce de rat, décrite par
Pallas, et qui vit dans les déserts sablonneux de la Sibérie.
V. l'article des CAMPAGNOLS. (S.)

LAGURE, *Lagurus.* Plante annuelle de la triandrie digynie, et de la famille des graminées, qui a des feuilles
velues, et des épis ovales, laquelle forme seule un genre
qui a pour caractères: une balle calicinale uniflore, composée de deux valves allongées, très-velues et comme plumeuses; une balle florale bivalve, à valve extérieure plus grande,
terminée par deux petites barbes, dont une dorsale, torse
et coudée; une semence oblongue, munie de barbes, et
enveloppée dans la balle florale.

Cette plante croît dans les champs des parties méridionales de l'Europe. Linnæus l'a appelée *lagure ovale*, et lui
avoit adjoint une autre espèce, sous le nom de LAGURE CY-
LINDRIQUE; mais Lamarck a prouvé qu'elle faisoit partie du
genre CANAMELLE. (B.)

LAGURIER. C'est la plante précédente. (B.)

LAGURUS, (*queue de lièvre*, en grec.). Gronovius décrit sous ce nom plusieurs espèces de BARBONS (*andropogon*)
velus, qu'il a observés en Virginie. Depuis, Linnæus l'a
donné à un genre de graminées, partagé en deux maintenant, savoir: *lagurus* (*V.* LAGURE) et *imperata*. *V.* IMPE-
RATE. (LN.)

LACHS. Nom allemand du SAUMON SALAR. *Lachsforelle*
est celui de la TRUITE, qu'on appelle aussi *lachsfohre*. (DESM.)

LAHANAH. Nom hébreu de l'ABSINTHE COMMUNE. (LN.)

LAHAUJUNG. *V*. HÉRON LAHAUJUNG. (V.)

LAHMER. Nom allemand du LUXE PARAPLECTIQUE. (DESM.)

LAHUL, Nom du GUIGNARD, en Laponie. *V*. Particle PLUVIER. (S.)

LAICHE. On appelle ainsi les LOMBRICS ou VERS DE TERRE, dans certains pays. *V*. LOMBRIC. (B.)

LAICHE, *Carex*. Genre de plantes de la monoécie triandrie, et de la famille des CYPÉROÏDES, qui présente pour caractères: des fleurs glumacées, imbriquées autour d'un axe commun. Les mâles, tantôt mêlés avec les femelles sur le même chaton, tantôt appartenant à des chatons distincts et supérieurs, ont trois étamines à filamens sétacés, et à anthères droites; les femelles ont un ovaire supérieur, surmonté d'un style court, à deux ou trois stigmates allongés, sétacés et velus.

Le fruit consiste en une semence ovale, ordinairement pointue, trigone, renfermée dans une tunique capsulaire, qui est la balle même, et qui ne s'ouvre point.

Ce genre renferme près de trois cents espèces connues, la plupart propres à l'Europe. Ce sont des plantes vivaces, qui fleurissent presque toutes au printemps, qui ont souvent des bractées, dont on trouve le plus grand nombre dans les lieux aquatiques, et qui forment un très-mauvais fourrage pour les bestiaux, dont elles ensanglantent la bouche avec les bords coupans de leurs feuilles.

Plusieurs espèces que Linnæus y avoit réunies, en ont été séparées depuis, pour former les genres SCLERIE, KOBRESIE et UNCINIE.

Le genre des laiches se divise en plusieurs sections, prises de la disposition des épis.

La première division comprend les laiches qui ont un seul épi. Elle est peu nombreuse.

Les espèces les plus communes de cette division, sont:

La LAICHE DIOÏQUE, dont le nom indique le caractère spécifique. On la trouve dans les prés marécageux des montagnes.

La LAICHE PULICAIRE, dont l'épi est mâle au sommet, et femelle à la base. Elle se trouve dans les marais.

La seconde division comprend les laiches dont l'épi est composé d'épillets particuliers androgynes. Ses espèces les plus communes sont:

La LAICHE À ÉPI, qui a les épillets ovales, aigus, très-nombreux, rapprochés, presque distiques et sessiles. Elle se trouve communément aux environs de Paris, dans les marais. Elle s'élève à un pied et demi.

La Laiche-des sables a des épis rapprochés, les supérieurs mâles, les inférieurs femelles, les intermédiaires en partie mâles et en partie femelles ; la capsule bordée d'une membrane. Elle est vivace et fort commune dans toute l'Europe, aux lieux sablonneux et arides. C'est une des premières plantes qui fleurissent aux environs de Paris, et qui fournissent un bon fourrage aux bestiaux.

Les racines de cette espèce et de quelques autres se substituent à celles de la Salsepareille, dans l'usage de la médecine ; mais il en faut une dose bien plus considérable pour produire le même effet.

La Laiche léporine, qui a les épillets ovales, presque sessiles, rapprochés, alternes et nus. Elle se trouve dans les marais, fossés et autres lieux aquatiques.

La Laiche compacte, *Carex vulpina*, Linn., a les épillets ovales, rassemblés, mâles supérieurement ; ceux de la base écartés les uns des autres. Elle est commune dans les marais.

La Laiche muriquée a les épillets presque ovales, presque sessiles et écartés ; les capsules aiguës, divergentes et épineuses. Elle se trouve dans les bois et les prés humides.

La Laiche a épis écartés a les épillets ovales, sessiles, très-écartés, et les bractées fort longues. On la rencontre dans les bois humides.

La troisième division comprend les laiches dont les épillets sont unisexuels, et les femelles sessiles. Il faut remarquer parmi elles :

La Laiche jaunâtre, dont l'épi mâle est linéaire, et les épis femelles presque ronds, sessiles, et à capsules aiguës et recourbées. Elle est commune dans les marais.

La Laiche hâtive a les épillets mâles en massue ; les femelles pédicellés, et les capsules velues. On la trouve dans les pâturages secs, sur les montagnes. Elle fleurit une des premières.

La quatrième division comprend les laiches dont les épillets sont unisexuels, et les femelles pédonculées, telles que

La Laiche a épis laches, dont les épillets femelles, au nombre de quatre, sont très-longuement pédonculés, et on les capsules recourbées. Elle se trouve dans les bois.

La Laiche pâle a les épillets mâles droits ; les femelles ovales, imbriqués, et les capsules obtuses. On la trouve dans les prés et les pâturages humides.

La Laiche en ombelle a les épis pendans, presque disposés en ombelle, et les capsules en bec conique, striées et bi-

ristées. Elle se trouve dans les marais et les fossés pleins
l'eau.

La LAICHE PANICÉE a les épillets pédonculés, droits, écar-
és ; les femelles linéaires, et les capsules obtuses et renflées.
Elle se trouve dans les prés humides.

La cinquième division renferme les laiches qui ont plusieurs épis tout-à-fait mâles. Il faut y remarquer principalement :

La LAICHE COUPANTE, *Carex rufa*, Linn., dont les épillets
mâles sont épais, presque ventrus ; les épillets femelles droits,
presque sessiles, et les écailles des fleurs aiguës. C'est une des
plus communes sur le bord des étangs, dans les marais. Elle
s'élève à près de trois pieds.

La LAICHE VÉSICULEUSE, qui a les épis mâles grêles ; les femelles pédonculées, les capsules renflées et aiguës. Elle croît
dans les lieux marécageux.

La LAICHE PRINTANIÈRE, qui a les épillets mâles géminés
et noirâtres, les écailles obtuses, et les capsules ovales. Elle
se trouve dans les marais.

La LAICHE VELUE, dont les épis femelles sont écartés
axillaires et presque sessiles. On la trouve dans les lieux humides et sablonneux.

On n'a mentionné ici aucune espèce étrangère, parce que
le peu qu'on en connoît ne présente aucun intérêt particulier.
Elles sont très-nombreuses dans les herbiers ; mais elles ont
été très-négligées par les botanistes. (B.)

LAICTERON. *V.* LAITRON. (LN.)

LAIE. C'est la femelle du *sanglier* ou la *truie sauvage*.
V. l'histoire du sanglier, dans l'article COCHON. (S.)

LAINE, *Lana*, est, comme on sait, le poil frisé et plus
ou moins long que produisent les animaux du genre brebis,
quoiqu'on nomme quelquefois aussi par analogie, les cheveux frisés du nègre, le poil des chiens, dits caniches et bar-
bets, de la *laine*.

Les cheveux et poils de la plupart des animaux, sont longs
et droits sous les cieux froids, et deviennent plus crépus pour
l'ordinaire, ou plus hérissés et courts, ou plus rares dans les
climats chauds. C'est le contraire pour les brebis, qui présentent une laine plus fine et plus soyeuse dans les contrées
tempérées ou même froides, que sous les cieux enflammés et
sur le sol aride de l'Afrique ; là, sa laine devient une bourre
dure et roide comme du crin ; mais les fins pâturages, les gra-
mens délicats des régions plus tempérées, en Europe et en
Asie, comme en Syrie, en Espagne, donnent la laine la plus
douce, la plus soyeuse et la plus longue. De même, la couleur fauve ou noire des brebis et beliers d'Afrique, devient

blanche dans presque toutes les bêtes à laine de nos climats. On sait, d'ailleurs, que l'humeur sécrétée par le réseau muqueux sous-cutané (dit réseau de Malpighi) est la source de cette coloration noire. *V.* NÈGRE et DÉGÉNÉRATION.

La laine est organisée de même que le POIL et les CHEVEUX (*V.* ces articles). Elle est formée, selon son analyse chimique, d'une espèce du mucus durci (Vauquelin, *Ann. Chim.*, tom. LVIII, p. 53.) Proust y a remarqué du soufre et même de l'acide benzoïque (*Ann. Muséum d'Hist. nat.*, 1800, p. 275). En la combinant avec des alkalis caustiques, Berthollet et Chaptal, en ont fabriqué du véritable savon, en l'ont converti en matière grasse.

Nous ne nous étendrons pas sur les diverses qualités et les apprêts que l'on fait subir aux laines pour les mettre en état de nous vêtir. Ce sujet a été traité en détail au mot MOUTON. Le *suint* des laines ou la matière grasse, produit de la sueur de l'animal et qui enduit sa toison à l'état naturel est brunâtre, d'odeur désagréable et fade. Les anciens la connoissoient sous le nom d'*œsipus*. Son odeur écarte les teignes qui rongent la laine des étoffes, comme l'a remarqué Réaumur. Ce suint, autrefois gardé et recueilli, parvenoit après un temps assez long, à prendre une odeur d'ambre, ainsi que le fait la bile desséchée de plusieurs animaux. On le retire, en faisant bouillir dans de l'eau, les laines crues; il vient surnager à la surface. On l'envoyoit jadis du Berry, de la Beauce et de la Normandie, pour l'usage de la médecine, car il entroit dans la composition de quelques onguens et emplâtres.

Le duvet de l'autruche se nomme aussi *laine*, comme les poils les plus fins du castor et de quelques autres animaux. (VIREY.)

LAINE D'AUTRICHE. *V.* LAINE D'AUTRUCHE. (s.)

LAINE D'AUTRUCHE (par corruption de LAINE D'AUTRICHE) ou LAINE-PLOC. L'on nomme ainsi, dans les manufactures de draps, une substance dont on se sert pour faire les lisières des draps noirs les plus fins. On l'appelle encore *poil d'autruche* et *laine d'autruche.* Tous ces noms ne doivent pas faire penser que cette matière soit fournie par l'autruche. (s.)

LAINE DE FER. Dénomination assez impropre qui a été donnée par quelques naturalistes à l'*oxyde de zinc* qui se volatilise pendant la fusion des minerais de fer qui contiennent de la calamine, et qui retombe sous la forme de petits flocons de filets blancs très-déliés, qu'on a comparés à des flocons de laine. Les mines de fer d'Auriac et de Cascatel en Languedoc, sont, suivant Guettard, les seules qui présentent ce phénomène, et il l'attribue surtout à l'antimoine qui se trouve mêlé dans le minerai. (PAT.)

LAINE DE MOSCOVIE. Le duvet très-fin que l'on rache entre les jambes du *castor*, porte ce nom dans les fabriques de chapeaux. (s.)

LAINE PHILOSOPHIQUE. Les anciens chimistes donnoient ce nom et celui de *pompholix*, au ZINC OXYDÉ préparé par l'art. On l'obtient en flocons laineux très-blancs et très-légers ; il est encore connu sous les noms de *nihil album* et de *fleur de zinc*. (LN.)

LAINE-PLOC. *V.* LAINE D'AUTRUCHE. (s.)

LAINE DE SALAMANDRE. Nom donné à l'AMIANTE par des charlatans qui, ayant fabriqué avec cette substance incombustible de petits tissus , les jetoient au feu devant des hommes simples qui étoient surpris de voir qu'ils en étoient retirés sans aucune altération, et à qui l'on persuadoit que ce produit minéral étoit le poil d'un animal qui vivoit dans le feu. *V.* AMIANTE. (PAT.)

LAINES (les). Les ouvriers des carrières à plâtre des environs de Paris donnent ce nom à un banc peu épais de chaux sulfatée en cristaux allongés et rapprochés. Il s'observe dans la seconde masse, entre deux bancs plus épais de gypse, en masse compacte ; le supérieur se nomme les *moutons*, et l'inférieur les *fleurs*. (LN.)

LAISARD. Vieux nom français des LÉZARDS. (DESM.)

LAISSE (chasse). Cordeau qui sert à mettre un chien à l'attache ou à le conduire. (DESM.)

LAISSÉES (*Vénerie*). Ce sont les *fientes* des bêtes noires, c'est-à-dire , des sangliers , des loups , etc. (s.)

LAISSER-COURRE. Cette expression, en vénerie , a deux acceptions : c'est le lieu où on lâche les chiens pour lancer la bête après qu'elle a été détournée ; le valet de limier alors *laisse-courre* ; ensuite l'action même de chasser la bête aux chiens courans se désigne aussi par *laisse-courre*. (s.)

LAISSES-DE-MER. On donne ce nom aux terrains que la mer a récemment laissés à découvert. Ces nouveaux terrains peuvent être dus à deux causes différentes : 1.º A la retraite de la mer , occasionée par la diminution réelle qu'elle éprouve sans cesse dans la masse de ses eaux. 2.º Ils peuvent être formés par les atterrissemens de quelque grande rivière ; et il paroît que c'est le cas le plus ordinaire , car le globe terrestre se trouve maintenant à l'époque où la diminution graduelle des eaux de la mer forme à peu près l'équivalent du volume que viennent former dans son bassin les terres et les pierres que toutes les rivières du monde ne cessent d'y rouler avec leurs eaux ; de sorte que la retraite de la mer, occasionée par la diminution de ses eaux , ne pourroit être sensible que sur un rivage qui seroit presque horizontal et de niveau avec la surface de la mer. Ainsi, la plupart des *laisses* sont plutôt dues à des atterrissemens qu'à toute autre cause. *Voyez* ATTERRISSEMENS. (PAT.)

LAISSERON. *V.* LAITRON. (LN.)

LAIT , *Lac.* Tout le monde connoît ce fluide blanc, légèrement sucré, produit par toutes les femelles des mammifères ou des vivipares vrais , pour servir de première nourriture à leurs petits. Cette admirable prévoyance de la nature , et le mécanisme qu'elle emploie, sont exposés aux mots MAMELLE et MAMMIFÈRE.

Mais la nature propre du lait , mérite une grande considération. Voici les diverses quantités de substances contenues dans le lait de plusieurs espèces de mammifères comparés. Deux livres (de douze onces) de chaque lait , ont fourni :

	Crème.	Beurre.	Fromage.	Matière solide du sérum.
Lait de femme.	1 once ½	6 gros.	4 gros.	1 once 2 gros.
—d'ânesse.	3 gros.	»	3 gros.	1 once 4 gros.
—de jument.	3 gros.	»	2 onces 1 gros.	1 once 1 gros.
—de chèvre.	1 once.	3 gros.	3 onces 3 gros.	6 gros.
—de vache.	2½ onces	6 gros.	3 onces.	1 once 2 gros.
—de brebis.	2 onces.	1 once 6 gros.	1 once.	1 once 2 gros.

L'acide particulier que Scheèle a trouvé dans le lait aigri, et qu'il a nommé acide lactique , n'est point un composé de vinaigre et de matière animale, comme l'ont pensé Fourcroy, Bouillon-Lagrange, et plusieurs chimistes ; c'est un véritable acide particulier , selon Berzélius.

Klaproth a trouvé aussi que le lait des vaches étoit par fois coloré en bleu, lorsqu'elles mangent des plantes qui contiennent de l'indigo , par exemple , l'*uvula pruniformis*, L. *V.* l'article suivant du LAIT. (VIREY.)

LAIT. Cette bienfaisante liqueur , si analogue à la foiblesse des organes, si favorable aux développemens des animaux mammifères, est sans contredit la meilleure nourriture que l'estomac des nouveau-nés puisse digérer ; aussi voyonsnous l'homme, dans les différens périodes de la vie, admettre le lait au nombre des objets devenus pour lui d'un usage in-

dispensable, l'employer comme aliment ou comme médicament, en faire même d'heureuses applications aux arts les
plus essentiellement liés avec ses premiers besoins.

Le lait, exposé au contact de l'air atmosphérique, et à
une température où il puisse exister sans éprouver d'altération sensible dans l'organisation de ses parties constituantes,
se recouvre peu à peu d'une matière épaisse, onctueuse,
agréable au goût, quelquefois d'une couleur jaunâtre, mais
plus souvent d'un blanc mat; cette matière est la *crème*. Spécifiquement plus légère que le lait, et dont la densité, au
moment où celui-ci sort des mamelles, est presque égale à
celle du fluide dans lequel elle se trouve confondue, ce n'est
que quand elle a acquis, par le refroidissement et par le repos, assez de consistance pour être distinguée de celle du
fluide qu'elle recouvre à sa surface, qu'on parvient à la séparer. Or, cette séparation s'exécute avec d'autant plus de
régularité et de promptitude, que le vase qui contient le lait
est plus large que profond, et que le thermomètre de Réaumur indique huit à dix degrés : au-delà ou en-deçà de cette
température elle devient infiniment plus difficile; on ne peut
pas se flatter d'enlever la crème en totalité.

Mais le lait, séparé ainsi de la crème, n'a subi aucune
décomposition. On sait que le beurre, la matière caséeuse et
le sucre ou sel essentiel en forment les parties constituantes,
et que rien n'est aussi variable que la proportion où elles se
trouvent; l'âge, la santé, la constitution et la nourriture de
l'animal, les soins qu'on en prend, les endroits qu'il habite,
ne sont pas les seules circonstances qui influent plus ou moins
sur cette proportion; il existe encore d'autres causes capables
d'apporter au lait des modifications qui, sans toucher à ses
caractères spécifiques, peuvent augmenter ou affoiblir sa qualité. Arrêtons-nous à quelques exemples.

L'expérience prouve que le lait est séreux et abondant à
l'époque du part; qu'il diminue de quantité et augmente de
consistance à mesure qu'on s'en éloigne; que dans une même
traite le lait qui vient le premier n'est nullement semblable
au dernier; que celui-ci est infiniment plus riche en principes
que l'autre; qu'il faut à ce fluide un séjour de douze heures
dans l'organe qui le sécrète, pour acquérir toute sa perfection; qu'enfin le lait trait le matin a constamment plus de
qualité que le lait du soir, parce que vraisemblablement le
sommeil donne à l'animal ce calme si nécessaire au perfec-
tionnement de toutes les humeurs; observations importantes,
qu'il ne faut jamais perdre de vue, quelle que soit la desti-
nation qu'on donne aux laitages.

La nature plus ou moins succulente des herbages qui entrent dans la nourriture des animaux contribue à améliorer la qualité du lait; cependant il est de fait que du sel marin ajouté à des fourrages insipides et détériorés, concourt à rendre le lait plus épais et plus savoureux. Certes, il n'y a point, dans ce premier assaisonnement de nos mets, les élémens du beurre, du fromage et du sucre de lait. S'il opère un pareil effet, ce n'est qu'en soutenant le ton de l'estomac et en augmentant les forces vitales que pourroit affoiblir l'usage d'une nourriture défectueuse.

Ces observations qui réduisent à sa juste valeur l'influence des alimens sur la qualité du lait, nous paroissent suffisantes pour expliquer la cause qui fait que le lait provenant des troupeaux nourris dans les prairies composées de beaucoup de plantes fines et aromatiques, surtout de graminées, donnent des produits qui réunissent tant de qualités; pourquoi, lorsque ces mêmes plantes n'ont perdu, par la dessiccation, que leur humidité superflue et une partie de leur odeur, elles n'en donnent pas moins aux femelles qui en sont nourries, un lait aussi abondant pour le moins en principes que si ces animaux étoient au vert; pourquoi les femelles qui paissent dans les lieux aquatiques et ombragés, fournissent communément un lait moins bon que celles qui vivent dans les herbages gras, mais découverts, et sur des terrains qui leur sont propres; pourquoi le lait des femelles qui sont nourries exclusivement de trèfle, de luzerne, de raves, et surtout de choux, éprouve une altération évidente dans sa saveur; enfin, pourquoi la vache qui a vêlé en juillet, donne en octobre un lait plus riche en crème, quoiqu'elle soit nourrie avec des fourrages secs.

Il serait superflu de s'arrêter plus long-temps sur cette question, toute importante qu'elle soit. En général, il paroît démontré que le lait est un de ces fluides dont la perfection est subordonnée à une foule de circonstances souvent si difficiles à réunir, qu'il n'est pas aussi commun qu'on le pense, de trouver des femelles, toutes choses égales d'ailleurs, qui le donnent constamment bon, et dont les principes soient parvenus au même degré d'appropriation.

Les avantages que le lait procure sont immenses, surtout à la campagne. Il est, après le pain, l'article le plus essentiel d'une métairie, et ses produits donnent lieu à des fabriques plus ou moins considérables; plusieurs sont même renommées pour la qualité du beurre et des fromages qu'elles préparent, qualité qu'elles doivent moins aux alimens dont on nourrit les animaux, qu'à la manière dont on les gouverne, ainsi qu'aux manipulations employées. Car ici, comme en une infinité d'autres chose, c'est la façon d'opérer qui fait

t. Mais avant d'indiquer ces usages en économie rurale, ous avons quelques vues à présenter sur la femelle qui fournit ce fluide le plus en abondance, et qui, suivant l'expression e Venel est plus lait que les autres laits (la vache). Nous renvoyons donc au mot BŒUF tous les détails concernant la laiterie et les opérations qu'on y exécute, pour nous borner, dans cet article, à l'examen du lait en nature, considéré relativement à son commerce et à ses effets diététiques.

Entre les boissons alimentaires les plus anciennement accréditées, le lait doit occuper une des premières places; et quoiqu'il semble n'avoir été préparé qu'en faveur des nouveau-nés, ce fluide sert beaucoup aussi aux adultes. On pourroit même présumer que, vu l'abondance et la facilité avec lesquelles les vaches, par exemple, donnent le leur, ces femelles ont été particulièrement destinées, par la nature, à procurer à l'espèce humaine cette ressource agréable et salutaire; et en effet, dans les endroits où on a adopté la méthode de les faire parquer, il est singulier de voir l'empressement avec lequel elles se présentent, chacune à leur tour, à la fille chargée de les traire, comme pour se débarrasser d'un poids qui les fatigue, et payer en même temps le prix des soins qui leur sont prodigués. On ne peut se rappeler sans attendrissement le trait d'une chèvre qui quittoit, à des heures réglées, le troupeau trois fois par jour, et accouroit d'une lieue pour alaiter un enfant qu'il suffisoit de poser à terre dès qu'on la voyoit paroître.

Le meilleur lait n'est ni trop clair ni trop épais; il doit être d'un blanc mat, d'une saveur douce et agréable; mais il n'a réellement toute sa perfection que quand la femelle a atteint l'âge convenable. Trop jeune, elle fournit un lait séreux; trop vieille, il est sec. Celui qui provient d'une femelle en chaleur ou qui approche de l'époque du vêlage, ou qui a mis bas depuis peu de temps, est inférieur en qualité. On a remarqué encore qu'il falloit que la femelle ait eu trois portées pour que l'organe mammaire soit en état de préparer le meilleur lait, et continuer de le fournir de bonne qualité jusqu'au moment où la femelle, passant à la graisse, la lactation diminue et cesse entièrement.

Cependant, ces règles ne sont pas tellement générales, qu'elles ne soient soumises à quelques exceptions. On sait, par exemple, qu'il y a des vaches et des chèvres dont le lait est excellent pendant toute l'année, hormis les quatre ou cinq jours qui précèdent et qui suivent le part, tandis que d'autres, dans les mêmes circonstances, exigent l'intervalle de quatre a cinq semaines avant que leur lait réunisse les qualités qu'il doit avoir par rapport à l'emploi qu'on veut en faire; mais c'est ordinairement le troisième mois du vêlage que le lait est le plus riche en crème : aussi, dans les cantons où l'on fait des élèves, l'abandonne-t-on volontiers aux génisses, après toutefois en avoir retiré le beurre.

Le débit du lait est assez considérable dans une grande commune, surtout depuis l'époque où l'usage du café et du chocolat a été introduit en Europe, et que ces préparations sont devenues en France le déjeuner favori des deux sexes de tout âge et de tout état ; mais son prix, dans le commerce, varie à raison de la saison et du prix des fourrages. L'intérêt des nourrisseurs de vaches, dans les environs de Paris, est de ne point économiser sur la nourriture pendant l'hiver, afin d'obtenir beaucoup de *crème* et peu de lait, vu que ce dernier est d'une valeur beaucoup moindre que le premier.

Il n'est pas douteux que, comme beaucoup d'autres alimens et boissons, le lait n'exerce aussi la cupidité des marchands, et qu'il ne se glisse quelques fraudes dans son commerce ; on peut aisément les découvrir à la faveur des organes perspicaces. Il existe des palais doués d'un sentiment assez exquis pour saisir tout d'un coup, non-seulement les différens laits en eux, mais encore les nuances qui caractérisent chacun en particulier, le lait trait de la veille ou du jour, le lait écrémé ou non, celui qui a été au feu ou qu'on a allongé par de l'eau ou par des décoctions mucilagineuses.

Une foule d'autres circonstances peuvent, il est vrai, sans altérer le lait, influer sur sa saveur. La transition brusque du sec au vert se manifeste quelquefois au point que ce fluide contracte souvent ce qu'on appelle le *goût de fourrage*, assez désagréable dans certains cantons, où les herbages ont peu de qualité. Il faut donc distinguer ces causes d'avec celles qui résultent des infidélités qu'on se permettroit dans ce commerce.

Quel que soit l'attrait pour le lait doué encore de sa chaleur naturelle, on ne sauroit douter qu'il n'ait une saveur plus douce et plus agréable quand il l'a perdue entièrement, et qu'il a pris la température de la laiterie. Au sortir du pis de la femelle, ce fluide a encore le gaz de la vie, cette émanation animale que le vulgaire exprime en disant : *le lait sent la vache, la chèvre, la brebis.* On le reconnoît encore à un toucher onctueux, à une odeur douce, et surtout à un blanc mat ; mais cette odeur est si fugace, qu'elle n'existe plus déjà à l'instant où ce fluide a éprouvé l'action du feu, ou bien qu'il est sur le point de tourner.

Pour juger que le lait d'une vache qui a récemment vêlé, peut sans inconvénient, entrer dans le commerce, les laitières ont l'habitude de l'essayer sur le feu. S'il résiste à l'ébullition ans se coaguler, elles le mêlent au lait destiné à la vente. Cependant, on conçoit que cette propriété de se cailler au premier bouillon, dépend souvent de la saison et du caractère de l'animal. Il convient donc d'examiner si, dans ce cas, le lait n'a pas une sorte d'état visqueux et lymphatique qui annonce qu'il n'est pas encore assez éloigné de l'époque du part pour le soumettre aux diverses préparations et en faire usage sans inconvénient.

La plus grande quantité de lait qu'une vache puisse fournir dans la saison du vert, est évaluée, d'après une suite d'expériences, à douze pintes ou quarante-huit livres environ, dans les deux ou trois traites; mais le produit commun est de douze pintes ou de vingt-quatre livres; et quoique plus savoureux et en plus grande abondance pendant l'été qu'en hiver, le lait qu'elle donne dans cette saison est plus riche en principes.

Comme le lait pur ne forme aucun dépôt au fond du vase qui le contient, on peut soupçonner qu'il est mélangé, quand il a ce défaut. Pour s'en assurer, il ne s'agit que de soumettre le dépôt à quelques expériences. Si c'est de la farine, elle présentera, au moyen de la cuisson, une bouillie, tandis qu'on aura une gelée, si c'est de la fécule ou amidon. Enfin, en supposant qu'on se permette d'y introduire de la marne ou du plâtre, l'indissolubilité de ces matières terreuses donnera bientôt aussi la faculté d'en établir le caractère et de dévoiler la fraude.

On dit et on répète que la totalité du lait qui se vend à Paris est entièrement écrémée ; mais cela ne paroît pas vraisemblable. Il faut d'abord faire attention que le lait du commerce est ordinairement composé de la traite du soir et de celle du matin. La première, pendant douze heures qu'elle a séjourné à la laiterie, a eu le temps de se couvrir de crème et de pouvoir en être facilement séparée; la seconde, au contraire, est mêlée avec le lait de la veille presque aussitôt qu'on l'a tiré. Ainsi, le lait qu'on vend à Paris, doit contenir au moins la moitié de la crème que la vache a fabriquée pendant les vingt-quatre heures.

Sans doute il seroit impossible qu'apporté des communes circonvoisines de Paris pendant l'hiver, le lait fût précisément celui des deux traites de la veille qu'on auroit eu le temps d'écrémer ; mais outre que l'absence de la crème deviendroit facile à saisir par la dégustation, on pourroit encore la constater en mettant un pareil lait dans un vaisseau étroit et cylindrique à une température de dix à douze degrés pendant quelques heures ; l'épaisseur de la couche à la surface suffiroit pour faire juger de la présence de la crème et de la quantité qui s'y en trouve.

On sait que quand le temps est orageux, le lait ne donne que fort peu de crème, et que la quantité qu'on en retire du soir au lendemain n'acquiert presque point de consistance; les laitières sont même dans l'habitude d'exposer cette crème dans une cuiller au-dessus de la lumière d'une chandelle, pour voir si elle souffre le bouillon sans tourner.

Convenons cependant qu'on peut augmenter la quantité du lait en y ajoutant de l'eau sans que l'intensité de sa couleur soit sensiblement diminuée; mais cette fraude, la plus commune que se permettent quelquefois les laitières, ne sauroit guère être découverte que par les sens. On a bien proposé l'emploi du pèse-liqueur et de la balance hydrostatique pour s'en assurer d'une manière plus certaine; mais ces instrumens demandent une sorte d'exercice pour être maniés utilement; d'ailleurs, ils sont insuffisans pour faire connoître positivement dans quelle proportion l'eau se trouve mélangée, attendu que le lait varie à la journée de pesanteur spécifique.

Cependant, il arrive souvent que, malgré toutes les précautions observées dans les laiteries, le lait a reçu, même dans le pis de l'animal, une si grande disposition à s'altérer, qu'en le mettant sur le feu immédiatement après la traite, il ne sauroit braver le degré de chaleur de l'ébullition sans se coaguler, notamment dans les jours caniculaires. Cette circonstance a donné lieu à quelques recherches pour savoir s'il n'y avoit pas un moyen propre à éloigner, pendant un certain temps, cette tendance naturelle à l'altération; mais, après avoir examiné mûrement tous les moyens proposés, la plupart nous ont paru propres à concourir plutôt à sa détérioration.

Quand les laitières manquent de caves bien conditionnées pour conserver leur lait en bon état pendant vingt-quatre heures, il vaut mieux leur conseiller de plonger dans un bain d'eau froide le vase où se trouve le lait, de couvrir ce vase d'un linge mouillé, ou bien d'imiter celles qui le font bouillir préalablement à la vente, plutôt que de leur offrir une foule de moyens prétendus efficaces, souvent plus nuisibles qu'utiles.

Du lait frais mis dans une bouteille bien bouchée, qu'on plonge pendant un quart d'heure dans de l'eau bouillante, peut être conservé pendant plusieurs années presque aussi bon qu'il étoit d'abord. C'est le procédé de M. Appert, aujourd'hui généralement adopté en Angleterre, mais à peine connu en France où il a été inventé.

On peut encore, en faisant évaporer le lait à une douce chaleur, obtenir une poudre qui se conserve également fort bien dans une bouteille rigoureusement bouchée, et qui, au moyen de l'eau tiède régénère le lait à quelque époque que ce soit.

L'emploi du lait en nature ne se borne pas seulement aux usages économiques ; on est parvenu à en faire quelques applications avantageuses aux arts. Nous citerons, entre autres, la clarification des liqueurs vineuses et spiritueuses, la conservation des viandes dans le lait caillé, le blanchîment des toiles par la sérosité aigrie. Comparable, en quelque sorte, aux sucs sucrés des fruits exprimés, le lait renferme, ainsi qu'eux, un sel essentiel, qui se décompose et fournit des produits analogues à ceux du vin et du vinaigre.

C'est au printemps et en automne que le lait réunit le plus de qualités ; ce sont aussi les deux saisons que l'on choisit de préférence pour en faire usage comme remède, parce que les femelles font alors usage d'alimens extrêmement substantiels, qu'elles sont éloignées de l'époque du part, et que leurs organes plus vivans, s'il est permis de s'exprimer ainsi, fabriquent et élaborent plus complétement les humeurs animales.

Un phénomène qui nous a frappés dans le cours des expériences que nous avons faites, mon collègue et ami Deyeux et moi, dans le dessein de connoître les effets particuliers des fourrages sur les animaux (1) , est la diminution très-sensible des produits en lait que les femelles fournissoient dès qu'elles changeoient de nourriture ; et quoique celle qu'on leur substituât fût plus succulente, l'augmentation du lait ne se faisoit apercevoir que quelques jours après l'usage du nouveau régime. Il semble même qu'au moment où il va imprimer aux différentes humeurs les caractères spécifiques qui lui appartiennent, il survient de grands changemens dans l'économie animale. Nous verrons plus loin les conséquences qu'on peut tirer de ce phénomène pour l'alaitement des enfans.

Ce fait suffit pour prouver que quand on a besoin d'avoir constamment la même quantité de lait, il faut nécessairement continuer d'administrer aux femelles les mêmes fourrages, et de n'en changer que par degrés, ce qui ne doit pas être différent pour les malades soumis an régime du lait. Combien de fois n'arrive-t-il pas que ce fluide, après avoir réussi pendant quelques jours, produit tout à coup du malaise, des anxiétés si considérables, qu'ils sont forcés, à leur grand regret, d'en abandonner l'usage ? et cela, pour avoir fait passer

______

(1) Voyez *Précis d'expériences et observations sur les différentes especes de Lait, considérées dans leurs rapports avec la chimie, la medecine et l'économie rurale.* A Paris, chez F. G. Levrault, imprimeur-libraire, quai Voltaire.

brusquement l'animal d'un fourrage sec à un fourrage vert, d'un fourrage succulent à un fourrage non aqueux, etc., etc.

Avouons-le, on fait en général trop peu d'attention à la nature des végétaux destinés à servir de nourriture aux femelles, dont le lait doit ensuite être employé comme médicament. Il n'existe, à la vérité, aucune expérience précise à cet égard : on sait seulement que certaines plantes communiquent de l'odeur, de la couleur et de la saveur au lait ; mais il s'en faut que cette influence ait toute la latitude qu'on a prétendu lui donner.

La possibilité d'accroître les propriétés médicinales du lait par celles de certaines plantes choisies, assorties avec leur fourrage ordinaire, est incontestablement reconnue ; mais plusieurs d'entre elles, comme la gratiole et le tithymale, que les vaches rencontrent disséminés souvent dans les prairies, communiquent à leur lait la vertu purgative, et les médecins ont cherché à profiter de cette observation pour rendre ce secours plus efficace dans les maladies ; mais il faut bien prendre garde, pour atteindre ce but, d'administrer aux femelles dont le lait est destiné à servir de médicament, des végétaux qui, par leur nature ou leur quantité, pourroient préjudicier à leur santé, et les exposer à ne fournir que du lait de mauvaise qualité. Un seul exemple suffira pour le prouver.

Un médecin ayant conseillé à un malade de se mettre à l'usage du lait d'une vache nourrie avec un fourrage dont la ciguë formeroit la plus grande partie, bientôt l'animal maigrit, perdit son lait et mourut. Sans doute on auroit pu éviter un pareil accident, en donnant à la vache pour base de sa nourriture des herbages qui, sans contrarier l'influence de la ciguë sur le lait, auroient empêché cette plante de préjudicier à sa santé.

On ne doit donc pas perdre de vue que les alimens, avant de fournir les premiers matériaux du lait, exercent une action plus ou moins puissante sur les autres organes, et que s'ils affoiblissent l'état physique de l'individu, le lait qui en proviendra, loin d'acquérir des propriétés médicinales, deviendra susceptible de jeter du trouble dans l'économie animale. Il faut donc choisir parmi les plantes employées pour ajouter aux propriétés générales qui caractérisent le lait, celles dans la composition desquelles le principe médicamenteux n'est pas destructeur du principe nutritif.

Les anciens, qui croyoient beaucoup aux analogies, se persuadoient que toutes les plantes qui fournissent un suc laiteux quand on blesse leur parenchyme, possédoient une vertu semblable à celle du lait des animaux. Dans cette opinion, ils prescrivoient l'usage de la laitue et de toutes les plantes de

celle famille, aux femelles qui avoient peu de lait; mais on
sent que ce prétendu lait n'est autre chose qu'une matière résineuse comparable, pour les qualités physiques, à celui que
donnent l'ésule, les feuilles de figuier et les autres plantes de
ce genre.

Loin donc de reconnoître à ces plantes, ainsi qu'au sal-
sifis, à l'anet, au fenouil, au sureau, au polygala, et à beaucoup d'autres végétaux, la faculté d'augmenter le lait, loin
de croire pareillement que la bourrache et le persil possèdent une vertu diamétralement opposée, nous ne considérerons comme véritablement *galactopoiétiques*, que les substances alimentaires, et desquelles les forces digestives peuvent
tirer le parti le plus avantageux, afin de fournir à l'organe
mammaire tous les élémens nécessaires à la lactation. À la
vérité, lorsque la nourriture est abondante et de bonne qualité, on ne peut nier l'utilité de l'emploi des substances légèrement excitantes et dites apéritives, comme auxiliaires, pour
donner du ton aux parties organiques, et faciliter les sécrétions des humeurs qu'ils sont destinés à séparer.

Sans vouloir étendre ou circonscrire les avantages du lait,
sans l'admettre uniquement et indistinctement pour tous les
cas et pour tous les tempéramens, il faut l'avouer, la médecine ne paroît pas avoir à sa disposition un moyen plus agréable et souvent plus efficace; quelquefois ce fluide devient le
remède principal, s'il n'est pas toujours le seul agent de la
guérison.

Si quelques auteurs ont exagéré les vertus qui appartiennent réellement à chaque espèce de lait, d'autres ont aussi
donné dans un excès contraire, en voulant que ce fluide,
quelle qu'en fût la source, produisît les mêmes effets à cause
de l'intensité des parties constituantes. D'abord ces parties
ne s'y trouvent pas dans des proportions semblables; de plus
elles sont modifiées, arrangées et combinées d'une manière
différente; enfin elles ont une contexture qui imprime sur
les organes des sensations particulières, et offrent encore
dans la butirisation, la coagulation et la clarification, des
phénomènes propres à les caractériser.

Nous ferons encore observer que la raison et l'expérience
indiquent d'avoir recours au lait dans une infinité de circonstances; qu'en supposant qu'il ne soit pas essentiel de se
renfermer dans son seul usage, il est utile du moins d'en former la base du régime. Combien de fois les malades ne ré-
clament-ils pas, comme par instinct, en faveur de cette boisson, contre l'ignorance ou l'esprit de système qui s'obstine à
leur en prescrire une autre pour laquelle ils ont une aversion
décidée! Nous avons connu une femme qui avoit la jaunisse

et qui vomissoit tout ce qu'elle prenoit, excepté le lait, dont elle avoit tenté l'usage malgré l'avis de son médecin. Elle n'a fait aucun doute ensuite que ce ne fût là l'unique cause de sa parfaite guérison. Nous avons encore été témoins que des particuliers tourmentés d'aigreurs, de douleurs aiguës vers la région de l'estomac, ne sont parvenus à arrêter cette mauvaise disposition que par l'usage du lait seul, et des alimens auxquels il servoit d'excipient.

Suivant l'opinion de beaucoup de médecins célèbres, le lait jouit d'un si grand avantage contre les poisons, même les plus corrosifs, qu'ils doutent que dans la nature il existe un antidote aussi puissant; mais la manière dont la crème se comporte avec les acides, les alkalis et les matières salines, rend cette partie du lait bien plus efficace encore dans les cas d'empoisonnemens; l'expérience a prouvé aussi qu'elle fait cesser pour ainsi dire sur-le-champ les grands accidens, tandis que le lait, dépourvu de crème, n'opère le même effet qu'à la longue, et surtout lorsqu'on avale une grande quantité de ce fluide.

Nous n'entreprendrons point d'exposer ici les maladies auxquelles l'usage du lait convient ou ne convient pas. Cette question, tout importante qu'elle soit, est étrangère à cet ouvrage; elle est d'ailleurs développée dans une multitude d'ouvrages sur la matière médicale; mais ce qui n'a pas été traité avec le même intérêt, ce qui nous manque à cet égard, c'est une série d'expériences et d'observations qui déterminent les précautions qu'il faut employer pour obtenir la plénitude des avantages qu'on doit espérer d'un remède aussi efficace dans beaucoup de circonstances.

Pour l'homme jouissant d'une bonne santé, le lait ne présente qu'une boisson alimentaire, qui, de même que toutes les autres, peut être prise indifféremment. Mais quand il s'agit de l'administrer dans les cas de maladie, il devient un véritable médicament; c'est alors que son usage exige des précautions, soit avant, soit pendant, soit après le traitement. Toutes sont subordonnées, comme on le conçoit, à l'espèce d'affection qu'il s'agit de combattre, à l'âge et au tempérament du sujet, à ses habitudes et au climat sous lequel il vit; mais il faut encore disposer l'individu à le recevoir.

Il est nécessaire d'accoutumer peu à peu le malade à l'espèce de régime dont il devra faire usage lorsqu'il prendra le lait. Par exemple, si les alimens ordinaires sont tirés du règne végétal et du règne animal, et qu'on ait l'intention, lorsqu'il sera au lait, de ne lui permettre qu'une nourriture végétale, il faut quelques jours d'avance lui faire essayer ce nouveau régime, afin d'acquérir la preuve que l'estomac peut s'en accommoder, et dans le cas contraire, en prescrire un autre qui puisse mieux convenir.

Cette précaution à laquelle on ne fait pas ordinairement d'attention, est cependant absolument nécessaire si on veut éviter aux malades ces dégoûts, ces pesanteurs d'estomac, ces malaises, ces coliques suivies de diarrhées, et une foule d'autres de cette espèce, qu'on est toujours disposé à attribuer au lait, tandis que si on ne se déterminoit pas trop promptement à en suspendre l'usage, on acquerroit la conviction que le plus souvent elles ne sont dues qu'au changement trop subit des alimens dont on faisoit précédemment usage.

Mais le lait varie en propriétés selon l'espèce de femelle qui le fournit; tel lait contient beaucoup de matière caséeuse et beaucoup de crème, tandis que pour tel autre, ces principes sont dans des proportions inverses. Les époques de la journée où on le prend, la quantité qu'on en boit à la fois, les distances observées entre chaque prise, le degré de chaleur qu'on lui donne, et le genre de vie qu'on s'impose, sont autant de circonstances qui influent sur ses propriétés. C'est ainsi que le lait de chèvre réussit, tandis que celui de vache fatigue l'estomac; plus souvent encore le lait d'ânesse est préférable comme plus séreux, composé de principes moins grossiers et dans une proportion différente. Quelquefois on peut faciliter la digestion du lait de vache, en le donnant parfaitement écrémé; d'autres fois, en le coupant avec des décoctions mucilagineuses ou toniques. Les opinions sont partagées à l'égard de la chaleur que doit avoir le lait au moment où les malades vont le prendre; les uns veulent qu'il soit donné à froid, les autres, qu'il soit chauffé au bain-marie; plusieurs assurent qu'il faut lui faire éprouver le mouvement de l'ébullition; il y en a enfin qui croient préférable de l'administrer lorsqu'il est encore pourvu de sa chaleur naturelle.

Pour avoir la preuve que de toutes les opinions énoncées, ce n'est qu'à la dernière qu'il faut s'attacher, il suffira de faire attention à la différence étonnante de l'impression que fait sur nos organes le lait, immédiatement après sa sortie des mamelles, quand il est simplement refroidi, ou qu'on lui a communiqué artificiellement une chaleur à peu près égale à celle qu'il avoit dans l'organe qui l'a sécrété. Le premier doit être considéré comme jouissant d'une sorte de vitalité; les molécules qui le composent, en vertu de leurs affinités d'agrégation et de composition, restent les unes à côté des autres, et forment un fluide homogène; mais à mesure que la chaleur naturelle disparoît, cet état change, et c'est précisément alors que la décomposition du fluide s'annonce par un changement notable dans l'odeur, dans la saveur et dans la consistance.

On pourroit peut-être croire qu'il seroit facile de mettre obstacle à la dissipation de la chaleur naturelle du lait, en plaçant ce fluide, immédiatement après la traite, dans une atmosphère dont la température seroit égale à celle présumée dans l'organe mammaire ; mais cette chaleur artificielle facilite l'action de l'*air* qui tend à décomposer le lait, en lui fournissant son oxygène, et à anéantir le principe vital qui accompagne toujours la chaleur naturelle.

Il seroit donc à désirer que les malades pour lesquels l'usage du lait est jugé nécessaire, pussent puiser eux-mêmes le fluide dans le réservoir où il a pris naissance mais que, vu les difficultés sans nombre qui s'opposent souvent à l'exécution d'une semblable pratique, il faut, autant qu'il est possible, administrer, dans beaucoup de cas, le lait presque aussitôt qu'il a été trait, et quand on le fait chauffer, né jamais excéder 15 à 20 degrés du thermomètre de Réaumur ; car, à une température plus élevée, le lait s'altère sensiblement.

On doit encore éviter, pendant l'usage du lait, de s'exposer trop au froid ou à l'humidité, parce que tenant dans un état de foiblesse celui qui se nourrit de ce fluide, facilitant ordinairement la transpiration et disposant à la sueur, cet usage feroit courir les risques d'une répercussion funeste.

On a coutume d'interdire à ceux qui sont au régime du lait, toutes les substances qui peuvent le faire cailler : mais en interrogeant l'expérience, on trouve que cette interdiction est trop sévère, qu'elle est contraire à l'observation et aux pratiques de quelques contrées. Venel rapporte qu'il connoissoit une femme qui ne supportoit aucune espèce de lait, sans l'associer en même temps à un acide végétal. Dans l'Inde, et en Italie, on le mêle avec parties égales de vin et de suc de limon, pour aider à le faire passer. Galien vante beaucoup l'usage de l'*oxigala*, c'est-à-dire du lait mêlé avec du vinaigre, et bu avant que la matière caséeuse en soit séparée ; mais tous ces faits sont trop connus pour en multiplier les citations : terminons par une considération relative au changement que le lait subit nécessairement dans l'estomac, soit qu'on le prenne comme aliment ou comme médicament.

On a cru autrefois, et quelques personnes sont encore de cette opinion, que le lait, pour se bien digérer, ne devoit pas subir la coagulation. Mais puisque la liqueur contenue dans ce viscère et sa membrane interne, chez la plupart des animaux, possède à un très-haut degré, long-temps même après qu'on en a fait l'extraction, la faculté de faire cailler le lait, il seroit difficile que ce fluide échappât à cette espèce de décomposition qu'éprouvent les autres alimens, et sans doute la coagulation du lait et la séparation des parties caséeuses d'avec la sérosité sont indispensables pour remplir le but de la nature dans la digestion de ce fluide destiné à la nourriture même du jeune animal.

Nous ne nous arrêterons pas à indiquer, même sommairement, les qualités médicinales de chacune des parties constituantes du lait, prises isolément, et les ressources que dans beaucoup de circonstances elles peuvent offrir à l'art de guérir; mais nous consacrerons encore quelques lignes à un objet qui a le droit d'intéresser directement les femmes, puisqu'il s'agit de l'aliment du premier âge, et des circonstances qui ont le plus d'influence sur l'éducation physique des enfans.

Il n'est pas d'espèce de lait dont les produits varient autant que ceux du lait de femme, à cause des affections morales auxquelles elles sont si sujettes; ce fluide change d'état à chaque instant du jour, et les changemens qu'il subit sont quelquefois si marqués, qu'ils étonnent même les observateurs les plus exercés.

Frappés, les premières fois que nous examinâmes ce lait, des variations continuelles que nous trouvions dans nos résultats, et voulant prévenir toute fraude, nous avons pris le parti de n'opérer que sur celui obtenu en notre présence ; mais ce que nous avions aperçu se reproduisit promptement. Dès-lors nous en conclûmes qu'il ne seroit jamais au pouvoir de l'art de déterminer la nature et les proportions de chacune des parties constituantes de ce fluide, d'une manière assez précise pour établir un terme de comparaison assez constant, puisqu'il étoit impossible, toutes choses égales d'ailleurs, de rencontrer deux laits de femme parfaitement semblables entre eux. Ce que nous avons pu constater, c'est qu'il diffère essentiellement de celui de vache, de chèvre, de brebis, et qu'il se rapproche de celui d'ânesse et de jument.

1.º Par la propriété qu'a sa crème, toujours peu abondante, de ne pas fournir constamment du beurre.

2.º Par la matière caséeuse qui, au lieu d'être tremblante et comme gélatineuse, se présente sous la forme de molécules grenues et désunies.

3.º Par le peu d'adhérence de la sérosité à la matière caséeuse, qui s'en sépare facilement par le repos et dans une température de seize degrés.

4.º Par la très-grande quantité de sel essentiel ou sucre de lait qu'il renferme.

Nous bornerons nos réflexions sur les changemens presque continuels qu'éprouve le lait de femme, à une seule observation. Une nourrice, âgée de trente-deux ans, d'un grand caractère, mais d'une constitution délicate et sujette à des affections nerveuses assez fréquentes, nous procuroit souvent de son lait pour l'examiner ; surpris un jour de ce que celui du matin étoit sans couleur, presque transparent, et de ce qu'il étoit devenu, en moins de deux heures, visqueux à peu près comme du blanc d'œuf, nous résolûmes de suivre la chose de plus près, et la nourrice voulut bien seconder nos vues, en nous promettant de son lait chaque fois que nous en demanderions. Celui dont nous venons de parler, avoit été tiré à huit heures du matin ; le lait de onze heures étoit un peu plus blanc, mais celui du soir avoit la couleur naturelle à ce fluide, et ne contractoit pas de viscosité.

Nous avons continué ainsi à examiner, pendant quatre jours de suite, du lait de la même femme, à différentes époques de la journée, sans apercevoir des changemens aussi notables que ceux de la première fois. Le cinquième jour, les mêmes changemens parurent de nouveau, et nous apprîmes que la nourrice avoit eu la veille et pendant la nuit, une attaque de nerfs assez considérable. Enfin, dans l'espace de deux mois, nous avons eu l'occasion d'observer plusieurs fois les mêmes phénomènes, et d'être convaincus en même temps, qu'ils n'avoient lieu que quand la nourrice éprouvoit de l'altération dans sa santé.

Nous laissons aux médecins à tirer de cette observation les conséquences sans nombre qu'elle peut leur offrir ; mais elle sert à nous confirmer de plus en plus dans l'opinion où nous sommes, que le fluide dont il s'agit ne pourra jamais donner à ceux qui l'examineront avec l'attention la plus scrupuleuse, des produits parfaitement semblables : de là l'insuffisance de toutes ces analyses comparatives du lait de femme et de celui des autres femelles.

Mais rappelons ici cette espèce de révolution opérée chez les animaux, dont on change brusquement le régime ; elle doit sans cesse avertir les nourrices d'être circonspectes sur le choix de leurs alimens, et sur la nécessité de continuer l'usage de ceux qui leur sont les plus salutaires, ou du moins de n'en changer que graduellement. Qu'elles apprennent, pour ne jamais l'oublier, que leur zèle empressé pour allaiter leurs enfans, ne suffit pas pour remplir les fonctions qu'impose un devoir aussi sacré, et dont il n'appartient qu'aux véritables mères de se bien acquitter ; il faut encore écarter de leur régime tout ce qui peut les déranger, et ne pas perdre de vue que l'analogie qui existe entre la manière de vivre et la qualité du lait qui en résulte, est très-directe.

On connoît cette observation de Bornichius, sur le lait d'une femme devenu amer, parce que vers la fin de sa gros-

gesse, elle avoit pris de la teinture d'absinthe ; et celle d'une mme d'une constitution nerveuse, qui, le jour où elle manquoit des asperges, donnoit à l'urine de son nourrisson l'odeur ui caractérise ordinairement l'influence de ce végétal.

On sait encore que la saveur de la semence de quelques ombellifères, et surtout celle d'anis, se communique au lait sans avoir subi de changement. Cullen a observé que cette semence, donnée à des nourrices en forme d'assaisonnement, produit un effet sensible sur leurs nourrissons, et remédie aux coliques dont ceux-ci étoient affectés. Mais ce n'est pas seulement par des plantes mêlées à celles dont les femelles se nourrissent, qu'on peut augmenter les propriétés naturelles du lait ; il est possible, comme nous l'avons déjà dit, de lui transmettre des propriétés médicinales par l'influence des médicamens eux-mêmes.

On a observé depuis long-temps qu'une médecine donnée à une nourrice pour prévenir une indisposition plus grave, purgeoit aussi l'enfant ; que même la vertu de l'émétique, du mercure et de ses préparations, se communiquoit à son lait. De ces observations on a voulu faire des applications au traitement de plusieurs maladies des enfans nouveau – nés, en consacrant même à cet objet un hospice où les mères, ainsi que les enfans qui en étoient affectés, subissoient le traitement ordinaire pendant l'alaitement. Nous savons que cette tentative, si honorable pour l'humanité, a été couronnée de quelques succès, et nous désirons qu'elle soit suivie de nouveau, pour dérober à une mort certaine tant de victimes du libertinage.

Mais il suffit d'appeler ici le témoignage de l'expérience journalière des nourrices : elles savent que tel ou tel aliment influe sur la qualité de leur lait ; que si elles font usage de purgatifs, leur enfant éprouve des coliques, et rend les selles plus abondantes, plus séreuses, etc. Mais ce qu'elles ne savent peut-être pas aussi bien, et qu'il leur est également important de connoître, c'est que plus on rapproche les traites dans le cercle de vingt-quatre heures, moins le lait est riche en principes, _et vice versâ_ ; qu'il faut un intervalle de douze heures pour que ce fluide puisse s'élaborer et se perfectionner dans l'organe qui le fabrique ; que la succion du lait, par le bout du pis, en facilite beaucoup l'émission ; que plus souvent le nouveau-né tête moins la nourriture qu'il prend est substantielle ; et qu'enfin les dernières portions d'une même traite sont trois fois plus abondantes en beurre et en fromage que les premières.

Ces observations, qui sont d'un intérêt majeur pour le salut de la mère et de l'enfant, doivent servir à guider les nourrices, et à régler la distribution des heures de la journée où elles doivent donner le téton ; et en effet, puisque le lait est plus séreux et plus abondant pendant les deux mois qui suivent l'accouchement, il semble que pendant ce temps il seroit prudent de présenter fréquemment le sein à l'enfant, pour que celui-ci, qui ne prend pas encore d'autre aliment, puisse être suffisamment nourri : et cette fréquence d'alaitement, proportionnée à l'abondance du lait, n'est pas trop fatigante pour elles ; mais elles doivent se laisser téter jusqu'à la dernière goutte de lait, et ne présenter l'autre sein que quand le premier est entièrement vidé.

Mais à mesure que l'époque de l'accouchement s'éloigne, que le lait diminue de quantité et augmente de consistance, elles doivent moins rapprocher les heures où elles alaitent, afin que le lait acquière plus de corps, et soit plus approprié aux forces digestives de l'enfant qui a déjà besoin d'une nourriture plus substantielle. Cette méthode auroit donc le double avantage de donner au nourrisson, dans le premier temps de son existence, un lait plus séreux et de plus facile digestion. Dans le second temps, au contraire, la mère sera moins fatiguée, et l'enfant mieux nourri.

Si c'est un malheur pour le nouveau-né de ne pouvoir prendre le téton de sa mère dès qu'il respire, puisqu'il auroit la faculté de se débarrasser sur-le-champ, et sans douleur, du *méconium*, c'en est un bien plus grand encore de passer dans les bras d'une mère empruntée qui, à la place du colostrum destiné à favoriser la sortie de ce méconium, lui donne un lait plus ou moins façonné et rarement conforme à sa constitution, malgré toutes les combinaisons des accouchemens dans ces circonstances, toujours critiques pour le sort futur des enfans.

Il arrive souvent que, par une circonstance imprévue, les mères sont forcées, à défaut de lait, de suspendre leur nourriture, et de recourir à un lait étranger, et souvent au lait d'un animal : mais, dans ce dernier cas, il faut préférer celui d'une vache, et d'une vache pleine, au lait d'une chèvre qui est trop souvent en chaleur, et régler ensuite la quantité de décoction d'orge ou de riz employée pour le couper, sur l'âge et le degré de force du nourrisson.

Si le lait contracte facilement l'odeur, la couleur et la saveur de certains végétaux, que ce fluide soit susceptible d'acquérir des propriétés médicamenteuses et de les transmettre de la nourrice aux nourrissons ; on ne peut disconvenir non plus que les affections physiques et morales n'influent sur la qualité. On sait qu'un effroi considérable occasione l'engorgement subit des mamelles, qu'un violent chagrin produit leur affaissement. Cet organe participe tellement au désordre qui est la suite des affections vives, qu'il n'élabore plus qu'une liqueur séreuse, jaunâtre et fade, au lieu d'une humeur blanche, douce et sucrée. Bordeu a vu le lait passer à l'état très-séreux dans une mère qui vit tomber son enfant. Le lait reprit son cours et sa consistance dès que le nourrisson donna des signes de force, de santé, et qu'il put téter.

Il n'est pas douteux que la colère et les autres passions de l'âme ne détériorent la qualité du lait au point de le rendre malsain pour l'enfant auquel ce fluide sert de nourriture. Petit-Radel dit avoir vu dans les Indes, une femme faire fouetter inhumainement la nourrice de son enfant pour une faute très-légère. La nourrice, peu à peu, donna un mauvais lait à son nourrisson qui ne tarda point à être tourmenté d'énormes convulsions : les mêmes dangers menacent cependant les pauvres enfans confiés à des femmes mercenaires.

On remarque également chez les femelles des animaux, que le lait est altéré à la suite des mauvais traitemens qu'elles reçoivent ; par exemple, de la brusquerie ou de la maladresse de la trayeuse : on a vu une chèvre le donner de très-mauvaise qualité, lorsqu'on gourmandoit son nourrisson qu'elle affectionnoit : elles sont encore exposées à des spasmes, qui, sans apporter aucun dérangement dans l'économie animale, peuvent néanmoins suspendre la sécrétion du lait et en tarir tout à coup la source, comme des affections agréables peuvent en faciliter le cours.

On sera peut-être étonné qu'après avoir parlé de l'influence des alimens, des médicamens, des affections morales et physiques sur le lait, nous ne fassions pas également mention de l'état où ce fluide doit se trouver lorsque la femelle est souffrante. Cet objet cependant n'a pas été négligé dans notre travail ; et il nous a semblé que quand l'indisposition commençoit, le lait n'avoit qu'une apparence d'altération, mais que cette altération se manifestoit d'une manière marquée dès que la maladie faisant des progrès, agissoit nécessairement sur le système animal, affoiblissoit peu à peu la puissance de l'organe mammaire, et mettoit un terme à l'émission du lait ; il est donc difficile dans ce cas, de faire des expériences sur le lait ; il est même rare qu'on puisse s'en procurer une quantité suffisante pour avoir des résultats positifs. Cependant, nous avons observé que les changemens notables qu'il subissoit portoient particulièrement sur la matière caséeuse, qui est la partie constituante du lait la plus animalisée, la plus nutritive et la plus abondante.

D'après ces vues générales, il paroît qu'au moyen d'expériences exactes et de bonnes observations, on pourroit, par la simple inspection du lait, juger des altérations que les parties constituantes les plus essentielles de ce fluide ont éprouvées, et obtenir des résultats de médecine-pratique qui, dans les maladies des femmes et des enfans à la mamelle, serviroient à tirer un pronostic aussi sûr peut-être, que de l'état des sécrétions et excrétions dans une foule de circonstances cliniques. C'est aux accoucheurs, c'est aux médecins qui s'occupent spécialement des maladies des femmes, à réunir sur cet objet tous les faits épars dans les ouvrages, et à faire de nouvelles recherches propres à agrandir cette sphère des connoissances humaines. (PARM.)

LAIT-BATTU. Nom de la FUMETERRE, dans quelques endroits. (LN.)

LAIT-D'ANE. *V.* LAITERON COMMUN. (LN.)

LAIT-DE-COCHON. Nom vulgaire de l'HYOSÉRIDE RAYONNÉE (*Hyoseris radicata*), qui donne du lait lorsqu'on l'entame, et dont les cochons recherchent beaucoup la racine. (B.)

LAIT-DE-COULEUVRE. L'EUPHORBE CYPARISSE porte ce nom aux environs d'Angers. (B.)

LAIT-DE-FÈVE. On donne ce nom, à la Chine, à une purée fort claire, faite avec de la graine du CYTISE DES INDES (*Cytisus cajan*, Linn.), purée qu'on offre souvent dans les repas d'étiquette. (B.)

LAIT-DE-LUNE ou LAIT-DE-MONTAGNE. Terre calcaire très-déliée, et d'un beau blanc, qui est entraînée par les eaux, et déposée dans les fentes des montagnes. Quand cette matière crayeuse se trouve desséchée et friable, on lui donne le nom d'*agaric minéral*; et lorsqu'elle est pulvérulente, on la nomme *farine fossile. V.* ces mots, AGARIC MINÉRAL et CHAUX CARBONATÉE, vol. 6, pag. 162 et suiv. (LN.)

LAIT-D'OISEAU. C'est l'ORNITHOGALE BLANC. (LN.)

LAIT-DE-POULE. *V.* LAC GALLINÆ. (LN.)

LAIT-DORÉ ou LAITEUX-BRIQUETÉ. Champignon fort voisin de l'*agaricus deliciosus* de Linnæus, que Paulet à figuré pl. 71 de son *Traité des champignons*; on le mange. Loësel l'a appelé *fungus vescus*. (B.)

LAIT-SAINTE-MARIE (*Lac Mariæ*, Cæsalp.). C'est le CHARDON-MARIE, remarquable par ses feuilles panachées de blanc. (LN.)

LAITANCE ou LAITE DE POISSON. Ce sont, comme on sait, les organes mâles ou testicules de ces animaux, qui deviennent très-volumineux, à l'époque de la génération ou du frai, et qui sont composés d'une substance molle, blanchâtre, comme glanduleuse, agglomérée en grains très-fins, quelquefois partagée en lobes. Cette matière peut se délayer dans l'eau, à cette époque, et former une sorte d'émulsion laiteuse ; c'est le sperme même de ces animaux ; ils le répandent sur les œufs que les femelles ont pondus, pour les féconder. On peut aussi féconder artificiellement les œufs de la plupart des poissons, en exprimant sur eux la laite du mâle, même après qu'il est mort. *V.* Poisson.

L'analyse chimique a montré à MM. Fourcroy et Vauquelin, que la *laitance de carpe* contenoit, outre les trois quarts de parties liquides, de la gélatine et de l'albumine, une matière grasse savonneuse, beaucoup de phosphore en nature, et en outre, des phosphates de chaux, de magnésie, de soude et de potasse (*Annal. Muséum d'Hist. nat.*, tom. x, pag. 169 ; et *Annal. chims*, tom. 64, pag. 7, an 1807). Cette présence du phosphore rend la *laitance* un aliment très-stimulant et aphrodisiaque, ainsi que la chair du poisson. *V.* aussi Ichthyophagie. (virey.)

LAITE. *V.* Laitance. (b.)

LAITEAU. Synonyme de Feinte. (b.)

LAITERON, *Sonchus.* Genre de plantes de la syngénésie polygamie égale, et de la famille des chicoracées, qui présente pour caractères : un calice commun, polyphylle, imbriqué d'écailles inégales, ventru à sa base ; un réceptacle nu qui supporte quantité de demi-fleurons, tous hermaphrodites, à languette linéaire, tronquée, et à cinq dents ; plusieurs semences oblongues, couronnées d'une aigrette sessile, dont les poils sont simples.

Ce genre, aux dépens duquel Desfontaines a établi celui qu'il a nommé Picridie, renferme des plantes laiteuses, à feuilles alternes, entières ou découpées, et à fleurs terminales, jaunes, rougeâtres ou bleuâtres. On en compte une quarantaine d'espèces, dont plusieurs sont propres à l'Europe. Les plus communes ou les plus remarquables sont :

Le Laiteron commun, *Sonchus oleraceus*, Linn., dont les feuilles sont amplexicaules, dentées, ciliées, les pédoncules velus à leur extrémité, et le calice uni. Il est annuel et se trouve partout, surtout dans les jardins et les lieux cultivés. Il fleurit pendant toute l'année. Il est amer, apéritif, rafraîchissant, et a en général les propriétés de la Laitue. Les vaches, les lapins l'aiment beaucoup, et les ménagères de campagne ont soin de le faire ramasser. Il est malheureux qu'il se dessèche difficilement et devienne si cassant lorsqu'il est desséché, car il formeroit un fourrage aussi abondant que sain.

Le Laiteron des champs est presque en ombelle ; il a le

pédoncule et le calice hérissé de poils, et les feuilles r
gées, cordiformes à leur base. Il est vivace, et se trouve dans
les champs humides. Cette espèce est rebutée par les bestiaux.

Le LAITERON DES MARAIS est presque en ombelle, a les pédoncules et les calices hérissés de poils, les feuilles rongées
et hastées à leur base. Il se trouve sur les bords des fossés,
des étangs, et dans les marais. Il est vivace.

Le LAITERON LIGNEUX, dont la tige est frutescente, chargée, seulement à son sommet, de feuilles lancéolées et rongées, les pédoncules presque en ombelle, et le calice glabre.
Cette belle plante vient des montagnes de Madère et de Té-
neriffe. Lhéritier en a publié une superbe figure.

Le LAITERON PINNÉ, qui a la tige frutescente, les feuilles
pinnées, à pinnules linéaires, presque dentées, et les pédoncules nus. Il vient également de Madère.

Le LAITERON DES MONTAGNES, *Sonchus alpinus*, a les pédoncules hispides, les feuilles en lyre, presque hastées et amplexicaules. On le trouve dans toutes les montagnes élevées
de l'Europe. (B.)

LAITEUX BRIQUETÉ. *V.* LAIT DORÉ. (B.)

LAITEUX POIVRÉS. Famille de CHAMPIGNONS, éta-
blie par Paulet, et qui renferme les AGARICS qui laissent fluer,
lorsqu'on les entame, un suc laiteux, piquant au goût. On
peut les manger, mais ils ne sont pas sans danger, parce qu'ils
sont en général fort indigestes. L'*agaricus piperatus* de Linnæus,
figuré pl. 68 du *Traité des champignons* de Paulet, lui sert de
type. Outre cette espèce, elle renferme le LAITEUX-POIVRÉ-
TERRE-D'OMBRE, le LAITEUX-POIVRÉ NOIR, le LAITEUX-POI-
VRÉ VERT, le LAITEUX-POIVRÉ DORÉ ou BRIQUETÉ, le LAI-
TEUX JAUNE, que leur couleur distingue suffisamment, le
LAITEUX CHEVILLÉ qui est brun en dessus, le LAITEUX EN
NOMBRIL qui est roux et glabre en dessus, le CHAMPIGNON
DE CERF, qui est roux et velu en dessus. Toutes ces espèces
se mangent.

Le LAITEUX ROUGISSANT qui est blanc, à chapeau pointu,
et devenant rouge lorsqu'on l'entame; et la ROUGEOLE A LAIT
ACRE (*agaricus necator*, Bulliard), à chapeau brun et à chair
se ponctuant de même couleur lorsqu'on l'entame, sont au
contraire fort dangereux. On en voit les figures sur les planches qui suivent celle citée plus haut. (B.)

LAITIER DES VOLCANS. On donne ce nom aux *Ob-
sidiennes* et à des *laves vitreuses*, de couleur noire ou bleuâtre,
ou tirant sur le vert obscur. *V.* OBSIDIENNE, LAVE, SCORIE,
VOLCANS. (LN.)

LAITIER. C'est le POLYGALE vulgaire. (B.)

LAITON ou CUIVRE JAUNE. Alliage de *cuivre* et de

...c, qu'on obtient par la voie de la *cémentation*, c'est-à-dire,
...mettant dans un creuset des lames de cuivre avec un mé-
...nge de calamine ou oxyde natif de zinc, et de poussière de
...arbon; ce mélange est fait en quantité égale, et l'on en
...et trois parties contre une partie de cuivre rouge. On fait
...auffer le creuset jusqu'à ce que le cuivre soit fondu. Il est
...lors d'une belle couleur jaune, et son poids est augmenté
...'un quart, et quelquefois d'un tiers.

...Dans cette opération, le zinc passe à l'état de métal, se
...duit en vapeurs et pénètre le cuivre; et quoique le zinc ne
...it point ductile quand il est pur, il n'ôte rien néanmoins
...à la ductilité du cuivre, quand son alliage avec ce métal
...t opéré par la cémentation; mais s'il étoit fait d'une ma-
...ière directe, en fondant ensemble les deux métaux, on ob-
...iendroit, il est vrai, un alliage métallique d'une belle cou-
...ur d'or, et susceptible d'un beau poli, mais qui seroit aigre
...cassant: c'est ce qu'on nomme *métal-de-prince* ou *similor*.

...Le *cuivre jaune* a plusieurs avantages sur le *cuivre pur*; sa
...ouleur est plus agréable, et il est beaucoup moins sujet à
...espèce de rouille qu'on nomme *vert-de-gris*, propriété qui
...e rend infiniment utile dans l'usage domestique. Il est aussi
...'un grand emploi dans les arts: la plupart des instrumens
...e mathématique, de physique et d'astronomie, sont en par-
...e construits avec ce métal, de même que les pièces d'hor-
...ogerie et les épingles. C'est particulièrement dans les dépar-
...emens de l'Orne et de l'Eure, qu'on fabrique presque tou-
...es les épingles que l'on emploie en France.

...Le savant physicien Brisson a observé que dans l'alliage
...u cuivre et du zinc, ces deux métaux se combinent d'une
...anière si intime, qu'ils semblent se pénétrer mutuellement;
...e sorte qu'ils occupent moins de volume dans cet état de
...ombinaison, que lorsqu'ils sont séparés. La pesanteur spé-
...ifique du laiton est d'un dixième plus considérable que celle
...u cuivre et du zinc, prises chacune à part.

...Le laiton est une des substances métalliques qui donnent les
...lus belles cristallisations, par une fusion bien ménagée: ce
...ont des colonnes à quatre ou huit faces, symétriquement
...mpilées les unes sur les autres, et terminées par des plans
...carrés ou octogones. (PAT.)

...Le meilleur laiton se tire de Liége, de Namur et de Nu-
...emberg. Il est le plus doux, parce qu'il est fait avec des ma-
...ières plus pures. En 1787, l'importation du laiton en France
...'élevoit à 761,912 livres, au prix de 1,185,244 livres. (LN.)

LAITRON, *V.* LAITERON. (B.)

LAITUE, *Lactuca*, Linn. (*Syngénésie polygamie égale*.)
...Genre de plantes de la famille des cinarocéphales, qui se

rapproche beaucoup des LAITERONS, et qui comprend des her
bes laiteuses, dont les fleurs sont composées de demi-fleu
rons hermaphrodites, ayant des languettes dentées qui se
recouvrent circulairement. Chaque demi-fleuron renferme
cinq étamines, réunies par leurs anthères, et un style à deux
stigmates. Le calice commun est imbriqué et formé d'écailles
droites et allongées, pointues, inégales, scarieuses ou mem
braneuses sur leurs bords; le réceptacle est nu; les semences
sont oblongues, comprimées et couronnées chacune par une
aigrette simple, portée sur un pivot.

On peut aisément distinguer les laitues des laiterons, à l'ai
grette, qui est sessile dans ces derniers. Les feuilles des lai
tues sont entières ou découpées, et toujours placées alter
nativement sur les tiges qu'elles embrassent. Leurs fleurs
naissent en grappes ou en corymbes au sommet des rameaux.
Il est inutile de faire mention ici de toutes les espèces de ce
genre, qui ont été décrites par les botanistes au nombre de
trente. La plupart n'ont aucune utilité connue, et ne doivent
figurer que dans les écoles de botanique. Nous ne parlerons
donc que de la *laitue sauvage*, et de la *laitue cultivée*, de la *laitue vireuse*. Il faut connoître celle-ci, comme toutes les plan
tes malfaisantes, pour se garantir des méprises et d'un em
ploi dangereux.

La LAITUE SAUVAGE est une plante annuelle qui croît na
turellement en Europe, dans les lieux incultes et pierreux,
sur le bord des chemins et des vignes, et le long des haies.
Sa racine est plus petite et plus courte que celle de la *laitue
cultivée*; sa tige est aussi plus grêle, plus sèche, et souvent épi
neuse. Ses feuilles sont oblongues, étroites un peu roides;
elles ont leurs découpures légerement arquées en dehors, et
leur côte postérieure blanchâtre et armée d'épines. Les fleurs
sont petites, d'un jaune pâle, et visqueuses; elles naissent
en grappes droites ou en panicules allongés.

Cette laitue, pilée et mêlée avec la terre de poterie, donne
à cette terre une couleur très-agréable, et, ce qui est plus
avantageux, la rend propre à être travaillée et amincie comme
la porcelaine. On fait, en Chine, avec cette terre ainsi
préparée, de petits vases de ménage, où l'eau est chaude sur-
le-champ.

La LAITUE CULTIVÉE ou COMMUNE, *Lactuca sativa*, Linn,
est une plante laiteuse et annuelle, qui s'élève à la hauteur
de deux pieds, sur une tige droite, cylindrique, lisse, épaisse
et branchue. Ses feuilles sont ovales-oblongues, ondulées,
tendres, et d'un vert pâle, quelquefois jaunâtre; les inférieures sont plus grandes, plus larges et plus arrondies que
les supérieures. Les fleurs petites, nombreuses et d'un jaune

clair, viennent au sommet des rameaux sur de courts pédoncules, qui sont très-glabres , ainsi que les calices.

Cette plante est cultivée de temps immémorial; elle se trouve
dans tous les jardins , dans toutes les cuisines, sur toutes les tables; elle réussit dans les deux continens, sous toutes les zones,
dans les pays et les climats les plus opposés; et cependant on
ignore son origine. Parmi les plantes potagères, c'est une des
plus intéressantes. Les soins de l'homme lui ont fait produire une
quantité prodigieuse de variétés et sous-variétés, dont le nombre
augmente chaque jour. On en compte maintenant jusqu'à cent
cinquante. Ce sont autant d'espèces *jardinières*, qui sont distinguées entre elles, soit par la couleur, les taches, le fron-
cement plus ou moins considérable de leurs feuilles ; soit par
la grosseur ou la forme de leur pomme, par leur saveur, etc.
Si, avec ces différences, on considère les diverses époques
où on les sème les unes et les autres, et les saisons particulières où on en fait usage, on trouvera que ces variétés nombreuses peuvent être partagées en plusieurs sections assez
remarquables. La division la plus simple est celle qui rapporte toutes ces laitues à trois variétés principales, connues
sous les noms de *laitue pommée*, *laitue frisée* et *laitue romaine*.

Les *laitues pommées* ont les feuilles arrondies, ondulées ,
concaves , serrées et appliquées les unes contre les autres,
et formant, par cette disposition, une espèce de tête plus
ou moins ronde. Les feuilles extérieures et qui enveloppent
la pomme, sont ordinairement dures, vertes et amères ; on
les retranche ; celles de dessous sont tendres, d'un blanc jaunâtre, et ont une saveur douce; elles composent ce qu'on
coupe en quartiers, et qu'on mange communément cru , en
salade, et quelquefois cuit et préparé dans différens mets.
Voici les principales variétés de laitues.

L'*impériale* ou *grosse allemande*. Sa grosseur est monstrueuse,
surtout en Hollande ; sa pomme est très-serrée et de couleur
jaune, et sa saveur douce et sucrée. Sa graine est blanche ;
elle se sème au printemps.

La *laitue cocasse*. Elle est un peu amère et médiocrement
tendre, mais très-garnie de feuilles; elle reste long-temps
pommée avant de monter. Ses graines, qui sont blanches, se
sèment en été et en hiver dans une terre légère. Elle demande
de fréquens arrosemens.

La *Versailles*. Elle ressemble à la précédente ; mais elle est
moins amère, et ses feuilles, d'un vert plus clair, n'ont aucune teinte de rousseur. Elle supporte mieux l'hiver ; on peut
la semer dans cette saison.

La *Batavia*. Elle est très-grosse, tendre, cassante et délicate, quoique un peu amère quand elle a crû dans des terres fortes. Sa pomme n'est ni pleine ni très-blanche. On la sème en été, et il faut l'arroser souvent.

La *Batavia brune* ou *laitue-chou.* C'est une variété de la précédente; elle s'accommode de tous les terrains, pomme mieux, est plus ferme et excellente.

La *pomme de Berlin.* C'est la plus volumineuse de toutes, quand elle croît dans un sol qui lui convient. Sa pomme n'est jamais bien serrée. Elle a ses feuilles légèrement bordées de rouge, et des semences noirâtres.

La *laitue grosse-rouge.* On peut la semer en toutes saisons et dans tous terrains; mais elle se plaît mieux dans un sol gras et fertile. Ses feuilles sont d'un vert rembruni d'un gros rouge. Sa pomme est grosse, tendre et d'un jaune orangé; sa graine est noire. Cette laitue est regardée partout comme une des meilleures.

La *petite-rouge* ou *jaune-rouge.* Elle pomme et monte lentement; elle est douce, tendre, a le cœur jaune, et ses feuilles extérieures sont d'un vert léger, et fouettées de rouge. Sa graine est noire.

La *coquille.* De toutes les laitues, c'est, avec la suivante, celle qui résiste le mieux aux rigueurs de l'hiver. Mais elle est dure et amère, et sa pomme est petite.

La *laitue de la passion.* Mêmes qualités que la précédente, sa pomme est plus grosse au Midi qu'au Nord. Sa graine est blanche.

La *grosse-blonde.* Son nom indique sa couleur et son volume. Sa tête se ferme promptement, dure peu et monte vite. On la sème au printemps et en automne.

La *George-blonde.* Sa pomme est grosse, serrée, un peu aplatie. Sa graine est blanche. Elle demande un terrain léger. Dans le Midi, elle monte vite à l'approche des chaleurs; dans le Nord, elle ne pousse qu'après avoir été repiquée.

La *grosse-George.* C'est une bonne sous-variété de la précédente; elle est un peu plus grosse, monte facilement, et pomme très-bien dans le Nord, quand elle est semée sur couche ou sous cloche.

La *Bupaume.* Laitue de médiocre qualité, mais dont le mérite, pour le Nord, est de venir dans toutes les saisons et dans tous les terrains. Sa pomme est un peu vide au sommet, serrée par le bas. Elle a des semences noires.

La *laitue d'Italie.* Elle est de moyenne grosseur et très-bonne. Ses graines sont noires, et ses feuilles colorées en rouge. Elle demande un terrain léger, et réussit dans toutes les saisons.

La *laitue d'Hollande* ou *laitue brune*. Elle n'est pas tendre. Sa pomme est grosse, jaune, ferme, bien pleine. Sa graine est noire, et se sème en été.

La *paresseuse*. Elle est très-lente à monter, et se sème aussi en été. Sa semence est blanche. Elle a des feuilles très-nombreuses et crispées, et une pomme ferme et pleine.

La *royale*. C'est une laitue excellente; sa pomme est grosse, tendre, et dure long-temps ; ses feuilles sont luisantes. Sa graine est blanche ; on la sème en été. Il faut l'arroser souvent.

La *Perpignane* ou *laitue à grosses côtes*. Elle est tardive dans le Nord ; ses feuilles sont lisses et à grosses côtes ; sa pomme est très-grosse, jaune, tendre et douce ; sa graine est blanche ; on la sème en été dans un terrain sec.

La *petite crêpe* ou *petite noire*. Elle a des feuilles crispées et dentelées, une pomme très-petite, et des graines noires. Elle est hâtive. On la sème, en hiver, sur couche ; au printemps, au pied d'un mur.

La *grosse crêpe*, sous-variété perfectionnée de la précédente. Elle doit être semée dans les mêmes saisons et aux mêmes expositions. Elle monte facilement.

La *gotte*. C'est une des meilleures à semer sous châssis, dans le Nord, depuis octobre jusqu'en février. Les moindres chaleurs la font monter.

La *dauphine* ou *laitue printanière*. Elle est hâtive, grosse ; sa pomme est plate et serrée. C'est une des meilleures laitues du printemps. On doit retrancher les drageons qui poussent d'entre les aisselles de ses feuilles basses. Elle a des semences noires, et réussit dans toutes sortes de terres, par le moyen des arrosemens fréquens.

La *sanguine* ou *la flagellée*. Elle est de moyenne grosseur, panachée en rouge, et plus recherchée pour la vue que pour le goût. Elle monte dès qu'elle sent les fortes chaleurs, et ne réussit qu'au printemps.

La *Berg-op-zoom*. Celle-ci monte difficilement, et ne craint point l'hiver : on la sème en toutes saisons. Ses feuilles sont d'un vert-brun, et lavées de rouge. Sa pomme est petite, mais très-bonne. Sa semence est noire.

La *palatine*. Elle ressemble à la précédente, dont elle diffère par ses teintes de rouge moins fortes, et par sa pomme un tiers plus grosse.

La *sans-pareille*. Elle est de moyenne grosseur, et ne pomme souvent qu'au bout de trois mois. Ses feuilles sont d'un vert clair, finement dentelées, et lavées de rouge sur les bords. Sa semence est blanche.

Les *laitues frisées* ont les feuilles déchirées, dentelées et crépues. Elles pomment en général médiocrement.

La *mousseronne*. Elle est petite et tendre ; ses feuilles sont très-frisées, crispées, dentelées, d'un vert clair, fortement teintes de rouge sur les bords. Elle pomme en deux mois. Sa semence est blanche.

La *laitue-chicorée*. Elle est blonde, plus belle et plus grande que la variété suivante, et a ses feuilles profondément découpées. Sa semence est noire.

La *laitue-épinard*. Il y en a deux variétés, l'une à graine blanche, l'autre à graine noire. L'une et l'autre ont les feuilles lâches, découpées, peu crispées et arrondies. Elles poussent des drageons entre les aisselles des feuilles basses. Ces laitues sont petites ; on les conserve dans le Nord par curiosité, ou comme laitue à couper, parce qu'en automne on en a beaucoup d'autres. Dans le midi on les mange à l'entrée de l'hiver ; elles repoussent jusqu'à ce qu'elles montent.

La *vissée*. Elle est ainsi nommée, parce que ses feuilles ont des enfoncemens et des élévations, qui tournent en manière de vis de pressoir. Cette laitue est originaire d'Italie ; elle est douce et tendre. Sa graine est noire.

Les *laitues romaines* ou *chicons* diffèrent des deux autres par leur forme et leur saveur. Leurs feuilles sont droites, allongées, peu foncées, rapprochées les unes des autres, mais sans se serrer ni former de tête compacte ; on les lie ordinairement pour les faire blanchir. Ces laitues sont parfaitement douces, au lieu que les *laitues pommées* les plus douces conservent toujours une légère amertume.

La *romaine rouge*. Les feuilles extérieures sont teintes de rouge, les intérieures sont d'un beau jaune, et tendres. Elle craint l'humidité ; quand elle est liée, il faut l'arroser au pied, sans toucher la plante. Sa semence est noire.

La *romaine panachée* ou *flagellée*. Les grandes chaleurs la font monter facilement. Sa saison, dans le Nord, est la fin du printemps, et on doit l'y semer sur couche. Ses semences sont noires. Ses feuilles sont tachées de rouge et de pourpre. On en connoît une sous-variété dont le cœur est encore plus taché, et qui a l'avantage de se fermer et de blanchir sans le secours des liens. La graine de celle-ci est blanche.

La *romaine verte*. Ses feuilles sont très-longues et d'un vert foncé, avec la côte blanche. Sa semence est noire. Cette laitue est moins tendre que les autres, mais plus grosse ; et on peut la semer en toutes saisons et dans toutes sortes de terrains. Elle blanchit ordinairement d'elle-même, et sans être liée. Elle doit avoir son sommet un peu aplati ; quand elle se termine en pointe, elle est dégénérée.

La *romaine brune* ou *grise*. Elle est plus douce et moins
verte que la précédente. On la sème en hiver et au printemps. Elle est difficile sur le choix du terrain. Sa graine
est blanche.

La *romaine blonde*. Celle-ci est délicate et monte facilement. Elle doit être semée en terre forte, et peu arrosée.
Sa graine est blanche. Ses feuilles sont minces et d'un vert
tirant sur le jaune.

La *romaine hâtive*. Elle ressemble à la précédente, mais
la couleur des feuilles est moins lavée de jaune. Sa graine est
blanche. On l'élève, en hiver, sous cloche.

L'*alfange*. Elle est jaune et rougeâtre, a des semences blanches et des feuilles très-longues et très-larges, d'un vert pâle
et légèrement tachetées de rouge au sommet. Cette laitue
est tendre et délicate. Elle monte et pourrit facilement.

L'art d'avoir des laitues dans toutes les saisons, consiste,
en général, à bien choisir les espèces, à les semer en temps
convenable, et à les garantir des fortes chaleurs et de la trop
grande humidité, sans pourtant les priver d'air. Ces plantes
demandent des soins différens dans le nord et le midi de la
France. Au Nord, surtout aux environs de Paris, on fait
un fréquent usage des couches et des cloches, à peine connues dans les parties méridionales de la France. On hâte
ainsi la croissance des laitues; mais leur précocité est toujours au préjudice de leur saveur.

Toutes les espèces de laitue ne se multiplient que de
graine. Cette graine peut se conserver quatre ans, mais elle
n'est très-bonne que la seconde année; semée la première
année, elle germe à la vérité plus vite, mais le plant monte
facilement; la troisième année, une partie ne lève point;
et la quatrième on ne voit lever que les graines parfaitement
aoûtées, pourvu encore qu'elles aient été tenues renfermées.

Dans tous les temps les laitues ont tenu un rang distingué
parmi les autres herbes potagères. Les Romains, en particulier, en faisoient un de leurs mets favoris. Elles sont aussi
agréables à manger que saines. Elles rafraîchissent, humec-
tent, fournissent un chyle doux; modèrent l'acrimonie des
humeurs, par leur suc aqueux et nitreux, et sont légèrement narcotiques : elles conviennent aux tempéramens bi-
lieux et robustes. On en prépare des bouillons et des lave-
mens rafraîchissans. On en extrait, par distillation, une
eau qui sert de base aux juleps somnifères. Les graines de
laitue sont mises au nombre des quatre semences froides;
elles fournissent une émulsion calmante et antiputride.

Les *laitues pommées* étant séchées et brûlées à feu couvert, fusent de la même manière que le nitre jeté sur des charbons ardens.

Les cœurs des *laitues romaines montées*, épluchés, cuits dans l'eau et accommodés au jus, font un très-bon plat d'entremets, que quelques personnes préfèrent aux *navets* et aux *cardons*.

On ne connoît, en Egypte (*Mém. sur l'Egypte*, par Bruguières et Olivier) qu'une seule espèce de laitue; mais elle y est très-répandue. On en mange à toute heure du jour pour se rafraîchir. Les plus petites ont depuis quatorze jusqu'à quinze pouces de hauteur. Elles sont si douces et si saines, qu'on n'en est jamais incommodé. On les sème en septembre et octobre, après deux labours, et puis on les transplante sur des terres bien préparées. La graine de celles qui montent fournit une huile aussi bonne que l'huile d'olive lorsqu'elle est fraîche, et employée aux lampes quand elle est rancie.

La LAITUE VIREUSE, *Lactuca virosa*, Linn. C'est une plante annuelle comme la *laitue sauvage*; elle est moins haute que cette dernière et en diffère par son feuillage, qui est moins découpé, et quelquefois point du tout; elle a une tige droite, blanchâtre, hérissée d'épines éparses, et garnie vers sa partie supérieure, de rameaux alternes et grêles, qui portent des fleurs jaunâtres, disposées en petites grappes peu garnies. Ses bractées sont fort petites. Les feuilles inférieures sont oblongues, ovales, amplexicaules, oreillées à leur base, inégalement dentées et épineuses en leur côte supérieure; les supérieures sont sagittées et entières, ayant seulement quelques dents presque épineuses à leurs oreillettes.

Cette plante croît en France, et dans les régions australes de l'Europe, aux lieux incultes et sauvages. Quelquefois elle est tachée d'un rouge obscur ou d'un pourpre noirâtre. Toutes ses parties sont remplies d'un suc laiteux, visqueux, amer, narcotique et de mauvaise odeur. Ce suc, épaissi et desséché, est inflammable, et approche de l'opium par ses qualités principales, et n'en a pas tous les inconvéniens; aussi commence-t-on à le préférer généralement dans la plupart des cas. (D.)

LAITUE. Une coquille univalve, du genre ROCHER (*Murex saxatilis*) a reçu ce nom marchand. (DESM.)

LAITUE D'ÀNE. C'est, en France, la CARDÈRE naissante; et en Italie, le DRYPIS ÉPINEUX. (LN.)

LAITUE DE BREBIS (*Lactuca agnina*, Tabern., Ic. 167). C'est la MÂCHE, *valeriana olitoria*, Linn. (LN.)

LAITUE DE BRUYÈRE. C'est le *Lactuca perennis*, L., (LN.)

LAITUE DE CHÈVRE (*Lactuca caprina*). Pline donne ce nom à un *Tithymale*, c'est-à-dire, à une espèce d'Euphorbe. (LN.)

LAITUE DE CHIEN. C'est, en Allemagne, un des noms du Pissenlit. (LN.)

LAITUE DE COCHON ou de PORC. C'est l'Hypochœride fétide. (LN.)

LAITUE DES GRENOUILLES. C'est le Potamot crépu. (B.)

LAITUE DE LIÈVRE, *Lactuca leporina.* Il paroîtroit qu'Apulée a voulu indiquer sous ce nom le Liondent d'automne (*leontodon autumnale*, L.), ou plutôt le Laitron oléracé. (LN.)

LAITUE MARINE (*Lactuca marina*), de Cælse, liv. 5, c. 7. C'est la même espèce de *tithymale* que Pline nomme Laitue de chèvre. (LN.)

LAITUES DE MER ou MARINES. Ce sont plusieurs espèces d'Ulve, membreuses et vertes, très-abondantes dans toutes les mers. (LN.)

LAITUE DE MURAILLE (*Lactuca murorum*, Césalp.). C'est une variété du Laitron oléracé. (LN.)

LAITUE TREMBLANTE. On donne aussi ce nom à une espèce d'Ulve marine. (DESM.)

LAKTAK. C'est un Phoque du Kamtschatka, indiqué par Kracheninnikow. Il est très-grand, et ne se prend qu'au-delà du 56.ᵉ degré de latitude. On l'appelle *ursuk* au Groënland. Il a quelquefois jusqu'à douze pieds de longueur, et une pesanteur de huit cents livres.

Buffon a fait de ce *phoque* une espèce distincte : il paroît néanmoins que c'est le même animal que le grand Phoque. *V.* ce mot. (S.)

LALÉ. Nom turc de la Tulipe. (LN.)

LALO. Nom qu'on donne, à l'Ile-de-France, à un ragoût fait avec la Ketmie comestible ou Gombo. A Saint-Domingue, on applique aussi ce nom au ragoût lui-même, encore appelé Calalou et Caralou. *Voyez* aussi Baobab. (LN.)

LAM et LAMB. Ces noms, dans quelques contrées du nord de l'Europe, et même en Allemagne, sont employés pour désigner les Agneaux. (DESM.)

LAMA, *Lama*, Cuv., Geoffr., Lacép., Duméril ; *Camelus*, Linn., Erxleb. ; *Auchenia*, Illiger. Genre de mammifères ruminans, très-voisin de celui des chameaux, et qui 'appartient exclusivement à l'Amérique méridionale.

Il est ainsi caractérisé : point d'incisives supérieures ; six incisives inférieures ; deux dents canines , comprimées et tranchantes de chaque côté des mâchoires ; cinq molaires de chaque côté , tant en haut qu'en bas , ayant leur couronne semblable à celle des autres ruminans ; deux doigts à chaque pied , armés seulement à leur pointe par un petit ongle plat au lieu de sabot, n'étant point réunis par une semelle commune comme ceux des chameaux ; tête conique médiocrement allongée, sans cornes ni bois dans aucun sexe ; lèvre supérieure fendue ; yeux grands ; oreilles longues ; cou fort allongé ; point de bosses ou de loupes graisseuses sur le dos; quelquefois de petites callosités à la poitrine et aux genoux; queue courte ; deux mamelles inguinales ; poil laineux et fourni ; point d'appendices celluleux à la panse ; taille médiocre, etc.

Il paroît que ce genre ne se compose que de deux espèces bien distinctes ; c'est , du moins , l'avis de M. Cuvier ; et voici la raison qu'il en donne (*Men. nat.*, édit. in-12, t. 2, p. 159). « Buffon n'admettoit d'abord que le *lama* qu'on nomme, dans son état sauvage , *guanaco* au Pérou, et *hueque* au Chili ; et le *paco*, qui dans ce même état sauvage s'appelle *vicunnia* ou *vigogne*. C'étoit alors l'opinion de Linnæus, et ce fut depuis celle de Pennant. Buffon supposa ensuite, sur l'autorité d'un abbé Béliardy, qui avoit résidé longtemps en Espagne, que le *paco* est une espèce intermédiaire entre les deux autres. Enfin Molina ayant considéré même le guanaco et le hueque comme des espèces distinctes du lama, Gmelin, Schreber et Shaw adoptèrent toutes ces idées, et le nombre des espèces fut porté à cinq. Mais il n'y a pas de raisons suffisantes pour admettre cette distribution : d'abord, l'abbé Béliardy a emprunté de Frézier la plus grande partie de la note qu'il a remise à Buffon, et ne mérite par conséquent point de faire autorité par lui-même. Quant à Molina, il est aussi depuis long-temps beaucoup trop suspect aux naturalistes pour faire foi à lui seul, et il le peut d'autant moins dans ce cas-ci, qu'il semble résulter de son texte, qu'il n'a point vu lui-même le *lama* ni la *vigogne* du Pérou ; ensuite les citations et les synonymes dont on l'appuie ont été recueillis et accumulés avec une légèreté impardonnable ; par exemple, on ne donne, pour toute figure du guanaco, qu'une copie de celle de Gesner, laquelle représente un vrai *lama* amené à Anvers en 1558. On en cite, à la vérité, une autre d'Ulloa ; mais il est aisé de voir que ce guanaco d'Ulloa, tome 1, pl. 28, fig. 4, et le *lama* du même, *ibid.*, fig. 5, ne sont que des copies des deux figures du lama de Frézier, pl. fig. AA. Enfin on ne sait pas trop comment le nom anglais *peruich cattl* (bétail du Pérou) s'est glissé en qualité de mexicain dans l'ouvrage de Fernandez; mais il est sûr que ce que l'auteur dit de l'animal auquel il donne ce nom, ne désigne pas plus le guanaco que le lama, et on ne voit pas pourquoi Gmelin l'a regardé plutôt comme synonyme de l'un que de l'autre. »

Les *lamas*, ou plutôt *llamas* (nom qu'il faut prononcer en mouillant l'*l*), se réduiroient donc pour nous, d'après l'autorité respectable que nous venons de rapporter, 1.º à l'espèce du *lama* proprement dit, guanaco, hucque, et peut-être aussi guémul ou cheval bisulque de Molina ; et 2.º à celle de la vigogne ou paco.

Ces animaux, lors de la découverte du Pérou, y formoient le seul bétail qui y existât. Les lamas étoient employés comme bêtes de somme, et les pacos, réunis en troupeaux, ainsi que nos moutons, fournissoient leur chair et leur laine aux peuples de cette contrée. L'importation des chevaux en Amérique a beaucoup diminué le nombre des premiers, parce qu'ils sont loin de porter d'aussi fortes charges que ceux-ci, et l'introduction de nos bêtes à laine a aussi contribué à réduire celui des pacos. Toutefois ces deux races, propres aux climats qu'elles habitent, sont encore fort utiles, surtout dans les cantons très-montueux, où les chevaux n'auroient pas le pied sûr, et où les moutons périroient de froid.

On pourroit chercher à acclimater ces animaux dans les gorges de nos montagnes d'Europe, telles que les Pyrénées, les monts d'Or en Auvergne, les Alpes du Dauphiné, etc., comme plusieurs naturalistes l'ont proposé, et il n'est presque pas douteux que l'on n'obtienne un résultat satisfaisant. La laine de vigogne surtout seroit un produit très-avantageux à introduire dans nos manufactures d'étoffe. Les lamas et les vigognes qui ont été amenés en Europe n'ont nullement été incommodés de notre climat, et ont fait leur nourriture de tous les herbages qu'on leur présentoit. Un lama, entre autres, a vécu cinq années à l'école vétérinaire d'Alfort. C'est celui que Buffon a décrit et figuré.

Sauvages, ils se tiennent en troupes sur les sommités des montagnes, et descendent dans les plaines lorsque les froids y sont trop rigoureux. Les détails de leur manière de vivre nous sont généralement inconnus. (DESM.)

Première Espèce. — Le LLAMA ou LAMA (*Camelus glama*), Linn., Gmel., Erxleb. — GUANACO (*Camelus huanacus*),

Molin., Gmel.; — *Cervo-camelus*, Jonst., *quadr.* — *Allo-camelus*, Gesn., *quadr.*— Huèque (*Camelus araucanus*), Molin., Gmel. — *Aries maromorus*, Niéremb. — *Chilïhuque*, Penn — *Mouton du Pérou*, Frezier. — Cheval bisulque? (*Equus Bisulcus?*), Molina. —*Peruïchcattl*, Fernandez (*V.* ci-dessus). — Lama, Buff., suppl., tome vi, pl. 27. — Cuvier, ménagerie du Muséum, pl. E 25 de ce Dict.

Le lama est haut d'environ quatre pieds, et son corps, y compris la tête et le cou, en a cinq ou six de longueur : son cou seul a près de trois pieds de long. Cet animal a la tête petite, bien faite, les yeux grands, le museau un peu allongé, les lèvres épaisses, la supérieure fendue, et l'inférieure un peu pendante; les oreilles sont longues de quatre pouces; il les porte en avant, les dresse et les remue avec facilité; la queue n'a guère que huit pouces de long; elle est droite, menue et un peu relevée; tout le corps est couvert d'une laine courte sur le dos, la croupe et la queue, mais fort longue sur les flancs et sous le ventre. Du reste, les lamas varient par les couleurs; il y en a de blancs, de noirs et de mêlés.

Celui que Buffon a vu étoit d'une couleur de musc un peu vineux, avec une ligne noirâtre sur toute l'épine. Son corps étoit couvert de laine, comme le tronc des deux individus de cette espece qui ont vécu dans la ménagerie de la Malmaison, il y a douze à treize ans, et qui ont été décrits par M. Cuvier. Le plus grand de ceux-ci (1) avoit 0^m96 de longueur de tronc, à prendre du poitrail à la croupe, et 0^m68 de hauteur au garrot; son cou avoit aussi 0^m68 de haut; sa tête 0,32 de long; ses oreilles 0,16; sa queue 0,24; son ventre avoit 1^m28 de circonférence; son front et son chanfrein étoient sur une même ligne droite; ses yeux gros, saillans et très-vifs; ses oreilles de forme elliptique, peu aiguës et très-mobiles; son cou très-grêle, comprimé par les côtes, garni, ainsi que la tête et les oreilles, d'un poil beaucoup plus ras que celui du corps; sa nuque portoit une petite crinière composée de poils semblables à ceux du dos et des flancs, et comme eux, longs de trois pouces, couchés, un peu laineux ou gaufrés vers leur racine, lisses, soyeux et même un peu brillans à leur extrémité; son dos étoit très-droit et un peu tranchant, le garrot à peine saillant, la croupe foible, le cou arqué, la queue courbée en dessous, les jambes de médiocre grosseur, les tarses secs, le pied plus court que celui du chameau, relativement à sa largeur.

---

(1) C'étoit une femelle.

1 *Lama*   2 *Lièvre variable*.   3 *Lynx*

Sa couleur générale étoit le brun tirant sur le noir, avec un effet de roussâtre ; on voyoit quelques taches blanches et irrégulières à la tête, provenant vraisemblablement de l'état de domesticité. Sa poitrine et son ventre étoient presque ras, et les longs poils des flancs s'y détachoient bien ; la peau du dessous de la queue autour de l'anus et de la vulve étoit nue et gris-brun ; l'oreille étoit gris-brun et noire au bout ; les avant-bras, les jambes et les pieds, étoient plus ras que le corps, et d'un noir plus plein. Il y avoit de petites callosités nues aux carpes et aux genoux, et une plus grande au *sternum*, d'où il ne suintoit aucune humeur.

Le mâle étoit plus petit et plus trapu ; son poil plus laineux étoit d'un gris-brun.

Le membre de cet animal est menu et recourbé, en sorte qu'il pisse en arrière. La femelle a l'orifice des parties de la génération très-petit. Cette conformation, exactement semblable à celle du chameau, nécessite un accouplement semblable : aussi la femelle se prosterne-t-elle pour attendre le mâle, et l'invite-t-elle par ses soupirs ; mais il se passe toujours plusieurs heures, et quelquefois un jour entier avant qu'ils puissent jouir l'un de l'autre. Ils ne produisent ordinairement qu'un petit, et très-rarement deux. La mère n'a aussi que deux mamelles, et le petit la suit au moment qu'il est né. La chair des jeunes est très-bonne à manger ; celle des vieux est sèche et trop dure, et en général celle des lamas domestiques est bien meilleure que celle des sauvages, et leur laine est aussi beaucoup plus douce.

Suivant Buffon, ainsi que nous l'avons déjà dit, cet animal, dans l'état sauvage, a reçu des Péruviens le nom de *huanacu* ou *huanacus*, et à l'état de domesticité, celui de *lama* ou de *glama*.

Ce quadrupède, très-utile et très-nécessaire dans le pays qu'il habite, ne coûte ni entretien ni nourriture ; il n'a besoin ni de grain, ni d'avoine, ni de foin ; l'herbe verte qu'il broute lui suffit, et il n'en prend qu'en petite quantité.

Lors de la découverte de l'Amérique, les lamas étoient employés comme bêtes de somme par les Péruviens. Ces peuples préparoient leur peau, qui est assez dure, avec du suif pour l'adoucir, et en faisoient les semelles de leurs souliers ; mais comme ce cuir n'étoit point corroyé, ils se déchaussoient en temps de pluie. Les Espagnols en font de beaux harnois de cheval. Ils emploient ces animaux comme le faisoient les Péruviens, pour le transport de leurs marchandises. Leur voyage le plus ordinaire est depuis Cozco jusqu'à Potosi, d'où l'on compte environ deux cents lieues, et leur journée de trois lieues, car ils vont lentement ; et si on les fait aller plus vite que leur pas ordinaire , ils se laissent tomber sans qu'il soit possible de les relever , même en leur ôtant leur charge , de façon qu'on les écorche sur place. Quand ils marchent en portant des marchandises, ils vont par troupes, et l'on en laisse toujours quarante ou cinquante à vide, afin de les charger dès qu'on s'aperçoit qu'il y en a quelques-uns de fatigués. Ceux qui les conduisent campent sous des tentes sans entrer dans les villes, pour les laisser pâturer. Ils sont quatre mois entiers pour faire le voyage de Cozer à Potosi, deux pour aller et deux pour venir. Les meilleurs lamas se vendent à Cozer dix-huit ducats chacun, et les ordinaires douze à treize ducats.

Buffon a décrit avec soin le lama qui vivoit entre 1775 et 1778 à l'école vétérinaire d'Alfort. Cet animal étoit fort doux ; il n'avoit ni colère ni méchanceté, il étoit même caressant ; il se laissoit monter par celui qui le nourrissoit, et ne refusoit pas même le service à d'autres. Il ne marchoit pas, mais il trottoit, et prenoit même une espèce de galop. Lorsqu'il étoit en liberté, il bondissoit et se rouloit sur l'herbe. C'étoit un jeune mâle : il paroissoit souvent être excité par le besoin d'amour. Il avoit passé dix-huit mois sans boire, et il ne paroissoit pas que la boisson lui fût nécessaire, attendu la grande abondance de salive dont l'intérieur de sa bouche étoit humecté.

Les deux individus qui ont fait partie de la ménagerie de la Malmaison s'aimoient beaucoup. Ils s'appeloient l'un l'autre par un petit gémissement doux, *neim*, comme celui d'une femme qui se plaindroit, et ils attendoient quelques instans avant de le répéter. Ils se sont accouplés souvent lors de leur arrivée en France à Brest ; tantôt deux fois par jour, tantôt une fois en deux jours ; la femelle se couchoit alors sur ses quatre pattes, le mâle sur celles de devant seulement ; l'accouplement duroit un quart d'heure, pendant lequel le mâle allongeoit excessivement le cou , et répétoit sans cesse un petit cri tremblant. Leurs excrémens avoient la forme de ceux des moutons ; ils les déposoient dans un même endroit. Ils n'avoient pas, comme les chameaux, un écoulement au cou dans le temps du rut, et ne repandoient aucune odeur particulière. Ils mangeoient dix livres de foin par jour, quand ils ne pouvoient point pâturer : lorsqu'ils avoient de l'herbe verte, ils ne buvoient point du tou ; et en tout temps ils buvoient très-peu. (Cuv. , *Ménag.*)

On a prétendu que la salive du lama étoit naturellement caustique , et qu'elle produisoit des pustules sur la peau, mais Molina pense, avec raison, que cette observation est dénuée de fondement. Ils crachent à la figure de ceux qui

es maltraitent, et ruent à peine lorsqu'on les frappe violemment.

« Le *huacanus* ou *lama* sauvage, regardé par Molina comme
appartenant à une espèce distincte de celle du lama, a,
selon cet auteur, le dos bossu, ou plutôt voûté; les pieds de
derrière si longs, que lorsqu'il est chassé, il ne cherche
jamais, comme la vigogne, à gagner les montagnes, mais il
descend en faisant des bonds à la manière des chevreuils
ou des daims; et cette marche lui est d'autant plus commode, qu'elle répond parfaitement bien à la conformation
défectueuse de ses jambes. Le guanaco est aussi, selon Molina, plus grand que le lama : il y en a de la grandeur d'un
cheval. Sa longueur ordinaire, depuis le bout du museau
jusqu'à l'origine de la queue, est d'environ sept pieds, et
sa hauteur de quatre pieds trois pouces. Il a la tête ronde,
le museau pointu, les oreilles droites, la queue courte et
repliée comme le cerf, et le poil assez long dont il est couvert, fauve sur le dos et blanchâtre sous le ventre.

« Il paroît que les guanacos n'aiment pas tant le froid que
les vigognes. Au commencement de l'hiver, ils quittent les
montagnes qu'ils habitent tout l'été, et c'est alors qu'on les
voit paître dans les vallées par troupes, qui sont le plus souvent de cent à deux cents. Les Chiliens les chassent ordinairement avec des chiens; mais, pour l'ordinaire, ils ne
prennent que les plus jeunes, moins lestes à la course. Les
adultes courent avec une rapidité étonnante, et on a de la
peine à les joindre avec un bon cheval. Lorsqu'ils sont poursuivis, ils se tournent de temps en temps pour regarder le
chasseur, et hennissent de toute leur force; puis ils repar-
tent avec une vitesse incroyable. Le lacet dont les naturels
du Chili se servent pour prendre les guanacos vivans, est fait
d'une bande de cuir d'environ cinq ou six pieds de longueur;
chaque bout est garni d'une pierre d'environ deux livres de
poids : le chasseur, qui est à cheval, tient une de ces pierres
à la main, et fait tournerl'autre comme une fronde, le plus
vite possible, afin de lui donner la force nécessaire; et
lorsque le coup part sur l'animal qu'il a en vue, il est presque
toujours sûr de l'attraper souvent à plus de trois cents pas
de distance. Pour prendre l'animal en vie, le chasseur jette
la fronde si adroitement, que les pieds seuls de l'animal
restent entortillés.

« La chair du jeune guanaco est excellente, et aussi bonne
que celle du veau. Celle des adultes est plus dure; mais salée
elle devient fort bonne, et elle se conserve très-bien dans
les voyages de long cours. Avec le poil du guanaco, on fait

de fort bons chapeaux, et on pourroit même l'employer à la fabrique des camelots. » (*Histoire naturelle du Chili*, par Molina, page 300.)

Le lama et le guanaco ne se trouvent que dans certaines terres du nouveau continent, au-delà desquelles il n'en existe plus : ils paroissent attachés à la chaîne des montagnes qui s'étend depuis la Nouvelle-Espagne jusqu'aux terres magellaniques ; car nous regardons comme appartenant vraisemblablement à cette espèce, le *cheval bisulque* ou *guemul* de Molina, qui lui-même paroît être l'animal vu par le commodore Byron à l'île des Pinguins et dans l'intérieur des terres jusqu'au Cap des Vierges, qui forme au Nord l'entrée du détroit de Magellan. (DESM. et S.)

Seconde Espèce. — La VIGOGNE (*Camelus vicugna*), Linn. Gmel. — *Vicognes* ou *Vicunas*, Frezier, Voyag. 1, p. 266 — VIGOGNE, Buff., suppl. 6, pl. 28. — PACO, ALPACO ou ALPAQUE, Molina. — (*Camelus pacos*), Gmel., Shaw.

Par ses formes générales, la vigogne ressemble beaucoup au lama ; elle est seulement plus petite de moitié. Une laine très-fine et molle couvre sa peau ; celle de la poitrine, aussi bien que celle de l'extrémité de la queue, est la plus longue. Sa couleur est d'un blanc jaunâtre sous la mâchoire blanche sous le ventre, d'un brun rougeâtre sur la plus grande partie du ventre, et isabelle sur le reste.

C'est un animal particulier à la partie haute du Pérou il habite, en troupeaux plus ou moins nombreux, les croupes très-froides et désertes des montagnes les plus élevées et les moins accessibles, principalement dans la portion de Cordilières qui appartient aux provinces de Copiapo et de Coquimbo. Sa pâture ordinaire est l'*ichu* ou *pajon*, plante qui tapisse les rochers au milieu des glaces et des neiges. Il court et grimpe sur ces rochers avec autant et même plus de légèreté que le chamois. Son cri est un son aigu, qu'il répète souvent, et que l'on prendroit plutôt pour le sifflement d'un oiseau que pour la voix d'un quadrupède. Extrêmement timide et rusé, il ne se laisse point approcher, et les Péruviens ont renoncé à le surprendre pour le tirer, ou à le chasser avec des chiens ; mais ils ont trouvé un autre moyen de s'en emparer.

Après avoir examiné la montagne où paissent plusieurs bandes de vigognes, ils forment, le plus près d'elles qu'il leur est possible, une enceinte avec une corde tendue en cercle qui néanmoins n'est pas exactement fermé ; ils laissent une ouverture par laquelle les vigognes puissent entrer, et ils fixent la corde à une hauteur médiocre, de manière qu'elle touche le cou de ces animaux lorsqu'ils en approchent ; ils y attachent aussi des lambeaux d'étoffes de toute couleur qui voltigent au gré du vent. Ces dispositions faites, les chasseurs, qui sont en grand nombre et accompagnés de petits chiens dressés à cette chasse, battent une grande partie de la montagne, et poussent devant eux les vigognes, que le moindre bruit effraie, jusqu'à ce qu'elles soient entrées dans l'enceinte formée par la corde. Lorsqu'elles se voient renfermées, elles cherchent à s'échapper ; mais, épouvantées par les morceaux d'étoffe agités par le vent, elles ne savent ni sauter par-dessus la corde, ni baisser le cou pour passer par-dessous, et les chasseurs, qui arrivent presque aussitôt qu'elles dans l'enceinte qu'ils ont préparée, les tuent et les écorchent pour en avoir la peau et la laine.

Ce sont ordinairement des Indiens et des métis qui s'occupent de la chasse aux vigognes, et c'est peut-être la plus pénible de toutes les chasses ; elle ne se fait que sur des cimes glacées où il n'y a aucune habitation, et elle doit quelquefois durer des mois entiers, si l'on veut qu'elle ait un avantage réel. Si le temps devient mauvais, s'il neige ou s'il s'élève des vents violens, les chasseurs n'ont d'autre ressource que de se mettre à l'abri de quelque rocher, et d'attendre la fin de la bourrasque. C'est ainsi qu'ils passent les nuits ; du maïs forme toute leur provision, et ils y joignent la chair des vigognes quand leur chasse a été heureuse. C'est une fort bonne viande, que des voyageurs ont comparée à celle du veau, et d'autres à celle de la biche.

Mais ces chasses, qui produisent ordinairement de cinq cents à mille peaux, sont de véritables tueries ; les Péruviens ont la cruauté de massacrer toutes les vigognes retenues dans l'enceinte, et ils ne laissent échapper aucun de ces doux et innocens animaux. Ils vendent les peaux garnies de leur laine ; car on n'acheteroit pas la laine séparée, à cause de la fraude assez commune d'y mêler la toison du paco, qui a la même couleur, mais qui est moins fine. Les marchands qui achètent les peaux de vigogne, les font dépouiller de leur laine pour l'envoyer en Espagne. L'appât du gain étouffe au Pérou, comme en d'autres pays, toute considération de bien général ; en massacrant impitoyablement chaque année un grand nombre de vigognes, on diminue une espèce précieuse, et l'on ne tardera pas à l'anéantir. Il en coûte à présent des fatigues incroyables pour se procurer la toison de ces animaux, et il ne sera bientôt plus possible,

quelque peine que l'on se donne, d'en avoir assez pou
qu'elle puisse entrer dans le commerce. Ce sera une pert
que déploreront les manufactures et les arts, et qu'il sero
facile d'éviter, si, au lieu de mettre à mort toutes les vi
gognes prises aux battues, l'on se contentoit de les tondr
et de se ménager une nouvelle laine pour l'année suivante;
on tueroit seulement quelques mâles, dont le trop gran
nombre nuit à la propagation de l'espèce : c'étoit ainsi qu
l'on en usoit au temps des Incas.

Il est une autre mesure plus grande, plus importante,
et qui illustreroit le gouvernement aux ordres ou à la pro-
tection duquel on la devroit; c'est de s'approprier l'espèce
même de la vigogne, et de la sauver, au sein de la domesticité, des massacres qui la menacent d'un anéantissemen
prochain et total. L'on a fait, dit-on, en Espagne, de
essais infructueux à ce sujet ; mais ces tentatives ont-
elles été dirigées avec sagacité, et surtout répétées e
soutenues avec persévérance? Si l'on considère le temps
qu'il a fallu pour tirer le mouflon de ses montagnes, pou
réduire son naturel sauvage, et en faire l'animal le plus
doux et le plus paisible, l'on concevra que ce n'est pas d
quelques essais, presque aussitôt abandonnés que com-
mencés, qu'il est possible de prononcer sur le plus ou le
moins de facilité à soumettre un animal précieux à l'état de
domesticité. (1) Molina, qui a voyagé long-temps dans les
contrées que fréquentent les vigognes, ne doute pas qu'on ne
parvienne un jour à les ranger au nombre des animaux domestiques, lorsque l'industrie nationale, qui commence peu
à peu à se développer, aura un peu plus d'activité (*Histoire
naturelle du Chili*). L'on a remarqué que les vigognes que l'on
nourrit dans quelques maisons de Lima par pure curiosité,
conservent toujours un penchant très-marqué pour la liberté,
et que leur naturel demeure sauvage ; mais ce caractère farouche tient à une excessive timidité, que l'on peut espérer
de vaincre, du moins en partie, dans un être dont les mœurs
sont douces et innocentes. D'ailleurs, il ne s'agit pas d'apprivoiser complétement les premières vigognes dont on s'em-
pareroit ; et si on parvenoit à les faire multiplier, l'on auroit
obtenu tout ce qu'il est raisonnable d'en attendre. Les premiers produits, auxquels il ne resteroit que l'instinct et non

(1) Sonnini, en rédigeant cet article considéroit le paco comme
un animal différent de la vigogne. Aujourd'hui, ainsi que nous l'a-
vons déjà dit, on regarde la vigogne comme étant le paco sauvage. (DESM.)

l'habitude de l'indépendance, seroient moins sauvages, et il en naîtroit des individus qui auroient déjà l'empreinte de l'esclavage et le germe de la docilité.

D'un autre côté, faire descendre tout à coup les vigognes des sommets des montagnes, où règne un froid éternel, dans des plaines échauffées par un soleil ardent, c'est les exposer à périr. Une pareille transmigration ne peut s'opérer qu'avec ménagement et par gradation. C'est sans doute faute d'avoir suivi cette marche naturelle que les Espagnols n'ont pas réussi dans les tentatives qu'ils ont faites sur ce sujet.

M. de Nesle avoit conçu le projet de faire venir, du Pérou, en France, des vigognes, dans l'intention de les y acclimater et de les propager. Les circonstances, parmi lesquelles on a compté, avec quelque étonnement, l'opposition de la part d'un inspecteur-général du commerce, ont empêché l'exécution d'un projet qui n'avoit pu se former que dans une âme élevée et amie de sa patrie. Il reste encore à exécuter. Honneur à l'homme opulent qui, en se chargeant de l'exécution, aura senti que les richesses n'attirent la considération publique qu'autant qu'elles s'écoulent vers des choses grandes, nobles et d'une utilité générale! Gloire et reconnoissance au gouvernement qui lui prodiguera de puissans encouragemens!

Il n'y auroit pas à craindre que la laine des vigognes se détériorât par la transplantation et la domesticité: n'avons-nous pas l'exemple du mouflon ou mouton sauvage, dont la toison s'est améliorée dans nos moutons? Et une analogie bien fondée ne nous autorise-t-elle pas à présumer que la laine des vigognes se perfectionneroit également entre nos mains? Beaucoup plus belle que celle des brebis, elle est aussi douce que la soie. Sa couleur naturelle est si fixe, qu'elle ne s'altère pas sensiblement sous la main de l'ouvrier, et elle est susceptible de prendre les teintes les plus riches, telles que le bleu foncé, le bleu-ciel, le cramoisi, le violet fin et l'écarlate, ainsi que l'ont prouvé les essais faits en 1764, par M. Alexandre Breton, qui, le premier, fabriqua à Paris du drap de vigogne. On compte trois sortes de laines de vigogne, la *fine*, la *carméline* ou *bâtarde*, et le *pelotage*, ainsi nommée parce qu'elle est en pelotes: celle-ci est peu estimée.

Il y a quelques années que le prix courant de la laine de vigogne varioit, en Espagne, suivant la qualité, depuis quatre jusqu'à neuf francs la livre. Il a augmenté depuis et augmentera toujours, à raison de la diminution progressive des animaux qui la fournissent, en sorte que les draps que l'on fabrique à présent avec cette laine sont beaucoup trop chers pour être d'un usage général. Ceux qui sortent de la manufacture de M. Decretot, de Louviers, sont d'une exécution parfaite et d'une grande beauté , ainsi que les schalls également en laine de vigogne , qui ont le même croisé, le même moelleux, et à très-peu près la même finesse que les schalls de Cachemire. Cette matière entre aussi dans la fabrication des chapeaux fins , mêlée avec le poil de lapin ou de lièvre. (s.)

La laine des pacos ou vigognes domestiques , dont les Péruviens possèdent de nombreux troupeaux, quoique moins fine que celle des vigognes sauvages, est employée par ces peuples pour faire des étoffes qui ont le brillant de la soie.

LAMAN. Espèce de **MORELLE.** (B.)

LAMANTIN (*Manatus*) Lacép. , Cuv. , Illig. ; (*Trichecus*) Linn. , Erxl. , Schreb. , Gmel. , Shaw. Genre de mammifères de l'ordre des cétacés et de la famille des herbivores, selon M. Cuvier (*Règne animal*).

Les animaux compris dans ce genre ont le corps assez gros et court ; la tête petite ; le cou fort court ; la queue très-large, ovale , aplatie , et distinguée de la partie postérieure du corps , par un léger étranglement ; les extrémités antérieures sont courtes, formées de cinq doigts compris dans une peau commune , quatre d'entre eux seulement ayant un ongle plat assez semblable à ceux de l'homme ; il n'y a point d'extrémités postérieures ni de bassin. Ils ont le museau comme tronqué ; la bouche peu ouverte et garnie (dans l'état adulte) de trente-six dents molaires , neuf de chaque côté , tant en haut qu'en bas ; toutes présentant sur leur couronne , deux collines transversales , comme celles des tapirs ; les supérieures à coupe carrée , et les inférieures à coupe plus longue que large ; de plus , selon l'observation de M. de Blainville , le fœtus présente deux incisives à chaque mâchoire. Les yeux sont petits , placés supérieurement entre le bout du museau et les trous auditifs , lesquels sont à peine apparens ; la peau de tout le corps est fort épaisse et rugueuse , nue , et parsemée de poils rares.

Le cou des lamantins n'a que six vertèbres ; les côtes , au nombre de seize de chaque côté , sont singulièrement grosses et épaisses , et les deux premières seulement s'unissent au sternum ; l'estomac est membraneux et divisé en plusieurs poches : la verge des mâles est assez semblable à celle du cheval , mais à gland encore plus gros, placée dans un fourreau adhérant à la peau du ventre ; les mamelles, au nombre de deux , situées sur la poitrine , sont très-gonflées pendant la gestation et l'alaitement.

Dans son Mémoire sur l'*Ostéologie des lamantins* , M. Cuvier discute la synonymie de ces animaux. Selon lui , beaucoup de naturalistes en ont parlé et les ont confondus avec le morse.

le dugong et le mammifère marin observé par Steller, dont
M. Cuvier lui-même forme un genre particulier sous le nom
de STELLÈRE. Clusius, le premier, rapprocha les lamantins
des phoques, quoiqu'ils soient dépourvus d'extrémités postérieures, tandis que ceux-ci en présentent. Rai les laissa
avec les phoques et les morses, à la fin du genre des chiens;
Artédi et ensuite Linnæus (jusqu'à la sixième édition du *Systema naturæ*) les rangèrent avec les cétacés, dans la classe
des poissons ; et le dernier de ces auteurs mettoit le morse
avec les phoques. Linnæus, dans sa dixième édition, les
transporta seuls dans l'ordre des *bruta*; et dans la douzième
édition, il leur réunit les morses, quoiqu'il reconnût cependant l'analogie des lamantins et des cétacés. Daubenton ayant
confirmé le défaut des extrémités postérieures dans les lamantins, qui avoit été signalé par Clusius, mais qui avoit été mis
en doute par Klein, Brisson et Pennant, les rapprocha des
cétacés, et laissa les dugongs avec les morses, quoique ces
animaux soient bien plus voisins des lamantins que de tout
autre mammifère, puisqu'ils n'ont point d'extrémités postérieures. Erxleben, Schreber, Gmelin et Shaw, ne firent
qu'un seul genre (*trichecus*), des morses, des dugongs et des
lamantins; et M. de Lacepéde est le premier naturaliste qui
ait séparé génériquement ces trois animaux. M. Cuvier, à qui
nous empruntons tout ce détail sur l'histoire des lamantins,
avoit, dans son *Tableau des animaux* et dans son *Anatomie
comparée*, laissé ces trois genres auxquels il joignoit encore
celui des phoques, dans l'ordre des mammifères qu'il appeloit *amphibies;* mais dans son *Règne animal*, publié récemment,
il supprime cet ordre, et place, d'une part, les phoques et
les morses à la suite des carnassiers proprement dits, et de
l'autre, le dugong, les lamantins et le stellère, dans l'ordre
des cétacés, sous la dénomination particulière de *cétacés herbivores*. Cette famille diffère de celle des cétacés proprement
dits, en ce que les animaux qu'elle comprend ont « leurs
dents à couronne plate, ce qui détermine leur genre de vie,
lequel les engage souvent à sortir de l'eau, pour venir ramper
et paître sur la rive ; deux mamelles sur la poitrine, et des
poils aux moustaches les narines osseuses ouvertes vers le
haut du crâne, mais n'étant percées dans la peau qu'au bout
du museau. »

Selon M. de Blainville, les lamantins, sous le rapport
général de l'organisation, doivent être considérés comme
une anomalie, pour vivre dans l'eau, du degré d'organisation
des éléphans ou gravigrades, et non, comme il l'avoit pensé
d'abord (*Prodr. d'une nouvelle distr. méth.*, etc.), de celui des
ongulogrades. Ils ont, en effet, comme l'éléphant, des
dents molaires et des incisives seulement (au moins à l'état

du fœtus), sans aucune trace de canines; ils n'ont également que deux incisives en haut, comme M. de Blainville l'a démontré dans une note jointe à son mémoire sur l'existence des nerfs olfactifs des cétacés (*Nouv. Bull. Soc. phil.*); mais ils en ont aussi deux à la mâchoire inférieure, ce qui n'a pas encore été observé dans l'éléphant, mais ce qui pourroit fort bien avoir lieu dans le très-jeune sujet, comme cela se voit dans le fœtus des lamantins.

Selon le même naturaliste, le dugong qui n'a également que deux incisives à la mâchoire supérieure, dans l'état adulte, en a peut-être d'autres inférieurement lorsqu'il est jeune. Ces rapprochemens lui font penser que la persévérance, que met M. Péales, à placer toujours les défenses de son MASTODONTE fossile, la pointe en bas, malgré tout ce qu'ont pu en écrire les naturalistes européens, pourroit bien être justifiée, si l'on pense que le mastodonte, regardé par les Américains comme un animal presque aquatique, pouvoit se servir de ces dents, ainsi placées, à peu près comme le fait le dugong des siennes. La forme des dents molaires des lamantins et leur couronne marquée de collines transverses, se retrouve aussi dans le mastodonte. La main des lamentins est bien complète et composée de cinq doigts; l'avant-bras est formé de deux os bien distincts, s'articulant l'un et l'autre avec la main, dans une étendue presque égale; les ongles sont plats, et ne recouvrent point en entier les phalanges onguéales; caractères qui ne s'observent point dans les quadrupèdes ongulogrades. Leur peau très-épaisse les rapproche encore des éléphans. De plus, il n'y a que deux mamelles, toutes deux pectorales dans les lamantins comme dans l'éléphant. Enfin, on remarque, de chaque côté de la lèvre inférieure et de la supérieure dans l'éléphant, un trou dans lequel est un bouquet de gros poils que M. de Blainville compare à ceux qui, dans les lamantins, sont si gros, si durs, si épineux, en un mot, qu'ils peuvent, en quelque sorte, servir de dents pour arracher l'herbe dont ces animaux se nourrissent.

Les lamantins ont reçu les noms de *bœufs*, de *vaches* et de *veaux marins*, parce qu'ils paissent l'herbe comme les ruminans. Les Nègres les appellent *manates*, *manati*, d'où M. Cuvier présume que l'on aura dit *la mantin*, et ensuite le *lamantin*. Le mot espagnol *mano*, qui signifie main, pourroit aussi leur avoir été appliqué et être la source de leur nom actuel, attendu que ces animaux se servent, avec beaucoup d'adresse, de leurs bras pour transporter leurs petits, et pour sortir de l'eau. La position des deux mamelles sur la poitrine, l'habitude que les lamantins ont de sortir de l'eau leur tête et la partie antérieure de leur corps, leurs sorties le mains, les poils qui garnissent seulement leur mufle et qu'on a pu prendre pour de la barbe, ont fait appeler ces animaux, et les dugongs, *poissons femmes, hommes barbus, hommes* et *femmes de mer;* et il est probable que c'est à eux que les *tritons* et les *syrènes* des voyageurs, tels que Dapper, Merolla, etc., doivent leur origine, ainsi que ceux dont Chrétien, Debes et Kircker parlent sur des ouï-dire ou d'après le souvenir confus d'un objet vu de loin.

Les lamantins sont en général peu connus. Gmelin et Shaw n'en admettent qu'une seule espèce (*Trichecus manatus*); et encore confondent-ils l'animal de Steller avec le vrai lamantin. Buffon en distingue quatre espèces; mais deux de ces espèces sont purement nominales, ainsi que le démontre M. Cuvier, qui ne reconnoît que le *lamantin d'Amérique* et le *lamantin du Sénégal.* Selon lui, les *lamantins des Indes orientales* ne sont que des DUGONGS, et le *lamantin du Kamtschatka* doit se rapporter au STELLÈRE. *V.* ces mots.

Ces animaux habitent sur les rivages de la mer, et principalement vers l'embouchure des fleuves ; ils sont confinés sous la Zone-Torride, et, à ce qu'il paroît, dans l'Océan atlantique seulement. Ils vivent en troupes ou plutôt en familles. On dit que chaque mâle montre beaucoup d'attachement pour sa femelle, et que celle-ci prodigue les plus tendres soins à ses petits qu'elle transporte sous ses bras dans les premiers jours de leur existence. Les lamamtins se défendent et se secourent mutuellement, ainsi que le rapportent les voyageurs qui s'accordent à reconnoître en eux beaucoup de douceur et d'intelligence ; et c'est encore un des motifs qui engagent M. de Blainville à les rapprocher des éléphans. Leur nourriture est totalement végétale et se compose d'herbages qu'ils viennent paître à terre, etc., ou de plantes marines qui abondent près des côtes. On dit que lorsqu'ils sont repus, ils s'endorment et nagent le ventre en haut. C'est ordinairement vers le soir que leur accouplement a lieu; la femelle, dans cet acte, se renverse sur le dos. Sa gestation dure, dit-on, une année entière, et sa portée n'est que de deux petits, et souvent d'un seul. Les lamantins voyent mal, mais ils ont l'ouïe très-fine. Leur lard et leur chair se mangent, et forment une grande ressource pour les navigateurs, et pour les peuples qui habitent les parages fréquentés par ces animaux. Le lait des femelles est gras, et d'un goût approchant de celui de la brebis.

L'on trouvera à l'article des PHOQUES les moyens que l'on emploie pour chasser, ou plutôt pour pêcher les lamantins.

Première Espèce. — Le Lamantin d'Amérique (*Manatus americanus*), Cuv., *Ann. du Mus.*, tom. 13, pag. 282, pl. 19 (Squelette et tête osseuse). — Clusius, *Exoticorum*, lib. VI, cap. XVIII, pag. 232, fig.. — Dutertre, *Hist. nat. des Antilles franç.*, pag. 199. — Labat, *Voyage aux îles d'Amérique*, tom. 2, pag. 200. — *Voyez* la pl. G 9 de ce Dictionnaire.

Ce lamantin est d'assez grande taille ; il a quelquefois vingt pieds de long, et pèse jusqu'à huit milliers. Ses formes sont celles que nous avons décrites plus haut. Sa peau est grise, épaisse, sans aucun pli, rugueuse, nue, si ce n'est sur les pattes et sur la queue où l'on voit quelques poils rares.

Cette espèce se trouve sur les côtes de l'Amérique méridionale ; mais elle est devenue assez rare dans les endroits fréquentés. On la rencontre principalement dans la rivière des Amazones, dans l'Orénoque, à Surinam, à Cayenne et aux Antilles. M. Cuvier n'ose affirmer si les lamantins que quelques auteurs placent sur les côtes du Pérou, lui appartiennent, ainsi que Hernandez paroît le supposer. Quant au *petit lamantin des Antilles*, de Buffon, c'est une espèce imaginaire qui, selon ce naturaliste, auroit pour caractère de manquer tout à fait de dents; ce qui n'a point encore été observé dans les lamantins.

Les lamantins d'Amérique sont plus connus que ceux du Sénégal, et c'est d'eux particulièrement qu'on a rapporté ce que l'on sait sur les habitudes sociables et l'instinct de ces animaux.

Les lamantins sont fort gras, et leur chair, lorsqu'ils sont jeunes, approche, pour le goût, de celle du veau. On la sale, et alors elle n'est qu'un aliment grossier que les colons réservent ordinairement à la nourriture de leurs nègres. L'os du rocher de ces animaux, distinct comme celui des cétacés, et enchâssé dans une cavité du temporal, a été long-temps vanté contre les maladies des voies urinaires et contre les hémorragies, sous le nom d'*os de manati.*

Deuxième Espèce. — Le Lamantin du Sénégal, *Manatus senegalensis*, Cuv., *Ann. Mus.*, tom. 13, pag. 294, pl. 19, fig. 4 et 5. — *Trichecus pilosus*, Shaw., Gm. *Zool.* 1, part. 1, pag. 24. Dapper, *Afrique*, pag. 266. — Buffon, tom. 13, pag. 425.

C'est particulièrement cette espèce, qui a été observée à l'embouchure de toutes les rivières de la côte occidentale d'Afrique, qui a reçu les noms de *syrène*, de *poisson-femme*, etc. Les différences que Buffon a cru devoir faire remarquer ntre elle et celle du lamantin d'Amérique, n'existent réellement pas. Mais M. Cuvier en a observé d'autres plus importantes dans la forme de la tête qu'il a pu seulement comparer dans ces deux animaux. Celle du lamantin d'Amérique est plus allongée, mais moins élevée, à proportion de la largeur, ce qui appartient principalement au museau et aux narines; aussi les fosses nasales sont-elles bien plus larges et plus courtes dans l'espèce d'Afrique que dans celle d'Amérique. Cette dernière a les orbites moins écartés, les fosses temporales moins larges et plus longues, les apophyses zygomatiques du temporal moins renflées. La partie inférieure de la mâchoire d'en bas est courbée dans l'espèce d'Afrique; dans celle d'Amérique, elle est droite, etc.

« Suivant les observations d'Adanson, les plus grands lamantins du Sénégal n'ont que huit pieds de long, et pèsent environ huit cents livres; ils ont la tête conique et d'une grosseur médiocre; les yeux ronds; l'iris d'un bleu foncé, et la prunelle noire; les lèvres charnues et épaisses; des dents molaires aux deux mâchoires; la langue ovale; quatre ongles d'un rouge-brun et luisant; le cuir épais et d'un cendré noirâtre, la graisse blanche, et la chair d'un rouge pâle. » (DESM.)

LAMANTIN DES GRANDES INDES, de Buffon (suppl. 4, pag. 383). Espèce purement nominale, qu'on doit rapporter au DUGONG. *Voy.* ce mot. (DESM.)

LAMANTIN DU KAMTSCHATKA. *V.* STELLÈRE DU KAMTSCHATKA. (DESM.)

LAMANTINS DES ANTILLES, de Buffon. Le *grand* ne diffère pas du *petit*, et tous deux doivent être rapportés à l'espèce du LAMANTIN D'AMÉRIQUE, de M. Cuvier. (DESM.)

LAMANTINS FOSSILES. M. Cuvier décrit plusieurs ossemens de lamantins qui lui ont été communiqués, 1.º par M. Renou, professeur d'histoire naturelle à Angers. Ceux-là ont été trouvés dans des couches d'un calcaire coquillier grossier, qui se voyent des deux côtés du Layon, près de Doué, de Chevagne, de Faveraye, d'Aubigné et de Gonor (département de Maine-et-Loire), lesquelles sont très-analogues à celles de notre pierre à bâtir de Paris, à cela près, que les coquilles qu'elles renferment sont brisées. Les os de lamantin y sont isolés, en petit nombre et mêlés à des débris de phoques et de cétacés; leur substance toute entière est changée en un calcaire ferrugineux assez dur, d'un brun roussâtre et dans lequel M. Chevreul a reconnu du fluate de chaux. Des fragmens de têtes, présentant deux longues lignes limitant les fosses temporales, et qui n'existent que dans les lamantins, ont fait connoître le genre ; et, les proportions de la longueur à la largeur de cette même partie, ont appris que l'espèce fossile différoit beaucoup des deux espèces vivantes, puisque cette proportion étoit encore plus forte chez elle que dans le lamantin d'Amérique; que la partie frontale étoit plus bombée, la pariétale plus concave; que les os du nez étoient plus considérables, et que l'occiput étoit plus inégal. Un avant-bras, des côtes, etc., si remarquables par leur largeur et leur épaisseur dans les lamantins, présentoient aussi quelques différences spécifiques. 2.º Par M. Dargelas, naturaliste ; ce sont des côtes trouvées à Capians, à quinze lieues de Bordeaux, aussi dans un calcaire marin grossier, et qui sont changées en un calcaire compacte rougeâtre. 3.º Par M. l'ingénieur Bralle. Ceux-ci proviennent des fouilles faites à Marly, près Paris, pour l'établissement de la nouvelle machine hydraulique. Ils ont été rencontrés dans l'argile plastique intermédiaire à la craie et au calcaire à cérithes ; ils consistent principalement en fragmens de côtes, et leur couleur est grise. (DESM.)

LAMARKÉE, *Lamarkea.* Genre de plantes, établi par Richard, dans la pentandrie monogynie, dont les caractères consistent : en un calice long, à cinq côtés et à cinq divisions; en une corolle hypocratériforme, divisée en cinq parties; à limbe presque égal et obtus; en cinq étamines; en une capsule cylindrique, à deux loges et à plusieurs semences. Ce genre ne renferme qu'une espèce, la LAMARKÉE ÉCARLATE qui vient de Cayenne. (B.)

LAMARKÉE, *Lamarkea.* G. de plantes, établi par Stackhouse, *néréide britannique*, aux dépens des VARECS de Linnæus. Ses caractères sont : fronde cotonneuse ou soyeuse; fibrilles ayant l'apparence d'éponge.

Ce genre est le même que le *lamarckia*, et que le SPONGODION de Lamouroux; mais son expression caractéristique est modifiée ; il renferme deux espèces : les LAMARKÉES TOMENTEUSE et POMMIFORME. (B.)

LAMARKIE, *Lamarkia.* Genre de plantes de la famille des GRAMINÉES, établi par Koelère, pour placer la *cretelle dorée.* Il a pour caractères : des épillets stériles, sans barbes, pendans, et placés à la base des épis fertiles, comme des espèces de bractées. *V.* au mot CRETELLE.

La seule espèce qui forme ce genre, appelé CHRYSURE par Persoon, se trouve dans les lieux arides des parties méridionales de l'Europe. Elle a un aspect fort agréable. (B.)

LA-MAT-CAT. Nom cochinchinois d'un arbre (*Craspedium tectorium*, Lour.), dont le bois sert à la construction des maisons et les feuilles de couvertures pour les toits. (LN.)

LAMBARDA. Les pêcheurs de Nice donnent ce nom à la femelle du SQUALE ROUSSETTE. (DESM.)

LAMBARDAS et LIMBARDAS. Noms de l'INULE CRITHMOÏDES ou PERCE-PIERRE, en Languedoc. (LN.)

LAMBDA. On a donné ce nom à un *lépidoptère nocturne*, du genre des NOCTUELLES. (DESM.)

LAMBEAU. Peau velue du bois du cerf, que cet animal dépouille, on la trouve au pied du FRAYOIR. *V.* ce mot. (DESM.)

LAMBERT. Nom nicéen de l'OSMÈRE A BANDES et de l'OSMÈRE LÉZARD. (DESM.)

LAMBERTIE, *Lambertia*. Genre de plantes établi par Smith. Il offre pour caractères : un calice commun, poly-phylle, imbriqué, et contenant sept fleurs ; une corolle de quatre pétales, portant chacun une étamine ; un stigmate en alène et sillonné ; une capsule uniloculaire, contenant deux semences marginées.

Ce genre, très-voisin des PROTÉES, est formé par qua-tre arbrisseaux de la Nouvelle-Hollande ; un d'eux est figuré par Andrews, *Bot.*, pl. 69. (B.)

LAMBICHE. Nom que la GUIGNETTE porte dans les Vosges. *V.* CHEVALIER GUIGNETTE. (V.)

LAMBIN. Des voyageurs ont nommé ainsi l'AÏ, à cause de l'extrême lenteur de sa marche. *V.* BRADYPE AÏ. (S.)

LAMBIS. Les anciens conchyliologistes français appe-loient ainsi les coquilles du genre des STROMBES, qui ont de gros tubercules saillans, de grandes stries à l'extérieur, et l'ouverture très-unie et couleur de chair ; ainsi le STROMBE GÉANT étoit un *lambis*. Ce mot ne s'emploie plus. (B.)

LAMBOURDO. Nom languedocien des MASSETTES ou TYPHA, plantes aquatiques. (LN.)

LAMBOURDES. Espèce de *moellon* qu'on retire des car-rières du faubourg Saint-Jacques, à Paris. Suivant Daviler, il est bon pour fonder, voûter et faire des puits. (PAT.)

LAMBRUS ou LAMBRUSQUE. C'est, dans quelques contrées, la VIGNE SAUVAGE. (B.)

LAMBRUSCO. Nom languedocien de la VIGNE SAU-VAGE, appelée *lambrusca* en Italie. *V.* LABURSCA. (LN.)

LAME. Partie supérieure des PÉTALES. (B.)

LAMELLE. Ce mot a deux acceptions en botanique : tantôt il indique les espèces de pétales surnuméraires qui se trouvent dans les corolles de quelques plantes, comme les LAUROSES, les SILÉNÉS, etc. *V.* COURONNE et NECTAIRE ; tantôt il fait distinguer les CHAMPIGNONS A FEUILLETS en dessous. *V.* ces mots et ceux AGARIC et MÉRULE. (B.)

LAMELLICORNES, *Lamellicornes*. Famille d'insec-tes, de l'ordre des coléoptères, section des pentamères, ayant pour caractères : antennes terminées en massue, composée d'articles en forme de lames ou de feuillets, tantôt se pliant ou s'ouvrant à la manière d'un éventail, tantôt disposés parallèlement et perpendiculairement à l'axe, en façon de dents de peigne. Cette famille, parfaitement naturelle, comprend les genres *scarabée* et *lucane* de Linnæus. La plupart de ces coléoptères sont remarquables par leur taille et les différences singulières que présentent leurs sexes. Les mâles d'un grand nombre d'espèces ont sur la tête ou sur le corselet, ou simultanément sur ces deux parties, des éminences variant en nombre et en figure, souvent semblables à des cornes, et dans d'autres à de simples tubercules. Dans quelques espèces, les mandibules des mâles sont beaucoup plus grandes que celles des femelles ; c'est ce qu'on observe dans les lucanes et dans plusieurs cétoines exotiques ; d'autres mâles de ce dernier genre, ainsi que ceux des goliath, ont l'extrémité antérieure du chaperon divisée en deux parties, représentant quelquefois des cornes. De ces rapports et de quelques autres, j'en ai conclu que les cétoines et les trichies étoient, de tous les scarabées de Linnæus, ceux qui se rapprochoient le plus de ses lucanes.

Le corps des lamellicornes est généralement ovale ou ovoïde. Leur tête se prolonge en avant, et cette partie avancée est ce qu'on appelle *chaperon.* Leurs antennes sont le plus souvent composées de neuf à dix articles, dont le premier allongé, inséré sous les bords de la tête, et dont les trois derniers forment la massue ; mais dans quelques espèces, et quelquefois dans leurs mâles seulement, le nombre des articles de cette massue est plus considérable et va même jusqu'à sept ; ces organes sont toujours courts. La bouche est très-variée, selon les habitudes particulières des races. Le caractère le plus général est que le menton recouvre la languette ou s'unit intimement avec elle, et qu'il porte les palpes qui en sont des annexes, ou les labiaux. Les yeux sont peu saillans et s'étendent plus en dessous qu'en dessus. Tous ont des ailes ; les deux premières jambes dentelées au côté extérieur, et souvent les autres armées de petites épines, ce qui donne à ces insectes la faculté de fouir la terre ou les matières, où ils déposent leurs œufs ; aucun article des tarses n'est bifide ou bilobé.

Les uns se nourrissent de substances végétales décomposées, telles que les fientes, le fumier, le tan, etc. ; d'autres rongent les feuilles ou les racines des végétaux ; enfin le miel des fleurs, les liqueurs exsudées par les arbres servent d'alimens aux derniers. Les premiers ou ceux qui vivent de matières végétales altérées, ont presque tous une teinte noire ou brune ; plusieurs d'entre eux sont nocturnes ; mais les autres sont souvent ornés de couleurs variées, agréables, quelque-

...ois même métalliques et très-brillantes, et recherchent la lumière. Leur démarche est généralement lourde.

La larve du hanneton, vulgairement le *ver blanc*, nous donne une idée de toutes les autres larves des lamellicornes; car elles lui ressemblent dans les parties les plus essentielles. Le corps est long, presque demi-cylindrique, charnu, mou, ridé, blanchâtre, divisé en douze anneaux, avec la tête écailleuse, munie de fortes mandibules, et six pieds écailléux; ils sont bruns ou roussâtres ainsi que la tête. On voit de chaque côté du corps, neuf stigmates. Son extrémité postérieure est plus épaisse, arrondie, de couleur bleuâtre, et presque toujours courbée en dessous, de sorte que ces larves ayant le dos convexe ou arqué, ne peuvent s'étendre en ligne droite, marchent mal sur un plan uni et tombent à chaque instant à la renverse ou sur le côté. Elles se tiennent cachées, soit dans la terre, soit dans le tan des arbres. Plusieurs se nourrissent de cette dernière matière ou de terreau; il en est qui vivent d'excrémens ou de fumier; enfin les autres dévorent les racines de divers végétaux et nous sont très-nuisibles, soit parce qu'elles attaquent ceux que nous cultivons ou que nous employons, soit parce qu'elles les déracinent, en fouillant la terre. Toutes ces larves ont un estomac cylindrique, entouré de trois rangées de petits cœcum; un intestin grêle et très-court; un colon volumineux, boursoufflé, et un rectum médiocre. L'insecte parfait n'offre qu'un intestin long et presque d'égale venue. Ses trachées sont toutes vésiculaires.

Quelques-unes de ces larves ne se changent en nymphes qu'au bout de trois ou quatre ans. Elles se font toutes, dans leur séjour, une coque ovoïde, ou en forme de boule allongée, avec la terre ou les débris des matières qu'elles ont rongées et qu'elles lient ensemble avec une substance glutineuse qu'elles font sortir de leur corps. Souvent l'insecte parfait reste quelque temps dans sa demeure primitive, afin que ses organes puissent se raffermir.

Cette famille en compose quatre dans mon *Genera crustaceorum et insectorum*, savoir : les COPROPHAGES, les GÉOTRUPINS, les SCARABÆÏDES et les LUCANIDES. Mais il est plus naturel de les réunir en une, comme nous le faisons ici, sauf à la diviser ensuite convenablement aux diverses habitudes que ces insectes nous présentent. Nous y formons d'abord deux tribus; celle des SCARABÆÏDES, qui répond à la famille des *lamellicornes* ou *pétalocères* de M. Duméril, et celle des LUCANIDES, composant la famille des *serricornes* ou *priocères* de ce naturaliste. Notre première tribu embrasse le genre *scarabæus* de Linnæus, et la seconde celui qu'il a nommé *Lucanus*. *V.* SCARABÆÏDES et LUCANIDES. (L.)

LAMELLIROSTRE. Nom d'une famille d'oiseaux de l'ordre de palmipèdes de M. Cuvier, laquelle correspond à celle que j'ai nommée DERMORHYNQUE. *V*. ce mot. (v.)

LAMELLOBRANCHE. Ordre établi par Blainville dans la classe des MOLLUSQUES ACÉPHALES. (B.)

LAMELLOSODENTATI. Famille d'oiseaux établie par Illiger (*Prodrom. mam. et av.*), et qui correspond exactement à celle que M. Cuvier a depuis adoptée dans son *Règne animal* sous le nom de LAMELLIROSTRES. *V*. ce dernier mot. (DESM)

LAMENTIN. *V*. LAMANTIN. (DESM.)

LAMEO. A Nice, c'est, selon M. Risso, le nom du SQUALE REQUIN. (DESM.)

LAMIASTRUM d'Heister, est rapporté par Adanson à son genre GALEOBDOLON qui comprend des galéopes de Linnæus. (LN)

LAMICA. Nom italien de la BAUDROIE PÊCHERESSE.

LAMIE, *Lamia*. Sous-genre établi par Cuvier parmi les SQUALES, et qui a pour type le SQUALE LAMIE. Il diffère par un museau pyramidal, sous la base duquel sont les narines, et par les trous des branchies, tous en avant des pectorales. (B.)

LAMIE, *Lamia*, Fab. Genre d'insectes, de l'ordre des coléoptères, section des tétramères, famille des longicornes, ayant pour caractères : antennes sétacées, avec la base environnée par les yeux, qui sont allongés et en forme de croissant ; labre très-apparent ; tête verticale ; palpes filiformes, terminés par un article ovalaire, ou presque cylindrique, corselet épineux.

Linnæus et d'autres naturalistes ont placé ces insectes avec les capricornes, *cerambyx*. Fabricius les en a séparés et a formé avec eux un genre particulier, auquel il a donné le nom impropre de *lamie*. Mais les caractères qu'il lui assigne ne le distinguent presque pas du genre précédent, ainsi que de ceux des *saperdes* et des *gnomes*, qu'il a établis. Dans tous ces coléoptères, la languette est en forme de cœur, avec une échancrure plus ou moins profonde au milieu du bord supérieur, et les mâchoires sont pareillement terminées par deux lobes, dont l'intérieur plus petit, en forme de dent, Olivier (*Entom.*) n'a pas adopté le genre lamie, et l'a réuni à celui des capricornes. Cependant, si on considère que dans les lamies, la tête ne se dirige point en avant, mais qu'elle est verticale ; que sa face antérieure est large et aplatie ; que les palpes sont filiformes et finissent par un article en forme de fuseau ou ovalaire, aminci en pointe à son extrémité ; que le corselet, en général, est presque cylindrique, l'on ne confondra pas ces insectes avec les capricornes. Il n'est pas aussi aisé de les séparer des saperdes t des gnomes. Leur corps n'a pas néanmoins cette forme linéaire ou cylindrique qui caractérise les saperdes; d'ailleurs leur corselet est épineux. Dans les gnomes, cette partie du corps est fort allongée, de même que le dernier article des palpes. Les lamies font entendre, comme tous les longicornes, un bruit aigu produit par le frottement des parois intérieures du corselet contre la base de l'abdomen.

Ce genre se compose d'un grand nombre d'espèces, répandues dans toutes les parties du monde, mais plus abondantes et d'une taille plus grande dans les pays boisés, situés entre les Tropiques. L'Amérique méridionale en fournit beaucoup, de celles surtout qui ont le corps aplati. La plupart des espèces de l'ancien continent, celles de l'Afrique entre autres, appartiennent aux dernières sections du genre.

Les larves de la plupart des lamies vivent dans le bois, à la manière de celles des autres insectes de la même famille. C'est là aussi, et particulièrement dans les chantiers, que l'on trouve l'insecte parfait. Quelques espèces, et qui composent notre dernière division, se tiennent constamment à terre : je présume que leurs larves y font leur habitation, et qu'elles se nourrissent de l'intérieur des racines de divers végétaux. Je divise ainsi ce genre :

I. *Corselet ayant de chaque côté un gros tubercule mobile, enfoncé et terminé par une épine.* (*Corps toujours très-aplati, avec les antennes très-grêles, fort longues, et les deux pieds antérieurs ordinairement très-allongés.*)

Cette division forme la première de celles qu'Olivier a établies dans le genre prione, et comprend le genre MACROPE, *Macropus*, de Thunberg, indiqué par le naturaliste précédent. Elle est composée de trois espèces, toutes propres à l'Amérique méridionale. La plus connue, la LAMIE LONGIMANE, *Cerambyx longimanus* de Linnæus et de Fabricius, a été nommée par quelques amateurs, *l'arlequin de Cayenne*. Les plus grands individus sont longs de deux pouces et demi, depuis la tête jusqu'au bout des élytres. Les antennes sont presque une fois plus longues, noires, avec la base des articles cendrée. Le corps est noir, mais avec un duvet grisâtre; son dessus est agréablement varié de raies et de taches de couleur rose et cendrées, sur un fond noir; les étuis ont, à l'angle extérieur, une épine pointue, dirigée en avant, et à leur extrémité, qui est tronquée, deux pointes semblables; leur base est très-ponctuée; les deux pattes antérieures sont fort longues, coudées, grenues, avec deux rangées de petites dents sur le côté inférieur de leurs jambes; toutes les cuisses ont, près de leur extrémité, une bande

rougeâtre. Ce bel insecte a été figuré par un grand nombre
d'auteurs. *V.* Olivier, *Entom.*, tome 4, genre *prione*, n.º 66,
pl. 3, fig. 12 b.; et pl. 4, fig. 12 c.

II. *Corselet sans tubercules mobiles.*

A. Corps très-aplati ; deux fois, au moins. plus large que haut.

LAMIE ARANÉIFORME, *Lamia araneiformis ; Cerambyx araneiformis*, Oliv., *Col.*, tome 4, n.º 67, pl. 5, fig. 34, a. b.
Son corps est long d'environ neuf lignes, court, large, cendré ; les antennes sont longues, annelées de blanchâtre et
de brun ; l'extrémité du sixième article offre, dans quelques
individus, une petite épine en forme de crochet ; les côtés
du corselet ont chacun un tubercule pointu, en forme d'é-
pine ; son dos est inégal, et l'on voit à sa partie antérieure
une ligne noirâtre et arquée, dont les deux branches se
prolongent même quelquefois jusque près de la base du
corselet ; les élytres sont ponctuées et présentent, depuis leur
base jusque près du bout, une grande tache grisâtre commune, échancrée vers le milieu des côtés extérieurs, et si-
nuée ou dentée à son extrémité ; l'espace compris par l'é-
chancrure et le bout, est d'un brun noirâtre clair ; l'extrémité est un peu tronquée ; le bord extérieur est ponctué de
noirâtre. Cette espèce est commune aux Antilles. Elle m'a
été envoyée de la Guadeloupe par M. Lherminier.

LAMIE CHARPENTIER, *Lamia ædilis ; Cerambyx ædilis*, Linn ;
Oliv., *ibid.*, pl. 9, fig. 59, a., b., c., d.

Cet insecte est plus commun dans le nord de l'Europe
qu'en France. Les habitans de la Suède le nomment, dans
leur langue, *timmerman*, qui veut dire *charpentier*. On l'y
trouve, particulièrement au printemps, sur les murs des
maisons, sur les poutres, ainsi que dans les endroits où l'on
conserve des planches. Son corps est d'un gris cendré, avec
des points et deux bandes transverses, brunes sur les étuis,
et quatre petites taches jaunes, disposées en une ligne
transverse sur le corselet. Les antennes sont grisâtres, avec
l'extrémité supérieure du plus grand nombre des articles
noirâtre ; leur longueur, dans les mâles spécialement, surpasse de deux à cinq fois celle du corps.

B. Corps peu ou point déprimé, et dont la largeur n'est point double de la hauteur.

* Des ailes (antennes aussi longues ou plus longues que le corps,
du moins chez les mâles).

LAMIE CHARANSON, *Lamia curculionoides ; Cerambyx curculionoides*, Oliv., *ibid.*, pl. 10, fig. 69 ; la *lepture aux yeux de
paon*, Geoffr. Elle a environ six lignes de longueur ; son
corps est brun ; son corselet est d'un gris bleuâtre, marqué

ur le milieu, de quatre taches noires, veloutées, entourées
'un petit cercle d'un gris jaunâtre ; les élytres sont d'un gris
leuâtre mélangé de ferrugineux, avec six taches rondes,
un noir velouté, entourées d'un cercle ferrugineux.

LAMIE NOBLE, *Lamia nobilis; Cerambyx nobilis*, Oliv., *ibid.*,
l. 11, fig. 76. Sa tête est noire, avec une tache frontale, et
eux oculaires jaunes ; son corselet est noir, bordé de jaune
ntérieurement, et de blanc postérieurement ; ses élytres
ont noires, avec trois bandes transverses jaunes ; son corps
st jaunâtre en dessous ; ses jambes sont noires supérieurement. Cette belle espèce se trouve à Cayenne.

LAMIE TAILLEUR, *Lamia sartor*, Fab. ; Panz., *Faun. in-
ect. Germ., fasc.* 19, tab. 3. Elle est longue d'un pouce, noire,
uisante, chagrinée, avec l'écusson jaunâtre. Les antennes
ont fort longues, entièrement noires, avec quelques-uns de
eurs articles supérieurs un peu courbés. Le corselet est
rmé, de chaque côté, d'un tubercule fort et pointu, en
forme d'épine. Les deux jambes antérieures sont arquées ;
e dessus des intermédiaires offre une petite élévation, en
manière de dent. Cette espèce est rare en France, et ne s'y
trouve que dans les montagnes.

LAMIE CORDONNIER, *Lamia sutor*, Oliv., *ibid.*, pl. 30,
fig. 10 a., b., c. Elle est un peu plus petite que la précédente, et lui ressemble beaucoup ; mais elle est moins lui-
ante ; ses élytres sont parsemées d'un grand nombre de
petites taches d'un gris jaunâtre, formées par un duvet ;
ses antennes sont annelées de gris, et un peu moins allongées. Cette espèce habite aussi les pays froids ou élevés
de la France. Il paroît qu'elle est commune en Suisse.

LAMIE TISSERAND, *Lamia textor; Cerambyx textor*, Oliv.,
ibid., pl. 6, fig. 39, a., b., c., d., e. Elle a un peu plus
d'un pouce de long. Le corps est d'un noir mat, chagriné,
avec les antennes de longueur moyenne dans le mâle, et un
peu plus courtes dans la femelle ; le corselet est bi-épineux.
On la trouve soit à terre dans les haies, soit sur les troncs
d'arbres.

Je mets dans cette division les *gnomes* de Fabricius, insectes très-rares dans les collections, et tous exotiques.

** Point d'ailes. (Antennes ordinairement plus courtes que le corps,
même dans les mâles).

† Abdomen presque carré.

LAMIE LUGUBRE, *Lamia lugubris*, Fab. Son corps est
noir, très-chagriné, avec les antennes une demi-fois environ
plus longues que lui ; le corselet proportionnellement plus
allongé que dans l'espèce précédente, et deux taches plus

foncées, peu distinctes ; et dont la dernière échancrée
chaque élytre. Je l'ai prise assez souvent sur les murs des
chantiers de Paris, en automne.

LAMIE TRISTE, *Lamia tristis; Cerambyx tristis*, Oliv., *ibid.*,
pl. 9, fig. 62. Cette espèce est aussi grande que la lamie
tisserand ; son corps est noir, avec une légère teinte cendrée ; les élytres sont grises, chagrinées, avec deux taches
très-noires, grandes, sur chaque élytre. Les antennes sont
ordinairement de la longueur du corps ; le corselet a deux
épines latérales et trois tubercules sur le dos. On la trouve
dans le midi de la France, sur le cyprès, et en Autriche.

LAMIE FUNESTE, *Lamia funesta; Cerambyx funestus*, Oliv.,
ibid., pl. 9, fig. 63. Elle est de moitié plus petite que la précédente, d'un brun de suie, avec les antennes plus courtes
que le corps, et deux taches noires sur chaque élytre, mais
plus petites que celles de l'espèce précédente. Les quatre
sont pareillement disposées en carré. On la trouve dans le
midi de la France, sur le gazon, au bas des haies, et quelquefois aussi sur le sureau.

†† Abdomen ovale. (Antennes toujours plus courtes que le corps.)

LAMIE FULIGINEUSE, *Lamia fuliginator; Cerambyx fuliginator*, Oliv., *ibid.*, pl. 4, fig. 21, a., b., c., d. Elle est
noire, avec la tête et le corselet chagrinés, et les élytres
cendrées ; cette dernière couleur passe au brun, dans une
variété qui habite ordinairement les bois des lieux élevés
alors chaque élytre offre deux lignes blanchâtres, longitudinales, dont l'interne n'atteint pas l'extrémité ; la suture
est aussi de cette couleur. Cette espèce est commune dans les
champs, aux environs de Paris, et paroît dès les premiers
jours du printemps. Les parties orientales et méridionales de
l'Europe, ainsi que plusieurs contrées de l'Asie, nous fournissent plusieurs autres espèces de cette division. L'Amérique n'en présente pas d'analogues. (L.)

LAMIER, *lamium*. Genre de plantes de la didynamie
gymnospermie, et de la famille des labiées, qui présente pour caractères : un calice tubulé à cinq dents aiguës et ouvertes ; une corolle monopétale, tubuleuse, à
orifice dilaté, à lèvre supérieure en voûte, souvent entière
et à lèvre inférieure trifide, dont les divisions latérales sont
très-étroites et réfléchies, et la division intermédiaire bilobée
quatre étamines, dont deux plus courtes, et à anthères velues ; un ovaire supérieur, partagé en quatre parties, du
milieu desquelles s'élève un style filiforme, bifide au
sommet, et à stigmate aigu ; quatre semences unies, trigones, et tronquées aux deux bouts.

Les espèces de ce génre, dont on a séparé quelques-
unes en établissant ceux appelés GALÉOBDOLON et POLLI-
CHIE, sont des herbes vivaces ou annuelles, presque toutes
d'Europe, dont les feuilles sont opposées, simples, et les
fleurs disposées en verticilles axillaires, accompagnées de
bractées sétiformes. On en compte quinze à seize, la plupart exhalant par la chaleur, ou lorsqu'on les écrase,
une odeur forte, plus ou moins désagréable. Les principales
sont :

Le LAMIER A GRANDES FEUILLES, *lamium orvala*, Linn.,
dont les feuilles sont en cœur, inégalement dentées, et le calice coloré. Cette belle plante est vivace, et croît naturellement dans les parties méridionales de l'Europe. On la confond quelquefois avec la *sauge orvale*. Il a été rétabli en titre
de genre par Decandolle sous le nom d'ORVALE que lui avoit
donné Tournefort.

Le LAMIER BLANC a les feuilles en cœur, aiguës, grossièrement dentées, et les verticilles d'environ vingt fleurs.
Elle est vivace, et se trouve très-communément par toute
l'Europe, dans les haies, les lieux incultes voisins des habitations. Elle est vulgairement connue sous le nom d'*ortie blanche*, d'*archangélique*, et est employée comme vulnéraire,
détersive, et un peu astringente. On la recommande dans
les fleurs blanches, les maladies des poumons et les hémorragies de la matrice.

Le LAMIER TACHETÉ a les feuilles en cœur, aiguës, et les
verticilles de dix fleurs. Elle est vivace, et se trouve dans les
parties méridionales de l'Europe. On s'en sert en Italie, sous
le nom de *milzadella*, pour guérir les obstructions et le squir-
rhe de la rate.

Le LAMIER POURPRE, dont les feuilles sont en cœur, obtuses et pétiolées, les supérieures rapprochées et plus aiguës.
Elle est annuelle, et commune dans toute l'Europe, dans les
jardins, au pied des murs, etc. Son odeur est très-fétide ; on
l'appelle vulgairement *pain de poule*.

Le LAMIER AMPLEXICAULE, dont les feuilles sont rondes
et crénelées, les inférieures pétiolées, et les supérieures
sessiles et amplexicaules. Elle est très-commune dans tous
les lieux cultivés, et est annuelle. On la trouve en fleur pendant toute l'année.

On emploie dans quelques cantons les feuilles des *lamiers*,
et surtout du *pourpre*, pour la nourriture des jeunes poulets ;
pour cela, on les hache très-menues, et on les mêle avec leur
pâtée. On prétend qu'elle leur sont salutaires. (B.)

LAMINAIRE, *Laminaria*. Genre de plante établi par

M. Lamouroux aux dépens des VARECS. Il avoit été appelé CERAMION par Gærtner. Son caractère est : racine fibreuse, rameuse.

On trouvera sans doute, observe M. Lamouroux, ce caractère bien conçis; mais il n'appartient qu'à ce seul genre, dont les parties de la fructification sont peu connues.

Les varecs les plus remarquables de ce genre, qui en contient treize, sont : le DIGITÉ, le SACCHARIN et le BULBEUX.

La LAMINAIRE RÉNIFORME est figurée pl. 7 de l'ouvrage de l'auteur précité sur les thalassiophytes.

Le genre GIGANTÉE de Stackhouse rentre dans celui-ci.

(B)

LAMINCOUART. Nom d'un arbre de Cayenne. On ignore à quel genre il doit être rapporté. (B.)

LAMIO. M. Risso dit que ce nom est celui du SQUALE FÉROCE, à Nice. (DESM.)

LAMIODONTE ou DENT DE LAMIE. C'est la dent de requin fossile, connue sous le nom de *glossopètre*, qui est très-impropre, puisqu'il signifie *langue pétrifiée*; mais il est généralement adopté. *V.* GLOSSOPÈTRE et POISSONS FOSSILES.

(DESM.)

LAMIUM. Pline range cette plante au nombre des orties, et la nomme *ortie morte*, à cause que ses feuilles ne piquent point (liv. 21, c. 15). Ailleurs (liv. 22, c. 14), il ajoute que ces feuilles ont dans le milieu une tache blanche. On ne sauroit méconnoître à cette simple description notre LAMIER TACHETÉ. La fleur du *lamium* représente un masque. Le GALEOPSIS ou GALEOBDOLON des Grecs (*V.* ces mots) étoit aussi une ortie morte; c'est ce qui fait qu'on l'a rapproché du *lamium*, et ce nom et celui de *galeopsis* se trouvent, surtout le premier, appliqués à toutes les espèces de *lamier* et de *galeopsis* de Linnæus, et par suite à d'autres plantes qui leur ressemblent, telles que des espèces de *stachys*, *phlomis*, *prasium* et même le *scrophularia vernalis*, le *melitis melissophyllum* et la *scutellaria peregrina*. Le genre *lamium* actuel a été établi par Tournefort. *V.* LAMIER. (LN.)

LAMNUNGUIA, *Ungues lamnares.* Illiger établit sous ce nom une famille de mammifères, intermédiaire entre les rongeurs et les pachydermes, et qui ne comprend que le genre DAMAN (*hyrax*) et le genre LIPURA que cet auteur compose de l'*hyrax hudsonius* de Schreber, *tailless marmot*, Penn. (DESM.)

LAMPADIE, *Lampas.* Genre de COQUILLES établi par Denys de Montfort. Ses caractères sont : coquille libre, univalve, cloisonnée, en disque elliptique, contournée en spirale, mamelonnée sur les deux centres, le dernier tour de spire renfermant tous les autres; dos caréné et armé; ou erture lancéolée , terminée en tubercule , couverte par un diaphragme fendu dans sa longueur et recevant dans son milieu le retour de la spire ; cloisons unies.

La seule coquille qui constitue ce genre a une ligne et demie de diamètre. On la rencontre, en très-grande quantité, fossile près de Sienne. (B.)

LAMPAS. Nom latin donné, par Denys de Montfort, au genre de coquille qu'il établit sous le nom de LAMPADIE.

(DESM.)

LAMPAS. L'un des noms donnés par les Grecs au LYCHNIS SAUVAGE (*Lychnis agria*, Diosc.), peut être à celui nommé communément *compagnon blanc*, *Lychnis dioica*, L. (LN.)

LAMPE ANTIQUE. Les marchands donnent ce nom à diverses coquilles du genre des HÉLICES de Linnæus, qui sont d'une forme lenticulaire et elliptique à leur ouverture ; ainsi l'*hélice carcocolle* est une *lampe antique* ; ainsi l'*hélice grimace* est encore une *lampe antique*. *V*. au mot HÉLICE. (B.)

LAMPE (FAUSSE). C'est l'*helix caracolla*, Linn., dont Denys de Montfort forme un genre particulier. (DESM.)

LAMPE ou LANTERNE DE SURETÉ. Cette lampe, de l'invention de M. Davy, est destinée à garantir les ouvriers qui travaillent dans les mines de houille, des accidens funestes qu'occasionent les fluides gazeux qui s'exhalent du sein de la houille et viennent s'enflammer à la lumière. Ces inflammations nommées *feu grisou* ou *feu brisou*, produisent le plus souvent de très-violentes détonations. La lampe de sûreté, en même temps qu'elle éclaire l'ouvrier, le met à l'abri de tout danger (*V*. GRISOU). On trouve dans le premier volume des *Annales des Mines*, une bonne description et une figure de cette lampe, et le résultat des expériences faites avec la lampe de sûreté, par M. Baillet, expériences qui prouvent l'avantage de cette belle découverte de M. Davy. (LN.)

LAMPE SÉPULCRALE. On a trouvé, dans la plupart des tombeaux antiques, des *lampes* qu'on a supposé avoir brûlé perpétuellement. D'autres ont dit qu'elles s'allumoient par le contact de l'air au moment de l'ouverture des tombeaux. Mais il paroît que c'étoient des lampes ordinaires qu'on mettoit dans le tombeau tout allumées, comme une allégorie de l'existence de l'âme après la mort : rien au moins ne porte à penser que ces lampes eussent quelque chose d'extraordinaire. (PAT.)

LAMPERY. Arbrisseau des Moluques, qui paroît avoir, au rapport de Lamarck, quelques affinités avec les *sapotillers* et les *mimusops*. Il a les feuilles alternes, ovales-oblongues, pointues, entières, glabres, et ses fruits sont des drupes ovoïdes, de la couleur et de la forme de nos cerises, ayant à leur

base un calice persistant. Ces fruits contiennent, sous
chair acerbe, un noyau mince. (B.)

LAMPETTE ou LAMPRETTE. Nom vulgaire du G
THAGE DES BLÉS et de la LYCHNIDE FLEUR DE COUCOU. (LN)

LAMPILLON. Nom du PÉTROMYZON BRANCHIALE. (B)

LAMPIONE et LAMPRONE. Deux noms italiens i
FRAMBOISIER. (LN.)

LAMPOCARIE, *lampocaria*. Genre établi par R. Brow
mais qui ne diffère des GAUNIES de Forster (*Gelari*, Poire
que par ses semences lisses et luisantes. (B.)

LAMPOTTE. On appelle ainsi les PATELLES.

On emploie fréquemment la chair de ce coquillage pou
amorcer les lignes : de là le nom de *lampotte* qu'on donne au
espèces d'appâts qui sont faits avec les animaux des coquill
en général. (B.)

LAMPOUJANE. Nom malais du GINGEMBRE ZÉRUI
BETH. (B.)

LAMPOURDE, *Xanthium*. Genre de plantes de la monoécie pentandrie et de la famille des urticées, qui présen
pour caractères, dans les fleurs mâles : des involucres com
muns, polyphylles, hémisphériques, pédonculés, multiflores, rapprochés par petits paquets axillaires et terminaux,
renfermant quantité de fleurons tubuleux, quinquéfides e
pentandriques, portés sur un réceptacle garni de paillettes
et dans les fleurs femelles, situées au-dessous des fleurs ma
les : des involucres communs, oblongs, monophylles, de
coupés à leur sommet, hérissés en dehors de pointes crochues, divisés intérieurement en deux loges uniflores et persistantes, chacune renfermant un ovaire supérieur, ovale,
surmonté de deux styles à stigmates simples ; un drupe sec,
ovale, oblong qui est l'involucre endurci, souvent muni de
deux pointes à son sommet et contenant deux semences oblon
gues.

Ce genre réunit sept à huit espèces, qui sont des arbri-
seaux ou des herbes annuelles, droites, à feuilles alternes ou
opposées, rudes au toucher et à fleurs disposées en épis axil
laires ou terminaux.

Les principales de ces espèces sont :

La LAMPOURDE COMMUNE, *Xanthium strumarium*. Elle a la tige
sans épines, les feuilles en cœur, à trois nervures, et les
fruits terminés par deux becs droits. On la trouve en Europe
le long des haies, sur le bord des chemins, dans les prés
gras et un peu humides. Elle est annuelle, et fleurit pendant
l'été. Ses fruits s'attachent aux habits des hommes et aux poils

les animaux par les crochets dont ils sont revêtus , d'où vient le nom de *glouteron* qu'elle porte.

La LAMPOURDE ÉPINEUSE a les tiges garnies d'épines ternées, les feuilles trifides , aiguës, et blanches en dessus. Elle se trouve dans les parties méridionales de l'Europe , et est annuelle.

La LAMPOURDE ARBORESCENTE a les feuilles pinnées , les découpures dentées et la tige frutescente. On la trouve dans le Pérou. Elle sert de type au genre FRANSERIE. (B.)

LAMPOURDES (Les). C'est ainsi que les ouvriers des carrières de pierre calcaire situées au midi de Paris nomment un banc qui se trouve inférieur à celui nommé la *roche*, remarquable le plus souvent par sa dureté et la prodigieuse quantité de cérites fossiles qu'il renferme. Les *lampourdes* donnent un excellent moellon pour les fondations; il est bon pour les constructions des voûtes et des puits. (LN.)

LAMPREA. Nom de l'HALIOTIDE OREILLE D'ÂNE (*Haliotis asinius*) en galicien. (DESM.)

LAMPREZO. Nom de la LAMPROIE, en Languedoc. (DESM.)

LAMPRIE, *lamprias*. Genre d'insectes, de l'ordre des coléoptères, établi par M. Bonelli. Il comprend nos *lébies* , dont le corselet est transversal et dont le pénultième article des tarses est simple ou entier. Telle est celle que nous nommons LÉBIE TÊTE-BLEUE (*Carabus cyanocephalus*, Fab.). *Voy.* LÉBIE (L.)

LAMPRIME, *Lamprima*, Lat. Genre d'insectes , de l'ordre des coléoptères , section des pentamères, famille des lamellicornes , tribu des lucanides.

Fabricius a connu une espèce de ce genre et l'a placée avec les *lethrus* , mais en prévenant qu'elle pourroit bien former un genre particulier. M. le chevalier Schreiber , directeur du Musée impérial de Vienne en Autriche , a donné , depuis , dans le sixième volume des *Transactions de la Société Linnéenne* , une description complète du même insecte , et a cru devoir le ranger avec les *lucanes* (*lucanus æneus*). C'est en effet, de tous les genres de la famille des lamellicornes , celui avec lequel ce coléoptère a le plus de rapport: antennes coudées , mandibules cornées et très-saillantes , mâchoires terminées par un lobe soyeux , languette formée de deux divisions semblables à des pinceaux , absence de labre , tarses terminés par une soie bifide et située entre les crochets , voilà des caractères communs à ces lamellicornes Mais dans les lamprimes la massue des antennes , par l'allongement et le rapprochement de sès trois derniers feuillets, et par sa forme arrondie , nous représente presque celle des scarabéides ; le menton ne recouvre point, comme dans les lucanes, la base des mâchoires ; les jambes antérieures sont proportionnellement plus courtes et plus larges, et offrent au côté intérieur, près de l'épine, souvent élargie, qui les termine, un petit pinceau de soies réunies, pointu et semblable lui-même à une autre épine ; et enfin le milieu antérieur de l'arrière-poitrine forme une pointe avancée. Leur corps est ovale-oblong, convexe et arrondi, ce qui les rapproche des *œsales*, ainsi que de mes *platycères*, autre genre de la même tribu ; les yeux ne sont point coupés par le prolongement des bords latéraux de la tête. Le corselet est proportionnellement plus grand et plus élargi vers le milieu de ses côtés que dans la plupart des lucanes ; le menton a la forme d'un carré transversal ; mais comme l'on vient de découvrir au Brésil une espèce de lucane qui a le port des lamprimes, ces derniers caractères ne doivent être considérés que comme auxiliaires. Les lamprimes ont la massue des antennes composée de quatre articles, mais dont le premier beaucoup plus petit, est en forme de dent ; les palpes courts et filiformes, le lobe terminal des mâchoires petit et pointu, et les mandibules comprimées, en pinces dentées et ordinairement velues.

Les lamprimes sont des coléoptères très-brillans et qui paroissent, jusqu'ici, être particuliers à la Nouvelle-Hollande et à l'île de Norfolk, de la mer Pacifique. Leurs habitudes doivent être très-analogues à celles des lucanes.

Quoique j'aie reçu de mon ami, M. Alexandre Mac Leag, secrétaire de la société linnéenne, un grand nombre de lamprimes, je n'ai pas encore pu m'assurer de leurs différences sexuelles extérieures. M. Schreiber regarde les individus dont l'épine des jambes antérieures est étroite et en forme de faux ou de crochet, comme les femelles ; ceux où cette épine est rayonnée, dilatée au bout et triangulaire, ou en palette, sont, suivant lui, des mâles. Mais les mandibules de ces deux sortes d'individus sont identiques, tandis qu'elles diffèrent beaucoup, selon les sexes, dans les autres insectes de cette tribu. Ces disparités dans les formes des épines antérieures me paroissent constituer plutôt des caractères spécifiques.

LAMPRIME DORÉE, *Lamprima aurata ; Lucanus æneus.* Schreib., var.; mandibules beaucoup plus longues que la tête, très-velues au côté interne, ayant trois dents à leur extrémité, une forte échancrure, avec une autre dent au bord interne; corps d'un vert doré, brillant; dessus de la tête d'un rouge cuivreux; élytres unies, jambes antérieures ayant cinq à six dents au côté extérieur ; leur épine en forme le palette ; élargie à son extrémité et rayonnée. Nouvelle-Hollande.

LAMPRIME BRONZÉE, *Lamprima ænea*; *lethrus æneus*, Fab.; *lucanus æneus*, Schreib., *Trans. of.*, *Linn. soc.* tom. 6, pl. 20, fig. 1. Mandibules beaucoup plus longues que la tête, très-velues intérieurement, obliquement tronquées et simplement bidentées à leur extrémité; une troisième dent, sans échancrure remarquable au bord interne; corps vert; élytres plus brillantes, un peu ridées; jambes antérieures armées de huit dents au côté extérieur; l'épine en demi-croissant, pointue au bout, avec des dentelures extérieures; le sternum est moins avancé que dans la précédente.

A l'île de Norfolk et à Oxbury, j'en ai vu quatre individus, et tous semblables.

LAMPRIME CUIVREUSE, *Lamprima cuprea*. Mandibules à peine de la longueur de la tête, presque glabres, fortement échancrées et bidentées à leur extrémité; corselet très-ponctué; épines des jambes antérieures coniques et droites. Couleur du corps, variable, les uns presque entièrement cuivreux; les autres d'un vert bleuâtre en dessus, avec la tête cuivreuse, d'un vert doré en dessous, avec les pattes mélangées; côté extérieur des premières jambes ayant sept à huit dents un peu plus petites que dans les précédens.

Dans toutes ces espèces la tête a le bord antérieur transversal et un peu échancré ou concave; son vertex offre une dépression triangulaire. (L.)

LAMPROIE. C'est le nom spécifique de plusieurs espèces du genre PÉTROMYZON. (B.)

LAMPROIE AVEUGLE. C'est le GASTROBRANCHE du Nord, *myxine glutinosa*, Linn. (DESM.)

LAMPROYON. C'est le PÉTROMYZON BRANCHIALE. (DM.)

LAMPRUO. A Nice, c'est le nom de la LAMPROIE. (DESM.)

LAMPSANA. D'un nom grec qui signifie *lécher*. Les Grecs le donnoient à une plante dont les feuilles couchées sur la terre ou toujours couvertes de poussière sembloient lécher la terre. Dioscoride place le *lampsana* au nombre des *herbes alimentaires sauvages*; selon lui, on mangeoit cette herbe cuite; il ajoute qu'elle étoit plus nutritive que le LAPATHUM (*V.* ce mot.), et qu'elle relâchoit. Cette même herbe est le *lapsana* dont parle Pline comme ayant servi de nourriture, dans le siège de Dyrrachium, aux soldats de l'armée de César, qui en exposèrent ensuite à son triomphe. Cette plante étoit sans doute fort commune, puisqu'il étoit d'usage de dire de quelqu'un qui vivoit mesquinement, qu'il se nourrissoit de *lampsana*. Elle est demeurée à peu près inconnue aux modernes, a moins qu'on ne veuille la retrouver dans notre SÉNEVÉ DES CHAMPS (*Sinapis arvensis*) ou le RADIS SAUVAGE (*Raphanus raphanistrum*, L.), ou même la LAMPSANE COMMUNE, etc. Tournefort est de ce dernier avis, puisqu'il nomme *lampsana* la plante en question, et son genre se trouve compris dans le *lapsana* de Linnæus, maintenant divisé en *lapsana*, *zacintha*, *rhagadiolus* (*koelpinia*, Pall.), *hedypnois*, etc. Plusieurs espèces d'*hyoseris* du même auteur sont, pour d'autres botanistes, des espèces de LAMPSANE. *V.* ce mot. (LN.)

LAMPSANE, *lampsana*. Genre de plantes de la syngénésie polygamie égale, et de la famille des chicoracées, qui offre pour caractères : un calice de huit folioles droites, caliculées, ou muni, à sa base, de folioles courtes, alternes et imbriquées ; un réceptacle nu, portant de huit à seize demi-fleurons hermaphrodites, à languette linéaire, tronquée et à cinq dents ; plusieurs semences oblongues, dépourvues d'aigrettes et libres.

Ce genre comprend des herbes annuelles ou vivaces, dont les feuilles sont alternes, entières ou découpées, et les fleurs terminales et disposées en corymbes ou en panicule. On en connoît une douzaine d'espèces.

Parmi ces espèces sont :

La LAMPSANE COMMUNE, dont le calice est anguleux et les pédoncules grêles. Elle est très-abondante dans tous les lieux cultivés, voisins des habitations. Elle est annuelle, et fleurit pendant l'été. La médecine l'emploie comme rafraîchissante, laxative et émolliente. On l'applique pilée sur le bout du téton des nourrices, lorsqu'il est fendu, et elle en accélère la guérison ; d'où lui est venu le nom d'*herbe aux mamelles*.

La LAMPSANE FÉTIDE a la tige nue et uniflore. Elle est vivace, et sa racine répand une odeur très-désagréable. On la trouve dans les lieux incultes des parties méridionales de l'Europe.

La LAMPSANE DE ZANTE a les calices tortillés, comprimés et obtus. Elle se trouve dans les parties méridionales de l'Europe, et est annuelle. Gærtner en a fait un genre sous le nom de ZACINTE.

La LAMPSANE ESCULENTE, *lapsana rhagadiolus*, Linn., qui a les semences disposées en étoile et les feuilles en lyre. Elle est annuelle et originaire de l'Orient. On en mange les feuilles en salade et cuites. Elle sert aujourd'hui de type au genre RHAGADIOLE.

La LAMPSANE HÉRISSÉE a les fruits épineux. Elle est originaire de Silésie. On en a fait le genre KOLPINIE. (B.)

LAMPT. Le ZÉBU porte ce nom dans quelques parties de l'Afrique. *V.* au mot BŒUF. (S.)

LAMPUCA. C'est un des noms que les Romains donnoient à l'Hiéracium. *V.* ce mot. (LN.)

LAMPUGA. Les pêcheurs de Nice appellent ainsi la
STROMATÉE FIATOLE. (DESM.)

LAMPUGE. On donne ce nom au CORYPHÈNE POM-
PILE. (B.)

LAMPUGNE. Synonyme de LICHE. (B.)

LAMPUIUM, ou LAMPUJUM, Rumph., Amb. 5,
64, fig. 1. C'est le ZÉRUMBET, espèce de *gingembre*
(*Amomum zerumbet*). Si l'on en croit Garcias, *Arom.* 1,
ch. 43, la racine de cette plante, préparée au sucre, est à
préférer au gingembre. (LN.)

LAMPYRE, *Lampyris*. Genre d'insectes, de l'ordre des
coléoptères, section des pentamères, famille des serricornes,
tribu des lampyrides.

Les Grecs donnoient indistinctement les noms de *lampyris*,
et les Latins, ceux de *cicindela*, *noctiluca*, *lucio*, *luciola*, *lucer-*
nula, *incendula*, à tous les insectes qui ont la propriété de
répandre, pendant la nuit, une lumière phosphorique; cette
même propriété les a fait connoître vulgairement sous le nom
de *vers luisans*. Les entomologistes modernes ont dû, sans
doute, s'appliquer à ne ranger les insectes sous une même
dénomination, qu'autant qu'ils présentent les mêmes caracteres génériques; mais comme ce n'est que par de longues
observations et des travaux soutenus, qu'on peut atteindre à
ce dernier but de la science, on a encore long-temps confondu
les lampyres avec les *téléphores* et les *malachies*, sous le nom
de *cantharis*. Geoffroy, en les séparant des *téléphores*, les a
néanmoins associés avec les *lycus*, et Linnæus les a encore
confondus avec les *lycus* et les *pyrochres*. Fabricius, éclairé par
les erreurs de ceux qui l'ont précédé, est le premier qui ait
bien distingué ce genre, et qui lui ait assigné les caractères
qui lui sont propres.

Le corps des lampyres est oblong, ovale, déprimé; la tête
est enfoncée et comme enchâssée dans le corselet; les antennes sont très-rapprochées à leur base, filiformes, pectinées, plumeuses ou en scie, dans plusieurs mâles, avec le
troisième article de la longueur du suivant; la bouche est petite et sans saillie, ce qui distingue ces insectes des *lycus;* les
palpes maxillaires sont sensiblement plus grands que les labiaux, avec le dernier article ovoïde et pointu; les yeux sont
globuleux, arrondis, assez grands; le corselet forme une
plaque très-grande, plate, demi-circulaire, rebordée, qui
cache entièrement la tête, et qui est à peu près aussi large
que les élytres; l'abdomen est composé d'anneaux qui forment

autant de plis, et qui se terminent latéralement en angles
aigus; son extrémité postérieure est phosphorique, du moins
dans l'un des sexes; et cette propriété s'annonce extérieurement par la couleur jaunâtre ou blanchâtre des deux ou trois
derniers anneaux. Les élytres sont coriaces, un peu flexibles,
les ailes sont membraneuses, guère plus longues que les élytres; les pattes sont simples et assez courtes; les tarses sont
composés de cinq articles, dont le pénultième est bilobé,
quelques femelles n'ont ni ailes ni élytres; on aperçoit seulement un petit moignon d'élytre, à la base supérieure de
l'addomen.

Tous les insectes qui répandent de la lumière ont dû fixer
l'attention des observateurs de la nature. Aussi les lampyres
sont-ils connus depuis très-long-temps. On leur a donné le
nom de *vers luisans*, parce que les femelles, qu'on rencontre
le plus ordinairement, sont dépourvues d'ailes, et que toutes
ces femelles brillent pendant la nuit. Quelques mâles sont privés de la faculté de luire, ou ne la possèdent qu'à un foible
degré. La partie lumineuse des lampyres luisans est placée
au dessous des deux ou trois derniers anneaux de l'abdomen;
ce sont des taches jaunes, d'où part, dans l'obscurité, une
lumiere très-vive, d'un blanc verdâtre ou bleuâtre, comme
le sont toutes les lumières phosphoriques. Cette lumière, selon quelques auteurs, ne dépend point de l'influence d'aucune cause externe, mais uniquement de la volonté de l'insecte.

On trouve les lampyres en été, après le coucher du soleil,
dans les prairies, au bord des chemins et près des buissons.
Dans les pays où ces insectes sont très-communs, pendant
les nuits paisibles de la belle saison, les mâles voltigent dans
l'air, qu'ils semblent remplir d'étincelles de feu; et les femelles
qui, pendant le jour, restent cachées sous l'herbe, se dé-
cèlent le soir et la nuit, par la lueur éclatante qu'elles répandent. Pendant que ces insectes sont en liberté, leur lueur est
très-régulière : une fois en notre pouvoir, ils brillent très-ir-
régulièrement, ou ne brillent plus. Lorsqu'on les inquiète,
ils répandent une lueur fréquente; étant placés sur le dos,
ils luisent presque sans interruption, en faisant des efforts
continuels pour se retourner.

La matière lumineuse de ces insectes a excité la curiosité
de plusieurs savans; elle a été l'objet de plusieurs expériences, qui ont fourni des observations très-intéressantes que
nous allons rapporter. M. Forster ayant annoncé que la lumière des vers luisans étoit si forte et si continue dans le gaz
oxygène, qu'on pouvoit y lire facilement, M. Beckerhiem,
en vérifiant ce fait, a trouvé que ces insectes vivent très long-

temps dans le vide et dans différens gaz , excepté dans les
gaz acide , nitreux, muriatique et sulfureux, dans lesquels ils
meurent en moins de onze minutes ;

Qu'ils n'ont jamais diminué la bonté des gaz dans lesquels
ils ont vécu , quel que soit le temps qu'ils y aient demeuré ;
qu'au contraire , le gaz hydrogène est devenu détonant par
le séjour de ces animaux ; et que plusieurs gaz , essayés avant
et après , ont paru être améliorés ;

Que dans quelque gaz que fussent ces vers luisans , la lu—
mière n'a jamais paru augmenter ;

Que cette lumière est produite par de petits corps lumi—
neux , que l'insecte peut recouvrir d'une membrane ;

Qu'après avoir ôté ces points lumineux du corps de l'in—
secte , sans l'endommager, il a continué de vivre sans laisser
reparoître de lumière ;

Que ces points lumineux ôtés de l'insecte vivant, et expo—
sés à l'action de plusieurs gaz , y ont produit de la lumière
pendant des temps différens , d'où l'auteur paroît croire que
la durée est plus grande dans le gaz oxygène que dans les
autres. *Annales de Chimie*, tom. 4 , pag. 19.

Les expériences faites par le docteur Carradori , sur le
lampyre italique, lui ont fourni les observations suivantes :

Ces insectes brillent à volonté dans chaque point de leur
ventre ; ce qui lui prouve qu'ils ont la faculté de mouvoir
toutes les parties de ce viscère , indépendamment l'une de
l'autre.

Ils peuvent rendre leur phosphorescence plus ou moins vive ,
et la prolonger aussi long-temps qu'ils veulent.

La faculté d'éclairer ne cesse pas par l'incision ou le dé—
chirement du ventre.

M. Carradori a vu une partie du ventre , séparée du reste
du corps , qui étoit presque éteinte , devenir tout à coup lu—
mineuse pendant quelques secondes , et ensuite s'éteindre in—
sensiblement. Quelquefois il a vu une semblable portion cou—
pée, passer subitement du plus beau brillant à une extinc—
tion totale , et reprendre ensuite sa première lueur. M. Car—
radori attribue ce phénomène à un reste d'irritabilité ou à
un stimulus produit par l'air.

Une légère compression ôte aux lampyres la faculté de
luire.

La matière phosphorique exprimée, perd en peu d'heures
sa splendeur, et se trouve convertie en une matière blanche
et sèche. Un morceau de ventre phosphorique , mis dans
l'huile , n'a lui que foiblement , et s'est bientôt éteint dans
l'eau ; un semblable morceau a lui avec la même vivacité que
dans l'air et plus long-temps. Le phosphore de ces insectes

luit également dans le vide barométrique. L'auteur a recon
que la phosphorescence est une propriété indépendante
la vie de ces insectes , et qu'elle tient plutôt à l'état de mol
lesse de la substance phosphorique. Le desséchement suspen
la lueur ; le ramollissement dans l'eau la fait renaître ; mais
seulement après un temps de dessiccation donné. Réaumur et
Spallanzani ont observé la même chose à l'égard des *pholades*
et des *méduses*.

En plongeant alternativement les lampyres dans l'eau tiède
et froide , ils luisent avec vivacité dans la première , et s'é-
teignent dans la dernière. Dans l'eau chaude, la lumière di-
paroît peu à peu. M. Carradori a éprouvé sur les lampyres
et leur phosphore, l'action des différens liquides salins et spi-
ritueux , dans lesquels ils se sont comportés de la même manière que les autres animaux phosphoriques : ces expériences
lui ont prouvé que la matière phosphorique des lampyres
n'éprouve d'action dissolvante que de la part de l'eau.

M. Tréviranus vient de publier ses observations sur ces
insectes ; mais nous n'avons pas encore pu nous procurer
l'ouvrage où elles sont consignées.

La larve des lampyres a beaucoup de ressemblance avec la
femelle ; elle est munie de six pattes écailleuses placées sur
les trois premiers anneaux ; sa tête est très-petite , de forme
ovale, et porte deux petites antennes assez grosses, coniques,
courtes, divisées en trois articles ; la bouche est armée de deux
longues dents écailleuses , minces, courbées et très-pointues.
Le corps est composé de douze anneaux ; il est plus large
dans son milieu qu'aux extrémités ; sa partie postérieure est
tronquée transversalement. Cette larve, quoique munie de
mâchoires fortes (ce qui pourroit la faire soupçonner d'être
carnassière), se nourrit d'herbes et de feuilles de différentes
plantes ; elle marche fort lentement et à l'aide de la partie
postérieure de son corps ; dès qu'on la touche , elle retire sa
tête et reste immobile. Quand on la laisse manquer de terre
humide , elle devient foible et languissante.

Quand les insectes ont à se transformer en nymphes, ordinairement la peau se fend ou se brise au milieu du dessus
de la tête , et laisse ainsi une ouverture suffisante pour donner
passage à tout le corps. La larve du lampyre a paru prendre
une autre manière de se défaire de sa peau, qui se fend de
chaque côté du corps, dans toute l'étendue des trois premiers
anneaux. Le dessus de ces anneaux se détache tout-à-fait du
dessous , et la larve tire la tête hors de la peau qui la couvre,
à peu près comme on tire la main hors d'une bourse. Les
deux fentes latérales donnent une ouverture très-spacieuse à
l'insecte pour sortir de la vieille peau, et il en vient aisément

bout dans l'espace de quelques minutes, en contractant et en allongeant les anneaux du corps alternativement.

Dès que la larve est dégagée de sa peau, elle courbe le corps en arc ou en demi-cercle, et se trouve alors dans son véritable état de nymphe ; mais on lui voit encore remuer et allonger la tête, de même que les antennes et les pattes, quoique lentement ; elle donne aussi des mouvemens à son corps.

Les observations de Degeer prouvent que le lampyre femelle luit dans l'état de larve et dans celui de nymphe, comme dans l'insecte parfait, ce qui fait voir que la nature ne l'a pas douée de cette faculté, principalement pour attirer le mâle, comme quelques auteurs l'ont pensé. Cependant il paroît que le mâle en profite pour se rendre auprès de sa femelle.

Les femelles des lampyres d'Europe, observées par Degeer, pondent un très-grand nombre d'œufs sur le gazon ou sur l'herbe où elles vivent. Ces œufs sont assez gros, de forme ronde, d'un jaune citrin ; ils sont enduits d'une matière visqueuse, jaune, qui sert à les fixer sur les plantes ; leur coque n'est qu'une peau molle et flexible, de sorte qu'on les écrase au moindre attouchement.

Les lampyres, que des voyageurs ont appelés *mouches lumineuses*, *mouches à feu*, forment un genre composé d'une cinquantaine d'espèces ; les cinq suivantes se trouvent en Europe.

Le LAMPYRE LUISANT, *Lampyris splendidula*, Oliv., *Col.*, tom. 2, n.º 28, pl. 1, fig. 1. Il est oblong, brun. Son corselet est marqué de deux points transparens au-dessus des yeux.

Le LAMPYRE LUMINEUX, *Lampyris noctiluca*, Oliv., *ibid.*, pl. 1, fig. 2. Il est oblong, brun. Son corselet est cendré.

Le LAMPYRE MAURITANIQUE, *Lampyris mauritanica*, Oliv., *ibid.*, pl. 1; fig. 5. Son corps est fauve ; ses élytres sont livides. Il se trouve dans les parties méridionales de la France.

Le LAMPYRE ITALIQUE, *Lampyris italica*, pl. G., 3. 2, de cet ouvrage. Il est noir ; son corselet est roux ; l'extrémité de l'abdomen est fauve. Il se trouve en Italie, où il est connu sous le nom de *luciola*, et dans les parties méridionales de la France.

Le LAMPYRE HÉMIPTÈRE, *Lampyris hemiptera*, Oliv., *ibid.*, pl. 3, fig. 25. Il est noir ; l'extrémité de l'abdomen est jaune ; les élytres sont courtes. M. le comte de Hoffmansegg a formé un genre propre, *phengodes*, des espèces dont les antennes sont plumeuses. (O.L.)

LAMPYRIDES, *lampyrides*, Latr. Tribu d'insectes, de la famille des serricornes, ordre des coléoptères, ser-

tion des pentamères, ayant pour caractères : l'arrière sternum sans saillie ; mandibules terminées en pointe très-aiguë
simple ; palpes maxillaires plus grands que les labiaux, et
plus gros vers leur extrémité ; corps droit, déprimé, mou
ou flexible, avec le corselet presque en forme de trapèze, ou
demi-circulaire ; pénultième article des tarses bilobé. Cette
tribu est composée des genres : LYCUS, OMALISE, LAMPYRE,
TÉLÉPHORE et MALTHINE. *V.* ces articles. (L.)

LAMUTA, Rumphius. Ce nom est donné, dans les
Indes orientales, à une espèce de CYNOMÈTRE. Ce genre
cynomètre est l'*iripa* d'Adanson. (LN.)

LAMVIER, LOMWIA. Noms que le GUILLEMOT porte
à l'île Ferbié. (V.)

LANA PENNA. Nom italien du bissus et de la PINNE
MARINE. (DESM.)

LANAIRE, *Lanaria*. Plante vivace du Cap de Bonne-
Espérance, a feuilles linéaires, canaliculées, glabres, rude
au toucher sur leurs bords, à tiges anguleuses, à fleurs disposées en corymbes bractifères, couvertes, ainsi que leurs
accessoires, de longs poils blancs, très-serrés, qui forment un
genre dans l'hexandrie monogynie, et dans la famille des
liliacées.

Ce genre, que Jussieu a appelé ARGOLASE, a pour caractères : une corolle divisée en six parties ouvertes ; six étamines ; un ovaire inférieur, surmonté d'un style simple ; une
baie sèche à trois loges.

Quoiqu'on reconnoisse généralement que ce genre est le
même que celui appelé HÉRITIÈRE, par Gmelin, j'ai lieu de
croire qu'il est distinct. (B.)

LANARIA. Suivant Imperato, les Napolitains donnent
ce nom à une plante du suc de laquelle ils se servent pour
nettoyer la laine. Cette plante est le *gypsophila struthium*
Linn., et, suivant les auteurs, le *struthon* de Dioscoride qui
recevoit encore les noms de *catharsis*, *chamæryton.*, *struthio
cameleon*, etc. Le genre *lanaria* d'Adanson comprend cette
plante, mais il n'est lui-même qu'un démembrement du
genre GYPSOPHILA de Linnæus. *V.* ce mot. (LN.)

LANATH. Les Africains donnoient ce nom au CHÈVRE-
FEUILLE. (LN.)

LANCE DE CHRIST, *Lancea Christi*, Gesner. C'est
l'OPHIOGLOSSE et le LYCOPE d'Europe, selon C. Bauhin. (L.)

LANCÉ. Nom donné, à Java, au fruit du *wampi* (*Cookia
punctata*, Sonner., Willd.). Rumphius donne une figure de
cet arbre qu'il appelle *lansium sauvage* (Amb. 1, t. 55). C'est
le *quinaria* de Loureiro. (LN.)

LANCÉOLA. Nom donné par Cæsalpin à une espèce de plantin, à cause de la forme lancéolée de ses feuilles. C'est *plantago lanceolata*. Il a été aussi celui de quelques autres espèces du même genre. (LN.)

LANCERON. Jeunes BROCHETS dont le corps est effilé comme une *lance*. (B.)

LANCETTE. Poissons du genre GOBIE et du genre HOCENTRE. (B.)

LANCETTE. C'est la RAIE AIGLE sur quelques points de nos côtes. (DESM.)

LANCHA. Les Espagnols donnent ce nom à une sorte de pierre à bâtir, analogue à notre pierre de LIAIS. (LN.)

LANCISIA. Adanson sépara le *cotula coronopifolia* de Linnæus des autres cotules, pour faire un genre qu'il nomma du nom de Lancisi, naturaliste italien. Cette séparation n'a pas été adoptée. Lamarck conserve néanmoins ce nom générique de *lancisia*, à un autre groupe de *cotules* qui répond au *lidbeckia* de Willdenow, différent du *lidbeckia* de Bergius et de Jussieu, puisqu'il comprend le *cenia* de Jussieu et de Persoon. Ce dernier naturaliste ne donne le nom de *lancisia* qu'au surplus des espèces qui restent dans le genre *lidbeckia* de Willdenow ; ou si l'on veut, son genre est le *lancisia* de Lamarck, modifié. Tous ces genres *lancisia* différens dans leurs caractères génériques, annoncent l'embarras qu'on a pour bien classer les plantes qui les composent. (LN.)

LANCISIE, *Lancisia*. Genre de plantes établi aux dépens des COTULES. Bergius l'avoit appelé LIDBECKIE, et Commerson CÉNIE. Ses caractères sont: fleurs radiées ; calice hémisphérique, à plusieurs divisions non imbriquées ; réceptacle nu ; semences unies, comprimées ou anguleuses. (B.)

LANCISTÈME, *Lancistema*. Genre de plantes, autrement appelé NÉMATOSPERME. (B.)

LANÇON. Poisson appelé AMMODYTE. (B.)

LANÇON. Nom des jeunes BROCHETS, dans quelques cantons. (DESM.)

LANCRETIE, *Lancretia*. Genre de plantes, établi, avec une belle figure, par Delisle, dans le superbe ouvrage sur l'Égypte, publié par la Commission de l'Institut de cette contrée, dans la décandrie pentagynie, et dans la famille des caryophyllées. Il est fort voisin des SPERGULES, dont il diffère par ses styles et ses capsules, qui sont au nombre de cinq. (B.)

LANDAN. Arbre dont on retire le *sagou*. *V.* SAGOUTIER.
(B.)

LANDE. On appelle ainsi une grande étendue de pays dont les terres incultes ne produisent que du genêt, du jonc marin, de la bruyère, de la fougère, quelques genièvres, des ronces, et autres broussailles. Il y a beaucoup de landes en France dans les provinces de Bretagne, de Guyenne, du Dauphiné et de la Provence. Celles de ce dernier pays offrent peu de plantes épineuses ; elles sont couvertes de lavande, de mélisse, de bétoine, de marjolaine, de thym, de véronique, de sauge, etc.

Les principales causes de leur infertilité sont : 1.º une espèce de tuf ferrugineux qu'on trouve à une très-petite profondeur sous une couche de sable quarzeux plus ou moins épaisse ; 2.º un défaut de pente qui rend les eaux stagnantes ; 3.º dans toutes, le droit de communauté ou de parcours qui s'oppose au partage et à la vente de ces terres. Si elles étoient partagées, il n'est pas douteux que chaque propriétaire ne cherchât à tirer le meilleur parti possible de son lot.

Les landes sont constamment couvertes d'eau en hiver, et extrêmement arides en été. C'est principalement à ces circonstances qu'elles doivent leur infertilité. On les tient le plus ordinairement en pâturages qui fournissent extrêmement peu de nourriture aux bestiaux, surtout quand ils sont en commun. Presque toutes donnent de loin en loin, lorsqu'on les cultive deux ou trois foibles récoltes de céréales ; après quoi on les met en pâturage.

Le meilleur moyen d'en tirer parti, c'est d'y cultiver les deux plantes qui s'y plaisent le mieux, savoir : l'Ajonc et le Genêt ; le premier, pour la nourriture des chevaux ; tous deux pour le feu. On peut aussi les planter en bois, surtout en pin maritime dans le Midi, et en pin sylvestre dans le Nord. Les chênes, principalement le toza et le rouvre, y donnent des taillis passables.

Dans la plupart des landes on prépare le sol à donner des récoltes de céréales en l'écobuant, c'est-à-dire, en brûlant la croûte de sable qui le recouvre avec les plantes qu'il nourrit, et on s'en applaudit, parce que ces récoltes sont en effet meilleures ; mais cette opération détruisant les débris des végétaux et l'humus qui entre dans la composition de cette croûte, nuit nécessairement à ses produits futurs. Le véritable moyen de tirer un parti avantageux des landes, et celui qu'on emploie le moins, mais dont j'ai vu cependant un grand nombre d'exemples dans celles de Bordeaux et de la Sologne. Il est fondé sur la nécessité de donner de l'écoulement aux eaux pendant l'hiver, et de diminuer leur évaporation pendant l'été, ce à quoi on parvient par des fossés nombreux, creusés dans la direction des pentes, et par la plantation de haies épaisses, garnies de grands arbres rapprochés, dans la direction du levant au couchant.

Il est difficile de trouver une explication géologique de la formation des landes en général ; mais il en est quelques-unes, comme celles de la Sologne, qui paroissent avoir servi de bassin à des lacs d'eau douce. (B.)

LANDE ou LANDIER. Nom qu'on donne, dans plusieurs endroits, à l'AJONC, parce qu'il croît dans les LANDES. (B.)

LANDIE, *landia*. Genre de plantes qui ne diffère des MUSSAENDES que parce que les divisions du calice sont égales. (B.)

LANDIER. Nom que l'on donne à l'AJONC. *V* ce mot. (S.)

LANDISCH. Nom du MUGUET, en Russie. (LN.)

LANDOLPHIE, *landolphia*. Arbrisseau de la côte occidentale d'Afrique, qui, selon Palisot Beauvois, forme seul un genre dans la pentandrie monogynie, et dans la famille des apocinées.

Ce genre présente pour caractères : un calice à plusieurs folioles, presque imbriquées ; une corolle tubulée à cinq divisions égales et obliques ; une baie globuleuse à une seule loge et à plusieurs semences. (B.)

LANDUGA. Nom du RHINOCÉROS, dans le royaume de Dekan. (DESM.)

LANERET. *V.* LANNERET. (S.)

LANFARON. En Languedoc, on donne ce nom à l'ATTELABE DE LA VIGNE, *Attelabus vitis*. (DESM.)

LANG. Quadrupède de la Chine, dont quelques anciens voyageurs font mention, sans dire autre chose, sinon qu'il a les jambes de devant fort longues, et celles de derrière fort courtes. (S.)

LANGA. Nom arabe d'une espèce d'EUPHORBE. (LN.)

LANGAHA, *langaha*. Genre de reptiles de la famille des SERPENS, établi par Lacépède. Il offre pour caractères : un corps revêtu antérieurement de petites écailles en dessus ; de plaques en dessous, d'anneaux écailleux vers l'anus, et de petites écailles au bout. Ainsi il est VIPÈRE dans sa partie antérieure, AMPHISBÈNE dans son milieu, et ANGUIS à son extrémité.

Bruguières qui a observé à Madagascar la seule espèce connue de ce genre, rapporte qu'elle acquiert environ trois pieds de long sur un demi-pouce de diamètre ; que sa tête est garnie de sept grandes écailles, et son museau terminé par un prolongement tendineux de neuf lignes de long, et revêtu de petites écailles ; qu'elle a des crochets à venin ; cent quatre-vingts grandes plaques sous le ventre, d'autant plus longues qu'elles s'éloignent de la tête, et qui finissent par former des anneaux entiers au nombre de quarante-deux.

La couleur du *langaha* varie du rougeâtre au violâtre, avec des points jaunes ; ses écailles sont rhomboïdales. Les habitans de Madagascar le craignent beaucoup. *V.* pl. E 15 où il est figuré. (B.)

LANGANÉO. Nom nicéen d'un poisson du genre LUT-JAN, *Lutjanus alberti.*, Risso. (DESM.)

LANGARA. Nom du VERDIER, dans les îles de l'Archipel. (V.)

LANGAS. *V.* GALANGA. (B.)

LANGASANA. Nom donné à quelques espèces de MO-ZAMBÉ. Dans l'*Hortus amboinicus*, pl. 96, fig. 203, ce sont les *Cleome pentaphylla* et *icosandra*, L. (LN.)

LANGEOLE. Nom vulgaire de l'EUPHRAISE. (B.)

LANGHOURON. *V.* AIGRETTE à l'article HÉRON. (V.)

LANGIRIE, LOMGIRIE, LOMVIFÈRE. Noms norwégiens du GUILLEMOT. (V.)

LANGIT, *Aylanthus.* Genre de plantes établi par Desfontaines, dont les caractères sont d'être polygames ; d'avoir un calice très-petit, à cinq dents ; une corolle de cinq pétales demi-tubuleux à leur base ; dix étamines dans les fleurs mâles ; trois à cinq ovaires dans les fleurs femelles ou hermaphrodites ; trois à cinq capsules oblongues, membraneuses, comprimées, linguiformes, renflées dans leur milieu et monospermes.

Ce genre, appelé aussi PONGELION, est extrêmement voisin des SUMACS. Il ne renferme qu'un arbre, originaire de la Chine et du Japon, dont les feuilles sont ailées avec impaire, et les fleurs herbacées, disposées en panicules terminales, qui, par sa grandeur, la rapidité de sa croissance, la bonté de son bois, est dans le cas d'être cultivé avantageusement en France. On le multiplie presque exclusivement de drageons ; car il suffit de blesser une racine, pour que l'année suivante elle fournisse beaucoup de rejetons. Un terrain léger et frais est celui où il prospère le plus. Son bois est cassant, mais cependant solide.

Les seuls inconvéniens qu'ait cet arbre, c'est d'exhaler, pendant la chaleur, une odeur qui porte à la tête, et d'être exposé à se fendre par la gelée. On dit que c'est de lui que les Chinois retirent le vernis qui rend leurs meubles si brillans ; mais ce fait est plus que douteux ; du moins, en Europe, il ne fournit rien qui puisse le faire croire. On le nomme encore cependant généralement, le *vernis du Japon.* (B.)

LANGLEIA de Scopoli. Ce genre est le même que l'*Anavinga* d'Adanson, ou *Casearia* de Jacquin. (LN.)

LANGODIUM vulgaire, Rumph., 4, t. 18. C'est le *vitex trifolia*, L. Le *langodium littoreum*, R. 4, t. 19, est le *vitex negundo*, L. *V.* GATTILIER. (LN.)

LANGOU. Fruit d'un arbre sarmenteux de Madagascar. Il est anguleux, et les habitans le mâchent continuellement, pour se noircir les lèvres et les gencives. On ignore à quel genre cet arbuste doit être rapporté.

On donne en France le même nom au BOLET DU NOYER, qu'on mange dans quelques cantons. (B.)

LANGOUSTE, *Palinurus*, Fab. Genre de crustacés, de l'ordre des décapodes, famille des macroures, tribu des homards, ayant pour caractères : queue terminée par une nageoire composée de feuillets presque membraneux, à l'exception de leur base, et disposés en éventail ; pédoncule des antennes intermédiaires beaucoup plus long que les deux filets articulés de leur extrémité ; tous les pieds presque semblables, terminés simplement en pointe, ou sans pince didactyle ; thorax cylindrique ; antennes latérales sétacées, fort longues, hérissées de piquans ; yeux grands, presque sphériques, situés à l'extrémité antérieure du thorax : leurs pédicules insérés aux extrémités latérales d'un support commun, fixe et transversal.

Une espèce de ce genre, celle qui est la plus commune dans nos mers, fut nommée *carabos* par les Grecs, et *locusta* par les Latins. C'est sous ce dernier nom que Belon, Rondelet, Gesner, etc., l'ont mentionnée. De là l'origine du mot de *langouste*, par lequel on désigne, dans notre langue, ce crustacé : dénomination que j'étends au genre entier, qui me semble préférable à celle de *palinure*, employée par MM. Bosc et Olivier, et qui n'est que la traduction littérale du nom générique, et assez impropre, de Fabricius.

Les langoustes ont des rapports avec les *écrevisses*, et plus encore avec les *scyllares*, mais dont elles diffèrent néanmoins par les antennes extérieures, le rapprochement de leurs yeux, la forme cylindrique du thorax, l'impression arquée qui divise sa surface supérieure, et quelques autres caractères. Olivier, article PALINURE du *Dictionnaire entomologique de l'Encyclopédie méthodique*, a décrit, avec beaucoup d'étendue, l'organisation extérieure de ces crustacés. Ceux qui voudront connoître ces détails, pourront consulter cet ouvrage ; je ferai cependant observer que sa description des organes de la manducation est incomplète ; que ce qu'il appelle première paire de mâchoire est la seconde, et que celles qu'il considère comme les secondes, ainsi que sa troisième et quatrième paires d'antennules, sont pour nous des pieds-mâchoires.

Les antennes extérieures ou latérales des langoustes sont, proportions gardées, beaucoup plus grosses que les correspondantes des autres macroures, fort longues, très-hérissées de poils et de piquans ou petits aiguillons, et portées sur un grand pédoncule.

Les intermédiaires, placées un peu au-dessous des précédentes, ont essentiellement la figure des antennes analogues des brachyures, et n'en diffèrent que parce qu'elles sont plus grandes. Les pieds-mâchoires extérieurs, ou les derniers, ressemblent à de petits pieds avancés, et dont les articles inférieurs sont dentelés et velus au côté interne. Le thorax ou le corselet est soyeux, parsemé d'un grand nombre d'aspérités et d'épines très-aiguës, et dont les antérieures beaucoup plus fortes, en forme de dents comprimées et très-acérées ; telles sont notamment les deux qui sont placées derrière les yeux. La poitrine forme une espèce de plastron triangulaire, inégal ou tuberculé, sur les côtés duquel sont insérées les pattes, et qui, à raison de la figure triangulaire de cette pièce, s'écartent graduellement, de devant en arrière. Ces organes sont courts, mais assez forts, et se terminent tous par un doigt simple, crochu, garni de petites épines ou de poils, ou n'ont point de pince. Les deux pieds antérieurs sont néanmoins plus gros, mais un peu plus courts que les quatre suivans, que ceux surtout de la troisième paire, qui me paroissent être les plus longs de tous. Suivant Aristote, la langouste (*carabus*) femelle diffère du mâle en ce qu'elle a le premier pied fendu. Olivier remarque que, d'après la manière de compter de ce naturaliste, la première paire de pieds est celle qui est la plus voisine de la queue, ou la dernière, et que la femelle a effectivement vers la base du doigt de ces pieds une sorte d'ergot qui manque dans le mâle. C'est ce qui a fait dire à Aristote que ces pieds étoient fendus dans l'autre sexe.

Les segmens de la queue, ordinairement traversés dans leur largeur par un sillon, se terminent latéralement en manière d'angle dirigé en arrière et souvent dentelé ou épineux ; en dessous, les anneaux sont unis les uns aux autres par une membrane ; les quatre du milieu portent, dans les femelles, deux feuillets membraneux, ovales, auxquels les œufs s'attachent après la ponte ; ces appendices, ou pieds en nageoires, me paroissent être communs aux deux sexes.

La langouste de nos mers est recherchée comme un mets délicat, surtout depuis le mois de mai jusqu'en août. Le femelles, à cette époque, n'ayant pas encore fait leur ponte, sont préférées aux mâles. Leurs œufs, qu'on nomme *corail*, forment dans l'intérieur de leur corps deux masses allongées, de la grosseur d'un tuyau de plume, d'un très-beau rouge, qui se dirigent, en divergeant, vers leurs deux ouvertures, situées, une de chaque côté, près de la base des pattes intermédiaires. Ces œufs sont très-petits en sortant du corps de la mère ; mais ils croissent insensiblement pendant une vingtaine de jours qu'ils demeurent attachés aux feuillets du dessous de la queue. Après ce temps, elle les détache tous ensemble, avec leurs enveloppes. On les trouve souvent soit fixés contre des rochers, soit errans et emportés par les vagues. Il faut encore une quinzaine de jours pour que la jeune langouste sorte de sa coque. La femelle, suivant Aristote, replie la partie large de sa queue pour comprimer ses œufs, au moment où ils sortent de son corps, et allonge les feuillets inférieurs, afin qu'ils puissent les recevoir et les retenir ; c'est sa première ponte. Les femelles, après la seconde, ou celle par laquelle elles se débarrassent totalement de leurs œufs, sont maigres et peu estimées, et les mâles sont alors plus recherchés. L'accouplement a lieu au commencement du printemps, et l'on prend alors plus de mâles que de femelles, tandis que celles-ci sont au contraire plus abondantes sur les côtes à la fin du printemps et au commencement de l'été. Aristote décrit aussi les mues, qu'il avoit bien observées, et dit qu'elles se font au printemps, et quelquefois en automne. Ces crustacés abandonnent nos rivages vers la fin de cette dernière saison, ou aux approches de l'hiver, gagnent la haute-mer et vont se cacher dans les antres ou les fentes des rochers ; c'est là aussi qu'ils changent de peau. Ils ne fréquentent guère que les parties rocailleuses ou pierreuses, y vivent de poissons et de divers animaux marins, et parviennent, au bout de quelques années, à la longueur d'un pied, mesurés depuis la tête jusqu'à l'extrémité de la queue. Dans quelques lieux peu favorables à la pêche, ces crustacés, s'y trouvant moins exposés et plus tranquilles, peuvent vivre très-long temps et acquérir une grande taille. On en a vu qui avoient près de trois pieds de long.

M. Risso dit que les mâles vont à la recherche de leurs femelles en avril et en août ; que, dans l'accouplement, les deux sexes sont face contre face, et se pressent si fortement, qu'on a de la peine à les séparer, même lorsqu'ils sont hors de l'eau, et que les œufs descendent le long du ventre et sortent par l'anus.

Ce naturaliste nous apprend que, sur les côtes de Nice ;

on pêche la langouste aux nasses ; l'on met, dans des cages d'osier, des pattes de poulpes brûlées, avec de petits poissons, des crabes, etc.; on les descend, pendant la nuit, dans les endroits rocailleux, de cinquante à deux cents mètres de profondeur, et on prend, le matin, les langoustes qui sont dedans. Leur poids est quelquefois de sept kilogrammes. Les pêcheurs sont persuadés qu'elles ont plus de chair dans les pleines lunes que dans tout autre temps. L'extrême fécondité de ces crustacés compense la grande destruction qu'on en fait pour les tables.

Dans les villes maritimes, on les apporte au marché, encore vivantes ; mais on a soin de les faire cuire, lorsqu'on veut les faire voyager, parce qu'elles ne tardent pas à mourir, peu de temps après qu'on les a retirées de l'eau, et que leur chair entre promptement en putréfaction, surtout en été.

« On apprête, dit Olivier, ces crustacés de plusieurs manières : les plus usitées dans le midi de la France consistent à les faire bouillir quelque temps dans l'eau, et à faire, avec le bouillon, un pilau au riz, qu'on assaisonne avec le sel, le poivre, le girofle, et que l'on colore, si l'on veut, avec du safran. Plus communément on se contente de faire bouillir les femelles, de les couper en long par le milieu du corps, d'en détacher le corail et ce qui se trouve dans l'estomac ; d'écraser le tout, et de le broyer dans de l'huile d'olive, à laquelle on ajoute du sel, du poivre, et un peu de vinaigre. On trempe la chair dans cette sauce, à laquelle les œufs du crustacé donnent de la saveur ; car, lorsqu'on mange les mâles avec la même sauce, mais privée du corail, on juge que c'est ce dernier qui en fait le principal mérite. »

J'ai entrepris, en 1804, de débrouiller le chaos qu'offroient, à l'égard des espèces, les ouvrages antérieurs. Ces recherches sont consignées dans le dix-septième cahier des *Annales du Muséum d'Histoire naturelle* de Paris. Olivier, qui a écrit après sur le même sujet (*Encycl. méthod.*), y a jeté de nouvelles lumières. Il caractérise ainsi les espèces suivantes :

LANGOUSTE COMMUNE, *Palinurus vulgaris*, Lat. ; *P. locusta*, Oliv. ; *P. quadricornis*, Fab. ; *Langouste*, Belon ; *Palinure langouste*, Bosc., pl. M 10, 1 de cet ouvrage. Corselet épineux et hérissé de poils courts et roides, armé antérieurement de deux grands piquans comprimés, dentés en dessous.

Cette espèce est commune dans la Méditerranée ; elle se trouve aussi, mais plus rarement, sur nos côtes océaniques. M. Léach l'a figurée *tab.* 30 de son ouvrage sur les *Malacostracés podophthalmes* de la Grande-Bretagne. *V.* aussi Herbst, *Canc.*, tab. 29, fig. 1.

LANGOUSTE MOUCHETÉE, *Palinurus guttatus*, Latr., Oliv.; *Palinurus homarus*, Fab. Corselet épineux ; front avec deux cornes : corps et pattes bleus, avec des taches rondes, blanches. Elle se trouve aux Indes orientales.

LANGOUSTE ORNÉE, *Palinurus ornatus*, Fab., Bosc, Latr., Oliv.; Herbst, *Canc.*, tab. 31, fig. 1? Corselet épineux, verdâtre ; front avec six cornes ; pattes mélangées de blanc et de bleu. Elle se trouve à l'Ile-de-France.

LANGOUSTE FASCIÉE, *Palinurus fasciatus*, Fab., Bosc, Latr., Oliv. Verdâtre ; queue avec une bande blanche sur chaque anneau. Elle se trouve dans l'Océan indien.

M. Risso cite cette espèce dans son Histoire des crustacés de Nice.

LANGOUSTE ARGUS, *Palinurus argus*, Latr., Oliv. Corselet épineux ; front avec quatre cornes ; corps mélangé de rose et de blanc ; queue avec quatre taches oculées, blanches. Elle se trouve aux Indes orientales.

LANGOUSTE POLYPHAGE, *Palinurus polyphagus*, Bosc, Latr., Oliv.; Herbst, *Canc.*, tab. 32. Corselet à peine épineux, postérieurement granulé ; front avec deux cornes.

LANGOUSTE PÉNICILLÉE, *Palinurus penicillatus*, Oliv.; *Palinurus gigas*, Bosc, Latr. Corselet granulé et épineux ; front avec quatre cornes ; pattes avec des bandes longitudinales, blanches, bleues et rouges ; des faisceaux de poils à leur extrémité. Elle se trouve à l'Ile-de-France.

Cette belle et grande espece fait partie de la collection du Muséum d'Histoire naturelle de Paris, et y a été étiquetée par méprise, *versicolor*. Celle que j'ai décrite dans les Annales de cet établissement, sous ce dernier nom, est une espèce de la Nouvelle-Hollande, très-distincte des précédentes.

Le *cancer homarus* de Linnæus paroît être une espèce de langouste ; mais il lui donne un bec comprimé, denté en scie à sa partie supérieure ; ce qui ne convient à aucune espèce connue.

M. Delalande fils a trouvé sur les côtes du Brésil une autre Langouste, qui paroît être celle que Pison nomme *potiquiquya*. Elle est rougeâtre, avec de petites taches rondes, blanchâtres, et de petites épines sur le corselet ; son devant offre quatre épines aiguës, disposées en carré, et puis deux autres plus fortes, et pareillement simples, ou sans dentelures, derrière les yeux ; les anneaux de l'abdomen n'ont point de sillons ; leurs côtés sont dentelés postérieurement ; les pattes ont des raies longitudinales, d'un rouge pâle. Je nommerai cette espèce LANGOUSTE QUEUE-LISSE, *lævicauda*. (L.)

LANGOUSTE. On donne aussi ce nom, mais improprement, au HOMARD, espèce de crustacé du genre des ÉCREVISSES. (DESM.)

LANGOUSTES FOSSILES. *V.* l'article CRUSTACÉS FOSSILES. (DESM.)

LANGOUSTINES, *Palinuri*, Lat. Nom que j'avois donné à une famille de crustacés décapodes macroures, ayant pour caractères : feuilles de la queue disposées en éventail, insérées sur une même ligne ; pédoncules des antennes intérieures beaucoup plus longs que les filets articulés qui les terminent.

Cette famille étoit composée des genres SCYLLARE, LANGOUSTE, PORCELLANE et GALATHÉE. Elle fait partie de la tribu des HOMARDS, famille des MACROURES, dans le troisième volume de l'ouvrage sur le règne animal de M. Cuvier, que je suis ici. *V.* MACROURES. (L.)

LANGOUZE. C'est, à l'Île-Bourbon, le CARDAMOME de Madagascar. (LN.)

LANGRAIEN, *Artamus*, Vieill. ; *Lanius*, Lath. Genre de l'ordre des oiseaux SYLVAINS, et de la famille des COLLURIONS (*V.* ces mots). *Caractères :* bec glabre à la base, très-lisse, longicône, arrondi, un peu robuste, convexe en dessus, un peu comprimé latéralement vers le bout ; mandibule supérieure un peu fléchie en arc et échancrée à la pointe ; l'inférieure aiguë et un peu retroussée à son extrémité ; narines petites, rondes, ouvertes ; langue. . . . . . ; bouche ciliée ; ailes longues, pointues, sans penne bâtarde ; la première rémige la plus longue de toutes ; quatre doigts, trois devant, un derrière ; les extérieurs unis à la base ; l'interne libre. Les espèces dont se compose cette division se trouvent en Afrique, dans les grandes Indes et en Australasie. On ne connoît guère que leur extérieur ; on sait seulement que ces oiseaux à ailes longues, pointues, dépassant quelquefois la queue, ont le vol des *hirondelles*, et, comme celles-ci, ils volent continuellement et rapidement à la poursuite des insectes qui paroissent être leur principale nourriture ; ils joignent à cela, selon Sonnerat, le courage des *pie-grièches*, et ils ne craignent pas même d'attaquer les corbeaux : courage qui les rapproche encore des *tyrans.* C'est d'après ces attributs que M. Cuvier les a nommés *pie-grièches-hirondelles*, et *ocypterus*, d'après la forme de leurs ailes.

Le LANGRAIEN proprement dit, *Artamus leucorhyncos*, Vieill. ; *Lanius leucorhyncos*, Lath., pl. enl., n.° 9, fig. 1. La tête, la gorge, le dessus du corps, les couvertures supérieures des ailes, les pennes de la queue et les pieds sont noirâ-

res; le croupion, la poitrine, le dessous du corps et les couvertures de la queue, d'un beau blanc; le bec est d'un gris
blanchâtre. Longueur totale, sept pouces. Cette espèce se
trouve à Manille.

La *pie-grièche dominicaine*, dont Gmelin a fait une espèce
distincte sous le nom de *lanius dominicanus*, a tant de rapport avec le précédent, qu'on ne peut tout au plus la présenter que comme une variété d'âge ou de sexe. Sonnerat
en a publié la description page 155, et la figure pl. 25, dans
son Voyage à la Nouvelle-Guinée. Elle est noire sur la tête,
le cou, la poitrine, le dos, les ailes, la queue et les jambes; blanche sur le ventre et le croupion; elle vole, dit ce
naturaliste, avec rapidité et en se balançant dans les airs
de la même manière que les hirondelles : ennemie décidée
du *corbeau*, elle ne craint pas non-seulement de se me-
surer avec lui, mais même de le provoquer; elle le combat
avec opiniâtreté, et elle finit toujours par le forcer à la
retraite.

Le LANGRAIEN BRUN, *Artamus fuscus*, Vieill., se trouve
au Bengale. Il a le front bordé de noir; le bec de cette couleur vers la pointe et bleuâtre dans le reste; le plumage généralement d'un gris rembruni, plus clair sur la poitrine et
sur les parties inférieures, à l'exception des pennes alaires
qui sont noires; la queue est grise en dessous et terminée
de blanc sale sur les pennes latérales; les pieds sont bruns.
Taille du *langraien à lignes blanches*.

Le LANGRAIEN GRIS, *Artamus cinereus*, Vieill., a huit
pouces et demi de longueur totale; le bec bleuâtre jusqu'au
milieu, ensuite noir, plus effilé que celui de ses congénères, et long d'un pouce; une raie noire part des narines, s'étend vers l'œil et l'entoure; la tête, le cou et la
poitrine sont d'un joli gris clair, cependant plus foncé sur
le manteau et sur les couvertures supérieures des ailes; les
pennes de celles-ci sont noires, ainsi que les plumes de la
queue, dont toutes les latérales ont une tache blanche à leur
extrémité; les pieds sont très-robustes et de la couleur des
ailes. On trouve cette espèce à Timor.

Le LANGRAIEN A LIGNES BLANCHES, *Artamus lineatus*,
Vieill.; *Turdus sordidus*, Lath., se trouve à la Nouvelle-
Hollande. Son plumage est assez généralement d'un cendré
rembruni; les couvertures inférieures des ailes, l'extrémité
de toutes les pennes latérales de la queue, et le bord extérieur des deuxième, troisième et quatrième pennes alaires,
sont blancs; cette couleur donne lieu sur ces pennes à trois
lignes longitudinales, qui tranchent d'une manière très-
sensible sur le fond noir qui couvre les ailes en entier, ainsi

que la queue ; le bec est d'une teinte bleue plus foncée v le bout, et noir à la pointe, de même que les pieds. Lon gueur totale, six pouces et demi. La livrée du jeune, avant sa première mue, présente un mélange confus de brun et de blanc terne. Il a le bec blanchâtre et brun à la pointe.

Le PETIT LANGRAIEN, *Artamus minor*, Vieill., a été apporté des Terres Australes. Il a le bec bleuâtre ; le plumage d'une teinte de chocolat, foncée et tirant au noir sur le *lorum*, les joues et le menton ; les pieds et les ailes de cette dernière couleur, ainsi que la queue, dont toutes les pennes latérales sont terminées de blanc. Taille du *moineau franc*.

Le LANGRAIEN TCHA-CHERT, *Artamus viridis*, Vieill. ; *Lanius viridis*, Lath., pl. enl. n.º 30, fol. 2. Tel est le nom que les habitans de Madagascar ont imposé à cet oiseau, qui est de la grosseur du *moineau franc*, et qui a la tête, le dessus du cou et du corps, le bord extérieur des pennes alaires et de toutes les pennes latérales de la queue, ainsi que ses intermédiaires en entier, d'un vert sombre, plus brillant sur la tête ; la gorge, le devant du cou et le dessous du corps, blancs ; les pieds et les ongles noirs ; les ailes et la queue noirâtres ; le bec d'une couleur de plomb foncée, avec sa pointe blanchâtre. Longueur totale, cinq pouces huit lignes. (V.)

LANGRAYEN. *V.* LANGRAIEN. (V.)

LANGUAR. Nom vulgaire du *torcol*, en Provence. *Voyez* TORCOL. (S.)

LANGUAS. Synonyme d'HELLÉNIE, langue de bœuf. *V.* BUGLOSE OFFICINALE. (B.)

LANGUAS. Kœnig donne ce nom qui désigne, dans les Indes Orientales, les *galanga*, et plusieurs autres plantes de la même famille, au genre nommé depuis *heritiera* par Retz, puis *hellenia* par Willdenow. *V.* HELLÉNIE, GALANGA et ZÉDOAIRE. (LN.)

LANGUE, *Lingua*. Tout le monde connoît cette partie de la bouche, destinée à la sensation du goût. C'est un organe oblong, aplati et mobile dans l'homme et la plupart des quadrupèdes ; sa surface supérieure est couverte de papilles nerveuses, très-sensibles aux saveurs. La *langue* des roussettes, des lions et des chats, est parsemée de petites pointes cornées, qui se retournent vers la gorge : aussi ces animaux écorchent en léchant. Il est particulier que ces mêmes espèces ont le gland de leur verge et le clitoris également recouverts de pointes cornées, qui rendent poignantes leurs approches amoureuses.

La langue ne contient aucun os dans tous les mammifères, et diffère peu de celle de l'homme, excepté chez les fourmiliers et les échidnés qui ont la langue extensible ou effilée,

longue comme un ver, et gluante, afin d'engluer les fourmis et autres insectes dont ces animaux se nourrissent. L'é-
chidné allonge sa langue par le moyen de muscles annulaires
qui, comprimant les génioglosses et autres muscles, les for-
cent à s'allonger en avant. Quand cet animal veut retirer sa
langue, il contracte les muscles qui viennent, chez lui, du
haut du sternum, s'insérer dans la base de sa langue; il y a pareillement des sterno-glosses chez les fourmiliers.

La langue des oiseaux contient toujours un os cartilagineux,
sorte de prolongement de l'hyoïde; mais la manière dont les
pics font saillir leur langue pointue, pour percer les insectes,
est due principalement au jeu de leur os hyoïde. Les deux
cornes de cet os sont fort longues, et vont s'enfoncer en arrière en remontant autour de la tête, chez quelques oiseaux;
mais chez les pics où la langue peut sortir de sept à huit pouces
hors du bec, ces deux cornes de l'os hyoïde descendent sur
les côtés du cou, puis retournent sur la tête où ils se prolongent en arrière, jusqu'à la racine du bec. L'oiseau, en faisant
sortir toute cette longueur, donne une extension merveilleuse
à sa langue. Le colibri pareillement a une langue extensible,
mais les deux cornes de son hyoïde se réunissant ,laissent entre elles un sillon longitudinal qui devient une sorte de cavité
fistulaire, par laquelle cet oiseau peut pomper le nectar des
fleurs. Le perroquet a une langue épaisse et arrondie ; elle est,
chez les toucans, découpée à ses bords comme une barbe de
plumes ; de sorte que Buffon ou son continuateur Montbeillard soutenoit que ces oiseaux avoient une plume véritable,
en place de langue.

Chez les reptiles, tels que les serpens et plusieurs lézards,
la langue est aussi extensible que celle des pics et du tamanoir,
et par le même genre de mécanisme, soit de l'os hyoïde avec
ses cornes, soit des muscles sterno-glosses, et d'un autre muscle observé chez les tupinambis et d'autres lézards. Ce muscle
est fixé aux cornes de l'os hyoïde chez le caméléon, qui peut
allonger pareillement sa langue gluante, laquelle se termine
en petite massue ; il la vibre avec rapidité sur les insectes ; et
pour n'avoir pas besoin de remuer le corps, cet animal peut
tourner les yeux à volonté indépendamment l'un de l'autre;
aussi il regarde de tous côtés, sans être obligé de tourner la tête,
et sans épouvanter l'insecte. Pour retirer ensuite sa langue, le caméléon a un muscle rétracteur, hyo-glosse. La langue des serpens est, chez la plupart, renfermée dans un fourreau, et bifide ; l'animal peut la darder à volonté, mais cette langue ne
peut piquer ; elle est faite pour saisir les insectes ou pour sucer. La langue des poissons, souvent couverte de petites dents
à sa racine, contient un os cartilagineux, de même que celle

des oiseaux ; mais elle a très-peu de mouvemens et d'ext
sibilité ; car attachée à l'os hyoïde, celui-ci adhère aux ar
branchiaux plus ou moins profondément situés dans la gorge
Des poissons, tels que les silures, les trigles, n'ont même p
d'os lingual.

Ce qu'on nomme langue chez plusieurs mollusques, tels
que les buccins, les tarets, etc., n'est qu'une trompe cornée
ou dure et pointue, pour percer les autres animaux, ou le
bois, etc.

Chez les insectes, il n'y a point non plus de langue proprement dite, bien que divers entomologistes en aient donné
le nom à la proboscide des papillons et de tous les lépidoptères, et à la lèvre inférieure ou languette des hyménoptères.
V. aussi GLOTTE et PHARYNX. (VIREY.)

LANGUE (*Ornithologie*). La langue des oiseaux se présente sous des formes très-variées. Elle est charnue, cartilagineuse, plane, carénée, cylindrique, glabre, mamelonnée en dessous, filiforme, sagittée, triangulaire, tubuleuse,
très-longue (beaucoup plus longue que le bec), longue;
(seulement dépassant le bec), médiocre (égalant à peine le
bec) courte, très-courte (plus ou moins courte que le bec,
et éloignée de sa pointe), large (moins large que le bec);
à bords simples, frangés, dentelés ; à pointe aiguë, échancrée, bifide, lacérée, ciliée, obtuse, etc. (V.)

LANGUE, *lingua.* Les entomologistes donnent ce nom
à la trompe roulée en spirale, et formée de deux pièces pareillement roulées, que l'on remarque en général dans tous
les insectes de l'ordre des LÉPIDOPTÈRES. *Voyez* LANGUETTE
et BOUCHE DES INSECTES. (O. L.)

LANGUE D'AGNEAU. C'est un PLANTAIN (*plantago
media*). (LN.)

LANGUE DE BŒUF. On donne vulgairement ce nom
à un BOLET que Bulliard a fait servir de type à son genre
FISTULINE. (B.)

LANGUE DE BŒUF. *V.* BUGLOSE. (LN.)

LANGUE DE CERF ou DE BŒUF. Noms vulgaires de la DORADILLE SCOLOPENDRE. (B.)

LANGUE DE CERF. L'OSMONDE LUNAIRE (*osmunda
lunaria*) reçoit aussi ce nom. (DESM.)

LANGUE DE CHAT. C'est le BIDENT TRIPARTITE.
(B.)

LANGUE DE CHAT. Nom donné, dans les Antilles,
à l'EUPATOIRE à feuilles d'arroche. (LN.)

LANGUE DE CHAT. C'est une espèce de TELINE
(*telina lingua felis*). (B.)

LANGUE DE CHEVAL. Le Fragon a languette, porte ce nom. (B.)

LANGUE DE CHIEN. Ce nom est donné communément à la Cynoglosse officinale, à cause de la forme et de la mollesse de ses feuilles. Dans le Nord de l'Europe, on l'applique aussi au *myosotis lappula* et au Potamot nageant. (LN.)

LANGUE D'OIE. C'est la Grassette. (LN.)

LANGUE D'OISEAU (*ornithoglosson*, en grec). Ce nom étoit donné au fruit du frêne. Il est maintenant celui de la Stellaire holostée. (LN.)

LANGUE D'OR. C'est la Telline foliacée. (B.)

LANGUE DE NOYER. Agaric à pédicule latéral qui croît sur les noyers, et qu'on peut manger sans inconvéniens. Sa couleur est noisette en dessus, blanche en dessous et en dedans. Paulet l'a figuré pl. 20 de son *Traité des Champignons*. (B.)

LANGUE DE PASSEREAU. C'est la Stellère passerine; c'est encore la Renouée (*polygonum aviculare*). (LN.)

LANGUE DE POMMIER. Paulet appelle ainsi un Agaric à pédicule latéral d'un blanc de lait, qui croît sur les vieux pommiers, et qu'il a figuré le premier, pl. 23 de son *Traité des Champignons*. Il ne paroît pas dangereux. (B.)

LANGUE DE SERPENT. C'est l'Ophioglosse vulgaire. (B.)

LANGUE DE SERPENT PÉTRIFIÉE. Quelques charlatans ont donné ce nom à des dents de requin, surtout à celles qui sont minces, étroites, un peu ondoyantes, accompagnées de deux crochets à la base, et qui paroissent analogues ou du moins très-voisines de celles de certains squales. (DESM.)

LANGUE DE TIGRE. C'est une coquille du genre Vénus (*venus tigrina*). (DESM.)

LANGUE DE VACHE. C'est la Scabieuse des champs, aux environs de Boulogne. (B.)

LANGUE DE VACHE. C'est la Grande Consoude. (LN.)

LANGUETTE. Poisson du genre Pleuronecte. (B.)

LANGUETTE, *ligula* ou *lingula*. La pièce qui, dans les insectes broyeurs, est située entre leurs mâchoires et ferme la bouche inférieurement, avoit été désignée par Fabricius sous le nom de *lèvre inférieure* (*labium inferius*); mais il n'avoit pas observé sa structure particulière. Dans mon *Précis des caractères génériques des insectes*, j'ai établi, le premier,

la distinction des deux pièces qui la composent, les pal
non compris. La supérieure, presque toujours membraneu
ou simplement coriace, portant ordinairement les palpes
est la *lèvre* proprement dite, *labium*; l'inférieure, servant d
support à la précédente, est ce qu'on appelle aujourd'hui
d'après Illiger, le *menton* (*mentum*), expression moins tri
viale que celle de *ganache*, que j'avois employée.

Dans les hyménoptères, la pièce terminale a le plus sou
vent la figure d'une *langue*, et en fait même l'office; aussi
Fabricius, lorsqu'elle est plus allongée que d'ordinaire, lui
donne-t-il ce nom; je pense même qu'il seroit plus conve
nable de désigner exclusivement ainsi cette partie de la bou
che des hyménoptères, et de donner une nouvelle dénomi
nation aux deux pièces qui forment la trompe des lépidop
tères, et que Linnæus et Fabricius appellent, d'une manière
très-impropre, langue. Le menton des hyménoptères est
étroit, allongé, cylindrique ou conique, et forme une
sorte de *gaîne*. Tel est aussi le nom que je lui avois imposé.
Un disciple distingué de Fabricius, M. Weber, appelle
lèvre, cette pièce inférieure ou le menton, et *languette*, la
supérieure. Le maître a adopté la nomenclature de son élève,
et c'est ce qu'ont fait depuis MM. Clairville et Bonelli.

Au milieu de ces variations, j'ai pris le parti d'appeler
lèvre inférieure ou plutôt *lèvre*, la réunion des deux pièces,
ainsi que cela étoit en usage, avant qu'on les distinguât; je
conserve à l'inférieure le nom de menton que lui avoit donné,
avec raison, Illiger; l'autre, ou la supérieure, est la languette.
V. Bouche des Insectes.

LANGUETTE, *Aizoon*, Linn. Genre de plantes de
l'icosandrie pentagynie, et de la famille des ficoïdes, dont
les caractères sont : calice persistant et divisé en cinq parties; point de corolle; quinze à vingt étamines insérées
dans les sinus du calice; un ovaire supérieur arrondi, ou
obtusément anguleux, surmonté de cinq styles, dont le stigmate est simple; une capsule à cinq côtés, à cinq loges, à
cinq valves, qui contient un grand nombre de semences qui
sont attachées par des cordons ombilicaux à un placenta.

Les espèces de ce genre sont toutes des plantes grasses,
ordinairement rampantes, à feuilles alternes, solitaires ou
géminées, et inégales, à fleurs solitaires et axillaires. Les
unes sont annuelles, les autres sont vivaces. On en trouve une
espèce en Espagne, une autre dans les Canaries, et le reste,
au nombre de huit, vient du Cap de Bonne-Espérance.

— L'Aizoon d'Espagne a les feuilles lancéolées, et l'Aizoon
des Canaries les a ovales, cunéiformes; toutes leurs feuilles
et leurs tiges sont parsemées d'utricules peu visibles, sem-

lables à celles de la *glaciale.* (Voyez au mot FICOÏDE.) On pourroit les manger comme le *pourpier.* Elles sont annuelles. Le MILTE de Loureiro paroît devoir être réuni à ce genre. (B.)

LANGUETTE. Membrane très-mince qu'on remarque au sommet de la gaîne des feuilles des GRAMINÉES. On l'appelle aussi LINGULLE. Elle est ou entière, ou déchirée, ou velue, ou formée par des poils. (B.)

LANGUETTE. Partie saillante des *corolles des fleurs* SEMIFLOSCULEUSES. *V.* ce mot. (B.)

LANGUETTI. Nom italien des MANCHES DE COUTEAU (*solen vagina*). (DESM.)

LANGUIRE. C'est, en Norwége, le GUILLEMOT. *Voyez* l'article de cet oiseau. (S.)

LANGURIE, *Languria,* Latr., Oliv. Genre d'insectes, de l'ordre des coléoptères, section des tétramères, famille des clavipalpes, tribu des érotylènes.

Par la forme des antennes, les organes de la manducation et les tarses, ces coléoptères se rapprochent naturellement des érotyles et des triplax de Fabricius. Mais ils s'en éloignent à raison de la forme linéaire de leur corps, et c'est ce qui a déterminé ce naturaliste à les placer, du moins provisoirement, avec les *trogosites.*

J'ai établi ce genre sur l'espèce qu'il a nommée *bicolor,* et que M. Bosc a rapportée de l'Amérique septentrionale. Les antennes se terminent en une massue oblongue, perfoliée, comprimée, et formée par les cinq derniers articles; l'extrémité des mandibules est bifide; les mâchoires ont au côté interne une petite dent cornée, en forme de crochet, et se terminant par un lobe qui a la figure d'un triangle renversé, et dont le bord supérieur ou la base est velue; le dernier article de leurs palpes est un peu plus grand et ovoïde ; le même, dans les labiaux, est aussi un peu plus grand et presque triangulaire; la languette est entière, presque en forme de cœur et plus étroite que le menton; le pénultième article des tarses est bifide; le corps est linéaire, avec le corselet en carré long et bordé.

Olivier en a décrit et figuré trois espèces:

1.º La LANGURIE BICOLORE, *Languria bicolor, Col.,* tom. 5, n.º 88, pl. 1, fig. 1. Elle est noire, avec le corselet fauve, à l'exception de son dos qui est noir. 2.º La LANGURIE THORACIQUE, *Languria thoracica,* *ibid.* pl. 1, fig. 2. Son corselet est ferrugineux, pointillé, taché de noir; les élytres sont noires, striées et obtuses. 3.º La LANGURIE DE MOZARD, *Languria Mozardi, ibid.,* pl. 1, fig. 3. Elle est rouge, avec le corselet sans taches, et les élytres noires et striées.

Ces trois espèces sont de l'Amérique septentrionale. Mais on trouve aux Indes orientales deux autres espèces, les trogosites *elongata* et *filiformis* de Fabricius. J'ai reçu là première de M. Alexandre Mac Leay; elle est la plus grande de toutes celles qui me sont connues, fauve, avec la tête et les élytres d'un bleu foncé et les pattes noires. (L.)

LANGVIRE, LOMGIVIE, LOMVIE, LUMBE. Noms norwégiens du GUILLEMOT. (V.)

LANI. Arbrisseau des Moluques. Ses rameaux s'allongent pour grimper sur les arbres voisins, ou s'enfoncer et prendre racine en terre ; ses feuilles sont simples, alternes, lancéolées, allongées, pointues et entières ; les pédoncules sont axillaires et triflores; les fruits aplatis, semi-lunaires, veloutés en dehors et monospermes. Toutes les parties de cet arbrisseau, et principalement ses fruits, sont d'une amertume extrême. On s'en sert dans le pays contre les poisons. (B.)

- LANIARIUS. Nom latin du JEAN LE BLANC et du LANIER. (S.)

LANIER. *V.* FAUCON. (V.)

LANIER BLANCHATRE. *Voy.* CIRCAÈTE, JEAN LE BLANC. (B.)

LANIER CENDRÉ de Brisson. C'est l'OISEAU SAINT-MARTIN. *V.* BUSARD SOUBUSE. (V.)

LANIER GRIS. Nom de la PIE-GRIÈCHE GRISE, aux environs de Niort. (V.)

- LANIFERA de Pline, est rapporté au COTONNIER (*gossypium*), par Adanson. (LN.)

LANIOGÈRE, *laniogerus*. Genre de MOLLUSQUES établi par Blainville dans la classe des NUDIBRANCHES de Cuvier. Il est intermédiaire entre les GLAUCUS et les EOLIDES. La seule espèce qui y entre a un pied peu apparent, quatre petits tentacules sur le dos et des branchies latérales sur un seul rang. (B.)

LANION, *Lanio*, Vieill. ; *Tanagra*, Lath. Genre de l'ordre des *Oiseaux sylvains* et de la famille des COLLURIONS. *V.* ces mots. *Caractères* : bec robuste, comprimé latéralement, caréné en dessus, rétréci vers l'extrémité ; mandibule supérieure crochue vers le bout, munie dans son milieu et sur chaque bord d'une dent tronquée et l'inférieure plus courte, à pointe échancrée, aiguë et retroussée; narines rondes, bordées d'une membrane, ouvertes, situées près des plumes du *capistrum* ; langue....; bouche ciliée ; la première rémige plus courte que la sixième ; les troisième et quatrième les plus longues de toutes ; quatre doigts, trois devant, un derrière ; les extérieurs unis à la base. Les deux espèces qui composent ce genre se trouvent à Cayenne et au Brésil. On ne connoît pas leurs habitudes naturelles.

Le LANION HUPPÉ, *lanio cristatus*, Vieill. Cet oiseau porte une huppe rouge, de la forme de celle du *roitelet rubis*, et qui s'élève du sommet de la tête ; l'espace du bec à l'œil et le *capistrum* sont jaunes ; le milieu de la gorge est roux ; le pli de l'aile blanc en dessous ; le reste du plumage, le bec et les pieds sont noirs. Longueur totale, six pouces environ. Cette espèce, nouvellement découverte, a été apportée du Brésil par M. Delalande fils ; naturaliste attaché au Muséum d'histoire naturelle.

Le LANION MORDORÉ, *lanio atricapillus*, Vieill. ; *Tanagra atricapilla*, Lath., pl. enl., n.° 809, f. 2, sous le nom de *Tangara jaune à tête noire*. Il a sept pouces de longueur totale ; la tête, les ailes et la queue d'un beau noir lustré ; le reste du corps d'une belle couleur mordorée, plus foncée sur le devant du cou et sur la poitrine ; le bec et les pieds noirs ; les plumes dont cet oiseau est couvert, sont plus longues qu'elles ne le sont ordinairement, et en général effilées et à demi-décomposées ; la queue est étagée, et dépasse les ailes pliées de près de quinze lignes. La femelle est rousse et n'a nulle trace de noir dans son plumage. (V.)

LANISTE, *lanistes*. Genre de COQUILLE établi par Denys de Montfort pour placer le CYCLOSTOME CARÉNÉE d'Olivier, *Voyage dans l'Empire Ottoman*, qui s'écarte des utres. Ses caractères sont : coquille libre, univalve, ombiliquée, à spire latérale parfaite ; tours contigus et à gauche ; ouverture entière, en gueule de four ; spires d'accroissement se dessinant en arrière.

Cette coquille vit dans les canaux de l'Egypte. Son diamètre est d'environ un pouce. (B.)

LANIUS. C'est, dans Linnæus, le nom générique des PIE-GRIÈCHES. *V.* ce mot. (V.)

LANMAYAN. Nom créole d'une espèce d'AMARANTHE que l'on mange dans les Antilles en guise d'épinards. (B.)

LANNERET. C'est le mâle de l'espèce du LANIER. *V.* ce mot. (S.)

LANQUAS. *V.* GALANGA. (D.)

LANSA. Arbre des Moluques, qui a les feuilles alternes, ovales, pointues, entières et glabres ; les fleurs placées sur des grappes simples, pendantes, latérales, et dont les fruits sont des drupes ovoïdes, qui contiennent cinq noyaux aplatis et anguleux. Cet arbre est figuré pl. 54 de l'*Herbier* d'*Amboine*, par Rumphius. La chair de ses fruits, avant sa maturité, contient un suc laiteux et amer, qui teint les mains en noir; mais ensuite elle devient bonne à manger, et a un goût agréable. Quant aux noyaux, ils sont toujours amers.

Correa dans ses *Vues Carpologiques*, *Annales du Muséum*, n.º 55, établit, sur la seule considération du fruit, que cet arbre forme un genre qu'il nomme *lansium* et l'espèce *lansium domesticum*. Ce fruit est une baie à cinq loges monospermes, à écorce coriace, rude au toucher, revêtue intérieurement d'une membrane. (B.)

LANSAC. Poire d'automne, grandelette, arrondie, glabre et jaunâtre. (LN.)

LANSETO ou LANSETTO. Nom d'une FAUVETTE, en Provence. (V.)

LANSETTO DE LA TESTO NIGRO. Dénomination provençale de la FAUVETTE A TÊTE NOIRE. (V.)

LANSIUM. *V.* LANSA. (B.)

LANT. Nom du ZÉBU (petit bœuf bossu) au nord de l'Afrique. *V.* l'article BŒUF. (DESM.)

LANTANA. Gesner, Dodonée et Césalpin, nommèrent ainsi la MANTIENNE (*viburnum lantana*), à cause que les branches de cet arbrisseau sont très-souples et très-pliantes (*quòd lenti sint rami*). Césalpin voit en cette plante le *rhus coriarium* de Pline et de Théophraste. Dalechamps pense que c'est le *spiræa* de ce dernier. Linnæus a transporté le nom de *lantana* à un autre genre déjà nommé *camara* par Plumier. Les botanistes ont suivi ce changement. *V.* CAMARA. Lorsque Linnæus forma son genre *lantana*, il y rangeoit quelques plantes qu'il a rapportées depuis dans les genres *buddleia*, *varronia* et *spielmannia* ou *oftia*. (LN.)

LANTANIER. Synonyme de LATANIER. (B.)

LANTARD. C'est le RONDIER LANTANIER. (B.)

LANTERNE. Coquille du genre des MYES, la mye tronquée. (F.)

LANTERNE DE SURETÉ. *V.* LAMPE DE SURETÉ. (LV.)

LANTERNE ROUGE. Un CHAMPIGNON, le CLATHRE CANCELLÉ (*clathrus cancellatus*), porte ce nom. (DESM.)

LANTOR. Espèce de palmier cité par J. Bauhin; c'est peut-être le même que le LONTAR des Indes dont le nom seroit altéré. (LN.)

LAN-TSAO et TA CIM. Noms donnés, en Chine, à l'INDIGO (*indigofera tinctoria*, L.)., qui est dans ce pays et en Cochinchine l'objet d'une grande culture. L'on sait que les feuilles de cette plante macérées avec un peu de chaux donnent l'*indigo* employé dans toute l'Asie et dans toute l'Europe pour teindre en bleu, en vert ou en pourpre. (LN.)

LANZI. Nom arabe des AMANDES. (LN.)

LAO-CHU-LAC. Nom chinois de l'ACANTHE A FEUILLE DE HOUX (*acanthus ilicifolius*, L.). On a une espèce voisine, qui croît le long des fleuves. C'est le *cay-ô-ro* des Cochinchinois. (LN.)

LAOMÉDÉE, *laomedea*. Genre de polypiers établi par Lamouroux aux dépens des SERTULAIRES. Ses caractères sont les suivans : polypier phytoïde, rameux; cellules stipitées, ou substipitées, éparses sur les tiges et les rameaux.

L'auteur précité, dans son excellent ouvrage sur les polypiers coralligènes flexibles, rapporte neuf espèces à ce genre, dont les deux plus communes sont :

La LAOMÉDÉE DICHOTOME, *Sertularia dichotoma*, Linn., dont la tige est dichotome et géniculée, dont les cellules sont campanulées, les ovaires axillaires et portés sur des *pédoncules contournés*. Elle est figurée dans Ellis, pl. 12, A et C; on la trouve dans les mers d'Europe. *V.* pl. P 15 de ce Dict.

La LAOMÉDÉE GÉNICULÉE a la tige géniculée et interrompue; les ovaires ovales tronqués et portés sur un pédoncule contourné. On en voit la figure dans Ellis, pl. 12, h. B. Elle se pêche dans les mers d'Europe. (B.)

LAONG-FU-SU. Plante cultivée en Chine, et qui y croît aussi spontanément. C'est une espèce de BACCHANTE (*baccharis Dioscoridis*, Linn.). Elle est tonique et céphalique. (LN.)

LAONG-NHAN. Nom donné, en Cochinchine, au LONGAN, espèce de LY-CHI. *V.* CAY-BAI et LITCHI. (LN.)

LAONOTHON. Nom qui paroît avoir été donné autrefois, par les Africains, au TAMINIER (*tamnus communis*). (LN.)

LAOUQUETO. Nom languedocien de la LOCHE. (DESM.)

LAOUZÉTO. L'ALOUETTE DES BOIS, en Languedoc. (DESM.)

LAOUZO. Nom languedocien de toutes sortes de pierres plates et minces, propres à couvrir les maisons et à remplacer les tuiles. De ce nombre sont les ardoises et les laves en tables. Les Languedociens disent aussi *blesto* et *luzo*, et nomment *lauziero*, *lozero*, les carrieres où l'on exploite le *lauzo*, écrit ici comme on le prononce dans les dialectes du Midi. Notre département de la Lozère ou Lauzère, ou plutôt Laouzero, doit son nom à une sorte d'ardoise qu'on y exploite et qui recouvre ou forme plusieurs sommités de ce groupe de montagnes qui porte spécialement le nom de Lozère. *Laouzo* et ses dérivés ont pour racine le mot latin *lastrum*, presque conservé dans l'italien *lastra*, désignant toujours la même chose. (LN.)

LAPA. Nom espagnol des PATELLES. (DESM.)

LAPA. *V.* LAPPA. (LN.)

LAPAGERIE, *lapageria*. Genre de plante de l'hexandrie monogynie et de la famille des ASPARAGOÏDES, qui offre pour caractères : une corolle monopétale, à six divisions égales et dépourvues de glandes ; point de calice ; six étamines ; un ovaire supérieur, surmonté d'un style à stigmate trilobé.

Le fruit est une capsule uniloculaire, ce qui est si remarquable qu'il est difficile de croire que ce ne soit point par l'effet d'un avortement qu'il n'y en ait pas trois comme dans les autres ASPARAGOÏDES. *V.* ce mot.

Ce genre ne contient qu'une espèce, qui croît au Pérou, et qui est figurée dans le *Species Floræ peruvianæ et chilensis* de Ruiz et Pavon. (B.)

LAPAS. Synonyme de LAPATHON. *V.* ce mot. (LN.)

LAPATHON ou LAPATHUM. Cette plante des anciens est placée par Théophraste au rang des herbes alimentaires, et il la compare à la BETTE. Le lapathon, suivant Dioscoride, est ainsi nommé d'un verbe grec qui signifie évacuer, parce que les feuilles du lapathum, mangées cuites, relâchent l'estomac. Dioscoride indique cinq espèces de lapathon, savoir : l'*oxylapathon*, l'*oxalida*, l'*hypolapathum*, le *lapathon agrion*, et le *cypeuton*. Théophraste distingue le lapathon sauvage de celui cultivé. Pline, chez lequel le nom de *rumex* est synonyme de *lapathum*, en reconnoît de sauvage et de cultivé. Il y a, en outre, l'*oxylapathum*, l'*hydrolapathum* et l'*hippolapathum*. *V.* ces mots. C'est parmi nos espèces de PATIENCES et d'OSEILLES (*rumex*, Linn.) qu'on a cherché à reconnoître tous ces anciens *lapathum*, ce qui paroît d'accord avec la vérité. Dans ce nombre, le *lapathum cultivé* des anciens est très-probablement notre PATIENCE (*rumex patientia*) plutôt que l'ÉPINARD. C. Bauhin classe sous le nom de *lapathum*, les diverses espèces de *rumex* qui n'ont pas la saveur aigrelette des OSEILLES (*acetosa*), ce sont les PATIENCES des modernes. C'est aussi dans ce nombre qu'il place l'épinard, le chénopode bon-henri, le *beildel osar* d'Égypte, espèce d'asclépiadée. Après lui, on a nommé les rhubarbes, *lapathum*, ainsi que quelques arroches (*atriplex*) et plusieurs persicaires.

Le genre *lapathum* de Tournefort comprend les espèces de *rumex* de Linnæus, dont les trois pièces du périanthe faisant fonction de calice, ont chacune un tubercule. Les autres forment l'*acetosa*, T. (LN.)

LAPEYROUSIE, *lapeyrousia*. Sous-arbrisseau, à feuilles éparses, lancéolées, légèrement pubescentes, et à fleurs jaunes, terminales, solitaires et sessiles, qui faisoit partie des Osmites de Linnæus, mais que Thunberg en a séparé sous la considération que sa fleur n'a pas de demi-fleurons, et ses semences, d'aigrettes.

La *lapeyrousie* croît au Cap de Bonne-Espérance.

Un autre genre avoit été établi sous le même nom dans les Mémoires de l'Académie de Toulouse; mais il est peu distinct des Glayeuls. C'est actuellement le genre Anomathèque d'Aiton. (B.)

LAPEREAU. Petit Lapin de l'année. *V.* l'Histoire du *lapin*, à l'article Lièvre. (DESM.)

LAPHIATI. Couleuvre du Brésil. (B.)

LAPHRIE, *laphria*, Meig., Fab. Genre d'insectes, de l'ordre des diptères, famille des tanystomes, tribu des asiliques, distingué des autres genres, formés, comme lui, aux dépens de celui des *asiles* de Linnæus, par les caractères suivans: tarses à deux crochets et deux pelotes; antennes de la longueur de la tête, de trois articles, dont le premier plus long que le second, et le dernier presque ovale, en forme de palette, sans soie à son extrémité; abdomen presque ovale, ou presque cylindrique, rétréci insensiblement vers sa base; pieds robustes; jambes postérieures arquées.

Degeer a divisé le genre *asile* en deux familles; les antennes, dans la première, sont terminées par une palette allongée, sans poil roide au bout; les espèces de la seconde famille en ont un plus ou moins long à leur extrémité. Il rapporte à la première six insectes de la Suède, et qui, à l'exception du dernier, sont du genre laphrie: celui-ci est un *dasypogon*.

La Laphrie bourdon, *laphria Bombylius*, L.; *gibbosa*, Fab.; *Asilus Bombylius*, Deg., *Insect.*, tom. 6, pag. 238, pl. 13, fig. 6, 7. Elle est une des plus grandes et ressemble à un bourdon. Son corps est noir, velu, avec des poils d'un gris blanchâtre à l'extrémité postérieure de l'abdomen et sur la tête, et les ailes teintes de brun. Elle est rare en France.

Laphrie dorsale, *laphria dorsalis*; L. *ephippium*, Fab.; *Asilus dorsalis*, Deg. *ibid.* pl. 13, fig. 9. Elle est noire, avec l'extrémité postérieure du corselet couverte de poils d'un jaune verdâtre.

LAPHRIE JAUNE, *laphria flava*, Fab. ; *Asilus flaous*, Linn. Deg. *ibid.* pl. 13, fig. 10. Son corps est noir, velu, avec des poils blanchâtres sur le corselet, et l'abdomen couvert de poils d'un roux jaunâtre ardent ; les ailes sont nuancées de brun, et les balanciers sont jaunes.

LAPHRIE ROUSSE, *laphria gilva*, Fab. ; *Asilus rufus*, Deg, *ibid.* pl. 13, fig. 15. Elle est noire, velue, avec les ailes noirâtres, et des poils d'un roux ardent sur le dessus de l'abdomen.

LAPHRIE BORDÉE, *laphria marginata*, Meig., Fab. ; *Asilus marginatus*, Linn. ; Deg. *ibid.* pl. 14, fig. 1. Corps demivelu, noir ; ailes brunes ; balanciers jaunes ; des poils jaunâtres sur les incisions de l'abdomen. J'ai trouvé quelquefois cette espèce aux environs de Paris, sur les feuilles des haies.

LAPHRIE DORÉE, *laphria aurea*, Fab. ; Coqueb., *Illustr. Icon. insect.*, dec. 3, tab. 25, fig. 9. Elle a dix lignes de longueur ; tout le corps et les pattes velus ; les antennes et la trompe noires ; la tête couverte de longs poils d'un jaune doré ; le corselet brun, avec des poils de la même couleur; l'abdomen brun, avec l'extrémité des anneaux bordée en dessus de poils d'un jaune doré ; les ailes d'un brun jaunâtre le long du bord extérieur ; les pattes brunes, couvertes de poils jaunâtres.

On la trouve en Europe, aux environs de Paris. (**L**.)

LAPIA. Arbre des Moluques, dont les rameaux sont garnis de feuilles alternes, simples, ovales, lancéolées, pétiolées, glabres et finement dentées, et les fleurs blanchâtre, pédonculées, disposées aux sommités des rameaux, de manière que les unes sont latérales, et les autres terminales. Ces fleurs ont un calice à cinq divisions ; cinq pétales ; un grand nombre d'étamines ; un ovaire supérieur qui se change en un fruit oblong, pentagone, à cinq loges, s'ouvrant en cinq valves, et contenant dans chaque loge une semence oblongue et comprimée, adhérente à un placenta central. (**B**.)

LAPIDIFICATION. Ce mot exprime le passage des parcelles de matières incohérentes à l'état de corps solide et pierreux, par le moyen d'un liquide chargé de molécules terreuses qu'il tient en dissolution, et qui, en se cristallisant gans les interstices des petits corps incohérens, tels que des drains de sable ou des graviers, finissent par en former les masses solides qu'on nomme *grès* et *pouddingue*.

On voit tous les jours s'opérer ce genre de lapidification dans le mortier de plâtre ou de chaux qu'on emploie dans les constructions, et qui n'acquiert sa grande dureté que par la cristallisation de ses molécules et un commencement de combinaison chimique avec le sable quarzeux qu'on y mêle.

Saussure a, pour ainsi dire, pris la nature sur le fait dans la prompte lapidification des sables du détroit de Messine. En peu de temps, ce sable, apporté par les vagues, se convertit en un grès solide qu'on enlève pour les usages ordinaires, et qui est bientôt remplacé par un nouveau grès qui se forme de la même manière. Buffon cite d'autres exemples semblables sur les côtes d Espagne.

Mais il ne faut pas croire que ces faits arrivent partout; ils tiennent à des causes locales; et ce n'est pas seulement, comme on l'a dit, la matière glutineuse des animaux marins, mêlée avec les molécules calcaires suspendues dans les eaux de la mer, qui opère cette consolidation du sable; car, si cela étoit, on verroit le même effet avoir lieu sur toutes les côtes.

Il paroît donc que cette lapidification est due à des émanations souterraines analogues aux émanations volcaniques, qui fournissent le *gluten pierreux* de ces grès. Il en est de même de la formation des *silex* dans les couches de craie, et des *agathes* dans les coulées de laves. La matière pierreuse de ces corps siliceux n'existoit point toute formée, ni dans la craie, ni dans la lave: elle est le produit de la combinaison chimique de divers fluides gazeux. (PAT.)

On peut citer encore comme un exemple de ce genre de lapidification, les pouddingues des côtes de la Guadeloupe, dans lesquels on a découvert des ossemens humains: les sables qui donnent naissance à ces pouddingues, sont composés de particules de toute nature, souvent même de fragmens de coquillages, de coraux et d'autres zoophytes unis et soudés les uns aux autres par un ciment imperceptible et argilocalcaire, dont la naissance est due à l'infiltration insensible. Nous ne croyons pas que cette lapidification doive être regardée comme produite par des émanations souterraines, analogues aux émanations volcaniques, comme le suppose M Patrin. Il n'est pas impossible au contraire que la matière animale et les sels dissous dans l'eau de la mer n'y concourent jusqu'à un certain point, idee cependant à laquelle nous ne tenons pas.

On voit que le sens attaché ici au mot lapidification n'est pas celui que lui donnent la plupart des minéralogistes. On entend par là, souvent l'acte de la conversion d'un corps organisé en matière pierreuse; c'est ce qu'on exprime aussi par le mot PÉTRIFICATION. *V.* ce mot. (LN.)

LAPILLO. *V.* RAPILLO. (PAT.)

LAPIN. Mammifère rongeur du genre des Lièvres (*V.* ce mot), très-voisin de ces animaux par ses formes, sa taille et ses couleurs, mais qui en diffère essentiellement par ses habitudes. (DESM.)

LAPIN. Nom vulgaire d'une coquille du genre des porcelaines, *cypræa stercoraria.* On la nomme aussi PORCELAINE A BEC DE LIÈVRE. (DESM.)

LAPIN D'ALLEMAGNE. Mauvaise désignation de la MARMOTTE SOUSLIK. *V.* ce mot. (S.)

LAPIN D'AMÉRIQUE. L'AGOUTI proprement dit a reçu ce nom (Brisson, *Règne animal*). (DESM.)

LAPIN D'AROÉ. *V.* KANGUROO D'AROÉ. (DESM.)

LAPIN DE BAHAMA. C'est un des noms donnés au quadrupède placé dans le genre des *marmottes,* sous le nom de MONAX, et qui se trouve dans la Virginie, le Maryland, la Pensylvanie et les îles Bahama. (DESM.)

LAPIN DU BRÉSIL. Dénomination appliquée mal à propos à plusieurs petits animaux de l'Amérique méridionale; c'est, dans Brisson et Marcgrave, la désignation spécifique de l'APEREA, qui est la souche sauvage du COBAYE COCHON-D'INDE.

Le LIÈVRE TAPITI porte aussi ce nom. (S.)

LAPIN CHINOIS. Fausse dénomination appliquée vulgairement au COCHON D'INDE. (S.)

LAPIN DES INDES. *V.* COBAYE COCHON-D'INDE. (DESM.)

LAPIN DE JAVA (*Mus leporinus*, Linn.; *Cavia aguti*, var *leporina*, Gmel.; *The Java hare*, Catesby, Carol. tab. 18. L'animal ainsi désigné ne paroît pas différer de l'AGOUTI *V.* cet article. (DESM.)

LAPIN ou LIÈVRE DES INDES d'Aldrovande. Il paroît que c'est le GERBO (*dipus gerboa.*). *Voyez* GERBOISE. (DESM.)

LAPIN A LONGUE QUEUE. Quelques voyageurs ont appelé ainsi le LIÈVRE TOLAI. *V.* ce mot. (S.)

LAPIN DE NORWÉGE. *V.* CAMPAGNOL LEMMING. (DESM.)

LAPIN RUSSE. *Voyez* L'espèce du LAPIN, à l'article LIÈVRE. (DESM.)

LAPINE. Femelle du LAPIN. (S.)

LAPIS. Mot latin qui signifie *pierre.* Les anciens oryctographes ont décrit sous ce nom, qui prend quelquefois chez eux la signification de *terre*, beaucoup de substances minérales diverses dont les plus intéressantes seront indiquées aux articles PIERRES. (LN.)

LAPIS, LAPIS-LAZULI et **LAPIS ORIENTAL.** Substance minérale précieuse, remarquable par sa belle couleur bleue d'azur et son emploi dans les arts. *V.* au mot LA-ZULITE. (LN.)

LAPIS BOLONIENSIS. Ce nom a été donné à des fossiles du genre des BÉLEMNITES. (DESM.)

LAPIS-COMENSIS de Pline. C'est la pierre ollaire, exploitée aux environs du lac de Côme, en Italie, et dont on fait encore des vases et des pots comme au temps de ce naturaliste. *Voyez* TALC, STÉATITE. (LN.)

LAPIS CORVINUS. Divers oryctographes ont appelé ainsi des BÉLEMNITES et des GRYPHITES. (DESM.)

LAPIS CUCUMERINUS. Ce nom a été donné à des pointes d'OURSINS pétrifiés, par quelques oryctographes. (DESM.)

LAPIS FULMINANS. *V.* LAPIS FULMINEUS. (DESM.)

LAPIS FULMINEUS (*pierre de foudre*). Les BÉLEMNITES ont quelquefois reçu ce nom. (DESM.)

LAPIS FUNGIFER. *V.* FONGITES. (DESM.)

LAPIS FRUMENTARIUS (*pierre de froment*) de Langius. Ce sont des NUMMULITES. (DESM.)

LAPIS GLANDARIUS. On a nommé ainsi les *pointes d'oursins fossiles*, dont la forme est raccourcie, renflée et en forme de gland. (DESM.)

LAPIS ISIDIS. L'un des noms des OURSINS PÉTRIFIÉS. *V.* LYNCURIUS. (DESM.)

LAPIS JUDAÏCUS. Les POINTES D'OURSINS FOSSILES ont encore reçu ce nom. (DESM.)

LAPIS LYNCURII ou **LAPIS LYNCIS** (*pierre de lynx*). On a prétendu que l'urine des lynx se changeoit en pierres, et l'on a regardé comme telles des BÉLEMNITES. (DESM.)

LAPIS NUMMULARIS. *V.* NUMMULAIRE, PORPITE, etc. (DESM.)

LAPIS OSSIFRAGUS. *V.* OSTÉOCOLLE. (DESM.)

LAPIS SERPENTIS. *V.* AMMONITE. (DESM.)

LAPIS STELLARIS. *V.* ASTRÉE et ASTROÏTE. (DESM.)

LAPIS DU VÉSUVE. Parmi les matières rejetées anciennement par le Vésuve et qui ne paroissent pas avoir éprouvé l'action liquéfiante du feu, on trouve une substance d'un beau bleu d'azur, qui recouvre comme une croûte la surface de quelques roches qu'on rencontre aux environs du mont Somma. Les roches sur lesquelles on trouve ce *lapis*, varient beaucoup par leur nature, les unes sont calcaires : à

grains fins, terreux ou cristallins, semblables à de la dolomie ; d'autres également blanches et compactes sont un mélange de néphéline et de feld-spath ; il y en a qui sont grises
ou brunes, siliceuses et micacées. Je ne connois qu'un seul
échantillon de cette substance ; il fut recueilli par M. Neer-
gaard ; il est maintenant dans la collection de M. de Drée,
à Paris. Cette substance ne s'éloigne pas de l'espèce *haüyne*;
on l'a regardée même comme une variété ; sa ressemblance avec le *lapis-lazuli* est frappante. Breislack fait observer qu'elle n'est jamais accompagnée de fer sulfuré. *Voyez*
HAUYNE. (LN.)

LAPLAP. *V.* LABLAB. (LN.)

LAPLYSIE ou plutôt APLYSIE, *laplysia*. Genre de vers
mollusques nus, dont les caractères sont : corps rampant,
oblong, convexe, bordé de chaque côté d'une large membrane, qui se recourbe sur le dos ; tête garnie de quatre
tentacules ; le dos pourvu d'un écusson recouvrant les branchies., et contenant une pièce cornée ; l'anus au-dessus de
l'extrémité du dos.

Pline et Dioscoride parlent d'une espèce de ce genre, sous
le nom de *lièvre marin*, et le dépeignent comme un animal
venimeux qu'il faut non-seulement éviter de toucher, mais
même de regarder. Après eux, Rondelet en a parlé de la
même manière.

Les *laplysies* passent en effet pour avoir la propriété de faire
tomber les poils des parties du corps sur lesquelles on les applique, et de causer des stranguries à ceux qui avalent un peu
de la sanie qui découle de leur corps. Mais Cuvier s'est assuré
que c'étoit une erreur, du moins quant à la première de ces
propriétés ; mais du reste elles répandent une odeur si nauséabonde et si fétide, qu'on est plutôt disposé à les fuir qu'à
s'en approcher.

La plus connue des espèces de *laplysies*, ressemble à une
masse de chair informe quand elle est en repos. Lorsqu'elle est
en mouvement, sa figure se rapproche de celle des *limaces*. Elle
est de couleur rouge-brun ; sa tête est obtuse, armée de quatre
cornes, dont les deux antérieures sont obtuses, et les deux
postérieures aiguës ; elle a une fente pour bouche ; les yeux
se trouvent entre les cornes postérieures, et sont très-petits ;
les parties de la génération sortent du côté droit du cou ; l'anus
est derrière l'écusson qui recouvre les branchies, et qui contient une pièce osseuse ou plutôt cornée, dans son intérieur ;
le pied est extrêmement grand ; il donne naissance à une
membrane qui se replie sur le dos, et le recouvre quelquefois en totalité, excepté l'ouverture des branchies ; l'estomac

est composé de plusieurs corps cartilagino-osseux, qui ont été décrits par Bohatsch.

Cette *laplysie* a un réservoir d'encre, comme les *sèches*, et elle l'emploie au même usage, c'est-à-dire, qu'elle la répand pour échapper aux poursuites de ses ennemis. Elle habite de préférence les fonds vaseux, et vit de petits crabes, de petits coquillages, etc. Cuvier a donné, dans les *Annales du Muséum d'Histoire naturelle*, une description des organes internes des laplysies, à laquelle on renvoie les lecteurs.

J'ai observé sur les côtes de l'Amérique septentrionale, dans la baie de Charleston, un mollusque qui se rapproche infiniment de ce genre, mais qui n'a que deux tentacules, et dans le dos duquel je n'ai pas trouvé de pièce cartilagineuse ; la tête de cet animal est antérieurement garnie de deux membranes transversales, échancrées en leur milieu, cachant la bouche dans leur intervalle, et a postérieurement deux tentacules en forme d'oreille, placés en dessus et devant les yeux ; la membrane du corps est verte, finement ponctuée de rouge ; ses bords sont plus pâles, et toujours repliés en dessus. Ce mollusque semble lier les *laplysies* aux *doris*. Il s'élève au plus à un pouce de long, et se tient dans les lieux vaseux.

Ainsi ce genre est composé de cinq espèces, savoir : la LA-PLYSIE DÉPILANTE, dont il a été parlé en premier; la LAPLYSIE FASCIÉE, qui est noire, dont les bords de la membrane et des tentacules sont d'un rouge-vermillon ; deux nouvelles espèces rapportées par Cuvier ; enfin la LAPLYSIE VERTE, mentionnée en dernier lieu, et qui est figurée pl. E 23. Les quatre premières se trouvent dans la Méditerranée.

Le même naturaliste, qui a été dans le cas d'observer la DOLABELLE apportée de l'Inde par Péron, pense qu'elle doit être réunie à ce genre dont elle ne diffère que par la position de son manteau, et par la nature plus calcaire de sa coquille.

Draparnaud croit qu'il ne faut pas regarder les deux prolongemens antérieurs comme des tentacules ; ainsi ce genre n'en auroit réellement que deux.

Les genres PLEUROBRANCHE et NOTARCHE se rapprochent beaucoup de celui-ci. (B.)

LAPOURDIER et LAPOURDIE. *V.* BARDANE. (LN.)

LAPPA. La GUÊPE FRELON en Italie. (DESM.)

LAPPA. Synonyme d'*arctium* ou *arcium* chez Pline. Plante mentionnée par Pline, et qui paroît être notre BARDANE. Les deux XANTHION de Dioscoride sont, l'un, cette espèce de *bardane*, et l'autre la *lampourde* (*Xanthium strumarium*). Le nom de *lappa* a été donné à diverses plantes remarquables par leurs fleurs ou leurs fruits hérissés de pointes. Telles sont les BARDANES, les LAMPOURDES, des CAUCALIDES, la CIRCÉE LUTÉTIANE, les GRATERONS, etc. L'ONOPORDE A FEUILLES RONDES, ou *berardia* de Villars, l'a également reçu, parce que quelques auteurs l'ont pris pour l'ancien *arcium* ou *lappa* de Pline. Ces deux derniers noms ont servi, le *lappa* à Tournefort, l'*arctium* à Linnæus, pour désigner le même genre, celui des BARDANES. *V.* ce mot. (LN.)

LAPPAGO. Le végétal cité par Pline, ainsi que l'*asperugo* et le *mollugo* du même auteur, sont placés par lui dans le même groupe et comparés entre eux. Ces plantes se conviennent par leurs feuilles très-rudes et scabres. Le *lappago*, selon Auguillara, pourroit être la VÉRONIQUE A FEUILLES DE LIERRE (*Veron. hederæfolia*), ou suivant Césalpin un GAILLET, probablement une des variétés du GAILLET BLANC (*Galium mollugo*) ou du GRATERON. L'*hyppophyon* de Théophraste est regardé comme le *lappago* de Pline ou comme l'*aparine* du même. Rumphius a nommé *lappago d'Amboine* (Amb. 6, t. 25, fig. 2) une plante qui, dans le *species* de Willdenow, se trouve rapportée au LAPPULIER BARTRAMIE (*Triumfetta bartramia*) et à l'URÈNE LOBÉE, sur l'autorité de Reichard.

Le genre *lappago* de Schreber, fondé sur une graminée du genre *renchrus* de Linnæus, fut créé avant lui par Adanson, qui le nomme *nazia*, et par Muller qui l'appelle *tragus. V.* LAPPAGUE. (LN.)

LAPPAGUE, *lappago.* Genre de plantes de la triandrie digynie, et de la famille des graminées, qui ne renferme qu'une espèce, faisant auparavant partie des RACLES, sous le nom de *racle en grappe.*

Ce genre offre pour caractères : une balle calicinale de trois valves, renfermant quatre fleurs toutes hermaphrodites, et ayant une corolle de deux valves renversées. *V.* TRAGUS.

La LAPPAGUE est annuelle ; ses épis sont ovales, très-comprimés ; ses balles sont garnies de poils épineux, inégaux. Elle se trouve sur le bord de la mer, dans l'Europe méridionale. On la cultive dans nos écoles de botanique. (B.)

LAPSANA. *V.* LAMPSANA. (LN.)

LAPPSKATA. Nom suédois du MERLE DE ROCHE. (V.)

LAPPSKATA OLYCKSFOGEL. Nom suédois du GEAI BORÉAL. *V.* ce mot. (V.)

LAPPULA. Diminutif de *lappa.* Pline l'emploie pour plusieurs plantes à fruits hérissés, que l'on croit être des espèces de *caucalides*; l'une d'elles, le *lappula canaria*, est rapportée aussi à l'AIGREMOINE par Adanson. Plusieurs espèces

e CAUCALIDES ont été décrites et figurées sous les noms de
ppula et de *lappa*, avant C. Bauhin qui les a réunies toutes
ous le nom commun de *caucalis*. On a encore le *myosotis lap-
ula* qui est appelé *lappula rusticorum*. C'est long-temps après
C. Bauhin que Plukenet nomma *lappula* deux plantes à fruits
hérissés, l'une d'Amérique, l'autre des Indes orientales, considérées toutes deux comme des *aigremoines* par Petiver,
Sloane et Rai. Celle d'Amérique forme le genre *triumfetta* de
Plumier que Linnæus adopta, en y joignant ensuite la plante
de l'Inde dont il avoit fait son genre *bartramia* que Gærtner
conserve ainsi que Lamarck. *V.* LAPPULIER. (LN.)

LAPPULIER, *Triumfetta*. Genre de plantes de la dodécandrie monogynie, et de la famille des tiliacées, qui
présente pour caractères : un calice oblong, caduc, de cinq
folioles velues en dehors, et concaves à leur sommet; cinq
pétales linéaires, concaves, obtus, aristés sous le sommet;
environ seize étamines; un ovaire supérieur, arrondi, velu,
surmonté d'un style filiforme, à stigmate simple; une capsule globuleuse, hérissée de tous côtés de pointes crochues,
quadriloculaires, évalves; chaque loge contient deux semences à radicule supérieure.

Ce genre renferme une quinzaine d'espèces, dont les feuilles sont alternes, plus ou moins lobées et dentées, et dont
les fleurs sont axillaires. La plupart sont des arbrisseaux originaires des parties les plus chaudes de l'Asie et de l'Amérique. Quelques-unes de ces plantes sont annuelles. Parmi ces
dernières est le LAPPULIER BARTRAMIE, dont Linnæus avoit
fait un genre, qu'il a ensuite supprimé, que Gærtner vient
de rétablir, sous la considération que son fruit est formé de
trois à quatre petites coques biloculaires, et ses semences adnées aux parois des coques. *V.* au mot BARTRAMIE.

La plus anciennement connue, et la plus commune des espèces de ce genre, est le LAPPULIER SINUÉ, *Triumfetta lappula*,
qui est un arbrisseau de quatre à six pieds de haut, à feuilles
presque en cœur, sinuées, et même laciniées, veloutées, et
à fleurs sans calice. Il croît dans les Antilles, où il est regardé
comme astringent. Il se trouve aussi à l'Ile-de-France, où on
se sert de ses tiges pour fabriquer des paniers, et où on en
a tiré, par le rouissage, une filasse qui a donné de très-beau
et bon fil. (B.)

LAP-TZOY. Nom chinois du GROS-BEC ASIATIQUE. *V.* ce
mot. (V.)

LAPWING. Nom anglais du VANNEAU, *Tringa vanellus.*
(DESM.)

LAQUE RÉSINE. Au moyen d'une dissolution de la laque dans une eau bouillante chargée de soude, on obtient sa

partie colorante pour l'employer à la teinture : c'est ce que font les Anglais. *V.* LAC-LAKE. (B.)

LAQUE. *V.* LACQUE. (LN.)

LAR, *Simia lar.* Linnæus donne ce nom au GIBBON, singe du genre des ORANGS. *V.* ce mot. (DESM.)

LARANDE, *laranda*, Léach. *V.* CYAME. (L.)

LARBRÉE, *larbrea.* Genre de plantes proposé par Auguste Saint-Hilaire, pour placer la STELLAIRE AQUATIQUE. Ses caractères sont : calice à cinq divisions urcéolé, à sa base, cinq pétales bifides et périgynes ; dix étamines périgynes, ovaire uniloculaire et polysperme ; capsule s'ouvrant au sommet en six parties. (B.)

LARD. Substance huileuse, grasse, renfermée dans les mailles du tissu cellulaire sous-cutané de plusieurs quadrupèdes à peau épaisse, comme les diverses espèces de *cochons,* le *tapir*, le *rhinocéros*, l'*hippopotame*, l'*éléphant*, les *morses* et *lamantins*, les *phoques* et les *cétacés.* Le *lard* est plus ou moins épais, selon les espèces et les circonstances de la vie de chaque individu ; il est moins remarquable dans les *éléphans*, les *rhinocéros*, les *phoques*, que dans les autres espèces ; mais cette couche graisseuse est assez commune dans tous les animaux vivipares, à peau dure et presque nue, qui fréquentent les eaux. On observe même que les oiseaux aquatiques et les poissons abondent en matières huileuses ou graisseuses. Il est certain que le séjour dans les lieux aqueux gonfle le tissu cellulaire, le rend spongieux, et que la transpiration étant arrêtée par l'humidité, le surcroît de la nutrition se dépose dans les cellules de cet organe. Les hommes qui habitent dans les régions humides et froides de la terre, deviennent aussi fort gras pour la plupart.

Le lard de cochon produit le sain-doux, et celui des cétacés l'huile de poisson avec le blanc de baleine (*Consultez* les articles GRAISSE et CÉTACÉ). Le lard n'est pas seulement placé sous la peau, mais encore dans les interstices des muscles. Tous les animaux pourvus de lard ont les fibres grossières, la chair dure et de difficile digestion ; les sens du toucher, du goût et de la vue fort obtus, le ventre gras ; leur caractère est incliné à la voracité et à une brutale intempérance dans le manger, le boire et l'acte de la génération. L'éléphant lui-même ne fait pas exception à cette règle. Il en est de même des oiseaux aquatiques, ils peuvent s'engraisser aisément. Le système de la veine-porte et du foie est extrêmement chargé d'huile ou de graisse dans toutes les espèces aquatiques de quadrupèdes, d'oiseaux, et dans tous les poissons ; c'est une espèce de lard intérieur, une sécrétion huileuse du sang veineux qui s'opère dans le bas-ventre chez tous ces animaux. (VIREY.)

LARD. C'est un des noms marchands d'une coquille du genre ROCHER, le ROCHER A CLOUS ou LARDÉ (*Murex melongena*). (DESM.)

LARD (PIERRE DE), *Speck-stein.* C'est une STÉATITE. On donne aussi le nom de *pierre de lard* à celle dont sont faits quelques magots de la Chine : c'est le *bild-stein* des Allemands. *V.* PIERRE DE LARD, STÉATITE et TALC. (PAT.)

LARDELLE ou LARDERELLE. Noms vulgaires de la MÉSANGE CHARBONNIÈRE (*Parus major*). (DESM.)

LARDENNE. Un des noms vulgaires de la MÉSANGE CHARBONNIÈRE. *V.* MÉSANGE. (V.)

LARDERA. C'est, en Savoie, le nom de la MÉSANGE BLEUE. (V.)

LARDERICHE. Dénomination vulgaire de la *mésange charbonnière* en quelques cantons de la France. *Voy.* au mot MÉSANGE. (S.)

LARDIEIRO. C'est, en Languedoc, la petite MÉSANGE BLEUE. (DESM.)

LARDIER. C'est un des noms de la MÉSANGE CHARBONNIERE. (S.)

LARDITE. On a quelquefois donné ce nom à des *pierres* qui, par leur aspect et la disposition de leurs veines blanches et rouges, avoient quelque ressemblance avec du *lard.* Dans les montagnes du Forez, on trouve assez fréquemment des morceaux de quarz qui présentent des accidens de cette nature. Il ne faut pas confondre ces *lardites* avec la *pierre de lard,* qui est ou une *stéatite* ou le *bild-stein. V.* TALC. (PAT.)

LARDIZABALE, *lardizabala.* Genre de plantes de la dioécie monadelphie et de la famille des ménispermoïdes, qui a pour caractères : un calice de six folioles, dont trois extérieures plus larges ; six pétales plus petits que les folioles du calice ; dans les fleurs mâles un pivot cylindrique portant six anthères biloculaires ; dans les fleurs femelles six étamines stériles à filamens distincts ; trois ou six ovaires à styles nuls et à stigmates capités et persistans ; par chaque ovaire, une baie oblongue, acuminée, charnue et à six loges.

Ce genre renferme plusieurs arbrisseaux volubles, munis de vrilles vers leur sommet, dont les feuilles sont deux fois ternées, portées sur un pétiole renflé à sa base, et dont les fleurs sont disposées en grappes axillaires, simples et pendantes. (B.)

LARDOIRE. Nom vulgaire de la MÉSANGE BLEUE, en Provence. (V.)

LARE. Ce nom est appliqué, dans *Buffon*, aux Goélands par divers auteurs, à la Mouette, aux Hirondelles de mer au Noddi et au Phalarope. *V.* ces mots. (v.)

LAREX et **LARGA.** Anciens noms corrompus du Larix. *V.* ce mot. (LN.)

LARGE (*fauconnerie*). Un oiseau de vol fait Large quand il écarte les ailes; c'est un signe de force et de santé. (s.)

LARGE-DOIGTS. Les Anolis (*lacerta principalis*, Linn.) portent ce nom dans nos colonies d'Amérique. (DESM.)

LARGHETTA. Un des noms italiens de l'Ivraie vivace. (LN.)

LARIX. Les botanistes modernes ont donné ce nom au mélèze; mais rien ne prouve que cet arbre soit le *larix* ou *larea* de Pline; ses commentateurs n'ont pas voulu prononcer pour l'affirmative, quoiqu'ils aient tous décrit le mélèze comme le Larix. Il n'est pas aisé de prouver sous quel nom les Grecs ont connu le *larix* de Pline et notre *mélèze*. Le *peuce* de Théophraste pourroit bien être cependant l'une et l'autre plante. On peut conclure seulement de ce qu'a dit Pline du *larix*, Théophraste du *peuce*, et leurs commentateurs du Mélèze, que ces trois arbres sont des arbres résineux de la même famille. Le *larix*, dit Pline, ne donne point de charbon, et au feu ne brûle pas plus qu'une pierre. Cependant il ajoute qu'en Macédoine, le *larix* mâle brûle, mais que dans le *larix* femelle tout résiste au feu, excepté les racines. Ces fables et plusieurs autres éparses dans sa description, ne permettent pas de reconnoître de quelle plante il parle.

Le genre Larix de Tournefort, confondu par Linnæus avec les pins, et rétabli par quelques botanistes, renferme le Mélèze et le Cèdre du Liban. (LN.)

LARK. Nom anglais des Alouettes. (DESM.)

LARME. On donne ce nom à des gouttes d'un fluide qui sort de l'œil de l'homme (et de quelques animaux) lorsqu'il est affecté de douleurs physiques ou morales, ou quelquefois, au contraire, lorsqu'il est dans la joie. *V.* au mot Homme.

Ce mot s'applique aussi, par comparaison, aux gommes et aux résines qui se coagulent sur l'écorce des arbres qui les produisent, ainsi qu'aux extravasions de séve qui ont lieu dans quelques plantes, surtout dans la vigne nouvellement taillée. Les *larmes de la vigne* ont joui et jouissent même encore, dans quelques lieux, d'une grande célébrité. Mais comme leurs propriétés se réduisent en définitif à celle de l'eau pure, on se dispensera de les mentionner ici. (B.)

LARME DE CHRIST. *V*. LARMILLE. (LN.)

LARME DE JOB. *V*. au mot LARMILLE. (B.)

LARME DE JOB et ARBRE DE VIE. On a donné autrefois ce nom au STAPHYLIER à feuilles ailées, dont les graines dures, coriaces et brillantes comme celles de la LARMILLE, servoient à faire des chapelets. Ces graines ressemblent aussi, jusqu'à un certain point, à des *larmes* par leur forme. (LN.)

LARME DE LA VIERGE. C'est l'ORNITHOGALE ARABIQUE, en Italie. (LN.)

LARMES MARINES. Dicquemare a ainsi appelé des masses glaireuses, pyriformes, terminées par une longue queue et de la grosseur d'un grain de raisin, qu'il a observées dans la mer aux environs du Havre, et dont il a donné la description et la figure dans le *Journal de physique* de septembre 1776. Il y a vu deux espèces d'animaux, dont l'un, à peine de la longueur d'une ligne, paroît se rapprocher infiniment des néréides, et l'autre des lombrics. On peut supposer, sans trop de présomption, que ces masses glaireuses sont le frai de quelque poisson ou de quelque coquillage, et que les animaux observés par Dicquemare étoient ou les germes ou des animaux qui vivoient à leurs dépens, c'est-à-dire qui n'y étoient qu'accidentellement. (B.)

LARMIERS (*Vénerie*). Ce sont deux fentes situées au-dessous des yeux du cerf, et d'où il découle, en gouttes, une humeur jaune, que l'on appelle *larmes du cerf*. Ces *larmiers* s'observent dans toutes les espèces du genre CERF et dans beaucoup d'ANTILOPES. (S)

LARMILLE DES CHAMPS. *V*. GREMIL.

LARMILLE DES INDES, LARME DE JOB, *Coïx lacryma*, Linn. (*monoécie triandrie*). C'est une plante de la famille des graminées, qui croît naturellement aux Grandes-Indes et dans les îles de l'Archipel. On la cultive souvent en Espagne et en Portugal, où les pauvres font moudre la graine pour en faire du gros pain, lorsque le blé est rare. Sa racine est épaisse et fibreuse ; elle pousse deux ou trois tiges droites, noueuses, hautes d'environ trois pieds, garnies à chaque nœud de feuilles simples et lisses assez semblables à celles du maïs, mais moins grandes : ces feuilles sont engaînées à leur base, et traversées dans leur longueur par une côte blanche. De leur gaîne sortent plusieurs épis de fleurs, inégaux, rapprochés, soutenus par de longs pédoncules, et portant, chacun, des fleurs mâles et des fleurs femelles. Celles-ci, en petit nombre, sont situées à la base de l'épi ; les mâles sont au-dessus. Le calice des fleurs mâles est à deux balles, sans arête, et renferme deux fleurs, dont chacune a trois

étamines et deux valves ovales pour corolle. Dans les
fleurs femelles, le calice est uniflore, persistant, fait en
forme de poire, et composé de deux balles un peu arrondies, dures, brillantes et d'inégale grandeur ; la corolle est
à deux valves ; le germe est ovale et supérieur : il soutient
un style divisé en deux et à stigmates cornus, saillans et
pubescens. Le fruit est une semence ayant la forme d'une
larme, recouverte par le calice, qui tombe avec elle sans
s'ouvrir, et qui, devenu très-dur et comme osseux, offre à
sa surface le luisant et la couleur d'une perle. Dans quelques
pays, on enfile ces fruits, et on en fait des chapelets. En
Chine, on les mange, et on les emploie en médecine.

Cette plante est annuelle dans nos climats, vraisemblablement vivace dans les pays chauds, où elle croît sans culture. Les curieux qui désirent l'avoir dans leurs jardins,
doivent semer sa graine au printemps sur une couche de
chaleur modérée ; on la transplante sur une plate-bande
chaude, et quand elle y a pris racine, tous les soins qu'elle
exige se bornent à la débarrasser des mauvaises herbes. Ses
fleurs paroissent à la fin de juin, et ses fruits mûrissent en
septembre. Gærtner a appelé ce genre LITHAGROSTIS. (D)

LAROCHÉE, *larochea*. Genre de plantes établi par
Decandolle pour quelques espèces de CRASSULES qui ont
un calice d'une seule pièce et la corolle monopétale; l'un et
l'autre à cinq divisions. Il renferme les CRASSULES ÉCARLATE
et en FAUX. (B.)

LARONDE, *larunda*, Léach. *V.* CYAME. (L)

LAROS. Nom grec appliqué aux MOUETTES. (V.)

LARRATES, *larratæ*. J'appelle ainsi une tribu (auparavant famille) d'insectes, de l'ordre des hyménoptères, famille des fouisseurs, ayant pour caractères : premier segment du tronc fort court, linéaire, transversal; pattes
courtes ; labre caché ou peu saillant; antennes ordinairement filiformes, insérées à peu de distance de la bouche
courtes, composées d'articles serrés; tête large, transverse
comprimée ; mandibules échancrées au bord inférieur, près
de leur base, ou éperonnées ; abdomen ovoïdo-conique.

L'échancrure que nous présente le bord inférieur des
mandibules, et qui, à raison de la saillie en forme de dent
ou de pointe d'un de ses angles, a déterminé M. Jurine à
désigner ces sortes de mandibules sous le nom d'*éperonnées*,
distingue ces insectes de tous les autres du même ordre.

. Leurs antennes, guère plus longues que la tête, sont insérées à la base d'un chaperon court et transversal, de
treize articles dans les mâles, de douze dans les femelles ;
le premier plus grand, presque ovoïde, comprimé, arqué

u convexe en devant ; le second court, et les suivans
ylindriques : le troisième est un peu plus long. Les mandi-
ules sont fort étroites, allongées, arquées, croisées, avec
extrémité pointue et entière. Les palpes sont fil.formes ;
es maxillaires ont six articles et les labiaux quatre : ceux-
i sont un peu plus courts. La languette est évasée en forme
de cœur, échancrée ou bifide, et offre souvent de chaque
côté, une petite, division. La tête est large, aplatie en de-
ant, avec les yeux ovales, entiers et souvent convergens,
du moins dans les mâles ; tous ont trois yeux lisses très-
distincts ; le corselet allongé, tronqué ou très-obtus posté-
ieurement ; des ailes, dont les supérieures offrent trois ou
deux cellules cubitales complètes ; l'abdomen porté sur un
très-court pédicule, plus épais et arrondi à sa base, rétréci
ensuite pour finir en pointe ; enfin les pieds courts, mais
robustes, garnis de petites épines, et propres pour fouir la
terre. Les femelles sont armées d'un aiguillon assez fort, et
doivent avoir les habitudes des autres fouisseurs. On trouve
ces insectes sur le sable ou sur les fleurs. Ils sont très-vifs et
très-agiles.

Les uns ont trois cellules cubitales complètes ; tels sont
ceux des genres : PALARE (*Gonius*, Jurine), LARRE et LYROPS.

Les autres en ont une de moins, comme les MISCOPHES
et les DINÈTES. (L.)

LARRE, *larra*, Fab. Genre d'insectes, de l'ordre des
hyménoptères, section des porte-aiguillons, famille des
fouisseurs, et distingué des autres insectes de la tribu des
larrates, dont il fait partie, par les caractères suivans : ailes supérieures ayant une cellule radiale petite, légèrement ap-
pendicée ; et trois cellules cubitales, dont la première plus
grande, la seconde recevant les deux nervures récurrentes,
et la troisième presque demi-lunaire, n'atteignant point le
bout de l'aile ; antennes ayant la même forme dans les deux
sexes ; le second article presque en forme de cône renversé ;
côté interne des mandibules sans saillie ni dents ; languette
sans divisions latérales distinctes.

Illiger avoit déjà observé que les larres de Fabricius ne
sont point les insectes que je nomme ainsi, avec la plupart
des entomologistes, mais les hyménoptères qui forment mon
genre *stize*. M. Jurine fait aussi la même remarque. Le premier de ces naturalistes a séparé de nos larres plusieurs
espèces, très-semblables aux autres quant à la physionomie,
mais dont la bouche présente quelques différences ; c'est le
genre *lyrops*. M. Jurine ne l'a pas admis, et peut-être, en
effet, seroit-il plus convenable de n'en former qu'une division dans la coupe générique primitive.

Les larres ressemblent beaucoup par leur forme générale , leurs couleurs et leurs habitudes, aux *pompiles*; on
les en distingue à leur tête plus large, à leurs mandibules, à leurs pattes plus courtes, à la forme de leur abdomen et aux ailes. Ils sont encore plus voisins des *astates*;
mais ici les yeux sont beaucoup plus grands , et les mandibules n'offrent pas d'éperon. On trouve les larres dans les
terres sablonneuses des pays chauds, et souvent aussi sur
les fleurs ombellifères , celles particulièrement des carottes.
Les femelles piquent fortement.

L'espèce qui se trouve le plus communément en France,
et particulièrement dans le Midi, est le LARRE ICHNEUMO-
NIFORME, *larra ichneumoniformis*, Fab. Elle a environ huit
lignes de longueur. Son corps est d'un noir obscur , sans
taches; l'abdomen est d'un noir luisant , avec les deux premiers anneaux fauves.

Voyez la figure qu'en a donnée M. Antoine Coquebert,
dans ses *Illustrations iconographiques des insectes*, seconde décade, pl. 12, fig. 10. Le LARRE ANATHÈME , *larra anathema*,
représenté fig. 11 de la même planche , n'en est peut-être
qu'une variété. (L.)

LARREE , *larrea*. Arbrisseau du Brésil , à rameaux
presque distiques ; à feuilles opposées , sessiles , pinnées ; à
folioles linéaires , sessiles, luisantes en dessus et visqueuses
en dessous ; à stipules géminées , courtes, linéaires , aiguës
et rouges ; à fleurs jaunes et solitaires dans les aisselles des
feuilles.

Cet arbrisseau forme , dans la décandrie monogynie et
dans la famille des rutacées , un genre dont les caractères
sont : un calice de cinq folioles ovales, concaves et caduques; une corolle de cinq pétales ovales et onguiculés;
dix étamines hypogynes, écailleuses à leur base ; un ovaire
globuleux à cinq sillons, à style pentagone et à stigmate
simple ; cinq noix monospermes , convexes extérieurement,
et réunies par un angle.

Les espèces du genre HOFFMANSEGGIE ont fait partie de
celui-ci. (B.)

LARUS. Nom générique, appliqué par Linnæus aux
MOUETTES, MAUVES et GOÉLANDS. *V.* MOUETTE. (V.)

LARUTS. Nom que l'on donnoit autrefois au KUTGI-
GHEF. *V.* ce mot. (S.)

LARVA. Nom latin et générique du MACAREUX. *V.* ce
mot. (V.)

LARVE, *Larva*. Ce mot qui signifie *masque*, désigne l'état
d'un animal, dans lequel il diffère essentiellement de celui
qu'il a, étant adulte, soit par la forme générale de son corps.

it par les **organes de la locomotion**, dont les uns , comme
es ailes, manquent toujours dans ceux qui doivent en être un
jour pourvus; et dont les autres, comme les pieds tantôt n'existent point , et tantôt sont en plus petit nombre : l'animal est,
pour ainsi dire *masqué* sous cette forme.

Cet état est propre aux animaux qui subissent des métamorphoses, et a lieu depuis leur sortie de l'œuf jusqu'à une
époque plus ou moins reculée. Parmi les vertébrés, les reptiles *batraciens* sont les seuls qui soient sujets à de telles trans-
formations. Les *insectes*, quelques *arachnides* et les crustacés
branchiopodes, nous présentent exclusivement, dans la division
des animaux invertébrés , les mêmes phénomènes, mais fréquemment avec des changemens plus extraordinaires. Le plus
souvent alors, l'animal ressemble à une espèce de *ver*; aussi,
pendant long-temps, lui a-t-on donné , et même lui donne-
t-on encore souvent ce nom : on appelle communément *vers*
à *mouches* , les *larves* qui se trouvent dans la viande , *vers* de
l'air pourrie ou de bouse de vache , plusieurs *larves* qui donnent des insectes à étuis. Mais comme le nom de *ver* doit appartenir exclusivement à une autre classe d'animaux qui restent toute leur vie sous la même forme, pour ne pas confondre
des objets très-différens, il étoit nécessaire de donner un
autre nom aux insectes, pendant ce premier état de leur vie.

Les larves des *lépidoptères* , c'est-à-dire des papillons et des
phalènes, sont connues sous le nom particulier de *chenilles* ;
et des ressemblances ont fait donner le nom de *fausses chenilles* aux larves des *tenthrèdes* ou *mouches à scie.*

Il est assez connu que la plupart des insectes ont à passer
par trois états bien différens, et qu'on a cru devoir envisager
comme autant de métamorphoses. Ce qui peut-être n'est pas
aussi connu, c'est que le premier état, qu'on nomme *impar-
fait*, dans lequel l'animal, pour ainsi dire emmaillotté, enveloppé des langes de l'enfance, n'est, aux yeux de presque
tout le monde, qu'un objet de dédain ou même d'effroi; c'est
que cet état, dis-je, présente ordinairement l'insecte dans
l'époque de sa vie la plus intéressante pour nous, soit par
rapport à sa manière de vivre , soit par rapport à son instinct. Dans l'état qu'on appelle *parfait*, l'insecte destiné à remplir une fonction plus importante pour la nature que pour
nous, s'empresse de s'acquitter du soin de se reproduire : en
effet, à peine est-il parvenu à son dernier développement,
à peine a-t-il satisfait au pressant besoin de la reproduction ,
qu'il cesse de vivre. Ainsi bien des insectes, après avoir passé
jusqu'à trois ou quatre ans sous la forme de larves, ne doivent
vivre que quelques jours, ou même quelques heures, lorsqu'ils
sont parvenus à leur entier développement, et qu'ils se pré-

sentent sous leur dernière forme. Avec quel intérêt et qu
empressement ne devrions-nous pas dès-lors porter nos r
gards sur leur longue enfance, qui doit fournir tant de facil
et d'occasions de fixer l'observation et de satisfaire la curios
plutôt que leur âge mûr, qui doit si rapidement disparoître
qui touche de si près à leur vieillesse et à leur fin! Cependan
combien de larves sont encore inconnues, à proportion de
insectes qui ont été *classés*, *dénommés*, *decrits* et *figurés* !

Les larves varient beaucoup, suivant les différens genr
d'insectes auxquels elles appartiennent. Cependant elles o
toutes en général le corps plus ou moins allongé, et form
d'une suite d'anneaux ordinairement membraneux et e
boîtés les uns dans les autres. Quelques-unes ont des anten
nes, d'autres n'en ont point; beaucoup ont leur tête dure
écailleuse; d'autres, comme les larves des mouches, ont de
têtes molles, dont la forme est changeante et variable. Da
plusieurs, on peut distinguer la tête, le corselet et l'abdome
dans d'autres, il n'est pas aisé d'assigner la distinction de ch
cune de ces parties; elles semblent continues et confond
ensemble; dans certaines, on ne distingue qu'avec peine l
séparation du corselet et de l'abdomen. Le plus grand nom
bre a des pattes; les unes n'en ont que six, placées vers l
corselet, telles que les larves de la plupart des *coléoptères* o
insectes à étui; d'autres en ont davantage, comme les larv
des *tenthrèdes*, ou *mouches à scie*, nommées *fausses-chenilles*, q
ont toutes plus de seize pattes, souvent même jusqu'à vingt
deux, ce qui les distingue des vraies chenilles, qui ont a
dix, douze et jamais au-delà de seize. Mais il n'y a que l
six pattes qui répondent à celles que doit avoir l'insecte par
fait, qui soient articulées, écailleuses et dures; les autres so
molles et sans articulations. D'autres larves, au contraire
telles que celles des *abeilles*, des *guêpes*, des *fourmis*, des mo
ches et d'autres insectes analogues, n'ont point de pattes, e
rampent véritablement comme les vers. Les unes ont de
mâchoires plus ou moins fortes, suivant la nourriture do
elles font usage; quelques autres n'ont que des espèces de
suçoirs. Dans presque toutes, quoiqu'on aperçoive la plac
que les yeux occuperont dans l'insecte parfait, quoiqu'il
existent, ils sont néanmoins cachés sous une double enve
loppe, celle de larve et celle de *nymphe*, et ne peuvent rece
voir aucune impression. Les larves sont absolument san
aucun sexe développé; elles respirent par des ouvertures e
forme de boutonnières, placées sur les côtés du corps, et qu
ont reçu le nom de stigmates; quelques-unes, et ce sont l
la ces aquatiques, s'assimilent l'air au moyen d'un ou de plu
sieurs tuyaux situés à la partie postérieure du corps, ou pa
des appendices latéraux figurant des branchies.

C'est sous la forme de larve que l'insecte doit prendre tout son accroissement; c'est aussi alors qu'il a le plus besoin de manger. La larve est ordinairement très-vorace, et elle grossit d'autant plus promptement et passe d'autant plus tôt à l'état de nymphe, que sa nourriture est plus abondante. Mais avant de parvenir à ce second état, comme sa peau ne pouvoit pas se prêter à un nouveau développement, la nature a enveloppé l'insecte de plusieurs peaux, couchées les unes sur les autres. Lorsque la larve a pris une certaine grosseur, elle quitte la peau extérieure et paroît avec celle qui étoit dessous, et qu'elle garde jusqu'à ce que l'accroissement de son corps la rende encore trop étroite. Ce sont ces changemens de peau qu'on a désignés sous le nom de *mue;* opération pénible, même dangereuse, pour les larves, puisqu'elles y périssent quelquefois. Après avoir répété plus ou moins de fois cette opération, l'insecte parvenu à son dernier développement, doit passer à son second état, celui de *nymphe.*

Lorsque les larves sont prêtes à se transformer en nymphes, elles s'occupent du soin de se chercher ou de se bâtir une retraite assurée, pour le temps qu'elles doivent passer dans ce second état. Les unes se construisent des coques dans la terre, et les composent de terre même; d'autres savent se filer des coques de soie. Les larves de quelques espèces s'attachent aux feuilles et aux tiges des arbres, par la partie postérieure du corps, pour se transformer dans cette attitude. D'autres espèces, qui vivent dans les tiges des plantes, ou dans les bourgeons des arbres, s'y transforment sans filer de coque, etc., etc.

Pour donner une idée plus positive des larves ou de leur manière de vivre, pour exciter par-là même davantage le désir de les connoître en particulier, nous renvoyons à l'histoire de celles qui, par des habitudes remarquables, par des formes particulières, ont fixé l'attention des observateurs les plus célèbres.

Ainsi, parmi les *chenilles* ou *larves* des *lépidoptères,* nous remarquerons celles des *alucites,* des *bombyx,* des *papillons,* des *phalènes,* des *sphinx,* des *zygænes,* dont nous avons donné l'histoire détaillée au mot Chenille.

Parmi les larves des *névroptères,* et qui ont toutes six pattes et une tête écailleuse, nous distinguerons celles des *éphémères,* des *friganes,* des *hémérobes,* des *myrméléons* et des *perles;* elles se font remarquer par les ruses qu'elles emploient pour saisir leur proie ou pour se procurer leur nourriture, et en même temps pour se mettre à l'abri des attaques de leurs ennemis.

Les larves des *hyménoptères* ont aussi une tête écailleuse, mais sont pour la plupart, dépourvues de pattes ; elles ne sont remarquables que par les soins vraiment maternels que prennent, pour leur conservation, les femelles. *V.* Hyménoptères et les articles qui en dépendent.

L'ordre des Hémiptères renferme des larves qui sont pourvues d'antennes, d'yeux, d'une bouche et de six pattes articulées ; enfin, qui ne diffèrent de l'insecte parfait que par le manque d'ailes, et qui offrent peu de particularités. *Voyez* les articles Cigale, Cercope, Livie, Puceron, Gallinsectes, etc.

L'ordre des Orthoptères ne fournit pas des considérations plus intéressantes ; les larves ne diffèrent encore de l'insecte parfait que par le défaut d'ailes.

Tous les insectes compris dans l'ordre des Coléoptères sortent de l'œuf sous l'état d'une larve, munie de six pattes écailleuses ou de mamelons, d'une tête écailleuse, et de mâchoires souvent très-fortes. Parmi ces larves, plusieurs ont des ruses particulières pour attraper leur proie, ou pour échapper aux poursuites de leurs ennemis ; telles sont celles des *cicindèles*, des *cassides*, des *criocères*, etc. Beaucoup vivent dans l'intérieur du bois, et le détruisent, en le perçant dans tous les sens ; ce sont celles des insectes compris dans les genres Bostriche, Colydie, Cucuje, Capricorne, Lamie, Lepture, Ptilin, Mycetophage, Ips, Prione, Synodendre, Scolyte, Vrillette, etc., etc.

Quelques larves des *coléoptères*, telles que celles des *calandres* et des *bruches*, se nourrissent de grain ; d'autres, et ce sont celles des *ténébrions*, des *trogossites* et de quelques *colydies*, vivent dans la farine. Les larves des *dytiques*, des *hydrophiles*, des *gyrins*, sont aquatiques et se nourrissent de petits insectes ; celles de la plupart des *hannetons*, des *taupins*, vivent dans la terre ; les larves des *scarabées* proprement dits, celles des *lucanes*, des *cétoines*, dans le tan ; celles des *géotrupes*, des *bousiers*, des *aphodies*, de quelques *sphéridies*, vivent dans les bouses des animaux herbivores, ou dans les excrémens humains. Les larves des *boucliers*, des *nécrophores*, des *nitidules*, des *nécrobies*, etc., habitent les charognes les plus infectes, et la sanie qui en découle ; d'autres larves préfèrent les dépouilles d'animaux, et, en général, les matières animales desséchées ; ce sont celles des *anthrènes*, des *dermestes*, etc.

Dans l'ordre des Diptères, les larves varient beaucoup quant à leur conformation extérieure, selon les différens genres. Elles se présentent en général sous la forme d'un ver mou sans pattes ; la tête, dans certaines, n'est point écailleuse, mais aussi molle que le reste du corps. Leur bouche forme un suçoir, armé quelquefois d'un dard ou de crochets. On

rouve parmi les mouches des femelles, qui sont pour ainsi
dire vivipares, et qui accouchent de larves toutes vivantes ; les *hippobosques* sont surtout très- remarquables à cet
égard.

Parmi les *aptères*, un seul insecte est sujet à des métamorphoses; c'est la *puce*. Sa larve est petite, allongée, cylindrique,
sans pattes, munie d'une tête écailleuse, avec de petites antennes, des anneaux garnies de poils, et deux pointes en forme
de crochet à l'extrémité du corps.

*Tableau méthodique et général des animaux articulés, pourvus de
pieds articulés* (ENTOMES), *considérés dans leur premier âge.*

I Animaux sans vertèbres, à corps articulé et pourvu de pieds articulés, n'acquérant jamais d'ailes.

1. Point de métamorphoses.

Les CRUSTACÉS, à l'exception d'un grand nombre de *branchiopodes*; la plupart des ARACHNIDES, les insectes THYSA-
NOURES et PARASITES.

2. Des métamorphoses.
A. Métamorphoses imparfaites; des pieds dans tous les états.
a. Animaux éprouvant des changemens remarquables dans la forme du corps, dans celle des pieds et dans leur nombre.

Plusieurs crustacés BRANCHIOPODES.

b. Forme primitive du corps et celle des pieds n'éprouvant point
de changemens remarquables.

* Corps n'acquérant avec l'âge, qu'un plus grand volume et une
paire de pieds de plus.

Quelques ARACHNIDES.

** Corps acquérant graduellement de nouveaux anneaux et plusieurs paires de pattes.

Les insectes MYRIAPODES.

B Métamorphoses parfaites : larves sans pieds.
L'ordre des SUCEURS (le genre PUCE.)
II. Animaux sans vertèbres, à corps articulé et pourvu de pieds articulés, acquérant ordinairement des ailes.
1. Animaux des deux sexes toujours actifs. (Métamorphoses imparfaites.)

A. Formes, nutrition et milieux d'habitation généralement identiques dans tous les âges de l'animal; différences ne consistant
que dans le développement des ailes et du volume du corps.

Insectes de l'ordre des ORTHOPTÈRES, de celui des HÉ-
MIPTÈRES, à l'exception des *gallinsectes* : les TERMITINES,
les PSOQUILLES et les RAPHIDINES, ordre des névroptères.

B Animaux différant, sous la forme de larves et de nymphes, de l'état adulte, soit par la figure de quelques-unes de leurs parties extérieures, soit par leurs milieux d'habitation.

Les **Libellulines**, les **Ephémérines** et les **Mégaloptères**, ordre des névroptères.

2. Nymphes, dans les deux sexes et quelquefois dans les mâles seulement, ne prenant point de nourriture et ordinairement inactives, dans l'état de nymphe.

A. Larves ayant une tête écailleuse et de forme constante.

a. Bouche de la larve composée de parties analogues par leurs formes et leurs fonctions a celles de la bouche de l'animal adulte.

† Larves hexapodes ou quelquefois apodes, mais pourvues de fortes mandibules et de mâchoires tres-distinctes.

* Nymphes ayant les deux ailes supérieures plus épaisses que les autres.

Insectes de l'ordre des **Coléoptères**.

Nota. Les larves des **Longicornes** et des **Porte-becs** ou **Rhinchophores** manquent de pattes, ou n'en ont que de très-petites et presque nulles.

** Quatre ailes de même consistance dans la plupart des nymphes ; deux dans les autres.

—Larves pourvues de mandibules et de mâchoires ; quatre ailes dans les nymphes.

Nota. Parmi les larves de cette division, les unes n'ont jamais que six pattes et ne ressemblent point à des chenilles telles sont celles des **Fourmilions**, des **Hémerobins**, des **Perlides** et des **Plicipennes**, ordre des névroptères.

Les autres ont ordinairement de dix-huit à vingt-deux pattes, et ressemblent à des chenilles (*fausses chenilles*) ; telles sont les larves des **Tenthrédines** et des **Urocères**, ordre des hyménoptères.

——⌐ Larves n'ayant pour bouche qu'un bec ; deux ailes.

Les **Gallinsectes**, ordre des hémiptères.

†† Larves apodes, avec la bouche très-petite, composée de parties peu distinctes.

Les hyménoptères **Pupivores** et les hyménoptères **Porte-aiguillons**.

b. Bouche de la larve composée de parties qui diffèrent, pour la forme et les fonctions, des parties de la bouche de l'animal parfait.

† Larves (connues sous le nom de chenilles) pourvues de six pieds à crochets et de quatre à dix pieds membraneux : nymphes ayant quatre ailes.

Les **Lépidoptères**.

╫ Larves sans pattes ou n'en ayant que de fausses ; deux ailes dans les nymphes.

Les **Culicides** et les **Tipulaires**, ordre des diptères.

B. Larve à tête molle et changeant de forme, ou comme nulle ; bouche formée d'un à deux crochets, ou ne consistant que dans de simples mamelons servant de suçoir. (jamais de pattes.)

a Larves changeant de peau pour passer à l'état de nymphe.

Les **Tanystomes**, ordre des diptères.

b. Larves ne muant point ; leur peau servant de coque à la nymphe.

† Larves ne vivant point dans l'intérieur du corps de leurs mères ; leur peau et la coque de la nymphe distinctement annelées.

* Larves ne changeant point extérieurement de forme, en passant à l'état de nymphe

Les **Notacanthes**, ordre des diptères.

** Larves se contractant ou changeant extérieurement de forme, lorsqu'elles passent à l'état de nymphe.

Les **Athéricères**, ordre des diptères, et les **Rhiphiptères**.

╫ Larves vivant dans l'intérieur du corps de leurs mères, jusqu'au moment où elles doivent se convertir en nymphes ; leur peau et la coque de la nymphe sans anneaux distincts.

Les **Pupipares**, ordre des diptères.

Voy. les art. **Insectes**, **Chenilles** et **Métamorphose**. (L.)

LARYNX. Nous avons traité, à l'article **Glotte**, tout ce qui concerne cette partie relativement à l'émission de la voix, surtout chez les oiseaux et les mammifères. (VIREY.)

LA-SA. *V.* **Mao-hiam.** (LN.)

LASDA, LAGSDA. Noms du **Noisetier**, dans quelques provinces de Hongrie. (LN.)

LAS-D'ALLER. Le **Héron butor**, *Ardea stellaris*, est ainsi nommé dans quelques cantons. (DESM.)

LASER, *laserpitium.* Genre de plantes de la pentandrie digynie et de la famille des ombellifères, qui présente pour caractères : des ombelles et des ombellules garnies de rayons nombreux ; des involucres et des involucelles à plusieurs folioles inégales et membraneuses ; un calice à cinq dents très-courtes ; une corolle de cinq pétales courbés, échancrés, et presque égaux ; cinq étamines ; un ovaire supérieur, arrondi, chargé de deux styles courts, écartés et à stigmates simples ; un fruit ovale ou oblong, garni de huit ailes membraneuses, longitudinales, et composé de deux semences appliquées l'une contre l'autre.

Ce genre est composé de plus de trente espèces, presque toutes propres aux parties méridionales de l'Europe. Ce sont des plantes vivaces, à feuilles composées ou surcomposées, qui répandent dans la chaleur, ou lorsqu'on les écrase, une odeur aromatique qui porte facilement à la tête.

Les principales de ces espèces, sont :

Le LASER A FEUILLES LARGES, dont les folioles sont en cœur, obliques, dentées, avec une pointe, et les ailes des semences crépues. Il se trouve dans les bois des montagnes, en France, en Suisse et en Italie. Sa racine est aromatique, âcre et amère : on en fait usage comme propre à rétablir l'estomac et à guérir la fièvre.

Le LASER TRIFURQUE, *Laserpitium gallicum*, a les folioles cunéiformes et trifurquées. Il varie beaucoup, selon son âge et le lieu où il est planté. Il se trouve dans les montagnes des parties méridionales de la France. Sa racine est échauffante, hystérique, carminative, diurétique et détersive.

Le LASER SERMONTAIN, *laserpitium siler*, a les folioles ovales, lancéolées, très-entières, pétiolées, et les ailes des semences très-étroites. On le trouve dans les montagnes des parties méridionales de la France. Sa racine est très-amère: elle a les mêmes propriétés que la précédente, peut-être même à un plus haut degré. Villars pense qu'on devroit en faire plus fréquemment usage. Gærtner, fondé sur le peu de largeur des ailes de ses semences, a fait un genre de cette plante. *V*. ACYPHYLLE. (B.)

LASER de Dioscoride. *V*. SIUM. (LN.)

LASERPITIUM, Dioscoride et Pline. Cette plante est le *sylphion* des Grecs, suivant Pline. Elle croissoit dans la province Cyrénaïque. Son suc est le *laser*. Rondelet croit que cette plante qu'on trouve sur les bords de la Méditerranée et qui est notre *laserpitium gallicum*, peut très-bien être le *laserpitium* de Pline plutôt qu'une espèce de *férule*, mais c'est ce qui n'est pas prouvé. On a pris aussi pour le *laserpitium*, le *laserpitium libanotis*, le *ligusticum levisticum*, l'*angelica archangelica* et l'*imperatoria ostruthium*, etc. Le genre *laserpitium* de Tournefort comprend les deux *laserpitium* que nous venons de citer. Mais le genre *laserpitium* de Linnæus se compose d'une partie de celui de Tournefort et d'une partie des genres *angelica, ligusticum* et *cachrys* du même botaniste. Le genre *siler* de Gærtner et de Moench, est fondé sur le *laserpitium siler*, Linn. *V*. LASER, SYLPHION et SIUM. (LN.)

LASIA. Loureiro a appelé de ce nom une plante qui a été réunie depuis aux POTHOS. C'est le *pothos pinnata*. (B.)

LASIANTHÈRE, *lasianthera*. Plante vivace de la côte occidentale d'Afrique, qui seule, selon Palisot-Beauvois, constitue un genre dans la pentandrie monogynie, et dans la famille des apocinées.

Les caractères de ce genre consistent : 1.º en un calice à

cinq dents ; 2.º en une corolle tubulée , à cinq divisions profondes ; 3.º en cinq étamines à filamens élargis et à an— thères velues ; 4.º en un ovaire supérieur , surmonté d'un style à stigmate en tête. (B.)

LASIANTHUS. Adanson appelle ainsi un genre qu'il établit sur l'*hypericum lasianthus*, Linn. Ce genre a été ensuite reconnu par Linnæus; mais il le nomma, avec Ellis , *gor-* *tonia*. C'est le *kambelia* d'autres auteurs. (LN.)

LASIE , *lasius*. Genre d'insectes détaché de celui de fourmi par Fabricius, mais qui ne forme, pour moi, qu'une division du genre auquel je conserve cette dernière dénomi- nation. (L.)

LASIE , *lasia*. P. B. Genre de plantes de la famille des mousses , deuxième tribu ou section , les ectopogones munies d'un seul péristome externe , à dents simples. Ses caractères sont les mêmes que ceux du PTÉRIGYNANDRE, dont il diffère par la coiffe campaniforme et velue. Il ne renferme que deux espèces exotiques. (P. B.)

LASICA. *V.* LASKA. (DESM.)

LASIOCAMPE , *lasiocampa*. Nom donné par Schrank à un genre de lépidoptères, formé avec les *bombyx*, dont les ailes inférieures débordent les supérieures. *V.* BOMBYX. (L.)

LASIOPÉTALE , *lasiopetalum*. Genre de plantes établi par Smith , dans la pentandrie monogynie, et dans la fa- mille des nerpruns, ou mieux dans la famille des buttné- nacees. Il offre pour caractères : une corolle en roue, hispide et à cinq divisions; cinq étamines pourvues d'une écaille à leur base , et ayant des anthères bilobées et percées de deux trous ; une capsule supérieure à trois loges et à trois valves , dans le milieu desquelles sont placées les cloisons.

Ce genre renferme trois arbustes originaires de la Nou- velle-Hollande. (B.)

LASIOPYGE , *lasiopyga*. Illiger forme , sous ce nom qui signifie *fesses velues* , un genre voisin de celui des guenons, qui ne comprend que le DOUC, et qui est particulièrement carac- térisé , en ce que ce singe a les fesses couvertes de poils. M. Cuvier fait observer qu'il n'est pas bien certain que ce caractère , remarqué seulement sur l'unique individu qui existe dans la collection du Muséum d'Histoire naturelle, soit bien constant, et qu'il se pourroit qu'il résultât d'un defaut de soin dans la préparation de cet individu. M. Geof- froy Saint-Hilaire (*Annales du Muséum*, *t.* 19) en adoptant ce genre, en change le nom en celui de *pygathrix* dont la si- gnification est la même. Nous conservons toujours le *douc* dans le genre des GUENONS, et nous pensons que s'il falloit l'en séparer, il conviendroit de lui conserver le premier nom générique qui lui a été imposé. (DESM.)

LASIOSTOMA. Nom donné par Schreber et par Willdenow au genre ROUHAMON d'Aublet. *V.* ce mot. (LN.)

LASKA, LASICA, LESNA. Noms polonais, employés
pour désigner la MARTE FURET et aussi la BELETTE ; les noms
lasitza, *lasoczka*, en russe, sont appliqués à la MARTE PUTOIS.
(DESM.)

LASKI et LASMITZKI.. Noms que les paysans russes
donnent à la BELETTE, espèce de MARTE. *V.* ce mot. (DESM.)

LASS. Nom donné, au Sénégal, à une espèce de *malvacée*,
dont Adanson fait un genre sous ce nom, qu'il place près des
KETMIES, et qu'il en distingue, par ses stigmates, au nombre
de dix, et par ses capsules, au nombre de cinq, monospermes
et fermées. L'*abutilon* de Plumier (*Ic.* 1) rentre dans ce
genre. (LN.)

LASSA. Nom brame du NIALEL des Malabares. *V.* ce
mot. (LN.)

LASULITE. *V.* LAZULITE. (LN.)

LASULITHE DE SOMMA. *V.* HAUYNE. (LN.)

LASYNÈME, *lasynema.* Genre établi par R. Brown
aux dépens des ÉPACRIS, dont il ne diffère que par une corolle en soucoupe, divisée en cinq parties, et par des étamines insérées sur la corolle. (B.)

LATAIACA et WIEWIORKA. Noms polonais du
POLATOUCHE. *V.* ce mot. (S.)

LATANIER. Plusieurs espèces de *palmiers* du genre
RONDIER s'appellent ainsi dans l'Inde.

Ce même nom a encore été donné, en Amérique, aux PAL-
MIERS qui ont les feuilles en éventail, tels que les CORYPHES

, Tous ces arbres sont d'une grande utilité pour les habitans
des pays où ils croissent, à raison des produits qu'ils en retirent. *V.* au mot PALMIER.

Mais Jacquin a particulièrement appelé ainsi deux PAL-
MIERS cultivés à l'île de Bourbon, qui forment un genre
dans la dioécie monadelphie.

Ce genre, qui est le CLÉOPHORE de Gærtner, offre pour
caractères : dans les pieds mâles une spathe de plusieurs folioles ; un calice de trois folioles ; une corolle de trois pétales, et quinze à seize étamines monadelphes ; un drupe à
trois angles.

Le LATANIER ROUGE a les feuilles en éventail, à folioles
épineuses en leurs bords, et les tiges nues.

Le LATANIER DE BOURBON à les feuilles en éventail,
folioles non épineuses en leurs bords, et les tiges garnies d'é-
pines. (B.)

LATAX, Λαταξ. L'un des noms grecs de la LOUTRE
selon Aristote. (DESM.)

LATERALISÈTES ou CHELOTOXES. Famille d'insectes, de l'ordre des diptères, que M. Duméril compose de ceux qui ont le suçoir nul ou caché ; une trompe rétractile dans une cavité du front; des antennes avec un poil isolé, latéral, simple ou barbu. Elle comprend la majeure partie de nos diptères athéricères. (L.)

LATERIGRADES, *Laterigradæ.* Tribu de la classe des arachnides, famille des fileuses ou des aranéides, ayant pour caractères : les quatre pieds antérieurs toujours plus longs que les autres, tantôt la seconde paire surpassant la première, tantôt les deux presque de la même longueur ; ces pieds, ainsi que les quatre autres, étendus, dans toute leur dimension, sur le plan de position ; animaux pouvant marcher en tout sens ; mandibules ordinairement petites ; yeux toujours au nombre de huit, souvent de différentes grosseurs dans la même espèce, et formant, par leur réunion, un segment de cercle ou un croissant : les deux postérieurs plus reculés en arrière, ou plus rapprochés des bords latéraux du corselet que les autres ; mâchoires du plus grand nombre inclinées sur la lèvre ; corps ordinairement aplati, à forme de *crabe*, avec l'abdomen grand, arrondi ou triangulaire.

Ces aranéides marchant souvent à reculons comme les *crabes*, et ayant avec eux quelques rapports généraux de formes, ont été désignées, par la plupart des naturalistes, sous le nom d'*araignées crabes*. Elles se tiennent tranquilles, les pieds étendus, ne font point de toile, et jettent simplement quelques fils solitaires, afin d'arrêter leur proie. Leur cocon est orbiculaire et aplati. Elles le cachent entre des feuilles dont elles rapprochent les bords, et le gardent assidûment jusqu'à la naissance des petits ; d'autres se tiennent dessus. Cette tribu comprend les genres : Micrommate, Sélénope et Thomise. *V.* ces mots et l'article Aranéïdes. (L.)

LATHRÆA (*cachée*, en grec). Linnæus donne ce nom à un genre qui comprend le *clandestina*, l'*amblatum* et le *phelypœa* de Tournefort. Ce dernier forme un genre distinct entre le *lathræa* et l'*orobanche*, dans lequel il est confondu par Willdenow. Le genre *lathræa* est maintenant réduit aux deux seules espèces d'Europe, qui sont le *clandestina* de Tournefort et le *squamaria* de Rivin. Adanson désigne ce genre par le premier de ces noms, Haller et Scopoli par le second. *V.* Clandestine.

LATHROBIE, *lathrobium.* Genre d'insectes, de l'ordre des coléoptères, famille des brachélytres ou microptères, tribu des fissilabres, établi par M. Gravenhorst.

Ces insectes ont de grands rapports avec les staphylins proprement dits, et semblent les réunir avec les pœderes.

Leur corps est presque linéaire, comme celui des derniers, mais leur labre est échancré ; leurs antennes sont insérées en dehors du labre, près de la base extérieure des mandibules, et leurs palpes, dont les maxillaires sont beaucoup plus longs que les labiaux, se terminent brusquement par un article plus petit et souvent même peu distinct. On trouve les lathrobies sous les pierres, les débris des matières végétales et animales, et souvent dans les lieux frais et humides.

Parmi les espèces de ce genre, nous ferons remarquer

Le LATHROBIE ALLONGÉ, *lathrobium elongatum*. Il est noir, brillant ; ses élytres sont d'un roux sanguin à leur extrémité, ses pattes sont d'un roux pâle.

Le LATHROBIE FRACTICORNE, *lathrobium fracticorne*. Cet insecte, placé par Fabricius parmi les *pœdères*, sous le nom de *pœderus filiformis*, est d'un noir brillant ; ses pattes sont d'un roux jaune ; le premier article de ses antennes est très long et en massue.

Le LATHROBIE LINÉAIRE, *lathrobium lineare*, est noirâtre ; ses antennes et ses élytres sont obscures ; ses pattes sont rousses.

Le LATHROBIE DÉPRIMÉ, *lathrobium depressum*. Il est long de trois lignes et un quart, luisant, aplati, avec les antennes et les pattes d'un brun clair. Les élytres sont courtes, d'un fauve brun, avec le bas noirâtre, à l'exception du bord extérieur. Il se trouve à Paris, au midi de la France, et en Portugal. (O.L.)

LATHYRIS. Le *lathyris*, de Dioscoride appelé aussi *tithymalos*, est une plante haute d'une coudée, à tige creuse et de la grosseur du doigt ; les feuilles viennent à l'extrémité ainsi que des ailes (bractées ?). Les feuilles de la tige sont oblongues, voisines des feuilles de l'amandier, mais plus larges et plus lisses ; celles du haut sont plus petites. A l'extrémité de la plante, sont les fruits portés sur de petites branches (*surculis*) ; ils sont arrondis, à trois loges contenant trois graines séparées par une membrane, plus grandes que celles de l'*ervum*, blanches et douces. Tout l'arbrisseau regorge d'un suc laiteux comme le *tithymalos*. Cette description convient parfaitement aux euphorbes, et l'on ne sauroit douter que le *lathyris* de Dioscoride n'en soit une ; mais que ce soit l'ÉPURGE (le *lathyris* de Brunsfelsius, de Matthiole, de Bauhin, c'est-à-dire l'*euphorbia lathyris*, Linn.), c'est ce qui n'est pas très-sûr, puisque Dioscoride le donne pour un arbrisseau, et que Pline, assez d'accord avec le botaniste d'Anazarbe, compare les feuilles du *lathyris* à celles de la laitue, deux conditions qui ne se retrouvent point dans le lathyris des modernes. Quelques autres espèces d'euphorbes nt été nommées aussi lathyris avant Linnæus ; Bauhin en ite trois. (LN.)

LATHYROÏDES. Jean Amman donne ce nom à une espèce d'OROBE (*orobus lathyroïdes*) qu'il figure dans ses *Icones des plantes rares* de l'empire russe, pl. 7, fig. 2. (LN.)

LATIALITE (ou pierre du Latium). L'abbé Gismondi professeur au collége Nazaréen, à Rome, donne ce nom à la substance appelée depuis HAUYNE par M. Bruun-Neergaard. *V.* ce mot. (LN.)

LATICAUDA de Laurenti. Nom du genre qui renferme les *serpens aquatiques* maintenant appelés PLATURES. (DESM.)

LATIRE, *latirus.* Genre établi par Denys de Montfort pour placer une espèce de coquille appelée ROCHER FILEUX par Lamarck. Ses caractères sont : coquille libre, univalve ; spire fusiforme; ouverture allongée; columelle avec impression de plis, tranchante ; base canaliculée ou ombiliquée.

Cette coquille a trois pouces de long et est remarquable par sa couleur orange rubanée de ponceau. Elle provient des mers de la Nouvelle-Hollande. Une coquille se trouve fossile à Chaumont en Vexin. (B.)

LATIROSTRES. Famille de l'ordre des OISEAUX ÉCHAS= SIERS et de la tribu des TÉTRADACTYLES. *Caractères:* pieds longs; tarses réticulés : quatre doigts, trois devant, un derrière ; les antérieurs réunis à la base par une membrane ; le postérieur articulé au bas du tarse et portant à terre sur toutes ses phalanges ; bec long, large, déprimé ; mandibule supérieure, ou plate, ou carénée; gorge extensible ; rectrices, au nombre de douze. Cette famille se compose des genres SPA-TULE et SAVACOU. *V.* ces mots. (V.)

LATRIDIE, *latridius*, Herbst. Genre d'insectes, de l'ordre des coléoptères, section des tétramères, famille des xylophages, ayant pour caractères : articles des tarses entiers; antennes de onze articles, dont le second plus grand que le troisième ; celui-ci et les suivans beaucoup plus grêles et presque cylindriques ; les trois derniers formant une massue perfoliée ; mandibules petites et point saillantes ; palpes très-courts; corps allongé ; tête et corselet plus étroits que l'abdomen.

Ces coléoptères sont très-petits, se trouvent sur le vieux bois et souvent encore sur les murs et dans l'intérieur des maisons. M. Paykull et Fabricius les ont placés avec les *dermestes* ; ce sont des *ips* pour Olivier.

LATRIDIE DES FENÊTRES, *latridius fenestralis ; latridius longicornis*, Herbst., *Col* 5, tab. 44, fig. 1 ; d'un fauve obscur, pubescent, avec les antennes et les pieds fauves ; poitrine et abdomen noirâtres; corselet plus étroit et arrodi postérieurement, avec une fossette au milieu; élytres stries nombreuses, formées par des points enfoncés, alignés. *V.* l'Ips ENFONCÉ d'Olivier, *Col.*, tom. 2, n.º 18, pl. 3, fig. 21.

LATRIDIE NAIN, *Latridius minutus*, Lath. ; *Ips minuta*, Oliv., *ibid.*, pl. 3, fig. 22; noirâtre, glabre, avec les antennes et les pieds roussâtres, une ligne enfoncée et longitudinale sur la tête ; corselet carré, rebordé ; élytres ayant chacune huit lignes de points profondément enfoncés ; quelques intervalles élevés. M. Paykull (*dermestes marginatus*) dit l'avoir trouvé, en grande quantité, dans une ruche.

LATRIDIE DENTELÉE, *Latridius dentatus*, Lat. ; *Tenebrio minutus*, Linn. ; *Dermestes serratus*, Payk. ; fauve d'abord, ensuite noir ou noirâtre, avec les antennes et les pieds fauves ; le corselet convexe, pointillé, avec une fossette un peu en deçà du milieu du dos, et les bords dentelés; élytres presque chagrinées, avec des stries formées par des points enfoncés. M. Paykull a trouvé encore cette espèce, dans une ruche, vers la fin de septembre.

L'*ips transversal* d'Olivier paroît être du même genre. (L.)

LATRODECTE, *Latrodectus*, Walck. Genre d'aranéides, que je réunis à celui de THÉRIDION. *V.* ce mot (L.)

LA-TRUNG-CUON. Nom donné, en Cochinchine, à une plante sarmenteuse, que Loureiro nomme *bembix tenctoria* a cause de son emploi. On en couvre les toits, les dômes, etc., qui sont exposés aux intempéries de l'air, auxquelles elle résiste long-temps. (LN.)

LATTESINO, LATTAJUOLO et LATTIJUOLO. Noms italiens du LAITERON OLÉRACÉ. LN.)

LATTUCELLA. L'un des noms italiens des LAITERONS (LN.)

LATTUGA. Nom de la LAITUE, en Italie. (LN.)

LATYRHOS ou LATHYRON des Grecs. Théophraste attribue à cette plante des feuilles oblongues. Collumelle Paladius et autres lui donnent le nom de *cicercula*, et la comparent à l'*ochrus*, au *phaselus* et au *pisum*, ce qui amène lathyrus dans les plantes légumineuses. Plutarque, en jouant sur ce mot, ou plutôt sur celui de *lathyris* qui est le nom d'une autre plante qu'il paroît confondre avec celle dont il s'agit, prétend que c'est la fève réprouvée par les pythagoriciens ; mais il a évidemment tort.

Notre GESSE CULTIVÉE peut très-bien être le *lathyros* de Théophraste ou *lathyrus* des Latins. Anguillara, Cæsalpin, Dodonée, ne balancent pas à le croire.

Les Bauhin (*Pinax et Hist.*) réunissent, sous le nom

lathyrus, une vingtaine de plantes qui, presque toutes, rentrent dans le genre actuel LATHYRUS, qui est celui de Linnæus. Ce genre du botaniste suédois est composé des genres *lathyrus*, *clymenum*, *aphaca* et *nissolia* de Tournefort, genres qu'Adanson et Moench ont rétablis, mais qui diffèrent très-peu entre eux; il faut y joindre encore le *cicercula* de Moench. Le *lathyrus* de Tournefort ne comprend que des espèces à feuilles composées de deux folioles.

Le genre *lathyrus* est encore très-voisin des *vicia* et de *orobus*; quelques espèces même ont été placées dans ces divers genres.

Le nom de *lathyrus*, selon Ventenat, est formé d'un mot grec qui signifie *cacher*. Le genre *lathyrus*, L., est ainsi nommé, parce que dans la fleur l'étendard recouvre les ailes et la carène. (LN.)

LAU. On donne ce nom au ZÉE FORGERON. (B.)

LAUBERDE de Dioscoride est rapporté à la BERLE. (LN.)

LAUBERKEN. Nom allemand de l'ALOUETTE DES CHAMPS. (DESM.)

LAUCH. Nom allemand de l'AIL, appelé *look* en Hollande, *loegen* en Danemarck, *locen*, en suédois; *lea*, *lec* et *léach* dans divers dialectes anglais, et *luc*, en Russie, etc. (LN.)

LAUDANUM. *V.* LADANUM. (LN.)

LAUFER. Nom allemand du COURE-VITE. (V.)

LAUGERIE, *Laugeria*. Genre de plantes de la pentandrie monogynie, et de la famille des rubiacées, qui offre pour caractères : un calice à limbe presque entier; une corolle monopétale, à long tube, et à limbe à cinq lobes planes, obtus et frangés; cinq étamines à anthères presque sessiles et non saillantes; un ovaire inférieur, ovoïde, chargé d'un style filiforme, à stigmate en tête; un drupe arrondi, ombiliqué à son sommet, très-noir dans sa maturité, et contenant un noyau à cinq sillons, à cinq loges et à cinq semences.

Ce genre est composé de cinq à six arbrisseaux à feuilles opposées et entières, et à fleurs en grappes axillaires, tous venant des îles d'Amérique. Le plus connu et le plus intéressant de ces arbrisseaux, est le LAUGIER ODORANT, qui a les feuilles ovales, aiguës, glabres, les branches épineuses ou inermes. Il croît au Mexique. Ses fleurs sont très-odorantes pendant la nuit. Tantôt il a des épines, tantôt il n'en a pas.

Lamarck rapporte le LAUGIER LUCIDE au genre MÉLANI; d'autres rapportent le genre entier au GUETTARD. (B.)

LAU-HY. Nom du TIGRE, chez les Tartares. (s.)

LAUME ou **LOME.** Nom du PLONGEON A GORGE ROU dans l'île Féroé. (v.)

LAUMONITE (*Zéolithe efflorescente*, Gillet-Laumont, *lomonit*, **W.**) Werner et Delamétherie se sont empressés de donner à cette substance minérale de la famille des *zéolithes*, le nom du savant justement célèbre qui nous l'a fait connaître le premier. (*Voy.* au mot *Klaprothite*, ce qui est dit sur l'avantage de donner aux minéraux nouvellement découverts, le nom des savans qui concourent à l'avancement de la science) Les minéralogistes ont adopté ce nom aussitôt. J'en excepte Oken qui appelle la LAUMONITE, *Dolomie spathique ;* ainsi cette pierre ne pouvoit recevoir qu'un nom célèbre.

La LAUMONITE se reconnoît aisément à sa couleur blanche ou jaunâtre, opaque ou translucide, ou même transparente; à sa structure lamelleuse, et surtout à la propriété qu'elle a de tomber en efflorescence ou bien en miettes, par le contact de l'air ou plutôt par la sécheresse.

La laumonite n'a été trouvée que cristallisée, soit en masses entremêlées de cristaux réguliers qui forment des druses ou des tapis, soit en petits cristaux épars. Ses cristaux sont très–lamelleux dans le sens longitudinal, et se brisent aisément en lames nacrées ou chatoyantes; les fragmens qu'on obtient par la cassure sont anguleux. Le clivage, selon M. Haüy, donne pour forme primitive un octaèdre rectangulaire ; les faces de chaque pyramide ne sont semblables que deux à deux. Pour se rendre raison de cet octaèdre sans figure, il faut se représenter un prisme à quatre pans, terminé par un sommet à deux faces, produites par les troncatures de deux angles opposés des bases, et inclinées l'une sur l'autre, de 108° 38. Cet octaèdre se subdivise par deux plans perpendiculaires à la base des pyramides, et qui passent par leurs arêtes.

Les formes sous lesquelles on observe les cristaux de laumonite, se présentent en prismes avec des sommets dièdres, à peu près comme dans le pyroxène ; et si l'on trouve ce rapprochement inexact, il suffira de comparer la fig. 40 du tableau comparatif de M. Haüy, qui représente la *laumonite bisunitaire* (prisme à huit pans, sommet dièdre), et le *pyroxène bisunitaire* du Traité du même auteur; les incidences seules varient.

M. le comte de Bournon a donné, dans le premier volume des Mémoires de la Société de géologie de Londres, un Mémoire fort étendu et extrêmement intéressant, sur la *laumonite*. Les nombreuses figures qui l'accompagnent prouvent la variété des formes cristallines de la *laumonite*.

La *laumonite*, lorsqu'elle n'est pas effleurie, est assez dure pour rayer le verre. Sa pesanteur spécifique, suivant M. le comte de Bournon, est de 2,234. Cette substance acquiert par le frottement, l'électricité résineuse; exposée à la flamme produite par le chalumeau, elle se fond en un émail blanc (Brochant), et selon Jameson, elle se gonfle d'abord. L'émail obtenu par Vogel, avec la *laumonite* effleurie, fondue dans un creuset de platine, raye assez fortement le verre. Elle est soluble à froid, et avec effervescence dans les acides nitrique et muriatique, et donne presque aussitôt une gelée transparente. On obtient aussi une gelée avec l'acide sulfurique, mais à l'aide de la chaleur.

Les principes chimiques de la laumonite de Bretagne sont, d'après M. Vogel :

Silice	49
Alumine.	22
Chaux	9
Eau	17,5.
Acide carbonique . .	2,5.

100

La laumonite fut découverte en 1785, par M. Gillet Laumont, dans les mines de plomb de Huelgoet, département du Finistère; elle y a pour gangue un schiste argileux noir-bleuâtre, mêlé de chaux carbonatée, laminaire et dodécaèdre. Cette mine long-temps submergée avoit fait craindre de ne plus offrir cette substance; mais dans ces derniers temps, de nouvelles fouilles ont procuré de nombreux et beaux échantillons. Ce gisement de la laumonite est très-remarquable. Les autres gisemens dans lesquels on a rencontré depuis cette substance, sont très-variés, et indiquent de la laumonite dans les terrains primitifs et dans ceux de transition ou volcaniques.

La laumonite se trouve dans l'île de Féroé : elle y accompagne la stilbite; elle n'y tombe point en miettes comme la laumonite de Bretagne, mais s'opacifie; ses cristaux sont quelquefois transparens; sa gangue est la même que celle des substances zéolithiques de cette même île, c'est-à-dire, une lave terreuse. L'Irlande, dans le comté d'Antrim, a Portrusch, présente la laumonite dans la même circonstance, ainsi que le Vicentin et l'Ecosse (à Paislev et Fife). A Schemnitz, en Hongrie, à Dupapiatra, près Zalathna, en Transylvanie, il y a également de la laumonite.

La laumonite se présente aussi à Baveno, en efflorescence ou en petits cristaux, avec la chaux fluatée : l'une et l'autre

accompagnent cés beaux cristaux de feld-spath-rose qu'on
retirés autrefois de ce lieu, et qui font maintenant l'ornement
de nos cabinets. Elle existe en petites et très-nombreuses
lamelles nacrées, associées à des cristaux de chaux phosphatée limpide, au Saint-Gothard, et même sur les cristaux
d'adulaire. Elle paroît accompagner assez souvent la préhnite. M. le comte de Bournon cite de la laumonite sur un
morceau de préhnite de la Chine. On prend pour la même
substance, les noyaux ou bandes d'un blanc laiteux opaque,
le plus souvent radiés, qui accompagnent la préhnite en
masse d'Ecosse, d'Oberstein et du Tyrol (Fassa); mais nous
présumons que ce peut être quelquefois de l'apophyllite. La
propriété que les variétés de cette substance trouvées en
Tyrol, en Bohème et ailleurs, ont de devenir opaques, ainsi
que l'apophyllite de Féroé et d'Islande, qui tombe en
poussière et qui fait très-fortement gelée avec les acides à
froid, établissent un rapprochement qui a pu aider à confondre la laumonite et l'apophyllite; il suffit de comparer
entre eux les caractères de ces deux pierres, ceux de l'analcime et ceux de l'*hydrolithe blanche*, pour se convaincre que
toutes ces substances qui prennent souvent une couleur blanc
mat semblable dans toutes, sont cependant très-differentes.

De toutes les localités où s'est offerte la laumonite, c'est
encore la Bretagne qui présente les plus beaux groupes de
cette substance; mais pour la conserver il faut la préserver du
contact de l'air, et l'empêcher de perdre son eau de cristallisation. On y parvient en conservant la laumonite dans de
l'eau distillée ou dans de l'esprit-de-vin contenus dans un bassin de verre, bien clos. Ce moyen n'altère ni la forme ni la
transparence des cristaux. On préfère cependant tremper
les morceaux de cette pierre dans une eau fortement gom-
mée d'où on les retire deux heures après : par le desséchement, il se forme un léger enduit sec, de couleur blanche, si l'on a employé de la gomme adragante; jaunâtre, si l'on a fait usage de gomme arabique, et qui empêche
les cristaux de s'effleurir en permettant de pouvoir les toucher.
La laumonite devenue opaque, ne reprend plus sa transparence lorsqu'on la trempe dans l'eau. (L.N.)

LAUNZAN. Nom indien d'un arbre qui seul, selon Bu-
chanan, forme un genre dans la décandrie monogynie. Ses
caractères sont : calice monophylle; corolle de cinq pétales,
dix étamines insérées au réceptacle; un ovaire supérieur,
recouvert d'un nectaire; cinq styles connivens; un drupe
monosperme renfermant une noix bivalve. *V. Recherches asiatiques de la Société de Calcuta, vol.* 5, *pag.* 123. (B.)

LAUPANKE. *V.* Panke et Gunnère. (b.)

LAURELIE, *laurelia.* Arbre du Chili, à feuilles aromatiques, en rapport avec le Calycant, qui , selon Ruiz et Péron, qui l'ont appelé Pavonie, forme seul un genre dans la monoécie dodécandrie, et dans la famille des monimiées, dont les caractères sont les suivans : calice campanulé à découpures sur plusieurs rangs ; point de corolle ; dans les fleurs mâles, de sept à quatorze étamines, accompagnées de trois écailles ; dans les fleurs femelles, plusieurs ovaires à style velu, devenant autant de semences renfermées dans le calice. (b.)

LAURELLE , *Cansjera.* Plante ligneuse, sarmenteuse , à rameaux veloutés ; à feuilles alternes , ovales , pointues , entières , glabres ; à fleurs petites et en grappes axillaires , qui forme un genre dans la tétrandrie monogynie , et dans la famille des thymelées.

Ce genre a pour caractères : un calice monophylle, urcéolé, à quatre dents ; point de corolle ; quatre étamines attachees au calice ; un ovaire supérieur, très-petit, environné de quatre écailles, et chargé d'un style court à stigmate en tête ; une petite baie ovale, mucronée par le style, et qui ne contient qu'une semence.

Cette plante croît sur la côte du Malabar, et conserve toujours ses feuilles. (b.)

LAUREMBERGE , *laurembergia.* Nom donné par Bergius au genre appelé Serpicule. (b.)

LAURENCIE , *laurencia.* Genre de plantes établi par Lamouroux, *Annales du Muséum* , aux dépens des Varecs de Linnæus. Ses caractères sont : tubercules globuleux, à demitransparens , situés aux extrémités des rameaux et de leurs divisions.

Vingt-une espèces se réunissent sous ce genre , dont les plus communes sont le Varec pinnatifide et le Varec obtus.

La Laurencie embrouillée se voit figurée pl. 9 de l'ouvrage précité.

Quelques espèces de ce genre deviennent âcres à certaines époques de l'année, ce qui les fait employer comme assaissonnement par les habitans du nord de l'Europe. (b.)

LAURENTIA. Genre de Micheli adopté par Adanson, et fondé sur le *lobelia laurentia*, Linn. , et les espèces de lobélies, dont la capsule est biloculaire. (ln.)

LAURENTEE , *laurentea.* Genre établi par Ortega , mais qui ne diffère pas de celui appelé Sanvitalie. (b.)

LAURENTINA de Cæsalpin. C'est une espèce de Bugle. (ln.)

LAURÉOLA. Les Romains donnoient ce nom à un arbrisseau qui le devoit à la ressemblance de ses feuilles avec celles du LAURIER. L'on a cru que c'étoit le *chamædaphne* ou le *daphnoïdes* de Dioscoride ou de Pline, que celui-ci range près des LAURIERS ou avec les LAURIERS, qu'il décrit ou qu'il ne fait qu'indiquer. C'est surtout avec le *daphnoïde* qu'on le confond ; et comme ce que Dioscoride et Pline disent du *daphnoïdes* convient bien à notre MÉZÉRÉON et à notre LAURÉOLA , tous les botanistes ont pris l'une ou l'autre de ces deux plantes pour le *laureola* des Latins. Le genre que Linnæus nomma *daphne* , bien que le LAURIER qui est ainsi appelé en grec n'en fasse point partie, renferme le mézéréon et le lauréola sous ces noms. Ce genre est décrit au mot LAURÉOLE ; c'est lui qu'Adanson nomme *thymelæa* (*V* ce mot) du nom ancien d'une de ses espèces.

Le cestreau à feuilles de laurier , plante de l'Amérique méridionale , est figuré sous le nom de *laureola latifolia*, par Plukenet (*Phyt.* , *tab.* 95 , *p.* 1.) (LN.)

LAURÉOLE, GAROU, SAINBOIS, *Daphne* , Linn. (*Octandrie monogynie.*) Genre de plantes appartenant à la famille des DAPHNOÏDES, fort voisin des PASSERINES, des LAGETS et des LAURELLES. Il comprend des arbrisseaux et des arbustes croissant la plupart en Europe, à feuilles simples, alternes ou éparses. Leurs fleurs sont incomplètes , et manquent de corolle ; elles ont un calice en tube qui semble en tenir lieu : il est coloré et divisé en quatre segmens ; huit étamines à filets courts et à anthères droites et ovoïdes, sont insérées et enfermées dans le tube du calice; au milieu d'elles est placé l'ovaire, que surmonte un petit style à stigmate en tête.

Les fruits des lauréoles sont des espèces de baies ou drupes ovales ou sphériques, renfermant une pulpe succulente , sous laquelle se trouve une coque mince à une loge et à une seule semence.

Les botanistes comptent près de quarante espèces dans ce genre : les unes ont leurs fleurs latérales; les autres les ont terminales. Parmi les premières, les plus intéressantes sont:

La LAURÉOLE GENTILLE, *Daphne mezereum*, Linn., vulgairement *bois gentil* ou *méséréon* ou *lauréole femelle*. C'est un petit arbrisseau, dont les branches se couvrent de fleurs au commencement de mars , avant que les feuilles paroissent. Ses fleurs sont sessiles , odorantes, de la couleur de celles du pêcher, et disposées latéralement deux à deux ou trois à tr s, par petits paquets épars le long des rameaux. Les feuilles sont très-entières et lancéolées.

Cet arbrisseau se plaît dans les bois montagneux de l'Europe, et réussit dans toutes sortes de terrains. Il offre une variété à fleurs blanches. On le multiplie de graines, qu'il faut mettre en terre aussitôt que le fruit tombe. C'est sur lui qu'on greffe les espèces qui ne donnent pas de graines dans nos jardins.

La LAURÉOLE COMMUNE, *Daphne laureola*, Linn., improprement appelée *mâle*. Elle est plus élevée que la précédente, a des fleurs verdâtres, sans odeur, disposées cinq à cinq en grappes axillaires et inclinées. Ses feuilles sont sessiles, lancéolées, glabres et toujours vertes. Ses fruits deviennent noirs en mûrissant. On trouve cet arbrisseau dans les bois et les lieux ombragés de la France, de la Suisse et de l'Angleterre. Comme il conserve sa verdure toute l'année, il est propre à être placé dans les bosquets d'hiver et à garnir les espaces vides sous les grands arbres. Les feuilles, les fruits, l'écorce de la racine et toute la plante sont très-âcres et caustiques, détersives, purgatives, drastiques, dangereuses. On se sert rarement des feuilles et de la racine, encore plus rarement des baies ; on emploie seulement ces dernières à l'extérieur pour les dartres et la gale. Il sert à greffer les espèces étrangères, principalement celle des Indes, si estimée à raison de l'odeur de ses fleurs et de l'époque de leur apparition.

La LAURÉOLE ARGENTÉE, *Daphne argentata*, Lam., a les feuilles linéaires très - rapprochées, un peu soyeuses, et à fleurs ramassées en faisceaux aux aisselles des feuilles, ayant un tube velu et d'un vert blanchâtre. Cette espèce croît en Espagne.

La LAURÉOLE BLANCHÂTRE ou TARTONRAIRE, *Daphne tartonraira*, Linn., des environs de Montpellier, et qu'on trouve aussi dans la Provence et près de Nice. C'est un joli petit arbuste, partout cotonneux, blanchâtre et comme argenté. Il porte des feuilles ovales, nerveuses, couvertes aux deux surfaces d'un duvet fin, et des fleurs d'un blanc jaunâtre, sessiles, axillaires, réunies deux à deux ou trois à trois. Elles paroissent à la fin de mai ou au commencement de juin.

La LAURÉOLE DES ALPES, *Daphne alpina*, Linn. Elle croît parmi les rochers dans les montagnes du Dauphiné, de la Provence, de la Suisse, de l'Italie et de l'Autriche ; s'élève jusqu'à un pied et demi sur une tige rameuse, tortueuse et nue ; a des feuilles lancéolées, un peu obtuses, et des fleurs odorantes, blanchâtres, sessiles et ramassées trois ou quatre ensemble. Cet arbrisseau est fort agréable, et mérite d'occuper une place dans les jardins.

Parmi les lauréoles dont les fleurs sont terminales, on distingue :

La **Lauréole des Indes**, *Daphne indica*. Elle a les feuilles lancéolées, sessiles, luisantes, toujours vertes ; les fleurs blanches, très-odorantes et ramassées en grand nombre au sommet des rameaux. Son nom indique son pays natal. On la cultive très-abondamment dans les orangeries de Paris, où elle fleurit en mars. L'odeur de ses fleurs est des plus suaves. On la multiplie par la greffe sur la lauréole.

La **Lauréole odorante**, *Daphne cneorum*, Linn., arbuste ou sous-arbrisseau très-joli, qui se couvre en avril d'un très-grand nombre de fleurs odorantes et d'un rouge éclatant ; elles sont ramassées en faisceau, au nombre de dix à douze à l'extrémité de chaque branche, et couronnent des tiges, tantôt droites, tantôt etalées, nues à leur base, mais garnies vers leur sommet de feuilles nombreuses, linéaires et lancéolées. Cette espèce croît sur les lieux élevés en Suisse, en Dauphiné, en Italie, en Hongrie. Souvent elle fleurit une seconde fois dans la même année, à la séve d'août. Elle produit une variété à fleurs blanches. On la multiplie par graines, par marcottes et par greffe sur la première espèce.

La **Lauréole paniculée**, *Daphne gnidium*, Linn., ou vulgairement le *garou* ou le *sainbois*, arbrisseau de deux ou trois pieds, dont la tige se divise en plusieurs branches effilées, abondamment garnies de feuilles étroites, lancéolées, terminées en pointe aiguë. Ses fleurs sont disposées en panicules aux extrémités des branches ; elles sont odorantes, blanchâtres en dehors et rougeâtres en leur limbe. Cette plante fleurit en juin, et seulement une fois l'année. Elle est très-multipliée dans les terrains incultes du midi de la France. Mêlée avec les autres broussailles, on s'en sert pour chauffer les fours. Elle croît aussi en Italie, en Espagne et sur la côte de Barbarie. L'époque à laquelle on peut la transporter de son lieu natal dans les jardins, est à la fin de l'automne. Elle demande un terrain sec et aride : les arrosemens lui sont contraires. Ses petits fruits rouges, et la masse touffue de ses tiges qui s'arrondissent d'elles-mêmes à leur sommet, lui donnent un aspect très-agréable.

L'écorce du garou est employée avec succes comme vésicatoire.

Toutes les lauréoles demandent une terre légère et peu d'arrosemens (D.)

LAUREY. Nom anglais du **Lori a collier des Indes.** (V.)

LAURIER, *Laurus*, Linn. (*ennéandrie monogynie.*) C'est un des plus beaux genres du règne végétal. Il appartient à la famille des laurinées. Les genres **Tomex**, **Ajovée**, **Ocotée**, **Nectandre** et **Porostème** ont été établis à ses dépens.

De tous les *lauriers*, le plus célèbre, le plus anciennement connu est le *laurier commun*. Il étoit en honneur chez les peuples de l'antiquité, et il fut de tout temps la récompense des vertus militaires et des grands talens. Les Grecs décernoient une couronne de laurier à ceux qui avoient vaincu dans les combats. Les Romains en couronnoient les triomphateurs. Le jour où ils recevoient les honneurs du triomphe, ils entroient à Rome, le front ceint de laurier, dont ils tenoient à la main une branche comme signe de la victoire; les tentes, les vaisseaux, les lances des soldats vainqueurs, les faisceaux, les javelots en étoient ornés de même. Cet arbre fut aussi consacré à Apollon. Les mythologistes racontent que ce dieu métamorphosa en laurier Daphné, fille du fleuve Pénée, qui se déroboit à ses poursuites. Depuis ce moment, il fut toujours représenté la tête environnée de branches de laurier. Dans la suite, on en couronna les poëtes, et c'est encore aujourd'hui le plus digne prix qu'on puisse offrir aux favoris des Muses. Les anciens croyoient que le laurier n'étoit jamais frappé de la foudre. Il étoit regardé, par leurs médecins, comme une panacée universelle; et c'est par cette raison, sans doute, qu'on étoit dans l'usage d'en orner les statues d'Esculape. Dans quelques endroits, on couronne de laurier, chargé de ses baies, les nouveaux docteurs en médecine, qu'on appelle *bacheliers* (*baccalaureati*), nom qui semble dériver des mots *baccæ lauri*.

Les botanistes comptent près de soixante espèces connues de laurier, parmi lesquelles, outre celle dont je viens de parler, se trouvent plusieurs espèces précieuses, telles que le *cannellier*, le *camphrier*, l'*avocatier*, le *laurier sassafras*, etc. Toutes ont un port différent, avec des formes et des propriétés particulières qui empêchent qu'on les confonde entre elles. Quelques-unes même sont distinguées de leurs congénères par des caractères essentiels, qui sembleroient devoir les faire rejeter de ce genre pour en former un ou deux nouveaux. Il y a, selon Lamarck, des espèces hermaphrodites et des espèces dioïques. Suivant Jussieu, les dioïques ne le sont que par l'avortement de l'un des deux sexes. Linnæus place le laurier dans l'ennéandrie, tandis que plusieurs lauriers ont un nombre moindre ou excédant d'étamines.

Le caractère essentiel du genre est d'avoir un calice partagé en quatre ou six découpures; six à douze étamines, situées sur deux ou plusieurs rangs concentriques, et dont trois des inférieures sont souvent munies de deux glandes a leur base; un drupe supérieur contenant une seule semence. Les autres caractères sont incertains, et varient selon les es-

pèces ; nous les ferons connoître en décrivant chacune
d'elles.

La plupart des lauriers sont aromatiques. Ils ont des feuilles
ordinairement entières, et des fleurs axillaires ou terminales,
solitaires ou rapprochées par paquets , quelquefois disposées
en panicule. Le calice de ces fleurs est tantôt caduc , tantôt
persistant, tantôt divisé en lobes, et tantôt formé en cupule.
Les fruits diffèrent beaucoup de grosseur ; pour la forme,
ils ressemblent communément à une olive ou à une cerise.
Il y en a qui sont très-gros, bons à manger, et faits comme
une poire. Tel est le fruit de l'avocatier.

Dans certaines espèces de laurier, les feuilles sont persistantes , et dans d'autres , elles se renouvellent chaque
année. Ce caractère distinctif, joint à celui qu'offrent les
nervures de leurs surfaces, donne lieu à trois divisions de ces
arbres. La première comprend ceux dont les feuilles sont persistantes et à nervures vagues ; la seconde , ceux qui ont des
nervures semblables, mais des feuilles caduques ; et la troisième , les lauriers à feuilles marquées de trois nervures,
persistantes ou non. Je ne décrirai , dans chaque division, que
les espèces les plus estimées pour leur beauté ou leur utilité.

Lauriers dont les feuilles sont persistantes et à nervures vagues. —
Je place en tête le LAURIER FRANC ou LAURIER COMMUN,
Laurus nobilis , Linn. , dont j'ai dit quelque chose , au commencement de cet article; mais que je n'ai pas décrit. C'est un
arbre de moyenne grandeur qui s'élève communément à vingt
pieds, souvent moins , quelquefois jusqu'à trente , suivant la
chaleur du climat, qui détermine toujours sa hauteur. Il pousse
de terre une ou plusieurs tiges fort droites, et dont les branches
se resserrent contre le tronc. Son écorce est mince et verdâtre,
son bois fort et pliant; ses feuilles sont alternes, pétiolées, lancéolées, plus ou moins ondulées sur les bords, dures, coriaces,
nerveuses, à surface glabre, avec une côte longitudinale assez
remarquable. Aux aisselles des feuilles naissent de petites ombelles, formées de petites fleurs herbacées ou d'un blanc jaunâtre, sans éclat, portées sur de courts pédoncules, et munies
à leur extrémité inférieure d'écailles ou bractées qui tombent.
Ces fleurs sont dioïques , c'est-à-dire, toutes mâles, sur
certains individus , et toutes femelles ou hermaphrodites femelles sur d'autres. Leur calice est partagé en quatre ou cinq
segmens. Les mâles ont huit à douze étamines ; et les fruits
produits par les femelles sont ovales , nus à leur base par
la chute des calices , et bleuâtres ou noirâtres dans leur maturité.

On trouve en Afrique des forêts entières de ce laurier.
Dans les pays froids ou tempérés de l'Europe, on le cul-

tive dans les jardins. Il fleurit en mars ou avril, et ses baies mûrissent en automne. Il offre quelques variétés : l'une à feuilles étroites, l'autre à feuilles très-ondées ; une autre à fleur double ou pleine. On multiplie l'espèce et les variétés par semis et par marcottes. Dès que la graine est tombée, on doit la mettre en terre, car elle rancit aisément, et perd alors la faculté de germer. Il faut semer chaque graine dans un pot, deux tout au plus, et si elles germent toutes les deux, détruire un pied aussitôt qu'il paroîtra. L'année d'après, au moment où l'on ne craint plus le retour des gelées, on transplante les jeunes lauriers dans une petite fosse destinée à les recevoir, sans déranger leurs racines et la terre qui les environne. Dans le nord de la France, il convient de placer ces arbres à une bonne exposition, et de les couvrir avec de la paille pendant les premiers hivers. On doit aussi entourer le pied avec du fumier. Si le froid fait périr les tiges, il en poussera de nouvelles des racines, a moins qu'il n'ait été considérable, et qu'on n'ait pris aucune précaution pour les garantir.

Cet arbre exige une terre substantielle, et quelques arrosemens au besoin. Comme il pousse beaucoup de rejetons, on peut le multiplier par eux, en les détachant des racines dès qu'ils auront un bon chevelu. On peut aussi coucher ses branches et les marcotter comme des œillets. Le *laurier commun* pyramide bien, et figure d'une manière agréable dans les bosquets d'automne et d'hiver.

Toutes les parties de cet arbre sont très-aromatiques. Ses feuilles brisées entre les doigts exhalent une odeur agréable ; elles ont une saveur âcre, jointe à un peu d'amertume. On s'en sert pour assaisonner les alimens ; elles fortifient l'estomac, aident à la digestion, et dissipent les vents ; on en garnit ordinairement les jambons. Macérées pendant quelques heures dans l'eau, et distillées ensuite, elles donnent une huile essentielle très-odorante. Les baies qu'on apporte sèches du midi de l'Europe échauffent plus que les feuilles, et sont employées en médecine bien plus fréquemment.

Le LAURIER ROYAL, *Laurus indica*, Linn. Le nom latin de ce laurier désigne son pays natal. En 1620, il fut élevé dans le jardin de Farnèse, au moyen de ses baies qui avoient été apportées des Indes. On le prit alors pour un cannellier bâtard. Il croît pareillement de lui-même à Madère et dans les îles Canaries, d'où il fut transporté d'abord en Portugal, où il s'est très-multiplié et comme naturalisé. On en possède d'assez beaux individus au jardin du Muséum de Paris. C'est un arbre qui s'élève, dans le climat qui lui convient, à trente ou quarante pieds de hauteur. Il n'a point une forme pyramidale comme le précédent, dont il diffère d'ailleurs beaucoup par la structure et la disposition de ses fleurs. Sa cime est ample, arrondie et fort rameuse. Ses rameaux sont divisés, tuberculeux dans leur partie nue, et garnis vers leur sommet de feuilles alternes, lancéolées, planes, plus larges et beaucoup moins dures que celles du laurier commun. Il porte des fleurs blanchâtres, formant de petites grappes ou terminales ou axillaires. Ces fleurs sont polygames, c'est-à-dire, les unes hermaphrodites mâles et stériles, les autres hermaphrodites fertiles, sur le même individu. Elles ont un calice persistant à six divisions, et neuf étamines; et elles sont remplacées par des fruits bleuâtres, plus gros que ceux de l'espèce précédente.

Dans le nord et l'occident de la France, cet arbre demande à être élevé dans une caisse, et à être tenu pendant l'hiver dans l'orangerie. On le multiplie par marcottes ou par ses baies qu'il faut semer dans des pots, plongés dans une couche de chaleur modérée.

Le LAURIER AVOCAT ou l'AVOCATIER, ou le POIRIER AVOCAT, *Laurus persea*, Linn., figuré pl. G 12 de ce Dictionnaire. C'est un des plus beaux arbres fruitiers que je connoisse : il a une tige élancée, un feuillage superbe ; il s'élève à plus de quarante pieds dehauteur, et porte des fruits excellens. Il croît naturellement dans l'Amérique méridionale. On le cultive dans les Antilles, à Cayenne et à l'Ile-de-France.

L'avocatier conserve toute l'année ses feuilles qui sont alternes, éparses, pétiolées, ovales, légèrement terminées en pointe, assez fermes, et d'un beau vert bien uni, avec des nervures et veines transversales. Les fleurs petites, nombreuses et blanchâtres, forment des espèces de corymbes terminaux ; elles ont six étamines et un calice velouté, découpé en six segmens oblongs. Le fruit est un drupe presque gros comme le poing, de forme ovale, allongée, dont la peau est lisse, assez mince, communément verdâtre, et quelquefois pourpre ou violette. Ce drupe contient, sous une chair épaisse, un gros noyau arrondi, dur, qui se divise en deux parties, et qui est recouvert d'un mince pellicule. La chair du fruit est verte immédiatement au-dessous de la peau, et devient insensiblement blanchâtre en approchant du noyau. Cette chair ou pulpe n'a presque point d'odeur ; elle est grasse au toucher, d'une consistance butireuse et fondante dans la bouche. Elle a une saveur particulière qui est fort agréable, et qu'on ne peut mieux comparer qu'à celle de l'aveline ou d'une tourte à la moelle de bœuf. On sert ce fruit sur toutes les tables en Amérique, et on le mange ordinairement avec le bouilli comme le melon, coupé par tranches et assaisonné d'un peu de sel. Le noyau est placé au centre de la pulpe, sans y adhérer; il n'est pas bon à manger. C'est avec ce noyau, mis en terre aussitôt après la maturité du fruit, qu'on multiplie l'avocatier dans nos îles. Ce bel arbre exige un sol substantiel et pourtant assez léger, semblable à celui qui convient à la canne à sucre. Il croît avec rapidité. Son bois est tendre et blanchâtre.

Le Laurier cupulaire, *Laurus cupularis*, Lam. On le distingue aisément des autres à son calice qui a son bord tronqué et la forme d'une cupule; ses feuilles sont ovales, pointues aux deux bouts, et lisses aux deux surfaces.

Cet arbre vient naturellement aux îles de France et de Bourbon. Son bois sert, dans ce pays, à faire des lambris, des planchers, et toutes sortes de meubles en menuiserie. Lorsqu'on l'emploie, il exhale une odeur forte et désagréable. Il est nommé par les habitans *bois de cannelle.*

Le Laurier rouge, *Laurus borbonia*, Linn. Il croît à Saint Domingue, dans les bois. C'est le genre Borbonia de Plumier, que Linnæus a réuni au genre Laurier, en lui conservant son nom. Cet arbre égale quelquefois notre *noyer* en hauteur et en étendue. Ses feuilles sont nerveuses et vertes des deux côtés; ses fleurs dioïques, blanches, non odorantes, disposées en grappe lâche sur les individus mâles, et en cime ou corymbe sur les individus femelles. Ses fruits noirâtres dans leur maturité, ressemblent à des glands de chêne, et ont le calice rouge formé comme une cupule.

Le Laurier de la Caroline, de Michaux, ressemble beaucoup au précédent; mais il a les feuilles légèrement velues en dessous et odorantes. On le cultive également dans nos orangeries.

Le Laurier a fruit rond, *Laurus globosa*, Lam. Il s'élève moins que les deux espèces précédentes. Des feuilles ovales et glabres; des fleurs axillaires, formant par la disposition de leurs pédoncules une espèce de cime; des fruits sphériques, noirâtres, et gros comme une petite cerise; tels sont les caractères spécifiques de ce laurier, qu'on trouve aussi à Saint-Domingue, à la Jamaïque; ses racines rendent une couleur violette.

Le Laurier a petites feuilles, *Laurus parvifolia*, Lam. Sa tige est petite et peu grosse; ses feuilles sont ovales, pointues aux deux extrémités, très-veinées, entières, fermées, lisses et luisantes; leur goût est aromatique, et leur odeur est assez semblable à celle du *laurier commun*. Les fleurs sont odorantes; il leur succède des baies ovales et noires. Ce laurier se trouve dans les mornes de Saint-Domingue, de la Martinique, de la Guadeloupe. On s'en sert pour faire des entourages. Ses racines teignent aussi violet.

Le LAURIER GLAUQUE, *Laurus glauca*, Th., à feuilles nerveuses, lancéolées, glauques ou jaunâtres en dessous, située vers l'extrémité des derniers rameaux; à rameaux tuberculeux; à fleurs solitaires; à fruit d'un bleu noirâtre, et gros comme un pois, dont on retire par expression une huile qu'on emploie à faire des chandelles. Ce laurier est indigène du Japon.

Lauriers dont les feuilles sont annuelles et à nervures vagues. — Le LAURIER BENJOIN, *Laurus benzoin*, Linn. Ce n'est point l'arbre qui donne le *benjoin*, dit Lamarck, comme pourrait le faire croire le nom spécifique que Linnæus a donné à ce laurier; mais son odeur approche beaucoup de celle de cette résine qui provient, à ce que l'on croit, d'un BADAMIER (*V.* ce mot.)

C'est un arbrisseau qui croît dans les lieux humides de l'Amérique septentrionale. Il s'élève à la hauteur de huit à dix pieds; a des feuilles ovales lancéolées; des fleurs d'une couleur herbacée jaunâtre, et qui paroissent diöïques; et pour fruits, de très-petites baies ovales oblongues, d'abord rouges, mais qui brunissent ou noircissent à l'époque de leur maturité. Cet arbrisseau peut être élevé en pleine terre dans nos climats. On le multiplie par ses baies; mais comme elles ne germent qu'après un temps considérable, à moins qu'on ne les envoie de l'Amérique dans la terre, elles manquent très-souvent. Il vaut peut-être mieux le multiplier, comme en Angleterre, par marcottes qui, étant bien choisies, prennent aisément racine.

Le LAURIER SASSAFRAS, *Laurus sassafras*, Linn. On trouve aussi cette espèce dans l'Amérique septentrionale, depuis la Floride jusqu'au Canada. Dans les contrées chaudes de cette partie du nouveau continent, il parvient à la hauteur de vingt ou trente pieds; dans le Canada, il ne forme qu'un arbrisseau de huit à dix pieds tout au plus d'élévation. Ses feuilles varient dans leur forme et leur grandeur; les unes sont ovales et entières, les autres profondément divisées en deux ou trois lobes. Elles tombent en automne ou au printemps, un peu après que les jeunes feuilles commencent à pousser. Les fleurs naissent des bourgeons qui terminent les rameaux de l'année précedente; elles sont herbacées ou d'un blanc jaunâtre, hermaphrodites sur certains individus, mâles et stériles sur d'autres, et forment de petites grappes lâches d'un à deux pouces de longueur; les fleurs mâles ont huit étamines, et les hermaphrodites six. Les fruits sont ovales

leuâtres, et enchâssés dans un calice rouge, ayant la forme
une petite cupule.

Ce laurier est cultivé en France depuis long-temps. Il
éussit assez bien en pleine terre, mais il dépérit souvent
quand il est parvenu à une certaine grandeur. On le multiplie
par ses baies qu'on apporte de l'Amérique ; souvent elles ne
germent qu'au bout de deux et trois ans. A défaut de baies,
on emploie ses racines qui, séparées et plantées isolément, donnent de nouveaux pieds. On peut aussi le marcotter.

Le bois de *sassafras* qu'on nous apporte de la Floride,
est aromatique : il a une odeur qui approche de celle du fenouil, et une saveur un peu piquante. Il est bon contre la
goutte et la paralysie. A la Caroline on le regarde comme
antiscorbutique ; on donne sa décoction dans les fièvres intermittentes. On fait aussi fréquemment, au rapport de Bosc,
une véritable bière, en mettant de la mélasse dans une
décoction de ses feuilles, et la laissant légèrement fer-
menter.

Lauriers qui ont des feuilles à trois nervures. — Le LAURIER
CANNELLIER, *Laurus cinnamomum*, Linn. (*V.* CANNELLIER
et la pl. G 2 de ce Dictionnaire.)

Le LAURIER CASSE, *Laurus cassia*, Linn. On l'appelle vulgairement la *casse en bois*, et à l'Ile - de - France il porte le
nom de *cannellier de la Cochinchine*. C'est un arbre élevé de
vingt-cinq pieds, toujours vert, fort rameux, et dont les rameaux sont garnis de feuilles, la plupart alternes, lancéolées,
pointues aux deux extrémités, et marquées en dessous de trois
nervures longitudinales et pourprées. Les fleurs forment de
petites panicules lâches aux côtés des rameaux et vers leur
sommet.

Cet arbre croît naturellement sur la côte du Malabar, à la
Cochinchine, et dans les îles de Sumatra et de Java. Il est
cultivé au jardin national de l'Ile-de-France. Son écorce est
d'un jaune rougeâtre et ressemble beaucoup à la cannelle ;
on l'apporte des Indes, roulée en tuyau, et dépouillée de la
pellicule extérieure. Il y a lieu de croire que c'est celle que
les Chinois appellent bois-sucre, a raison de sa saveur
sucrée. Au rapport de Cossigny, on empêche l'odeur et
la saveur de la cannelle de s'évaporer, en mettant l'é-
corce, aussitôt qu'elle est enlevée de dessus le bois, dans
une eau de chaux très-clair, et en l'y laissant de dix à dix-
huit heures selon son épaisseur.

Le LAURIER CAMPHRIER, *Laurus camphora*, Linn. C'est un
arbre assez élevé, d'un port élégant, et qui a un joli feuillage. Son tronc se divise en plusieurs petites branches, garnies de feuilles alternes, entières, ovales, lancéolées, glabres

des deux côtés , et marquées de trois nervures longitudinales qui se réunissent un peu au-dessus de la base. Quand ces feuilles sont froissées, elles répandent une odeur de camphre très forte, ainsi que toutes les autres parties de l'arbre. Les fleurs sont doïques ou polygames. Les fruits sont d'un pourpre noirâtre et gros comme un pois; ils contiennent une chair pulpeuse dont l'odeur est plus pénétrante que celle des feuilles, et dont la saveur tient du camphre et de la cannelle. Le noyau renferme une amande huileuse et d'un goût fade.

Cet arbre , figuré pl. G 2 de ce Dictionnaire, croît naturellement au Japon et dans d'autres parties des Indes orientales. Il conserve sa verdure toute l'année , et fleurit en juin ou juillet. Son bois est blanc, peu serré et panaché d'ondes rougeâtres ; on l'emploie dans de petits ouvrages de tabletterie à cause de son odeur.

Cette espèce fournit presque tout le camphre apporté en Europe. *Consultez* l'article CAMPHRE. (D.)

C'est d'une espèce encore peu connue de ce genre que provient la FÈVE DE PICHURINE, fruit fort aromatique et employé dans les parfums et dans la médecine.

Swartz a réuni aux lauriers, sous le nom de *laurus hexandra*, l'AJOUVÉ de la Guyane. *V.* ce mot.

Il convient d'ajouter aux espèces mentionnées ci-devant:

Le LAURIER MYRRHE qui a les feuilles ovales , trinervées, longuement pointues ; les fleurs ramassées en tête , sessiles et axillaires. C'est un petit arbre qui croît à la Cochinchine, dont toutes les parties sont très-amères, et ont l'odeur de la myrrhe des boutiques.

Le LAURIER CUBÈBE qui a les feuilles sans nervures, lancéolées; les fleurs en bouquets et pédonculées. C'est un arbre médiocre, qui croît dans la Chine et la Cochinchine. Ses baies et son écorce sont corroborantes , céphaliques , stomachiques , carminatives. Leur décoction est recommandée dans les vertiges, les affections hystériques , la paralysie, la mélancolie et la perte de la mémoire. On emploie ses fruits frais dans l'assaisonnement des viandes et des poissons. Leur odeur et leur saveur sont très-agréables. On les envoie desséchées dans toute l'Inde , où elles sont recherchées sous le nom de *cubèbes*, nom qu'elles ont pris d'une espèce de poivre, *piper cubeba*, qui est très-anciennement célèbre , et qui jouit des mêmes propriétés à un degré un peu plus éminent.

Le LAURIER CAUSTIQUE a les feuilles ovales , rugueuses, toujours vertes , et les fleurs quadrifides. Il croît au Pérou. C'est un arbre de moyenne hauteur , dont les exhalaisons, surtout en été , causent des enflures douloureuses et des pustules aux personnes qui se mettent sous son ombre : on n'en eurt pas , mais on en est souvent fort incommodé. Pour couper cet arbre, il faut user de beaucoup de précautions. Lorsqu'il est sec, il n'est plus malfaisant, et son bois est d'une couleur très-agréable , et d'une dureté qui le rend précieux pour les constructions. (B.)

LAURIER ALEXANDRIN. Nom de plusieurs plantes chez les anciens. L'une, le *daphne alexandrina* de Théophraste, est rapportée au FRAGON HYPOPHYLLE ou BISLINGUE par Clusius et Lobel. Une seconde est le *laurus alexandrina* de Pline, qu'on rapporte , soit à la même plante , soit au *fragon hippoglossum* : comme Pline dit en parlant du *laurus alexandrina* qu'on lui donne aussi le nom d'*idaia*, et que Dioscoride dit ce même nom synonyme de son *daphne alexandrina* , qu'ailleurs il nomme *chamædaphne*, qu'ensuite chez Pline le *chamædaphne* et son *laurus taxa* sont la même plante , enfin que son *hipoglossum* est le même que celui de Dioscoride qui nous apprend que c'étoit encore un des noms du *daphne alexandreia*, on en a conclu que l'*idaia*, l'*hippoglossum*, le *laurus alexandrina* et le *chamædaphne* étoient la même plante et une espèce de fragon (*ruscus*) , soit le *ruscus hippoglossum*, soit le *ruscus hypophyllum*. Daléchamps avance que le *laurus taxa* de Pline est cette seconde espèce , et le *laurus alexandrina* ou *chamædaphne* la première. Matthiole prend pour le *laurus alexandrina*, et nomme ainsi l'UVULAIRE AMPLEXICAULE, etc. Il en résulte que les espèces de fragon ont été nommées, par la plupart des auteurs, *laurus alexandrina* , et jusqu'à Tournefort qui adopta le nom de *ruscus* conservé par Linnæus. *V.* FRAGON.

La médéole asparagoïde est figurée sous le nom de *laurus alexandrina* par Hermann (*lugd.* , *t.* 6.), parce qu'il crut que c'etoit une espèce de FRAGON. (LN.)

LAURIER ALEXANDRIN. Nom vulgaire du FRAGON A LANGUETTE. *V.* HERBE DE LA CORNEILLE. (LN.)

LAURIER AMANDIER. Synonyme du LAURIER CERISE. (B.)

LAURIER AROMATIQUE. Quelques personnes donnent ce nom au BRÉSILLET. (B.)

LAURIER-CANNELLIER. *V.* CANNELLIER. (B.)

LAURIER-CERISE, *Cerasus lauro-cerasus* , Mus.; *Prunus lauro-cerasus*, Linn. Petit arbre du genre des CERISIERS, dont l'écorce est lisse et d'un vert brun , et dont les feuilles sont simples, entières, oblongues, fermes, luisantes, pétiolées , et munies de deux glandes sur le dos. Il croît spontanément près de la mer Noire, aux environs de Trébisonde ; c'est de ce pays qu'il a été apporté en Europe, en 1576. Il est aujourd'hui très-commun dans les jardins, surtout au midi de la France. Il garde ses feuilles, et supporte assez bien le froid de nos hivers. Il se couvre au mois de mai de belles fleurs en pyramides , qui, quoique d'un blanc peu éclatant, sont très-propres à orner des terrasses ou à décorer les bosquets printaniers. Cet arbre offre deux variétés; l'une à feuilles panachées de blanc, et l'autre à feuilles panachées de jaune. On multiplie le laurier-cerise par semences ou par marcottes , et on greffe les espèces panachées sur l'espèce commune.

Les fleurs et les feuilles de ce joli arbrisseau ont l'odeur et le goût de l'amande amère. On s'en sert , des feuilles surtout, pour donner ce goût, dans les cuisines, aux crèmes et autres mets apprêtés avec du lait. Cet usage peut être dangereux. Plusieurs personnes ont été empoisonnées, pour y avoir mis trop de ces feuilles et il n'y a rien en cela d'étonnant puisque l'eau qu'on en distille, est un poison décidé. M. Duhamel a fait sur ce poison plusieurs expériences, entre autres celle-ci. Il en fit avaler une cuillerée à un gros chien ; elle fut suffisante pour le tuer. La dissection de l'animal ne fit apercevoir aucune inflammation ; mais, quand on ouvrit l'estomac, il en sortit une odeur d'amande amère très-exaltée et suffocante. Il y a lieu de croire que cette eau, qui contient une grande quantité d'*acide prussique* agit sur les nerfs. En employant l'huile essentielle de ce végétal au lieu d'eau distillée , on obtient, dit Fontana , tous les résultats que présente le venin de la vipère. Cette huile, ajoute-t il, est un poison des plus meurtriers, soit qu'on la donne intérieurement , soit qu'on l'applique sur les blessures des animaux. Cependant on la vend publiquement en Italie , et on la masque sous le titre d'*essence d'amandes amères*, dans les listes des distillateurs. On la fait entrer dans des *rossoles* d'un usage commun, appelés *rossoles d'amandes amères* ou de *de fleurs de pêcher*, et on en met dans le lait et les ragoûts. Le grand-duc de Toscane Léopold avoit défendu la fabrication et la vente de cette liqueur. (B.)

LAURIER - ÉPINEUX. Variété du Houx ORDINAIRE, ainsi nommé autrefois. (LN.)

LAURIER-ÉPURGE. Synonyme de LAURÉOLE. (B.)

LAURIER GREC. Gesner donne ce nom à l'AZÉDARACH , qu'il prend pour le *laurus græca* de Pline. (LN.)

LAURIER-IMPÉRIAL. *V.* LAURIER-CERISE. (LN.)

LAURIER DES IROQUOIS. C'est le LAURIER SASSAFRAS. (B.)

LAURIER AU LAIT. *V.* LAURIER-CERISE. (B.).

LAURIER A LANGUETTE. C'est le FRAGON HIPPOGLOSSE. (LN.)

LAURIER MARITIME. C'est le **Phyllanthe.** (B.)

LAURIER NAIN. Nom par lequel d'anciens voyageurs ont mentionné un sous-arbrisseau de Sibérie, qui croît dans les marais, et dont on mange les fruits. Tout porte à croire que c'est une **Airelle**, probablement celle appelée *vaccinium uliginosum* par Linnæus. *V.* au mot **Airelle.** (B.)

LAURIER POÉTIQUE. On a donné autrefois ce nom au **Laurier-cerise**, au **Laurier franc** et au **Laurus.** (LN.)

LAURIER DE PORTUGAL. Espèce du genre **Cerisier.** (B.)

LAURIER-ROSE, LAUROSE, *Nerium,* Linn. (*Pentandrie monogynie.*) Genre de plantes de la famille des apocinées, qui a des rapports avec les **Frangipaniers** et les **Echites,** et qui comprend de petits arbres ou des arbrisseaux toujours verts, dont les feuilles sont opposées ou verticillées trois à trois, et les fleurs disposées en corymbe. Chaque fleur a un calice persistant, très-petit, et à cinq divisions linéaires et aiguës; une corolle monopétale, en entonnoir, dont le tube est évasé et beaucoup plus long que le calice, et dont le limbe, grand et ouvert, est découpé profondément en cinq segmens obtus et obliques, garnis, à leur base intérieure, d'appendices colorés et dentés, saillans hors du tube, et formant une couronne frangée; cinq étamines, insérées au tube, dont les anthères sont hastées, conniventes, ciliées, et terminées par des houppes soyeuses, roulées en spirale les unes sur les autres; et un ovaire supérieur et oblong, dont le style, à peine visible, est couronné par un stigmate tronqué, posé sur un rebord annulaire.

Le fruit est une espèce de silique, composée de deux follicules coniques, longues, rapprochées, terminées en pointe, s'ouvrant du sommet à la base, et renfermant des semences aigrettées, qui se recouvrent les unes les autres, comme les écailles des poissons.

Les deux espèces de *laurier-rose* qui font, en Europe, l'ornement de tous les grands jardins, sont :

Le **Laurier-rose commun** ou d'**Europe,** *Nerium oleander,* Linn. Il croît naturellement dans la Provence en Italie, en Espagne, en Barbarie, dans la Grèce et dans plusieurs autres contrées voisines de la mer Méditerranée. On le trouve sur les bords des rivières et des ruisseaux. C'est un grand arbrisseau toujours vert, qui s'élève à la hauteur de huit à dix pieds. Il se fait remarquer par sa forme élégante, par la beauté de son feuillage, et par l'éclat et la grandeur de ses fleurs très-nombreuses, et disposées en espèces de petites ombelles au sommet des rameaux; elles paroissent au milieu de l'été, et se succèdent pendant près de deux mois. Elles sont d'un rouge vif, ou de couleur de rose, ou tout-à-fait blanches; ce qui forme deux variétés très-distinctes : le *laurier-rose* à fleurs rouges, et le *laurier-rose* à fleurs blanches. Celui-ci, selon Miller, croît rarement sans culture ailleurs que dans l'île de Candie.

La racine de ce bel arbrisseau est ligneuse et jaunâtre; ses tiges et ses feuilles sont toujours disposées par trois. Les feuilles sont entières, lancéolées, roides et d'un vert foncé. Les fleurs sont inodores, et la couronne de leur corolle est simplement frangée. Ces deux caractères distinguent principalement cette espèce de la suivante, que Linnæus n'a regardée que comme une variété. D'ailleurs, le *laurier rose commun* est moins délicat que celui *des Indes*; il résiste plus en plein air dans notre climat : il y fleurit plus aisément et plus long-temps; aussi est-il cultivé de préférence à l'autre et plus généralement répandu. On multiplie cet arbrisseau par marcottes, qu'on doit choisir parmi les jeunes rejetons des racines. Avant de les coucher, on fait une fente à un de leurs nœuds, comme on le pratique pour les œillets. L'automne est la saison la plus convenable pour cette opération. Quand le laurier-rose est fort, il demande le grand soleil, et beaucoup d'eau dans les fortes chaleurs. Le suc de cet arbrisseau est âcre, caustique, et doit être regardé comme un véritable poison. En Barbarie, les gens du pays brûlent son bois et en font du charbon, qu'ils mettent dans leur poudre à canon.

Le LAURIER-ROSE ODORANT ou DES INDES, *Nerium odoratum*, Linn. Cette espèce offre deux variétés : l'une *à fleurs simples*, qui varient du rose au blanc; l'autre *à fleurs doubles*, panachées de pourpre et de rose clair. Dans l'une et l'autre, les fleurs sont odorantes, et ont leurs anthères très-barbues, et leur couronne intérieure déchiquetée en filets capillaires. Cet arbrisseau croît naturellement dans les Indes orientales, le long des rivières et des côtes maritimes. On le cultive en Europe pour sa beauté. Il se multiplie de la même manière que le *commun*; mais étant plus délicat, son éducation demande plus de précautions et de soins. L'hiver, il exige la serre chaude; et l'été, on ne doit l'exposer en plein air que dans les mois les plus chauds, et toujours dans une situation abritée.

Le LAURIER-ROSE DES TEINTURIERS fournit dans l'Inde un indigo qu'on dit fort abondant et d'excellente qualité. On en a fait un genre sous le nom de WRITHIE.

Le LAUROSE CAUDATE constitue aujourd'hui le genre STRO-PHANTE. (D.)

LAURIER ROSE DES ALPES. C'est le ROSAGE. (B.)

LAURIER ROSE (FAUX). C'est l'ÉPILOBE A FEUILLES ÉTROITES. (LN.)

LAURIER ROSE (PETIT). C'est l'ÉPILOBE ANTONIN. (B.)

LAURIER ROUGE ODORANT. C'est le FRANGI-PANIER (*Plumiera rubra*). (LN.)

LAURIER ROYAL. C'est le LAURIER DES INDES, que l'on cultive pour ornement. (B.)

LAURIER SAINT-ANTOINE. *V*. ÉPILOBE. (B.)

LAURIER SAUVAGE. Nom que les habitans du Ca-nada donnent au GALÉ CÉRIFÈRE, qui croît dans leur pays, et qui n'est probablement qu'une variété de climat du GALÉ DE CAROLINE. (B)

LAURIER SAUVAGE, *laurus sylvestris*. Nom du LAU-RIER-TIN. *V*. VIORNE. (LN.)

LAURIER-TIN. Nom jardinier de la VIORNE-TIN. (B.)

LAURIER DE TREBISONDE ou CURMASI. *Voyez* LAURIER CERISE, *Prunus laurocerasus*. (LN.)

LAURIER TULIPIER. Quelques cultivateurs donnent ce nom au MAGNOLIER A GRANDES FLEURS. (B.)

LAURIER TULIPIFÈRE, *laurus tulipifera*. Rai dé-signe ainsi le MAGNOLIER A FEUILLES GLAUQUES. (LN.)

LAURIFOLIA. Quelques arbres exotiques dont les feuilles ont du rapport avec celles du *laurier* par leurs formes et leur consistance ou leur saveur aromatique, ont été ainsi désignés. Dans leur nombre sont : 1.º le *wintera aromatica*, appelé par Clusius *magellanica aromatica*, et dont l'écorce est la véritable *écorce de Winter*; 2.º le mangostan; 3.º le LA-GETTO qui est le *laurifolia arbor* de Sloane, *Jam*; 4.º le *laurifolia* d'Afrique de Commelin (*Hort.* 1. 95, *t.* 100), qui est sans doute le *sideroxylum mite* ou *melanophleum*. W.; et 5.º plusieurs autres arbres indiqués par C. Bauhin, etc. (LN.)

LAURINE. Variété d'OLIVE. (LN.)

LAURINÉES, *lauri*, Juss. Famille de plantes qui offrent pour caractères : un calice à six folioles ou à six divi-sions, persistant; six étamines, insérées à la base des divi-sions du calice, quelquefois douze étamines, dont six plus intérieures, à anthères adnées aux filamens, s'ouvrant de la base au sommet; un ovaire supérieur, à style unique, à stigmate simple ou divisé; un drupe ou une baie uniloculaire, monosperme; à périsperme nul; à embryon droit; à lobes très-grands; à radicule supérieure.

Les plantes de cette famille sont frutescentes ou arbo
centes, et garnies d'un grand nombre de rameaux. Leurs
feuilles sont simples, alternes, rarement opposées et toujours
dépourvues de stipules. Leurs fleurs hermaphrodites, ou diclines par l'avortement d'un des organes sexuels, affectent
différentes dispositions. La plupart de ces plantes sont aromatiques, précieuses par l'usage que l'on en fait, soit dans
les arts, soit dans l'économie domestique, soit en médecine.

Ventenat, de qui on a emprunté ces expressions, rapporte
à cette famille, qui est la quatrième de la sixième classe de
son *Tableau du Règne végétal*, et dont les caractères sont
figurés pl. 7, n.° 1 des planches du même ouvrage, le seul
genre LAURIER, et par affinité le genre MUSCADIER. Jussieu
lui a rapporté de plus le genre LYSTÉE. *Voyez* ces différens
mots. (B.)

LAURIOT. C'est, en vieux français, le LORIOT. (V.)

LAURO et LAVRO. Noms italiens du LAURIER FRANC.
(LN.)

LAUROPHYLLE, *laurophyllus.* Arbre à feuilles alternes, pétiolées, oblongues, dentées, coriaces, glabres, à
fleurs disposées en panicule terminale, qui croît au Cap de
Bonne-Espérance, et qui forme seul, selon Thunberg, un
genre dans la polygamie dioécie.

Ce genre offre, dans les pieds hermaphrodites, un calice
de quatre folioles; quatre étamines; un ovaire supérieur;
un seul style.

Le fruit n'est pas connu. Il y a des pieds mâles. (B.)

LAUROSE. *V.* au mot LAURIER ROSE et au mot ÉPI-
LOBE ANTONIN. (B.)

LAURUS. C'est le LAURIER chez les Latins et le *daphne*
des Grecs. Pline traite de treize sortes de LAURIERS. Il rappelle : 1.° que celui qu'il nomme *mystax* a les feuilles grandes,
flasques et blanchâtres; 2.° que le *laurus delphicæ* a les baies
grandes et d'un vert rougeâtre, et les feuilles d'une égale
couleur ou plus vertes; 3.° que le *laurus cypriæ* a la feuille
courte, noire, imbriquée et frisée sur les bords; 4.° que le
laurus Tini ou *laurier sauvage* a les baies bleues; 5.° que le
laurus regiæ est un grand arbre à feuilles larges; que 6.° le *laurus*
baccalia qui se surcharge de baies et qu'il est le plus commun; 7.° que le *laurus sterilis* est le laurier des triomphateurs.
Pline indique encore six *lauriers;* mais ces indications ne se
bornent le plus souvent qu'à les nommer. A l'exception du n.° 4
qui pourroit être le *laurier-tin* (*viburnum tinus*), tous les
autres *laurus* ne sont que les variétés du LAURIER proprement
dit (*laurus nobilis*, Linn.)

Caton distingue trois lauriers, le delphique, celui de

Cypre et le sylvatique. Théophraste divise le *daphne* en mâle et femelle. Il faut entendre par-là le laurier *stérile* et le laurier *fertile*, division établie dans les variétés du *laurier commun* par quelques anciens botanistes. Il y a aussi un *daphne sylvatique* que Daléchamps croit être le LAURIER-TIN. Camerarius y rapporte aussi le *laurier sylvatique* de Caton. Le LAURIER-TIN et ses variétés conservent, dans leurs ouvrages et ceux de leurs contemporains, le nom de *laurus sylvestris*. Dioscoride divise le laurier en deux, celui à petites et celui à grandes feuilles.

Le nom de *laurier* vient, selon Ventenat, de *laus*, *laudis*. Il étoit donné au LAURIER, parce qu'une couronne de laurier étoit la récompense des belles actions militaires, raison pour laquelle les Romains nommoient encore cet arbre, la *plante des bons génies*. On croyoit qu'il garantissoit du tonnerre. Les Césars, couronnés de laurier, bravoient la foudre; mais ils tomboient sous des poignards assassins.

Le LAURIER, d'abord seul dans son genre, créé par Tournefort, est maintenant associé à un grand nombre d'espèces intéressantes qui le rendent un des plus beaux connus; c'est en effet dans le genre LAURIER que se trouvent placés les CANNELLIERS, le CAMPHRIER, l'AVOCATIER ou PERSEA, le SASSAFRAS, etc., toutes plantes célèbres qui, avec beaucoup d'autres espèces utiles, ne se plaisent que dans les climats chauds. C'est dans le genre *laurus* que viennent se fondre comme peu distincts les genres *chloroxylon*, Brown. (*Jum.*); *nectandra*, Roth (ou *porostema*, Schr., et *orotea*, Aubl.); *ajovea*, Aubl. (ou *douglassia*, Schreb. *ehrhardia*, Scop., et *endiandra*, R. Brown). Il faut ôter du genre LAURIER quelques espèces mentionnées par Loureiro qui doivent rentrer dans le *litsea*, Lk., où viennent se ranger le *sebifera* et l'*hexanthus*, Loureiro; le *tomex* de Thunberg; le *berrya* de Klein; le *glabraria* de Linnæus; le *fiwa* de Gmelin, et le *tetranthera* de Jacquin.

Les genres *daphne* (*V.* LAURÉOLE), *eugenia* (*Jambosier*) et *magnolia*, contiennent quelques plantes décrites comme des espèces de lauriers, mais à tort. (LN.)

LAUS. Nom allemand du POU. (DESM.)

LAUSERDE. La LUZERNE, en Provence. (LN.)

LAUSFISCH. L'un des noms allemands de l'ALOSE. (DESM.)

LAUSFLIÈGE. Les HIPPOBOSQUES sont ainsi appelées en Allemagne. (DESM.)

LAUVINES, LAVANGES ou AVALANCHES. Masses de neiges qui se détachent du haut des montagnes, et qui

occasionent quelquefois de grands ravages. *V.* Avalanches. (PAT.)

LAUXANIE, *lauxania*, Latr., Fab. Genre d'insectes
de l'ordre des diptères, famille des athéricères, tribu des
muscides.

Trois genres de cette tribu, les *sépédons*, les *loxocères*
et les *lauxanies* sont remarquables par la longueur relative
de leurs antennes, qui excède notablement celle de la tête;
ces organes, dans les deux derniers genres, ont leur dernier
article beaucoup plus long que les autres, et d'une forme
presque linéaire, ce qui distingue ces diptères des sépédons.
Le corps des lauxanies est court, arqué en dessus, avec la
tête comprimée transversalement, et l'abdomen triangulaire et aplati; le premier article de leurs antennes est plus
long que le suivant; elles ne sont point insérées sur la partie
la plus élevée de la tête; les ailes sont plus longues que le
corps et courbées postérieurement. Ces caractères empêche-
ront de confondre les lauxanies avec les loxocères. Les antennes, dans ces deux genres, sont d'ailleurs écartées à leur
naissance, avec les deux premiers articles courts, obconiques,
et une soie, en façon d'aigrette, un peu velue, insérée près
de la base du dernier article.

Lauxanie rufitarse, *lauxania rufitarsis*, Latr.; *lauxania
cylindricornis*, Fab.; Coqueb. *Illust. icon. insect.*, dec. 3, tab.
24, *fig.* 4. Ce diptère, long d'environ deux lignes, est noir,
luisant, poilu, avec les ailes et les tarses d'un roux jaunâtre.

On le trouve dans les bois des environs de Paris et en Allemagne. Fabricius cite deux autres espèces, qui habitent
l'Amérique méridionale. (L.)

LAU-YEP. Nom donné, en Chine, au Bétel (*piper
betle*, Linn.). (LN).

LAUZ. *V.* Lus. (LN.)

LAUZE. Nom qu'on donne, dans le département de la
Lozère, à des Ardoises grossières dont on se sert pour couvrir les maisons. *V.* Laouzo. (LN.)

LAUZER et LAZER. Noms patois des Lézards. (DESM.)

LAVACHE. *V.* Livèche. (LN.)

LAVAGLASS. Quoique les Allemands aient donné ce nom
à des obsidiennes noires, ils désignent par-là plus particulièrement le *quarz hyalin concrétionné* de M. Haüy. *V.* Quarz
et Hyalite. (LN.)

LAVAGNE. Espèce d'*ardoise* qu'on tire d'un lieu appelé
lavagne, situé sur la côte de Gênes, dont cette pierre a pris
le nom. Elle est d'une excellente qualité, et tellement impé-
nétrable aux liquides, qu'on s'en sert à Gênes pour revêtir

'intérieur des citernes qu'on remplit d'huile d'olive ; et comme elle peut se débiter en dalles de l'épaisseur et de la grandeur qu'on juge à propos, et qui sont parfaitement planes, les peintres l'ont quelquefois employée au lieu de toile ou de parquet de bois , pour en faire des tableaux.

(PAT.)

LAVANCHE. *V.* **Avalanche.** (s.)

LAVANDE, SPIC, STOECHAS, *Lavandula*, Linn. (*Didynamie gymnospermie.*) Genre de plantes de la famille des labiées, qui comprend des herbes et de petits arbustes, dont les feuilles sont opposées, et dont les fleurs naissent en épis à l'extrémité des rameaux. Chaque fleur est enfermée dans un calice persistant, strié, d'une forme ovale, cylindrique, ayant une bractée à sa base et cinq petites dents à son sommet. La corolle est monopétale et renversée ; son tube dépasse le calice, et son limbe présente deux lèvres formées par cinq lobes arrondis et inégaux ; les étamines, au nombre de quatre, dont deux plus longues , se trouvent insérées au tube de la corolle. Au centre est un germe divisé en quatre parties et surmonté d'un style de la même longueur que le tube. Il est remplacé par quatre petites semences ovoïdes, contenues dans le calice.

Ce genre ne renferme qu'une douzaine d'espèces ; les plus intéressantes sont :

La **Lavande commune,** *Lavandula spica*, Linn. Arbuste connu de tout le monde par l'odeur aromatique et agréable qu'exhalent ses fleurs, même desséchées. Il s'élève à la hauteur d'environ deux pieds, sur une souche ligneuse et courte, qui se divise en rameaux presque nus vers leur sommet, et garnis, à leur partie inférieure, de feuilles étroites , lancéolées, très-entières et à bords souvent repliés en dessous. Les fleurs , ordinairement bleues , sont disposées en épi. Cet arbuste croît naturellement dans le midi de la France et de l'Europe. On le cultive dans tous les jardins. Il fleurit au milieu de l'été. Il offre deux variétés, l'une à fleurs blanches, l'autre à feuilles larges ; celle-ci est l'*aspic* des Provençaux.

Les fleurs de lavande ont une odeur forte et agréable ; elles entrent dans les parfums. Le principe odorant qu'elles contiennent n'est point fugace ; elles le conservent très-long-temps. Aussi enferme-t-on ces fleurs sèches dans des sachets et dans les armoires et les garde-robes, pour donner une bonne odeur au linge , et pour écarter les mites, les teignes et autres insectes nuisibles.

La lavande à feuilles larges, appelée *aspic*, *nard* ou *lavande mâle*, donne une huile essentielle très-inflammable et d'une odeur pénétrante, qu'on nomme *huile d'aspic;* elle est bonne contre les vers et pour chasser les insectes; les peintres en émail en font aussi usage. On nous l'apporte des parties méridionales de la France; mais elle est souvent falsifiée et mêlée avec de l'esprit-de-vin ou de l'huile de térébenthine ou de ben.

La Lavande multifide ou a feuilles découpées, *Lavandula multifida,* Linn. Cette espèce, originaire de l'Andalousie, n'est point ligneuse comme la précédente. Elle a une tige laineuse, garnie de feuilles cendrées ou blanchâtres, opposées et découpées jusqu'à la côte du milieu, en plusieurs parties, subdivisées elles-mêmes en d'autres segmens obtus. Les fleurs bleuâtres ou blanches sont rangées en spirale autour des épis; elles paroissent au milieu de l'été. On cultive cette plante dans les jardins comme ornement. Elle aime une terre légère et neuve, se sème d'elle-même et ne subsiste que deux ans.

La Lavande élégante, *lavandula elegans,* Mus. On l'appelle aussi *lavande des Canaries,* parce qu'elle croît naturellement dans ces îles. Ses feuilles sont presque unies, plus longues, et découpées en segmens plus étroits que celles de l'espèce ci-dessus. Son épi de fleurs est brun ou bleuâtre. Cette plante a un port très-élégant, et figure agréablement dans les parterres.

La Lavande stæchas, *lavandula stæchas,* Linn. C'est le *stæchas des boutiques,* dont on fait usage en médecine, et qui a à peu près les mêmes propriétés que la *lavande commune.* Cet arbuste est très-commun dans le midi de la France et en Espagne. Ses feuilles sont lancéolées, linéaires et très-entières, et ses épis sont couronnés par une houppe de grandes bractées colorées. Ses fleurs varient dans leur couleur, tantôt blanche, tantôt pourpre et communément bleue.

La Lavande dentelée, *Lavandula dentata,* Linn. Elle a, comme la précédente, un toupet de bractées colorées qui couronne ses épis de fleurs; mais les épis sont plus lâches et un peu plus allongés. D'ailleurs, ses feuilles sont sessiles, linéaires, ailées et dentées.

La lavande des anciens paroît être le Nard indien des modernes, c'est-à-dire, le collet des racines de la Valériane jatamansi de Roxburg. (D.)

LAVANDIÈRE. *V.* le genre Hoche-queue. (V.)

LAVANDIÈRE. Nom vulgaire du Callionyme lyre. (B.)

LAVANDOU. Suivant C. Bauhin, le lavandou des Chinois, mentionné par le voyageur Linschott, est le Galanga minor des boutiques. (LN.)

LAVANDULA, du verbe latin *lavare* , laver. La lavande étoit ainsi nommée par les Romains , parce qu'elle servoit dans les bains. Son nom et son port la ramènent au *stœchas* de Mésué. On croit que c'est le *pseudo-nardus* ou l'*iphyum* de Pline, et le *casia alba* de Théophraste. La LAVANDE est le type du genre *lavandula* de Tournefort qui , réuni au *stœchas* du même auteur, forme le genre *lavandula* , Linn. La *chataire multifide* a été placée dans ce genre par Gmelin (*Fl. sib.*) et J. Amman. (LN.)

LAVANÈSE, *lavanesia*. Genre de plante qui a été aussi appelé BRISSONIE et TÉPHROSIE. (B.)

LAVANÈSE. C'est un des noms du GALÉGA COMMUN. (B.)

LAVANGES ou LAVANCHES. Masses de neiges détachées du sommet des montagnes , et qui , dans leur chute, acquièrent en roulant un volume quelquefois énorme et capable de couvrir plusieurs maisons. *V.* AVALANCHES. (PAT.)

LAVANNA , LAVAMANI et LAVANÈSE. Trois noms italiens du GALÉGA OFFICINAL ou COMMUN. Le dernier a passé dans la langue française. (LN.)

LAVARELLA. Nom italien de la BERLE A LARGE FEUILLE (*sium latifolium*). (LN.)

LAVARET. Poisson du genre SALMONE (*Salmo lavaretus,* Linn.). (B.)

LAVATERA. Genre de malvacée consacré à la mémoire du fameux Lavater de Zurich. Le *lavatera* de Tournefort est fondé sur le *lavatera trimestris* , Linn.; mais celui de Linnæus comprend les *lavatera* et les *althœa* de Tournefort et quelques espèces de *malva* du même. Moench partage ce genre de Linnæus en trois, d'après la forme du fruit , savoir :

1.º ANTHEMA : capsule insérée sur un réceptacle en colonne centrale alvéolaire, nue. Ex. *lavatera arborea et cretica*.

2.º OLBIA : capsule sur un réceptacle colomnaire central, et munie de membrane. Ex. *lavatera micans et olbia* , Linn.

3.º LAVATERA (*stegia*, Decand.): capsule sur un réceptacle fongueux en forme de plateau épais à bord relevé. Ex. *L. trimestris*.

Ce dernier genre est seul adopté par quelques naturalistes, parce qu'il se distingue encore par son calice extérieur à cinq divisions. *V.* ci-après. (LN.)

LAVATÈRE, *lavatera*. Genre de plantes de la monadelphie polyandrie , et de la famille des malvacées, qui présente pour caractères: un calice double, l'intérieur à cinq, et l'extérieur à trois divisions; une corolle de cinq pétales en cœur, réunis à leur base et au tube des étamines; des étamines nombreuses, dont les filamens sont réunis inférieurement en un tube cylindrique; un ovaire supérieur, orbiculé, sillonné, surmonté d'un style divisé supérieurement en dix à vingt stigmates sétacés; dix à vingt capsules monospermes, ramassées en un plateau orbiculaire, sur un réceptacle aplati, muni d'un axe, et s'ouvrant par leur côté intérieur.

Ce genre fait l'objet d'une monographie de Cavanilles. Le genre OLBIA, fait à ses dépens, n'a pas été adopté. Il renferme une vingtaine d'espèces, la plupart d'Europe, dont les unes sont des arbustes, les autres des plantes vivaces ou annuelles. Elles ont toutes les feuilles alternes, simples ou lobées, et les fleurs axillaires, et ne différant des MAUVES que par leur calice extérieur.

Les principales espèces de lavatères, sont :

La LAVATÈRE A FEUILLES POINTUES, *lavatera olbia*, qui a la tige frutescente, les feuilles à cinq lobes et écartées, et les pédoncules solitaires. On la trouve dans les parties méridionales de la France. C'est un arbrisseau très-agréable à voir quand il est en fleur, et qu'on cultiveroit dans tous les jardins d'agrément, s'il n'étoit pas si sensible à la gelée.

La LAVATÈRE ARBORÉE a la tige épaisse, des feuilles en cœur, à sept lobes et pubescentes, et les fleurs disposées en bouquets. Elle est bisannuelle, mais acquiert la grosseur et la solidité d'un arbuste. On la trouve dans les parties méridionales de l'Europe.

La LAVATÈRE A GRANDES FLEURS, *lavatera trimestris*, a les feuilles en cœur, lobées et anguleuses; les pédoncules solitaires, uniflores, et le fruit operculé. Elle est annuelle et se trouve dans les parties méridionales de la France. Elle est remarquable par les opercules qu'on observe sur ses capsules. (B.)

LAVÉNIE, *lavenia*. Genre de plantes établi par Swartz, dans la syngénésie superflue et dans la famille des corymbifères. Il offre pour caractères: un calice composé de folioles presque égales; un réceptacle nu, portant des fleurons hermaphrodites; des semences surmontées de trois arêtes glanduleuses à leur extrémité.

Ce genre, qui est le même que l'ADÉNOSTÈME de Forster, renferme deux espèces, dont l'une est la COTULE VERBÉSINE, et l'autre la VERBÉSINE LAVÉNIE de Linnæus. Cette dernière est le *patumba* de Rheede. (B.)

LAVER des Romains. Selon Dodonée, c'est le CRESSON DE FONTAINE (*sisymbryum nasturtium*), mais Fuchsius rapporte le *laver*, qui est aussi le *sium* ou *sion* des anciens, à la BERLE A FEUILLES ÉTROITES (*sium angustifolium*) et Lobel à la

BERLE A LARGES FEUILLES (*sium latifolium*). Le *laver minus*
de Lonicerus est notre **OEnanthe aquatique. (ln.)**

LAVERIN. Ce sont les recoupes de **Pierres calcaires,**
aux environs de Beaune. (b.)

LAVES (*pierre de laves*). On appelle ainsi, en Bourgogne,
une sorte de *piérre calcaire*, qui se divise facilement suivant
le sens de ses lits, et dont les feuillets sont employés en guise
de tuiles, malgré leur grande pesanteur et leur inégalité.
(DESM.)

LAVES PORPHYRITIQUES. *V.* l'article **Laves.** (ln.)

LAVES. Matières embrasées qui sortent des volcans sous
une forme plus ou moins fluide ou pâteuse, et qui se répandent sur les flancs de la montagne et dans les campagnes voisines, en immenses courans, quelquefois de plusieurs centaines de toises de large, et de plusieurs lieues de longueur.

Pour sortir du volcan, la *lave* tantôt s'élève jusqu'aux bords
du cratère, d'où, s'échappant par l'endroit le plus foible, elle
y forme une vaste brèche : tantôt elle se fait jour à travers les
flancs ou vers le pied même du volcan, où il se forme une
nouvelle montagne conique, quelquefois très-considérable,
en fort peu de temps.

C'est ainsi que près de cent montagnes, suivant Dolomieu,
se sont élevées sur l'immense base de l'Etna. L'une de ces
montagnes est aussi grande que le Vésuve, et plusieurs autres
ont environ mille pieds d'élévation sur une lieue de circonférence : telle est le *Monte-Rosso*, que l'éruption de 1669 forma, dans l'espace de trois mois, par des éjections de sables
et de scories, après que cette nouvelle bouche eut vomi une
immense coulée de lave, qui fut couvrir une partie de la ville
de *Catane*, et qui occupe un espace d'une lieue et demie de
large, sur cinq lieues de longueur.

Dans l'éruption de 1787, l'on vit au contraire la lave s'élever jusqu'au sommet du cône, à dix mille pieds de hauteur,
remplir son immense cratère de six mille pieds de diamètre,
et se répandre par-dessus ses bords.

Les mêmes phénomènes s'observent au Vésuve ; souvent
c'est le cratère supérieur qui se remplit : d'autres fois il se
fait des ouvertures latérales, comme dans l'éruption de 1794.
La lave se fit jour sur les deux flancs opposés de la montagne :
l'une des bouches la vomissoit du côté du couchant, vers le
rivage de la mer ; l'autre, dans la partie orientale. Toutes
deux agissoient en même temps ; celle du côté de la mer étoit
la plus élevée, et l'éruption y étoit beaucoup plus véhémente
et plus considérable : c'est celle qui détruisit la ville de *la
Torre-del-Greco*, et qui s'avança de trois cents pieds dans la
mer.

L'origine des laves a été, jusqu'à présent, une source in-
tarissable de conjectures et d'hypothèses : on a cru devoir
expliquer ce phénomène comme une chose ordinaire, quoique tout annonce que cette opération de la nature diffère de
tous les faits connus. On n'a pas pu se dissimuler les difficultés, mais désespérant de les vaincre, on les a laissées de côté.
Pour les résoudre, il falloit nécessairement le concours de la
géologie et de la chimie, et l'étude que j'ai faite toute ma vie
de ces deux sciences, m'a donné l'espoir de porter enfin
quelque lumière sur cette matière obscure : c'est ce que j'ai
tâché de faire dans mes *Recherches sur les Volcans*, lues à
l'Institut, le 1.er ventôse an VIII, et publiées le mois suivant,
dans la *Décade philosophique*, et dans le *Journal de physique*.

Suivant ma théorie, les laves sont formées, et tous les
phénomènes volcaniques sont produits par des fluides aériformes qui circulent dans l'écorce de la terre, et qui se modifient d'une manière analogue au règne minéral ; de même
qu'en circulant dans les végétaux, ils s'y modifient d'une manière analogue aux règnes organisés (1); car toutes les opérations de la nature se tiennent par la main. *Voyez* ASSIMILA-
TION et VOLCAN.

Suivant le système actuellement régnant, la matière des
laves est fournie par les roches de l'intérieur de la terre qui
ont été fondues dans son sein, a l'exception des cristaux
qu'elles contiennent, et qui forment quelquefois la presque
totalité de leur masse. C'est la doctrine que renferment les
ouvrages les plus récens et les plus distingués, notamment
les *Voyages* du célèbre Breislak dans la Campanie. Et l'on
admet que cette fusion des roches est opérée par l'inflammation des pyrites et de la houille.

Avant que les *Voyages de Breislak* eussent paru, j'avois
donné moi-même mon *Histoire naturelle des Minéraux*, dont
j'offris un exemplaire à l'Institut, le premier pluviose an IX.

Au reste, pour me justifier d'avoir osé donner une théorie
de la formation des laves, si différente du système reçu, j'ai
commencé, dans mes *Recherches sur les Volcans*, par exposer
quelques-unes des innombrables difficultés qui sont insépa-
rables de ce système.

Comment, en effet, pourroit-on concevoir, par exemple,
que des roches capables de former une montagne de mille
pieds d'élévation, c'est-à-dire, quatre fois plus haute que
Montmartre, aient pu être fondues dans le sein de la terre,
et fondues si complétement, que les cristaux qu'elles con-

___

(1) Cette singuliere opinion de M. Patrin est une suite du système
qu'il s'étoit formé plutôt *a priori*, que par l'observation des faits. (LX.

tiennent en soient détachés par des courans de vapeurs qui les emportent avec eux dans les airs? Tous les feux du Tartare ne suffiroient pas pour une semblable opération. Les cristaux d'ailleurs, qu'on prétend avoir été si bien conservés, se fondent en même temps que la lave, dans nos petits fourneaux; et c'est là une autre difficulté.

Si les laves étoient des roches fondues par des embrasemens de pyrites, de houille, ou de toute autre matière combustible, comment se feroit-il que, dans les éjections, soit récentes, soit anciennes, de tous les volcans de la terre, soit éteints, soit en activité, on n'eût jamais trouvé le moindre vestige de matière ou charbonneuse ou fuligineuse? Il seroit bien surprenant que les laves n'en eussent pas enveloppé quelque petite portion qu'on pût encore reconnoître, puisqu'on nous assure qu'elles ont conservé intacts des morceaux de pierre calcaire.

Mais, en supposant pour un moment que cette merveilleuse fusion puisse s'opérer, quelle est la puissance capable d'élever à dix mille pieds de hauteur perpendiculaire au-dessus du niveau du sol, toute cette masse de matière fondue, pour remplir le cratère de l'Etna; sans compter la profondeur du foyer qu'on dit être bien plus considérable encore?

Seroient-ce des gaz élastiques qu'on supposeroit dans la matière de la lave, qui la feroient gonfler et monter comme le lait sur le feu? Mais ces gaz n'existent pas dans la lave, puisque toute celle qui n'est pas exposée au contact de l'atmosphère est parfaitement compacte, et n'a pas de soufflures sensibles.

Seroit-ce, comme l'ont prétendu quelques auteurs, l'eau de la mer qui pénètre dans le foyer des volcans, et qui, en se dilatant, chasse la lave au dehors? Mais cette eau ne pourroit pénétrer dans ce foyer, que de trois manières, ou par-dessus la lave fondue, ou latéralement, ou par-dessous.

Si elle se répandoit sur la surface de la lave, elle ne feroit que se réduire en vapeurs qui sortiroient sans effort par l'ouverture du cratère; comme celle qu'on jette sur un pot de verre fondu qui se décompose ou sort en vapeurs par la cheminée du fourneau.

Si l'eau arrivoit latéralement ou par-dessous la lave, elle ne produiroit pas plus d'effet; car, dès l'instant où elle approcheroit de cette matière incandescente, elle se réduiroit en vapeurs qui reflueroient nécessairement du côté où elles trouveroient le moins de résistance; et il est évident que c'est dans le passage même par où elles seroient venues; car l'eau étant un fluide très-aisément perméable aux vapeurs, celles qui se formeroient par le contact de la lave incandescente ne pourroient donc faire autre chose que de s'échapper à travers l'eau de la mer, où elles seroient bientôt condensées, ou s'échapperoient à sa surface en la faisant bouillonner.

Je n'ai pas besoin, je crois, pour réfuter davantage cette supposition, d'invoquer les lois de l'hydrostatique, pour prouver qu'une colonne de lave, qui est près de trois fois aussi pesante spécifiquement qu'une colonne d'eau correspondante, et qui a encore, par-dessus la colonne d'eau, une élévation de dix mille pieds, pousseroit elle-même, par son incalculable pression, des rameaux de lave dans les fissures de la roche qui seroient complétement obstruées par cette lave qui ne tarderoit pas à s'y figer.

J'observerai encore, qu'en supposant l'existence de ces vastes cavernes, et des fissures qui communiquent à la mer, il sembleroit que, pendant les temps de repos du volcan, l'eau de la mer devroit tranquillement remplir ces cavernes, et, de proche en proche, arriver jusqu'au principe de l'incendie, quelque part qu'on veuille le placer, et que cette masse d'eau devroit finalement l'éteindre.

Mais je laisse, pour un moment, ces difficultés de côté, et je dis : voilà des montagnes entières sorties du sein de la terre à l'état de pierres fondues ; et, pour les fondre, il a bien fallu des montagnes de combustibles, au moins trois ou quatre fois plus considérables encore. Voilà donc qu'il existe des vides dans le sein de la terre, qui sont d'une étendue immense. Voilà des abîmes creusés sous nos pas : il devra donc y avoir des provinces entières englouties, ou tout au moins des affaissemens proportionnés aux vides occasionés par l'incendie souterrain, comme cela ne manque jamais d'arriver partout où il y a combustion des couches de charbon de terre ; et ces éboulemens ou ces affaissemens seroient même d'autant plus inévitables, que les voûtes de ces prétendues cavernes seroient au moins ramollies par ces feux qui ont la propriété de fondre si efficacement le granite et le porphyre, au moins comme on le prétend.

Cependant jamais rien de semblable n'est arrivé dans les contrées qui sont le plus criblées de volcans, et l'on y voit constamment tout le contraire : partout le sol s'y exhausse d'une manière étonnante. Qu'on jette les yeux sur les environs de Rome : on voit là, qu'une surface immense de six cents lieues carrées est toute couverte de matières volcaniques. La montagne appelée *Roca-di-papa* en est entièrement composée, et cette montagne a deux mille six cents pieds perpendiculaires d'élévation. Les montagnes de *Frascati*, d'*Albano*, etc., sont de la même nature. Rome elle-même est bâtie sur sept montagnes volcaniques.

S'il existoit sous terre des vides proportionnés à tant de matières vomies, les Etats du pape n'existeroient que par miracle, et l'ancienne capitale du monde seroit à chaque instant menacée d'être engloutie dans d'épouvantables abîmes. Mais rassurez-vous, Romains, ces vides n'existent que dans un système.

Il en est de même des environs de Naples : sur un espace de quatre à cinq lieues de long sur deux de large, Breislak a reconnu trente-cinq volcans, dont quelques-uns ont un cratère plus vaste que celui de l'Etna ; et tout le pays est tellement exhaussé par leurs éjections, que par-tout où l'on fait des puits, il faut creuser à cinquante, cent, et jusqu'à cent cinquante pieds de profondeur, pour arriver à la dernière lave.

Dans les plaines de Capoue et d'Averse, qui ont cinq à six lieues de diamètre, on trouve la lave à plus de soixante pieds sous la surface du sol. On y découvre des édifices entiers, couverts de tufs et de pouzzolanes.

Tout le monde sait aujourd'hui qu'*Herculanum*, voisin de Naples, n'a point été *englouti* comme l'ont dit des gens qui écrivoient au hasard ; mais qu'il a été couvert d'une épaisseur de cent pieds de cendres du Vésuve.

Il en est de même encore de la Sicile : l'Etna, cette montagne gigantesque, dont le sommet se perd dans les nues, à dix mille pieds d'élévation, et dont la base couvre un espace de soixante lieues de circonférence, est entièrement formée de produits volcaniques, de même que cette centaine de montagnes qui se sont élevées sur ses flancs, et qui sont, pour la plupart, des montagnes très-considérables.

Toute cette masse prodigieuse est sortie du sein de la terre, où l'on prétend qu'elle a été fondue par des matières combustibles : et ces matières ne seroient pas encore épuisées, depuis tant de siècles qu'elles sont embrasées ! Et qui pourroit la calculer cette série de siècles ? Je ne dirai pas qu'Homère et les plus anciens auteurs ont parlé de ce terrible volcan ; que seroient trois mille ans comparés à son antiquité ? Il existoit déjà quand la mer étoit encore à quatre cents toises au-dessus de son niveau actuel. Le chevalier Gioenni et Dolomieu nous apprennent que les productions marines qui couvrent une partie de sa surface, s'y trouvent par grands amas jusqu'à cette élévation. Que de milliers d'années n'a-t-il donc pas fallu pour que la mer, dans sa diminution lente et graduelle, soit descendue au point où elle baigne aujourd'hui le pied de cette même montagne ! Et, je le répète, comment se feroit-il que des matières combustibles se trouvassent toujours sous sa base dans une égale abondance, pour produire perpétuel-

lement les mêmes effets ? Cela paroît, je l'avoue, trop difficile à concevoir.

Et comment d'ailleurs expliquer, d'après le système actuel,
les temps de calme et d'inaction des volcans ? Ne sembleroit-
il pas, au contraire, que les matières combustibles une fois
embrasées, l'incendie, bien loin de se ralentir et de s'inter-
rompre, devroit continuer avec plus de violence, jusqu'à ce
que le défaut d'alimens l'éteignît pour toujours ?

Cependant, nous voyons qu'après un repos de plusieurs
années, l'Etna, tout à coup, dans le mois de juillet 1787,
a rempli de lave son immense cratère; et le courant qu'il a
vomi forme, suivant les calculs du chevalier Gioenni, témoin
oculaire, la masse énorme de six milliards de pieds cubes.
(Dolomieu, *Iles Ponces*, pag. 501.)

De même, le Vésuve, en 1796, a tout à coup vomi deux
torréns de lave, dont le volume est, suivant les calculs du
savant Breislak, de six cent quarante-huit millions de pieds
cubes (ou trois millions de toises cubes).

Il paroît impossible de concilier ces crises périodiques avec
l'idée d'un amas de combustibles embrasés, dont l'action devroit être non-interrompue.

Enfin, s'il étoit vrai que les laves et les autres produits volcaniques eussent laissé des vides énormes dans le sein de la
terre, comment se feroit-il que lorsque les volcans viennent
à s'éteindre, leurs cratères se convertissent en lacs qui se
trouvent quelquefois élevés de plusieurs centaines de toises
au-dessus des plaines environnantes ? Comment concevoir
qu'une colonne d'eau qui se prolongeroit depuis la surface
de ces lacs jusque dans la profondeur des abîmes, ne se fît
pas jour quelque part ? L'existence de ces lacs me paroît totalement incompatible avec l'existence des cavernes souterraines.

Elle n'a rien, au contraire, de merveilleux dans ma théorie; car il n'y avoit d'autre ouverture au fond de ces cratères, que les légers interstices qui existent naturellement
entre les couches schisteuses, et par où s'échappoient les
fluides gazeux qui ont produit tous les phénomènes volcaniques; et il est aisé de concevoir qu'un peu de pouzzolane
a bientôt fermé ces vides.

Je passe maintenant à l'examen des difficultés que présente, dans le système actuel, la contexture même des laves,
qui semble s'opposer fortement à l'hypothèse de leur formation, par des roches fondues dans le sein de la terre.

Il y a des laves qui sont parfaitement réconnues pour des
matières qui ont dû être dans un état de fluidité, puisqu'elles ont coulé comme des torrens, et qui néanmoins res-

semblent si bien aux porphyres , aux granites , à la horn-
blende et à d'autres roches primitives , que les plus célèbres
observateurs n'ont qu'une voix pour dire que , sans le secours
des circonstances locales , il seroit impossible de les distinguer d'avec ces roches.

On a tenté d'expliquer cette ressemblance , en disant que
le feu volcanique , tout merveilleux dans ses effets , fondoit
les pierres sans altérer le moins du monde leur contexture ;
et que cette matière fondue , après avoir bouillonné dans les
fournaises du volcan , après avoir été ballottée , tourmentée
de mille et mille manières , reparoissoit au grand jour , sans
qu'aucune de ses parties eût été déplacée de l'épaisseur d'un
cheveu : de sorte que le granite , par exemple , dont toutes les
molécules sont *cristallisées* et engrenées les unes dans les autres,
avoit été fluide , sans cesser un instant d'être tout cristallisé :
ce qui me paroît , je l'avoue , infiniment difficile à concevoir.

Mais le granite n'est pas la seule substance qui présente
cette difficulté : Dolomieu parle d'une *lave entièrement composée* de cristaux lamelleux de feld-spath qui se croisoient en
tous sens , et il ajoute en même temps que *cette lave est très-
fusible*. (*Iles Ponces* , pag. 206 , n.° 1.)

Cependant , un des points essentiels de la doctrine ac-
tuelle , et auquel on paroît tenir le plus fortement , c'est que
aucune substance *cristallisée* vomie par les volcans , n'a éprouvé la fusion. Voilà donc deux merveilles également surpre-
nantes qui se trouvent réunies dans la même lave : elle a coulé
comme de l'eau , quoiqu'il n'y eût rien de fondu , puisque
rien n'a cessé d'y être cristallisé ; et rien n'a été fondu,
quoique tout fût extrêmement fusible.

Le savant observateur Fleuriau de Bellevue a décrit la lave
de *Capo-di-Bove* , qui couvre un vaste terrain aux environs
de Rome , et que sa solidité rend d'un usage infiniment avantageux pour la construction des routes. Cette lave est composée uniquement de cinq espèces de cristaux différens , sans
aucun mélange d'autre matière ; *et l'on voit* , dit l'auteur ,
qu'ils sont agrégés , et se pénètrent les uns les autres. (*Journ. de
Phys.* frimaire an 9.) Il y a mille exemples semblables :
j'en citerai quelques-uns en faisant l'énumération des principales variétés de laves.

Ce qui paroît avoir déterminé les naturalistes à supposer
que toutes les substances cristallisées qui se trouvent dans les
laves , étoient déjà préexistantes dans les roches , ou plutôt
que ce sont les roches elles-mêmes qui viennent de l'intérieur de la terre à sa surface , sans éprouver le moindre
changement , c'est qu'ils ont parfaitement senti qu'on ne
pouvoit pas admettre que les différentes roches , avec tous

les cristaux qu'elles renferment, pussent reprendre leur première forme après avoir éprouvé la fusion.

Ils savoient que la nature ne connoît pas de palyngénésie, et qu'elle tend toujours à produire des êtres nouveaux avec les élémens des anciens : ils savoient que toutes les roches sont composées des mêmes terres, et qu'aussitôt que leurs molécules ont été désunies par l'action du feu, elles sont bien plus disposées à prendre de nouvelles formes, qu'à retourner à leur ancien mode d'agrégation.

Les laves, d'ailleurs, offrent des faits qui seroient contradictoires entre eux dans l'hypothèse de la fusion des roches. on y voit, par exemple, du feld-spath qui porte tous les caractères d'une fusion complète, et qui contient en même temps des cristaux de la même nature, qui sont parfaitement intacts : contrariété qu'on tâchoit d'expliquer, en disant qu'un de ces feld-spaths étoit fusible aux feux volcaniques, et que l'autre ne l'étoit pas.

Les difficultés sont encore augmentées par une autre circonstance que présentent les laves ; c'est qu'outre les cristaux analogues à ceux que nous connoissons dans les roches primitives, elles en renferment un grand nombre d'autres, qu'on n'observe point ailleurs que dans les matières volcaniques : notamment, la *leucite* ou *amphigène*, l'*olivine* ou *péridot des volcans*.

La présence de ces cristaux inusités a fait conclure à quelques naturalistes, notamment à M. Deluc (le cadet), que « les laves proviennent de couches qui, nous étant inconnues, doivent exister au-dessous de toutes les couches observables. » (*Bibl. brit.*, n.º 130, pag. 87.) (1).

Cette hypothèse, comme on voit, n'est guère propre à diminuer les difficultés, puisqu'elle oblige à supposer que le foyer des volcans est à une profondeur immense ; mais c'est le caractère distinctif de toutes les fausses suppositions, de nous forcer, à chaque pas, à faire de nouvelles suppositions qui deviennent de plus en plus invraisemblables.

Il y a encore une production volcanique qui ne contribue pas non plus à rendre favorable la théorie régnante : je veux parler des blocs de pierre calcaire que le Vésuve et son prédécesseur le mont Somma, ont rejetés depuis leurs plus anciennes éruptions, et qu'on voit encore paroître aujourd'hui (2).

____

(1) C'est aussi l'opinion de Dolomieu. (LN.)

(2) Je dois prévenir que les blocs de pierre calcaire dont il est question dans ce paragraphe et le suivant, rentrent dans la catégorie des pierres rejetées intactes par le Vésuve, et qui appartiennent à cet âge où ses premières éruptions brisèrent les premières couches

Cette pierre calcaire a des caractères fort variés : souvent elle ressemble à du marbre grec, par sa couleur blanche et son grain cristallisé ; mais elle offre, dans son intérieur, des cavités arrondies, et qui portent les caractères de la vitrification ; et ce qu'il y a de plus remarquable, c'est que toutes les espèces de cristaux qui sont spécialement l'apanage des matières volcaniques, tapissent fréquemment ces cavités, et se trouvent en abondance dans la pâte même de cette substance pierreuse : ce qui semble annoncer, d'une manière bien évidente, qu'elle est elle-même un produit volcanique proprement dit.

Cependant comme elle fait effervescence avec les acides, on n'hésite pas à la regarder comme une pierre calcaire primitive parfaitement intacte. Et pour expliquer comment une pierre calcaire pouvoit conserver son acide carbonique au milieu de ces gouffres embrasés, que l'imagination a créés dans le sein de la terre, on dit qu'une pierre calcaire peut supporter, sans altération, le plus violent degré de feu, tant qu'elle est complétement enveloppée par la lave, qui ne permet point à l'acide carbonique de s'échapper.

Il sembleroit néanmoins que le calorique devroit réduire en gaz cet acide qui ne manqueroit pas de se dissiper en faisant boursoufler son enveloppe de lave. Mais ce n'est pas tout ; et je demande maintenant comment cette enveloppe a disparu, car les blocs calcaires en sont parfaitement dépouillés. Sont-ce les vapeurs acides qui l'ont décomposée, comme le soutient M. Deluc (le cadet), relativement à la prétendue enveloppe des cristaux de pyroxène : ou bien est-ce la violence du calorique animé par le soufre qui l'a volatilisée, comme le suppose Dolomieu en parlant aussi des pyroxènes Mais dans l'un et l'autre cas, le carbonate calcaire ne pouvoit certainement pas demeurer intact : avec l'acide sulfurique il eût été converti en gypse ; avec le soufre il eût formé un sulfure terreux. Et si l'on suppose que c'est le calorique seul qui a volatilisé la lave qui l'enveloppoit, il est alors évident que le bloc calcaire, violemment pénétré de feu, devoit, à l'instant même, perdre son acide carbonique ; et se convertir en chaux caustique.

Cependant rien de tout cela n'est arrivé, par la raison que cette pierre n'existoit point dans le volcan, et qu'elle a été instantanément formée par les *fluides volcaniques*, de même que toutes les autres éjections. *V.* VOLCAN.

à travers lesquelles elles se sont fait jour. Le Vésuve ne rejette plus aucune espèce de pierre de ce genre. Les volcans même qui en présentent sont très-rares. (LN.)

J'avois fait remarquer, dans mes *Recherches*, l'invrai-
semblance de la préexistence de cette pierre calcaire, et le
savant Breislak la regarde aujourd'hui comme un véritable
produit volcanique ; il va même beaucoup plus loin, car il
pense qu'on peut en dire autant des montagnes de marbre de
Carrare.

Le marbre de Carrare, non-seulement n'offre aucun des
caractères volcaniques qu'on observe dans les carbonates
calcaires de la Somma ; mais toutes les circonstances locales,
et notamment les schistes primitifs qui se trouvent mêlés avec
ces marbres, prouvent, jusqu'à l'evidence, que ce sont des
roches aussi anciennes que la terre elle-même.

Chaleur des laves. — Parmi les nombreuses questions qui se
sont élevées au sujet des laves, on a beaucoup agité celle de
leur degré de chaleur : les uns ont soutenu qu'elle étoit peu
considérable, d'autres ont dit qu'elle étoit prodigieuse. Et
souvent le même observateur rapporte des faits propres à
l'une et l'autre opinion.

M. Deluc (le cadet) dit que la lave, même à sa sortie du
cratère, a si peu de chaleur, qu'elle ne peut fondre un morceau de lave dès qu'il est figé. Cependant, quand il fut, en
1757, sur le cratère du Vésuve, où il s'étoit formé un petit
cône d'où sortoit un très-petit courant de lave, il fut obligé,
pour en tirer un échantillon, de se servir d'une longue perche,
et même de prendre un masque et des bottes de carton:
précautions dont on n'a pas besoin devant les fourneaux où
l'on fond les matières les plus rebelles.

D'un autre côté, le professeur Bottis, en décrivant l'éruption du Vésuve de 1779, dit que les morceaux de lave qu'il
jetoit dans un petit cratère qui s'étoit formé sur le Vésuve, et
qui étoit rempli de lave bouillante, s'y fondoient à l'instant;
mais il ne dit point qu'il éprouvât lui-même une chaleur incommode. (*Spallanzani*, chap. 23.)

Beaucoup d'autres faits ne sont pas moins contraires entre
eux : on sait que des religieuses se sont sauvées, sans miracle,
en traversant un torrent de lave pendant son éruption. Et le
chevalier Hamilton en a fait autant par pure curiosité.

Si maintenant on jette les yeux sur les effets qu'a produits
la lave de 1794 à la Torre-del-Greco, au pied du Vésuve,
on voit qu'elle a fondu, qu'elle a oxydé le cuivre, qu'elle a
fait boursoufler le fer forgé, et qu'elle en a totalement changé
le tissu. Elle a plus fait ; elle a vitrifié des pierres à fusil, ce
qu'aucun fourneau ne peut faire : elle a changé le verre en
porcelaine de Réaumur, et l'a fait cristalliser, etc. (Breislak,
Campanie, tom. 1, pag. 279 et suiv.)

D'un autre côté, le même auteur dit, deux pages plus haut:

« que si une lave, dans son cours, rencontre un arbre de
« quelque grosseur, si elle l'enveloppe, et le serre de toutes
« parts, ses branches prennent feu, et brûlent *en partie;*
« mais le tronc ne brûle ni ne s'enflamme; sa surface se char-
« bonne, *et il ne fait que se dessécher,* quoique la lave continue
« à être rouge et brûlante autour de lui. »

Spallanzani, au contraire, rapporte qu'ayant mis un bâton dans la fissure d'une lave qui avoit coulé depuis plusieurs
mois, le bâton fut enflammé, ce qui prouveroit que les
laves conservent leur calorique pendant un temps considérable.

Mais on voit, d'un autre côté, que le chevalier Gioenni
étant monté sur l'Etna, environ quinze jours après l'éruption
de juillet 1787, il plaça un thermomètre sur la lave, dans le
voisinage même du cratère, et qu'il ne monta qu'à 28 degrés;
c'est-à-dire, qu'elle étoit à peine tiède, quoique le courant de
cette lave eût seize pieds d'épaisseur. (Dolomieu, *Iles Ponces,*
pag. 495.)

Il résulte de ces faits, et de beaucoup d'autres qui sont également disparates, que non-seulement la chaleur n'est point
la même dans toutes les laves, mais encore qu'elle agit d'une
manière, pour ainsi dire, capricieuse sur les corps qui s'y
trouvent exposés. On voit, en un mot, d'une manière évidente, que ses effets ne sont point ceux d'un feu vulgaire ;
et c'est une raison qui paroît décisive, pour penser que les
feux volcaniques n'ont rien de commun avec l'inflammation
des couches de houilles et de pyrites.

J'établis que les laves sont formées par des fluides gazeux
qui circulent dans l'écorce du globe terrestre, qui s'échappent par les étroites fissures des couches primitives, et qui,
par leur contact et leur combinaison avec les fluides de l'atmosphère, prennent de la solidité. Ils ont, suivant leur nature et leur mode d'agrégation, plus ou moins d'affinité avec
l'oxygène de l'air : s'ils en ont beaucoup, ils l'absorbent avec
avidité ; il se fait alors un grand dégagement de calorique.
C'est dans ce cas que se forment les *laves vitreuses,* les *scories,*
et ces torrens rapides d'un fluide embrasé qu'on ne sauroit
aborder impunément : tel fut celui qui consuma la Torre-
del-Greco.

Mais quand ces émanations souterraines se trouvent moins
avides d'oxygène, elles prennent, en se consolidant, la forme
d'une matière pâteuse, et le calorique qui s'en dégage est
alors très-peu considérable.

D'après ces différentes notions, on ne sera pas surpris de
trouver un assez grand nombre de laves qui présentent des
caractères extérieurs fort différens, puisqu'il doit y en avoir
autant de variétés qu'il y a de roches primitives qui ont servi

de type aux élémens dont elles sont formées, et les ont disposées à se combiner d'une manière analogue à la contexture de ces mêmes roches.

Il doit même s'en trouver qui, par des circonstances particulières et par l'influence de plusieurs matrices différentes, présentent des combinaisons qu'on ne trouve dans aucune des roches connues : tels sont les blocs de carbonate calcaire que vomit le Vésuve, et qui, par un disparate fort singulier, sont remplis de cristaux volcaniques.

Pour indiquer ici les principales variétés de laves, j'ai pensé que la manière la plus instructive étoit de les ranger par localités, plutôt que d'après leurs caractères minéralogiques, parce que, indépendamment des inconvéniens de cette méthode, dont se plaint si souvent Dolomieu, dans sa description des laves de l'Etna, la distribution par localités est incomparablement plus intéressante, par les rapports qu'elle présente avec la géologie. Au surplus, comme il faudroit des volumes entiers pour décrire toutes les laves, je me contenterai de rappeler les plus connues.

LAVES DE L'ETNA.

Quoique l'Etna soit un des volcans les plus considérables, puisqu'il a vomi des torrens de laves de dix lieues de long sur trois lieues de large, néanmoins il en est peu dont les laves soient moins variées : elles sont presque toutes porphyriques et à base de coréenne; elles ne contiennent que des cristaux de feld-spath, de pyroxène, et quelquefois de péridot. Quelques-unes sont presque totalement composées de feld-spath.

Dolomieu toutefois a remarqué que chaque courant de lave a des caractères particuliers qui le distinguent des autres; mais ces caractères fugitifs s'aperçoivent mieux qu'ils ne peuvent se décrire.

Il divise les laves de l'Etna en deux genres : les *laves compactes* et les *laves poreuses*.

Les LAVES COMPACTES comprennent six espèces : 1.º *laves homogènes*; 2.º *laves spathiques*; 3.º *laves porphyriques*; 4.º *laves* avec *augite* ou *pyroxène*; 5.º *laves* avec *chrysolite* ou *péridot*; 6.º *laves* avec *pyrite* décomposée (1).

Laves homogènes. — Dolomieu donne ce nom à des matières reconnues pour volcaniques, mais dont le tissu est non-seulement compacte et sans soufflures, mais sans cristallisations distinctes, et qui ressemblent parfaitement à la roche primitive appelée *trapp*. Ce sont de vrais *basaltes* : ils sont aussi rares autour des volcans brûlans, qu'ils sont com-

____

(1) Dolomieu a reconnu par la suite que cette prétendue pyrite n'était que du péridot altéré.

muns dans les volcans éteints : Dolomieu prétend que la raison de cette différence est que dans les volcans éteints, qui sont très-anciens, le temps a détruit les *laves poreuses*, et n'a laissé subsister que les *basaltes*. Mais cela paroît peu fondé, et je crois que la véritable raison, c'est que les plus anciens volcans étoient sous-marins, et que leurs éjections étant privées du contact de l'atmosphère, n'ont point éprouvé cette déflagration qui occasione la boursouflure de la lave qui s'y trouve exposée. *V.* Basalte.

Laves spathiques. — Ce sont celles qui renferment une grande quantité de lames ou écailles de feld-spath, de la même couleur que le fond de la lave.

Celle que Dolomieu décrit sous le n.º 1.ᵉʳ, est fort singulière ; car, suivant cet habile observateur, « elle est *en-« tièrement formée de grandes écailles de feld-spath gris, entre-« lacées de différentes manières* ; elle ressemble, par son tissu « et sa dureté, au *schorl écailleux* en masse, nommé *horn-« blende (amphibole)* ; elle étincelle vivement sous le choc du « briquet...Cette *lave est très-fusible.*» (*Iles Ponces,* pag. 206.)

Celle qui est décrite sous le n.º 4, est formée d'une pâte de la nature de la *cornéenne,* dans laquelle sont très-abondamment disséminés des segmens de prismes polis de feld-spath, *placés dans le même sens ;* de sorte que lorsqu'on la casse selon la direction des lames, elle paroît presque entièrement composée de feld-spath.

Nota. Ces deux variétés de laves semblent prouver évidemment que les cristaux de feld-spath, qui entrent dans leur composition, ont été formés postérieurement à l'éruption, et, suivant toute apparence, pendant le refroidissement de la lave.

La première est *entièrement composée* de lames croisées en tous sens, et l'on ne peut pas supposer, avec vraisemblance, que la matière ait pu couler dans cet état de cristallisation.

La seconde a ses cristaux lamelleux tous posés dans le même sens, et il n'est pas non plus probable que s'ils eussent été ballottés dans une matière pâteuse, ils eussent pu reprendre un arrangement aussi régulier.

Laves porphyriques. — Dolomieu compte vingt-cinq variétés de *laves porphyriques* de l'Etna. Les plus remarquables sont : 1.º *Lave à fond vert-grisâtre,* avec des taches blanches, formées par des cristaux de feld-spath, qui ont jusqu'à quatre lignes de diamètre. Cette lave, qui a la dureté du jaspe, ressemble à quelques porphyres antiques, et plus encore à ceux de la vallée *del Niolo* en Corse.

» Sans les circonstances locales, dit Dolomieu, je n'aurois « jamais pu croire que cette belle lave fût un produit du feu. »

2.º *Lave à fond noir très-foncé*, avec des cristaux de feld-spath blanc : elle joue le serpentin noir antique, et l'on peut l'employer dans les arts.

3.º *Lave à fond très-noir*, avec des taches blanches, oblongues, séparées les unes des autres d'environ six lignes. Ces taches, qui sont dues à des cristaux de feld-spath, sont disposées *avec régularité*, et forment la plus belle lave de cette espèce.

4.º *Lave à fond rouge*, avec cristaux de feld-spath blanc. Elle ressemble à un superbe porphyre.

Nota. L'intégrité des cristaux de ces différentes laves, et leur disposition *régulière*, ne permettent pas de penser qu'ils aient préexisté dans le volcan ; et tout annonce qu'ils se sont formés dans la lave, comme les cristaux d'émail dans les pots de verreries.

Laves avec des cristaux de pyroxène. — Ces laves sont à base de roche de corne : les principales variétés sont : 1.º A fond brun, avec des cristaux irréguliers d'*augite* (*pyroxène*) et de feld-spath ; 2.º à fond gris, avec des lames de feld-spath, beaucoup de cristaux d'*augite* et quelques grains de chrysolite ; 3.º à fond noir, avec des cristaux irréguliers d'augite.

Laves avec péridot, (*olivine* ou *chrysolite des volcans*). — Le péridot s'y trouve dans deux états différens : dans les unes il semble que sa substance fût éparse et comme dissoute dans la pâte qui est de la nature du jaspe, et où elle s'est réunie sous la forme de petits grains qui ne peuvent être séparés de la base.

Dans les autres, les grains de péridot présentent une cristallisation. L'opinion de Dolomieu, à l'égard de ces grains de chrysolite, est bien remarquable ; car il suppose, que non-seulement ils existoient avec la lave, mais encore avant la roche, qui, suivant lui, a servi à former la lave. (*Iles Ponces*, pag. 262.)

L'une des variétés de cette espèce présente un accident singulier : sa base est une cornéenne grise, avec des taches d'une teinte claire ; au milieu de chaque tache est un grain de péridot.

Nota. Il seroit difficile de supposer la préexistence de ces taches avec leur péridot dans leur centre : ces taches ne sont point des cristaux ; c'est une simple modification du fond même de la lave, et cette modification n'a pu s'opérer que pendant le refroidissement.

LAVES POREUSES. Toutes ou presque toutes les espèces de *laves compactes* que présente l'Etna, s'y trouvent également dans un état de porosité et de boursouflement, quelquefois

si considérable , que quelques échantillons sont plus légers
que l'eau. Mais , en général, les *laves poreuses*, sur l'Etna,
sont en quantité incomparablement moindre que les *laves
compactes*. Au Vésuve, c'est le contraire.

Laves des Iles Ponces.

Les Iles Ponces, au nombre de cinq, à vingt-cinq lieues
à l'ouest de Naples, sont toutes volcaniques ; mais les feux
y sont éteints depuis long-temps.

Elles ont quelques *laves noires porphyriques*, qui ne contiennent que des *pyroxènes* et des *feld-spaths ;* mais les espèces suivantes sont beaucoup plus abondantes, et plus remarquables.

Laves blanches granitiques. — La plupart de ces laves ressemblent beaucoup à de vrais granites; néanmoins quand on
les examine avec attention , l'on y reconnoît de petits pores.
Leur matière dominante est un feld – spath impur , tantôt
écailleux , tantôt fibreux, et souvent presque vitreux , mêlé
d'écailles de mica noir, et de quelques grains de quarz.

Quoique la couleur de ces laves soit en général blanchâtre , elle tire quelquefois sur le brun, le jaune ou le vert.

Laves silicées. — « Il est, dit Dolomieu , une autre espèce
« de lave aussi singulière que les *laves blanches*, que je viens
« de décrire , et qui portent encore moins les caractères
« que l'on attribue aux matières volcaniques : ce sont les
« laves qui ont le grain, la dureté , la cassure et l'apparence
« du silex. . . .

« Les laves silicées sont très-nombreuses dans l'Ile Ponce.
« On en trouve généralement sur toutes les sommités de la
« partie supérieure de l'île. Ces laves sont sorties des cra-
« tères , et paroissent avoir coulé à la manière des autres
« laves. » (*Iles Ponces,* pag. 104.) *V.* Domite et Leucostine.

Laves blanches à grain terreux. — La plus remarquable des
laves de cette espèce , est une *lave blanche* ou *grisâtre* , quelquefois *veinée* , dure , pesante et compacte , dont le grain
rude et dur *est semblable à celui du grès.* (*Ibid.* , pag. 110.)

Saussure avoit également observé , dans le Brisgaw, un
basalte semblable à un grès. (*Journ. de Phys.* , floréal an 2.)

Parmi les laves des autres îles voisines , et notamment
dans l'île de *Zanone*, il y en a qui ne ressemblent en rien à
des produits volcaniques : « Elles ont, dit Dolomieu , le
» grain et l'apparence du grès quarzeux, et ressemblent quel-
« quefois à certaines pierres meulières quarzeuses-silicées
« des environs de Paris : elles ont, comme elles, des ca-
« vités irrégulières remplies de rouille ferrugineuse; leurs
« fentes sont tapissées par une écorce de quarz, produit

« évident d'une infiltration de l'eau, postérieure à la lave.
(*Ibid.*, pag. 1397.)

LAVES DES ILES EOLIENNES.

Ces îles, au nombre de dix, sont à quinze ou vingt lieues
au nord de la Sicile ; sous le même méridien que l'Etna. Les
plus connues sont : *Lipari*, *Vulcano*, *Stromboli* ; ces deux dernières ont encore des volcans en activité.

Les laves des îles Eoliennes sont, comme on l'observe toujours dans les petites îles volcaniques, beaucoup plus vitreuses que celles des volcans, dont la base n'est qu'en partie baignée par les eaux de la mer, attendu que ce sont ces eaux qui
transmettent aux volcans le fluide électrique, qui est le grand
principe de leur activité.

Suivant Spallanzani, les seules îles de *Lipari* et de *Vulcano*
contiennent une masse de matière vitrifiée, qu'il évalue à
quinze milles (ou plus de cinq lieues) de circonférence ; et
les montagnes com, osées de ces matières ont, suivant Dolomieu, jusqu'à quatre cents toises d'élévation à *Vulcano*, et
huit cents toises à *Lipari*.

Nota. Comment concevoir que des masses de cette immensité aient été tirées du sein de la terre, et fondues par de
prétendues matières combustibles, dont il ne reste pas le plus
léger vestige ?

Parmi les variétés que présentent les laves de ces îles, on
distingue : 1.º une *lave vitreuse grise*, qui a le grain et l'apparence de l'émail ; elle contient des noyaux noirâtres, complétement vitrifiés, et ses cavités renferment des flocons de
filets de verre d'une si grande ténuité, que le souffle les dissipe. Elle se trouve à *Vulcano*.

2.º *Lave granitique*, composée de quarz (1), de feld-spath
et de mica noir *en lames hexagones*. Le quarz et le feld-spath
ont éprouvé, dit Dolomieu, un commencement d'altération
qui les rapproche de l'état de pierre - ponce. Cette lave se
trouve à *Lipari*.

3.º « *Lave blanchâtre* qui a coulé en courans assez consi-
« dérables. On y reconnoît le grain et la composition d'un
« granite à trois parties : le feld-spath, le quarz, et le mica

---

(1) Ce prétendu quarz est une véritable obsidienne grise, et Dolomieu l'avoit reconnu lui-même depuis. Le quarz se trouve néanmoins
dans les laves les plus authentiques ; mais il y est excessivement rare.
On peut en citer en grains blanc - rosé, dans les laves en partie vitrifiées et blanches des Monts - Dor, de Santa - Fiora en Toscane,
et des îles de l'Archipel. Cette note nous a paru nécessaire pour
l'intelligence de ce que M. Patrin dit plus bas.

« écailleux noir formant des portions de *prismes tronqués hexa-*
gones. Le feld-spath et le quarz se sont presque entièrement
vitrifiés : *le mica est resté sans altération.* » Cette lave se trouve
à *Panaria* (Dolomieu, *Lipari*, pag. 108.)

Le même observateur a vu dans l'Ile Ponce, une lave qui
se décompose facilement, et où les *cristaux prismatiques hexa-*
gones de mica noir se détachent de la surface des blocs. (*Iles*
Ponces, pag. 82.)

Nota. Il n'est guère possible de pousser plus loin la préven-
tion sur la préexistence des cristaux ; car, supposer qu'un
degré de feu capable de vitrifier le quarz, n'a pas même
altéré le mica (l'une des substances les plus faciles à être at-
taquées par le feu) ; et supposer encore que les lames et les
cristaux de ce mica ne se sont pas même dérangés ; c'est ce
qui passe toute vraisemblance.

LAVES DU VÉSUVE.

Autant les laves de l'Etna sont simples et uniformes, autant celles du Vésuve sont variées dans leur composition,
dans leur contexture, et même dans leurs formes extérieures ;
car il n'est pas rare d'en trouver qui sont figurées en cordes
roulées sur elles-mêmes ; en mamelons aplatis ; en masses
curvilignes et cannelées dans la direction de la courbure ; en
stalactites ornées de gouttes pendantes, et sous d'autres formes bizarres.

Leur contexture est quelquefois égale et compacte comme
le pétrosilex, mais plus souvent poreuse et d'un grain cristallisé. Elles abondent en pyroxène et en feld-spath, et surtout en
leucites ou *amphigènes* qui s'y trouvent tantôt en masses informes et tantôt en cristaux réguliers, groupés ou solitaires.

Elles contiennent aussi tous les autres cristaux volcaniques
qui, par leurs différens mélanges, fournissent de nombreuses
variétés.

L'on compte autour du Vésuve, surtout dans la partie qui
regarde l'ouest, douze grands courans de lave, dont six sont
anciens, et les six autres ont été formés depuis 1757.

Parmi les courans anciens, l'un des plus remarquables est
celui qui porte le nom de *Granatello*, sur lequel est bâti le palais de Portici. Il est dû à une éruption qui eut lieu en 1037.
Cette lave contient des cristaux de feld-spath qui sont non-
seulement disséminés dans sa pâte, mais qui tapissent, d'une
manière très-brillante, ses cavités ; et une immense quantité
de *pyroxènes*, qui sont également disséminées dans la pâte, et
groupées dans les soufflures. Le mica s'y trouve dans un état
remarquable ; il n'est point en cristaux, ni par écailles séparées, mais en masses d'un rouge-brun, qui paroissent à

demi-vitrifiées, et qui se confondent insensiblement avec la lave : les cavités qui se trouvent au centre de ces masses de mica, sont occupées par des *pyroxènes* que Breislak reconnoît pour être *régénérés*, c'est-à-dire, formés après coup.

Cette lave offre encore une autre particularité. L'on voit dans quelques-unes de ses cavités des filets de fer capillaire, qui sortent d'entre les cristaux de feld-spath, et qui sont frisés comme des cheveux crépus (1).

La lave de 1794, qui a détruit la Torre-del-Greco, ressemble beaucoup à celle du *Granatello*, et contient des masses de mica qui présentent les mêmes accidens.

Pierres calcaires vomies par le Vésuve. — Les substances volcaniques les plus curieuses qui se trouvent au Vésuve et sur le *Monte Somma* (qui est une portion de son antique cratère), sont des blocs de substance calcaire, dont les uns sont homogènes, et les autres remplis de cristaux volcaniques.

L'ancien Vésuve a vomi une si prodigieuse quantité de ces masses calcaires, qu'elles forment une portion notable du Monte Somma ; et le Vésuve actuel en rejette aussi quelquefois : Breislak a vu sur ses flancs un de ces blocs de plusieurs centaines de pieds cubes, formé d'une matière calcaire blanche, demi-transparente, cristallisée à gros grains, et semblable aux marbres grecs.

Les blocs de matière calcaire homogène de la Somma offrent plusieurs variétés remarquables, et qu'on ne trouve point dans les marbres ordinaires ; telles sont les variétés suivantes :

« 1.º Pierre calcaire à grain impalpable, et indiscernable, « même au microscope ; d'une blancheur parfaite, résultat « de son opacité absolue ;

« 2.º A petit grain et à couches alternatives et parallèles de « couleur bleue foible, ou blanche, ou cendrée. Ce marbre « singulier par la régularité et la ténuité de ses couches bien « prononcées, est commun à la Somma, et reçoit un très- « beau poli. Ses couches sont ordinairement en droites lignes ; « mais on en trouve quelquefois d'ondulées, de courbes, et « de concentriques qui enveloppent une masse de spath cal- « caire brun ;

« 3.º Pierre calcaire blanche, demi-transparente, à cas-

____

(1) De semblables filets ont été observés par Dolomieu et par Spallanzani, dans l'île de Vulcano. J'ai eu l'occasion d'en voir des échantillons ; et je puis affirmer qu'ils ne sont rien moins que de l'obsidienne capillaire noire, comme on l'a dit. Notre conclusion même pourra surprendre, puisque ces filets ne sont que des prismes de pyroxène excessivement déliés. (LN.)

\- sure spatheuse , *parsemée d'une infinité de trous arrondis en forme
\- de petites bulles.* » (Breislak, *Campanie*, t. 1, p. 142.)

Nota. Je n'ai pas besoin d'avertir que toute pierre qui présente dans son intérieur des cavités arrondies en forme de
bulles , est toujours un produit immédiat des agens volcaniques , en un mot, une lave proprement dite , quelle que soit
sa nature. J'observerai encore que les petites couches parallèles , soit rectilignes , ou ondulées , ou même concentriques ,
sont des accidens qui se rencontrent aussi fréquemment dans
les laves, qu'ils sont rares dans les marbres formés par la voie
humide.

Breislak ajoute « qu'en considérant la variété des pierres
« calcaires vomies par le Vésuve, on voit que beaucoup d'en-
« tre elles sont étrangères à cette partie de l'Apennin. »

Je le crois sans peine ; et je suis même bien persuadé que
cette chaîne de montagnes n'en a pas fourni le plus petit échantillon.

Pierres calcaires avec cristaux volcaniques.—Les blocs de pierre
calcaire mélangée , qu'on trouve sur le Vésuve , offrent un
grand nombre de variétés, par les diverses combinaisons d'une
multitude de cristaux volcaniques qui s'y trouvent disséminés.
On en voit,

1.º Avec des cristaux de feld-spath , dont les uns sont noyés
dans la pâte , comme ceux du porphyre , et les autres tapissent les cavités.

2.º Avec du mica vert ou blanc , cristallisé en prismes
hexaèdres.

3.º Avec des amphigènes cristallisés dans les cavités et disséminés dans la pâte.

4.º Avec du fer octaèdre (*spinelle pléonaste* ou plutôt *fer titané*) très-brillant, cristallisé dans les cavités de la pierre,
où l'on trouve aussi des lames de fer spéculaire en abondance.

5.º Avec l'olivine ou *péridot* des volcans, dans une pierre
calcaire micacée. (M. Patrin veut dire sans doute *pyroxène.*)

6.º Avec la vésuvienne ou hyacinthe des volcans (*Iducrasse,*
Haüy), qui se trouve mêlée avec le mica et plusieurs autres
substances cristallisées , et qui tapisse quelquefois les parois
des cavités arrondies ou espèces de géodes que présente l'intérieur de la pierre, où elles adhèrent par un seul de leurs
côtés.

7.º Avec la mélanite, qui est ordinairement accompagnée
de mica.

8.º Avec la sommite (*néphéline* , Haüy).

9.º Avec la méionite.

· 10.° Avec des cristaux striés d'amphibole noir et de la variété d'amphibole blanc de M. Haüy, connue jusqu'ici sous les noms de *trémolite* ou de *grammatite*.

· 11.° Avec une substance que le docteur Thompson regarde comme un *lapis* (*V.* HAUYNE), qui se présente sous différentes teintes de bleu, et avec des circonstances singulieres; tantôt en grains transparens dans les cavités de la pierre calcaire; tantôt enveloppée dans des masses informes d'amphigène, ou d'une substance dure, de couleur jaune, dont la nature est encore inconnue (Mélange de pyroxène et d'idocrase. LN.)

· 12.° J'ajoute le *pyroxène* oublié par M. Patrin, ainsi que le grenat et qui sont extrêmement abondans au Vésuve parmi les blocs erratiques lancés très-anciennement par ce volcan, et qui paroissent provenir des premières couches à travers lesquelles les premières éruptions se sont fait jour: ces blocs par conséquent ne doivent pas être confondus avec les laves proprement dites, comme le croit Patrin, en leur donnant une origine ignée.

Enfin, l'on trouve encore dans ces pierres rejetées, des substances qui paroissent nouvelles, ou dont la présence dans ces localités augmente l'intérêt. Par exemple, la *topaze*, la *sodalite*, l'*humite*, la *sarcolite*, etc.; mais je ne crois pas qu'on y ait trouvé du péridot, circonstance remarquable, puisque ce minéral est très-commun dans les laves. Je dirai même que le feld-spath y est rare. On verra plus bas dans quel but je fais cette remarque. (LN.)

Toutes ces circonstances ont dû paroître et ont en effet paru si extraordinaires, que Breislak lui-même, quoique bien décidé partisan du système de la *préexistence*, finit par dire: « Mais sommes-nous bien sûrs que cette roche calcaire n'ait « pas été modifiée par le feu? » (*Ibid.*, p. 169.)

S'il étoit besoin de preuves pour établir que ces pierres calcaires ne sont point, comme on le suppose, des quartiers de roches arrachées des couches souterraines, il suffiroit de considérer la singulière variété de leur structure et de leur composition (qui n'a point d'exemple dans la nature), pour faire évanouir une supposition aussi peu vraisemblable à tous égards.

LAVES DES MONTS EUGANÉENS, D'HONGRIE, etc.

On a donné le nom de *monts Euganéens*, à une suite de montagnes volcaniques qui s'étendent depuis la plaine de Padoue jusqu'aux Alpes. Le célèbre minéralogiste Ferber est le premier observateur qui en ait fait connoître la nature. (*Lett. sur l'Italie*, p. 22.)

Comme ces montagnes présentent un mélange de dépôts marins et de produits des volcans, Spallanzani pense, avec beaucoup de vraisemblance, qu'elles furent jadis autant d'îles volcaniques, lorsque la mer couvroit encore cette plage (1).

Une partie des laves de ces montagnes diffère peu de celles des autres volcans d'Italie; elles sont à base ou de cornéenne, ou de feld-spath qui paroît avoir été fondu, et qui contient des cristaux de la même matière, car cette contradiction se trouve partout.

D'autres sont granitiques, et se trouvent à de grandes profondeurs, comme celle qu'on tire du *Monte-Merlo*; ce qui paroît confirmer l'opinion de Spallanzani, puisque cette *lave profonde* est nécessairement due à des éruptions de la plus haute antiquité, et du temps où ces montagnes étoient encore environnées par la mer. Cette *lave granitique* contient des noyaux de quarz, couleur d'améthyste, qui ont jusqu'à cinq pouces de diamètre. Ceux qui prétendroient que ces noyaux de quarz étoient *préexistans*, voudront bien expliquer comment s'est maintenue leur couleur, qui s'évanouit à un feu très médiocre, et avant même que le quarz rougisse.

Mais les laves les plus remarquables de ces montagnes, et qui s'y voient presque partout, ce sont les *laves de poix*, c'est-à-dire, semblables au *pech-stein*.

Dans une vallée au sud de *Baïamonte*, est une masse de *lave de poix*, qui a trente-cinq pieds de long sur neuf de large; elle est friable, d'une couleur jaune rougeâtre, comme certains morceaux de succin, et translucide sur les bords; elle contient des cristaux aplatis de feld-spath.

La *lave de poix* du *Monte-Sceva* a la couleur et le luisant de la poix, et contient des noyaux de pierre-ponce, qui se confondent insensiblement avec la lave : on y voit aussi des cristaux de feld-spath qui ont un coup d'œil vitreux.

Au mont *Cataio*, la *lave de poix* contient des fragmens de la même nature, qui en forment une espèce de brèche.

Rien n'est si commun en général que ces sortes de brèches volcaniques, qui ne sont autre chose que des laves dont le refroidissement trop prompt a empêché la réunion régulière des molécules de feld-spath ou autres, qui tendoient à former des cristaux; elles n'ont pu que s'agglomérer imparfaitement, et sont demeurées empâtées dans la masse, de manière

---

(1) La volcanéité des monts Euganéens est contestée par quelques géologues modernes; mais il faut avouer aussi que ceux qui n'ont voulu reconnoître que des volcans dans les monts Euganéens, ont commis des méprises qui justifient l'incrédulité des partisans de l'opinion opposée. (LN)

que la périphérie de ces agglomérations n'est pas même toujours nettement déterminée.

Les *laves de poix* se trouvent en plus ou moins grande quantité dans divers autres volcans éteints, notamment dans ceux de Hongrie et d'Auvergne. *V.* RETINITES, OBSIDIENNE, et la suite de cet article.

D'après les expériences de Spallanzani, les *laves de poix* ne sont pas, à beaucoup près, d'une égale fusibilité : les unes coulent fort aisément ; les autres ont besoin d'être exposées pendant plusieurs jours à un feu de verrerie pour entrer en fusion. Il en est de même des *pechsteins* non volcaniques : quelques variétés de l'île d'Elbe et de l'Allemagne se sont montrées infusibles, tandis que trois variétés des Pyrénées se sont converties en un bel émail blanc, et celles de Saxe n'ont demandé qu'un léger degré de feu pour se fondre.

Les analyses de ces substances ont aussi donné des résultats assez dissemblables.

Gmelin y a trouvé :

Silice.	90
Alumine.	5
Fer.	5
	100

Spallanzani a retiré d'une *lave de poix* des monts Euganéens :

Silice.	71
Alumine.	18
Chaux.	4
Fer.	5
Perte.	2
	100

L'une des laves les plus intéressantes des monts Euganéens, et qui présente un fait propre à décider une grande question, c'est celle qu'on trouve au S. O. de *Rua* : elle est à base de pétrosilex ou de feld-spath en masse ; elle contient des prismes hexaèdres de mica, et des cristaux de feld-spath, soit réguliers, soit informes, *qui renferment chacun un noyau de la même lave qui les enveloppe.*

Spallanzani qui rapporte cette observation (chap. 20.), ajoute que ces cristaux de feld-spath se fondent en même temps que la lave, et que le tout forme un verre solide.

Ce fait démontre, d'une manière évidente, que les cristaux de feld-spath n'étoient point *préexistans*, mais qu'ils se sont formés pendant le refroidissement de la lave, puisqu'ils en ont saisi et enveloppé dans leur intérieur une portion, à l'instant de leur cristallisation. Cela est parfaitement analogue à ce qu'on observe dans le *granite graphique*, où des cristaux de quarz qui n'ont que la carcasse, renferment un noyau du même feld-spath, dans lequel ils sont encastrés; et personne n'a jamais douté que la formation de ces carcasses de cristaux quarzeux ne fût simultanée avec la cristallisation générale de la roche.

Les *leucites* (*amphigènes*) de Pompéia, près du Vésuve, et celles de Borghetto, sur le Tibre, présentent le même phénomène que les cristaux de feld-spath de Rua. Les premiers renferment un noyau du même tuf jaunâtre, formé par les cendres qui couvrirent jadis Pompéia, et dans lequel on les trouve aujourd'hui; preuve évidente qu'elles se sont formées dans ce tuf. Celles de *Borghetto* contiennent pareillement un noyau de la même lave qui les enveloppe, et ce noyau même a quelquefois des appendices qui débordent la périphérie de la leucite, et adhèrent à la lave; circonstance absolument inconciliable avec la prétendue préexistence de ces leucites. (*Journ. de Phys.*, prairial an 7 et vendémiaire an 8.)

Laves mêlées de pierre calcaire. — Ferber nous apprend qu'on voit au *Monte-Ronca* et dans d'autres endroits du Vicentin, des couches entières d'un mélange de lave et de *marbre*, réunies sous la forme d'une brèche.

Près de *Tonnesa*, au pied des Alpes du Vicentin, au bord d'un ravin profond où coule le torrent de l'*Astico*, l'on voit une grande fente perpendiculaire, remplie d'une brèche semblable à la *brèche d'Afrique*, mais toute composée de *lave noire* et de morceaux de marbre blanc salin, d'un grain très-fin : cette brèche est susceptible d'un fort beau poli. (*Lett. sur l'Ital.*, p. 67.)

On ne sauroit douter que le marbre qui forme cette brèche, n'ait la même origine *volcanique* que la lave elle-même, comme je l'ai fait observer à l'égard des blocs calcaires qu'on trouve sur le Vésuve et la Somma, qui portent avec eux les preuves incontestables de cette origine.

Les brèches du *Champ-Saur*, en Dauphiné, sont également des brèches volcaniques, ainsi que l'avoit observé le chevalier de Lamanon ; et si ce naturaliste a dit ensuite, dans un écrit qui ne fut distribué qu'à très-peu de personnes, qu'il s'étoit trompé sur la nature de ces pierres, tous ceux qui l'ont connu savent que ce fut par déférence pour l'opinion de quelques savans, qu'il crut devoir faire le sacrifice de la sienne; mais toutes les circonstances locales se réunissent pour prouver qu'il avoit eu raison de regarder ces brèches comme des matières volcaniques.

Spallanzani décrit une lave qui se voit sur le chemin de Baïamonte à Rua : elle est à base de roche de corne, et toute parsemée de globules de spath calcaire. Il suppose que les soufflures de cette lave ont été remplies de spath calcaire par voie d'*infiltration*.

Mais je ne saurois adopter cette idée, attendu que l'*infiltration* d'une matière calcaire en auroit nécessairement imprégné la masse entière; et c'est ce qui n'est point arrivé : la matière calcaire n'existe que dans les alvéoles, et n'est nullement répandue dans la substance même de la lave, dont elle auroit dû néanmoins remplir les pores. Je croirois donc plutôt qu'elle s'est *formée de toutes pièces*, dans les soufflures mêmes, par la réunion de quelque gaz, tel que l'azote, avec ceux qui remplissoient les alvéoles, tel que l'hydrogène carboné : au reste, je n'affirme rien sur la nature de ces gaz ; mais ce *mode de formation* me paroît le seul satisfaisant.

Il pourroit se faire aussi que la matière calcaire eût fait partie intégrante de la masse totale, comme celle qui a formé les brèches, avec cette différence que dans celle-ci, elle se trouvoit réunie en plus grandes masses, qui n'ont pu prendre que des formes irrégulières : au lieu que dans la lave qui présente des globules, la matière calcaire étoit disséminée d'une manière plus égale, de sorte que pendant le refroidissement, ses molécules ont pu obéir à leurs attractions réciproques, et en se réunissant autour d'une multitude de petits foyers, prendre la forme globuleuse ou ovoïde qui leur est si familière : c'est ainsi que paroît s'être formé le *toad-stone* du Derbyshire.

Les laves mêlées de pierres calcaires se trouvent dans divers autres volcans éteints, notamment dans ceux du Vicentin, au mont *Bolca*, dans le Véronais; en Sicile, dans le Val-di-Noto ; en Portugal ; aux bords du Rhin, près du Vieux-Brisach, etc.

Laves avec zéolithes, calcédoines, agates, etc.—La plupart des anciennes *laves poreuses* qui éprouvent un commencement de décomposition, ont leurs alvéoles remplies, ou de *zéolithes* (*V.* ce mot.), ou de différentes variétés de pierres de nature silicée, soit en boules solides, soit en géodes, dont l'intérieur offre pour l'ordinaire des cristallisations calcaires.

Les laves d'Islande et des îles de Féroé contiennent des rognons de zéolithe blanche et nacrée de la plus grande beauté, cristallisées en rayons qui partent de différens centres, et qui forment un assemblage de globules d'un pouce, plus ou moins, de diamètre chacun.

Elles contiennent aussi les plus belles calcédoines blanches mamelonnées, dites *orientales*, soit en boules qui sont quelquefois de la grosseur de la tête, soit en superbes stalactites ; et ce qu'il y a de très-remarquable, c'est que la lave d'où découle la matière de ces stalactites ne contient pas un atome de matière calcédoniéuse.

J'ai trouvé moi-même, dans les anciennes laves de la Daourie, près du fleuve Amour, des calcédoines *saphirines*, des calcédoines *rubanées*, qui semblent avoir été formées par des dépôts successifs, alternativement blancs et bleus. D'autres présentent un accident fort singulier ; ce sont des géodes qui contiennent un bitume très-noir, d'une consistance molle, qui est une véritable *maltha* ou poix minérale. Ordinairement elle est accompagnée de spath calcaire en cristaux de plus d'un pouce de diamètre, qui sont eux-mêmes pénétrés de bitume, qui leur donne une couleur noirâtre, tandis que la lave elle-même n'en offre pas le plus léger indice.

On ne sauroit douter, ce me semble, que ce bitume n'ait été *formé* dans les géodes mêmes, par une combinaison des fluides gazeux ; et c'est probablement de la même manière que s'est formé le *caoutchouk*, fossile des mines de plomb du Derbyshire, et celui qu'on trouve dans les géodes de mine de fer d'Aberlady en Écosse, dont le célèbre Pictet de Genève a donné la description (*Bibl. Brit.*, n.° 140).

Les laves du Véronais et du Vicentin sont également remplies de géodes de calcédoine, dont quelques-unes contiennent de l'eau, et sont connues sous le nom d'*enhydres* : elles se trouvent surtout dans la *lave brune* et décomposée du mont *Berico*, près de Vicence. Les autres collines volcaniques de cette contrée contiennent aussi des agates et des boules de jaspe de différentes couleurs.

Le célèbre Faujas a décrit, dans son *Voyage en Écosse*, la montagne volcanique de *Kinnoul*, près de la ville de Perth, qui contient de belles variétés d'agates qui remplissent ses alvéoles, et où l'on voit en même temps la lave parsemée de globules de stéatite verte.

Les collines du pays de Deux-Ponts et celles des environs d'*Oberstein*, offrent absolument toutes les mêmes circonstances ; elles sont environnées de produits volcaniques incontestables, tels que le *trass* d'Andernach, les *laves poreuses* de Mennich, dont on fait des meules de moulin, etc. ; et je ne saurois douter que ces collines, qui contiennent non-seulement des agathes et des jaspes en boule, mais aussi des rognons de zéolithe, ne soient aussi certainement des laves que toutes celles dont j'ai fait mention. J'ai comparé, dans le cabinet de Faujas, les échantillons de la pierre d'Oberstein

qui sert de gangue aux agates, avec celle que que j'ai rapportée
de Daourie : il n'y a pas la plus légère différence ; et comme
les circonstances locales m'ont prouvé que cette pierre est
une . lave , ainsi que je l'ai dit dans un de mes *Mémoires sur
la Sibérie* (*Journ. de Phys.*, mars 1791),　il est démontré
pour moi　que les collines d'Oberstein sont volcaniques,
ainsi que l'ont pensé plusieurs habiles naturalistes ;　car , s'il
est incontestable , d'une part,　que les pierres qui servent de
gangue aux agates et aux calcédoines en Islande, en Écosse,
en Daourie, en Italie, etc.,　sont des laves ; s'il est en
même temps évident que les pierres d'Oberstein sont parfaitement semblables à ces laves ; et si, d'un autre côté, l'on
ne connoît aucune pierre, décidément formée par la voie
humide, qui contienne des boules d'agate, il me semble difficile d'imaginer sur quoi l'on pourroit se fonder pour dire
que les collines d'Oberstein ne sont pas composées de matières volcaniques, surtout quand elles se trouvent dans une
contrée toute volcanisée.

Laves contenant du minerai. — Il n'est pas rare de trouver
des laves qui contiennent de petits amas ou même des veines
suivies de divers minerais, quelquefois assez considérables
pour mériter une exploitation régulière.

On voit, dans la plupart des cabinets, de superbes échantillons de zéolithe d'Oberstein, accompagné de cuivre carbonaté, et souvent même toute pénétrée de cuivre natif.

A *Silvéna*, dans le Padouan, « l'on trouve, dit Ferber, des
« morceaux d'une lave noire et dure, parsemée de longues
« et brillantes aiguilles d'antimoine. » Cette même lave contient aussi du cinabre ; sur quoi j'observerai que la plupart
des mines de cinabre des environs du Rhin paroissent être
également dans des matières volcanisées.

La vallée de *Panténa*, dans le Véronais, offre une lave qui
contient une veine de bol rougeâtre mêlée de beaucoup de
vert de montagne ou *oxyde vert de cuivre.*

La lave de *Garno*, dans le Bergamasque, contient de la
mine de plomb et du sulfure de zinc.

Les montagnes calcaires et volcaniques de *Leogra*, dans le
Vicentin, donnoient autrefois de la mine d'argent, de cuivre,
de plomb, de manganèse, etc., ainsi que plusieurs autres montagnes volcaniques des mêmes cantons. (Ferber, *Lett.*, pag. 85
et suiv.)

Strabon nous apprend que l'île d'*Ischia*, qui est entièrement composée de matières volcaniques, avoit autrefois des
mines d'or qui enrichissoient les habitans, et le savant Breislak, qui rapporte ce fait, ajoute : « La riche mine de Nagyag

« (en Hongrie), située dans le cratère d'un volcan éteint , « prouve que l'existence d'une mine d'or, dans un pays volca- « nique, n'est pas impossible. » (*Campanie*, tom. 2, pag. 188.)

Laves contenant de l'eau. — Le même observateur que je viens de citer, parle de quelques laves de la *Somma* et de *Capo-di-Bove*, qui contiennent de l'eau dans leurs alvéoles, de même que le basalte d'*Unkel*, entre Bonn et Andernach; et il explique ce fait en disant que cette eau a été formée par la combinaison des gaz hydrogène et oxygène *à l'epoque de la fluidité de la lave.*

C'est par la combinaison de ces deux gaz, que j'avois expli- qué moi-même, un an auparavant, dans mes *Recherches sur les Volcans*, la formation de la singulière fontaine de *Strom- boli;* mais cette explication n'est nullement applicable à l'eau contenue dans les soufflures des laves.

Elle ne pouvoit être *formée* dans chaque soufflure que par les gaz mêmes qui la remplissoient : or, on sait *qu'*à la simple température de l'atmosphère, ces gaz occupent un espace environ deux mille fois plus grand que celui de l'eau qu'ils peuvent former, et leur expansion seroit bien plus grande encore dans une *lave incandescente.* La quantité d'eau que produiroient des gaz enfermés dans une soufflure, seroit donc absolument insensible. D'ailleurs, les pierres les plus dures et les plus compactes sont perméables à l'eau, puisque le *silex* même est pénétré de ce fluide, qu'on nomme *eau de carrière*; à plus forte raison des pierres aussi poreuses que les laves, auroient bientôt absorbé la petite quantité d'eau formée dans leurs soufflures.

Je pourrois dire encore que cette eau, qu'on suppose for- mée dans une *lave incandescente*, se seroit incontinent réduite en vapeurs; et l'on sait assez que, dans cet état, sa puissance expansive est incalculable. Elle auroit donc bien facilement forcé la résistance des alvéoles d'une lave encore fluide : ainsi, dans aucun cas, les soufflures n'auroient pu contenir une eau de nouvelle formation.

On ne dira pas non plus que la combinaison des deux gaz se soit faite après le refroidissement de la lave; car on sait que , pour opérer cette combinaison, il faut qu'il y ait com- bustion des gaz, sans quoi ils demeureroient perpétuellement dans leur état gazeux, et ne produiroient pas une seule goutte d'eau.

Il faut donc en revenir tout simplement à l'idée de l'infil- tration : une pierre aussi poreuse que les *laves à soufflures*, est facilement traversée du haut en bas par les eaux, comme une pierre à filtrer; or, ces eaux se chargent toujours de quelques molécules terreuses ou métalliques, qu'elles déposent successivement dans les petits réservoirs que leur présentent les soufflures, et finissent par couvrir leurs parois d'une espèce d'enduit capable de retenir un peu d'eau.

Et qu'on ne dise pas que ces mêmes molécules qui forment le dépôt dans la petite cuvette des soufflures, devroient obstruer les pores par où passent les gouttes d'eau.

Pour écarter cette objection, il me suffit d'observer que dans les grottes à stalactites, il se forme souvent des dépôts énormes d'albâtre sur le sol, sans que les couloirs imperceptibles de la voûte par où suinte la matière de cet albâtre soient jamais obstrués : ce que la nature fait en grand dans les cavernes, elle peut bien le faire en petit dans les soufflures des laves.

Laves décomposées. — Il arrive quelquefois que les laves anciennes se décomposent, soit par l'effet des vapeurs volcaniques, soit par l'action de l'atmosphère, comme on le suppose communément, soit plutôt par une nouvelle modification intestine qu'elles éprouvent, et dont la cause nous est inconnue. Saussure a observé le même phénomène dans les granites des contrées voisines de Lyon, et il l'appelle une *maladie de la roche.*

Par l'effet de cette décomposition, les laves deviennent blanches comme la craie, et se ramollissent au point de pouvoir y enfoncer le doigt ; les parties ferrugineuses, qui entrent quelquefois pour un sixième dans la matière de la lave, disparoissent complétement ; les pyroxènes, les feld-spaths perdent leurs formes, et se fondent dans la masse, qui devient toute homogène. Cette décomposition complète s'observe surtout dans les laves de la solfatare de Pouzzole.

Il arrive aussi qu'elle se borne au seul changement de couleur par la disparition complète du fer, sans que la lave perde rien de sa solidité, tellement qu'elle continue à faire feu contre l'acier. C'est ce qui arrive aux laves qui forment l'aluminière de la Tolfa, près de Civita-Vecchia : dans cet état, elles sont disposées à donner de l'alun au moyen d'un grillage préliminaire qui est indispensable, et sans lequel on n'obtiendroit rien du tout. *V.* ALUN.

Mais comment le fer, qui se trouvoit abondamment dans cette lave, a-t-il pu disparoître sans qu'elle ait rien perdu de sa solidité ? et comment, après la calcination, se trouve-t-elle pourvue d'une prodigieuse quantité d'acide sulfurique qu'elle n'avoit point auparavant ? C'est ce que la nature ne nous a pas révélé. Elle ne nous a pas appris non plus comment elle forme journellement le soufre et les métaux dans les corps organisés, ni comment elle introduit le fer dans la mine de fer sphatique, qui ne fut d'abord qu'un simple spath calcaire.

Si la nature ne nous dit pas son secret, elle nous apprend au moins, par mille exemples, qu'elle sait aussi bien *former* de nouvelles substances que décomposer les anciennes, et que ce seroit faire insulte à sa puissance, que de vouloir la réduire à n'employer que des matériaux préexistans. *V.* BASALTE et VOLCAN. (PAT.)

Nous n'avons presque rien changé à cet article de Patrin, parce que ce naturaliste y expose ses opinions sur la formation des *laves*, sur leur nature et sur leurs espèces ; et qu'en décrivant, d'après Dolomieu, les laves de quelques volcans bien connus, il donne une idée des divers volcans caractérisés par leurs produits. Pour compléter cet exposé, il nous faut indiquer exactement ce que sont les laves, et les travaux qui ont été faits sur ces substances volcaniques : elles ont été envisagées sous d'autres points de vue que ceux sous lesquels Patrin les a considérées.

On a voulu donner au mot *lave* une application fixe ; on a cherché même à établir dans les *laves* des espèces minéralogiques, et on leur a donné des noms. Des découvertes importantes ont été le fruit de nombreuses recherches, qui favoriseront singulièrement les naturalistes qui entreprendront à l'avenir des travaux sur les *laves*.

Il ne faut pas regarder le mot *lave* comme synonyme de produit volcanique : ce seroit lui donner trop d'etendue ; cependant, c'est ce qui arrive journellement. On ne peut même pas, sans jeter de la confusion dans l'étude des produits volcaniques, l'appliquer à toute matière qui ne se trouve point en coulée, ou qui ait appartenu à un courant. Dans ces cas seuls, on peut justifier l'emploi du mot *lave*. En effet, il n'est qu'une traduction du mot italien *lava*, qui tire lui-même son origine du latin *lavare*, arroser, et employé ici, parce que les courans de *laves*, semblables à des torrens, inondent et détruisent tout ce qui est sur leur passage.

Nous ne considérerons donc que les masses, ou, si l'on veut, que les roches qui forment les courans, ou qui en sont des restes, ou qui en ont fait partie intégrante, et qui sont par conséquent les produits essentiels de toute éruption. On les nommera *laves*.

L'origine et la nature des *laves* sont deux problèmes, qui depuis long-temps fixent l'attention des naturalistes. Le premier est encore à déterminer ; le second vient de présenter, entre les mains habiles de M. Cordier, une solution, sinon incontestable, du moins fort satisfaisante.

L'opinion générale est que les laves doivent leur origine à des couches de la terre d'une nature particulière, inférieures à toutes celles que nous connoissons, et qui, par conséquent, ne se sont encore offertes nulle part aux recherches des géologues ; et que ces couches ont été portées à un état de fluidité pâteuse, par des moyens que nous ne connoissons pas non plus. Nos observations ne peuvent donc se diriger que sur l'étude des causes apparentes qui concourent à élever les laves du sein de la terre à sa surface ; à suivre avec attention tous les phénomènes que présentent les courans de laves ; à les examiner dans tous les états, et à chercher à coordonner toutes les observations. Ainsi, toute doctrine hypothétique doit être bannie et abandonnée à ceux qui se guident plus par système que sur les faits. Les phénomènes précurseurs de la création des courans de laves ont toujours présenté à l'imagination de l'observateur le tableau le plus imposant et le plus sublime. Notre objet n'est pas de tracer en lignes brillantes l'horreur et l'admiration qu'inspire un semblable spectacle. Citons seulement ces bruits souterrains et ces tremblemens qui font fuir au loin les habitans ; ces gerbes de feu et ces tourbillons de fumée noire et épaisse qui s'élancent avec une rapidité inconcevable des entrailles déchirées du volcan, à de très-grandes hauteurs, et qui tour à tour répandent la plus vive clarté ; ces sillons de lumière produits par des tonnerres multipliés ; ces masses embrasées, qui, semblables aux fusées d'une girande d'artifice, viennent illuminer de feux encore plus brillans ces noirs tourbillons, et qui sont lancées au loin ou retombent dans le cratère bouillant, pour être élancées de nouveau. Citons, encore, ces cendres transportées jusqu'à de grandes distances, et qui souvent ensuite et pendant plusieurs jours tombent en pluie d'une finesse extrême. Voilà ce qui se passe jusqu'au moment où le cratère bouleversé, où les flancs déchirés du volcan donnent issue à un *torrent* ou une *lave* d'une matière plus ou moins liquide, dont l'élaboration dans le sein de la terre, et le défaut d'issue directe, sont les causes des brillans effets précurseurs que nous avons rapportés. Tout cela n'est cependant, dit Buffon, que *du bruit, du feu et de la fumée.* Ce naturaliste oublioit que son illustre rival, Pline, en fut la victime : n'avoit-il pas sous les yeux les ruines de Pompéia? et le souvenir de Catane, plusieurs fois rebâtie, ne devoit-il pas retenir sa plume, lorsque ces mots lui échappaient.

La sortie de la lave se fait avec violence. La lave court d'abord rapidement, puis elle prend un cours déterminé, selon sa viscosité et la pente du sol ; elle laisse échapper des

flammes et beaucoup de fumée. Mais la description des phénomènes qu'elle présente alors, celle de sa marche, de son
incandescence, appartenant à l'histoire des volcans, nous
renvoyons à cet article. Considérons seulement les laves
comme substances minéralogiques, et ne prenons ailleurs
que les observations qui peuvent nous aider dans cette considération. Si l'on examine un courant de lave depuis son
origine jusqu'à son extrémité, et pour cela on conçoit que ce
ne peut être qu'après son refroidissement ou à peu près, on
verra que, dans sa partie inférieure, la matière est compacte,
et que, dans sa partie supérieure, elle est souvent divisée
par des retraits, et d'autant plus poreuse ou plus bour-
soufflée, qu'elle s'approche davantage de la surface. Celle-
ci est couverte de la même lave, en plaques très-boursou-
flées, scorifiées, ou spongieuses et écumeuses, selon la nature de la lave. Ces plaques, ces scories et ces écumes, sont
transportées par le courant, et s'accumulent avec fracas sur
ses bords, et à son extrémité, à peu près comme cela a
lieu pour les glaçons, lors du dégel d'une rivière.

Dans les éruptions volcaniques, des lambeaux de lave, des
fragmens sont lancés au pourtour du volcan, et cette lave s'y
présente dans tous les différens états qu'elle nous est offerte dans les courans.

Tous les courans actuels observés, ont présenté ces
mêmes caractères. La roche qui les compose offre toujours,
dans sa pâte, des cristaux épars de diverses substances, et
notamment de feld-spath et de pyroxène. Les naturalistes
sont partagés sur la cause qui les produit. Les uns, et
M. Fleuriau-de-Bellevue est un des plus fermes soutiens
de cette opinion vivement appuyée par Patrin, veulent qu'ils
se soient formés après coup; d'autres, et Dolomieu est à
leur tête, sont pour la préexistence des cristaux dans la
roche qui produit la lave. L'on a voulu soutenir ces opinions
par des raisonnemens, par des expériences et par des com-
paraisons de ce qui se passe dans nos verreries. Cette
question est une des plus intéressantes qu'on puisse agiter
en géologie. Sans prononcer, observons que l'opinion de
M. Fleuriau-de-Bellevue souffre des difficultés, 1.º si
l'on veut seulement comparer le tissu de ses cristallites
avec le tissu tout-à-fait différent des cristaux de laves;
2.º que, le lendemain d'une éruption du Vésuve, la bouche par laquelle sortit le courant, étoit recouverte d'une
lave déjà toute remplie de cristaux parfaits, et qui y avoient
été appliqués au moment même de la sortie du courant;
3.º que les travaux de M. Fourmy, sur l'opacification
des corps vitreux, prouvent qu'en changeant seulement la

température du feu, on fait paroître et disparoître, à volonté, les cristallites qui se forment dans le verre ; 4.º que
toutes les substances cristallisées qui sont dans les laves, sont
toujours moins fusibles que la pâte, malgré que celle-ci soit
essentiellement formée par de semblables cristaux, qui sont
microscopiques ; 5.º que le calorique qui a mis la lave à
l'état liquide, est à un beaucoup plus foible degré que celui
que nous pouvons obtenir dans nos fourneaux ; ce que Dolomieu a proclamé et soutenu, après avoir observé les volcans
et médité pendant trente ans sur les phénomènes qu'ils offrent ; et 6.º que les laves, en général, ne passent à l'état vitreux que lorsqu'étant encore liquides, elles se trouvent en
contact avec l'air, et qu'alors même qu'elles passent à cet
état, elles offrent des cristaux qui sont gercés et fendillés
comme le seroient des cristaux grillés et non pas fondus :
c'est le caractère que présentent les cristaux inclus dans les
laves. Les belles expériences faites par M. de Drée, pour
prouver la possibilité d'une simple liquéfaction des roches
primordiales, qui donnent naissance aux laves sans les faire
passer par la dévitrification, viennent confirmer la préexistence des cristaux dans les laves. Mais revenons sur notre
sujet.

Sans doute rien ne seroit plus aisé que de reconnoître
une lave sur les lieux, si les courans restoient intacts ; mais
c'est ce qui n'a pas lieu ; le même volcan produit un grand
nombre de courans qui se recouvrent ou se croisent. Après
avoir été long-temps assoupi, un volcan vomit de nouveaux
torrens qui recouvrent des terrains nouveaux qui se sont formés sur les anciens courans. D'autres volcans, en s'écrou-
lant et s'affaissant, donnent naissance à des solfatares et
bouleversent les courans. Mille autres causes concourent
encore à produire des changemens. Un volcan s'éteint-il
tout-à-fait, le temps efface à la longue les marques qui pourroient le faire reconnoître. Les courans amoncelés ou se
recouvrant, forment des âges différens ; quelquefois, mais
très-rarement, ils conservent, après des siècles, toute leur
fraîcheur, si l'on peut parler ainsi ; mais le plus souvent l'altération les détruit, la lave se décompose, les scories tombent en poussière, les matières boursouflées ou vitrifiées,
dont la présence est la marque incontestable d'une fluidité
ignée non équivoque, se détruisent ; les courans eux-
mêmes sont morcelés, détruits ; il n'en reste que des lambeaux qui pourroient encore suffire à reconnoître leur origine ignée, si les changemens qu'ont éprouvés les contrées
où ils se trouvent ne venoient en quelque sorte déposer
contre. Ajoutons que les exemples de contrées sembla-

bles sont infiniment nombreux, en comparaison de ceux
où les laves ont conservé tous les caractères authentiques de leur origine. L'Italie, l'Auvergne et l'Islande,
exceptées, qui offrent des volcans parfaitement caractérisés, les uns en activité, les autres éteints, le reste
de l'Europe ne présente presque que des produits volcaniques contestés. L'on comprend que nous voulons parler
des basaltes regardés par les vulcanistes comme produits
volcaniques, et par les neptuniens comme des produits de
l'eau ; ainsi que des roches ou laves amygdaloïdes du Vicentin, du Tyrol, d'Oberstein, etc.

C'est ici que l'emploi du mot *lave* commence à gêner dans
son application ; car il devient le plus souvent un mot qui
exprime une opinion et non pas une pierre. Werner le res-
treint à la seule lave qui a coulé évidemment ; et souvent
même de vraies laves n'en sont pas pour lui. Je ne parle
pas du basalte qui n'est point une lave dans son système,
et que les méthodistes français croient devoir regarder comme
une espèce distincte, en pensant, pour la plupart, qu'il est
d'une origine volcanique. C'est comme par faveur que les
néralogistes allemands consentent à regarder les scories comme des produits volcaniques. Avec cet esprit de sceptiscime,
on conçoit combien dans l'école allemande on doit être
porté à réfuter toute opinion qui ne seroit point fondée sur
la dernière évidence. Voilà pourquoi les obsidiennes, malgré leurs caractères et malgré le volcan de Ténérife qui en
vomit à nos yeux, passent pour des produits neptuniens.

Les laves se présentent à nous sous différens aspects : 1.º
les unes, et c'est le plus grand nombre, ont l'apparence
d'une pierre non fondue ; celles-là ont été désignées spécialement par les noms de *laves lithoïdes*, de *laves compactes*, de
laves basaltiques, de *basalte*, de *laves fontiformes*, de *laves*
tout simplement, et ont été subdivisées en plusieurs espèces,
comme nous le verrons. Ce sont les *laves* proprement dites ;
nous les désignerons par *laves lithoïdes*.

2.º Les autres ont l'apparence du verre le plus parfait ou
de la poix et de la résine ; elles paroissent avoir subi l'action
d'un feu plus violent, ou bien avoir eu pour base des roches
plus fusibles. Elles accompagnent quelques espèces de *laves*
lithoïdes, ou forment à elles seules des courans bien distincts
ou des systèmes volcaniques. Ce sont les *obsidiennes*, et une
grande partie des *pechstein-porphyrs* des Allemands. On les
nomme aussi *laves vitreuses* ou *vitrifiées*, *obsidiennes*, *réti-*
nites, etc.

3.º Les autres enfin ont l'apparence d'éponges, plus ou
moins boursouflées ; elles sont remplies de pores, de bour-

soufflures ; leur tissu est spongieux, écumeux, fibreux ou filamenteux. Elles ont une plus grande légèreté, et le plus souvent elles ont pris naissance à la surface des courans de laves lithoïdes ou de laves vitreuses. Ce sont les *scories*, les *pierres ponces* ou *ponces*, subdivisées l'une et l'autre en *pesantes* et *légères*.

Ces trois genres de laves peuvent se réduire à deux : en effet, les deux derniers sont de vraies *laves vitreuses*, comme nous le prouverons, et nous leur donnerons souvent ce nom collectif.

On a nommé *laves boueuses* des courans d'une matière argileuse tufacée, produits d'éruptions extraordinaires, et qui ne sont habituelles à aucun volcan. Ces courans, semblables à une boue liquide, doivent leur naissance à des causes accidentelles et étrangères ; quelquefois ils contiennent des débris de corps organisés, végétaux ou animaux. On ne sauroit confondre ces produits boueux avec les vraies laves ; aussi les naturalistes les en ont-ils distingués. Pour ne point rendre obscur ce qui nous reste à dire sur les laves, oublions qu'il existe des laves boueuses.

Les *laves*, ou plutôt les *laves lithoïdes* et les *laves vitreuses*, produits immédiats des volcans, donnent naissance à une multitude d'autres produits, dont l'ensemble forme tous les produits volcaniques, et dont l'histoire est celle même des volcans. En effet, la calcination, en tourmentant les laves, attaque quelques-uns de leurs principes, et les fait passer à un état tout-à-fait différent. Cette action du feu agit encore sur ces nouveaux produits, ensuite altérés par d'autres agens. Il en est de même de l'action des gaz acides, sulfureux, muriatiques, etc., qui, en agissant continuellement sur les laves, en opèrent pour ainsi dire l'analyse, et forment des sels solubles avec quelques-uns de leurs principes. L'action de l'air et des autres agens atmosphériques non moins actifs, altère ces laves, relâche leur tissu, ou finit par les réduire en terre. Tous ces nouveaux produits sont remaniés par les eaux, déposés en couches puissantes dans les mêmes lieux où ils éprouvent encore l'action du feu des volcans, ou sont transportés au loin, sans quelquefois laisser les traces de leur origine. D'autres produits se forment dans les laves altérées par l'infiltration, ou la transsudation, comme on voudra l'appeler. Dans ces milliers de changemens, on perd le fil qui unissoit les laves et leurs produits ; le doute s'élève dans l'esprit de ceux qui n'ont pu étudier les changemens qui s'opèrent dans les volcans en activité ; il devient incrédulité.

L'on conçoit dans quel chaos l'histoire des volcans se

trouve. On sent combien le mot de *lave* a dû être et est encore vaguement employé. Les travaux de Bergmann, de Faujas, de Spallanzani, et surtout de Dolomieu, ont jeté un très-grand jour sur l'histoire des produits volcaniques, et sont encore la base de tous ceux qu'on entreprend. Dolomieu conçut le projet d'une histoire de tous les produits volcaniques ; il avoit même exposé une partie de ses idées sur ce sujet dans une édition de l'ouvrage de Bergmann, sur les produits volcaniques, imprimée à Florence. Il donna depuis, dans le Journal de physique, le commencement de ce travail, que la mort l'empêcha de continuer. On y trouve un premier tableau où il expose sa méthode, et il y montre les relations qui existent entre les laves proprement dites, les autres produits volcaniques, et les substances minérales, qui, quoique étrangères à l'inflammation souterraine, se trouvent dans les volcans. Nous allons présenter brièvement ce tableau, parce que le lecteur y peut voir les relations qui enchaînent les produits volcaniques entre eux, et qu'il nous dispensera d'entrer dans de longs détails à leur égard. Ce tableau a pour titre :

Distribution méthodique de toutes les matières dont l'accumulation forme les montagnes volcaniques, etc.

Cette distribution comprend cinq classes ; savoir :

Première classe. — Productions volcaniques proprement dites, ou matières qui ont éprouvé directement l'action des feux souterrains, et qui en ont reçu des modifications.

I.ʳᵉ DIVISION. — Matières volcaniques qui, sans conserver l'apparence d'aucun changement dans leur constitution primitive, ont éprouvé la fluidité ignée. *Laves proprement dites.*

Premier genre. — Laves compactes qui ont pour base des roches argilo-ferrugineuses (1). — *Deuxième genre.* L. *c.* à base de pétrosilex. — *Troisième genre.* L. *c.* à base de feldspath (lamelleux), ou laves granitiques. — *Quatrième genre*, L. à base de grenat (*amphigène*), en masse. La première espèce de chaque lave de ces genres, est la lave d'apparence homogène. Les autres espèces sont données par les cristaux de diverses natures, qui se trouvent, soit chaque espèce isolément, soit plusieurs combinées, deux, trois, ou plus ensemble. Cette méthode est vicieuse, en ce qu'elle donne lieu à admettre plusieurs espèces de laves compactes dans un même courant ; ce qui n'est pas.

2.ᵉ DIVISION. — Matières volcaniques qui ont éprouvé des

---

(1) Dolomieu nomme ainsi les trapps et les cornéennes regardés par lui comme ayant pour base l'amphibole et le feld-spath. *Voyez* la suite de cet article.

changemens sensibles dans leur constitution , par les différens effets des feux souterrains. — *Premier genre.* Produit
du boursouflement : 1.° *laves boursouflées cellulaires; 2.° lav.
bours. fibreuses.* — *Deuxième genre.* Produit de la scorification:
scories pesantes, id. *légères, pouzzolanes noires.* — *Troisième
genre.* Produit de la vitrification compacte : *laves vitreuses
colorées, l. v. blanches, l. résiniformes, émaux, verres colorés,
verres blancs.* — *Quatrième genre.* Produit de la vitrification
boursouflée : *pierres ponces blanches, p. ponc. colorées, verres
filandreux* ou *capillaires, pouzzolanes blanches.* — *Cinquième
genre.* Produit de la trituration et de l'extrême boursouflement : *sables volcaniques, cendres volcaniques* improprement
dites. — *Sixième genre.* Cristaux isolés de leur base par les
effets de l'extrême boursouflement : *feld-spath,* pyroxène noir
ou *vert, amphibole, grenats* (y compris la mélanite), *amphigène,
hyacinthe, corindon, péridot, mica, grains de mine de fer grise.*
— *Septième genre.* Agglutinations opérées par la voie sèche:
*fragmens de laves agglutinés, scories agglutinées, pierres ponces
agglutinées, sables et cendres agglutinés, vitrifications* qui ont
aggluté des fragmens de toutes sortes. — *Huitième genre.* Produit de la calcination: *laves, scories, pouzzolanes rouges, pierres
de toutes sortes, terres et argiles* calcinées.

3.ᵉ DIVISION. —Produits de la sublimation. —*Premier genre.*
Substances élastiques aériformes : *gaz acide sulfureux, muriatique, carbonique, azote, hydrogène, hydrogène sulfuré,* etc.
— *Deuxième genre.* Substances inflammables : *soufre, huile bitumineuse.* — *Troisième genre.* Substances salines : *ammoniaque
muriatée,* pure ou *ferrifère,* ou *cuprifère; soude muriatée, soude
sulfatée, fer sulfaté, cuivre sulfaté, cuivre muriaté,* etc. — *Quatrième genre.* Substances métalliques : *arsenic, antimoine,
mercure, fer, cuivre.*

4.ᵉ DIVISION. — Appendix pour les modifications de formes
dépendantes du refroidissement. — *Premier genre.* Laves de
formes régulières : *prismatiques, en tables, en boules ou globuleuses.*—*Deuxième genre.* Vitrifications de formes régulières,
prismatiques, globuleuses. — *Troisième genre.* Produits volcaniques de formes singulières ou bizarres : *laves, vitrification
et scories de formes bizarres.*

Deuxième classe. — Produits volcaniques improprement
dits , ou matières que le feu n'a point modifiées, quoiqu'il
ait contribué à leur déjection. — *Premier genre.* Matières
renfermées naturellement ou accidentellement dans les courans de laves, sans y avoir reçu d'altérations sensibles:
groupes ou *nœuds de quarz, de feld-spath, de mica,* etc.,
*masses irrégulières de pierres calcaires, de pierres argileuses, de
pierres magnésiennes, de roches composées.* — *Deuxième genre.*

Matières sorties en masses isolées des bouches ou cratères, sans altérations sensibles. *A.* Masses de formes indéterminées : *pierres calcaires, argileuses, magnésiennes et quarzeuses; roches calcaires micacées; roches à base de feld-spath,* de *pétrosilex, d'amphibole,* etc., et de *spath fluor. B.* En cristaux réguliers, placés dans les cavités et les fentes des autres masses : *spath calcaire, spath fluor, spath pesant, quarz, feldspath réfractaire, feld-spath fusible, pyroxène noir* ou *vert, amphibole, idocrase, hyacinthe, grenat, amphigène, mica.* — *Troisième genre.* Produits des irruptions boueuses, empâtemens et agglutinations opérées par la voie humide : *tufs gris homogènes* ou *composés* (peperino), *tufs rouges, tufs noirs, tufs blanchâtres; matières volcaniques empâtées par des substances étrangères; matières étrangères empâtées par des substances volcaniques; lumachelles qui ont pour base des tufs volcaniques; pierres régénérées par la réaggrégation des cendres volcaniques.*

Troisième classe. — Altérations et modifications opérées par les vapeurs acido-sulfureuses des volcans — *Premier genre.* Matières volcanisées ou non volcaniques, plus ou moins altérées ou décomposées : *laves compactes, scories, pierres étrangères aux volcans.* — *Deuxième genre.* Nouveau produit résultant de l'action des vapeurs : *sulfates de chaux,* de *magnésie, d'alumine, de fer, sulfures d'alumine,* de *fer, terres argileuses, oxyde de fer, quarz, calcédoine.*

Quatrième classe. — Altérations et modifications opérées sur les produits volcaniques par la voie humide, et dépôts de l'infiltration. — *Premier genre.* Produits volcaniques altérés et décomposés par les vicissitudes de l'atmosphère : *laves altérées, scories altérées, terres colorées* ou *blanches,* et *oxyde de fer,* etc., qui en résultent. — *Deuxième genre.* Matières déposées par l'infiltration, dans les fentes et cavités des laves, et parmi les autres produits volcaniques : *spath calcaire, spath pesant, spath fluor, zéolithe vitreuse* (analcime), *Z. lamelleuse* (stilbite), *feld-spath, pyroxène, amphibole, stéatite, asbeste, quarz, calcédoine, agates, jaspes, pierres de poix réfractaires, pierres de poix fusibles, terre verte, bleu de Prusse, fer spathique, sulfure de cuivre,* etc.

Cinquième classe. — Matieres qui n'ont aucune relation avec l'inflammation souterraine, mais qui servent à l'histoire des volcans, en indiquant leur âge, leurs époques et les révolutions qui ont agi sur eux. — *Premier genre.* Substances qui appartiennent au règne minéral : *couches calcaires, marneuses, argileuses, sables* et *grès; cailloux roulés, terres bitumineuses.* — *Deuxième genre.* Fossiles qui appartiennent au *règne végétal : bois bitumineux, impressions de plantes, charbon de terre.* — *Troisième genre.* Fossiles qui appartiennent au règne animal : *ossemens de grands animaux*, *ichthyolites*, *co-guillages de toute espèce*, *madréporites*.

L'on voit, d'après ce tableau, que Dolomieu commence l'étude des produits volcaniques par celle des laves qui ont le plus l'apparence d'une pierre, c'est-à-dire, les *laves lithoïdes*, et qu'il les suppose dues à des roches trappéennes ou à des roches pétrosiliceuses (feld-spath compacte), à des granites, etc.; en un mot, qu'il les regarde comme produites par la liquéfaction dans le sein des volcans, de roches analogues à celles qui sont connues. Ces laves lithoïdes sont précisément ce qu'on nomme minéralogiquement *laves*, et c'est à la description seule de ces laves que doit se borner maintenant cet article. Les *laves lithoïdes* sont compactes, à contexture granulaire à grains fins, ou granitoïdes. Elles font le plus souvent feu sous le choc du briquet. Elles se fondent au chalumeau en verre vert noirâtre, vert grisâtre, gris blanchâtre ou blanc, et le plus souvent piqueté de noir ou de brun. Elles attirent presque toutes l'aiguille aimantée ; à la loupe, elles offrent des points brillans. Les cristaux qu'elles contiennent sont : le feld-spath qui y est essentiellement, le pyroxène, le péridot et le mica, puis l'amphigène, plus rarement l'amphibole, et quelques autres substances qu'on y observe bien moins souvent, telles que le fer titané, le titane silicéo-calcaire, la haüyne; ces laves avec cristaux prennent le nom de *laves porphyriques* ou *porphyritiques*.

Les *laves lithoïdes* compactes, qui sont les plus nombreuses, peuvent être divisées ainsi qu'il suit. Nous prévenons toutefois que ce ne sont pas ici des espèces que nous voulons indiquer, puisqu'on ne sauroit en établir de distinctes dans les laves lithoïdes, et qu'on peut dire qu'il n'existe point de limites entre celles qu'on a établies.

1.° *Laves lithoïdes très-compactes.* — Elles sont noires ou d'un noir bleuâtre ou d'un brun hépatique, à contexture extrêmement serrée, à peine sensiblement granulaire et presque semblable à celle dite *céroïde*. Elles sont magnétiques, quelquefois douées du magnétisme polaire, très-étincelantes, difficilement fusibles en verre vert-brun ou gris picté de noir: leur pesanteur spécifique varie de 2,76 à 3,12; les cristaux qu'elles offrent abondamment sont des péridots et des pyroxènes : les cristaux de feldspath y sont rares, et même très-rares et épars; on y trouve des pléonastes et des cristaux de fer titané. La pâte examinée à l'aide d'une simple loupe, fourmille de petits grains imperceptibles, noirs, luisans, visibles surtout à la clarté du soleil. Un grand nombre de laves anciennes et de celles des volcans éteints, sont des variétés de ces laves. On en trouve aussi dans les volcans en activité, mais elles y sont rares. Il y en a à l'île Bourbon , à l'Etna , à Ténérife. La coulée de Gergovia, près de Clermont, en est aussi un très-bon exemple. J'ai nommé ailleurs ces laves , distinctes au premier coup d'œil , *laves lithoïdes péridotiques.* Une partie des basaltes viennent s'y placer naturellement , ainsi qu'une partie des *laves trappéennes,* Dol., le *basanite,* Brong., les *laves noires* ou laves *fontiformes* (ce nom s'applique aussi aux laves ci-après , n.° 2) d'autres auteurs , etc.

2.° *Laves lithoïdes grises granulaires.* — Ce sont les plus communes et celles qui forment presque toutes les coulées de laves lithoïdes actuelles. Quoique compactes, elles sont souvent remplies de bulles ou de petits vides imperceptibles. Leur contexture est granulaire, à grains fins, mais apparens à l'œil ; les uns sont blancs , les autres sont gris ou rougeâtres. Lorsque l'une ou l'autre de ces sortes de grains domine , les laves sont grises ou brunâtres, ou rougeâtres. Leurs couleurs sont rarement très-foncées ; le gris l'emporte. Les cristaux qu'elles présentent sont essentiellement des feldspath, des pyroxènes et des peridots, plus rarement le mica, l'amphibole et la haüyne, etc. Elles font feu sous le choc du briquet , et celui-ci laisse des traces de son choc ; elles sont magnétiques, et quelquefois à un foible degré ; elles sont fusibles au chalumeau en un verre gris blanchâtre, quelquefois un peu bulleux et picté de gris. Leur pesanteur spécifique varie entre 2,5 et 2,8. A l'insufflation elles donnent une odeur argileuse sensible. Ici rentre l'espèce *lave* de Werner ; une partie des laves basaltiques (j'entends de celles configurées en prisme) dont l'île Pentellaria , l'Etna, l'Auvergne , offrent des exemples authentiquement volcaniques. Ici rentre encore ce qu'on a appelé *mimose* ou *dolorite, laves augitiques ;* et partie des *laves téphréniques ,* et *trappéennes.*

3.° *Laves lithoïdes amphigéniques.* — Ce sont celles qui contiennent des cristaux d'amphigène , substance infusible. Leur pâte fond , tantôt en verre noir , tantôt en verre blanc, mais toujours piqueté de points blancs infusibles. La contexture varie beaucoup , de même que la couleur et les autres caractères. Doit-on cependant se résoudre à diviser ces laves ? Remarquons que les cristaux de feldspath sont rares ou nuls dans les laves amphigéniques , que les cristaux de pyroxène y abondent quelquefois, qu'ils n'y manquent jamais, et que le péridot s'y trouve quelquefois ainsi que le mica, la haüyne et même le fer sulfuré (à Albano, *Faujas*). On a beaucoup contesté sur la volcanéité de ces laves ; on a même totalement refusé cette origine à la belle et magnifique lave d'Albano dont nous avons vu des échantillons aussi poreux que puisse l'être la lave la moins contestée. Civita-Castellana, Braciano , Aquapendente , Radicofani, offrent de même des laves amphigéniques qui attestent la liquéfaction ignée de toutes les laves amphigéniques de l'État Romain et du Vésuve ; mais on a moins contesté l'origine des laves amphigéniques du Vésuve. Il faut avouer que toutes les substances que Dolomieu regarde comme laves à base de grenat blanc , c'est-à-dire d'amphigène, qui forme le quatrième genre de ses laves proprement dites (classe 1.ere , div. 1.ere) ne sont pas des laves lithoïdes, mais bien des matières étrangères à la liquéfaction ignée , et qui ont été rejetées intactes par les volcans, ou qui ont été plus ou moins altérées par l'action du feu , comme cela est pour beaucoup de pierres a Vésuve. Dolomieu y ramenoit les belles roches des monts de Tuscule ou de Frascati , composées soit de cristaux d'amphigène, soit de lames hexagones de mica brun , soit de pyroxènes en masse (comme ceux d'Arendal) et de grandes lames de mica , soit d'amphigène, de mélanite , de pyroxène , de mica et de haüyne , etc. ; la plupart formant des blocs dans les tufs et les couches de pouzzolanes de cette contrée, absolument comme on trouve les roches analogues au Vésuve lorsqu'on fait des fouilles pour les découvrir. L'amphigène du volcan éteint d'Andernach sur les bords du Rhin (*V.* Amphigène et Leucite), nous paroît dans le même cas.

4.º *Les laves lithoïdes pétrosiliceuses.* — C'est-à-dire , celles qui fondent en verre blanc au chalumeau, dont les couleurs sont le blanc ou le gris clair , ou le bleuâtre , ou le verdâtre , ou le rouge pâle avec une contexture tantôt très-compacte , ayant l'aspect silicé ou céroïde du pétrosilex , tantôt finement lamelleuse ou granulaire à grains fins, ou à gros grains cristallins ou ponceux. Elles sont peu ou point magnétiques , et étincelantes sous le choc du briquet (les variétés à contexture serrée). Elles offrent des cristaux de feldspath et des écailles de mica , très-rarement du pyroxène , et presque jamais de péridot; quelquefois la haüyne , le titane silicéo calcaire , le fer titané , et l'amphibole noir. Ces laves présentent souvent à la fois deux sortes de cristaux de feldspath , les uns lamelleux, limpides ou brillans , les autres blanc-opaques, gercés ou altérés, quelquefois terreux. Cette observation est due à Dolomieu. Les laves pétrosiliceuses sont très-communes dans certains pays, par exemple , dans les champs Phlégréens près de Naples, les îles Ponces, les monts Euganéens dans le Padouan , la Souabe, le Cantal, le Velai, les bords du Rhin , l'Espagne, etc., etc.; l'origine volcanique de toutes ces laves est contestée ou niée par les minéralogistes de l'école allemande. Cependant, titons comme très-bons exemples : la coulée de Sanadoire, en Auvergne, connue sous le nom de *roche Sanadoire*, et qui renferme des noyaux parfaitement boursouflés; la lave qui constitue le Puy-de-Dôme, qui contient des blocs scorifiés; l'île Ponce et les monts Euganéens qui offrent des laves pétrosiliceuses, configurées en prismes à 3, 4, 5, 6 et 7 pans, ce qui prouve que cette configuration n'est pas exclusive aux laves dites *basalte*. On trouve encore aux îles Ponces des laves pétrosiliceuses poreuses. Je ne sais trop si l'on doit diviser les laves pétrosiliceuses, comme on le fait, en *klingstein*, *graustein*, *domite*. Les laves des îles Ponces et des champs Phlégréens m'ont présenté des passages de l'un à l'autre, et des états encore différens qui semblent détruire toute division dans les laves pétrosiliceuses, ou qui semblent prouver que l'espèce klingstein, W. ne rentre pas entièrement dans les laves. Le *graustein* de Werner (d'après un échantillon authentique que j'ai à ma disposition) est une lave dont les analogues abondent en morceaux épars dans l'île d'Ischia et à Pouzzoles ; elle est d'un blanc grisâtre, à contexture granulaire, à grains sublamelleux ou vitreux dans les interstices desquels on voit des petits points noirs indéterminables ; elle est à peine poreuse, ou poreuse, ou très-poreuse ; elle contient des cristaux de feldspath gercés et fendillés ; elle fait à peine ou ne fait point feu au briquet ; attire un peu ou point le barreau aimanté, et elle fond en verre blanc un peu bulleux, piqueté de noir. Les échantillons, qui sont passés à l'état de vitrification, sont devenus granulaires, à grains brillans ; ceux qui ont été altérés par les vicissitudes de l'atmosphère, sont devenus d'un blanc opaque, et sont formés de petites paillettes blanches opaques nacrées, avec des points rougeâtres qui ne sont que les points noirs altérés. Ce sont précisément là tous les caractères qu'offrent les laves pétrosiliceuses dites *klingstein.*

Voilà les quatre sortes de laves lithoïdes compactes qu'on peut admettre pour la commodité de l'étude des laves. Il reste à dire deux mots sur les laves lithoïdes granitiques. Elles sont fort rares dans la nature, et généralement composées de feldspath et de mica auxquels s'associent le pyroxène, rarement le péridot et l'amphibole, ou le quarz, qui y sont alors peu abondans et épars. On en cite au mont Amiata, autrement à Santa-Fiora, en Toscane : au mont Meissner, en Hesse; au Mont-d'Or. Les laves pétrosiliceuses des monts Euganéens offrent quelquefois des noyaux granitiques. On en observe aussi dans les laves de la petite île de Caprara, entre la Corse et l'Italie, en Auvergne, etc. Les maturalistes ne sont pas dans l'usage de comprendre maintenant ces laves, et les laves pétrosiliceuses, au nombre des laves proprement dites. L'altération dans les laves granitiques est une désunion des cristaux qui les composent; on pourroit croire que dans les autres laves lithoïdes il en est de même, mais on est dans l'erreur; dans ces laves, l'altération commence par la décomposition d'un de leurs principes, et elle se manifeste de plusieurs manières.

1.º *De l'extérieur à l'intérieur.* — La lave blanchit quelles que soient sa couleur et sa nature; elle prend un grain terreux (excepté dans les laves pétrosiliceuses où il est souvent luisant et nacré); son tissu se relâche de plus en plus, et les cristaux qui y étoient renfermés suivent plus ou moins cette même décomposition; quelquefois ils demeurent dégagés de leur enveloppe.

2.º *De l'extérieur à l'intérieur par calottes ou écailles.* — Ce mode est particulier aux laves de la première sorte.

3.º *De l'intérieur à l'extérieur.* — La décomposition se manifeste dans quelques points qui deviennent plus blancs ou terreux, et ces laves altérées ont mérité de recevoir un nom particulier. On a cru même qu'elles pouvoient faire une espèce, ce sont les *laves variolitiques.* Ce genre de décomposition se présente dans les laves lithoïdes pétrosiliceuses de Ténérife, de l'île Bourbon, dans la lave de Sanadoire, dans les laves du Cantal, dans les laves lithoïdes basaltiques de l'Auvergne, de la Saxe, etc.

4.º *Par les cristaux contenus dans les laves* qui se détruisent et deviennent le centre d'une carie qui finit par la destruction de la lave.

Dans tous ces cas, les laves finissent par se réduire en une argile ou terre des plus fertiles. Cette altération est très-prompte dans quelques laves, et dans d'autres extrêmement lente; quelques courans de laves dont les époques des éruptions qui leur donnèrent naissance sont inconnues, sont encore aussi frais que s'ils venoient de déboucher des volcans. L'Auvergne en offre plus d'un exemple.

L'on pense assez généralement en France, que les *vackes* des minéralogistes allemands ne sont que des laves altérées. On les trouve constamment avec les basaltes; elles forment au-dessous d'eux des couches plus ou moins puissantes, et, comme eux, elles contiennent des pyroxènes, du mica, etc.; mais elles ont l'aspect terreux, et elles sont très-argileuses, très-fusibles et souvent magnétiques, quelquefois tenaces, le plus souvent tendres et friables.

Le genre d'altération qui auroit amené le basalte à cet

état, ne sauroit être un de ceux que nous avons rapportés plus haut pour les laves ; car il semble s'être produit spontanément dans tous les élémens du basalte pour le changer complétement. Ceci nous conduit à parler de ces laves, que Dolomieu nomme *laves altérées* avec infiltrations de diverses natures observées par lui, 1.º à Santa-Croce, Carlentini, Augusta, etc. ; dans le Val di Noto, en Sicile ; celles-ci forment des montagnes, et on les prendroit pour du calcaire pétri avec de la lave ; 2.º à Lisbonne ; celles qui renferment cette substance particulière, nommée *céréolite*, que Dolomieu prit pour la stéatite ; 3.º dans le Vicentin et à l'Etna ; ce sont des laves avec substances zéolithiques, auxquelles se rapportent toutes celles du même genre, de Féroé et d'Islande, etc. Toutes ces laves plus connues sous le nom de *laves amygdaloïdes*, et qui doivent être des premiers âges du monde, n'offrent aucun analogue dans les coulées actuelles de nos volcans, et par conséquent leur origine volcanique est extrêmement contestée ; aussi les voit-on placées sous les noms de trapp, de mandelstein, dans les terrains primitifs ou dans ceux de transition. Toutes ces laves n'ont plus les grains serrés et brillans des vraies laves lithoïdes ; leur tissu est plus lâche, terreux ; elles sont plus fusibles ; leurs couleurs sont ternes, et tendent le plus souvent au gris verdâtre ou au jaunâtre ; elles offrent des cellules qui sont remplies par des cristaux de substances calcaires, zéolithiques ou siliceuses, etc., qu'on retrouve aussi dans la pâte, comme les cristaux dans les porphyres. On pense, avec assez de vraisemblance, que les élémens de ces substances existoient dans la roche même, et que par suite du relâchement et de l'altération du tissu par une cause quelconque, elles sont venues se réunir, soit par la transsudation, soit par l'infiltration, dans les cavités et les cellules déjà existantes dans la lave, ou que la mollesse acquise par la pâte *a permis* a la cristallisation de créer. Toutes ces laves, lorsque leur altération est extrême, se confondent dans les cabinets avec la *varke*, et il est même aisé d'établir des passages de l'une à l'autre. Il reste à prouver seulement que ce sont de vraies laves, et c'est ce que Dolomieu et beaucoup de minéralogistes célèbres ne mettent pas en doute.

Les laves lithoïdes altérées de ce genre et qui viennent du Val di Noto, quelques-unes de celles de l'Etna, de celles de Lisbonne, de celles du Vicentin, m'ont offert dans leur pâte beaucoup de points rouges imperceptibles ; tantôt ces grains sont brillans ou luisans, tantôt ils sont ternes et rouges de brique, ou terreux et roussâtres ; ils fondent en verre noir. Dans les laves basaltiques parfaitement saines de Lisbonne, j'ai retrouvé les mêmes grains ; mais ils étoient bruns, brillans et demi-transparens, et formoient, avec des grains blancs imperceptibles la pâte de la lave. En voyant ces grains bruns, on est frappé de leur ressemblance avec la mélilite qui se trouve, près de Rome, dans la lave intéressante de Capo di Bove, dite *Selce romano*, et qui est un des élémens de cette lave également amygdaloïdale dans certaines parties qui n'ont pas subi d'altération. Je ne serois donc pas étonné que les points rouges que j'ai vus dans toutes ces laves n'appartinssent à la *mélilite* plutôt qu'au péridot devenu terreux par l'altération et dont on a fait une espèce minérale sous le nom de *limbilite*, plutôt qu'au pyroxène, qu'à l'amphibole, ou qu'au mica, qui se convertissent également par l'altération en grains terreux jaunâtres, mais dont la couleur n'est pas le rouge brique ou pourpré des grains en question. Ces mêmes laves altérées de Lisbonne et du Val di Noto, remplies de calcaires et avec leurs points rouges imperceptibles, ont une grande ressemblance avec les trapps que nous nommons variolites du Drac, dont la pâte, de même apparence, est très-souvent noyée de calcaire et criblée de petits points rouges et lamelleux, qui paroissent dus au mica. Lamanon auroit-il eu tort de rapporter ces roches aux laves?

On trouvera aux articles BASALTE, SCORIES, PIERRE PONCE, WACKE, OBSIDIENNE, VOLCANS, TERRAINS, etc., ce qui peut compléter l'histoire des laves proprement dites, c'est-à-dire, des laves lithoïdes.

Parlons maintenant d'un travail spécial fait sur les laves par M. Cordier, et qui prouve qu'elles sont d'une nature toute particulière, qu'elles n'ont pu appartenir qu'à des roches différentes de ce que nous connoissons, et que les élémens sont toujours les mêmes dans tous leurs états, et reconnoissables dans les nouveaux produits auxquels elles donnent naissance.

Dolomieu croyoit que le feldspath et l'amphibole étoient la base des laves, et que ces substances y étoient à l'état pâteux ou en masse, comme dans les trapps ou cornéennes, et dans le pétrosilex (dans l'un l'amphibole domine, dans l'autre c'est le feldspath). Les nombreuses analyses qu'on a faites des laves depuis Bergmann jusqu'à Klaproth; les recherches multipliées de Spallanzani, laissèrent toujours la question indécise. Dolomieu ne doutoit pas que les cristaux qu'on trouve dans les laves ne dussent influer sur leur nature; c'est ce que l'analyse chimique, agissant sur des corps mélangés, ne pouvoit prouver que vaguement.

Dolomieu vit même dans l'absence ou la présence des cristaux de telle ou telle espèce, dans les laves, tantôt d'une seule espèce, tantôt de deux, de trois, etc., de bons caracières pour les diviser ; mais, comme nous l'avons dit, il se trompoit. En lisant son catalogue des produits de l'Etna, on voit qu'une lave du même courant est présentée dans plusieurs espèces, et que les laves homogènes appartiennent à tous les courans. N'oublions pas que ce zélé géologue avoit vu le feldspath lamelleux dans le tissu de beaucoup de laves, et crut même devoir nommer ces laves, *laves feldspathiques*. Ses deux premiers genres de laves, celui des laves argilo-ferrugineuses (qui fondent au chalumeau en noir ou en gris), et celui des laves pétrosiliceuses (fondant en verre blanc), sont encore les deux grandes coupes dans la classification des laves. Long-temps après lui, et de nos jours, M. Faujas se plut à montrer le feldspath dans les laves, les basaltes et les trapps, où il est le moins apparent, en trempant quelque temps ces substances dans l'acide sulfurique : le feldspath paroît en points blancs.

C'est à M. Fleuriau-de-Bellevue qu'on doit la première idée et même l'exécution d'un genre d'examen qu'on devroit employer pour toutes les substances en roches qui se présentent à nous avec l'apparence homogène. L'étude microscopique des sables volcaniques d'Andernach, composés de cristaux excessivement petits, lui donna l'occasion de découvrir, le premier, des substances qu'on n'avoit pas encore indiquées dans les volcans, par exemple le *titane silicéo-calcaire* qu'il nomme *séméline*. Les recherches qu'il fit encore sur la lave de Capo di Bove, et sur celle de 1794, au Vésuve, en prouvant son adresse et son talent, a démontré l'extrême utilité de ce genre d'études, et donna encore à l'auteur occasion de découvrir de nouvelles substances telles que la *mélillite* (que Dolomieu avoit prise et indiquée pour du *fer spathique*) et la *pseudo-néphéline* ; d'élever des doutes sur la constante opinion que les laves avoient pour base toujours les mêmes roches ; et de reconnaître la propriété qu'ont beaucoup de laves de faire une légère gelée avec l'acide nitrique affoibli. M. Daubuisson porta, dans le même esprit, son attention sur des roches d'apparence homogène, et reconnut ainsi, que l'ardoise est composée de particules de mica extrêmement ténues. La difficulté de ce genre d'examen sembloit l'avoir fait négliger, lorsque M. Cordier annonça, il y a quelques années, dans les laves lithoïdes, vitreuses et de toute nature, la présence, constante d'une substance ferrugineuse disséminée en grains impalpables dans les laves. Il prouva encore que ces grains étoient une combinaison du *fer* et du *titane*, c'est-à-dire, du *fer titané*. Ce savant a publié, il y a bientôt un an, un travail spécial sur les laves, où il ne procède que par l'analyse mécanique et

par des moyens très-ingénieux, dans les détails desquel
nous n'entrerons pas. Il a découvert, ainsi que le tissu de
toutes les laves lithoïdes est un composé de grains ou cristaux microscopiques de *feldspath*, de *pyroxène* et de *fer titané*;
que ces substances sont la base essentielle non-seulement
des laves que vomissent les volcans, mais encore de ces laves dont l'origine volcanique est contestée. Dans cette base
entrent quelquefois, mais accidentellement, des grains de
ces cristaux qui se rencontrent aussi accidentellement dans
ces laves, comme la haüyne, l'amphigène, etc. L'amphibole qu'on avoit cru la base des laves, y est tellement rare
qu'on n'en cite des exemples qu'avec peine. C'est le pyroxène, cette espèce minérale si restreinte autrefois, maintenant si répandue, qui se trouve avec le feldspath la plus dé-
composable des substances cristallisées, et la base non équivoque des laves. Cette découverte de M. Cordier, et le parti
qu'il en a su tirer, l'ont conduit à donner une classification
des laves proprement dites.

Ainsi, lorsque le pyroxène abonde dans la pâte des laves,
ces laves répondent aux laves argilo-ferrugineuses ou trappéennes de Dolomieu; lorsque c'est le feldspath, on a les
laves pétrosiliceuses. En partant des caractères propres
au pyroxène et aux feldspath, on voit comment sont formées
les scories, les ponces, etc.; comment on peut expliquer l'altération plus ou moins prompte des laves; et à quoi sont dus
ces sables fins, remplis de fer titané et d'autres cristaux qui
accompagnent les volcans, et qui couvrent quelquefois de
grandes plages où ils sont accumulés par les eaux de la mer.

Terminons cet article par l'exposé succinct de la *distribution méthodique des substances volcaniques, dites en masse,* que
propose M. Cordier. Nous renvoyons les détails aux différens noms que nous allons indiquer.

Section Iere	Section IIe

Section I.ere

*Substances feldspathiques, dans
lesquelles les particules de feld-
spath sont très-prédominantes.*

A. Non altérées.

I.er Type. Composées exclusivement de cristaux microscopiques entrelacés, d'un égal volume, par leur simple juxta-position, offrant entre eux des vacuoles
plus ou moins rares.

Leucostine (*Laves pétrosiliceuses; Klingstein; Domite*) etc.

Section II.e

*Substances pyroxéniques dans
lesquelles les particules du pyroxène sont prédominantes.*

A. Non altérées.

I.er Type. Mêmes caractères
que ci-contre.

Basalte (*lave lithoïde basal-
tique.*

Sous-types. L. compacte ; L. caïlleuse ; L. granulaire.

II.e TYPE. Composées de verre ursouflé, presque toujours mélangées de cristaux microscopiques plus ou moins abondans.

PUMITE (*pierre ponce, lave vitreuse pumicée*, Haüy).

Sous-types. P. grumeleuse ; P. pesante ; P. légere.

III.e TYPE. Composées de verre massif, presque toujours mélangé de cristaux microscopiques plus ou moins abondans.

OBSIDIENNE (*Obsidienne, Perlstein ; pechstein volcanique.*

Sous-types. Obs. parfaite ; Obs. smalloïde ; Obs. imparfaite.

IV.e TYPE. Composées de cristaux et de grains vitreux microscopiques non adhérens.

SPODITE (*cendres blanches et ponceuses volcaniques*).

Sous-types. Sp. cristallifère ; Sp. semi-vitreuse ; Sp. vitreuse.

B. Altérées.

V.e TYPE. Composées de grains vitreux, souvent entremêlés de cristaux, les uns et les autres microscopiques, d'un volume très-inegal, non entrelacés, en partie terreux, très-foiblement adhérens ou cimentés imperceptiblement par des substances étrangères. (SPODITES *vitreuses et semi-vitreuses alterées.*)

ALLOÏTE (*une partie des tufs blancs ou d'un blanc-jaunâtre, des tufs ponceux, des pretendus tripolis volcaniques, des thermantides tripoléennes ; cendres ponceuses agglutinees*).

Sous-types. All. friable ; All. consistante ; All. endurcie.

VI.e TYPE. Composées de cristaux souvent entremêlés de grains vitreux, les uns et les autres microscopiques, d'un volumé très-

Sous-types. B. compacte ; B. écailleux ; B. granulaire.

II.e TYPE. Caractères *idem.*

SCORIE (*scories, laves scorifiées*, Dol., Haüy ? *Thermantides cimentaires*, Haüy).

Sous types. S. grumeleuse ; S. pesante ; S. légère.

III.e TYPE. Caractères *idem.*

GALLINACE (*verre à base de lave fontiforme*, Delaméth ; *lave vitreuse trappéenne*, de Drée, *Catal.*

Sous-types. Gal. parfaite ; G. smalloïde ; G. imparfaite.

IV.e TYPE. Mêmes caractères que ci-contre.

CINÉRITE (*cendres volcaniques rouges, grises, etc.*)

Sous-types. C cristallifère ; C. semi-vitreuse ; C vitreuse.

B. Altérées.

V.e TYPE. Mêmes caractères. (CINERITES *vitreuses et semi-vitreuses altérées*).

PÉPÉRITE (*tuf volcanique d'un rouge vif, d'un rouge-brun, d'un brun foncé, d'un brun-vert grisatre tres-foncé ; pouzzolane terreuse friable en partie ; base de quelques peperino*).

Sous-types. P. friable ; P. consistante ; P. endurcie.

VI.e TYPE. Mêmes caractères que ci-contre. (CINERITES *cristalliferes alterees.*

inégal, non entrelacés, en partie terreux, très-foiblement adhérens ou cimentés imperceptiblement par des substances étrangeres. (SPODITE *cristallifere alteree.*)

TRASSOÏTE (*tufs d'un gris cendré, trass.; une partie des tufs blancs ou d'un blanc-jaunâtre, du prétendu tripoli volcanique et des thermantides tripoléennes; cendres blanches agglutinées*).

Sous-types. T. friable; T. consistante; T. endurcie.

VII.ᵉ TYPE. Composées exclusivement de cristaux microscopiques, d'un égal volume, entrelacés, en partie terreux, admettant parfois des vacuoles plus ou moins rares, adhérens par la simple juxta-position, ou cimentés imperceptiblement par des substances rangères (LEUCOSTINES *altérees*).

TÉPHRINE (*lave feldspathique ou pétrosiliceuse décomposée, Klingstein decomposé, Hornstein volcanique decomposé; base du thonporphyre en partie; domite decomposee; base des laves amygdaloïdes feldspathiques décomposees, etc.*)

Sous-types. T. solide; T. friable; T. endurcie.

VIII.ᵉ TYPE. Composées de verre massif ou boursouflé, entrecoupé de gerçures très-déliées, presque toujours mélangées de cristaux microscopiques, plus ou moins abondans, en partie terreux ainsi que les cristaux, consistantes par simple juxta-position, ou cimentées imperceptiblement par des substances étrangères. (OBSIDIENNE *et* PUMITE *altérees*).

ASCLERINE (*ponces decomposées*).

Sous-types. A. solide; A. friable; A. endurcie.

TUFAÏTE (*tuf volcanique ordinaire; base de la plupart des peperino; pouzzolane terreuse, friable en partie; tufs volcanique et trappéen de Werner; moya de M. de Humboldt*).

Sous-types. T. friable; T. consistante; T. endurcie.

VII.ᵉ TYPE. Mêmes caracteres que ci contre. (BASALTES *altérees*).

WACKE (*laves basaltiques decomposées; partie des wackes de Werner; trapp et cornecut amygdaloïdes; base de l'ophite antique par appendice a la wacke endurcie*).

Sous-types. W. solide; W. friable; W. endurcie.

VIII.ᵉ TYPE. Les mêmes caracteres. (SCORIE *ou* GALLINACÉ *altérées*.

POZZOLITE (*scories décomposées, pouzzolanes lapillaires. thermantides cimentaires en partie; base des scories amygdaloïdes*).

Sous-types. P. solide; P. friable; P. endurcie.

Ce que M. Cordier nomme type, peut être considéré

omme *genre*, et ce qu'il appelle sous-type comme *espèces*.
On peut consulter encore l'*Essai Géologique* de M. Faujas,
ans lequel ce savant donne une classification étendue et rai-
nnee des laves. Il existe aussi une classification de ces
ubstances faite sur les échantillons mêmes de Dolomieu,
ans le Musée minéralogique de M. de Drée ; et l'on trouvera encore dans la Géologie de M. de Breislack et dans son
Voyage en Campanie, dans les voyages de Spallanzani dans
les Deux-Siciles, dans les ouvrages et principalement les
Lettres de M. Deluc, et surtout dans les divers Mémoires de
Dolomieu, une foule d'observations instructives, qui don-
neront une idée beaucoup plus complète des laves qu'il
ne nous a été possible de le faire dans cet article. (LN.)

LAVETTE, LAYETTE. Noms vulgaires de l'ALOUETTE
COMMUNE, dans la Guienne. (v.)

LAVÈZE ou LAVEZZO et LAVEGGIO. Ce sont les
noms que les Italiens donnent à la *pierre de Côme*, dont on
fait des marmites. *V.* PIERRE OLLAIRE. (PAT.)

LAVIGNON. Nom que les pêcheurs des environs de la
Rochelle donnent à un coquillage qui se mange en cette
ville. C'est la MYE D'ESPAGNE de Chemnitz. Il vit à plusieurs
pouces sous la vase. Cuvier le regarde comme devant servir
de type à un sous-genre des MACTRES, qui auroit pour caractères : coquille bâillante ; le côté postérieur plus court que
l'antérieur ; une petite dent près le ligament interne ; les
tubes de l'animal séparés et fort longs. Selon lui, outre
cette espèce, ce sous-genre réuniroit la MYE DE NICOBAR et
les MACTRES PAPYRACEE et APLATIE du même Chemnitz. (B.)

LAVING-COAL. Nom anglais d'une variété de HOUILLE
très-estimée en Angleterre. (LN.)

LAVOIR DE VÉNUS (*lavacrum veneris*). Nom donné,
par les anciens, à la CARDÈRE, dont les feuilles opposées
et soudées par la base, retiennent l'eau de la pluie comme
dans un bassin. (LN.)

LAVY. Nom du GUILLEMOT, à l'île Saint-Kilda. (v.)

LAWETZSTEIN. Nom allemand de la PIERRE DE
CÔME. *V.* LAVÈZE. (LN.)

LAWINES. *V.* LAVANGES ou AVALANCHES. (DESM.)

LAWSONIA, du nom de J. Lawson, naturaliste écos-
sais, auteur d'une histoire de la Caroline, publiée à Londres en 1718, 1 vol. in-4.º Le genre *lawsonia* ou *lausonia*
de Linnæus est l'*alkanna* d'Adanson. *V.* au mot HENNÉ.
(LN.)

LAX. Nom du POURPIER SAUVAGE, chez les Daces. (LN.)

LAXMANNIE, *laxmannia.* Genre de plantes qui a pour
caractères : un calice commun polyphylle, cylindrique, com-

posé d'environ dix folioles, dont les intérieures sont droites, et les extérieures recourbées ; un réceptacle garni de paillettes, et chargé de plusieurs fleurons hermaphrodites, ayant chacun un calice propre, bidenté ; une corolle tubuleuse quadrifide ; quatre étamines à anthères réunies en un cylindre saillant ; un ovaire supérieur, chargé d'un style filiforme à stigmate bifide ; plusieurs semences oblongues, dépourvues d'aigrettes.

Ce genre est de Forster ; mais comme on n'en a plus parlé depuis, il est probable qu'il étoit mal fondé, et que l'espèce qui le compose a été réunie à quelque autre. Il est possible qu'il ne diffère pas des BIDENTS.

Le genre NOCCA, de Cavanilles, s'en rapproche beaucoup (B.)

LAYANG-LAYANG. C'est, aux Philippines, une HIRONDELLE DE CHEMINÉE. (S.)

LAYENSTEIN. Terme allemand qui désigne l'*argile schisteuse* ou *feuilletée*. (LN.)

LAYETTE. C'est, en Guienne, l'ALOUETTE COMMUNE. (V.)

LAZER. *V.* LAUZER. (DESM.)

LAZULITE, *Lapis-Lazuli* et *Lapis*. Le LAZULITE est une pierre remarquable par sa couleur d'un bleu d'azur. Les Grecs lui donnoient le nom de *cyanos*, qui étoit aussi celui du *bluet*, dont la fleur est également d'un beau bleu. C'est le *saphir* de Pline, le *lapis cœruleus* des Latins du Bas-Empire, enfin le *lazuli* ou *azul* des modernes. Ces derniers noms ont pour racine un mot arabe, qui désigne cette pierre et la couleur des cieux. Le *lazulite* est appelé dans les ouvrages allemands *lazurstein*, *pierre d'azur* ; c'est l'*azurstone* des Anglais.

Les caractères de cette pierre précieuse sont les suivans :

D'abord, sa couleur bleu d'azur, qui présente toutes les teintes du bleu de Prusse, du bleu de cobalt ou smalt, et qui passe au bleu foncé. Ces teintes sont le plus souvent altérées par des veines et des taches blanches, qui sont dues aux substances avec lesquelles le *lazulite* est toujours mélangé. Le lazulite est massif ou disséminé dans sa gangue, et très-rarement cristallisé. Sa cassure est grenue ; néanmoins il présente dans son tissu de petites lames brillantes. Il est translucide sur les bords, et sa couleur, à la transparence, est bleue en tous sens. Il est assez fragile lorsqu'on l'isole de sa gangue ; autrement il forme avec elle un tout fort tenace. Il est assez dur pour rayer le verre et faire feu sous le choc du briquet. Sa pesanteur spécifique varie entre 2,76 et 2,96. Exposé au jet de la flamme produite par le chalumeau, il répand une vive clarté, perd sa couleur, et se fond en une masse grisâtre qu'une chaleur prolongée convertit en un émail blanc. Les acides minéraux le décolorent et le convertissent en gelée. Cette gelée, quand elle a lieu à froid, est à peine sensible; mais si l'on calcine le lazulite auparavant, il formera ensuite, avec ces acides, une gelée épaisse. Les principes du lazulite sont :

		Klaproth.
Silice..	. . . .	46
Alumine.	. . . . . .	14,50
Chaux carbonatée.	. . . .	28,50
Chaux sulfatée.	. . . . .	6
Fer oxydé.	. . . .	3
Eau.	. . . .	2
		100

Marcgrave indique les mêmes principes, moins l'alumine; mais il n'en donne pas les proportions.

MM. Clément et Desormes ont trouvé :

Silice, 35,8; alumine, 34,8; soude, 23,2; soufre, 3,1; carbonate de chaux, 3,1.

Ces deux chimistes regardent comme principe accessoire la chaux qu'ils ont trouvée jusqu'à la proportion de 0,24, et le fer qui s'y rencontre jusqu'à 0,15. Ces analyses diverses sollicitent de nouvelles recherches; nous avons de la peine à croire que le fer ne soit point le principe colorant du lazulite. C'est ce que l'on seroit forcé d'admettre, si l'on considère la dernière analyse, rapportée ci-dessus, comme décisive.

Le lazulite se trouve fort rarement cristallisé. Il se présente alors en dodécaèdre à plans rhombes, dont le clivage m'a paru devoir s'effectuer dans le sens des faces. Le plus beau cristal connu, celui qui a été décrit dans le *Journal des Mines*, par MM. Clément et Desormes, et qui étoit en la possession de M. Guyton de Morveau, est maintenant dans la collection particulière du Roi. On voit dans la collection de M. de Drée, à Paris, deux blocs de lazulite : l'un présente cette substance en petits cristaux : ce morceau provient d'une des plus célèbres collections de Freyberg en Saxe ; le second offre une multitude de cristaux de lazulite cassés par le milieu et engagés dans la gangue de telle sorte qu'on ne peut juger de leur forme que par le contour de la coupe. Dans la même pièce sont des cristaux qui présentent

plusieurs de leurs faces d'une manière très - prononcée. C
rare morceau provient d'un bloc qui étoit en la possessio
de M. Thomire.

Il n'est pas de pierre plus mélangée que celle qui con
tient le lazulite. Les substances qu'on y voit le plus fréquemment sont de nombreux grains de *pyrite* ou fer sulfuré,
que les anciens prirent pour de l'or; c'est ce qui fait que
Pline nomme le *lazulite* pyriteux *saphirus regius*. Une seconde
substance qui l'accompagne très-souvent, est blanche, ou
grise, ou jaunâtre, lamelleuse, luisante, demi - transparente ; elle a l'apparence du feld-spath ; on l'a même prise
pour telle. Quelques naturalistes pensent que c'est le lazulite
lui-même, de couleur blanche argentine. M. le comte de Bournon cite, dans un morceau de lazulite qu'il possède, un premier cristal grisâtre qui appartient au dodécaèdre à plans
rhombes, devenu prismatique par l'allongement de six de ses
plans. Un second cristal est d'un blanc légèrement bleuâtre,
avec des taches plus foncées. Ces deux observations viendroient à l'appui de la dernière opinion. Le mica, en très-
petites lamelles argentines ou dorées, brille fréquemment
dans les interstices et dans la gangue du lazulite. La chaux sulfatée et la chaux carbonatée s'y présentent d'une manière non
équivoque et sous les couleurs blanches ou grises, et avec le
tissu tantôt lamelleux, tantôt granulaire. On y indique encore
le quartz et le grenat. L'on voit, d'après cette énumération
des substances qui accompagnent le *lazulite*, combien doivent varier les analyses de ce minéral.

On avoit rangé autrefois le lazulite avec les zéolithes (*zéolithe bleue*, Deborn) ; mais alors ce dernier mot indiquoit
une réunion de substances, que les minéralogistes distinguent maintenant Le lazulite pourroit cependant appartenir
à la même famille. Jameson en fait, avec la HAUYNE, la
KLAPROTHITE et le FELD-SPATH bleu de Kriéglach en Styrie,
une famille particulière, qui nous semble plutôt une réunion
très-artificielle. (LN.)

Dufay, de l'Académie des sciences, a reconnu que le
lazulite exposé au soleil, et porté ensuite dans l'obscurité,
donnoit une lueur phosphorique, et que, plus cette pierre
étoit d'un bleu pur et foncé, plus la phosphorescence étoit
sensible. Les parties grises et blanches n'en ont aucune.

Le lazulite se trouve dans diverses contrées, mais en fort
petite quantité; le pays qui en fournit le plus, est la Grande-
Boukharie; c'est de là qu'on a transporté en Russie celui
qui a été employé avec profusion pour décorer le palais de

marbre que Catherine II a fait bâtir à Pétersbourg, pour Orlof son favori. Il y a dans ce palais des appartemens qui sont incrustés de lazulite. Il eût été difficile de trouver une décoration plus simple et plus magnifique en même temps.

Le lazulite se trouve aussi en Perse, en Natolie et en Chine. J'ai connu à Ekatérinbourg, en Sibérie, un brocanteur de pierres qui avoit été en Boukharie ; je m'informai auprès de lui de la nature des montagnes où l'on trouvoit le lazulite. Il me dit que c'étoit dans le granite, et qu'il n'y étoit point disposé par veines ou par filons, mais disséminé dans la masse entière de la roche, dans toutes sortes de proportions ; que là on n'apercevoit que quelques légères taches bleuâtres sur une roche généralement grise ; qu'ailleurs les taches étoient plus rapprochées et d'une teinte plus vive ; qu'enfin on voyoit de petites masses d'un bleu à peu près sans mélange ; mais qu'il étoit extrêmement rare de trouver des masses de la grosseur de la tête, où le bleu dominât généralement sur le blanc et le gris. Comme les blocs que j'avois vus me paroissoient roulés, je demandai si on les avoit trouvés dans le lit des rivières : le lapidaire me dit qu'on les avoit tirés de la carrière, mais qu'ils s'étoient arrondis en se frottant les uns contre les autres dans le transport ; que cependant on en trouvoit accidentellement dans les torrens, et que c'étoit ceux dont le bleu avoit la teinte la plus vive.

Laxmann, académicien de Pétersbourg, qui a fait un séjour de plusieurs années dans la Sibérie orientale, a dit qu'on avoit trouvé des blocs roulés de lazulite sur la grève du lac Baïkal, dans une espèce de golfe qui est à sa partie méridionale, qu'on nomme le *Koultouk* ; mais qu'il chercha vainement la montagne d'où ces blocs avoient été détachés, et qu'il ne put avoir à ce sujet aucun renseignement de la part des Tartares-Bourettes qui habitent cette contrée sauvage. J'ai un échantillon de ce lazulite ; il paroît tout-à-fait semblable à celui de Boukharie. Haüy dit (*Traité de mineralogie*, tome 2, page 148), « qu'on a trouvé du lazulite en Sibérie, près du lac Baïkal, et qu'il y occupoit un filon où il étoit accompagné de grenats, de feld-spath et de fer sulfuré. »

Pennant rapporte qu'on a trouvé du lazulite en grande quantité dans l'île de Hainon dans la mer de Chine, d'où on le transporte à Canton, pour servir dans la peinture en Chine.

Le lazulite qui contient beaucoup de parties bleues, est employé à divers bijoux et autres ornemens ; quoique grenu, il est susceptible d'un assez beau poli.

On prépare avec le lazulite une couleur précieuse pour la peinture, connue sous le nom d'*outremer*, parce qu'on l'apportoit des Echelles du Levant. Cette couleur bleue a beaucoup d'éclat et d'intensité, et surtout la propriété d'être inaltérable. Cette propriété, qui paroît d'abord inappréciable, n'est cependant pas aussi avantageuse qu'on pourroit le penser, par la raison que le *bleu d'outremer* ne s'altérant presque point, gardant plus exactement que toutes les autres couleurs, son ton primitif, et ne suivant pas le changement graduel qu'elles éprouvent, est, si l'on peut s'exprimer ainsi, presque toujours discord à leur égard, ce qui est très-sensible dans les anciens tableaux, tels que ceux du Perrugin et d'Albert Durer. Paul Véronèse, beaucoup moins ancien que ces deux peintres, employoit dans ses tableaux, le *bleu d'outremer* pour les ciels, et se servoit de fort mauvaises couleurs pour le reste; aussi cette première couleur est-elle restée seule intacte, tandis que les autres ont changé à un tel point, qu'il seroit quelquefois difficile, à moins de posséder une grande habitude du coloris, de déterminer la teinte qu'elles devoient avoir, lorsqu'elles furent employées.

Boëce de Boot a décrit fort au long la manière dont on prépare l'*outremer*; nous en donnerons ici un extrait. Pour connoître si le lazulite dont on veut tirer la couleur est de bonne qualité, et propre à donner un beau bleu, il faut en mettre des morceaux sur des charbons ardens, et les y faire rougir; s'ils ne se cassent point par la calcination, et si, après les avoir fait refroidir, ils ne perdent rien de l'éclat de leur couleur, c'est une preuve de leur bonté. On peut encore les éprouver d'une autre façon; c'est en faisant rougir les morceaux de lazulite sur une plaque de fer, et les jetant ensuite tout rouges dans du vinaigre blanc très-fort; si la pierre est d'une bonne espèce, cette opération ne lui fera rien perdre de sa couleur. Après s'être assuré de la bonté du lazulite, voici comment il faut le préparer pour en tirer l'*outremer*. « On le fait rougir plusieurs fois, et on l'éteint chaque fois dans de l'eau ou dans de fort vinaigre; ce qui vaut encore mieux : plus on réitère cette opération, plus il est facile de le réduire en poudre. Cela fait, on commence par piler les morceaux du lazulite; on les broie sur un porphyre, en les humectant avec de l'eau, du vinaigre ou de l'esprit-de-vin; on continue à broyer jusqu'à ce que le tout soit réduit en une poudre impalpable, car cela est très-essentiel; on fait sécher ensuite cette poudre après l'avoir lavée dans l'eau, et on la met à l'abri de la poussière pour en faire l'usage qu'on va dire.

« On fait une pâte avec une livre d'huile de lin bien pure; de cire jaune, de colophane et de poix résine, de chacune une livre; de mastic blanc, deux onces. On fait chauffer doucement l'huile de lin; on y mêle les autres matières, en remuant le mélange qu'on fait bouillir pendant une demi-heure; après quoi on passe ce mélange à travers un linge, et on le laisse refroidir.

« Sur huit onces de cette pâte, on mettra quatre onces de la poudre de lazulite, indiquée ci-dessus. On pétrira long-temps et avec soin cette masse; quand la poudre y sera bien incorporée, on versera de l'eau chaude par-dessus, et on la pétrira de nouveau dans cette eau, qui se chargera de la couleur bleue; on la laissera reposer quelques jours, jusqu'à ce que la couleur soit tombée au fond du vase; ensuite de quoi on decantera l'eau, et en laissant sécher la poudre, on aura le *bleu d'outremer.* »

Il y a bien des manières de faire la pâte dont nous venons de parler; mais nous nous contenterons d'indiquer encore celle-ci. C'est avec de la poix résine, térébenthine, cire-vierge et mastic, de chacun six onces, d'encens et d'huile de lin, deux onces, qu'on fera fondre dans un plat vernissé : le reste comme dans l'opération précédente (*Encycl. méth.*, *Arts et mét.*, *fab. de bleu*, tome 1, p. 220). (PAT.)

On peut consulter encore un excellent mémoire de MM. Clément et Desormes, imprimé dans les *Annales de chimie*, mars 1806.

La quantité d'*outremer* que peut donner le lazulite par kilogramme, dépend de sa richesse en parties bleues. Lorsque la pierre est peu mélangée, on peut obtenir jusqu'à plus de sa moitié en poids de bonne couleur. Il y a encore de l'avantage à traiter le lazulite, lorsqu'on présume devoir ne retirer que le quart de bonne couleur. Chacun sait le prix excessif que l'on vend cette couleur : le travail long et dispendieux que sa fabrication exige, et surtout la difficulté d'obtenir de bonnes pierres, et de débiter promptement l'*outremer*, sont les causes de cette cherté, auxquelles il faut ajouter encore le haut prix de cette matière, à l'état brut. En 1600, la livre de lazulite de bonne qualité se vendoit de 40 a 50 francs; c'est à peu près encore le même prix : on en vend à des prix moindres, mais le plus bas est de 24 à 30 francs. On en voit aussi à des prix très-élevés; et le beau lazulite le plus parfait se vend jusqu'à 130 francs la livre. Ce beau lazulite n'est jamais livré a la destruction : il est toujours reservé pour la bijouterie et les ornemens de luxe. On le debite en plaques excessivement minces, de manière à le multiplier le plus possible. Ce lazulite est d'un bleu pur, à peine pyriteux et peu mélangé ; il prend un très-beau poli , et se marie très-bien avec l'or ou le bronze doré.

Le lazulite , régulièrement moucheté ou piqueté , est également estimé. Le goût des modernes pour cette belle pierre ne leur est pas exclusif ; les anciens recherchoient le lazulite. On connoît des pierres de lazulite gravé , de la plus haute antiquité , telles que des pierres persepolitaines et des pierres égyptiennes. Cette matière étoit employée et bien connue avant même le diamant , qui paroît avoir été porté , pour la première fois , en Occident , sous un Ptolomée (Evergète second), par Eudoxe de Cyzique.

On connoît dans les arts , sous le nom de *lapis d'Espagne* , une pierre presque blanche , quartzeuse , çà et là colorée par de grandes taches de bleu ou de vert bleuâtre. Il paroît que c'est un véritable lazulite. On prétend qu'il est apporté du Chili. Ce qu'il y a de certain , c'est que sa couleur , peu agréable , n'est pas due au cuivre.

Il ne faut pas confondre le lazulite avec la *pierre d'Arménie* , c'est-à-dire , le *cuivre carbonaté bleu terreux ;* la couleur qu'on en retire , quoique assez belle d'abord , n'a nullement la solidité de l'outremer. Pline paroît le premier avoir confondu ces deux substances , puisqu'il indique le lazulite dans l'île de Chypre , île où il existoit beaucoup de mines de cuivre. Tournefort est tombé dans la même erreur , à l'égard du *cuivre carbonaté,* qu'on rencontre dans le département du Var , et qu'il avoit pris pour du lazulite ; ce qui peut très-bien faire croire que son prétendu lazulite d'Arménie est la même substance. Le plus beau lazulite vient d'Orient ; celui apporté de la Russie est le moins estimé , parce qu'il renferme le plus souvent trop de parties blanches , ou que sa couleur tend au noir. (LN.)

LAZULITE DE NORWÊGE ou **LAZULITE** de d'Esmarck. C'est une substance minérale d'un beau bleu de saphir, qui se trouve disséminée dans une roche quartzeuse, grise et métallifère , à Konruwerk , près de Dramen , en Norwége. Cette substance ressemble beaucoup à la haüyne et au lazulite ; aussi a-t-elle été prise tantôt pour l'une , tantôt pour l'autre de ces substances ; mais comme on n'a pas encore pu l'obtenir en assez gros volume pour l'analyser, il est impossible de prononcer si c'est une variété de *haüyne* ou de *lazulite.* Elle raye faiblement le verre , et son éclat est vitreux ; mais lorsqu'on la fait chatoyer , on s'aperçoit que son tissu est quelquefois lamelleux. Au chalumeau elle ne se décolore qu'à un feu vif, puis fond en un verre blanc. Sa ngue est un quartz grisâtre compacte ou un peu granulaire , très-mélangé de zinc sulfuré lamellaire , d'un vert d'asperge , de plomb sulfuré ; l'un et l'autre sous la forme de petits grains ou de noyaux. Ce lazulite mérite l'attention des naturalistes à cause de son gisement avec des substances métalliques. (LN.)

LAZULITE DU VÉSUVE. *V*. HAUYNE. (LN.)

LAZULITE DU VICENTIN. Ce nom paroît avoir été appliqué à la STRONTIANE SULFATÉE, qu'on trouve dans les laves de cette contrée. (LN.)

LAZULITE de Werner. *V*. KLAPROTHITE. (LN.)

LAZURERZ. C'est, chez les Allemands, la *mine de cuivre carbonaté bleu*, et quelquefois le *cuivre pyriteux irisé en bleu*. (LN.)

LAZURSTEIN de Werner. C'est le LAPIS-LAZULI ou LAZULITE. *V*. ce mot. (LN.)

LAZZERUOLO, LAZZAROLO et LAZARINO. Noms italiens de l'AZEROLIER. (LN.)

LEAD. Nom anglais, du PLOMB. (LN.)

LEADOR. En anglais MINE DE PLOMB. (LN.)

LEÆNA. Nom latin de la LIONNE, suivant Pline. (DESM.)

LEÆRA. Plante qui forme un genre dans la dioécie hexandrie et dans la famille des ménispermes. Elle a été découverte en Arabie par Forskaël. Ses caractères sont : un calice de cinq folioles ; une corolle de trois pétales ; un nectaire de six écailles ; dans les fleurs mâles, six étamines ; et dans les fleurs femelles, un ovaire surmonté d'un style simple. (B.)

LEANDRO. Nom italien du LAURIER-ROSE. (LN.)

LEANGION, *Leangium*. Genre de plantes de la classe des anandres, troisième ordre ou section, les *gastéromyces*, proposé par M. Link, et ayant pour caractères : forme presque globuleuse ; pericarpe simple, crustacé, membraneux, se déchirant ; des amas en flocon attachés vers la base intérieure ; columelle entre le réceptacle ; sporidies rassemblées. *Voyez* PHYSARUM. (B.)

LEAO. Nom que les Chinois donnent à la substance minérale qui leur fournit le bleu pour la porcelaine, et qui probablement est, ou le *safre*, ou le *smalt*, ou quelque autre préparation de *cobalt*. C'est sur quoi les voyageurs n'ont pas donné de renseignemens précis. (PAT.)

LEAO XI. Nom chinois d'une PERSICAIRE (*Polygonum barbatum*, L.). Au rapport de Thunberg, les Japonais s'en servent pour teindre les toiles en bleu ou en vert. (LN.)

LEARD. Nom du PEUPLIER NOIR , aux environs d'Angers. (B.)

LEBAKH-EL-GEBEL. Nom arabe donné, en Egypte, à un Ménisperme (*Menispermum Lœba*, Forsk., Delisl., *Ægypt.*, pl. 51, fig. 13. (LN.)

LEBBECK. Espèce d'Acacie de l'Inde qu'on cultive en grande quantité à l'Ile-de-France sous le nom de *bois noir*, pour servir d'abri contre les grands vents, parce qu'on s'est assuré qu'il y résistoit mieux qu'aucun autre. Ses feuilles servent de nourriture aux bestiaux, quoiqu'elles leur soient nuisibles dans quelques circonstances. Decandolle est d'avis qu'il doit servir de type à un genre particulier. *V.* Lebhakh. (B)

LEBECKIE, *lebeckia.* Genre de plantes établi par Thunberg, pour placer trois arbustes du Cap de Bonne-Espérance jusqu'alors confondus avec les Spartions et les Genêts. Il offre pour caractères : un calice divisé en cinq parties aiguës; une corolle papilionacée; dix étamines diadelphes; un ovaire supérieur; un légume cylindrique et polysperme.

Ce genre ne présente rien de remarquable. (B.)

LEBEN-EL-KOMARAH. *V.* Dymyeh. (LN.)

LEBENSBAUM. Nom allemand des Thuya, selon Willdenow. (LN.)

LEBERBALSAM. Nom qu'on donne, en Allemagne, à l'Eupatoire commun et à l'Achillée agérate. (LN.)

LEBERDISTEL. Nom allemand du Laiteron oléracé et de la Laitue vireuse. (LN.)

LEBERERZ. Scopoli a désigné par cette expression allemande, l'Argent muriate (*Hornerz*); Gmelin la Mine de cuivre hépatique (*Kupfer lebererz*). A Freyberg, en Saxe, c'est le plomb sulfuré compacte, mêlé de zinc sulfuré; mais le plus grand nombre des auteurs, et Gmelin lui-même, l'appliquent à un mélange intime de mercure sulfuré avec une argile endurcie bitumineuse; c'est le Mercure hépatique (*Queck-silber lebererz*, Beurard., *Dict. min.*). (LN.)

LEBERFELZ des Allemands, *Roche hépatique.* Selon M. Beurard, c'est une sorte de trapp de transition, pénétré de fer oxydé, dont la couleur jaunâtre mêlée avec le vert noirâtre de l'amphibole, donne au tout une couleur d'un brun de foie. (LN.)

LEBERGEBIRG. En Haute-Autriche, selon M. Beurard, on désigne sous ce nom une argile commune mélangée de soude muriatée naturelle. (LN.)

LEBERGYPS. Nom allemand d'une variété de Chaux sulfatée cristallisée, mêlée de bitume. (LN.)

LEBERIS ou LOBERIS. Vipère du Canada. (B.)

LEBERKIES des Allemands. C'est la *pyrite hépatique,*

c'est-à-dire, le fer sulfuré décomposé, ou mieux, le fer hydraté épigène. Dans quelques mines d'Allemagne ce même nom désigne une variété de fer sulfuré argentifère, et une argile calcarifère endurcie. (LN.)

LEBEROPAL. Opale hépatique ou couleur de foie. C'est un des noms allemands de la MÉNILITE de Saussure, variété de silex découverte par ce géologue dans les environs de Paris, et qui n'a pas encore été trouvée ailleurs. (LN.)

LEBERSHLAG. Synonyme allemand de LEBERERZ. *V.* ce mot. (LN.)

LEBERSPATH et LEBERSTEIN. *Spath et pierre hépatique.* Noms allemands donnés, au Hartz, à la baryte sulfatée mêlée de bitume. C'est sous le nom de *leberstein* que Cronstedt et Werner désignent la BARYTE SULFATÉE FÉTIDE. Stütz, Gmelin et Hacquet le donnent à une chaux sulfatée cristallisée et laminaire avec bitume. Emmerling l'applique à une chaux sulfatée intimement pénétrée de chaux carbonatée fétide. Suivant Hacquet cité plus haut, il désigne aussi une chaux carbonatée compacte avec alumine, silice et sulfures alcalins. (LN.)

LEBERSTEINE. Le FER SULFURÉ porte ce nom dans les mines du Hartz. (LN.)

LEBETINE. Nom spécifique d'une VIPÈRE. (B.)

LEBETSTEIN. Synonyme allemand de la PIERRE OLLAIRE. *V.* TALC. (LN.)

LEBHAKH. Nom arabe d'une espèce d'ACACIE que nous nommons LEBBECK, *Mimosa lebbeck*, Linn. (LN.)

LEBIE, *Lebia*, Lat. Genre d'insectes, de l'ordre des coléoptères, section des pentamères, famille des carnassiers, tribu des carabiques. Plusieurs insectes de cette nombreuse tribu ont un port qui les fait aisément distinguer des autres ; leurs jambes antérieures ont une échancrure au côté interne ; leurs élytres sont tronquées et très-obtuses à leur extrémité ; leur tête et leur corselet sont plus étroits que l'abdomen. Cette dernière partie est tantôt ovale ou orbiculaire, tantôt carrée, et le corselet a, dans les uns, la forme d'un cœur tronqué, et dans les autres celle d'un cône ou d'un cylindre. Ces espèces composent mes deux premières divisions des carabiques. Celles dont la tête se rétrécit peu à peu postérieurement, sans tenir au corselet par un cou brusque ou une sorte d'articulation en forme de rotule, dont la languette est presque membraneuse, arrondie au bout et sans divisions latérales saillantes, dont le corps est très-aplati, et dont les palpes extérieurs sont de la même venue , ou à peine plus gros vers leur extrémité , avec le dernier article presque ovoïde ou cylindracé, composent le genre que j'ai établi sous le nom de *lébie.*

Ces insectes diffèrent des brachines par leur languette, leur corps très-aplati et l'absence de ces organes singuliers de crépitation qui signalent si éminemment ces derniers carabiques. Quoi qu'en dise M. Clairville, souvent trop fidèle aux maximes de Fabricius, ce dernier caractère des brachines est dans l'ordre naturel plus important que celui que nous présentent les antennes dans les proportions relatives de leurs second et troisième articles (*V.* l'article BRACHINE); mais les lébies et les cymindes ont un autre caractère qui leur est exclusivement propre, dans cette tribu , et dont on n'a point fait mention ; les crochets de leurs tarses sont dentelés inférieurement , en manière de peigne. Aussi ces insectes se tiennent-ils souvent sous les écorces des arbres, et ont ainsi plus de facilité à s'accrocher et se suspendre dans une situation verticale. Les mâles ont les trois premiers articles de leurs tarses antérieurs dilatés et garnis en dessous de poils courts et serrés , formant une brosse. Tous les individus sont ailés.

J'avois divisé ce genre en sections, d'après les proportions du corselet et la considération du pénultième article des tarses. M. Bonelli a converti ces divisions en autant de nouveaux genres , auxquels il en a ajouté un de plus.

I. *Corselet transversal.*

A. Pénultième article des tarses simplement triangulaire ou légèrement échancré. (Le genre LAMPRIE , *Lamprias*, de M. Bonelli.)

LÉBIE FULVICOLLE , *Lebia fulvicollis; Carabus fulvicollis,* Fab. Elle est longue de quatre lignes et demie , noire avec la base des antennes, les palpes, la poitrine et les cuisses rouges ; les élytres d'un bleu foncé, striées, très-ponctuées. Dans le midi de la France , en Espagne et en Barbarie.

LÉBIE CHLOROCÉPHALE , *Lebia chlorocephala ,* Duft. , d'une ligne environ plus petite que la précédente; verte , avec la base des antennes , le corselet, la poitrine , les cuisses et les jambes rouges ; les élytres ayant des stries très-fines , formées par des points ; les intervalles unis. En Italie et en Allemagne.

LÉBIE TÊTE BLEUE , *Lebia cyanocephala ,* Lat., Duft. ; *Brachinus cyanocephalus,* Clairv. ; *Entom. helv.* , tom. 2 , pl. 4 6 B ; *Lébie cyanocéphale,* pl. G. 33 de cet ouvrage. Presque de la taille de la précédente ; verte ou bleue, avec la base des antennes, le corselet, les cuisses et les jambes rouges ; genoux noirs ; élytres ayant des points disposés en lignes; d'autres points, sans ordre, dans les intervalles. Dans toute l'Europe.

B. Pénultième article des tarses distinctement bilobé. (Le genre Lébie, *Lebia*, de M. Bonelli.)

Lébie petite-croix, *Lebia crux minor*, Lat., Duft., Clairv. *ib* pl. 3 b. B. Noire; base des antennes et corselet fauves; élytres d'un fauve pâle, avec une tache scutellaire, une grande bande postérieure, transverse et dilatée à la suture, noires ; pieds fauves, avec les genoux et les tarses noirs. En Europe ; rare aux environs de Paris.

La Lébie turque, *lebia turcica* ; *Carabus turcicus*, Fab., Oliv. Elle ressemble beaucoup à la précédente, mais elle est un peu plus petite ; les élytres sont noires, avec une tache jaunâtre à leur base, n'allant pas jusqu'à la suture.

L'espèce que le docteur Duftschmid nomme ainsi, n'est qu'une variété de la *lébie petite-croix*, à élytres plus sensiblement striées, avec leur bande noire plus étendue, et les pattes de cette couleur.

La Lébie hémorrhoïdale, *lebia hæmorrhoidalis* ; *Carabus hæmorrhoidalis*, Fab. ; est d'un rouge fauve avec les élytres noires ; leur extrémité postérieure est fauve.

II. *Corselet à diamètres presque égaux, ou plus long que large.*

A. Tous les articles des tarses entiers. (Le genre Dromie, *Dromias*, de M. Bonelli)

Lébie quadrimaculée, *lebia quadrimaculata*, Lat., Duft. ; *Carabus quadrimaculatus*, Linn., Fab. ; Panz. *Faun. insect. Germ.*, *fasc.* 75, tab. 10 ; tête noire avec la bouche roussâtre ; corselet fauve ; élytres striées, noires, avec deux taches sur chaque, et les pieds jaunâtres.

On placera dans cette division les carabes, *agilis*, *velox truncatellus*, etc., de Fabricius.

B. Pénultième article des tarses distinctement bilobé. (Le Démé-triade, *Demetrias*, de M. Bonelli.)

Lébie tête noire, *lebia atricapilla*, Duft. ; *Carabus atricapillus*, Oliv. *Col.* . 1.3, n.° pl. 9, fig. 106 ; jaunâtre pâle ; tête noire ; la bouche et le corselet roussâtres ; élytres légèrement striées, et souvent avec la suture obscure.

Le docteur Duftschmid réunit aux lébies nos *cymindes* ou les *tarus* de M. Clairville, ainsi que nos *zuphies*; les derniers

carabiques forment évidemment un genre distinct ; les crochets de leurs tarses, de même que ceux des *helluo* de
M. Bonelli , sont simples ou sans dentelures ; leurs antennes et leurs bouches présentent d'autres caractères qui
les éloignent des lébies ; les cymindes en diffèrent par le
dernier article de leurs palpes labiaux , qui est presque en
forme de hache. (L.)

LÉBIE A CÔTES , pl. E,33. *Voyez* HELLUO. (LN.)

LEBLAB (arabe), et ONGOUDKY (nubien). C'est le
DOLIC LABLAB , L. (LN.)

LEBRAOUDOU. Nom languedocien de la *hase* ou femelle du LIÈVRE. (DESM.)

LEBRE. Nom portugais du LIÈVRE. (DESM.)

LEBRE (la). Nom patois du LIÈVRE aux environs de
Carcassonne et dans la Provence. (DESM.)

LEBRINHO. Nom du LEVRAUT, en Portugal. (DESM)

LECANORE, *lecanora*. Genre de LICHEN établi par
Decandolle , et qui rentre presque dans ceux appelés PEL-
TAIRE et PLACODE par Achard. (B.)

LECCHIA. Nom des LENTICULES , en Italie. (LN.)

LECCIO. Nom de l'YEUSE (*quercus ilex*) , en Italie.
(LN.)

LECCO. C'est , à Nice , le nom du CENTRONOTE GLAI-
COS de Lacépède. (DESM.)

LÈCHE. *V.* LAICHE. (B.)

LECHEA. Genre de plantes établi par Kalm , sur un
végétal de l'Amérique septentrionale ; il a été adopté par
Linnæus. *V.* LÉQUÉE. Le genre *menandra* de Gronovius rentre dans le *lechea* de Kalm , dont Gronovius faisoit une espèce de *capraria*, et Rai un *scoparia*. (LN.)

LECHENAULTIE , *lechenaultia*. Genre de plantes
établi par R. Brown. Il est de la pentandrie monogynie et
de la famille des campanulacées et renferme trois arbrisseaux et une herbe de la Nouvelle-Hollande.

Ses caractères consistent : en un calice à cinq dents ; en
une corolle à tube fendu longitudinalement ; en un stigmate
simple enfoncé dans un godet à deux lèvres ; en une capsule
prismatique à deux loges et a quatre valves opposées. (B.)

LÈCHE-PATTE. L'on a donné quelquefois à l'UNAU le
nom de *lèche-patte ;* mais ce nom, qui sembleroit avoir été
pris de l'habitude de cet animal, n'est pas fondé , car il
ne lèche pas ses pieds, ni même aucune autre partie de son
corps. *V.* l'article BRADYPE UNAU. (S.)

LECHERO. Les habitans de Caracas donnent ce nom
à l'EUPHORBE A FEUILLES DE FUSTET. (B.)

LECHERZ. Le cuivre sulfuré compacte porte ce nom dans les mines du Bannat de Temeswar. (LN.)

LECHON , LECHONCILLO , LECHONCITO. Noms espagnols des Cochons de lait. (DESM.)

LECHUZA. Nom espagnol de la Petite Chouette. (V.)

LECHYAS. Linschott rapporte qu'on donne ce nom en Chine à un fruit semblable à la prune. Ce nom paroît une altération de celui de *ly-chi*, qui désigne, en Chine, un arbre fruitier très-célèbre , ou plutôt un *monbin* (spondias), comme le croit Adanson. (LN.)

LECIA. Nom du Centronote vadigo , à Nice. (DESM.)

LECIDÉE , *lecidea.* Genre de Lichen qui rentre dans ceux appelés Patellaire , Psoré , Lécanore , Placodion , Squamaire et Rhizocarpe. (B.)

LECORA , LEGORA. C'est, en Sicile , le Fringille tarin (*fringilla spinus*). (DESM.)

LECRISTICUM. C'est un des anciens noms de l'A-gneau-chaste , arbuste du genre des Gatiliers. (LN.)

LECTIPES. Traduction grecque du mot *clinopodion.* Lobel s'en sert pour désigner le *clinopode* commun. (LN.)

LECTIROTARIUM. Traduction latine du nom grec *clinotrochos* qui désignoit une espèce d'érable. Césalpin dé-signe l'Érable plane (*acer pseudo platanus*) par ce nom de *lectuotarium*, qui signifie *roulette de lit.* (LN.)

LECURIZIA. Un des noms italiens de la Réglisse. (LN.)

LECYTHIS. Lœfling nomma ainsi le genre qu'il établit sur un arbre du Brésil, dont le fruit grand et operculé a été comparé à une marmite. A cause de cette forme, il est nommé *marmite de singe;* c'est le *lecythis ollaria* , Linn. Ce genre, adopté par Linnæus sous le même nom, est décrit au mot Quatelé. Adanson le nomme *bergena* , rejetant le nom de *lecythis* employé chez les anciens, ainsi que *lecython,* pour designer le pois cultivé ou plutôt la farine qu'on fai-soit avec les graines des légumineuses. (LN.)

LECYTHON des Grecs. *V.* Lecythis. (LN.)

LEDA , LEDANUM, LEDON, LEDUM, LADA, LADANUM , etc. Ces noms indiquent des espèces de Cistes , chez les anciens. *V.* Ladanum. (LN.)

LÈDE , *ledum.* Genre de plantes de la décandrie mono-gynie et de la famille des rhodoracées , qui présente pour caractères : un calice très-petit , à cinq dents; une corolle monopétale, à cinq divisions profondes ou à cinq pétales ; cinq ou six étamines insérées à la base du calice ; un ovaire supérieur, arrondi, surmonté d'un style simple persistant , à stigmate obtus; une capsule ovale, obtuse, acuminée par le style, divisée intérieurement en cinq loges, et s'ouvrant par sa base en cinq valves concaves; chaque loge contient des semences attachées à un placenta filiforme, fixé au sommet de l'axe central.

Ce genre renferme trois espèces d'arbustes appartenant au nord de l'Europe et de l'Amérique, qui ont les feuilles simples et alternes à bords roulés en dehors, couvertes de duvet en dessous, et des fleurs disposées en corymbes terminaux munis de bractées.

Le LÈDE A FEUILLES ÉTROITES, *ledum palustre*, a les feuilles linéaires et dix étamines. Il croît en France, en Allemagne et dans tout le Nord, aux lieux ombragés et marécageux. Il a une odeur agréable et assez pénétrante. On s'en sert en Allemagne pour mettre dans la bière, et écarter les insectes des armoires où on tient les habits. Il se cultive très-difficilement dans les jardins.

Le LÈDE A FEUILLES LARGES a les feuilles ovales, et les fleurs pendantes. Il vient du nord de l'Amérique, et se cultive très-fréquemment dans les jardins en Europe, où il se multiplie de semences, de marcottes et de rejetons. On le voit très-fréquemment dans nos jardins. Il demande la terre de bruyère et l'ombre. En Amérique, on en fait des infusions théiformes qui sont odorantes, agréables et pectorales. J'en ai fait usage à deux ou trois reprises, et j'ai éprouvé pour résultat une faim si active, que j'y ai renoncé. *V.* sa figure, pl. G 7.

Le LÈDE A FEUILLES DE THYM a les feuilles ovales oblongues, glabres des deux côtés. L'Amérique septentrionale est son pays natal. On le cultive dans les jardins des amateurs de Paris et de Londres. On en a fait un genre sous le nom de DENDRION. (B.)

LÈDE. On donne ce nom au CISTE LADANIFÈRE. (B.)

LEDENA. L'un des noms italiens du LIERRE. (LN.)

LEDERAFEL. Nom allemand de la POMME DE RAMBOUR. (LN.)

LEDERKALK. C'est, en Allemagne, le nom de la CHAUX CARBONATÉE COMPACTE et GROSSIÈRE. (LN.)

LEDERKOBOLT. Nom allemand du COBALT oxydé terreux, jaune. (LN.)

LEDICHTBLUME. Nom allemand de la NIGELLE DES CHAMPS. (LN.)

LEDIGESTEIN. Nom allemand de l'ÉTAIN oxydé, granuliforme, trouvé isolément dans les terrains d'alluvion. (LN.)

LEDMYGE et LEMMIKE. Noms du Beccabunga, espèce de VÉRONIQUE, en Danemarck. (LN.)

LEDRE, *ledra*, Fab. Genre d'insectes de l'ordre des hémiptères, section des homoptères, famille des cicadaires, tribu des cicadelles, dont les caractères sont : antennes insérées entre les yeux, avec les deux premiers articles presque de la même longueur ; un écusson distinct ; corselet dilaté sur les côtés, et dont le bord postérieur est anguleux, concave à la base de l'écusson. Ce genre est un démembrement de celui des MEMBRACES.

LÈDRE A OREILLES, *ledra aurita*, Fab. ; le *grand - diable*, Geoffr., *Membracis oreillard*, pl. G 23. 8. de cet ouvrage. Il est d'un brun verdâtre, pointillé de noir, lavé d'un peu de rouge ; il a la tête très-large, aplatie, formant une espèce de chaperon à trois pointes mousses, dont une dans le milieu et une de chaque côté, avec quelques stries en dessus ; le corselet a une espèce d'aileron arrondi de chaque côté ; ces ailerons sont dilatés, élevés, portés un peu en dehors, terminés en crête ; le dessous du corps et les pattes sont d'un jaune verdâtre ; les élytres sont transparentes avec les nervures brunes.

On le trouve aux environs de Paris, sur le chêne : il est assez rare. *V.* la dernière espèce du genre MEMBRACE, de la 1.ere édition de ce Dictionnaire d'Histoire naturelle. (L.)

LEDRO. Vieux nom français du LIERRE. (LN.)

LEDUM. Clusius, C. Bauhin, etc., ont réuni ou décrit, sous ce nom, les LÈDES, les ROSAGES d'Europe, et beaucoup de cistes, dont une espèce est le *ledon* des anciens. Les *lèdes* ont été établis en genre par Micheli. Linnæus adopta ce genre, mais Adanson changea son nom de *ledum* en *dulia*, et Trew lui réunit les KALMIES. (LN.)

LÉE, *lea*. Genre de plantes de la pentandrie monogynie, qui offre pour caractères : un calice monophylle, campanulé, à cinq divisions ; une corolle monopétale, à limbe à cinq lobes creusés en forme de sac ; un tube particulier ou nectaire, à cinq lobes, inséré à la base de la corolle, et plus court qu'elle ; cinq étamines ; un ovaire inférieur, surmonté d'un style simple à stigmate déchiré ; une baie globuleuse qui contient cinq semences.

Ce genre a été établi par Linnæus avec des caractères fautifs ; mais il a été redressé dans l'*Hortus kewensis*. Il contenoit alors deux plantes à feuilles alternes, composées ou pinnées, et à fleurs disposées en corymbes, toutes deux du Cap de Bonne-Espérance. Depuis, Willdenow a réuni à ces deux espèces une troisième, qui est l'AQUILICIE de Linnæus, quoiqu'elle présente quelques différences dans les parties de sa fructification. *V.* AQUILICÉE.

Le genre ARGYRÈJE se rapproche de celui-ci. (B.)

LEEDGRASS. Nom du CHIENDENT, en Hollande. (LN.)

LEEK. Nom anglais du POIREAU. (LN.)

LEER. Nom de l'ARGILE, en danois. (LN.)

LEERBAUM, LEERTANNE. Deux noms du MÉLÈZE, en Allemagne. (LN.)

LEERK. L'un des noms allemands de la MOLÈNE COMMUNE, *Verbascum thapsus*, L. (LN.)

LEERSIE, *Leersia*. Genre de plantes de la famille des graminées, aussi appelé ASPERELLE.

Ce nom a été également donné à un genre de la famille des mousses établi aux dépens des BRYS, et composé de quatre espèces. Palisot-Beauvois pense que ce genre doit être réuni à l'EUCALYPTE. (B.)

LÉFLINGE, *Lœflingia*. Genre de plantes de la triandrie monogynie, et de la famille des caryophyllées, qui présente pour caractères : un calice de cinq folioles, munies à leur base d'une petite dent; une corolle de cinq pétales très-petits, connivens; trois étamines; un ovaire supérieur, ovale-trigone, chargé d'un style à stigmate obtus; une capsule ovale, un peu trigone, uniloculaire, qui s'ouvre en trois valves et qui contient plusieurs semences.

Ce genre comprend deux espèces, la LÉFLINGE D'ESPAGNE, et la LÉFLINGE DE L'INDE. Elles ne présentent rien de remarquable. (B.)

LEGABOSCO. C'est, en Italie, le CHÈVREFEUILLE DES BOIS. (LN.)

LEGAÇAO. Nom portugais d'une SALSEPAREILLE, *Smilax aspera*. (LN.)

LEGLEK. Nom turc de la CIGOGNE BLANCHE. (V.)

LEGNAZZO. L'un des noms italiens du LIÉGE, *Quercus suber*. (LN.)

LEGNOTE, *legnotis*. Nom donné par Swartz au genre de plantes établi par Aublet sous celui de CASSIPOURIER. (B.)

LEGORIN, LUCANELLO, LUGARINO, LUGARO. Noms italiens du TARIN. (V.)

LEGOUZIE. Genre établi pour la CAMPANULE MIROIR DE VÉNUS, qui diffère des autres en ce qu'elle a la corolle en roue et la capsule prismatique. Ce nom a été changé par Lhéritier en celui de PRISMATOCARPE. (B.)

LEGREMY. Nom celtique du LÉZARD GRIS. (B.)

LÉGUME. *V.* GOUSSE. (D.)

LÉGUMEN - LEONUM. Ruellius désigne ainsi l'O-
ROBANCHE A ODEUR D'ŒILLET (*Orob. caryophyllacea*, Willd.).
C. Bauhin dit avoir trouvé cette plante fixée aux racines de
l'ÉPERVIÈRE, *Hieracium sabaudum*, du trèfle et du genêt. Je
l'ai trouvée aux pieds de l'aubépine et des églantiers. (LN.)

LÉGUMINEUSES, *Leguminosæ*, Jussieu. Famille de
plantes qui a pour caractères : un calice monophylle, diffé-
remment divisé ; une corolle polypétale, très-rarement nulle
ou d'une seule pièce, inserée à la base du calice ; cinq pétales
ou quelquefois un nombre moindre, réguliers, presque égaux ;
plus souvent quatre, irréguliers, savoir : un supérieur et extérieur qui embrasse à demi les autres, et est ordinairement
plus grand : on l'appelle *étendard*; deux latéraux auxquels ou
donne le nom d'*ailes*; et un inférieur appelé *carène*, qui est
intérieur, simple ou bipartite, courbé en montant, comme
l'avant d'une nacelle. Des étamines, presque toujours au
nombre de dix, insérées sur le calice au-dessous des pétales,
à filamens quelquefois distincts, ou seulement presque réunis à leur base, quelquefois monadelphes dans toute leur
étendue, plus souvent diadelphes, c'est-à-dire, neuf filamens connés en un seul tube fendu dans toute sa longueur
sous l'étendard, le dixième étant solitaire et appliqué contre
la fissure du tube; les anthères distinctes, communément
arrondies, quelquefois oblongues et vacillantes; un ovaire
supérieur, à style unique, à stigmate simple. Un fruit très-
rarement capsulaire, le plus souvent légumineux, bivalve,
tantôt uniloculaire, mono ou polysperme, tantôt divisé dans
sa longueur en plusieurs loges monospermes, quelquefois
pulpeuses, formées par des cloisons transversales; semences
en général arrondies ou reniformes, ombiliquées, attachées
à une seule suture latérale : radicule de l'embryon droite,
et membrane intérieure de la semence renflée, charnue;
imitant un périsperme, dans les plantes dont la fleur est régulière; radicule de l'embryon, courbée sur les lobes, et
nulle apparence de périsperme dans les plantes dont la fleur
est irrégulière. Les lobes de l'embryon formés d'une substance
farineuse très-nourrissante, se changent le plus souvent en
feuilles séminales, et d'autres fois sont distincts des feuilles
séminales.

R. Brown propose de diviser cette famille en trois ordres :
les MIMOSÉES, les LOMENTACÉES, et les LÉGUMINEUSES proprement dites.

Les plantes légumineuses ont une tige herbacée ou frutescente, ou arborescente, droite ou voluble de droite à gauche,
rarement rampante. Les feuilles munies de stipules, presque
toujours alternes, sont simples, ternées, digitées, une fois,

deux fois, trois fois ailées avec impaire ou sans impaire, la foliole terminale étant alors quelquefois remplacée par une vrille. Les folioles sont articulées avec le pétiole commun, qui lui-même est articulé avec les branches. Les fleurs, généralement hermaphrodites, quelquefois diclines par avortement, présentent plusieurs différences dans leur disposition.

Ces plantes ont été nommées *légumineuses* à cause de leur fruit ; quelques botanistes les ont appelées *papilionacées*, parce que leur corolle représente en quelque sorte un papillon qui prend son vol. Elles forment la onzième famille de la quatorzième classe du *Tableau du Règne végétal* de Ventenat, et leurs caractères sont figurés pl. 22, n.º 1 du même ouvrage. Ce savant botaniste, de qui on a emprunté ces expressions, leur rapporte quatre-vingt-deux genres sous onze divisions ; savoir :

1.º Les *légumineuses* qui ont une corolle régulière, un légume multiloculaire, le plus souvent bivalve, à cloisons transversales, à loges monospermes et à étamines distinctes : Acacie, Févier, Chicot, Caroubier, Tamarinier, Parkinset, Schotie et Casse.

2.º Les *légumineuses* à corolle régulière, à légume uniloculaire, bivalve, à dix étamines distinctes : Ben, Prosopie, Cadie, Campêche, Condori, Poincillade, Brésillet et Bonduc.

3.º Les *légumineuses* à corolle régulière où presque régulière, à étamines distinctes ou seulement réunies à leur base, et à légume uniloculaire, bivalve, rarement évalve : Cynomètre, Courbaril et Bauhinie.

4.º Les *légumineuses* qui ont la corolle irrégulière, papilionacée, dix étamines distinctes ou rarement réunies à leur base, et les légumes uniloculaires et bivalves : Gaînier, Anagyre et Sophore.

5.º Les *légumineuses* à corolle irrégulière, papilionacée, à dix étamines, presque toujours diadelphes ou rarement monadelphes, à légume uniloculaire, bivalve : Ajonc, Aspalath, Borbone, Lipare, Spartion, Genêt, Cytise, Crotalaire, Lupin, Bugrane, Arachide, Anthyllide, Kuhnistère, Dalea, Psoralier, Trèfle, Mélilot, Luzerne, Fenugrec, Lotier, Dolique, Haricot, Erythrine, Clitore et Glycine.

6.º Les *légumineuses* à corolle irrégulière, papilionacée, à dix étamines diadelphes, rarement monadelphes, à légume ordinairement uniloculaire et bivalve : Abrus, Amorphe, Bois ivrant, Robinier, Caragan, Astragale, Ratine, Phaca, Baguenaudier, Réglisse, Galéga et Indigotier.

7.° Les *légumineuses* à corolle irrégulière, papilionacée, qui ont dix étamines diadelphes, et les légumes uniloculaires et bivalves : GESSE, POIS, OROBE, VESCE, FÈVE, LENTILLE et CHICHE.

8.° Les *légumineuses* à corolle irrégulière, papilionacée, ayant dix étamines diadelphes, des légumes articulés et à articulations monospermes : CHENILLETTE, ORNITHOPE, HIPPOCRÈPE, CORONILLE, SAINFOIN, AGATY, DIPHISE.

9.° Les *légumineuses* à corolle irrégulière, papilionacée, dont les étamines sont presque toujours diadelphes et au nombre de dix, dont le fruit est le plus souvent uniloculaire, monosperme et ne s'ouvrant point : DALBERGE, UMARI, NISSOLE et PTÉROCARPE.

10.° Les *légumineuses* à corolle irrégulière, quelquefois nulle, à étamines au nombre de dix et distinctes, à légume capsulaire, uniloculaire, ordinairement monosperme et ne s'ouvrant point : COPAÏER, MYROSPERME et APALATOU.

11.° Les genres qui ont de l'affinité avec les légumineuses : SECURIDACA et BROWNÉE. (*V.* tous ces mots.)

Desvaux a publié, dans son *Journal de Botanique*, un très-bon travail accompagné de figures sur cette famille, dans laquelle il a introduit les nouveaux genres : NEUROCARPE, GLOTIDION, OSTRYODION, DESMODION, URARIE, ECHINOLOBION, PHYLLODION et SPHÉROLOBION. (B.)

LEHA. Arbre des Moluques incomplètement décrit dans Rumphe. Il a les feuilles alternes, ovales, dentées, glabres, et les fleurs petites, disposées sur des grappes axillaires.

On se sert, dans le pays, des feuilles et de l'écorce de cet arbre, pour fixer la couleur rouge sur les matières que l'on veut teindre. On peut les envoyer au loin, car elles conservent leur propriété après leur dessiccation aussi long-temps qu'on le désire. (B.)

LEHERAS ou ICHERAS. Nom égyptien de l'IBIS NOIR. (V.)

LEHLAH. Nom arabe d'une espèce de SCOLYME (*Scolymus maculatus*, L.). (LN.)

LEHM. Nom allemand de la GLAISE ou de la terre argileuse ou grasse, suivant M. Beurard, et, selon M. Tondi, de l'ARGILE SABLONNEUSE des terrains d'alluvion des parties basses du globe. *V.* LEIM. (LN.)

LEHMANITE. *V.* LÉMANITE. (LN.)

LEHMBLATTER. Nom allemand du TUSSILAGE PÉTASITE. (LN.)

LEHME. Nom allemand de l'ÉRABLE PLATANOÏDE. (LN.)

LEICHE, *Scymus*. Sous-genre proposé par Cuvier parmi les SQUALES. Il a pour type le SQUALE LEICHE ou LICHE. Les caractères qui le distinguent des HUMANTINS, sont l'absence des épines au-devant des dorsales. Deux espèces le composent : une de nos mers, et une des mers du Nord.

Il ne faut pas confondre ce genre avec celui appelé LICHE. (B.)

LEICHENKRAUT. Nom allemand de l'UTRICULAIRE COMMUNE. (LN.)

LEICA (Willdenow). *V.* LEPIA. (LN.)

LEIM. En allemand, ce nom désigne l'ARGILE GLAISE, sorte d'argile sablonneuse qui appartient aux terrains d'alluvion les plus récens, et qui est assez souvent micacée ; c'est le *loam* des Anglais. (LN.)

LEIMANTHION, *Leimanthium*. Genre de plantes établi par Willdenow, pour placer quelques espèces de MÉLANTHES. Ses caractères sont : calice nul ; corolle à six divisions ; six étamines insérées à la base des pétales ; trois styles épais ; une capsule à trois pointes, à trois loges et à plusieurs semences.

Les MÉLANTHES DE VIRGINIE et A GRAPPES, servent de type à ce genre. (B.)

LEIMBAUME. L'ORME COMMUN et l'ÉRABLE PLATANOÏDE sont ainsi nommés dans quelques parties de l'Allemagne. (LN.)

LEIMONIA, *limonia*. Dioscoride paroît avoir donné ce nom à la BETTE ou poirée sauvage, ou *beta nigra* des anciens. Ce nom de *beta* fut donné à la BETTERAVE, à la POIRÉE, etc. Il est aussi le nom de la seconde lettre de l'alphabet grec ; et l'on croit que les Grecs nommoient *beta* ces plantes, parce que leurs graines, en s'accroissant, prenoient la forme de la lettre B. *V.* LIMONIUM. (LN.)

LEIMONITES, *leimonites*. Famille de l'ordre des oiseaux SYLVAINS et de la tribu des ANISODACTYLES. *Voyez* ces mots. *Caractères :* pieds médiocres, un peu robustes ; tarses annelés, nus ; quatre doigts, trois devant, un derrière ; les extérieurs soudés à la base ; le postérieur épaté ; bec médiocre, droit, entier, à pointe obtuse ou un peu aplatie ou renflée ; douze rectrices.

Cette famille est composée des genres STOURNELLE, ÉTOURNEAU et PIQUEBŒUF. *V.* ces mots. (V.)

LEIMSTEIN. Suivant M. Beurard, les Allemands désignent par ce nom la CHAUX CARBONATÉE globuliforme, et le VERT ANTIQUE, qui est un marbre calcaire mêlé de serpentine. (LN.)

LEIN. Nom du Lin, en Allemagne. (ln.)

LEINAHRE. L'un des noms allemands de l'Érable platanoïde. (ln.)

LEINBAUM. Le Pin cembro et l'Érable portent ce nom en Allemagne. (ln).

LEINDOTTER. La Cameline et le Vélar chéiran-thoïde reçoivent ce nom en Allemagne. (ln.)

LEINEN. Le *Clématis flammula* porte ce nom en Allemagne. *V.* Clématite. (ln.)

LEINKERIA. Scopoli nomme ainsi le genre Roupala d'Aublet. (ln.)

LEINOTE. En vieux français, c'est la Linotte. (v.)

LEÏOBATE, *leiobatus.* Genre de poissons établi, en 1810, par Rafinesque Schmaltz, aux dépens de celui des Raies, et ainsi caractérisé : une nageoire sur la queue et une à l'extrémité de cette partie. Il diffère particulièrement des raies proprement dites du même auteur, parce que, dans celles-ci, il y a deux nageoires dorsales sur la queue ; et il se distingue du genre *dipturus* du même auteur, parce que ce genre offre une queue, sans nageoire à son extrémité, et que cette même queue, comme celle des raies, porte deux dorsales en dessus. Le Leïobate violon (*leiobatus pan-duratus*), Raf., *Pesce violino* des pêcheurs de Palerme, est tout lisse et ses dents sont obtuses. Son corps est oblong, pan-duriforme, arrondi antérieurement, brun en dessus, blan-châtre en dessous, avec la queue de la longueur du corps.

M. de Blain-ville (*Prodrome*) a formé un genre sous le même nom, et qui comprend les raies lisses, telles que les R. *cruciata*, *Sloani* et *britannica*, qui n'ont point de nageoire du tout sur la queue, mais une aiguillonnée à sa pointe, et dont les pectorales sont orbiculaires. (desm.)

LEÏODE, *leïodes*, Lat. ; *Anisotoma*, Illig., Fab. Genre d'insectes, de l'ordre des coléoptères, section des hétéro-mères, famille des taxicornes, tribu des diapériales, ayant pour caractères: insertion des antennes découverte, leurs cinq derniers articles formant une massue brusque et perfoliée ; le second d'eux, ou le huitième des onze, composant l'an-tenne, plus petit que les contigus ; articles des tarses entiers ; mandibules avancées au-delà du labre ; palpes courts : le der-nier article des maxillaires presque cylindrique et le même des labiaux presque ovoïde ; mâchoires à deux lobes, l'externe étroit, linéaire, presque en forme de palpe ; corps presque hémisphérique ; écusson assez grand ; jambes épineuses.

Ces insectes avoient été d'abord confondus avec les sphéridies, dont ils diffèrent par le nombre des articles des tarses, les antennes, les parties de la bouche et les habitudes.

J'en avois formé, le premier (*Préc. des caract. génér. des insect.*), un genre propre, sous le nom de *leïode*. Illiger, n'ayant pas, sans doute, eu connoissance de mon travail, donna au même genre le nom d'*anisotoma*, et y comprit des coléoptères très-différens par les tarses, les *phalacres* de Paykull. Fabricius réunit nos leïodes, les *agathidies* et les *phalacres* sous la même dénomination générique d'*anisotoma*.

Le genre leïode n'est composé que d'un petit nombre d'espèces, et qui sont rares en France. Je citerai les suivantes:

Leïode brun, *leïodes picea*; *Anisotoma picea*, Panz.; *Faun. insect. Germ.*, *fasc.* 37, tab. 8. D'un brun marron, luisant, avec la massue des antennes noirâtre; des points aux angles postérieurs du corselet; d'autres points disposés en lignes sur les élytres; les jambes postérieures arquées.

Leïode ferrugineux, *leïodes ferrugineus*; *Anisotoma ferruginea*, Fab. Il est entièrement d'un rouge jaunâtre; ses élytres sont striées.

Leïode huméral, *leïodes humeralis*; *Anisotoma humeralis*, Fab. Il est noir, brillant; ses élytres ont chacune une tache rouge à leur base. (L.)

LEIOGNATHE, *leiognathus*. Genre de poissons établi par Lacépède dans la division des Thoraciques.

Ce genre présente pour caractères : des mâchoires dénuées de dents proprement dites; une seule nageoire du dos; un aiguillon recourbé et très-fort des deux côtés de chacun des rayons articulés de la nageoire dorsale; un appendice écailleux, long et aplati auprès de chaque thoracine; l'opercule dénué de petites écailles et un peu ciselé; la hauteur du corps égale ou presque égale à la moitié de la longueur totale du corps.

Une seule espèce entre dans ce genre; c'est le Leïognathe édenté, qui se pêche abondamment pendant toute l'année sur les côtes de l'Inde. Il ne parvient pas communément à deux pieds de long. Sa chair est grasse et de bon goût. *Voy.* pl. E 30 où il est figuré. (B.)

LÉIOPOMES. Famille de poissons établie par Duméril, et qui renferme les poissons osseux à branchies complètes; à nageoires paires sous les pectorales; à corps épais, comprimé; à mâchoires garnies de dents et à opercules lisses.

Les genres qui se rangent dans cette famille sont : Cheiline, Labre, Ophicéphale, Chélion, Chéilodiptère, Hologymnose, Monodactyle, Trichopode, Osphronème, Hiatule, Coris, Gomphose, Plectorhynque, Pogonias, Spare, Diptérodon et Mulet. (B.)

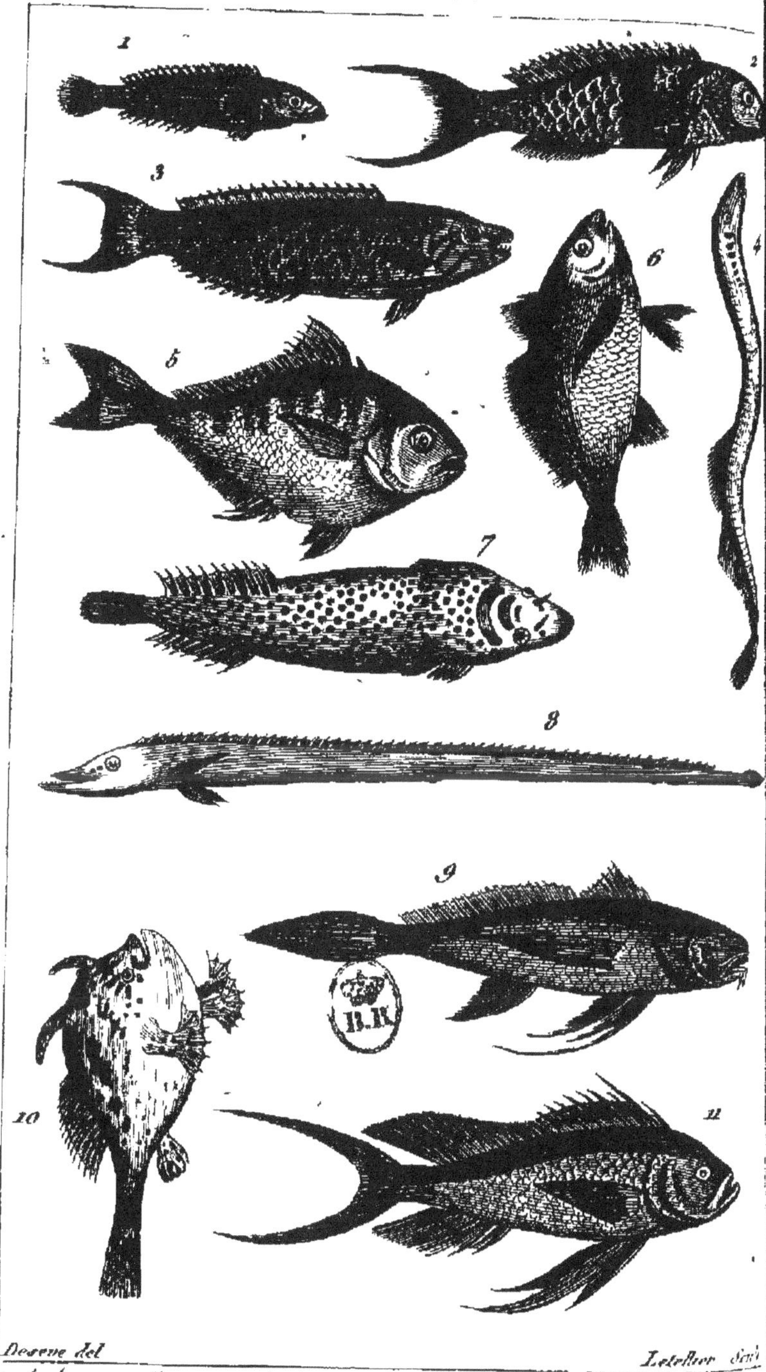

Deserre del.
Letellier Sculp.
1 Labre ...elle
2 Labre à dos bandé
3 Labre vert
4 Le gros pet...
5 Terognathe argent
6 L'... grin...
8 Lepidole ...
9 Lonchure duanum
10 Lophie ...
11 Lutjan anthi...

LÉIOSTOME. *léiostomus*. Genre de poissons établi par Lacépède, dans la division des Thoraciques, et qui offre pour caractères : la bouche en dessous du museau ; des mâchoires dénuées de dents, et entièrement cachées sous les lèvres qui sont extensibles ; point de dentelures ni de piquans aux opercules ; deux nageoires dorsales.

Ce genre ne contient qu'une espèce que j'ai observée dans les eaux douces de la Caroline, et dont j'ai communiqué la description absolue et le dessin fait sur le vivant, au célèbre continuateur de Buffon. Ce poisson, qui n'atteint guère plus d'un demi-pied de long, est assez estimé dans le pays comme aliment, et porte le nom de *yellow-tail* (*queue jaune* en français), à raison de la couleur de ses nageoires, couleur plus prononcée sur celle de la queue. Il a dix rayons à la première nageoire du dos, qui est triangulaire ; trente-deux à la seconde ; quatorze à celle de l'anus ; la caudale est échancrée en croissant. Son corps est comprimé, revêtu d'écailles arrondies, brunes sur le dos, argentées sous le ventre, et des points bruns se remarquent à la base de toutes les nageoires.

Le Léiostome queue jaune est figuré pl. E 3o. (B.)

LEIPTER. L'un des noms islandais du Dauphin vulgaire, selon M. de Lacépède. (desm.)

LEIRION et **CALLERION**. Deux noms donnés par les Grecs aux Lis. (ln.)

LEISTE, *leistus*. Genre d'insectes coléoptères. *V.* Pogonophore. (l.)

LEITHAAR. Un des noms allemands de la Cuscute. (ln.)

LEITUGA. C'est la Laitue, en portugais. (ln.)

LEKATT et **HERMELIN**. Noms suédois de la Marte hermine. (desm.)

LEKORZ. Nom servien de la Réglisse. (ln.)

LELEBA. Plante graminée encore peu connue des botanistes, mais que Lamarck soupçonne être une espèce de Naste ou Bambou. Elle est figurée dans l'*Herbier d'Amboine*, par Rumphius, vol. 4, tab. 1, et se trouve sur les montagnes à Amboine et autres îles voisines. De sa racine, qui est traçante, s'élèvent beaucoup de tiges de dix à douze pieds de haut, fistuleuses, noueuses, ligneuses, nues dans leur moitié supérieure. Ses épis sont droits, terminaux, composés d'épillets sessiles, régulièrement verticillés, poilus et multiflores. On fait des cannes avec ses tiges et des liens avec son écorce. *V.* Cay-hop. (b.)

LELEK. Nom polonais de la Hulotte. (v.)

LELELACH. Nom arabe des Renoncules. (ln.)

LELLA et **ENOLA.** Noms de l'Aunée (*inula helenium*), en Italie. (ln.)

LELY ou **LELIE.** Noms hollandais des Lis. (ln.)

LEM. *V.* Campagnol lemming. (desm.)

LEMA, *Lema.* Genre d'insectes, établi par Fabricius, dans lequel cet auteur comprend la plupart des *criocères. V.* Criocère. (o.)

LEMANÉE, *Lemanea.* Genre de plantes établi par Bory-Saint-Vincent, pour placer quelques Conferves. Il correspond aux Trichogones de Palisot-Beauvois. Ses espèces sont figurées pl. 21 et 22, du 12.ᵉ vol. des *Annales du Museum.* (b.)

LÉMANITE. Nom donné, par Lamétherie, au *jade* que Saussure a découvert d'abord aux environs du lac *Léman.* Ce *jade* se trouve aussi parmi les cailloux roulés de la Durance; il est vert et violet. D'après l'analyse, il paroît que la partie verte est une *chlorite en roche.* Le mélange du *lémanite* et de la *diallage* forme le *verde-di-corsica.* Voyez Jade, Euphotide et Diallage. (pat.)

LEMEN ou **LEMOEN.** L'un des noms norwégiens du Campagnol leming. *V.* l'art. Campagnol. (desm.)

LEMIA. Ce genre de Vandelli (*Fl. lusit.*), rentre dans celui des Pourpiers (*portulaca*). (ln.)

LEMING (*Mus lemmus*). Quadrupède rongeur du genre Campagnol., fig pl. B 37, fig. 3 de ce Dict. *V.* ce mot. (desm.)

LEMMA. Nom latin de la Marsille. *V.* Lemma. (b.)

LEMMAM et **NA' MA'.** Noms arabes d'une espèce de Menthe (*mentha glabrata*, Wahl) , que l'on trouve dans les jardins du Caire, en Égypte. (ln.)

LEMMAR. *V.* Leming. (s.)

LEMMER. *V.* Leming. (s.)

LEMMER-GEIER, c'est-à-dire, Vautour des agneaux. Nom allemand du Gypaète des Alpes. (s.)

LEMMIKE. C'est le nom danois du Beccabunga. (ln.)

LEMMUS. Le Leming, en latin moderne. Ce nom été appliqué au genre entier des Campagnols. (desm.)

LEMNA ou **LEMMA**, d'un mot grec qui signifie Écaille. Théophraste donne ce nom, suivant Daléchamps, à cette plante aquatique que Linnæus nomma depuis *marsilea quadrifolia.* B. Jussieu et Adanson en prirent occasion de donner à ce genre *marsilea*, Linn., le nom de *lemma.* Linnæus nomma *lemna*, le *lenticula* de Tournefort, dont les espèces connues jusque-là sous le nom de lenticules ou lentilles d'eau, justifient par leur forme, l'emploi de tous ces noms. (ln.)

LEMNESCIE, *lemnescia*. Nom donné, par Willdenow, au genre de plantes établi sous le nom de VANTANE. (B.)

LEMNISQUE. C'est la COULEUVRE GALONNÉE. (B.)

LEMON. Nom anglais des LIMONS ou CITRONS. (LN.)

LEMONIATIS ou LEMONIATES. Nom véritable de l'émeraude, chez les anciens Romains, selon Wallerius. Pline, en traitant des gemmes, dit que le *lemoniatis* est regardé comme la même chose que le *smaragdus* (*eadem videtur, quæ smaragdus*). (LN.)

LEMONIE, *lemonia*. Genre établi par Pouret, aux dépens des GLAYEULS, mais qui n'a pas été adopté, comme trop peu caractérisé. (B.)

LEMOULEMON. Nom que l'on donne, à Cayenne, à un insecte que l'on soupçonne être de la famille des CAPRICORNES. (L.)

LEMUR. Nom latin donné aux mammifères quadrumanes du genre des makis (*lemur*, Linn. ; *prosimia*, Storr). Ce genre étoit fort nombreux avant le travail de M. Geoffroy, qui a pour objet de faire connoître tous les détails de l'organisation des animaux qu'il renferme. Maintenant, il se trouve divisé en six autres, fondés sur des caractères comparatifs, la plupart assez saillans. Celui des *indris* est formé de deux espèces, dont une a besoin d'être revue; celui des *makis* proprement dits l'est de onze ; celui des *loris*, d'une seule (*lemur gracilis*) ; celui des *nycticèbes*, de trois suivant nous, et de quatre, selon M. Geoffroy ; celui des *galagos*, de quatre à cinq ; et celui des *tarsiers*, de deux. Mais, outre ces espèces ainsi distribuées, il en reste encore quelques-unes qui ont reçu d'abord le nom de *lemur*, et qui ont été ensuite placées ailleurs. Par exemple, le *lemur volans* de Pallas forme le genre GALÉOPITHÈQUE, rangé parmi les carnassiers, quoique l'ensemble de son organisation le rapproche plutôt des makis, et qu'il n'ait que fort peu de traits de ressemblance avec les chauvesouris, dont il a été rapproché. Le *lemur psilodactylus* ou ayeaye de Sonnerat, *cheiromys* de M. Cuvier, paroît, selon les observations récentes de M. de Blainville, devoir être retiré des rongeurs où il a pris place à côté des écureuils, pour être rattaché à la famille des makis, parce que sa tête est analogue à celle de ces animaux, principalement pour ce qui regarde l'arcade zygomatique, l'orbite, etc., tout en ayant l'appareil dentaire semblable à celui des rongeurs, ainsi que le montre clairement la figure qu'on en trouve dans le *Règne animal*, tom. 4, pl. 1ere, fig. 1, 2, 3. M. Geoffroy pense que ce singulier quadrupède est le premier chaînon d'une famille isolée ou d'un ordre à part qui lie les lémuriens avec les rongeurs, comme les galéopithèques le sont d'un autre groupe isolé entre ces mêmes lémuriens et les chauve-souris ou chéiroptères, proprement dits.

Mais il est encore d'autres animaux qui ont été appelés *lemur*, qui n'offrent point dans leur organisation des motifs suffisans pour les faire rapprocher des makis; ainsi le *lemur flavus*, qu'Erxleben dit habiter les montagnes de la Jamaïque, n'est, ainsi que le remarque M. Geoffroy, qu'un kinkajou (*ursus caudivolvulus*, Gmel.); (*cercoleptes caudivolvula*, Illiger); ainsi le *lemur leucopsis* d'Hermann (*Observ. zoolog.*, pag. 10, n'est autre chose que le petit singe d'Amérique, appelé Saïmiri (*simia sciurea*). Le *lemur bicolor*, annoncé comme propre à l'Amérique, n'est pas dépeint d'une manière assez rigoureuse, pour qu'on puisse le placer dans quelque genre que ce soit; tout ce qu'on en sait, c'est que sa queue est longue, que son pelage est d'un gris noirâtre en dessous, blanchâtre en dessus, et que son front est marqué d'une tache en cœur, d'un blanc sale. La figure qu'en donnent Miller (*Cimelia physica*) et Shaw (*Gen. Zool.*, tab. 36) n'est guère plus propre à le faire considérer comme un maki, que l'indication du lieu où l'on dit qu'il habite. (DESM.)

LÉMURIENS, *lémures*, Desm.; *Strepsirrhini*, Geoffr. Famille de mammifères que j'ai formée dans les tables du 24.e volume de la première édition de cet ouvrage, et qui a été adoptée par M. Geoffroy Saint-Hilaire, dans le 19.e vol. des *Annales du Museum*, pag. 156. Cette famille, avec celle des singes, compose l'ordre des quadrumanes. Elle forme très-bien le passage des singes aux autres mammifères; et les animaux qu'elle comprend ont des formes assez variées, mais se conviennent tous par les caractères suivans. Les fosses orbitaires sont très-rapprochées et séparées des fosses temporales (1); l'angle facial a souvent moins de trente degrés; les dents incisives varient en nombre, selon les genres, de deux à six, à chaque mâchoire; les inférieures sont très-inclinées (2); les mo-

---

(1) Elles sont complètes eu égard seulement à l'articulation des apophyses du jugal et du coronal; incomplètes, au surplus, à leur fond, par le défaut de prolongemens des lames osseuses qui naissent de la face interne de ces pièces, *Geof.*

(2) Lorsqu'il y en a six, elles sont toujours inférieures. M. Geoffroy pense que le nombre normal de ces dents est de quatre, et que lorsqu'il y en a deux de plus, comme dans les makis, par exemple, cela vient de ce que les deux canines inférieures affectent la forme des incisives, et sont couchées comme elles en avant, dans la direction de l'os de la mâchoire : alors la canine inférieure n'est autre que la première molaire. Cela s'explique fort bien par l'observation qu'on fait seulement dans ces animaux, que, lorsque la bouche est fermée, l

laires sont à couronne tuberculeuse(1) ou garnie de pointes aiguës (2) ; le trou occipital est fort relevé; il y a ordinairement cinq doigts à chaque membre; les ongles des mains sont aplatis et à peu près conformés comme ceux de l'homme et des singes; les ongles des pieds sont à peu près semblables à ceux des mains, à l'exception du premier ou des deux premiers qui suivent le pouce, lesquels sont allongés et crochus ; les tarses postérieurs sont souvent très-longs; il n'y a point de queue dans quelques-uns, ou la queue n'est que rudimentaire; dans quelques autres, au contraire, elle est fort longue, poilue, jamais prenante ; on observe deux ou quatre mamelles pectorales seulement; les clavicules sont complettes ; les fesses ne sont jamais calleuses ; il n'y a point d'appendice vermiforme au cœcum ; le corps est couvert de poils, ordinairement svelte; la taille est petite ou médiocre , etc.

A ces caractères, M. Geoffroy ajoute les suivans : phalange du deuxième doigt des pieds de derrière, filiforme ; narines terminales et sinueuses ; mains propres à saisir, eu égard à un plus grand écartement du pouce, que dans les singes.

Ces animaux assez nombreux et de forme très-agréable, ont été l'objet des observations d'Audebert et de Fischer. Ce dernier en a publié une monographie et une anatomie comparée , accompagnée de beaucoup de planches.

Les lémuriens vivent de fruits et d'insectes. Ils appartiennent tous aux contrées les plus chaudes de l'ancien continent, et particulièrement à l'île de Madagascar, où ils forment un groupe non moins remarquable que celui des animaux marsupiaux, qui peuplent, presque exclusivement, la Nouvelle-Hollande.

Les genres qui composent cette famille , sont les suivans : INDRI, MAKI, LORIS, NYCTICÈBE, GALAGO et TARSIER (3). Voyez aussi le mot LEMUR. (DESM.)

LENA-NOEL. A Ténérife , c'est le nom du LISERON A BALAI (*convolvulus scoparius*), dont le bois a l'odeur de rose lorsqu'on le gratte, ce qui fait présumer que c'est le véritable *bois de Rhodes*. Ce dernier mot vient du grec *rhodon* , rose. (LN.)

LENDE. Nom languedocien des lentes de poux. (DESM.)

---

canine supérieure passe en avant de l'inférieure : ce qui est le contraire de ce qui existe dans tous les mammifères pourvus de canines, et particulièrement dans les carnassiers.

(1) Dans les makis et les indris.

(2) Dans les galagos , les tarsiers , les loris.

(3) Il faudra y joindre les cheïrogaleus , lorsqu'ils seront mieux connus, et peut-être les cheïromys et les galéopithèques , à moins qu'on n'en forme des familles distinctes.

LENDENKRAUT. C'est, en Allemagne, la Patience aigue (*rumex acutus*, L.). (LN.)

LENDENSTEIN. Nom allemand du Jade néphréti-que. (LN.)

LENDOLA. Nom de pays de l'Exocet météorien. (B.)

LENES. Nom donné par les anciens Egyptiens à l'ancien Helenium. *V.* ce mot. (LN.)

LE-NGANH-TLANG des Cochinchinois et le **LE-NGANH-DO.** Ce sont deux espèces de Millepertuis (*hypericum*) peu connues des botanistes; il paroît même que le dernier n'est pas un Millepertuis, comme le prétend Loureiro; c'est un arbre de seize pieds de hauteur, dont le bois dur et tenace sert à faire les rames et les antennes des navires. (LN.)

LENGO-BOUINO, ou LANGUE DE BOEUF. Sorte de champignon. (DESM.)

LENGOUSTO. En Languedoc, c'est le nom des Sauterelles. (DESM.)

LENGOUSTO. C'est aussi, dans le même pays, le nom du Palinure langouste. (DESM.)

LENIDIE, *lenidia.* Arbre de Madagascar, qui, selon Dupetit-Thouars, forme seul un genre dans la polyandrie pentandrie, et dans la famille des magnoliers, mais qui paroît se rapprocher beaucoup des Sialites.

Ses caractères consistent : en un calice de cinq folioles; en une corolle de cinq pétales ondulés en leurs bords ; en des étamines nombreuses, à anthères adhérentes ; en cinq ovaires connivens, à styles réfléchis ; en cinq capsules uniloculaires et polyspermes. (B.)

LENOK. Poisson des rivières de Sibérie, dont le genre n'est point connu. (B.)

LENS. Nom des lentilles, chez les Latins. Ce légume est le *phacos* ou *phacé* des Grecs ; *phacos* s'appliquoit, dit-on, aux lentilles crues, et *phacé* aux lentilles cuites ou en purée. Le nom de *lens* dérivoit d'un ancien mot latin qui signifioit *douceur*, et fut donné aux lentilles, parce qu'elles sont de facile digestion. Les anciens croyoient que l'usage habituel des lentilles affoiblissoit la vue et gâtoit l'estomac. On les a crues avantageuses contre la morsure des vipères, et Césalpin suppose leur décoction utile dans les fièvres dites fièvres lenticulaires. Pline indique deux sortes de *lens*. L'une, d'Egypte, étoit plus ronde et plus noire, c'est-à-dire, plus brune ; l'autre, exactement lenticulaire. On sait que les lentilles de Péluse étoient renommées chez les Romains.

Les botanistes, jusqu'à Tournefort, distinguèrent les Lentilles sous le nom de *lens* et de *lenticula.* Tournefort a

cru que la forme oblongue et aplatie de la gousse de cette lé-.
gumineuse et celle de ses graines étoient de bons caractères
pour en faire un genre distinct de ses *ervum* et *vicia* ; mais
Linnæus les réunit, et Adanson et Moench n'ont pu reussir
à faire revenir à la division de Tournefort.

Les anciens botanistes ont nommé *lens* et *lenticula palustris*
ou *aquatica*, les *marsilea*, Linn., et ces petites plantes, semblables à des lentilles et qui flottent sur les eaux marécageuses,
que Tournefort, Michelin, Adanson nommèrent *lenticula*,
Linnæus *lemna*, et Haller *hydrophace*. Ce dernier nom signifie
lentille d'eau, en grec. *V.* Lentille et Lenticule. (LN.)

LENS. Nom latin des Lentes. *V.* ce mot. (L.)

LENTAGINE. C'est le Laurier-tin, en Italie. (LN.)

LENTAGO. Césalpin donne ce nom au Laurier-tin
(*viburnum tinus*) qui croît dans le midi de l'Europe, et est appelé en Italie *lentagine*. Linnæus donne à une autre espèce
du même genre, originaire du Canada, le nom spécifique de
lentago. *V.* Viorne. (LN.)

LENTE. C'est, à Nice, le nom d'un poisson du genre
Spare (*sparus cetti*, Risso.) (DESM.)

LENTE, *lens*. Nom que l'on donne aux œufs du *pou*
qui vient sur la tête de l'homme. *V.* Pou. (L.)

LENTE et LENTICCHIA. Noms italiens des Lentilles. (LN.)

LENTEJA. Nom des Lentilles, en espagnol. (LN.)

LENTI. Un des noms du Pastel. (LN.)

LENTIBULAIRE. Synonyme de Utriculaire. (B.)

LENTIBULARIA. Vaillant, Tournefort et Adanson
conservent au genre *utricularia*, Linn., le nom de *lenticu-
laria* donné par Gesner à l'Utriculaire commune à cause
des vésicules bulleuses et lenticulaires qui sont après ses racines et qui soutiennent cette plante à la surface des eaux
stagnantes. (LN.)

LENTICULA. Diminutif de lentille, en latin. C'est ainsi
que Tournefort, Micheli et Adanson nomment le genre
qui comprend les lentilles d'eau ou Lenticules, autrement
dites encore *canillées*, qui ont partagé autrefois le nom de
lenticula avec les *marsilées*, Linn., l'*aldrovande vésiculeuse*,
les *callitriches* et des *varecs*. (LN.)

LENTICULAIRE. *V.* le mot Camérine et l'article suivant. (B.)

LENTICULAIRE. Fossile qu'on désigne aussi sous le
nom de *numismale*, de *nummulaire* ou *nummulite*, de *fromen-
taire* et de *porpite*. Sa forme, dit Saussure, est circulaire,

aplatie, un peu relevée vers le centre, et allant en s'amincissant vers les bords. Ce fossile ne présente à l'extérieur aucun indice d'organisation ; mais, lorsqu'il se refend en deux feuillets parallèles à sa plus grande surface, on voit qu'il y a dans l'intérieur un canal creusé régulièrement en spirale. Cette spirale a son centre dans le centre même du corps du fossile, et vient, après avoir fait un grand nombre de révolutions, aboutir à sa circonférence. Il a compté jusqu'à trente-huit révolutions de cette concavité spirale dans une *nummulaire* de Vérone d'un pouce de diamètre. Des cloisons transversales très-nombreuses divisent ce canal en petites cellules; et comme ces cloisons ne sont point percées, les cellules qu'elles séparent n'ont aucune communication visible ni entre elles, ni avec le dehors : ces cellules sont ordinairement vides, à moins qu'elles n'aient été remplies par des infiltrations. (§ 416.)

La grandeur des lenticulaires varie depuis une ou deux lignes jusqu'à deux pouces de diamètre ; mais ces dernières ne se trouvent guère que dans le voisinage de Vérone ; les plus ordinaires ont quatre à cinq lignes de diamètre. Elles sont quelquefois entassées en si grande quantité, que les bancs de pierre en paroissent totalement composés; et comme il y a des masses assez considérables disposées dans le même sens, si l'on vient à casser la pierre, de manière que les numismales présentent leur petit diamètre, elles ressemblent à des grains de blé, de même que le *gypse lenticulaire* de Montmartre ; c'est ce qui leur a fait donner le nom de *pierre frumentaire*.

Les lenticulaires se trouvent dans toutes les parties de l'ancien continent. La pierre dont les pyramides d'Egypte sont construites, en est remplie, de même que le sol sur lequel elles sont bâties. M. G. A. Deluc en a reçu de Lahour dans le Bengale, et il en possède deux espèces nouvelles : l'une vient d'une montagne très-élevée, nommée Sex-Argentine, près de Bex en Suisse ; l'autre se trouve dans les galets du lac de Genève ; ce qui est remarquable, dit-il, c'est que cette dernière ressemble parfaitement à celles des montagnes de Lahour.

Mais on n'en voit peut-être nulle part des amas aussi considérables qu'en Picardie, dans les environs de Saint-Gobin: il y a des rochers calcaires qui en sont remplis; on en trouve aussi d'un fort petit volume, qui ne sont point adhérentes entre elles, et qu'on emploie pour sabler les allées des jardins.

Saussure a observé, près la perte du Rhône, de grands

amas de *lenticulaires ferrugineuses*, qui n'ont tout au plus que deux lignes de diamètre, mais dont la forme extérieure est un peu différente de celle des autres : elles sont bombées d'un côté, et concaves de l'autre ; quelques-unes ont leur côté convexe couvert de stries extrêmement fines, qui vont du centre à la circonférence ; les autres sont tout-à-fait lisses. Ce célèbre observateur, qui les a examinées avec le plus grand soin, et avec les meilleurs microscopes, ainsi qu'il le dit lui-même (§ 424), n'a pu découvrir dans leur intérieur, ni structure régulière, ni la moindre apparence d'organisation ; il a reconnu que ces lenticulaires n'étoient autre chose qu'une mine de fer en grain ; celle-ci est figurée en *lentilles*, comme on en voit d'autres qui sont figurées en *amandes*, en *pois*, en *fèves*, en pièces de monnoie, etc., et qu'on ne soupçonne nullement avoir appartenu à des corps organisés. Mais ce qu'il y a ici de plus remarquable, c'est que M. G. A. Deluc, qui a pareillement observé ces lenticulaires de la perte du Rhône, a trouvé dans celles qu'il a soumises à ses recherches, un mode d'organisation qui les lui a fait regarder comme une espèce de madrépore. (*Journ. de Phys.*, ventose an 7, p. 219.)

Cependant, comme l'on ne peut pas raisonnablement révoquer en doute l'exactitude des observations faites par un naturaliste aussi éclairé que Saussure, qui paroît d'ailleurs y avoir mis une attention particulière, ainsi qu'il est aisé de s'en convaincre en lisant son chapitre 18 qui est en entier consacré à ce fossile, il s'ensuit que la nature a mis dans la configuration de ces lenticulaires, des gradations de régularité, depuis la forme la plus brute jusqu'aux apparences d'un corps organisé, ce qui paroît confirmer mon soupçon de la manière la plus complète. (PAT.)

Je ne sais trop sur quel fondement M. Patrin a pu dire, dans la première édition de ce Dictionnaire, en soutenant que les lenticulaires ne sont point des restes de corps organisés fossiles, que *tous les naturalistes sont d'accord pour les considérer comme de simples jeux de cristallisation* ; ce qui est absolument contraire à l'opinion des naturalistes, même anciens. Les lenticulaires, ainsi que l'entend M. Patrin, sont des fossiles qui répondent exactement aux *discolithes* de Fortis, et qui appartiennent à plusieurs genres. Les unes, et ce sont les plus connues, sont les CAMÉRINES ou NUMMULITES formées d'une spirale cloisonnée (*V.* ces mots) ; d'autres ont la forme globulaire ou fusiforme-prismatique, ayant la même structure chambrée que les camérines ; mais le plan de la spirale étant perpendiculaire et cloisonné dans sa hauteur, on diroit une camérine roulée sur elle-même. Fichtel, dans son ouvrage sur les monts Krapacks, donne des exemples des premières, et Fortis un exemple très bon des secondes dans la *pierre frumentaire* de Vendémie en Roussillon, qui est l'espèce la plus grande connue. Les genres nommés *miliolite* et *mélonite* par Lamarck sont de cette division.

Il y a des lenticulaires qui ressemblent à un chapeau aplati, d'autres qui offrent des stries ou des cellules en rangées rayonnantes. Il y en a de convexes d'un côté et de concaves de l'autre, qui montrent à peine leur structure. Fortis nomme celles-ci *discolithes convexo - concaves*. Telle est la lenticulaire de la perte du Rhône. Il suffit de jeter un coup d'œil sur les figures qui accompagnent le Mémoire de Fortis, pour voir que, sous le nom de lenticulaires, sont compris les *camérines*, les *mélonites*, les *alvéolites*, les *miliolites*, des *cyclolites* et des *porpites* fossiles.

Les fossiles dont il s'agit sont mal connus, et un travail spécial sur les lenticulaires ne pourroit qu'être très utile à la géologie ; car on trouve des camérines et des lenticulaires d'espèces particulières dans diverses sortes de couches de la terre, mais toujours dans les couches de calcaire marin. Lorsqu'elles s'y rencontrent avec d'autres fossiles, ces fossiles sont, ou des coquilles marines, ou des zoophytes. L'agglomération en grandes masses des lenticulaires ou leur accumulation en énormes bancs, tiennent à des faits et à des observations qui nous manquent et qui pourront, sans doute, recevoir une explication lorsqu'on connoîtra les animaux marins dont les lenticulaires sont les restes, ce dont on ne sauroit douter. « J'ai trouvé, dit M. Defrance, dans des pieds de gorgones, de petits corps, qui ont la plus grande analogie avec les camérines, que l'on n'a trouvées jusqu'à ce jour qu'à l'état fossile. Ils ne diffèrent presque en rien d'une petite espèce qu'on rencontre dans les collines de Pise et dans les environs de Sienne, et qui se trouve figurée dans l'ouvrage de Soldani, pl. 20, f. 86. Cependant, l'identité ne me paroît point parfaite, parce que les petites camérines fossiles ont leur bord plus tranchant et plus net que celui des petits corps non fossiles. De plus, ces derniers paroissent être liés par leur forme plus ou moins rapprochée, avec d'autres que j'ai trouvés avec eux. Ceux-ci portent sur le bord quatre ou cinq pointes obtuses, rayonnantes, qui les rapprochent beaucoup des *sidérolites* ; mais l'organisation de ces dernières ayant elle-même les plus grands rapports avec celle des *camérines*, leurs analogues non fossiles se trouvent très - rapprochés d'elles. L'organisation intérieure de ces petits corps paroît être absolument la même que les *camérines.* »

Il paroît que les *lenticulaires - camérines* prenoient leur accroissement par l'extrémité de leur spirale ; chaque espèce ne sort pas d'un diamètre donné. Comment se fait-il néanmoins que dans certains bancs calcaires, uniquement formés de camérines, il arrive que tous les individus ont à peu près le même diamètre, et qu'on n'observe point les passages entre les *camerines* naissantes et les mêmes camérines ayant leur plus grand développement? La mer qui déposa les camérines étoit sans doute très-agitée, et les flots les déposerent par ordre de gravité spécifique en poussant plus loin les petites camérines et formant ainsi une sorte de dépouillement de tous leurs âges.

Les camérines ont été considérées comme analogues à des os de sèches ; mais on les place communément près des nautiles et des spirules , avec lesquels elles paroissent avoir le plus de rapport.

Il est difficile d'expliquer le mode d'accroissement des *lenticulaires fusiformes* , à moins qu'on ne suppose qu'elles ont été des corps intérieurs qui tenoient à l'animal par autant de fibres qui étoient fixées aux cellules externes que présentent ces fossiles, et qui s'allongeoient ainsi par les cellules surajoutées qui se formoient par le raccourcissement de ces fibres. Quant aux lenticulaires formées de rangées de cloisons disposées en rayons, l'accroissement a dû se faire par toute la circonférence et par l'augmentation des cellules , comme M. de Blainville présume que cela a lieu pour le corps qui soutient l'ombelle des porpites, animaux de la classe des radiaires, desquels on rapproche les lenticulaires rayonnantes. Les *rotalies* , *lenticulines* et *placentules* de Lamarck sont dans le même cas.

L'on ne sauroit rien dire sur les lenticulaires en forme de chapeau ou treillissées, sinon qu'elles semblent prouver, par leurs formes bizarres, que les lenticulaires, quelles qu'elles soient, ont dû être une partie interne d'animaux *mous* exclusivement marins.

La matière verte chloriteuse si commune dans le banc inférieur du calcaire coquiller de Paris , où se trouvent aussi des camérines, accompagne ailleurs assez souvent ces fossiles Dans la Suisse il existe abondamment un calcaire ancien, coloré par cette matière verte , il est rempli de camérines blanches trésminces et qui ont jusqu'à un pouce de diamètre. *V.* Nummulites, Camerines, et à l'article Conchyolologie , vol. 7, pag. 4—5—6 , en supprimant la *gyrogonile* qui est le moule d'une graine comme je l'ai prouvé , et comme M. d'Audebard de Ferussac, le confirme , ayant trouvé la graine elle-même encore charbonneuse ou peu altérée. (LN.)

LENTICULAIRE. Famille de plantes établie par Richard pour placer le genre UTRICULAIRE et quelques autres. (B.)

LENTICULE , *lemna*. Genre de plantes , jusqu'à ces derniers temps mal connu des botanistes , mais que Palisot de Beauvois vient d'éclairer par des observations très-importantes. Suivant lui, il est de la diandrie monogynie et de la famille des nymphæacées, et ses caractères consistent: en une enveloppe calicinale d'une seule pièce, insérée sur l'ovaire; en deux étamines qui se développent successivement, chacune à anthère grosse, didyme et biloculaire; en un ovaire cordiforme surmonté d'un style cylindrique ; à stigmate creux et évasé; en une capsule uniloculaire, à une, deux, trois ou quatre semences striées. *V.* les figures jointes au Mémoire de ce botaniste.

Les *lenticules* sont des herbes extrêmement petites , flottantes à la surface des eaux tranquilles , composées communément de deux ou trois petites feuilles jointes ensemble, dont l'une périt à mesure qu'une autre pousse , et munies de racines sur leur surface inférieure. Leur fructification est située dans le point de réunion des feuilles.

Ces plantes sont destinées par la nature à corriger l'air malfaisant des lieux marécageux. Elles absorbent cet air pendant le jour, pour le rendre pendant la nuit privé de tous ses principes délétères. Elles retardent également la putréfaction des eaux où elles se trouvent. Mais ces deux effets n'ont lieu que lorsque l'air et l'eau ne sont pas encore parvenus à leur dernier degré d'altération; car alors les lenticules périssent, et même avant la plupart des autres végétaux. Aussi ne les trouve-t-on que dans les eaux pures ; aussi est-ce entre leurs racines, souvent très-longues , et perpendiculairement plongeantes dans l'eau , que l'on trouve le plus de POLYPES et d'ANIMALCULES INFUSOIRES.

Ce genre comprend huit espèces, dont les plus communes sont :

La LENTICULE RAMEUSE , *lemna trisulca*, qui a la tige filiforme , rameuse ; les feuilles lancéolées et prolifères. Elle se trouve dans les eaux dormantes. On dit qu'infusée dans le vin blanc et appliquée sur une contusion , elle est propre à dissoudre le sang caillé par quelque chute.

La LENTICULE COMMUNE , *lemna minor*, Linn., est sans tige , et a une racine solitaire ; ses feuilles sont aplaties , un peu ovales et ramassées. Elle se trouve dans les eaux dormantes, où elle se multiplie avec une abondance excessive. On s'en sert à l'extérieur, et on prétend qu'elle résout et calme les douleurs des érysipèles, des hémorroïdes et des hernies des intestins. Les canards la mangent avec avidité.

La LENTICULE POLYRHIZE est sans tige, et a plusieurs racines réunies ; ses feuilles sont presque rondes, aplaties en dessus et ramassées. Elle se trouve dans les mêmes endroits que les précédentes.

La LENTICULE BOSSUE est sans tige, a une racine solitaire, les feuilles elliptiques, obtuses, convexes, bullées en dessous. Elle se trouve très-communément dans les eaux pures, comme les précédentes. C'est sur elle que Palisot de Beauvois a fait ses observations. (B.)

LENTICULINE, *lenticulina*. Genre de coquilles établi par Lamarck, et dont les caractères sont : coquille univalve, spirale, presque lenticulaire, cloisonnée, à tours prolongés au-dessus des tours inférieurs jusqu'au centre, à ouverture saillante sur l'avant-dernier tour.

Ce genre renferme une espèce marine et trois fossiles qui n'ont pas encore été figurées, mais qui sont décrites dans le dix-septième cahier des Annales du Muséum. Ce sont de très-petites coquilles qui se rapprochent beaucoup des CAMERINES par leur forme, et des ROTALIES par leur organisation. On trouve les fossiles près de Paris. (B.)

LENTILIER, *lenticulus*. Van Ernest a fait sous ce nom un nouveau genre aux dépens des ACHIRES de Lacépède ; mais il n'a pas des caractères assez saillans pour être adopté. (B.)

LENTILLAC. On donne ce nom, sur la côte de la Méditerranée, au SQUALE EMISSOLE. (B.)

LENTILLADE. C'est la RAIE RHINOBATE, sur la côte de la Méditerranée. *V.* RAIE. (B.)

LENTILLE ou ERS, *Ervum*, Linn. (*Diadelphie décandrie.*) Genre de plantes de la famille des légumineuses, qui se rapproche beaucoup des VESCES. Il présente : un calice à cinq dents sétiformes, à peu près aussi longues que la corolle ; une corolle papilionacée, à étendard plus grand que les ailes, à ailes plus longues que la carène ; dix étamines réunies en deux paquets ; un style arqué ou montant, à stigmate glabre ; et une gousse plane, quelquefois cylindrique et noueuse, renfermant deux à quatre semences.

Ce genre ne comprend qu'un très-petit nombre d'espèces, environ cinq ou six. Ce sont des herbes qui ont une tige érigée et grêle, des feuilles ailées, terminées par une vrille, et des pédoncules axillaires, portant une, deux ou plusieurs fleurs. La base des feuilles est garnie de petites stipules. Les semences sont ou sphériques, ou orbiculaires et convexes aux deux surfaces.

La plus connue et presque la seule utile des espèces du genre, et qui méritoit de lui donner son nom, est la LEN-TILLE CULTIVÉE ou LENTILLE COMMUNE, *Ervum lens*, Linn.; *lens vulgaris*, Tourn. C'est une plante annuelle dont la tige est herbacée, rameuse, velue, anguleuse, et haute de huit à neuf pouces. Elle se garnit de feuilles alternes, composées de dix à douze folioles ovales, sessiles, entières et obtuses. Ses vrilles sont simples; ses stipules doubles; ses pédoncules ont la grandeur des feuilles, et portent ordinairement deux ou trois fleurs blanchâtres, à étendard rayé de bleu. Ses gousses sont courtes, larges, obtuses, presque rhomboïdales, et contiennent deux à trois semences orbiculaires, légèrement convexes, et plus ou moins roussâtres. Elles portent le même nom que la plante.

La *lentille commune* croît naturellement dans le midi de la France, en Suisse, en Carniole, et dans d'autres parties de l'Europe; on la trouve parmi les blés. Elle est généralement cultivée dans les jardins potagers et dans les champs. C'est dans les terres maigres et de médiocre qualité qu'elle donne les meilleurs produits. On en cultive deux variétés: la première est nommée *grosse lentille blonde;* la seconde est la *petite lentille*, d'un brun clair rougeâtre, nommée aussi *petite lentille rouge*, ou *lentille à la reine*. La première fournit une sous-variété plus petite en tout et un peu moins blonde. Leur culture et leur usage sont les mêmes. Elles demandent un terrain doux, léger, sablonneux ou graveleux et bien ameubli. On les sème à la volée, en rayons ou en petites touffes. Ce semis se fait dans les jardins, soit à la fin de l'hiver, soit au commencement du printemps, lorsqu'on n'a plus à craindre l'effet des gelées. Comme la lentille est une des plantes légumineuses qui mûrit le plus promptement, il faut veiller le temps de sa maturité, qu'on reconnoît à la couleur jaunâtre ou d'un gris foncé que prennent les cosses, et à leur disposition à s'ouvrir.

« On sème les lentilles à la volée dans les pays de grande culture; il vaut mieux les semer par rayons de douze à dix-huit pouces, suivant l'espèce, ou par petites touffes disposées en échiquier, éloignées en tous sens les unes des autres de dix à quinze pouces; on met six à huit lentilles à chaque touffe. En semant par rayons ou par touffes, on détruit facilement les mauvaises herbes par un ou deux binages faits à propos, et par un temps qui ne soit ni trop humide ni trop sec. Ces façons qu'on peut donner avec la petite charrue à biner, si avantageuse, donnent un produit plus considérable, et sont aussi très-favorables aux récoltes qui doivent succéder aux lentilles.

« Lorsqu'on sème à la volée, on met trente livres de semence, poids de marc, pour l'arpent de neuf cents toises, sans distinction de l'espèce, attendu que les grosses doivent être semées plus clair que les petites. Dans ce cas, après avoir semé, on herse deux ou trois fois pour couvrir la semence et unir la surface du terrain. Si c'est un petit espace, on recouvre avec un râteau. On arrache les mauvaises herbes à la main, lorsque le besoin l'exige, et on façonne avec la serfouette. En semant par rayons, dix-huit à vingt livres suffisent à l'arpent.

« Si l'on désiroit avoir des lentilles dans une terre forte ou un peu humide, on disposeroit le terrain par rayons et en ados élevés de huit à dix pouces. Cette opération se fait en automne, un mois après que la terre a été bien labourée. A la fin de l'hiver, on donne sur les ados une légère façon à la bêche ou à la houe, et on retire des rayons enfoncés la terre douce qui peut y être tombée, pour la remettre sur ces ados au temps favorable ; on sème un rang de lentilles sur ces ados, qui doivent avoir douze à quinze pouces de largeur.

« On sème les lentilles lorsqu'il n'y a plus à craindre de l'effet des gelées, soit à la fin de l'hiver, soit au commencement du printemps, un peu plus tôt ou un peu plus tard, suivant la chaleur du climat et la nature du sol.

« La lentille est une des plantes légumineuses qui mûrit le plus promptement. Il faut veiller le temps de sa maturité : si on la laissoit trop sécher sur pied, on perdroit beaucoup de grains, à cause de la facilité avec laquelle les cosses s'ouvrent. Les pigeons sont très-friands des lentilles. Dans les pays où il y a beaucoup de ces oiseaux, on doit les faire veiller vers l'époque de la maturité. Lorsque la plante est en partie fanée, que les cosses prennent une couleur d'un gris foncé, jaunâtre, et que quelques-unes paroissent disposées à s'ouvrir, on les arrache, ou on les coupe à la faucille ou à la faux. Partout où les lentilles ne montent pas haut, on les arrache à la main ; dans les pays où on les cultive dans les vignes, on les suspend aux échalas. Cette opération étant faite par un beau temps, elles peuvent être sèches en deux jours. On les met ensuite par bottes, et on les serre en lieu sec pour les battre au besoin. Si elles prenoient de l'humidité par un trop long séjour sur terre, elles perdroient de cette couleur blonde qui en fait la qualité.

« Les lentilles, comme les pois, cuisent difficilement, si on les récolte dans des terres humides et compactes ; aussi convient-il mieux de les semer dans une terre légère où elles réus_ sissent toujours bien. On sait que les lentilles donnent une nourriture substantielle, saine et agréable, soit qu'on les mange en grain , soit qu'on en fasse des purées. On ne les mange jamais en vert comme les pois ou les fèves. L'eau dans laquelle elles ont été cuites fait une bonne soupe.»

Dans une notice insérée dans la *Feuille du Cultivateur*, Sonnini parle avec éloge de la *lentille du Canada*, espèce de Vesce qu'il a cultivée pendant plusieurs années en Lorraine. Elle croît, dit-il, dans les terres les plus maigres et les moins fertiles, et donne , tant en fourrage qu'en grain, des produits abondans. *Voyez* l'article Vesce, où j'entre dans quelques détails sur les avantages que cette plante offre aux habitans des campagnes.

La Lentille ervillière ou l'Ers ervillier , *Ervum Ervilia* , Linn. , *Ervum verum* , Tourn. , est aussi une plante annuelle qu'on trouve dans le Levant , et dans les champs de l'Italie et de la France. Elle fournit un bon fourrage pour les bestiaux, et la farine de ses semences est résolutive et maturative. Cette farine mêlée dans le pain , occasione aux hommes et aux animaux un affoiblissement musculaire très-éminent et qui ne cède qu'au temps ou à l'usage des acides végétaux. On reconnoît cette espèce à ses tiges hautes d'un pied ou un peu plus , droites, foibles, anguleuses et très-rameuses ; à ses feuilles composées de seize à vingt folioles , oblongues ou linéaires et obtuses à leur sommet; à ses pédoncules axillaires plus courts que les feuilles , portant deux ou trois fleurs blanchâtres , dont l'étendard est légèrement rayé de violet; enfin à ses gousses , longues de dix lignes , pendantes , noueuses et contenant trois à quatre semences. (D.)

LENTILLE DU CANADA. C'est la Vesce blanche. (B.)

LENTILLE DE CANE ou de CANARD. Ce sont les Canillées ou Lenticules. *V.* ce dernier mot. (LN.)

LENTILLE d'Espagne. C'est la Gesse cultivée (*lathyrus sativus* , Linn.). (LN.)

LENTILLE D'EAU. *V.* au mot Lenticule. (B.)

LENTILLE DE MARAIS. *V.* Lenticule. (DESM.)

LENTILLE MARINE. C'est un Varec (*Fucus natans*). (DESM.)

LENTILLE DE PIERRE. C'est la Camérine. *Voyez* Lenticulaire. (B.)

LENTILLE AUX PIGEONS. On donne ce nom , aux environs d'Angers , à la Lentille tétrasperme. (B.)

LENTILLE DES PRÉS. *V.* Callitriche. (LN.)

LENTILLES DE PÉLUSE. Les Romains donnoient ce nom aux lentilles d'Egypte. (LN.)

LENTILLEN. La Gesse cultivée porte ce nom dans quelques lieux. (B.)

LENTISQUE. *Lentiscus.* Nom donné, de toute ancienneté, à une espèce de pistachier qui paroît avoir été nommé Lentiscus par les Grecs et les Latins, parce qu'il laisse fluer une liqueur gluante ou visqueuse. Selon Dioscoride, on retiroit du *lentiscos*, une résine qu'il nomme *mastiché*. Pline, qui dit que le *lentiscus* croît en Italie, en parlant du *mastiché*, cite du mastic de l'Inde, d'Asie et de Grèce; mais il se trouvoit en si petite quantité dans ces contrées, que les habitans négligeoient de le récolter. Il dit, et Dioscoride s'accorde avec lui, que le meilleur mastic se récoltoit en abondance dans l'île de Chio. Belon assure que dans cette île l'on retiroit, de son temps, le mastic de l'arbre que l'on nomme Lentisque. Il ajoute que sa culture, aussi soignée que celle de la vigne, fait la richesse des habitans de l'île. Le nom de *schinos* est synonyme, chez Dioscoride, de *lentiscos*: on suppose qu'il dérive de *schistos*, fissile, et qu'on le donnoit au Lentisque, parce qu'on fait aisément des cure-dents en fendant son bois. Hippocrate desigue les baies du lentiscus par le mot de Schnidas. Ce nom de lentiscus se trouve avoir été appliqué aux *bondurs*, à quelques autres arbres des Indes, peu connus, et au *schinus molle*, Linn., qui porte pour nom de genre, l'ancien synonyme de *lentiscus;* et pour nom d'espèce, celui que Monard, Clusius, etc., lui donnèrent. *V.* Pistachier. (LN.)

LENTISQUE-BATARD ou **FAUX LENTISQUE.** C'est le *Phyllirea à feuilles étroites.* (LN.)

LENTISQUE DU PEROU. C'est le *schinus molle* de Linnæus. *V.* au mot Molle. (B.)

LENTOS. Nom languedocien de la Luzerne sauvage. (LN.)

LENTOU. Nom languedocien des Moisissures. (DESM.)

LENZ. L'un des noms arabes des Noix. (LN.)

LEO, *Felis leo.* Nom latin du lion. *Voyez* l'article Chat. (DESM.)

LEO. Dodonée et Lobel se servent de ce nom ainsi que de celui de chardon féroce (*carduus ferox*), pour désigner une espèce de Chardon remarquable par les nombreuses épines dont elle est hérissée. (LN.)

LEOFANTE. L'éléphant est ainsi appelé par quelques auteurs italiens. (DESM.)

LEO-HERBA. Ce nom est cité parmi ceux donnés autrefois à l'Orobanche. (LN.)

LEO-TERRÆ, *lion de terre.* Nom donné autrefois à la Thymelée, à cause de ses propriétés purgatives. (LN.)

LEOCARPE, *leocarpus*. Genre de plantes de la classe des anandres, 3.ᵉ ordre ou section, les *gastéromyces*, proposé par M. Link. Il est extrêmement voisin des ECIDIES. Ses caractères sont : forme presque globuleuse ou irregulière ; réceptacle simple, membraneux ou crustacé, fragile, se déchirant; plusieurs amas en flocon, attachés vers la base intérieurement ; point de columelle ; sporidies rassemblées. M. Link rapporte deux espèces de ce genre, non compris le *diderma vernicosum*, Pers., qu'il croit devoir en faire partie. (P.B.)

LEOGROCOTTE. Animal fabuleux que l'on a dit issu de la *lionne* et de *l'hyène* mâle. (s.)

LEONCITO DE MOCOA. C'est le nom d'un petit quadrumane du genre des TAMARINS (*midas*) de Geoffroy ou de celui des OUISTITIS, *Jacchus*, Cuvier ; *Apale*, Illiger. (DESM.)

LÉONIE, *leonia*. Arbre de première grandeur, à feuilles alternes, courtement pétiolées, oblongues, aiguës, très-grandes, luisantes, coriaces, très-entières, garnies de veines saillantes, à fleurs jaunes, disposées trois par trois, sur des panicules pendantes et accompagnées de bractées.

Cet arbre forme, dans la pentandrie monogynie et dans la famille des sapotilliers, un genre qui offre pour caractères : un calice très-petit, caduc, divisé en cinq parties presque rondes ; une corolle de cinq pétales presque ovales, concaves ; un tube particulier, membraneux, à cinq dents, entourant le germe ; cinq étamines à anthères presque sessiles sur les divisions du tube ; un ovaire supérieur à style très-court et à stigmate simple ; une baie globuleuse, uniloculaire, à écorce épaisse, renfermant plusieurs semences ovales, dans une pulpe molle.

Le *léonie* croît au Pérou. Son fruit, qui est gros comme une pomme, jaunâtre et rude au toucher, est très-bon à manger, lorsqu'il est bien mûr. Ses feuilles paroissent très-visqueuses à la mastication. Son bois est dur, compacte, jaunâtre, et sert à faire divers ustensiles. (B.)

LÉONICENIA. Ce genre de Scopoli est le même que celui appelé FOTHERGILLA par Aublet, qui est maintenant réuni au *melastoma* dont il diffère peu. (LN.)

LÉONICEPS et *Cebus liocephalus*. Klein donne ces noms à une petite espèce d'OUISTITI, le pinche (*simia œdipus*) Linn. (DESM.)

LÉONIS-FOLIUM. Traduction latine du mot grec *Leontopetalon*. *Voyez* ce mot. (LN.)

LEONISPES. Traduction latine du nom grec *leontopodion*, qui signifie *pied-de-lion*. *V*. ce mot. (LN.)

LÉONITIS, *leonitis*. Genre établi par R. Brown, aux

dépens des Phlomides. Il est fort voisin des Leucades. Ses caractères sont : calice à dix stries, et à cinq ou dix dents ; corolle à deux lèvres, la supérieure en voûte, allongée, barbue, entière ; l'inférieure courte, à trois divisions égales ; lobes des anthères écartés ; stigmate ne dépassant pas la levre supérieure. Les Phlomides léonite, queue de lion et à feuilles de cataire, entrent dans ce genre. (b.)

LEONITIS. Espèce de Phlomide qui croît au Cap de Bonne-Espérance, et remarquable par ses fleurs d'un beau rouge de feu, disposées en verticilles. *V.* Léonurus. (l.n.)

LEONTICE et CACALIA. Ce sont deux noms donnés par Dioscoride et par Pline, à une plante dont la racine étoit utile dans la toux. Le léontice, suivant Dioscoride, a de grandes feuilles blanches ; sa fleur ressemble à celle de la bryone. Pline ajoute que les graines ressemblent à de petites perles, et sont suspendues. Cette plante croissoit dans les montagnes. Cette description ne s'accorde guère avec celle de nos *Cacalies* d'Europe, auxquelles on rapporte cependant le *léontice.* Au reste, ce nom se trouve encore donné chez les Grecs, à la Réglisse (*glycyrrhiza*), au Grémil *(lithospermum*), ainsi que celui de *leontica.* Linnæus, en nommant *léontice* un genre qui comprend deux plantes herbacées qui croissent en Grèce, ne paroît pas les avoir considérées comme pouvant être le *leontice* des anciens. Ce genre étoit le même que le *leontopetalon* de Tournefort, augmenté d'espèces qui forment à présent les genres *tacca* et *caulophyllum.* (l.n.)

LEONTICE, *leontice.* Genre de plantes, de l'hexandrie monogynie, et de la famille des berbéridées, dont les caractères consistent à avoir un calice de six folioles caduques, alternativement grandes et petites ; six pétales opposés aux folioles calicinales, munis d'une petite écaille pédicellée à leur onglet ; six étamines à anthères biloculaires; un ovaire supérieur, ovale-oblong, chargé d'un style court, inséré obliquement sur l'ovaire, et à stigmate simple ; une capsule bacciforme, vésiculeuse, globuleuse, acuminée, uniloculaire, et qui contient trois ou quatre semences sphériques.

Ce genre renferme cinq espèces qui sont des herbes vivaces, à racines tubéreuses; à feuilles alternes, ailées, ou une, deux et trois fois ternées, dont les pétioles communs sont dilatés à leur base, et forment une demi-gaîne ; à fleurs disposées en grappe terminale accompagnée de bractées.

Les plus connues de ces espèces sont :

La Léontice commune, *leontice leontopetalum* , Linn., qui a les feuilles deux fois ternées et le pétiole commun trifide. Elle se trouve dans les champs en Italie, en Syrie, en Grèce, etc.

On se sert de sa racine pour enlever les taches des habits.

La Léontice pinnée, *leontice chrysogonum*, Linn, a les feuilles pinnées, et le pétiole commun simple. Elle se trouve dans la Grèce et dans les îles de l'Archipel.

La 'Léontice thalictroïde a servi à Michaux, *Flore de l'Amérique septentrionale*, pour établir son genre Caulophylle, dont le caractère est d'avoir une baie pour fruit.

Ce genre est presque le même que celui du Tacca. (B.)

LÉONTION. Un des noms synonymes du *leontopetalon* et du *lithospermon*, chez les Grecs. *V.* ces mots (LN.)

LÉONTOBOTANE et LÉONTOBOTANOS. Gesner et Schwenkfeld, médecin silésien du quinzième siècle, donnent ces noms à l'Orobanche. Il n'est que la traduction grecque de *herba-leo*, *herbe de lion*, qu'on donnoit de leur temps à l'Orobanche. (LN.)

LÉONTOCHARON de Dioscoride. Plante rapportée au Polium, espèce de Germandrée. (LN.)

LÉONTODON (*Dent de lion*, en grec, ou Lion-dent). Linnæus s'est servi de ce nom pour désigner un genre qu'il a établi dans la syngénésie, et qui appartient à la famille des chicoracées. L'espèce la plus remarquable est le pissenlit, dont les feuilles sont découpées en dents aiguës, caractère commun dans la même famille, mais plus prononcé dans cette espèce ; ces dents, ordinairement arquées, ont été comparées aux crocs du lion, quoiqu'elles n'aient rien d'épineux. Ce genre *leontodon* rentre dans le *dens leonis* de Tournefort. Adanson y laissa le pissenlit, en renvoyant les autres espèces au *virea*; Haller fit son genre *taraxacum*, adopté par Jussieu, sur le Pissenlit (*leontodon taraxacum*, L.); il diffère peu du *leontodon* de Willdenow ; les autres espèces forment les genres *aspargia*, Willd., (*virea*, Adans.) et *thrincis* Willd. (*colobium*, Roth.). D'autres *leontodons*, soit de Linnæus, soit d'autres auteurs, se trouvent maintenant dans les genres *scorzonera*, *picris*, *hieracium*, *crepis* et *tussilago*. Deux *leontodon* de Gronovius, placés dans le *tragopogon*, forment notre genre *dandelion*. (LN.)

LÉONTODONTOÏDES. Ce genre de Micheli, fondé sur l'*hyoséride fétide* de Linnæus, est rapporté maintenant aux Lampsanes, il répond au *taraxaconastrum* de Vaillant. Il n'est pas adopté. (LN.)

LÉONTOPETALOÏDES. Amman figure sous ce nom dans les Mémoires de l'Académie de Pétersbourg, vol. 8, pag. 211, tab. 113, le *tacca* de Rumphius, plante cultivée dans les Indes orientales et à Othaïti, et dont Forster et Linnæus fils ont fait le genre *tacca*. C'étoit une espèce de *leontice* pour Linnæus. (LN.)

LEONTOPETALON. Plante à racine tubéreuse et noire , citée par Dioscoride et par Pline , et dont les feuilles avoient quelque ressemblance, pour la forme, avec la patte du lion. Cependant Dioscoride compare les feuilles du leontopetalon à celles du *brassica* ou du *papaver*. Ses fleurs jaunes rappeloient les fleurs de l'anémone ou d'une centaurée. On nommoit encore cette plante , chez les Grecs , *leontopodium* , *leureoron* , *leontion* , *doris* , *doricteris* , *lychnis-agria* , *purdalè* , *thoribetron* , *rhapèjon* , *mecon* et *ceratitis*. Elle croissoit dans les champs et les moissons. Sa racine passoit pour utile contre la morsure des serpens, etc. On la rapporte à la plante nommée par Linnæus *leontice leontopetalon* , dont le genre même fut nommé *leontopetalum* par Tournefort et Adanson. Tournefort y réunit le *chrysogonum* de Dioscoride, dont l'affinité avec le *leontopodium* avoit été indiquée par C. Bauhin. *V.* LEONTICE.

La fumeterre à racine bulbeuse et creuse est désignée par Césalpin et par d'autres auteurs, comme une autre espèce de *leontopetalon*; mais c'est à tort. (LN.)

LÉONTOPODION (*pied de lion*, en grec). C'est, selon Dioscoride, le nom d'une petite herbe dont les feuilles rudes et lanugineuses ont trois ou quatre doigts de longueur. Des capitules de fleurs noires viennent au sommet des tiges, et les graines sont tellement adhérentes à une sorte de laine, qu'il est difficile de les en débarrasser. La racine est petite, noire et fibreuse. Pline cite aussi un *leontopodium* qu'on trouvoit dans les lieux champêtres et stériles, les terres maigres. Il ne paroît pas que ce soit la même plante , et on présume que son *cemos* est le *leontopodium* de Dioscoride. Presque tous les anciens botanistes ont pris pour celui-ci, le *filago leontopodium* , Linn. , maintenant une espèce de GNAPHALE. Mais il y a beaucoup de confusion et d'avis différens à ce sujet , et l'on voit cités, pour les anciens *Leontopodium* , l'*alchimilla vulgaris*, le *myosotis scorpioïdes*, le *micropus erectus* , le *plantago cretica* , l'*aquilegia vulgaris* , etc. Chez les anciens, le nom de *leontopodion* se donnoit aussi au *leontopetalon;* il est impossible de reconnoître de quelle plante Apulée et Ætius ont voulu parler sous ce nom ; si Dioscoride et Pline ont pu dire avec raison du *leontopodium* , *appensum ad amatoria valere*, on doit s'étonner de ne plus connoître cette plante qui paroît avoir reçu un grand nombre de noms différens, si toutefois les suivans lui appartenoient vraiment , chez les Grecs *zoonychon*, *aczonychon* , *cemos* , *damnamène* , *idiophyton* , *phytobasilion*, *crossion*, *crossophtoon*, *crocomerion*, *daphnoïdes*, et chez les Romains *minercium* , *neoumatus*, *palladium* , *flammula*. Adanson les rapporte tous à l'article ALCHIMILLE. (LN.)

LEONTOSÈRE. Les Grecs, et Orphée en particulier, ont donné ce nom à des pierres auxquelles on attribuoit la propriété de vaincre la rage des bêtes féroces, et spécialement celle du lion. Pline semble avoir confondu ces pierres avec celles qu'il nomme LEONTIOS à cause de leur couleur semblable à celle de la peau du lion, et qu'il place avec ses agathes en les disant propres à chasser les scorpions. On suppose que ce sont quelques-unes de nos agates, de même que le *leontios-gemma* de Pline. (LN.)

LEONTOSTOMON (*Gueule de lion*, en grec). Gesner désigne, sous ce nom, l'ANCHOLIE DES JARDINS, qu'on nommoit encore autrefois, *grande chélidoine*, *chélidoine des bois*, *chélidoine sauvage.* Son nom latin d'*aquilegia*, lui vient des éperons de ses fleurs qu'on compare au bec d'un aigle. (LN.)

LEONURUS (*Queue de lion*, en grec). Breyn et Morison ont donné ce nom à une très-belle plante labiée du Cap de Bonne-Espérance, dont les fleurs grandes et d'un rouge de feu, forment à l'extrémité des branches de nombreux verticilles disposés à la suite les uns des autres, et représentant une queue flamboyante : c'est le *phlomis leonurus*, Lin. Tournefort et Adanson en firent un genre caractérisé par le calice à sept dents, et par la lèvre inférieure fort courte. Persoon propose de le rétablir, sous le nom de *leonotis*, et Moench sous celui de *leonurus*, en le séparant des *phlomis* auxquels Linnæus l'avoit réuni. Le *leonurus* de Linnæus est le genre décrit dans ce Dictionnaire au mot AGRIPAUME ; il comprend les genres *cardiaca* et *marrubiastrum* de Tournefort. Le dernier répond au *chaiturus* d'Ehrhard, adopté par Moench. Le *panzeria* de Moench renferme les *leonurus tataricus*, *sibiricus* et le *ballota lanata.* C'est au genre *leonurus* de Linnæus qu'on rapporte encore le *Galeopsis-galeobdolon.* (LN.)

LÉOPARD. Nom d'un quadrupède du genre des CHATS. *V.* ce mot. (DESM.)

LÉOPARD. C'est, dans quelques voyageurs, la désignation du GUÉPARD. *V.* ce mot. (S.)

LÉOPARD. Ce nom a été donné à une coquille du genre CONE et à une autre du genre PORCELAINE, *Cyprœa mus.* (DESM.)

LEOPARDUS. C'est, en latin moderne, le nom de la PANTHÈRE. *V.* ce mot. (S.)

LÉOTI. Hill donne ce nom aux CHAMPIGNONS à surfaces unies, comme la PÉZIZE MEMBRANEUSE de Haller. (B.)

LEOTIE, *leotia.* Genre de plantes établi par Persoon, pour toutes les HÉLEVELLES qui ont le chapeau conique ou

rbiculaire, relevé en ses bords et entourant fortement le pédicule. Il renferme une partie des Hélotions de Tode. La
Clavaire phalloïde de Bulliard, tab. 56, peut servir à
donner une idée de ce genre. (B.)

LÉPADITE ou PATELLITE. Ce sont les patelles fossiles. Les espèces marines sont assez communes. Une seule
a été trouvée dans des débris de terrains d'eau douce, auprès
d'Ulm, en Bavière, par M. d'Omalius de Halloy. Nous
l'avons décrite dans le nouveau Bulletin de la Société philomathique de Paris, n.° 76, pl. 1, fig. 14, sous le nom d'*an-
cilla deperdita*. (DESM.)

LÉPADOGASTÈRE, *lepadogasterus*. Genre de poissons
établi par Gouan dans la division des Branchiostéges, et
qui présente pour caractères des nageoires pectorales doubles
dont les inférieures sont réunies en forme de disque.

Ce genre est fort voisin des Cycloptères. *V.* pl. E 30 où
il est figuré. Il ne renferme qu'une espèce observée dans la
Méditerranée, et figurée par Gouan. Elle a près de deux
pieds de long, est grisâtre, avec trois taches brunes en croissant sur la tête et une parsemée de points blancs sur le corps,
et a, au lieu d'écailles, de petits tubercules bruns; sa tête
est très-large, son museau pointu, sa mâchoire supérieure
plus avancée et garnie, ainsi que l'inférieure, de deux sortes
de dents, les unes mousses et les autres aiguës; deux filamens ou appendices s'élèvent au-dessus des narines qui sont
simples.

Risso, dans son *Ichthyologie de Nice*, a augmenté ce genre
de six espèces nouvelles, savoir : des Lépadogastères Bal-
bis, Occellé, Willdenow, Olivâtre, Decandolle et
Réticulé.

Il observe que ces poissons s'attachent aux corps solides
par le moyen de leur disque. (B.)

LÉPANTHE, *lepanthes*. Nouveau genre de plantes de la
famille des orchidées, établi par Swartz aux dépens des
Angrecs. Il offre pour caractères : une corolle de cinq pétales ouverts, à pétales extérieurs un peu soudés à leur base,
à pétales intérieurs difformes; point de nectaire, mais cet
organe remplacé par le style qui est ailé à sa base ou à son
sommet; l'anthère en opercule caduc.

Ce genre renferme quatre espèces dont aucune n'est cultivée en Europe. (B.)

LÉPARIS, *leparis*. Genre de plantes établi par Richard
pour placer le Malaxis de Loisel. Ses caractères sont :
calice très-ouvert: labelle recourbée, presque ovale;
gymnostencie oblongue, ailée à son sommet; anthère
marginale, superposée; masses de pollen oblongues. (B.)

LÉPAS. Nom que les anciens naturalistes français don-noient aux PATELLES de Linnæus.

Linnæus avoit aussi donné ce nom à un genre qui com-prenoit les BALANITES et les ANATIFS de Bruguières ; mais il est supprimé. (B.)

LÉPAS FENDU. *V.* EMARGINULE. (DESM.)

LÉPAS DE MAGELLAN de Davila. C'est la FISSU-RELLE RADIÉE, *Fissurella radiata*, Lamarck. (DESM.)

LEPECHINIE, *lepechinia.* Genre de plantes établi par Willdenow, et qui diffère peu des MÉLISSES. Il a été réuni aux HORMINELLES. (B.)

LÉPHAA. L'un des noms donnés à la MANDRAGORE par les Arabes. (LN.)

LÉPIA. Nom donné par Hill (*Exot.* n.º 29) à la ZINNIE pauciflore ; c'est la *rubdeckie* à feuilles opposées de Zinn, qui l'a figurée (*Goett.* 409, t. 1.), et à laquelle on donna son nom après. (LN.)

LÉPICAUNE, *lepicaune.* Genre de plantes établi par Lapeyrouse, dans sa Flore des Pyrénées, aux dépens des ÉPERVIÈRES et des CRÉPIDES. Ses caractères sont : écailles du calice lâches, assez larges, légèrement carénées ; réceptacle nu ; semences striées, surmontées d'une longue aigrette simple.

Ce genre renferme neuf espèces dans l'ouvrage précité.

Les plus communes sont l'ÉPERVIÈRE AMPLEXICAULE, dont les glandes sécrètent une odeur agréable de baume ; et celles A GRANDES FLEURS DES PYRÉNÉES, ainsi que les CRÉPIDES BLANCHÂTRE et NOIRE.

Lapeyrouse en figure pl. 170 et 171, dans son grand ouvrage sur les plantes des Pyrénées. (B.)

LÉPIDAGATHE, *lepidagathis.* Plante frutescente de l'Inde, à feuilles opposées, sessiles, linéaires, obtuses, très-entières, à fleurs ramassées en tête, de la grosseur du poing, qui forme un genre dans la didynamie angiospermie et dans la famille des acanthes.

Ce genre a pour caractères : un calice accompagné de plusieurs écailles imbriquées ; une corolle à deux lèvres, dont la supérieure est très-petite et l'inférieure divisée en trois parties ; quatre étamines, dont deux plus courtes ; un ovaire surmonté d'un seul style ; une capsule à deux loges. (B.)

LÉPIDAPLOA, *lepidaploa.* Genre de plantes établi par H. Cassini aux dépens des VERNONIES. Les caractères qui le distinguent de ces dernières, sont : écailles calicinales non appendiculées, comme dans les VERNONIES GLAUQUE, FAS-CICULÉE, etc. (B.)

LEPIDION (Dioscoride et Pline). Plante ainsi nommée,

soit d'un mot grec qui signifie *écailles*; car, on se servoit du *lepidium* pour enlever les écailles ou les taches qui naissoient sur la peau du visage, et pour guérir de la lèpre; soit d'un verbe grec qui signifie *écorcer*, *enlever la peau*, parce qu'on faisoit usage du *lépidion*, convenable par son acrimonie et sa vertu excorifiante, pour faire disparoître les marques produites par le fer chaud, sur le front des esclaves.

Le PASSERAGE A LARGES FEUILLES (*lepidium latifolium*) seroit-il le *lépidion* de Dioscoride. comme le pense Anguilara, ou le *lepidium* de Pline, ainsi que le disent Lobel, Dodonée, Matthiole, ou celui de Paul Ægine, si l'on en croit Gesner et Matthiole ? Ce lépidion n'est-il pas le même que l'*iberis*? *V.* ce mot. Quelques anciens ont cru reconnoître le *lepidion* dans la menthe des jardins. C. Bauhin, en rapportant sous le même nom de *lepidium* la DENTELAIRE et le COCHLÉARIA A FEUILLES DE PASTEL ne paroît-il pas croire que l'une de ces plantes a pu être l'ancien *lepidium ?* Linnæus forma du genre *nasturtium*, et d'une partie du *lepidium* de Tournefort, son genre *lepidium*. Celui de ce nom, de Tournefort, comprenoit des espèces de *lepidium* et de *cochlearia* à silicules obtuses et sans échancrure à l'extrémité. Moench, en rétablissant les deux genres de Tournefort, adopte aussi les deux créés par Medicus; savoir, *nasturtioïdes*, fondé sur le *lepidium ruderale* et *nasturtiolum*, qui répond au *sennebiera*, Decand. Willdenow n'adopte aucun de ces changemens; seulement dans son *Species*, on reconnoît que certaines plantes mal placées dans le genre *lepidium*, sont rapportées aux genres *thlaspi*, *cochlearia*, *alyssum* et *iberis*, où plusieurs d'entre elles avoient été rangées autrefois. (LN.)

LÉPIDIOPTÈRES, *lepidioptera*. Clairville a changé le nom de *lépidoptère*, attribué aux insectes à ailes farineuses, en celui-ci, beaucoup moins conforme cependant à l'étymologie grecque. (O.)

LÉPIDIUM. *V.* LEPIDION et PASSERAGE. (LN.)

LÉPIDOCARPODENDRON (Arbre à fruit écailleux, en grec). Nom sonore, donné par Boerhaave à quelques espèces de *protea*, dont il forme un genre. Elles *sont* remarquables par leurs fleurs réunies en cône écailleux, à écailles panachées. Ce genre ne diffère même pas du *protea* de Linnæus. L'espèce la plus remarquable est le *protea scolymus*, dont les cônes de fleurs ont été comparés à des têtes d'artichaut. (LN.)

LEPIDOCARPUS (fruit écailleux). Adanson appelle ainsi un groupe d'espèces de *protea*, Linn., dont les fleurs réunies en cône écailleux ont les anthères soudées et les graines couronnées de poils. Ce genre, qui rentre dans le *eucadendron* de **Brown**, contient les *lepidocarpus* et *lepido-carpodendrum* de **Boerhaave**. (ln.)

LÉPIDOLÈPRE, *lepidoleprus*. Genre de poisson établi par **Risso**, *Ichthyologie de Nice*, dans la classe des Thoraciques. Ses caractères sont : corps et tête recouverts d'écailles carénées, rudes; deux nageoires au dos, dont la seconde tient à celle de l'anus.

Ce genre renferme deux espèces qui avoient été indiquées par Giorna; l'une est le L. Trachyrhynque, et l'autre le L. Cælorhynque. Ce sont des poissons de moyenne taille, qui vivent dans la profondeur des mers, et qui ne paroissent sur les côtes que dans le milieu de l'été. (b.)

LEPIDOLEPRUS. M. Cuvier donne ce nom latin au genre de poissons qu'il appelle Grenadiers. (desm.)

LÉPIDOLITHE (Klapr., Haüy, Wern., James.). Substance minérale qui se trouve en masse écailleuse, ordinairement violette ou de couleur de lilas. Elle est trèsvoisine du mica, et appartient aux terrains primitifs; elle est ordinairement rose ou violette, passe au gris-perle, au gris jaunâtre, au jaune et au blanc. Les écailles qui la composent ont une forme hexagonale et un éclat brillant. Sa cassure est inégale et écailleuse. La lépidolithe est translucide, et raye quelquefois le verre. Sa pesanteur spécifique varie entre 2,58 et 2,85. Au chalumeau, elle se boursoufle et se gonfle avant de se fondre en un émail d'un blanc de lait et translucide.

Ses principes sont :

	Klaproth.	Vauquelin.	Thomsdorf.	Jonn
	(Rosena.)	(Id.)	(Id. blanchr.)	(Id. ros
Silice	54,50	54	52	61,6
Alumine	38,25	20	31	20,6
Potasse	4,00	18	7	9,1
Chaux	0 (fluaté)	4	8,50	1,6
Manganèse	} 0,75 {	3	0 00	5,0
Fer		1	0,25	
Eau et perte	2,50	0	1,25	2,
	100,00.	100.	100,00.	100,0

On peut conclure de ces analyses que la lépidolithe d(
sa couleur violette au manganèse.

La lépidolithe se trouve dans les montagnes primitiv(
et dans les granites. Elle fut découverte, pour la premiè
fois, à Rosena en Moravie, par l'abbé Poda, qui la nomm(
lilalit, à cause de sa couleur. De Born, qui l'appelle *gïl*

'olet et *zéolithe*, la fit connoître en 1791, en en donnant la
scription suivante :

« A Rozena, en Moravie, terre appartenante au comte
« Mitrowski, on vient de découvrir, dans des blocs de gra-
« nite, des masses de cent livres et plus, d'une zéolithe com-
« pacte de couleur violette, qui a, comme l'aventurine, de
« petits feuillets brillans, que l'on prendroit au premier as-
« pect pour du mica ; mais, en les considérant attentivement,
« on reconnoît que ce sont de petits feuillets d'une zéolithe
« d'un brillant nacré. Exposée sur les charbons, elle se
« boursoufle et se fond en une scorie poreuse ; à un feu plus
« violent, elle donne un verre compacte blanc, qui a l'ap-
« parence de la cire. La couleur qui se perd à un feu violent,
« semble n'être due qu'au manganèse. Il y a des morceaux
« qui sont adhérens à du quarz, d'autres qui sont mêlés de
« granite ; mais ordinairement elle est pure. La silice paroît
« y être la partie dominante. »

La lépidolithe de Rozena se trouve dans le granite de la
montagne de Hradisko, près de laquelle est située cette
ville de la Moravie. On rencontre dans la même montagne, et souvent dans la même lépidolithe, la tourmaline
aciculaire rose, des cristaux de chaux phosphatée, et des lamelles de mica rose non équivoque. Le même gisement présente des variétés de lépidolithe blanchâtre, jaunâtre et verdâtre. Le Riesengebirge, en Silésie, offre une lépidolithe jaune citron, qui forme des veines ou des couches luisantes sur un quarz blanc amorphe. La lépidolithe d'Uton, en
Suède, est rose ou blanche, et présente tous les passages intermédiaires. Ses paillettes varient aussi pour la grosseur ;
elles sont quelquefois assez grandes pour ne point y méconnoître le mica ; d'autres fois elles sont excessivement fines.
Cette lépidolithe est généralement très-mélangée de feld-
spath, et c'est un morceau de cette sorte où la lépidolithe
est blanche, qui est conservé dans le cabinet de M. de
Drée, sous le nom de *pétalite*, qu'il y a toujours porté.
Uton offre beaucoup d'exemples de mélange du feld-spath
avec une autre substance. La lépidolithe doit être considérée comme une roche mélangée formée de mica, de feld-
spath en grains intacts ou décomposés, et d'un peu de quarz ;
c'est ce que prouve l'examen mécanique de cette pierre ;
elle seroit donc une véritable roche pegmatite à petits élémens. Uton présente de la tourmaline bleue (indicolithe)
dans la lépidolithe.

La lépidolithe se trouve encore : en Sibérie, à Ecathérin-
bourg, dans les Etats-Unis, à Pœnig en Saxe, à l'île d'Elbe
et à l'île del Giglio qui en est voisine ; et dans toutes ces

localités, elle accompagne les tourmalines noires, ou roses, ou vertes, ou vert d'asperge, et de grandes lames de mica roses. Elle est dans la roche dite *pegmatite*, qui est formée de mica, de quartz et de feldspath. Aux environs de Limoges, où cette sorte de granite est commune, on rencontre aussi de la lépidolithe. On la trouve en fragmens dans les champs situés sur le revers septentrional du plateau de Chanteloup, entre la grande route de Paris et le ruisseau de Barot. Ces mêmes roches contiennent des émeraudes et des tourmalines. On y trouve de la lépidolithe rose-verdâtre ou gris-jaunâtre. On en doit la découverte à M. Alluaud. On indique encore cette substance en Norwége, en Corse et dans le Tyrol.

La lépidolithe de Moravie est employée quelquefois dans la bijouterie. Quoiqu'elle ne prenne pas un poli brillant, on en fait des boîtes et des plaques qui plaisent, par leur couleur de fleur de pêcher et par leur coup d'œil, qui joue celui de l'aventurine. (LN.)

LÉPIDOPE. Genre de poissons établi par Gouan, mais réuni aux trichiures de Linnæus. Il a pour type le TRICHIURE CAUDÉ. (B.)

LÉPIDOPHYLLE, *lepidophyllum*. Genre de plantes établi par H. Cassini, pour placer la CONISE CUPRESSIFORME. Il est voisin du PTÉRONIE. Ses caractères sont : deux demi-fleurons seulement ; aigrette composée de squamellules nombreuses, multisériées, laminées, membraneuses et frangées. (B.)

LÉPIDOPOMES. Famille de poissons établie par Duméril parmi les osseux abdominaux à branchies complètes. Ses caractères sont : corps conique, à opercules écailleuses et bouche sans dents.

Les genres qui appartiennent à cette famille sont : EXOCET, MUGILOMORE, CHANOS, MUGILOÏDE et MUGE. (B.)

LÉPIDOPTERES, *Lepidoptera*, Linn.; *Glossata*, Fab. Dixième ordre, dans notre méthode, de la classe des insectes, et ayant pour caractères : quatre ailes membraneuses, couvertes d'une poussière farineuse, formée de petites écailles ; une trompe roulée en spirale à la bouche.

Cet ordre est si naturel, que les premiers naturalistes le formèrent : ce sont leurs insectes *à ailes farineuses*. Les deux surfaces de ces organes sont, en effet, recouvertes de petites écailles colorées, semblables à une poussière farineuse et qui s'attache aux doigts par le toucher. Une trompe qu'on a nommée langue, *lingua*, roulée en spirale, dans l'inaction, et logée entre deux palpes hérissés d'écailles ou de poils, est la partie la plus importante de leur bouche, un instrument avec lequel ils soutirént, après l'avoir étendu, le miel des fleurs, qui est leur seul aliment. J'ai décrit avec détails, à l'article BOUCHE DES INSECTES, la composition de cette trompe; elle consiste en deux filets tubulaires, concaves à leur face interne, formant par leur réunion trois canaux, dont l'intermédiaire est le conduit des sucs nutritifs : chaque filet a près de sa base un très-petit palpe (le *supérieur*) en forme de petit tubercule; les deux filets représentent ainsi les mâ- choires des insectes broyeurs. Mais ces rapprochemens ne sont fondés que sur une corrélation de situation de parties; car aucun de ces derniers insectes n'offre des mâchoires sem- blables et adaptées aux mêmes fonctions. Les palpes appa- rens ou *inférieurs*, sont cylindriques ou coniques, ordinaire- ment relevés ou ascendans, composés de trois articles, et servent de gaîne à la trompe. Ils tiennent lieu de palpes la- biaux et sont annexés à une pièce triangulaire qui remplit et forme, avec la base des filets maxillaires, cette partie infé- rieure de la tête que nous appelons dans les insectes broyeurs *gorge* et *cavité buccale* : cette pièce est, suivant M. Savigny, la *lèvre inférieure*. Deux autres petites pièces, à peine distinctes, cornées, et plus ou moins ciliées au côté interne, situées, une de chaque côté, au bord antérieur de la tête, près des yeux, semblent être des vestiges de mandibules. J'avois, depuis long-temps, observé ces organes; mais comme ils sont très-petits et d'aucun usage, j'avois négligé d'en parler. M. Savigny, voulant faire voir que la bouche des insectes hexapodes, et tant broyeurs que suceurs, étoit établie sur un type unique mais modifié, a ingénieusement et habilement profité de la considération de ces parties. Il a retrouvé, et dans des proportions pareillement très-exiguës, le labre ou la *lèvre supérieure*; il est placé sous le chaperon, immédiate- ment au-dessus du point où les deux lames maxillaires se touchent et s'unissent par leurs bords internes.

Dans la formation de la bouche des lépidoptères, la na- ture semble avoir eu l'intention de développer les mâchoires aux depens des autres parties; elle a converti ces mâ- choires en une espèce de suçoir nu et très-prolongé; mais comment les a-t-elle changées en autant de tubes? L'examen de la trompe des abeilles peut seul nous conduire à la solu- tion de cette difficulté; ici les mâchoires et la languette sont très-longues, coudées et fléchies en dessous; ces premières parties sont autant de valvules en demi-gaîne. Supposons que la languette qui a la forme d'un tube, soit divisée longitudi- nalement en deux portions; que chacune d'elles s'incorpore avec les mâchoires et devienne leur paroi intérieure; que la gaîne inférieure de cette languette, ou le menton, se raccourcisse, s'élargisse en forme de membrane et se fixe; que la partie radicale des mâchoires jusqu'à l'origine de leurs palpes, éprouve aussi des changemens analogues; supposons enfin que les mandibules et le labre soient très-rapetissés et deviennent presque nuls, nous aurons transformé la bouche de l'abeille en celle d'un lépidoptère. Observons que dans les hémiptères, les parties représentatives des organes broyeurs s'allongent considérablement, et que les palpes disparoissent; dans les diptères, la partie correspondante au menton est celle qui reçoit le plus grand développement, de sorte que la nature présente, à l'égard de la bouche des insectes suceurs, trois combinaisons différentes : 1.° mâchoires nues, et formant seules un suçoir dont l'action est indépendante des autres parties; *lépidoptères.* 2.° Mandibules, mâchoires, languette et menton fort allongés; cette dernière partie servant de fourreau aux précédentes, et qui composent le suçoir; *hémiptères.* 3.° Menton faisant aussi l'office de gaîne, mais beaucoup plus développé; suçoir ordinairement court et dont le nombre des pièces varie; *diptères.*

Les antennes des lépidoptères sont composées d'un grand nombre d'articles. Dans tous ceux qui volent le jour ou les *diurnes*, elles sont toujours simples et plus grosses à leur extrémité; elles prennent ensuite la forme d'une massue allongée ou d'un fuseau, et lorsqu'on arrive aux espèces qui ne paroissent que la nuit, elles ressemblent à un fil ou à une soie, et sont tantôt simples, tantôt en scie ou pectinées, souvent même plumeuses, soit dans les deux sexes, soit dans les mâles seulement. On découvre, dans plusieurs, deux yeux lisses, situés entre les deux yeux ordinaires, mais cachés entre les écailles. Ceux-ci sont à facettes, demi-sphériques, souvent assez gros, et par les couleurs de leurs cornées, les taches que leur fond présente souvent, ils paroissent avoir plus de rapports avec ceux des insectes des ordres inférieurs, qu'avec ceux des coléoptères. La trompe manque ou n'est d'aucun usage dans plusieurs lépidoptères crépusculaires et nocturnes. Le tronc forme une masse composée de trois segmens intimement unis, et dont l'antérieur est très-court et transversal, ainsi que dans la plupart des hyménoptères et les diptères; il diffère beaucoup, sous ce rapport, de celui des insectes à étuis. Sa forme est constamment la même; seulement, les écailles ou les poils du dos imitent quelquefois une huppe ou une crête; le dessus de l'abdomen offre aussi, dans quelques espèces nocturnes, des écailles rassemblées et relevées, en manière de dentelures. Les quatre ailes sont membraneuses et simplement veinées; c'est ce qu'on l'on découvre aisément en enlevant les écailles qui les recouvrent. Dans plusieurs espèces de la famille des crépusculaires et des nocturnes, une portion, plus ou moins spacieuse, de ces organes, est même tout-à-fait nue et transparente. Les écailles sont implantées, au moyen d'un pédicule, sur leurs surfaces, et disposées en recouvrement, avec une grande symétrie, comme les tuiles d'un toit; leurs figures sont très-variées; bien souvent elles sont triangulaires, avec le bord supérieur plus large et dentelé; leurs couleurs sont également très-diversifiées et forment ces dessins si agréables, souvent si brillans qui parent ces insectes, et les font rechercher de tant d'amateurs, comme un des plus beaux ornemens de leurs collections.

La grandeur, la forme et la position des ailes varient encore; les inférieures sont généralement aussi larges ou plus larges que les supérieures, et souvent même plissées au côté interne. Les quatre sont horizontales ou inclinées, en manière de toit, dans ceux qui fuient la lumière; et pour les retenir dans cette situation, lorsque l'insecte se repose, la nature a pourvu les secondes d'une espèce de frein ou de crochet qui arrête les premières ou les supérieures; elle a aussi refusé à ces lépidoptères nocturnes, ces couleurs brillantes dont elle a été si prodigue à l'égard des lépidoptères diurnes. Elle a même ménagé ses dons avec une si sage économie, que la surface inférieure des ailes des nocturnes est moins ornée ou plus foible en couleurs que l'opposée.

L'abdomen, attaché au tronc par une portion de son diamètre transversal, est d'une forme tantôt ovale, tantôt conique ou cylindrique. et composé de six à sept anneaux; il n'offre ni aiguillon, ni tarière proprement dite; dans les femelles de quelques espèces, comme les *cossus*, les derniers anneaux se rétrécissent et se prolongent, pour former une sorte de queue pointue et rétractile qui leur sert d'oviducte; les tarses ont cinq articles, avec deux crochets au bout du dernier. Plusieurs lépidoptères diurnes ont les deux pieds antérieurs beaucoup plus petits, inutiles au mouvement (*spurii*), repliés, de chaque côté, sur la poitrine, en manière de cordons de palatine, et terminés par des tarses gros, velus, dont les articles sont moins distincts et sans crochets apparens au bout. Quelquefois ce caratère n'est propre qu'à l'un des sexes. Les lépidoptères dont les deux premières pattes diffèrent ainsi des autres ont été désignés sous le nom de *tétrapes* ou de *tétrapodes*, à quatre pieds. On ne voit jamais que deux sortes d'individus dans cet ordre, savoir des mâles et des femelles. Des amateurs, en élevant des chenilles, ont obtenu, mais très-rarement, des individus qu'ils ont considérés comme des hermaphrodites, à raison des dissemblances

de leurs antennes; mais ce sont des aberrations analogues
à celles que l'on observe quelquefois dans les animaux domestiques, ou de véritables monstruosités. Les mâles paroissent
les premiers et recherchent avec ardeur leurs femelles. Ceux
de plusieurs lépidoptères nocturnes découvrent les lieux de
leur retraite au moyen d'une finesse d'odorat très-exquise,
puisqu'ils pénètrent jusque dans nos maisons pour féconder
celles qu'on a prises ou qu'on a eues par l'éducation de leurs
chenilles Les Chinois attachent sur des baguettes avec des
fils les femelles de deux espèces de bombix sauvages, dont les
chenilles leur donnent de la soie, fixent ces insectes sur un
arbre ou sur quelque corps situé en plein air ; et les mâles,
guidés par l'odorat et que le besoin aiguillonne, satisfont
leur désirs au profit du possesseur de ces femelles cap-
tives.

Les deux sexes restent quelque temps unis ; souvent la femelle entraîne dans les airs le mâle qui est toujours plus
petit et qui diffère, en outre, de sa compagne, par la forme
plus étroite de son abdomen, et souvent encore par ses antennes, la teinte des ailes ou quelque modification de leur
dessin.

Les femelles pondent leurs œufs, souvent très-nombreux,
et dont la forme est régulière ou très-variée, sur les substances ordinairement végétales, dont leurs larves doivent se
nourrir. Ils y sont fixés par le moyen d'une viscosité particulière, arrangés, quelquefois, les uns à côté des autres,
avec beaucoup d'art, ou même recouverts par des poils
soyeux que la femelle détache pour cet effet de son ventre.
Il n'y a d'ordinaire qu'une ponte par année ; plusieurs lépidoptères diurnes en font cependant deux, l'une au printemps
et l'autre vers la fin de l'été ou en automne. Leurs amours
terminés, ces insectes, comme presque tous les autres, ne
tardent pas à périr. Quelques femelles néanmoins, parmi
celles qui éclosent dans l'arrière-saison, échappent parfois
aux rigueurs de l'hiver.

Les larves des lépidoptères sont connues sous le nom de
chenilles. Elles ont six pieds écailleux ou à crochets, qui répondent à ceux de l'insecte parfait, et de plus, quatre à
dix pieds membraneux dont les deux derniers sont situés à
l'extrémité postérieure du corps, près de l'anus. Ces pieds
membraneux se terminent par un empatement circulaire,
garni en forme de couronne, plus ou moins complète, de petites dents ou de petits crochets. Les chenilles qui n'ont en
tout que dix à douze pieds, ont été appelées, à raison
de la manière dont elles marchent, *géomètres* ou *arpenteuses*.
Elles se cramponnent au plan de position, au moyen de

leurs pattes écailleuses, puis élevant les articles intermédiaires du corps, en forme d'anneau ou de boucle, elles
rapprochent les dernières pattes des précédentes, degagent
celles-ci, s'accrochent avec les dernières, et portent leur
corps en avant, pour recommencer la même manœuvre.
Plusieurs de ces chenilles arpenteuses et dites en *bâton*,
sont fixées, dans le repos, aux branches des végetaux par
les seuls pieds de derrière; elles ressemblent, à raison de leur
forme, de leur direction et de leurs couleurs, à un rameau
qui offre souvent même des apparences de nœuds, de boutons, etc.; elles se tiennent long-temps et sans donner le
moindre signe de vie dans une situation aussi extraordinaire, et qui nous paroît si gênante. Cette attitude suppose
une force musculaire prodigieuse, et Lyonet a effectivement
compté dans la chenille du saule (*cossus ligniperda*) quatre
mille quarante-un muscles. Les chenilles à quatorze pattes,
et celles qui en ont seize, mais dont quelques-unes des membraneuses sont plus courtes que les autres, ont été nommées
demi-arpenteuses ou *fausses géomètres*.

Le corps de ces larves est, en général, allongé, presque
cylindrique, mou, diversement coloré, tantôt hérissé de
poils, de tubercules, d'épines, et composé, la tête non
comprise, de douze anneaux, avec neuf stigmates de chaque
côté ; le second et le troisième anneaux, ainsi que le dernier,
n'en offrent point ; les autres en ont chacun deux ; le quatrième et le cinquième sont toujours dépourvus de pieds,
dans les chenilles même qui en ont le plus. Leur tête est revêtue d'un derme corné ou écailleux, et présente, de chaque côté, six petits grains luisans, qui paroissent être autant de petits yeux lisses, ayant chacun sa rétine ; elle a,
en outre, deux antennes coniques, très-courtes, composées
d'un petit nombre d'articles; une bouche consistant en
deux fortes mandibules, deux mâchoires portant chacune
un petit palpe, et deux lèvres, l'une supérieure et l'autre inférieure, et dont la dernière a, près de son extrémité,
deux autres palpes. La matière soyeuse dont les chenilles
font usage, s'élabore dans deux vaisseaux intérieurs longs
et tortueux ; leurs extrémités supérieures viennent, en
s'amincissant, aboutir à la lèvre inférieure; un mamelon
tubulaire et conique, situé au bout de cette lèvre, est la
filière qui donne issue à la soie. L'intestin consiste en un
gros canal, sans inflexion, dont la partie antérieure est quelquefois un peu séparée en manière d'estomac, et dont la
partie opposée ou postérieure forme un cloaque ridé; les
vaisseaux biliaires, au nombre de quatre et très-longs, s'in-
sèrent fort en arrière. Dans l'insecte parfait, on voit un pre-

mier estomac latéral ou jabot, un second estomac tout boursouflé, et un intestin grêle assez long, avec un cœcum près du cloaque. (Voyez l'article CHENILLE, et pour son anatomie, l'ouvrage de Lyonet, et celui que M. Hérold vient de publier en allemand : *Histoire du développement des papillons,* 1815.)

La plupart des chenilles vivent de feuilles de végétaux; d'autres en rongent les fleurs, les racines, les boutons et les graines ; la partie ligneuse des arbres sert de nourriture à quelques-unes, telles que celles des *cossus*. Elles la ramollissent en y dégorgeant une liqueur particulière. Certaines espèces, par les dégats qu'elles font dans nos draps, nos étoffes de laine, les pelleteries, les collections zoologiques, sont pour nous des ennemis domestiques très-pernicieux; le cuir, la graisse, la cire, le chocolat, ne sont même pas épargnes. Plusieurs se nourrissent exclusivement d'une seule matière ; mais d'autres moins délicates, attaquent diverses sortes de plantes ou de substances, ou sont *polyphages.* Leurs excrémens presentent souvent une forme regulière et très-variée. Quelques-unes se réunissent en société et souvent sous une tente de soie qu'elles filent en commun, et qui leur devient même un abri pour la mauvaise saison. Plusieurs se fabriquent des habitations en forme de fourreaux ou de cornets, soit fixes(les *fausses teignes*), soit libres et qu'elles transportent avec elles (les teignes). On en connoît qui s'établissent dans les parenchymes des feuilles, où elles creusent des galeries et des lignes qui vont en serpentant. Le plus grand nombre se plaît à la lumière du jour; mais il en est qui se tiennent alors cachées et qui ne sortent de leurs retraites que la nuit. Les rigueurs de l'hiver, si contraires à presque tous les insectes, ne font pas d'impression dangereuse sur les chenilles de quelques phalènes.

Les chenilles muent ordinairement quatre à cinq fois, avant de passer à l'état de chrysalide. La plupart filent alors une coque ou elles se renferment. D'autres se bornent à lier avec de la soie des feuilles, des molécules de terre ou les parcelles des substances dont elles ont vécu, et se forment ainsi une coque grossière. Il en est qui y mêlent des poils de leur corps. Celles des lépidoptères diurnes se métamorphosent à nu, en plein air, en s'attachant aux objets où elles se sont fixées, soit au moyen d'un cordon de soie qui traverse leur corps, en manière d'anneau ou de boucle, et d'un petit monticule soyeux qui retient l'extrémité postérieure de leur corps; soit simplement de cette dernière manière et suspendues alors perpendiculairement. Parmi les chenilles des lépidoptères crépusculaires et nocturnes, celles qui ont la peau rase entrent ordinairemens en terre ou se cachent dans quelque abri , pour passer à l'état de chrysalide.

Les nymphes des lépidoptères offrent un caractère spécial que nous avons exposé dans les généralités de la classe des insectes et au mot chrysalide. Elles sont *emmaillottées* ou en *forme de momie*. Elles se rapprochent des nymphes d'un grand nombre de diptères, en ce que leur corps est renfermé sous une enveloppe générale ou une sorte d'étui, formée d'une pellicule sèche, élastique, et qu'on peut considérer, malgré la mue qu'a éprouvée la chenille, comme la peau même de l'animal ; mais on distingue sur ces nymphes de lépidoptères toutes les parties extérieures de l'insecte qui doit en sortir ; l'enveloppe est une espèce de moule qui a pris le relief de ses parties et qui se divisera en plusieurs pièces, au moment où l'insecte brisera les liens qui le tenoient captif : les nymphes des diptères ne présentent point ces caractères.

Les chrysalides ont, en général, une forme ovoïde ou ovoïdo-conique. Celles des lépidoptères de jour ont des inégalités et des saillies angulaires, et plusieurs d'entre elles sont remarquables par leurs taches dorées et argentées, d'où vient le mot *chrysalide* , qu'on leur a d'abord donné exclusivement et qu'on a ensuite étendu à toutes les nymphes de cet ordre. Réaumur a donné l'origine de ces taches ; il a fait voir qu'elles étoient produites par une sorte de vernis dont la couleur brillante perce à travers la pellicule mince et transparente qui la recouvre, et que différens arts nous offrent de semblables résultats obtenus par des procédés analogues. Les chrysalides des autres lépidoptères diurnes éclosent souvent en peu de jours, et nous avons dit plus haut , que des espèces de cette famille donnent deux générations par année. Mais à l'égard des autres lépidoptères , leurs chenilles ou leurs chrysalides passent l'hiver , et l'insecte ne subit sa métamorphose qu'au printemps ou dans l'été de l'année suivante. En général, les œufs pondus dans l'arrière-saison n'éclosent qu'au printemps prochain. L'insecte parfait sort de sa chrysalide a la manière ordinaire , ou par une fente qui se fait sur le dos du corselet. Une des extrémités de la coque est ordinairement plus foible ou présente par la disposition de ses fils une issue favorable. Peut-être aussi la liqueur rougeâtre, cette espèce de méconium, que les lépidoptères jettent par l'anus , au moment de leur naissance , attendrit-elle un des bouts de la coque et facilite la sortie. Ces prétendues *pluies de sang* , qui ont effrayé l'imagination des peuples superstitieux , n'étoient que des taches de cette liqueur, devenues plus sensibles par la multiplicité extraordinaire de quelques espèces de lépidoptères qui l'avoient répandue sur la terre, en venant au monde.

L'étude et l'éducation des chenilles intéressent le naturaliste et l'amateur. Le premier y trouve un sujet d'instruction d'autant plus utile que ces connoissances peuvent encore tourner à l'avantage de l'agriculture. Le second se procure par ce moyen des espèces d'une grande fraîcheur, et qu'il ne peut même souvent acquérir que par cette voie. Je renvoie à l'article TAXIDERMIE pour les détails relatifs à cette éducation. Le principe général qui doit nous guider dans ces sortes de soins, et qui demande de l'expérience, est de changer le moins possible l'état ordinaire des larves et des chenilles, et de les traiter comme le fait la nature elle-même, de sorte qu'elles trouvent tous les secours et tous les moyens que celle-ci leur accorde.

Mouffet, Goedart, Swammerdam et mademoiselle de Mérian, ont, les premiers, élevé des chenilles et suivi leurs métamorphoses. Réaumur, Rœsel, Kléeman, Albin, Degeer, Sepp, Engramelle, les auteurs du Catalogue systématique des papillons de Vienne, Harris, Abbot, Hübner, Lewin, etc., etc., ont poussé plus loin ces recherches. Les larves des ichneumonides, des chalcidites, celles même de quelques diptères, nous délivrent d'une grande partie de ces insectes destructeurs.

L'exposition des diverses méthodes qu'on a imaginées pour faciliter l'étude des lépidoptères me conduiroit trop loin. Aucune d'elles, il faut même le dire, n'est satifaisante. Les organes de la manducation étant beaucoup plus simples que ceux des autres ordres, nous offrent moins de ressources. J'exhorte les naturalistes à faire aux ailes des lépidoptères l'application des principes établis par M. Jurine relativement aux hyménoptères; la réunion de tous ces moyens ne sera pas, nous l'osons espérer, infructueuse. Esper, Hübner, quant aux lépidoptères européens; Cramer, Stoll, Drury, Donovan, Abbot et Lewin, quant aux lépidoptères exotiques, voilà les auteurs iconographiques avec lesquels on déterminera les espèces, d'une manière plus sûre qu'avec Fabricius. Ce catalogue systématique des lépidoptères des environs de Vienne, avec les rectifications faites par Laspeyres, les ouvrages de Borkhausen et d'Ochsenheimer seront encore très-utiles à ceux dont les études se restreignent aux espèces d'Europe; celui du dernier est surtout très-important pour l'épuration de la synonimie. Il vient d'établir un très grand-nombre de genres, mais sans en donner les caractères; je me suis vu ainsi dans l'impossibilité d'en faire usage.

Je partage l'ordre des lépidoptères en trois familles, qui répondent aux trois genres, dont il se compose dans la méthode de Linnæus : les DIURNES, les CREPUSCULAIRES et les NOCTURNES. *V.* ces articles. (L.)

LÉPIDOSPERME, *lepidosperma.* Genre de plantes établi par Labillardière dans son superbe ouvrage sur celles de la Nouvelle-Hollande, et appelé VAGINELLE par Poiret. Il est de la triandrie monogynie et de la famille des CYPÉRACÉES. Ses caractères consistent : en des paillettes imbriquées, les inférieures stériles et les supérieures, divisées en cinq ou six parties;une semvnce obtuse. Les espèces qu'il contient sont au nombre de sept, et figurées pl. 11 et suivantes de l'ouvrage précité. (B.)

LÉPIDOTE, *lepidotus.* Genre de poissons établi par Lacépède dans la division des THORACIQUES. Ses caractères consistent à avoir : le corps très-allongé, comprimé en forme de lame, et un seul rayon aux nageoires thoracines et à celle de l'anus.

Ce genre ne renfermoit qu'une espèce, que Gouan a le premier fait connoître par une description et une figure, et que Lacépède a appelé en conséquence le LÉPIDOTE GOUANIEN, quoiqu'elle portât déjà le nom de *jarretière.* Sa tête est plus grosse que le corps; ses mâchoires, dont l'inférieure avance beaucoup, sont garnies de plusieurs rangs de dents inégales; ses écailles sont peu apparentes; sa couleur générale est d'un brun argenté. Elle se trouve dans la Méditerranée. *V.* pl. E 3o, où elle est figurée.

Les LÉPIDOTES PÉRON et DIAPHANE ont été ajoutés à celui-ci, par Risso, dans son Ichthyologie de Nice. Ce sont des poissons diaphanes, fort petits, mais brillans par leurs couleurs. (B.)

LÉPIDOTE, *lepidoptis.* Genre de plantes établi par Palisot-Beauvois aux dépens des LYCOPODES de Linnæus. Il offre pour caractères ; des fleurs mâles à anthères bivalves, réniformes, sessiles ou pédonculées, simples ou géminées, couvertes de bractées lancéolées, aiguës et dentées.

Ce genre, dont les fleurs femelles sont inconnues, comprend les LYPOCODES PHLEGMAIRE, en MASSUE et PENCHÉ. (B.)

LÉPIDOTIS ou LÉPIDOTES. Pierre citée par Pline, qui imitoil, par ses reflets, les écailles versicolores des poissons (*squammas piscium variis coloribus imitatur*). C'étoit donc une pierre opalisante dans le genre du feld - spath opalin ou *Labrador.* Mais le mot d'écaille employé par Pline, ne sembleroit-il pas indiquer que la pierre elle-même étoit écailleuse ? Alors le lépidotis pourroit être du mica en masse, et peut-être une aventurine quartzeuse (LN.)

LEPIMPHIS. Genre de poissons osseux thoraciques, voisin de celui des CORYPHÈNES, établi par M. Rafinesque Schmaltz, sur deux espèces qui habitent les mers de la Sicile. Ils ont le corps conique et comprimé ; la tête aussi comprimée, anguleuse en dessus ; une nageoire dorsale ; les thoracines en faux, réunies à leur base par une écaille membraneuse. Ce dernier caractère les éloigne particulièrement des coryphènes et les rapproche des GOBIES, chez lesquels les thoracines sont entièrement réunies par une membrane transversale.

Le LEPIMPHIS HIPPUROÏDE (déjà décrit par Cupani et par Mongitore) a l'opercule branchiale double, la nageoire dorsale naissant auprès de la tête ; le corps tacheté ; la ligne latérale courbe à sa base ; la queue bifurquée , etc.

Ce poisson, qui porte en Sicile le nom de *pesce capone*, est de passage à la fin de l'été et en automne : alors il est fort abondant dans le golfe de Palerme , et nage en troupes nombreuses à la surface des eaux. Il acquiert un pied et demi ; sa couleur est argentine , marquée d'une infinité de petites taches et de points bleus , rangés en lignes longitudinales le long du dos ; sa dorsale est bleuâtre ; et les thoracines sont noires à la pointe. Il a quelques rapports avec le *coryphène hippurus*, mais il en diffère non-seulement par ses caractères génériques, mais encore par ses couleurs.

Le LEPIMPHIS ROUGE, *lepimphis ruber*, a l'opercule des branchies simple, la nageoire dorsale naissant derrière la tête, le corps rouge sans taches, la ligne latérale sur le dos, courbe ; la queue quadrifide. Sa longueur n'est que d'un demi-pied ; ses nageoires thoraciques et anales, sont pourvues d'un rayon épineux , un peu plus court que les autres. (DESM.)

LÉPIOTE. Synonyme d'AGARIC dans les ouvrages de Hill. (B.)

LÉPIRONIE, *lepironia.* Plante de Madagascar , qui seule constitue un genre dans la triandrie monogynie et dans la famille des souchets. Elle présente pour caractères : des épillets composés d'écailles orbiculaires cartilagineuses ; quatre à six étamines ; un style ; les semences enveloppées d'un involucre de seize paillettes.

Ce genre diffère fort peu des CRISITRICES , et devroit peut-être leur être réuni. (B.)

LEPISACANTHE, *lepisacanthus.* Genre de poissons établi par Lacépède dans la division des THORACIQUES, pour placer une espèce du genre GASTEROSTÉE de Linnæus , qui n'a pas les caractères propres aux autres.

Les caractères de ce nouveau genre sont d'avoir : les écailles du dos grandes, ciliées et terminées par un aiguillon ; les opercules dentelés dans leur partie postérieure et dénués de petites écailles ; des aiguillons isolés au-devant de la nageoire dorsale.

Une seule espèce, le LÉPISACANTHE JAPONAIS, compose ce genre. Sa grandeur surpasse rarement un demi-pied. (B.)

LÉPISME, *lepisma*. Genre d'insectes, de l'ordre des myriapodes, famille des lépismènes. Aldovrande avoit nommé ces insectes *forbicines*, et c'est ainsi que, d'après lui, Geoffroy les a désignés ; mais la dénomination de lépisme que Linnæus leur a donnée depuis, a prévalu. Quoique ce genre soit peu nombreux en espèces, j'ai cru cependant devoir en séparer celles qui ont la faculté de sauter et qui offrent d'ailleurs d'autres caractères ; celles-ci composent le genre MACHILE. *V.* ce mot.

Les lépismes sont des insectes aptères, ne subissant point de métamorphoses, mous, allongés, déprimés, couverts de petites écailles, souvent argentées et brillantes ; ce qui a fait comparer l'espèce la plus commune à un petit poisson. Les antennes sont sétacées, simples, composées d'un grand nombre de petits articles, longues et insérées entre les yeux. La bouche est composée d'un labre ; de deux petites mandibules, presque membraneuses ; de deux mâchoires bifides, dentelées, portant chacune un palpe sétacé de cinq articles, et d'une lèvre quadrifide à son bord supérieur ; elle est pourvue de deux palpes, plus courts que les maxillaires, de trois articles, dont le dernier plus large et comprimé. Le tronc est de trois pièces ou plaques presque égales. L'abdomen, composé de neuf à dix articles, se rétrécit peu à peu de sa base à son extrémité ; il a, le long de chaque côté inférieur, une rangée de petits appendices portés sur un court article et terminés en une pointe soyeuse ; les derniers sont plus longs ; de l'anus sort une espèce de stylet écailleux, comprimé et de deux pièces ; viennent ensuite trois soies articulées, de la même grandeur, et qui se prolongent en divergeant, et en manière de queue, au-delà du corps. Les pieds sont courts, avec les hanches grandes, comprimées, en forme d'écailles.

Plusieurs espèces se cachent dans les fentes des boiseries, des châssis qui restent fermés, ou qu'on n'ouvre que rarement, ainsi que sous les planches un peu humides et dans les armoires ; d'autres se tiennent sous les pierres. Ces insectes sont très-vifs et très-agiles ; il est difficile de les saisir sans leur enlever une partie des écailles dont le corps est garni,

on sans les mutiler ; ils paroissent fuir la lumière. Linnæus
et Fabricius ont dit que l'espèce commune se nourrit du
sucre et du bois pourri ; elle ronge aussi, suivant le premier,
les livres et les habits de laine. Geoffroy croit qu'elle mange
encore ces insectes connus sous le nom de *poux de bois* , ou le
psoque pulsateur. La mollesse des organes masticateurs de
ces insectes annonce qu'ils ne peuvent ronger des matières
dures ou susceptibles de résistance. L'espèce la plus commune en Europe , est :

Le LÉPISME SACCHARINE , *lepisma sacharina*, Linn. , Fab.;
G., 314 ; de cet ouvrage. Son corps a environ quatre lignes
de long ; il est couvert d'écailles argentées , sans taches ;
lorsqu'on les enlève , le fond de la couleur est roussâtre.

Cette espèce est très-commune dans nos habitations ;
mais l'on croit qu'elle est originaire de l'Amérique.

On rencontre encore , dans l'intérieur de nos maisons,
le LÉPISME RUBANÉ , *lepisma vittata* de Fabricius. On le reconnoît facilement aux cinq lignes blanchâtres, qui tranchent
sur le fond obscur de son abdomen. Le LÉPISME RAYÉ , *lepisma lineata* , n'a que deux lignes blanches. (L.)

LÉPISME. Poisson du genre SCIÈNE. (B.)

LÉPISMÈNES , *lepismenœ* , Latr. Famille d'insectes,
de l'ordre des thysanoures, ayant pour caractères : corps
aptère , hexapode , ne subissant point de métamorphoses,
tout couvert de petites écailles ; antennes sétacées , divisées,
dès leur naissance , en un grand nombre de petits articles ;
bouche formée d'un labre, de deux mandibules, de deux
mâchoires bifides , d'une lèvre quadrifide , et de quatre
palpes saillans , très-distincts ; les maxillaires sétacés , plus
longs, de cinq à six articles ; les labiaux terminés par un article plus grand ; abdomen muni , de chaque côté , en dessous , d'une rangée d'appendices mobiles , imitant de fausses
pattes ; trois soies ou filets articulés , en forme de queue, à
l'extrémité postérieure du corps.

Cette famille est formée du genre *lepisma* de Linnæus,
celui de *forbicine* de Geoffroy.

Ces insectes ont le corps allongé , rétréci en pointe à
son extrémité postérieure , garni de petites écailles et qui
s'enlèvent par le frottement , de même que celles des lépidoptères. Les antennes sont longues, sétacées et composées d'une grande quantité d'articulations. Leurs yeux sont
formés de petits grains ou de petits yeux lisses réunis, quelquefois très-nombreux et présentant alors une cornée à facettes. Le tronc est divisé en trois segmens ; portant chacun une paire de pieds, courts , comprimés , terminés
par un tarse armé de deux petits crochets à son extrémité.

L'abdomen a la forme d'un cône allongé et se compose de neuf à dix anneaux; chacun de ses côtés inférieurs présente une rangée de petits appendices mobiles; il se termine par une queue de trois filets, tantôt semblables et tantôt inégaux. L'anus offre aussi quelques autres parties (*V.* LÉPISME). Ces animaux se tiennent cachés dans les lieux où la lumière du jour ne pénètre point, et sont extrêmement agiles. Ils font évidemment le passage de la famille des chilopodes à celle des podurelles.

Les lépismènes forment deux genres : MACHILE et LÉPISME. (L.)

LÉPISOSTÉE , *lepisosteus*. Genre de poissons établi par Lacépède aux dépens des ESOCES de Linnæus. Ses caractères sont : ouverture de la bouche grande ; mâchoire garnie de dents membraneuses, fortes et pointues ; corps et queue très-allongés ; une seule nageoire du dos plus éloignée de la tête que des ventrales ; écailles très-grandes , placées à côté les unes des autres, très-épaisses, très-dures ou de nature osseuse.

Ce genre renferme trois espèces, dont le LÉPISOSTÉE GAVIAL , *esox osseus*, Linn., en français, l'*ésoce caiman*, est la plus connue. Il a neuf rayons à la nageoire du dos et à celle de l'anus ; le premier rayon de chaque nageoire et le dernier de la caudale forts et dentelés; la mâchoire supérieure plus longue que l'inférieure, toutes deux étroites, allongées et garnies de dents tranchantes et inégales. *V.* sa figure pl. D 24 de ce Dictionnaire.

Ce poisson se trouve dans les rivières de l'Amérique septentrionale, où je l'ai observé, et où il atteint une longueur de cinq à six pieds. Il est très-vorace, et poursuit sa proie avec tant de vivacité, qu'il échoue souvent dans les petits ruisseaux où elle se réfugie. Il ne mord pas à l hameçon. Ses mâchoires ont un pied de long sur un pouce de large seulement. Ses écailles, qui sont des lozanges d'un demi pouce de côté, sont si dures qu'aucun instrument, autres que ceux qui percent le fer, ne peut les entamer. Les sauvages s'en font des armures et des boîtes à poudre de chasse. Sa chair est très-savoureuse, mais on ne peut l'avoir qu'en fendant le ventre en zigzag au défaut des écailles.

Celui qu'on trouve dans les Indes , et dont on voit un exemplaire au Muséum d'Histoire naturelle de Paris, le LÉPISOSTÉE SPATULE diffère de celui-ci par ses mâchoires, beaucoup moins longues, et surtout beaucoup plus larges. Du reste , il lui ressemble assez pour qu'il ait pu être confondu avec lui. (B.)

LEPLAB. Clusius. *V.* LABLAB. (LN.)

LEPODUS. M. Rafinesque Schmaltz a établi sous ce nom un genre de poissons très-voisin de celui des Léiognathes de Lacépède, mais qui s'en distingue par sa bouche munie de dents et par ses nageoires dépourvues de rayons épineux. Ses caractères sont les suivans : corps comprimé, recouvert de grandes écailles, sa longueur étant seulement double de sa hauteur; mâchoires pourvues de dents; sept rayons à la membrane branchiostége; une nageoire dorsale et une anale, charnue, en faux et sans rayons épineux; un appendice un peu écailleux, obtus, à la base des thoraciques et étant aussi long qu'elles. L'unique espèce de ce genre porte en Sicile le nom de *saragu impiriali*, et elle a été dejà décrite par Cupani sous le nom de *scarus imperialis*. Elle est noirâtre; sa mâchoire supérieure est moins longue que l'inférieure; ses nageoires pectorales sont très-longues; sa ligne latérale est courbe; sa queue est lunulée. Elle a deux à quatre pieds de long; ses dents sont aiguës, distantes à la mâchoire inférieure il y en a deux rangées, dont les externes sont les plus petites; sa nageoire dorsale a quarante rayons, l'anale vingt-huit, la caudale vingt-quatre, les pectorales dix-huit et les thoraciques huit. C'est un poisson estimé, dont la chair est très-délicate. (DESM.)

LEPORINS, *leporini*. Famille de mammifères rongeurs que j'ai établie dans les tabl. nuth. du 24.ᵉ vol. de la première édition de cet ouvrage.

Cette famille ne renferme que les deux seuls genres Lièvre et Pika qui se conviennent par les caractères suivans : quatre dents incisives supérieures, deux inférieures; cinq à six molaires formées de lames transverses émailleuses; queue très-courte ou nulle; un cœcum énorme, garni d'une lame spirale interne qui le parcourt dans toute sa longueur, clavicules incomplètes, etc.

LÉPORIS-AURICULA. *V.* Oreille de lièvre (*buplevorum falcatum*). Césalpin donne ce nom vulgaire à la Chenillette sillonnée (*scorpiurus sulcata*, L.) (LN.)

LEPORIS-CUMINUM (*cumin de lièvre*). C'est la Lagoécie cuminoïde. (LN.)

LEPORARIA. Nom donné par Galien au *lagopus*, c'est-à-dire, au Trefle des champs ou Pied de lièvre. (LN.)

LEPRA. *V.* Lepreire. (DESM.)

LÈPREL et IÉVORA. Noms italiens du Lièvre. (DESM.)

LÈPRE ou LAPRAIRE, *lepra*. Genre de plantes, etabli dans la famille des Lichens, et qui fait le passage entre elle et celle des Conferves. Ses caractères sont : croûte irréguliere, composée de globules pulvérulens, à réceptacles inconnus.

Les espèces de ce genre s'appeloient Bysses dans les ouvrages de Linnæus. On en trouve cinq dans les environs de Paris, dont les plus communes sont :

La Lèpre des antiques ; elle est noire, et forme sur les pierres, les statues, les roches, des taches souvent fort larges. Quelque connue qu'elle soit, elle n'a jamais été convenablement étudiée.

La Lèpre verte est de cette couleur. On la trouve sur les murs humides.

La Lèpre lactée vit sur les troncs d'arbres ; sur les moellons, les plantes mortes. Sa couleur la désigne suffisamment.

La Lèpre odorante est rouge, orangée, jaune selon son âge. Elle exhale, lorsqu'elle est fraîche, une odeur de violette ou d'iris de Florence. *V.* Conie. (B.)

LÈPRE (végétale). *V.* Arbres (maladies des). (TOL.)

LEPREIRE, *lepra.* Genre établi par Hoffmann aux dépens des Lichens de Linnæus. Il rentre dans le genre Conie de Ventenat. Le genre Pulvéraire doit lui être réuni. (B.)

LEPRONQUE, *leproncus.* Genre de plantes cryptogames, de la famille des algues, qui a été établi par Ventenat aux dépens des *lichens* de Linnæus. L'expression de son caractère est : poussière éparse sur une croûte lépreuse, qu'on regarde comme les organes mâles ; tubercules ordinairement convexes, sphéroïdes, rarement oblongs, qu'on regarde comme les organes femelles.

Ce genre renferme la plus grande partie des espèces de la première division de Linnæus, *lichenes leprosi tuberculati,* c'est-à-dire les *lichens écrit, géographique, rugueux, criblé, variolique,* etc. *V.* aux mots Lichen et Conie. (B.)

LEPROPINACE, *lepropinacia.* Autre genre de plantes cryptogames de la famille des algues, qui a été établi par Ventenat aux dépens des *lichens* de Linnæus. Il offre pour caractères : une croûte lépreuse, parsemée de cupules en forme d'écussons, munies d'un rebord rarement entier.

Ce genre renferme la plus grande partie des *lichens* de la seconde division de Linnæus, c'est-à-dire, les *lichenes leprosi scutellati,* tels que le *lichen parelle,* le *lichen tartareux,* le *lichen presque brun,* le *lichen pâle,* etc. *V.* au mot Lichen. (B.)

LEPTA, *lepta.* Arbre à feuilles ternées, à folioles lancéolées, très-entières, ondulées, glabres, à fleurs petites, blanches, portées sur des grappes axillaires, qui forme un genre, selon Loureiro, dans la tétrandrie monogynie.

Ce genre offre pour caractères : un calice divisé en quatre parties ; une corolle de quatre pétales triangulaires ; quatre étamines ; un ovaire supérieur à quatre sillons, à stigmate presque sessile et obtus; une baie à quatre lobes mono-spermes.

L'OTHÈRE de Thunberg devra se réunir à ce genre, si son fruit se trouvoit être une baie. (B.)

LEPTADENIA. Genre de plantes de la famille des AS-CLÉPIADÉES, créé par Robert Brown. Ses caractères sont: corolle presque en roue, à tube court, et à gorge munie d'é-cailles placées aux échancrures d'un limbe barbu; couronne staminifère nulle; anthères libres à sommet simple; masses du pollen droites, fixées par la base et rétrécies à l'extrémité supérieure; stigmate mutique; follicules inconnues. Trois plantes volubles d'Afrique ou des Indes orientales rentrent dans ce genre. Elles sont recouvertes d'un duvet cendré très-fin. Leurs feuilles sont planes et opposées. Les fleurs naissent en ombelle ou corymbes interpétiolaires. (LN.)

LEPTANTHE, *leptanthus*. Genre de plantes établi par Michaux, dans la triandrie monogynie, et dans la famille des Pontedères. Il offre pour caractères : une spathe uniflore; une corolle monopétale, à tube long et grêle, et à limbe divisé en six parties oblongues; trois étamines insérées à la gorge de la corolle; un ovaire supérieur, surmonté d'un style de la longueur du tube, et terminé par un stigmate frangé; une capsule oblongue, trigone, triloculaire et polysperme, s'ouvrant par ses angles, et enfermée dans la spathe.

Ce genre renferme trois espèces. Ce sont des plantes aqua-tiques, à feuilles alternes, engaînées à leur base ; à fleurs axillaires et solitaires.

L'une, la LEPTANTHE OVALE, a les feuilles ovales et lon-guement pétiolées. On la trouve au pays des Illinois, dans les marais.

L'autre, la LEPTANTHE GRAMINÉE, a la tige grêle, di-chotome, et les feuilles linéaires, sessiles. On la trouve dans l'Ohio.

La troisième, la LEPTANTHE RÉNIFORME, a les feuilles orbiculaires, réniformes, et deux des étamines beaucoup plus courtes que l'autre. Elle se trouve en Virginie. Cette dernière a été mentionnée dans les *Actes de Philadelphie*, par Palisot-Beauvois, sous le nom d'HÉTÉRANTHÈRE.

(B.)

LEPTASPIS, *leptaspis*. Genre de GRAMINÉES établi par R. Brown, sur une seule espèce originaire de la Nouvelle-Hollande.

Les caractères de ce genre sont : épillets dissemblables uniflores, unisexuels : mâle, balle calicinale de deux valves

courtes , membraneuses ; l'inférieure ovale, concave ; la supérieure linéaire, plane : femelle, balle calicinale comme
dans le mâle ; balle florale de deux valves, l'inférieure ventrue, presque globuleuse ; la supérieure, très-petite et linéaire. (B.)

LEPTE , *leptus*. Genre d'arachnides, de l'ordre des
trachéennes, famille des holètres , tribu des acarides, ayant
pour caractères : six pattes ; un suçoir avancé, avec deux
palpes courts et presque coniques; corps mou, presque
ovale.

L'espèce la plus connue, le LEPTE DES FAUCHEURS, *leptus
phalangii*, vit sur plusieurs insectes, et particulièrement sur
le *faucheur des murailles* (*Phalangium opilio*); souvent elle ne
s'y tient fixée que par son suçoir. Son corps est ovale , comme
enflé , de couleur rouge ; sa partie antérieure présente comme
une tête ayant de chaque côté un point noir, les yeux probablement ; la trompe est avancée et accompagnée de deux
palpes ou de deux bras mobiles. La peau qui couvre le
corps est souple , ordinairement bien tendue et luisante ;
l'animal la fronce et la ride quelquefois ; elle est entièrement
garnie de poils. Ces poils sont courts et mousses ; ceux des
pattes sont hérissés en forme de barbes.

Scopoli nomme cette arachnide, Pou ÉCARLATE, *Pediculus
coccineus* (*Entomol. carniol.* n.º 1053) , et Degeer, MITE
DES FAUCHEURS, *Acarus phalangii*, *Mém.*, tom. 7, pl. 7, fig. 5.

Je rapporte au même genre l'*acarus autumnalis* de Shaw
(*Miscell. zool.*, *tom.* 2 , *pl.* 42). Cette espèce est très-commune , en automne , sur les graminées et d'autres plantes ;
elle grimpe après les jambes , s'insinue dans la peau à la
racine des poils, et occasione des démangeaisons aussi in-
supportables que celles que produit la gale. Un naturaliste
distingué , M. de France , m'a donné plusieurs individus
qu'il avoit pris sur lui, et qu'il avoit retirés avec la pointe
d'une aiguille. Ce petit animal est appelé *rouget* par les habitans de la campagne. J'ai apaisé les démangaisons qu'il
cause en lavant les parties irritées avec de l'eau , mêlée d'un
peu de vinaigre. (L.)

LEPTEMON. Rafinesque-Schmaltz propose ce nom
pour désigner le genre *crotonopsis* de Michaux. (LN.)

LEPTÉRANTHE , *lepteranthus*. Genre de plantes
réuni aux BLUETS par Decandolle. (B.)

LEPTERUS. Poisson de Sicile, dont M. Rafinesque-
Schmaltz fait un genre particulier, voisin de celui des Ho-
LOCENTRES, mais qui s'en distingue particulièrement parce
que ses nageoires sont écailleuses. La tête est tronquée sans
écailles ; la mâchoire intérieure seulement est pourvue de

dents ; l'opercule est double , l'externe étant épineux et
l'interne dentelé ; la base de ses nageoires dorsale , anale
et caudale , est recouverte d'écailles , une seule de ses dorsales avec quelques rayons épineux. Le LEPTÈRE FÉTULE,
lepterus fetula, est noir en dessus , blanc en dessous ; sa ligne
latérale est courbe dans le milieu; sa queue est fourchue. On
compte trente-deux rayons, dont deux épineux à sa nageoire
dorsale ; quinze à l'anale , dont le premier seulement est épineux ; vingt aux pectorales , et six aux thoraciques, dont le
premier est épineux : la partie antérieure de sa mâchoire inférieure a quelques petites dents aiguës ; son iris est blanc;
sa longueur totale est d'un pied environ.

Ce poisson , qui porte en Sicile le nom de *fetula* , est rare ,
et sa chair est peu estimée. (DESM.)

LEPTINITE. *V.* LEPTYNITE. (LN.)

LEPTIS. Fabricius , dans son Système des antliates ,
nomme ainsi le genre d'insectes , de l'ordre des diptères,
qu'il appeloit auparavant *rhagio.* Il a voulu , par ce changement , empêcher que l'on confondît ce genre avec celui de
rhagium , de l'ordre des coléoptères ; mais il auroit dû faire
attention que j'avois déjà employé un nom très-analogue,
leptus , pour un genre d'arachnides.

Comme je n'adopte point celui de *rhagium*, auquel il auroit pu
d'ailleurs conserver le nom de *stenocorus* , donné par Geoffroy
et Olivier, je continuerai d'appeler RHAGIE (*Rhagio*) les diptères de son genre *leptis. V.* l'article RHAGIE. (L.)

LEPTOCARPE , *leptocarpus.* Genre établi par R. Brown
dans la dioécie triandrie et dans la famille des restiolles. Ses
caractères sont : un calice de six valves; dans les fleurs mâles,
trois étamines à anthères peltées ; dans les fleurs femelles,
un ovaire à deux ou trois stigmates ; une noix couronnée
par le style.

Ce genre contient sept espèces, toutes originaires de la
Nouvelle-Hollande , parmi lesquelles se trouve le SCHÆNO-
DON de Labillardière. (B.)

LEPTOCARPOÏDE , *leptocarpoides.* Plante de la Nouvelle-Hollande, que R. Brown regarde comme devant seule
constituer un genre dans la dioécie et dans la famille des joncs.
Il offre , dans les fleurs femelles , un calice de six valves , les
intérieures sétacées et très-courtes; un ovaire à un seul style ;
une noix environnée du calice qui s'est accru. (B.)

LEPTOCARYON. Synonyme de la NOISETTE, chez Dioscoride. (LN.)

LEPTOCÉPHALE , *leptocephalus.* Genre de poissons
de la division des APODES, dont le caractère consiste à n'offrir

ni nageoires pectorales ni caudale, et à avoir l'ouverture des branchies située, en partie, au-dessous de la tête.

Ce genre ne renferme qu'une espèce, le Leptocéphale morrisien. Elle a le corps très-allongé, comprimé, plissé et demi-transparent; la tête très-petite, et la bouche armée de dents à peine sensibles; les nageoires du dos et de l'anus très-longues et très-étroites. Elle se trouve sur les côtes d'Angleterre. On l'a appelée *hameçon*, à raison de la longueur de ses nageoires. M. Risso, dans son Ichthyologie de Nice, a rapporté une seconde espèce de ce genre, à laquelle il a donné le nom de Spallanzani. (B.)

LEPTOCÈRE, *leptoceros*. Genre de plantes établi par R. Brown aux dépens des Caladénies, dont il diffère uniquement parce que les pétales sont inégaux, et que l'inférieur est lobé. (B.)

LEPTOCHLOA, *leptochloa*. Genre de Graminées établi par Palisot-Beauvois pour placer quelques espèces de Fétuques, d'Eleusines et de Coracans. Il offre pour caractères: des épillets unilatéraux; une balle calicinale de deux valves lancéolées, aiguës, contenant trois fleurs; une balle florale de deux valves, l'inférieure naviculaire et aiguë, la supérieure bidentée. (B.)

LEPTODACTYLES, *leptodactyla*. Famille établie par Illiger (*Prodrom. mamm. et av.*) pour placer le genre Aye-aye (*Cheiromys*) entre les *makis* et les *tarsiers* d'une part, et les *marsupiaux* de l'autre. *V.* Aye-aye. (DESM.)

LEPTODON. Genre de plantes de la famille des mousses, proposé par Willdenow. Il se compose des Lasies ou des Ptérogones dont la coiffe est velue. (P.-B.)

LEPTOGASTRE, *leptogaster*. Genre d'insectes de M. Meigen, et le même que celui de Gonype. *V.* ce mot. (L.)

LEPTOLÈNE, *leptolena*. Arbrisseau de Madagascar qui seul, selon Dupetit-Thouars, constitue un genre dans la monadelphie décandrie et dans une famille voisine des malvacées, que ce botaniste nomme Chlenacées.

Les caractères de ce genre consistent: 1.º en une enveloppe charnue, urcéolée; 2.º en un calice de trois folioles; 3.º en cinq pétales réunis à leur base; 4.º en dix étamines insérées sur un tube intérieur; 5.º en un ovaire supérieur, surmonté d'un style à trois lobes; 6.º en une capsule à trois loges et à trois semences, dont deux avortent ordinairement, renfermées dans l'enveloppe charnue. (B.)

LEPTOMÈRE, *leptomera*, Latr. Genre de crustacés, de l'ordre des lœmodipodes, ayant pour caractères: corps composé d'une tête et de six segmens portant chacun une paire de pieds; deux autres pieds situés sous la tête; quatorze en tout. Les uns ont un appendice en forme de lobe, à la base de tous les pieds, les deux premiers seuls exceptés, et telle est l'espèce représentée par Slabber, *Microc.*, tab. 10, fig. 2 : dans d'autres, comme dans le *cancer pedatus* de Montagu (*Trans. linn. soc.*, tom. 11, tab. 2, fig. 6), la première paire de pieds et les trois dernières, sont dépourvues de ces appendices; cette espèce est du genre *proto* de M. Léach. Enfin la *squille ventrue* de Muller (*Zool. dan.*, tab. 56, fig. 1–3) paroît former une troisième espèce dont les pieds sont beaucoup plus grêles que dans les précédentes et sans aucune apparence d'appendices. Je n'ai point vu ces crustacés, qui paroissent propres aux mers du nord de l'Europe. (L.)

LEPTOMERIE, *leptomeria*. Genre de plantes de la pentandrie monogynie et de la famille des chalefs, établi par R. Brown, pour placer huit arbustes qu'il a observés sur les côtes de la Nouvelle-Hollande.

Les caractères de ce genre, qui rentrent dans ceux du THÉSION, consistent : en un calice persistant à quatre ou cinq divisions ; en quatre ou cinq étamines ; en un ovaire placé sur un disque à quatre ou cinq lobes, surmonté d'un style à stigmate à plusieurs divisions ; en un drupe ou une baie couronnée par le calice. (B.)

LEPTOPE, *leptopus*. Je désigne ainsi un genre d'insectes de l'ordre des hémiptères, section des hétéroptères, famille des géocorises, tribu des oculées, très-voisin de mon genre *acanthie*, celui de *salda* de Fabricius, mais qui en diffère par ses antennes presque en forme de soie ; son bec court, arqué et épineux en dessous ; et par ses cuisses antérieures, qui sont grandes et épineuses.

Mon ami Dufour m'a envoyé d'Espagne l'espèce d'après laquelle j'ai établi ce genre ; c'est le LEPTOPE LITTORAL, *leptopus littoralis*. Il est long de deux lignes, ovale, d'un cendré obscur, avec quelques taches sur les élytres, et leur bord extérieur, blanchâtres ; leurs appendices membraneuses sont pâles, avec les nervures obscures ; les pieds sont d'un jaunâtre pâle. M. de Basoches a découvert dans le département du Calvados une seconde espèce, le LEPTOPE LAPIDICOLE, *lapidicola*. Elle est très-voisine de la précédente, plus tachetée, avec le corselet plus étroit en devant, et des taches noirâtres près des genoux. (L.)

LEPTOPHYTE, *leptophytus*. Genre de plantes établi par H. Cassini, dans la famille des synanthérées et dans la tribu des inulées, pour placer l'IMMORTELLE LEYSSEROÏDE de Desfontaines. Il diffère peu de l'ARTÉROPTÈRE de Gærtner. Ses caractères sont : calice commun cylindracé, étroit, allongé, cachant entièrement les demi-fleurons ; réceptacle commun, muni d'une courte rangée de membranes qui forment des alvéoles dimidiées, séparant les demi-fleurons des fleurons. (B.)

LEPTOPODE, *leptopoda.* Sous genre établi par Cuvier, aux dépens des Coryphènes. Il rentre dans le genre Oligopode. (B.)

LEPTOPODIE, *leptopodia*, Léach. Genre de crustacés. *V.* Macropodie. (L.)

LEPTOPYRON. Genre de la famille des graminées, établi près des Avoines, par Rafinesque-Schmaltz ; mais ce naturaliste n'en a pas encore exposé les caractères. (LN.)

LEPTON. L'un des noms de la petite centaurée, chez les Grecs, suivant Pline. (LN.)

LEPTORIMA. Genre de production marine, rapportée à la famille des algues, et voisine des varecs, que nous a fait connoître M. Rafinesque-Schmaltz, et qui diffère du genre Phytelis de ce naturaliste (*V.* ce mot), parce que sa fructification est composée de pores au lieu de tubercules. C'est un corps parasite, plane, irrégulier, de substance coriace, crustacée ou friable, qui est appliqué, et comme parasite, le plus souvent sur les feuilles des Zostères et autres plantes marines. Une de ses faces est appliquée exactement sur ces corps étrangers, et l'autre présente les fructifications en forme de pores qui le caractérisent.

M. Rafinesque distingue trois espèces dans ce genre : 1.º la *leptorima undulata*, lobée, ondulée, rose, à pores égaux, très-petits et rouges ; 2.º la *leptorima nivea*, lisse, blanche, avec les pores inégaux et petits ; c'est la plus commune sur les plantes marines, à la surface desquelles elle forme des taches très-irrégulières ; 3.º la *leptorima oculata* est lisse, rougeâtre, à bords soulevés, sans pores, ayant dans son milieu des pores grands, inégaux, dont quelques-uns plus grands que les autres, sont entourés par un cercle-blanc. (DESM.)

LEPTORKIS, *leptorkis.* Genre établi par Dupetit-Thouars, dans la famille des orchidées, mais qui paroît peu différer de celui appelé Malaxis par Swartz. (B.)

LEPTOSOMES. Famille de poissons, introduite par Duméril, et dont les caractères sont : poissons osseux, thorachiques, à branchies complètes, à corps très-mince, presque aussi haut que long, à yeux latéraux.

Les genres qui entrent dans cette famille, sont : Holacanthe, Enoplose, Pomacanthe, Pomacentre, Pomadasys, Acanthinion, Chétodon, Chétodiptère, Aspisure, Acanthure, Glyphisodon, Acanthopode, Zée, Argyreiose, Galseleire, Chrysostose et Capros. (B.)

LEPTOSOMUS. *V.* le genre Vouroudriou. (V.)

LEPTOSPERME, *leptospermum*. Genre de plantes de l'icosandrie monogynie, et de la famille des myrthoïdes, qui présente pour caractères : un calice campanulé, à cinq divisions souvent caduques ; une corolle de cinq pétales attachés au bord interne du calice : des étamines nombreuses à filamens insérés au calice, et à stigmates quadrifides ; un ovaire inférieur ou semi-inférieur, chargé d'un style filiforme, à stigmate simple ; une capsule turbinée ou ovale, couronnée par le calice, et divisée en trois, quatre ou cinq loges, qui contiennent des semences nombreuses et linéaires.

Ce genre est fort voisin des MÉTROSIDEROS d'une part, des MÉLALEUQUES et des SYRINGA de l'autre. Il renferme des arbres et des arbrisseaux à feuilles opposées, alternes, entières, ponctuées, souvent traversées dans leur longueur par trois ou cinq nervures, et à fleurs disposées solitairement, ou plusieurs ensemble, sur des pédoncules axillaires ou terminaux, qui viennent tous de la Nouvelle-Hollande ou des Terres Australes voisines. Smith en a fait la *Monographie*. On en compte une vingtaine d'espèces, dont plusieurs sont introduites dans nos jardins. Toutes ou presque toutes sont aromatiques et fournissent une décoction théiforme, agréable à boire. On peut aussi obtenir, par leur distillation, une huile essentielle fort odorante.

Les plus connues de ces espèces sont :

Le LEPTOSPERME A BALAI a les feuilles alternes, ovales-oblongues, ponctuées en dessous, les fleurs solitaires, et le calice glabre. Il se trouve à la Nouvelle-Zélande, et est fort commun dans les jardins des amateurs.

Le LEPTOSPERME LANIGÈRE a les feuilles ovales, lancéolées, à trois nervures, le calice soyeux, et ses découpures persistantes. Il se trouve à la Nouvelle-Hollande, et se cultive dans plusieurs jardins en France et en Angleterre.

Le LEPTOSPERME THÉ a les feuilles linéaires, lancéolées, pointues, le calice glabre, et ses divisions colorées. Il se trouve à la Nouvelle-Hollande, et est cultivé dans les jardins en Europe. C'est principalement avec les feuilles de cette espèce que les équipages du capitaine Cook ont remplacé le *thé*, lorsque au second voyage autour du Monde, ils se sont trouvés en manquer. Sparmann, qui étoit de cette expédition, et qui, douze ou quinze ans après, revit à Paris, dans le jardin de Cels, des pieds de cet arbuste, ne pouvoit cesser, en ma présence, de louer l'excellence de son infusion et de celle de plusieurs autres espèces de ce genre.

Toutes ces plantes se cultivent en pots, dans la terre de bruyère, et se rentrent pendant l'hiver dans l'orangerie. On les multiplie très-facilement de boutures et de marcottes. (B.)

LEPTOSTACHYA. (Épi menu , en grec). Adanson donne , avec Micheli, ce nom au genre appelé *phryma* par Linnæus. (LN.)

LEPTOSTOME , *leptostomum.* Genre établi par R. Brown , dans la famille des mousses. Il offre pour caractères ; une capsule oblongue, non sillonnée ; un opercule hémisphérique obtus ; un péristome simple , membraneux , annulaire , entier.

Quatre espèces , toutes de la Nouvelle-Hollande, appartiennent à ce genre ; et l'une d'elles est figurée dans le dixième vol. des *Transactions de la Société linnéenne de Londres.* (B.)

LEPTOTHRION , *leptothrium.* Nom donné par Kunth au genre ISOCHILE de R. Brown. (B.)

LEPTURE , *Leptura.* Genre d'insectes , de l'ordre des coléoptères , section des tétramères , famille des longicornes. Par la manière dont Linnæus a caractérisé ce genre , on voit qu'il a voulu le former avec les espèces de cette famille, dont Geoffroy a , depuis, composé son genre STENCORE ; mais il y a compris d'autres longicornes, tels que des *callidies*, qui diffèrent des précédens , soit par le port , soit par la forme des yeux ; en un mot, le genre lepture et celui de *cerambyx* sont très-imparfaitement distingués dans sa méthode. Le naturaliste français, en employant, outre les caractères dont le précédent s'étoit servi , la considération de la forme des yeux , a signalé d'une manière claire et précise les coupes génériques qui appartiennent à cette famille. Celle qu'il nomme *lepture* est composée de tous nos longicornes dont les antennes sont entourées, à leur naissance, par les yeux , et dont le corselet est nu et sans pointes ; ce sont les *saperdes*, les *callidies*, les *clytes* et une partie des *molorques (molorchus)* de Fabricius. Degeer s'est rapproché , à cet égard, de Linnæus ; il a épuré son genre lepture , en n'y laissant que les espèces dont les antennes sont posées devant les yeux , dont le corselet est plus étroit que les élytres , particulièrement en devant, et dont les élytres vont en se rétrécissant vers la pointe. Il réunit les leptures et les priones de Geoffroy aux capricornes, qu'il distribue en plusieurs petites familles. Fabricius en a converti plusieurs en autant de genres ; celui qu'il appelle *rhagium* , renferme les leptures de Degeer ou les *stencores* de Geoffroy , dont le corselet est toujours épineux sur les côtés ; et dont les antennes sont ordinairement courtes. Son genre lepture comprend les autres espèces ; mais il ne confond pas avec ces insectes, ainsi que l'avoient fait les auteurs précédens , les *donacies*. Enfin, il donne le nom générique de *stenocorus* à des insectes de la même famille, différens, en général, de ceux auxquels Geoffroy a imposé cette dénomination. Olivier désigne de la même manière les leptures à corselet épineux ; celles où cette partie du corps est mutique, forment son genre lepture proprement dit. Celui que je nomme ainsi comprend de même que dans la methode de Degeer, les unes et les autres, ou tant les rhagies de Fabricius que ses leptures. Leur bouche étant la même, et la longueur des antennes augmentant insensiblement, il est impossible de fixer entre ces deux genres une ligne de démarcation bien tranchée et invariable.

Les leptures ont le corps allongé, avec la tête ovale, penchée, plus large postérieurement que l'extrémité antérieure du corselet, ou distinguée même de cette partie par un étranglement ; les yeux entiers ou légèrement échancrés, saillans ; les antennes insérées entre eux, filiformes ou sétacées, et de longueur variable ; les palpes courts, et dont le dernier article est presque triangulaire, comprimé ; le lobe extérieur des mâchoires allongé, rétréci à sa base ; la languette profondément bifide ; le corselet conique ou en trapèze, rétréci en devant, plus étroit que l'abdomen ; les élytres aussi longues que cet abdomen, et dont la largeur diminue graduellement de la base à l'extrémité ; et les pattes longues. Ces insectes se trouvent dans les bois, sur les troncs des arbres, et souvent aussi sur les fleurs. Leurs larves se nourrissent de bois pourri, et ressemblent essentiellement à celles des autres longicornes.

Ce genre est nombreux en espèces, dont la majeure partie habite l'Europe.

I. *Antennes plus courtes que le corps, composées d'articles courts, presque en forme de cône renversé ; corselet ayant toujours de chaque côté un tubercule en forme d'épine.*

Lepture inquisiteur, *Leptura inquisitor*, *Cerambyx inquisitor*, Lin., var. B., *Rhagium inquisitor*, Fab.; *Stencore inquisiteur*, Oliv., *Col.* tom. 4, n.º 69, pl. 2, fig. 11 ; *St. scrutateur*, *ibid.*, pl. 3, fig. 21. Les plus grands individus ont environ dix lignes de long ; le corps est noir, mais couvert, en majeure partie, d'un duvet d'un cendré jaunâtre ; celui des élytres est roussâtre, et forme dans leur milieu deux bandes transverses. Les antennes sont très-rapprochées à leur base et à peine plus longues que la tête et le corselet. On voit derrière chaque œil une tache noire et longitudinale ; le corselet a, dans son milieu, une bande de cette couleur, et de chaque côté, une pointe aiguë. Les élytres sont chagrinées et offrent chacune, vers la suture, deux nervures longitudinales, élevées, qui n'atteignent pas les deux extrémités, et dont l'extérieure est plus courte ; l'abdomen est ponctué de noir. Suivant Fabricius, la larve est hexapode, nue, blanche, avec la tête

et la plaque du corselet cornées, noirâtres, et le dos can-
nelé.

La *rhagie mordante*, *rhagium mordax* de Fabricius, ou la *lepture hargneuse* de Dégeer, tom. 5, pl. 4, fig. 6 ; *stencore mor-
dant*, Oliv., *ibid.*, pl. 2, fig. 12, ne paroît être qu'une variété où le duvet roussâtre domine davantage au milieu des
élytres, et forme deux bandes séparées par une tache noire
plus ou moins étendue. Cette variété ne se trouve pas aux environs de Paris, tandis que la précédente y est commune.

LEPTURE CHERCHEUSE, *Leptura indagator* ; *Leptura inquisitor*, Deg. *Insect.*, tom. 5, pl. 4, fig. 7; *Cerambyx inquisitor*, L.;
Rhagium indagator, Fab.; *Stencore chercheur*, Oliv., *ibid.*, pl.
2, fig. 13, d'un quart environ plus petite que la précédente,
noire, avec un duvet gris; celui des élytres souvent roussâtre; une tache noire derrière chaque œil, se prolongeant en
forme de bande sur les côtés du corselet qui sont armés chacun d'une épine très-aiguë, tournée en arrière; des points
noirs, rapprochés et formant deux taches sur le milieu du
vertex de la tête ; trois lignes élevées sur chaque élytre, dont
l'interne plus forte et s'étendant dans toute leur longueur.
Rare en France.

Cette espèce et la précédente se tiennent sur les troncs
d'arbres, marchent par secousses, tournent la tête de côté et
d'autre, et se cramponnent fortement aux objets sur lesquels elles sont placées.

LEPTURE DU SAULE, *Leptura salicis*, *Rhagium salicis*, Fab.;
le *Stencore rouge à étuis violets*, Geoffr.; *Stencore du saule*, Oliv.,
ibid., pl. 1, fig. 5 ; longue de neuf lignes, d'un rouge vif, luisant, avec les yeux, les six derniers articles des antennes,
la poitrine, noirs, et les élytres d'un bleu foncé; corselet inégal, avec un tubercule mousse de chaque côté ; antennes de
la longueur de la moitié du corps ; les élytres sont quelquefois de la couleur du corps, mais ce n'est point une différence
sexuelle.

Commun aux environs de Paris, vers la fin de mai, dans
les troncs cariés des ormes et du marronier d'Inde.

II. *Antennes de la longueur du corps ou plus longues.*

A. Côtés du corselet tuberculeux ou épineux.

LEPTURE MÉRIDIONALE, *Leptura meridiana*, Fab.; d'un noir
ardoisé avec un duvet soyeux gris; le dessous du corps satiné et
très-luisant ; élytres beaucoup plus larges à leur base qu'à leur
extrémité ; cette base ou même la surface entière, une partie
des pieds, l'anus ou même l'abdomen entier, rougeâtres. Dans
toute l'Europe. Les *stencores chrysogastre*, *noir*, *soyeux* et *lisse*

d'Olivier, ne paroissent être que des variétés de cette espèce.

LEPTURE QUADRIMACULÉE, *Leptura quadrimaculata*, Fab.; Oliv., *ibid.*, n.º 73, pl. 1, fig. 7 ; noire, pubescente ; corselet resserré et rebordé aux deux extrémités, convexe et arrondi au milieu, avec un tubercule obtus de chaque côté ; élytres d'un jaunâtre livide, presque chagrinées, avec deux taches noires et arrondies sur chaque ; leur extrémité tronquée obliquement. En Europe et dans les pays montagneux de la France.

    B. Côtés du corselet sans tubercules ni épines.

LEPTURE HASTÉE, *Leptura hastata*, Fab.; Oliv., *ibid.*, pl. 1, fig. 5 ; noire ; élytres rouges, avec l'extrémité et une tache triangulaire suturale, noires.

Commune dans l'Europe méridionale.

LEPTURE ROUGE, *Leptura rubra*, Fab.; Oliv., *ibid.*, pl. 2, fig. 16, noire ; corselet, élytres et jambes rouges.

Au nord de l'Europe et dans les montagnes de la France.

LEPTURE VERDÂTRE, *leptura virens*, Fab., Oliv., *ibid.*, pl. 2, fig. 14 ; toute couverte d'un duvet soyeux d'un vert jaunâtre ; antennes annelées de vert et de noir. Avec la précédente.

LEPTURE TOMENTEUSE, *leptura tomentosa*, Fab.; Oliv.; *ibid.*, pl. 2, fig. 13 ; noire ; un duvet jaunâtre sur le corselet ; élytres testacées, avec l'extrémité noire et tronquée. Très-commune, en France, sur les fleurs.

LEPTURE VILLAGEOISE, *leptura villica*, Fab., Oliv.; *ibid.*, pl. 2, fig. 25 ; pl. 1, fig. 10 ; d'un rouge fauve ; antennes, élytres et poitrine noires ; élytres de la couleur du corps, dans quelques individus. Commune aux environs de Paris, sur l'orme.

LEPTURE ÉPERONNÉE, *leptura calcarata*, Fab.; pl. G 3, 5 de cet ouvrage ; noire ; élytres amincies, jaunes, avec quatre bandes noires, transverses ; la première formée par des points ; la seconde interrompue ; jambes postérieures dentelées. Commune à Paris, sur les fleurs de ronces, en automne.

LEPTURE COLLIER, *leptura collaris*, Fab.; Oliv., *ibid.*, pl. 4, fig. 44 ; noire ; corselet et abdomen rouges ; élytres d'un bleu foncé, luisant ; corselet arrondi.

Sur les fleurs ; dans les lieux élevés de la France.

LEPTURE VIERGE, *leptura virginea*, Fab., Oliv., *ibid.*, pl. 2, fig. 24, noire ; corselet globuleux ; élytres d'un bleu foncé ; abdomen rouge. Avec la précédente.

Le STENCORE BRUYANT, *Stencorus strepens*, Oliv., *ibid.*, n.º 67, pl. 1, fig. 1, d'Olivier, forme peut-être un nouveau genre. Par la forme et la grosseur de sa tête, cet insecte ressemble aux leptures de notre première division ; mais ses antennes sont longues et son corselet est mutique. Il vole la nuit et avec bruit. (L.)

LEPTURE, *lepturus.* Plante rampante , des côtes de la Nouvelle-Hollande , qui seule , selon R. Brown , forme un genre dans la triandrie digynie , et dans la famille des graminées , fort voisin des ROTTBOLLES.

Ce genre offre pour caractères : un épi cylindrique , composé d'un seul épillet à chaque articulation ; un calice à une seule valve , contenant une ou deux fleurs et le rudiment d'une troisième avortée et pédiculée ; deux valves corollaires mutiques ; deux petites écailles à la base de l'ovaire. (B.)

LEPTURÈTES , *lepturetæ.* Insectes coléoptères formant une division de la famille des longicornes , section des tétramères , et distinguée en ce que les yeux n'entourent pas la base des antennes. Cette division est composée des genres STENCORE et LEPTURE d'Olivier. *V.* LEPTURE. (L.)

LEPTURUS. C'est, dans Brisson, le nom générique du PHAÉTON ou PAILLE-EN-QUEUE. (V.)

LEPTYNITE. Nom donné , par M. Haüy , à la roche primitive que les minéralogistes allemands nomment *Weistein* (*pierre blanche*), dont la base essentielle est du feld-spath granulaire , un peu mélangé de mica et de quarz. Il y en a de massif et de schisteux. On y rencontre fréquemment des grenats et de l'amphibole, quelquefois du disthène. Le *Weistein* appartient aux terrains primitifs stratiformes ; le gneiss et la syénite forment quelquefois des couches qui lui sont subordonnées. On rapporte encore à cette roche , celle que Werner désigne par *hornfels.* On trouve du *Weistein* dans les Alpes , en Saxe (Nawenheim , Rosswein). *V.* ROCHES et TERRAINS , etc. (LN.)

LEPUS. Nom latin du LIÈVRE. *V.* ce mot. (S.)

LEPUSCULUS. Klein donne ce nom au LAPIN. (DESM.)

LEPYRODIE , *lepyrodia.* Genre établi par R. Brown , mais trop rapproché des ZONATES (*Calorophus,* Labill.), pour être adopté. (B.)

LEQUE , *lechea.* Genre de plantes de la triandrie trigynie et de la famille des caryophyllées , qui offre pour caractères : un calice extérieur de trois folioles subulées , et un calice inférieur de trois folioles concaves et arrondies ; une corolle d'un , de deux , ou trois pétales ligulés , plus longs que le calice , et manquant quelquefois tous ; des étamines variant entre trois et six, à filets inégaux et à anthères didymes , se développant les uns après les autres ; un germe supérieur , presque triangulaire , à style nul , et à trois stigmates multifides, rouges à la base, et blancs au sommet; une capsule trigone, trivalve et trisperme, dont les cloisons se désunissent ; des semences ovales et anguleuses du côté interne.

Ce genre comprend six espèces de plantes, dont les feuilles sont alternes, et les fleurs axillaires ou en panicule terminale. J'ai un peu modifié la description des parties de la fructification, faite par Linnæus, Lamarck et autres, les ayant étudiées et même dessinées sur le vivant en Caroline.

Les espèces les plus anciennement connues sont :

La LEQUE AXILLAIRE, *lechea major*, qui a les feuilles ovales, lancéolées, et les fleurs latérales. Elle se trouve dans l'Amérique septentrionale aux lieux arides : elle est vivace.

La LEQUE A PANICULE, *lechea minor*, a les feuilles linéaires, lancéolées, glabres, et les fleurs en panicule. On la trouve en Caroline dans les lieux les plus arides, où elle forme des touffes très-denses, de deux ou trois pieds de haut, qui subsistent jusqu'à la pousse de l'année suivante.

La nouvelle espèce appelée par moi LEQUE A FEUILLES DE THYM, a les feuilles ovales très-velues, ainsi que toute la plante, et les fleurs en panicule. Elle se trouve avec la précédente. (B.)

LEQUILLA. On appelle ainsi à Naples le VENTURON. *V.* ce mot. (s.)

LER. Nom de l'ARGILE, en Suède; LERA est celui de la terre argileuse ; et LERART celui de la terre forte. (LN.)

LERCH ou LERCHE. Nom allemand de l'ALOUETTE. (v.)

LERCHEA. Ce genre de Linnæus est le *dondia* d'Adanson. Le *lerchea* d'Haller est un autre genre qui comprend le *salsola fruticosa*. *V.* SOUDE. (LN.)

LEREOU. Nom que porte, chez les nègres Jolofes, le LAMANTIN DU SÉNÉGAL. *V.* cet article. (s.)

LERIA. Genre de plantes de la famille des labiées, établi par Adanson qui y rapporte le *marrubiastrum* de Tournefort et le *sideritis montana*, Linn. Ses caractères sont : calice tubuleux à deux lèvres et cinq dents épineuses ; corolle très-courte, à lèvre supérieure entière; six étamines didynames courtes ; quatre graines ovoïdes ; trois fleurs verticillées, pédonculées, munies de soies très-courtes. Ce genre n'a pas été adopté. (LN.)

LERIE, *leria*. Genre de plantes établi par Decandolle pour placer quelques espèces de LIONDENTS et de TUSSILAGES qui avoient été mal observées. Ses caractères sont : calice simple ; fleurons très-petits, les externes ligulés et femelles, les internes bilobés et hermaphrodites; aigrette velue, pédiculée ; réceptacle nu.

Le TUSSILAGE PENCHÉ et les LIONDENTS NAIN, en LYRE, et BLANCHÂTRE entrent dans ce genre. (B.)

LERKELUN. L'un des noms de la SPARGOUTTE DES CHAMPS (*spergula arvensis*) en Danemarck. (LN.)

LERKETKAE. Nom du MÉLÈZE, en Danemarck ; en Suède, c'est le LERKETRÆD. (LN.)

LERNE ou LERNÉE, *lernea*. Genre de vers parasites, qui a pour caractères : un corps oblong, cylindracé, renflé au milieu ou vers sa base; une bouche en trompe rétractile ; deux ou trois bras tentaculiformes à l'extrémité antérieure du corps; deux paquets d'ovaires ou d'intestins pendans à son extrémité postérieure.

Tous les auteurs ont placé ce genre parmi les mollusques, et en effet leurs organes extérieurs les en rapprochent ; mais la manière de vivre des espèces qui le composent , a déterminé Blainville à en faire une sous-classe entre les vers et les crustacés. *V*. EPIZOAIRES.

Lamarck a retiré quatre espèces de ce genre pour en former celui qu'on a appelé ENTOMODE.

Toutes les *lernées* s'attachent , soit aux branchies, soit aux lèvres, soit enfin aux autres parties nues des poissons de mer ou d'eau douce, et y vivent du sang qu'elles sucent avec leur trompe. Quelques espèces pénètrent même fort avant dans les chairs, et sont conformées de manière à ne pouvoir sortir d'elles-mêmes de la cavité qu'elles ont creusée. En général, ce sont des hôtes fort incommodes pour les poissons , qui les feroient même périr s'ils se multiplioient jusqu'à un certain point sur le même individu; mais la sage nature n'a pas permis que leur reproduction fût facile. En effet les *lernées* sont rares , et on n'en trouve jamais qu'un petit nombre sur un seul poisson.

Quoique les lernées soient connues depuis long-temps , on est extrêmement peu avancé sur leur histoire. Toutes doivent avoir et ont à la partie antérieure du corps deux ou trois tentacules pour se fixer aux poissons qu'elles sucent ; mais ces tentacules sont souvent de forme et de consistance en apparence très-peu propres à cet objet. Toutes ont encore à leur partie postérieure deux sacs distincts, de forme et de grandeur fort variables, qui servent à loger les intestins , et dans le temps du frai, les œufs. Ces corps diffèrent extrêmement selon les espèces. En général, ce genre est un de ceux qui, par la variété de forme des espèces qui y entrent, semblent se jouer de toutes les méthodes ; ces espèces examinées avec soin, sont cependant très-faciles à caractériser. Il suffit de jeter un coup d'œil sur la planche 78 de la partie des *Vers* de l'*Encyclopédie*, où Bruguières en a réuni un certain nombre, pour être convaincu de cette vérité. Presque toutes ont une figure baroque, fort éloignée de l'apparence commune des animaux.

On connoît dix-huit espèces de lernées, dont les plus communes ou les plus remarquables sont :

La LERNÉE BRANCHIALE, dont le corps est cylindrique, replié, et la bouche placée latéralement entre trois cornes rameuses. Elle se trouve dans la mer du Nord, attachée aux branchies des morues, et est mangée par les habitans du Groënland. *V.* pl. E 23 où elle est figurée.

La LERNÉE EN MASSUE a le corps cylindrique, replié, avec trois plis en dessous à l'extrémité du rostre. Elle se trouve sur la perche de Norwége.

La LERNÉE NOUEUSE a le corps presque carré, tuberculeux en dessous, et offre deux bras très-courts de chaque côté. Elle a été trouvée attachée à la bouche de la perche de Norwége.

La LERNÉE CORNUE a le corps oblong, quatre bras droits, échancrés à leur extrémité, et la tête ovale. Elle se trouve sur la plie et autres poissons plats.

La LERNÉE UNCINATE a le corps presque en cœur, le rostre simple, recourbé, la bouche terminale. Elle se trouve dans la mer du Nord sur les morues. Sa figure se voit pl. E 23.

La LERNÉE A QUATRE QUEUES, *lernea quaternarius*, a le corps cylindrique, allongé, latéralement pourvu de deux paires d'appendices recourbés en arrière et terminés par quatre appendices sur le plan de la largeur. Il est figuré dans le *Voyage aux îles Malouines*, par Pernetti, vol. 2, pl. 1, et se trouve sur le thon, dans la mer Atlantique.

La LERNÉE PORTE-SOIE a le corps cylindrique ; la tête arrondie, antérieurement tronquée ; la bouche pourvue de plusieurs suçoirs; deux tentacules très-longs en forme de soie, et une multitude de petits vers l'extrémité du corps. Elle a été trouvée par Lamartinière, sur un diodon de la côte ouest de l'Amérique. Le CHONDRACANTHE de Delaroche se rapproche beaucoup de celui-ci. Cuvier pense que cette espèce doit entrer dans le genre CALYGE.

Quelques espèces du genre de poissons appelé PÉTROMYson, principalement les Pétromyzons sucet et branchiale, se rapprochent, par la forme et les mœurs, de quelques espèces de ce genre. (b.)

LERNIO. Nom nicéen de la Scorpène marseilloise. (desm.)

LERO. Nom de la Lentille Ers, en Italie. (ln.)

LEROT, *Myoxus nitela*. Petit mammifère rongeur, du genre des Loirs (*V.* ce mot), très-commun dans nos jardins où il détruit beaucoup de fruits. Il est remarquable par la couleur gris-fauve du dessus de son corps, le blanc pur de son ventre, la bande noire qui passe sur son œil, le flocon qui termine sa queue, etc. Il est figuré pl. E 12 de ce Dictionnaire. (desm.)

LEROT A QUEUE DORÉE (*Mus chrysuros*), Bodd. C'est l'Échimys a queue dorée. (desm.)

LEROT - VOLANT de Daubenton. C'est un Chéiroptère du genre Taphien de M. Geoffroy. (desm.)

LEROUXIE, *lerouxia*. Genre de plantes établi par Merat, *Nouvelle Flore de Paris*, pour placer la Lisimachie des bois, *lisimachia nemorum*, Linn. Ses caractères sont : calice à cinq folioles aiguës; corolle en roue, à cinq divisions profondes ; capsule orbiculaire, comprimée ; à deux valves. (b.)

LERQUE, *lerchea*. Arbrisseau des Indes à rameaux presque articulés ; à feuilles opposées, péliolées, lancéolées, entières; à stipules ensiformes ; a fleurs en épi terminal et filiforme, qui constitue un genre dans la monadelphie pentandrie et dans la famille des malvacées.

Ce genre a pour caractères : un calice persistant, tubuleux, à cinq dents ; une corolle monopétale, à tube plus long que le calice, et à limbe divisé en cinq parties; cinq étamines, dont les filamens sont réunis en un tube, sur lequel les anthères sont sessiles; un ovaire supérieur, portant le tube des étamines, et muni d'un style terminé par deux ou trois stigmates ; une capsule presque globuleuse, torruleuse, triloculaire, quelquefois biloculaire, et contenant des semences nombreuses. (b.)

LERSOLITE. *V.* Lherzolite. (ln.)

LERWÉE (la) de Shaw, Fisch-tall (*Antilope lerwia*) appartiendroit, selon Pallas, à l'espèce de l'Antilope kob ; mais M. Cuvier ne partage pas cette opinion. (desm.)

LESAN-EL-A'SFOUR. Nom arabe, qui désigne, dans les boutiques des droguistes, au Kaire, les fruits du frêne à la manne (*Fraxinus ornus*, L.). Ces fruits sont lancéolés, d'une saveur aromatique et très-aimés en assaisonnement. *V.* Delil. Ægypt. (ln.)

LESAN EL-TOUR (*langue de bœuf*). Nom arabe de la BOURRACHE, *Borrago officinalis*, L. (LN.)

LESARD. *V.* LÉZARD. (DESM.)

LESBIE, *lesbias.* Genre de poissons établi par Cuvier, dans sa division des MALACOPTÉRYGIENS ABDOMINAUX, et dans le voisinage des POÉCILIES. Il offre pour caractères : deux mâchoires aplaties à dents dentelées ; cinq rayons aux ouïes.

Ce genre renferme deux espèces, dont le pays nous est inconnu. (B.)

LESCARINE. Nom de la FAUVETTE EFFARVATE, à Turin. (V.)

LESCHE. L'un des noms italiens des IRIS et des GLAYEULS. (LN.)

LESKIE, *leskia.* Genre de plantes établi par Hedwig dans la famille des mousses. Ses caractères consistent à avoir: un péristome externe à seize dents ; un péristome interne, muni d'un nombre égal de dents semblables, réunies à leur base par une membrane ; des fleurs mâles en bouton. Il se rapproche beaucoup des GRADULES, et a pour type *l'hypne aplati*. *V.* au mot HYPNE et au mot MOUSSE. (B.)

LESNYI BYK. Nom russe de l'AUROCHS, espèce du genre BŒUF. (DESM.)

LESPEDÈZE, *lespedeza.* Genre de plantes établi par Michaux, pour placer quelques plantes que Linnæus avoit confondues avec les SAINFOINS et les LUZERNES.

Il offre pour caractères : un calice divisé en cinq parties subulées, presque égales ; une corolle à carène transversalement obtuse; dix étamines, dont neuf réunies par leur base; un ovaire légèrement pédiculé, presque ovale et comprimé, à style capillaire et à stigmate en tête ; un petit légume lenticulaire et monosperme.

Les espèces qu'il comprend, sont :

La LESPEDÈZE SESSILIFLORE, qui a la tige droite, dont les folioles sont oblongues, et les faisceaux de fleurs sessiles. C'est le *medicago virginica* de Linnæus et l'*hedysarum junceum* de Walter. Elle se trouve en Caroline, dans les lieux sablonneux, et s'élève à un ou deux pieds. Je l'ai fréquemment observée.

La LESPEDÈZE COUCHEE, qui a la tige couchée, grêle, velue, les folioles ovales, et les fleurs sessiles au sommet de pédoncules sétacés Elle est figurée pl. 39 de l'ouvrage de Michaux. Elle se trouve avec la précédente, et je l'ai également observée.

La LESPEDÈZE EN TÊTE a la tige droite, les feuilles presque sessiles ; leurs folioles oblongues ; les fleurs disposées en têtes sessiles. Elle se trouve aux mêmes endroits que les précédentes.

La **Lespedèze a plusieurs épis** a la tige droite, très-velue, les folioles ovales, les fleurs disposées en épis axillaires, pédonculés. Elle est figurée pl. 38 de l'ouvrage précité. C'est le *sainfoin velu* de Linnæus. On la trouve avec la précédente, qu'elle surpasse en hauteur.

Les bestiaux ne mangent aucune de ces plantes, dont l'aspect est agréable, et qui sont toutes vivaces. (B)

LESQUE, *leskea.* Genre établi aux dépens des **Hypnes** par Hedwige. *V.* **Leskie.** (B.)

LESSERTIE, *lessertia.* Genre de plantes établi par Decandolle dans sa dissertation sur les astragales, pour placer les **Bagnaudiers perenne** et **annuel**, qu'il a trouvé avoir des caractères particuliers :

Ces caractères sont : une carène obtuse ; un style arqué, imberbe ; un stigmate en tête ; un légume membraneux, uniloculaire, très-comprimé, irrégulièrement ovale, terminé par le style qui persiste. *V.* **Bagnaudier.** (B.)

LESTÈVE, *lesteva*, Latr. Genre d'insectes de l'ordre des coléoptères, section des pentamères, famille des brachélytres, tribu des aplatis.

Ce genre, établi à peu près en même temps par Latreille et par Gravenhorst, a reçu du premier le nom de *lestève*, et du second celui d'*anthophage*. Il est formé de plusieurs espèces d'insectes mixtes entre les *carabes* et les *staphylins*, mais se rapprochant beaucoup de ces derniers par la conformation des parties de la bouche.

Le corps des lestèves est déprimé assez fortement et dépourvu de poils ou de soies ; la tête est presque orbiculaire et rugueuse, de la grandeur du corselet ; les antennes sont insérées devant les yeux sous un rebord, et filiformes ; leur premier article est le plus gros ; assez renflé, et le dernier est de forme ovale ; les palpes sont filiformes et peu avancés ; le corselet est presque carré, un peu convexe, plus étroit vers les élytres ; celles-ci sont rectangulaires, planes et ordinairement ponctuées ; leur longueur est plus considérable que celle des élytres de tous les autres insectes de la même famille ; l'abdomen est aplati, large, obtus ; l'anus est terminé en pointe. Les pattes sont assez longues, avec les jambes nues et dépourvues de poils et d'épines ; les tarses sont grêles, composés de cinq articles.

Ces petits insectes forment un genre composé d'une dizaine d'espèces. On en trouve quelques-unes sur les fleurs, et notamment sur celles de l'épine blanche, *Cratœgus oxyacantha.* On ignore, du reste, tout ce qui concerne leur manière de vivre et leurs métamorphoses.

Parmi les espèces de ce genre, quelques-unes sont assez

communes aux environs de Paris. On y trouve principale_ment :

La Lestève pointillée, *lesteva punctulata*, Latr. , *Gener. crust. et insect.*, tom. 1, *tab.* 9, *fig.* 1. Elle est noirâtre, pointillée, presque lisse, avec les antennes et les pieds d'un fauve obscur. Elle est très-voisine de l'*anthophage intermédiaire* de M. Gravenhorst. Sur le bord des mares.

La Lestève caraboïde, *lesteva caraboïdes; staphylinus caraboïdes*, Olivier, tom. 3, n.º 42, pl. 2, fig. 17. Elle est d'un fauve-clair brillant ; le corselet et les antennes sont roux ; la tête et l'extrémité de l'abdomen sont noirs.

La Lestève obscure, *lesteva obscura*. Elle est d'un noir brillant ; ses élytres et ses pattes sont d'un jaune pâle. (U. L.)

LESTIBOUDÈJE , *lestiboudeja*. Genre de plantes établi par Necker aux dépens des Soucis. Il n'a pas été adopté. (B.)

LESTIBOUDOISE, *lestibudesia*. Arbrisseau de Madagascar, qui seul constitue, selon Dupetit – Thouars, un genre dans la monadelphie pentandrie , et dans la famille des amaranthes.

Il présente pour caractères : un calice de cinq folioles concaves ; point de corolle ; un ovaire à quatre lobes, à quatre stigmates sessiles ; une capsule à une loge polysperme. (B.)

LESTITIS. Un des noms de l'Aristoloche clématite, chez les anciens. (LN.)

LESTRIS. C'est , dans le *Prodromus* d'Illiger, le nom générique des Stercoraires. (V.)

LÉTAGA. C'est, en Russie , le Polatouche. *V.* ce mot. (S.)

LETCHI. *Voyez* au mot Litchi. (B.)

LÉTHIFÈRE. Blainville appelle ainsi une sous-division du genre Vipère , qui renferme celles dont la morsure provoque au sommeil qui conduit à la mort. La Vipère haje, dont Cléopâtre se servit pour échapper aux humiliations qu'Auguste se proposoit de lui faire éprouver , appartient à cette sous-division. (B.)

LÉTHRUS , *lethrus*, Fab. Genre d'insectes, de l'ordre des coléoptères, section des pentamères, famille des lamellicornes, tribu des scarabéides. Il a été établi sous trois noms : *bulbocerus, clunipes* et *lethrus*. Le dernier, qui est celui de Scopoli, a été adopté par Fabricius, et a prévalu.

Ces insectes ont de grands rapports avec les *scarabées* de ce dernier ou mes *géotrupes*. Le corps des uns et des autres est arrondi, convexe , avec les antennes de onze articles ; le labre saillant; les mandibules fortes, cornées , avancées et arquées ; les palpes filiformes ; les mâchoires allongées ; les élytres voûtées et inclinées tout autour de l'abdomen , et les pattes postérieures reculées en arrière ; mais dans les léthrus, le neuvième article des antennes a la forme d'un entonnoir renversé et enveloppant les deux derniers articles; la languette est entièrement cachée par le menton; les mandibules sont proportionnellement plus grandes, surtout celles des mâles; la tête se prolonge et se rétrécit en arrière; l'écusson est très-petit; l'abdomen est proportionnellement plus court, et les pattes postérieures sont très-voisines de l'anus.

La seule espèce connue, le LÉTHRUS CÉPHALOTE, *lethrus cephalotes*, pl. G 3, 6 de cet ouvrage, est toute noire, avec les élytres unies. Elle vit dans les champs arides de la Tartarie, de la Hongrie, et de la Russie méridionale. On la trouve dans les fumiers secs, dans les fientes sèches des animaux, autour des racines de plantes vivaces et des sous-arbrisseaux. Le mâle et la femelle vivent ensemble, suivant Scopoli, dans un trou droit, cylindrique, qu'ils creusent dans la terre. La larve vit probablement dans la terre, et se nourrit de racines de plantes. *V.* LAMPRIME. (O. L)

LÈTRE. Nom donné au bois de l'ARGAN. (B.)

LÉTROU. C'est, en Languedoc, le LÉZARD VERT.
(DESM.)

LETTEN. Nom allemand qui désigne les *terres glaises* ou tenaces, fortes et grasses, et le *limon argileux* qui accompagne certain minerai. (LN.)

LETTENKOHL. En Allemagne, on désigne par ce nom une HOUILLE glaiseuse, la plus pesante de toutes, et qui, suivant M. Beurard, est regardée comme formant une espèce à part : elle est de couleur noire, grisâtre ou bleuâtre, se rapprochant quelquefois du noir velouté; elle est mate à la surface; mais a un peu d'éclat dans sa cassure transversale; elle est compacte pour l'ordinaire, grasse au toucher et un peu froide. (LN.)

LETTSOMÉ, *lettsomia*. Genre de plantes de la polyandrie monogynie, qui offre pour caractères : un calice de sept folioles imbriquées, arrondies, concaves et persistantes; une corolle de cinq ou six pétales oblongs, aigus, concaves; un grand nombre d'étamines courtes et courbées; un ovaire supérieur, à style court, et à trois ou cinq stigmates aigus; une baie globuleuse, pointue, à trois ou cinq loges, et renfermant plusieurs semences osseuses, trigones, attachées à trois ou à cinq réceptacles adnés aux cloisons.

Ce genre renferme deux arbrisseaux du Pérou. (B.)

LETTUCE. Nom anglais de la LAITUE. (LN.)

LEUCACANTHA (Epine blanche, en grec). Il est très-difficile de déterminer quelle peut être la plante ou quelles peuvent être les plantes que Dioscoride, Pline, Ga—

lien, Paule d'Ægyne, etc., ont appelées *leucacantha*. Selon l'éthymologie du nom, elles devoient être blanches et épineuses. C'est aussi ce qui fait qu'on a pris la centaurée solstitiale, le chardon-marie, la carline caulescente, le chardon tubéreux, l'onoporde acanthe, etc., pour les *leucacantha* des anciens, qui recevoient encore les noms de *polygonaton, phyllon, ischias, gniacarpus* et *spina alba*. (LN.)

LEUCACHATES. Pline mentionne sous ce nom une sorte d'*achates blanc*, qui est peut-être une calcédoine. (LN.)

LEUCADE, *leucas*. Genre de plantes établi par R. Brown aux dépens des PHLOMIDES ; il est fort voisin des LÉONITES. Ses caractères sont : calice à dix stries et à dix dents ; corolle à deux lèvres, la supérieure courte, entière et velue, l'inférieure longue, à trois divisions, dont l'intermédiaire est plus grande ; anthères et lobes écartés ; stigmate ne débordant pas la lèvre supérieure. (B.)

LEUCADENDRA. *Voyez* LEUCADENDRON. C'est aussi le nom, 1.º d'une espèce intéressante de *mélaleuque*, dont les feuilles donnent, par distillation, *l'huile de cajeput*. *V.* MÉLALEUQUE ; 2.º d'une espèce de *solidage*, qui croît dans l'île Sainte-Hélène. (LN.)

LEUCADENDRE, *leucadendron*. Genre de plantes établi par R. Brown aux dépens des PROTÉES. Il offre pour caractères : fleurs dioïques ; dans les femelles le stigmate oblique, en massue, émarginé, hérissé : une noix ou samare monosperme renfermée dans les écailles du cône.

Les PROTÉES ARGENTÉ, en CORYMBE, et trente-six autres espèces, font partie de ce genre. (B.)

LEUCADENDRON et LEUCADENDROS (Arbre blanc, en grec). Plukenet classa sous ce nom les espèces de protées qu'il a connues, et dont plusieurs sont remarquables par leurs feuilles velues, soyeuses, et d'un blanc argentin. Linnæus, qui en connut un plus grand nombre, en fit d'abord deux genres, savoir, *leucadendron* et *protea ;* mais ensuite il les confondit sous le dernier nom. Maintenant M. Robert Brown les rétablit de nouveau. Il rapporte au *leucadendron* 38 espèces, et au *protea* 39 espèces, en tout 77 espèces, non compris celles extraites du genre *protea* de Thunberg, qui forment les genres *leucospermum, serruria, mimetes, nivenia, sorocephalus, spatalla* de Brown, et qui s'élèvent à plus de quatre-vingts. Ce grand nombre d'espèces peut seul justifier la création de tant de genres nouveaux, la plupart très voisins, et dont les caractères sont difficiles à saisir. (LN.)

LEUCADENDRUM. *V.* LEUCADENDRON. (LN.)

LEUCAÉRIE, *leucaeria*. Genre établi par Lagasca dans

la famille des composées à corolles bilabiées, pour placer quelques plantes glanduleuses de l'Amérique méridionale, à feuilles alternes, profondément pinnatifides, et à fleurs solitaires et terminales. Ses caractères sont: calice oblong, lâchement imbriqué par des folioles lancéolées ; tous les fleurons égaux et bilabiés; aigrette stipitée, velue, dentée. (B.)

LEUCANTHEMON et aussi LEUCANTHEMIS, LEUCANTHEMOS et LEUCANTHEMUM. Noms d'une des espèces de plantes que Dioscoride comprend dans ses *anthemis*. Elle les doit à ses fleurs blanches, mais jaunes au milieu. Elle est voisine du *chamæmelum*, qui a l'odeur de la pomme. Pline la dit odorante, si toutefois il parle de la même plante, comme on l'assure. Suivant C. Bauhin, la CAMOMILLE COMMUNE (*Matricaria chamomilla*, Linn.) est le *leucanthemon* de Dioscoride, et selon Anguillara, la CAMOMILLE ROMAINE A FLEUR DOUBLE (*Anthemis nobilis*, B. Linn.), le *leucanthemum* de Pline. Adanson porte la plante de Dioscoride dans le genre qu'il appelle ainsi, et qu'il dit être le *chrysanthemum* de Tournefort ; mais il lui donne des caractères qui y ramènent la plupart des espèces à fleurs portées sur des pédoncules solitaires du genre *leucanthemum* du même auteur, et dont la grande-marguerite des prés fait partie. L'un et l'autre semblent donc y rapporter le leucanthemon des anciens, lesquels ont encore donné ce nom à leur *anthemis*. Le genre *leucanthemum* de Tournefort et son genre *chrysanthemum*, forment le *chrysanthemum* de Linnæus (subdivisé maintenant en deux, CHRYSANTHÈME et PYRÈTHRE). Le *leucanthemum* de Tournefort est caractérisé par les écailles du calice, qui sont obtuses. Les espèces de Linnæus à fleurs en corymbes sont réunies au genre *matricaria*, T., par Adanson.

Les plantes nommées *leucanthemum* rentrent dans les genres cités dans cet article, et OSMITES. (LN.)

LEUCANTHON de Dioscoride. C'est la même plante que son *oinanthè*. *V.* OENANTHE. (LN.)

LEUCARGILLON ou LEUCARGILLOS. Les Grecs, dit Pline, donnent ce nom à l'ARGILE BLANCHE, dont on se sert dans les champs de Mégare, mais seulement pour les terres froides et humides. Le LEUCARGILLON servoit donc a fertiliser les terres, et pourroit être une terre blanche de la nature de la marne. (LN.)

LEUCAS, d'un mot grec qui signifie *blanc*. OEder (Flore dan, tab. 51) le donne à la DRYADE (*Dryas octopetala*), dont les feuilles sont d'un blanc de neige en dessous. Burmann (Zeyl., tab. 63, f. 1) l'applique à une espèce de PHLOMIDE cotonneuse. Elle sert de type au genre *leucas* de R. Brown, qui n'est qu'un démembrement du genre *phlomis*, Linn. Ce nom fut déjà employé par Césalpin, pour désigner quelques espèces de *lamium*, et le galeope-galeobdolon, et bien plus anciennement pour une plante demeurée inconnue qui est, peut-être une espèce de potentille ou la dryade citée plus haut. (LN.)

LEUCE. Nom du PEUPLIER BLANC, chez les Grecs. *V*. POPULUS. (LN.)

LEUCEORON. Synonyme du LÉONTOPÉTALON, chez les Grecs. *V*. ce mot. (LN.)

LEUCHEL. Nom allemand d'une espèce de LAICHE (*Carex acuta*). (LN.)

LEUCHSPATH (*Spath lumineux*). Dans les ouvrages allemands, ce nom désigne la *chaux fluatée* et la baryte sulfatée crêtée, deux pierres phosphorescentes. (LN.)

LEUCHTE. Le MARRUBE COMMUN, l'EUPHRAISE OFFICINALE et le MYOSOTIS SCORPIOÏDES, ont ce nom en Allemagne. (LN.)

LEUCHTERBLUME. Willdenow donne ce nom allemand aux CÉROPÈGES. (LN.)

LEUCITE *leuzit*, W. Ce nom, qui signifie en grec *corps blanc*, est celui que Werner donne à l'AMPHIGÈNE (*V*. ce mot), substance minérale qui n'a encore été trouvée que dans deux contrées, l'Italie, où elle abonde (dans l'Etat Romain et à Naples), et sur les bords du Rhin, près d'Andernach. Tous les autres lieux où l'on a indiqué de l'*amphigène*, n'ont présenté 1.° que des grenats d'un jaune très-pâle; tel est l'*amphigène prétendu* des Pyrénées, celui de l'île d'Elbe, celui du Pérou; 2.° de l'analcime, comme l'*amphigène* d'Islande, de Daubarton en Ecosse, de Bohème, de Hongrie; 3.° une substance très probablement nouvelle; tel est l'*amphigène* de Friederischwern, en Norwége, qui offre des caractères différens de ceux de l'analcime et de ceux de l'*amphigène*, et que son gisement dans la syénite zirconienne rend très-remarquable, et rapproche de la sodalite du Groënland. J'ignore s'il existe réellement de l'amphigène dans le Vivarais, comme on le dit; mais j'en doute. M. Selb indique de l'amphigène avec la natrolite à Roegau et Hohentwiel en Souabe; je pense que c'est de l'analcime.

C'est une chose assez remarquable qu'on ait été choisir précisément l'amphigène des laves comme une preuve de la formation après coup des cristaux qui y sont contenus, c'est-à-dire, pendant que les laves étoient encore liquides. On s'appuie principalement sur ce que les cristaux d'amphigène ne se trouvent que dans les laves, et surtout sur des fragmens boursouflés de la pâte elle-même de la lave, contenus dans le centre des cristaux; et rien n'est moins convaincant. En effet, il est très-commun de voir dans les porphyres et dans les granites, des cristaux de feld-spath, contenant dans leur centre des portions de la pâte même du granite (ce qui est évident surtout dans le *granite globulaire* de Corse, dans lequel les globules ne sont que des cristaux de feld-spath déformés) ou de la pâte du porphyre. Ce dernier exemple est fort commun. Ajoutez à ces faits que, dans les laves, les cristaux qui y sont épars, et surtout l'infusible *amphigène*, sont moins fusibles que la pâte qui les contient.

On ne sera donc pas surpris que la chaleur des laves, qui est loin de s'élever au degré de celui de nos fourneaux, comme le prouve Dolomieu, mais suffisante pour liquéfier la roche primitive, l'ait fondue jusqu'au centre des cristaux qui en renfermoient, devenus ainsi de petits creusets hermétiquement clos, ne laissant pas échapper les vapeurs qui produisirent le boursoufflement. Peut-on donc voir ici une preuve contraire à celle de la préexistence des cristaux dans les laves, toujours soutenue par Dolomieu, et que les raisonnemens de MM. Debuch, Fleuriau de Bellevue, Patrin (qui a longuement combattu contre dans la première édition de ce Dictionnaire), n'ont jamais fait varier ?

Une autre preuve de la préexistence des cristaux, est fournie encore par l'amphigène même.

Cette substance n'est pas exclusive aux laves qui ont coulé. On trouve au pied du Vésuve des fragmens de laves erratiques qu'on ne sauroit rapporter à une coulée, dont la pâte est passée à l'état de verre parfait, et souvent enfermée dans les cristaux d'amphigène ; elle est très-fusible, tandis que l'amphigène conserve son caractère d'infusibilité. Enfin l'amphigène n'est pas exclusif aux laves qui ont été liquéfiées, puisqu'il se trouve abondamment avec les matières rejetées intactes par le Vésuve dans son premier âge, et qu'il s'y trouve associé avec des grenats, substance très-difficile à fondre, qui ne l'accompagne jamais dans les laves liquéfiées ; ce qui semble prouver que les bases de ces laves sont des roches essentiellement différentes de celles dont le volcan nous donna des échantillons autrefois, et qu'elles étoient fort riches en amphigène. Les tufs et les pepérino des environs de Rome fournissent un grand nombre d'exemples de roches avec amphigène rejetées intactes ou légèrement atteintes par le feu, et notamment les collines de l'ancienne Tuscule ou Frascati.

Si l'on eut pris le péridot-olivine pour exemple, on auroit été un peu plus embarrassé pour combattre la préexistence des cristaux dans les laves ; en effet, a-t-on trouvé cette substance ailleurs que dans les laves en coulées et dans les basaltes qui n'en sont que des restes ? Pourquoi alors l'olivine, extrêmement difficile à fondre, y est-elle en grains vitreux ou en cristaux tellement rares, qu'on les cite comme des phénomènes, ce qui est contraire à ce qu'on observe pour le feldspath, le pyroxène, l'amphigène, etc., et à ce qui se passe dans une dissolution de plusieurs substances cristallisables, dans laquelle l'une de ces substances se sépare des autres pour ne *former que des cristaux plus, ou moins parfaits.* (LN.)

LEUCOCHRYSOS. Pline donne ce nom à deux gemmes : l'une d'un blanc doré, refletant en blanc, comme le cristal, ou bien présentant une veine blanche ; c'étoit le *leucochrysos* proprement dit ; la seconde gemme étoit d'un blanc-jaunâtre enfumé : c'est son *leucochrysos capnia.* Ces deux gemmes paroissent être deux variétés de quarz jaune pâle et enfumé, et non pas des véritables topazes ou des zircons, comme on l'a pensé. (LN.)

LEUCOCOCCIS. Ce nom, qu'on trouve, selon Adanson, dans Dioscoride et dans Pline, est rapporté par lui, avec les noms qui appartiennent au GRENADIER. C'étoit, sans doute, une variété à graines entourées d'une chair blanche au lieu d'être rouge. (LN.)

LEUCODON, *leucodon.* Genre de plantes de la famille des mousses, proposé par M. Schwægrichen. Il a pour caractères : un péristome simple, externe, composé de seize dents bipartites.

Fleurs mâles, selon Hedwig, axillaires, gemmiformes. Il se compose de trois espèces, savoir : la FENDULE SCIUROÏDE, une nouvelle espèce nommée *Hypnum morense* par Schleicher, et la *Neckera canariensis*, décrite par Bridel. (P. B.)

LEUCOGRAPHIS. *V.* LEUCOGRAPHUS. (LN.)

LEUCOGRAPHUS ou LEUCOGRAPHIS. Espèce de plante mentionnée par Pline, et qui est, dit-on, le CHARDON MARIE (*carduus marianus,* Linn.). Les lignes et taches blanches qu'on voit sur cette plante, lui méritent en effet le nom de *leucographis*, composé de deux mots grecs, dont l'un signifie *blanc*, et l'autre, *caractère.* Anguillara prend pour ce *leucographis* une espèce de verge d'or. (LN.)

LEUCOION ou LEUCOIUM (*violette blanche*, en grec). Théophraste, Pline et Dioscoride mentionnent plusieurs plantes sous ce nom ; les deux derniers n'en donnent point de description, parce que, disent-ils, elles sont connues de tout le monde ; ils se contentent de dire qu'il y en a dont les fleurs sont rouges ou jaunes, ou blanches, et qu'on les cultive. Leurs commentateurs partagent ces plantes en deux groupes : le premier est le LEUCOION BULBEUX ou le LEUCOION de Théophraste , dont le nom fut converti par Gaza en celui de *violette blanche*. « Cette plante , dit Théophraste , est printanière , et fleurit aussitôt que les rigueurs de l'hiver ont cessé , et même l'hiver n'étant pas encore radouci. » Ses fleurs blanches font contraste, en cette saison, avec les fleurs agréables de la violette. L'espèce printannière du genre *leucoium* de Linnæus est probablement cette plante, ou bien la PERCE-NEIGE (*Galanthus nivalis*); c'est ce qui fait que Clusius et C. Bauhin leur ont donné le nom de *leucoium bulbosum*, appliqué par suite à toutes les espèces de ces deux genres. Le *leucoium* de Linnæus, qui est un de ces genres , est nommé *acrocorion* par Adanson , et *narcisson-lirion* par Tournefort. Haller y réunit le *galanthus*.

Le deuxième groupe est celui du LEUCOION NON BULBULEUX, dont les espèces devoient leur nom de *leucoion* , non pas à la couleur de leur fleur, puisqu'il y en avoit de blanches, de bleues et de pourprées comme la violette, et de jaunes, mais au duvet cendré ou blanchâtre qui couvroit les feuilles et les tiges. Pline et Dioscoride ont bien connu les violettes blanches et les violettes jaunes ; ainsi leurs espèces de *leucoion*, qu'on cultivoit seulement pour l'agrément , étoient des plantes différentes , et l'on ne sauroit douter qu'elles ne fussent nos giroflées jaunes, blanches ou rouges (*cheiranthus cheiri* , *annuus* et *incanus*, Linn.), autrement nommées *violiers*, du mot *violette*. Presque tous les anciens botanistes ont conservé le nom de *leucoium* à ces giroflées, qui devinrent un noyau où beaucoup de plantes se groupèrent. Mais Tournefort le restreignit aux seules giroflées , en faisant de celles-ci et de leurs congénères, qui ont les graines marginées, un genre *leucoium* que Linnæus confondit dans son cheiranthus , et que Moench a voulu rétablir.

Les autres plantes appelées *leucojum* sont presque toutes des crucifères, et appartiennent maintenant aux genres *iberis* , *alyssum* , *biscutella* , *draba*, *hesperis* , *heliophile* , *erysimum* , *arabis*, *cleome* , *verbascum* , *strumaria* , et à quelques-uns des nouveaux genres faits aux dépens de ceux-ci. (LN.)

LEUCOION NOIR (λευχόιον μέλαν). Hippocrate désigne par ce nom la VIOLETTE de mars, suivant ses commentateurs. Théophraste nomme cette même plante *melanion* , violette noire. (LN.)

LEUCOLITHE. Napione a donné ce nom, qui signifie *pierre blanche*, en grec , à l'amphigène. (LN.)

LEUCOLITHE d'Altemberg, Delamétherie. C'est la substance blanche, connue par Romé-de-l'Isle sous le nom de *schorl blanc prismatique;* c'est la *pycnite* de M. Haüy, que ce savant a reconnue depuis pour une variété de SILICE FLUATÉE ALUMINEUSE ou TOPAZE. *V.* ce mot. (LN.)

LEUCOLITHE DE MAULÉON. Delamétherie désigna sous ce nom le DIPYRE, substance minérale que MM. Lelièvre et Gillet-Laumont découvrirent, en 1786, sur la rive droite du gave de Mauléon (Hautes-Pyrénées), et que M. Delamétherie crut voisine de la LEUCOLITHE d'Altemberg ou PYCNITE. *V.* TOPAZE. (LN.)

LEUCONARCISSUS, *Narcisse blanc.* C'est le nom donné par C. Bauhin, dans son Prodrome, à une liliacée que Linnæus avoit d'abord placée dans le genre *bulbocodium*, puis dans le genre *anthericum*, en la nommant *anthericum serotinum.*
(LN.)

LEUCONARCISSOLIRION. Lobel et J. Camerare désignent sous ce nom les espèces du genre *galanthus* et *leucoïum*, Linn. (LN.)

LEUCOPHORE. *V.* à l'article FRINGILLE, section F, tome 12, p. 229, PINSON LEUCOPHORE. (V.)

LEUCOPHRE, *leucophra.* Genre de vers polypes amorphes ou d'animalcules infusoires, dont le caractère consiste à être transparent et garni de cils sur toute sa superficie.

Les espèces de ce genre ne diffèrent de celles du TRICODE, auquel Lamarck les a réunies, que parce qu'elles sont entièrement couvertes de poils. Elles se trouvent dans les eaux des marais, dans celles de la mer pures ou putréfiées, et dans les infusions végétales, où elles nagent avec vélocité en décrivant perpétuellement des cercles : du reste, elles ne donnent lieu à aucune remarque de quelque importance.

Muller a décrit et figuré vingt-six espèces de *leucophres*, parmi lesquelles on peut citer :

La LEUCOPHRE MARQUÉE, qui est ovoïde, cylindracée et marquée d'un point noir près du bout antérieur. *V.* pl. E 23 où elle est figurée. Elle se trouve dans l'eau de mer.

La LEUCOPHRE ROTIFÈRE, qui est ovale, verte, dont l'extrémité antérieure est tronquée et ciliée. Elle se trouve dans l'eau de mer.

La LEUCOPHRE PERCÉE est ovale, gélatineuse, obtuse, et presque tronquée en avant, avec une fossette creusée sous sa partie postérieure. Elle se trouve dans l'eau de mer.

La LEUCOPHRE VERTE est ovale, opaque et verte. Elle se trouve dans l'eau douce.

La LEUCOPHRE PRESTULATE est ovale-oblongue, et son extrémité postérieure est tronquée obliquement. Elle se trouve dans les marais.

La Leucophre globifère est ovale-oblongue, cristalline, et a trois globules alignés dans l'intérieur. On la trouve dans les fossés.

La Leucophre bracelet est cylindracée, courbée en forme d'anneau. Elle se trouve dans l'eau des moules de mer.

LEUCOPHTHALMOS de Pline. Cette gemme du naturaliste romain est prise pour une sorte d'*agathe œillée* blanche et noire. (LN.)

LEUCOPHYLLE, *leucophyllum*. Arbuste de la Nouvelle-Espagne, à feuilles alternes et à fleurs axillaires et solitaires, observé et décrit par Humboldt et Bonpland, qui seul constitue un genre dans la didynamie angiospermie et dans la famille des scrophulaires.

Les caractères de ce genre sont : calice presque campanulé, velu en dehors, à cinq divisions presque égales ; corolle allongée, campanulée, à cinq divisions arrondies, deux inférieures courtes, et trois supérieures dont l'intermédiaire est plus longue et lanugineuse en dedans ; quatre étamines didynames ; ovaire supérieur, en partie enfoncé dans un disque surmonté d'un long style à stigmate en tête ; capsule ovale biloculaire et polysperme. (B.)

LEUCOPIS ou **LEUCOPES**. Synonyme de *parthenium* chez les Grecs. (LN.)

LEUCOPOECILOS de Pline. Pierre blanche rayée de lignes couleur d'or. On suppose que ce peut être une pierre chatoyante dans le genre de l'*œil de chat*, ce qui me paroît très-douteux. (LN.)

LEUCOPOGON, *leucopogon*. Genre de plantes établi par R. Brown, dans la pentandrie monogynie et dans la famille des bicornes, pour placer une cinquantaine d'arbrisseaux de la Nouvelle-Hollande qui se rapprochent beaucoup des Styphelies et des Perojoa.

Les caractères qu'il offre sont : calice accompagné de deux bractées ; corolle infundibuliforme à limbe droit et barbu ; ovaire à deux ou cinq loges ; drupe sec, ou baie presque crustacée.

Le genre Peroja de Cavanilles rentre dans celui-ci. (B.)

LEUCOPSIS. *V.* Leucopsis. (DESM.)

LEUCOPYRUS. Nom spécifique de la Fluggée de Willdenow, arbrisseau des Indes orientales, qui a pour fruit des baies d'un blanc de neige. (LN.)

LEUCORYX. Quadrupède du genre des antilopes, long-temps confondu avec l'*antilope oryx* dont il a les cornes droites, mais dont il diffère cependant par les couleurs. (DESM.)

LEUCO-SAPHIR ou **LUCO-SAPHIR**, c'est-à-dire,

SAPHIR BLANC. Boëce de Boot nous apprend que sur les confins de la Bohème et de la Silésie, on trouve des saphirs tendres, laiteux ou blancs, quelquefois mélangés de bleu, et qui portent les noms de *luchsaphir* et de *luco-saphir*. Il est probable qu'il n'a pas entendu parler d'un *corindon bleu* ou *saphir de couleur pâle*, mais du *saphir d'eau* ou *dichroïte* ou *cordiérite*. *V*. LUCH-SAPHIR. (I.N.)

LEUCOSCEPTRE, *leucosceptrum*. Plante de l'Inde qui seule, d'après Smith, constitue un genre dans la didynamie gymnospermie et dans la famille des verbénacées.

Ce genre offre pour caractères : un calice à cinq découpures ; une corolle à tube court et à cinq lobes inégaux ; les étamines inclinées ; le stigmate bifide. (B.)

LEUCOSIE, *leucosia*, Fab. Genre de crustacés, de l'ordre des décapodes, famille des brachyures, tribu des orbiculaires, et dont les caractères sont : test presque globuleux, légèrement rétréci à sa partie antérieure ; yeux petits, rapprochés, presque immobiles dans leurs fossettes ; antennes très-petites ; premier et second articles des pieds-mâchoires extérieurs formant, réunis, un triangle couvrant la bouche, et dont l'extrémité se loge dans une excavation pointue de l'extrémité antérieure et inférieure du test ; longueur des pieds diminuant graduellement, à parties des serres qui sont ordinairement longues et cylindriques, dans les mâles surtout ; les autres pieds onguiculés, courts et souvent grêles ; queue composée de quatre à cinq tablettes ; celle de la femelle grande, presque orbiculaire, recouvrant la poitrine.

Le test de ces crustacés est ordinairement bombé, dur et blanc, d'où vient le nom générique de *leucosie* qu'on leur a donné. Plusieurs espèces sont même remarquables par leur poli. Les deux serres antérieures sont plus longues dans les mâles, et souvent terminées par une pince grêle et effilée. Suivant M. Léach, la queue des deux sexes n'est que de quatre articles ; mais j'en ai compté cinq dans quelques mâles. Ce caractère, qui n'avoit pas échappé à M. Bosc, peut servir à distinguer ce genre de ceux de *maïa*, d'*inachus*, etc., avec lesquels il a des rapports. Suivant les observations de ce naturaliste et celles de M. Risso, les leucosies font leur séjour dans les moyennes profondeurs de la mer, dans les écueils des rochers calcaires, parmi les flustres et les madrépores, et y vivent solitaires et cachées. Elles y attendent, pour sortir, que le hasard leur présente quelque proie facile à saisir. Leur démarche est lente, et on ne les voit guère courir que dans le danger. La femelle de la *leucosie noyau* dépose, suivant M. Risso, de deux à trois cents œufs rougeâtres, qui éclosent pendant l'été.

Ces crustacés sont généralement petits ou de grandeur moyenne et mauvais à manger.

L'espèce nommée *craniolaire* est commune en état fossile, la solidité particulière de son test contribuant à sa conservation. .

1. *Corps bombé, presque globuleux ou presque ovoïde.*

A. Milieu des côtés du test dilaté et prolongé en une pointe très-forte.

LEUCOSIE CYLINDRE , *leucosia cylindrus*, Fab. , Bosc, Latr. ; Herbst, *Canc.* tab. 2, fig. 29-31. Front tronqué, fendu ; deux sillons longitudinaux et arqués sur le milieu du dos ; milieu des côtés prolongé en une pièce grosse, presque cylindrique, terminée brusquement en une pointe aiguë ; serres allongées, cylindriques et filiformes. Sur les côtes de l'Ile-de-France. M. Léach forme avec cette espèce son genre IxA.

LEUCOSIE A SEPT ÉPINES, *leucosia septem-spinosa*, Fab., Bosc, Latr.; Herbst, *Canc.*, tab. 20, fig. 112. Museau échancré ; une épine très-forte, aiguë et recourbée au milieu des côtés du test et de son bord postérieur ; deux autres petites, droites, de chaque côté, entre la latérale et la postérieure ; une partie des serres chargée de grains. Dans l'Océan indien.

B. Milieu des côtés du test point dilaté.

* Test épineux ou dentelé latéralement.

LEUCOSIE HÉRISSON , *leucosia erinaceus* , Fab., Bosc , Latr ; Herbst, *Canc.*, tab. 20, fig. 111. Corps presque globuleux, couvert, ainsi que les pieds, d'épines ; quelques-unes dentées ; pinces allongées, cylindriques. Dans l'Océan indien.

LEUCOSIE BALLE , *leucosia pila*, Fab. , Bosc, Latr. Globuleuse, lisse , avec des dents aux bords latéraux, dont plusieurs plus grandes ; museau entier ; pinces courtes, ovoïdes et lisses. Dans l'Océan indien.

** Test sans épines ni dents latérales nombreuses.

† Extrémité postérieure du test soit épineuse , soit dentée ou tuberculée.

LEUCOSIE PONCTUÉE, *leucosia punctata*, Fab., Bosc, Latr. ; Herbst, *Canc.*, tab. 37, fig. 2 ; Brown, *Jam.*, tab. 42, fig. 3. Presque ovoïde, chargée de petits grains, qui forment de petites dentelures au bord postérieur ; trois pointes ou épines égales à ce bord ; bras verruqueux ; doigts striés, à dentelures presque égales et obtuses. Aux Antilles.

LEUCOSIE FUGACE, *leucosia fugax*, Fab. , Bosc, Latr.; Herbst, *Canc.*, tab. 2, fig. 15,16 ; le mâle. Voisine de la précédente, mais presque lisse et sans crénelures au bord postérieur; trois épines sur ce bord, dont l'intermédiaire plus forte; doigts très-menus, sans stries, et à dentelures inégales. Mers des Indes orientales.

LEUCOSIE NOYAU, *leucosia nucleus*, Fab., Bosc, Latr., Risso, Herbst, *Canc.*, tab. 2, fig. 14, le mâle, pl. D. 15, 9 de cet ouvrage ; *Cancer marrochelos*, Rond. Aldrov. Globuleuse, avec de petits grains épars sur les côtés et à l'extrémité postérieure ; une petite éminence, en forme de dent, de chaque côté, en avant et au-dessus des deux serres ; une épine aiguë, recourbée, de chaque côté, au-dessus de la naissance des deux pattes postérieures ; deux dents au bord postérieur du test; doigts très-longs, grêles, filiformes et pointus. Dans la Méditerranée.

†† Extrémité postérieure du test sans épines ni protubérances remarquables

LEUCOSIE CRANIOLAIRE, *leucosia craniolaris*, Fab., Bosc, Latr.; Herbst, *Canc.*, tab. 2, fig. 17. Test globuleux-ovoïde, lisse en dessus, un peu déprimé en devant, de chaque côté ; espace intermédiaire formant une carène écrasée; côtés antérieurs rebordés, crénelés; museau court, très-obtus, foiblement tridenté ; bras ayant de grosses verrues; pinces ovoïdes, lisses, rebordées inférieurement. Sur la côte de Malabar.

LEUCOSIE PORCELAINE, *leucosia porcellana*, Fab., Bosc, Latr. ; Herbst, *Canc.*, tab. 2, fig. 18. Très-semblable à la précédente, mais sans museau ; largement tronquée et entière au bord antérieur. Dans l'Océan indien.

II. *Corps aplati ou très-peu élevé, presque orbiculaire.*

LEUCOSIE PLANE, *leucosia planata*, Fab., Bosc. Test petit, lisse, sans museau; trois petites dents aiguës au front; deux autres fortes et pointues de chaque côté des bords latéraux. À la Terre de Feu. (L.)

LEUCOSIE FOSSILE. *V.* CRUSTACÉS FOSSILES. (DESM.)

LEUCOSIE, *leucosia*. Arbrisseau de Madagascar que Dupetit-Thouars à fait servir à l'établissement d'un genre dans la pentandrie monogynie et dans la famille des térébinthes.

Les caractères qu'il assigne à ce genre sont : calice campanulé à cinq découpures ; corolle de cinq pétales ; ovaire inférieur à un seul style; fruit trigone à trois semences, dont deux avortent. (B.)

LEUCOSPERME, *leucospermum*. Genre de plantes établi par R. Brown aux dépens des PROTÉES.

Ses caractères sont : enveloppe de plusieurs folioles ; cône multiflore ; calice irrégulier à quatre divisions, dont trois sont réunies et la quatrième anthérifère ; style filiforme caduc, à stigmate épais et glabre ; noix ventrue, sessile, unie.

Les PROTÉES LINÉAIRES, À FRUITS EN CÔNE, et cinq autres espèces entrent dans ce genre. (P.)

LEUCOSPIS, *Leucospis.* Genre d'insectes de l'ordre des hyménoptères, section des térébrans, famille des pupivores, tribu des chalcidites. Ses caractères sont : pieds postérieurs ayant les cuisses très-grandes et les jambes arquées ; abdomen sessile en apparence, comprimé sur les côtés, arrondi au bout ; tarière de la femelle recourbée sur le dos ; ailes supérieures doublées. Les leucospis ont les antennes insérées entre les yeux, coudées, de douze articles, dont les dix derniers forment une tige conico-cylindrique ; les palpes courts, un peu renflés au bout ; les maxillaires de quatre articles, dont le pénultième allongé, et les labiaux de trois ; les mandibules bidentées ; la languette très-échancrée, et les pattes postérieures propres pour sauter.

Ces insectes ont la tête triangulaire, comprimée, appliquée contre le corselet, verticale ; le premier segment du corselet grand, carré ; une cellule radiale, très-étroite, fort allongée, et une cellule cubitale incomplète, aux ailes supérieures ; l'abdomen ovalaire, comprimé, arrondi postérieurement, paroissant sessile, le premier anneau tenant au corselet par une bonne partie de sa largeur, et le point central du mouvement n'étant qu'au second anneau. La tarière, dans les femelles, est de trois filets ; elle prend naissance de la poitrine, sous une lame triangulaire, et remonte sur le dos, en s'appliquant dans une rainure ; les jambes postérieures sont arquées, terminées par une forte pointe, et reçoivent dans leur courbure les cuisses, qui sont renflées.

Les *leucospis* ont des rapports avec les *chalcis* ; mais la forme et la position de leur tarière les en font distinguer au premier coup d'œil.

Le *leucospis dorsigère* place ses œufs dans les nids des *apiaires maçonnes.* M. Amédée Lepelletier a fait à cet égard des observations très-curieuses, mais qu'il n'a pas encore publiées.

LEUCOSPIS DORSIGÈRE, *Leucospis dorsigera,* Fab. ; pl. G 3,7 de cet ouvrage.

Il a environ sept lignes de long ; les antennes noires, fauves à la base ; la tête noire ; le corselet noir, avec deux lignes à sa partie antérieure, une à sa partie postérieure, au-dessus de l'écusson, et une de chaque côté, à la base des ailes, jaunes ; l'abdomen comprimé, obtus, d'un noir brillant, avec deux bandes jaunes obliques, la première interrompue dans son milieu ; deux taches entre les deux bandes et l'anus, jaunes ; les pattes jaunes ; les cuisses postérieures très-larges, dentées, jaunes, avec une grande tache noire; les autres cuisses entièrement noires; et les ailes brunes.

On le trouve dans les parties méridionales de la France, et aux environs de Paris, vers le milieu de l'été.

Leucospis géant, *leucospis gigas*, Fab., Coqueb., *Illust. insect.* dec. 1, tab. 6, fig. 4. Une fois plus grand; abdomen et tarière plus courts; deux points jaunes sur le milieu du corselet; d'ailleurs semblable au précédent.

On l'a trouvé aux environs de Paris, dans un nid d'*abeille maçonne*. Il est moins rare dans le Midi. *V.* la monographie de ce genre, donnée par M. Klüg, dans les *Actes des curieux de la nature*, de Berlin; et l'*Ouvrage* de M. Jurine, sur les Hyménoptères. (L.)

LEUCOSTICTOS (*Pointillé de blanc*, en grec). L'un des noms sous lesquels le porphyre rouge antique est mentionné dans Pline, selon Wallérius. Saumaise prétend qu'il faut lire *leptopsephos*. D'autres auteurs écrivent *leucopsephos;* tous ces noms signifient la même chose que *leucostictos*, et conviennent parfaitement au porphyre rouge antique, dont la pâte rouge ou violette est remplie d'une grande quantité de très-petits cristaux blancs. Ce porphyre une variété d'un rouge pourpre; il est très-probable que c'est elle que Pline désigne par le nom de *porphyrites* qui tire son origine d'un mot grec qui est le nom de la Pourpre. (LN.)

LEUCOSTINE. Delamétherie nomme ainsi les porphyres rouges à base de pétrosilex rouge ou rougeâtre, qui contiennent des petits cristaux de feld-spath blanc, d'où le nom grec de leucostine (à points blancs). M. Brongniart, sans le détourner de cette application, semble cependant l'étendre davantage, puisqu'il ajoute aux caractères ci-dessus, celui d'être fusible en émail noir ou gris, et qu'il y rapporte 1.º le *Porphyre rouge antique*, dont la pâte d'un rouge brunâtre ou violâtre, renferme une multitude de petits cristaux de feld-spath blanchâtres ou violâtres, et de cristaux encore plus petits d'amphibole noir; 2.º des *Porphyres bruns–rougeâtres* ou *roses*, qui contiennent des grains de quarz. On en trouve à Planitz, à Kusseldorf en Saxe, à la montagne de l'Esterel en Provence, et en Corse, où ils sont fort communs.

M. Cordier a tout-à-fait changé l'emploi de ce nom de Leucostine, puisqu'il s'en sert pour désigner les Laves lithoïdes, connues par Dolomieu sous le nom de *laves pétrosiliceuses*, et dont il fait le type non altéré des substances volcaniques en masses feld–spathiques, dans lesquelles les particules du feld–spath sont très-prédominantes; dès-lors, la fusion en verre blanc ou gris, devient le caractère de ces substances. Il caractérise ainsi ce type: substances exclusivement composées de cristaux microscopiques, entrelacés, d'un égal volume, adhérens par leur simple *juxta-position*, *offrant entre eux des vacuoles plus ou moins rares.*

Il subdivise la leucostine en trois :

1.° L. *compacte.* Il y rapporte la lave lithoïde pétrosiliceuse compacte, le hornstein volcanique et le feld-spath compacte sonore, dit klingstein ou phonolite.

2.° L. *écailleuse.* Sorte nouvelle dans laquelle beaucoup de cristaux de feld-spath sont plats et posés dans le même sens. M. Cordier présume qu'on doit rapporter ici le *graustein* de Werner, ce qui n'est pas en doute pour nous.

3.° L. *granulaire.* Ici rentre le DOMITE, base d'une partie des porphyres argileux de l'Auvergne, et probablement de ceux de Hongrie. Quelques-uns des porphyres trappéens de M. de Humboldt sont rapportés par M. Cordier à la Leucostine granulaire.

La Leucostine est la base de la *pumite*, de l'*obsidienne*, de la *spodile*, de l'*alloïte*, de la *trassoïte*, de la *téphrine* et de l'*asclérine* de ce même minéralogiste. (*V.* ces mots). (LN.)

LEUCOTHOË, *leucothoë*, Léach. Genre de crustacés, de l'ordre des amphipodes, ayant pour caractères : quatre antennes, dont les supérieures plus longues, composées d'un pédoncule de deux articles, et d'une tige divisée en un grand nombre d'articulations ; les deux pattes antérieures terminées en pince à deux doigts, le pouce biarticulé.

Ce genre a été formé sur un petit crustacé des mers britanniques, mais très-rare ; *Cancer articulosus*, Montag., *Trans. linn.*, tom. 7, tab. 6, fig. 6. (L.)

LEUCOXYLON. *Bois blanc*, en grec. Dans l'Almageste de Plukenet, on trouve figurée pl. 200, fig. 4, une espèce de BIGNONE avec ce nom : c'est le *bignonia leucoxylon*, arbre qui croît dans les îles. Boerhaave nomme *leucoxylon* une autre plante qui rentre dans le genre *ageria* d'Adanson, lequel se compose des genres *myrsine* et *prinos* de Linnæus. (LN.)

LEUCUS. Nom latin du *héron blanc. V.* au mot HÉRON. (S.)

LEUGE. Nom vulgaire du LIEGE. *V.* CHÊNE. (B.)

LEUKOJE. Nom allemand des GIROFLÉES. (LN.)

LEURADIE, *leuradia.* Genre de Vandeli qui ne diffère pas de l'AGLAIA. (B.)

LEURRE (*Fauconnerie*). Morceau de cuir rouge, grossièrement façonné en forme d'oiseau, et dont on se sert pour réclamer ou appeler les oiseaux de vol. L'on y attache de la viande pour les attirer plus sûrement ; c'est ce qui s'appelle *acharner le leurre. Leurrer* un oiseau, c'est lui presenter le *leurre. V.* la *fauconnerie*, au mot FAUCON. (S.)

LEUTRITE. A Leuttra, près de Jena, en Saxe, on

emploie pour engraisser les terres, une pierre marneuse ar-
gilo-calcaire d'un blanc grisâtre ou jaunâtre, remarquable
par la singulière propriété qu'elle a de répandre une lumière
phosphorique très-vive lorsqu'on la gratte même légèrement.
On y observe de petites géodes, quelquefois tapissées de cristaux de chaux carbonatée. (LN.)

LEU-TZE. Nom que les Chinois donnent à leur CORMO-
RAN. (V.)

LEUZÉE, *Leuzea.* Genre de plantes établi par Decandolle pour placer la CENTAURÉE CONIFÈRE, qui diffère des
autres par sa fructification.

Ce nouveau genre a pour caractères : un calice sphérique
composé d'écailles imbriquées, non épineuses, arrondies ;
tous les fleurons hermaphrodites ; le réceptacle couvert de
longues soies réunies par la base ; les semences tuberculées,
couronnées par une longue aigrette à poils plumeux, disposés sur plusieurs rangs. (B.)

LEUZIT. *V.* LEUCIT. (LN.)

LEVANTINES. Nom que les anciens conchyliologistes
donnoient à quelques coquilles du genre VÉNUS ; ainsi la *vénus plissée* étoit la *grande levantine*, et la *vénus disère* etoit la *petite levantine.* (B.)

LÉVENAGATTE. Poisson du genre des GADES, le *gadus pollachius*, Linn. (B.)

LEVENHOOKIE, *Levenhookia.* Petite plante de la Nouvelle-Hollande, fort voisine des STYLIDIES, qui a servi à
R. Brown pour établir un genre dans la gynandrie diandrie
et dans la famille des ORCHIDÉES.

Les caractères de ce genre consistent : en un calice à deux
lèvres et à cinq découpures ; en une corolle monopétale à
cinq lobes irréguliers, le cinquième creusé en voûte ; en deux
anthères à deux stigmates insérés sur le style en colonne ; en
une capsule à une loge. (B.)

LÉVERET. Nom anglais des jeunes LIÈVRES. (DESM.)

LÉVESCHE. *V.* au mot. LIVÈCHE. (B.)

LEVIATHAN. On trouve, dans le livre antique de Job
l'Iduméen (cap. XL, vers. 20), la description poétique d'un
grand animal aquatique. Les savans se sont long-temps occupés de rechercher à quelle espèce on devoit le rapporter.
L'érudit Samuel Bochart assure dans son *Hierozoïcon*, l. IV,
c. 12, 13 et 16. p. 2 et fig., que c'est le *crocodile ;* cependant
le texte de Job n'est pas assez précis pour qu'on puisse déterminer cet objet. Il y est dit : *Pourrez-vous prendre le léviathan au
hameçon, et lierez-vous sa langue avec une corde ? Placerez-vous
un anneau dans ses narines, et percerez-vous sa mâchoire ?* etc.
Or, ces mots conviennent plus à la *baleine* qu'au *crocodile*, à

ce qu'il me paroît, en les comparant avec ceux qui suivent, dans le chapitre XLI. On trouve d'ailleurs dans Isaïe, c. 27, v. 1, que le *léviathan* habite dans la mer; ce qui ne convient pas au *crocodile*, qui se tient dans l'eau des fleuves, et en sort souvent. Il paroît, par le passage du prophète, que le mot *léviathan* est générique, car il l'applique à deux espèces de *dragons* ou *serpens marins*. Les rabbins modernes, qui expliquent le Thalmud, regardent le léviathan comme un cétacé ou une espèce de *baleine*. Dans ce livre, au traité du *sabath*, le *cabith*, qu'on croit être un *chien marin* ou *squale*, y est représenté comme étant la terreur du léviathan, ce qui annonceroit que ce dernier animal est quelque *marsouin* ou *dauphin*; mais Bochart soutient que le *cabith* est l'*ichneumon*, espèce d'animal carnivore (*viverra ichneumon*, Linn.), qui détruit les œufs du *crocodile*.

Je suis cependant porté à croire que le léviathan est un animal marin de la famille des cétacés, ou peut-être quelque poisson monstrueux, comme l'a pensé Jault; mais il paroît fort difficile de prouver l'une ou l'autre opinion, parce que l'Ecriture s'exprime dans un style poétique, et plus propre à frapper l'imagination qu'à décrire exactement les objets. Au reste, ce sujet n'est pas bien essentiel à approfondir; c'est une curiosité à peu près vaine, et l'on n'est pas moins bon chrétien, pour n'avoir pu reconnoître au juste le vrai léviathan. Hobbes appelle de ce nom, l'espèce de gouvernement despotique qu'il a imaginé, et qui est aussi monstrueux que cèt animal. (VIREY.)

LEVINA. Ce genre d'Adanson répond au PRASIUM de Linnæus, dont il rejette le nom, parce qu'il se trouve avoir appartenu autrefois à des plantes différentes. (LN.)

LEVISANUS. Pétiver (Gazoph. 9, t. 5, f. 7), figure sous ce nom un arbrisseau du Cap de Bonne-Espérance, rapporté soit au *protea levisanus*, L.; soit au *brunia abrotanoides*, L. Celui-ci est le *levisanus* à feuilles de bruyère, de Rai. Petiver dit que le sien a les feuilles du serpolet; c'est ce qui convient au *protea*. Cependant, Adanson le met dans le *brunia*, et Schreber s'est servi du nom de *levisanus*, pour faire, aux dépens du *brunia*, un genre qui est le même que le *staavia* de Dahl et de Thunberg. (LN.)

LEVISILEX (*Silex léger*). Le quarz agathe nectique de M. Haüy ou silex nectique de M. Brongniart, a été appelé ainsi par M. Delamétherie, à cause de sa propriété d'être très-léger, et même assez pour nager sur l'eau. Le lévisilex est évidemment une altération du silex pyromaque ou blond, dont il renferme le plus souvent des noyaux. Il appartient au calcaire dit d'eau douce, que j'ai nommé *éléogénite*, particulier au terrain de Paris, où il en existe trois formations. C'est dans la plus inférieure, celle qui est recouverte par les bancs gypseux, que se trouve le lévisilex. (LN.)

LEVISTICUM. Pline, Brunsfelsius et la plupart des botanistes ses contemporains, ont cru qu'il s'agissoit ici de notre LIVÈCHE (*ligusticum levisticum*), ce qui n'est pas contredit; mais d'après Ruellius, ils auroient tort de regarder le LIGUSTICUM des anciens comme la même plante. (LN.)

LEVO-KIOU ou COLLERO. Nom languedocien d'une fourmi à tête rouge, très-méchante, dont l'abdomen est toujours relevé. (DESM.)

LEVRASEUL, LÉVRATIN. Nom du PLUVIER GRIS, en Piémont. (V.)

LÉVRAUT. Jeune LIÈVRE. *V.* ce mot. (S.)

LÈVRE. C'est, comme on sait, cette partie charnue ou ce repli de la peau qui environne les mâchoires en devant, chez les mammifères; il n'y en a point chez les oiseaux ni les autres classes d'animaux. On appelle seulement, par analogie, *lèvres*, diverses pièces cornées de la bouche des insectes. *V.* BOUCHE. (VIREY)

LÈVRE, *Labium* (entomologie). *V.* les articles BOUCHE DES INSECTES, INSECTES et LABRE. (L.)

LÈVRE DE VENUS. *V.* CARDÈRE. (LN.)

LEVRETEAU. Petit LIÈVRE qui tète encore. (S.)

LEVRETERIE. L'art d'élever et de dresser les *lévriers* pour la chasse; c'est aussi le lieu où on les tient. (S.)

LEVRETTE. Femelle du LEVRIER. *V.* ce mot. (DESM.)

LEVRICHE. Femelle du LEVRON. *V.* ce mot et LEVRIER. (DESM.)

LEVRIER (*Canis graius*, Linn.). Race de *chiens* distinguée par sa taille élancée, la longueur de son museau, sa forme déliée, ses proportions sveltes, et surtout par la légèreté et la vitesse de sa course; mais elle manque de la finesse d'odorat, si exquise dans les autres races, et elle ne suit sa proie qu'à l'œil et non à la piste; elle manque aussi assez généralement de cette délicatesse d'instinct, de cette intelligence qui font de la plupart des chiens les compagnons les plus fidèles de l'homme, ses amis les plus sûrs et les plus constans.

Selon Buffon, les lévriers sont issus de la race du *mâtin* transporté au Midi; ils paroissent, en effet, n'être que des *mâtins* plus effilés, plus déliés et mieux soignés. Quoi qu'il en soit de cette généalogie, et que l'on peut regarder comme probable sans néanmoins être prouvée, l'on distingue dans la race des lévriers, trois variétés ou nuances assez nettement séparées. Il en est de *grands*, de *taille médiocre* et de *petits*.

Tous ont le museau pointu, les lèvres courtes, le chanfrein très-arqué, les oreilles minces et étroites, le dos voûté, le ventre creusé, les flancs rétrécis, les muscles maigres, les jambes sèches et la queue peu charnue. Leur poil est ras ; cependant il y a une variété du *grand lévrier à poil long*, produite par le mélange du *grand lévrier* commun et de l'*épagneul* de grande race.

On dresse à la chasse les lévriers de grande et moyenne taille ; il n'est point d'animal sauvage qu'ils ne puissent atteindre et même devancer ; à peine sont-ils lancés, qu'aussi prompts que l'éclair ils arrivent sur leur proie ; mais comme ils ne peuvent la poursuivre qu'à l'aide des yeux, ils ne sont propres à la chasse que dans les plaines découvertes et étendues. Cette chasse est fort du goût des hommes riches et puissans de plusieurs contrées de l'Orient, et les lévriers y sont instruits à rapporter les *lièvres* ou les *lapins* qu'ils ont saisis, à s'élancer sur le cou du cheval de leur maître, et à poser le gibier devant lui. On faisoit autrefois beaucoup de cas des lévriers en Angleterre, et les ordonnances du roi Canut ne permettoient qu'aux gentilshommes d'en avoir en leur possession.

Quoique l'usage le plus ordinaire soit de n'employer les lévriers qu'à la poursuite des *lièvres* et des *lapins*, il en est de forte race que l'on destine à courir les *loups*, les *renards*, et même les *sangliers*. Ceux-ci s'appellent, en vénérie, *lévriers d'attaque*, et on les tire d'Irlande et d'Écosse. Mais quelle que soit la force de ces lévriers, ils ne viendroient point à bout d'étrangler un vieux loup, s'ils n'étoient aidés par des dogues qu'on lâche sur l'animal, lorsqu'ils l'ont arrêté.

Outre ces grands lévriers qui viennent d'Irlande et d'Écosse, on en trouve encore une variété remarquable dans chacune de ces contrées. La première, qui est connue sous le nom de *lévrier d'Irlande*, et que Buffon a considérée comme une variété du *grand danois*, passe, suivant les expressions des naturalistes anglais, pour le plus gros, le plus beau et le plus majestueux de tous les chiens. Il a trois et jusque près de quatre pieds de hauteur ; sa couleur est ou blanche ou cannelle ; sa physionomie est douce, son naturel tranquille et pacifique ; mais lorsqu'il est irrité, il se bat avec acharnement, et il déploie une force extraordinaire ; il saisit son adversaire par le dos, le déchire et le met bientôt à mort. On ne voit cette race colossale qu'en Irlande ; on s'en servoit autrefois pour détruire les loups qui infestoient ce pays ; mais, comme elle n'est propre à aucune autre sorte de chasse, on l'a négligée, et elle est devenue extrêmement rare. Dans le troisième volume des *Transactions de la Société*

Linnéenne de Londres, A. B. Lambert nous apprend que cette race est presque éteinte en Irlande, puisqu'il n'y en existe plus que huit, appartenant au comte d'Altamont.

Après ce très-grand lévrier d'Irlande, celui qui en approche le plus pour la grosseur et la force, est le *lévrier de la Haute-Ecosse*. C'est une race métive, puisqu'elle a de longs poils qui lui couvrent la moitié des yeux ; aussi l'appelle-t-on encore, mais improprement, *chien loup*. Ce chien, dont les capitaines des montagnes de l'Ecosse se servoient autrefois dans leurs grandes parties de chasse, est vigoureux et bien musclé ; son regard est farouche ; ses oreilles sont pendantes ; ses poils rudes et ordinairement de couleur rougeâtre mêlée de blanc.

Un bon lévrier pour la chasse doit avoir le corps long, sans être décharné ; la tête pointue et bien faite ; les yeux vifs et brillans ; le museau très-allongé ; les dents aiguës ; les oreilles petites et formées d'un cartilage mince ; la poitrine large et robuste ; les jambes de devant droites et courtes ; celles de derrière longues et souples ; les épaules larges ; les côtes rondes ; les cuisses bien musclées sans être grasses ; la queue longue, forte et nerveuse. On doit surtout avoir égard a la femelle pour l'accouplement de ces animaux. On fera en sorte de les choisir du même âge, qui ne doit pas excéder quatre ans.

En termes de *vénerie*, on appelle *lévriers nobles*, ceux dont la tête est petite et allongée, l'encolure longue et déliée, le râble large et bien fait ; *lévriers harpés*, ceux qui ont les devants et les côtés fort ovales, et peu de ventre ; *lévriers gigotés*, ceux qui ont les *gigots* courts et gras, et les os éloignés ; *lévriers ouvrés*, ceux dont le palais est marqué de grandes ondes noires. Ces derniers passent pour les plus vigoureux.

L'exercice convenable à un lévrier doit se borner à trois courses par semaine, et si chaque fois on lui donne pour récompense le sang du gibier, son ardeur à le poursuivre augmentera de jour en jour. Quand la chasse est terminée, on doit le conduire au logis, lui laver les jambes avec de la bière et du beurre, et lui donner à manger environ une heure après.

De toutes les variétés du lévrier, la plus petite et la plus jolie, est celle d'*Italie* ou *levron*, mais c'est aussi la plus délicate ; et ces charmans animaux, extrêmement sensibles au froid, sont toujours grelotans dans nos climats, et paroissent y souffrir sans cesse ; leur instinct est d'ailleurs très-foible, leur naturel timide, et ils ne montrent presque point de sentiment. (s.)

LEVRON ou LÉVRIER D'ITALIE. La plus jolie et

la plus délicate des variétés du Lévrier. (*V.* ce mot.) Quelques personnes donnent aussi le nom de *levron* aux petits de tous les *lévriers*. (s.)

LEWISIE, *Lewisia*. Plante vivace de l'Amérique septentrionale, à racine fusiforme, rouge; à feuilles radicales épaisses, linéaires, à fleurs solitaires ou géminées à l'extrémité d'une hampe, qui, seule, selon Pursh, constitue un genre dans la polyandrie monogynie, genre qui a pour caractères : calice de sept ou de neuf folioles sèches; quatorze ou dix-huit pétales; style trifide; capsule à trois loges polyspermes; semences luisantes. (B.)

LEYENSTEIN. Mot allemand qui s'applique au Schiste argileux. (LN.)

LEYMOUN. Nom arabe de beaucoup de variétés de Limon ou Citron (*Citrus medica*, L.). Leymoun maleh, est le citron acide; *leymoun helou*, le citron doux; *leymoun cha'yry*, le citron aigre à petites graines; *leymoun zifer*, le limon. (LN.)

LEYSÈRE, *Leysera*. Genre de plantes de la syngénésie polygamie superflue, et de la famille des corymbifères, qui présente pour caractères : un calice commun ovale, imbriqué d'écailles aiguës et scarieuses, entourant un réceptacle commun chargé de paillettes, et portant des fleurons tubuleux, hermaphrodites au centre, et des demi-fleurons femelles à la circonférence; plusieurs semences, dont celles de la circonférence sont couronnées de paillettes nues et très-courtes, tandis que celles du disque ont une aigrette composée de cinq filets longs et plumeux.

Ce genre est composé d'une douzaine d'espèces, dont la seule qui lui appartient certainement, est la Leysère gnaphaloïde, qui a les feuilles éparses et les fleurs pédonculées. La Leysère callicorne, qui a les feuilles disposées sur trois rangs et les fleurs sessiles, formoit le genre Callicorne de Burmann, et a été rétablie en titre de genre par Gærtner, sous le nom d'Astéroptère (*V.*ce mot), synonyme de Rellianie ; et la Leysère rude de Thunberg en forme un autre appelé Syncarpe. Ces arbustes se trouvent au Cap de Bonne-Espérance. (B.)

LEYSTEEN. L'ardoise ou schiste, en Hollande. (LN.)

LEZARD, *Lacerta*. Genre de *reptiles* ou de *quadrupèdes ovipares*, de la famille des Sauriens, dont les caractères consistent à avoir quatre pattes à cinq doigts libres et inégaux, ceux des postérieures plus longs; une langue longue, rétractile et bifurquée; des écailles en forme de plaques transversales sous le ventre.

Ce genre, d'après cette expression caractéristique, ne renferme pas, à beaucoup près, toutes les espèces réunies sous le même nom, dans les ouvrages de Linnæus et des autres auteurs systématiques. Depuis long-temps on avoit senti la nécessité de les séparer en plusieurs genres, tant parce qu'elles devenoient trop nombreuses, que parce qu'on avoit découvert, dans l'organisation de quelques-unes, des différences d'une importance telle, que les sections jusqu'alors employées ne pouvoient plus être admissibles.

Laurenti, auquel on doit un très-bon ouvrage sur les *reptiles*, a le premier tenté d'exécuter ce travail ; mais faute d'avoir su choisir de bons caractères, les genres qu'il a créés n'ont pas été adoptés.

Alexandre Brongniart a repris depuis le même projet, et profitant des fautes de son prédécesseur, il a fait non-seulement sur les *lézards* de Linnæus, mais sur les *reptiles* en général, un travail qui a dû réunir par la supériorité de sa méthode, et qui a réuni en effet les suffrages de tous les naturalistes. *V.* au mot ERPÉTOLOGIE.

Ainsi donc le genre des *lézards* de Linnæus, a été transformé en une famille qu'Alexandre Brongniart a appelée famille des SAURIENS, laquelle est composée de neuf genres, savoir : CROCODILE, IGUANE, DRAGON, STELLION, GECKO, CAMÉLÉON, LÉZARD, SCINQUE et CHALCIDE (*V.* ces mots), auxquels il faut aujourd'hui ajouter encore les genres DRACONE, TUPINAMBIS, ANOLYS et TACHYDROME, nouvellement introduits, dans la même famille, par Daudin.

Les SALAMANDRES, dont l'organisation interne est entièrement différente, ont été placées dans la famille des *grenouilles* ou BATRACIENS, à laquelle elles conviennent complétement, quoique leur forme soit semblable à celle des *lézards*.

Les *lézards* de Brongniart, ou les *lézards proprement dits*, sont des animaux à tête triangulaire, aplatie, couverte de grandes écailles ; à yeux vifs, recouverts de paupières ; à oreilles rondes, ouvertes, situées derrière la tête ; à bouche grande, formée de deux mâchoires également longues et armées de petites dents fines, un peu crochues et tournées vers le gosier ; à langue plate assez longue et bifide ; à ventre allongé, presque quadrangulaire ; à corps couvert d'écailles arrondies, carénées dans leur milieu, non recouvertes les unes par les autres ; celles du dessous du ventre beaucoup plus grandes, recouvertes les unes par les autres, et formant quatre ou six ou huit rangées ; à pattes plus hautes que l'épaisseur du corps, couvertes d'écailles de différentes formes, et terminées par des doigts inégaux, armés d'ongles fins et crochus ; à anus transversal, placé à l'origine de la queue ; à queue articulée, très-cassante, couverte d'écailles allongées, verticillées, diminuant insensiblement de grosseur, et variant dans sa longueur relative, selon les espèces.

Les lézards vivent tous d'insectes, de vers, de jeunes coquillages et de reptiles plus petits qu'eux. Ils se jettent sur leur proie avec une grande vélocité. En général, ils sont remarquables par la grâce et l'agilité de leurs mouvemens. Ils courent sur les murailles, sur le tronc des arbres, avec autant de facilité que sur la terre. Ils changent de peau dès les premiers jours du printemps. Cette opération se fait chez eux positivement comme chez les autres REPTILES (*V.* ce mot). Ce n'est qu'après qu'elle est terminée et qu'ils se sont remis par quelques jours de repos de la fatigue qu'elle leur a occasionée, qu'ils pensent à la reproduction de l'espèce. L'amour, chez les lézards, comme chez la plupart des animaux complétement organisés, est un sentiment violent qui les porte souvent à se battre entre eux, et qui les expose à des dangers de toute espèce. L'accouplement est si intime, qu'on a souvent peine à distinguer les sexes des deux individus qui y concourent. Les œufs qui en résultent, éclosent par le seul effet de la chaleur du soleil, plus ou moins promptement, selon l'espèce, la température et le climat. Il y a encore un second changement de peau avant l'hiver, que tous les lézards des pays froids passent sans manger, à moitié engourdis, dans la terre, ou dans quelque trou de mur ou de rocher.

Quelques personnes ont dit que les lézards ne buvoient point. Sans doute ils peuvent se passer pendant long-temps de boire, mais j'ai eu quelquefois la preuve contraire, dans ceux que je conservois dans des bocaux. Il est vrai que dans ce cas, le boire leur servoit de manger, car plusieurs se refusent alors à se jeter sur les insectes, même vivans, qu'on leur donne.

La queue des lézards est composée d'articulations qui se séparent au moindre effort. Il n'est personne qui n'ait expérimenté que pour peu qu'on la touche, soit avec la main, soit avec un bâton, elle se casse en deux ou plusieurs morceaux, qui conservent pendant quelques instans des mouvemens vitaux très-remarquables. Il se produit peu de temps après une nouvelle queue, mais dont l'organisation ne paroît pas la même que celle de la précédente; c'est, selon Marchand, une espèce de prolongement tendineux sans vertèbres; cependant il est à croire qu'avec le temps elle prend une contexture semblable; car on ne voit pas de lézards avec une vieille queue reproduite. Au reste, il y a encore beaucoup d'expériences à faire sur cet objet, pour se former une idée précise du mode de cette reproduction. Celles qu'on a tentées jusqu'ici, n'ont point produit de résultats complétement satisfaisans. *V.* au mot REPTILE.

Les lézards ont la vie très-dure et peuvent passer un long temps sans manger. Il paroît, par quelques observations, qu'ils vivent un grand nombre d'années; mais comme ils sont soumis à un grand nombre d'accidens, qu'ils sont la proie de beaucoup de quadrupèdes, d'oiseaux, de serpens, etc, il est rare qu'ils parviennent à une vieillesse avancée.

On emploie les lézards en médecine. Ils sont sudorifiques à un haut degré. On les ordonne contre les maladies de la peau, les cancers, les autres maux qui demandent que le sang soit épuré, pour se servir des expressions de la vieille école.

Aucune espèce de lézards n'est venimeuse; mais plusieurs mordent avec fureur lorsqu'elles sont en colère.

Les doubles et triples queues des lézards dont les charlatans tirent souvent parti pour duper les ignorans, peuvent être produites artificiellement. Il ne s'agit que de fendre l'extrémité d'une queue de lézard préalablement cassée.

Parmi les lézards qui sont suffisamment caractérisés, il faut principalement remarquer :

Le LÉZARD GRIS, *Lacerta agilis*, Linn., qui est cendré, taché de noir, avec des lignes de même couleur, et six rangs de plaques sous le ventre. Il se trouve presque dans toute l'Europe, une partie de l'Asie et de l'Afrique. C'est le plus commun et le plus connu de tous les lézards. Il varie beaucoup dans les nuances et la disposition de ses couleurs; il varie également par sa grandeur, mais son terme moyen est d'environ six pouces. *V.* pl. E 15.

Cette espèce est presque domestique, et nous délivre d'une quantité d'insectes incommodes et même nuisibles. On la trouve pendant tout l'été sur les murs des maisons, dans les jardins, au milieu des décombres. On peut la prendre et jouer avec elle sans crainte. Plus il fait chaud, et plus ses mouvemens sont rapides. Elle est rare dans les bois et dans les lieux déserts.

« Lorsque dans un beau jour du printemps, dit Lacépède, une lumière pure éclaire vivement un gazon en pente, ou une muraille qui augmente la chaleur en la réflechissant, on voit le lézard gris s'étendre sur ce mur ou sur l'herbe nouvelle, avec une espèce de volupté. Il se pénètre avec délices de cette chaleur bienfaisante; il marque son plaisir par les molles ondulations de sa queue déliée. Il se précipite, comme un trait, pour saisir une petite proie, ou pour trouver un abri plus commode. Bien loin de s'enfuir à l'approche de l'homme, il paroît le regarder avec complaisance;

mais au moindre bruit qui l'effraye, à la chute d'une feuille, il se roule, tombe, et demeure, pendant quelques instans, comme étourdi ɔɔ sa chute; ou bien il s'élance, disparoît, se trouble, revieut, se cache de nouveau, reparoît encore, et décrit en un instant plusieurs circuits tortueux que l'œil a de la peine à suivre, se replie plusieurs fois sur lui-même, et se retire enfin dans quelque asile jusqu'à ce que sa crainte soit dissipée. »

Ce lézard se nourrit de mouches, de fourmis, et autres insectes qu'il saisit avec sa langue qui est visqueuse et parsemée de petites aspérités. Ses œufs sont ronds, revêtus d'une enveloppe calcaire, et d'un diamètre de trois à quatre lignes. Il les dépose au pied d'un mur exposé au soleil, ou ils éclosent par le seul effet de la chaleur. D'après l'observation de Faure-Biguet, ces œufs deviennent quatre à cinq fois plus gros, par le seul effet du développement du petit qu'ils contiennent.

Si l'on met une pinrée de tabac en poudre dans la bouche de ce lézard, il tombe en convulsion et meurt en peu de momens. On le tue très-facilement en introduisant une épingle dans une de ses narines. Il fournit un grand nombre de variétés, dont quelques-unes sont regardées comme espèces distinctes par Daudin.

Le Lézard gentil a le corps d'un vert bleuâtre en dessus, avec neuf à dix bandes transversales noires et blanches et ocellées; l'abdomen blanchâtre; la queue verticillée et assez longue. On le trouve aux environs de Montpellier.

Le Lézard tacheté est d'un bleu noirâtre en dessus, avec des taches presque rondes et éparses, d'un violet pâle; l'abdomen blanchâtre, et la queue assez longue. Je l'ai trouvé aux environs de la Corogne en Espagne. Il fait son trou en terre.

Le Lézard vert, *lacerta viridis*, est d'un vert bleuâtre, picoté et finement marbré de noir, quelquefois ponctué de blanc, surtout à la tête; il est jaunâtre en dessous, avec huit rangées de grandes plaques transversales; ses cuisses postérieures ont une rangée de tubercules, au bout desquels on voit un mamelon. Il se trouve dans les contrées moyennes et méridionales de l'Europe, dans une partie de l'Afrique et de l'Inde. Il est beaucoup plus grand que le précédent, puisqu'il a quelquefois près de deux pieds de long; mais il varie également en grandeur et en couleur. Linnæus, qui ne l'a pas vu vivant, en fait une variété du gris; mais il est aujourd'hui généralement reconnu qu'il forme une espèce distincte. Daudin même regarde toutes ses variétés comme des espèces particulières, et ses raisons

sont plausibles ; cependant il est rare d'en rencontrer deux de
semblables en tous points, ce qui peut faire douter de la réa-
lité de ce fait. Il ne se trouve que dans les bois, parmi les
broussailles, les grandes herbes. Il s'arrête lorsqu'il voit
l'homme, dit Lacépède ; on diroit qu'il a une sorte de plaisir à faire briller à ses yeux l'éclat de son vêtement, l'or et
l'azur dont il est coloré. Il court avec beaucoup d'agilité,
saute avec beaucoup de légèreté, se défend hardiment contre
les chiens, contre les hommes qu'il mord avec tant d'opiniâtreté, qu'il se laisse tuer plutôt que de lâcher prise. Il
se bat contre les *serpens*, mais rarement avec succès. On
mange sa chair en Afrique. *V*. pl. E 15.

Le Lézard TILIGUERTA, *lacerta tiliguerta*, est vert, parsemé de taches noires ; sa queue est du double plus longue
que le corps. La femelle est brune. Il se trouve en Sar-
daigne. Si ce n'étoit la longueur de sa queue, on ne pourroit le distinguer du précédent.

Le Lézard TUPINAMBIS, *lacerta monitor*, Linn., est d'un
brun noirâtre, tacheté de blanc, avec des fascies blanches
et noires au museau. Sa tête est couverte d'écailles nombreuses. Linnæus a confondu sous ce nom cinq ou six espèces, dont les unes viennent des Indes, les autres d'Afrique,
et les autres d'Amérique. *V*. pl. E 15.

Mérian, qui a figuré pl. 4 et 70 de son *Histoire des Insectes
de Surinam*, sous le nom de *sauve-garde*, une espèce de
tupinambis, rapporte qu'il devient grand de dix à douze pieds;
qu'il vit plus dans l'eau que sur la terre ; fait la guerre aux
poissons, aux autres lézards, aux insectes, se nourrit aussi
de charogne et d'œufs d'oiseaux. Il dépose ses œufs, qui
sont gros comme ceux d'une dinde, sur le bord des rivières, d'où ils sont enlevés par les Indiens, qui les mangent. Il sert de type au genre TUPINAMBIS, établi par
Daudin. *V*. ce mot.

Le Lézard AMEIVA, *lacerta ameiva*, est vert ou grisâtre,
parsemé de taches plus vives ; son cou n'a pas un collier
de grandes écailles, mais deux rides remarquables. Il ressemble par conséquent beaucoup au *lézard vert*, mais il est
plus effilé dans toutes ses parties ; ses écailles sont à peine
sensibles, et sa grosseur est plus considérable. Il se trouve
dans toute l'Amérique méridionale. Une très-grande confusion règne également dans les auteurs qui l'ont mentionné.
C'est celui de Lacépède qu'on regarde ici comme le type
véritable de l'espèce, quoiqu'il soit douteux que ce soit la
même que celle de Linnæus.

L'*ameiva* est appelé *tamapara*, *talalie*, *tamarolin*, au
Brésil et autres colonies de l'Amérique. Il est confondu avec

les *anolys*, qui sont véritablement des IGUANES *V*. pl. E 15.

Le LÉZARD GALONNÉ, *Lacerta lemniscata*, est d'un bleu noirâtre, avec huit bandes blanches longitudinales sur le dos, et des taches de même couleur sur les pattes et la queue. Il se trouve en Guinée, suivant Linnæus ; mais ce naturaliste lui rapporte des figures de Séba, qui appartiennent à des lézards d'Amérique. Il est donc très-probable qu'il y a encore confusion dans cette espèce. Je possède un lézard de Saint-Domingue, que Lacépède a regardé comme une variété du *galonné*, mais c'est réellement une espèce distincte , caractérisée par le nombre de raies de son dos, qui est de onze, dont quatre se réunissent avant d'arriver à la tête.Daudin l'a figuré sous le nom de *lézard boscquien. V*. pl. E 15.

Le LÉZARD A SIX RAIES est gris, avec trois lignes longitudinales noires , et trois blanches sur le dos. Il a deux plis sur le cou, et une rangée de points calleux sous les cuisses postérieures. Il se trouve en Caroline. Je l'ai observé dans son pays natal, où il est un des plus communs. Il se tient toujours à terre , et court avec une grande vitesse. Il ne sort de sa retraite d'hiver que vers le milieu de mai, lorsque les chaleurs sont déjà considérables. Sa longueur ordinaire est de cinq à six pouces. Il sert de type au genre TAKYDROME de Daudin.

Le LÉZARD REMBRUNI, *lacerta tristata*, est d'un gris-brun, avec les flancs obscurs , et marqués d'une bande longitudinale d'un blanc-gris , qui part de l'oreille et se perd au milieu de la queue. Il se trouve en Caroline , où je l'ai observé, décrit et dessiné. Sa longueur est de neuf à dix pouces. Il se tient toujours à terre comme le précédent, et court avec encore plus de vitesse. Daudin en a fait un SCINQUE dans son ouvrage sur les Reptiles. *V*. ce mot, et la pl. E 15.

Le LÉZARD EXANTHÈME, *lacerta exanthematica*, est d'un gris bleuâtre, avec des taches blanches, presque orbiculaires sur le dos, des bandes brunes sur ses côtés, et deux lignes noires derrière les yeux ; sa queue est carénée en dessus. Il se trouve au Sénégal, et a été décrit et figuré par moi dans les *Actes de la Société d'Histoire naturelle de Paris*. Sa longueur est de près d'un demi-pied. C'est un TUPINAMBIS de Daudin.

Les LÉZARDS TÊTE BLEUE ET QUEUE BLEUE ne sont, d'après mon observation, que des variétés du *lacerta quinquelineata* de Linnæus, qui est un *scinque. V*. au mot SCINQUE.

Daudin cite trente-deux espèces de lézards proprement dits , dans son ouvrage précité, dont douze ou treize propres à l'Europe.

Le Lézard dragon forme actuellement un genre particulier. *V.* au mot Dragon. (b.)

LÉZARD de Clusius (*Lacerta peregrinus squamosus*). C'est le Phatagin, mammifère du genre Pangolin. (desm.)

LÉZARD D'EAU. C'est la Salamandre. (b.)

LÉZARD ÉCAILLÉ (le grand) de Pérault, *Anim.* III, p. 87, pl. 17. C'est le Pangolin, *Manis brachyura*, L. (desm.)

LÉZARD LION. C'est le Takydrome a six raies de Daudin. (desm.)

LÉZARD DE MER ou LACERT. Ce sont des noms vulgaires du Callyonyme dragonneau, du Callyonyme lyre, d'un Salmone et d'un Elops. (desm.)

LÉZARDE. L'on appelle quelquefois ainsi la femelle du Lézard. *V.* ce mot. (s.)

LÉZARDELLE, *Saururus.* Plante vivace, herbacée ; a racine traçante ; à tige en zigzag ; à feuilles alternes, pétiolées, cordiformes, un peu velues sur les nervures ; à pétioles presque ailés et amplexicaules ; à fleurs petites, blanches, disposées en épis allongés et axillaires, qui forme un genre dans l'heptandrie tétragynie et dans la famille des nayades.

Ce genre offre pour caractères : une écaille ovale oblongue, latérale, persistante, un peu velue et colorée, tenant lieu du calice et de la corolle ; sept étamines saillantes, à anthères droites ; quatre ovaires ovales, arrondis, dépourvus de style, chargés chacun d'un stigmate acuminé et simple, adné au côté intérieur de son sommet ; quatre baies arrondies, petites, uniloculaires, contenant chacune une semence ovale.

Cette plante croît dans les lieux aquatiques et ombragés de l'Amérique septentrionale. J'ai vu des espaces considérables qui en étoient couverts en Caroline, où elle fleurit dans l'été, et répand une odeur peu agréable pendant la grande chaleur. Ses longues grappes de fleurs pendantes, lui donnent un aspect remarquable. On la cultive dans quelques jardins de Paris. (b.)

LHAMA. *Voyez* Lama. (s.)

LHERZOLITE. En 1787, M. Lelièvre fit la découverte de cette substance minérale dans les montagnes qui environnent le port et l'étang de Lherz, dans les Pyrénées, où elle se trouve en abondance. M. Delamétherie l'a nommée *lherzolite;* il pensoit qu'elle se rapprochoit de la diallage. M. Picot Lapeyrouse crut que ce pouvoit être la lépidolithe. Un échantillon conservé dans le cabinet de M. de Drée, à Paris, nous avoit offert des cristaux assez nets pour y reconnoître le pyroxène; et la comparaison avec le morceau unique d'un véritable pyroxène pris dans les Pyrénées par Dolomieu, et cité comme une rareté, nous fit conclure que la *lherzolite* n'en étoit qu'une variété. Les points ou grains noirs qui se trouvent dans la serpentine qui est la gangue de la *lherzolite*, ne nous avoient point échappé, et nous l'ont fait rapprocher des serpentines du Mussinet, près de Turin, dans lesquelles M. Borson avoit découvert de gros noyaux d'une substance d'un aspect pareil, et nous jugeâmes aussi que prendre ces serpentines pour du pyroxène en masse, étoit une chose très-conforme à la vérité. En 1812, M. J. de Charpentier étant à Paris, nous eûmes l'occasion de lui montrer ces divers échantillons, et ce naturaliste confirma nos doutes, en nous annonçant qu'il avoit reconnu que la *lherzolite* n'étoit qu'une variété de pyroxène en masse; en effet, quelque temps après, il publia, dans le *Journal des mines*, un mémoire sur cette substance, qu'il désigne sous le nom de *pyroxène en roche.*

La *lherzolite*, lorsqu'elle est cristallisée, est en cristaux brillans, translucides, extrêmement petits, et d'un beau vert d'émeraude ; ces cristaux sont épars à la surface, ou disséminés dans la gangue qui est elle-même un composé mécanique de semblables cristaux extrêmement petits, et de grains noirs d'une substance que M. Charpentier nomme *picotite*, *V.* ce mot, et qui est un *fer oxydé chromifère.* Cette gangue pure ressemble à de la serpentine ; ses couleurs sont le vert, le brun, le vert olive, le vert jaunâtre avec la contexture terreuse ou granolamellaire ou sublamellaire, et même schisteuse. M. de Charpentier a reconnu que le clivage dans les cristaux étoit le même que dans le pyroxène.

Cette roche est assez dure pour rayer le verre, et quelquefois assez pour étinceler sous le choc du briquet ; sa pesanteur spécifique est de 3,25 ou 3,33. Elle est quelquefois peu ou point phosphorescente. Selon M. Delamétherie, la *lherzolite* a une pesanteur spécifique de 3,54, et elle fond au chalumeau en un verre incolore.

L'analyse de cette roche, par M. Vogel, a donné les principes suivans:

Silice.	45
Alumine.	1
Chaux.	19,50
Magnésie.	16
	81,50

Report d'autre part	81,50
Oxyde de fer.	12
Oxyde de chrome.	0,50
Oxyde de manganèse.	
Perte.	6,00
	100,00

Quoique dans cette analyse le chrome ne soit indiqué que pour $\frac{1}{2\,0\,0}$, on ne peut pas douter qu'il ne soit le principe colorant de la *lherzolite* comme dans l'émeraude, la diallage et plusieurs serpentines.

La *lherzolite* est le plus souvent stratifiée en couches parallèles interrompues, et de 6 à 8 décimètres d'épaisseur dans le calcaire primitif qui constitue les montagnes superposées immédiatement sur le granite, et dont la chaîne s'étend depuis la vallée de Vicdessos, dans le département de l'Arriége, jusqu'au-delà de Saint-Beat, dans la vallée de la Garonne. Ces amas de *lherzolite* et de calcaire sont extrêmement puissans, et sont dirigés de l'est-sud-est à l'ouest-nord-ouest. On trouve accidentellement de l'amphibole, de l'amiante et du calcaire dans la *lherzolite*; elle est souvent très-mélangée de stéatite et de talc ollaire qui y sont très-communs. Les lieux où la *lherzolite* est la plus abondante dans les Pyrénées, sont l'étang de Lherz, les montagnes de Vicdessos (Arriége), et celles de Portet, entre la vallée de Ger et celle de Val-Longue (Haute-Garonne).

La *lherzolite* ou *pyroyène en roche*, comme la nomme M. J. de Charpentier, s'altère bien moins que les autres roches, et après le granite, c'est celle des Pyrénées de la plus ancienne formation. Ce naturaliste ne la confond pas avec les roches de *serpentine* qu'on trouve dans plusieurs endroits des mêmes montagnes, et notamment dans les départemens des Hautes-Pyrénées. (LN.)

LIABON. Adanson nomme ainsi le genre *amellus* de Linnæus. *V.* AMELLE. (LN.)

LIAGORE, *liagora*. Genre de polypiers, établi par Lamouroux aux dépens des TUBULAIRES. Il présente pour caractères : polypier phytoïde, rameux, fistuleux ou presque fistuleux, recouvert d'une légère couche cretacée ; polypes terminaux.

Le naturaliste auquel on doit ce genre, fait observer qu'on a souvent pris de ses espèces pour des VARECS, et qu'en effet il en est qui leur ressemblent beaucoup, tels que la LIAGORE A PLUSIEURS COULEURS (*Fucus lichenoïdes*, Poiret). On

la reconnoît à sa tige rameuse ou dichotome, dont les extrémités sont simples ou bifurquées, et à ses couleurs variant
du blanc au jaune, au rouge et au vert. Elle se trouve dans
la Méditerranée.

Parmi les six autres, mentionnées dans l'histoire des polypiers coralligènes flexibles, j'indiquerai encore la LIAGORE
BLANCHÂTRE originaire des Indes, parce qu'elle est figurée
pl. 7 de cet ouvrage. (B.)

LIAIS. Espèce de pierre calcaire propre à bâtir, l'une
des meilleures que l'on connoisse : son véritable nom est
pierre de liais, mais par corruption les ouvriers l'appellent
pierre de lierre. On la tire des carrières au sud de Paris. Elle
est pleine, dure et blanche ; elle se taille bien et reçoit pas-
sablement le poli. Elle sert à faire des balustres, des appuis,
des rampes, des marches d'escalier, des bases, des chapi-
teaux, des corniches ; mais on ne sauroit en tirer des colonnes d'une pièce, à cause du peu d'épaisseur de ses bancs,
qui ne portent que depuis six jusqu'à dix pouces de hauteur.

Le *liais rose* est le plus blanc et le plus plein. Le *liais féraut*
est pris du premier banc de la même carrière ; il est dur et
difficile à tailler : il porte de six à huit pouces de hauteur.
(PAT.)

LIAMA. *V.* LAMA. (S.)

LIANE. Nom commun qu'on donne, en Amérique et
dans d'autres pays, à toutes les plantes dont les tiges sont
sarmenteuses, traînantes ou grimpantes, et ressemblent, en
quelque sorte, à des cordes. Ce nom est toujours accompagné d'un second ou de plusieurs, qui désignent l'espèce de
liane dont on veut parler. C'est ainsi qu'on dit *liane à panier*,
liane griffe de chat, *liane à barrique*, etc. *V.* ci-après l'énumération de la plupart des *lianes* connues. (B.)

LIANE A L'AIL. C'est la BIGNONE ALLIACÉE. (B.)

LIANE A BARRIQUE. *V.* RIVIN OCTANDRE. (B.)

LIANE A BATATE. C'est la tige même de la BATATE
ou PATATE (*convolvulus batatas*). (LN.)

LIANE A BAUDUIT. *V.* LIANE PURGATIVE. (LN.)

LIANE BLANCHE. C'est une BIGNONE (*bignonia
æquinoxialis*). (LN.)

LIANE A BŒUF. C'est l'ACACIE GRIMPANTE. (B.)

LIANE A BOITE-A SAVONNETTE. *V.* LIANE A
CONTRE-POISON. (LN.)

LIANE BRULANTE. On appelle ainsi à Saint-Domingue une DRAGONE, ou un GOUET, ou un POTHOS, qui grimpe
sur les rochers, et dont le suc est si caustique, que lorsqu'on en met une goutte sur la langue, elle produit une inflammation considérable. (B.)

LIANE BRULANTE. C'est, à la Martinique, la TRAGIE GRIMPANTE. (B.)

LIANE BRULÉE. C'est la GOUANE DE SAINT-DOMINGUE. (B.)

LIANE A CABRIT. C'est une espèce de TABERNÆMONTANE. (LN.)

LIANE A CACONE. Nom donné, aux Colonies, à une espèce de DOLIC (*dolichos urens*). Le nom de *cacone* désigne divers jeux des Nègres, pour lesquels ils se servent des graines de ce DOLIC ou de celles de diverses autres espèces de légumineuses. (LN.)

LIANE A CALEÇON. C'est une GRENADILLE (*passiflora granadilla*), et une ARISTOLOCHE (*aristolochia bilobata*). (LN.)

LIANE CARRÉE. On appelle ainsi à Cayenne les diverses espèces de PAULLINIES. (B.)

LIANE AU CHAT. C'est la BIGNONE ONGLE DE CHAT. (B.)

LIANE A CITRON. *V.* TOLL. (LN.)

LIANE A COCHON. Plante de Saint-Domingue, citée par Nicholson et qui est inconnue. (LN.)

LIANE A CŒUR. C'est la PAREIRE. (LN.)

LIANE CONTRE-POISON. *V.* au mot NANDHIROBE GRIMPANTE. (B.)

LIANE A CORDE. C'est une espèce de BIGNONE (*bignonia viminea*). (LN.)

LIANE A COULEUVRE. C'est la même que la LIANE A CONTRE-POISON. (LN.)

LIANE COUPANTE. On appelle ainsi, à Cayenne, une espèce de roseau dont les feuilles sont coupantes au point de mettre des bottes hors de service en peu d'heures. Elle est mentionnée dans Aublet et dans Brown. (B.)

LIANE A CRABE. C'est une BIGNONE. (B.)

LIANE CRAPE. *V.* LIANE A CORDE. (LN.)

LIANE CROC DE CHIEN. *V.* l'article JUJUBIER DES IGUANES. (B.)

LIANE A EAU et **LIANE ROUGE.** C'est, à Saint-Domingue et à la Guyane, une espèce de GOUET. (LN.)

LIANE A ENIVRER. C'est, à Cayenne, le ROBINIER NICOU d'Aublet. (LN.)

LIANE FRANCHE. C'est une BIGNONE (*bignonia viminea*). (LN.)

LIANE A GELÉE, LIANE A GLACER L'EAU.
C'est une espèce de Pareire (*cissampelos*). (LN.)

LIANE GRIFFE DE CHAT. C'est une Bignone (*bignonia unguis cati*, Linn.). (LN.)

LIANE JAUNE. *V.* Liane a corde. (LN.)

LIANE LAITEUSE ou LIANE A LAIT. C'est l'Allamande. (LN.)

LIANE MANGLE. Espèce d'Echite. (B.)

LIANE AMÈRE. C'est, à Cayenne, l'Auba blanchâtre dont on fait usage en médecine. (B.)

LIANE MIBI, LIANE MIBIPI et LIANE A PANIER. Ce sont les noms de plusieurs Bignones, et surtout de la Bignone équinoxiale. (LN.)

LIANE MINCE. C'est celle que Plumier nomme *bajania scandens*. (LN.)

LIANE A MINGUET et LIANE A OUARIT. Ces deux plantes de Saint-Domingue sont inconnues. (LN.)

LIANE A PANIER. C'est la Bignone équinoxiale. (B.)

LIANE-PAPAYE. C'est l'Omphalée driandre. (LN.)

LIANE DE PAQUES. C'est, à la Martinique, le Securidaca grimpant. (B.)

LIANE PERCEE. C'est le Draconte a feuilles percées. (LN.)

LIANE A PERSIL. *V.* l'article Paulline polyphylle. (B.)

LIANE A PUNAISE. Elle se trouve à la Guyane. Elle est inconnue. (LN.)

LIANE PURGATIVE, LIANE A MÉDECINE, LIANE A BAUDUIT. Nom d'une espèce de Liseron de Saint-Domingue que les Caraïbes appeloient Arepeba, et que le médecin Bauduit employoit comme purgative. (LN.)

LIANE QUINZE JOURS. On donne ce nom, à la Martinique, au Cissampelos caapeba. (B.)

LIANE A RAISIN. Espèce de *liane* de Saint-Domingue, inconnue aux botanistes, et qui doit son nom à la forme de son fruit. (LN.)

LIANE A REGLISE. *V.* Abrus. (B.)

LIANE ROUGE. Ce nom appartient à plusieurs plantes grimpantes, à la Liane à eau, à un Jujubier, au Tigarier âpre, etc. (LN.)

LIANE A SANG. Cette plante, selon Nicholson, croît dans les Mornes, aux Iles-sous-le-vent. Elle est pleine d'une liqueur épaisse, rouge comme du sang de bœuf. (LN.)

LIANE SAINT-JEAN. *V.* Pétrée grimpante. (b.)

LIANE A SAVON, qui fait beaucoup d'écume lorsqu'on la met dans de l'eau. *V.* ci-après. (ln.)

LIANE A SAVONNETTE. C'est, à la Martinique, le Nandhirobe. (b.)

LIANE A SCIE. C'est la Paullinie grimpante. (ln.)

LIANE A SERPENT. C'est une Paullinie (*paullinia cururu*). (ln.)

LIANE SILLONNÉE. *V.* Liane carrée. (ln.)

LIANE A TÊTE DE SERPENT. C'est une espèce de Pareire (*cissampelos*). (ln.)

LIANE TIMBO (ou tue-poisson). Cette liane du Brésil est probablement la même que la Liane a enivrer (ln.)

LIANE TOCOYENNE. Elle naît abondamment dans le pays qu'habite la nation Tocoyenne (Guyane); elle sert à faire des paniers propres au ménage. C'est sans doute la Bignone équinoxiale. (ln.)

LIANE A TONNELLE. *V.* Quamoclite. (ln.)

LIANE A VERS, *Acouléron* des Caraïbes. C'est une espèce de Cactier, grimpante et rampante. (ln.)

LIANE AUX YEUX. Plante des îles, qui paroît être une espèce de Bryone. (ln.)

LIANES A CHIQUES. Herbes citées par Nicholson, qui croissent à Saint-Domingue, et dont les feuilles guérissent la piqûre des chiques. Elles sont inconnues. (ln.)

LIARD. On appelle ainsi le Peuplier noir, aux environs d'Angers, et le Peuplier a feuilles vernissées, dans les pépinières aux environs de Paris. (b.)

LIATRIX, *Liatrix.* Genre de plantes établi par Gærtner pour placer quelques espèces du genre des Serratules de Linnæus, telles que la *serratule glauque*, la *serratule en épi*, etc.

Ce genre, qui a été aussi appelé Suprago, et qui est constitué par les plantes réunies dans la *Flore de la Caroline* de Walter, sous le n.° 309, a pour caractères : un calice polyphylle, imbriqué, égal ou inégal; un réceptacle plane, nu, parsemé de petits trous, et portant des fleurons hermaphrodites fertiles; des semences surmontées d'aigrettes sétacées, roides et dentées par des cils ou des soies plumeuses.

Ce genre est fort peu distingué des Serratules, des Vernonies et des Eupatoires par ses caractères; mais l'aspect des plantes qui le composent l'en isole bien certainement. Walter en cite sept espèces, que j'ai toutes vues en Caroline, et qui ont les plus grands rapports entre elles par leur feuilles toujours alternes, et par leurs racines toujours tubéreuses. Michaux en décrit douze dans sa *Flore de l'Amérique septentrionale*, dont les plus remarquables sont :

Le LIATRIX A GROS ÉPIS, qui a la tige simple, les feuilles linéaires, luisantes, inférieurement ciliées ; l'épi très-long, et les fleurs sessiles. C'est la *serratula spicata* de Linnæus. Il se trouve en Caroline dans les lieux sablonneux. On le cultive dans le jardin de Cels et autres, à Paris.

Le LIATRIX ÉLÉGANT, a la tige simple, les feuilles linéaires et recourbées en faux, l'épi feuillé et formé par des fleurs sessiles. Il est figuré dans les *Plantes du jardin de Cels*, par Ventenat, sous le nom d'*eupatorium speciosum*. On le trouve avec le précédent.

Le LIATRIX SQUARREUX a les feuilles linéaires, très-longues, rudes en leur bord, l'épi feuillé, le calice épineux. C'est le *serratula squarrosa* de Linnæus. Il se trouve dans le même pays que les précédens, mais dans les lieux légèrement humides.

Le LIATRIX TRÈS-ODORANT est très-glabre ; ses feuilles radicales sont oblongues ; ses feuilles caulinaires demi-amplexicaules ; ses fleurs disposées en corymbes, et environ au nombre de huit dans chaque calice. Il se trouve dans les lieux ombragés et humides de la Caroline. Sa racine n'est pas tubéreuse. Il exhale une odeur fort agréable lorsqu'il est en fleurs. (B.)

LIAVERD. L'IRIS PSEUDACORE porte ce nom aux environs d'Angers. (B.)

LIAVI. Nom de la MÉSANGE, dans l'Astesanc (Piémont.) (V.)

LIBADION. C'étoit, chez les anciens, l'un des noms de la PETITE CENTAURÉE (*Gentiana centaurium*, L.), selon Pline. (LN.)

LIBANC. Nom vulgaire du PÉLICAN. (V.)

LIBANION ou LIBANI. Noms de la BUGLOSE, chez les anciens. (LN.)

LIBANOS. Nom donné, par Dioscoride, à l'ENCENS. (LN.)

LIBANOTE, *Libanotis*. Genre de plantes établi par Gærtner pour placer l'ATHAMANTE LIBANOTE de Linnæus, qui n'a pas les caractères des autres espèces. Ce genre, qui est de la pentandrie digynie et de la famille des ombellifères, a une ombelle et des ombellules garnies d'involucres polyphylles ; un calice entier ; une corolle de cinq pétales échancrés et un peu inégaux ; cinq étamines ; un ovaire inférieur surmonté de deux styles ; un fruit oblong et composé de deux semences réunies et velues.

Le *libanote* se trouve dans les parties méridionales de l'Europe et est vivace. Il a joui en Crète d'une grande célébrité , à raison de ses semences qui sont chaudes à un haut degré et qu'on emploie pour provoquer les règles , pour rétablir les estomacs délabrés , chasser les vents , etc. , etc. Aujourd'hui , qu'on sait que les semences de beaucoup de plantes ombellifères jouissent de la même propriété, on recherche moins les siennes. Elle a les feuilles bipinnées, l'ombelle hémisphérique , et s'élève de plusieurs pieds. (B.)

LIBANOTIS. C'étoit , chez les Grecs , des plantes qui exhaloient l'odeur d'encens : on les distinguoit en *libanotis* à feuilles larges et en *libanotis* à feuilles de férule.

Théophraste , qui mentionne les premières, en admet deux: l'une stérile, qui a les feuilles semblables à celles de la laitue amère; l'autre fertile, à feuilles ressemblant à celles de l'ache des marais, mais plus grandes. Les feuilles et les semences de l'un de ces libanotis étoient utiles; quant à l'autre, on ne faisoit usage que de sa racine. Ces plantes sont rapportées à des espèces d'ombellifères. Par exemple , aux *laserpitium latifolium* , *libanotis athamanta* , et *libanotis cervaria* , au *ligusticum levisticum* , etc. Pline parle confusément des libanotis , et il les confond avec le *conyza* et le *rosmarinus*.

Les *libanotis* à feuilles de férule sont au nombre de trois dans Dioscoride. Ce naturaliste en cite une quatrième à feuilles de laitue. Les trois premiers se distinguent en : 1.º *libanotis* à graine blanche ; 2.º *libanotis* à graine et racine noire; et 3.º en *libanotis* qui n'a ni tige , ni fleur, ni graine. La graine du premier est ronde , anguleuse , âcre et brûlante ; on le nomme aussi *cachrys*. La graine du second est large , c'est-à-dire , plate et nullement brûlante. Le *cachrys odontalgica*, Linn., est, dit-on, le *libanotis*, n.º 1. Les autres sont également rapportés à des ombellifères , mais vaguement. Le *libanotis coronaria* , c'est-à-dire , des parterres ou des jardins, de Dioscoride , pourroit bien être le romarin , arbrisseau qui exhale une odeur aromatique.

Galien a trois *libanotis* , deux fertiles et un stérile , qui se rapportent à ceux de Dioscoride jusqu'à un certain point.

Les botanistes du 17.ᵉ siècle et ceux des temps antérieurs ont appliqué le nom de *libanotis* à des espèces des genres : *laserpitium* , *ligusticum* , *ferula* , *cachrys* , *seseli* , *athamantha* , *thapsia* , *rosmarinus* , etc.

Gærtner et Moench ont établi sur l'*athamantha cretensis* un genre *libanotis* qui n'a pas été adopté. (LN.)

LIBBEYN. Nom arabe de la LAITUE VIREUSE, *Lactuca virosa*, Linn. , et du LAITRON OLÉRACÉ, *sonchus oleraceus* , Linn. ; c'est encore , dans la même contrée, le nom du *periploca secamone* , L. (LN.)

LIBELLULE, *Libellula*. Genre d'insectes de l'ordre des névroptères, famille des subulicornes, tribu des libellulines. A l'exemple de Fabricius, nous le restreignons aux névroptères qui ont pour caractères : tarses de trois articles ; antennes très-courtes, terminées par une soie distinctement articulée ; lèvre inférieure formée de deux grandes pièces simples, situées une de chaque côté, et d'une intermédiaire très-petite ; ailes horizontales.

Leur tête et leur corselet font plus du tiers de la longueur totale du corps ; la tête est grosse, avec les deux grands yeux contigus postérieurement ; une élévation vésiculeuse entre eux et les antennes, et trois petits yeux lisses peu apparens, disposés autour de cette partie élevée ; les ailes sont horizontales et étendues ; l'abdomen est souvent déprimé, long, et terminé insensiblement en pointe. Le mâle a les organes de la génération au second anneau, en dessous, et la femelle à l'extrémité du dernier. Fabricius a eu raison de couper en trois le genre des libellules des auteurs : ces divisions sont dans la nature. Réaumur l'avoit senti. *V.* LIBELLULINES. Degeer partage les libellules en deux familles : la première comprend nos véritables libellules et nos æshnes ; la seconde les agrions.

Les libellules sont assez généralement connues sous le nom de *demoiselles*. Elles le doivent vraisemblablement à la longueur et à la forme de leur corps, et aux couleurs agréables dont il est orné ; à leurs ailes transparentes comme de la gaze, qui, vues à un certain jour, paroissent dorées ou argentées, et dont plusieurs ont des taches colorées.

Les libellules, avec des formes si élégantes, ont cependant des inclinations très-meurtrières ; loin d'aimer à se nourrir du suc des fleurs et des fruits, elles ne se tiennent dans les airs que pour fondre sur les insectes ailés qu'elles peuvent y découvrir. Elles mangent tous ceux dont elles peuvent se saisir. Peu difficiles sur le choix de l'espèce, tout leur est bon. On les voit souvent emporter en l'air de petites mouches, des mouches bleues de la viande, et même des papillons. C'est leur goût pour les insectes qui les conduit dans les jardins garnis de fleurs, dans les campagnes, et surtout le long des haies, sur lesquelles beaucoup de mouches et de papillons vont se poser. Ce même appétit les ramène sur les bords des eaux, où voltigent différens insectes, cherchant ainsi les cantons peuplés de gibier.

Les libellules naissent dans l'eau, et y prennent leur accroissement complet ; tant qu'elles y vivent, leur forme est assez semblable à celle qu'elles avoient en sortant de l'œuf. Elles se changent en nymphes lorsqu'elles sont encore jeunes et petites. Ce changement d'état n'en produit aucun bien

sensible dans leur figure; on aperçoit seulement sur le dos
de la nymphe quatre petits corps plats et oblongs, qui sont
les fourreaux des ailes que doit avoir l'insecte parfait. La couleur de ces nymphes n'offre rien de remarquable ; elles sont
ordinairement d'un vert-brun, souvent couvertes de boue ;
leurs six pattes sont attachées au corselet, et diffèrent peu de
ce qu'elles seront par la suite. La bouche de ces nymphes
offre des particularités dignes d'être étudiées et faciles à voir :
elles ont sur le front une espèce de masque convexe, arrondi, que Réaumur a nommé *casque;* leur bouche est armée
de quatre dents solides, larges, placées au milieu de sa partie
antérieure, et qui ne sont visibles qu'en faisant violence à la
nymphe pour la découvrir : elles sont ordinairement cachées
par ce masque qui occupe tout le devant et le dessus de la
tête ; le masque se termine par une espèce de menton solide,
d'une matière cartilagineuse. On y distingue une suture qui
le divise en deux parties, dont l'antérieure, plus courte que
l'autre, peut être regardée comme le front, et l'autre, plus
longue, comme la mentonnière. Ce masque n'est qu'appliqué
contre la tête ; il ne lui est point adhérent ; on peut aisément
l'en éloigner au moyen d'une pointe fine : alors on voit distinctement la bouche et les dents.

Le seul usage du masque n'est pas seulement de couvrir la
bouche, il doit encore la fournir d'alimens. Outre sa suture
transversale, il en a une longitudinale sur le front, qui le
divise en deux parties égales jusqu'à la suture transversale.
Au moyen de ces différentes sutures, la nymphe ouvre
comme il lui plaît l'une ou l'autre de ces deux parties, ou
toutes les deux à la fois. Ces nymphes, qui sont très-carnas-
sières et continuellement à l'affût des insectes aquatiques dont
elles se nourrissent, se servent de ces différentes pièces, que
Réaumur a nommées *volets,* pour attraper leur proie. Les
bords de ces pièces ont des dentelures qui les tiennent assem-
blées lorsque le masque est fermé, et elles servent à retenir
l'insecte après l'avoir saisi.

Ces pièces appelées *volets,* fournissent un des principaux
caractères qui distinguent les larves et les nymphes des libellules, de celles des æshnes et des agrions.

Les nymphes des libellules ont le corps court, large, déprimé, terminé par une queue fort courte; leurs quatre
dents, ou les parties analogues aux mandibules et aux mâchoires de l'insecte parfait, sont recouvertes transversalement par les deux volets, qui ont une figure presque triangulaire et sont un peu voûtés; leurs côtés internes sont
dentelés, se touchent dans leur longueur, et forment ainsi
une suture perpendiculaire à la largeur du masque. La partie

anterieure de la tête fermée, par les volets, est proprement dite le *front*. Le masque est en forme de casque.

L'intérieur de la bouche de ces nymphes nous offre, comme dans les insectes parfaits qui en proviennent, un avancement arrondi, presque membraneux, situé sous les dents, que j'appelle *palais*, et qui est pour Réaumur une *langue*.

Ces insectes, sous la forme de larve et sous celle de nymphe, nous présentent dans la manière dont ils absorbent l'air contenu dans l'eau, une observation particulière. C'est au bout de leur corps qu'est l'ouverture qui donne entrée à l'eau, et par laquelle elle est ensuite chassée. Cette ouverture est entourée de cinq petites pièces pointues, et dont trois plus grandes et triangulaires. Ces pièces, lorsque l'insecte ferme l'ouverture postérieure de son corps, forment une espèce de queue pyramidale. Toutes les fois qu'il veut respirer l'eau ou rendre ses excrémens, il ouvre cette pyramide en épanouissant son extrémité. Dans les libellules, les trois pointes les plus saillantes sont égales ; mais dans les nymphes du second genre, ou celles des *æshnes*, la pièce dorsale est tronquée, tandis que les deux latérales et intérieures sont pointues.

Ces pointes triangulaires sont encore quelquefois pour l'insecte, une sorte d'arme offensive et défensive.

Il est aisé de voir, lorsque ces pièces sont écartées les unes des autres, une ouverture ronde, d'une demi-ligne de diamètre, dans les nymphes de grandeur moyenne. Des jets d'eau en sortent par intervalles et sont portés jusqu'à plus de deux ou trois pouces de l'insecte. Ces jets sont plus ou moins abondans suivant les circonstances. On ne manque guère d'en voir partir de son anus toutes les fois qu'on met l'animal hors de l'eau. Privé pendant un quart d'heure, ou plus long-temps, de cet élément, et mis ensuite dans un vase plat, où il y a à peine assez d'eau pour le couvrir, ses inspirations et expirations deviennent plus fréquentes et plus sensibles. Dans d'autres temps, on n'aperçoit quelquefois qu'une lente circulation d'eau autour du derrière de la nymphe.

Le trou qui est au bout du dernier anneau, est le plus souvent bouché par des chairs verdâtres ; mais sans attendre long-temps, on y découvre par intervalles, une ouverture, qui permet de voir dans la capacité du corps, trois pièces de grandeur à peu près égale, faites en coquilles, cartilagineuses, et situées de manière à fermer à volonté l'ouverture, et à servir en quelque sorte de soupape. Lorsque ces pièces se relèvent et se portent vers le derrière, les parties qui sont au-dessus s'en éloignent en sens opposé. On voit alors par le trou, l'intérieur de la capacité du corps qui paroît vide. Les cinq derniers anneaux le sont réellement, et forment un tuyau qui se remplit d'air ou d'eau. Pour aspirer l'eau, la nymphe écarte les parties de la queue, relève les pièces en coquilles, et forme un vide dans les derniers anneaux de son corps, en rapprochant intérieurement du corselet une espèce de gros tampon ; l'eau vient occuper cette capacité. L'insecte veut-il rejeter ce fluide ; les parois de son corps se contractent, le tambour est poussé vers le derrière, et le jet d'eau jaillit.

Cette masse que Réaumur appelle *tampon*, et qui fait l'office de piston lorsque l'animal inspire et expire l'eau, n'est qu'un lacis des vaisseaux qui servent à la respiration, des trachées sans nombre, entrelacées les unes dans les autres ; quatre troncs principaux, deux de chaque côté, s'étendent dans toute la longueur du corps, et jettent, à partir du milieu de leur étendue, et plus encore aux derniers anneaux et du côté intérieur, une quantité de branches ; les extrémités postérieures des vaisseaux plus gros, sont divisées ou comme refendues en plusieurs petites portions. Ces organes sont évidemment des trachées ; leur forme tubulaire, leur contexture qui présente un fil cartilagineux tourné en spirale, et dont Réaumur a dévidé une longueur de trois pouces, leur blancheur, leur luisant satiné, nous en convainquent.

L'insecte a plusieurs stigmates disposés longitudinalement sur les côtés du corps. Le corselet en a quatre plus sensibles, deux surtout, ceux qui sont plus près de la base de l'abdomen. Chaque anneau de cette dernière partie du corps, à l'exception peut-être des deux du bout, en a deux ; mais, soit que l'eau empêche l'huile de s'y appliquer, soit qu'en se fermant avec promptitude, ils ne permettent pas à ce dernier liquide d'y pénétrer, l'animal ne périt pas étant huilé sur les ouvertures extérieures des trachées.

Le canal alimentaire va en ligne droite, depuis la bouche jusqu'à l'anus ; mais il a comme trois renflemens, que Réaumur dit qu'on peut regarder comme trois estomacs. Le bout de ce canal lui a paru s'éloigner ou se rapprocher de l'anus dans les différens mouvemens que fait l'insecte pour inspirer ou expirer l'eau.

M. Cuvier a vu, dans l'intérieur du rectum, douze rangées longitudinales de petites taches noires rapprochées par paires, et qui ressemblent à autant de feuilles que les botanistes nomment *ailées*. Ce sont un grand nombre de petits tubes coniques, de la structure des trachées. On voit en dehors du rectum, qu'il naît de chacune de ces trachées, de petits rameaux qui vont se perdre dans six grands troncs de trachées régnant dans toute la longueur du corps, et desquels partent toutes les branches qui vont porter l'air dans toutes les parties du corps. M. Cuvier soupçonne que cet appareil d'organes respiratoires décompose l'eau, et absorbe l'air qui y est contenu. Nous avons vu que Réaumur ne comptoit que quatre trachées principales. M. Cuvier en trouve deux de plus : cette différence vient de ce que Réaumur n'a pas vu les deux trachées latérales auxquelles abouchent presque immédiatement les stigmates. M. Cuvier nous a encore donné quelques observations fort curieuses sur la structure de l'œil des libellules. Nous renvoyons à son *Mémoire sur la nutrition des insectes*, où nous avons puisé les observations précédentes.

La plupart des larves de libellules, et peut-être toutes, vivent dix à onze mois dans l'eau avant d'être en état de se transformer en insecte parfait. Pendant cet intervalle, elles changent plusieurs fois de peau. C'est depuis le milieu du printemps jusqu'au commencement de l'automne, que leur dernière métamorphose a lieu. On reconnoît les nymphes qui sont prêtes à changer de forme, non-seulement à leur grandeur, mais encore à la figure des fourreaux de leurs ailes; les deux d'un même côté se détachent l'un de l'autre, et dans quelques espèces ils changent de position.

C'est hors de l'eau que doit s'accomplir la grande opération qui fait passer l'insecte de l'état de nymphe à celui d'habitant de l'air. Quelques nymphes se métamorphosent une ou deux heures après être sorties de l'eau; d'autres sont un jour entier avant de changer de forme. En sortant de l'eau, la nymphe reste un certain temps à l'air pour se sécher; ensuite, elle va se placer sur une tige ou sur une branche d'arbre, où elle se cramponne avec ses pattes, et s'y place toujours la tête en haut. Les mouvemens par lesquels la transformation est préparée se passent intérieurement : le premier effet sensible qu'ils produisent, est de faire fendre le fourreau sur le corselet. Cette fente s'allonge et la libellule dégage sa tête. Ensuite, elle fait sortir ses pattes : pour achever de les tirer de son enveloppe, elle se renverse la tête en bas. Dans cette attitude, elle n'est soutenue que par ses derniers anneaux, qui sont restés dans la dépouille, et qui forment une espèce de crochet qui l'empêche de tomber. Après être restée un certain temps dans cette posture, elle se retourne, saisit avec les crochets de ses pattes, la partie antérieure de son fourreau, s'y cramponne, et achève d'en tirer la partie postérieure de son corps. Alors ses ailes sont étroites, épaisses, plissées comme une feuille d'arbre prête à se développer : ce n'est qu'au bout d'une ou deux heures qu'elles sont entièrement déployées et assez solides pour que l'insecte puisse s'en servir.

Dès que leurs ailes sont affermies, les libellules prennent l'essor, et semblables aux oiseaux carnassiers, elles vont à la chasse. Les mâles ont bientôt un autre but dans leur vol, c'est celui de trouver des femelles avec lesquelles ils puissent s'unir. Leurs amours et la manière dont la jonction s'opère, est ce que l'histoire de ces insectes offre de plus singulier. Depuis le printemps jusque vers le milieu de l'automne, on voit souvent sur les plantes ou en l'air les libellules voler par paires : celle qui vole la première, est le mâle qui a l'extrémité de son corps posée sur le cou de la femelle : toutes deux volent de concert, ayant le corps en ligne droite.

Dès qu'un mâle aperçoit une femelle, il tourne et vole aussitôt autour d'elle ; il tente toujours de se trouver au-dessus de sa tête, car c'est d'abord à cette partie qu'il en veut : quand il en est assez près, il la saisit et la retient avec ses pattes ; en même temps, il contourne son corps pour en amener le bout sur le cou de la femelle, où dans l'instant il l'y cramponne de manière qu'elle ne puisse plus se séparer de lui. Si cette première jonction s'est faite en l'air, le couple ne tarde pas à venir se poser sur une branche, le mâle toujours élevé au-dessus de la femelle. Ces préludes durent quelquefois une heure et plus. Enfin, quand la femelle se détermine à céder aux désirs du mâle, elle contourne son corps, le porte sous le ventre du mâle, afin que sa partie sexuelle, qui est placée au-dessous de son abdomen, presque à l'extrémité, puisse atteindre l'organe du mâle qui se trouve en dessous du deuxième anneau près de l'origine du ventre.

Pendant l'accouplement, le mâle tient toujours sa femelle par le cou ; et dans cette position, ils cherchent la solitude et se placent ordinairement sur une branche, où souvent ils sont troublés par un mâle jaloux qui voltige autour d'eux. Si ce mâle arrive avant l'accouplement, il force quelquefois son rival à prendre la fuite : mais celui-ci, en lui cédant la place, emporte avec lui sa femelle, et va se poser sur une autre branche.

La durée de l'accouplement, ainsi que ses préludes, dépendent de la chaleur de l'atmosphère. Quand il fait très-chaud, ces insectes sont beaucoup plus long-temps accouplés que quand il fait froid. Lorsqu'ils ne sont pas troublés, ils restent unis plusieurs heures de suite ; mais quand ils sont dérangés, ils se séparent, et s'accouplent de nouveau quelques minutes après.

Les femelles ne gardent pas long-temps leurs œufs après qu'ils ont été fécondés ; ils sortent de leur corps par l'ouverture qu'elles ont près de l'anus, celle où s'est introduit l'organe du mâle. Comme ces œufs sont réunis, et forment une espèce de grappe, elles les pondent tous à la fois ; le même jour qu'elles se sont accouplées; elles les déposent dans l'eau, élément où les larves doivent croître et subir leur première métamorphose.

Les couleurs, dans la plupart des autres insectes, servent ordinairement à distinguer les espèces; mais ici, elles ne dé-notent le plus souvent que des différences de sexe. Il est donc essentiel d'observer le plus qu'il est possible les libellules, ainsi que les insectes de la même famille, dans le moment de leurs amours. Réaumur a vu dans la libellule aplatie, l'es-pèce la plus commune, des mâles jaunâtres comme la fe-melle, et d'autres qui étoient d'une belle couleur ardoisée. C'est surtout dans les *agrions* qu'il a remarqué un grand nom-bre de ces différences de couleur, parmi les sexes. Il observe aussi que les mâles, ou ceux du moins de plusieurs espèces, surpassent un peu les femelles en grandeur, ou ne sont pas sensiblement plus petits, ce qui est très-rare dans les insectes.

Les organes sexuels du mâle occupent principalement une portion du dessous du premier anneau, et toute la longueur du dessous du second. Les pièces qui composent ces organes sont reçues dans une coulisse assez large et profonde le long de ce dernier anneau, et se prolongent dans le troisième; mais les plus essentielles sont dans le second. Il y a, à cet égard, de la variété dans les formes, suivant les genres et les espèces. Cependant, comme ces pièces se ressemblent en gros, nous pouvons donner une idée suffisante de leur orga-nisation, en offrant un court extrait de la description que Réaumur a faite des parties sexuelles de l'*œshne à tenailles* (*œshna forcipata*). On voit en tout temps sortir un peu de la coulisse un petit corps qui a besoin, pour être bien examiné, de saillir davantage; on le mettra en évidence, si on presse le second anneau. Ce petit corps tient à un plus gros. On aura une image de l'un et de l'autre, en se représentant un vase en forme de pot, ayant une anse qui s'élève au-dessus de ses bords, et dont le bout le plus élevé se termine par un bou-chon engagé dans le vase. Le petit corps est l'anse du vase du second corps. Son bout, qui est engagé dans celui-ci hors de la pression, est charnu, et s'ouvre comme s'il étoit fait de deux coquilles; c'est peut-être l'organe qui féconde immé-diatement la femelle. Le vase ou le corps le plus gros se ter-mine en une queue longue, droite et conique. De chaque côté de l'anse est un feuillet cartilagineux; dans l'intervalle qui les sépare, se voit un crochet écailleux, courbé vers l'anse. Un peu plus haut, près l'origine du second anneau, sont encore deux feuillets et un crochet intermédiaire placés de même, mais plus petits. Enfin, à la naissance de l'abdomen, sous une sorte d'arcade formée par le bord postérieur et inférieur de l'extrémité du corselet, vous verrez deux crochets courts, peu courbés, et terminés en pointe assez fine ; à l'exception des deux corps dont nous avons parlé, toutes ces parties ne sont que des accessoires qui favorisent l'accouplement ; dans les libellules, la pièce saillante et fécondatrice n'est point faite en anse ; elle est plus grosse et d'une forme plus simple.

LIBELLULE APLATIE, *Libellula depressa*, Linn. Il faut rapporter à cette espèce celles que Geoffroy nomme *Eléonore* et *Philinte*, et non la *Sylvie* ou le n.° 9, ainsi que l'indique Linnæus dans sa douzième édition de son *Systema naturæ*.

Cet insecte a environ seize lignes de longueur. Ses yeux sont fort gros, bruns, et contigus postérieurement. Le corselet est d'un brun noirâtre, avec deux taches d'un jaune verdâtre, en forme de plaques, une de chaque côté. Les ailes sont transparentes, avec une grande tache d'un jaune-brun, à leur base, et une petite tache oblongue, noire, au bout du bord extérieur ; l'abdomen est large, court, aplati, noir en dessous et jaune en dessus, ou quelquefois d'un cendré bleuâtre ; les pattes sont noires.

Elle est très-commune en Europe.

LIBELLULE QUADRIMACULÉE, *Libellula quadrimaculata*, L., Geoff., Fab. Elle a environ dix-huit lignes de long, la tête verdâtre, les yeux gros, d'un brun marron : le corselet et l'abdomen jaunes, couverts de poils fins ; celui-ci est noir à l'extrémité, avec plusieurs taches oblongues, jaunes, sur les bords ; ses ailes grandes, avec le bord antérieur jaunâtre, deux taches brunes quadrangulaires sur chaque, et une grande tache brune à la base des ailes inférieures.

On la trouve en Europe au bord des eaux.

LIBELLULE BRONZÉE, *Libellula ænea*, Linn. Elle a environ dix-huit lignes de long ; la tête chagrinée, d'un vert cuivreux très-brillant ; le corselet de même couleur, lisse, couvert de poils jaunes ; la lèvre inférieure jaune ; les yeux bruns, le dessus de l'abdomen couleur de bronze plus brun que le corselet, couvert de poils courts ; le dessous jaune ; les ailes transparentes, lavées d'une légère teinte de jaune plus foncé vers leur base, avec un stigmate ou tache noire à leur extrémité antérieure ; les pattes antérieures entièrement noires.

Nous avons figuré la libellule jaunâtre, *libellula flaveola*, pl. G 3,8. Son corps et la base des ailes sont rougeâtres. (L.)

LIBELLULINES, *libellulinæ*. Insectes de l'ordre des névroptères, formant une tribu de la famille des subulicornes, ayant pour caractères : antennes subulées, guère plus longues que la tête, de sept articles au plus, dont le dernier sous la figure d'une soie ; tarses à trois articles ; mandibules et mâchoires cornées, très-fortes, recouvertes par le labre et la lèvre ; ailes égales; extrémité postérieure de l'abdomen terminée simplement par des crochets ou des appendices en forme de feuillets.

Dans la méthode de Fabricius, cette tribu forme un ordre, celui des ODONATES, *odonata*. Les entomologistes qui l'ont précédé, et quelques-uns après lui, n'en ont fait qu'un seul genre, désigné sous le nom de *libellula*, libellule ou demoiselle. Par leur forme svelte, les couleurs agréables et variées qui les ornent, leurs grandes ailes semblables à une gaze brillante; par la rapidité du vol avec laquelle ils poursuivent les mouches et les autres insectes dont ils se nourrissent, ces névroptères fixent notre attention et se font aisément distinguer. Ils ont la tête grosse, arrondie ou en forme de triangle transversal; deux grands yeux; trois petits yeux lisses, placés sur le vertex; deux antennes insérées sur le front, derrière une élévation, et terminées par un stylet articulé; labre demi-circulaire, voûté; deux mandibules écailleuses très-fortes et très-dentées; deux mâchoires terminées par une pièce pareillement écailleuse, dentée, épineuse ou ciliée au bord interne, avec un palpe d'un seul article, appliqué sur le dos et représentant la galète des orthoptères; une lèvre grande, voûtée, à trois feuillets ou divisions, sans palpes proprement dits; une sorte d'épiglote ou de langue vésiculeuse et longitudinale, dans l'intérieur de la bouche ; le corselet gros et arrondi ; quatre ailes très-réticulées et souvent tachetées; l'abdomen allongé, soit en forme d'épée, soit en forme de baguette; enfin des pieds courts et courbés en avant, avec les tarses de trois articles.

Ces insectes nous offrent, quant à la situation des organes de la génération, un caractère unique dans cette classe d'animaux; ceux du mâle sont placés sous le second anneau de l'abdomen, ceux de la femelle sont comme de coutume à l'extrémité postérieure de cette partie du corps, de sorte que l'accouplement s'opère d'une manière différente que dans les autres insectes. Le mâle, planant d'abord au-dessus de sa femelle, la saisit par le cou, au moyen des crochets du bout de son ventre, et s'envole ainsi avec elle ; celle-ci, après un temps plus ou moins long, se prête à ses désirs, courbe en dessous son abdomen et en applique l'extrémité contre les parties du mâle ; les deux corps réunis forment une boucle ou un anneau ovale. La copulation a souvent lieu dans les airs, et quelquefois encore sur les objets où ces insectes sont posés. La femelle, pour pondre ses œufs, se met sur des plantes aquatiques, peu élevées au-dessus de la surface de l'eau, et y plonge l'extrémité postérieure de son ventre.

Les larves et les nymphes vivent dans l'eau jusqu'à l'épo-

que de leur dernière transformation , et sont assez semblables , aux ailes près, à l'insecte parfait ; mais leur tête,
sur laquelle on ne découvre pas encore les yeux lisses , . est
remarquable par la forme singulière de la partie correspondante à la lèvre inférieure. C'est une espèce de masque,
qui recouvre presque tout le dessous de la tête. Il est composé 1.º d'une pièce principale, triangulaire, tantôt voûtée,
tantôt plane, que Réaumur nomme *mentonnière*, s'articulant , à l'aide d'une charnière, avec un pédicule ou une
espèce de manche annexé à la tête ; 2.º de deux autres
pièces insérées aux angles latéraux et supérieurs de la précédente , mobiles à leur base , transversales , soit en forme
de lames assez larges et dentelées, semblables , par leur jeu
et la manière dont elles ferment la bouche , à des volets ;
soit sous la figure de crochets ou de petites serres. Réaumur donne à cette partie du masque où la mentonnière s'ar-
ticule avec son support , ou le genou , et qui paroît les terminer inférieurement lorsque le masque est replié sur lui-
même , le nom de menton. L'animal le déploie et l'étend
avec une grande prestesse, et saisit sa proie au moyen des
tenailles de son extrémité supérieure.

L'extrémité postérieure de l'abdomen de ces larves offre
des appendices , tantôt au nombre de cinq, en forme de
feuillets, de grandeur inégale, susceptible de se rapprocher
et de s'écarter, formant une queue pyramidale ; tantôt au
nombre de trois , en forme de lames allongées et velues,
ou des espèces de nageoires. On voit souvent les larves qui
ont cette première sorte d'appendices , épanouir, à chaque
instant , leur queue , ouvrir leur rectum , le remplir d'eau ,
puis le fermer , éjaculer bientôt le liquide avec force, en
manière de fusée, jeu qui paroît favoriser leurs mouvemens.
L'intérieur du rectum présente à l'œil nu douze rangées longitudinales de petites taches noires, rapprochées par paires,
semblables aux feuilles ailées des plantes. Vue au microscope , chaque tache est composée de petits tubes coniques, ayant la structure des trachées , et d'où partent des
rameaux qui vont se rendre dans six grands troncs de trachées principales , qui parcourent toute la longueur du
corps. Les nymphes, pour subir leur dernière transformation, sortent de l'eau , grimpent sur les tiges des plantes, s'y
fixent et se défont de leur peau.

Réaumur avoit divisé les libellules ou les demoiselles en
trois familles , dont Fabricius ensuite a fait autant de
genres.

Les larves et les nymphes des unes ont le corps court et
assez large , terminé par cinq appendices ; la mentonnière

voûtée, en forme de casque, avec les deux serres, sous la figure de volets. Ce sont les larves et les nymphes des *libellules* proprement dites. D'autres larves et leurs nymphes ont le corps terminé de la même manière ; mais il est plus allongé; le masque est plat, et les deux serres sont étroites, avec un onglet mobile au bout. C'est ce qui est propre aux *œshnes*.

Enfin les *agrions*, dans les mêmes états, ont le corps menu et allongé; l'abdomen terminé par trois espèces de nageoires; le masque plat, avec l'extrémité supérieure de la mentonnière pointue dans les uns, fourchue ou évidée dans les autres, et les serres étroites, terminées par plusieurs dentelures, en forme de mains.

Le masque est remplacé dans l'insecte, lorsqu'il a acquis des ailes, par la lèvre inférieure. Cette partie de la bouche, divisée en trois pièces, diffère aussi selon les genres. Le corps et la situation des ailes offrent encore des caractères particuliers.

I. *Ailes écartées et horizontales dans le repos ; tête presque globuleuse.*

Les genres : ÆSHNE, LIBELLULE.

II. *Ailes élevées perpendiculairement dans le repos; tête transverse.*

Le genre : AGRION.

Ces deux divisions sont celles que Degeer a établies dans le genre *libellule* de Linnæus. A la première appartient le genre PETALURE de M. Léach.

Voyez ces articles. (L.)

LIBELLOÏDES, *libelloïdes.* Link, dans son *Magasin sur Thiergeschichte*, donne ce nom aux insectes qui composent l'ordre des NÉVROPTÈRES. *V.* ce mot. (O.)

LIBELLULES FOSSILES (Larves de) *V.* INSECTES FOSSILES. (DESM.)

LIBELLULOÏDES, *libelluloïdes.* Laicharting comprend sous ce nom les insectes de l'ordre des NÉVROPTÈRES. *V.* ce mot. (O.)

LIBER. La dernière des enveloppes qui forment, par leur réunion ou superposition, ce qu'on appelle communément l'écorce. Le *liber* est composé de pellicules plus ou moins épaisses, qui représentent les feuillets d'un livre ; d'où lui vient son nom. Il touche immédiatement au bois.

Un nouveau liber se forme après chaque SÈVE, et le précédent devient alors COUCHE CORTICALE. *V.* ces mots et celui ARBRE. (D.)

LIBIDIBI. C'est le nom que les naturels de la côte de Carthagène donnent à une espèce de BRESILET, *Cæsalpinia coriaria*, nommée *gualapana* dans l'île de Curaçao. (LN.)

LIBINIE, *libinia*, Léach. Genre de crustacés. *Voyez* MAÏA. (L.)

LIBIUM des anciens Égyptiens, paroît être le nom d'un GENÉVRIER. (LN.)

LIBKRAUT. C'est, en Allemagne, un des noms du GAILLET JAUNE, *Galium verum*, L., encore appelé *liebekraut.* (LN.)

LIBOT. C'est la PATELLE UMBELLE de Linnæus. *Voyez* PATELLE. (B.)

LIBURNIA. Ce nom étoit, chez les Romains, un de ceux de l'ARGEMONE. *V.* HOMONIA. (LN.)

LIBYCE. L'un des noms donnés par les Grecs à l'ANCHUSE, plante dont parlent Théophraste, Dioscoride et Pline, et qui paroît être la BUGLOSSE OFFICINALE. (LN.)

LIBYESTASON. Un des noms du GLYCYRRHIZA (*V.* ce mot) chez les anciens. (LN.)

LIBISTICUM de Fuchsius. C'est la LIVÈCHE, *ligusticum levisticum*. (L.)

LIBYTHÉE, *libythea*. Fabricius désigne ainsi (Illiger, *Magas. des insect.*, 1817, analyse du système des glossates de Fab.), un genre d'insectes, formé aux dépens de celui des papillons, *papilio*, de Linnæus, et auquel il donne pour caractères : antennes terminées en bouton allongé, presque en forme de massue ; palpes supérieurs très-avancés, en forme de bec ; les deux pattes antérieures très-courtes et repliées en palatine dans les mâles ; ces pattes semblables aux suivantes et pareillement ambulatoires, dans les femelles.

Les libythées tiennent des papillons *nymphales* de Linnæus, soit par leurs ailes inférieures qui se courbent sous l'abdomen, pour lui former un canal dans lequel ils se logent ; soit par la manière dont leurs chrysalides sont suspendues. Mais tous leurs pieds sont presque semblables et propres au mouvement dans les femelles, et leurs palpes supérieurs fort remarquables par leur allongement. Les ailes sont anguleuses, ainsi que celles de plusieurs nymphales.

Ce genre se compose de quatre à cinq espèces. La plus connue est celle que Fabricius avoit nommée PAPILLON DU MICOCOULIER, *Papilio celtis*. Laicharting a observé ses métamorphoses et les a décrites dans les *Archives de l'histoire des insectes*, Fuessly. Je l'avois placée, dans la première édition de cet ouvrage, avec les nymphales, à la suite des papillons *paon-du-jour* et *belle-dame*, en lui conservant le nom d'ÉCHANcré, qui lui · avoit été donné par Engramelle (*Pap. d'Eu-rope*, *Suppl.* 3, pl. 1, n.º 5 *ter*). Les antennes se terminent en massue fort allongée ; les ailes supérieures ont le bord postérieur très-anguleux, avec une échancrure très-marquée; leurs deux surfaces , ainsi que la supérieure des secondes ailes sont d'un brun foncé , avec des taches d'un jaune orangé ou fauves. On voit près de la côte des premières ailes , et tant en dessus qu'en dessous, une tache blanche ; le dessous des secondes est roussâtre ; leur bord est arrondi.

La chenille a des rapports avec celles des lépidoptères diurnes du genre *pieris* (les *danaïdes blanches*), et de celui des *satyres*. Elle vit sur le micocoulier, et à son défaut sur le cerisier. Au bout des premières mues , elle est verte , avec le dos plus foncé et offrant une ligne blanche , des deux côtés de laquelle est une suite de petites taches noires; il y en a deux sur chaque anneau ; chaque côté du ventre a aussi une raie blanche. Son corps est légèrement velu. Elle est sujette à être piquée par l'*ichneumon compunctor*.

Sa chrysalide est suspendue perpendiculairement et par la queue au bord des feuilles ; elle est ovale , obtuse , presque sans éminences angulaires, verte, avec quelques traits blancs.

Le *papilio carineata* , qui se trouve aux Antilles , est du même genre ; mais la massue de ses antennes est plus courte et moins grosse.

On trouve , dans l'île de Java , une autre espèce. (L.)

LICADOROS. En grec moderne , c'est le Milan. (v.)

LICCA. A Nice , on donne ce nom au Centronote lyzan. (desm.)

LICCA-TRÉE. Nom donné , dans les colonies anglaises d'Amérique , au Savonnier épineux, *Sapindus spinosus.* (ln.)

LICAMA. C'est, selon quelques voyageurs , le nom de l'Antilope bubale, chez les Cafres. Mais cela est d'autant moins probable , que cet animal paroît particulier au nord de l'Afrique. (desm.)

LICATI. Grand arbre de la Guyane, dont on ne connoît ni les fleurs ni les fruits, mais qu'Aublet n'a pas moins figuré pl. 121 de son *Traité des plantes* de ce pays. Lamarck soupçonne que c'est un Laurier , parce que ses feuilles sont alternes , que toutes ses parties sont aromatiques, et répandent, surtout le vieux bois, une odeur de rose agréable. Depuis, on l'a décrit sous le nom de Tétracère calinée. Il doit faire partie des Soramies. On l'appelle *bois rose* , à Cayenne.
(B.)

LICE (*Vénerie*). Chienne courante , destinée à propager sa race. (s.)

LICÉE, *licea*. Genre de plantes, établi par Schrader aux dépens des Sphérocarpes de Bulliard; ses caractères consistent à avoir un péricarpe membraneux, se déchirant irrégulièrement au sommet pour la sortie des semences. Il renferme quatre espèces, qui croissent en automne sur les bois qui commencent à pourrir. Quelques botanistes l'ont réuni aux Tubulines. (B.)

LICHANOTUS. Illiger, pressé par le besoin d'introduire de nouvelles dénominations dans la science, et de proscrire tous les noms qui ne sont point d'origine grecque ou latine, a remplacé, par ce nom, celui d'Indri qui avoit été donné à un genre de mammifères quadrumanes, de la famille des makis, par M. de Lacépede. *V.* Indri.

(DESM.)

LICHE, *lichia*. Poisson du genre des Centronotes de Lacépède, que M. Cuvier regarde comme devant servir de type à un sous-genre dans les Gastérostées. Ses caractères sont: nageoires ventrales, munies de quelques rayons; ligne latérale non carénée, non armée; une ou deux épines libres au-devant de l'anale.

Ce genre, outre l'espèce citée, en contient cinq à six autres propres aux mers des pays chauds.

Il ne faut pas confondre ce genre avec celui appelé Leiche. (B.)

LICHE. Nom spécifique d'un poisson du genre Squale.

(B.)

LICHEN, *lichen*. Genre de plantes cryptogames de la famille des Algues, dont les caractères, selon Linnæus, sont: d'être monoïque; d'avoir pour fleurs mâles, des capsules orbiculaires, soit planes, soit concaves; et pour fleurs femelles, une poussière saupoudrée sur les feuilles.

Ce genre, sur l'expression caractéristique duquel les botanistes ne sont pas d'accord, contient près de six cents espèces, décrites et figurées, et dont la forme et la substance sont extrêmement variées. Les unes présentent des expansions crustacées, étendues, partout également adhérentes aux corps qui les soutiennent, tantôt membraneuses ou coriaces, très-aplaties, comme foliacées et rampantes. Les autres offrent des expansions fongueuses, presque fruticuleuses, redressées, ramifiées, dendroïdes ou filamenteuses.

Ce simple exposé suffit pour démontrer que ces plantes n'appartiennent réellement pas à un même genre; aussi quelques auteurs ont-ils proposé d'en former plusieurs. Ventenat profitant des immenses travaux de Micheli, Dillenius, Vaillant, Shmidel, Hoffmann, Roth, Leers, Schranck, Dickson, Persoon et autres, a, dans son *Tableau du règne végétal*, proposé d'en former dix genres nouveaux, savoir : CONIE, LÉPRONQUE, LÉPROPINACIE, GEISSODÉE, PLATIPHYLLE, DERMATODÉE, CAPNIE, SCYPHIPHORE, THAMNIE et USNÉE.

Cette division, fondée sur une étude approfondie de ces plantes, correspond assez généralement aux coupures indiquées par Linnæus même, et doit être adoptée par les jeunes gens qui se livrent à l'étude de la botanique.

Achard a, depuis, publié trois ouvrages sur ces plantes. Dans le premier (*Prodromus lichenum*), il a décrit toutes les espèces de *lichen* sous le même nom générique, mais avec des divisions auxquelles il a attaché des dénominations particulières, dont les caractères ont été pris, non pas sur les différences de forme des organes considérés comme étant ceux de la reproduction, mais sur la nature de la substance qui leur sert de base et de support. Achard appelle cette base *Thallus*. Ce premier ouvrage, ou Prodrome, n'étoit que le précurseur d'un second ouvrage plus étendu (*Methodus lichenum*), dans lequel l'auteur a formé définitivement autant de genres qu'il avoit indiqué de divisions dans le premier ; ces genres sont au nombre de vingt-neuf, savoir : LEPRAIRE, VERRUCAIRE, OPÉGRAPHE, VARIOLAIRE, URCÉOLAIRE, PATELLAIRE, BOÉOMYCE, CALICION, ISIDION, PSOROME, PLACODE, IMBRICAIRE, COLLÈME, ENDOCARPE, PARMELIE, UMBILICAIRE, LORAIRE, STICTE, PELTIDE, PLATISME, PHYSCIE, SCYPHOPHORE, HÉLOPODE, CLADONIE, STÉRÉOCAULON, SPHÉROPHORE, CORNICULAIRE, SÉTAIRE et USNÉE.

Mais Achard ayant de nouveau étudié les lichens, les a considérés sous un autre point de vue. Au lieu de choisir pour caractère de premier ordre, la base ou *thallus* qui porte les scutelles, ce sont les scutelles elles-mêmes qui lui fournissent ce premier caractère. En suivant cette nouvelle marche, il a changé ses premiers genres, et en a proposé de nouveaux, au nombre de quarante et un, savoir : SPILOME, ARTHONIE, SOLORINE, GYALECTÉ, LECIDIE, GYROPHORE, CALICION, OPÉGRAPHE, GRAPHIS, BIATORE, VERRUCAIRE, ENDOCARPE, TRYPETHELION PORINE, THÉLOTRÈME, PYSENULIE, VARIOLAIRE, SAGEDIE, URCÉOLAIRE, LECANORE, ROCCELLE, EVERNIE, STICTE, PARMELIE, BORRÈRE, CETRAIRE, PELTIDEE, NÉPHROME, DUFOURIE, CENOMYCE, BŒOMICE, ISIDION, STÉRÉOCAULON, SPHÉROPHORE, RHIZOMORPHE, ALECTORIE, RAMALINE, CORNICULAIRE, USNÉE, COLLÈME, LEPRAIRE.

On ne peut disconvenir que cette marche est plus naturelle et plus conforme aux principes adoptés par tous les botanistes, de choisir les organes reconnus ou censés être ceux de la reproduction, pour caractères distinctifs des genres. En effet, son premier ouvrage, fondé sur l'absence ou la présence et sur la forme du *thallus*, rappeloit la division de Tournefort, qui sépare les herbes des arbres, et éloignoit des espèces d'un même genre, par la seule raison que les uns ont la tige herbacée, et les autres l'ont ligneuse. Mais, d'un autre côté, on peut reprocher à Achard d'avoir donné trop d'extension au principe dont il vient d'être parlé. S'il se fût borné à la seule considération des scutelles, à leurs formes extérieures, à leur position, etc., il eût composé un ouvrage dont on auroit pu faire usage, parce que les caractères des genres eussent été précis, constans et faciles à distinguer. Au lieu de cela, il a cherché à pénétrer jusque dans l'intérieur de ces organes, il a relevé microscopiquement toutes les parties qui les composent, et l'arrangement de ces parties ; de sorte que pour reconnoître un genre, il faudroit avoir constamment l'œil sur le microscope. Néanmoins, ce travail d'Achard, quoique nul et insuffisant pour la méthode, n'en est pas moins précieux sous le rapport scientifique. Il confirme un fait important que l'on trouve consigné dans le grand ouvrage d'Hedwig sur les mousses, et que Palisot-de-Beauvois avoit le premier indiqué dans un *Mémoire* lu à l'académie des sciences, en 1780, que les scutelles des lichens sont organisées intérieurement comme les PEZIZES.

Decandolle, en établissant sa famille des HYPOXYLONS, intermédiaire entre celle-ci et les CHAMPIGNONS, lui a enlevé plusieurs genres, tels que : HYSTÉRIE, OPÉGRAPHE, VERRUCAIRE, PERTUSAIRE.

Comme les *lichens* forment une famille fort naturelle, et qu'on est accoutumé à les voir réunis sous le même nom, on traitera ici généralement de ce qui les concerne. Ceux qui voudront connoître les caractères des genres de Ventenat et d'Achard, les trouveront aux mots cités plus haut.

Un grand nombre d'auteurs, outre les botanistes, ont écrit sur les lichens, soit comme médecins, soit comme chimistes ou agriculteurs. Le résultat de leurs travaux se trouve consigné dans une *Histoire de lichens utiles*, publiée par l'estimable et savant Willemet, professeur d'histoire naturelle à Nancy, et c'est d'après lui qu'on rédigera cette partie de leur article.

Les lichens qu'on appelle quelquefois *herpettes*, sont regardés comme des végétaux imparfaits, et il est certain qu'ils sont moins organisés que les autres plantes, les algues, proprement dites, exceptées. Leur fructification, malgré le talent et le nombre des personnes qui ont cherché à la connoître, est encore fort obscure. Aussi, Achard s'écrie-t-il dans

sa préface : *Quis verò organa lichenum sexualia vidit et certè de-
monstravit ? Quis mysterium fecundationis eorum detegere adhuc*
valuit ?

Cependant on remarque sur presque tous les lichens, une
poussière blanche, grise, ou d'autre couleur, ou plusieurs
tubercules granuleux, ou plusieurs cupules orbiculaires, soit
planes, soit un peu concaves, quelquefois campanulées ; enfin, des scutelles de formes très-variables, placées ou sur le
disque, ou sur les bords, ou aux extrémités des rameaux.
Linnæus regarde la poussière comme l'organe femelle, tandis que d'autres la prennent pour l'organe mâle, pour un
véritable pollen ; et par conséquent le premier croit que les
cupules sont l'organe mâle, tandis que les derniers pensent
qu'ils sont l'organe femelle.

Les lichens croissent, les uns sur les arbres, les autres
sur la terre, les autres sur les pierres. On ne peut pas les regarder comme des plantes parasites, avec quelques-natura-
listes ; car ils ne vivent point aux dépens des arbres sur lesquels ils se trouvent. Il paroît qu'ils se nourrissent principalement par leurs expansions, qui aspirent l'humidité et les gaz
de l'air. Ce n'est donc point en pompant la séve des arbres,
qu'ils leur sont nuisibles lorsqu'ils y sont trop multipliés, mais
en retenant plus long-temps l'humidité sur leur écorce, et en
mettant obstacle à la transpiration.

C'est principalement à la fin de l'hiver, que la végétation
se développe dans le plus grand nombre des lichens ; alors ils
s'imbibent de la quantité d'eau qui leur est nécessaire. Pendant les chaleurs de l'été, ils sont secs, friables, crispés, sans
vie apparente ; mais il ne faut qu'une petite pluie pour leur
faire reprendre leur apparence animée. On en a vu qui
étoient desséchés depuis plus de vingt ans dans des herbiers,
végéter de nouveau, lorsqu'on les arrosoit à l'air libre.

Les lichens croissant sur les pierres les plus dures, ont été
regardés par la plupart des géologistes, comme le premier
principe de la terre végétale. En effet, lorsqu'on parcourt
les montagnes pelées, qu'on observe la marche de la nature,
on peut difficilement se refuser à cette idée ; car on voit sur
les pierres les plus nouvellement séparées de la masse des
rochers, quelques espèces crustacées, et des espèces coriacés sur ceux qui sont plus anciennement exposés aux in-
fluences de l'air : après eux viennent les JONGERMANES, les
MOUSSES, et enfin des végétaux plus composés.

Mais il y a, à cet égard, quelques anomalies résultantes de
la nature de la pierre. Bory Saint-Vincent, par exemple,
a observé que sur les rochers volcaniques de l'île de Bourbon et même de Ténérife, c'étoient les *lichens fruticuleux*,

tels que les *lichens pascal*, *roccelle*, etc., qui paroissoient les premiers.

Pour bien connoître les lichens, il faut les suivre pendant toutes les saisons d'une longue suite d'années. Il faut parcourir, à cet effet, les antiques forêts, les sables stériles, les rochers sourcilleux, et marquer certains pieds, qu'on revient voir souvent. C'est ce que Weiss a fait, et ce qui lui a appris qu'ils changent de couleur et même de forme, à tous les âges et à toutes les expositions; que ceux qui viennent sur les arbres, varient selon l'espèce d'arbre. Aussi, il faut réellement réduire de beaucoup le nombre des espèces connues, car il n'y a pas de doute que la même a été décrite plusieurs fois, selon l'âge qu'elle avoit, ou le lieu qu'elle habitoit.

Les pays montagneux et humides, les parties septentrionales de l'Europe, sont plus abondans en lichens que les plaines sèches et les pays méridionaux. Je n'en ai trouvé que trois ou quatre espèces en Caroline, et elles différoient fort peu de celles des environs de Paris; Bory Saint-Vincent a observé le même fait dans l'Inde.

Les rennes, dans le Nord, vivent une partie de l'année de plantes de ce genre. L'homme même les mange dans les temps de disette; mais c'est principalement comme propres à la teinture, que les lichens sont directement utiles. Presque tous peuvent donner des couleurs, et ces couleurs varient suivant les espèces. Les uns en fournissent une jaune, d'autres une rouge, d'autres une bleue; d'autres enfin, et c'est le plus grand nombre, et les plus employés, une couleur violette. Cette dernière couleur se tire en faisant macérer les lichens pendant dix a douze jours avec de la chaux et de l'urine putréfiée. Le résultat se met en pains qu'on fait sécher et qu'on trouve dans le commerce, sous le nom d'*orseille*. On en distingue de deux espèces: l'une qu'on tire du *lichen parelle*, qui croît abondamment sur tous les rochers des hautes montagnes du centre de la France, principalement les volcaniques de la ci-devant Auvergne; l'autre qu'on tire du *lichen roccelle*, qui vient sur les rochers des parties méridionales de l'Europe, et notamment sur les rochers volcaniques des Canaries et du Cap Vert. Cette dernière est la plus estimée. On en fait une grande consommation dans les villes manufacturières de France, d'Angleterre et de Hollande.

La couleur que fournit l'*orseille* est brillante, mais n'est d'aucune solidité. Elle fait partie de ce qu'on appelle le *petit teint*. Cependant, au moyen de procédés particuliers, on peut donner aux étoffes sur lesquelles on la fixe, la propriété de résister à une partie des épreuves auxquelles on soumet les couleurs dites de *bon teint*.

L'introduction des acides ou des alkalis dans le bain d'*orseille*., change sa nuance, la rend plus rouge ou plus grise, mais ne contribue pas à la rendre plus solide.

Aujourd'hui que la perfection des fabriques rend plus difficile qu'autrefois sur l'emploi des couleurs, on ne fait guère usage de l'orseille que pour *brillanter* les étoffes, c'est-à-dire, pour donner plus d'éclat à la nuance. On ne l'utilise même actuellement que sur la soie.

Mais, comme on l'a déjà dit, ces deux lichens ne sont pas les seuls qui fournissent des couleurs, et on va passer en revue, une partie de ceux auxquels on a reconnu cette propriété, ou dont on tire tout autre objet d'utilité.

Linnæus, et tous les botanistes qui, depuis lui, ont considéré les lichens comme formant un seul genre, les ont divisés en huit sections; savoir : les *lépreux à tubercules*, les *lépreux à cupules*, les *crustacés foliacés*, les *foliacés*, les *coriacés*, les *ombiliqués*, les *dendroïdes* et les *filamenteux*.

Parmi les *lépreux à tubercules*, c'est-à-dire, les lichens qui forment une croûte adhérente portant des tubercules, il faut remarquer :

Le LICHEN ÉCRIT. Il est blanc et parsemé de petites lignes noires qui représentent des caractères d'écriture. On le trouve très-communément sur les arbres, principalement sur le hêtre et sur le charme. Achard en a formé deux genres, ayant égard aux petites lignes noires qui sont ou saillantes, insérées sur la croûte, ou enfoncées et comme enchâssées dans la croûte.

Le LICHEN FLUVIATILE est d'un vert cendré, parsemé de points noirs en dessus, et roux en dessous; c'est sur des pierres plongées dans l'eau des ruisseaux, qu'il se trouve.

Le LICHEN GÉOGRAPHIQUE est jaunâtre et parsemé de lignes noires assez larges, qui représentent les divisions d'une carte de géographie. Il se trouve assez communément sur les pierres. C'est un de ceux qui paroissent devoir être regardés comme formant le premier degré de la végétation.

Le LICHEN CRIBLÉ est rougeâtre, et ses verrues sont percées d'un trou. Il se rencontre fréquemment et indifféremment sur la pierre et sur le bois.

Le LICHEN DES HÊTRES est blanchâtre, avec des tubercules encore plus blancs. Il est extrêmement commun sur le hêtre et le charme.

Le LICHEN VARIOLIQUE, *lichen sanguinarius*. Il est d'un cendré verdâtre; ses tubercules sont noirs, et rouges intérieurement. Il est très-commun sur les vieux arbres et sur les pierres.

Parmi les *lépreux à cupules*, c'est-à-dire, formant une croûte adhérente portant des expansions creuses en forme de coupe, on distingue :

Le LICHEN TARTAREUX, qui est d'un blanc verdâtre, avec les cupules jaunes et bordées de blanc. Il croît sur les rochers. Il donne une couleur rouge.

Les pauvres des côtes méridionales de la Suède le recueillent, comme en France la parelle, et le vendent pour la teinture. On a remarqué que lorsqu'on l'enlevoit entièrement, il se reproduisoit plus lentement ; et en conséquence, on a fait des règlemens pour obliger d'en laisser quelques croûtes de loin en loin sur les rochers.

Le LICHEN PARELLE, qui est blanc, et dont les cupules sont encore plus blanches. Il croît sur les rochers, principalement sur ceux qui sont volcaniques, où on le ramasse, en le raclant avec un couteau, pour l'usage de la teinture, comme on l'a déjà dit. On le mélange souvent avec le *tournesol*, ou COTON TEIGNANT. (*V.* ce mot.) On l'appelle vulgairement *parelle* ou *orseille d'Auvergne*. Il est assez commun dans les environs de Paris.

Le LICHEN BRUNÂTRE est blanchâtre, avec les cupules brunâtres, dont le bord est cendré et presque crénelé. Il se trouve très-communément sur les troncs d'arbres et les rochers. Il varie beaucoup par la couleur plus ou moins intense de ses cupules.

Les *crustacés foliacés*, ou dont la croûte est libre vers la circonférence. On distingue parmi ces derniers :

Le LICHEN JAUNE, *lichen candellarius*, qui est jaunâtre, avec des cupules plus jaunes. Il se trouve sur les pierres et sur l'écorce des arbres. On l'emploie en Suède pour teindre la chandelle et la cire en jaune.

Le LICHEN DES MURS, qui est jaune, dont les bords sont lobés, plissés ou crispés, et les cupules rousses et presque pédiculées. Il est très-commun sur les arbres, les murs et les pierres. C'est, suivant Haller, un excellent tonique à employer contre la diarrhée. Les Suédois en tirent une couleur jaune et une couleur de chair, par des procédés différens. Sandet a publié des expériences qui semblent constater que sa poudre a une propriété fébrifuge presque égale à celle du quinquina. Les chèvres le mangent souvent.

Le LICHEN ÉTOILÉ est d'un blanc cendré ; ses lobes sont oblongs et dentelés ; ses cupules brunâtres. Il est très-commun sur les arbres.

Le LICHEN GÉLATINEUX est membraneux, ondé ou plissé,

d'un vert noir, et ses cupules sont rousses, bordées de brun. Il se trouve sur la terre, aux lieux humides. Lorsqu'il n'est pas en fleur, il ressemble à une *tremelle*. Il appartient au genre COLLÈME des modernes.

Le LICHEN OLIVÂTRE a les lobes arrondis, aplatis, unis, et ses cupules larges et crénelées d'un rouge brun. Il est très-commun sur les troncs d'arbres et sur les pierres.

Le LICHEN FRONCÉ, *lichen caperatus*, est rugueux, d'un jaune verdâtre ; ses lobes sont arrondis, et ses cupules grandes et d'un rouge-brun. Il est très-commun sur les rochers et les vieux arbres.

Le LICHEN DE ROCHE a les lobes divisés, la superficie lacuneuse, chargée de tubercules farineux, et les cupules d'un rouge-brun. Il est commun sur les rochers et les troncs d'arbres.

Le LICHEN OMPHALOÏDE a les lobes d'un jaune noirâtre, divisés en lanières aiguës ; les cupules concaves et de même couleur. Il se trouve dans les mêmes endroits que le précédent. On s'en sert pour faire une couleur rouge.

Parmi les *foliacés*, c'est-à-dire, dont les expansions sont libres et non crustacées, on remarque principalement :

Le LICHEN CILIÉ, dont les découpures sont relevées, linéaires, ciliées, et les cupules pédonculées et crénelées. Il est très-commun sur les troncs d'arbres.

Le LICHEN d'ISLANDE a les découpures relevées, coriaces, ciliées en leurs bords, et les cupules presque terminales. Il se trouve en Islande et autres contrées septentrionales, ainsi que dans les bois des hautes montagnes du midi de l'Europe. Ce lichen est amer, nourrissant, antiseptique, antihectique, vulnéraire, anti-acide, quelquefois purgatif. Il s'emploie contre le scorbut, les catarrhes et la toux des enfans, pris en guise de thé. Il est fréquemment employé pour la nourriture des pauvres en Islande ; ils en forment une espèce de bouillie avec du lait, qui adoucit son amertume naturelle. Cet aliment est léger et lâche le ventre sans occasioner de tranchées. Il excite la transpiration, augmente les sécrétions, et fortifie l'estomac ; on ne l'emploie peut-être pas assez fréquemment dans les affections de la poitrine et des poumons. On en fait usage aussi pour engraisser les chevaux, les bœufs, les vaches et les cochons, et pour teindre la laine en jaune.

Le LICHEN FURFURACÉ est d'un jaune sale, avec des découpures aiguës, sous lesquelles sont des enfoncemens noirs. Il se trouve sur les vieux arbres. Il est amer.

Le LICHEN DU PRUNELLIER a les feuilles relevées, lacuneuses, et couvertes de poils blancs en dessus. Il se trouve fréquemment en Europe, principalement sur le prunier épi-

neux. En Egypte on s'en sert, selon Forskaël, pour faire le—
ver le pain et la bière. C'est la base de la poudre de Chypre
pour les cheveux. On en tire une belle couleur rouge; et il sert
en médecine comme astringent, soit en bains, soit en fomen-
tations, pour raffermir les chairs lors des hernies de la matrice ou du fondement. .

Le Lichen farineux a les feuilles relevées, rameuses,
glabres des deux côtés, les cupules marginales et farineuses.
Il est commun sur les arbres fruitiers et autres. Il fournit
une belle couleur rouge.

Le Lichen calicaire a les feuilles droites, linéaires, rameuses, lacuneuses, mucronées, et les cupules placées au
sommet. Il est commun sur les vieux arbres, principalement
le chêne. Il donne une belle teinture rouge.

Le Lichen a grandes lanières, *lichen fraxineus*, a les
feuilles droites, comprimées, rameuses, un peu déchirées,
lacuneuses; les cupules marginales et farineuses. Il est commun sur les arbres, principalement ceux des jardins.

Le Lichen tremelloïde est gélatineux, a les feuilles
membraneuses, le bord des découpures frangé et cilié. Il
se trouve sur la terre. On le prend souvent pour une jeune
tremelle.

Parmi les *coriacés*, c'est-à-dire, dont les expansions sont
coriaces, membraneuses, élargies et rampantes, il faut distinguer :

Le Lichen pulmonaire, dont les découpures sont obtuses, qui est lacuneux en dessus et velu en dessous. Il se
trouve dans les grands bois, sur les arbres, et principalement
sur le chêne et le hêtre. On l'appelle vulgairement *pulmonaire du chêne*. Il est fort célèbre à raison de ses propriétés
dans les maladies de la poitrine, du foie, de la rate et de la
peau. Il passe pour apéritif, dessiccatif, dépuratif, détersif,
pectoral, antivénerien, etc. On l'emploie avec le plus grand
succès, édulcoré avec du sucre, contre la toux des hommes
et des brebis. On en tire une teinture brune solide. On le
substitue au houblon dans la fabrication de la bière, et au
tan dans celle des cuirs.

Le Lichen renversé est rampant, coriace, lobé, et a les
cupules ferrugineuses placées sous le bord des lobes. Il est
commun dans les bois, sur la terre.

Le Lichen contre-rage, *lichen caninus*, est coriace,
rampant, a les lobes obtus, aplatis, et est veiné et velu en
dessous. Ses cupules sont placées sur les bords et relevées. Il
est très-commun sur la terre dans les bois, parmi la mousse.
Il fut autrefois célèbre comme remède contre la rage ; mais
cette vertu n'est pas confirmée.

Le LICHEN AUX APHTHES est coriace, rampant, plane, lobé, verruqueux en dessus et velu en dessous. Ses cupules sont marginales et d'un rouge-brun. Il se trouve sur la terre dans les bois des hautes montagnes. Il est drastique et émétique. Willemet l'a employé avec le plus grand succès contre les vers. Les paysans de Suède le donnent en décoction à leurs enfans attaqués d'aphthes, et ce remède les guérit.

Parmi les *lichens ombiliqués*, ou dont les expansions sont cartilagineuses, ombiliquées, adhérentes par le centre de leur surface inférieure, il faut connoître particulièrement :

Le LICHEN BRULÉ, qui est presque rond, uni des deux côtés, gris en dessus et noir en dessous. Il se trouve sur les rochers. Il est très-commun à Fontainebleau. On en tire une belle couleur rouge ou violette, à volonté.

Le LICHEN PUSTULATE est lacuneux en dessous et parsemé en dessus de corpuscules noirs qui ressemblent à de la suie. Il se trouve sur les rochers. Il fournit une teinture rouge et une liqueur noire foncée. Il peut, dit on, remplacer le *piment*.

Parmi les *lichens dendroïdes* ou que constituent une croûte écailleuse ou foliacée, produisant des tiges, soit presque simples et scyphifères, soit ramifiées en arbustes, et chargées de tubercules fongueux constituant la fructification, on doit distinguer.

Le LICHEN EN ENTONNOIR, *lichen pixidatus*, dont la tige est droite, infundibuliforme, simple ou prolifère, et les tubercules bruns. Il se trouve sur la terre aux lieux sablonneux et stériles, parmi les bruyères et sur les vieux murs. Il est extrêmement commun, et varie considérablement de forme. On le regarde comme un spécifique contre la coqueluche convulsive des enfans et les toux invétérées, même hystériques. On le préconise encore pour expulser les graviers des reins et de la vessie.

Le LICHEN COCCIFÈRE a la tige droite et infundibuliforme, simple ou prolifère, et chargée en son bord de quelques tubercules écarlates. On le trouve très-communément dans les landes, les lieux sablonneux, sur la terre. Il a les mêmes vertus que le précédent, et de plus est employé, en Allemagne, contre les fièvres intermittentes. Ses tubercules rouges fournissent une belle couleur pourpre.

Le LICHEN CORNU a les tiges droites, aiguës, scyphifères, et les entonnoirs bordés de dents tuberculifères. On le trouve communément dans les landes et les lieux arides des montagnes.

Le LICHEN FOURCHU a les tiges rameuses, diffuses, avec

des écailles crustacées, et l'extrémité des rameaux fourchue.
Il est commun dans les bruyères et les lieux secs, etc.

Le LICHEN DES RENNES a les tiges très-rameuses, blanchâtres, creuses, l'extrémité des rameaux très-courte et
penchée. Il se trouve sur la terre dans les lieux secs et montagneux. Il couvre quelquefois des cantons entiers. C'est la
principale nourriture des rennes pendant l'hiver. Les chèvres, les cerfs et autres animaux de leur ordre en mangent
avec avidité. Dans le Nord, on en engraisse le bétail, et surtout les cochons. Les hommes en mangent aussi dans les années de disette. J'en ai fait cuire dans du lait, et l'ai trouvé peu
agréable au goût. Il entre dans la poudre de Chypre.

Le LICHEN GLOBIFÈRE a les tiges solides, unies, très-rameuses, l'extrémité des rameaux très-mince et terminée par
des tubercules globuleux creux. Il se trouve dans les lieux
arides, sur la terre. Il ressemble beaucoup au précédent quand
il n'est pas en fructification.

Le LICHEN PASCAL est fruticuleux, solide et couvert d'é-
cailles crustacées. On le trouve sur la terre dans les pays
montagneux. Il sert de nourriture aux animaux, comme les
précédens.

Le LICHEN ROCCELLE a les tiges peu rameuses, solides,
sans feuilles, et les tubercules alternes. Il se trouve dans les
parties méridionales de l'Europe, en Afrique, aux îles Canaries et du Cap Vert, sur les rochers, et principalement sur
les rochers volcaniques. On a déjà vu qu'il fournissoit la meilleure teinture. Sa récolte est en ferme, pour le compte du
gouvernement, dans les îles citées. On en tiroit autrefois un
très-grand produit.

Enfin, parmi les *lichens filamenteux* ou les *lichens usnés*,
c'est-à-dire, dont les tiges sont grêles, et étalées en touffes
pendantes en forme de barbes, on remarque :

Le LICHEN CRIN DE CHEVAL, *lichen jubatus*, qui a les filamens pendans et leurs bifurcations aplaties. On le trouve sur
les arbres. Il teint en rouge, sert à nourrir les rennes, et est
vanté en médecine contre les ulcérations de la peau.

Le LICHEN FLEURI a les filamens rameux, droits, et les
écussons radiés. Il se trouve en Europe et en Amérique, sur
les branches des arbres. Il donne une belle teinture violette.

Le LICHEN ENTRELACÉ, *lichen plicatus*, a des filamens
extrêmement longs, pendans, entrelacés, et les écussons radiés et latéraux. Il se trouve sur les branches des plus vieux
arbres, principalement sur les sapins et les hêtres des montagnes froides. C'est l'*usnée* des boutiques. Il est un peu astringent. Pris en décoction, il arrête le vomissement, le cours
de ventre, les hémorragies, fortifie l'estomac, dissipe les

fluxions, dessèche les excoriations, raffermit les hernies ombilicales, et guérit la coqueluche des enfans. Les Lapons l'emploient contre la teigne.

Cette plante répand une odeur agréable, ce qui fait que les parfumeurs l'emploient dans la poudre de Chypre. Elle facilite la détonation de la poudre à tirer lorsqu'on la mêle en pondre avec elle; elle teint les laines en vert ou en jaune. On en fait encore des matelas, et on en nourrit les bestiaux.

C'est aux plantes de cette division qu'il faut rapporter l'*usnée humaine*, qu'on recueille sur le crâne des hommes attachés depuis long-temps au gibet, et à laquelle on a attribué tant de cures merveilleuses. Aujourd'hui ses vertus se réduisent à celles mentionnées aux articles précédens, parce que tout ce que le charlatanisme et l'ignorance lui avoient attribué de plus, est tombé dans l'oubli. On ne paye plus mille francs une once d'*usnée* ou prétendue *usnée humaine*, lorsqu'on peut avoir pour rien de celle qui pousse sur les arbres de son parc. (B.)

LICHEN DE GRECE. Il y a lieu de croire que c'est le Lichen orseille. (B.)

LICHENASTRUM. Genre de Dillen, qui rentre dans les Jungermanes et les Riccies de Linnæus. (B.)

LICHÈNE. L'un des noms du *ruscus* ou *fragon*, chez les anciens. (LN.)

LICHÉNÉES ou LIKENÉES. On donne ce nom aux chenilles de quelques noctuelles, *fraxini*, *sponsa*, *nupta*, *promissa*, parce qu'elles se nourrissent de *lichens* et qu'elles en ont les couleurs. Celles de la *phalène likenée rouge* de Geoffroy (*Noctua sponsa*) est distinguée sous le nom de Lichenée du chène. *V.* Noctuelle. (L.)

LICHENITES. Nom donné à des pierres sur la surface desquelles sont des espèces de Lichens; l'expansion est fortement appliquée comme dans le Lichen géographique. (LN.)

LICHENOÏDE, *lichenoïdes*. Genre établi par Hoffmann aux dépens des Lichens de Linnæus. Il rentre dans le genre Thamnie de Ventenat. (B.)

LICHENOPS. C'est ainsi que, dans ses manuscrits, Commerson a désigné le Clignot. (S.)

LICHI. *V.* aux mots Litchi et Cay-bai. (B.)

LICHT. Nom allemand de l'Anémone des bois, *Anemone nemorosa*, L. (LN.)

LICHTBLUME. C'est le Colchique d'automne, en Allemagne. (LN.)

LICHTENKRAUT. Nom allemand de la GRANDE CHÉ-LIDOINE . *Chelidonium majus.* (LN.)

LICHTENSTENIE, *lichtenstenia.* Genre de plantes établi par Wendland. Ses caractères sont : calice double et à trois ou cinq dents chacun ; corolle monopétale, tubuleuse ; cinq étamines réunies à leur sommet et plus longues que la corolle ; nectaire inséré au calice ; ovaire supérieur surmonté d'un seul style ; baie à cinq semences.

Une seule espèce constitue ce genre. C'est un arbrisseau à feuilles opposées ovales, blanchâtres et à fleurs rouges disposées en petits paquets dans les aisselles des feuilles. Il est originaire du Cap de Bonne-Espérance et figuré dans l'ouvrage de l'auteur précité. (B.)

LICHTENSTEINIE, *lichtensteinia.* Genre de plantes établi par Willdenow dans l'hexandrie trigynie. Ses caractères sont : calice nul ; corolle de six pétales canaliculés et ondulés ; six étamines insérées au réceptacle ; ovaire supérieur surmonté de trois styles ; capsule à trois loges s'ouvrant à moitié, et contenant plusieurs semences attachées à la jonction des valves.

Ce genre renferme deux plantes vivaces du Cap de Bonne-Espérance, dont on voit les figures pl. 1 du I.er vol. du Magasin des Curieux de la nature, de Berlin. (B.)

LI-CI. Selon Boym, c'est le nom d'un fruit de la Chine. Ce nom est une légère altération de celui de LICHI. *V.* ce mot. (LN.)

LICIET, *lycium.* Genre de plantes de la pentandrie monogynie et de la famille des solanées, qui offre pour caractères : un calice tubuleux, à cinq dents, rarement trois ; une corolle monopétale, tubuleuse, à limbe droit, à cinq découpures ; cinq étamines à filamens barbus à leur base ; un ovaire supérieur, arrondi, chargé d'un style simple à stigmate épais ou bifide ; une baie arrondie ou ovale, biloculaire, contenant plusieurs semences réniformes.

Ce genre renferme des arbrisseaux ordinairement épineux, à rameaux pointus, à feuilles alternes, quelquefois fasciculées, et à fleurs axillaires, solitaires ou géminées. On en compte plus de vingt espèces, dont trois se trouvent en Europe, et plusieurs se cultivent dans les jardins.

Le LICIET D'AFRIQUE a les feuilles linéaires, en faisceaux, et les rameaux roides. Il se trouve en Barbarie, en Turquie et en Espagne. Il s'élève à trois pieds et plus, et il forme un bel effet par la disposition de ses feuilles et la couleur rouge noirâtre de ses fleurs.

Le LICIET A FEUILLES ÉTROITES. *lycium barbarum*, auquel

quelques auteurs rapportent le *liciet de la Chine*, a les feuilles lancéolées, les rameaux pendans et le calice trifide. Il se trouve en Europe, en Asie et en Afrique. On en fait des tonnelles et des haies ; ce à quoi il est très-propre, par ses racines traçantes, qu'on est même obligé d'arrêter, par ses rameaux, qui se recourbent, qu'on peut disposer sans inconvénient dans toutes les directions, et par la beauté de son bois, de son feuillage et de ses fleurs. On le cultive fréquemment dans les jardins d'agrément. Il ne craint point la gelée. Les Chinois regardent ses baies comme toniques, analeptiques et céphaliques.

Le LICIET D'EUROPE a les feuilles lancéolées, obliques, un peu charnues, les rameaux en zigzag et cylindriques. Il ressemble un peu au précédent ; mais il a les feuilles plus petites et les rameaux droits. Il se trouve dans les parties méridionales de l'Europe. Je l'ai vu employé exclusivement à faire des haies dans quelques cantons de l'Espagne et auprès de Béziers ; ce à quoi il est moins propre sous certains rapports que le précédent, dont les rameaux sont cependant moins roides et par conséquent moins épineux.

Le LICIET A FEUILLES DE TASSOLE entre, selon Lhéritier, dans le genre CABRILLET. (B.)

LICINE, *licinus*, Lat. Genre d'insectes, de l'ordre des coléoptères, section des pentamères, famille des carnassiers, tribu des carabiques, ayant pour caractères : jambes antérieures échancrées au côté interne ; élytres ayant un sinus à leur extrémité ; languette saillante, avec deux oreillettes membraneuses et pointues, au bord supérieur, une de chaque côté ; échancrure du menton sans dentelures ; bord antérieur et supérieur de la tête cintré ; labre échancré ; mandibules tronquées ou très-obtuses, échancrées ; palpes extérieurs terminés par un article presque en forme de hache ; antennes filiformes, composées d'articles presque cylindriques ; corps déprimé ; corselet aussi large ou presque aussi large que l'abdomen, souvent presque carré, avec les angles arrondis ; les deux premiers articles des tarses antérieurs dilatés dans les mâles et formant une palette arrondie, garnie en dessous de papilles nombreuses et serrées.

Les licines ont de grands rapports avec les harpales ; mais ils en diffèrent par la manière dont se terminent leurs mandibules et leurs palpes extérieurs. Le bord antérieur de leur tête, au-dessus de l'insertion du labre est évasé, ou cintré, caractère que l'on n'observe que dans ce genre, et ceux de *badiste* et de *dicèle*. Toutes les espèces connues sont entièrement noires ; on les trouve sous les pierres, et plus particulièrement dans les terrains calcaires et élevés. Leurs larves ressemblent beaucoup à celles des harpales; mais elles sont plus allongées et aplaties.

Les uns sont ailés, et tel est :

Le LICINE SILPHOÏDE, *licinus silphoides*, Clairv., *Entom. Helv.*, tom. 2, pl. 15, b. B.; *Carabus silphoides* Fab. Il est long d'environ huit lignes, noir, avec le corselet presque carré, échancré en devant; *les* élytres ponctuées, presque ridées, et ayant chacune neuf lignes. imprimées. On le trouve dans plusieurs départemens de la France et en Allemagne.

D'autres espèces, et en plus grand nombre, sont aptères.

Le LICINE ÉCHANCRÉ, *Licinus emarginatus; licine casside*, pl. G 3, 9 de cet ouvrage; *Carabe échancré*, Oliv., *Entom.*, tom. 3, n.ª 35, pl. 13, fig. 150. Il ressemble beaucoup au précédent; mais il est aptère, et ses élytres sont presque unies et finement pointillées. Cette espèce est le *carabus cassideus* de Fabricius, et qu'il a décrite, de la collection de M. Bosc, sur des individus des environs de Paris. Celle que l'on reçoit d'Allemagne, sous le même nom, est plus petite et doit être distinguée de la précédente.

Je rapporte à la même division le *carabus cossyphoides* de MM. Megerle et Duftschmid, et le *C. Hoffmanseggii* de Panzer. Le corselet de cette dernière espèce a presque la forme d'un cœur tronqué postérieurement. On trouve en Espagne deux autres espèces de ce genre qui est propre à l'Europe. (L.)

LICOCHE. Nom vulgaire de la LIMACE. (B.)

LICONDO. Arbre mentionné par Linscholt, et qui est d'une telle grandeur que six hommes peuvent à peine embrasser son tronc et d'une telle étendue que deux cents hommes armés peuvent être à couvert sous son feuillage. On fait des bateaux d'une seule pièce avec son tronc. Cet arbre paroit être le baobab. (LN.)

LICOPHRE, *lycophris*. Genre de COQUILLE établi par Denys Montfort. Ses caractères sont : coquille libre, univalve, cloisonnée, cellulée, lenticulaire; test extérieurement tuberculé ou percé de trous, recouvrant la spire intérieure; ouverture inconnue; dos caréné.

La seule espèce qui entre dans ce genre se trouve fossile, en Transylvanie, en immense quantité; son diamètre est de trois lignes. Elle se rapproche beaucoup des NUMMULITES. (B.)

LICORÉE, *licorea*. Genre de plantes de la famille des zanthorizées, sur lequel je n'ai pas pu trouver des renseignemens. (B.)

LICORNE (*Monoceros*). Les anciens auteurs ont parlé
d'un quadrupède à pied fourchu, et dont la tête est armée
d'une seule corne. Aristote, Pline, Ælien, Philé, Solin,
Philostorgue, etc., l'ont présenté comme un animal sauvage,
féroce et terrible de l'Inde et d'Éthiopie, qui ne pouvoit
être pris que jeune, quelques-uns ont ajouté, que par une
fille vierge. Des dissertations ont été publiées, les unes dans
l'intention de prouver que la *licorne* existe réellement,
les autres pour la ranger au nombre des êtres fabuleux.
Nous laisserons de côté ces dissertations contradictoires,
efforts souvent inutiles d'une vaine érudition, plaidoyers
pour et contre, qui laissent les juges dans l'incertitude et
dans l'impossibilité de prononcer. Nous écrivons de la nature ; les argumens doivent disparoître, et les faits seuls se
montrer.

Tous les écrivains de l'antiquité qui ont fait mention de la
licorne, n'en ont parlé que sur des ouï-dire ; ils ne sont pas
même d'accord entre eux, ni sur les formes de cet animal,
ni sur le pays qu'il habite. Ce n'est donc pas dans leurs ouvrages qu'il faut chercher des faits, l'on n'y trouveroit que
des contradictions et des fables.

Des conjectures sur ce sujet sont également éparses dans
les livres modernes. L'on n'y rencontre que deux témoignages positifs, dont un a été publié dans le *Magasin de Physique*
du professeur Voigt à Iena en Allemagne, pour l'année 1796.
On y lit la traduction d'un procès-verbal hollandais du Cap
de Bonne-Espérance, daté du 8 avril 1791, signé H. Cloete,
et dont voici l'extrait.

«Un Hottentot bâtard ou métis, nommé Guerit Slinger,
étant interrogé sur les différentes sortes de bêtes sauvages,
dit qu'il avoit été, il y a quelques années, à une expédition
contre les Hottentots braconniers et voleurs, sous le comman-
dement d'André Burgard, avec les Hottentots Carolus et
Vlack, et autres; qu'ils avoient vu de nouvelles sortes de
bêtes fauves qu'ils avoient poursuivies à cheval, et dont ils
avoient tué une ; que lorsqu'ils s'étoient occupés à examiner
cette bête, étoit venu M. Louis Vauder Merwe, fils de Da-
vid, qui avoit examiné la bête avec eux, et qu'ils avoient
trouvé qu'elle ressembloit à un cheval, quant à la forme ; elle
étoit grisâtre, elle avoit sur le front une corne de la longueur
du bras, et vers sa base, aussi grosse. Vers le milieu, cette
corne étoit un peu aplatie, et n'étoit pas attachée au crâne,
mais seulement à la peau. La tête ressembloit à celle d'un
cheval, et sa hauteur étoit celle d'un cheval de carrosse. Elle
avoit les oreilles d'un bœuf, mais un peu plus grandes, la
queue charnue, ressemblant à celle d'un cheval dans l'éloi-

gnément, et seulement garnie de poils; les ongles étoient ronds comme ceux d'un bœuf.

« Cet animal fut tué à seize journées de Cambado, et à trente journées, en voyageant avec un chariot de bœufs, de la ville du Cap. On trouve aussi la figure de cette licorne gravée sur beaucoup de centaines de rochers, par les Hottentots qui habitoient les bois (1).

« Le signé Cloete offre enfin de livrer la peau d'un tel animal, si on vouloit offrir un prix qui vaudroit un voyage de trente jours. »

Avant Cloete, un certain Louis Barthema a décrit deux licornes, qu'il dit avoir vues à la Mecque. « De l'autre côté du temple, dit-il, est une cour murée dans laquelle nous vîmes deux licornes vivantes, qu'on nous montra comme une grande rareté, et qui étoient en effet deux êtres fort extraordinaires. Je vais en faire la description. La plus grande ressembloit à un poulin de deux ans et demi, et avoit au milieu du front une corne d'environ trois coudées de long. L'autre étoit moins grande, à peu près de la grosseur d'un poulain d'un an, et avoit une corne longue environ de quatre travers de main. La couleur de cet animal est celle d'un cheval bai-brun. Il a la tête comme un cerf, le cou médiocrement long, garni d'une crinière peu serrée, éparse, courte et pendante d'un côté. Ses jambes sont longues et grêles comme celles d'un chevreuil; ses pieds sont un peu fendus à la partie antérieure, et le sabot ressemble à celui d'une chèvre. Il a à la partie postérieure des jambes des touffes de poil qui lui donnent un air féroce et sauvage. Ces deux animaux furent présentés au sultan de la Mecque, comme la plus belle chose et le plus précieux trésor qui fût au monde, par un roi d'Ethiopie, qui recherchoit son amitié ». (*Itinerario de ludovico de Barthema bologeso*, Venezia, 1517.)

Comment se fait-il que des voyageurs instruits qui ont pénétré dans les terres de la pointe australe de l'Afrique, avec l'esprit de recherches et d'observations, n'aient pas vu ce que deux hommes obscurs et ignorés prétendent avoir examiné? Comment se persuader que depuis le commencement du quinzième siècle, quelque roi d'Ethiopie n'ait pas envoyé au schérif de la Mecque ou au sultan de Constantinople, quelques licornes, puisque ces animaux passoient pour des objets si précieux? D'un autre côté, le chevalier

---

(1) Le voyageur Barrow dit particulièrement avoir vu de ces espèces d'hiéroglyphes qui représentoient de pareilles licornes, à côté de figures qui étoient parfaitement reconnoissables, pour celles des autres animaux des mêmes contrées; ce qui le porte à croire à l'exactitude des premières.

Bruce, qui a fait un assez long séjour en Abyssinie, s'élève, avec trop d'aigreur sans doute, contre le docteur Sparrman, dont l'opinion est favorable à l'existence des licornes; et cette opinion n'avoit d'autre fondement que le rapport d'un colon hollandais qui a découvert un dessin représentant un de ces animaux sur la surface unie d'un rocher, dans une plaine du pays des Hottentots-Chinois. Le célèbre Pallas est du même avis. Quant au *monoceros*, écrit-il à Sparrman, et aux raisons qui vous portent à croire qu'il existe de ces animaux cachés dans les parties intérieures de l'Afrique, je n'en suis nullement étonné : je suis depuis long-temps très-persuadé que les récits des anciens, concernant le *monoceros* (la licorne) n'étoient pas dénués de tant de fondement; mais que peut-être les *antilopes unicornes* dont j'ai parlé, *Fasc.* 12, *Spicileg.*, y avoient donné lieu, ou que jadis, lorsque l'intérieur de l'Afrique étoit plus fréquenté par les voyageurs européens, ils connoissoient quelque autre espèce particulière d'animaux unicornes, qui nous sont à présent inconnus. » (*Voyage de Sparrman*, traduct. française, tom. 3, pag. 16.) Mais nous retombons ici dans le champ des conjectures, et si l'on prend la peine de les comparer et de les apprécier, l'on ne peut s'empêcher de répéter avec moi que la licorne, quadrupède tel que les anciens l'ont dépeint, est un animal fabuleux. *V.* aussi le mot BREBIS. (S.)

LICORNE. On a quelquefois nommé ainsi les CHARANSONS. (DESM.)

LICORNE, *Unicornus*. Genre de COQUILLES, établi par Denys de Montfort, aux dépens des POURPRES de Bruguières. Ses caractères sont : coquille libre, univalve, globuleuse, à spire obtuse, le dernier tour de spire excédant de beaucoup tous les autres ; ouverture très-évasée ; columelle plate, lisse ; lèvre extérieure armée d'une longue dent à sa partie inférieure ; base échancrée.

Ce genre renferme plusieurs espèces, dont la plus commune a un à deux pouces de diamètre, et nous a été apportée du détroit de Magellan. C'est une coquille fortement cerclée, légèrement tuilée et de couleur fauve. (B.)

LICORNE (PETITE). Bloch donne ce nom au poisson appelé BALISTE VELU par d'autres naturalistes. *V.* le mot BALISTE. (B.)

LICORNE FOSSILE, *Monoceros*. Lebnitz, *Protogea*, etc., pag. 63, dit qu'on a souvent trouvé des licornes fossiles. Ces prétendues licornes ont été regardées comme étant des cétacés du genre NARWAL ; mais il est plus probable que les débris dont il s'agit appartenoient à l'espèce de l'*éléphant fossile* de Sibérie ou mammouth. Voir le *Protogea*. (DESM.)

LICORNE DE MER. C'est le NARWAL (*V.* ce mot), cétacé très-remarquable par la longue dent conique, sillonnée en spirale, et qui sort horizontalement de sa mâchoire supérieure. (DESM.)

LICUALA. Nom que les habitans de Macassar donnent, suivant Rumphius, à une espèce de palmier. La plupart des botanistes l'ont rapporté au genre *Caryota* de Linnæus, mais Thunberg en fait un genre distinct. *V.* LICUALE. (LN.)

LICUALE, *licuala.* Arbre de la famille des PALMIERS, dont les feuilles sont palmées, munies de digitations linéaires, tronquées, dentées, et portées sur de très-longs pédoncules épineux, dont les fleurs sont insérées sur des spadix droits et rameux, et qui forme un genre dans l'hexandrie monogynie, fort voisin des CARYOTES.

Ce genre a pour caractères : des spathes partielles, épaisses ; un calice à six divisions, dont trois extérieures, velues en dehors, et trois intérieures alternes et pétaloïdes ; six étamines a filamens connés en un tube court, tronqué au sommet, et portant six anthères ; un ovaire à style unique, terminé par deux stigmates ; un drupe pisiforme et monosperme.

Cet arbre croît dans les Moluques. Il ne s'élève qu'à la hauteur d'un homme et ses pétioles sont trois ou quatre fois plus longs que son tronc. On se sert de ces pétioles, qui sont creux, pour faire des tuyaux de pipe. (B.)

LIDA-BOYA. Nom malais de l'ALOÈS, *Aloe vera.* (LN.)

LIDBECKE, *lidbeckia.* Plante herbacée à tige droite, anguleuse, à feuilles alternes, sessiles, lancéolées, pinnatifides, parsemées de poils et de points excavés, à fleurs solitaires et terminales, qui faisoit partie du genre COTULE de Linnæus, et qui, selon Jussieu, constitue un genre particulier dans la syngénésie polygamie superflue, et dans la famille des corymbifères, aussi appelée CÉNIE et LANCISIE.

Ce genre a pour caractères : un calice hémisphérique, multipartite, à divisions égales ; un réceptacle presque nu, supportant dans son disque plusieurs fleurons hermaphrodites, quadrifides, tétrandres, et sur ses bords plusieurs demi-fleurons allongés, échancrés, femelles fertiles ; des semences anguleuses, non aigrettées.

La lidbecke croît au Cap de Bonne-Espérance. (B.)

LIDGRASS. L'un des noms du CHIENDENT, en Hollande. (LN.)

LIDISCHERSTEIN de Werner. *V.* JASPE SCHISTEUX, PIERRE DE LYDIE. (LN.)

LIDMÉE de Schaw (la), rapportée jusqu'à présent à

l'espèce de l'ANTILOPE DES INDES ou ANTILOPE PROPREMENT DITE, habite l'Afrique méridionale, et n'est point une espèce particulière. (DESM.)

LIEBAUGEL. Le lycopside des champs, la buglose officinale, la cynoglosse, la bourrache et le lupin jaune, reçoivent ce même nom dans différentes parties de l'Allemagne. (LN.)

LIEBBLUMCHEN. C'est, en Allemagne, la PAQUERETTE, *Bellis perennis.* (LN.)

LIEBEKRAUT. *V.* LIBKRAUT. (LN.)

LIEBRE, en espagnol, c'est le LIÈVRE. Le nom de LEBRICILLA est donné aux jeunes. (DESM.)

LIEBRECILLA. L'un des noms espagnols du BLUET, *Centaurea cyanus.* (LN.)

LIEFIS. Nom chinois de la CHÂTAIGNE. (LN.)

LIÈGE. Espèce de CHÊNE dont l'écorce est épaisse, molle, et sert à un grand nombre d'usages économiques, principalement à faire des bouchons de bouteilles.

Chevreuil, auquel on doit un très-beau travail sur l'analyse du *liége*, y a reconnu: 1.° une matière azotée; 2.° un principe colorant jaune; 3.° une matière astringente; 4.° une résine molle; 5.° de la cérine (matière analogue à la cire); 6.° de l'acide gallique. (B.)

LIEGE DES ANTILLES. On donne ce nom au bois du MAHOT ou COTONNIER SIFFLEUX, espèce de *fromager*, peut-être le *bombax gossypinum* de Linnæus. *V.* FROMAGER. (B.)

LIEGE FOSSILE ou de MONTAGNE. *V.* ASBESTE. (PAT.)

LIEN. COULEUVRE de la Caroline. (B.)

LIEN. Nom allemand du LIN. (LN.)

LIENEN. Nom allemand de la CLÉMATITE COMMUNE, *Clematis vialba.* (LN.)

LIEN-FUEN. Nom donné, en Chine, au *phyla chinensis*, Lour., plante herbacée annuelle. (LN.)

LIEN-HOA. Nom chinois du NELUMBO, dont on mange les graines dans ce pays. *V.* HEW-XI-HEM. (B.)

LIERBAUM. L'un des noms du MÉLÈZE, en Allemagne. (LN.)

LIERNE. Nom de la CLÉMATITE COMMUNE, *Clematis vitalba.* (LN.)

LIERRE, LIERRE EN ARBRE, LIERRE D'EUROPE, *Hedera helix*, Linn. (*Pentandrie monogynie*). Grand arbrisseau grimpant, résineux et toujours vert, très-célébré

par les poëtes, et qui varie dans sa forme, dans son feuillage et dans sa grandeur, selon le lieu où il croît et selon son
âge. Il appartient à la famille des caprifoliacées, et forme
un genre fort voisin des ACHITS et des VIGNES.

Son bois est poreux et tendre ; sa racine est ligneuse et horizontale ; ses tiges, qui s'élèvent quelquefois à une hauteur
considérable, s'attachent communément aux arbres, aux rochers et aux vieilles murailles, par des vrilles rameuses qui s'y
implantent comme des racines. Ses feuilles luisantes, épaisses
et d'un vert obscur, sont placées alternativement sur les branches et soutenues par un pétiole assez long ; la plupart sont
très-angulaires ou à trois lobes ; quelques-unes ovales et
très-entières ; celles-ci garnissent pour l'ordinaire l'extrémité des rameaux, où se trouvent les fleurs réunies en petite ombelle ou en grappe courte.

Chaque fleur a un calice supérieur très-petit, à cinq dents
caduques ; une corolle formée de cinq pétales oblongs et entièrement ouverts ; cinq étamines alternes avec les pétales,
et dont les filets, en alène, portent des anthères inclinées,
mobiles, et divisées en deux parties à leur base ; un style
fort court à stigmate simple. Le fruit est une baie gobuleuse,
couronnée d'un rebord circulaire un peu au-dessous de son
sommet : cette baie a cinq loges formées par des cloisons
minces qui s'oblitèrent et disparoissent quelquefois dans la
maturité ; chaque loge contient une semence convexe d'un
côté et angulaire de l'autre.

On trouve cet arbrisseau en Asie et en Europe, dans les
haies et les bois, sur les rochers, contre les masures ou les
murs des jardins, etc. La Thrace en étoit autrefois couverte ;
voilà pourquoi les Bacchantes en ornoient leurs thyrses et
leurs coiffures. Dans quelques pays, comme en Italie et dans
le midi de la France, il devient quelquefois un petit arbre,
surtout dans sa vieillesse ; il se soutient alors sans appui, si
on le taille et si on ne laisse point pendre ses rameaux. On
a vu dans le cabinet de Chantilly une dalle d'un *lierre en arbre*, qui avoit crû sur le plus haut du *Titilberg*, montagne du
canton de Lucerne en Suisse : cette dalle avoit sept pouces
de diamètre.

Le lierre fleurit communément à la fin de l'été, plus tôt ou
plus tard suivant le climat. Ses fruits ne mûrissent qu'au commencement de l'année suivante ; ce sont des baies rondes,
grosses comme un pois, noires dans leur maturité, et peu
succulentes. Il y en a une variété qui a ses fruits jaunes et
dorés ; c'est le *lierre de Bacchus*, très-commun en Grèce, et
connu des botanistes anciens sous les noms d'*hedera poetica*
et de *dionysias*. Les autres variétés sont le *lierre grimpant stérile*

(Voyez Duhamel, Arb. 1, t. 115) et les *lierres à feuilles panachées de blanc ou de jaune*. On les greffe sur les lierres ordinaires. Ceux-ci se greffent naturellement, par approche, les uns sur les autres, et forment une espèce de réseau qui enveloppe les arbres auxquels ils sont attachés. Quatre à cinq espèces exotiques peu connues se réunissent à celle-ci. *V.* HEDERA. (D.)

LIERRE AQUATIQUE. C'est la LENTICULE TRISULQUE ou CANILLÉE. (LN.)

LIERRE EN ARBRE. *V.* l'art. LIERRE. (D.)

LIERRE DE BACCHUS. *V.* LIERRE et HEDERA. (D.)

LIERRE DU CANADA. C'est un SUMAC, *Rhus toxicodendrum*. (LN.)

LIERRE D'EUROPE. *V.* LIERRE. (D.)

LIERRE GRIMPANT. *V.* l'article LIERRE. (D.)

LIERRE TERRESTRE. *V.* au mot TERRETE. (B.)

LIESCHGRAS. Nom des FLÉOLES (*Phleum*), en Allemagne. (LN.)

LIE-TSU. Nom chinois du CHÂTAIGNIER. *V.* CAY-DEE-GAI. (LN.)

LIEU. Poisson du genre des GADES, le *Gadus pollachius*, Linn. (B.)

LIEU-XU. Nom chinois du SAULE de Babylone (*Salix babylonica*, L.). (LN.)

LIEVARG. Nom de la PÉDICULAIRE DES MARAIS, en Suède. (LN.)

LIEVORA. *V.* LÈPRE. (DESM.)

LIÈVRE, *Lepus*, Linn., Erxl., Bodd., Cuv., Lacep.; Geoff., Illig. Genre de mammifères de l'ordre des rongeurs, ainsi caractérisé : quatre dents incisives supérieures, dont les deux antérieures sont cunéiformes et les plus grandes, les autres étant appliquées derrière elles ; deux incisives inférieures tranchantes ; point de canines ; six molaires de chaque côté, en haut, dont la dernière très-petite, et cinq en bas, toutes formées de lames émailleuses, transverses, saillantes sur leur couronne ; pieds propres à la course, les antérieurs pentadactyles, les postérieurs à quatre doigts ; plantes et palmes poilues ; jambes de derrière plus longues que celles de devant; queue courte ; oreilles longues, étroites et très-mobiles ; yeux grands, placés sur les côtés de la tête ; museau épais ; lèvre supérieure fendue ; intérieur de la bouche garni de poils ; de longues moustaches ; six à dix mamelles situées sous le ventre et la poitrine ; un cœcum cinq à six fois plus grand que l'estomac, et garni en dedans d'une lame spirale qui en parcourt la longueur et en augmente la surface; des clavicules imparfaites; l'espace sous-orbitaire percé en réseau dans le squelette, etc.

Le caractère des doubles dents incisives supérieures suffit pour faire distinguer les animaux du genre lièvre, de tous les autres rongeurs connus, à l'exception toutefois des Pikas ou Lagomys qui le présentent aussi; mais ces derniers ont les extrémités postérieures à peu près proportionnelles à celles du devant; leurs oreilles sont médiocres et arrondies; et ils sont totalement dépourvus de queue.

Ce genre est assez nombreux en espèces, et celles-ci ont tant de rapports communs qu'il est fort difficile de les bien distinguer. On les trouve tant dans l'ancien que dans le nouveau continent. Trois d'entre elles, le *lièvre*, le *lapin* et le *lièvre variable* habitent l'Europe; une autre, le *tolaï* est de la Sibérie; l'Egypte nous offre un lièvre différent du nôtre et qui a les plus grands rapports avec une espèce observée aux environs du Cap de Bonne-Espérance. Enfin, l'Amérique méridionale a la plus petite espèce de toutes, le *tapiti*; et l'Amérique septentrionale, une autre fort voisine de la nôtre par les couleurs de son poil, mais qui en diffère par plusieurs caractères constans. En outre, plusieurs voyageurs ont fait mention de lièvres qui appartiennent vraisemblablement à des espèces distinctes, mais qu'ils n'ont pas assez caractérisées, pour qu'on puisse encore les admettre dans les systèmes de classification; tels sont, par exemple, le *lièvre d'Afrique*, dont parlent Adanson, Sparmann et Levaillant; et les deux espèces de l'Ile-de-France, dont Sonnerat fait mention : la première, petite, tenant autant du lapin que du lièvre; ayant les oreilles courtes, le corps allongé, la chair blanche; la seconde plus grande que la première, mais moins que le lièvre d'Europe, ayant les oreilles moins longues, le poil lisse et court, et étant d'ailleurs caractérisée par une tache noire et triangulaire qu'elle porte derrière la tête.

Plusieurs animaux ont reçu la dénomination de *lepus* ou de lièvre, notamment : les Agoutis (*Cavia aguti* et *acuchy*); le Viscache (*lepus viscachia*, Mol.), qui nous paroît se rapprocher de ces derniers, et qui doit peut-être former un genre intermédiaire entre le leur et celui des lièvres; le Lièvre pampa de d'Azara (*Cavia patagonica*), qui a encore beaucoup de rapport avec les agoutis, et qui leur sera réuni peutêtre lorsqu'on le connoîtra mieux; le Coy (*Lepus minimus*), sur les caractères duquel Molina et d'Azara ne s'accordent pas ; les Gerboises, les Kanguroos, selon les voyageurs, etc., etc.

Les kanguroos sont de tous les marsupiaux ceux qui, par l'ensemble de leur organisation, se rapprochent le plus des lièvres, surtout par le nombre de leurs dents incisives; car M. Geoffroy a trouvé, dans les fœtus des lapins et des lièvres, les germes de six incisives, dont les quatre antérieures seulement se développent, les postérieures avortant toujours. Il y a aussi de la ressemblance entre ces animaux dans la disproportion de leurs extrémités, le nombre de leurs doigts; la saveur de leur chair, la nature de leur pelage, leur manière de vivre, leur genre de nourriture, etc.; mais, d'un autre côté, il y a des différences notables et de première valeur, qui les éloignent des kanguroos dans la conformation des organes mâles et femelles, et qui rattachent tout-à-fait ces derniers à l'ordre des marsupiaux.

A l'état sauvage, les animaux du genre des lièvres ont une vie continuellement agitée par la crainte ; dépourvus de moyens de défense, ils n'ont de salut à espérer, lorsqu'ils sont poursuivis par leurs nombreux ennemis, que dans la rapidité de leur course. Leur vue est foible le jour, aussi ne sortent-ils de leurs retraites que pendant la nuit; la position latérale de leurs yeux leur ôte les moyens de voir devant eux, aussi ont-ils recours, pour suppléer à ce défaut d'organisation, à la finesse de leur ouïe qui, dans eux, est parfaite. Leur nourriture consiste en herbes, en racines et autres substances végétales. Le nombre des petits est médiocre, si ce n'est lorsqu'ils sont réduits à l'état de domesticité. Les uns se creusent des terriers, d'autres se réfugient dans des creux d'arbres, tandis qu'il en est qui restent continuellement en rase campagne. Leur intelligence est généralement assez bornée, etc.

Première espèce. — Le Lièvre proprement dit, ou Lièvre commun (*Lepus timidus*, Linn.) — Buff., tom. 7, pl. 38. — Schreber, *Saeugth.*, pl. 233 A.

Le lièvre est plus grand que le Lapin et plus petit que le Lièvre changeant; sa grandeur moyenne est de seize à dix-huit pouces, mesurée depuis l'extrémité du nez jusqu'à l'origine de la queue; celle-ci est de la longueur de la cuisse; et les oreilles dépassent d'un dixième celle de la tête.

Le pelage est en général d'un gris plus ou moins roux, suivant la différence des contrées et même des cantons. Cette nuance mélangée est le résultat des trois teintes dont chaque poil du dos est coloré, savoir : blanc à sa base, noir à son milieu, et roux à sa pointe. Le dessous de la mâchoire inférieure est blanc, de même que le ventre ; le bout des oreilles noir, la queue blanche avec une ligne noire en dessus ; les poils de la plante des pieds sont roux.

Quelques individus présentent des traces de la maladie albine. Il y en a de tout blancs, et qu'on pourroit confondre avec le lièvre changeant en pelage d'hiver, s'ils conservoient, comme ceux-ci, le bout des oreilles noir ; mais cette partie prend la couleur blanche du reste du corps. Le Muséum d'Histoire naturelle de Paris possède deux individus qui ont été tués aux environs d'Abbeville, par M. Baillon fils, dont les poils sont blancs, mêlés de cendré.

Les parties molles intérieures les plus remarquables, dans le lièvre, sont le cœur, d'un volume assez considérable, proportion gardée, attribut que Pline prétend être commun à tous les animaux peureux ; un très-grand cœcum, avec une valvule interne spirale ; une petite poche intestinale, semblable au cœcum, et placée à côté de l'insertion de l'ileum ; le foie partagé en cinq lobes, échancrés sur leurs bords ; la vésicule du fiel oblongue, et renfermant la bile d'un rouge noirâtre, etc., etc. (DESM.)

Dans la loi de Moïse, le lièvre est mis au nombre des animaux qui ruminent. Cependant, quoique plusieurs écrivains aient adopté l'opinion du législateur des Hébreux, si toutefois il n'y a pas quelque altération dans cet endroit de ses ouvrages, ainsi que le soupçonne Scheuchzer (*Physica Sacra*), aucune observation ne l'a confirmée, et des érudits ont fait de vains efforts pour la justifier. L'analogie, fondée sur des remarques précises et certaines, démontre que le lièvre n'ayant qu'un seul estomac, qui bien qu'à peu près divisé intérieurement dans sa petite courbure en deux parties, l'une droite et l'autre gauche, par un repli ou rebord, n'en a pas moins une cavité unique, tandis que tous les animaux ruminans ont plusieurs estomacs réellement distincts ; l'analogie démontre, dis-je, que le lièvre est absolument privé de la faculté de ruminer. Ce qui a pu donner lieu au sentiment contraire, est, 1.º l'estomac, qui, ainsi que je viens de le dire, paroît double au premier coup d'œil ; 2.º l'ampleur du cœcum, que des anatomistes ont regardé comme tenant lieu d'un second estomac, où s'achève la chylification, quoique dans le vrai, il contienne une humeur moins digérée que celle de l'estomac même ; 3.º l'habitude qu'ont les lièvres de remuer souvent le nez et les lèvres, ce qui leur donne l'apparence d'être occupés à mâcher des alimens ou à ruminer ; mais ce mouvement est tout-à-fait extérieur, et les mâchoires n'y participent point.

Une autre erreur plus généralement répandue, a fait penser que les lièvres étoient pour la plupart hermaphrodites ; qu'ils changeoient de sexe en vieillissant ; que le mâle engendroit comme la femelle, ou plutôt qu'il n'y avoit point de sexe distinct dans cette espèce d'animaux. L'on va même, dans quelques pays, jusqu'à dire que, passant alternativement d'un sexe à l'autre, ils sont mâles pendant un mois, et femelles pendant un autre mois ; alternative bizarre de fonctions et de jouissances, qui donneroit lieu à l'existence la plus extraordinaire que l'on pût imaginer. Ce préjugé a pour principe des accidens assez légers dans les parties de la génération : le gland du clitoris de la femelle est proéminent, dur, épais, terminé en pointe, et presque aussi gros que le gland de la verge du mâle ; et comme la vulve n'est presque pas apparente, que d'ailleurs les mâles n'ont au-dehors, dans leur jeunesse, ni bourses, ni testicules, et qu'à côté de la verge, qui est peu saillante, est une fente oblongue et profonde, dont l'orifice ressemble beaucoup à celui de la vulve des femelles, il est souvent assez difficile de distinguer les sexes.

Ces animaux multiplient beaucoup ; ils sont en état d'engendrer en tout temps, et dès la première année de leur vie. Les femelles ne portent que trente ou trente-un jours ; elles produisent un, deux, trois et jusqu'à quatre petits, qu'elles mettent bas sous une touffe d'herbes, au pied d'une bruyère ou d'un petit buisson, sans aucun apprêt. Les chasseurs disent avoir observé que quand il y a plusieurs *levrauts* dans une même portée, ils sont marqués d'une étoile au front, et que cette étoile manque au levraut qui est venu seul au monde ; elle disparoît ordinairement à la première mue ; quelquefois néanmoins elle subsiste jusque dans un âge plus avancé. Au reste, les levrauts acquièrent presque tout leur accroissement en une année.

Dès que les femelles ont mis bas, elles reçoivent le mâle ; elles le reçoivent aussi lorsqu'elles sont pleines, et par la conformation particulière de leurs parties génitales, il y a souvent superfétation ; « car, dit Buffon, le vagin et le corps « de la matrice sont continus, et il n'y a point d'orifice ni de « col de la matrice comme dans les autres animaux, mais les « cornes de la matrice ont chacune un orifice qui déborde « dans le vagin, et qui se dilate dans l'accouchement : ainsi « ces deux cornes sont deux matrices distinctes, séparées, et « qui peuvent agir indépendamment l'une de l'autre ; en sorte « que les femelles, dans cette espèce, peuvent concevoir et « accoucher, en différens temps, par chacune de ces matri- « ces, et par conséquent, les superfétations doivent être aussi « fréquentes dans ces animaux qu'elles sont rares dans ceux

« qui n'ont pas ce double organe. Ces femelles peuvent donc
« être en chaleur et pleines en tout temps. » Très-ardentes
en amour, elles n'ont pas de saison marquée pour produire ;
c'est néanmoins depuis le mois de décembre jusqu'en mars,
que les mâles les recherchent davantage, et qu'il naît le plus
de levrauts. Ils viennent toujours les yeux ouverts ; c'est un
fait certain, quoiqu'Aristote ait assuré au contraire que les
levrauts naissent les yeux fermés, comme il arrive, dit-il, à
la plupart des animaux dont le pied est partagé en plusieurs
doigts. (*Hist. Animal.*, lib. 4, cap. 6.) La mère les allaite
pendant vingt jours, après quoi ils s'en séparent et trouvent
eux-mêmes leur nourriture. Ils ne s'écartent pas beaucoup
les uns des autres, ni du lieu où ils sont nés ; cependant ils
vivent solitairement, et se forment chacun un gîte à une petite
distance, comme de soixante à quatre-vingts pas ; ainsi lorsqu'on trouve un jeune levraut dans un endroit, on est presque sûr d'en trouver encore un ou deux aux environs.

Quoique porteurs de deux grands yeux, les lièvres paroissent avoir la vue foible ; aussi dorment-ils ou se reposent-ils
au gîte pendant le jour : ils dorment beaucoup et les yeux
ouverts ; c'est pendant la nuit qu'ils se promènent, qu'ils
paissent et qu'ils s'accouplent ; on les voit au clair de la lune,
jouer ensemble, sauter et courir les uns après les autres.

Leur gîte n'est qu'un léger enfoncement, où ils se tapissent
entre deux mottes de terre qui ont la couleur de leur corps ;
ils l'arrangent, en hiver, de manière qu'ils y soient exposés
aux rayons du soleil du midi, et l'été ils en préparent un nouveau, que le vent du nord puisse rafraîchir. M. Stettinger
écrivit de Baigorry, en 1774, à Buffon, que dans les montagnes des Pyrénées, les lièvres se creusent souvent des tanières entre les rochers ; chose, dit-il, qu'on ne remarque
nulle part. En effet, l'on n'avoit pas encore ouï dire que les
lièvres se creusassent des terriers ; aucun naturaliste, aucun
voyageur n'avoit parlé de cette habitude, qui, si elle est
réelle, forme un rapprochement de plus entre le lièvre et le
lapin. Un Anglais voyageant dans le désert entre Alep et Bas-
sora, raconte à la vérité que les lièvres s'y pratiquent des terriers en si grande quantité, qu'il semble que l'on soit dans
une garenne d'Angleterre, et que les Arabes tuent souvent
trente à quarante de ces lièvres dans un jour, à coups de
bâton. (*Voyage par terre en retour de l'Inde, par Capper.*) Mais,
suivant toute apparence, ces prétendus lièvres ne sont autre
chose que les *gerboises*, communes dans les déserts sablonneux
de l'Asie, et se cachant dans des galeries souterraines.

En dédommagement de leur mauvaise vue, les lièvres ont
reçu de la nature la finesse de l'ouïe ; leurs longues oreilles

sont toujours aux aguets, et ils les font mouvoir avec une extrême facilité : le moindre bruit, celui d'une feuille qui tombe, les effraie et les fait fuir.

Un souffle, un ombre, un rien, tout leur donne la fièvre.

Leur timidité a passé en proverbe ; les anciens Grecs disoient d'un homme continuellement agité par la crainte, qu'il *vivoit la vie d'un lièvre*. Cette excessive disposition à la peur est une suite nécessaire de la constitution du lièvre d'un côté, et de l'acharnement de ses ennemis de l'autre. Être foible, doux et innocent, il est exposé dès ses premiers jours aux coups et aux embûches de l'homme, aux poursuites et à la dent du chien, du renard et du loup, à la serre de l'oiseau de proie. Les dangers se multiplient pour lui à chaque instant, et soit qu'il marche, soit qu'il demeure en repos, il y est également en butte ; une prompte fuite est tout ce qu'il peut opposer à tant de périls, et quelque rapide qu'elle soit, il y trouve rarement sa sûreté.

Il devance aisément dans sa course tous les autres animaux. Comme il a les jambes de devant beaucoup plus courtes que celles de derrière, il lui est plus commode de courir en montant qu'en descendant ; aussi, lorsqu'il est poursuivi, commence-t-il toujours par gagner la montagne. Son mouvement est une espèce de galop, une suite de sauts très-prestes et très-pressés. Quand il est sans défiance, il court modérément par sauts et par bonds, et il s'arrête de temps en temps ; on le voit alors s'asseoir sur ses pattes de derrière, et se servir de celles de devant comme de mains, dont il frotte avec vivacité les côtés de sa tête et de son museau. Barthès a fort bien expliqué le mécanisme des mouvemens progressifs des quadrupèdes qui ont, comme le *lièvre*, les jambes postérieures plus longues que celles du devant. Leur marche est accompagnée d'un saut particulier du train de derrière ; c'est pour cela que quand ils avancent le plus lentement, ils vont au pas avec le train de devant, et sautent avec celui de derrière. Quand ils retombent sur leurs jambes de devant, après avoir été lancés en l'air par les jambes de derrière, un mouvement particulier du ressaut se marque dans la moitié postérieure de leur corps qu'ils font arquer. Ce mouvement particulier du ressaut produit à la suite de chaque impulsion des jambes de derrière, fatigue ou retarde ces animaux lorsqu'ils courent dans la plaine, ou qu'ils descendent sur un plan incliné. Le même inconvénient n'a pas lieu quand ils montent, parce qu'alors ils arquent moins la partie postérieure du corps, à cause de la position plus élevée des jambes de devant.

Il est rare que les lièvres terminent naturellement leur

carrière ; mais lorsqu'ils ne deviennent pas la proie de la vo-racité de leurs ennemis, la durée d'une vie de crainte et d'agitations ne s'étend pas au-delà de sept ou huit ans au plus. On prétend que les mâles vivent plus long-temps que les fe-melles. Celles-ci sont plus foibles, plus délicates, plus sensi-bles aux impressions de l'air, quoiqu'elles soient plus grosses ; elles craignent aussi davantage la rosée et les endroits fan-geux ; au lieu que parmi les mâles il s'en trouve plusieurs qu'on appelle *lièvres ladres*, qui cherchent les eaux, et se font chas-ser dans les étangs et les marais.

Les lièvres se nourrissent d'herbes, de racines, de feuilles, de fruits et de grains. Ils préfèrent les plantes dont la séve est laiteuse ; ils rongent même l'écorce des arbres pendant l'hi-ver, et il n'y a guère que l'aulne et le tilleul auxquels ils ne touchent pas. L'on a prétendu qu'ils avoient un goût parti-culier pour la *viorne* (*viburnum lantana*, Linn.), et l'on a con-seillé de faire des plantations de cet arbrisseau pour préser-ver les autres plantes de leurs attaques. Mais un agriculteur anglais, instruit par sa propre expérience, assure que cette précaution est inutile, et que le goût de préférence attribué aux lièvres pour la viorne, est une chimère. Un moyen plus sûr d'éloigner des vergers, sans nuire aux arbres, les *lièvres*, ainsi que les *lapins*, est de mettre au pied de chaque arbre deux ou trois pelletées de la suie qui résulte des préparations chimiques ; cette substance qui est un excellent engrais, et qui par son poids ne peut être enlevée par les vents comme la suie ordinaire, est d'une odeur si forte, si pénétrante, et en même temps si durable, qu'aucun gibier n'ose en appro-cher, et qu'il suffit de la renouveler de loin en loin.

L'on sait que les lièvres sont solitaires et silencieux ; l'on n'entend leur voix que quand on les saisit avec force, qu'on les tourmente ou qu'on les blesse. Ce n'est point un cri aigre, mais une voix assez forte, dont le son est presque semblable à celui de la voix humaine. Ils ne sont pas aussi sauvages que leurs mœurs et leurs habitudes paroissent l'indiquer ; leur na-turel est doux, et même susceptible d'une sorte d'éducation ; en les élevant très-jeunes, on parvient quelquefois à les ren-dre familiers et même caressans ; on peut les dresser aussi à exécuter différens tours. J'ai nourri long-temps un lièvre qui avoit été pris peu de jours après sa naissance ; il avoit perdu tout ce que les animaux de son espèce ont de sauvage, pour prendre les habitudes de la familiarité, du moins envers les personnes de la maison ; mais s'il survenoit un étranger, rien ne pouvoit le retenir ; il faisoit des bonds extraordinaires, et il se seroit précipité au travers des carreaux des croisées, s'il n'eût trouvé une porte ouverte. On le laissoit libre dans toute la maison ; l'hiver il se tenoit volontiers dans mon cabinet, et il se chauffoit assis devant mon feu, au milieu de deux gros chats angora, avec lesquels il vivoit en fort bonne intelligence ; un chien de la race des chiens d'arrêt, ennemis nés des lièvres, le respectoit également, et il n'en avoit point peur. Quand j'étois à table, il s'en approchoit, et il se dressoit contre ma cuisse pour me demander à manger. Il lui prenoit des instans de colère ; il n'aimoit pas à être contrarié, et pour peu qu'on l'agaçât, il donnoit sur la main et sur le bras, comme s'il eût battu vivement du tambour, des coups redoublés et précipités qui ne laissoient pas de faire du mal. Ce lièvre avoit acquis, dans son espèce de domesticité, un embonpoint et une graisse extraordinaires. Cela arrive à presque tous les lièvres que l'on nourrit à la maison ; on les y voit souvent mourir de trop de graisse, mais ils y contractent un mauvais goût ; tandis que quand ils sont en liberté à la campagne, ils ne deviennent jamais gras ; mais leur chair qui est noirâtre, n'en est pas moins délicate. L'on a seulement observé qu'en hiver ils ont, dans nos pays, tout le bas-ventre, les reins et tous les vaisseaux couverts et entourés d'une membrane adipeuse très-épaisse ; c'est aussi le temps de l'année où leur chair a plus de fumet et de délicatesse.

C'est une viande interdite aux Juifs et aux Mahométans, et il n'est pas facile de déterminer les motifs de cette défense. Les Coptes ou Aborigènes de l'Egypte, qui, tout chrétiens qu'ils sont, n'en suivent pas moins plusieurs pratiques du judaïsme et de l'osmanlisme, n'en mangent pas non plus ; cependant les Turcs de Constantinople, de Salonique et des autres grandes villes de commerce dans le Levant, devenus moins scrupuleux observateurs du régime diététique prescrit par leur code religieux, se sont décidés à chasser et à manger des lièvres. La seule précaution qu'ils prennent, lorsqu'ils ont abattu un animal sauvage, est de se hâter de l'égorger, afin de ne pas contrevenir à une autre loi qui leur défend de faire usage de la chair d'une bête qui n'auroit pas été saignée. Cette précaution nuit à la saveur du gibier, et prive le lièvre, dont le sang est le plus doux de tous les sangs, d'une substance qui contribue le plus à en faire un bon mets. Nos chasseurs se contentent, quand ils ont pris un lièvre, de lui presser le bas-ventre à plusieurs reprises, afin de faire sortir l'urine, dont l'odeur communiqueroit un mauvais goût aux parties internes. On lit, dans les Commentaires de César, que les anciens Bretons se faisoient aussi un crime de se nourrir de la chair du lièvre ; mais les Grecs et les Romains la recherchoient pour leur table, avec autant d'empressement que nous : *inter quadrupedes gloria prima lepus*, dit Martial.

La nature du terroir influe sur cette espèce d'animaux, comme sur toutes les autres ; les *lièvres ladres*, dont j'ai parlé, et qui habitent les lieux fangeux, ont la chair de fort mauvais goût, et ceux qui broutent les herbes épaisses dans les plaines basses et les vallées, l'ont blanchâtre et insipide ; il n'y a vraiment de bons lièvres que ceux des collines élevées ou des plaines en montagne, sur lesquelles le serpolet et les autres herbes fines abondent. On a reconnu que ceux qui habitent le fond des bois dans ces mêmes cantons, ne sont pas, à beaucoup près, aussi bons que ceux qui restent à la lisière ou qui se tiennent dans les champs et dans les vignes ; on a remarqué aussi que les femelles ont toujours la chair plus délicate que les mâles. Les lièvres du Milanais passent pour les meilleurs de l'Europe.

Cette influence du terroir et du climat apporte aussi quelques différences à la taille et à la couleur des lièvres ; ceux des montagnes sont plus grands et plus gros que ceux des plaines ; ils sont aussi plus bruns sur le corps, et ont plus de blanc sous le cou, au lieu que les lièvres de plaines sont presque rouges. Ceux des pays chauds ont une couleur plus claire que ceux des contrées plus septentrionales. Aristote avoit déjà remarqué qu'ils sont plus petits vers le Midi qu'au Nord. Au reste, il s'en faut bien que ces lièvres des pays très-chauds soient aussi bons à manger que les nôtres ; ils ont en effet, ainsi que la plupart des animaux des mêmes climats, la chair moins ferme et moins savoureuse qu'au nord de l'Europe ; elle est aussi moins noire, et elle manque, comme celle de toutes les sortes de gibier de la zone torride, de ce parfum particulier que l'on nomme le *fumet*, et qui, chez nous, en fait le principal mérite. Les *levrauts* de la Grèce, aussi bien que ceux de l'Afrique, naissent avec le poil frisé, et le conservent quelque temps pendant leur premier âge. M. de Querhoent, cité par Buffon, dit qu'à l'Ile-de-France les lièvres ne sont pas plus grands que les lapins de notre pays, qu'ils ont la chair blanche, le poil plus lisse, et une grande tache noire derrière la tête et le cou. Quant au *lièvre cornu*, qu'il n'est pas rare, suivant Klein, de trouver en Norwége (*Dispos. quadr.* § 21), je me dispenserai d'en parler, parce que c'est l'histoire et non la fable de la nature, que nous nous sommes proposé d'écrire.

Buffon avoit pensé que les lièvres des hautes montagnes et des pays du Nord, qui deviennent blancs pendant l'hiver, et reprennent en été leur couleur ordinaire, étoient les mêmes que les nôtres, blanchis par l'effet de la rigueur du froid ; mais les observations de plusieurs naturalistes, celles de M. Pallas en particulier, prouvent que ces lièvres à pelage

changeant forment une espèce distincte. *Voyez* l'article du
Lièvre changeant.

Les lièvres sont communs en Angleterre, en Suède, et
principalement en Allemagne ; on en amène par charretées
au marché de Vienne ; l'Autriche fournit annuellement un
million de peaux, et la Bohême quatre cent mille. Ils sont
encore communs dans la plus grande partie de la Russie ;
en Crimée, le débit des peaux de lièvre est immense, on les
vend à la pièce de cinq aspres jusqu'à deux parats, et les fourrures qu'on en fait et qu'on y appelle *korelkas*, coûtent une à
deux piastres ; ces peaux sont pareillement un article considérable du commerce de la Valachie. Les lièvres se trouvent
abondamment en Grèce, dans l'Asie mineure, en Syrie,
etc. L'Egypte et plusieurs contrées de l'Afrique en ont d'une
espèce particulière. Les voyageurs font mention des lièvres du
nord de l'Amérique ; mais ceux-ci forment aussi une espèce
différente de celle des lièvres de l'ancien continent ; et c'est
mal à propos que Buffon et plusieurs autres naturalistes les
ont confondus comme de simples variétés de la même espèce.
(*Voyez* l'article du Lièvre d'Amérique.) Quant aux animaux
de l'Amérique méridionale, auxquels on a donné le nom de
lièvres, ce sont des espèces réellement distinctes et séparées.

Il y en avoit aussi beaucoup en France ; mais le génie de
la destruction qui a présidé pendant quelques années aux destinées de cet empire, et qui n'y a laissé aucun point sans le
frapper de quelqu'un de ses traits aussi rapides, aussi dévas-
tateurs que la foudre, n'a pas épargné les lièvres. Cette espèce a été poursuivie avec toute la fureur de la licence, et
sa grande fécondité l'a pu seule préserver d'un anéantissement
total. Sans doute il étoit nécessaire de mettre des bornes à
une multiplication excessive et nuisible, qui, pour le plaisir
de quelques hommes, faisoit le mal du plus grand nombre ;
il étoit juste, surtout, d'abroger ces lois d'une insolente et
barbare féodalité, dont l'effet plongeoit dans les cachots et
dans les fers, le propriétaire ou le fermier qui s'armoit contre
le gibier endommageant ses récoltes ; mais notre commerce,
nos manufactures, l'aisance de la vie, la morale même, ré-
clamoient des ménagemens dans la guerre déclarée de toutes
parts aux lièvres, et un frein à l'acharnement que l'on mettoit
à les détruire. Outre les ressources qu'ils offrent à la subsistance des hommes, leur dépouille fournit une fourrure assez
commune, mais fort chaude, et leur poil entre dans la fabrication des chapeaux. La France, avant sa révolution, étoit
déjà tributaire de l'étranger à cet égard ; son commerce recevoit annuellement, par le seul port de Marseille, trois à
quatre cents ballots de peaux de lièvres, chargés dans les

Echelles du Levant, et évalués à quatre à cinq cent mille francs ; l'on en tiroit aussi de la Sicile. A présent que les lièvres sont rares, sans que l'abondance de nos moissons paroisse s'être accrue, la sortie d'une plus forte somme devient indispensable pour alimenter nos chapelleries , et par cela seul, le prix de leurs produits a dû nécessairement hausser. Enfin, lorsque j'ai avancé que la morale étoit intéressée à la répression de l'abus effréné de la chasse, il suffit , pour justifier cette assertion, de jeter les yeux sur cette horde éparse d'hommes endurcis à la fatigue, aux intempéries de l'atmosphère , et trop souvent aux actions criminelles , sur les *braconniers* de profession, fuyant le travail, délaissant leur famille , se dépouillant de toute affection honnête , se faisant une habitude de la rudesse du caractère, constamment poursuivis par la pauvreté , et sectateurs infatigables d'une brutale intempérance. A cette peinture plutôt adoucie qu'exagérée , le philosophe ne seroit-il pas tenté de regretter la sévérité des lois qui interdisoient la chasse à la classe que le travail doit honorer, et qu'il rend si recommandable, pour en faire le privilége d'une classe moins utile en apparence, mais qui, dans une société bien organisée , contribue à la prospérité commune par tous les genres de consommation ? Le temps est moins précieux pour elle , et une éducation soignée , de même que l'urbanité des mœurs, en écarte les suites dangereuses de la trop grande liberté de la chasse , qui dans les pays civilisés , doit être un plaisir, un délassement , un exercice salutaire , mais jamais un métier de destruction.

Au nombre des propriétés du lièvre, je ne compte point l'emploi bien ou mal fondé , que la vieille médecine faisoit de différentes parties de cet animal ; je dirai seulement que sa graisse est excellente pour enlever les taies qui couvrent les yeux des hommes et des animaux; que son sang est encore vanté comme un fort bon topique, propre à faire disparoître les taches du visage, et qu'au rapport des voyageurs modernes, ce sang est mis avec succès en usage chez les colons du Cap de Bonne-Espérance, dans le traitement des érysipèles ; ils en imbibent un linge qu'ils laissent sécher, et qu'ils appliquent ensuite immédiatement sur la peau.

Avant de décrire les différentes méthodes de chasser le lièvre , il n'est pas hors de propos de les faire précéder par quelques connoissances préliminaires , qui ne doivent point être étrangères au chasseur, et peuvent servir à le diriger.

Les lièvres ne se tiennent pas volontiers dans les endroits qu'habitent les lapins , et les lapins ne multiplient pas beaucoup dans les pays où les lièvres sont en grand nombre.

On appelle communément le lièvre mâle qui a pris tout

son accroissement, *bouquin*, et la femelle, *hase*; un grand *levraut* prêt à devenir *bouquin* ou *hase*, se nomme *trois-quarts*. Pour distinguer si un lièvre est jeune ou vieux, il suffit, dit-on, de tâter avec l'ongle du pouce, la jointure du genou des pattes de devant. Si les têtes des deux os qui forment l'articulation sont tellement contiguës que l'on ne sente point d'intervalle entre elles, l'on peut décider que le lièvre est vieux; s'il y a, au contraire, une séparation sensible entre les deux os, c'est une marque que le lièvre est jeune; et il l'est d'autant plus que les deux os sont plus séparés.

D'autres, pour s'assurer de la jeunesse d'un levraut de trois-quarts, ou qui est parvenu à sa grandeur naturelle, lui prennent les oreilles, et les écartent l'une de l'autre; si la peau se relâche, ils décident que l'animal est jeune et tendre; mais si elle tient ferme, c'est signe qu'il est dur, et que ce n'est pas un *levraut* mais un *lièvre*. Au reste, les meilleurs levrauts sont ceux qui naissent en janvier.

Les signes auxquels on reconnoît un lièvre mâle, sont: le derrière tout blanc; les épaules rouges et ayant quelques longs poils; la tête plus arrondie que celle de la femelle; les oreilles plus courtes, plus larges et blanchâtres; la queue plus longue et plus blanche. Si un lièvre au gîte à les oreilles serrées sur les épaules, l'une contre l'autre, c'est un mâle; si elles sont ouvertes et écartées des deux côtés du cou et des épaules, c'est une femelle. Le mâle a communément son *repaire* ou ses *crottins* petits, secs ou pointus au bout; ceux de la femelle sont ronds, beaucoup plus gras, moins secs et bien moulés. Lorsque le mâle est chassé par des chiens courans, il perce en avant, va fort loin, et fait de grandes *randonnées*, c'est-à-dire, de longs circuits aux environs du même lieu; la hase s'écarte moins, se fait battre autour du canton qu'elle habite, et revient plus souvent sur ses pas. Le *bouquin* a aussi plus de jambe et de talon que la hase; son pied est beaucoup plus court, plus serré et plus pointu; il appuie plus de la pince que du talon; ses ongles sont gros, courts et usés, mais toujours très-serrés et enfoncés. La hase, au contraire, a le talon étroit, le pied long, plus garni de poil, et elle appuie davantage du talon que de la pince; ses ongles menus et pointus s'écartent les uns des autres, et entrent peu dans la terre.

Quoique le lièvre ne manque pas d'instinct pour sa conservation, sa sagacité est très-bornée, et l'on doit regarder comme les plus grands efforts de cet instinct, et par conséquent comme des faits peu ordinaires, les ruses de quelques lièvres, rapportées par un ancien et bon auteur de vénerie: « J'ai vu, dit Dufouilloux, un lièvre si malicieux, que depuis qu'il oyoit la trompe, il se levoit du gîte ; et eût-il été à un quart de lieue de là, il s'en alloit nager en un etang, se *relaissant* (c'est-à-dire, s'arrêtant et se couchant sur le ventre) au milieu d'icelui sur des joncs, sans être aucunement chassé des chiens. J'ai vu courir un lièvre bien deux heures devant les chiens, qui après avoir couru, venoit pousser un autre et se mettre en son gîte. J'en ai vu d'autres qui nageoient deux ou trois étangs, dont le moindre avoit quatre-vingts pas de large. J'en ai vu d'autres qui après avoir bien couru l'espace de deux heures, entroient par-dessous la porte d'un tect à brebis, et se relaissoient parmi le bétail. J'en ai vu, quand les chiens les couroient, qui s'alloient mettre parmi un troupeau de brebis qui passoit par les champs, ne les voulant abandonner ni laisser. J'en ai vu d'autres qui, quand ils oyoient les chiens courans, se cachoient en terre. J'en ai vu d'autres qui alloient par un côté de haie et retournoient par l'autre, en sorte qu'il n'y avoit que l'épaisseur de la haie entre les chiens et le lièvre. J'en ai vu d'autres qui, quand ils avoient couru une demi-heure, s'en alloient monter sur une vieille muraille de six pieds de haut, et s'alloient relaisser en un pertuis de chauffant couvert de lierre. J'en ai vu d'autres qui nageoient une rivière qui pouvoit avoir huit pas de large, et la passoient et repassoient en longueur de deux cents pas, plus de vingt fois devant moi. » Il n'est pas rare que les lièvres, poursuivis par les chiens, sautent et se blottissent sur le haut d'une souche, et mettent ainsi les chiens en défaut ; mais ce qui est plus singulier, l'on a vu un lièvre, après avoir fait plusieurs retours sur lui-même, se raser, laisser passer les chiens et les chevaux, et reprendre le contre-pied, en ne courant que sur des voies surmarchées par eux ; un autre se mettre à l'eau, se laisser entraîner au fil de la rivière, jusqu'à la distance de cinq cents pas, et de là se jeter sur un petit îlot ; un autre enfin, se relaisser au milieu d'une mare, le bout du museau seulement hors de l'eau pour respirer. (*Traité de la chasse au fusil.*)

J'observerai que quand la terre est couverte de neige, les chasseurs des pays du Nord s'habillent de blanc, afin de n'être point aperçus par les lièvres et les autres animaux sauvages.

On connoît qu'un lièvre est du pays, lorsque, lancé par les chiens, il ne s'éloigne pas de son canton ; un lièvre étranger perce droit. Il n'en est pas de même du lièvre de bois, qui revient toujours au bois où il a été lancé, excepté dans les temps de pluie ; alors il longe seulement les chemins. Le lièvre de plaine ne tient pas le bois, et s'il est forcé d'y entrer, il ne fait que le traverser, et il en sort aussitôt. On voit qu'un lièvre commence à se lasser, quand ses allures sont *courtes* et *déréglées*; il n'appuie que du talon; son pied s'él.- git extraordinairement; les deux doigts des pieds de devant e tournent en dehors l'un sur l'autre en forme de croissant; .l a les oreilles basses et écartées; il est efflanqué, les chasseurs disent qu'*il porte la hotte*; ses forces l'abandonnent; il se jette dans les jambes des hommes et des chevaux, le bruit ne l'étonne plus; il est aux abois; il va succomber à l'excès de sa fatigue; et les éclats du cor, en annonçant cette sorte de victoire, détournent l'attention du chasseur, de la foiblesse de l'être qui en est l'objet, et trompent sa sensibilité, qui ne pourroit manquer de lui reprocher les longues souffrances et les cruelles angoisses dont il a tourmenté un animal doux et sans défense.

Chasse du lièvre. — Il y a cinq manières de prendre ou de chasser le lièvre; la première *aux chiens courans*, la deuxième *au fusil*, la troisième *à l'affût*, la quatrième *à l'oiseau de proie*, et la cinquième *au collet* ou *lacet et autres piéges*.

Le temps le plus favorable à presque toutes ces différentes chasses, est depuis la mi-septembre jusqu'à la mi-avril. Il faut encore observer que les lièvres se tiennent volontiers, en été, dans les champs; en automne, dans les vignes, et en hiver, dans les buissons et dans les bois.

Pour forcer le lièvre aux chiens courans, il faut une meute peu nombreuse de chiens bien dressés, et conduits par trois chasseurs au plus; des chasseurs en plus grand nombre ne font que se gêner. Il est bon que les chiens soient d'abord tenus en laisse, pendant qu'on pousse en avant un chien d'arrêt pour faire sortir le lièvre des broussailles où il peut être retiré; après cela on lâche les chiens courans, et on retient le chien d'arrêt, qui ne pourroit que contrarier la chasse en faisant lever à la fois plusieurs lièvres, qui donneroient le change aux chiens courans, et leur feroient perdre la voie ou la piste du premier lièvre lancé. Pour connoître parfaitement la chasse aux chiens courans, qui ne convient qu'aux personnes en état d'avoir des piqueurs et une meute, il faut en chercher les détails circonstanciés dans les divers ouvrages de vénerie : ces détails étant beaucoup trop considérables pour entrer dans un abrégé, on se bornera ici à observer qu'un vent doux du levant ou du couchant, ni trop humide ni trop sec, est le plus convenable à cette sorte de chasse.

Celle au fusil n'est pas si compliquée; elle peut se faire sans chiens, en battant la plaine pour tirer le lièvre au moment qu'il part. L'heure favorable pour cette chasse, est depuis que le soleil commence a paroître jusqu'à deux heures après son lever. Un chasseur d'habitude reconnoît un lièvre au gîte à la distance de sept à huits cents pas, dans les jours clairs et sereins d'une belle gelée d'hiver. En se promenant dans une plaine semée en blé, la face tournée au soleil, on peut découvrir le lièvre au gîte, au moyen d'une vapeur produite par la chaleur de son corps, et qui forme un petit nuage au-dessus du gîte. Cette vapeur est d'autant plus considérable, que le lièvre vient plus récemment de se gîter, et qu'il s'est plus échauffé en courant. Il faut bien se garder d'aller droit au lièvre qu'on voit au gîte, si l'on ne veut pas le faire lever avant d'en être assez près pour le tirer ; mais on doit s'en approcher en le tournant, et le coucher en joue sans s'arrêter.

La chasse au fusil se fait encore avec des chiens courans ; deux bassets suffisent et sont préférables. Pour bien faire cette chasse, il faut deux chasseurs, dont l'un suit les chiens pour les appuyer, et l'autre pour rester au lieu d'où le lièvre a été lancé. Ce dernier est sûr de le tirer, lorsque le lièvre aura fait son tour, qu'on appelle *randonnée* ; et s'il le manque cette première fois, il ne le manquera pas après la deuxième randonnée, car il est reconnu qu'un lièvre, et surtout une femelle ou *hase*, revient plusieurs fois au lancé, c'est-à-dire à la place d'où les chiens l'ont fait partir.

On emploie encore pour la chasse au fusil des chiens couchans ou d'arrêt, qu'on dresse à quêter ou chercher en silence le lièvre qui se repaît ou qui gîte dans la plaine. La manière de dresser des chiens pour cette sorte de chasse est assez connue, et leur éducation a pour principal objet de modérer leur ardeur, et de les empêcher de faire partir le lièvre en courant sus, avant que le chasseur leur ait crié *pille*, lorsqu'il veut le tirer au *partir*.

Quelquefois aussi on tire le lièvre devant le nez du chien qui le tient en arrêt. Si cette manière n'exige pas que le chasseur soit un bon tireur, elle demande de lui beaucoup d'adresse pour approcher le lièvre sans le faire partir, et pour le tirer sans blesser le chien.

Une autre chasse au fusil est celle qu'on appelle à la *raie* ; elle se fait en avril et mai, lorsque les blés déjà en tuyaux ne permettent plus de battre une plaine fertile. Cette chasse se fait depuis le soleil levant jusqu'à huit ou neuf heures du matin, et le soir deux heures avant le coucher du soleil. Pour la faire utilement, il est bon que deux chasseurs prudens se réunissent ; l'un des deux longe une pièce de blé par un bout, et l'autre par l'extrémité opposée ; ils vont doucement et du même pas à la rencontre l'un de l'autre, en fixant les regards sur le sillon. Il est rare que le lièvre traverse le sillon, qu'il suit toujours en fuyant le chasseur qu'il a aperçu le premier, et il va se placer sous le fusil de l'autre. Si celui-ci le manque, il doit faire signe du chapeau à son compagnon, qui, averti, ne manquera pas le lièvre, qui aura rebroussé chemin.

Une des manières de chasser à l'affût consiste à se placer avec un fusil sur les bords d'un bois après le soleil couché, et à y rester jusqu'à nuit tombante. C'est le moment où les lièvres quittent les bois pour passer les nuits dans les champs et y paître. Le matin, depuis la pointe du jour jusqu'au soleil levant, on peut les y attendre de même au moment de leur *rentrée* dans le bois. Il faut être placé sous le vent, à moins qu'on ne soit monté sur un arbre. Il faut aussi se poster à portée d'un sentier, et si l'on voit le lièvre rentrer ou sortir trop loin de soi, il faut remarquer l'endroit, et revenir le lendemain se mettre à portée : on peut être sûr que le lièvre, qui ne change pas de route, reprendra celle qu'on lui a vu tenir la veille. On peut encore reconnoître les *passées* d'un lièvre en se promenant avec un chien le long du bois à la chute du jour. Vers le mois de mai, le soir, on se tapit au pied d'une haie ou d'un arbre, près d'une pièce de blé : on y attend les lièvres qui viennent s'y repaître pendant la nuit. Dans le fort de l'été, c'est près d'un champ d'avoine, de pois ou d'autres menus grains qu'on peut les attendre. Par un beau clair de lune, et dans un carrefour où plusieurs chemins aboutissent, l'affût est aussi très-favorable. L'affût soit du soir, soit du matin, n'est guère praticable que depuis la mi-avril jusqu'à la fin de septembre ; mais l'affût au clair de la lune peut avoir lieu en tout temps. Quand un lièvre qu'on voit à l'affût n'a pas encore été effrayé, il court modérément, et si on veut le tirer plus sûrement, on l'arrête, quand il est à portée, en faisant avec la bouche un petit bruit, qui s'opère en serrant les lèvres et retirant l'air en dedans, ce qui s'appelle *piper* un lièvre.

La chasse du lièvre se fait à l'oiseau, par le moyen d'oiseaux de proie, tels que le milan, le faucon, l'autour, le lanier et le gerfaut ; on peut encore dresser à cette chasse le corbeau et la corneille. L'oiseau ayant été lâché, plane dans les airs, d'où il se précipite sur le lièvre, qui, ne pouvant l'apercevoir, n'évite point sa serre ; et il en est saisi. Alors l'oiseau rappelé par son maître ou par son conducteur, relâche sa proie. Tout l'art de cette chasse, qui suppose une fauconnerie montée, et par conséquent tous les moyens d'un homme puissant, consiste dans la manière de dresser les oiseaux de proie, et d'en régler le vol. *Voyez* l'article de la *fauconnerie* au mot FAUCON.

Après avoir familiarisé un lièvre, en l'élevant à la maison, dit Aldrovande d'après Conrad Heresbachius, on lui attache un morceau de viande crue sur le cou, et on le fait courir en plein champ ; on lâche ensuite l'oiseau de proie, qu'on rabat sur le lièvre pour faire sa pâture du morceau de viande, et par ce moyen on dresse l'oiseau à la chasse du lièvre d'autant plus aisément, que dans l'état de liberté il en fait sa nourriture.

Un autre moyen de prendre les lièvres sans chiens, sans fusil, sans oiseaux et sans piéges, consiste à s'armer de bâtons, et à courir en nombre, dans un temps de neige, vers le gîte d'un lièvre, qu'on étourdit par un grand bruit, qu'on lasse ainsi dans sa course contrariée, et qu'on assomme.

Reste à indiquer la chasse aux piéges. La manière de faire cette chasse en grand, consiste à ceindre un bois d'un filet particulier ; mais le principal artifice qu'on emploie à la campagne, est l'usage du *collet*, espèce de lacet de corde, ou de crin, ou même de fil de laiton, tendu dans des passages étroits, avec un nœud coulant. Pour réussir dans cette chasse, il faut avoir observé la passée d'un lièvre dans les haies ; on la reconnoît par le poil qu'il y laisse en les traversant ; il faut aussi frotter les collets avec du blé vert, du genêt ou du serpolet.

Telles sont les différentes manières connues de chasser les lièvres, et le lecteur saura gré, sans doute, qu'en terminant cet article, on lui indique, d'après Aldrovande qui cite Vucherius, un procédé que ce dernier prétend être infaillible pour attirer les lièvres dans un canton : ce procédé consiste à mêler du suc de jusquiame avec le sang d'un levraut, et à coudre ce mélange dans une peau de lièvre, qu'on enterre ensuite dans un endroit fréquenté par ces animaux : c'est, dit l'auteur cité, le moyen d'y attirer tous ceux de la contrée.

Seconde Espèce.—Le LAPIN, *Lepus cuniculus*, Linn.; Erxleb. — Buffon, *Hist. nat. des quadr.*, tom. 6, pl. 5o.

Il n'est guère, dans la classe des quadrupèdes, d'espèces plus voisines, et, pour ainsi dire, plus apparentées que celles du *lapin* et du *lièvre*. Cependant, quelque rapprochées qu'elles paroissent, ce sont des espèces réellement distinctes et séparées ; elles ne se mêlent point ensemble ; et si l'on y rencontre des exemples d'accouplemens au temps du rut, on doit les regarder comme les écarts d'une extrême pétulance, comme les déréglemens de quelques individus dans un genre d'animaux très-ardens en amour : mais ces écarts, ces déréglemens n'ont point de résultats. Buffon a fait à cet égard plusieurs essais qui n'ont rien produit ; ils ont seulement appris que les lièvres et les lapins, dont la forme est si semblable, sont néanmoins de nature assez différente pour ne pas même engendrer des mulets. A la vérité, le baron de Gleichen, qui a écrit récemment une *Dissertation sur la Génération*, semble attribuer le peu de succès que Buffon a obtenu dans ses tentatives, au défaut de précaution de séparer les mâles d'avec les femelles aussitôt après l'accouplement, et il rapporte qu'un témoin oculaire lui a assuré que la génération des métis provenus de l'accouplement des lièvres femelles et des lapins sauvages, est un fait généralement connu à Hoching, canton de la Prusse polonaise. Mais ce n'est pas assez des témoignages d'un seul homme, dont M. Gleichen tait même le nom, pour faire croire à l'existence des produits des deux espèces du lièvre et du lapin. Aucun naturaliste, aucun voyageur instruit n'en a fait mention; et s'ils se trouvoient, en effet, dans un district de la Pologne, n'en verroit-on pas également dans tous les pays où les lièvres et les lapins sont communs? D'un autre côté, l'on sait qu'il y a entre ces animaux une sorte d'antipathie qui les éloigne l'un de l'autre, et les empêche de multiplier beaucoup dans les mêmes lieux. La domesticité n'affoiblit pas cette inimitié naturelle. Un levraut et une jeune lapine à peu près du même âge, que Buffon faisoit élever dans le même endroit, n'ont pas vécu trois mois ensemble; dès qu'ils furent un peu forts, ils devinrent ennemis, et la guerre continuelle qu'ils se faisoient finit par la mort du levraut.

Les différences de conformation qui distinguent le lapin du lièvre, sont peu sensibles, puisque les principales consistent en ce que le lapin est généralement plus petit, que sa queue a un peu moins de longueur, proportion gardée, et que ses jambes sont aussi proportionnellement plus courtes; car, suivant la remarque de M. Daines Barrington, si l'on mesure les jambes postérieures d'un lièvre depuis la jointure jusqu'au pied, cette longueur sera précisément la moitié de celle du dos, depuis le croupion jusqu'à la bouche, sans y comprendre la queue; si l'on mesure de la même manière les jambes de derrière d'un lapin, et qu'on compare leur longueur avec celle du dos, l'on trouvera qu'elle n'en fait guère plus d'un tiers; enfin, si l'on mesure aussi les jambes du devant et du derrière, et que l'on compare leur longueur respective dans le lapin et dans le lièvre, on remarquera que celles du lapin sont à proportion plus courtes que celles du lièvre. J'observerai, à cette occasion, que les proportions des jambes des lièvres et des lapins varient également suivant le sexe et l'âge : de sorte que leurs mesures relatives diffèrent non-seulement dans le mâle et la femelle, mais qu'elles ne sont pas non plus les mêmes dans un lièvre ou un lapin de quatre ans, que dans un de ces animaux âgé seulement de six mois. Linnæus, et presque tous les naturalistes après lui, présentent comme une distinction certaine, les oreilles plus

courtes que la tête aux lapins, et plus grandes aux lièvres;
mais cela n'est vrai qu'à l'égard des lapins sauvages, puisque
les lapins blancs domestiques ont les oreilles beaucoup plus
longues que leur tête.

Le pelage doux et épais du lapin est gris, ou, pour parler
plus exactement, mélangé de couleurs fauves, noires et cendrées, qui sont la couleur ordinaire des lapins et des lièvres;
la nuque est rousse; la gorge et le ventre sont blanchâtres,
de même que le dessous de la queue dont le dessus est brun;
les oreilles sont grises sans noir, etc. Je ne parle ici que du
lapin sauvage, car la robe des lapins domestiques est souvent
de diverses couleurs; cependant, il se trouve toujours, dans
leurs portées, plusieurs lapins gris, quoique le père et la
mère soient tous deux blancs ou tous deux noirs, ou l'un noir
et l'autre blanc. Il est rare qu'ils en fassent plus de deux ou
trois qui leur ressemblent; au lieu que les lapins gris, quoique domestiques, ne produisent d'ordinaire que des lapins de
cette même couleur, et que ce n'est que très-rarement, et
comme par hasard, qu'ils en font de blancs, de noirs et de
mêlés. Tous les lapins sauvages ou domestiques, quelle que
soit la couleur de leur fourrure, ont le dessous des pieds couvert de poils roux; la prunelle noire de leurs yeux, ronde et
fort grosse dans l'obscurité, se rapetisse beaucoup aux rayons
du soleil, de sorte que son grand diamètre est vertical; leur
iris est d'un brun jaunâtre, à l'exception néanmoins des lapins blancs, qui, lorsqu'ils sont entièrement développés,
ont la prunelle d'un rouge de brique, l'iris blanchâtre, teinté
de ce même rouge, les bords de leurs paupières rougeâtres,
et le blanc de l'œil injecté de rouge; dans le jeune âge, leurs
yeux sont seulement teints de rougeâtre. Le lapin étant, du
reste, conformé de tout point comme le lièvre, je renvoie,
pour compléter la description de ses parties externes et internes, à l'article du LIÈVRE.

Mais, s'il est difficile d'assigner des caractères bien précis
de dissemblance dans la conformation du lapin et du lièvre,
l'on peut en saisir de remarquables dans leur manière de
vivre. Le lapin sauvage se fait, avec une adresse singulière,
des retraites dans le sein de la terre; aussi a-t-il les pieds de
devant plus forts et les ongles plus longs et plus aigus que ceux
du lièvre et même du lapin domestique; en sorte qu'à l'inspection seule de ses pieds de devant, l'on peut distinguer,
quelle que soit la teinte de la fourrure, si un lapin est sauvage ou domestique. Ce dernier ne se donne pas, en effet,
la peine de fouiller la terre et de s'y pratiquer un asile dont
il n'a pas besoin, parce que les soins de l'homme le tiennent
à l'abri des inconvéniens qu'il éprouveroit dans l'état de li-

berté. « L'on a souvent remarqué, dit Buffon, que, quand
« on a voulu peupler une garenne avec des lapins *clapiers*,
« ces lapins, et ceux qu'ils produisoient, restoient, comme
« les lièvres, à la surface de la terre, et que ce n'étoit qu'a-
« près avoir éprouvé bien des inconvéniens, et au bout d'un
« certain nombre de générations, qu'ils commençoient à
« creuser la terre pour se mettre en sûreté. »

C'est dans ces demeures souterraines et tranquilles que les
lapins passent la plus grande partie de leur vie, les uns auprès des autres, dans le même canton; ils y dorment pendant
la plus grande partie de leur journée, et les yeux ouverts
comme les lièvres; ils en sortent rarement, et seulement pour
chercher leur nourriture; ils ne s'en écartent pas beaucoup,
et c'est principalement le soir qu'ils vont paître aux environs.
Aussi timides que les lièvres, ils sont sans cesse aux aguets;
tout objet étranger, tout bruit inattendu jette l'épouvante au
milieu d'une peuplade alerte et défiante; ils courent bien vite
s'enfoncer dans leurs terriers. Si on veut les tuer, il faut les
épier, et, pour ainsi dire, les surprendre par trahison; et ce
que nous regardons comme l'excès de l'inquiétude et de la
peur, est, dans le réel, l'instinct d'une juste prudence, chez
des animaux qui, souvent plus sages que nous, connoissent
le péril et le fuient.

Ces animaux sont très-lestes, quoique le train de derrière
paroisse en quelque sorte perclus, les jambes postérieures ne
s'étendant qu'en partie, et ne pouvant se mouvoir que par
des sauts. Dans l'état de repos, leur ventre semble posé sur la
terre: leur museau se dirige en avant, de sorte que la mâchoire inférieure est près du sol; ils ont les oreilles droites,
les jambes pliées, et la queue étendue horizontalement ou
repliée en haut. Lorsqu'ils se disposent à marcher, ils s'élèvent sur leurs quatre jambes, de manière que leurs pieds de
devant n'appuient sur la terre que par les doigts, tandis que
ceux de derrière y posent entièrement. Ils sautent plutôt qu'ils
ne marchent; lorsqu'ils avancent lentement, ils portent en
avant une des deux jambes antérieures, et ensuite l'autre;
pendant ce premier pas, et même pendant un second et un
troisième pas de leurs jambes de devant, leur train de derrière reste immobile; mais leur corps s'allonge, leurs cuisses
se redressent sur les jambes, leurs talons s'élèvent, enfin ils
font un saut avec le train de derrière, se portent en avant, et
s'élancent en appuyant les deux pieds sur la terre. Quand leur
course est rapide, ils galopent et franchissent en un saut un
assez grand espace. Ils se dressent souvent et s'asseyent;
leur corps est alors dans une position inclinée à l'horizon, et
ils se servent de leurs pattes antérieures comme de bras et de

mains. Quelquefois ils élèvent leur train de derrière jusqu'à perdre terre, et ils retombent sur leurs talons avec assez de force pour faire du bruit en frappant la terre.

Ce bruit est d'ordinaire un signal d'alarme et de retraite; le premier lapin qui aperçoit quelque danger, le donne et le répète; les terriers en retentissent au loin, et tous les lapins vont précipitamment chercher leur sûreté dans les excavations qu'ils ont pratiquées. Les femelles sont les sentinelles les plus vigilantes; elles restent les dernières près du terrier, et y frappent du pied jusqu'à ce que toute la famille soit retirée. Mais la frayeur qui disperse une troupe de lapins et les fait gagner leurs obscures demeures, n'est pas de longue durée; elle s'évanouit en peu d'instans, pour renaître bientôt; et on les voit reparoître et s'exposer à de nouvelles alarmes, à de nouveaux dangers.

Habituellement cachés sous une couche épaisse de terre, ces animaux sont plus sensibles aux variations de l'atmosphère. Ils s'exposent rarement à l'air dans la journée, à moins que le temps ne soit calme et serein; et s'il doit survenir quelque orage pendant la nuit, on les voit s'empresser de sortir et de paître; ils broutent alors avec tant d'activité, qu'ils paroissent négliger leur surveillance ordinaire; il semble que la crainte d'un péril éloigné les rende inattentifs à des dangers plus pressans; c'est en effet dans ces momens d'une précaution funeste et prématurée, que le chasseur sait qu'il peut les approcher le plus facilement, et les frapper de ses coups meurtriers.

L'on a dit des lapins qu'ils étoient du nombre des animaux ruminans, et que la plupart réunissoient les deux sexes; l'on a dit la même chose des lièvres, et l'on trouvera à l'article de cet animal l'origine et la réfutation de ces préjugés.

Mais ce qui est réel, c'est la multiplication vraiment prodigieuse de l'espèce du *lapin*; ces animaux se propagent avec tant de rapidité dans les lieux qui leur conviennent, qu'il n'est plus possible de les détruire; et comme, pendant la plus grande partie de leur vie, ils sont, eux et leurs petits, cachés aux yeux de l'homme, il faut employer beaucoup d'art pour en diminuer la quantité souvent incommode et même redoutable. Pline et Varron rapportent qu'une ville entière de l'Espagne fut détruite par le nombre incroyable de lapins qui s'étoient logés sous ses fondemens; et Strabon raconte que les habitans des îles Baléares, désespérant de pouvoir s'opposer à la propagation extraordinaire des lapins, prête à rendre leur pays inhabitable, envoyèrent à Rome des ambassadeurs, pour implorer des secours contre ce nouveau genre d'ennemis. L'agriculture souffre de leurs dé-

vastations ; ils dévorent les herbes, les racines, les grains,
les fruits, les légumes, et même les arbrisseaux et les arbres. =
Les quadrupèdes et les oiseaux carnassiers contribuent aussi
à diminuer leur nombre ; les serpens et les couleuvres les
recherchent ; les chats, principalement, sont leurs ennemis
acharnés ; ils les poursuivent et les atteignent jusque dans
leurs terriers. A Basiluzzo, l'une des îles Lipari, les lapins
détruisoient toutes les récoltes ; les habitans, dit Spallanzani,
étoient au désespoir, lorsque, mieux avisés que les insulaires
des Baléares, ils opposèrent à cette multitude de dévasta-
teurs, une quantité de chats, qui en purgèrent l'île en peu
de temps.

J'indique, à l'article du LIÈVRE, un moyen d'éloigner des
vergers cet animal, ainsi que le lapin, et de les empêcher
l'un et l'autre d'endommager les arbres fruitiers de leurs
dents rongeantes. L'odeur du soufre les écarte également.
Pour garantir les vignes de leurs ravages à l'époque où les
bourgeons poussent (plus tard ils ne touchent plus aux ceps
endurcis), l'on prend de petits bâtons secs de saule ou
d'autre bois facile à enflammer ; l'on en trempe un bout dans
du soufre fondu, comme on le fait pour des allumettes ; on
les fiche de l'autre bout à une toise de distance l'un de
l'autre, dans les plantations que l'on veut préserver, et on
y met le feu. Il suffit de renouveler le même procédé au
bout de quatre ou cinq jours.

Les lapins peuvent engendrer et produire à l'âge de cinq
ou six mois. La femelle est bien plus féconde que celle du
lièvre ; elle porte trente ou trente-un jours, produit de quatre
à huit petits, et met bas sept fois dans l'année ; elle est presque toujours en chaleur, ou du moins en état de recevoir le
mâle ; et comme sa matrice est double, de même que celle
de la femelle du lièvre, elle peut également faire ses petits
en deux temps, et les superfétations arrivent à peu près aussi
fréquemment dans l'une et l'autre espèce. Le mâle est si
ardent, qu'il couvre sa femelle jusqu'à cinq ou six fois en
moins d'une heure. Leur manière de s'accoupler ressemble
assez à celle des chats, c'est-à-dire, que la femelle se couche
sur le ventre à plate terre, les quatre pattes allongées, en
jetant de petits cris ; mais le mâle ne la mord que très-peu
sur le chignon.

Quelques jours avant de mettre bas, les femelles se creusent en zigzag un nouveau terrier que les veneurs appellent
rabouillère ; elles en garnissent le fond avec une assez grande
quantité de leurs propres poils qu'elles s'arrachent sous le
ventre, et la tendresse maternelle semble leur faire prendre
plaisir à une opération qui doit être douloureuse. Les petits

sont reçus sur un lit mollet et chaud ; pendant les deux premiers jours, la mère ne les quitte pas ; elle ne sort que lorsque le besoin la presse ; elle se hâte de manger, et revient dès qu'elle a pris de la nourriture. Aussi les chasseurs exercés distinguent-ils aisément le lapin mâle de la femelle à la sortie du terrier : le premier marque de l'inquiétude quand il se trouve au grand jour ; il va et vient autour de son trou, au lieu que la femelle se met tout de suite à brouter. Celle-ci s'éloigne et allaite ses petits pendant plus de six semaines, et ne les amène au-dehors que quand ils sont tous élevés. Jusqu'alors, le père ne les connoît point ; il n'entre pas dans ce terrier qu'a pratiqué la mère ; souvent même, quand elle en sort et qu'elle y laisse ses petits, elle en bouche l'entrée avec de la terre détrempée de son urine. Cette précaution est quelquefois nécessaire, afin d'empêcher le mâle de mordre, de déchirer et d'étrangler les nouveau-nés, par jalousie, dit-on, de voir la mère s'en occuper. Mais lorsqu'ils commencent à venir au bord du trou, et à manger du seneçon et d'autres herbes que la mère leur présente, le père cesse d'en être jaloux ; il semble les reconnoître ; il les prend entre ses pattes, leur lustre le poil, leur lèche les yeux ; et tous, les uns après les autres, ont également part à ses soins. Dans ce même temps, la mère lui fait beaucoup de caresses, et souvent devient pleine peu de jours après. Cette tendresse du mâle pour sa progéniture tient, n'en doutons pas, à sa constance près de la femelle qu'il a adoptée, et qu'il ne quitte pas. L'on sait, en effet, que la légèreté dans les sentimens est le fléau des amours et le malheur de l'union la mieux assortie.

M. Leroi, qui a publié des *Lettres philosophiques sur l'intelligence et la perfectibilité des animaux*, fruit d'une longue suite d'observations, dit que les lapins prennent un vif intérêt à tous ceux de leur espèce ; que dans leur république, comme à Lacédémone, la vieillesse et la paternité sont fort respectées, et que le terrier passe du père aux enfans, et se transmet ainsi de descendans en descendans, sans sortir de la famille, sauf à augmenter le nombre des appartemens quand elle s'accroît. Le droit de propriété maintenu chez les lapins étoit connu de La Fontaine :

> Jean Lapin allégua la coutume et l'usage.
> Ce sont leurs lois, dit-il, qui m'ont de ce logis
> Rendu maître et seigneur, et qui, de père en fils,
> L'ont de Pierre à Simon, puis à moi Jean, transmis.
>
> *Fab.* 16, *liv.* 6.

La durée de la vie des lapins est de huit à neuf ans ; ils

prennent plus d'embonpoint que les lièvres ; leur chair, qui
est blanche, diffère encore de la chair des lièvres par le fumet ; celle des jeunes lapereaux est très-délicate, mais celle
des vieux lapins est toujours sèche, dure, et difficile à digérer ; ils sont en général beaucoup meilleurs en hiver qu'en
été. Ces animaux craignent l'humidité ; les terrains secs,
arides, mêlés d'un sable ferme, leur conviennent mieux que
tout autre. Leur naturel est doux et moins sauvage que celui
des lièvres ; ils sont très-disposés à la domesticité, et leur
éducation est devenue un art aussi agréable qu'utile. Ils se
familiarisent aisément ; ils montrent de l'attachement aux
personnes qui en prennent soin, et dans nos habitations ils
perdent leur timidité excessive. Cardan dit avoir vu un lapin
apprivoisé, qui poursuivoit les chiens, et qui s'étoit rendu
maître d'un de ces animaux élevé dans la même maison,
quoique ce chien fût trois fois plus gros que lui.

Ces *lapins domestiques* ou *clapiers* (*cuniculus domesticus*, Linn.)
sont de différentes couleurs ; il y en a de gris comme les lapins sauvages, de blancs, et l'on a reconnu qu'ils ont la chair
plus délicate que ceux de toute autre couleur, et leur peau se
vend toujours plus cher ; de noirs, et de noirs et blancs ; les
noirs sans tache sont les plus rares ; leur peau est plus lustrée
et plus brillante que celle des autres lapins. Lorsqu'ils ont la
même fourrure grise que les lapins sauvages, il faut quelque
attention pour les distinguer et ne pas s'exposer à manger
un lapin clapier pour un lapin de garenne libre. Indépendamment des ongles des pieds de devant que le lapin sauvage
a plus forts et plus pointus, sa tête est plus forte, plus
courte, et presque ronde ; il est, généralement parlant,
moins gros ; sa fourrure est plus rousse et moins épaisse, et
le poil du dessous de ses pieds d'un fauve plus foncé ; les
marchands de gibier font souvent griller les pieds du lapin
domestique, afin de le faire passer pour sauvage ; mais il
est facile de s'apercevoir de la fraude a l'odorat.

Quant aux moyens de connoître si un lapin est jeune ou
vieux, ils sont les mêmes que pour le lièvre (*V.* l'article
lièvre proprement dit, page 573).

L'on connoît deux races ou variétés distinctes de *lapins* :
1.º le RICHE (*Cuniculus argenteus*, Linn. *Voyez-en* la figure
dans l'*Histoire naturelle de Buffon*, édit. de Sonnini, tome 24,
page 233, pl. 9) est en partie d'un gris argenté, et en partie
de couleur d'ardoise, plus ou moins foncée, ou de brun
noirâtre ; sa tête et ses oreilles sont presque entièrement
noirâtres ; le bas de ses pattes est brun, avec quelques poils
blancs, mais le dessous est fauve comme dans tous les autres
lapins. Cette race, assez commune dans les plaines de

Champagne, mériteroit d'être multipliée plus généralement, à cause de la beauté de sa fourrure. 2.º Le Lapin d'Angora (*Cuniculus angorensis*, Linn., *voyez–en* la figure dans le même ouvrage), dont les poils sont longs, soyeux, ondoyans, et comme frisés ; dans le temps de la mue, ces poils se pelotonnent, et forment des amas qui rendent l'animal difforme ; ces pelotons descendent quelquefois jusqu'à terre, et ont l'apparence d'une cinquième jambe. Les lapins d'Angora sont presque tous blancs ; il y en a de jaunes ou de roux clair.

C'est vraisemblablement un de ces lapins d'Angora, déformé par la mue, que Pennant a présenté, d'après un dessin d'Edwards, comme une race distincte, sous le nom de Lapin russe (*Cuniculus russicus*; Linn., figuré dans l'ouvrage de M. Pennant, intitulé *Synopsis Quadrupedum*, pl. 23, fig. 2), et qui paroît avoir la tête enfoncée dans une espèce de poche ou de capuchon, et les pattes de devant retirées dans un autre sac placé sous le menton. Pallas n'a jamais rien vu de semblable en Russie, où il n'y a que des lapins que l'on élève depuis peu dans les villes.

On trouve les lapins sauvages dans presque tous les pays chauds et tempérés de l'Europe, de l'Asie et de l'Afrique ; ils préfèrent les premiers, et c'est de là qu'ils se sont répandus dans des climats plus doux. On croit qu'ils sont originaires de l'Afrique. Cependant M. Bruce dit que l'on ne voit pas un seul de ces animaux dans toute l'Abyssinie. Mais ils craignent beaucoup le froid, et, vers le Nord, on ne peut les élever que dans les maisons. Ils se sont naturalisés en Italie, en France, en Allemagne ; ils sont très-communs dans la Grande-Bretagne, où ceux de Lincoln, de Norfolk et de Cambridge, passent pour les meilleurs. Ils vivent en grand nombre dans l'Italie méridionale, et ils aiment à y établir leur demeure sur les flancs des montagnes qui recèlent des feux souterrains, dans les matières volcaniques que leurs pieds peuvent creuser, et où ils jouissent de la chaleur et de la sécheresse qui leur plaisent, et de la sécurité près de ces terribles cratères, dont les explosions font frémir la terre et fuir les humains.

La Grèce et l'Espagne étoient, au temps de Pline, les seuls endroits de l'Europe où ces animaux fussent connus ; ils y abondent encore de nos jours : il y en a dans plusieurs îles de l'Archipel ; l'île de Delos, où ils étoient sacrés, en est encore remplie, comme dans l'antiquité, et des marbres magnifiques y couvrent leur réduit. Ils ne sont pas rares en Natolie, en Caramanie, en Perse, et dans d'autres contrées de l'Asie ; enfin on rencontre près des sources, dans

les déserts de l'Egypte, des lapins auxquels les Arabes donnent le même nom qu'aux lièvres ; ils se trouvent également
en Barbarie, au Sénégal, en Guinée, à Ténériffe, etc.,
etc. Transportés aux îles de l'Amérique, ils y ont trouvé un
climat qui leur convient, et ils s'y sont propagés en grand
nombre.

L'espèce du *lapin* a pour nous le double avantage du
nombre et de l'utilité; c'est un bon aliment pour l'homme,
et les arts et le commerce en retirent un très-grand produit.
L'on sait que le poil des lapins est la principale matière de
la fabrication des chapeaux ; l'on évaluoit à quinze ou vingt
millions le prix annuel des peaux de lapins que les chape-
liers de France consommoient avant la révolution. Il entre
huit onces de poil dans la fabrication d'un chapeau. Lyon et
Paris sont les deux plus fortes manufactures de ce genre, et
les chapeaux que l'on y faisoit de cette manière, produisoient
environ cinquante millions. La bonneterie l'emploie aussi
en assez grande quantité; les gants et les bas qui en sont
faits, ont un tissu léger, fin et moelleux. Ce poil entre encore dans les manufactures de draps, et les mêmes peaux qui
donnent des fourrures fort chaudes, servent, lorsqu'on en a
arraché le poil, à faire d'excellente colle, qui a de la finesse,
de la légèreté, de la transparence, beaucoup de ténacité,
et qui sert, sous toutes sortes de formes, dans plusieurs ate-
liers. L'on peut assurer que la multiplication des lapins est
vraiment une richesse nationale, et leur quantité entretient
celle des subsistances. Tous ces avantages ont été perdus par
la destruction générale et inconsidérée des lapins. L'on n'a
pas songé que pendant des siècles l'abondance avoit souri
à nos campagnes, quoiqu'il y eût des lapins dans nos forêts;
que le gibier rend en chair et en dépouille ce qu'il consomme
en plantes champêtres; que sa propagation favorise celle des
animaux domestiques, dont elle ménage la consommation;
qu'en privant l'industrie des matières qu'elle emploie, l'on
en diminuoit les travaux; qu'enfin, l'achat de ces matières
indispensables à nos manufactures, et qui se trouvoient abondamment dans notre propre pays, faisoit passer à l'étranger
des sommes considérables. Faux calculs de l'imprévoyance,
et suites funestes de trop brusques innovations ! Le mal est
assez pressant pour que l'on s'empresse de le réparer ; le
temps de la destruction n'a que trop duré ; quelque profondes que soient les traces de ses ravages, un zèle éclairé
les aura bientôt comblées, et la France verra renaître une
branche importante de prospérité publique et d'aisance particulière, pour laquelle des fautes graves, en économie générale, l'ont rendue tributaire de l'étranger. Il est même

possible que l'agriculture n'ait rien à redouter de la grande multiplication qu'il est indispensable d'introduire de nouveau dans l'espèce des *lapins*, si l'on forme des garennes qui, par leur isolement ou des barrières, ne permettent pas à ces animaux de se répandre dans les campagnes. Ces garennes offrent le moyen le plus sûr de tirer un fort bon parti des plus mauvais terrains ; les Anglais ne manquent guère d'en établir dans les endroits montueux et stériles de leurs possessions. Un de leurs meilleurs écrivains en économie rurale, a calculé qu'une garenne de dix-huit cents acres rapporte jusqu'à trois cents livres sterling, ou 7200 livres tournois, tandis que le sol, quelle que soit la culture que l'on y introduisît, produiroit à peine un schelling, ou 24 sous par acre. L'on cite encore une garenne du comté d'Yorck, où l'on prend, dans une nuit, cinq à six cents paires de lapins, et celle de l'évêque de Derry, en Irlande, de laquelle il retire plus de douze mille peaux de lapins par année. Les Anglais emploient le poil des lapins gris dans les manufactures de chapeaux ; celui des blancs et des noirs est envoyé aux Indes orientales, et le prix moyen de ces peaux est d'un schelling la pièce. La douzaine de peaux de lapins, tués en bonne saison, c'est-à-dire, pendant l'hiver, se vend sur le pied de 6 à 7 francs, en poil gris ou commun ; 7 à 8 f., en poil noir ou en poil blanc ; et 24 francs en poil argenté. La peau d'un bœuf de force commune, vaut environ un vingtième du corps entier ; celle d'un mouton en laine, vaut entre un sixième et un dixième, suivant l'espèce ; mais la peau d'un lapin vaut le double du corps, car son corps ou la chair indemnisant de sa nourriture et des soins qu'on lui donne, la valeur de la peau est en gain ; c'est donc une espèce de capital qui donne près de trois fois sa valeur, et trois fois autant, proportion gardée, qu'un bœuf ou un mouton.

Des garennes. — Il y a trois sortes de *garennes* : les *garennes libres* ou *ouvertes ;* les *garennes forcées*, et les *garennes domestiques.*

Les garennes libres sont des lieux ouverts dans lesquels on a placé des lapins, et où ils vivent et se propagent en toute liberté. Ce sont celles-là que l'on a détruites comme un fléau pour l'agriculture. Mais en les proscrivant dans nos plaines cultivées, proscription à laquelle on a donné une extension préjudiciable, ne conviendroit-il pas du moins de les permettre, et même de les protéger et de les encourager sur les terrains dont la fertilité ne peut s'emparer, comme dans les landes, les bruyères, et sur les hautes montagnes de roches et de sable compacte, et couvertes d'arbres ou de buissons ? Les dunes de la Hollande où pullulent des lapins

en grand nombre, sont devenues la richesse de leurs pro-
priétaires; une sorte de culture animée, et très-profitable,
donne la vie à un sol que la nature sembloit avoir voué à la
stérilité. Il en est de même en Irlande, et cet exemple de
nos voisins est une leçon utile dont nous devons nous hâter
de profiter.

On nomme *garennes forcées* les enclos où l'on entretient
des lapins. On choisit, à portée de la maison s'il est possible, un coteau regardant le midi ou le levant, et d'une terre
serrée, et néanmoins plus légère que pesante, un peu sablonneuse, et ombragée par des arbres et des arbustes. Si
la nature n'a pas fait les frais de la plantation, le propriétaire doit y suppléer, en formant un petit taillis de toutes
sortes d'arbres fruitiers, tels que poiriers, pommiers, pru-
niers, cerisiers, noisetiers, mûriers, cormiers, cornouillers,
coignassiers, dont les lapins aiment les fruits; de chênes,
qui sont d'un bon rapport par leur bois et leurs glands;
d'ormes, dont les racines donnent à la chair des lapins qui
s'en nourrissent, en fouillant sous l'arbre, une excellente
odeur, semblable à celle du thym; de genévriers, qui la par-
fument; de roseaux, dont les racines lui communiquent une
saveur douce; enfin, d'autres arbrisseaux sauvages. On s'abs-
tiendra d'y planter des saules, des peupliers, et d'autres
arbres à bois blanc et poreux, qui font contracter un mauvais goût à la chair des lapins. Le sol doit être aussi tapissé
de plantes odoriférantes, comme la lavande, le basilic,
l'aspic, et principalement le thym et le serpolet, qui rendent
si renommés les lapins des montagnes, des côtes ou garri-
gues des anciennes provinces du Languedoc et de Provence. L'on peut aussi y semer des herbes potagères, de
même que de l'orge et de l'avoine, que l'on coupe en vert
pour la pâture des lapins pendant l'hiver.

Quant à l'étendue qu'il convient de donner aux garennes
forcées, elle dépend de l'espace que l'on peut y consacrer:
plus elle est grande, moins les lapins qui y sont renfermés
se ressentent de la perte de leur liberté; ils en prospèrent
mieux, et ils approchent davantage de la délicatesse des
lapins sauvages. Afin de donner une idée du revenu d'une
garenne, l'on peut compter que si elle contient sept ou huit
arpens, et qu'elle soit bien gouvernée et entretenue, l'on en
retirera, année commune, plus de deux cents douzaines de
lapins.

Il est essentiel que la garenne soit exactement fermée de
toutes parts. Des murs bâtis à chaux et sable, hauts de neuf
à dix pieds, et dont les fondemens pénètrent assez avant en
terre, pour qu'en creusant, les lapins ne puissent point

passer en dessous, sont la clôture la plus durable comme la plus sûre. Si la situation du terrain exige que l'on pratique des trous dans ces murs pour l'écoulement des eaux, ils doivent être fermés par une grille. Beaucoup de garennes en Angleterre n'ont pour clôture que des murs de terre, dont le chaperon en paille, genêts ou joncs, dépasse l'a-plomb des murs, et les garantit des dommages de la pluie; d'autres clôtures sont faites seulement en palis, enfoncés de deux ou trois pieds en terre. Lorsqu'on peut disposer d'eaux vives et courantes, la clôture la plus agréable et en même temps la plus utile, est d'entourer la garenne de fossés pro-fonds de six ou sept pieds, et larges de dix-huit ou vingt; s'ils n'avoient que dix ou douze pieds de largeur, les lapins, cherchant toujours à gagner la campagne, les franchiroient d'un saut; ils les traverseroient même à la nage, quelque larges qu'ils fussent, ou pendant l'hiver sur la glace, si l'on n'avoit la précaution d'entretenir le bord opposé à la ga-renne, relevé et taillé d'à-plomb; une maçonnerie ou des saules et des osiers empêchent l'éboulement des terres. Il faut, au contraire, que le bord intérieur soit bas et en talus, afin que les lapins qui se jettent à la nage pour traverser le fossé, ou y tombent en jouant, puissent aisément regagner leur habitation sans risquer de se noyer, comme il leur arriveroit pour peu que la rive fût élevée; car ces animaux ne peuvent gravir lorsqu'ils sont mouillés. Les poissons que l'on met dans ces larges fossés d'eau courante doublent le revenu de la garenne, dont l'enceinte présente tout à la fois l'amusement et le profit de la chasse et de la pêche.

Pour la peupler, l'on y porte successivement des lapereaux, aussitôt qu'ils ont acquis assez de forces, et l'on a soin de n'y mettre qu'un mâle pour trente femelles. Bientôt le nombre des mâles excedera celui des femelles, et l'on doit avoir cons-tamment l'attention de le diminuer autant que possible.

Quoique dans une garenne disposée de la manière qui vient d'être indiquée, les lapins trouvent suffisamment de pâture, il convient cependant de leur fournir pendant l'hiver un sup-plément que les neiges et la rigueur du froid rendent souvent nécessaire. La meilleure nourriture qu'on puisse leur donner est le foin et l'orge. L'on peut les accoutumer à venir en trou-peau recevoir leur repas journalier au coup de sifflet ou à tout autre signal.

On doit éviter, autant qu'on le peut, de tirer les lapins de garenne à coups de fusil, qui les effarouchent, et encore plus de les chasser avec le *furet*, qui les force à abandonner leurs terriers. Il vaut mieux leur tendre des piéges ou placer des filets, soit entre les terriers et les endroits où ils vont manger, soit à l'entrée même du terrier, dans lequel on enfonce une perche pour obliger les lapins à en sortir. L'on peut aussi tenir suspendu à deux pieds de terre un grand panier d'osier sans fond, large du bas, en forme de cloche, au-dessus de l'endroit où les lapins ont coutume de prendre leur nourriture en hiver ou au printemps; une corde passée à une poulie aboutit à un cabinet dans lequel le chasseur est caché; on attire les lapins au lieu de leur repas, par le signal accoutumé et quelque aliment de choix; lorsqu'ils sont rassemblés et pressés en nombre, on fait tomber le panier en lâchant la corde; une porte ménagée dans un côté sert à en tirer ceux qui sont pris.

Les garennes forcées et domestiques étoient autrefois très-communes en France; mais l'extension des garennes libres, des capitaineries et du droit exclusif de chasse, rendant le lapin aussi multiplié qu'à bas prix, on a dû les négliger. A présent que les choses ont changé, le commerce et les arts réclament le rétablissement de ces sortes de garennes.

La forme des *garennes domestiques* ou *clapiers*, varie suivant le local qu'on leur destine. Il est aisé de juger que l'éducation des lapins devient plus dispendieuse que dans les garennes libres ou forcées, parce que dans celles-ci, il n'y a ni embarras ni main-d'œuvre, et qu'on laisse à ces animaux le soin de se propager et de se nourrir d'eux-mêmes, au lieu que les garennes domestiques consomment du temps et du travail. Cependant les profits que l'on en retire indemnisent avantageusement; ces petits établissemens sont à la portée du plus grand nombre; la demeure du citadin, comme l'habitation du campagnard, y sont également propres; le riche comme le pauvre y trouvent de l'agrément et un surcroît d'aisance; l'intérêt particulier, aussi bien que l'intérêt public, exigent qu'ils soient plus communs qu'ils ne le sont.

Quel que soit l'espace que l'on destine aux garennes domestiques, quelle que soit la forme de cet emplacement, la première condition est qu'il soit sec et exposé au Levant ou au Midi; la seconde, que le clapier soit construit de façon qu'on puisse sans peine y entretenir une grande propreté. On l'entourera de murailles assez hautes pour que les chats et les autres ennemis des lapins ne puissent les franchir, et surmontées d'un avant-toit, sous lequel les lapins auront un abri contre les injures du temps. L'on peut aussi se contenter d'un mur d'environ trois pieds de haut, sur lequel on établit une grille en bois, peinte en brun, et de quatre pieds d'élévation. Tout le clapier sera pavé à la naissance des fondations du mur, lesquelles doivent avoir quatre à cinq pieds; une

couche de terre couvrira le pavé, ce qui donnera aux lapins
la facilité de creuser, sans qu'on soit exposé à les perdre.

On construira en planches dans le clapier, ou même dans
une chambre au rez-de-chaussée, carrelée ou pavée, bien
aérée et exposée, de petites loges ou cabanes d'environ quatre
pieds de long, trois de large, et deux et demi de haut. Elles
doivent être solides, fermées de tous côtés avec des lattes rapprochées ou du fil-de-fer, afin que l'air y circule librement,
et que les rats et les souris, auxquels on doit faire une guerre
continuelle, ne puissent y pénétrer. Le plancher sera un peu
incliné en devant, pour faciliter l'écoulement de l'urine, dont
l'odeur est infecte, et la porte sera assez grande pour qu'on
puisse enlever et changer aisément la litière ; il y aura dans
chaque loge un petit râtelier qui tiendra l'herbe, et une petite auge dans laquelle on mettra le son. Une garenne domestique de trente-six à quarante pieds de long sur douze à quinze
de large peut contenir vingt ou vingt-quatre cabanes. Elles
sont destinées aux mères qui s'y retirent avec leurs petits. Si
l'on veut éviter la dépense, des tonneaux percés remplissent
le même but. Deux rangs de cabanes peuvent être placés l'un
sur l'autre, en laissant entre eux un espace de six ou sept pouces, qui suffira pour nettoyer. Au milieu du clapier, on placera deux caisses adossées l'une à l'autre et fermées exactement ; dans l'une, on mettra le son, et dans l'autre, l'avoine
et les autres grains ; une corbeille ou un panier servira à contenir les herbes et les légumes. Il faut observer que le lapin
sautant fort haut, il est nécessaire, si le clapier est établi
dans une chambre basse, de fermer les fenêtres par un réseau
de fil-de-fer à mailles étroites. A toutes ces précautions, il
faut joindre celle de fixer avec un fil-de-fer dans les loges une
petite cuvette pleine d'eau, car c'est mal à propos que l'on
pense communément que les lapins ne boivent jamais. Ils boivent, à la vérité, plus rarement que la plupart des autres
animaux, mais on peut remarquer que les lapins des garennes libres vont se désaltérer pendant les chaleurs aux rivières
et aux ruisseaux.

Leur nourriture se compose de plantes vertes ou sèches,
et de grains ; ils payent en chair ce qu'ils dépensent ; ils prennent d'ordinaire trois livres d'embonpoint en quatre jours,
et jusqu'à sept livres et demi en dix jours. Un lapin de quatre mois ne coûte que deux mois et demi de nourriture, puisqu'il est allaité par sa mère pendant cinq à six semaines, et
cette nourriture peut être évaluée hors des grandes villes, où
les denrées sont plus chères, à un denier par jour. A trois ou
quatre mois, on peut le vendre ou le manger, retirer en argent ou en aliment l'intérêt de ce qu'il a coûté. Plus un lapin

avance en âge, plus il augmente en chair, en embonpoint, en peau et en poil. Son crottin même fournit un engrais, qui, réduit en poudre, se sème avec avantage avec l'orge et la semence de foin, et se répand sur les blés levés ; enfin, aucun moment de sa vie n'est perdu pour le profit de celui qui le nourrit.

Comme les lapins de petite taille donnent autant d'embarras que ceux de la plus grande, ces derniers doivent être préférés pour peupler les clapiers, avec d'autant plus de raison, que leurs produits sont plus considérables et leurs portées plus nombreuses. Ces lapins de forte race ont le poil bien fourni et d'un très-beau gris, et pèsent jusqu'à quinze livres. Si l'on avoit l'intention de tirer plus de profit de la tonte des lapins vivans, l'on feroit bien d'élever ceux d'Angora, dont la race est bien plus lucrative à cet égard ; on les tond une ou deux fois l'année, et on leur arrache le poil le plus long ; on laisse aux mères celui du ventre. Mais cette race est sujette à dégénérer, d'ailleurs la viande qu'elle fournit est moins savoureuse que celle des autres races ; la qualité de son poil est excellente pour la bonneterie. Quoique les femelles puissent engendrer à l'âge de cinq ou six mois, il est à propos, si l'on veut conserver une belle race de lapins, d'attendre, pour les faire porter, qu'elles aient atteint douze ou quinze mois. On connoît qu'une femelle entre en chaleur par le gonflement et la teinte bleue des parties génitales ; on la met alors dans la loge du mâle, ou on fait entrer le mâle dans la sienne, et on les y laisse ensemble pendant deux ou trois heures. Dans les très-petites garennes artificielles, il est bon de tenir le mâle enchaîné par le cou. Dambourney, cet ami des arts, assure qu'un lapin mâle ainsi attaché, et sept femelles bien nourries, lui rapportoient annuellement jusqu'à cent cinquante lapereaux excellens. Mais ce mâle ne conserve sa vigueur que pendant quinze mois au plus. En général, on évalue à douze francs par an le profit que donne chaque femelle. Lorsqu'une femelle ne veut point prendre le mâle, ce qui arrive ordinairement lorsqu'elle est trop grasse, on lui donne à manger pendant quelque temps des feuilles de céleri ou de quelques autres plantes échauffantes. Si l'on veut conserver ou perfectionner la race des lapins, l'on doit ne pas presser la fécondité des femelles, ne les faire porter que trois ou quatre fois par an, et laisser les petits avec elles pendant quarante ou cinquante jours. Dès que l'on s'aperçoit que la femelle approche du moment de mettre bas, il faut lui donner de la paille fraîche et flexible ; elle prépare trois jours à l'avance l'endroit où elle doit déposer ses petits. Lorsqu'elle a mis bas, l'on ne peut être trop attentif à ne point la troubler par du bruit ou des mouvemens trop brusques autour d'elle. Les jeunes mères sont sujettes à dévorer les fruits de leur première portée avec le délivre ; on lui redonne tout de suite le mâle.

On sépare communément les petits de leur mère, le vingt-huitième ou le vingt-neuvième jour de leur naissance. Ils sont alors fort délicats ; on les met dans une loge bien fermée, où ils ne sont pas exposés au froid, et on leur donne pour nourriture du bon foin ; de l'avoine, de l'orge, des pommes-de-terre crues ou cuites, coupées par tranches, des croûtes de pain dur cassées ou broyées, etc. Il ne faut pas leur présenter d'herbes fraîches, ni de choux, ni de navets, etc., ni même de son, à moins qu'il ne soit mêlé avec de l'orge ou de l'avoine. On peut élever ainsi les petits lapins ensemble par bandes de quarante ou cinquante, pendant six semaines ou deux mois. Il faut éviter d'effrayer ces familles naissantes ; au moindre bruit, ces jeunes animaux se pressent et se jettent les uns sur les autres, et les plus foibles sont souvent étouffés. Au troisième mois on sépare les mâles, et on les met dans une loge particulière.

A mesure que les lapereaux se développent, il faut leur augmenter la nourriture et la varier suivant leur appétit. Un lapereau est bon à manger à trois ou quatre mois. Lorsqu'il n'a qu'un mois, il est sans chair et sans goût ; à six, sa chair est plus ferme, mais meilleure ; plus il avance en âge, moins sa chair est tendre : quinze jours suffisent pour lui faire prendre l'embonpoint convenable. Les jeunes mâles doivent être sacrifiés avant les jeunes femelles, les premiers entrant plus tôt en chaleur, et leur chair perdant alors beaucoup de sa qualité. Pour la rendre bonne, on nourrit ces jeunes animaux de plantes sèches, dans lesquelles on entremêle des tiges de pimprenelle, d'hyssope, de thym, de serpolet, de sauge, de marjolaine, de mélilot, ou de quelques autres plantes odoriférantes ; l'on met dans leur auge du son avec de l'avoine ou de l'orge, parfumée par les feuilles de ces mêmes plantes aromatiques ; l'on fera bien, si on est à portée, d'en composer leur litière aussi bien que de bruyère et de genêt : rien ne contribue davantage à procurer aux lapereaux domestiques, le goût, l'odeur et le fumet des bons lapereaux de garenne.

On est dans l'usage de tuer les lapins clapiers en les frappant avec force de la main ou d'un bâton, sur la nuque ou derrière les oreilles ; les chasseurs emploient la même méthode à l'égard des lièvres que leur fusil n'a fait que blesser. Mais la quantité de sang qui s'amasse par cette forte contusion autour du cou, en rend la chair rouge ou noire, et désagréable à la vue lorsqu'elle est cuite. Afin de prévenir ce

petit inconvénient, les Anglais, qui cherchent la perfection
dans tout ce qui concerne les animaux, font des incisions aux
joues du lapin assommé ; ce qui facilite l'écoulement du sang.
Une autre pratique en usage chez les Anglais, est de tuer les
lapins comme ils tuent les dindons, c'est-à-dire, en inci-
sant le palais avec un canif, et ce procédé est le meilleur : la
chair du cou se trouve blanche après la cuisson. En France,
on fait encore mourir les lapins en les tirant de la tête aux
pieds pour leur casser l'épine du dos.

De quelque manière que l'on ait tué un lapin domestique,
on lui met dans le ventre, aussitôt qu'il est vidé, un petit
paquet de thym ou de serpolet, de mélilot, d'estragon, ou
d'autres plantes aromatiques, avec un peu de lard ou de
beurre, au moment de le mettre à la broche ; sa chair devient plus succulente, et d'un fumet plus agréable. La feuille
de bois de Sainte-Lucie produit le même effet. Les rôtis-
seurs aromatisent les lapins avec le mélilot ; et les cuisiniers
ajoutent beaucoup à leur fumet, en réduisant en poudre les
os d'un lapin qui étoit de bon goût, et en tirant de ces os
une décoction, une substance qu'ils mêlent au lapin qu'ils
font cuire. De Lormoy, très-habile agriculteur, propose,
d'après l'expérience qu'il en a faite, la méthode suivante
pour faire contracter aux lapins domestiques le fumet et le
goût des lapins de garenne. Il prend une pincée de mélilot
jaune et blanc, quand il peut s'en procurer, des feuilles de
bois de Sainte-Lucie, de serpolet fleuri, autant que cela
est possible ; il fait sécher séparément ces plantes, d'abord
à l'ombre, ensuite au soleil, entre deux feuilles de papier ;
quand elles sont parvenues à l'état de siccité qui leur convient, il les jette dans un mortier et les réduit en poudre ;
il les passe dans un tamis de soie, ou de mousseline. Le
lapin étant dépouillé et vidé, on le fait revenir sur le feu.
On prend un morceau de lard bien frais ; on en gratte la
quantité qu'on veut employer ; on saupoudre la graisse qu'on
a enlevée de ce morceau de lard, avec la poudre des plantes
odorantes qu'on a pilées ; on mêle cette poudre avec la
graisse ; on en fait une pommade qui ait de la consistance :
on frotte le dedans du lapin de cette pommade odorante, on
recoud la peau du ventre, on pique ensuite le lapin, on le
barde de lard, on le met à la broche, et on le fait cuire à
propos.

Castration des lapins. — La castration des lapins mâles présente beaucoup d'avantages : ils deviennent plus gros et
aussi forts qu'un lièvre ; ils engraissent mieux ; leur chair est
plus tendre et plus savoureuse, et leur peau se couvre d'un
poil plus touffu. D'ailleurs, ils apportent moins de trouble

dans le clapier, et on peut les laisser, quoique en nombre, ensemble, mais néanmoins séparés des mâles entiers qui les maltraiteroient. On ne doit les manger que quand ils ont atteint huit ou neuf mois, et même un an : ils sont plus beaux et ont plus de chair.

C'est à deux ou trois mois qu'on les châtre : cette opération exige quelque adresse, parce que les jeunes lapins ont les bourses peu apparentes, et les testicules souvent cachés et hors des bourses. Pendant qu'une personne tient le lapin par les oreilles et les pattes de derrière, une autre saisit les testicules l'un après l'autre, sans trop les presser, des deux premiers doigts de la main gauche, fend de la droite la peau avec un instrument bien tranchant, et enlève les testicules en emportant le cordon spermatique, qu'il faut éviter de rompre. On met du beurre frais sur la plaie, et on laisse aller le lapin ; il est bientôt guéri.

Maladies des lapins. — En privant l'espèce du *lapin* de sa liberté, en l'emprisonnant dans nos clapiers, nous l'avons exposée à des maux qui ne l'atteignent pas dans son état sauvage. Quelques-unes de ces maladies sont le fruit de l'intempérance ; les lapins sont sujets aux indigestions, lorsqu'on leur prodigue la nourriture avec trop de profusion. Ils sont aussi atteints de la fièvre. Si, à l'époque du sevrage, on les nourrit de choux et de laitues, on les voit souvent souffrir de la diarrhée, et il est rare qu'ils n'en périssent pas. Dès qu'on s'en aperçoit, il faut se hâter de les séparer des autres, de ne leur donner que des plantes sèches et du pain grillé. Les laitues, en trop grande quantité, leur causent ordinairement cette maladie, à moins qu'on n'y mêle du persil, du céleri, et d'autres plantes stomachiques.

Le *gros-ventre* est une maladie qui a la même cause que la diarrhée ; c'est un gonflement qui s'étend sur tout le ventre, et semble être un commencement d'hydropisie. Si cette maladie n'a pas fait beaucoup de progrès, on la guérira en réduisant à un régime sec tous les lapins qui en sont attaqués : on les nourrira d'orge, d'avoine, de sarrasin, de croûtes de pain très dures, de foin, de luzerne sèche, etc. On ne leur donnera point à boire ; il suffira de leur présenter une pomme-de-terre, matin et soir.

Une espèce d'étisie attaque les jeunes lapins ; elle leur cause une grande maigreur qui arrête leur accroissement et se termine par une gale contagieuse, très-difficile à guérir. On sépare les sujets infectés, et on ne les nourrit qu'avec du regain, de l'orge grillée, et des plantes aromatiques. Le vrai préservatif de cette maladie, aussi bien que des suivantes, consiste dans la propreté et la salubrité de l'air dans les loges.

Si les loges sont infectées d'exhalaisons putrides, les jeunes femelles éprouveront vers la fin de leur allaitement, un mal d'yeux qui les fait périr assez promptement. On arrêtera les progrès de ce mal en les transportant dans une loge aérée, bien propre et remplie d'une litière de paille fraîche.

Des auteurs vétérinaires recommandent de mêler du sel au son et aux grains dont on nourrit les lapins; ce mélange les entretient en santé et en vigueur.

Après avoir tracé les moyens les plus sûrs d'élever les lapins, je vais donner ceux de les détruire, ou de leur faire la chasse; et ce qui sera dit à ce sujet n'est, en général, applicable qu'aux garennes ouvertes. J'ai déjà prévenu que le fusil et le furet occasionoient de grands dérangemens dans les garennes forcées.

Chasse du Lapin. — Il y a nombre de manières de chasser le lapin.

1.º *Au fusil.* Pour cette chasse, on va dans une garenne qu'on sait fournie de lapins. On ferme en silence les ouvertures de tous les terriers qu'on rencontre. On met ensuite en chasse un basset bien instruit qui fait partir l'animal, tandis que le chasseur, le fusil à la main, attend sa proie sur un des terriers. Le lapin, poursuivi avec vivacité, cherche son asile; alors le chasseur, qui l'aperçoit, saisit le moment favorable et le tire. Cette chasse a cela de dangereux, que si le lapin blessé s'échappe et rentre dans son terrier, où il ne tarde pas à mourir, il empoisonne tous les lapins qui y gîtent avec lui; mais une manière sûre d'éviter cet inconvénient, c'est, surtout dans une garenne de peu d'étendue, de faire boucher tous les terriers vers minuit, lorsque les lapins sont presque tous dehors.

2.º *A l'affût.* L'on trouvera à l'article de la *chasse du lièvre* les différentes sortes d'affût; elles sont les mêmes pour le lapin : il y a de plus la précaution d'un silence rigoureux à ajouter à une grande patience. Cette chasse réussit mieux dans la belle saison et dans le temps des lapereaux, à toutes les heures du jour, surtout depuis neuf heures jusqu'à midi, et le soir vers le soleil couchant; il faut être monté sur un arbre ou caché derrière un buisson.

3.º *Au Furet* (*V.* ce mot). On transporte le furet au lieu de la chasse, dans un sac de toile, au fond duquel on met de la paille pour le coucher. On met en chasse pendant une heure un basset bien instruit, qui oblige les lapins à rentrer.

dans leurs terriers. **L'heure passée**, on attache le chien, et on va tendre des poches ou bourses de filets sur les trous de chaque terrier, pour empêcher l'animal de s'échapper en fuyant. On prend ensuite son furet, qu'on a eu soin d'emmuseler, et au cou duquel on a attaché une sonnette pour le surveiller quand il sera dans le terrier; avant de l'y introduire, on lui donne à manger, afin qu'il ne s'acharne pas sur le premier lapin qu'il rencontrera. Quand il est entré dans le terrier, on garde le silence, et le lapin chassé par le furet sort par une autre ouverture, et se trouve pris dans la poche qu'on y a placée.

Il faut s'empresser de retirer le lapin de la poche avant que le furet qui est à sa poursuite ne l'aperçoive; le furet retourne au terrier pour en faire sortir les autres lapins.

S'il arrive que le furet s'endorme dans le terrier après y avoir sucé le sang du lapin, on le réveille en tirant quelques coups de fusil dans le trou. Une autre manière de prendre le lapin par le moyen du furet, c'est d'envelopper les terriers de grands filets ou panneaux qu'on place à deux toises de l'ouverture la plus écartée du centre. On introduit les furets dans les terriers, et on attend en silence, ayant près de soi un chien sûr, attentif et muet; les lapins poursuivis par les furets sortent et se précipitent dans le panneau dont les mailles les enveloppent. Le chien les y suit, les tue, et revient à son maître; mais de cette manière on prend indistinctement mâles et femelles, au lieu qu'avec des poches ou des bourses placées sur les trous, on peut ne prendre que les mâles et épargner les femelles. Cette chasse est très-amusante.

4.° *Au panneau*. Le *panneau* est un filet qu'on tend dans un chemin ou dans la passée d'un bois. Ce filet s'attache, par les mailles d'en haut, à trois ou quatre bâtons longs de quatre pieds chacun, et gros comme le pouce. Il doit tenir peu à ces bâtons qu'on fiche en terre à une égale distance les uns des autres. Le filet tombe aussitôt que le lapin y entre. On s'éloigne de dix à douze pas du filet ainsi tendu, et l'on garde le silence dans un buisson où l'on se cache et hors du chemin par où l'on a observé que le lapin doit passer. Quand il a dépassé le chasseur, et qu'il n'est pas loin du filet, on l'y précipite en frappant des mains.

On tend le panneau le matin à la pointe du jour, et l'on reste à l'affût ainsi jusque demi-heure après le lever du soleil, surtout pendant les grandes chaleurs de l'été. On peut aussi tendre le soir, demi-heure avant le coucher du soleil, et demeurer en embuscade jusqu'à nuit fermée.

Dans les temps orageux, on a recours à un panneau d'une

autre sorte, mais qui est plus embarrassant. Pour le tendre on prend deux bâtons longs de quatre pieds, gros de deux ou trois pouces, et unis à chaque bout. On attache ensemble, au bas de quelque arbre hors du chemin, et à dix-huit pouces de terre, les deux bouts de ficelle qui sont du même côté du filet, et on tend ces ficelles de manière qu'elles soient assez lâches par le milieu pour pouvoir poser les bâtons entre deux. De ces bâtons, le premier se place au bord du chemin, ayant un bout sur la ficelle d'en bas, et l'autre sous l'autre bout de cette ficelle : on marche ensuite au travers du chemin par derrière le filet, en tenant la ficelle d'en haut, afin que le bâton ne dépasse pas ; et quand on est arrivé à l'autre bout du chemin, on accommode le second bâton comme le premier, en faisant en sorte que tous les deux penchent un peu du côté où doit venir le gibier, afin qu'il donne dans le filet, fasse sortir le bâton d'entre les ficelles et s'enveloppe dans le piége. Il faut, pour cette chasse, de la patience, du silence et de l'industrie.

5.º *Au pan contremaillé.* Le *pan contremaillé* est un filet double, qui est bien moins embarrassant que les panneaux simples dont on vient de parler ; mais il s'aperçoit aussi de plus loin. On le tend sur les chemins, et ordinairement plusieurs lapins s'y prennent à la fois. On observe dans cette chasse tout ce qu'on vient de dire sur la précédente au sujet du chemin, du vent et du buisson : quelquefois on monte sur un arbre, et au lieu de frapper des mains, on jette son chapeau pour pousser le gibier dans le filet. On prend quelquefois avec les pans contremaillés non-seulement les lapins, mais encore les lièvres, les renards, les blaireaux, et même les loups, pourvu qu'on porte avec soi une fourche de fer ou d'autres forts instrumens pour assommer ces derniers animaux, ou des fusils pour les tuer avant qu'ils rompent le filet.

6.º *A la fumée.* Cette chasse supplée à celle du furet que tout le monde n'est pas en état d'exécuter. Pour cela, on prend du soufre et de la poudre d'orpin qu'on brûle dans du parchemin ou du drap, et qu'on met à l'entrée du trou, en sorte que le vent chasse la fumée dedans. Le lapin veut sortir de son terrier, et se rend à l'autre extrémité ; mais comme elle est arrêtée par les poches qu'on y a mises ; il s'y trouve enveloppé ; on s'en saisit.

7.º *Au collet. Voyez* l'article du lièvre, où cette chasse est décrite, pag. 588. On doit observer ici qu'on prend le lapin encore plus aisément que le lièvre, quoique le premier soit bien plus rusé.

Quelquefois, quand l'animal se sent pris, au lieu de tirer

comme le lièvre, il détourne la tête pour couper le collet avec ses dents. Pour éviter cela, il faut attacher le collet avec du fil de fer, alors le lapin ne peut faire de mouvement sans s'étrangler.

Un autre moyen d'empêcher que le lapin ne coupe le collet, c'est de planter au bord de la passée un piquet deux fois gros comme le pouce, de la longueur d'un pied, et ayant à un pouce de l'extrémité supérieure une ouverture où puisse passer le petit doigt : on prend ensuite un collet de fil de laiton avec une ficelle un peu forte qu'on attache dans le trou du piquet, et qu'on lie au bout d'une branche d'arbre qu'on tient pliée : on fait entrer dans ce trou un petit bâton long d'un pouce, et un peu moins gros que le petit doigt, de manière que la branche rendue à elle-même ne puisse attirer le collet après elle, et que cependant le collet soit retenu par le petit bâton, au moyen du nœud que font la ficelle et le collet à l'endroit où ils sont attachés ensemble. Après cela, on ouvre le collet de la grandeur de la passée ; le lapin qui donnera dans le piége voudra le couper, mais au moindre mouvement il fera tomber le petit bâton qui retient la branche pliée et élastique, laquelle en se relevant serrera le collet et étranglera l'animal. On tend ces collets autour des haies de jardins et d'enclos, où les lapins se rendent pendant la nuit pour butiner.

8.º *A l'écrevisse.* Cette chasse convient aux personnes qui ne veulent employer ni furets, ni fusil. On tend des poches à une extrémité d'un terrier, et on glisse à l'autre une écrevisse qui arrive peu à peu au fond de la retraite du lapin, le pique, et s'y attache avec tant de force qu'elle l'oblige à fuir emportant avec lui son ennemie, et il vient se faire prendre dans le filet qu'on lui a tendu à l'ouverture du terrier. Cette chasse quelquefois plus sûre que celle du furet, demande de la patience, les opérations de l'écrevisse étant fort lentes.

9.º *A l'appeau.* L'appeau peut se faire, soit avec un petit tuyau de paille en forme de sifflet, soit avec une feuille de chiendent, de chêne vert, ou une pellicule d'ail qui se posent entre les lèvres, et en soufflant produisent un son aigu, qui est l'imitation parfaite de la voix du lapin. En Provence, les chasseurs se servent d'une patte de crabe pour appeau. Cette chasse se fait dans les bois. Le chasseur en traversant le bois a soin de ne faire que le moindre bruit possible ; il s'arrête de temps en temps dans les endroits le plus découverts pour user de son appeau, ce qui s'appelle *piper*, en observant de ne jamais le faire qu'avec le vent au visage : il doit se serrer contre un arbre ou haut buisson, et ne remuer que la tête pour regarder autour de lui. Dans ce cas, il se tient en joue d'avance, et les laisse approcher à portée du fusil; s'il n'en vient pas, il s'arrête et recommence à piper moins fort dans les lieux où le lapin abonde, de peur que dans le nombre il ne s'en trouve un qui, ayant éventé le chasseur, ne s'enfuie et n'entraîne tous les autres.

Dans les terres chaudes, les lapins viennent à l'appeau en mars et avril; dans les tardives, en mai et juin. Les jours les plus favorables sont ceux où souffle un vent doux et chaud du midi, où le soleil se montre et se cache de temps en temps. L'heure la plus propice est depuis dix heures du matin jusqu'à deux heures après midi. Les grands vents sont absolument contraires. Cette chasse ou pipée effarouchant les lapins, il ne faut pas la recommencer avant qu'il n'ait plu.

10.º *A l'oiseau de proie.* Cette chasse est la même pour le lapin que pour le lièvre. *V.* l'article du LIÈVRE.

11.º *Aux chiens courans.* Les *chiens courans* chassent le lapin comme le lièvre.

12.º *A l'eau chaude.* Il est enfin une manière de chasser le lapin de son terrier et de suppléer ainsi au furet; c'est de jeter de l'eau bouillante qui le fait fuir par l'autre extrémité, et le fait ainsi se précipiter dans les bourses dont elle est fermée.

Sur ces différentes chasses au terrier, il faut finir par observer que si on ne prend pas le lapin dans les bourses, on le tire à sa sortie, soit avec le fusil, avec ou sans le secours des chiens, soit avec celui des oiseaux de proie.

Troisième Espèce. — Le LIÈVRE CHANGEANT OU LIÈVRE VARIABLE (*lepus variabilis*), Pallas; Schreber, *Saeugth*, tab. 235 B. — *Voyez* pl. E 25 de ce Dictionnaire. — LIÈVRE HYBRIDE, Pallas?

Brun varié de blanchâtre et de gris-roux en été, ce lièvre devient en hiver aussi blanc que la neige; l'on voit seulement alors une légère bordure noire au bout des oreilles et un peu de jaunâtre à la plante des pieds. La queue reste blanche pendant toute l'année, sans aucune marque de noir; mais en hiver, elle se garnit d'une touffe lâche et laineuse, dont on se sert dans les pays du Nord, comme de houppe à poudrer; l'iris de l'œil est d'un jaune-brun.

Ce changement régulier de pelage n'est point l'effet du climat sur l'espèce du *lièvre commun*, qui, dans le Nord, deviendroit blanc pendant l'hiver et reprendroit en été sa couleur ordinaire, ainsi que Buffon et d'autres naturalistes l'ont pensé. Le lièvre changeant, d'après des observations récentes et assez multipliées, constitue une espèce distincte et particulière aux contrées septentrionales de notre continent. Il est plus grand d'un quart que le nôtre (un individu de la collection du Muséum a dix-neuf pouces de longueur totale ; sa tête en a quatre et demi ; sa queue a deux pouces et ses oreilles trois pouces six lignes); sa tête n'a guère plus de longueur, mais elle est moins grosse ; ses oreilles sont beaucoup plus courtes ; ses yeux un peu plus rapprochés du nez, et ses jambes moins longues ; sa queue, plus courte, est formée d'un nombre plus petit de vertèbres, et, comme je viens de le dire, elle est entièrement blanche ; à peine aperçoit-on quelques poils bruns sur son plan supérieur ; le poil des jambes est long et pendant. Dans la première année, les levrauts ont une fourrure plus fournie, plus laineuse, et d'un brun plus foncé ; ils ne portent jamais au front l'étoile blanche que la plupart des lièvres communs ont en naissant, non-seulement dans nos climats, mais encore dans les pays froids, où ils subsistent avec les lapins blancs.

Et ce qui prouve encore mieux la disparité d'espèce, c'est que le lièvre changeant, élevé dans les maisons et tenu pendant l'hiver dans les lieux échauffés, prend sa fourrure blanche de même, et seulement un peu plus tard que s'il fût resté exposé à la rigueur du froid. Il faut observer en outre que, dès l'automne, son poil d'hiver est préparé, et qu'il commence à paroître avant que la saison soit à beaucoup près aussi dure que le sont les jours de printemps, auxquels le pelage d'été commence à sortir et à se montrer. Un fait décisif, c'est que le lièvre changeant et le lièvre commun, selon le témoignage de Pennant, se trouvent également en Écosse, que le dernier n'y change point de couleur pendant les froids, et qu'il ne s'y mêle point avec le premier ; celui-ci court moins vite, a plus de dispositions à s'apprivoiser, et se gîte dans les fentes des rochers.

Pallas a reconnu, par plusieurs expériences, que le lièvre changeant conserve une très-grande chaleur, même au milieu des froids les plus rigoureux. C'est un des animaux dont le sang est le plus chaud ; dans les plus fortes gelées, cette chaleur est de 103 et jusqu'à 105 degrés du thermomètre de Fareinheit. Les parties génitales, surtout dans le mâle exhalent une odeur désagréable et forte, qui a beaucoup de rapport à celle du fromage vert de Suisse.

J'ai dit que le lièvre changeant se trouvoit en Écosse ; on le voit aussi en Danemarck, en Suède, en Livonie, en Laponie et en Norwége, où, suivant Pontoppidam (*Histoire naturelle de la Norwége*), toujours crédule et ami du mer-

veilleux, il prend et mange les souris comme les chats. Mais
ces lièvres ne sont nulle part aussi communs qu'au nord de
la Russie, dans toute la Sibérie jusque sous la zone arctique,
et au Kamtschatka. Ils fournissent un article assez important
au commerce de pelleteries; l'on en prend une grande quantité aux lacets, et les Russes en vendent les peaux aux Chinois dans le marché de Kiatha, à raison de 11 à 12 sous
tournois la pièce ; un *sac*, c'est-à-dire trois aunes russes de
ventre ou de dos cousus ensemble, y vaut 8 livres 10 sous
à 21 livres 15 sous, et un sac d'oreilles tannées, 5 livres;
la pointe noire des oreilles forme une très-jolie fourrure.
Mais l'on a observé que le poil des lièvres blancs n'est pas
propre à la fabrication des chapeaux, et que plus il est gris
meilleur il est pour cet usage ; leur chair est aussi fort inférieure en qualité à celle du lièvre commun.

, Les animaux de cette espèce changent de demeure presque
en même temps que de couleur; mais leurs émigrations
ne sont pas régulières et ne paroissent pas concertées, puisqu'ils ne voyagent point en troupes, et que leur marche est
souvent incertaine. Cependant on les voit assez généralement quitter, à l'approche de l'hiver, les âpres sommets des
montagnes du Nord, et s'y établir de nouveau à l'arrivée de
la belle saison. Ce n'est pas la rigueur du froid qui les
force à abandonner leurs retraites; mais ils y sont contraints
par la nécessité de pourvoir à leur subsistance, qui se compose pendant l'hiver d'agarics et d'amandes du *pin cimbre*.
L'été, ils se nourrissent principalement de l'écorce du petit saule. Ils s'accouplent au printemps et en été. Les em-
pereurs chinois en faisoient nourrir dans leur parc spacieux
de Ge-Ho-Eulh, et l'on y a observé que le poil de ces animaux changeoit chaque année aussi bien que sur leur terre
natale.

Cependant l'émigration alternative des lièvres changeans
n'a pas lieu dans toutes les contrées qu'ils habitent. Au
Groënland, où ils sont assez communs, ils ne quittent point
le séjour des lieux les plus solitaires et des montagnes toujours
couvertes de neiges. Ces lièvres du Groënland, que l'on y
appelle *rekalek*, restent entièrement blancs, même en été;
peut-être ne sont-ils pas de la même espèce que le lièvre
changeant, et forment-ils une simple variété du lièvre commun, quoiqu'ils conservent, comme le premier, du noir à
la pointe des oreilles ; les jeunes ont le poil d'un gris blanchâtre. Leur fécondité, dans ces climats glacés, est vraiment
remarquable, et prouve que la nature les a doués d'une
grande chaleur interne; la femelle met bas jusqu'à huit petits à la fois. Ils se nourrissent principalement des herbes

tendres qui croissent le long des ruisseaux dans les gorges des montagnes. Les habitans du Groënland leur font la chasse au fusil, à l'arc, au lacet, et même à coups de pierres; ils en mangent la chair, font avec les peaux différentes pièces de leur habillement; et ce qui paroîtra une singulière ressource de l'industrie excitée par le besoin, les crottins y servent quelquefois de mèche aux lampes.

Dans les déserts de la Russie méridionale, vers le cinquantième degré de latitude nord, où l'espèce du lièvre changeant devient rare, il en paroît une race plus nombreuse, à laquelle Pallas a donné le nom de LIÈVRE HYBRIDE, *lepus hybridus*, et qu'il soupçonne issue du mélange des deux espèces du lièvre commun et du lièvre changeant, race stérile comme tous les produits d'espèces différentes. Mais cette conjecture de Pallas n'a point encore été confirmée par les observations, et elle présente d'autant plus de difficultés à être admise, que, suivant le même naturaliste, ces lièvres prétendus métis, paroissent être confinés dans les contrées où les autres cessent d'être communs.

Quoi qu'il en soit, les lièvres de cette race, que l'on pourroit appeler *à demi-changeante*, conservent pendant l'hiver une partie du pelage d'été dont la couleur diffère peu de celle du lièvre commun, et ils ne deviennent blancs, ou plutôt blanchâtres, qu'en quelques endroits, et principalement sur les côtés de la tête et du corps.

Il y a encore, dans le centre de la Russie, une autre race de lièvres à demi-changeans, que les Russes distinguent par le nom particulier de *russak*, et que l'on ne trouve presque jamais en Sibérie. Ils sont ordinairement plus grands que le lièvre commun; et leur queue, dont le plan supérieur est noir, a plus de longueur que la queue du lièvre changeant. En hiver, ils ont le dessus du museau d'un gris pâle, le sommet de la tête et le dessus du cou de la même couleur grise que pendant l'été, seulement la pointe des poils est blanche; une large bordure noire termine les oreilles, et le reste de la fourrure prend, comme celle du lièvre changeant, la blancheur de la neige.

L'on attrape en Russie beaucoup de lièvres de ces deux races ambiguës et à demi-changeantes. Cette chasse, qui se fait au lacet, n'a d'autre motif que de se procurer les peaux que l'on vend à l'étranger pour la chapellerie; car, dans ce pays, le petit peuple dédaigne la chair du lièvre, et la regarde presque comme impure; au surplus, quoiqu'un peu meilleure que celle du *lièvre blanc*, celle du *lièvre hybride* n'a ni la délicatesse ni le fumet qui font du lièvre *commun* un mets recherché.

Quatrième Espèce. — Le **Tolaï** ou **Lièvre tolaï**, *Lepus tolaï*, Gmel.; *Lepus dauricus*, Erxleb, Schreber, *Saeugth*, pl. 234.

Les Mongoles et les Calmouques donnent le nom de *tolaï* à une espèce de lièvre qu'ils distinguent fort bien du lièvre changeant, qui vit également dans leur pays, et que les Mongoles appellent *schingduga*, et les Tungouses, *unœgge*. La couleur du tolaï est la même que celle de notre lièvre, et elle ne subit point d'altération pendant l'hiver. Il lui ressemble encore par les dimensions; il est seulement un peu plus gros ; sa tête est un peu plus allongée et un peu plus étroite, et ses oreilles et sa queue ont, à proportion, un peu moins de longueur; aussi cette dernière partie a-t-elle une vertèbre de moins ; l'iris de l'œil est d'un fauve clair, et entouré d'un cercle brun.

L'on peut reconnoître aisément le tolaï à la manière dont il court lorsqu'il est poursuivi : il va droit son chemin, sans se détourner ni s'arrêter, jusqu'à ce qu'il rencontre quelque trou de rocher ou quelque terrier étranger, dans lequel il se fourre afin de se soustraire à ses ennemis ; mais il n'a pas la faculté de creuser lui-même la terre pour se faire une retraite, ainsi que J.-G. Gmelin et Buffon l'ont écrit. Il se tient de préférence sur les montagnes découvertes et dans les plaines chargées de sable et de pierres; il choisit les endroits exposés au soleil, parmi les *caragans* et les *saules*, dont il mange les jeunes rameaux. Cette espèce est répandue aux environs de Salenga, dans la Mongolie, en Daourie, en Tartarie, et dans tout le grand désert de Gobe, jusqu'au Thibet. Elle ne se trouve point dans les contrées septentrionales de la Russie, ni même dans les pays situés au nord du lac Baïkal; les Tangutes l'appellent *rangavo*, et ils donnent son nom à une des taches de la lune. Sa chair ressemble par la couleur et la saveur à celle du lapin.

Cinquième Espèce. — Le **Lièvre d'Egypte**, *Lepus œgyptius*, Geoffr., Quadr. d'Egypte; Cuvier (*Règne animal*, tom. 1, pag. 211). *Lepus capensis*, Gmel.

Il est un peu plus petit que le lièvre d'Europe ; ses oreilles et ses pieds de derrière sont proportionnellement plus longs que dans cet animal ; son corps et sa tête ensemble ont quinze pouces ; les oreilles près de cinq; la tête seule environ quatre, et la queue trois ; ses pattes de devant n'ont en apparence, que quatre doigts comme celles de derrière; mais cela provient de ce que le pouce est très-remonté et assez peu saillant.

Ses couleurs ne présentent point de différence bien tranchée. Le dessus du dos et de la tête sont d'un gris varié de brun et de roux ; la nuque est roussâtre ; les flancs ont une teinte de fauve, qui s'éclaircit sous le ventre et dans la partie intérieure des quatre membres ; les pieds sont roussâtres ; les oreilles sont d'un brun fauve, avec du brun à l'extrémité, et le bord garni de poils jaunâtres ; la queue est blanche en dessous et brunâtre en dessus.

Ce lièvre est assez commun en Égypte, d'où il a été rapporté par M. le professeur Geoffroy Saint-Hilaire.

M. Cuvier réunit à cette espèce le lièvre du Cap, de Gmelin, et il suppose qu'il se trouve d'une extrémité de l'Afrique à l'autre. Ses doigts et les proportions relatives de ses oreilles sont semblables ; la couleur ne diffère pas non plus sensiblement ; les oreilles sont bordées de brun vers leur pointe ; les pattes roussâtres ; le dessous du corps est blanc, et la queue de cette couleur inférieurement, est noire en dessus.

La collection du Muséum d'Histoire naturelle de Paris renferme un individu rapporté du Cap de Bonne-Espérance par Péron et Lesueur, et qui nous paroît d'assez grande taille, sa longueur totale étant de vingt-deux pouces, sur quoi la tête en a un peu plus de quatre ; ses oreilles ont cinq pouces et quelques lignes ; la queue deux pouces et demi, etc.

Nous ne savons s'il faut réunir à cette espèce, les lièvres dont parle Sonnini (1.ᵉʳᵉ édit. de ce Dict., tom. 13, p. 114), qui vivent dans les espaces brûlans et sablonneux de l'Afrique et qui ont le poil presque gris, et, notamment, les lièvres qu'il a vus au Cap Vert, qui étoient d'un gris plus léger que ceux qu'il a observés en Égypte, ou si ces animaux constituent des espèces particulières.

Sparmann et Levaillant ont fait mention, dans leurs *Voyages au Cap*, de lièvres qui leur ont paru différens de ceux de l'Europe, bien que le premier de ces voyageurs ait cru aussi en reconnoître l'espèce dans cette même contrée.

Sixième Espèce. — Le Lièvre d'Amérique, *Lepus americanus*, Erxleb., Gmel. ; Schoepf., Naturforch, XX. Stuck, pag. 32-29. — *Lepus nanus*, Schreb., pl. 234 B.

Ce lièvre est intermédiaire pour la grandeur entre le lièvre d'Europe et le lapin. Sa longueur totale, mesurée depuis le bout du nez jusqu'à l'origine de la queue, est de quatorze pouces, sur quoi la tête en a trois et demi ; ses oreilles ont deux pouces un quart, et sa queue deux pouces ; son pelage est roussâtre, varié de brun-noir, plus roux sur les épaules qu'ailleurs ; d'un gris-blanc sous la poitrine, et blanc sous le ventre ; le devant des pattes est roux ; le dessus du front

est semblable au dos, et l'on remarque une tache blanchâtre
en avant des yeux, et une autre derrière les joues ; les oreilles
qui sont plus courtes que celles du lièvre et du lapin , sont
d'un gris-brun uniforme et bordées de poils blancs ; le pelage
est moins doux que dans le lièvre d'Europe.

Comme le lièvre d'Egypte ou celui du Cap, il n'a en apparence
que quatre doigts à chaque pied, parce que le pouce de ceux de
devant est très-petit et très-remonté; le poil de ce lièvre blanchit pendant l'hiver; mais le bout des oreilles et de la queue reste
toujours d'un gris cendré. Suivant la remarque de M. Daines
Barrington, ce changement de couleur ne s'effectue point
sur les mêmes poils, et en examinant avec soin la fourrure
d'hiver, on reconnoît qu'elle est composée de deux ordres
de poils, dont les uns sont plus clair-semés, mais deux fois
plus longs et plus forts; ceux-ci sont blancs dans toute leur
longueur, et forment le surtout d'hiver de l'animal. La fourrure grise et brune ne devient donc jamais blanche ; elle est
seulement cachée par la fourrure blanche extérieure. « Cette
couverture de surplus, dit M. Barrington, semble être absolument nécessaire à la conservation de ce quadrupède , tant
en ce qu'elle le met à même de braver la rigueur de l'hiver,
qu'en ce qu'elle le dérobe , par sa blancheur , à la vue de ses
nombreux ennemis. Mais si ce surtout n'avoit pas la propriété
de tomber pendant l'été, il deviendroit funeste au lièvre , et
par la chaleur extraordinaire qu'il lui occasioneroit, et
parce que sa blancheur le feroit remarquer de fort loin. »
Mais les chasseurs savent les découvrir alors, par une vapeur
qui s'exhale de leur corps et se condense dans l'air quand le
soleil paroît sur l'horizon.

Dans son *Règne animal* , M. Cuvier réunit cette espèce à
la suivante ; mais ce rapprochement ne nous paroît pas suffisamment fondé. Le Tapeti est parfaitement caractérisé par
l'extrême brièveté de sa queue , et par la couleur blanche qui
forme un collier bien marqué sur sa gorge , ainsi que par sa
taille qui est moindre , et par ses oreilles qui sont encore plus
courtes , etc.

M. Bosc et M. Palisot-de-Beauvois, qui ont observé cette
espèce dans les Etats-Unis d'Amérique, la regardent comme
étant bien distincte de toutes les autres. Le dernier de ces
naturalistes a particulièrement remarqué des différences os-
téologiques entre la tête des lièvres et des lapins d'une part,
et celle du lièvre d'Amérique de l'autre. Ces différences
existent principalement dans l'élévation et l'épaisseur de
l'apophyse orbitaire, et sont telles que la dernière espèce
semble , par ces caractères, être intermédiaire entre les
deux premières (*Bull. soc. phil.* , tom. 2, pag. 138.)

Les lièvres de cette espèce sont communs dans plusieurs parties de l'Amérique septentrionale. Les campagnes arrosées par la rivière Churchill, sur la côte nord-ouest de la baie d'Hudson, en nourrissent une grande quantité ; on les a vus également nombreux dans la Californie et à la Nouvelle-Albion. Le Page du Pratz et Don Ulloa disent qu'ils sont extrêmement communs à la Louisiane, Bartram dans les deux Florides, et M. Bosc en a rencontré beaucoup dans la Caroline, particulièrement aux environs de Charleston. M. Reinhold-Forster dit qu'on les trouve aussi dans le nord de l'Europe, lorsque la terre y est couverte de neige. Ces lièvres ont l'allure du lapin, et la manière de se gîter du lièvre de l'ancien continent ; ils aiment à se cacher dans les trous qu'ils trouvent tout faits, sous les racines et dans les creux des arbres ; ils recherchent les lieux secs ; cependant ils ne craignent point de se réfugier dans les marais, lorsqu'ils se sentent poursuivis par les chiens ; quand ils sont pressés, on les voit même grimper dans les arbres creux, pour y trouver un asile, et s'y loger aussi haut qu'il leur est possible de monter. Dans ce cas, la manière de les prendre est de les enfumer par le bas de l'arbre, en bouchant toute issue ; ils tombent suffoqués. Leur chair est blanche comme celle du lapin, généralement assez tendre, mais peu savoureuse ; aussi les colons de la Caroline en font-ils peu de cas. Les femelles mettent bas deux petits à chaque portée, selon M. Palisot-Beauvois, et quatre ou cinq, suivant Sonnini, qui ajoute que le nombre des portées est de deux ou trois par an, la première dès le mois de janvier, et la dernière en juin ou juillet.

Septième Espèce.—Le TAPETI ou LIÈVRE DU BRÉSIL, *Lepus brasiliensis*, Erxl., Gmel; *tapeti*, Marcgrave brasil. — TAPITI d'Azara. *Essai sur l'Hist. nat. des quadr. du Paraguay, traduct. française*, t. 2, p. 57.— PIKA TAPETI, Lacépède. — Buffon, tom. 15, p. 162.

C'est la plus petite et la mieux caractérisée des espèces connues dans le genre des lièvres. Elle a été signalée par Marcgrave et par les premiers naturalistes qui ont écrit sur l'histoire des quadrupèdes de l'Amérique méridionale ; mais n'ayant point été décrite avec soin, on l'avoit presque oubliée, et même quelques naturalistes la considéroient comme une simple variété de l'espèce du lièvre. Marcgrave avoit annoncé que le tapiti étoit dépourvu de queue, et cependant il en avoit représenté une dans la figure qu'il en donne. Son texte prévalut, et Linnæus, Erxleben et Brisson regardèrent comme une erreur du dessinateur la présence de la queue, et appelèrent cet animal *lepus caudâ nullâ* ou *lepus ecaudatus.* Jonston et Gesner le confondirent avec le *cavia cobaya* ou *cochon d'Inde.* Enfin quelques autres naturalistes crurent le reconnoître dans le *lepus americanus* ou lièvre de l'Amérique septentrionale que nous venons de décrire.

Cependant d'Azara avoit donné du tapiti une description qui nous paroît fort bonne, surtout depuis qu'il est arrivé au Muséum d'Histoire naturelle plusieurs peaux de tapitis qui nous ont mis à même d'en vérifier l'exactitude.

La forme générale du corps est celle du lièvre ou du lapin; l'animal entier, c'est-à-dire, mesuré depuis le bout du museau jusqu'à l'orgine de la queue, a une longueur de quinze pouces, et la queue, extrêmement courte, a dix lignes, en y comprenant le poil, qui la rend arrondie. La hauteur du train de devant est de six pouces un quart, et celle du train de derrière, de huit pouces deux tiers. La longueur totale de la tête est de trois pouces; les oreilles n'en ont que deux et demi; dans cette espèce elles sont, comme on le voit, beaucoup plus courtes proportionnellement que celles de toutes les autres. Le pelage est varié de brun-noir et de jaunâtre en dessus, la couleur brune dominant; le dessus de la tête est d'un brun-roux sans piqueture de jaune; les joues sont plus grises. « Une petite ligne blanc-cannelé fait le tour de l'œil
« en arrière et par-dessus, et s'étend dans une direction
« droite, depuis l'angle lacrymal jusqu'au nez, qu'elle ne
« touche cependant pas; la bordure inférieure du nez, les
« deux lèvres et le dessous de la tête sont blancs; nuance
« qui, par derrière de la mâchoire, s'introduit en pointe
« vers la racine de l'oreille sans arriver jusqu'à elle.

« La poitrine est blanche aussi, et cette couleur va jusqu'à
« la queue, en embrassant la partie antérieure des jambes de
« derrière, et la partie postérieure de celles de devant; le
« reste des quatre jambes, à partir de la moitié du canon et
« en descendant, est cannelle brun, ainsi que la partie la plus
« postérieure des fesses et l'occiput; la gorge et l'espace qui
« est depuis la pointe du museau jusqu'au parallèle des yeux,
« est de même, quoique le brun ou le cannelle domine.

» Tout le reste de la robe a deux poils, l'un plus court,
« extrêmement doux et d'une nuance plombée; l'autre, qui
« est celui qu'on aperçoit, a les pointes noires, puis tout de
« suite un petit espace blanc pâle, ensuite un autre petit
« espace noir, et le surplus blanc; de sorte que l'aspect total
« diffère peu de celui du *lapin sauvage.*

« La partie supérieure de la queue est un peu obscure, et
« la partie inférieure est cannelle. » D'Azz. *Quadrupèdes du Paraguay.*

Les tapitis de la collection du Muséum, qui ont été rapportés du Brésil l'année dernière, par M. Delalande, aide naturaliste, nous ont paru réunir la plupart de ces caractères. Nous avons seulement remarqué de plus que leurs pattes, surtout les antérieures, sont couvertes de poils fauves entremêlés de poils blancs, et que leurs oreilles sont brunes, avec la base légèrement colorée de fauve.

Un petit individu de cette espèce, dont la taille égale celle d'un cochon d'Inde de moyenne force, a le pelage encore plus brun que l'adulte; les oreilles sont encore plus courtes, relativement aux autres dimensions du corps; le derrière du cou est roux ainsi que le front; le collier blanc bien marqué, et le ventre grisâtre; la queue est si courte qu'on ne l'aperçoit pas.

Les *tapitis* vivent au Brésil et dans plusieurs autres endroits de l'Amérique. Sonnini ne les a jamais vus à la Guyane; ils n'existent point non plus dans le gouvernement de la rivière de la Plata, et ils ne sont point communs au Paraguay. Fernandez les a observés à la Nouvelle-Espagne, où on les connoît sous le nom de *citli*. Leur vrai nom brasilien est *tapiti*, et non pas *tapeti*, ainsi que Buffon l'a écrit. Les Guaranis, au rapport de M. d'Azara (*Quadrupèdes du Paraguay*), lui donnent le même nom, et ils ajoutent quelquefois l'épithète de *mbourica*, qui signifie *mule*, faisant allusion aux grandes oreilles du tapiti.

La seule différence remarquable dans les habitudes naturelles du lapin et du tapiti, c'est que celui-ci ne se creuse pas un terrier comme l'autre; il demeure dans les bois, où il se gîte comme le lièvre; s'il est poursuivi, il se cache sous des troncs d'arbres et entre les débris de végétaux; les *grisons* le tuent et le dévorent. La qualité de sa chair est la même que celle du lapin, mais elle est moins savoureuse. Les femelles n'ont qu'une portée par an, et mettent bas deux, trois et quelquefois quatre petits. (DESM. et S.)

LIÈVRE. Poisson du genre BLENNIE, *Blennius occellaris*, Linn. (B.)

LIÈVRE. C'est la *porcelaine testudinaire*. Voyez au mot PORCELAINE (B.)

LIÈVRE BLANC de Brisson. C'est une variété albine dans l'espèce du LIÈVRE, et qui se tient principalement dans les hautes montagnes. Il diffère particulièrement du *lièvre variable*, en pelage d'hiver, en ce qu'il n'a point de noir aux oreilles. (DESM.)

LIÈVRE DES ALPES. *Voyez* PIKA. (S.)

LIÈVRE DU BRÉSIL. *V.* LIÈVRE TAPITI. (DESM.)

LIÈVRE CORNU. Les auteurs font mention de quelques *lièvres* qui ont été trouvés ayant la tête surmontée d'un petit bois assez semblable pour la forme, à celui du *chevreuil*; mais de pareils individus paroissent extrêmement rares, du moins nous n'avons jamais eu l'occasion d'en voir. Schreber représente pl. 233 B de ses *quadrupèdes*, un de ces bois entiers, mais cette figure nous paroît être celle d'un bois de *chevreuil*, un peu plus court et un peu plus raboteux que ceux des *chevreuils* ordinaires. (DESM.)

LIÈVRE FOSSILE. *V.* PIKA FOSSILE. (DESM.)

LIÈVRE ou LAPIN DES INDES, d'Aldrovande. C'est le GERBO (*Dipus gerbua*). *V.* GERBOISE. (DESM.)

LIÈVRE MARIN. C'est la LAPLÉSIE DÉPILANTE. (B.)

LIÈVRE DE MONTAGNES. *V.* PIKA. (S.)

LIÈVRE NAIN. *V.* PIKA SOULGAN. (S.)

LIÈVRE NOIR, *lepus niger*, Linn., variété du *lièvre commun*, ou, suivant M. Pallas, du *lièvre changeant*. (*V.* les articles du LIÈVRE et du LIÈVRE CHANGEANT.) On la trouve en Sibérie et en Russie, mais elle y est très-rare. Zimmerman a vu un *lièvre* de cette variété, dans le duché de Brunswick (*Zoologia geographica*). Ces animaux ont une couleur constante pendant toute l'année; et cette couleur est brune sur les uns, noirâtre sur d'autres, et d'un noir luisant sur quelques individus. Leur taille est celle des lièvres communs, mais leurs oreilles sont beaucoup plus courtes. (S.)

LIÈVRE OGOTONE. *V.* PIKA. (S.)

LIÈVRE (petit). *V.* PIKA SOULGAN. (S.)

LIÈVRE-RAT. *V.* LAGOMYS. (S.)

LIÈVRE-SAUTEUR ou SPRINGENDE HAAS. On donne ce nom, au Cap de Bonne-Espérance, à la *gerboise du Cap*, de Buffon, qui constitue maintenant le genre PEDETES. (DESM.)

LIÈVRE VOLANT, de Strahlenberg. C'est la GERBOISE ALAGTAGA. (DESM.)

LIÈVRITE. Werner, Hoffmann et Jameson appellent ainsi l'YENITE, substance minérale que Steffens nommoit *Ilvaït*, du nom de l'île d'Elbe où elle se trouve. (LN.)

LIGA. Nom du GUI, en Espagne. (LN.)

LIGABOSCO. L'un des noms italiens du LIERRE. (LN.)

LIGAMENT. Substance tendineuse, fort tenace, blanche, lisse, qui entoure souvent, comme une capsule, les têtes des os qui s'articulent, par exemple, au genou, à l'os du fémur et des îles, où cette bourse ligamenteuse paroît la plus robuste; elle est surtout renforcée, chez l'éléphant, par des faisceaux tendineux très-forts. On en voit aussi autour des os du poignet ou du carpe et du tarse. Ce tissu *ligamenteux* est abreuvé, à son intérieur, d'une liqueur séreuse appelée *synovie*, pour faciliter le jeu et le glissement des surfaces articulaires cartilagineuses. Fourcroy remarque que ces tissus ligamenteux sont une sorte de gélatine et d'albumine coagulée. (*Syst. des connoiss. chim.*, tom. 9, p. 229.). (VIREY.)

LIGAMENT des coquilles bivalves. *V.* CONCHYLIOLOGIE.
— (DESM.)

LIGAN. Espèce d'ABEILLE des Philippines, de la grandeur de celle d'Europe, qui fait son nid dans les arbres creux. (B.)

LIGAR. Coquille du genre des SABOTS (*Turbo terebra*, L.), qui a servi à Lamarck pour établir son genre TURRITELLE. Elle fait partie des CÉRITES d'Adanson. (B.)

LIGAS. Nom de l'ANACARDE ORIENTALE. (B.)

LIGATERRA. Nom italien de la TERRETTE. (LN.)

LIGGPIL. Nom d'une espèce de SAULE (*Salix incubacea*), en Suède. (LN.)

LIGHTFOOTE, *lightfootia*. Genre de plantes de la pentandrie monogynie et de la famille des campanulacées, qui a pour caractères : un calice divisé en cinq parties ; une corolle de cinq pétales, dont le fond est fermé par des écailles staminifères ; cinq étamines insérées sur des écailles ; un ovaire inférieur, surmonté d'un style, dont le stigmate est à trois ou à cinq divisions ; une capsule à trois ou cinq loges, et à autant de valves.

Ce genre a été établi par Lhéritier dans son *Sertum anglicum*. Il contient deux plantes vivaces à feuilles alternes, sessiles, et à fleurs solitaires ou géminées à l'extrémité des rameaux. L'une, la LIGHTFOOTE OXYCOCOÏDE, a les feuilles et les pétales lancéolés. Elle avoit été confondue par Linnæus avec les LOBÉLIES. L'autre, la LIGHTFOOTE SUBULÉE, a les feuilles subulées et les pétales linéaires. Elle avoit été confondue avec les CAMPANULES par Linnæus. Toutes deux sont du Cap de Bonne-Espérance.

Ce même nom avoit été aussi donné par Swartz à un genre qui ne diffère de celui appelé PROKIE par Linnæus, que par des caractères de peu de valeur. *V.* aussi au mot CRAMBÉ. (B.)

LIGHVAL. M. de Lacépède rapporte ce nom norwégien au NARWHAL. (DESM.)

FIN DU DIX-SEPTIÈME VOL.